機械化の文化史

ものいわぬものの歴史

Mechanization takes command

S・ギーディオン 著
榮久庵祥二 訳

鹿島出版会

MECHANIZATION TAKES COMMAND

by

Siegfried Giedion

Original English edition published 1948
by Oxford University Press, New York
Published 2008 in Japan
by Kajima Institute Publishing Co., Ltd.

はじめに

私は、『空間 時間 建築』において、現代における思考と感情の間の亀裂を示そうとした。本書ではさらに一歩進めて、この断絶がどのような経過をとって生じたかを、現代生活の重要な側面である機械化の検討を通じて示したいと思う。

機械化が人間におよぼした影響を理解すること、これが本書執筆の動機にほかならない。いったい、機械化は人間性の不変の法則とどの程度合致もしくは矛盾しているのだろうか。機械化の人間的側面、この基本を無視しえない以上、機械化の限界についての疑問はつねに起こってこざるをえない。

きたるべき時代は、人間の基本的な価値についてあらためて態度を明らかにしなければならない。それは、もっとも広い意味における変革の時代、普遍的なものへの道を見定めると同時に、人間の精神、生産活動、感情、そして経済と社会の発展に秩序をもたらし、かつ、機械化が始まって以来われわれの思考の様式と感情の様式の間に生じた断絶を埋めなければならない時代である。

最初私は、さまざまな分野における専門的な研究を踏まえて、機械化の影響を簡単に概観するつもりでいた。ところが、すぐにそれは不可能なことがわかった。どこを探してもそのような研究はなかったのである。生産ラインの発展とか、機械的快適さの始まりと身辺にあるそのための道具の形成といった革命的な事柄についての説明は、一切見つけ出せなかった。そこで私は、まず資料そのものについての検討から始めなければならなかった。機械化の進化の道すじを、少なくともそのアウトラインでも知らないかぎり、機械化の影響についての理解は望めないと思ったからである。

機械化はどのような経過をとって現在の役割にいたったか。それがアメリカの場合ほどはっきり観察できる国はない。新しい生産方式がはじめて行なわれたのも、また、機械化が思考と習慣のパターンにがっちり組み込まれたのも、アメリカにおいてであった。

ところが、驚いたことに、歴史音痴のしからしむるところか、大切な歴史資料や物の原型、企業に関する記録、カタログ、広告パンフレットなどが残っていないのである。一般に、発明や生産は、専らその商業的な成功という観点から判断され、資料の残っていないことを指摘すると、きまって、「われわれは将来のことは考えているが、昔のことには関心がない」という答が返ってくる。

このような態度は、過去、未来を含めて時間を抹殺することに等しい。現在だけが大切だというわけである。こうした破壊行為、歴史の殺人は、後の時代には理解されないだろう。

無価値だとわかっている書類を河に捨てた企業家を責めるわけにはいかないし、特許の原型を（一九二六年に）処分してしまった特許庁を非難するわけにも、おそらくいかないだろう。歴史の連続性に対する意識を目醒めさせることのできなかった歴史家こそ、実は、責められるべきなのである。そもそも、現在に伝わる過去の貴重な遺産は、何代にもわたる歴史家がその意味を示さなかったら、決して、収集も保存もされなかったようなものばかりである。

こうした態度は、この本の根底をなす研究に対しても直接的な影響をおよぼした。本来なら沢山のスタッフを雇ってしなければならない仕事を、ほとんど一人の人間の手でしなければならなかった。その結果、止むなく不充分な点が生じたが、ただ、最初から資料の選択を一人でやったという点での良さはあった。『機械化の文化史』は、おそらく、断絶を埋めることより、その存在を明らかにすることの方にその意味があるだろう。

機械化がわれわれの生活様式におよぼした影響、それがわれわれの住まいに、食べ物や家具に与えたインパクトを調べる、現代の「ものいわぬものの歴史」の研究がいかに切実に求められているか、それを、その断絶が示してくれることになればと願わずにはいられない。工業の方法と、芸術や視覚化の領域など工業の外で行なわれている方法、この両者の関係を見極める研究が現在必要とされている。

これは、特別の訓練を必要とする厳しい仕事である。歴史的に重要なものを、そうでないものからふるいにかけるこの研究には、知性ばかりか豊かなヴィジョンも必要である。充分に用意のできた学者がいてはじめてできる、困難な仕事といえよう。

このようなことを教える教科は現在の大学のカリキュラムにはない。「ものいわぬものの歴史」を教える講座が設けられて然るべきだが、その講座は、ただ歴史上の事実や人物に関する資料の収集方法ばかりではなく、それらが文化におよぼす影響とわれわれに対してもつ意味を明らかにするような内容のものでなくてはならない。

しかしそのためには、まず一般の人が、自分たちの仕事や発明がたえず生活のパターンを作り、かつ作り変えているのだということを理解することが前提となる。ひとたび、歴史に対する意識が目醒めると、自尊心もそれと同時に目醒めてくる。こうした自分自身に対するプライドこそ、あらゆる真の文化を活気づけているものに他ならない。この意識が目醒めれば、アメリカの歴史にとって基礎となる資料を保存する道は、おのずから開けてくるだろう。

以上、本書執筆の背景をなしたプリミティブな状況について、本書に明らかな不完全さに対する謝罪の意味をこめて述べてきた。執筆に際しては多くの方々から個人的援助をいただいた。特に、シカゴのマコーミック歴史協会の会長で、歴史家のハーバート・C・ケラー氏、クリーブランドのアペックス・エレクトリック社の会長C・F・フランツ氏をはじめとする企業家、ピッツバーグにあるウェスティングハウス社の理事長A・W・ロバートソン氏、ジェネラル・エレクトリック社のウィリアム・アイトナー氏、他にも本書の中で言及した多くの方に心からお礼を申し上げたい。

本書の英語版を著者との協力で誠心誠意用意して下さったマーティン・ジェームス氏、索引づくりを手伝って下さったロッテ・ラバス嬢にも感謝の気持ちをお伝えしたい。索引は、事実と概念の結びつきを知る上で役立つものと思う。レイアウトに際しては、ハーバート・バイヤー氏とエリザベス・ウォルフ夫人の御協力をいただいた。

調査と、結論の部分を除く原稿（私のロンドンの友人、J・M・リチャーズ氏に手を入れていただいた）の執筆は、一九四一年の十二月から四五年の十二月に至る私の二回目のアメリカ滞在中に終えた。最後になったが、私の親友、故モホリ・ナギ氏から貴重な助言を頂戴したことを付け加えておきたい。

オックスフォード大学出版部とそのスタッフの方には本書の製作に際して大変お世話になったが、それは予想していた以上に困難な仕事だった。

図版の選択とレイアウトに関しては特に配慮し、読みやすいものにするよう努めた。図版の説明は、本文とは独立に、あるいはそれと併行させて、その意味の骨子を伝えることを中心にした。

一九四七年十一月、チューリヒ、ドルデルタールにて。

S・ギーディオン

目次

第V部　機械化が人間環境におよぶ

中世の快適さに対する考え方——251

第Ⅶ部　入浴の機械化

第I部　ものいわぬものの歴史

ものいわぬものの歴史

歴史は魔法の鏡である。魔法の鏡には、それを覗きこんでいる人の姿が事件やその発展の形をとって映っている。そこに映っている像はけっして静止してはいない。ちょうど、その像を見つめる世代と同じように絶えず動いている。歴史の全体像を一望におさめることはできない。歴史が垣間見せるのは限られたある断面にすぎず、どの断面が見えてくるかは、観察者の視点によって変わる。

事実が年代や名前と結びつけられることはよくあっても、その複雑な意義と結びつけられることは稀である。しかし、歴史の意味は物事の諸関係を明らかにすることから生まれてくる。歴史が事実そのものよりも、その間の諸関係を問題にするのはこのためである。そうした諸関係は、視点が移動するにつれて変わる。星座のように、事実相互の関係も絶えず変化しているからである。歴史の像というものは、ありあまる事実に対して歴史家が行なう選択の中に現われてくる。その選択の内容は世紀ごと、あるいはもっと繋く十年といった単位で変化する。ちょうど、絵画が、主題、技術、心理内容に関して時代ごとに違っているのと同じである。歴史のパノラマという偉大な絵画が描かれたとき、日常生活を構成する断片的な事柄は、一時代の感情を伝えるに十分なものとなる。

歴史家は、人間という、寿命に限りある素材を扱う。彼は、天文学者のように将来の事件の成行きを計算することはできない。しかし、歴史家も今までは目に見えなかった世界、新しい星座が水平線のかなたに現われる様子を目撃しうる。そのためには歴史家も、天文学者のように、絶えず注意深く事柄の推移を見守る観察者でなくてはならない。

歴史家の役割は、われわれが日常断片的に経験する事柄を歴史的背景の中に位置づけることにある。そうすることによって、散発的な経験に代わって事件の連続性が目に見えてくる。生活を形成している物事に対する意識を失った時代は、一体どこに自分が位置しているのかさえわからないし、いわんや、自分自身何を目指しているかもわからない。自己の記憶を失い、日ごとに、また事件のあるごとにつまずくような文明は、牛よりも無責任な在り方をしていると言ってよい。牛は少なくとも、よりどころとしての本能を持っているからである。

歴史は、生命の動的な過程に対する洞察であると考えると、生物学的な現象と類似してくる。本書では、時代の一般的な傾向や大事件についてはほとんど取り扱わない。ただし、小さなさまざまな出来事をその基盤に結びつけて考える必要が生まれた場合は別である。

まず最初、われわれの現在の生活を形作ってきた道具について検討したいと思う。そこでは、現在の生活様式がどのような形で生み出されたか、そして、その生成の過程はどうであったかについて語られる。

ここでわれわれは、普通は真面目に取り上げられないつつましい物、少なくとも、その歴史的な意義に関して問題にされてこなかった物を取り扱う。しかし絵画でも歴史でも、主題の見かけの印象深さが問題なのではない。太陽はコーヒースプーンにも反映するのである。

これから取り上げるつつましい物は、寄り集まって現代の生活様式の基層を形作ってきた。日常生活に見られる小さな道具も、集まると、われわれの文明圏に生きる者すべてに影響を与えるほど大きな存在になる。

日常生活が形成されてゆく過程は、歴史上の大事件に匹敵する重要性を持っている。なぜならば、「ものいわぬものの生活」において、小さな粒のようなものも寄り集まると、爆発的な力を獲得するからである。道具と物は、世界に対する人間の基本的な態度の産物である。この態度が歴史のコースを設定し、そのあとに思考と行為が従う。絵画、発明、そしてあらゆる問題は、ある特定の態度を基礎に持っており、この態度なくしては、それらはそもそも生み出されなかったと言ってよい。ドラマの演技者は、金や名声、権力といった外面的な衝動によって動かされるが、その背後では、たとえ目には見えなくとも、それぞれ特徴ある問題や形態をかかえた各時代の傾向によって影響されている。

歴史家にとって陳腐な事柄というものはない。科学者と同じように歴史家も、何事であれ、あたりまえのこととしては見ない。彼は物を、日頃それを使っている人の目に映るようにではなく、発明家が最初にそれを発明したときのような目をもって見なくてはならない。彼にはその当時の人の新鮮な目が必要とされるのである。ある道具が初めて生み出されたとき、人びとの目には驚くべきもの、戦慄すべきものとして映ったはずである。歴史家にはその時代の人びとの新鮮な感動が必要である。同時に彼は、物事の前後関係を確定し、その意味を設定しなくてはならない。歴史の叙述は断片的事実と常に結びついている。すでに知られていることでも、しばしば、夜空の星のように散在している。最初からそうした事柄が歴史の闇の中で統一ある姿をとっていると思いこむべきではない。そこでわれわれは、事実を意識的に断片のまま再現し、また、必要とあればある時代から次の時代へと飛躍することも躊躇しない。本書の図版や書かれていることは、単なる補助の役目しか持っていない。言い換えれば、決定的なステップは読者自身がとらなくてはいけないということである。読者の心の中で、ここに示された意味の断片が、新鮮で多様な関係をとって生きてくるのでなくてはならない。

この研究に取りかかる前に、われわれは一九四一年の冬、イェール大学において「ものいわぬものの歴史」の構想を練ったが、そのときは、この研究がどの程度のものになるか予測できなかった。したがって、当時討議されたことを二、三ここで述べてみるのも無意味ではあるまい。

今日、近代的な生活様式の起源をテーマとした研究はきわめて不完全な状態にある。なぜなら、われわれの時代を扱った広範な政治的、経済的、社会学的傾向をあとづけた仕事は充分あるし、また、さまざまな分野での専門的な研究もあるが、そうした事柄を横につなげた研究はごく稀だからである。

今日の生活様式、すなわち、われわれにとっての快適さや、われわれが抱いている態度の起源について一般的な洞察を得ようとすると、至るところで知識の不足やわからない問題にぶつかる。

個別的な研究は十九世紀の複雑な構造を包括的に取り扱うのには

もちろん不適当である。産業や発明、組織だけを扱った歴史ばかりでなく、他のさまざまな分野を通じてどんなことが同時に起こっていたかを見てゆくことが必要なのである。そうしてはじめて、特に意識しなくても、互いに驚くほど類似した現象が同時に起きていたことがわかってくる。ただそうした現象を並べて示されただけで、時代の傾向、ときにはその意味までも自然に了解されてくるのである。鉄のやすり屑といった些細なものも、磁石を置くと、形と構成をとり、力の方向を表現するが、同じように、「ものいわぬものの歴史」の断片にも、一時代の基本的な傾向を明らかにさせることができる。

本書はひとことで、われわれの時代の生活が、構成的および混乱した要素を共に含みつつ、一体どのようなプロセスをとって形成されたか、それをテーマとした研究であるといってよい。むずかしさは、構成的と呼べる事実、すなわち、真に時代の指針となった事実を篩にかけ、選別することにある。そのあとのことは資料に任せておけばよい。

「ものいわぬものの歴史」は、ある時代全体をおおう指導的な理念と直接に結びついている。しかし一方でその歴史は、その基礎にある具体的な事実に照らして検証しなくてはならない。「ものいわぬものの歴史」は多くの面から構成されているが、互いに重なり合っており、それを分けるのは容易なわざではない。「ものいわぬものの歴史」の理想は、その歴史を構成する断面をあるがままに示すと同時に、それらの相互浸透の過程を示すことにある。自然の世界では昆虫の複眼レンズがそれをやりえている。昆虫の眼は外部世界の断片的なイメージを融合させ、一つの統合された像を作り上げる。そのようなことは一個人の力の及ぶところではなく、もしこの目標が一部でも達成されたとしたら、満足しなくてはならない。

研究方法

『空間　時間　建築』では、今日の時代がいかにして自己の自覚に到達したかを、一つの分野、建築において示そうとした。

ここではその範囲を広げて、現在の生活様式、態度、本能に、これまで逃れ難い影響を及ぼしてきた機械化の到来を取り扱う。

本書では機械化を人間中心の立場から見てゆく。機械化の結果とその意味合いは簡単に言いきれないが、まず前提として、技術的なことが問題ではなくても、機械化の過程で登場する道具を具体的に理解しなければならない。

医者の場合には、身体が病気に侵されていることを知るだけでは充分でない。たとえ細菌学者でなくても、彼は研究を目に見えない領域にまでおし進めなくてはならないし、また細菌学について多少の知識を持ち、いつ病気に侵され、どのように結核が広がったかについても知らなくてはならない。歴史家も同じで、顕微鏡なしに仕事をすることはできない。ひるむことなく、テーマをその源に遡って追求できなくてはならない。一つの考えが最初に現われたのはいつなのか、どれほど速く、あるいは緩慢に広まり、そして潰え去ったかを知らなくてはならない。機械だけに注目していることも許されない。それはちょうど、医者がバクテリアのことだけを考えるわけにはいかないのと同じである。歴史家は心的な要素も考えに入れなくてはならない。なぜなら、そうした要素が決定的な影響を与えることがよくあるからである。ここでは芸術が心的要素を代表している。芸術は、ある種の現象を理解する場合、もっとも確実な手がかりとして有効である。

機械化の起こり

まず最初に、あらゆる機械化の根底をなす運動の概念について述べることから始めたい。次に、機械に取って代わられることになる手について述べる。その上で、一つの歴史的プロセスとしての機械化を取り扱う。

複雑な技術の機械化

複雑な技術を機械に置き換えてゆくことが、高度な機械化の始まりを画する。この複雑な技術から機械化への移行は、十九世紀の後半にアメリカで起こる。われわれはその経過を農民・パン屋・肉屋・家具職人・家庭の主婦などの仕事の領域で見てゆく。しかし、一つの例に限って、そのプロセスを詳しく検討することにしたい。戸の錠の手工業的生産から機械化生産への見事な転換がそれである。

全面的な機械化の最初の兆しはアッセンブリーラインであり、ここでは工場全体が一つに噛み合った有機体として統合されている。十九世紀におけるその最初の出現に始まって、両大戦間における決定的な高度化に至るまで、アッセンブリーラインはアメリカ的制度である。アッセンブリーラインについてはこれまで、大ざっぱなことしか知られていない。われわれが知るかぎりでは、アメリカの生産力に果たしたこの非常に意義深い要素、アッセンブリーラインを扱った歴史的説明は一つもない。このような理由からも、また、特に人間の問題と密接に関わり合うという意味でも、アッセンブリーラインと科学的管理法に関してはやや詳しく取り扱う。

機械化が有機体におよぶ

機械化が有機的物質におよぶとどのようなことが起きるか。ここでは、土、生長、パン、食肉といった人間の発展を通じて不変なものに直面する。ここに含まれている問いは、いっそう複雑な事象のある一部分を形作っているにすぎない。この問題を取り巻いて、人間に対して外側から働きかけ、かつ人間の内部でも作用している有機的力に対する現在の人間の関係という、より大きな問題が存在している。今日、文明と人類の生存を脅かしている破局は、われわれの肉体がバランスを失っていることのなによりの証明である。その原因は、表面に現われてこない大きな動きの中に潜んでいる。身体の内部および外部における有機的力とわれわれとの接触は妨げられ、麻痺し、引き裂かれて混沌とした状況を呈している。この有機的な力との接触は、基本的な人間的価値との結びつきがほころびるにつれてますます危くなっている。したがってわれわれは、次のような問いをまず設定したい。第Ⅳ部は、機械化が有機的物質におよぶとどのようなことが起きるか。われわれの文化がわれわれ自身の肉体に対してどのような態度を取っているかを考察して終えることにしたい。

農業の機械化

一千年の間変わることのなかった農業の構造に革命が起きる。まず十八世紀には新しい方向への模索が続き、十九世紀の前半に入って実験的な段階を迎え、十九世紀の後半、圧倒的な勢いで農業の革命が進行する。イギリスは十八世紀にこの運動の中心となり、十九世紀の後半は、アメリカの中西部がイギリスに代わって農業機械化の中心舞台になる。ここで人類史における新しい一章が始まる。すなわち、人間の土に対する関係の変化と伝統的農民の没落である。

パン

機械化がパンという有機的物質におよぶとどのようなことが起きるか。パンは、戸の錠や農民と共に人間性を表わすシンボルの一つである。機械化は、パンの成分と消費者のパンに対する嗜好をどのように変えたか。この機械化はいつ始まったか。一般の人の嗜好と生産はどのような関係を持っているのだろうか。

食　肉

動物のような複雑な有機体を取り扱う場合の機械化の限界は、どこにあるのだろうか。また複雑な技術の除去、たとえば食肉加工業者の加工技術の機械化はどのような形をとって進行するのだろうか。いまだにその意義を計りきれていないものに、植物と動物の繁植に対する機械化の影響がある。

機械化が人間環境におよぶ

機械化が始まると人間の環境にどのようなことが起きるだろうか。危険な傾向が存在すると、全責任が機械化に転嫁されるのが普通だが、実際にはそれは、機械化の到来以前に、機械化とは独立に表面化している。十九世紀の機械化がこうした傾向を促進したことは疑いないが、その傾向は機械化の衝撃がおよぶ以前に家の室内に顕著に現われていた。

快適さの変化——中世の快適さ

まず確かな出発点として、中世後期から見てゆくことにしよう。今日のわれわれの生活へ糸をひく発展は、この時代に源をおいている。この分野における類型学的研究は不幸にして欠けているので、中世はこの観点から扱いたい。最初にわれわれの関心を惹くのは、各時代に発展した快適さの型である。中世は生活の快適さをどのように理解したか。中世の快適さについての考え方はわれわれのそれとどのように違っているだろうか。両者をつなぐ輪はどこに存在するのだろうか。

人と空間の関係を追求することが、これらの問いに答える早道である。人間はその身近な環境を十五世紀、十八世紀、十九世紀そして二十世紀にどのような形で秩序づけてきたのだろうか。言い換えると、人間の空間に対する感情はどのように変化してきただろうか。

これに平行する問いとして、さまざまな時代における人間の身体の姿勢、その姿勢が座におよぼす影響に関する問題がある。

十八世紀の快適さ

近代の座の快適さの創造は、ロココに見出せる。身体がくつろげるように、家具を有機的に形作ったロココの偉大な観察力は、当時の動植物の世界に対する探求と対応している。

十八世紀末のイギリスは、家具職人の技術的な妙技に最大の関心を示し、最も洗練されたハンディクラフトに限られていたが、十九世紀の機械化家具の傾向を趣味のレベルで先取りした。

十九世紀

支配的趣味の始まり

ルイ十五世はあまり目立った役割を果たさなかったが、帝政時代に入ると、一人の特定の人物が決定的な役割を演ずるようになる。ナポレオンがその人である。これまでは機械化だけのせいにされてきたシンボルのインフレ現象がこのとき起きた。

装飾の機械化

手工芸品を模倣するという機械化の誤用と代用素材の使用が、一八三〇年から一八五〇年の間に、イギリスで表面化してくる。本能の曇りが、一八五〇年ごろ、イギリスの改革者によってはっきりと認識され、批判と運動を通して工業に直接影響をおよぼそうという試みがなされた。

室内装飾家の支配

十九世紀後半、室内装飾家の手を通じて骨組がまったくなくなったようなクッション家具が生まれてくる。それは過渡期の産物であるが、驚くほど長い寿命を保った。曖昧な判断を避けるためには、それらを類型学的に考察することが有効だとわれわれは考えた。

どのような類型がそこに見出されるだろうか。一体どのような形でそれらは機械化と結びついているのだろうか。また、そうした家具の形態は螺旋スプリングの導入とどのように結びついているのだろうか。それが初めて使用されるようになったのはいつのことだろうか。

シュルレアリストは、機械化された装飾やクッション家具、そして室内の全体にまといついていた心理的に不安な状態を解く鍵をわれわれに与えてくれている。

十九世紀の構成的家具

支配的趣味に真っ向から対立するものとして、今まで研究されてこなかった一群の特許家具がある。この場合、機械化は新しい分野の開発と結びついている。特許家具には十九世紀の創造的本能が発揮され、それまでには解決されていなかった必要を満たしている。十九世紀の姿勢に対して回答を与えている特許家具は、技術者の手を通じて生まれた。それは、可動性と身体に対する適応を基礎にして製作されている。アメリカでは一八五〇年から一八八〇年代の後半にかけて、ヨーロッパにはかつて見られなかった、このような動作問題を解決する才能が芽生えた。しかし、一八九三年以後、アメリカも支配的趣味の影響下に入り、その才能を失ってしまった。

二十世紀の構成的家具

次に主導権はヨーロッパ人の手に移る。この時期に作られた新しい家具は、新しい建築の概念と結びついている。それは、個々ばらばらの家具ではない、型の家具である。それらはごくわずかな例外を除き、現代建築の指導者となった建築家たちの仕事である。

家事の機械化

家庭の主婦の仕事の機械化は、他の複雑なハンディクラフトの機械化と似ていなくもない。家庭雑事の軽減は類似した二つの道筋にそって進行した。その第一は作業プロセスの機械化であり、第二はその組織化である。どちらの場合にも、一八九〇年代のアメリカがその最もよい見本である。発展のピークは両大戦間にやってきた。問題としては次のようなことが挙げられる。すなわち、家事の機械化はアメリカにおける女性の地位と結びついているだろうか。クエーカー教徒や清教徒のものの見方に根ざしているのだろうか。台所の組織化は、一九二七年頃ヨーロッパに起こった新しい建築運動にその出発点をもっている。それは、住宅全体が作り変えられる過程で起こった。

われわれは、炉の機械化をさまざまな機械工夫の先頭に位置づけた。石炭レンジに始まって電気による調理に至るまで、熱源の集中化とその自動化の傾向が観察される。この傾向は現在も進行中のようである。

家事における機械的快適さを担ったさまざまな用具についても調べてゆくことにしよう。同時に、その個々の用具が現われてくる様子、および、それらが一般大衆によって受け入れられてゆく過程を見てゆきたい。なかでもその中心は、洗濯、アイロンかけ、皿洗い、ゴミ処理といった、清潔をはかる作業の機械化である。それらの器具に対する感情の影響も見逃すわけにはいかない。流線型様式がその例である。

機械的器具の開発が終わり、一般に普及するようになって始めてアメリカ工業の関心は次に、作業過程に含まれるさまざまな器具を組織化することに向かった。かくして一九三〇年代に現われた流線型の台所はその付属設備とともに住宅の偶像の地位にのぼった。

全面的機械化の時代に至って、一八六〇年ごろすでに民主主義と相容れないと考えられていた使用人の問題が切実になってきた。使用人を必要としない家事管理の問題がそれである。このことに関連して、住宅の機械コアを合理的に設計し、それを通じて機械施設のコストの増大を食い止めようとする試みがあった。

入浴の機械化

入浴設備に関する歴史は、近代のそれを評価する際、よりどころとなる基準を少しも与えてくれていない。風呂の型の選択が必要になったとたんに始まり十九世紀全体を通じて見られた不確かさや動揺を考えれば、そのことはただちに了解される。

十九世紀は、様式という様式をすべて模倣したが、過去の風呂の型もひとつ残らず再現した。しかし、改良主義者たちの運動や贅沢な浴室の発展以外には、入浴設備に関しほとんど進歩は見られなかった。一般大衆の間では、一番安上がりな入浴方法について真剣に話し合われた。一九〇〇年ごろの混沌とした状態は、専門家がひとつとして満足のゆく浴槽を提示できなかったという事実によく示されている。しかしたとえできたとしても、歴史的に意味のある型を設定することにはならなかっただろう。そもそも、次のような疑問が残っている。一体入浴という行為は、ただ身体を清潔にするというだけのことなのか、それとも、有機体としての人間の蘇生をはかるという、いっそう広い行為の一部なのか、という疑問がそれである。歴史をふりかえってみると、過去の文化では入浴は心身の全面的蘇生をはかるために行なわれていたことがわかる。そこで、ごく簡単にでも、西洋における心身蘇生法の類型学を試みる必要が生じてくる。古代イスラム、ゴシック後期、ロシアの蘇生法の源は、アジアの内陸にまで遡れる。それらはある共通の原型を反映しているように思われる。

こうした入浴方法はすべて、ただ身体の外側をきれいにするだけでなく、さまざまな手段を使って心身を全面的に活性化することを狙っていたが、具体的な方法は文化によって異なっていた。中世の衰退に始まる現代文明は、組織的な蘇生法によらなくても、文明に必然的に伴う傷を癒せると考えてきた。機械化は、最も原始的な型の入浴設備に金ピカの外観を与えることでしかなかった。

類型学的方法の採用

今日の時代にふさわしい問題の取扱い方の特徴は、常に物事の相互関係に留意してかかるという点にある。ここから類型学的方法が生まれる。様式の歴史は主題を水平方向に辿る。一方、型の歴史は垂直方向にそって追求される。ものを歴史的空間の中で見ようとすれば、両方の見方が必要である。

十九世紀を通じて勢いを得た専門的な研究方法は、様式中心の歴史を前面に押し出した。そこに類型学的な見方は稀にしか存在せず、たとえあったとしても、やむをえない場合、たとえば家具の百科事典を編纂するといった場合だけであった。普遍主義の血が流れていた一八八〇年ごろのフランス人による貢献は、この点で比較的満足すべきものである。膨大なオックスフォード辞典も、困ったときの友になることがある。

われわれはさまざまな現象の生長を辿ることに関心がある。長期にわたって事物の帰趨を読み取ることに関心があるのだと言い換えてもよい。垂直的に見てゆくことで、ある型の有機的変化をあとづけることが可能になる。

ある物の型を研究しようとするとき、どこまでその型の歴史を遡ればよいかは場合によって違う。規則や処方箋はない。案内の役を果たすのは歴史家ではなく資料である。ある場合には、かなり遠くまで遡って歴史を回顧しなければならないだろうし、少し振り返ってすむ場合もある。要するに大切なのは、物事を一望におさめ、同時に見る視点である。その場合に、現象をとびとびに取り扱うことになるかもしれない。しかし、さまざまな時期と、ある一時期におけるさまざまの分野とを同時に認識しないことには、現象の内的な生長についての洞察は得られない。

歴史を星座にたとえると、歴史家はもう一つの自由を要求できる。彼はある現象、ある意味の断片については細かく観察しても、一方、それ以外のことには注意を向けなくても許されるという特権をもっている。その結果、現代絵画の例で言えば、手だけが異常なほど画面いっぱいに広がり、体はただその存在がわかる程度、あるいは、その一部だけが描かれているといった、何か異常なプロポーションが生み出されることがある。このような、プロポーションを決める自由は、全体としての歴史の意味を再現しようとするときに必要になってくる。

年代

歴史家の仕事の客観性は、資料を、その性質と時間的な構成に忠実に取り扱うことによって保たれる。

年代は歴史家の「ものさし」である。年代によって歴史的空間を区分することが可能になる。年代は、それ自体としては、あるいは個々ばらばらの事実に結びつけられただけでは、切符の番号と同じで、意味がない。しかし、その年代の相互関係を考えると、言い換えれば、それらが歴史上の人物の網の中で垂直にあるいは水平方向に関連づけられると、年代は一つの構図を描き出す。そのとき初めて年代は意味をもってくる。

いつ、どこで現象が最初に現われたか、あるいは、さまざまな分野で一般化したかを記録することにより、相互連関の地図を描くことができると同時に、歴史の生成に関する客観的な見通しが得られる。

第II部　機械化の起こり

運動

現実は絶えず変化し流動しており、直接つかまえることはできない。現実はあまりに巨大であり、素手で立ち向かったのでは必ず失敗する。現実と取り組むには、オベリスクを建てたときのように、それにふさわしい道具が必要である。

技術においても、また科学や芸術においても、現実を支配するには道具を作らなければならない。道具にはいろいろある。機械化のために作られる道具もあれば、思考や感情のために工夫されるものもある。しかし、それらの道具の間には内的な絆、方法論上の結びつきが存在する。この点については、これからもたびたび触れてゆくつもりである。

ギリシャ時代および中世の「運動」に対する態度

われわれの思考と感情は、隅々まで、運動の概念とつながっている。われわれは、世界についての認識を大きくギリシャ人に負っている。たとえば、彼らから数学と幾何学、思考と表現の方法といった偉大な基礎を引き継いだ。われわれはギリシャ人から遠く隔たり、以後多くの点で進歩を遂げたが、一般的にはギリシャ人が置いた基礎に新しいものを付け加えはしなかった。こうした中で、ギリシャ時代を乗り越えた領域のひとつに、運動に関する理解があげられる。運動という、絶えずその形を変えているものを探究しようという衝動は、われわれの科学的思考とともに、究極には感情表現の通路を決定した。

ギリシャ人が運動について適切な説明を見出さなかった、あるいは正確な論理的な言語に表現しなかったのは、彼らが無能だったからではない。その理由は、彼らの宇宙観そのものに潜んでいる。ギリシャ人は永遠の理念が支配する世界、変わらぬものの世界に生きていた。この世界観を基礎に、彼らは思考と感情を表現するそれなりの公式を発見することができた。今日に引き継がれている彼らの幾何学と論理がそれである。アリストテレスを含めて、すべての古代人は、世界は静止しているもの、時間の始まり以来存在しているものと考えていた。

次に、このような見方とは反対に、世界は創造され、意志の力で運動を始めたとする宗教上の理念が生まれた。世界を「動かされたもの」とみなす考え方は、ゴシックの全盛期に科学的な成果を生み出した。スコラ哲学者はアリストテレスを復活させた。よく知られているように、アリストテレスの権威は十七世紀に入ってきわめて強力になり、運動に基礎を置いた新しい世界観の芽生え（ガリレオ）をほとんど押し潰すほどであった。ただ、スコラ学者は、ある重要な問題においてアリストテレスに挑戦した。世界はいかにして無から創造されたか、どのような原因、第一原因が神の行為の根底をなしているか、というトマス・アクィナスの問いかけがそれである。この問いかけから、変化とは何かという疑問に答えようとする努力、それと密接に関連して運動の探究が生まれた。

ギリシャ神殿は垂直方向にも水平方向にも強調されず、力の均衡を象徴しているが、このことからもわかるように、古典的世界観では地球が宇宙の永遠に動かない中心であった。

ゴシックの聖堂が垂直にそそり立っている様子には、力の均衡などはまったく表現されていない。それは永続的な変化と運動の象徴であるかのようである。その聖堂から流れ出る静けさと瞑想的な雰囲気は、誰をも捉えて離さない。しかし一方では、建物全体が、内においても外においても、止むことのない運動の流れに身を置いている。

一方、スコラ学者は、運動の本質を説明することにますます関心を向けるようになった。ピエール・デュエムが言っているように、地球が毎日自転しているという仮説は、十四世紀以後、パリの哲学者のサークルで活発な議論の的になった。リジューの大司教ニコル・オレーム（一三二〇？—八二年）は、この仮説(1)を全面的に支持した。偉大なフランスの物理学者で、数学者、歴史家でもあったデュエムが指摘しているように、オレームの説明には後のコペルニクス以上の正確さがあった。オレームは、チャールズ五世の要請で翻訳された、アリストテレスの天に関する論文（『天と世界』）の最初のフランス語版に、洞察に満ちた注釈を添え、そこで自分の理論を説明している。そして、彼の理論に関係した章に、「毎日動いているのは地球で、天ではないことを示す幾つかのすぐれた議論」(2)という表題をつけている。その文中で彼は、天の運動は地球が太陽の周囲を回っていると考えても説明できるとし、また回転しているのは地球であり、天が地球の周囲を回っているのではないと述べている。コペルニクスにヒントを与えたのはオレームかもしれないというピエール・デュエムの主張に対し、コペルニクスは、プトレマイオスの体系の論理上、また幾何学上の矛盾を指摘することから出発したのだという反論が行なわれた(3)。しかしたとえその反論が正しいとしても、それはけっしてオレームの業績を低くすることにはならない。

ニコル・オレームは、パリの優秀なスコラ学者のグループの出身で、ジャン・ビュリダン（一三〇〇—五八年頃）や、ザクセンのアルベルト（一三一六—九〇年）以後、そのグループを代表する最後の偉大なスコラ学者である。当時のスコラ学者たちの議論や思考方法に常に影をおとしていたのは、アリストテレスという巨大な人物だった。アリストテレスを除いて指針となれる人物はいなかった。彼らはアリストテレスに照らしてその考えを検討したし、思索の焰も彼を通じて燃えさかった。アリストテレスは彼らの思考に一つの足場を提供していたのである。スコラ学者は、科学の闇夜の時代に、手探りするように注意深く未知の世界へ分け入った。ある時は昔の権威に異論を唱えて地球が回るのだと言い、またある時はそうでないと主張した。われわれは彼らの神学的・アリストテレス的な思考様式に、われわれ自身の数学的な考え方を当てはめたりすべきではない。数学的思考様式は、デカルト以後われわれの意識の中で育ってきたものだからである。スコラ学者たちは手探りで探究を進めつつも、ゴシックの聖堂を建てた偉大な建築家のように大胆に思考した。彼らはあの奇想天外なアリストテレス的な運動の概念を排し、代わって新しい運動の概念をうち立てた。それが今日一般化している考え方である。

十四世紀、初めて運動を再現する

ここでわれわれの関心を惹くのは、運動が初めてグラフに表現されたことである。これに成功したのはニコル・オレームであるが、そのグラフが掲載されている「強度について」(4)という論文は、アリストテレスの方法にならい、ある物体の質と量に関する一般的な考察から出発している。オレームは、ある質の強度の変化を見極めようとし、これをグラフを使って決定する。彼は、ある物体の外延（エクステンシオ）を、十七世紀のデカルトのX軸に相当する基線に位置づけ、さまざまな段階における物体の強度の変化は、基線から垂直に引いた直線（Y軸）で表現する。強度相互間の比率は、この垂直線に現われる。物体の質の変化は、垂直線の頂点を結んで得られる幾何学的図形の中に表現されている。オレームの論文には図が添えられているが、その図の一つ（図二）で、強度はオルガンのパイプのように表現されている(5)。それらが描き出す曲線が質の変化を表現している。

オレームは、この基本的な方法を運動の本質を研究する際にも適用し、速度（ベロシタス）と加速度の性質についての洞察を得た。グラフを使って、彼は運動、時間、速度、そして加速度を表現する(6)。

オレームのグラフを使った方法には、一体どんな目新しさがあったのだろうか。オレームは、運動は運動によって、変化は変化するものによってのみ表現できることを理解した最初の人であった。具体的には、一つの物を何回も繰り返して示せばよく、この方法で運動や変化は表現できるというわけである。ある物を一つの絵画の中で何回も繰り返して描くことは、後期ゴシックの作品を見れば明らかなように、中世の芸術では別段珍しいことではなかった。そこでは同じ人物、たとえば十字架にかかったキリストが一つの絵に何回も現われている。デカルトがその『幾何学』（一六三七年）において、座標軸を使って円錐曲線の法則を表現したときにはすでに、アリストテレス的、スコラ的なものの考え方は消滅しており、変量がグラフを使った表現のみならず数学においても基本になっていた。デカルトは変量を使って数学と幾何学を結びつけた。

十九世紀と運動の捕捉

グラフに表現された有機体の運動（一八六〇年頃）

十九世紀は大きな飛躍を成し遂げ、文字通り自然の鼓動を感ずるようになる。フランスの生理学者エティエンヌ・ジュール・マレーは、研究生活を始めて間もないころ、スパイグモグラフ（一八六〇年）を発明した。それは煤で黒くしたシリンダーの上に、人間の鼓動の波形とその頻度を記録するための装置だった。この時期には、ヴントやヘルムホルツといった学者も筋肉や神経内の運動を測る装置を

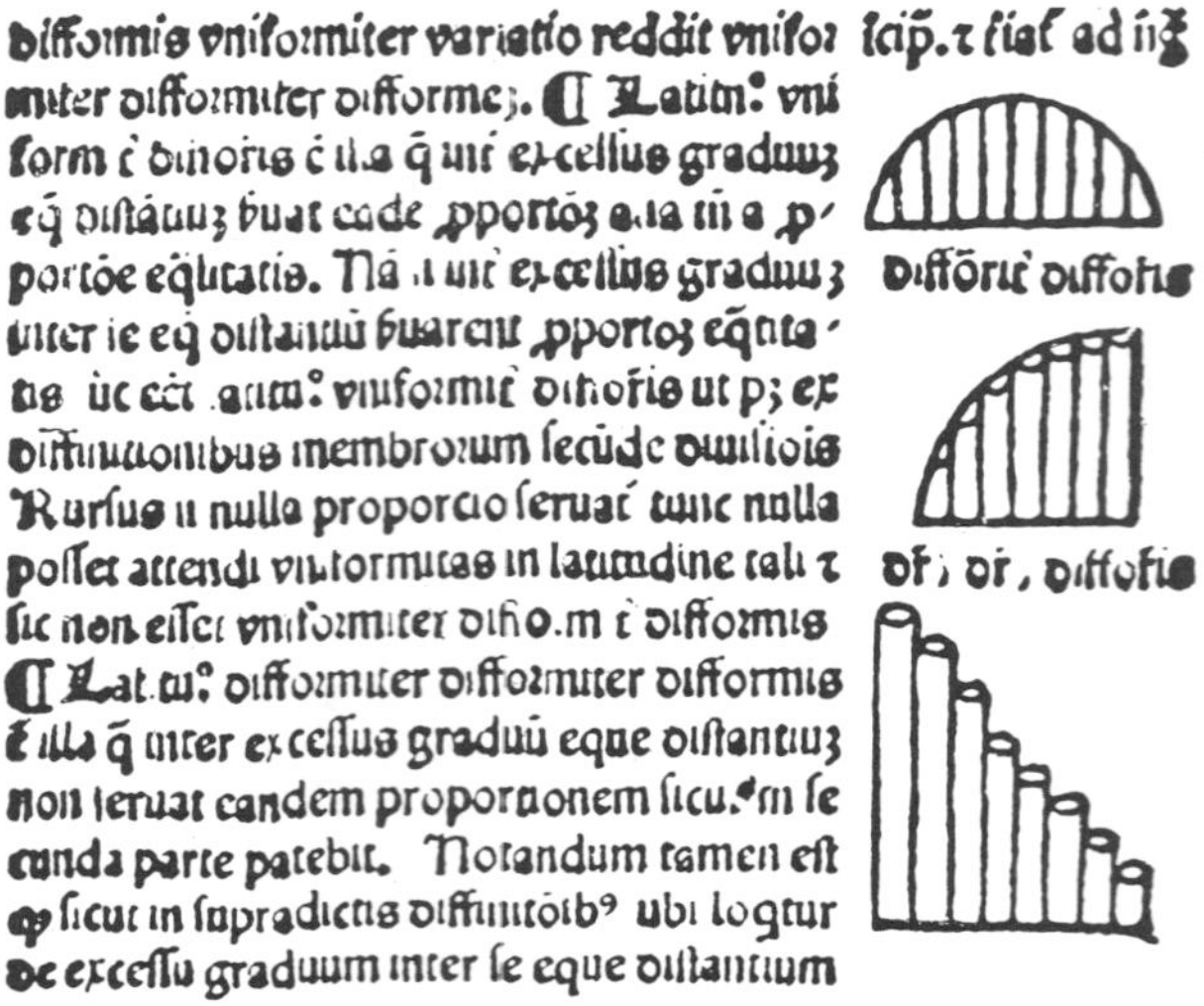

difformis vniformiter variatio reddit vnifor
miter difformiter difformem. ¶ Latitu° vni
form e difformis e illa q inter excessus graduu
eq distantium seruat eade pportoe a ta n a p
portoe equalitatis. Na si inter excessus graduu
inter se eq distantiu seruaret pportio equita
tis iam eet latitu° vniformiter difformis ut p3 ex
diffinitionibus membrorum secude diuisionis
Rursus si nulla proporcio seruat tunc nulla
posset attendi vniformitas in latitudine tali ꝛ
sic non esset vniformiter difformis. ¶ Latitu° difformiter difformiter difformis
e illa q inter excessus graduu eque distantiu
non seruat eandem proportionem sicut in se
cunda parte patebit. Notandum tamen est
q sicut in supradictis diffinitionibus ubi loqtur
de excessu graduum inter se eque distantium

1　ニコル・オレーム：運動を初めて視覚的に表現したもの，1350年頃。物体の質的変化は，リジュールの大司教ニコル・オレームによって初めてグラフとして表現された。その変化は水平軸，後のX軸上に並んだ垂直線によって示された。

2　E. J. マレー：マイオグラフ。筋肉運動記録装置。1868年以前。電気の反復刺激に対する蛙の脚の反応。

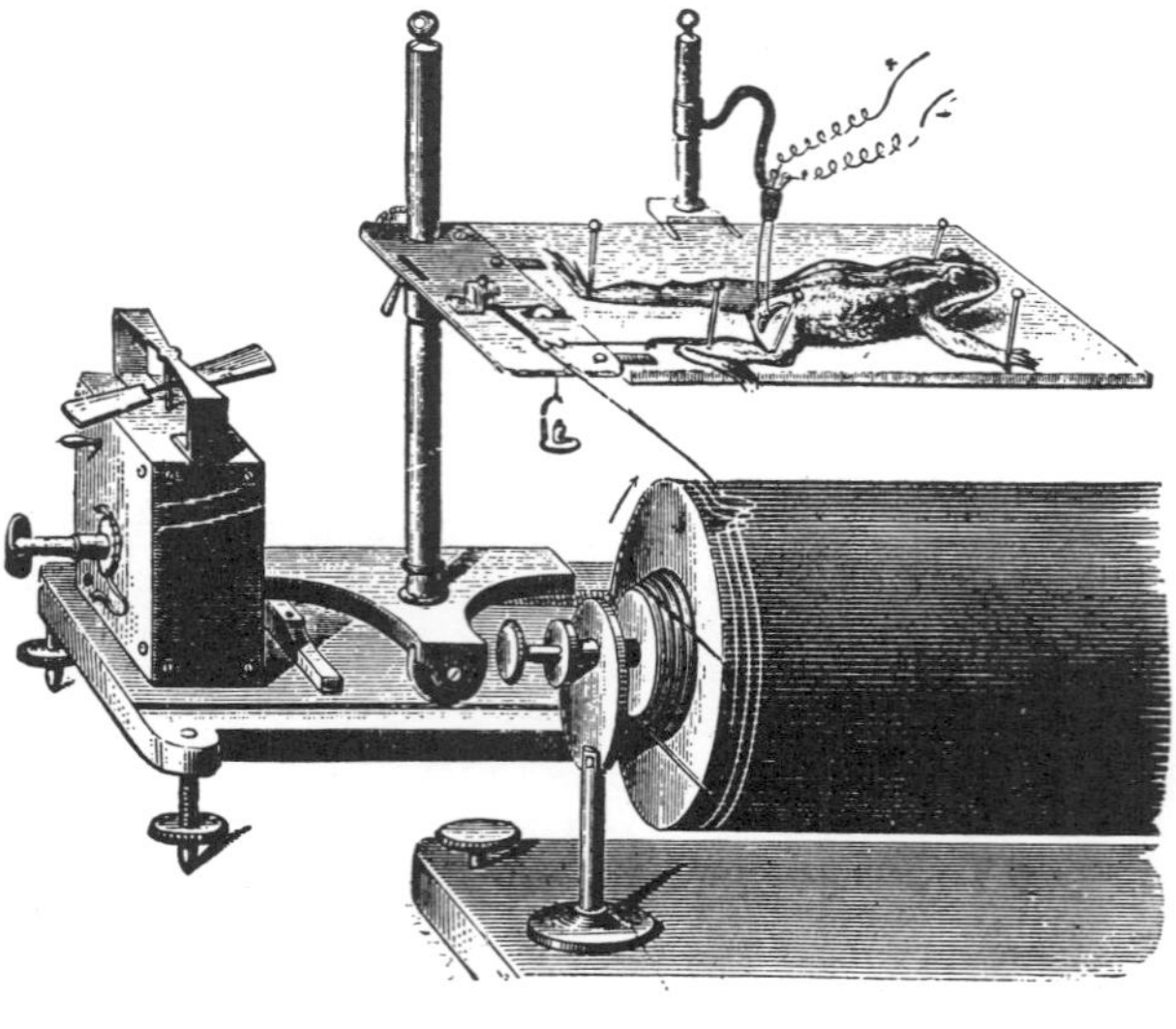

3　E. J. マレー：筋肉の運動を記録したもの。1868年以前。電流の刺激に対する蛙の脚の反応。

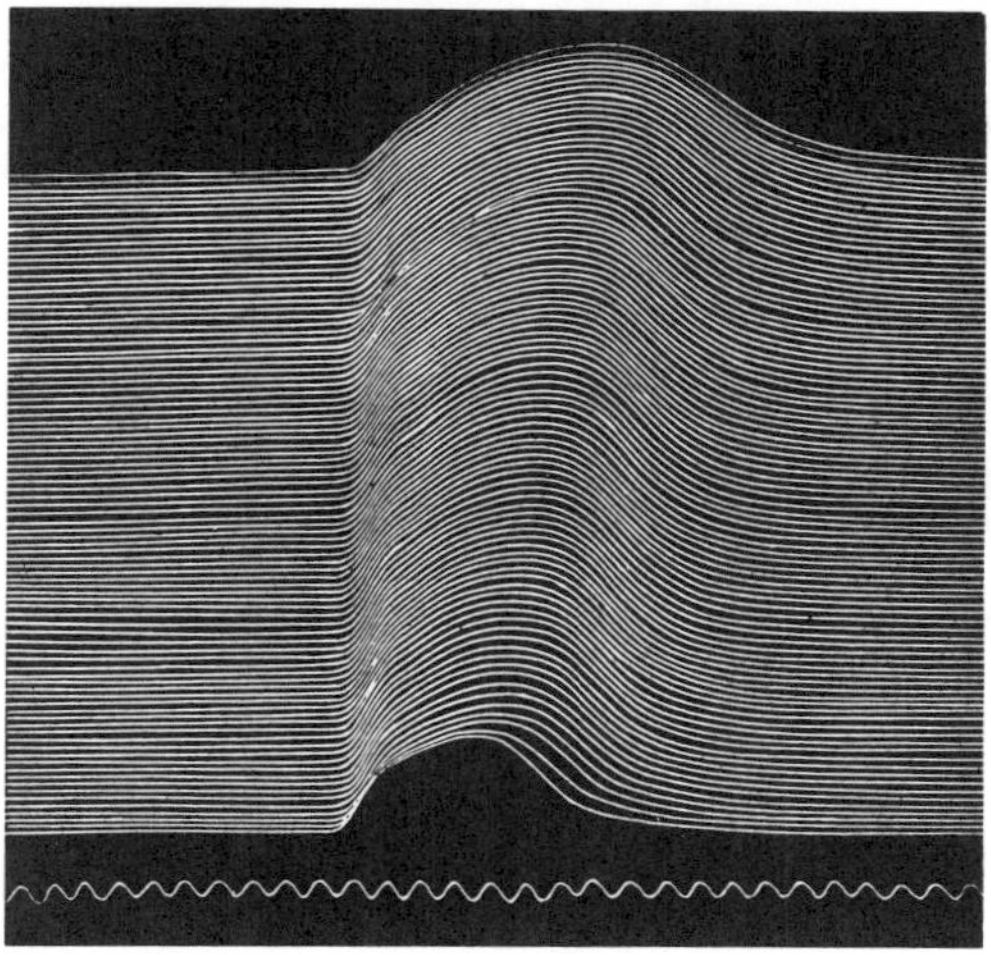

工夫しようと懸命だった(図二)。マレーもそのような偉大な学者の一人であり、十九世紀の構成的側面を今日に伝える代表的人物である。

あらゆる形の運動、たとえば血液の流れが示す運動、刺激された筋肉が示す運動、馬の足並み、水生動物や軟体動物の運動、昆虫や鳥のはばたき、こうしたあらゆる形の運動が、マレーの研究の変わらぬテーマであった。最初に人間の鼓動を記録する装置を工夫したときから、空気の流れの渦巻きを研究し写真の感光板に記録した一九〇〇年の最後の研究に至るまで、あるいは、血液のグラフによる研究に基づいた血液循環に関する最初の著書に始まり、出版の翌年に英訳された最後の、そして最も人気のある著書『運動』(一八九四年)に至るまで、マレーの思考は常にわれわれの時代の中心的概念、運動をめぐって展開した。

マレーはデカルトを強く意識していたが(7)、彼の場合には円錐曲線に代わって有機体の運動をグラフに記録した。彼は、研究テーマへの精通ぶりと広い視野を遺憾なく反映した著書『実験科学におけるグラフ的方法』の中で、偉大な人にしてはじめて可能な尊敬の念をこめ、彼の精神上の先達について語っている(8)。

十八世紀に入ると、グラフ的再現法を他の新しい領域にも適用する初期の努力がみられた。その狙いは歴史的次元の変化をわかりやすくすることにあった。たとえば、プレイフェアは一七八九年、一六八八年―一七八六年のあいだの国債の変動を曲線で表わしたが、そこには戦争の影響がはっきり示されていた。その後、一八三二年のコレラ大流行の経過も同じ方法で記録された。マレーによれば、地図に等高線を描くことはすでに十六世紀に始まっていたが、ナポレオン以後やっと一般化したという。マレーはまた、馬の足並みの連続的な動きを表現しようとした十八世紀の試みについても述べている(図一二)。

蒸気機関の発明者、ジェームズ・ワットは、マレーの直接の先輩と呼べるかもしれない。というのは、ワットは、マレーも書いているように「機械工学に最初の記録装置を導入し、たちどころに最も難しい問題のひとつ、つまりシリンダー内に起きる蒸気の運動をグラフに表現する問題」を解決したからである(9)。蒸気の運動を図表に記録するこの装置は、マレーの仕事への橋渡しの役割を果たしてい

4　E. J. マレー：蛙の脚の反応を記録したもの。1868年以前。温度の上昇に伴い筋肉が硬直し機能が漸進的に衰退してゆく様子。

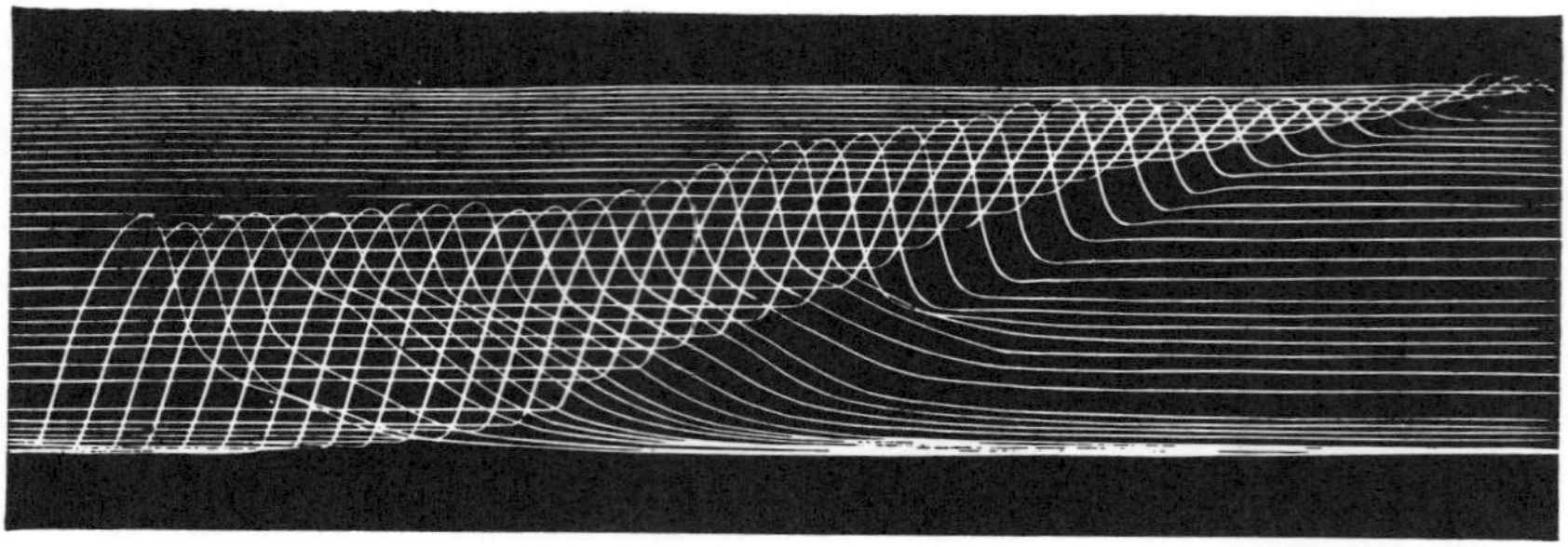

5　E. J. マレー：より大きな運動の記録——飛翔，1868年。マレーは，飛んでいる状態の鳥の運動を記録しようと，鳩を回転木馬のようなものの腕にとりつけた。空気ドラムに結びつけられた翼の軌跡がシリンダーの上に記録される。

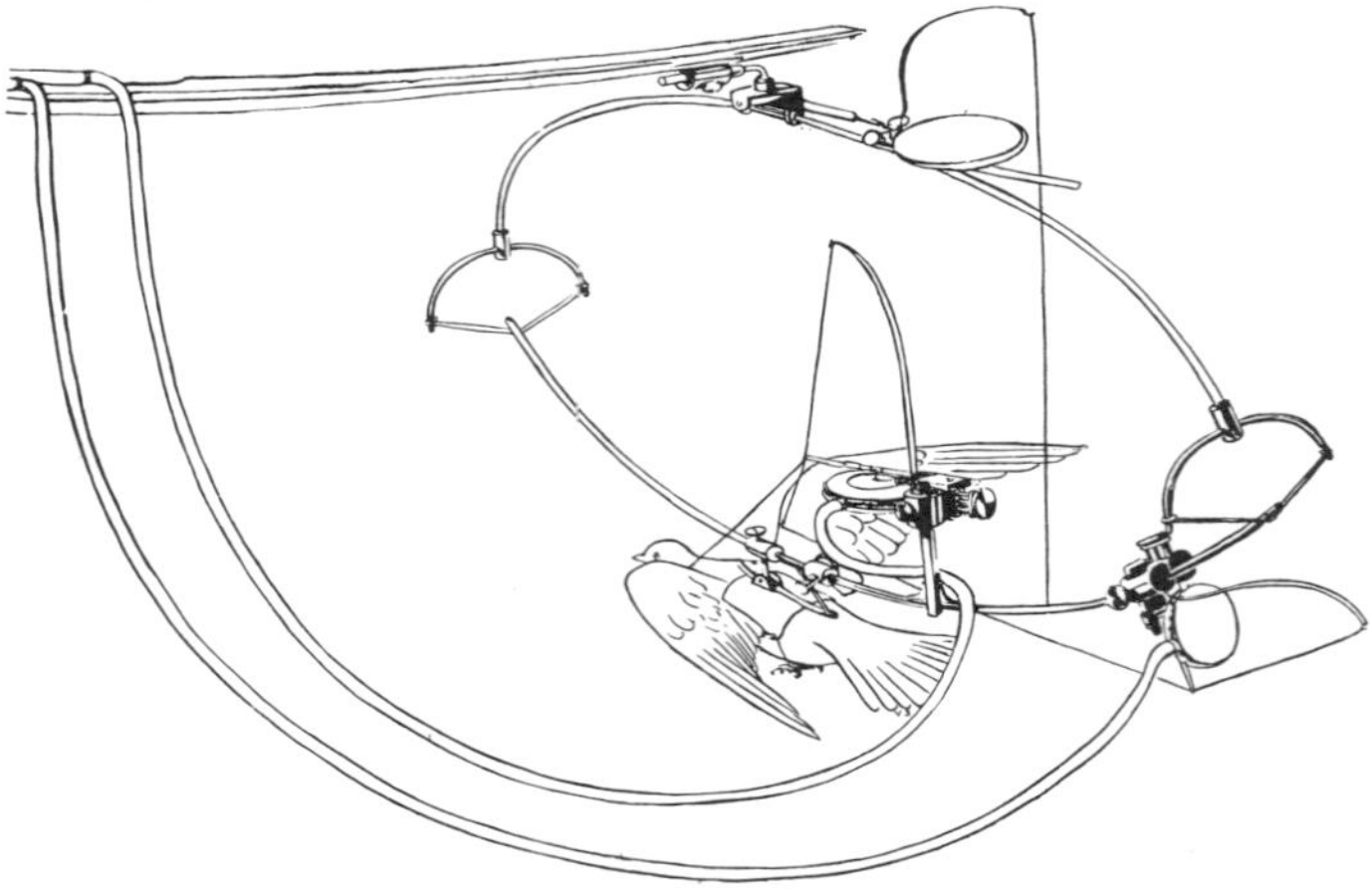

6　E. J. マレー：写真による運動の記録。鳥の飛翔の段階を記録する写真銃，1885年。円筒の部分にカメラのレンズが入っている。引金をひくとシリンダーの中の感光板が変わる。露出は１分間に16回である。(『実験科学におけるグラフ的方法』パリ，1885)

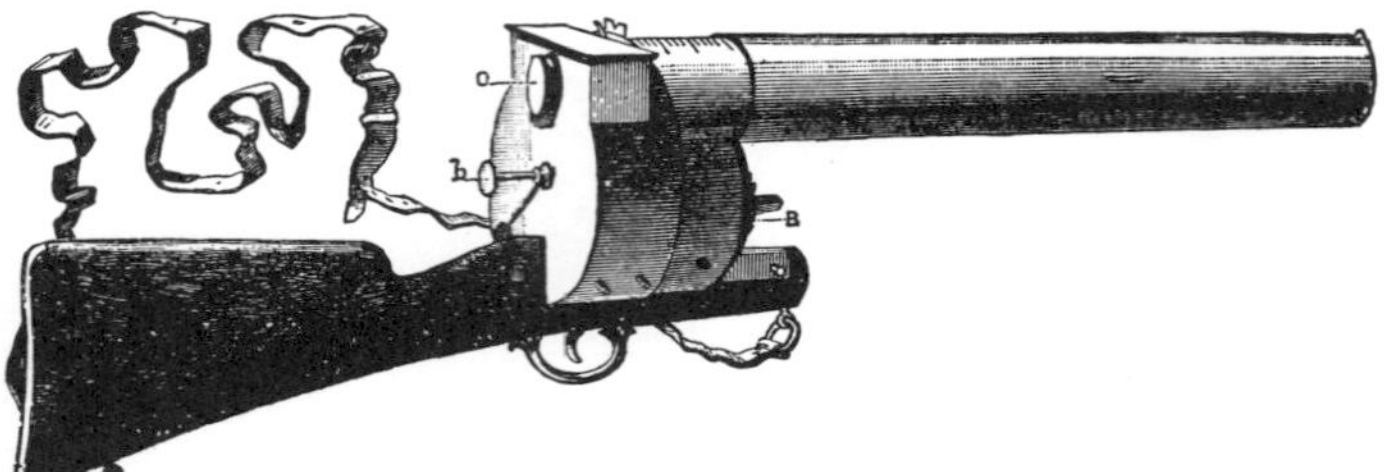

る。マレの中では、天才的実験生理学者と天才的エンジニアの二つの資質が結びついていた。彼は、その研究生活の前半、「記録装置」(図二)の発明家として疲れを知らぬ働きぶりを示した。その記録装置は、煤でいぶした円筒に針を這わせ運動を記録するというものであった(10)。そこに描き出された曲線(図三、四)はそれ自体大変面白く、彼の言葉を借りれば「現象を直接伝える言語」(11)になっていた。一八八〇年代の初期、マレーは写真を使い始めた。

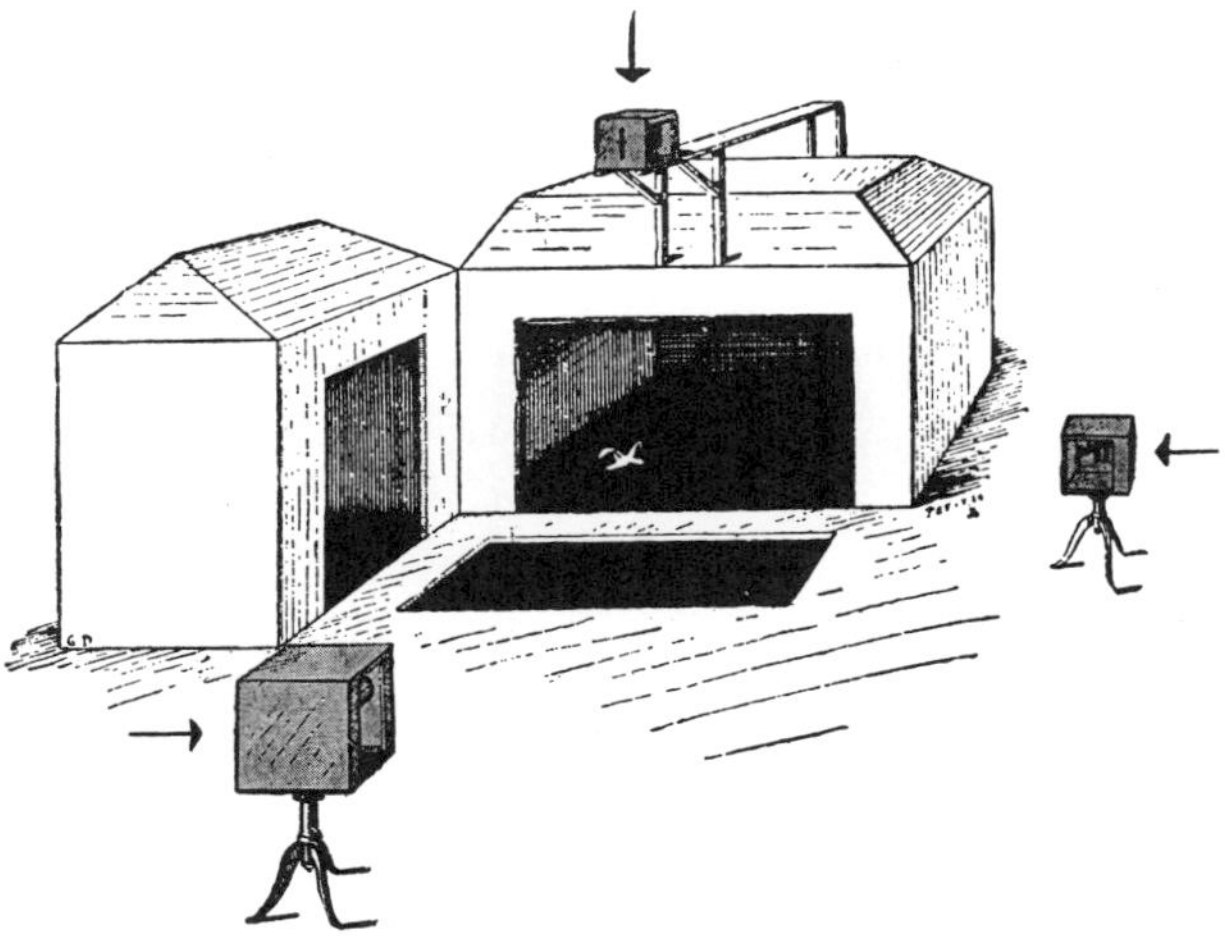

7　E. J. マレー：鷗の飛ぶ様子を3方向から記録する装置。1890年以前。パリの皇太子公園にあったマレーの実験室で，3台のカメラを，黒く塗った壁や床に対して垂直に向け，鷗の運動を同時に記録した。(『鳥の飛翔』パリ，1890)

空間における運動の視覚化(一八八〇年頃)

最後にマレーは、われわれの興味を特にそそることを始める。空中での運動をそのまま表現する試みがそれである。彼も繰り返し強調しているように、そのような運動は肉眼では捉えられない。

彼は、まず最初、一八六〇年代の末、運動をグラフで表現しようとした。鳩を記録装置(図五)に結びつけ、煤で黒くした円筒上に羽が描く曲線を記録しようとし、見事に成功をおさめた。

一八八〇年代の初頭、マレは運動を再現する目的で写真を使い始めた。彼がその考えを思いついたのは、一八七三年、一人の天文学者が科学アカデミーに、太陽の動きを四段階に分けて一枚の板に示したときである。もう一つ彼にとってヒントになったのは、同僚のジャンサンが発明した「天体観測装置」である。ジャンサンは、マレーとほとんど同時に、回転する円筒に太陽をめぐる金星の軌道を記録した。マレーはこの方法を地上の物に使ってみようとしたわけである。彼は、鷗の飛ぶ様子を追跡しようと、「写真銃」(図六)を工夫し、運行する星の代わりに飛んでいる鳥の様子を写真に収めた(12)。

方法の上では大きな違いがあったが、マイブリッジがカリフォルニアで写真を使って行なった驚異的な動作研究も、この方面でのマレーの仕事にとって刺激になった。マイブリッジは、カメラを何台か並べ、一台のカメラで運動の一つの段階を捉えるという方法をとった。マレーは、生理学者として、運動をただ一枚の板の上に、しかも一つの視点だけから捉え、連続した動作をあるがまま記録しようとした。それは、彼が前に煤でいぶしたドラムの上に運動を記録したのと同じ方法である。マレーは、一八八一年パリの自宅にマイブリッジを招いて、ヨーロッパの最も優れた物理学者や天文学者、そして生理学者などの仲間に紹介した。そこで、マイブリッジの問題に対する直裁な取組み方は好評をもって迎えられた。

　しかし、飛んでいる鳥も写真で捉えるというマイブリッジの方法は、マレーを必ずしも満足させたわけではない。デカルトが幾何学的形態を投影したように、マレーが知りたかったのは飛翔の三次元的性格だった。というのも、昆虫や鳥の飛翔は三つの次元で自由に繰り広げられるからである。一八八五年頃、マレーは、鳥を同時に上から、横から、また前面から見られるよう三台のカメラをセットした(図七)。パリの皇太子公園《パルク・デ・プランス》の実験場に巨大な格納庫を設け、壁、天井、床を黒くして一羽の鷗を飛ばせて写真をとった。普通、人間の目には見えない単純な現実も、こうして写真にとってみると、言い知れぬ感動を与えるものである。

　マレーは、鳥が飛ぶ様子をいっそうよく知ろうと、その後、写真の重なっている部分を切り離して表現し(図八、一〇)、さらに鷗が飛んでいる様子を表現したブロンズ製の彫刻(図九)まで製作した。「空中に展開する壜」(一九一二年)と、「行進する人」(一九一三年)の作者であるボッチョーニがこれを見ていたら、さぞ喜んだことだろう。彼はその後の研究(13)でも映写機を広く使用したが、この目的にはあまり適していないことがわかった。

　さらに面白いのは、運動をその担い手から引き離し、それ自体として直接に視覚化しようとしたマレの初期の実験である。この考えを究極まで進めたのはマレーではなかったが、彼が表現した鳥の翼(一八八五年頃)と人間の歩行(一八九〇年頃)の軌跡は、歴史的な意義をもっている。

　彼はまず、運動が空中で展開している有様をそのまま視覚化しようと、磨いて光らせた金属の玉で空中に自分のサインを描いてみた。すると彼のサインは、はっきり写真板に残っていた。さらに小さな紙片をカラスの翼に取り付け背景を黒くして飛ばせたところ(一八八五年頃)、飛翔の軌跡が光の道のように写し出された(図一八)。一八九〇年頃には、モデルの腰椎の下の部分に光源を取り付けて歩かせ、後ろから写真をとっている(図一七)。彼は、後の講義(一八九九年)で、こうして描き出された曲線を「光の軌跡、多様でしかも統一ある、終りなきイメージ」(14)と呼んでいる。彼は、研究の対象をマラルメのような感受性をもって見る科学者であった。彼は、自らの研究方法を「時間写真」(クロノフォトグラフィー)と呼んでいたが、その目的は、人間の肉眼では知覚することのできない運動を、目に見えるようにすることにあった。

　技術的手段を欠いていたために、こうした初期の目的は充分に実を結ぶにはいたらなかったが、それは別のところ、工業の分野で果たされた。一九一二年頃に始まった「科学的管理法」がそれである。その狙いは、ある動作の繰返しを刻明に記録することにあった。それによって初めて、作業過程は正確に観察できるようになったし、純粋な動作もはじめて目に見える形で正確に捉えられた。科学的管理法は、人間の手が仕事をする様子の全過程をあますところなく描き出した。一九一二年頃、この方法を徐々に完成へと導き、運動の視覚化に成功をおさめたのは、アメリカの生産技師、フラン

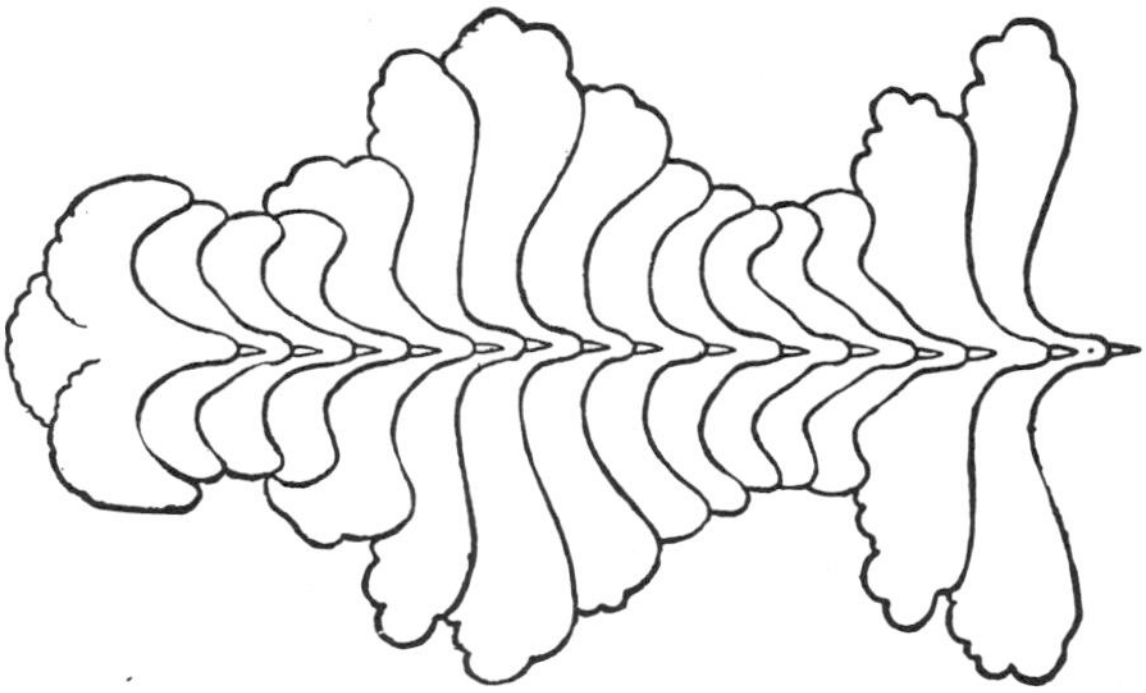

8　E. J. マレー：飛んでいる鷗を上から投影した図，1890年以前。(『鳥の飛翔』)

9　E. J. マレー：飛んでいる鷗のブロンズ像。(『鳥の飛翔』)

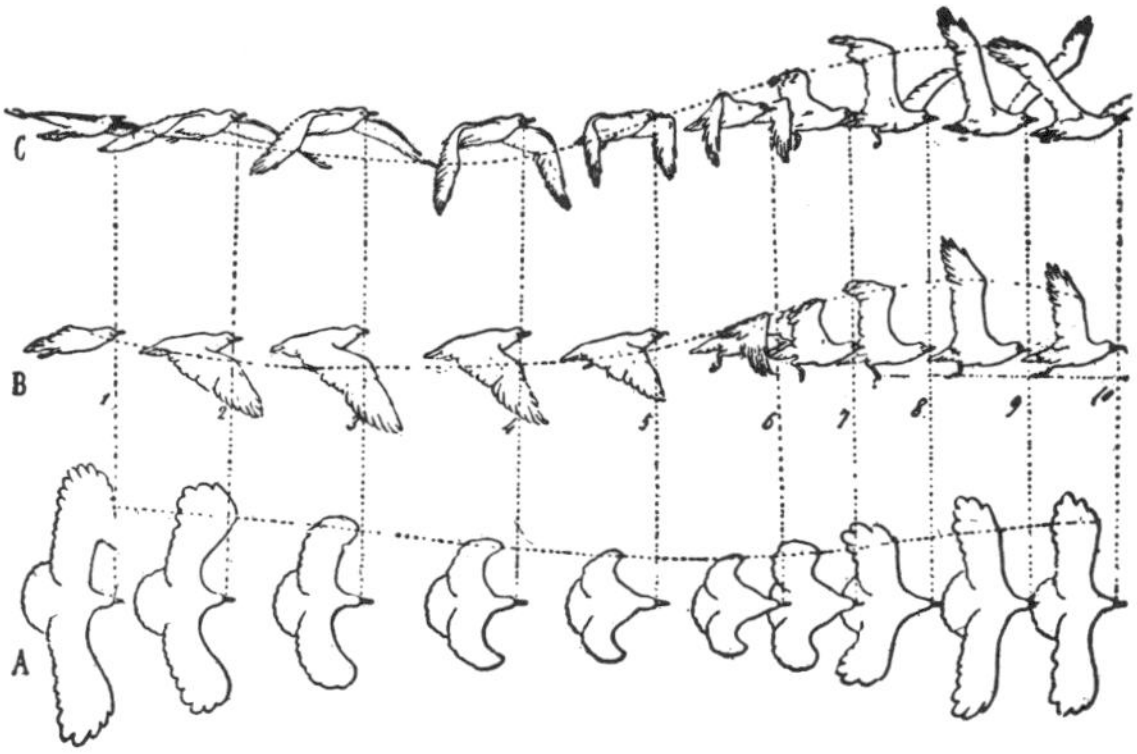

10　E. J. マレー：鷗の飛翔を3方向から撮った記録。図7に示した実験の結果。曲線は垂直面に投影された運動の軌跡を表現している。鳥の頭部をつないだ点線は同じ段階であることを示す。見易いように，図では各段階間の距離は誇張されている。(『鳥の飛翔』)

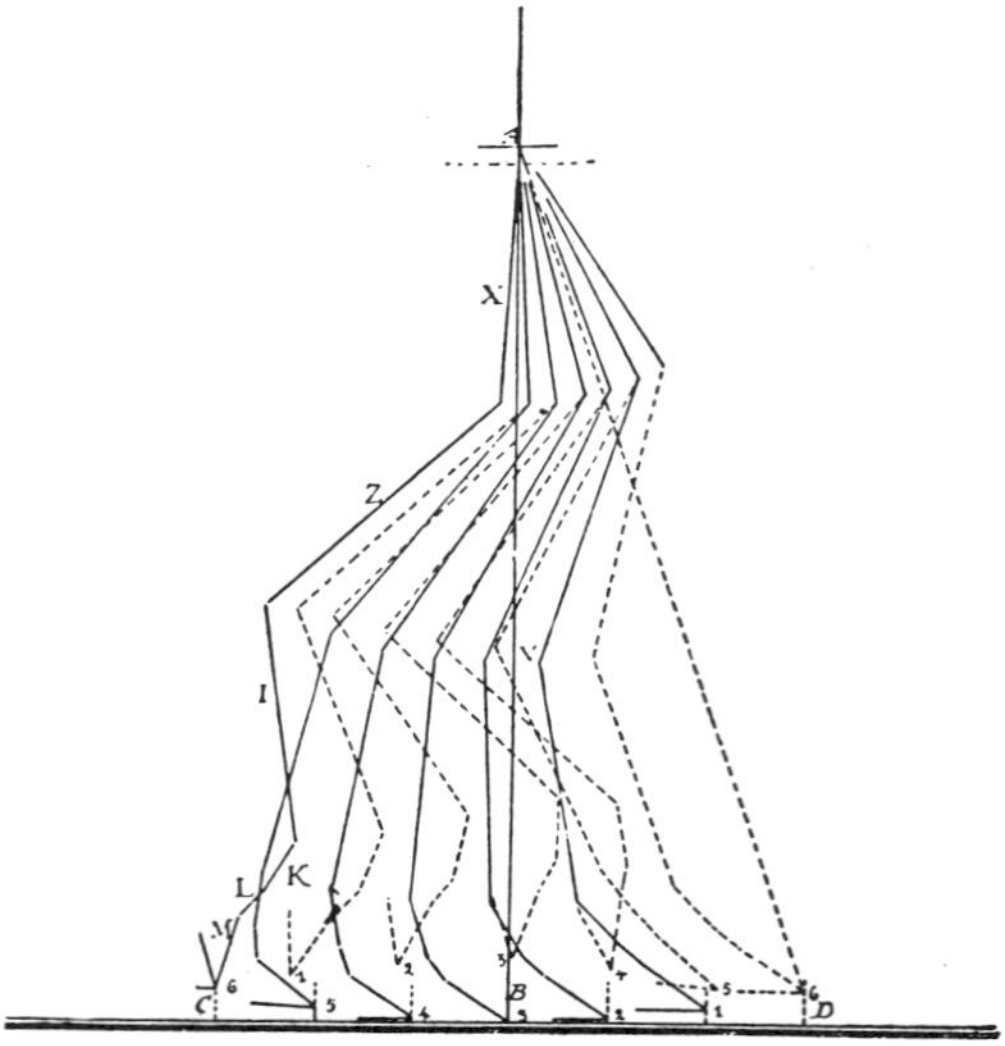

11　グリフォンとヴァンサン：馬の足並みの視覚的表現，1779年。マレーも指摘しているように，この方法の弱点は，動作があたかも静止した１点を中心にしているかのごとく描かれる点にある。（マレー『実験科学におけるグラフ的方法』）

ク・B・ギルブレスであった。この研究がどのような形で進行し、それと対応して絵画に何が起きたかについては、「科学的管理法と現代芸術」（九三頁）の項で示したい。

運動の研究

十四世紀から現在までを一本の線が貫いている。それはオレーム—デカルト—マレー—ギルブレス、言い換えれば、神学者兼哲学者—数学者兼哲学者—生理学者—生産技師という流れである。このうち最初の三人は、あらゆる領域で視覚化することに優れた国の出身であり、四番目のアメリカ人は、生産性の向上が叫ばれ「最良の作業方法」についての知識が求められるや否や登場した。リジューの大司教であったオレームは、絶えず変化しているもの、すなわち運動をグラフに表現した最初の研究者であり、フランク・B・ギルブレス（一八六八—一九二四年）は、人間の動作の複雑な軌跡をあますところなく正確に捉えた最初の人だった。

ここで二人の人物の比較を無理にしようとは思わない。オレームは、古代社会と近代社会の亀裂を表現している。運動の再現、という、一見して簡単に見える研究も、当時にあっては、今日のわれわれには想像もできないほど、思考と抽象の才能を必要とした。一方、アメリカの生産技師ギルブレスは、機械化という大きな過程の一部でしかない。しかし、われわれはここで、オレームとギルブレスを結ぶ輪をためらうことなく指摘したいと思う。オレームは運動の性質を理解し、それをグラフを使った方法で再現した。ギルブレスは約五世紀半の後、人間の運動をその担い手、つまり被験者から切り離し、空間・時間におけるその正確な視覚化に成功した（図一九）。彼は科学的管理法の分野における改革者であり、その思考と方法は十九世紀の科学の偉大な業績の中から生まれ出たものである。

新しい領域が拓かれる。新しい形態、新しい表現上の価値が、エンジニアの領域を超えて現われる。

運動、この絶えず変化するものは、以前にもまして現代人の思考を理解する鍵である。それは、高等数学における函数や変量などといった概念の基礎でもある。また物理学でも、現象世界の本質は、次第に運動過程とみなされるようになってきた。すなわち、音、光、熱、水力学、航空力学という形で取り扱われるようになった。

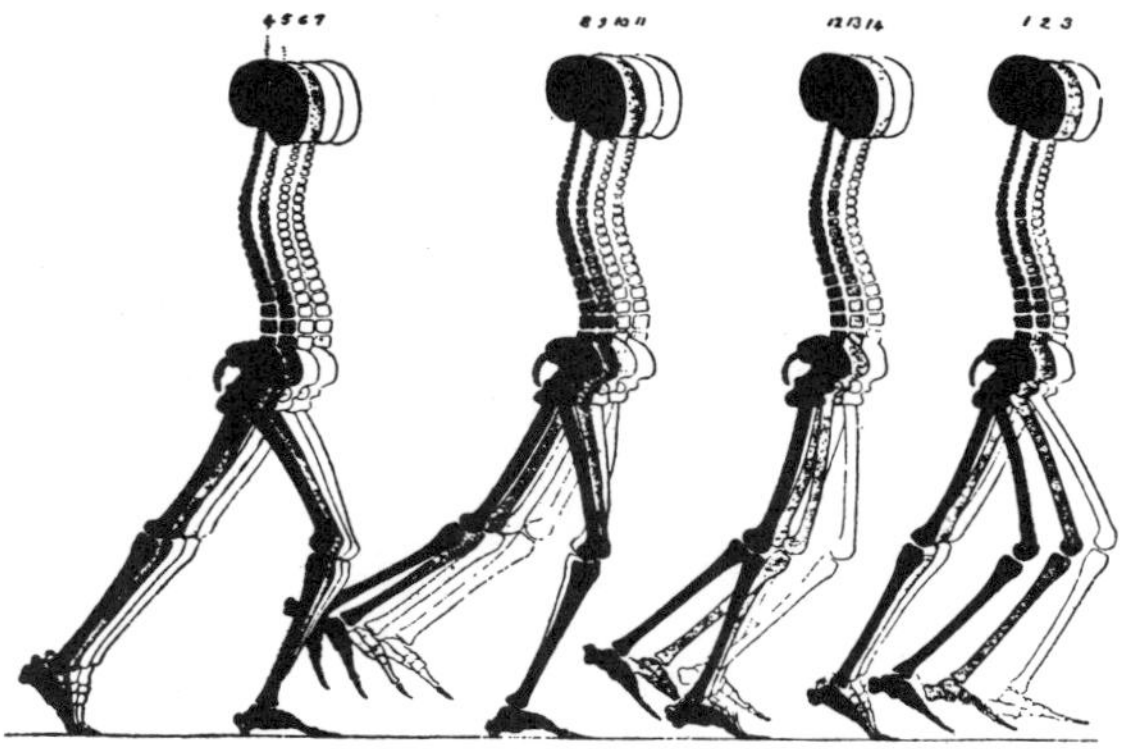

12　歩行の段階的表現。ドイツの解剖学者と E. H. ウェーバーによる「歩行のメカニズムの研究」1830年代。（マレー『実験科学におけるグラフ的方法』）

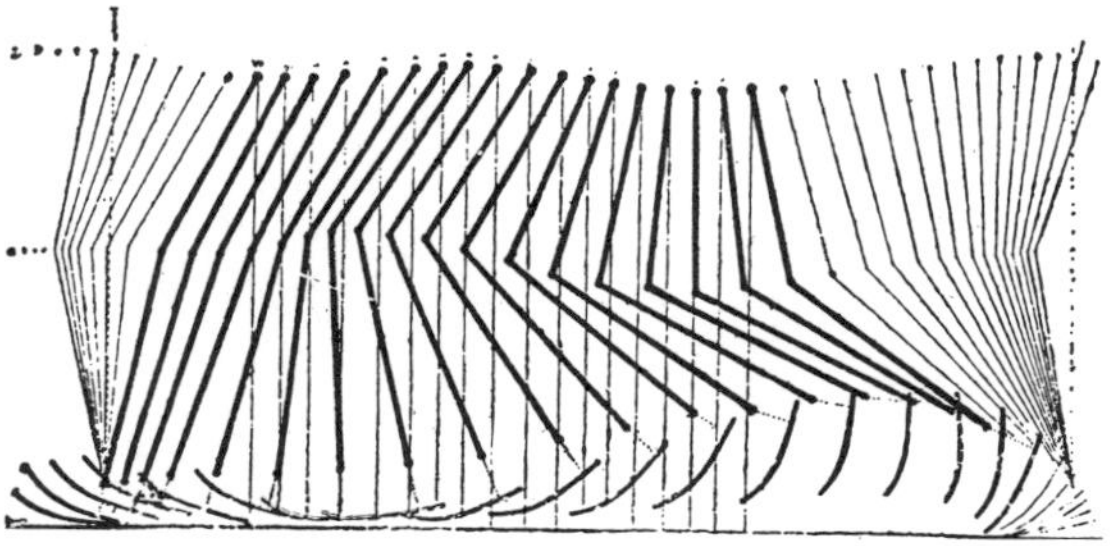

13　E. J. マレー：走行中の脚の動き，1885年以前。モデルに黒い服を着用させ，腕，胴，脚に沿って光る金属片を取り付け撮影した。

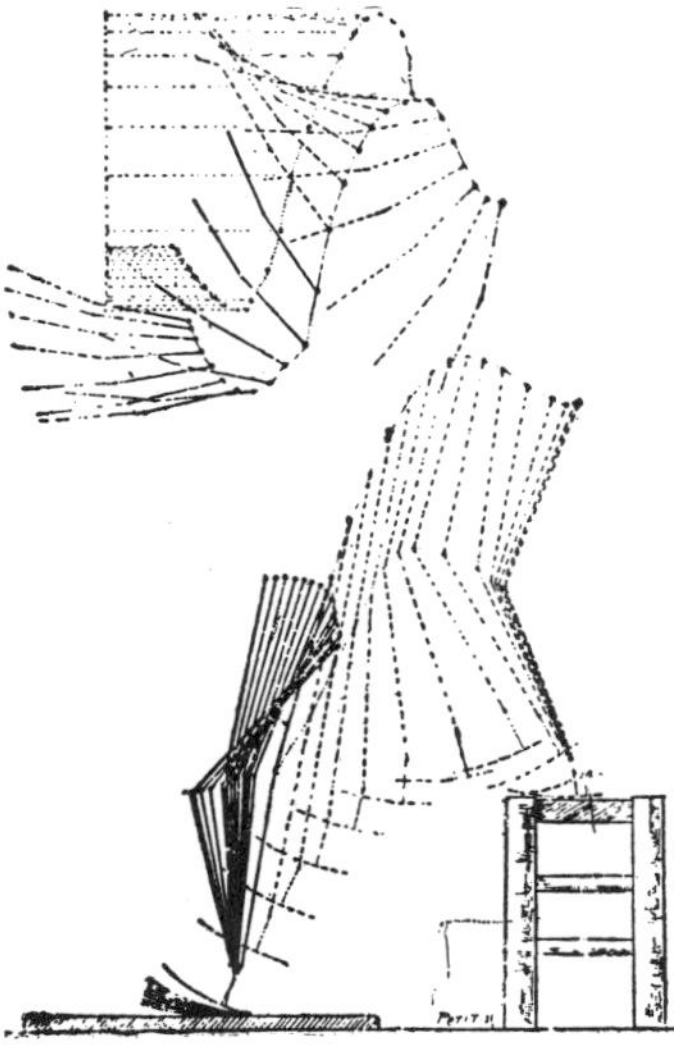

14　E. J. マレー：足を揃えて高所から飛び降りたところ，1890年頃。図13と同じ方法で撮影し，その結果を図式化して表現したもの。

15　マルセル・デュシャン：「階段を降りる裸婦」1912年。(提供：ニューヨーク近代美術館，アレンスバーグ・コレクション，カリフォルニア州，ハリウッド)

16　エドワード・マイブリッジ：階段を降りる運動家，1880年頃。マイブリッジは12インチ間隔でカメラを設置し，自動シャッターを切って動作の段階を記録した。写真の１つ１つは各段階を表わしている。(『運動過程における人体』6版，ロンドン，1925)

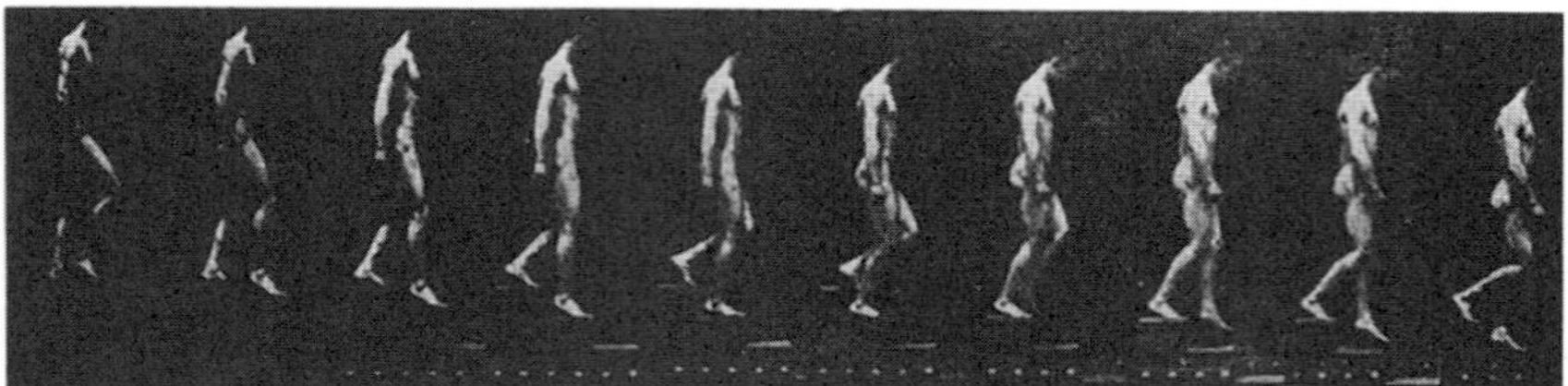

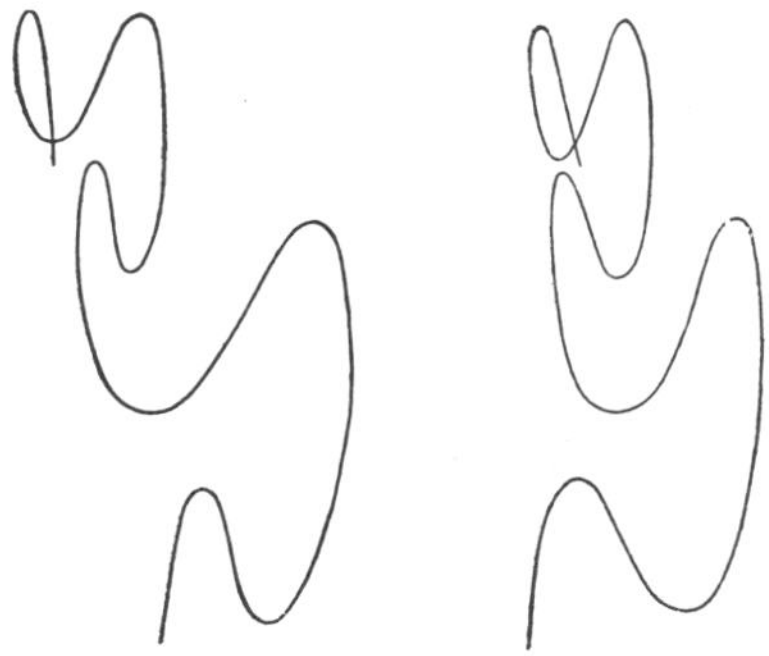

17　E. J. マレー：カメラから遠ざかる人。腰椎の基部に光る玉を取り付け撮影し，その軌跡をステレオスコープで見たもの，1890年頃。「多様でしかも統一ある光の軌跡」とマレーは表現している。

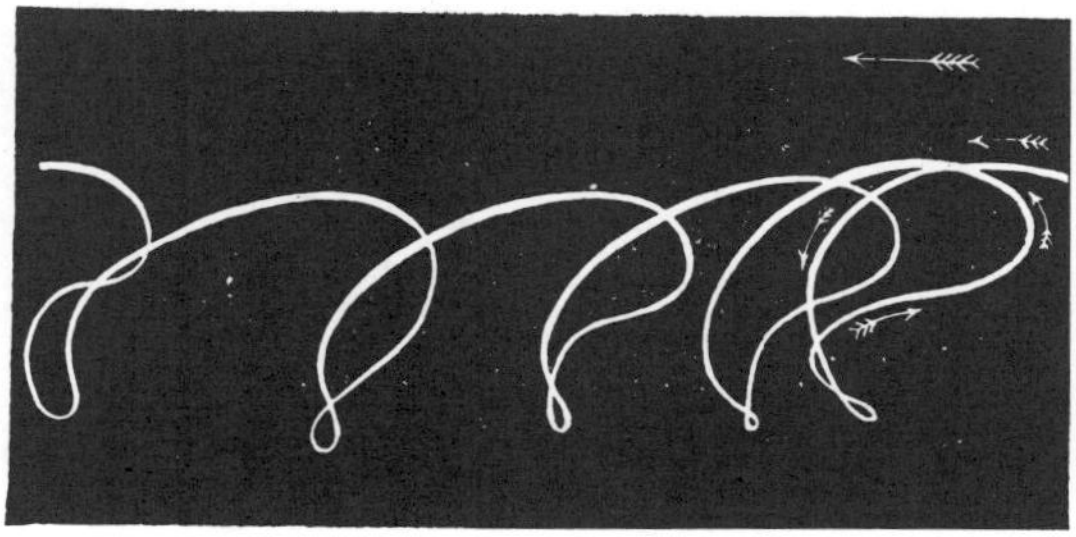

18　E. J. マレー：カラスの羽根の軌跡を写真撮影したもの，1885年頃。ここでは5回の羽ばたきが記録されている。マレーは白い紙片をカラスの羽根に取り付け，黒幕を背景に飛ばせた。

今世紀に入ってからは、物質も運動に解体し、物理学者は、原子は一つの中心核から構成され、その周りを負の電気を帯びたエレクトロンが惑星より速いスピードで軌道を描いて回転していることを発見した。

　これと並行した現象が哲学と文学にも現われた。リュミエールがシネマトグラフ（一八九五―九六年）を発明したのとほぼ同じ時期に、アンリ・ベルクソンはコレージュ・ド・フランスで、「思考の映画的メカニズム」[15]（一九〇〇年）と題する議義を行なっていた。ジョイスは言葉を牡蠣の殻のようにこじ開け、それが実際には変化しているものであることを明らかにした。おそらく、思考を感情的経験に翻訳することに不慣れな今の時代にできること、それはただ、次のような問いを発することだけである。生産技師が、不必要で効果の悪い動作を除く目的で記録した動作の軌跡と、現代芸術にたびたび現われるサインが与える感動との間には、何らかの結びつきがあるだろうか、という疑問がそれである。思考のプロセスを感情の領域に同化させるのに大変不慣れなわれわれの時代においてこそ、このような深刻な疑問が湧いてくるというべきであろう。

進歩に対する信仰

　もう一度、古代の世界観と近代のそれとの対比を確認しておかなければならない。古代人は、世界を永遠に存在するもの、生成し続けるものと考えたが、われわれはそれを、創造されたもの、時間的

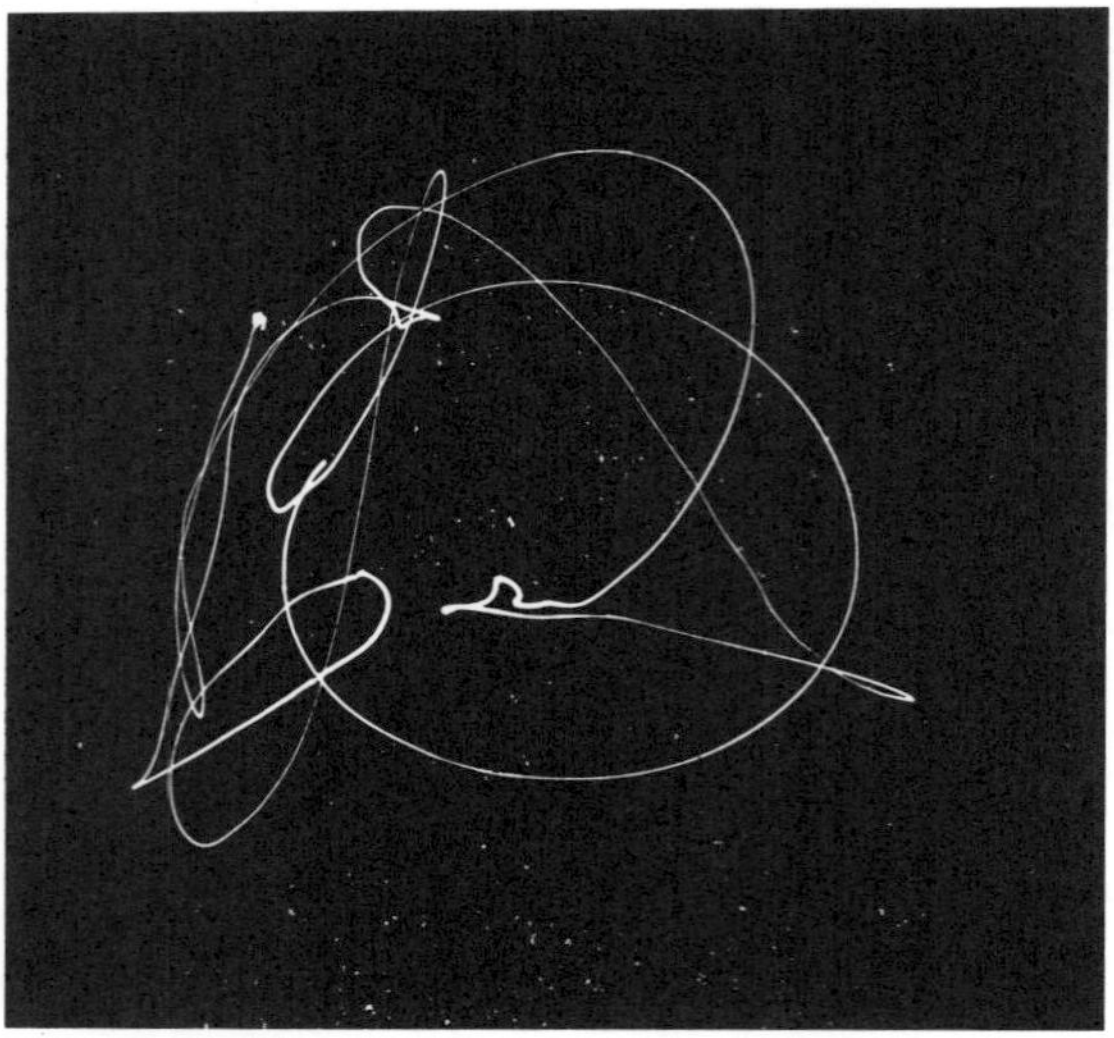

19　フランク　B. ギルブレス：フェンシングの名手の剣捌きをサイクログラフで記録したもの，1914年。「この写真は，緩急自在で，しかも，よくコントロールされた剣の動きを美しく描き出している」（写真およびキャプション：リリアン　M. ギルブレス）

20　ワシリー・カンディンスキー：ピンク・スクウェア，油彩，1923年。（提供：バックホルツ・ギャラリー、ニューヨーク）

に有限な存在であると考える。すなわち、世界は最初から一度の終末あるいは目的を持ったものと考える。世界には一定の目的があるとするこの信念と密接に結びついているのが、合理主義の見解である。合理主義は、神の存在を信じると信じないとにかかわらず、十八世紀後半の思想家においてその頂点を迎えた。合理主義は進歩の理念と相携えて進んだ。十八世紀は科学の進歩を、社会進歩、および人間自身完成してゆく姿と、ほとんど同一視したのである。

十九世紀に入ると進歩への信仰は一つの教義に高められた。その教義には、十九世紀を通じてさまざまな解釈が与えられた。

十九世紀の最初の二十―三十年間に、工業は科学と同じ威信を獲得する。アンリ・ド・サンシモンにとって、工業は偉大な解放者を意味した。それは国家主義と軍国主義を一掃し、世界の労働者は手をつなぎ合って、帯のように地球を取り巻くだろう。人間の人間による搾取もなくなるに違いない。彼はこのように考えた。サンシモンは生涯の大部分を十八世紀に過ごした人で、その考え方は普遍主義を基礎にしていた。彼は機械が実際に生み出したものより、その可能性を見ようとしたのである。

十九世紀に入ると、ものを全体的に捉えようとする力が弱まってくる。しかし、普遍主義的な世界観は完全に消滅したわけではない。この傾向が衰退してゆき、最後にさまざまの分野に孤立化の傾向が次第に浸透してゆく過程を辿ってみるのは面白い。この傾向は国家のレベルでは国家主義、経済の分野では独占主義という形をとって現われた。大量生産の場面にも現われたし、科学では全体とのつながりを忘れた専門分化、感情の領域では個人の孤独と芸術の孤立化として現われた。ただ、普遍主義的なものの見方は弱まったとはいえ、十九世紀の半ば頃でも、一つのスローガンとしての寿命は保っていた。公の生活の場でもこのことは感じられた。たとえば、革命に終止符が打たれた時点に開かれた第一回万国博覧会（ロンドン、一八五一年）は、世界平和と産業協力をテーマとしていたし、またこの動きと密接に結びついていた自由貿易の理念は、十年後グラッドストーンの政権下で長続きこそしなかったが一つの頂点を迎えている。

普遍主義の残光は、優れた学者の著作にも見られる。クロード・ベルナールの『実験物理学入門』（一八六五年）はその例である。

十九世紀後半の世界が理解した意味での進歩に対する信仰の、最も影響力ある代弁者ハーバート・スペンサーは、社会学の分野で進化論（ダーウィン以前）を説いたが、彼はその教えを自由放任主義に名を借りた商業的無責任さを許す免許証のつもりで考えたわけではない。しかし当時、進化は進歩の同義語となり、自然淘汰は自由競争の結果であると考えられていたため、ハーバート・スペンサーは、結局、支配的趣味の哲学者ということになってしまった。彼は支配的趣味に理論的根拠を提供したのと同じことになったのである。ある社会学者の最近の調査によれば、スペンサーの著書はアメリカで四十年間に三十万部以上売れたという[16]。

コンドルセによって定式化された十八世紀の進歩に対する信仰は、科学に端を発している。一方、十九世紀における進歩への信仰は機械化をもって始まった。間断ない発明の流れを伴った、この機械化の生みの親である工業は、大衆の幻想をかき立てる奇跡的な力を持っていた。とくにこのことは、十九世紀後半、工業がかつてなく一般化し拡大した時期に当てはまる。この時期はまた、一八五一年のロンドン博に始まり、一八八九年のパリ博に至る期間、すなわち、万国博が歴史的な意義を果たした時期にもあたっている。しかし、機械化、進歩や工業の理念に捧げられたこうした祭典も、機械の奇跡に対する信仰が色褪せるや否や凋落した。

　進歩に対する信念に代わって登場したのは、生産への信仰である。生産のための生産は、ランカシャーの紡績業者が大規模な機械化の可能性を世界に示した以前にも存在していた。工場群の上に形而上学的な錦の御旗として翻っていた進歩に対する信仰が落ち目になるとともに、生産そのものへの信仰が始まったのである。以前、生産そのものへの熱狂ぶりは企業家の集団に限られていた。しかし、全面的機械化の時代に入ると、生産に対する信仰は生活のあらゆる部分に浸透し、他のいっさいの考慮を背後に押しやってしまった。

機械化の諸側面

現在理解されている形での機械化は、合理主義的な世界観の産物である。生産の機械化は、工程をいくつかの作業部分に分解することを意味する。この事実は、アダム・スミスが一七七六年、その著『国富論』の有名な一節で機械化の原理の概要を示したときにすでに明らかにされていた。アダム・スミスは次のように書いている。「労働の効率を上げ、時間の短縮に非常に役立つあらゆる機械の発明は、もともと、分業の上に成立してきたようである」と。この一節に補足をするならば、複雑な製品、たとえば自動車の製造では、この分業には組立て過程も含まれるということである。

　物事に対する合理主義的なアプローチはルネッサンス期に際立ってきた。複雑な事柄——たとえば身体の運動——は、その要素に分解され、次に力のバランスをとるという形で再構成された（力の平行四辺形）。十九世紀と二十世紀には、この分割と組立ての原理は巨大な規模で展開され、その結果工場全体が、分割と組立てがほとんど自動的に進行する一個の有機体になった。

　十六世紀の後半、特にイタリアでは技術関係の本の出版が増大した。それらは実用を目的とした本で、労働の効率を高めたり、労働を機械力に置き換えるためのいろいろな工夫をたくさん掲載していた。螺旋式揚水機、水車、ポンプ、ギヤ・トランスミッションは、かなりの水準に達していた。しかしそれらも、ヘレニズム期に到達した水準以上にはほとんど進歩しなかった。というより、概して、ヘレニズム期に比べてはるかに原始的な状態にとどまっていた。それらの工夫は、綴り方の練習をしているようなもので、機械化のごく初歩的な段階に過ぎなかった。後の時代に重要性を増した生産の機械化という現象は、そこには見出されなかった。ギルドの時代では機械化は現実になりえなかったのである。しかし時代の方向が変わるとともに、社会制度も変化する。ギルド制は、合理主義的な見方が支配的となり功利主義的な目標の追求が続くうちに廃れていった。機械化への道はこのとき定まったと言ってよい。

発明とからくり

今日のわれわれは、発明への衝動と生産の機械化を同一視して考えやすい。しかし、そうと必ずしも決まっているわけではない。古代の思考はわれわれの場合とはまったく違った方向を向いていた。彼らは発明の才能をからくりの製作に費したのである。たとえば、彼らは魔法の機械類や自動人形を工夫した。彼らも、その数学と物理学上の知識を実際的な目的に使ったことはある。たとえば、著書が今も保存され、その名がヘレニズム期の発明の起源を指すまでになったアレキサンドリアのヘロという人物は、油搾り機や防火ポンプの製作、改良を行なっている。また自動的に芯が出てくるランプや、風呂を沸かすための水管式ボイラーも発明している。最近の発掘の結果わかったことだが、後のローマの公衆浴場の技術設備はプトレマイオス朝時代のエジプトにその起源をもっていた。この点については、後で浴室の機械化を取り扱う際に詳述する。

古代の物理学の知識が実用をめざして組織的に適応された唯一の例は、戦争の場面であった。アレキサンドリアの発明家は圧搾空気で動く大砲を発明したが、そのブロンズ製の砲身は弾が出るや否や火を吹くほど、正確に切削されていたという。しかし、彼らにとって思いも及ばなかったことは、こうした彼らの偉大な発明の才を生産に使うという考えであった。

ヘレニズム期のアレキサンドリア——紀元前三世紀および二世紀——は、実験的方法を採用したことで、どの時代よりも十九世紀に近かったが、本書のテーマとの関係で、それについては簡単に触れておくにとどめたい(17)。

アレキサンダー大王が抱いた最も創造的な考えの一つに、東方世界をギリシャ化するという目的があった。この目的のために、彼はナイル河の流域に彼の名をつけた都市を建設した。それはちょうど、以前、ギリシャ人がミレトスやその他の植民地都市を建設した場合と似ている。アレキサンドリアには、ギリシャの思想家や科学者を通じて、精密科学の発展を志向する文明が出現した。医学者は脳解剖学、婦人科学、外科手術といった分野の基礎を築き、また幾何学（ユークリッド）と天文学（プトレミー）の基礎も敷かれた。

このような雰囲気の中で、プトレマイオス朝下、発明家のアレキサンドリア学派が栄えた。彼らが書いたこと、あるいは計画したり実験したことは、このギリシャ風都市の複雑な性格と、ゆとりある生活ぶりを反映している。一方ではギリシャ的思考の正確さを反映し、他方では東洋において盛んだった驚異的なものへの愛情を反映していた。

アレキサンドリアの発明家は、いわゆる「簡単な機械」、たとえば、ねじ、くさび、車輪と軸、梃子を一つに組み合わせる名人であった。動力として水、真空あるいは空気圧を組み合わせたものが使われ、複雑な運動や操作が生み出された。たとえば、聖壇の上に火を点ずると聖堂の門が自動的に左右に開き、火を消すと自動的に閉じる工夫などが生まれた。三、四幕からなる宗教劇には機械的に動く人形も登場した。ヘロは摩擦をできるだけ少なくするため、人形の下に車をつけ木製のレールの上をすべらせたが、われわれが知る限り、このようなことが実際の輸送に用いられたという証拠は見出されていない。木製のレールが最初に現われたのは十七世紀の初頭イングランドの鉱山で、その結果、石炭運搬車の牽引が容易になった。木製のレールに車両を乗せるのが一般化したのはやっと一七七〇年頃のことであり、当時イングランドの鉱山を訪れたヨーロッパの人を驚かせたと言われる(18)。

　このような、生産に対する関心の欠如を説明するのに、経済的な理由をあげるのは簡単である。たとえば、古代人は奴隷という形で自由に使える労働者をもっていたからだとよく言われる。しかしこの説明では、彼らがなぜその知識を実用目的に使わなかったかという疑問は依然としてとけない。彼らはレールを工夫してもそれを乗物の速度を上げるのには使わなかったし、自動人形を工夫してそれを聖なる水を民衆に分かち与えるのに使っても飲料水の販売という商業目的には使わなかった。真空、空気圧、機械的な装置といったものをいとも簡単に工夫する才能を、なぜ彼らは日常の生活に使わなかったのか。こうしたことは、経済的な理由からでは説明できないのである。本当の理由は、彼らがわれわれとは違った内面的な方向づけや生活に対する考え方を持っていたからである。ちょうどわれわれが、われわれの生活様式にふさわしいくつろぎの仕方を工夫できなかったのと同じ意味で、古代人も発明の才能を実用目的に用いることにはほとんど関心を向けなかったということである。

　水圧で、隠されたパイプを通じて空気を押し出すと、羽ばたいたり、さえずったりする鳥の工夫、これと同じ原理を基にした水オルガン、水が断続して出てくる魔法の器の類、硬貨を入れると水と葡萄酒が交互に出てきたり一定量の聖なる水を出す自動人形、こうした工夫は、数えあげればきりがなかった。

　このからくりに対する情熱は、アラブ人に引き継がれた。イスラムの細密画にはよく自動人形が描かれているが、その自動人形も、すべて、アレキサンドリア方式で作られていた。

　からくりの発明に向けられた情熱はイスラムの時代の全般を通じて流れ、十八世紀に及んでいる。十八世紀の終り頃にセンセーションを巻き起こしたのは新しい紡績機械ではなく、歩き、楽器を奏し、人間の声を発するかと思えば字や絵も描くといった、人間そっくりの自動人形であった。これらの自動人形はヨーロッパの街角で見物に供され、最後には博覧会から博覧会へと巡回したが、こうしたことは十九世紀に入っても暫く続いた。十八世紀における自動人形の完成は、高い技術水準、なかでも時計産業の高度化との結びつきが強い。自動人形製作は、運動を細かく分解し、次にそれを再構成することを原理にしており、その後の紡績機械の発明にとって最良の訓練の場であった。

からくりと実用機械

結局、織物機械や蒸気機関など機械化の第一期に決定的役割を演じた道具の構成的要素は、アレキサンドリア時代に源をもつ発展過程の最後の時点を表現したものだということである。ただ方向づけが変わったということ、からくりから実利主義的なものへと、人びとの関心に変化が起きたということである。ジェームズ・ワットが残した蒸気機関は、真空（コンデンサー）の利用と運動の伝達を結びつけている。また織物産業の機械にも、運動の分解とその再構成という点で、自動人形と同じ巧みな考えが示されている。

十八世紀に、からくりに対する興味と実利主義的態度はどのような形で共存していたのだろうか。ロココ期の優れた発明家の一人、ジャック・ド・ヴォーカンソン（一七〇九－八二年）を取りあげ、その点について考えてみたい。彼は機械の天才で、その生涯はルイ十五世やビュフォンと一致している。彼の場合、相反する二つの考え方が同居していた。彼が作った自動人形には、機械を複雑な有機的運動を行なう演技者へと変化される驚くべき才能がいかんなく示されている。ヴォーカンソンは解剖学、音楽、機械工学を勉強し、その成果は、有名な自動人形、フルート奏者、鼓手、機械仕掛けのアヒルの発明となって現われた。

ディドロによれば、ヴォーカンソンが一七八三年パリの科学アカデミーに提出したフルート奏者は、パリの全市民が見物にきたという。それは唇を動かし、舌は空気の流れを調整するバルブの役目を果たし、革で出来た指先を動かしてフルートの穴を開けたり閉じたりしたという。これと同じ原理を使って、ヴォーカンソンは鼓手を製作した。それは太鼓を叩くと同時に、穴が三つある小オーボエを演奏できるものだった。鼓手以上に素晴らしかったのは、機械仕掛けのアヒルである。アヒルはヨタヨタと歩いたり泳いだりした。羽根は本物のアヒルの羽根とそっくりにできていて、羽ばたけば空気を揺るがしもした。また、頭を振ってガーガーと鳴いたり、穀粒を拾って食べたりもした。穀粒が食道の中を飲みこまれていく様子は、外からも観察できた。食べた物は体の中で消化され、そのあと、本物のアヒルと同じように、体外に排泄されるようにできていた。一七五一年の『大百科事典』(19)に、「小さな場所に科学の実験室を作り、そこで（穀粒の）成分を分解し、あとで自由に外に出すようにすることが必要だった」と書いているのは、他でもない数学者のダランベールだった。その『大百科事典』には、ヴォーカンソンが機械仕掛けのアヒルを発表したのは一七四一年であると記されているが、それはともかく、この一文は、この驚くべきからくりが当時の最も先端的な人びとに与えた深い感動をなまなましく伝えている。ダランベールは、フルート奏者について述べているなかで(20)、自分はヴォーカンソンの説明をそのまま繰り返しているだけだと言い、ヴォーカンソン自身の説明(21)こそ、記録にとどめる意味があると言っている。辛辣な批評家ディドロもいつになく感激して、ダランベールの文の末尾で次のように言わざるを得なかった。「細部にわたって何と繊細なことであろう。その機構のすみずみまで何とデリケートであることよ」(22)と。まさに彼の言う通りであり、ヴォーカンソンの自動人形や、他の人が作ったそれに類したものは、からくりへの愛情と同時に、十八世紀の機械に対する神経の細やかさを反映していた。

科学アカデミーでヴォーカンソンの地位を引き継いだ哲学者のコンドルセは、彼への追悼演説の中で、フリードリヒ大王がヴォーカンソンを一七四〇年、ポツダムの宮廷に招聘しようとした、と述べている(23)。しかし、一七四一年、フランスのほんとうの支配者であったカルディナール・フルリは、ヴォーカンソンを「生糸生産工場の視察官」に任命した。彼の天才が生産の機械化に向かったのはこの時だった。彼は、紡績と機織りの分野で数多くの改良を成し遂げ、先見の明ある組織者であることを立証した。一七四〇年頃には綾織り絹用の力織機を製作したが、その掛け糸は、穴のあいたドラムによって自動的に上げ下げされるようになっていた。原理はフルート奏者の、空気を供給したり音符の選択をコントロールするメカニズムと同じであった。すでにみたように、アレキサンドリアにも、ピンや溝《グルーブ》を使って動かす機械はあった。ヴォーカンソンの織機は、十七世紀以来機織りの自動化に努力してきた発明家の一人として彼を位置づけている。ヴォーカンソンの織機は直接的な成果を生まなかったが、リヨンの発明家ジャカールは、一八〇四年、ヴォーカンソンの織機の部品を、パリの工芸学校《コンセルバトアール・デザール・エ・メティエ》[24]で組み立て、ついにジャカール織機の発明に成功した。それは今日に至る力織機の原型であり、どんなに凝った模様でも機械的に織ることのできるものだった。

　歴史的に最も興味あるのは、ヴォーカンソンの実際面での活動である。一七五六年[25]、彼は、リヨンの近くのオベナに生糸を生産する工場を設立し、工場の建物や機械類の隅々まで改良と工夫を加えたが、関心は糸巻き機《リール》の工夫にも及んだ。その糸巻き機は、桶に浸ったままの繭から取り出される糸と、その糸を紡ぐ木枠とを巧みに結びつけたものだった。われわれの知るかぎり、この工場は近代的な意味での最初の工場で、リチャード・アークライトが、イングランドにはじめての本格的な紡績工場を建設する二十年ほど前に建てられたものだった。ヴォーカンソンは、工業を収容する建物は丸太小屋のようなものであってはいけないし、また、ばらばらに分かれているのもよくないことを充分に心得ていた。また、工場の施設は集中化し、細かい点までよく考えられたものでなくてはならず、また、機械類を動かす動力源は一つにまとめるべきことも知っていた。彼の論文は、工場の設計について微に入り細にわたって述べている[26]。彼の工場は——その後彼は二番目の工場を建てている——三階建てで、隅々まで周到に設計されていたし、動力源は上がけ水車が一つだけだった。彼は、工場内の光は和らげる必要があると考えたが、それは、窓に油紙を張って解決した。原始的な通風装置と円天井が、生糸を紡ぐのに必要な湿度と温度を、ある程度まで確保した。ヴォーカンソンは、紡績機械(ムーラン・ア・オルガジネ)を、大きくて照明のよいホールに取り付けた。パリの工芸学校に保存されているその小さな模型は優雅なまでの構成を示し、垂直紡錘もかなりの数ついている。ここでは、世紀の変り目に現われたフライヤーがすでに予想されていた。紡錘を四つないし八つ取り付けた、イングランドで最初の不恰好な紡績機械に比べ、なんと大きな違いだろうか。

　しかし、そうした努力も結局は実を結ばなかった。十八世紀のフランスは、ほとんどあらゆる分野で、一つの試験台でしかなかった。アイディアは生まれたが、旧体制下のカトリックの国、フランスでは根を下ろすことができなかったのである。それらの実現は十九世紀を待たねばならなかったが、機械化もその例外ではなかった。

生産の機械化

生産の機械化を遂行するには、結局それまでとは範疇を異にする発明家や階級、社会学的条件、それに新しい種類の織物が必要であった。

絹は贅沢な階級のための織物だった。イギリス人は最初から木綿に取り組み、あらゆる機械を木綿を念頭にして製作した。ここに大量生産への道があった。木綿は手堅い種類の織物であるが、その機械化を推し進めた階級や環境も、その木綿のような性格をもっていた。

木綿生産の機械化の場合、発明家は貴族でも学者でもなかった。どこの研究機関も木綿に関する実験を出版刊行したことはなく、したがって現在、その初期の歴史を知るには断片的な事柄をつなぎあわせてみる他はない。どの時期の政府も、木綿生産を目的として特権的な工場を建設したことはなかった。木綿生産の機械化は、支配階級やイギリスの公教会から遙かに離れた北部のランカシャーで始まった。機械化が発達するためには、マンチェスターのような、十九世紀以前には政府から法的な地位も与えられず、従ってギルド的な制約によって縛られることもなかった人里離れた土地と、プロレタリア的な発明家が必要であった。マンチェスターのごく初期の大企業家のうちにも、一七九四年頃すでにそうした事実に気付いていた人がいた。その人は、次のようなことを述べている。「工業が一番栄えている町が法的な地位を獲得している場合は稀だ。商業が発展するには、ある特定地域の地元民や自由民に特権を与える代わりに、広く一般の人に働きかけることが必要だった。ランカシャーに木綿工業を初めてもってきたのはプロテスタントの避難民だったが、結局それは、イングランドの自治都市には多分彼ら自身やその産業にとって好都合な刺激がほとんどなかったからだろう」(27)。

ジョン・ワイアットは、何組かの回転ローラーの間に糸を掛け渡す紡績機を発明した人だが、一七四一年、彼はバーミンガムの倉庫に最初の小さな綿糸紡績工場を建設した。しかし彼は結局、借金が払えず監獄に入れられてしまった。一七五〇年から一七五七年の間に、ジェニー紡績機を発明したジェームズ・ハーグリーブスは、もとは貧しい機織工だったし、また他の人たちがつまずいたアイディアに目をつけて紡績業者として最初の成功をおさめたリチャード・アークライトも、もとはと言えば床屋だった。彼が仕事を変えたのは一七六七年以後のことで、それまで彼は、つやのない人間の髪の毛を買いとり、それを何かの方法で処理して使えるようにすることを仕事にしていた。一七八〇年には二十の工場が彼の指揮下にあり、死後は息子に大きな遺産を残した。底辺から立ち上がり――彼は貧しい家庭の十三番目の子供だった――征服への不撓不屈の意志と、成功への情熱を胸に秘めていた彼は、あらゆる点で、十九世紀の企業家の典型であった。このように敵意にみちた環境の中で、保護も政府の助成金も得られず、ただどんな経済的な危険も恐れない徹底した功利主義だけを支えにして、最初の生産の機械化は達成されたのである。次の世紀に入ると、綿糸紡績の機械化はあらゆるところで、工業化の同義語になった。

簡単な技術と複雑な技術

最初の経験が将来の発展にとって決定的な役割を果たすことがしばしばある。このことは、機械化の場合にも、多くの点で当てはまる。ヨーロッパの機械化とアメリカのそれとの違いは、十八世紀の初頭にも、それから一世紀半を経た時点でも見出すことができる。ヨーロッパでは機械化は、紡績、機織り、製鉄といった簡単な技術を対象に始まった。一方アメリカがとったコースは、これとは最初から違っていた。つまり複雑な技術を機械化の出発点としていた。

一七八〇年頃、リチャード・アークライトが未曽有の力の座を目指して奮闘していたとき、オリバー・エバンズは、フィラデルフィアからあまり離れていない静かな川べりで、製粉という複雑な技術の機械化に取り組んでいた。この機械化は結局、連続的なライン生産によって達成されたが、そこでは人間の手は、小麦の荷がおろされる段階から粉になるまで、完全に除かれた。

当時のアメリカには、自国の工業はまったく存在していなかった。熟練労働者は不足していたし、金持ちは、素晴らしい家具やガラス器具、カーペットや布地をイギリスから輸入していた。開拓地の農民は、自分たちの家具は自分で作っていた。

森でのロビンソン・クルーソー的な生活状態から一挙に高度の機械化段階へ飛躍するといった現象は、この時期には珍しいことではなかった。そしてこの現象の背景には、労働力の節約と熟練工の不足という抜きさしならぬ事情があった。一八五〇年頃、大草原が農地へと変えられてゆくのとほぼ時期を同じくして必要な機械類が発明され、農作業上の複雑な技術が次第に機械化されていった。その過程は、十九世紀の歴史で最も興味深い、見どころの一つになっている。しかし実は、機械化への衝動はそれ以前に始まっていたのである。この点を頭に入れておかないと、すでに一八三六年に二人の中西部の農民が小麦を刈り取り、脱穀し、洗い、そして袋詰めにする過程を一貫してやれる収穫機（図八九）を農場に持っていたという事実が理解できなくなる。この収穫機は時代に一世紀先んじて現われたとも言えるが、アメリカ合衆国のその後の発展を導く方向を示唆した一つの前兆であった。国土の広大さ、まばらな人口、熟練工の不足、その結果としての高賃金は、なぜアメリカで最初に複雑な技術の機械化が始まったかを充分に説明している。しかし、ほんとうの理由は他にあったのかもしれない。入植者たちは、ヨーロッパ的な生活様式と経験を大陸に持ち込んだ。ところが彼らは、複雑な技術とその制度を生んだ文化全体から突然切り離されてしまい、最初から出直さなければならなかった。そこで創造力は妨げられないで、現実を存分に形作る機会を与えられた。ここに、複雑な技術の機械化が、アメリカで最初に始まったほんとうの理由があったのかもしれない。

ゴシック期に起源をもつ高水準の技術

ヨーロッパの発展は、さまざまの混乱は見られはしたものの、機械化が表面化するまで切れ目なく続いた。高い水準の技術の源は、ゴシック期にある。その起こりは、市民生活の復活と不可分に結びついている。なぜ十三世紀および十四世紀に、それまで衰退しつつあった都市がふたたび機能し始めたか、またなぜ新旧の文化的土壌で、アメリカにおける十九世紀の発展に次いで数多くの都市が建設されたのだろうか。その理由は、組織化された生活に対する要求が生まれたからである。ゴシック期の町の、正面の外観も敷地の大きさも同じような質素な木造の家々が、高い水準の手工業技術が誕生した場であった。

都市において聖堂の建設が終わり、ゴシック期が終末に近づく頃になってはじめて、新しい市民階級は彼らにふさわしい住環境の創造にとりかかった。それがバーガー・インテリアである。この後期ゴシックのインテリアは、十九世紀まで、以後の発展の核として存続した。これと平行するように、手工業文化は機械化の到来まで洗練の度を加え続けた。

機械化が始まると、注目すべき共棲関係が起きる。すなわち、手工業技術は工業生産と並んで、あるいはそれと混り合うような形で存続する。と言うのは、ゴシック的な伝統は機械化の到来で完全に消滅したわけではないからである。このことは、たとえば徒弟から渡り職人、そして親方へという伝統的な段階を踏まなくてはいけない、という義務にも示されている。工場の職工まで、このような形で訓練された。あらゆる分野において、このような養成方法は資格の上で申し分のない労働者を生みだす一方、良きにつけ悪しきにつけ、アメリカとヨーロッパの間の基本的な相違を生み出した。肉屋、パン屋、家具職人、農民もゴシック期以後現在まであまりその様子は変わっていない。またスイスのような国では、ゴシック期に建設された都心部がそのまま残っているが、これ以外にも、多くの習慣が今でも生きている。このことは言葉づかいなどについても言える。機械化に対する内面的な抵抗が、身近な生活領域に機械化が浸透するのを阻止したのである。そして機械化が起きる場合は、それは長い間の躊躇のあげく、しかも、アメリカでの出来事に気付いてからのことだった。

しかし複雑な技術は、生活に、ある種の固さと冗長さをもたらしやすい。複雑な技術が存在しなかったアメリカでは、それに代わって問題に率直に取り組む習慣が生まれた。斧、ナイフ、鋸、ハンマー、シャベル、家庭用の道具類、器具類、言い換えればヨーロッパで何世紀も形を変えなかったさまざまの道具類が、十九世紀の第一四半期以後アメリカで検討し直され、新しい形を与えられた。アメリカ独自の貢献である複雑な技術の機械化は、十九世紀半ばを過ぎて、特に六〇年代の初期に至って勢いよく始まった。機械化の第二の波は一九一九年から一九三九年の間に押し寄せてくる。次に、こうした各時代の意義について簡単に述べておきたい。

時代の横顔

一八六〇年代

あらゆる分野で、具体的な成果や優れた結果をその場で生み出さなくても、非常なスピードで起こる将来の発展を、ただ予告するだけの時代がある。特に偉大な人や発明が生まれたわけではないが、アメリカの一八六〇年代はそのような時期だった。本書では、これから何度もこの時期に遡って、現代に大きな影響を与えた根源的な力や傾向を跡づけてみたいと思う。

発明に対する集団的な情熱が、この時期の全体を通じて流れていたようである。十七世紀に発明に対する情熱を持っていたのは、パスカル、デカルト、ライプニッツ、ホイヘンスといった哲学者や学者、あるいは、それ以前ではレオナルド型の多才な人物だけだった。後になって多くの人びとを巻き込んだ発明に対する情熱は、最初は少数の人びとの心に芽生えた。十八世紀の終りまでは、イギリスの特許記録に載ったものでみる限り、発明活動は、実に細々としたものだった。十九世紀の半ば頃、発明は広く大衆の心を捉えるようになったが、おそらく一八六〇年代のアメリカはこの点で最もめざましかった。当時発明は日常茶飯事になっていて、誰もが発明をやった。工場を持っているものは誰でも、製品をより一層早く、より安全に、かつまた一層美しくするための方法や手段を探し求めた。別段、誰がやったということもなく目立たないうちに、古い道具は近代的な器具にかえられていった。人口一人あたりの発明の数が一八六〇年代のアメリカを凌いだことは今までにもなかった。しかし、発明への衝動と工業化の水準とが一致していると思い込んではならない。実際にそのような一致は起こらなかったからだ。たとえば、十九世紀の基幹産業について指数をとって比べてみると、ヨーロッパ、特にイギリスは他の国を遙かに凌いでいたことがわかる。『ヨーロッパ・アメリカ評論』(28)によれば、十九世紀の半ば頃、アメリカは五五〇万の動力紡錘、フランスは四〇〇万、これに比べてイギリスには一八〇〇万あった。織物生産力の方は、その後の時点でもヨーロッパはアメリカの上をいっており、一八六七年アメリカが一二万三〇〇〇台以上の力織機をもっていたのに対し、フランスは七万台、イギリスは七五万台だった(29)。

この時代のアメリカ人の心の中にどんなことが起きていたのだろうか。アメリカの民俗資料を通じてもそれを知ることはできるが、無名の発明家の活動の方がもっと多くのことを教えてくれる。特許庁に保存されているのは一般に行なわれた発明活動の極く一部にすぎないが、それでも、当時の特許に載った挿絵は、後の特許書にはない芸術的な明快さをもったものが多く、時代の客観的な証人になっている。

一八三〇年代末のアメリカの特許リストを見ると、蒸気機関や織物生産の改良に関する発明は稀だが、複雑な手工業技術を簡単にするアイディアや、環境の機械的設備についての初期的な工夫の例は豊富に見出される。同じ現象が一八六〇年代に、農業、パン製造、食肉の大量処理の分野ではっきり現われてくる。機械化は成功をおさめながら多くの分野に浸透した。他の、たとえば家事管理といった分野では、機械化への機運はまだ熟していなかった。しかしこの時代から、一八六〇年代の予告を実現した全面的機械化の時代まではほんの一歩の距離しかなかった。

全面的機械化の時代(一九一八―三九年)

われわれは両世界大戦間を全面的機械化の時代と呼ぶ。その発展は非常に流動的で、厳密な時間の枠の中に収めることはできない。例えば、一九一八年以前にも全面的な機械化は既に始まっていたし、また一九三九年に終わったわけでもない。この二十年の間でさえ機械化の進行度合には、時期に応じてかなりの変化がある。しかし、両大戦間の時期を全面的機械化の時代と呼ぶことにはそれほど無理はない。

全面的機械化の時代は時間的に現在と接近しすぎていて、その二十年間に何が起き、その結果が現在のわれわれにどんな意味をもっているかを総合的に評価することは今はできない。ただ次のことだけははっきりしている。すなわち機械化が、その時期に一挙に生活の身近な領域に浸透したという事実である。その間に、それ以前の一世紀半の時代に始まったこと、特に十九世紀の半ば以後、発芽し、育ってきたことが突然成熟をとげ、生活に全面的な衝撃をもたらしたということである。

確かに十九世紀の初頭に、機械化が表面化したときも、人びとの生活に影響をもたらした。しかしその影響は、マンチェスター、ルーベー、リールといった、かなり狭い範囲に限られていた。それらの都市では大規模な織物工場が栄え始め、スラム街を生んで市全体の構造を崩壊させたが、一般市民の生活は、機械化によってとくにかき乱されるようなことはなかった。

後に見るように、十九世紀の半ば頃ほどイギリス式農業が賞讃を浴びたことはなく、またヨーロッパ大陸では工業国家の場合ですら、農業人口は他の職業をすべて合計したものより多かった。一八五〇年のアメリカでは人口の約八五%が農村に住み、都市人口は僅かに一五%だった。しかしこの差は、世紀の終りにかけて次第にせばまってくる。一九四〇年の時点では既に、全人口のうち農村部に住んでいたのは四人に一人以下であった(30)。

十九世紀の後半には鉄道網が広がって、大都市は加速度的に成長する。アメリカでは複雑な技術が次々と機械化されていった。このように、機械化の影響はすでにこの頃、生活の奥深くおよぼうとしていた。

そして一九二〇年頃、機械化は家庭の領域をも巻きこんでいく。機械化ははじめて、住居とその内部にあって機械化できるものには何にでもとりついていった。台所、浴室、そしてその設備が対象になった。それらは大衆の心を捉え、同時に、その所有欲を異常なまでに刺激した。全面的機械化の時代には、十九世紀に導入されたものを全部あわせた以上の器具が家庭の必需品になった。そうした器具類には、途方もないほどの空間、費用、注意力が必要である。いろいろな電気器具がいつ一般化したか、それについて知るため、われわれは大きな通信販売会社の一つに質問書を出してみた(31)。その結果によると、扇風機、アイロン、トースター、洗濯物の絞り機といった小物の類は一九一二年にカタログに現われている。電気掃除機は一九一七年、電気レンジは一九三〇年、そして電気冷蔵庫は一九三〇年にカタログに登場している。

台所の機械化は食品の機械化と軌を一にしている。台所が機械化されてゆくにしたがい、加工食品や調理済み食品に対する需要も増大する。

一九〇〇年頃、缶詰工業は――肉の缶詰を除いて――生産量でも質の点でも、発展は停滞気味だった。しかし、全面的機械化の時代に入ると加工食品の生産量は大きく増大し、バラエティーも増す。機械化は非常に良質の缶詰スープ、ソースで味つけをしたスパゲティ、ペースト状の幼児食品から犬や猫、亀が食べる飼料にも及んだ。全面的機械化の時代は、錫の缶の時代と一致している。

食物に大量生産方式を適用するという現象は、チェーン・レストランの発展にも見られる。ニューヨークのある会社では、一つの建物の中だけで毎日三〇万人分の食物が用意される。ドーナツは煮えたぎった油の中を泳いだあと無限ベルトで運ばれるし、アップルパイの列は、大きなトンネル型オーブンの中を切れ目なく続き、ちょうど軍隊のように、十二列縦隊を作って行進していく。

われわれは機械化の浸透を私的な領域と、簡単なもの、たとえば台所や浴室、そしてそれに付属する設備などに対象をしぼって見てゆきたい。機械化はもっと深い所にも根を張った。それはあらゆる感覚器官を通じて、人間の心の、まさに中心部にまで影響を及ぼしたのである。感情の戸口である目と耳には、機械的再生のメディアが発明された。光学的—心的過程を再生する無限の可能性をもった映画が演劇にとって代わり、それとともに、目は二次元的表現に適応するようになった。映画に音と色をつけ加えたのは、本当らしさを増すことを狙いにしていた。この新しいメディアとともに新しい価値、想像力の新しい様式が生まれた。しかし、不運なことに、大量生産への必要からこのメディアは抵抗の最も小さい通路、言い換えると、一般大衆の趣味の下落を伴いながら普及した。

音の伝達と再生に関しては、映画以上に大きな可能性が拓かれた。ラジオがそれである。ラジオは他のどんなメディアより全面的機械化の時代に大きな力を握り、生活のあらゆる面に影響を及ぼした。音楽も音の全域にわたって機械化されるようになった。十八世紀に発明された蓄音機は、この機械化のほんの手始めでしかなかった。その高性能はラジオの普及と平行して起こった。音が映画につけ加えられたように、映像がラジオに付け加えられたが、そこで生まれたのがテレビジョンである。

歴史は一巡して、トランスポーテーションが再び身近な生活の領域に入ってきた。トランスポーテーションは、十九世紀における機械化のお気に入りの題目の一つであった。しかし機関車は個人の乗り物ではなく、ただ物を運ぶだけの中立的な輸送機関である。一方自動車は個人的な道具であり、住宅の可動部分として理解されるようになった。アメリカ人が一番手離したがらないもの、それが自動車である。道徳的な批評家に許される誇張した表現で、ジョン・スタインベックは一九四四年、次のように言っている。「ほとんどの子供はT型フォードの中で妊娠した結果であり、その中で生まれた子供も少なくない。アングロサクソン型の家庭の理論は大きく歪んでしまって、元通りの型には戻らなくなってしまった」(32)。

両世界大戦間には高速道路網が自動車に合わせて建設された。自動車は全面的機械化の先駆者である。自動車の大量生産が始まったのは一九一〇年代だが、決定的な影響をおよぼし始めたのは全面的機械化時代の初めの頃である。最初にコンクリート舗装の高速道路が、次に公園道路が登場し、運転は非常にやり易くなった。そこで人びとはただ、運転することを楽しんだり、あるいは内心の不安を克服しようとして、あるいは、アクセルをふかして、自分自身から逃れようとして、車を運転するようになった。この傾向はどこの国でも見られたが、アメリカで一番顕著だった。一八四〇年代、ヘンリー・ソローが自然との深い体験をもとに放浪者の生活を深くかつ冷徹に描きだした国アメリカで、自動車はほとんどあらゆる所から歩行者を締め出してしまった。身体を休めたいからとか、一服して頭を休めたいからという理由で歩いたり、あるいは、ただ寛ぐために寛ぐといった行為は、次第に自動車によって排除されていった。

自動車の社会的意義やラジオ、映画が人の心におよぼす影響をテーマとした研究は大変興味深い。ただそのような研究は、われわれの研究テーマを超えることだし、それをするには多くの専門分野の協同が必要である。

全面的機械化の時代に入ると、さらに新しい発展が始まるが、その行く末と意義についてはまだ予測はできない。そこでは、人間の手が機械にとって代わられるということではなく、有機物質や無機物質への人間の介入が中心テーマになっている。

無機物質の場合には原子の構造の究明、将来におけるその利用法に関する研究が挙げられる。

一つの分野、有機物質に直接働きかける分野だけはすでに具体的な形をとりつつある。ここで生産に対する要求は生命の起源に対する探究を導くとともに、生殖をコントロールし成長に影響を与え、有機物質の構造と種類を変える。死、生殖、出生、棲息圏といったことが、アッセンブリーライン発達の後期の段階に見られたような合理化を経験する。こうした事柄には気がかりな点が多く含まれている。ともあれ、それらは有機物質、無機物質を問わず、存在の根源そのものに対する実験である。

この時期に芸術の分野で起きた事柄は、機械化がいかに人間の内的存在に深い影響をおよぼしたかについて、多くのことを物語っている。アルフレッド・バー・ジュニアの著書『キュビズムと抽象芸術』(ニューヨーク、一九三六年)に収められている興味深い一文は、鋭敏な芸術家の、全面的機械化時代の始まりに対する反応がいかに多様であったかについて述べている。今ここでわれわれにできるのは、機械化に対する、こうした反応の多面性について僅かに示唆することだけである。

機械化は芸術家の潜在意識にまで影響を与えた。たとえばジョルジオ・デ・キリコが、自分でも非常に強迫的だったと述べている夢の中では、彼の父のイメージが機械の悪魔的な力と重なり合って現われる。

「私は懸命にその男と格闘してみたが無駄だった。男の眼は怪訝そうだが、大変優しかった。私は彼をつかもうとするが、そのたびに、彼は静かに腕を広げてすり抜ける。ちょうどあの巨大なクレーンのように……」(J・スロール・ソビー『ジョルジオ・デ・キリコ』)。建物をテーマとした憂愁に溢れた初期の作品や、脆くも分解している悲劇的な機械人形を緻密に描いた彼の作品にも、これと同じ不安感、寂寥感が漂っている。

一方、一九二〇年頃に描かれたレジェの大きな油絵では、都市のイメージが、サインやシグナル、機械の断片で構成されている。また機械化から遠く離れたロシアやハンガリーにも、機械化の創造的な力に触発された人びとがいた。

マルセル・デュシャンらの芸術家の手を通じ、効率の権化ともいうべき機械はアイロニーに満ちた非合理的な物体に変えられる一方、新しい美学上の言語を生み出した。芸術家たちは機械や機構、そして既製品こそは時代の偽らざる産物だと考え、それらを相手にすることによって支配的趣味が生んだ腐敗した芸術から自らを解放しようとしたのである。

原注

1 ピエール・デュエム (Pierre Duhem, 1861—1916) は、ニコール・オレーム (Nicholas Oresme) のこの面を次の論文中で明らかにしている。'Un précurseur français de Copernic, Nicole Oresme (1377),' *Revue générale des sciences pures et appliquées*, Paris, 1909, vol. 20, pp. 866—73.

2 オレームによるアリストテレスの著書の仏訳 *Le livre du Ciel et du Monde* は、最近、*Mediaeval Studies*, vols. III—V, New York, 1941 に Albert D. Menut と A.J. Denomy の解説を付して掲載された。

3 デュエムはその著 *Etudes sur Léonard de Vinci, Les précurseurs parisiens de Galilée*, Paris, 1913 の中で、ガリレオ力学の諸原理はすでにこのサークルにおいて定式化されていたということをドラマチックに実証している。

4 *Tractatus de uniformitate et difformitate intensium.* MS. Bibliothèque Nationale, Paris. 十五世紀末にかけて幾度か版を重ねた。

5 *Zeitschrift fuer die Geschichte der mathematischen Wissenschaften*, dritte Folge, Leipzig, 1913, vol. 14 所収。H. Wieleitner, 'Ueber den Funktionsbegriff und die graphische Darstellung bei Oresme' を参照のこと。

6 Ernst Borchert の博士論文 'Die Lehre von der Bewegung bei Nikolaus Oresme' に要約されている。*Beitraege zur Geschichte und Philosophie des Mittelalters*, Band XXXI, 3, Münster, 1934, p.93 に所収。

7 Marey, *La Méthode graphique dans les sciences expérimentales*, Paris, 1885, p.iv.

8 同書一一—二四頁。

9 同書一一四頁。

10 マレーは、鳥の飛翔を研究していた際、圧搾空気を使ったモーターを動力とし、プロペラを二つ備えた単葉機の実物模型(一八七二年)(現在パリ航空博物館蔵) を製作した。また一八八六年には、デイライト・ローディング・フィルムを発明した。また最初の映写カメラ (重要な部品をすべて含んでいた) を使って、シャンゼリゼ通りで自転車からおりる男の姿を撮影した。

11 Marey, 前掲書。

12 マレーはまた、フィルム・リールを備えた最初の映写機を工夫し (一八八六年)、一八八九年のパリ博の際、エジソンに彼が初めて製作した単編「映画」を上映してみせた。十九世紀の偉大な科学者のほとんどがそうであったように、彼も自分のアイディアの市場価値には無関心だった。フィルム・リール付の映写機の実質的解決は一八九〇年代の初めにエジソンにより、また一八九五年にリュミエール (Lumière) によってもたらされた。

13 Marey, *La Chronotographie*, Paris, 1899, p.37ff. 彼はそれを「動くフィルムで撮った連続写真」とも呼んでいる。

14 同書十一頁。

15 Bergson, *Creative Evolution*, New York, 1937 (ベルクソン著、真方敬道訳『創造的進化』岩波書店) を参照。

16 Thomas Cochran and William Miller, *The Age of Enterprise, A Social History of Industrial America*, New York, 1942, p.125. 同書一一九—二八頁の「工業的進歩の哲学」の章全体を参照。

17 以下の記述は、著者による「発明的衝動」をテーマとした未刊行の研究に基づいている。

18 T.S. Ashton, *Iron and Steel in the Industrial Revolution*, London, 1924, p. 63.

19 *Encyclopédie ou Dictionnaire raisonné*, vol. I, p.196.

20 同書四四八—五一頁。'Androide' の項。

21 J. de Vaucanson, *Mécanisme d'un fluteur mécanique*, Paris, 1738.

22 *Encyclopédie*, p.451.

23 Condorcet, 'Éloge de Vaucanson,' *Histoire de l'Académie Royale des Sciences*, *Année* 1782, Paris, 1785 に所収。

24 ヴォーカンソン自身も、種々の機械模型の収集をはじめた。その収集が、フランス革命のときに工芸学校（Conservatoire des Arts et Métiers）の核になった。

25 ここで一七五六年と言っているのは、ヴォーカンソンが、一七七六年、その『回想録』の中で、二十年前にオベナ（Aubenas）で実験をしたと話しているからである。J. De Vaucanson, 'Sur le Choix de l'Emplacement et sur la Forme qu'il faut donner au Bâtiment d'une Fabrique d'Organism,' *Histoire de l'Academie Royale*, Année, 1776, p.168 に所収。

26 そこには、ヴォーカンソンの工場の詳細図が掲載されている。特に図版五および六を見よ。

27 T. Walker, *Review of Some of the Political Events Which Have Occurred in Manchester During the Last Five Years*, London, 1794. また、Witt Bowden, *Industrial Society in England Toward the End of the Eighteenth Century*, New York, 1925, p. 56—57 にも引用されている。

28 *Revue des Deux Mondes*, 1885, IV p. 1305.

29 Blennard, *Histoire de l'industrie*, Paris, 1895, vol. III p. 60ff.

30 第十六回合衆国国勢調査（一九四〇年）報告書第三巻二二頁「農業」の項。

31 この情報はリチャード・M・ベネット(Richard M. Bennett) 教授のはからいで得た。教授はしばらくの間シカゴのモンゴメリー・ワード社に勤めていたことがある。

32 John Steinbeck, *Cannery Row*, New York, 1944.（J・スタインベック著、石川信夫訳『缶詰横町』荒地出版社、昭和三十一年）。

第Ⅲ部　機械化の手段

手

機械化がおよんだ領域と、われわれの身のまわりの生活を形作ってきた技術をすべて数えあげようとすれば際限がない。しかしすべての機械化の基礎をなしている方法そのものは、驚くほど単純である。

人の手は物を把握する道具である。手は摑み、保持し、押し、引き、捏ねることを容易にやってのける。何かを探したり感じたりすることもできる。弾力的であること、節があることは、人の手の最も重要な点である。

三つの節をもつ指、手首、肘、そして肩、また時には胴や足が加わって手の弾力性と適応性を高めている。筋肉と腱は、手が物を握り保持するその仕方を決めている。その敏感な皮膚は材料の感じをつかみその性質を知る。眼は手の運動の舵をとる。しかし、こうした手による組織的な作業全体にとって一番重要なのは、それをコントロールする人の心であり、手に生命を与える感情である。パンを捏ねること、布をたたむこと、絵筆を動かしカンバスに絵を描くこと、そうした運動はすべて、その根源を人の心に持っている。このように、手という有機的道具はどんな複雑な仕事にも応ずることができる。しかし、ただ一つだけ人の手が適していないことがある。それは自動化することとである。手の運動の性質上、機械的な正確さで、しかも間断なく動き続けることに手は適していない。手が同じことをするには、脳は一つの命令を絶えず繰り返して伝達しなくてはならない。そのようなことは、成長と変化を基礎とする有機体の本質とまったく矛盾している。

動作研究の権威であり、運動の性質を深く研究したフランク・B・ギルブレスは、最後の著書『熟練度を測定するための第四の方法』（一九二四年）という論文においても、手にとって正確な繰返しは不可能であると強調している。

手も訓練すればある程度同じ動作を繰り返すことはできるが、手にはその状態をいきいきと持続する力が欠けている。それは常に何かを摑んだり、保持したり、操作したりしていなくてはならない。人の手は無限に同じことを繰り返すことはできないが、まさにこの点こそ、機械化が可能にした事柄である。歩くことと転がることの違い、すなわち脚と車輪の間の違いこそ、あらゆる機械化の基礎である。

規格化と互換性

機械化はまず最初に、押し、引き、圧縮するという手の運動を連続的な回転運動に置き換えることを意味する。第二は機械化の手段に関係している。すなわち、そこでは物をどのような方法で機械的に生産するかという問題が含まれている。たとえばチャールズ・バベッジが一八三二年、またピーター・バーローも一八三六年に述べているように、早くも十九世紀の二〇―三〇年代には機械的方法に

21　18世紀の職人による連続生産：赤銅の加工技術，1764年。「仕事をしている職人」と題されたこの挿絵は，18世紀の機械化について知る上で貴重な『工芸百科』から抜粋したもの。水車の上に落ちる水の分量によって，この巨大なはねハンマーの打ちおろす力やスピードが変化する。ここでは職人が帯板や板金，入れ物を製作している。（デュアメル・ド・モンソー「赤銅の加工技術」，『工芸百科』パリ，1764，第5巻図10）

よる生産はさまざまな形をとって実行に移されていた。たとえばスタンピング、圧縮、打出しといった方法がそこでは使われた。金型《ダイス》は硬貨の型打ち（図二〇〇）に始まって一八五〇年頃成功した金属製救命ボート（図二三）の打出し成形に至るまで広く適用されるようになった。救命ボートの製作では、亜鉛鍍金した鉄板が巨大なダイスの間におかれ、両側から挟み込まれて凹凸が作られた。この方法が大規模に適用されたのは全面的機械化時代の自動車工業が最初である。昔からある道具は機能的に分化し、作り変えられたが、製作方法の点でも大きな転換が訪れた。ハンマー、斧（図七一）、鋸、鎌(1)などは、すべて、金型によって作られるようになったのである。

圧縮、スタンピング、鋳造は、規格化と部品の互換性を結果した。規格化と部品の互換性が導入された頃の事情については、断片的なことしかわかっていないが、綿繰り機の発明者エリ・ホイットニーがホイットニービル工場で鉄砲の製作に部品の互換性を導入したのがその最初だとされている。また、その近くのコネティカット州ミドルタウンに工場を持っていた、短銃製作者のシメオン・ノースもやはり同じ原理でピストルを製作した。このように、互換性という考えは当時流行していたのである。フランスの場合については、トーマス・ジェファーソンが、よく引用される手紙の中で、職工が機械を互換部品で作っている、と述べている（一七八二年）。しかし、われわれはこの分野で十八世紀後期のフランスが何を成し遂げたかについては僅かな知識しかもっておらず、その点に関しては組織的な研究が現在も待たれている。ブルーネルが部品の規格化と互換性に基づく滑車装置を製作する目的で、新しく発明、あるい

22　19世紀後半の連続生産：農民共済組合の倉庫，シカゴ，1878年。帽子と服の部品が大量に裁断され，台の上に積み重ねられている。前方では，セールスマンの１人が野牛の毛皮でできた膝掛けを示している。今日のアメリカは衣服の量産，特に安くて丈夫な作業衣を数少ない部品から生産することに優れている。（モンゴメリー・ワード社）

23　昔の水圧プレスと大型ダイス：金属製救命ボートの片側半分を成形しているところ，1850年。ジョセフ・ブラマーは1796年頃，水圧プレスを発明した。機械化の進行に伴い，型打加工，圧搾，型付加工の重要性が増大していった。1830年代には安物の室内装飾品をつくるのにこうした技術が使われていたが，1920年頃，デトロイトでは自動車のボディ全体がこの方法で製作されるようになった。

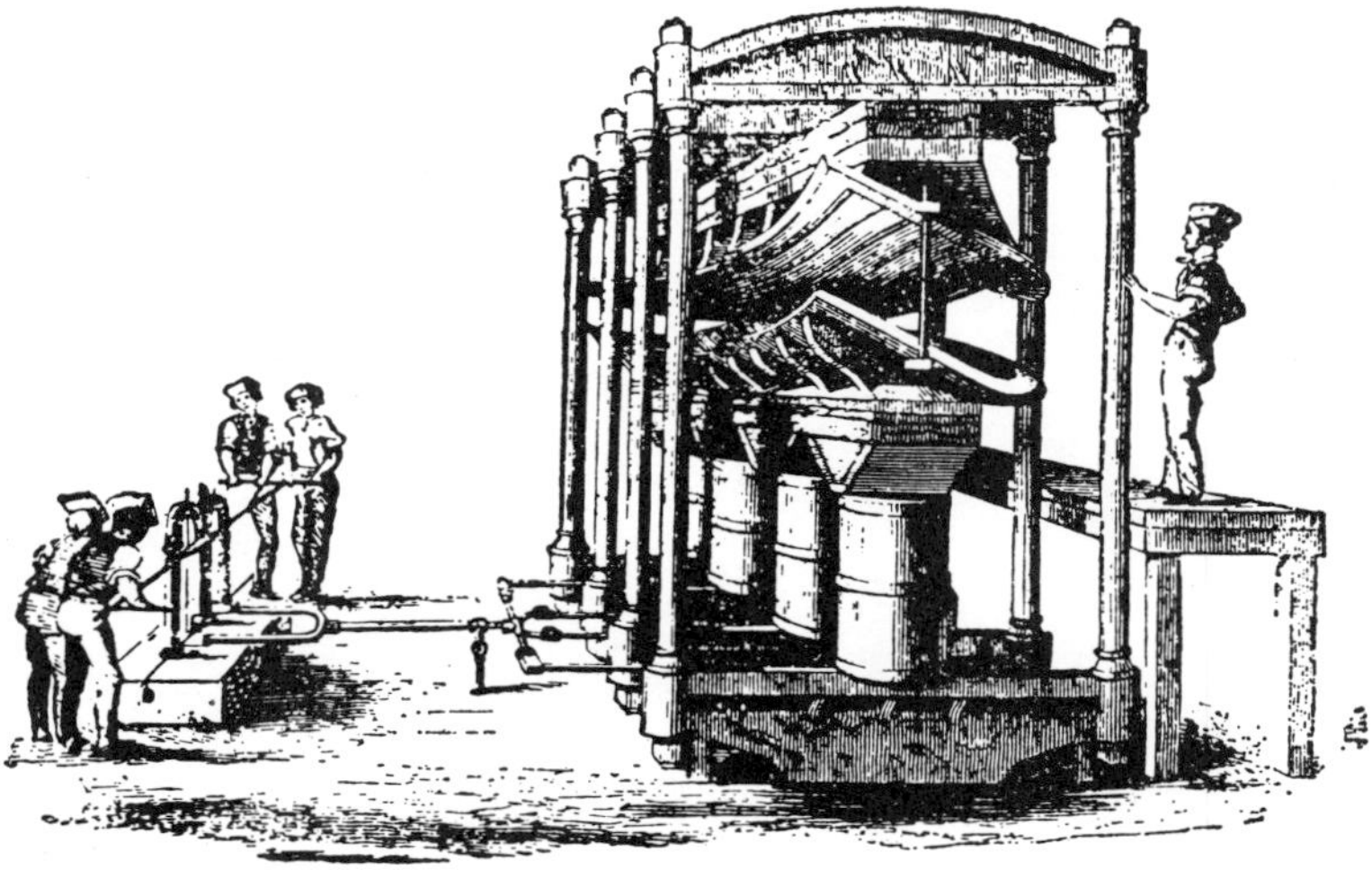

24　互換部品：鋸の歯の交換，1852年。カリフォルニアにある製材所の管理者は次のように言っている。「仕事をしていてわかったのは，鋸の製作工場から遠く離れたところで固定式の歯をつけた鋸を使うといかに不便であるかということだ……取換えのきく歯を備えた回転鋸は性能はいいし，それに，経費も安くて済む」。(『ザ・マニュファクチャラー・アンド・ビルダー』誌，ニューヨーク，1869年1月号)

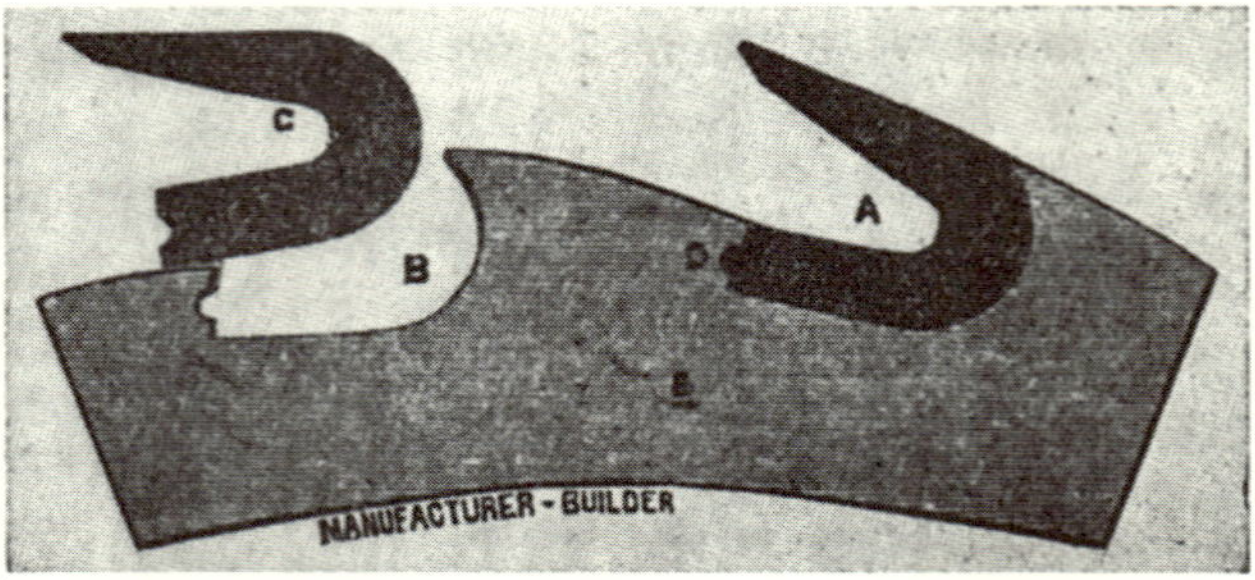

は既存の部品を組み合わせて製作した機械は、『ブリタニカ百科事典』の十九世紀初期の版にその詳細が図解されている。

アメリカが規格化と互換性の育つ肥沃な土壌であったことは想像にかたくない。しかし互換可能な部品で作った時計が、ウォルサム工場で製造された十九世紀の半ばでも、この製作方法は小規模な現象にとどまっていた。時計の修理と、部品の交換には熟練した技術が必要だったのである。

時計の場合より大きな互換部品の提案は、一八五〇年代の初め、さまざまな領域でもちあがった。交換のきく歯を持つ鋸のアイディア（図二四）は、修理工場から遠く離れたカリフォルニアの製材所で生まれた。発明者は、その後、大西洋沿岸の州に帰り、自分でその生産を始めた(2)。一八六七年のパリ国際博には、これと同じ型の直径八〇インチの回転鋸が展示された。

専門的な問題が含まれてくるので、規格化と互換性についてはこれ以上立ち入らないことにしたい。また、この問題を充分精確に研究するには、組織的な調査が必要である。アメリカ工業は昔から調査をすることに気恥かしさを感じてきたが、調査をするには、まずこのような気持を拭い去らなくてはならない。

ここでは、ただ次のことを言っておきたい。部品の互換性は大きな機械類に適用され、しかも、部品の交換が熟練労働と無関係に行なわれるようになったとき、興味ある問題を提起するということである。ニューヨーク州フーシック・フォールズのウォルター・A・ウッド(3)という優秀な機械設計のスペシャリストがいた農業機械のメーカーが発行していた『年刊サーキュラー』（一八六七年度）は、一八六〇年代の数少ないカタログの一つだが、自社の刈取機とハンドレーク自動刈取機用の部品の一覧表を六つ載せている（図二五）。そこでは、部品は一つ一つ図示されるとともに、番号がふられ、農民は番号で必要な部品を注文できるようになっていた。機械好きの農民は最初から機械を自分で組み立てることに慣れていたので、たとえばマコーミックなどは、自社の刈取機を番号をふった四つの木

25　互換部品を大きな機械に適用した初期の例：刈取機の部品，1867年。小さな物――ピストル，銃，時計――には互換部品が19世紀の初頭以来使われていた。しかし，ニューヨーク州フーシック・フォールズに住んでいた農業機械の意欲的な設計家ウォルター　A. ウッドの今では珍しいカタログには，実にさまざまの交換部品が掲載されている。それは，ヘンリー・フォードが自動車産業に規格化を導入する半世紀以前のことだった。（提供：マコーミック歴史協会，シカゴ）

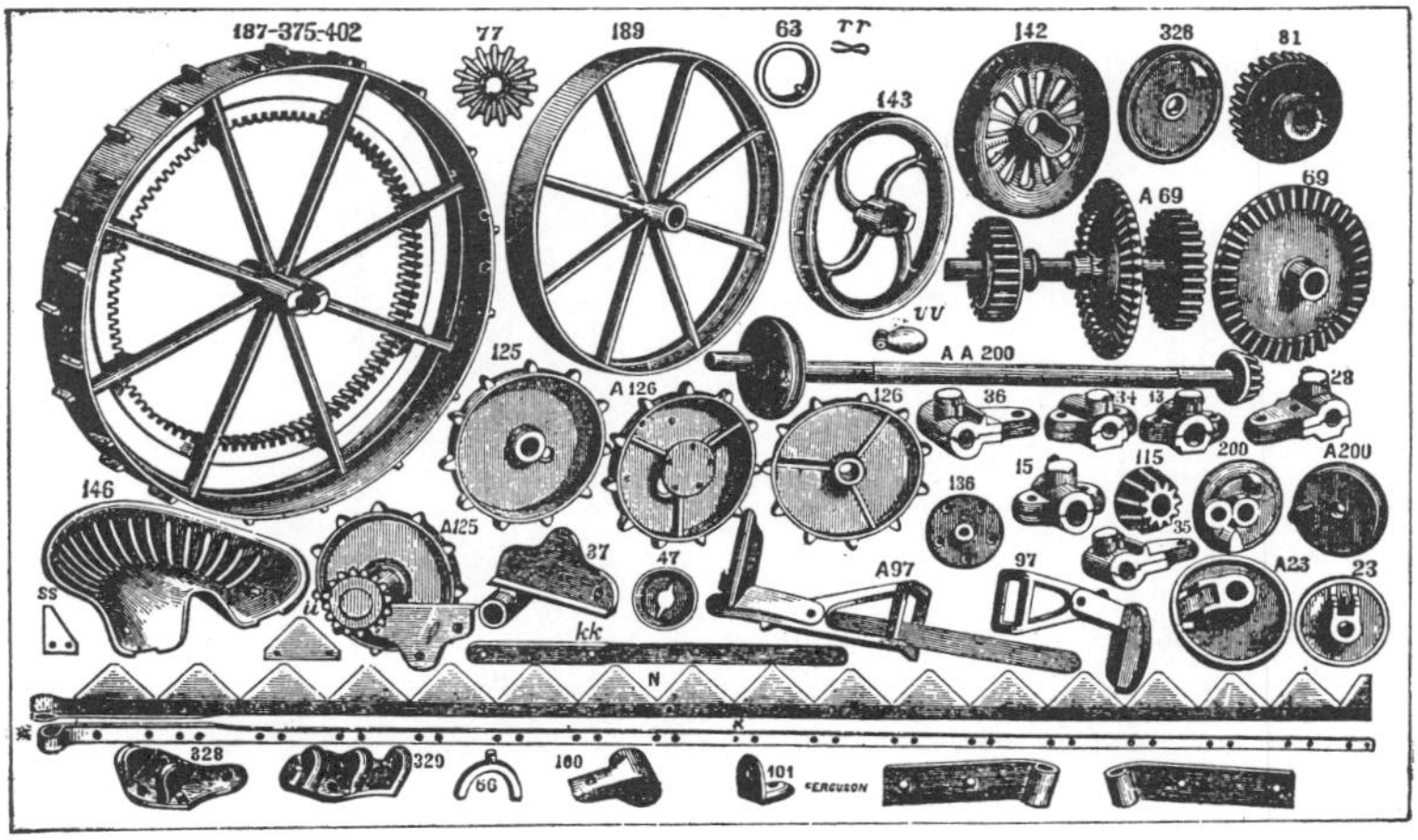

枠に詰めて発送したものである。

われわれが確かめ得たかぎり、大型機械用の部品の交換を専門的な知識を持たないでもやれるように制度化したのはウォルター・A・ウッドである。彼についてはまた後で触れることにしたい。一八六七年のこのカタログは機械そのものよりも、互換部品の説明の方に多くのスペースをさいている。それは、ヘンリー・フォードが同じ原理を自動車工業の場で一般の人に馴染み深いものとした半世紀も前のことであった。

後に見るように、大型機械に対する互換部品の適用と熟練労働の除去は、食肉産業における近代的なアッセンブリーラインの始まりと時期的に一致している。

複雑な手工業技術の機械化

錠前師の技術

ゴシック期後半以後、何世紀かの間、錠前師は非常に洗練された手工業技術を身につけた職人として知られていた。彼らは手先の技術と倦むことを知らない工夫の才を兼ね備えていた。その仕事には、錠前のほかにも、たとえば門、格子、ノブ、ハンドルそして箱物家具の精緻を尽した鉄製の飾りなどが含まれていた。

ゴシック期の人は身体的な快適さに関しては非常に控え目で、むしろ想像力をたくましくして作り上げてこそ、環境はいきいきしたものになると強く感じていた。扉の木造部分は粗雑で、あまり充分には仕上げられていなかった。職人はすべてのエネルギーを、戸の二番デリケートな部分、つまり鍵穴に注いだ。彼は写本の装幀でもするかのように鍵穴を微妙な装飾で縁どった。また、かんぬきを引き抜く把手は、先端が獣の頭で終る、蛇を抽象化した形に造形した。スイスのヴィスプにある家の錠はその一例である(図二六)。その後十八世紀に入り洗練された手工業技術の最後の時期を迎えると、職人は規模の大きな仕事に創作のエネルギーを振り向けるようになった。たとえば、修道院教会で身廊の方から聖歌隊が見えなくしたり、公園を取り囲み、あるいは公共広場の門として用いる鍛造の格子などがそれである。彼らは聖壇や公園の前面に透明な鉄のベールを編んだりもした。芸術家兼錠前師ともいうべきこの職人は、背の高い鉄の格子と、彫刻で飾った噴水からほとばしる水のカーテン、そして彼方に見える緑の芝生とから、一つの建築的空間を構成することもあった(4)。

こうした芸術的手腕の発展は、ルイ十四世の晩年と執政時代に始まる十八世紀の家具と快適さの完成と並行している(5)。

旧体制の終りの頃のすぐれた批評家ルイ・セバスチャン・メルシェは、都市を社会学的な観点からみた最初の人の一人である。メルシェはサロンのことは忘れて地下室や屋根裏部屋のことばかり書いたと言われた人だが、その彼も、洗練された手工業技術について書く段になるとつい我を忘れてしまった。メルシェはフランス革命の数年前、職人技術の高い水準について同時代人としての簡明直截をもってこう言っている。「わが鍛冶職人はもはや芸術家である。芸術の力で金属は建物とよく調和するようになった。金属でできた素晴らしい格子は眺めを損わず、その効果を逆に高めている。鉄は樹のようにしなやかになり、縄のようにあざなわれ、軽くひらひらとゆれる木の葉に変えられている。それは粗野な感じを捨て、ある種の生命を与えられて息づいている」。

しかし産業革命が始まると、こうした芸術的手腕はあとかたもなく消えてしまった。以前、鍛冶職人が手で鉄をたたいて作っていたものが、産業革命の開始とともに鋳型で作られるようになった。一八六七年のパリ国際博の審査員の報告にみられる通り、一八二五年から一八四五年の間に、高度に熟練した鍛冶職人は大都市から姿を消した。格子、欄干、そしてバルコニーも鋳鉄から作られるようになった。すでに第二帝政下でのオースマンによるパリの大改造以前にも、ブールバール沿いのバルコニーからミケランジェロの彫刻の鋳鉄製の偽物に至るまで、数々の鋳鉄製品を専門的に製造する大会社が発展していた。その製品カタログは美術史の教科書そっくりで、頁数は三〇〇から四〇〇頁にもおよんでいた。

しかし錠前師に関係した機械化のこうした側面に関してはこれ以上立ち入らないことにしよう。それを歴史的にみてゆくことにはあまり意味がない。というのは、ここでの機械化は安易な道をたどった例であり、模造品をできるだけ安く作るという狙いしかもっていなかったからである。錠前師の世界においても機械化が歴史的な関心を呼ぶのは、それが困難な道を選んだとき、すなわち、新しい方法と新しい目的をつくり出すことを通じて機械化が達成された場合

26　後期ゴシックの家の錠，スイス，ヴィスプ。木工部分は比較的ラフにできている。職人は扉の重要な部分，鍵穴の周辺を華麗な鉄細工をもって強調した。

だけである。鋳鉄製の格子や装飾を機械的に生産することには何の創造性もないのである。

機械化の本質に対する理解を得るために、錠に焦点を絞って検討したい。この点に関し、アメリカの場合ほど手工業技術から機械化生産への移行が非常なスピードと高い能率をもって起きたところはなかった。この変化が始まったのは、一八三〇年から一八五〇年までの二十年間である。それはアメリカ工業の際立った特徴が形成された、非常に重要な二十年間でもある。最初は、錠のさまざまな部品に鍛鉄を使うヨーロッパでとられた方法がアメリカでも行なわれたが、間もなく鍛鉄の代わりに「鋳鉄が使われるようになり、この点からヨーロッパとの違いが始まった。材料の変化は生産コストを大きく引き下げ、間もなくデザインの変化を生むことになった」(6)。

手工業生産から機械的生産へ

手による生産から、機械化による生産への変化は、もう一つの出発点をもっている。それは銀行と金庫用の錠である。一〇〇ドルから四〇〇ドルもしたこのような高価な錠の製作の経験を通じ、前世紀の九〇年代に性能が良く価格も安い、機械化された新しい型の錠が発展した。一八三〇年代の末に弾の自動装塡の問題を解決する突飛な提案が行なわれたが、この自動回転式の拳銃の問題と同じくらい、盗難除けの錠の問題は十八世紀末以来発明家の心を魅了したものだった。

錠の問題に対する多くの回答の中から、特にライナス・エール・ジュニアの開発した錠を取り上げたい。それは六〇年代の発明の大洪水とともに生まれ、まさに錠前製作における機械生産への移行を象徴するものだった。エール錠の細かい部分は時代とともに変わったが、原理に関するかぎり錠の問題に対して彼が示した究極の解決は最初の提案の段階ですでに存在していた。

われわれが特にエール錠を選んで検討するのは、手製の錠の原理がそこで完全に変えられているからである。エール錠は、錠製作の古い伝統とともに新しい流れを高度な機械生産の言葉に翻訳している。

この、古代に起源をもつものと、比較的最近発展したものとの間の相互作用については、錠の場合と同じようなことが現代芸術にも起きている。たとえば、穴居生活の絵画からアフリカ人の彫刻に至るさまざまな時代にみられた直接的な表現は、近代の芸術家がわれわれ自身の意識下の生活への通路を発見する際に助けとなった。

初期の段階——金庫と盗難除けの銀行錠

エール錠(7)と呼ばれているピン・タンブラー方式をとった円筒型の錠の歴史は、貴重品を火災と盗難から守る金庫と、金庫用の錠の工夫と密接に結びついている。

普通の目的に使われる鋳鉄製の大箱は、最初一七八〇年頃、イングランドで作られた。当時、鋳鉄は柱や棺桶にまで使われていた。持ち運びのできる最初の耐火金庫は、一八二〇年頃フランスで作られている。壁は二層の鉄板からなり、その中間に断熱を目的とした

27　耐火金庫の広告、水彩、1850年代初期。火事の鎮火後，書類を移動させているところ。ニューヨーク歴史協会のベラ　C．ランダウア・コレクションに保存されている貴重な資料。

材料の層が嵌められていた[8]。やがてこの金庫はアメリカにも紹介された。

二〇年代の後期から三〇年代の初めにかけて、アメリカ人は金庫の製作とその壁の絶縁材料の改良に努力した。

最初の成功は三〇年代の初め、大火災の際に記録された。人びとは金庫が無事だったのを見て大変驚いた。建物の内部はぼろぼろに焼けただれていたにもかかわらず、金庫の中身に損害はなかった。いつの間にかそれには「火とかげ」[9]という名前がつけられたが、公式の名称は最初（一八三八年のフィラデルフィアの商品カタログに記されているように）「耐火性」であり、その後一八五〇年代になって、「鉄製金庫」という名称に変わっている（図二七、二八）。耐火金庫が標準型に到達したのは、一八五〇年代に入ってからである。優れたアメリカ製品ということで広く宣伝され、銀行、保険会社、工場に始まって、普通の店や個人の家にまで入っていった。しかし当時もまた、信じ難いといった感情がこの災害除けの入れ物にまといついていたようである。

> この場所にあったウッド氏の店は昨夜の火事で完全に焼き尽されてしまった。火は戸のヒンジを溶かし、書籍やお金を全部収めた金庫からは煙が吹き出していた。弥次馬はその金庫が開けられる瞬間を見ようとまわりに集まった。しかし驚いたことに、書籍も書類もお金もすべて、完全な状態で出てきた[10]。

耐火金庫と銀行錠の発達は、工業や大規模な銀行および金融業の成長、株式取引の発展、富の拡大と資産の増大と時期的に一致して

28　ヘリングの耐火金庫の広告、1855年。この金庫の特許保持者は、1851年のロンドン万国博でこれを展示し、中に1000ドル相当の金塊を入れて鍵をかけた。そして誰でも錠を開けて中の金をとってもよいと言ったが、成功したものは誰もいなかった。

いる。工業と通商の発展(11)の結果、一八二五年頃生まれた新しい階級のための最初の豪壮な邸宅が、ロンドンのリージェント・パーク沿いに建てられていた頃、耐火金庫と盗難除けの錠の実現は真近に迫っていた。

銀行錠の高度化

ライナス・エールの錠は盗難除けの銀行錠の複雑な機構に技術的な基礎をもっている。フランス人は、洗練されたハンディクラフトに関することであれば、どんなことにも秀でていた。このことは家具や絵画――手先の技術として最高の表現――に始まって実に巧妙な自動人形にまで示されている。

十五世紀以来普通に使われてきた錠は、ボルトをスプリングで固定して扉を締めた状態にしておくものであった。鍵が鍵穴を通り直接に先端の翼の部分でボルトに働きかける仕組みで、錠をかけたりはずしたりするにはその鍵をひねってボルトを動かせばよかった。この原理は、中間に何も挟まないで、鍵の先端が直接ボルトに働きかけるという点にあった。

十八世紀に入ると、鍵とボルトの間に一組の可動の鉄片が挟まれ、錠は一層複雑化した。これらの平行におかれた鉄片を、鍵を使い一直線に並べて始めてボルトが動く仕掛けになっていた。

その後間もなくして、イギリスが錠製作の先頭を切り、十九世紀の半ばまでリードを続けたが、以後はアメリカが第一線に躍り出た。イギリス人は先端が鍵型をしたタンブラーに切れ目と刻み目をつけて、より複雑な関係をタンブラーとボルトの間に作りだした(12)。

水圧プレスの発明家であるジョセフ・ブラマーの名前と結びつけられている錠（一七八四年発明）は、当時の盗難除けの錠の代名詞にまでなり、評判は十九世紀の半ばまで続いた（図三〇）。原理とし

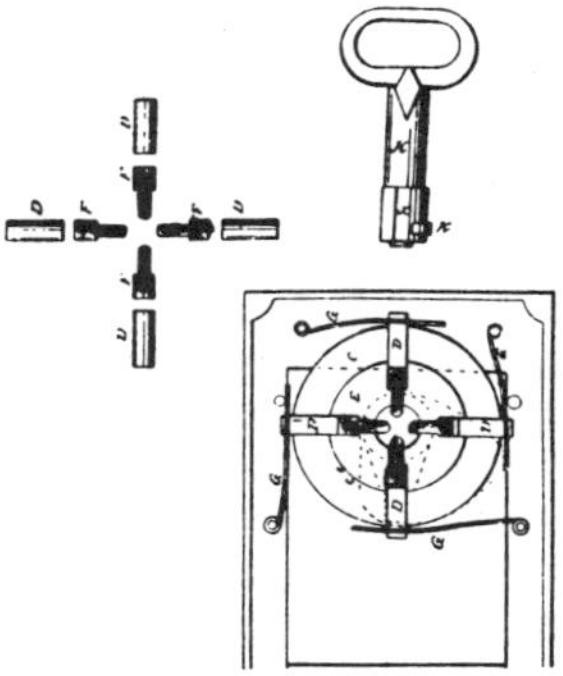

29　エール父の戸の錠，1844年特許認可。エール父の戸の錠は，複雑な銀行錠からライナス・エール・ジュニアの製作した簡単な戸の錠へ移行する過渡期を表現している。4本のタンブラーが可動シリンダーの孔に放射状に取り付けられている。タンブラー（ここではまだピストンと呼ばれている）はどれも2つの部分から構成され，スプリング（G）で中心に向けて押えられた状態になっている。タンブラーを外側に押し広げるのに用いる鍵は円筒型をしており，いろいろな点でブラマーの鍵と似ている。その鍵は，ブラマーの鍵がその「スライダー」に働きかけるように，「ピストン」（D，F）に働きかける。

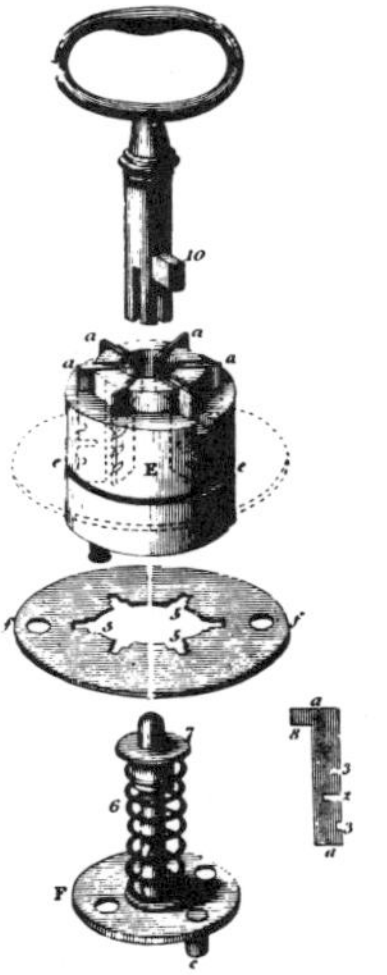

30　ジョセフ・ブラマーの銀行錠，1784年。18世紀の銀行錠と，機械式ドア・ロックに対するエール父子の解決案との間には密接な関係がある。このことは，1832年フィラデルフィアで刊行された『エディンバラ百科事典』に描かれている，有名な18世紀の銀行錠の詳細図を見ればわかる。「プレートf，fで，全部のスライダーが溝にそってシリンダーEのcの所まで押し上げられる。それを押し上げるのは，ピンbにゆったりと巻きつけられたスプリングである。初期の錠では1つのスライダーに1つのスプリングが対応していた。しかしここでは，全部のスライダーを1個の共通のスプリングで持ち上げるようになっている点に，大きな進歩がみられる」。

ては初期の頃の錠と同じだが、内部の仕組みは全面的に変わっている。それはタンブラーを円筒状に鍵の周囲にパックし、金庫が生まれるより先に、その錠の方の問題を解決していた。その点でブラマーの錠は、後の銀行錠の方向を予想していたと言ってよい。この錠は、結局一八五一年の大博覧会で、開けられたことは開けられたが、それは一筋縄ではいかない大作業の末のことであった。

　ブラマー錠の製造者が、その錠に懸けた二〇〇ギニーの賞金を獲得したのは、ニューヨークのA・G・ホッブスであった。ホッブスは、自慢して「イギリスのどんな錠でも二、三分で開けてみせる」と言っていたが、有名な錠を少し触っただけで次から次へ開けることで有名な男だった。しかし、ブラマーの錠を開けるのには七月二十四日から八月二十三日まで、ほとんど一カ月を費している。ホッブスはかくして、「鍵穴からタンブラーが見えたり触れられる錠はどんなものでも開けられる可能性がある」ことを立証した。ホッブスの芝居がかったやりかたは、ロンドン万博でメダルを受賞し彼が売出しに一役買っていたニューヨークのデイ&ニューウェル社の錠にとって恰好な宣伝になった（図三一）。その錠は中を覗けないようにできていて、会社はそれを開けた者には賞金として二〇〇ギニーを出すといったが、誰も成功しなかった。

　A・G・ホッブスは、それ以前にも、ソケットにガラス製のドア・ノブを固定する方法を発明していた。しかし何よりまず彼は、ニューヨークのデイ&ニューウェル社の腕ききのセールスマンだった。そして競争相手の会社の錠をこじ開けては、自分の会社の錠を売りつけることにかけて天才的な男だった。その会社の「中が見えない錠」は、一八四〇年代の中頃にはすでにアメリカで使われてい

31　アメリカの銀行錠：デイ＆ニューウェル社の「パロートプティック錠」，1851年。1840年代にアメリカに紹介されたこの錠は，まさにその名にふさわしく当時のチャンピオンだった。この錠からは「型をとることができないようになっていた」。この錠の販売を担当していた A.G. ホッブスは，1851年のロンドン万国博でブラマーの錠を開けて有名になった人物である。それから数年後，このチャンピオン錠もライナス・エール・ジュニアによってこじ開けられた。彼は，「ただ鍵穴を覗くだけで」この錠を開ける木の鍵を削り出した，と述べている。1850年代のこの広告の自由かつ繊細なタイポグラフィーに注目のこと。

CHAMPION BANK LOCK.
PATENT PARAUTOPTIC
POWDER-PROOF.
Also, Locks for
SAFES, PRISONS,
STORES,
SHIPS & DWELLINGS.
Great Variety of
DOOR KNOBS,
SILVER PLATED,
PORCELAIN, GLASS,
BRASS & MINERAL.
Espagneoletts & Cross Bolts for
FRENCH WINDOWS.
Which received the Prize Medal at the
WORLD'S FAIR,
With Special Approbation
Day & Newell,
589 Broadway,
NEW-YORK.
EXHIBITED BY A. C. HOBBS,
AT THE WORLD'S FAIR.
Gentlemen, building, would do well to purchase their
LOCKS AND FASTENINGS
Direct from the Factory
SILVER PLATING
Done in the best manner
BURGLAR and Fire-Proof SAFES, Vaults
Iron Doors to Order.

たし、イギリスでも、一八五一年のロンドン博以前に知られていた(13)。

その錠前についた鍵の部品は動くようになっていた。デイ&ニューウェル社の報告書によると、錠の持ち主は「鍵の小さな部品の配置を変えるだけで、好きなときにごく手軽に錠前の構造を変えることができる」し、また、「錠前の型をとることは、制作者自身にもできない。どんなに器用で工夫力のある人にとっても、その錠を開けることは不可能」(14)だった。それはまさにデイ&ニューウェル社が宣伝するごとく、当時の銀行錠のチャンピオンだった。

ロンドンでのホッブスの成功は完璧だった。間もなくイングランドの銀行はアメリカ製の錠前をとりつけるようになった。突然、アメリカ製品が脚光を浴びるようになった。ロンドン大博覧会で紹介されたものの中にはコルト拳銃、グッドイヤー社のゴムの製品、アメリカ製の工作機械などが含まれ、ヨーロッパの人びとを驚かせたものである。

ライナス・エールの銀行錠

一八五〇年代の中頃、フィラデルフィアに一人の若い錠職人が住んでいた。彼はニューイングランドの出身で、名をライナス・エール・ジュニアと言ったが、フィラデルフィアに住んでいたとき（一八五五—六一年）、盗難除けの装置を発明して有名になった。ライナス・エール・ジュニアは、「製作者自身にも型をとることができない」というホッブスの主張には賛成できなかった。彼は、「致命的だと考えられる一つの欠陥を発見した」(15)。そして何回か試したあと、中が覗けないという錠を次から次へと開けていった。「中が見えない錠は一番高級なものでも開けるのは実に簡単で、頭のいい若者なら木で鍵を作り錠をかけたり、また、かけ直したりできる」(16)と彼は断言している。エール自身のブックレットにも、エールが錠を開ける様子について語る、たくさんの銀行家の話を載せている。そのうちの一人で、自分の持っているデイ&ニューウェル社製の錠（一般にホッブスの錠と呼ばれた）をエールに開けられたニューヨークのある銀行家は、一八五六年一月十二日その様子を次のように面白く伝えている。

32　ライナス・エール・ジュニア：絶対に確実な魔法の銀行錠。ライナス・エール・ジュニアは鍵をできるかぎり小さく、しかも鍵穴を完全に満たすものに作り変えた。鍵の穂先が錠の一番奥に達し、そこでタンブラーに働きかける。

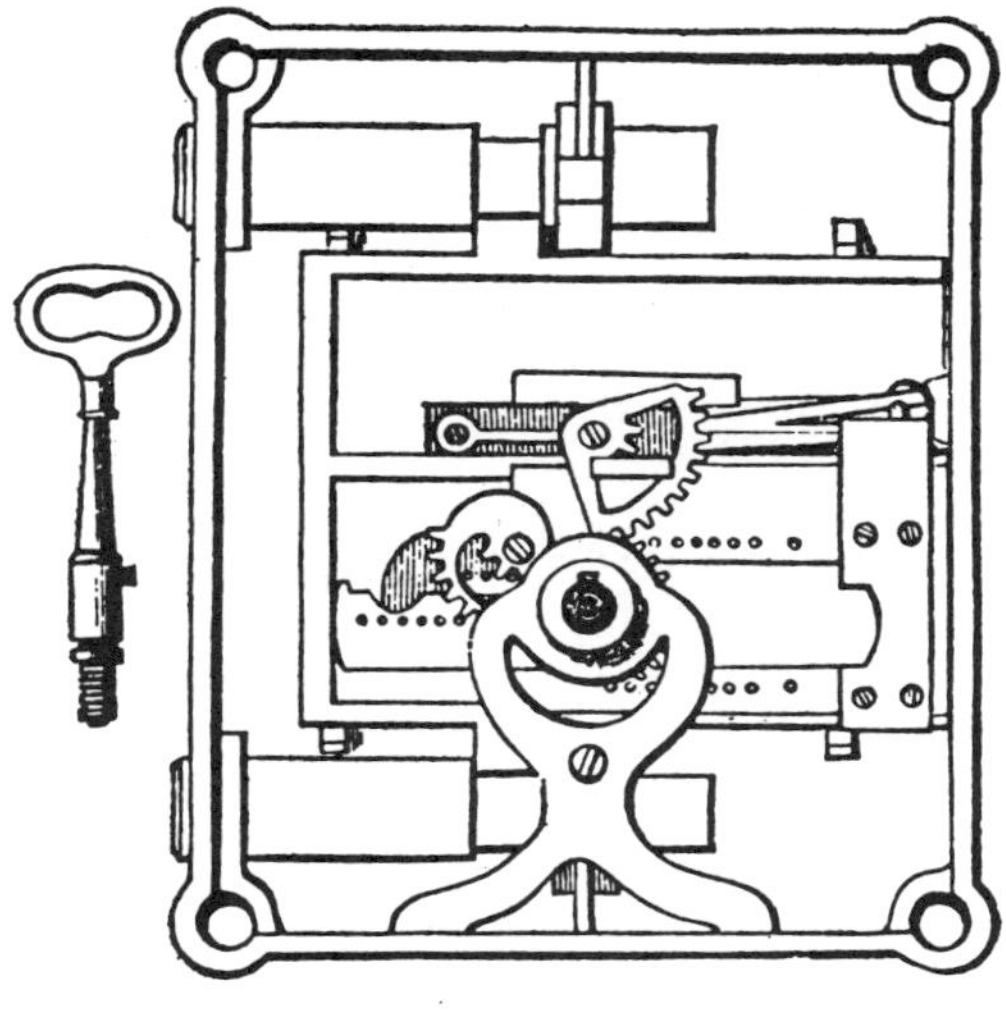

エール氏は、同じ型では一番上等な三〇〇ドルもするタンブラー方式の錠をこじ開けてしまった。彼は鍵穴から中を少し見ただけで木を削って鍵を作り、それを使って中のボルトを、あたかも私の鍵を使ってやったかのようにくるりと回転させた。それから、私の当惑を完成させるつもりなのかどうか、木の鍵の先端を少し切り取り、私の鍵では開けられないように錠をかけ直してしまった(17)。

一八五一年、ホッブスがイングランドの有名な銀行錠を開けて大きな成功をおさめた年、ライナス・エールは一つの銀行錠を製作し、それに「絶対に確実な銀行錠」あるいは「魔法の錠」という新しい名前をつけた。その名の通り、確かにこの錠には何か魔術的なところがあった。

この錠についている鍵は、複雑な翼のある鍵とは対照的に、ごく簡単にできていた。ちょっと見たところでは、時計のねじ巻きか、イワシの缶詰の缶切りに似ていた（図三二）。それは丸い釘状の棒でできており、先端は細く、ぎざぎざの入った部分で終っている。この小さな道具を鍵穴に挿入すると、鍵穴はそれでいっぱいになり、鍵の細い先がピンに触れた。一組のホイールがビット——これが小さな先端を形作っていた——を、ほかのどんな道具でも触れない所に移動させ、そこで鍵は、タンブラーに働きかけてボルトを動かした。鍵を抜くとタンブラーは自動的にハンドルないし柄《シャンク》の所まで戻ってくる仕掛けになっていた。

ライナス・エールは、この「絶対に確実な魔法の銀行錠」に三〇〇〇ドルの賞金をかけた。ホッブスは、その賞金を獲得できなかっ

33 ライナス・エール・ジュニア：最初のピン・タンブラー式円筒錠，1861年特許認可。ピン・タンブラー式円筒錠の基本的な考え方は最初の特許に完全に表現されている。すなわち，タンブラーは前後に1列に並べられ，錠は，動かない円筒状の錠ケース（エスカッチョン）と，それより小さく中心から外れたところに位置したシリンダー（プラグ）とで構成されている。タンブラーを収めた孔は，錠ケースとプラグの双方を貫いている。しかしエールは，タンブラーを一直線に並べるのに，依然昔流に，溝のついた部分を下に向けて差し込む式の円い鍵を使っている。（合衆国特許，1861年1月29日）

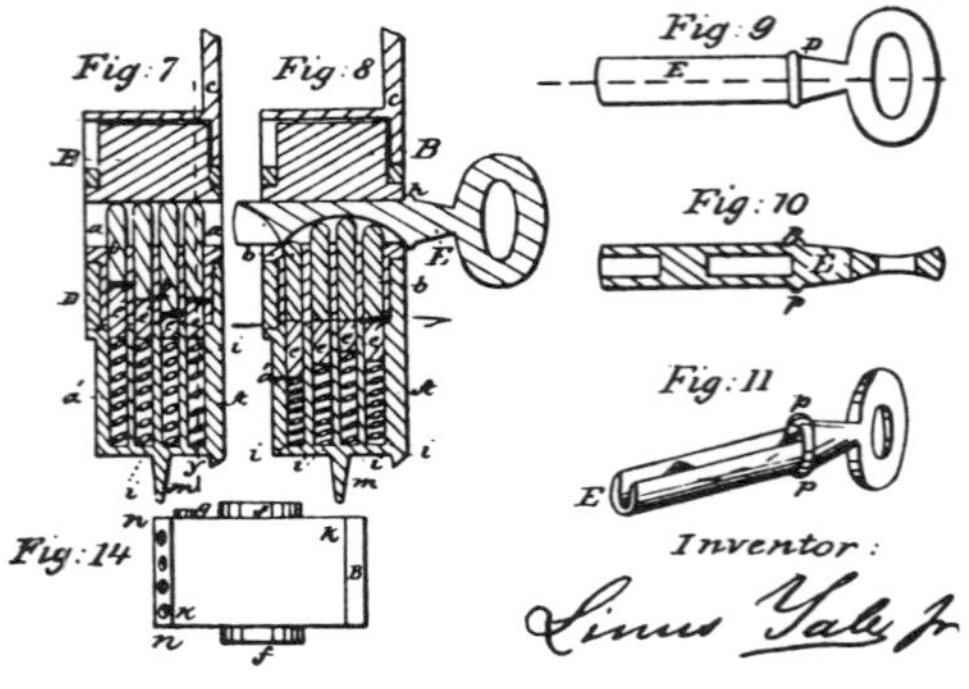

た。

ライナス・エール自身この錠に完全に満足していたかと言えば、そうではない。彼は鍵と鍵穴を原理とした錠は、結局は開けられる危険があると断言し、鍵を全然使わない解決に到達した。その「ダイヤル式文字合わせ錠」は、二つのハンドルまたはノブを備え、両者がある点で合致すると一連の重たいボルトが動く仕掛けになっていた。このダイヤル方式の錠の原理は以前にも知られてはいたが、原始的なアイディアを高度に複雑なメカニズムの一部として役立たせ、以後の発展の方向を決めたのは、ライナス・エール・ジュニアであった。

ライナス・エールの発明

こうした複雑な銀行錠を通してでは、錠前製作の分野におけるハンディクラフトから機械生産に移行する様子は充分につかめない。なぜなら、この複雑なメカニズムを構成している部品はほとんど手で作られていたからである。それは高度な職人技術の産物であった。錠前製作を革命化したのは、むしろ、今もエールという発明家の名をつけているあの簡単な馴染み深い戸の錠の方である。この錠でわれわれの関心を惹くのは、かつて手作りであった部品が機械生産に置き換わったということではなく、錠内部の技術的構成から鍵に至るまで、大きく変化しているという点である。人間にとって長い間踏みかためてきた道から外れるのは容易なことではない。抽出しや戸の開け方閉め方といった、身についた習慣を急に変えろといっても無理な話である。しかし、ピン・タンブラー方式をとったライナス・エール・ジュニアの円筒型の錠は、実は、このような変化を意味していた。専門家を除いてこの装置を専門名で知っている人は少なく、一般にはただ「エール錠」と呼ばれている。しかしその普及は遅々としていた。一八八三年にインドで出版されたピット・リバースの優れた著書『原始的な錠と鍵、その発達と分布について』の中でもそれについては触れられていない。ヨーロッパでこの錠が一般に使われるようになったのは、この二十年くらいのことであって、スイスのように生活水準の高い国でもそうであった。アメリカ製自動車のヨーロッパへの導入と、この錠の普及との間には何かの関係があるのかもしれない。一方、一八五一年製のエールの銀行錠のほうは、発明されて間もなくイギリスでも知られるようになった。

ライナス・エール・ジュニアは、一八二一年、コネチカット州サリスベリーに生まれた。彼の父はそこで錠製作の工場を経営していた。若いエールは、当時、アメリカ東北部の至る所に漲っていた錠製作と発明の雰囲気の中で育った。彼の短い生涯についてはほとんど知られていない(18)。彼は一八六八年のクリスマス、出張でニューヨークに滞在していたとき、突然心臓麻痺で亡くなった。四十七歳だった。彼の経済状態は決してばら色ではなかったらしい。一八六八年の七月、死の五カ月前、彼はヘンリー・R・タウンと知り合い、二人でその年の十月、錠前製作を専門とする会社を設立した。この会社はエール&タウン製作所（コネチカット州スタンフォード）と呼ばれる大企業に発展したが、その会社のトレードマークが「エール」だった。しかし彼は、新しく機械化された戸の錠を機械生産する予定だった工場を、自分の目で見ることのない運命にあった。

ライナス・エール・ジュニアは企業家としては決して頭の切れるほうではなかった。彼は発明することに夢中だった。人生に対する彼の態度は十九世紀後半の威勢のいい企業家というより、ソローやエマーソンによって象徴される自己修練の精神にむしろ近かった。彼の人生についてわれわれが知っていることは僅かだが、今も残っている彼の肖像画は、それを裏づけているかのようである。彼の顔は小さく、目は深くくぼみ、内省するような眼差しをしていた。穏やかな顔立ちは、やり手の経営者というより音楽家か芸術家を思わせた。実際にも、ライナス・エール・ジュニアは最初、画家、特に肖像画家を志した。もしフランスで生まれていたら、彼はカルチェ・ラタンへの道を歩んでいたかもしれない。それほど彼は、類稀な幻想の才能を備えていた。しかし、当時のアメリカで最も創造的な人材は絵の分野には入っていかず、あらゆる分野で人間の活動に転換をもたらす革命に身を投じ、そこで発明し行動することのほうを選んだ。

彼の父(19)は銀行錠の製作者としてすでに有名だった。息子のほうは父とはあまり長く生活を共にせず、早々に独立してその最も活動的な日々をフィラデルフィアで過ごした。ここで彼は、一八五五年から一八六一年(20)にかけて自分の工房を持ち、彼の銀行錠のほとんどを生み出した。また一八五六年、「絶対に確実な魔法の銀行錠」をフランクリン研究所の科学技術委員会に審査のため提出したのも、ここフィラデルフィアにおいてであった。その錠は今もフランクリン研究所に彼の署名を添えて展示されている(21)。また鍵穴のない金庫錠——その原理が今も広く応用されているコンビネーション・ロック——への道を歩みながらさまざまな工夫を生み出したのも、また最後に、有名なピン・タンブラー方式の円筒型の錠を発明したのも、やはりフィラデルフィアにおいてであった。彼は一八六一年に、この錠に関してとった最初の特許の明細を提出している。このときすでに彼の名は全国に知られ、彼の会社もフィラデルフィアにおける指導的な会社の一つに数えられるようになっていた(22)。

34 ライナス・エール・ジュニア：２番目のピン・タンブラー式円筒錠，1865年特許認可。後に小さな変更はあったが，エールの錠はその最終階段を迎えた。錠は，「タンブラーを２つに分けている線を１本の線に整えるのに適した形をした薄い鉄片である」。（合衆国特許，1865年６月27日）

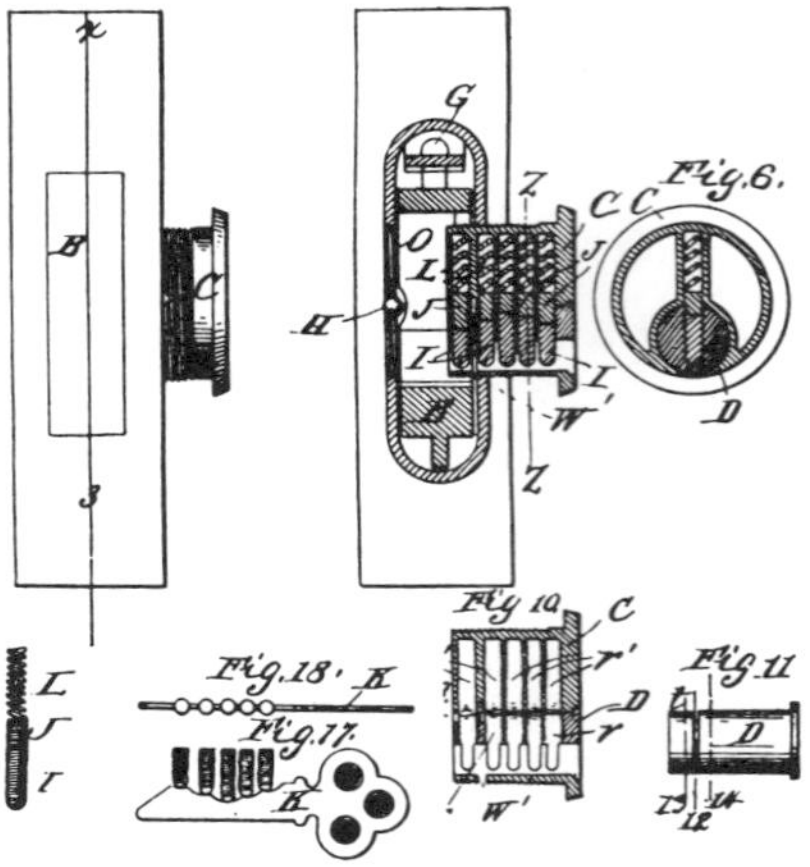

エール錠の構造

ライナス・エール・ジュニアによって発明されたピン・タンブラー方式のシリンダー錠は、次のような基本的な部品から構成されている。

まず、錠を閉じるメカニズム——一八六一年の最初の特許（図三三）は別だが——は五つのタンブラーをもっており、この構成は以後現在まで変わっていない。そのタンブラーが「ピン・タンブラー」と呼ばれたのは、それが普通錠製作で使われる部品と比べ非常に細くできていたからである。ピン・タンブラーは、細い鉄の棒というか鉄線のようなもので、二つの部分に分かれている（図三三、三四、三五）。なぜ二つに分かれているかについては、間もなく述べる。

第二に、錠の全体を入れる円筒状のケース——後になってシェルあるいは「エスカッチョン」と呼ばれた部品——があり、戸の中に入る。それは中が空洞の円筒で、縦方向に一つのリブが組み込まれているが、リブには縦に五つの孔があけられ、ここにピン・タンブラーが収められている（図三五）。エール自身も一八六五年の特許証の中で、「このタンブラー・ケースは円筒型の孔を持っている」と書いている。その孔は中心からはずれた位置に掘られている。

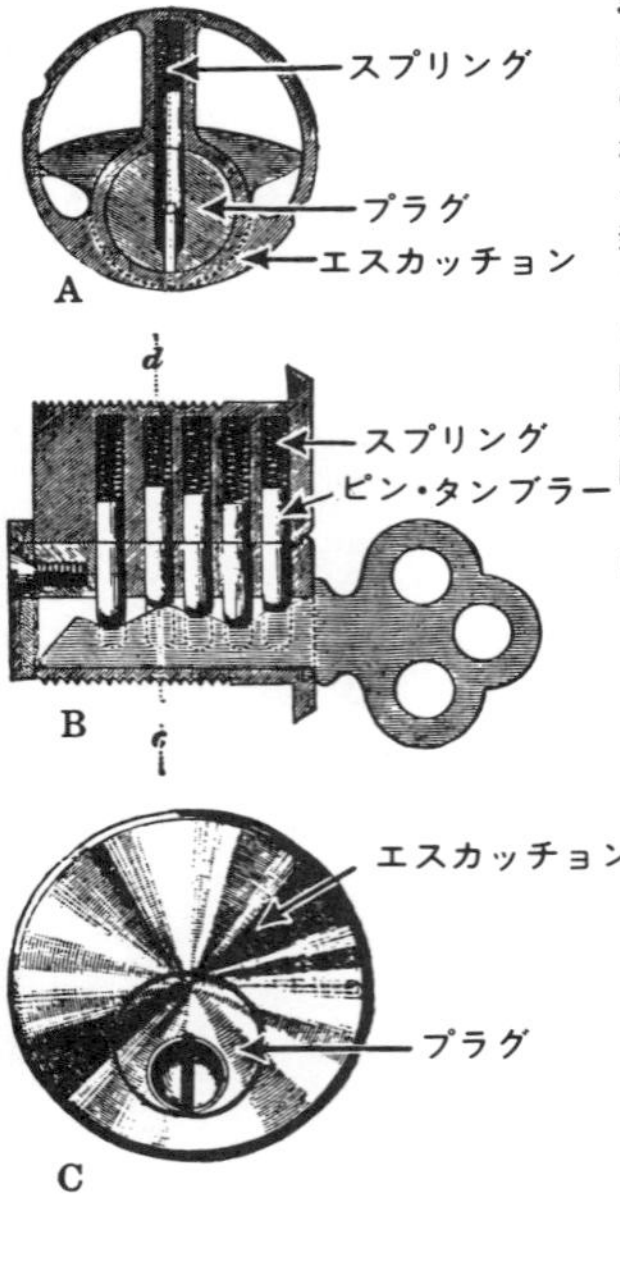

35 エール錠，1889年。（A）錠の横断面。（B）錠の縦断面。タンブラーの分かれ目がプラグとタンブラー・ケースの分かれ目と一致するところまで，タンブラーを鍵で押上げた状態。この状態のとき，プラグは回転可能になる。（C）鍵穴とプラグを示した正面図。（提供：エール＆タウン製作所，カタログ，＃12，1889）

第三の部品として、この縦長の孔に合わせて組み込まれた小さな円筒がある。これは後に「プラグ」と呼ばれるようになった。プラグもエールの言葉を借りれば、「その軸に対して垂直な面に掘られた孔」(23)をもっている。その孔は、固定したタンブラー・ケースのリブのそれと一本につながるようになっている。しかし場合によっては、この二番目のシリンダーが回転することもある。こうしてエールの鍵は「円筒錠」(シリンダー・ロック)という専門名称を獲得し、十五世紀以来使われている錠のメカニズムと区別されている。

エールの錠の構成部品についてまとめると次のようになる。固定した円筒錠の錠ケース、またの名をエスカッチョン、それよりも小さくケースの中心から外れて位置している円筒、またの名をプラグ(二つのシリンダーは一本につながるような孔を持っている)。次に、その孔に垂直に入っているのが五本の棒状のピンで、二つの部分に分かれている(ピンの上部は後に「ドライバー」と呼ばれ、下の部分だけが「ピン」の名をとどめた)。このピン・タンブラーを、絶えず下方に押えつけているのが、孔の一番上部に取り付けられた五個の小さなスプリングである。

このように、ピンが入っている孔は、一部は錠のケース(固定した円筒)に、また一部はプラグ(小さい、回転するほうの円筒)の中に入っている。ピン・タンブラーは上からのスプリングの圧力でエスカッチョンとプラグをつないでいる。それはちょうど、釘で二枚の板をつなぎ、離れないようにしているのと同じ状態である。この場合にはプラグを回転させることはできず、鍵がかかった状態になっている。

錠を開けるには、小さな平らな鍵をプラグの細い裂け目にさし込み、上からの圧力を払いのけるような形でタンブラーを持ち上げる。そこでタンブラーが二つに分かれている面が、固定したシリンダー(エスカッチョン)と回転するほうのシリンダー(プラグ)の接点と正確に一致するところまでもってゆくと(図三五)、プラグは鍵をひねれば回転する状態になる。

エールが革新を成し遂げたあと、昔の鍵の名残りをとどめるものはほとんど何もなくなった。エール自身、初めて一八六五年の特許証で述べているように、「鍵は、タンブラーが二つに分かれている面を一直線に並べるための、精巧に形作られた薄い鉄片である」。つまり、鍵の役目はピン・タンブラーをそろえることだけである。小さな刻み目はそのためのものだが、当時の人の言葉を借りれば、「潰れた鋸の歯」にそっくりである。

ぎざぎざのある鍵の四角いタングも同時になくなってしまった。鍵は小さくそして薄くなり、押し抜いたり打ち出したりして簡単に作られるようになった。特筆すべきは、その機能上の変化である。人間が閉じるためのメカニズムを工夫して以来、鍵は直接ボルトに働きかける形式をとってきたが、エールの鍵ではこの点が変化し、円筒を回すためだけの柄になってしまった。

「エールの発明以前は、鍵の大きさは錠前のサイズに比例し、長さは扉の厚さだけなくてはならなかった」(24)。しかしエールが考えたようにすれば、鍵の操作で直接回転するのはプラグであって、ボルトはプラグから離れた位置に取り付けることができる。かくして戸はどんな厚さでも構わなくなり、錠前と鍵は型さえ同じであれば大きさを変えなくてすむようになった。その結果、どんな戸にも取

36 フェルナン・レジェ：鍵。油彩、1924年頃。

付けのきく標準型の錠、同一サイズの鍵が実現した。エール&タウン社の一八八九年度のカタログに載っている精巧な挿絵（図三七）は戸の木の部分を削った状態を示したもので、錠の仕組みが手にとるように描かれている。そこでは、回転プラグについた鉄の棒が厚い戸を突き抜けて、反対側のボルトに働きかけている様子が示されている(25)。エールは、彼の二番目の特許（一八六五年）ですでにこの発展を予想していた。しかし、彼の死後数年を経て公開された特許(26)（図三八）ではじめて、錠がボルトから独立している場合の真の利点について詳しく述べている。郵便ポストにつける錠はこの仕組みを使って作られる予定になっていた。

エールは段階的に少しずつ、彼が引き継いだ古い考えを捨ててゆくことができた。最初の錠を提案したとき、戸棚や箪笥、抽出し用の錠として考え、戸につけるつもりはなかった（図三三）。その時は、タンブラーをそろえる鍵は断面が円形で、刻み目ではなく溝をつけていた。そして面白いことに、そこではまだ、タングをもった普通の鍵の場合と同じように溝の部分を下に向けて挿し込むような形に工夫されていた。しかし戸の錠とははっきりうたった二番目の特許（一八六五年）では、大胆にも錠ケースを理論通りの場所に配置し、ピンをプラグの上部に上から押えるような形に取り付けた。その結果、鍵の入れ方も従来のとは逆に、刻み目の部分を上に向けて入れなければならなくなった。つまり鍵の入れ方が上下逆になったわけで、その結果、戸の閉め方の習慣も変わったことになる。

錠の各部品は工作機械で製作できるように設計された。平らな鍵は初めから金型で押し抜いたり押し出して作られた。ピン・タンブラーはもともと機械で切断されていたのだろうが、結局は自動式スクリュー・マシンで切断と形成が一工程でやれるようになった。スプリングも機械生産され、あとでただ取り付ければすむようになった。内と外の二つの円筒ケースは最初、手を使って鋳造されていたが、その後ほかの部分と同様に機械で自動的に製作されるようになった。

今使われている錠を発明したのは息子のライナス・エールである。その発想の巧みさは、あたかも、十六世紀のニュールンベルクでスプリングが使われた結果、時計がポケットに入るくらいに小型化した、時計発達史における一段階を想い起こさせるが、エールの革新はそれにもまさる変化であった。

37　戸の厚さに関係なく取り付けられるエールの錠。鍵の寸法はもはや扉の厚さ分だけある必要はなくなった。プラグで回転させられる錠の軸棒は，厚い戸を突き抜け重いボルトと接続している。（エール＆タウン製作所，カタログ，＃12，1889）

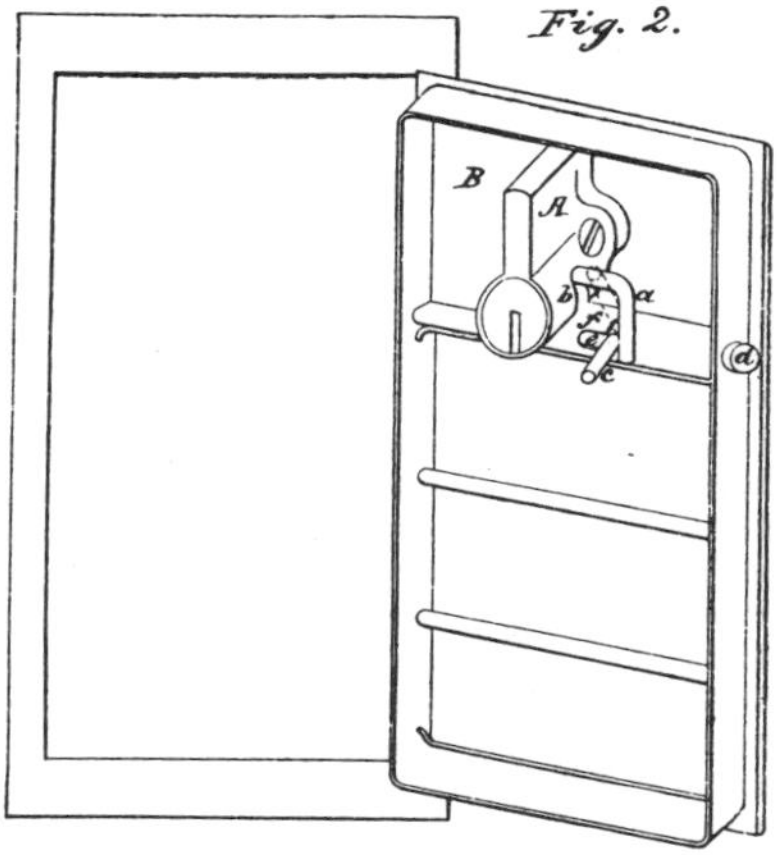

38　ライナス・エール：郵便ポストの錠。合衆国特許，1871年。ライナス・エールは，鍵の機構がボルトから独立していることの利点を予見していた。アーム（a）が離れて位置したボルト（d）をコントロールする。

　では、その革新はどのような経過をたどったのだろうか。父のライナス・エールは一八四四年、一風変わった戸の錠で特許をとった（図二九）。その錠には円筒型のリングが入っていた（図二九の*C*の部分）。「上述のリングには外周から内周に向かって丸い孔が開いており、その中に円筒状のピストンが取り付けられている」(27)。（ピストンという名は銀行錠の重いピストンにならってつけたもので、息子のエールの錠では〝タンブラー〟に変わっている）。父のエールの言葉を借りれば、ピストンは「上述の孔を通って、それと一致した回転する内側の方の円筒の孔に入る」（*E*）。それは円筒の周囲に放射状に取り付けられている。ピストンはそれぞれ二つの部分に分かれ、錠ケースの壁に取り付けられたスプリング（*G*）によって中心のほうに押しやられた状態になっている(28)。

　この錠はもともと戸の錠として考案されたもので、起源は重い銀行錠にあった。ジョセフ・ブラマーの一七八四年の有名な金庫の錠（図三〇）の場合でも、「タンブラーは円筒の周囲にスプリングで取り付けられていた」(29)。これと関係したアイディアとして「いくつかの孔が通り、ボルトを動かすピンを持った回転板」(30)、それに、「先端にピンを備えたスプリング」があるが、それらもブラマーの錠の大分以前にすでに別段目新しい工夫ではなくなっていた。

　後に息子のエールによって使われることになった錠の基本的要素は、すでに一八四四年には存在していた（図二九）。その要素とは、二つの部分に分かれたタンブラー、スプリング、固定したシリンダーと回転シリンダー、タンブラーに直接に働きかけてそれを一直線にそろえる、刻み目のない鍵（*K*）である。刻み目のない鍵は「断面が円形で、ピストンの数だけ周りに楔形の窪みないしは溝（*X*）

39　鉄の鍵。プトレマイオス朝期。鍵の寸法は5インチ半。カーナヴォン卿によりテーベのドラ・アブール・ネガから発掘された。エールの錠は，一般には，いわゆるエジプト錠の系譜をひいたものだと考えられているが，実際はそうではない。この複雑な形をした鍵は，紀元前3世紀から2世紀にかけての技術的に高度な発達をとげたプトレマイオス王朝期のものである。エジプトよりは，むしろギリシャに端を発したものであるように思われる。（提供：メトロポリタン美術館，ニューヨーク）

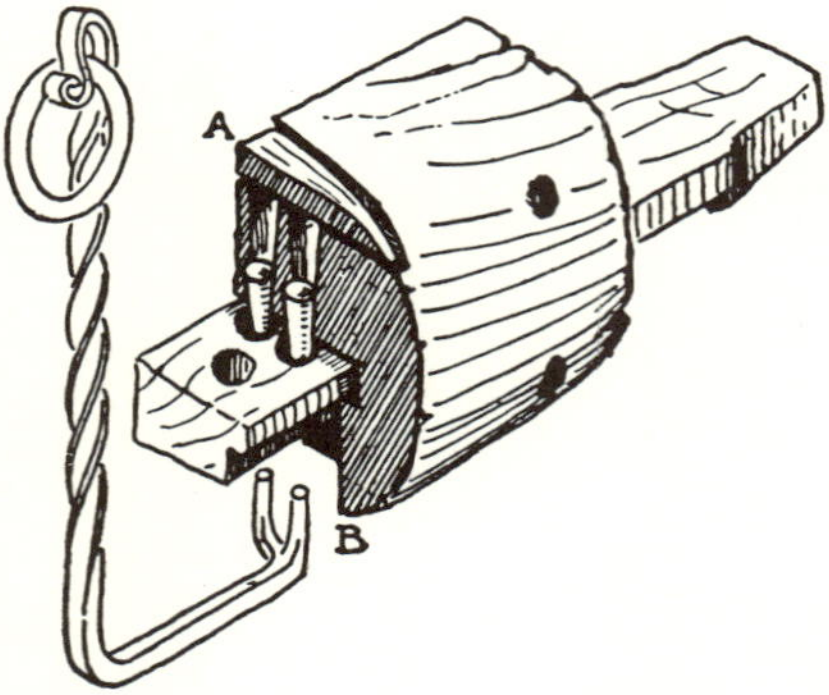

40　サイカモア製の錠。800年頃。テーベのエピファニウス修道院のもの。プトレマイオス朝期の錠から1000年以上経っているが，錠の原理は変わっていない。タンブラーはどちらの場合にも，ファロー島民やペンシルベニアへ入植した人たちが使っていた錠とは異なり，鍵が挿入される方向に並んでいない。ファロー島民やペンシルベニアに入植した人びとは，全く異なる形の鍵を使っていた。

41　タンブラーを2本備えた木製錠。ファロー諸島。プロフィールと断面。ペンシルベニアへの入植者が使った錠（図42，上部）と同様，2本のタンブラー（d，d）がボルト（a）の孔（f，f）に入ると錠がかかった状態になる。両者はほとんど違わないが，ただペンシルベニアの錠では鍵がタンブラーの下に入るのに対して，ファローの錠の場合，鍵（b，b，c）は錠の上部の溝を通る。（ピット・リバース）

をもっている」[31]。一八四四年に出された次の特許証の内容は、息子のエールの発明に関する記述と似てはいないだろうか。

まず、鍵をできるだけ深く押し込む。すると、鍵の傾斜した面がピストン（*F*）と接触するが、錠を開けるには、タンブラーを構成する二つの部分の接触面が、鍵で回転する内側の円筒と動かない外側のそれとの接触面に一致するところまでピストンを押し戻せばよい[32]。

エール錠の原型

ライナス・エール・ジュニアの錠の原型はどこにあるのだろうか。その問いに対して、これまでも時折、「エジプト錠がその原型である」と言われてきた。しかし、一番最近の発掘でも、古いエジプト錠とその発達過程についてあまり多くのことは明らかにされていない。いわゆるエジプト錠は、確かにタンブラー錠の範疇に入るが、中世期のタンブラー錠の重要な特徴の一つを欠いている。すなわち、エジプト錠では、タンブラーは直線に並んでおらず、鉄製のピンがブラシの毛のように水平な棒の上に互い違いに突き出ている。このエジプト錠は、今でも、このままの形でエジプトなどの家々で使われている。

ツタンカーメンの墓を発掘したハワード・カーターは、カーナヴォン卿の遠征に従い、その途中で幾つかの金属製の鍵を発見した[33]（図三九）。カーターによれば、その鍵はプトレマイオス王朝期（紀元前三二三―三〇年）のものだという。鍵はL字型に曲げられ、ピンは先端の折れ曲がった部分にそって配置されている。その鍵が挿し込まれる錠のほうは、プトレマイオス朝のもとで繁栄した技術的に進歩した時代の産物である。当時のエジプトは、ギリシャ科学と発明の中心地であった。事実、その時期は後期エジプト期にあたっている。

一千年以上経っても、「エジプト錠」の原理に変化はなかったようである。サイカモアの木を彫って作った錠ケース（西暦八〇〇年頃）をつけた木製の錠が、テーベのエピファニウス修道院の独居室にがらくたとともに埋もれていたのを、ニューヨーク・メトロポリタン美術館の遠征隊によって発見されたが[34]（図四〇）、その錠はずっと単純化されているとはいえ、プトレマイオス朝の時代の錠と同じL字型をしている。ピンは二本しかないが一直線に並んでいない。錠を開けるには、鉄製の鍵を挿しはさみ、上にもちあげて、ボルトを下から押しあげなければならなかった。この型の錠が、現在まで存続していることから判断すると――それは今もなおエジプトの家では使われている――タンブラーが一列に並び、平らで溝がついた鍵と組になっている中世のタンブラー錠は、エジプト以外の地に起源をもっていると言えるかもしれない。考古学者は、タンブラー錠自体、エジプトで発生したということに関しては疑問をもっている。タンブラーの原理をもとに作られた錠（ラコニア錠）は、紀元前六世紀以後ギリシャで使われ、ギリシャ時代かローマ時代にエジプトにもってこられたとも考えられる[35]。

結局、「エジプト」錠の起源――バビロニア、エジプト、あるいは、紀元前五世紀のイギリスかもしれない——については資料不足で、曖昧な解釈しか生まれてこない。

紀元前三〇〇〇年、バビロニアの円筒型の印鑑に、太陽神がジグザグのシンボルを手にしている様子が描かれており、これまで注目されてきた(36)。考古学者の中には、この象徴的な道具を鋸であるという人もいるし、鍵だと考える人もいる。ここで素人が意見を挟むのは適当ではないが、それについてはさまざまな解釈があるということ、その由来は不確かだということだけを指摘しておきたい。

このように、はっきりしたことはエジプト期まで遡るとわからなくなってしまう。資料が具体性を帯びるのは、ヘレニズム時代のものからである。しかし、その起源についての時代的な推測は、千年の幅をもって揺れて動いていることも確かである。

ホメロスの時代およびそれ以後のギリシャ錠については、慎重に集められた情報が得られている(37)。花瓶に描かれた絵とアッティカの墓の浮彫りは、次のようなホメロスの記述の正確さを裏書きしている。すなわち、オデュッセウスの妻、ペネロペが夫の弓が収められている部屋の戸を開けるくだりで、彼女は「象牙の把手のついた見事な形をした青銅製のよく折れ曲がった鍵を、その頑丈な手に握るや否や、扉の把手についた紐をゆるめ、鍵穴に鍵を挿し込んだ。そして一気に、ボルトをひっくりかえした」(38)。

この初期のギリシャ鍵は、錠のボルトをただ突くだけのものだった。女司祭は長くて重い青銅製の鍵を肩にかついで運んだ。そのL字型に二度曲がった部分と長いクランクは、自動車のジャッキの柄の部分を思い起こさせる。ちょうど、その曲がった鉄の柄が自動車の下をかいくぐってジャッキと接続するように、ホメロス時代の鍵も扉の高い位置についた鍵穴の中に入り込み、中のボルトを突くようにできていた。その後、鍵の鋭く曲がった部分は和らげられてなだらかなS字カーブとなり、鎖骨のような形になった。鎖骨のことを鍵骨というのはここからきている(39)。

五世紀に入ってギリシャのタンブラー錠が登場する頃になると、はっきりしたことはまたわからなくなる。アリストファネスの喜劇に出てくる女性は、よく指摘されてきたように(40)、悪い男が、三つ叉になったラコニアの「秘密の鍵」を使って食糧貯蔵室の錠をかけてしまったとぼやいている。ここでわかることは、ラコニア錠が一種のタンブラー錠だったという点である。それが三叉になっていたということと、特にその錠の後の名称——「バラノス」つまり、どんぐり錠(41)——から判断して、カーターらによって発見されたヘレニズム時代の錠に似ていたのではないかと思われる。この錠は、断面が円形のタンブラーを持ち、先端は滑り落ちないようにどんぐり型に広がっている(42)。ところが、世界中に広まった木製のタンブラー錠の場合、タンブラーの断面は四角で、どんぐり型とは似ても似つかない。正確で雄弁な演説家を生んだギリシャ語が、四角な釘状のものにどんぐりという言葉を使ったとは到底考えられない。

五世紀のギリシャで、この型の錠は「ラコニア錠」(43)と呼ばれた。というのは、その錠のアテネとその他のヘレニズム世界への伝播は、金属工業の栄えたギリシャの鉱山の中心地、ラコニア地方に端を発していたからである(44)。そしてそのラコニアへは、エジプトを出発点としイオニアとギリシャの島々を経由して伝わったのではないか、という大胆な推測を下す学者もいる(45)。

木製の錠

このこと以上にわれわれの関心を惹くのは、タンブラーを、一列になった垂直の溝に積み重ね、平らな木の鍵でタンブラーを持ち上げて開ける仕組みの木製錠の起源である。民族学者は、タンブラーが一列に並んだ錠の出現をもって「新しい時代」が始まったと考えたが(46)、それと、いわゆる「エジプト錠」とは原理的に区別していない。しかしこの錠は「エジプト錠」とは型を異にしており、起源も違っている。

いつどこでこの錠が発展したかを示すはっきりした資料は何もない。いつの時代にどこの国に起こったかは謎のままである。しかし、幾つかのヒントはある。

その第一は、木製錠は、実にさまざまな文化と時代にわたって出現しているにもかかわらず、驚くほど似かよっているという事実である。イギリス北部のファロー諸島の錠（図四一）は、ギリシャ諸島やザンジバル島の古いアラブ人の家から出てきた錠と大変似ており、同じ村で製作されたかと思われるほどである。このようなことが単なる偶然で起こるはずはなく、両者が起源を共通にしているのは確かである。どちらも、金属製の曲がった鍵をもった、いわゆる「エジプト錠」と原型を異にしていることは間違いない。後者の鍵はフォークの叉のようなとがった部分を複雑に組み合せたようなもので、金属細工を経験した高度に発達した文化の産物である。

木製錠は中国、インド、アラビア半島などアジアの全域に見出される。この錠の伝播をアラブ人の熱帯アフリカへの侵入と結ぶつけ(47)、ムーア人の征服者がそれをアフリカ大陸の北部に伝えたという解釈を下す学者もいる。ところが木製錠は、ローマ帝国時代のドイツの砦でも発掘された(48)。そこで今度は、木製錠は大侵略の際、西に向かって進軍した人びとによってヨーロッパ全域に伝えられたのではないかという推測が行なわれた。地球を一周するかのように木製錠はアメリカにも伝わったが、それは二つの進路をとった。一つはドイツ、スコットランドおよびスイスからの移民を通じてアメリカのペンシルベニア州へ、もう一つはアフリカ人を通じてギアナへ、というルートである(49)。

こうした放射状の動きを逆に遡ってゆくと、一つの点に収斂する。それは、アジア大陸の中心部である。すなわち、記録も歴史もないステップが、おそらくは木製錠の誕生の地であったと考えられるのである。

木製錠の起源を示すもう一つのヒントも、アジアの内陸部を指している。平らな木製の鍵をつけたタンブラー錠を詳細に検討してみればみるほど、それは単に「エジプト錠」を単純化したもの、あるいは、木工技術を通じて木製に置き換えたものではなさそうだという結論が出てくる。木製錠の機構全体は、素材としての木材を念頭にして考えられているからである。曲線をできる限り避け、どの部分も農民や羊飼いや遊牧民の手で簡単に作れるようにできている。その製作には熟練を必要としない。この点でも、金属製の曲がった鍵とは違っている。木製錠は、原始的な文化の産物であり、建物を建てるにも、道具を製作するにも、可能なかぎり、基本的な材料としての木材に依存した地域で生まれた。

結論は次のようになる。すなわち、平らな木製錠は、錠の発達の初期の段階のものであるということ、そして、複雑に屈曲した金属製の鍵を持つ錠は、木製錠をモデルとして、高度に組織された地中海文化において初めて可能だったということである。しかし木製錠に比べて、金属製の錠はあまり広い地域に伝播しなかった。

古い錠にとって代わった錠はどこからやってきたのだろうか。この疑問が残っている。エールの父が発明した錠もピン・タンブラー方式の円筒錠で、タンブラーは二つの部分に分かれ、シリンダーは回転する内側のシリンダーと固定した外側のシリンダーから成り、そしてスプリングがタンブラーを押えつける仕組みになっていた。父のほうのエールが戸の錠の製作に用いた要素が、最後的にエール・ジュニアの錠に定着するのに二十年以上かかっている。手元の資料で、この過程の大雑把なところはつかめるかもしれない。

一八五〇年代、エール・ジュニアは、当時まだ解決されていなかった盗難除けの銀行錠を工夫するのに夢中だった。彼が考案した銀行錠はどれも成功をおさめたが、彼自身にとっては確信のもてる解決ではなかった。結局彼にとって納得のゆく解決とは、前にも述べたように、鍵穴のまったくない組合せ錠《コンビネーション・ロック》のことだった。

彼は、毎日重い鍵を使って工場の扉を開けながら、その鍵をもっと単純で手軽な形に作れないものかと考えた。滑稽ではないか、彼が発明した「魔法の銀行錠」を開ける鍵は、マントルピースの時計を巻く鍵の大きさほどもないのに。厚さが一フィートもある金庫の扉は外套のポケットに入るくらいの小さな鍵で開けられるのに、普通の家の戸を開けるのにこれほど不恰好な道具が必要なのは、どこかが間違っている。

おかしなことに、銀行錠の発明がはやっているときには、複雑な銀行錠を考案するほうが、何世紀もの間まったく変化しなかった平凡な戸の鍵を新しく工夫するよりもやさしい。

エール・ジュニアは父の仕事を前に進めることができただろうか。ピン・タンブラーは利用できた。しかし父のエールがやったような取付け方は、操作の上で問題を残していた。一体、簡単な家の戸に、放射状に広げてタンブラーを複雑な形で仕組むことにどのような利点があるのだろうか。金庫の重い扉には適切でも、普通の建物の戸締り用としてよいかどうかはわからない。さらに不都合なことにこのような形に配置されたタンブラーは、鍵穴の奥で放射状に広がり、目で見、指で触れることもできる範囲内にあり、錠をこじ開けようとする者には好都合にできていた。道具を挿し込んで中の様子を調べ、しかるべき所を簡単に探り当てられるような仕組みになっていた。新しい戸の錠は、古いものに比べて盗難除けに一層有効でなければ無意味だった。銀行錠の場合に、エール・ジュニアは錠前自体を戸の奥深く押し込んで、こじ開けようとしても手が届かないところに取り付けたが、戸の錠の場合も、この原理を踏襲しようとした。しかし複雑な機構は問題にならず、別の工夫が必要であった。

古い戸の錠の場合のように、ボルトを突くのに鍵を使わないという父のアイディアは、彼の目的に適った。そこで彼は、タンブラーを一直線に並べ、内側のシリンダーを回転させることだけに鍵の機能を限ろうとした。しかし、ピン・タンブラーをただ前後に互いに隠れるように配置し、錠をこじ開けにくくするには、それを一体どう並べればよいか。この問題を解決するには、どんな考古学上の調査も全く必要ではなかった。調査してみたところで無駄だったに違

42　ペンシルベニアへの入植者が使った木製錠。（上）錠がかかった状態。鍵は抜けている。２本のタンブラーが釘のようにボルトの溝（点線部分）に収まっている。（下）錠が外れた状態。鍵を挿入しタンブラーを持ち上げ，ボルトを抜く。右にはこれと同じ状態にある近代的な錠が示されている。鍵が挿入されてタンブラーの分かれ目が一直線に並び，鍵とプラグが回転可能になった状態である。

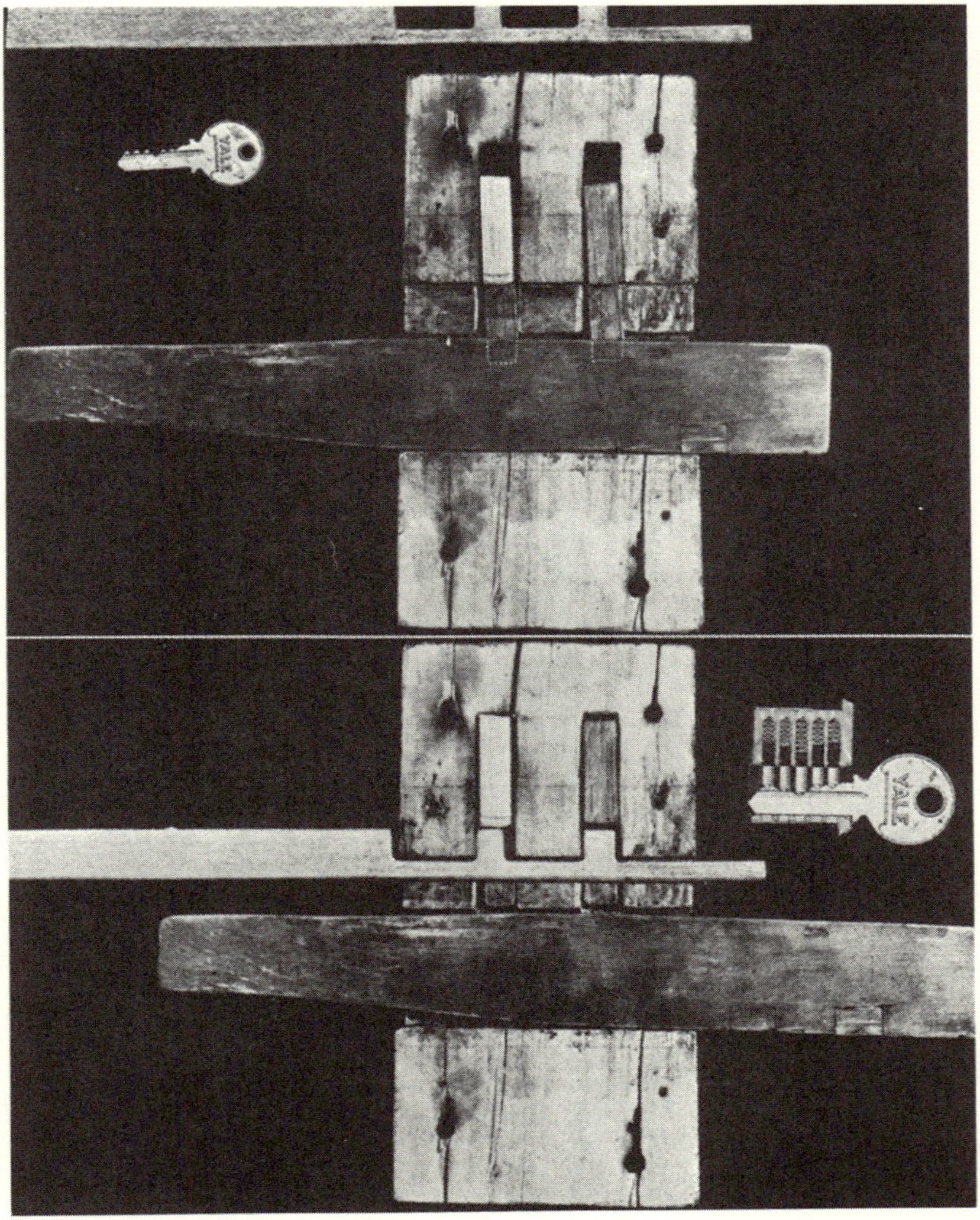

いない。エールにヒントを与えたといわれる「エジプト錠」については、今もよくわかっていないからである。

ペンシルベニアの木製錠

ペンシルベニアでは納屋や、当時ではおそらく農家など至る所で、エールはスコットランドやドイツ、スイスからの入植者が持ってきた木製のタンブラー錠を目にすることができた。その錠では、タンブラーが一列に並んでいた（図四二）。この型の錠は、初期の入植者の道具や家具と同じく、ゴシック期の名残りをとどめている。ペンシルベニアに移民した初期のドイツ人は、いろいろな物を工夫することに熱心だったが、木製の錠にもさまざまな変化を与えた。しかし彼らは、中世の納屋や家の戸を閉めるのに使われた木製の錠も持っていた。このタンブラー錠は、一列に並んだタンブラーと溝のついた平らな鍵をもち、その時までの長い間、人類の錠として使われてきたものである。平らな木の枠組、簡単な溝、タンブラー、鍵など、どの部分をとっても、ごく原始的な道具で作ることのできるものであった。

この錠が十九世紀まで至る所で使われ、今日の機械化した錠の発明に決定的な刺激を与えたということは、その基本的な生命力を物語っている。ライナス・エールの発明に見られる天才的な解決にきっかけを与えたのは、ほかならぬ、この錠の素朴な原理だったのである。タンブラーを前後に一列に並べるという仕組みがそれだった。その仕組みは極めて単純かつ効果的であったために、以後何の変更も付け加えられなかった。

アッセンブリーラインと科学的管理法

アッセンブリーライン(50)は機械化の最も有効な道具の一つであり、連続した生産過程を狙いとしている。アッセンブリーラインはさまざまな作業を組織化し統合することによってもたらされる。その究極の目的は、生産のあらゆる段階、使われる機械のすべてを結びつけ、工場全体を一つの道具へ鋳造することにある。機械の動きは互いに調整される必要があり、そのため、アッセンブリーラインでは時間が大きなファクターとなる。

最近では、アッセンブリーラインはライン生産というより広い概念に包括されるようになった。ライン生産は、「原料が運び込まれ、幾つかの必要な処理過程を通って最後に製品になるまでのプロセスを、連続的かつ規則正しい運動として行なう点を特徴にしている。ライン生産には機械などの合理的な配置が必要であり、コンベアシステムの使用を含む場合が多い」(51)。

アッセンブリーラインは全面的機械化のほとんど同義語になっているので、以下ではこの言葉を使ってゆきたい。

人間的な側面でもまた技術的にも、アッセンブリーラインの問題は、労働者が機械の動作の代わりをする必要がなくなり、ただ、機械の見張り番や検査官として生産に立ち会えばすむようになったとき解決された。これは十八世紀の終り頃、まったく突然、オリバー・エバンズによる製粉プロセスの機械化を通じて果たされた。ただし、複雑な機械（自動車のシャシーなど）の大規模な生産の場合、完全に自動化した生産ラインは、一九二〇年代に入るまで完成されなかった。

今も広く残っているアッセンブリーラインの過渡期的段階では、まだ機械化されていない作業部分が残っていて、人間に任せられている。そこで、作業のテンポは有機体としての人間のスピードに合わせてあるが、基本的には、労働者のほうが機械システムのリズムに従って仕事をしている。その容赦ない規則性は、人間にとって不自然であるといってもよい。

労働を節約し、生産の向上を図る工夫を備えたアッセンブリーラインの発展は、大量生産への期待と緊密に結びついている。アッセンブリーラインは一八〇〇年頃に、イギリス海軍の軍需部糧食課でビスケットのような手のこんだ物の製造にも導入されていた。しかしそこでは機械は用いられず、生産は純粋に手工業的な過程をとって行なわれていた。これとよく似た生産過程が、一八三〇年代にシンシナティの食肉加工場でも発達した。この場合でも、組織的なチームワークをとって豚の解体と精肉化の作業が行なわれたが、その過程に機械は介在していなかった。このように、アッセンブリーラインの精神は、複雑な生産過程に機械が適用される以前にすでに存在していた。

アッセンブリーラインの基礎は、ある作業段階から次の作業段階へできるだけ速く、円滑に物を移動させることにある。コンベアシステムがこの目的のために採り入れられた。今も使われているコンベアの三つの型を連続生産に初めて導入したのは、オリバー・エバンズであった。

一八三〇年頃、新しい影響が現われた。鉄道の導入がそれである。鉄道は人びとの想像力をかきたてた。レールと貨車の組合せ以上に完全な輸送手段はないと思われ、工業のさまざまな分野でそれを使おうとする試みが間もなく始まった。

一八三二年、フランスでは「大きな円形軌道をもった連続式パン焼窯に対して特許がおりた。そこではパンは、回されながら焼かれる仕組みになっていた」(52)。この機械は以後の発展の最初の兆しとみなしてかまわないが、同じ一八三〇年代には、イギリスでも軌道と高架移動滑車を基礎にした重要な発明が行なわれた。その一つに、走行クレーン——これは明らかに、一八三三年、ヨハン・ジョージ・ボードマーの手で発明された——がある。それは、高い位置に取り付けた水平な軌道に沿って重量物を移動させる仕掛けである。後に見るように、マンチェスターの工場に軌道を敷設したのはボードマーだった。材料はその軌道の上を車で直接に機械のところまで運ばれるようになっていた。

水平走行式クレーンは、高架式レール・システム出現への第一歩である。高架式レール・システムは、一八九〇年代の後期、アメリカ中西部の食肉加工場に大規模に現われ、ついには自動車の組立てにも使われるようになった（ヘンリー・フォード、一九一三年）。今日の意味でのアッセンブリーラインを導入したのは食品加工の分野が最初である。オリバー・エバンズが初めてそれを一七八三年、製粉の過程に使った。一八三三年には、ビスケットの機械生産がイギリスの「軍需部糧食課」で行なわれている。その場合、ビスケットを焼く盆が絶えず動いているローラー・ベッドに載せられ、オーブンを通り機械から機械へ運ばれ、また元の位置まで戻ってくる仕組みになっていた。五〇年代の後半に入ると、イギリスやアメリカの各地で、よりむずかしいパン焼きの工程が機械化された。当時、アメリカでは、果物までも、今では忘れられた方法（オールデン・プロセス）により、コンベアを使い蒸気室で乾燥させられていた。一八六〇年代の後半には、高架式レールはさまざまな機械と組み合わされ、アメリカ中西部の巨大な食肉生産工場で使われ始めた。

技術者や企業家に興味のあるコンベアシステムの詳細については、ほとんど無限と言っていいほどの文献があるが、われわれにはあまり役だたない。アッセンブリーラインの起源、そして、一世紀の間にほとんど気づかれないうちに、あらゆる物、あらゆる人に事実上独裁的な力を振るうまでに至ったその過程はどうであったか。この問題は優れて歴史的かつ人間的な問題である。われわれが、その成立過程について知らなさ過ぎるのは、そのせいかもしれない。このテーマを広く覆った研究は存在しないし、もちろん、この非常に優れた生産手段の歴史を概観した論文もない。

アッセンブリーラインと密接に関連し、一九〇〇年以後、次第に重要性を増した一つの分野がある。それは、科学的管理法である。科学的管理法は、アッセンブリーラインと同じように、組織化の問題と大きな関係がある。一八八〇年代、科学的管理法の生みの親フレデリック・ウィンスロー・テーラーは、その初期の実験で、一台のモーターを中心に置いて、その周りのさまざまな機械のスピードの調節を試みていた。それ以上に意義の大きいのは、人間の作業過程を対象とした科学的管理法の研究である。その研究の発展は、労働の軽減とともに労働者の無法な搾取をもたらした。

その最も優れた成果として、たとえば、フランク・B・ギルブレスの研究から生まれた作業と動作の性質に関する発見がある。ギルブレスが人間の動作の要素と過程を視覚化していく手順は、具体的な方法においても、応用の大胆さにおいても、実に見事であった。人間的な要素を深く究めようとする彼の研究のこの側面こそ、長期的には、最も重要な意義をもっていると考えられる。

十八世紀における連続的生産ライン

オリバー・エバンズ

今日のアメリカ工業の基本的な特徴は、連続生産方式にある。これこそ、アメリカの工業にとって当初からの中心的な関心事だった。しかし実は、アメリカに工業が生まれる以前、そしてもちろんそれが複雑な機械の生産を開始する遙か以前に、一人の孤独で予言的な人物があるシステムの考案にとりかかっていた。その目的は、作業のある段階から次の段階へ、物を機械的に移動することによって、人間の手による労働を除こうとする点にあった。

十八世紀の第四四半期、オリバー・エバンズ（一七五五―一八一九年）[53]は、小麦を円滑かつ連続的に移動させ、人の手を借りないで小麦粉をつくる工場を建設した。

オリバー・エバンズは、生産の全段階で、互いに連動した無限ベルトと、さまざまの型のコンベアを導入した。「無限ベルト」（ベ

43　アゴスティノ・ラメリ：アルキメデス・スクリューを使った揚水機。1588年。ルネッサンス末期，機械工学に対する関心が復活した。それは種々の装置に反映しているが，アルキメデス・スクリューもその1つである。アルキメデス・スクリューは今日のスクリュー式コンベアにほかならない。ラメリは水を持ち上げるのに3台のアルキメデス・スクリューを使った。

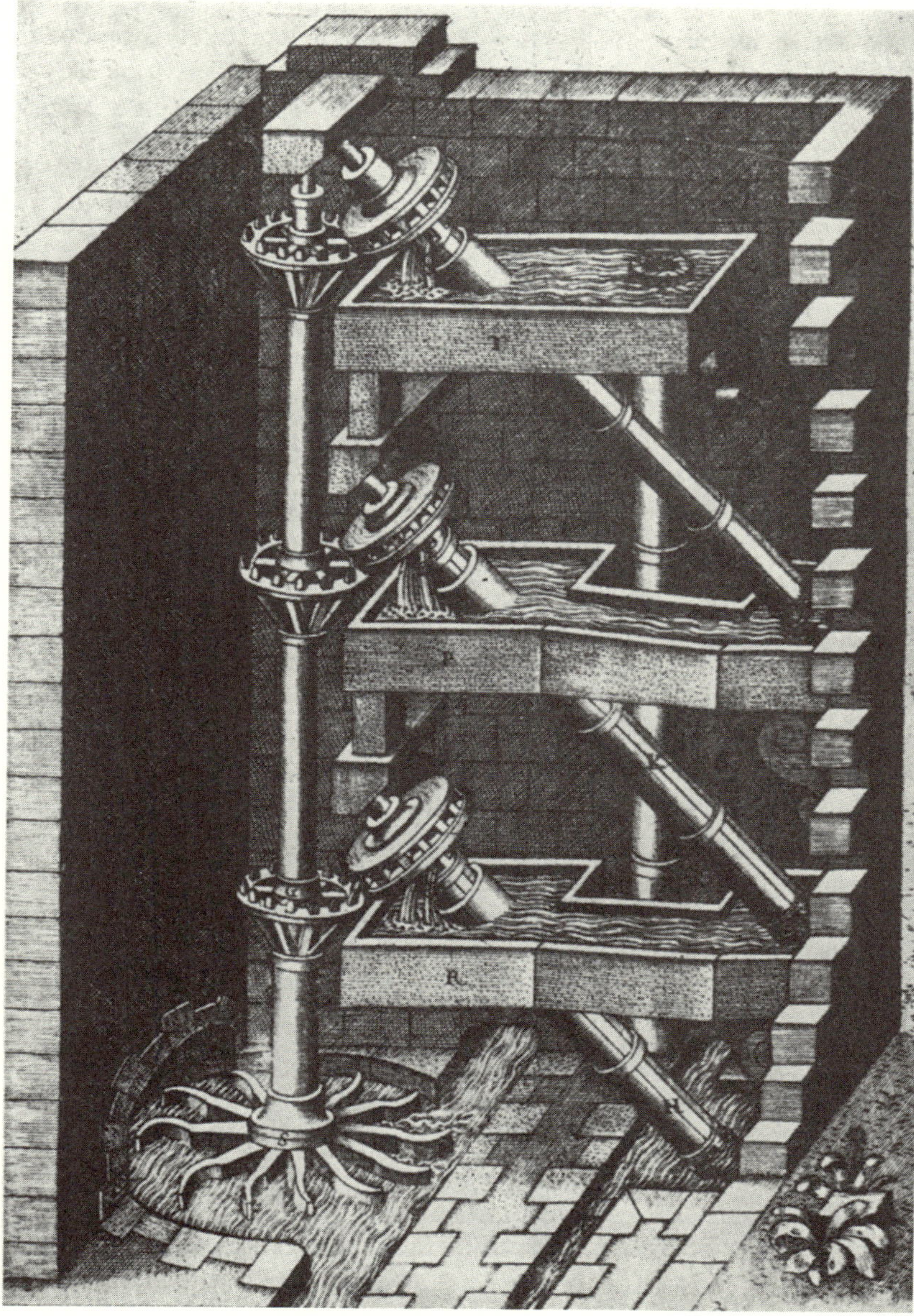

44 オリバー・エバンズ：穀物を持ち上げ，そして搬送するためのアルキメデス・スクリューとバケット・コンベア。1783年。生産ラインの発明者エバンズは，人手を使わないで材料（穀物）を搬送するため，ベルトとバケット・コンベアから成る装置にアルキメデス・スクリューを使用した。「ねじコンベア」で穀物を水平に移動させる。上部への搬送は，薄い鉄の板で作られたバケットを連ねた無限ベルトで行なわれる（ＣＤ）。直立コンベア（ＥＦ）は，「幅の広い，非常に薄いしなやかな革か，粗布あるいはフランネルでできており，それが２つの滑車を軸に回転する。……機械は穀物自体の重さで動くようになっている。その原理は上射式の水車と同じである」。（エバンズ『若き水車大工と粉屋の手引』，1795）

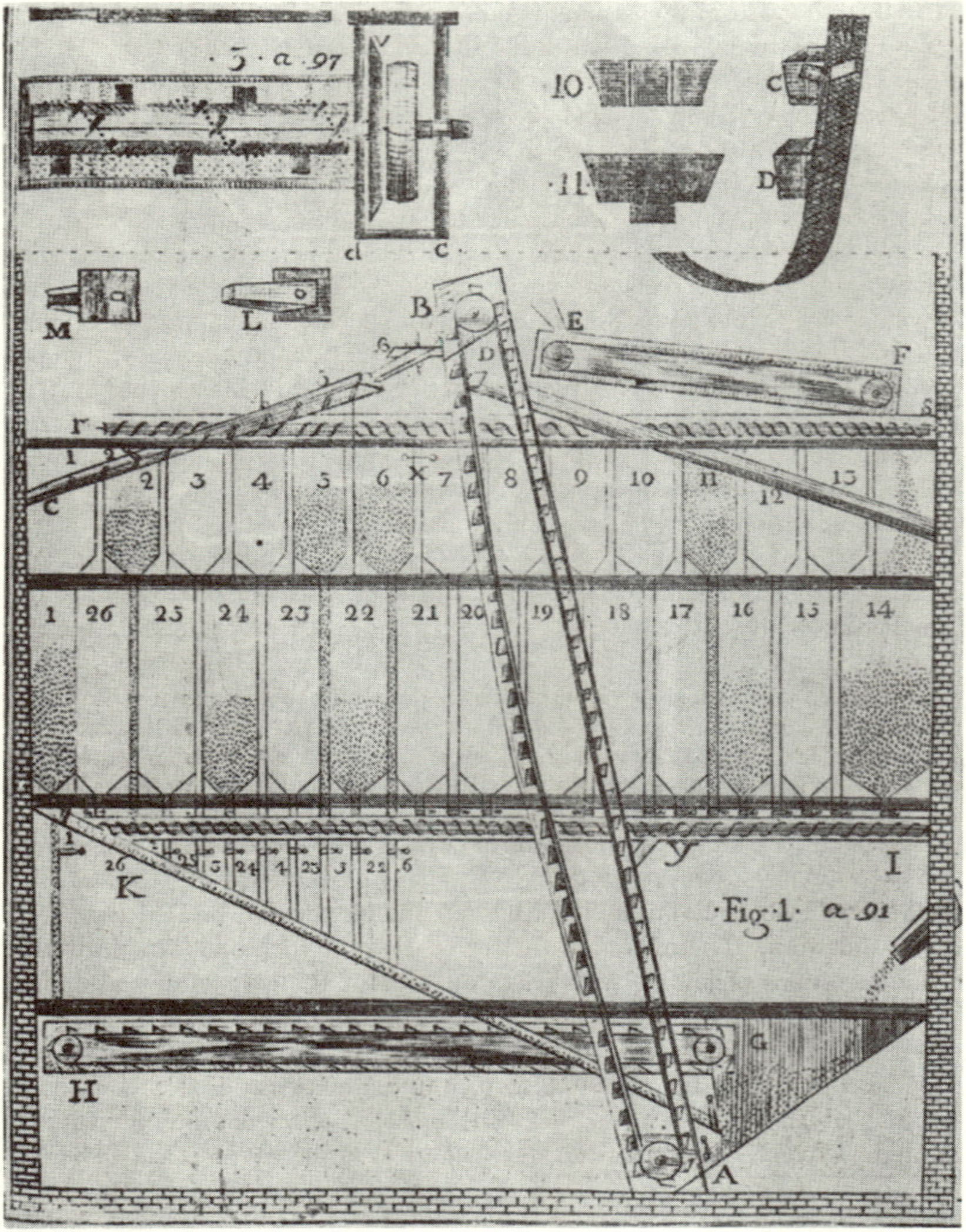

45　オリバー・エバンズ：機械式製粉工場の仕組み。1783年。アメリカ工業がまだ本格的に成立する前に完成された最初の完全な生産ライン。（エバンズ『若き水車大工と粉屋の手引』，1795）

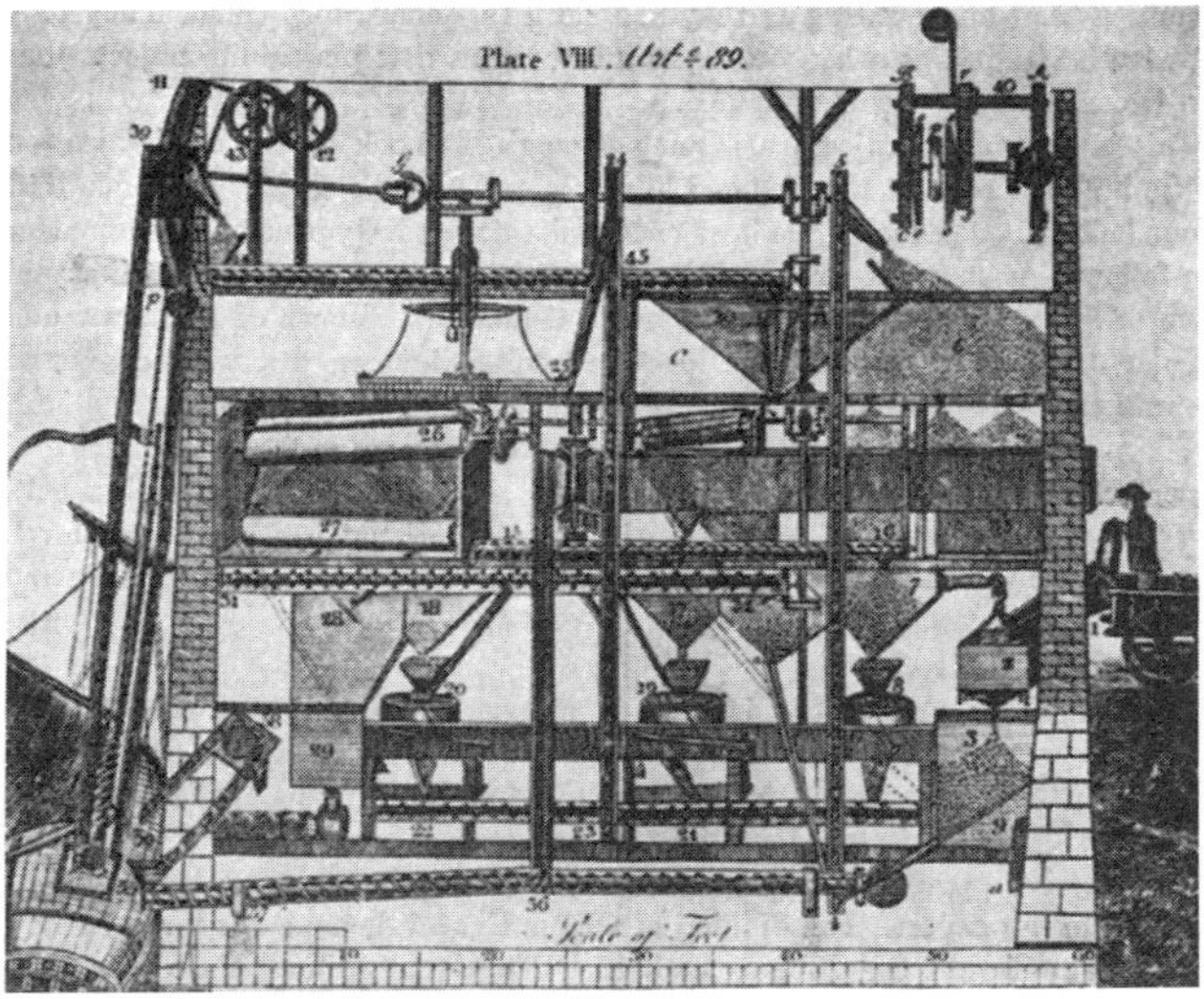

ルト・コンベア）、「無限スクリュー」（スクリュー・コンベア）、そして「バケットを連ねたチェーン」（バケット・コンベア）を彼は最初から使っていたが、それらは今も、コンベアシステムの三つの型として残っている。その後にこれら三つの要素は細かい点で徹底した改良が加えられたが、基本そのものは全く変わらなかった。

一七八三年、自動製粉工場のモデルが完成し、その直後の一七八四年から一七八五年にかけて、実際の工場がレッドクレイ・クリークの谷間に建てられた（図四四、四五）。そこではまず、材料が舟か荷馬車で工場に運び込まれる。次に、秤でその重量が量られ、スクリュー・コンベア（エバンズはこれを「無限式アルキメデス・スクリュー」と呼んでいる）が、小麦を工場の内部に運び込む。次にバケット・コンベア（またの名を「垂直運搬用エレベーター」）がそれを引き継ぎ、最上階にまで持ち上げる。その工場は、一時間あたり三〇〇ブッシェルの小麦を処理した。小麦は、このエレベーターからゆるやかに傾斜した直立コンベアの上に落ちる。この直立コンベアは、「非常に薄いよくしなる革や粗布、あるいはフランネルでできた幅の広い無限ベルト」であった。二つの滑車にそって回転するこのベルトは、小麦の重量によって動かされる。エバンズが付け加えて言っているように、「それは上射式の水車の原理に従って動く」。ある優れた機械技術者は、一世紀後、次のように言っている。「エバンズの直立コンベアは、今では普通水平移動に用いられているベルト・コンベアの原型である」(54)。その小麦は幾つかの中間段階を経て石臼のところまで下ろされ、次にそこからまた最上階へと運ばれる。このようにして小麦は全階を移動する。ちょうど一九一四年のヘンリー・フォードの工場で組み立てられた自動車と全く同じように、下から上へ、上から下へと移動するようになっていた。
一般の人は、そんなことがうまくいくとは信じたくなかった。一体、そんな方法で急に人間の手以上のことがやれるものだろうか。エバンズは、二十年後に著わした著書の中の脚注として書いた、やや意味のはっきりしない文章の中で、次のように言わざる得なかった。

……人間の心というものは、想像や理解できないものは信じられないようにできているらしい。私の経験ではそういう感じがする。たとえば、ある人が初めて次のように主張した。碾割穀粒を碾臼から取り出したり、小麦を荷馬車から出して上階に運んだりすること、そして、碾割穀粒を冷やし、それを同じ操作で集めて粒の大きさによって選別するホッパーに入れ、最後にパッキングする状態にまでもっていくこと、こうした作業に関する限り、製粉工場は無人化できるのだと。こう主張したところ、次のような反論が返ってきた。そんなことは川の水を山の頂上に逆流させたり、木でフライス盤を作ろうとするのと同じだと(55)。

しかし、オリバー・エバンズが一七八四年から一七八五年の二年間に、仲間と一緒にレッドクレイ・クリークに建設した製粉工場は見事な成功をおさめた。土地の粉屋たちも見物にやってきたが、そこで「彼らが目にしたのは、洗浄、粉ひき、選別など、製粉のあらゆる工程が、付添人を全く必要としないで行なわれている光景だった。人間の手は全く介入していなかった」(56)。自分の町に帰って彼らは次のように言ったものだ。「何もかも、がらくた骨董の類で、まともな人間が見るようなものじゃない」(57)と。ところが、その経済的な利点は間もなく明らかになり、製粉の機械化は受け入れられた。一七九〇年オリバー・エバンズは、彼の発明した「粗粉と碾割穀粒の製造方法」で特許をとった。ところが、新しい困難がまた持ち上がった。このことについては後述しよう。

どのような過程を辿ってこの発明は生まれたのだろうか。

オリバー・エバンズはデラウェア州の田舎町に育った。彼の父の農家は今も残っている。彼は、当時アメリカの指導的な文化の中心地フィラデルフィアに移ったとき、すでに五十歳に近かった。エバンズは、ヨーロッパへ行ったことはなかったし、当時のすぐれた科学者たちと手紙を交換したこともなく、全く自分だけの力に頼るほかはなかった。彼は、農作業が最も原始的な方法で行なわれていた農業地帯に住んでいて、読んでいた本といえば、機械工学の基本法則に関するもの、たとえば、固体および流体の力学の基本法則について書かれた一般的な教科書ぐらいだった。そこに記されていた法則は、すでに長い間あたり前のことととされていたが、ルネッサンス期にそうであったように、彼の頭の中で新鮮で刺激的形をとって生まれ変わった。ちょうどそれは、芸術家が陳腐で平凡になってしまったものに、新しい創造的な生命を吹き込む場合と似ていた。

これは根拠のない推測ではない。彼が書いた製粉過程の機械化に関する本、『若き水車大工と粉屋の手引』(58)を読めばわかるが、その約半分は「力学と水力学」の法則を扱っている。そこには、「落下する物体の運動と力に関する法則、傾斜面上の物体の法則、スクリューと回転運動の法則」といった簡単な公理が、一つ一つ機械装置へと形を変えてゆく様子が記されている。同時にそこには、その機械装置を使って無人の製粉工場、つまりオートメーションができあがってゆく様子が描き出されている。

水車のパドルが水を受けて動く法則については、エバンズも研究したが、パドルは彼によって無限ベルトの上を動き、物を低い所から高い所へ、あるいは高い所から低い所へ運ぶバケットに変えられた。上射式水車のパドルを流れる水は、移動し続ける穀粒に姿を変えた。違っているのは、水車では水のほうが動くが、この場合には穀粒のほうが動かされるという点である。

面倒な問題が持ち上がった。それは最後には議会との衝突にまで発展したが、紛争の種をまいたのは製粉会社のほうだった。機械化された製粉工場の利点に気づいた彼らは、オリバー・エバンズに特許使用料を払いたくなかったのである。その後（一八一三年）、彼らは「議会への覚書」の中で、彼の特許を攻撃し、「オリバー・エバンズの特許の無法な影響からの救済」を求めた(59)。トーマス・ジェファーソンは、製粉の専門家として証言を求められたが、オリバー・エバンズの工夫に対する彼の評価は低かった。彼は細かいところだけを見て全体を見なかった。証言の内容は「エバンズのエレベーターは、エジプトのペルシャ式水車と何ら変わるところはなく、コンベアは、アルキメデス・スクリューと同じである」(60)という趣旨のものだった。

オリバー・エバンズの発明を、その構成部分に分解してしまえば、ジェファーソンの言っていることはもちろん正しい。桶はいくつもつなげて、エジプトから中国に至るまで、水を持ち上げるのに古代世界のどこででも使用されていたし(61)、無限式のアルキメデス・スクリュー、つまりスクリュー・コンベアは、機械類を取り扱ったルネッサンス後期のどんな本にでも載っている。ルネッサンス期にはそれは、水を低い所から高い所へ「スクリュー方式で持ち上げる」のに使われていた。たとえば、アゴスティノ・ラメリはアルキメデス・スクリューをつなげて使っている(62)（図四三）。しかし、われわれの知るかぎり、それを水平方向に、しかも固体を輸送するのに使ったのはオリバー・エバンズが最初である。

ルネッサンスの理論家は単純な操作に関心を持っていた。たとえば、梃子やギヤ、滑車のシステムを使って重いものを持ち上げたり、力を伝達することに関心があった。彼らのやることは、ときどき大袈裟な形をとり、たとえば、建築家兼エンジニアでシクトゥス五世付きの都市計画家でもあったドメニコ・フォンタナ（一五四三―一六〇七年）は、前はサンピエトロ大聖堂の南側にあったバチカンのオベリクスを引き下ろし、それを現在の位置まで運び、建て直した。一五八六年フォンタナは、競争相手の不恰好な提案とは対照的に、馬を動力にした四〇台の捲上げ機械を使って、ローマの全市民が見守る中、巨大な一枚岩でできたオベリクスを重力の中心を支点にして大きく振り回したのである。

こうしたことはすべて、作業の性質としては、港湾や工場、貨物置物で、石炭や鉱石などをクレーンを使って移動させるのと同じ範疇に入る。

オリバー・エバンズにとって、持ち上げたり輸送したりすることは別の意味を持っていた。そうした作業は、原材料から最終製品を作るまでを、人間の手に代わって機械が行なう連続的な生産プロセスの一部にすぎなかった。オリバー・エバンズは、この前人未踏の分野で、以後の機械化の転換点となるべきことを成し遂げたのである。

当時、エバンズがとった方法に類似したものは何も存在しなかった。人間にとって、見当もつかない未来に対して考えをめぐらすことほど困難なことはない。人間は生まれながらにして、あらゆることに類推を頼りに接近していく。このことは、科学や生産方法、あるいは芸術のように、情緒的現象を取り扱う場合も同じである。

アルトゥール・ショーペンハウアーは、かつて、才人とは普通の人間が到達しえない目標を射止めることができる人間であり、一方天才とは、他の人が見ることすらできないことに狙いを定めることができる人間、と定義したことがある。

オリバー・エバンズの発明は、外見からすると、彼の同時代人が嘲笑して言ったように、「がらくた骨董」の類だった。その上、エバンズは、ベンジャミン・フランクリンと違って、人を扱うことにたけていなかった。彼の他の発明からは、利潤が得られるようなものは何も生まれなかったが、ただ一つの発明だけは、われわれをびっくりさせるような内容のものだった(63)。

エバンズの後継者は、連続的なライン生産を完成させるにあたって、彼よりもはるかに幸運に恵まれていた。彼らは高度の科学技術を利用できたし、また、何にもまして生産に重点を置く時代の傾向に助けられていた。

歴史家にとっては、一人の人間が世俗的な成功をおさめたか、それとも、その点で失敗に終ったか、ということは問題ではない。また、その人が自分で発明を、アイディアの段階から最後のはめ歯歯車の段階まで持っていったかどうか、あるいは、アイディアを具体化するたくさんの技術者を用いていたかどうかといった点にも、関心はない。歴史家にとって重要なのは、その人のヴィジョンの力である。オリバー・エバンズの発明が人類史に新しい一章を開いたと言えるのは、この意味においてである。

アッセンブリーラインの始まり

オリバー・エバンズは複雑な物質（小麦）を分解し、そこから、機械を用いて新しい製品(小麦粉)を、いわば、構成した。十九世紀に入ってからも、製品を機械的に組み立てることが問題であった。たとえば、機械の製作がその例である。この場合に、部品は「組み立てられて」、一つの新しい全体を構成する。しかし、すべてがこのような形をとるとは限らない。ある纏まった物が部分に分解されることもよくある。たとえば、エバンズの工場や機械化された食肉加工場で行なわれたことは後者の場合である。この時期を特徴づけているのは、アッセンブリーラインを形作っている機械類が未完成な状態にあったということである。生産ラインを途切れない状態にするためには、人を機械の中に、いわば装塡しなくてはならなかった。

アッセンブリーラインはわれわれの時代における製造活動のバックボーンを形成している。ここに含まれている問題は、すぐれて人間的な問題であると同時に、組織的および技術的問題でもある。その緩慢な発展の過程については、あまり知られていないが、以下では十九世紀におけるその発達の断面を二、三取り上げて検討することにしたい。

十九世紀以後、アッセンブリーラインは、労働節約のためのメカニズムである以上に、まず、合理的に計画された集団の協力、すなわちチームワークの上に成立している。そこでは、十八世紀にアダム・スミスが全生産の基盤であると考えた分業を踏まえ、次に各作業が時間と作業過程に関して調整されることが必要である。

システマティックな形態をとったライン生産の始まりは、機械化が実現する以前、手による生産活動の場面に見られた。

一八〇四年

オリバー・エバンズの無人工場が建設されてから二十年後、人間アッセンブリーラインが船用堅パン製造のスピード・アップを目的として、イングランドの海軍工廠に建設された。そこでの作業は幾つかの段階に分けられ、何人もの作業員の手による仕事は互いに時間的に調整されていた。

『通商読本』(64)という、一八〇四年に刊行された本は、アッセンブリーラインのこの初期的形態について明快に描いている。それによると、五人のパン焼職人が一つの作業チームを作り、一分間に七〇個の船用堅パンを造り出していた。パン焼窯の数は全体で一二個、「一つのパン焼窯で二〇四〇人が毎日食べる量のパンが焼かれた」という。

デトフォードの軍需部糧食課で行なわれていた堅パン製造のプロセスは、大変興味深い。

粉と水だけを原料にした生パンは、大きな機械で捏ねられ、第二の作業員に渡される。すると彼は、それを大きなナイフで薄切りにし、五人から成るパン職人のチームに引き渡す。最初のモールダーは、一度に二個分の生パンを丸める。二番目のマーカーはそれにスタンプを押して、生パンを二つに分けるスプリッターに投げて渡す。次にそれをパン焼窯のほうに運ぶのはチャッカーの仕事で、長柄の木べらにのせて投げる作業は極めて正確でなくてはならず、少しの脇目も許されない。五番目のデポジターは生パンを長柄の木べらで受け取り、一分間に七〇個の割でパン焼窯の中に並べていく。その作業は時計のような規則正しさで行なわれ、木べらは時計の振り子のように弧を描きながらパチッパチッと音をたてる。

このデトフォードにあったイギリス海軍の堅パン工場のことは、当時知れわたっていたらしい。ある観察者は、建設されてすでに三十年以上経っていても(65)、この工場については詳しく書いておく意味があると考えた。彼の説明には別段新味はないが、そこでは、すでに後のアッセンブリーラインと似た考えを表現していたその施設の様子が、さらに詳しく述べられている。「堅パン工場は二つの長い建物からなり、各建物はさらにパンを焼くための二つの部屋に分かれている。各部屋には六個のパン焼窯が設けられ、互いに背中

46　堅パン製造における機械式アッセンブリーラインの始まり：軍需部糧食課。イギリス，1833年。1つの操作を除いて，搬送はすべて回転するローラーによって行なわれた。（a）攪拌器を備えたミキサー。（b）自動ローラー。（c）切断機。（ピーター・バーロー『*Manufactures and Machinery in Britain*』，1836）

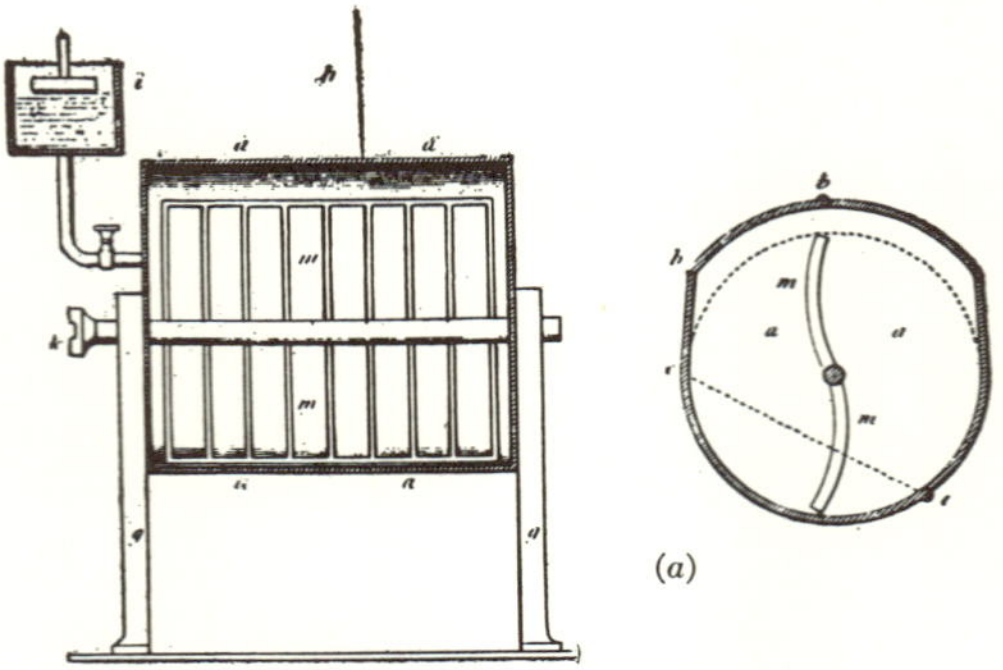

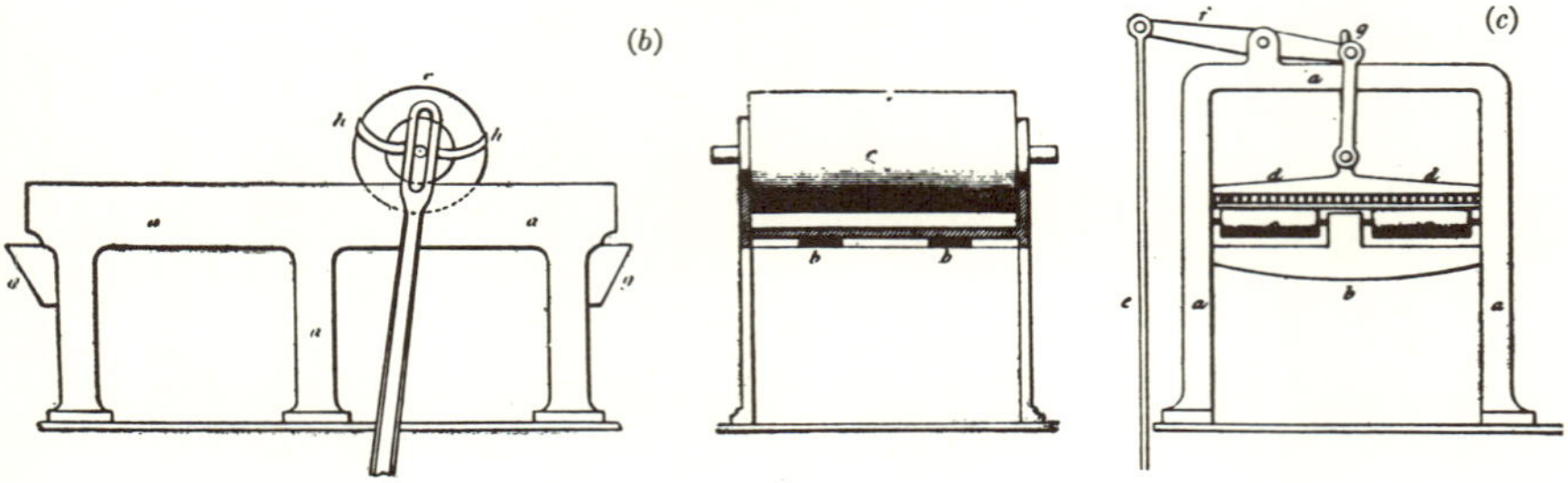

合せに配置されている。捏ね鉢とニーリングボードは、建物の左右の壁に互いに反対方向に取り付けられている」(66)。

ちょうどこのころ、「手による作業」は「実に巧妙な機械」にとって代わられることになった。

一八三三年

この、「実に巧妙な機械」を工夫したのは、デトフォードの糧食課の監督官、グラントという人だった。それはおそらく、食品製造における最初のアッセンブリーラインともいうべきものだった（図四六）。ただ一つの作業、つまり、生パンを捏ね器からはずす仕事だけは、人間の手で行なわれたが、作業から作業への搬送は、回り続けるローラーで機械的に行なわれた。

同じ観察者は次のようにも書いている。「ボードがある機械から次の機械へローラーに乗って移動できるよう、機械は互いにできるだけ接近させて配置しなくてはならない……〔これはヘンリー・フォードの考え方と似ていないだろうか。〕一連のローラーは、空になったボードを最初の台の所に戻せるように壁につけて設置する必要がある。イングランドのポーツマスでは、このローラーは蒸気機関で回転し続けた。そこでは空になったボードをアッセンブリーラインのどの個所にでも置くと、それはひとりでにミキサーの上を移動していった」(67)。

生産プロセスをこのように何段階かに分割することは、バーミン

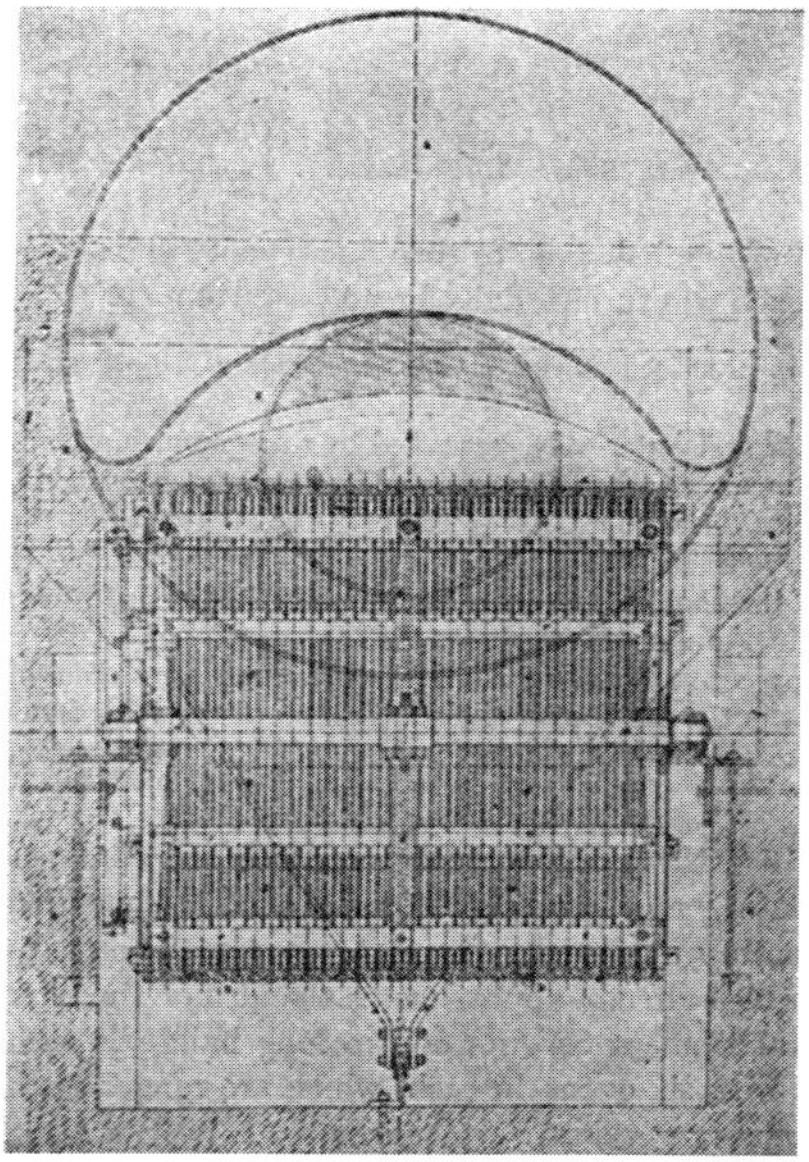

47　J.G. ボードマー：ボイラー用の最初の移動式火格子。英国特許，1834年。1830年代，イングランドで活躍したこのスイスの技術者は，工作機械や複雑な機械類の製作に新しい方法を導入した。高架式走行クレーンの発明者とも言われている。マンチェスターにあった彼の機械工場の全景を知る資料はないが，その機械の特許明細書は残っている。エバンズと同様，ボードマーも無限ベルトに関心をもち，重いものを運んだり新たな目的のために使った。彼が発明した移動式火格子は炉の火を連続的にかき立てるためのものであった。

ガムの針工場を例に用いたアダム・スミスによる分業の説明で有名になったように、他の分野でもみられた。一八四〇年以来、百貨店が徐々に発達していたアメリカでは、ヨーロッパとは違って最初から既製服が生産された。そのために、イングランドの堅パン工場の場合と同じようなチームワークによる分業が、早くもミシンの導入以前に必要になっていた。

食肉産業についてだけは、特に詳しく検討したい。というのは、それに関しては、その後の発展の様子が現在みられるからである。アメリカ・オハイオ州のシンシナティでは大規模な食肉加工場が建設され、早くも一八三〇年代に、旅行者は食肉加工の過程とその組織化の有様を見て、アダム・スミスが言う分業のことを思い浮かべたものである(68)。

一八三七年までには、一チーム二〇人が、機械を使わないで、八時間に六二〇頭の豚を解体し、洗浄して解体し、包装するところまできていた(69)。

同じ世紀の中頃には、「作業員一人一人に決まった仕事を一つだけを与えるほうが効率のよいことがわかっていた。ある人は耳を洗い、ある人は剛毛や毛を取り除き、またある人は体に生えている毛や汚れを丹念にこすり落とすというふうにすると、一分間に三頭の豚を洗浄することができた。この例など、一八五一年のシンシナティで達成された作業のスピード化をよく物語っている」(70)。

一八三九年

複雑な紡績機械製作における流れ作業の始まりは、一八四〇年頃のイングランドに見出せる。一方、同じ時期にアメリカで何が起きていたかは今もってほとんどわかっていない。スイスの発明家、ヨハン・ジョージ・ボードマー（一七八六—一八六四年）(71)は工作機械の工場を建設したが、その工場は機械の配置と仕組みの双方によって、物資の搬送過程での運動、労力、エネルギーの経済をはかろうとするものだった。ここでは、ヘンリー・フォードの著書『わが人生と仕事』（一九二二年）で示されている「道具と人を作業過程にそって配置する」という原則が、驚くほど忠実に守られていた。

この工場は一種のモデル工場で、そこにある機械はほとんどが新しく、その大部分が特許権をもっていた。そこの工作機械がどのような点で改良されていたか、それについてはボードマーの特許図に今も正確に記録されている(72)。一つの特許についての説明は二—三頁ですむのが普通であるが、ここでは五—六頁を要し、機械製品のカタログぐらいの分量になっている。特許証書の題は「金属を切り、削り、穴をあけ、圧延するための道具ないしは器具」および「さまざまな機械の新しい配置および製作方法」といったものだった(73)。

一八三〇年から一八五〇年にかけてのイングランドは、こうした工作機械の完成に懸命に取り組んでいた。それを基礎に、一八五〇年から一八九〇年の間、ほとんどの分野で急速な工業化が進行した。ここでわれわれの関心を惹くのは、一八三〇年頃、工作機械の製作および配置、そして搬送手段が、一体どれだけ一貫した生産ラインの組織化を狙いとしていたかという点である。

まず機械そのものについて言うと「大きな旋盤の上のほうには、滑車をつけた小さな走行クレーンが取り付けられた。その目的は、作業員が加工する物を手際よく旋盤に取り付け、加工が終ったら他へ移動させることにあった」。

「小型のクレーンも平削り盤の近くに充分な数だけ取り付けられた」。

配置に関しては、「徐々に、ほとんどの工作機械が慎重に決められた計画図に従って製作され、一列に組織的に配置された」。

搬送に関しては、「何本かのレールが工場の端から端まで縦断し、組み立てられる機械部品が台車で運びやすい状態になっていた。現在（一八六八年）はともかく、そのような装備は当時（一八三九年）としては珍しいことだった」(74)。

十九世紀前半、特に一八三〇年から一八五〇年にかけて発明の気運が各地にもりあがり、人びとは工業のさまざまな問題に果敢に取り組んだ。機械の専門分化——すでに高度に発達していた紡績機械は別として——はまだ先のことだった。その時代は、やり遂げるべき仕事がたくさんあるという意味で、新鮮さに溢れていた。ボードマーは、あらゆることを手がけた多才な発明家の一人だった。彼は、水車、蒸気機関、機関車、工作機械、紡績機械、そしてビート糖の機械生産までも手がけた。しかし、彼が終生考え続けたのは、工場内における搬送の問題であった。

その問題は一八一五年、彼がチューリヒ在住の彼の兄弟のために製粉工場を建設したときにすでにもちあがっていた。その工場は、「幾つかの重要な特徴を備え、大きくて広いベルト滑車とロープ巻胴を組み合わせて作った単純な構造の巻上げ機を備えていた。そこでは、袋に詰められた小麦を自由に上げ下げすることができたし、また作業員も、ただロープをしめたり緩めたりするだけで、ある階から次の階へと移動することができた」(75)。

ボルトンに織物機械を製作するための小さな工場を建てたとき（一八三三年）、ボードマーは、「今日走行クレーン(76)と呼ばれているもの」を作った。それは、ローも言っているように、最初のクレーンではないにしても、そのうちの一つであった(77)。

ボードマーも、オリバー・エバンズと同じように、無限ベルトに大きな関心を持っていた。彼はそれを、重い物を運ぶのに使ったり、あるいは新しい目的に役立たせたりした（一八三四年）。無限ベルトを連続的に燃料を補給するのに使ったのも、彼が最初である。ボイラー用（図四七）と炉用(78)に移動式火格子《グレート》を発明したのも彼だが、その装置の目的は、「できる限り石炭の燃焼効率を高めること」にあった(79)。後のアッセンブリーラインでは、コンベア・ベルトのスピードは労働者の作業のスピードに合わせて調整されるようになったが、ここでは、移動式火格子のスピードは石炭の燃焼率に合わせて調整されてあった。「燃料を炉にゆっくりと連続的に供給することが必要だった。こうした考慮が、ボードマー氏に移動式火格子面を採用させることになった」(80)。彼は、動かない火格子の部分を動くようにした上で、チェーン方式の火格子、移動式ないしはプロペラ式火格子、火を吹く火格子といったさまざまな提案を行ない、自動給炭の領域を開拓していった。一八三九年にはマンチェスターの工作機械工場で移動式火格子で給炭を受けるボイラーの製作を試みたが、しばらくして、その実験は中止された。時期尚早であったためである。無限ベルトは、二十年後の一八五〇年頃、アメリカの機械生産方式をとったパン製造工場に導入された（図一〇〇）。パンを、パン焼窯の中をゆっくり連続的に移動させるのが導入の目的であった。これは、一八一〇年のコフィン卿のアイディアを復活させたものだが、それについては、あとでパン焼窯と無限ベルトについて述べる所でもう一度触れたい。

ボードマーはその後も走行クレーンの問題には関心を持ち続けていたらしい。彼の広範囲にわたった特許（一八四三年）(81)でも、この分野における新たな提案が行なわれている。

すでに述べたように、ボードマーはマンチェスターの工作機械の工場で、走行クレーンを大型の旋盤と平削り盤とに緊密に結びつけて使った（一八三九年）。そこには、他に、機械の合理的な配置と、材料をレールにのせて加工機械の所まで運ぶ工程が付け加えられた。

ヨハン・ジョージ・ボードマーは、当時よく見られた精力的な発明家の典型だった。彼は各国を駆けめぐり、発明から発明へと駆り立てられた。あたかも、時代のほうが成熟し、彼のアイディアに歩調を合わせるよう仕向けているかのようであった。彼は助言こそ求められていたようだが(82)、栄光に満ちた本当の成功の味を知らなかった。そして仕事を始めた土地、チューリヒで一生を終えた。彼は製作過程における搬送という問題に幾度となく挑戦し、一八三〇年という早い時期に統一的な管理への道を推し進めたが、この問題は、後にアッセンブリーラインにおいてさらに高度な解決を見出すことになる。

一八六〇年代

アダム・スミスが十八世紀中葉以後の工業化の分岐点であると考えた分業、一七八三年におけるオリバー・エバンズによる連続的生産ラインの突然の成功、一八〇四年および一八三三年、イギリス海軍軍需部糧食課で考案された船用堅パンの製造工程、一八三九年のボードマーによるマンチェスターの工作機械工場における施設配置計画の考案と、材料搬送を目的とした走行クレーンとレールの導入、こうしたことはいずれも、アッセンブリーラインが完成するまでの段階を画するものであった。

十九世紀における「ものいわぬものの歴史」については不明な点が多いが、多くの事実を検討してゆくと、いつ、なぜ、どのような形で、今日の特殊な形のアッセンブリーラインが最初に登場したかを知ることができる。これは単なる日付の問題ではない。その登場は、効率本位の工業生産という、二十世紀の指導原理が実際的な場面に移された地点を画している。

今日のアッセンブリーラインは食肉産業に起源をもっている。なぜアッセンブリーラインがそこから始まったかといえば、アッセンブリーラインを構成する機械の多くが、食肉加工とそれに関係したさまざまの作業を機械化する必要のあった、一八六〇年代後期および七〇年代に発明されたからである。

そのとき発明された機械——現在ワシントンの特許庁に保管されているが、そのうちの幾つかを取り上げて食肉加工の工業化を考えたい——は僅かな例外を除いて、結局実際の用には役に立たなかった。というのは、食肉加工の工程で扱われるのは、複雑で不規則な形をしたもの、つまり豚だったからである。豚は死んだ状態でも機械にかかりにくい場合が多い。一インチの一〇〇万分の一以内の誤差で鉄を削る工作機械は一八五〇年頃製作されたが、腿の肉を豚から切り出す機械の発明は、今日まで誰も成功をおさめていない。肉のような有機的な物質の場合、どの部分をとっても質がまちまちで、回転カッターで処理するというわけにはいかないからである。したがって、食肉の量産において大切な作業は、すべて、手で行なわなくてはならない。そこで、生産を増やすには一つの方法しか残されていなかった。それは一つの作業から次の作業へ移る時間の無駄を省くこと、同時に、重い肉の塊を扱う際の作業員の労力を少なくすることである。肉の塊は二四インチ間隔で鎖に結びつけられ、一列に並んで立っている作業員の前を流れるように移動する。各作業員はそこで一つの作業だけを行なう。ここに、近代的なアッセンブリーラインの起源があった(83)(図四九)。

食肉生産におけるこのライン作業は第三段階目の作業に属し、その前に、豚を取り押え、処理し、熱湯で煮沸し、毛をむしる段階がある(84)。ライン方式による作業部分は、豚の足に鉄の鉤を通し、上方のレールに取り付けるところから始まる。豚はチェーンに吊されて移動し、作業員の手で切り開かれ、ほとんど頭が離れたような状態にされ、内臓が取り出され検査を受け、体を引き裂かれ、スタンプを押される。この作業だけが食肉生産において連続的ライン生産の遂行可能な場面だった。解体そのものと、汚れを洗い落とす作業の完全な機械化は不可能であった。冷凍室にしばらく置いて、次に第四の作業として食肉として整え、細かく切る段階がくるが、この作業も機械ではやれなかった。

トーマス・ジェファーソンは、扉を自動的に開ける機械や、ワインボトルをモンティセロのワイン貯蔵庫から運び出す装置をみて喜んだものだが、議会で証人に立ったときは、オリバー・エバンズのエレベーターやコンベアは古代、いやローマ以前の時代からすでに知られていたと言っている。たしかにその通りである。アッセンブリーラインのメカニズムや、食肉の生産工場で一列に並んで作業す

48 ブロードウェイをまたぐ高架鉄道。スウィートの案，1850年代。高架式走行クレーンで電車を動かしている様子。1860年代，人びとは高架輸送というアイディアに惹きつけられた。ケーブル鉄道を建設する資材を運ぶための工夫や，リギ山の頂上に至る気球鉄道（図95），走行クレーンの原理を使ってニューヨークのブロードウェイに高架鉄道を走らせる工夫など，奇想天外な提案が行なわれた。（『ザ・サイエンティフィック・アメリカン』1853年10月15日）

る方式には何の新しさもなく、古代でもすでに工夫されていた。処理したあと、豚を動くチェーンにぶら下げ、車輪やローラーを利用して運ぶことなども、別段新しい発見を必要としたわけではなかった。ローマ時代の食肉加工場でも同じようなことはやってやれなくはなかったのである。装置そのものは——空中に支えられたレールの影響を受けて形を変えているが——いたって単純だった。では、革命的な点はどこにあったのだろうか。またそれ以前に、他の国、他の産業分野で工夫できなかった点はどこなのだろうか。それは、そのような装置を、有機物質という純粋に機械的な処理をうけつけないものに用い、大量生産方式で生産のスピードアップをはかったという点である。

　われわれの知るかぎり、アッセンブリーラインによる食肉量産の初期の様子を伝えるものとして唯一残っているのは、シンシナティの食肉生産業者が、一八七三年のウィーン国際博覧会に送った一枚の大きな絵である（図四九、一〇九）。その絵は、同じ年の九月号の『ハーパーズ・マガジン』(85)でも言われているように、実際の様子を少し変えて描き出しているが、豚をつかまえ、最後に煮沸して脂肪分を取り除く作業までの食肉加工過程の全段階を、克明に記録したものである。今ここでわれわれの関心を惹くのは（詳しいことはあとで「食肉」の章で取り扱う）その中の一つの作業段階である。そこにアッセンブリーラインの起源が存在しているからである。アッセンブリーラインを、物を作業上のある段階から次の段階へ機械的に搬送する作業方式であると定義すれば、ここにこそ、その源があった。

　シンシナティの地方史家の助けを借りて詳しく調べてみたが、アッセンブリーラインが生まれた頃の様子を目で見えるような形で示す資料は、この絵しかなかった。このように資料が少ないのは、シンシナティがもともと豚肉の生産で富を築いたことを不名誉に思っていたからだと説明されたが、必ずしも納得のいく説明ではない。シンシナティ市のあらゆる活動、たとえばその音楽にまつわる歴史は、昔に遡って正確に知れても、食肉生産における最初の機械化とアッセンブリーラインの導入については何の手がかりもない。

49　近代的アッセンブリーラインの起源。シンシナティ，1870年頃。近代的なアッセンブリーラインの起源は1860年代末であり，シンシナティの食肉生産工場がその発祥の地だったらしい。近代的アッセンブリーラインの原理は食肉生産工程の一定の段階に登場した。捕え，加工し，煮沸し，毛を剃り落としたあと，豚は24インチ間隔で高架式レールに吊され，作業員の前を間断なく通過してゆく。1人の作業員は1つの作業だけを行なう。「最初の作業員が動物の体を裂き，次が内臓を取り出し，3番目の者が心臓，肝臓その他を除き，そして4番目の作業員がホースの水で洗う」。(『ハーパーズ・マガジン』1873年9月6日)

したがって、まったく記録を残さなかった幻の時代を研究しているようなもので、われわれとしてはただ想像をめぐらすほかはない。しかし一応、アッセンブリーラインはシンシナティで生まれたという仮説をわれわれはとりたい。一八六〇年代の終り頃、特許を認められたアッセンブリーラインの付属装置は、シンシナティの発明家の手から生まれた。このことは、天井に取り付けられた高架式のレールは当時珍しいことではなかったことを示している。

一八五〇年代、シンシナティでは、食肉の生産工場が四〇以上も操業していた。シンシナティは南北戦争のときまで工業の中心地であり、食肉生産に関する特許のほとんどがそこで生まれている。

一八六九年

コンベアシステムが発展の全盛期を迎えるのは二十世紀に入ってからであるが、その前身として高架式レール・システムがあった。人の眼の位置より高い所にあるそのレールには、車のついた小さな滑車が取り付けられているが、それはチェーンで引っぱられるか、それ自身の重さで傾斜面を滑っていくかの二つの場合があった。豚肉生産工場で豚の体重を量る装置は一八六九年シンシナティの人によって発明されたが(86)(図五〇)、そこでは、一八三〇年頃のJ・G・ボードマーの走行クレーンにおいて見られたような高架式レールが発展して全軌道式に変わっている。「豚肉は乾操室から肉切り台へと高架式軌道で運ばれる」(87)。それを発明した人は既存の施設を改良した点について簡単に次のように言っている。「改良点は、はかりと接続した取りはずしのきく部分を、軌道に取り付けたこと

50　食肉生産工場で使われた豚の自動体重測定機。シンシナティ，1869年。シンシナティの人によって発明されたこの装置は，すでに1860年代末には，高架式レールとアッセンブリーラインの一部との結合がかなり進んでいたことを示している。（合衆国特許92083，1869年６月29日）

Fig. 1

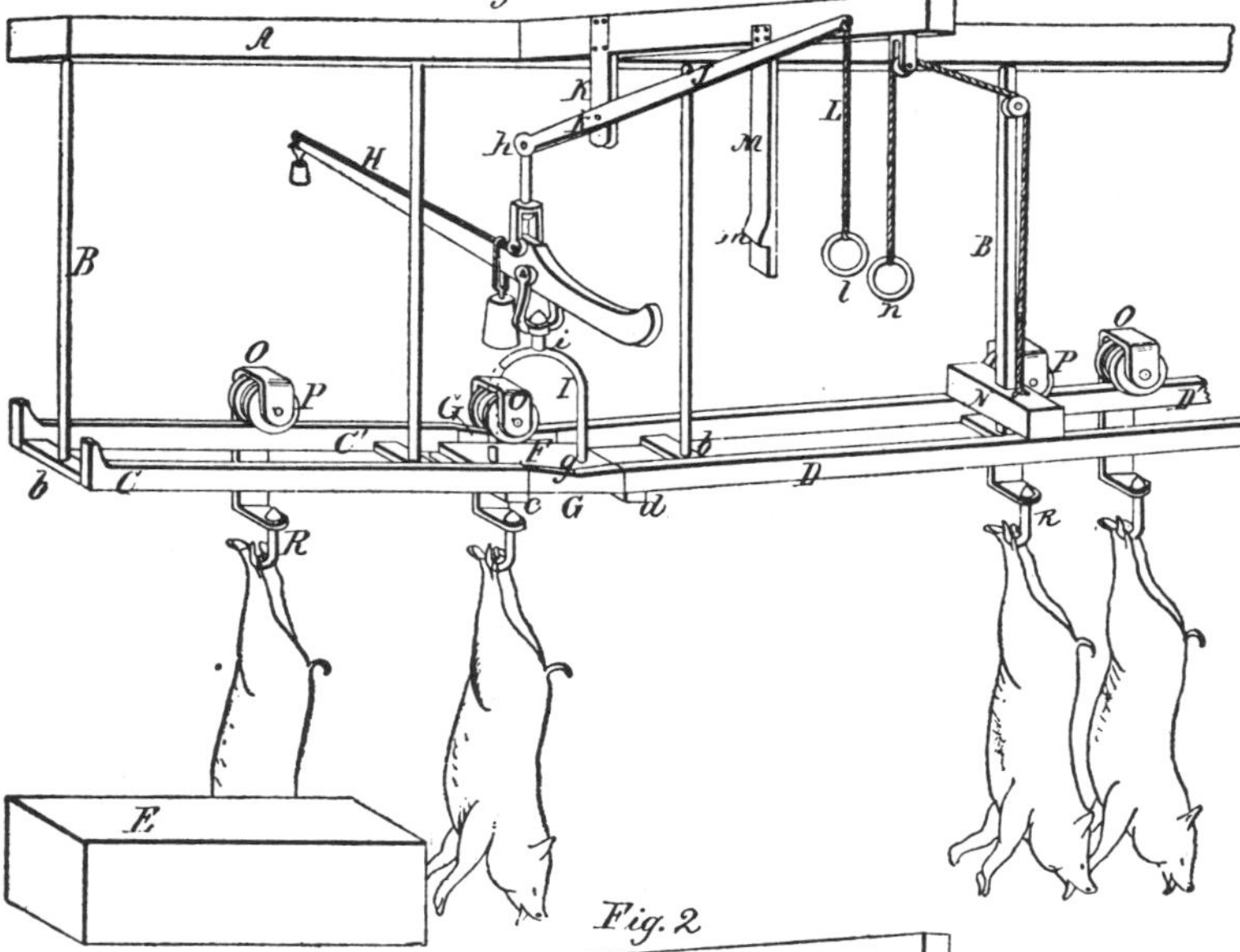

Fig. 2

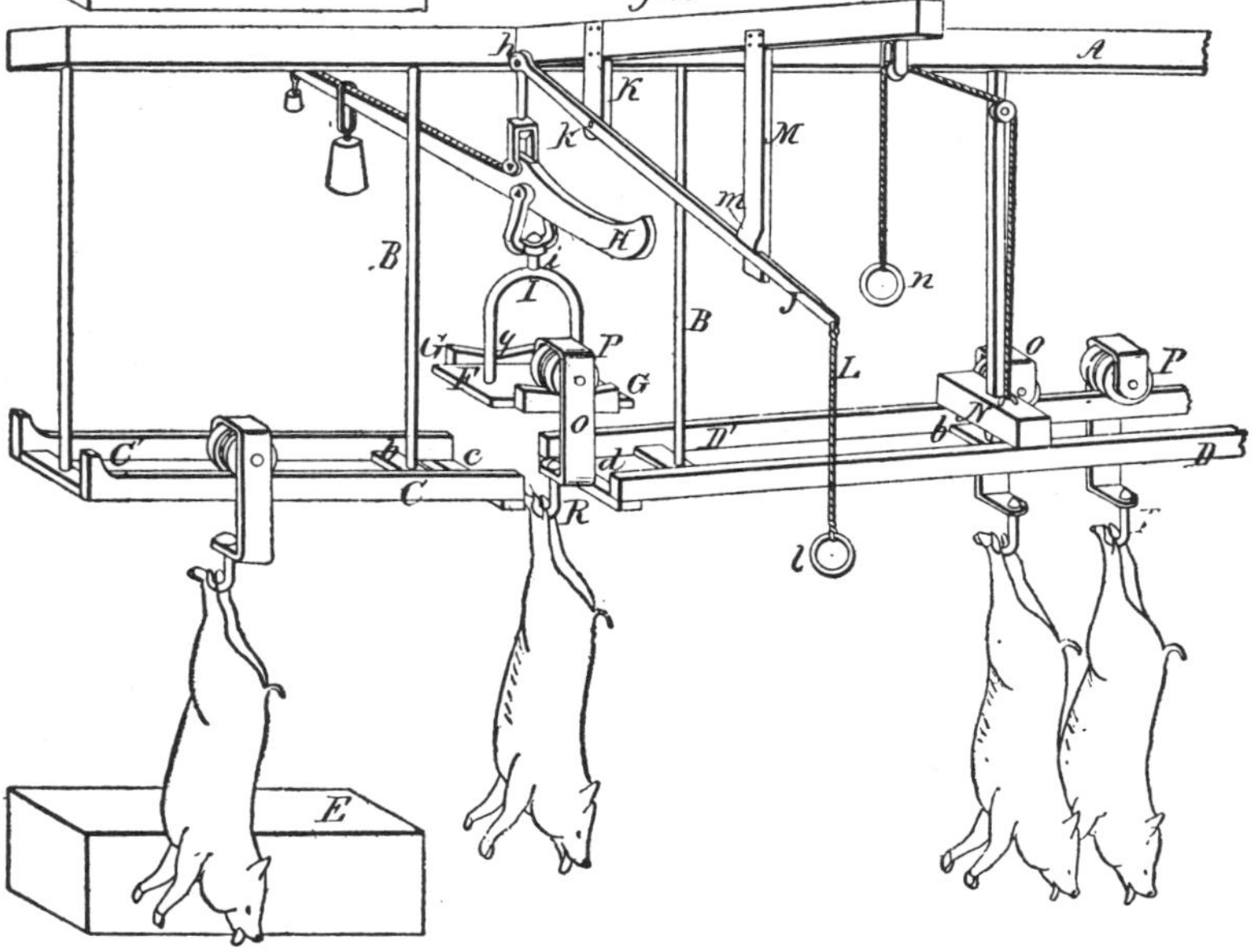

にある。……豚肉は運び台ないしは台車に吊り下げられ、傾斜面を降りていくようになっている」。

高架式軌道を見るとわかるように、それは新しい発明ではなかった。それ以前にもこうした方向での実験はあった。一八五〇年代にも、技術者は、「高架鉄道」をニューヨークのブロードウェイに建設するというアイディアを思い描いていた。それは、「機関車がレールの上を走り、宙吊りになった客車をアーチ型をした支柱の間を引っぱる」(88)という構想だった(図四八)。

科学的管理法の出現

一九〇〇年頃

時代の方向ははっきりしていた。企業間の競争は厳しさを増す一方、賃金の引下げは生産コストを下げる方法として実際的でないこともわかった。現に手元にある工作機械は今後も機能的に分化し専門化し続けるだろうが、僅かばかりの改良を加えたところで生産性が上がる見込みはなかった。

そこで問題は、工場の内部でコストを引き下げ生産性の向上をはかるにはどうすればよいかという点に絞られてきた。世紀の変り目以前にも、企業家の関心は新たに何かを発明することより、すでに発明されているものを新しく組織化する方向に向かっていた。工場での作業量は経験的な方法で測られていた。科学的な方法が発明にとって代わらなくてはならなくなった。そこで、作業は具体的にどのような形で行なわれているのだろうか、という問いが生じてきた。この問いに答えるために作業過程を研究し、作業員の動作と仕事のやり方を調べる必要が生まれた。しかも、一秒の何分の一という仔細な点まで知ることが必要になった。

十九世紀の最後の二、三十年間、多くの人が互いに独立に、工場内における作業の合理化をテーマとして研究していた。しかしいうまでもなく、科学的管理法と自ら名づけた発展的な分野の基礎を築いたのは、フレデリック・ウィンスロー・テーラー(一八五六―一九一五年)と彼の仲間である。科学的管理法は彼らの二十五年にわたる不断の努力の産物であった。

テーラーがミッドヴェイル製鋼所(フィラデルフィア)で職工長となったのは、職工となって二年たった一八八〇年であるが、その時にはすでに、作業過程を時間研究を通じて研究しようと心に決めていた。彼は、児童が一つの問題を答えるのに要する時間をストップウォッチで計っていた小学校時代の先生のことを憶えていたのである。少年時代はといえば、数年間を家族と共にヨーロッパで過ごした。高等学校を終えると、フィラデルフィアの小さな工場で鋳型作りと道具製作の見習いとして働いた。一八七八年、ミッドヴェイル製鋼所の職工になり、そこで職工長、マスター、技師へと昇進していった。そして一八八九年には、さまざまな型の工場の再組織に取りかかった。彼は、その時までに、夜間学校に通って工学の勉強を終えていた。一八九八年から一九〇一年までの三年間、仕事の上でベツレヘムの製鉄所と密接な関係のあったときには、彼の名前はすでに広く知れわたっていた。彼にとって、この期間は、生産技術に関しても発明の点でも、最も多産な時期だった。高速度鋼を発見したのもこの時である。一九〇〇年頃までに、彼は科学的管理法の方法を完成していた。

彼の名は前々から印刷物に載っていたが、ニューヨークの技術者の集まりで「金属切断の技術」と題する論文を読み上げ、その幅広い見識を示したのは、研究を始めて二十五年後の一九〇六年のことだった。彼が最も精通している分野での研究成果を披露し、

彼は、一つの作業過程を徹底的に分析することに取り組んだ。余分な部分を取り除いて作業の能率化を図ること、それと同時に、彼が絶えず強調していたように、作業をやり易くすることを通じて作業の実質を高めること、これが彼の課題だった。

作業を円滑にし疲労をできるだけ少なくするという主張の背後には、その時代が憑かれたように追求してきた不断の目標――是が非でも生産性を引き上げる、ということ――があった。人体が研究されたのも、その目的は、一体どの程度まで人体を機械に変えられるかを知るためであった。

テーラーはかつて、巨大な蒸気ハンマーを製造したことがある。そのハンマーの部品は非常に緻密に計算され、その分子がもつ弾力性が、ハンマーの効率を高めるようにできていた。蒸気ハンマーは、「部品の弾力性によって一直線に保たれた。その弾力性の故に、ハンマーは急激な力を吸収し、打ち終った後、元の位置に戻るようになっていた」(89)。

彼は人間の能率の研究にも同じ方法で取り組んだ。すなわち、人間の場合における弾力性の限界を究めようとしたのである。彼が実験用に一番優れた作業員を選び、その人間に合わせて仕事の量を決めたということは、これまでにもしばしば指摘されてきた。有機体としての人間は蒸気ハンマーより複雑であり、その内面的な力も考慮に入れなくてはならない。人体は能力のぎりぎりまで働かされると、直ぐには表面に現われなくても、後になって仕返しをするものなのである。

高速度鋼という、テーラーの最も重要な発明は、一八九八年ベツレヘム製鋼所にいた時に成し遂げられたが、それも限界の探求と関係がある。道具は熱で赤くなるほど高速で使用すると、「最大限の強度を発揮するという驚くべき特質を示した。一定の温度（華氏七二五度以上）に達すると、道具は鋼鉄を切るほどの切れ味とともに、″赤熱かたさ″をも獲得するということ、また最高の能力は溶解する寸前に発揮されることがわかった」(90)。

人間の能力も鉄の特性も、それを最大にする方法は、テーラーにとって結局は同じだったのである。

そこで作業過程の組織化は、次のように進行する。まずマネジャーが、経験を生かして作業場の調査を行ない、できればすでにある作業規則も充分に理解する。次に最も有能な従業員を実験に選ぶ。絶えず観察して間違った方法や緩慢な作業方法は改め、それを合理的な方法で置き換える。このことは、テーラーによれば(91)、管理者と作業員の分業を意味する。多くの場合、工場作業員三人に一人の労務担当者が管理部門に必要だった。

少なくとも科学的管理法が導入された当初は、テーラーが「軍事

型の組織」と呼ぶ厳格なシステムが発展した。テーラーはハーバード大学での講演（一九〇九年以後継続）で次のように言っている。

御存知の通り、軍事型管理方式の基本的な原則の一つは、組織内のあらゆる人間が一人の上司から命令を受け取るという点にある。作業の総監督は、命令をカードか厚い用紙に書いて各管理担当者に手渡し、それが作業員に伝達される。この方法は、部隊長が命令を伝達するのと同じである(92)。

テーラーとその後継者は、ただ指揮だけで事足れりと考えていたわけではない。彼らは、労働者自身も生産性を高めることに関して提案ができ、その結果利益が上がれば、それにあずかれるようなシステムも工夫した。しかしこのシステムは優秀な労働者にとっては有利であろうが、平均的な労働者は機械のように自動化してしまうことは避けられない。

総監督から作業員へという、位階性や能率本位の軍隊的な規律は、まさに工場における軍隊生活だといって過言ではない。しかし誤解のないように言っておきたいが、テーラー主義と軍事活動は本質的に違う。たしかに兵士も命令には従わなくてはならないが、緊急事態ではイニシアチブをとり、自発的に行動しなくてはならない。彼がもっている機械としての武器は、精神の後楯がないと、たちまち無意味なものになる。一方、機械がまだ充分発達しきっていない段階では、テーラー主義は労働者に、自発性ではなく、自動化することを要求する。つまり、人間の動作は機械を動かす単なる道具になってしまう。

有機体としての工場

テーラーは、製鉄工場、兵器工場、鉄筋コンクリート建築の建設現場、ボールベアリング製作工場など、実に多岐にわたった産業の作業活動を組織化した。また、「科学的管理法の基本原則」を生活のあらゆる領域に適用しようとした。たとえばそこには、「家庭や農場の管理、商業活動や教会、政府関係の役所の管理」(93)などが含まれていた。

彼の仕事の意義は機械的な意味での能率を向上させた点にある。彼は、一九〇〇年型の専門家であり、その研究の対象である工場を、自己完結した有機体として捉え、それ自体が目標であるかのように理解した。そこで何をどんな目的で製造するかということは、彼の問題の領域を超えていた。

彼は工場を共同経営し、特許や作業管理の仕事で収入を得たが、自分では大事業家になろうという気持にはならなかったらしい。テーラーは、実際的な世界で仕事をしているときに一番くつろぐことができたが、分析的な才能をもっていた彼は、実験室に閉じ籠って研究の苦しみと喜びを味わう生活のほうに向いていた。一九〇一年までに、一応充分な資金を得たテーラーは、一切の活動から退いて、自分自身の研究に没頭していった。

精神分析の創立者であるフロイトは、診断および治療による方法を駆使して、人の心の構造を新しい角度から垣間見せてくれた。もちろん、テーラーがフロイトと同じ一八五六年の生まれであることは単なる偶然である。しかし、世紀の変り目の科学者、芸術家は、プロセスの内面を明らかにする際、類稀な分析の鋭さを示したという点で共通している(94)。

科学的管理法における空間―時間研究

フレデリック・テーラーは全力を傾けて研究方法の精密化に努力した。その結果はただちに現われ、科学的管理法と実験心理学の共同作業が始まった。心理学は、科学的管理法とは別個に、そのときすでに職業の適性検査方法を工夫し終っていた。適性検査の中心は刺激に対する反応時間の測定にあったが、そのためのテクニックも、心理学の実験室で考案されていた。ハーバード大学で教鞭をとったことのある心理学者ヒューゴー・ミュンスターバーグは、当時(一九一二年)正式に認められようとしていた科学的管理法の成果を検討し、心理学の観点からすると、科学的管理法における測定方法は経験的方法の域を出ないと指摘した最初の人である(95)。適性検査はアメリカでも、ステファン・カルビンによって児童を対象に実験的に行なわれた。

科学的管理法に心理学が導入された結果、テーラーが工夫したストップ・ウォッチ方式は用いられなくなった。フランク・B・ギルブレス(一八六八―一九二四年)と彼の妻で心理学者のリリアン・M・ギルブレスは、しばしば共同で研究し、作業過程を視覚的に表示する方法を発展させた。ギルブレスが研究を始めたのはボストンで土木技師として仕事をしていたときである。彼は、工場における作業と手仕事とを問わず、作業をする最善の方法について研究を重ねた。

昔からある作業は検討し直された。たとえばテーラーは、石炭をシャベルですくう動作、ギルブレスは煉瓦を積む動作を研究した。こうした研究に示された新鮮さ、直截さは、一八三〇年頃以来アメリカで始まったハンマー、鉋、踏み鋤といった昔からある道具の機能的改良にも示されている。ところでギルブレスは、凝った器具も使わないで、どのような方法で煉瓦積みという大昔からある作業の合理化をはかったのであろうか。それについて彼は詳しく述べている(96)。結局彼が使ったのは、煉瓦を積み上げるときに用いる、高さの調節のきく足場だけであった。しかしその結果、「作業員は一日に何千回も背中を曲げたり伸ばしたりしなくてもすむようになったし、一日に積み上げられる煉瓦の量も一〇〇〇個から三〇〇〇個へとほとんど三倍にはねあがった」。

この成果の秘密を明らかにしたのが動作研究であった。「作業一単位あたりにどれだけの時間がかかるか」という問いに始まって、運動の要素とその軌跡を再現する必要が生まれた。ストップ・ウォッチ方式は間もなく放棄され、客観的な記録装置がそれにとって代わった。このようにして、ギルブレス夫妻は人間の動作とその視覚化の研究にますます引き込まれていったが、その研究は時間―空間研究を通じて達成された。

科学的管理法と現代芸術

科学的管理法は、アッセンブリーラインと同様、組織化の問題と深くかかわり合っている。しかしその最も重要な業績は、人間の作業過程の研究、すなわち、作業がどのような経過をたどって行なわれるかについての研究である。

科学的管理法の研究目的は「工場における作業員の動作を分析することにある。……分析の対象には、たとえば、機械にかけたり機械から取り出したりする作業など、およそあらゆる作業がそこに含まれる」(97)。

この研究の目的は、無駄な動作を取り除き作業に要する時間をできるだけ少なくすることにある。技術的な詳細についてはさておき、採られた方法について考えてみると、結局それは、空間―時間研究を中心にしていることがわかる。この方法の狙いは、空間的にはある動作の軌跡を決定し、時間的にはその経過時間を決めることにあった。

ルネッサンス期の物理学者も、機械工学の法則を確立しようとした際、動作と時間の関係を研究したが、人間の作業の法則の場合もこれと類似した方法が採られた。そこで意図されたことは、大雑把な推測や経験的な方法を、人間的な現象の研究として可能な限り、精密な方法で置き換えることにあった。

ここでわれわれの関心を惹くのは、作業過程そのものに対する大胆な挑戦である。

フランク・B・ギルブレスは時間・動作研究を拡大し精密化することに成功をおさめた。彼はその有名な『科学的管理法入門』の中で、「時間研究は、作業に含まれる要素を時間の観点から記録し、分析し、総合する技術である」(98)と言っている。

ストップ・ウォッチ方式はフレデリック・テーラーの後継者にとっては、あまり正確な方法だとは思われなかった。ストップ・ウォッチは動作がどのような形で行なわれたかについては何も語ってくれない。しかも、人間の目は頼りにならず、反応時間の測定結果は観察者によってまちまちである。この方法では運動のフォームは依然として目に見えてこないし、研究もできない。一方ギルブレスにとっては、運動を構成する要素を描き出し、その軌跡を明らかにすることが問題だった。

研究の初期には、その問題に対し解決の手がかりはつかめていなかった。彼の鉄筋コンクリート打設工程の研究(一九〇八年)では約四〇〇の作業方式が設定されているが、それは、フレデリック・テーラー好みの、軍規を記した手引書のようなものであった。しかし、新しい考え方はすでに大著『コンクリート・システム』の中で述べられている。その本は、作業のさまざまな段階を示した図や写真で埋められ、ちょうど「成功した建設業者が彼の作業員に話したことを速記にとったようなもの」(99)だった。しかし、翌年出版された『煉瓦積みのシステム』では、念願だった動作研究時代の幕開けを宣言している。彼は、「本書における研究は、動作研究時代のほんの始まりを画したに過ぎない」(100)ときっぱり述べている。

運動の精密な記録、一九一二年頃

もちろんギルブレスは、映写機がフランスに現われると直ぐにそれを利用した。運動の過程をさらに深く知ろうと、彼は黒幕に座標を設定し、さまざまな作業の段階を確かめようとした。

しかしこれは、満足すべき解決策ではなかった。その方法では運

51　フランク　B. ギルブレス：ベテランの外科医が紐を結んでいる様子を示すサイクログラフ。1914年。ギルブレスはマレーの実験をさらに先へ推し進め，空中での運動を正確に再現した最初の人となった。ただし，彼がマレーの実験についてあらかじめ知っていたかどうかは不明である。彼はこの写真を，1914年ドイツに滞在していたときに撮った。「運動の軌跡は示されているが，そのスピードや方向は示されていない。ここには，ベテラン外科医のよどみのない反復動作が記録されている」。(文章および写真の提供：リリアン　M. ギルブレス)

動ははっきり目に見えるようにはならなかったし、描かれたとしても、運動と実体とが切り離されていなかった。次に、ギルブレスはこの両者を分けようとして、驚くほど簡単な装置を工夫した。普通のカメラと電球一個だけで、運動の明快な軌跡を視覚化しようとしたのである。彼は豆電球を作業する人の身体に取り付け、その運動の軌跡がプレートの上に白い光の曲線として残るように工夫した。彼はこれを「動作記録装置」、サイクログラフと呼んだが、この工夫を通じてはじめて、肉眼では見えない運動のフォームだけが捉えられた。光のパターンは、作業員の手際のよい仕事振りや自然な動きを妨げる、躊躇とか習慣とかいったものを、すべて表現して見せてくれた。ひとことで、この光のパターンは、完全無欠な作業過程を描き出すと同時に、誤りの所在も指摘したのである。

その後ギルブレスは、運動の姿を針金の模型で表現した。針金の曲がりくねった様子を通じて、動作がどのように行なわれたかが正確に表現される。また、どこで手の動作が淀み、どこで仕事をスムーズにやったかも、目に見えるようにわかる。したがって、作業員に彼の動作の中でどの動作が正しく、どの動作が間違っているかを指摘することができるわけである。ギルブレスにとって、そうした模型は作業員に動作について関心を持たせるための手段だった。それは、各人の仕事の性格を明らかにした。作業員のほうでも、自分の動作の記録と針金の模型とを対照させて、動作の非能率的な部分を訂正できる。そればかりか、針金には動作そのものの生命《いのち》が捉えられていた。近代芸術家が時折同じ針金を使って、軽快な、浮遊するような彫刻を制作したのも決して偶然ではない。

ギルブレスのサイクログラフ以後、その方法の精密化がはかられたが、原理そのものに変化はなかった。

フランク・B・ギルブレスは運動のフォームを研究した。彼にとって、運動の軌跡そのものが、独自の法則を持った実体となったのも当然かもしれない。

彼はさまざまな人間活動の類似点を研究し始めた。「技倆というものは、作業やさまざまの種類の運動競技、あるいは外科医のような専門職の場合も含めて、共通のパターンを持ち、一つの根本的な原理を基礎にしている」(101)と彼は考えた。

ギルブレスは、さまざまな分野における選手権保持者のサイクログラフを作った。その中には、フェンシングのチャンピオン(図一九)や煉瓦積みの選手権保持者、名投手、有名な外科医(図五一)、またロードアイランドの牡蠣の殻を開ける名人などが含まれていた。そうしたサイクログラフ制作の目的は、「さまざまの動作の類似点」を発見することにあった(102)。

光の曲線と、針金を材料にした模型は、動作のしなやかさをあるがままに再現する。動作はそこで、それ自身の形態と生命を獲得している。現代芸術で鍛えられた目を持った人なら、そこに、自然の世界にはない直接感情に訴えかけるものを感じるに違いない。「ハンカチをたたむ少女」(図六〇)の動作を視覚化した光の曲線は、動作の無意識的な微妙な動きを余すところなく描き出している。そこでは、動作が意味のすべてであり、動作の担い手のほうは何ものも意味していない。

ギルブレスの著書では、マレーの研究についてはまったく触れられていないが、ギルブレスがそれについて前もって知っていたかどうかということは重要ではない。マレーは確かに、ギルブレス以前に一枚のプレートに動作の軌跡を記録したことがあったし、ジュネーブの科学者が同じ目的で白熱灯を使った、とも彼は述べている。しかしクロノサイクログラフを使って、運動の純粋な軌跡と同時に運動に含まれている時間的要素についても深く洞察したのは、ギルブレスが最初である。

科学者、生産技師、また芸術家にも、動作の問題は生じた。彼らはその問題を解決するにあたって、それぞれ独立に、類似した方法を発見した。意外にも、同じ傾向が芸術と科学的管理法に同時に現われた。科学的管理法が絶対的なものを取り扱い、動作の要素とその軌跡の研究を通じて手の動きの構造を明らかにするとともに、このことははっきり確認された。

類似した方法が互いにかけ離れた分野で無意識のうちに採られたという事実は、われわれの時代にとって一つの吉兆であるといってよい。

研究は新たな段階を迎えた。すなわち、動作の様子を視覚化するに際して時間のファクターが加わったのである。「時間の測定は……プロセスを構成する要素に対して行なわれる」(103)。空間―時間研究こそ、その方法の基礎である。運動の内的構造を明らかにするため、それは幾つかの段階に分解された。

このようなことは科学的管理法に限ったことではなく、現代の根底をなす特徴である。運動の分解は、同時に、絵画の分野でも芸術上の問題としてまったく独立に現われた。現代芸術を運動の観点から見たとき、二つの段階が前後して現われている。

第一は、運動が幾つかの局面に分解され、そのフォームが並列にあるいは互いに重なって表現される段階である。これは時期としては一九一〇年頃である。

第二の段階では、運動のフォームが表現対象になる。科学的管理法では、これは分析の目的で行なわれる。芸術の分野では、書道的なフォームに象徴的な力が与えられる。この傾向は一九二〇年頃に現われる。

発展は第三段階に入るが、それについてはその初期のことしか知られていない。一九三〇年代に入ると、運動のフォームはますます絵画上の言語として確立し、心的な内容を表現するようになる。

運動とその連続的段階、一九一二年頃

イタリアの未来派は、運動を連続した段階に分けて表現しようとした。カルロ・カラは、「おんぼろタクシー」で、ジャコモ・バッラーは「紐でつながれた犬」（一九一二年）でその方法を使った。

52　フランク　B. ギルブレス：運動の軌跡を針金で表現したもの。1912年頃。ギルブレスは動作の軌跡を針金細工で表現した。労働者は、自分の動作が空間と時間の次元で表現されているのを目にすることができ、それによって、ギルブレスが言うように「動作意識」を自ずと身につけることができるという。（提供：リリアン　M. ギルブレス）

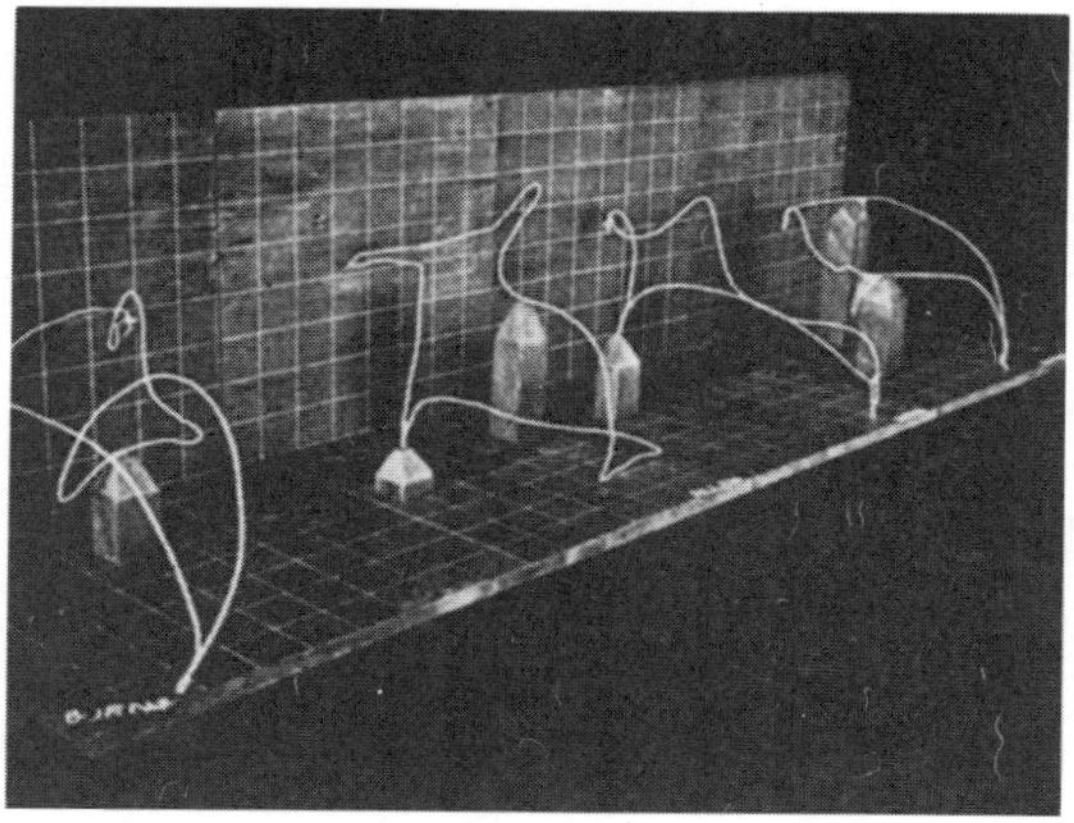

段階的表現を取り扱った一番大胆な例は、マルセル・デュシャンの「階段を降りる裸婦」（図一五）である。運動の連続——目には一つのまとまりあるものとしか映じない——が、その絵の基調になっている。このような運動の連続的表現を出発点として、新しい総合、新しい芸術形態が生まれ、かつては表現できなかったもの、すなわち、運動の段階が表現できるようになった。

この作品には、未来派の人びと、中が空洞になっているアーキペンコの初期の彫刻、そして最盛期のキュビズムなどの影響が容易に見出せる。しかし、影響の事実の有無よりも重要なのは、その見事な描写力とともに、そこで扱われている普遍的な問題である。一体、マルセル・デュシャンが提出した問題に対して、他の分野ではどのような解決が試みられたのだろうか。科学者はこの問題に何と答えるつもりなのだろうか。こうして見ていくと、デュシャンの問題は時代と深く結びついていることがわかる。すでに見たように、生理学者は早くから、そうした問題に関心を示していた。エドワード・マイブリッジは、一八七〇年代に行なった人と動物の動作をテーマとした有名な研究で、三〇台のカメラを二インチ間隔で置き、被写体が写真板の前を通過しようとするとカメラのシャッターが電磁力の働きで開閉する装置を工夫した。この装置を使ってマイブリッジは——幾つかの方向から同時に——立ち上がったり、坐ったり、階段を歩いて降りたりといった簡単な動作を段階に分けて記録しようとした。その結果は、はっきり写真にうつし出された（図一六）。

エティエンヌ・ジュール・マレーは、運動の軌跡を段階的に表現する方法をさらに発展させた。彼はそこで、一台のカメラしか使わなか

53　ポール・クレー：「黒い矢の形成」1925年。ポール・クレーは，おそらく他のどんな画家よりも，心の動きを投影する秘訣を心得ていた。本体が矩形で先が三角形で終っている矢印は，クレーの作品において初めて現われた。その後この芸術的シンボルは世界中で盛んに使われるようになった。「白い余白の部分は特に人目を惹かないが，それと対照的な，動きを表現した奇妙な矢印は，視覚をとぎすまし，その頂点へと導いてゆく」。(クレー『教育的スケッチブック』，提供：ニーレンドルフ・ギャラリー，ニューヨーク)

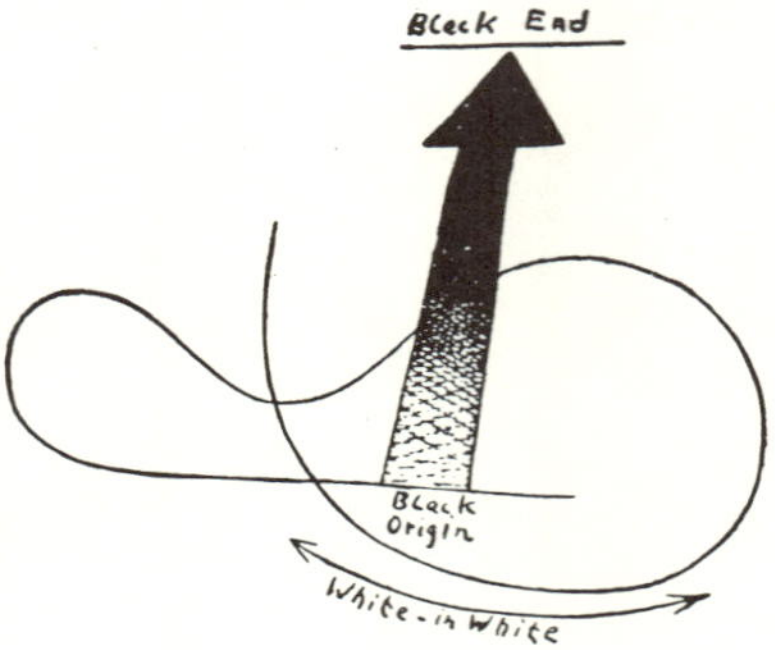

った。今日大きな関心を呼んでいる彼の研究でも、使ったのはたった一枚の感光板だった。最初、モデルは黒幕を背景に白い服を着て歩いた。しかし、それでは像が互いに重なってしまったので、次にモデルに黒い服を着せ、キラキラ光る金属片を足から胴、そして腕に沿って取り付けた。今度は動作の一貫した連続的な動きが表現され、各段階ごとの形態がはっきり切り離されて捉えられた(104)（図一三、一四）。それから半世紀後にH・E・エジャートンはストロボスコープを発明したが、その高性能の装置（ラジオ・インタラプター）は動作を一〇〇万分の一秒で捉えることができた。問題に対する取組み方はマレーの場合もエジャートンの場合も同じであった。

マルセル・デュシャンの「階段を降りる裸婦」は、一九一三年にニューヨークのアーモリー展示館に展示されたとき、大きなセンセーションを巻き起こしたが、一般大衆には理解できなかった。この理解不可能という現象は、一つの分野あるいは一国に限られたことではない。アメリカ人がこのような新しい傾向に馴れていなかった、ということだけではなさそうである。むしろこのような現象は、真の文化では思考と感情は互いに依存的な関係を保っているのが常であるにもかかわらず、感情の問題は科学の問題と何の関係もないのだという、現代人の考え方そのものに由来している。

54　フランク　B. ギルブレス：完全なる運動。針金細工，1912年頃。(提供：リリアン　M. ギルブレス)

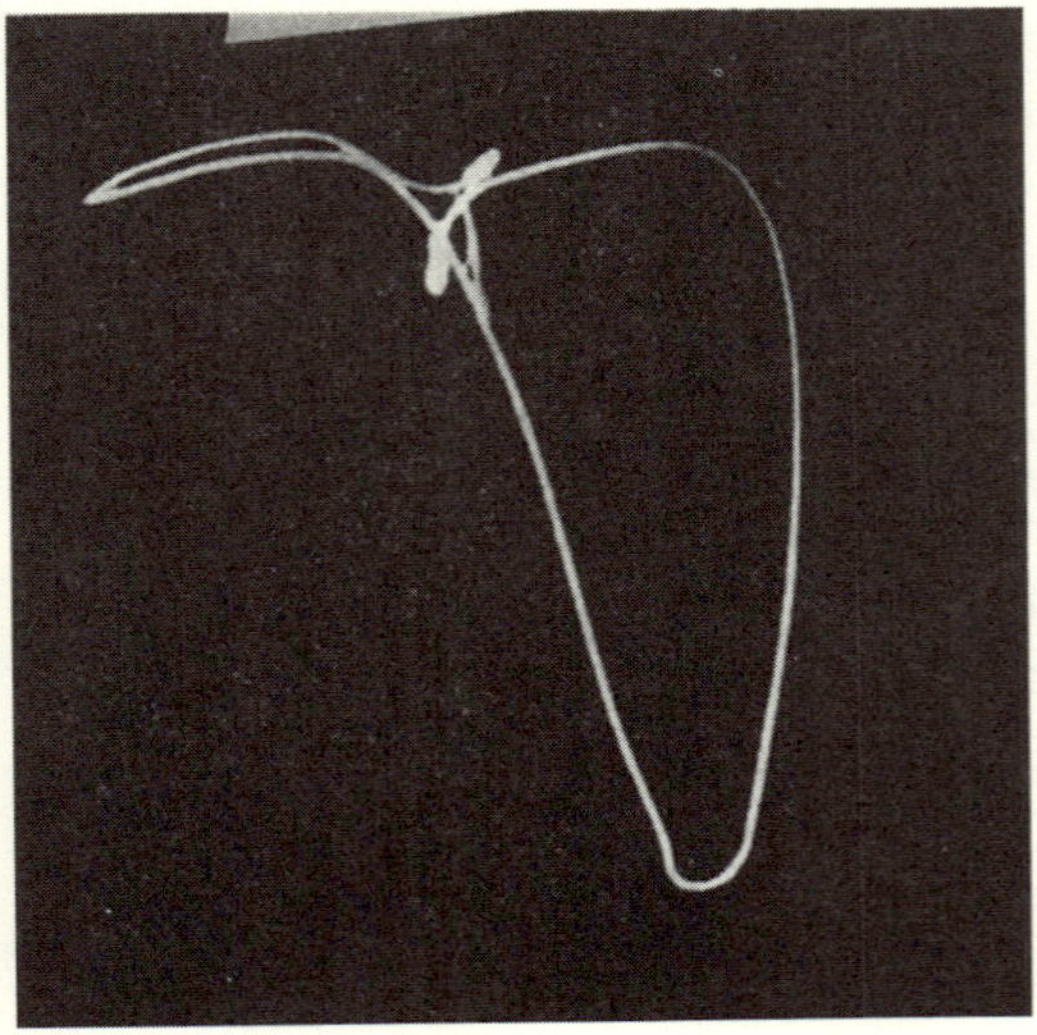

55　ホアン・ミロ：コンポジション（一部）。サンドペーパーの上に油彩で描いたもの，1935年。（提供：ピエール・マティス・ギャラリー，ニューヨーク）

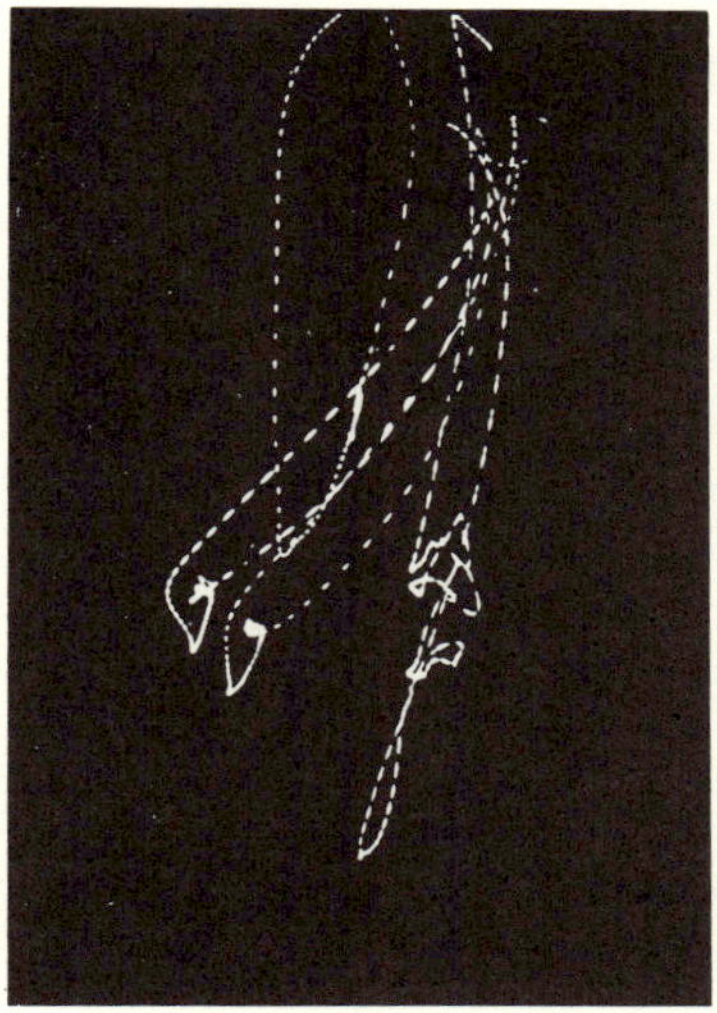

56　フランク　B. ギルブレス：ある動作のクロノサイクログラフ（時間動作経過写真）。（提供：リリアン　M. ギルブレス）

独自の価値を持つものとしての運動、一九二〇年頃

第二段階では、純粋な運動のフォームそのものが芸術の対象になる。この場合、客観的な事物を自然主義的に再現する必要は最早ない。あらゆる時代の優れた装飾が示しているように、線や曲線、サインが感情に与える衝撃はどの時代にも経験されてきた。同じことが運動の場合にも当てはまる。つまり運動も、その担い手から独立した現象として経験することができるのである。

アイス・スケートに見られる運動の流れは、スケートをしている人の身体以上の意義をもっているのではないだろうか。打上げ花火の大会で、われわれの心を捉えるのは、闇を背景にした光の軌跡だけであろうか。むしろ、花火そのものから切り離された抽象的な運動が、われわれの想像力に訴えかけるのではないだろうか。

こうした体験の、いわば芸術的延長が、一九二〇年頃の絵画の世界に見られる。作業過程を理解するにはそれを視覚化する必要がある。作業をしている当人には自分の動作はわからないからである。同じことがわれわれの意識下の心的プロセスについてもあてはまる。

これらの運動のシンボルは、感情が自然に凝固したものだと言ってよい。ダダイストの音の詩やその後ではシュルレアリストによる「自動筆記」（一九二四年）の提案などはそのよい例である。詩人のポール・エリュアールも、ピカソなど当時の真の芸術家によって追求された「総体としての真実」（ヴェリテ・トタール）につい

57 ホアン・ミロ：「筆蹟，風景そして人間の頭」（一部）。1935年。クレーが自分に最も近い画家であると考えていたミロは，サインとシンボルを使って運動を構成し，哲学的あるいは思弁的モチーフを介在させないで，驚くほど直截な表現に到達した。（提供：ピエール・マティス・ギャラリー，ニューヨーク）

て述べている中で、この点を力説している。「ピカソは呪術的《フェティッシュ》な対象を創り出したが、その呪術的《フェティッシュ》な対象には生命がある。それはただ何かを表現しているという意味でのサインではなく、運動しているサインそのものである。その運動がサインを具体的なものにしている」(105)。

運動するサイン、サインによって表現された運動。ポール・クレーはおそらく意識下の世界のもっとも大胆な探求者であると言ってよいだろうが、彼は次のように考える。「絵画芸術の起源は運動にある。それは運動が一時停止したものであり、かつ運動として捉えられる」(106)と。

クレーの『教育的スケッチブック』は現代芸術を解く鍵として重要性を増している。言葉の部分がほんの僅かしかないこの本は、ワイマール期のバウハウスにおける講義録だが、この本の中で巨匠は、教えるというより自ら実践してみせている。彼は読者を工房に招き入れる。芸術の問題についての彼の明快な説明はオレームの思考の枠組と驚くほど似通っている。彼はまず次のように言う。「線、一本の活性化された線は散策の軌跡である。散策しているのは移動する点である」(107)と。彼にとって、すべては運動の結果である。静止しているように見える円でさえ、例外ではない。彼は円を、ある中心から等距離にある多くの点で構成された曲線であると定義する。また円は、振り子の回転運動に起源をもつものだと考える。この円をもとに、彼は「螺旋」(図五九)を発展させる。一九二一年の「ハートのクイーン」(図五八)には螺旋形の冠が載っている。

後に世界的に流行した、長方形の一方が三角になった矢印がクレーの作品に最初に現われたのは偶然ではない。クレーは『教育的スケッチブック』の中で、象徴的でもあり、直接的でもある彼独特の表現でこの形(図五三)の由来について説明している。カンディンスキーの「ピンク・スクウェア」(一九二三年)と題された油絵(図二〇)は、鋭い線、矢、惑星、環、鎌の形に拡大した数字の「3」で宇宙のドラマを表現している。

一九二〇年頃のポール・クレーが好んだ素描とリトグラフは、素早く、しかも連続的な動きを表現するのにふさわしい媒体である。その直後、彼の運動を表現するシンボルは、有機体の領域に拡大し

58　ポール・クレー：「ハートのクイーン」リトグラフ。1921年。（提供：バックホルツ・ギャラリー、ニューヨーク）

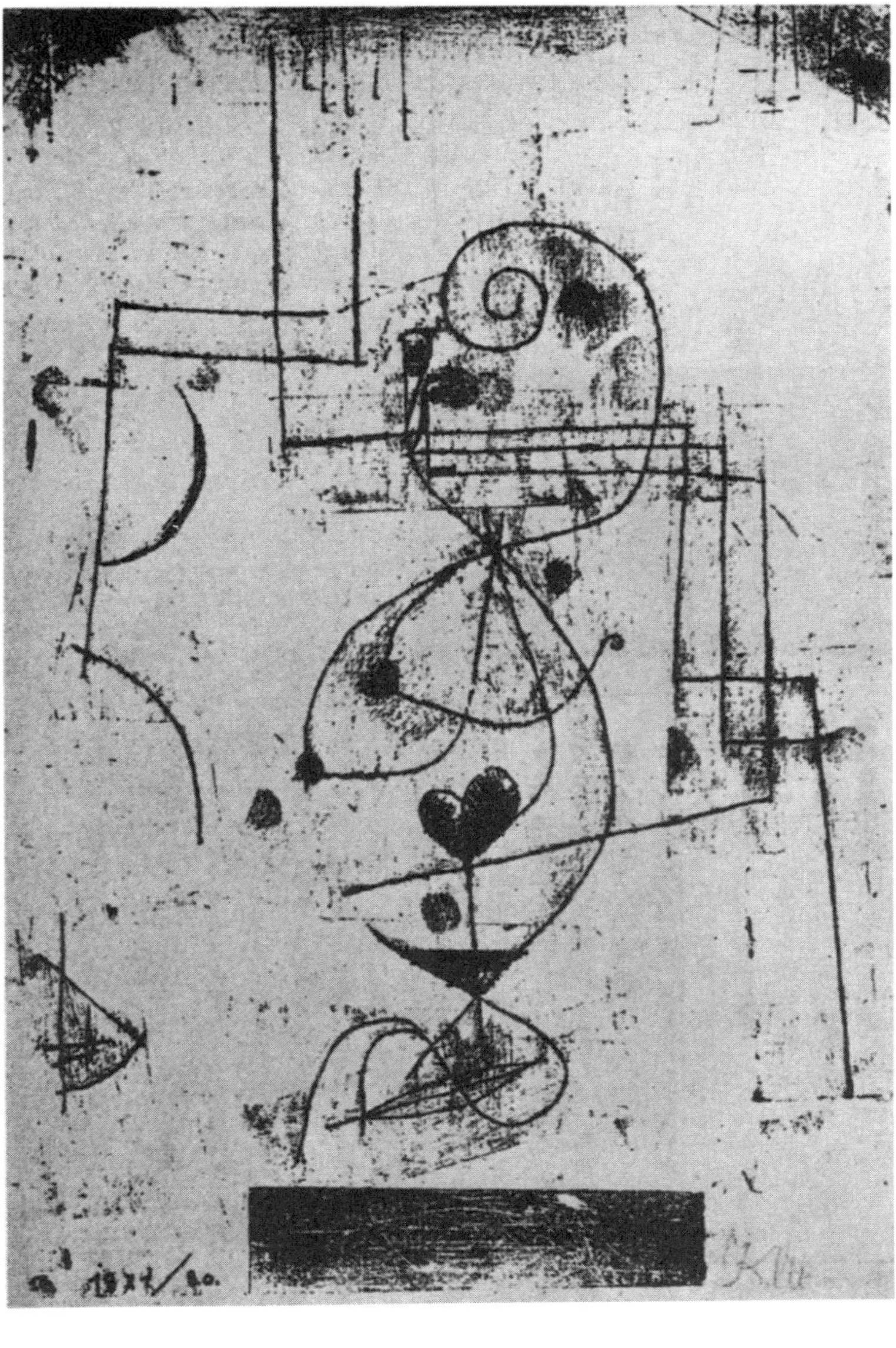

59　ポール・クレー：「螺旋」1925年。「運動は螺旋の半径を広げつつ展開する。半径が小さくなるとともに次第に外周は狭まり，遂には美しき光景は突如として死に絶える。運動はもはや無限ではなく，方向の問題が決定的となる」。（クレー『教育的スケッチブック』，提供：ニーレンドルフ・ギャラリー，ニューヨーク）

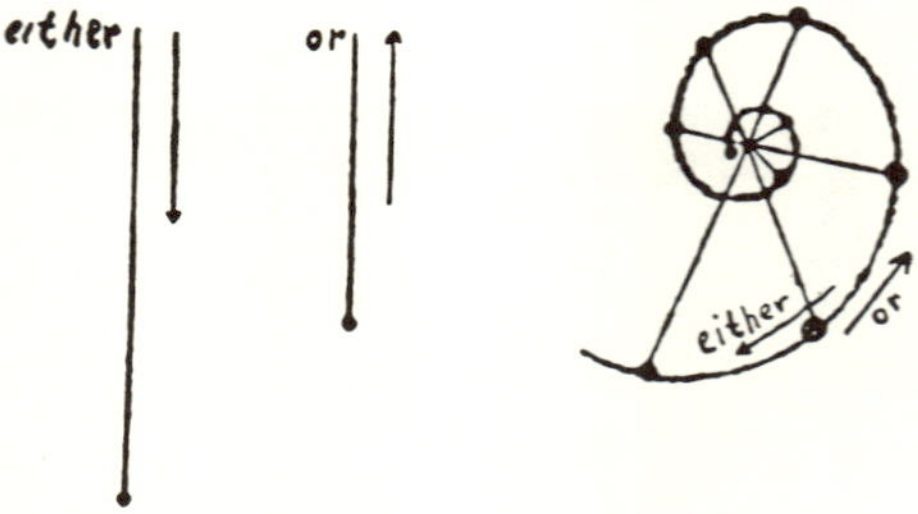

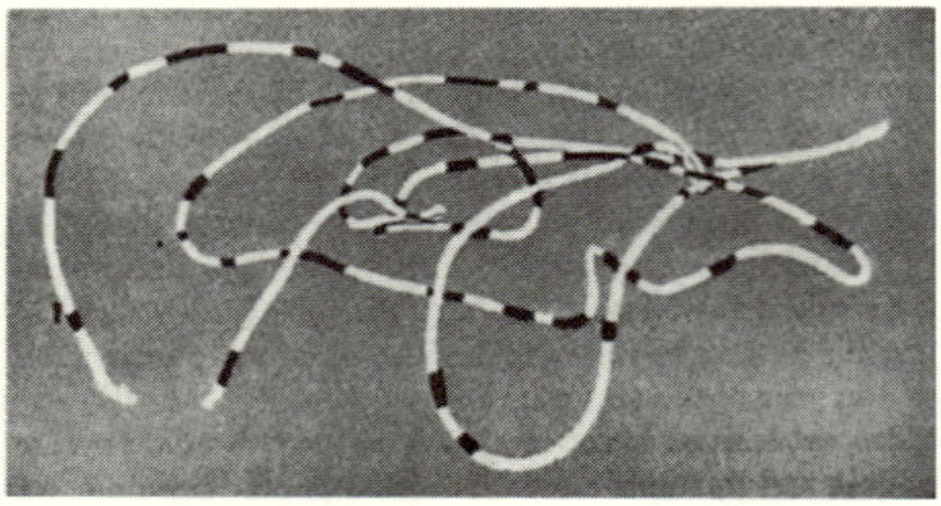

60　フランク　B. ギルブレス：「ハンカチをたたむ少女」。動作に含まれている複雑な無意識のプロセス，そのすべてが光の曲線として記録されている。（提供：リリアン　M. ギルブレス）

ていった。一九二一年の時点では、人間のイメージを運動のシンボルで構成することは、人間それ自身を思考や行動を通じて描き出すのと同じように、大胆きわまる試みであった。

第三の段階についてわかっているのは、その最初の部分だけである。この段階では、かつて遠近法がある具体的な内容や孤立した情景の表現手段であったように、運動のフォームが絵画における表現手段になった。遠近法に代わって運動が表現手段に選ばれると、静的な絵ではなくダイナミックな絵が生まれる。クレーがその作品に与えた表題、たとえば「南国の女性」、「老嬢」、「錨をおろして」、「鳥のいる公園」、「水に映った寺院」、「老いゆく夫婦」などは、支配的趣味の時代の静的な風俗画の表題であってもおかしくない。しかし、表題は似ていても、表現されている内容はまったく違う。ギルブレスが身体運動の形とその真の意味を視覚化したように、クレーも、人間心理の奥底の過程を目に見える形として表現することができた。遠近法ではこれは不可能である。絶えず変化し、静的であることからは程遠い関係が、ここでは探求の対象となっている。

絵の全体が運動の過程そのものになっている。

クレーの後期の作品、たとえば「老いゆく夫婦」（図六一）を例にとってみよう。この絵には表題がなくてもよいくらいである。絵の全体が生命をもった運動形態そのものを表現しているからである。ルネッサンスの優れた絵画と同じように、この作品の力も、描かれている内容より表現手段の優れた取扱いから生まれている。運動の過程を基礎とした絵画の言語に慣れていない人には、この言語そのものしか目に入ってこない。ただ、明るい黄色、茶色、ピンクがかったすみれ色、緑色といった色が、目覚ましく行き交う様子しか目

61　ポール・クレー：「老いゆく夫婦」油彩。1931年。黒白の複写では，クレーのきらびやかな色彩の構図はわからないが，心的過程を解釈するに際して彼が造形言語としての運動形態をどのように使っているかは充分に示されている。（提供：ニーレンドルフ・ギャラリー，ニューヨーク）

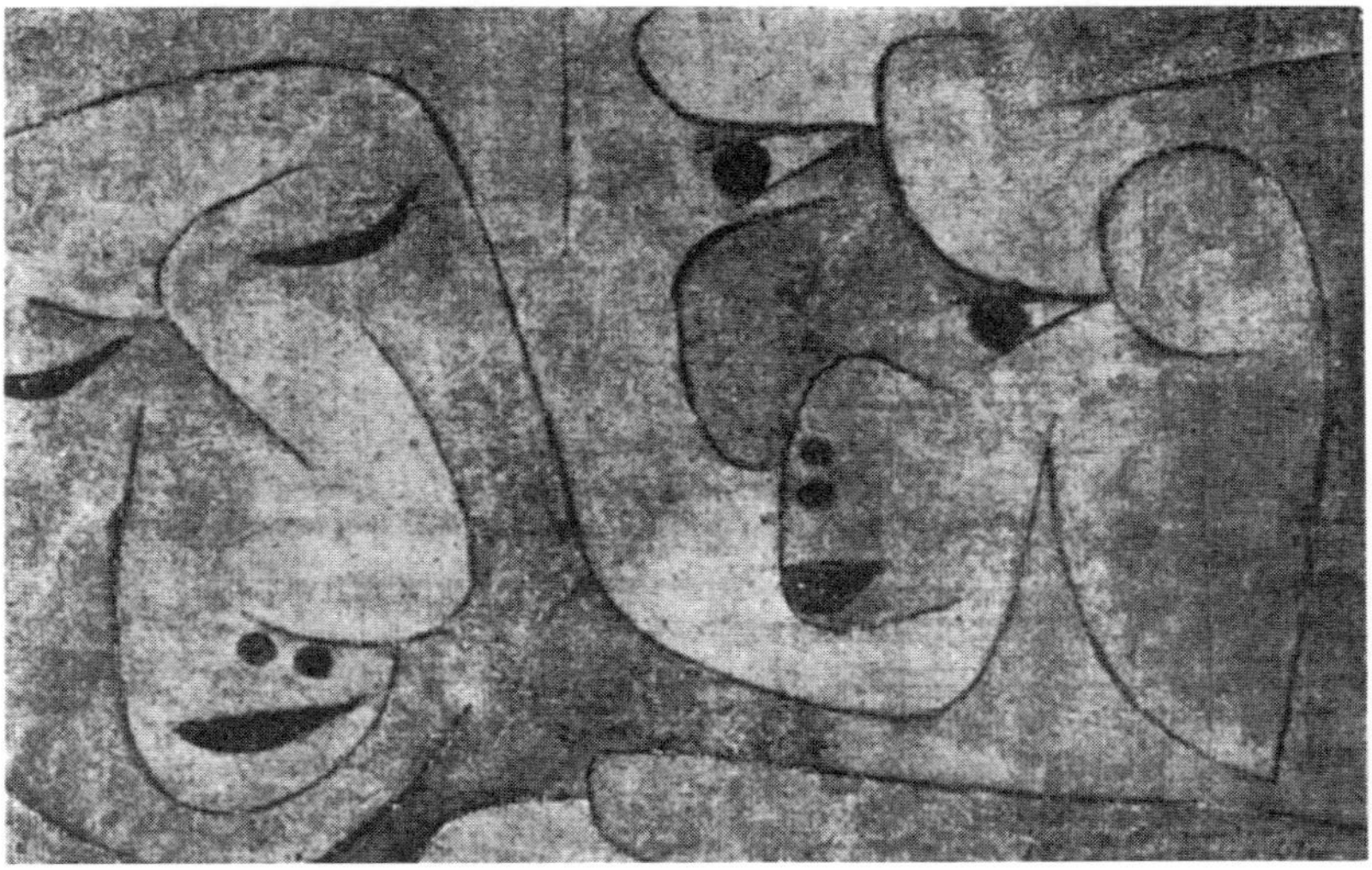

にうつらないだろう。しかし、シンボルを根底にした絵画言語を学んだ人は、そこに、仮面のように冷やかで敵対的なもの、あるいは、悪魔的なものが表現されているのに気づくだろう。同時に一本の線が二つの顔を運動で包み、両者を一つに結びつけている。ピカソのような情容赦ない外科手術的な扱いも、彼に特有な情念もそこにはない。解剖学が表現と運動に席を譲っている。これは「ゲルニカ」と同時期の作品である。

二十年とたたないうちに、芸術は人間の心的過程をリトグラフやダイナミックな色彩を使い、運動の形を通じて表現するようになった。これがおそらく、第三段階の始まりであり、以後は、特定の指示対象をもたない象徴的言語の習熟を目指す時期が訪れる。

一九二四年頃のホアン・ミロの絵にはサインや数字、蛇の形をした曲線が現われている。最初、それらの使用には躊躇や気紛れが見られ、ダダ的なところがあった。しかし、一九三〇年頃になると、これらの表現手段が俄然力を得てくる(図五五、五七)。ミロの内部に、形とそれの画像全体に対する関係によって、色彩に魔術的ともいえる光としての性質を与える力が目覚めてくる。以前は宙に舞う紙テープのように軽かったミロのフォームが、重みと輪郭を獲得する。クレーが「ハートのクイーン」をリトグラフで描いた一九二一年に大胆であったことが、ここでは普通になっている。人物や動物、エロティックな構成は、シンボルの力を帯びたサインと運動のフォームへと変化している。クレー以後の世代を生きたこの芸術家は、それらを壁画で表現するように、ほとんど運命づけられていたかのようである。

動作曲線が科学的管理法に用いられたときのように、芸術家はサインとフォームを使って、われわれの内部の未知なるものを生々しくそして効果的に表現し、紆余曲折した心の軌跡を捉えようとする。

サインとフォームは共に、われわれ人間にその根源をもっている。なぜなら、運動とそのシンボルは、われわれの存在の中では一つに溶け合っているからである。

先駆者か、後継者か

チャールズ・バベッジ

時間―動作の研究には歴史的な先駆者がいるのだろうか。

十九世紀の初期、いや、すでに十八世紀に、テーラーの方法と類似したものが知られていたという指摘が行なわれた(一九一二年)(108)。その代表といわれているのは、アダム・スミスの門弟でケンブリッジ大学の数学教授であったチャールズ・バベッジである。彼の『機械と製造業の経済』と題する著書(ケンブリッジ、一八三二年。版を重ねる)は、針の生産工場における「各作業のコストと時間」に関する一覧表を掲げている。それは、フランス人のペロネ(109)が一七六〇年、一万二〇〇〇本の針を生産する場合の各作業にかかる時間を時計を使って測定し、そのコストを計算して一覧にしたものである。

しかし、そうした人びとをテーラーの方法の先駆者であるとみなし、テーラーの方法を前もって予想していたと考えるのには無理があるようだ。時計の使用は外面的なことでしかない。バベッジは、ただ分業の利点をはっきりさせるために時計を使ったまでである。それについては前掲書の分業についての章で述べられている。

テーラーは「時間研究は、ミッドヴェイルの製鋼所で一八八一年に始まった」(110)と簡単に述べているが、実際にその通りであった。

バベッジの時間測定は、分業に固有な利点を示そうとするためのものだった。一方、科学的管理法で扱われた時間的要素は、動作の要素を明らかにすることにその狙いがあった。

シャルル・ベドー

主に一九三〇年代(111)を中心としたシャルル・ベドーの成功は科学的管理法を一層発展させたものと見ることができるだろうか。確かに、彼が行なった「工場作業の綿密な分析と組織的な観察」は、テーラー、特にギルブレスの研究の延長線にある。しかしそこでは、より完全な賃金体系を確立することに主な目的があった。一九一一年、フランスからニューヨークへやってきたベドーは「作業のスピードを正しく改める」のだと言っている。そこで彼は、物理学者が機械の仕事量を測定する際に用いる「ダイン」と似た単位を人間の作業量を量るために導入した。ベドーはこの単位を〝B〟と呼び、それに次のような定義を与えている。「一単位の〝B〟は作業時間の一分に休憩の一分を加算したものだが、両者の比率は緊張の程度によって変わってくる」(112)。〝B〟は賃金体系の基礎を形成するが、異常なまでの厳しさで労働を搾取するのに使えるものであったため、科学的管理法で使われた他のどんな測定法よりも、労働者の間に敵意を惹き起こした。

ここでは研究の目的が以前とは違ったものになっていた。テーラーとその後継者の場合、重点は作業を分析し、それを組織化することにあった。運動の視覚化を通じて作業過程を理解しようとするギルブレスの研究では、人間的な要素が中心になっていた。たとえば、無駄な時間を除去するとか、疲労の軽減とか、精神障害者の訓練などがその目的だった。しかし、ベドーの場合には、関心は専ら「労働の測定」と賃金尺度にあった。それは、企業の極く初期の考え方を象徴していたものである。彼にかけられたスパイの容疑と第二次世界大戦中の不名誉な死に方は、ベドーがとった方法に残酷なほど物質主義的な色彩を与えた。

二十世紀におけるアッセンブリーライン

一九一三―一四年

この時期、ヘンリー・フォードはアッセンブリーラインの完成に輝やかしい成功をおさめた。すでに、テーラーの死んだ一九一五年には、アッセンブリーラインはフォードのハイランドパーク工場で全面的に稼動していた。フォードとテーラーの方法には互いに重複した部分がある。ヘンリー・フォードはテーラーについては述べていない。フォードは独学の人で、何もかも自分でやる人だった。テーラーが何十年もの辛苦のあげく達成した成果は、すでに共有財産になっていた。彼が非常に有効だと考えた作業指示カードをフォードは無視し、代わってコンベアベルト、移動式作業台、高架式レール、材料運搬車などを採用した。これらの設備は、テーラーのカードよりも能率の高い自動的な作業指示装置であり、動作分析の必要はほとんどなくなってしまった。なぜなら、アッセンブリーラインでは、管理する余地はほとんどなくなっているからである。しかし、作業時間を一秒の何分の一まで測定するテーラーのストップ・ウォッチ方式は、アッセンブリーラインの登場後も生き残った。

フォードが登場する三十年以上も前、アッセンブリーラインがシンシナティに次いでシカゴに導入されたとき、それを契機に、手による作業、たとえば食肉加工作業の機械化の動きが持ち上がった。この時期にアッセンブリーラインのベルトの適切な速度とか、それに対する作業員の対応の仕方について多くの経験が蓄積された。一九〇〇年にはすでにコンベアシステムは百貨店においてでさえ使われていたが、連続的な作業の流れが実現するところまでには至っていなかった。

一九〇〇年以後、機械工業は創造的な意欲を損うほど、型にはまったものになってしまった。経験は取り返しがつかないほどかたくなに公式化されてしまった観がある。この時期、専門家たちはアナロジーをもてあそび、彼らが日頃やっていること以上のことはあり得ないといった口振りだった。この点について、ヘンリー・フォード自身ほどユーモラスに表現した人もいない(113)。このような時代には、問題はすべて解決されてしまい、未踏の分野はすでに存在しないかのように感じられる。そこには最早、かつて一八三〇年代、J・G・ボードマーが、機械と、その機械を製作する道具を、最初から最後まで一貫した形で発明し製作した時代に感じられた、朝のような爽やかさは残っていなかった。新しい衝動というものは、新しい製品、零から出発してつくられた製品を唯一の源泉として湧き出るものらしい。一九〇〇年頃の自動車こそ、その好例である。

ヘンリー・フォードの功績は、特権的な製品として取り扱われてきた乗物に、初めて民主主義の可能性を認識した点にある。自動車といった複雑な機械を、贅沢品から誰もが使えるものにし、価格を庶民にも買える範囲に抑えるという考えは、当時のヨーロッパでは思いも及ばぬことであったろう。

自動車は大量生産品として製作可能であるという信念と、その確信を土台とした自動車生産の完全な革命は、歴史におけるヘンリー・フォードの名を不動のものとした。

食肉産業における大量生産と同様、自動車という新しい交通手段の大量生産も、アッセンブリーラインの発展を刺激した。アッセンブリーラインはそこを発端としてかたくなにルーティン化した機械製作工場へと広がっていった。

「フォード工場での組立て方法は、合格した部品を高架式レールの上にのせ、一団の労働者の前を次々と移動させるというものであり、労働者はその傍にやってきた部品をもって一層大きな部品を組み立てていく。このプロセスは組立て作業が完了するまで続く」(114)。この作業が一九一三年から一四年にかけて、デトロイトのハイランドパーク工場で行なわれたときの様子はどうであったか、また、一九一三年四月の「磁石発電機のはずみ車を組み立てるアッセンブリーラインの最初の実験」(115)、またエンジンの組立てが八四の異なる作業に分解され、同時に作業時間が三分の一に短縮された様子はどうであったか、さらにまた、どのようにして最初シャシーはロープと滑車を使ってレールの上に置かれたのか、こうしたことについては、フォード自身の著書や、早くも一九一五年に印刷された詳しい説明書に書かれている(116)。

自動車は庶民の乗物になるべきだというのがフォードの信念だった。その信念を実現するにあたって、彼は当時すでにあった手段と工夫を活用した。彼はそれらを建築の部材のように用いるとともに、新しい意味をそれに与え、可能なかぎり単純化して使った。アッセンブリーラインはテーラーの動作研究や、彼の後継者による疲労に関する一層混み入った研究にとって代わった。部品の互換性は農業機械の分野で一八六〇年代、すでに刈取機に適用されていたが、フォードの手で新しい意味を獲得した。彼はその方法が自動車にとって有効である点を強調し、次のように言っている。「今日の機械類、特に機械工場から遠く離れた一般の人の生活の中で用いられる機械は、技術に心得のない人でも修繕できるように、部品には互換性がなければならない」(117)。

フォードは、できるだけ作業時間を切り詰め賃金を上げるという、当時としては突飛なテーラーの考え方にならった。ここでも、職工長の役割はまだ生きていた。ところが、テーラーは石炭をシャベルですくう実験をした際、ベツレヘム製鋼所の庭で労働者を前にして次のように言っている。「ピーター君、マイク君、君たちは仕事がよくわかった第一級の労働者だ。君たちには二倍の給料を払ってもいい」(118)。ここには、依然として工場という枠の中で生産を引き上げるというテーラーの考え方が示されている。フォードはテーラーよりもさらに先へ進み、「低賃金は購売能力を下げ、国内市場を狭めるものだ」(119)と考えた。彼は生産と販売とは表裏一体をなすものだと考えていた。そして一九三〇年代のあの販売促進運動が始まる大分以前に、自動車販売の世界的機構を発展させた。売込みの方法は、アッセンブリーラインのテンポと同様、綿密に計算されていた。

しかし一方では次のような問いが生じてくる。一体、自動車は人びとの生活習慣をどのように変えたか、どの程度それは人びとの生活を刺激、あるいは破壊したか。一体どの程度まで生産の増大をはかるべきか。あるいはどの程度まで抑えるべきであろうか。

一つの現象として見た場合、ヘンリー・フォードは、一八三〇年と一八六〇年当時の独立自尊の開拓者精神を、新たに体現している。複雑な銀行および信用制度の時代、株式取引によって支配され、また、何をするにも弁護士が必要とされる時代。そのような時代にヘンリー・フォードは、そのどれをも信頼せず、銀行に頼らないで事業をした。

名もない小企業が巨大な企業に発展する時代に、彼はその生産機構に家父長的な権力をふるった。その様子は、中世の渡り職人を支配する親方のようであった。どんな場合にも、誰の援助にも頼らず、その手には森林、鉱山、溶鋼炉、ゴムのプランテーションやその他の原料を、しっかり握っていた。

しかし、大都市も成長し過ぎると次第にコントロールがきかなくなるように、産業が集中し巨大な規模にまで発展すると、家父長の支配下からすりぬけてしまう。

フォードは、オリバー・エバンズとは違って、当時の人びとに理解されない考えを広めるのに、一生を費す必要はなかった。たしかに彼も、エバンズと同じように不屈のバイタリティの持ち主だった。しかし彼は、機械主義的な発展の最初ではなく、その終りの部分で登場したという意味で恵まれていた。成功は天才とかバイタリティだけから生まれるものではなく、同時代の人びとがそれまでの事態の進展を通じて、どの程度それに対して用意ができているかにもかかっているからである。

ヘンリー・フォードが考えたアッセンブリーラインも、さまざまな意味で、それまでの長い発展の結晶であった。

自動アッセンブリーライン、一九二〇年頃

十八世紀末にオリバー・エバンズは連続的な生産ラインを一挙に成し遂げた。それは、人間はただ番人の役割を果たしさえすればよい自動化した工場だった。

一世紀半以上を経て、歴史は再び繰り返されることになった。人間はただ番人でありさえすればいいというような、連続的な生産ラインの建設を目標とする時点がめぐってきたのである。しかし今度は、小麦の自動製粉とは大分様子を異にしていた。何百ものさまざまな作業過程を含んだ複雑な機械を製作することが、その場合の問題だった。

食肉の生産工場を起点とし自動車産業を経てさらに拡大した型のアッセンブリーラインは、実は、工業の過渡的な現象であることがま

62 完全自動のアッセンブリーライン：フレーム組立てにおける鋲打ち工程。全面的機械化の時代においては，アッセンブリーラインは各部分が互いに噛み合って動く1個の自動装置になる。工場全体のメカニズムが，1秒の何分の1の狂いもない精密時計のごとく機能しなくてはならない。生産に人の手が介在する必要がなくなったとき，オリバー・エバンズを起点とする長い発展はその頂点に達した。人間は無限に同じ動作を繰り返す労苦から解放され，ただ立って監視していればよくなった。（提供：A. O. スミス社，ウィスコンシン州，ミルウォーキー）

すますはっきりしてきた。そこでは、機械に任せることのできない仕事は、依然として、人間がしなくてはならないからである。こういった型の機械的な仕事は将来、われわれの野蛮主義を示す証拠だと言われることだろう。

　自動アッセンブリーラインという新しい段階への動きも、やはり、その出発点を自動車産業にもっていた。その理由は簡単である。つまり工業は初めて、非常に複雑な機械を一〇〇万という単位で製作する問題に直面したからである。そこで新しい尺度が導入された。

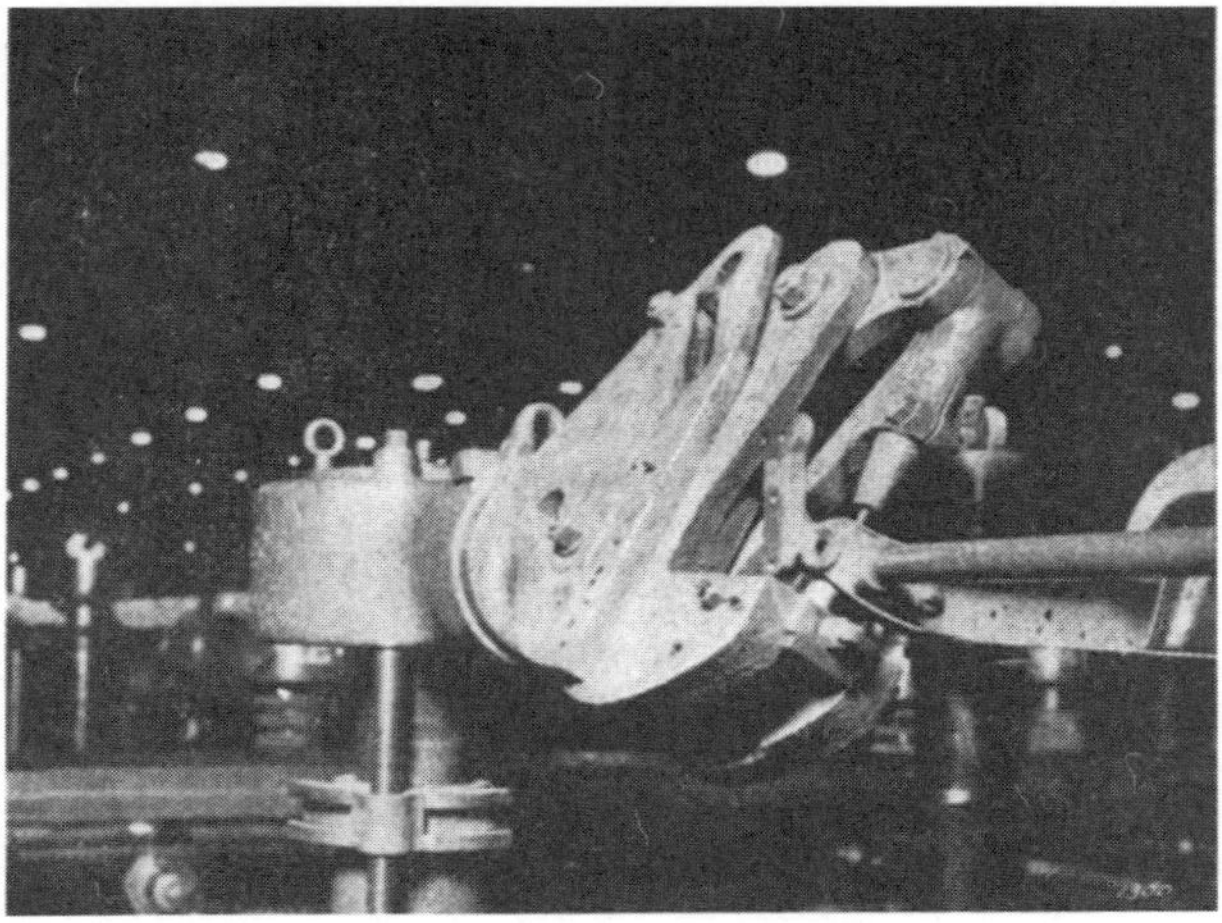

63　完全自動のアッセンブリーライン：鋲打ち機械の頭部。何台もの自動鋲打機が，怪鳥の頭のような形をした巨大なジョーにより，１回の動作で鋲を打ち込む。これはアッセンブリー作業の最後の段階で，それ以前に552の自動工程が完了している。（提供：A. O. スミス社，ウィスコンシン州，ミルウォーキー）

　フォードのアッセンブリーラインが動き始めた後、ミルウォーキーの企業家L・R・スミスは、「自動車のフレームを人手を使わないで作れないものか」という疑問を投げかけた（一九一六年）。

「その答えは、技術者の潜在意識に存在していた。われわれは自動車のフレームの自動生産にとりかかった。しかし別に自動車産業にとって直ぐに必要だからというわけではない。それを遥かに超えた次元のことなのだ」[120]。

　そこで、いつまでも無視できない疑問が、自動車産業の外部からではなく、内部から持ち上がってきた。「労働者が同じことを日夜繰り返しやっているのを見ると、自動車のフレームの製作を一〇〇％機械化したくなるのは当然ではないだろうか」[121]という疑問がそれである。

　自動車産業全体で一年に僅かに一五〇万台しか生産していなかった時代に、一つの工場で年に一〇〇万台以上の生産を思いつき、五年以内にそれを実現させたのは、このような先見の明ある楽観主義だった。スミスはまた次のようなことを書いている。「でき上がったフレームはコンベアを離れ、塗装の前にブラッシングされ洗浄されて、一〇秒ごとに生産ラインを離れていく。製鉄所から鉄板を受け取り、鍍金をした自動車のフレームを倉庫に収めるまでに九〇分を要する」[122]。

　ここで、科学的管理法の動作分析に関する側面は、新しい生産手段にとって代わられている。五〇〇人の技術者が一つの工場を無人工場に変貌させ、より早くそしてより安く、しかも、より多くの利潤を生み出し、同時に人間を機械的な運動から解放している。

この自動化したアッセンブリーラインの最初に位置しているのは「検査装置」である。それは「製鉄所から受け取った磨き帯鋼を真っ直ぐにして一つ一つチェックする」[123]。鋼板は加工され、さまざまのコンベアシステムにのって工場内を絶え間なく往き来する。最初、小さい方のアッセンブリーラインで棒鋼は切断され、穴をあけられ、形を与えられるが、こうした作業はしばしば並行して行なわれる。第二のグループの機械がさまざまの部品を組み合わせ、最後に、大きなアッセンブリーラインで部品は結合される(図六二)。「自動鋲打ち機の頭部が弧を描いて所定の位置につき、鋲が穴に打ち込まれる。この作業は空気圧で行なわれる」[124]。鋲は怪鳥の頭のような巨大なジョーをもった自動鋲打ち機（図六三）に装塡されている。この鋲打ちの後に洗浄と塗装作業が続く。

プレス、鋲打ち機、コンベアといった機械が新しく発明され、製作され、そして、統合される様子には、一八三〇年当時のヨハン・ジョージ・ボードマー的な精神が生き続けている。しかもここでは、一台の機械だけが自動化されているのではなく、きわめて正確な時間表が何台もの機械の自動的な共同作業を指導している。そうした機械類は、原子や太陽系と同じように、別々の単位で構成されていながら互いに緊密な関係を保ち、固有の法則に従って動いている。

アッセンブリーラインの人間的側面

最近のことについて歴史的な展望を試みるのは容易なことではない。人間による作業の研究といった、微妙で多面的な現象の場合はなおさらである。

アッセンブリーラインと科学的管理法は、本質的に、合理化のための方策である。この傾向の始まりはかなり昔に遡れるが、高度に発展し圧倒的な影響をふるい始めたのは、二十世紀に入ってからである。一九一〇年代（その中心人物はフレデリック・テーラーである）に最大の関心をよんだのは、科学的管理法であった。それに対しては、企業は関心を向け、労働者は反対を叫び、世論は沸騰し、議会ではそれに関する公聴会が開かれた[125]。科学的管理法が一層精度を増し、実験心理学と結合したのもこの時期である（フランク・B・ギルブレスがその代表的人物）。

ヘンリー・フォードの活躍を中心とした一九二〇年代には、アッセンブリーラインがあらゆる産業分野で中心的な地位にのぼり、その影響の輪を広げていった。全面的機械化の時代には、生産技師が多岐にわたった製造分野で勢力をふるい、アッセンブリーラインを導入できそうなあらゆる可能性を探した。アッセンブリーラインについては、より包括的な像を描いてみる価値がある。なぜならそれは、二度の大戦に挟まれた時期の象徴と言ってもよいからである。

機械化が人間におよぼす衝撃的な影響を知るには、それが人間のまさに本質とかかわる面を強調しなくてはならない。アッセンブリーラインや科学的管理法を生み出した衝動と、それに対する人間の反応は、はっきり分けて見ていく必要がある。機械化は、どんな犠牲を払っても生産のスピードをあげるという、当時の差し迫った必要を基盤として発展した。しかしそれに対する評価は、憤懣やるかた

64　完全自動のアッセンブリーライン：山積みになった自動車のフレーム。8秒毎に1台，1日に1万台のフレームが生産される。「われわれは，かつて誰もがやれなかったことを成し遂げた」と，このメーカーは言っている。（提供：A. O. スミス社，ウィスコンシン州，ミルウォーキー）

65　シカゴの食肉加工工場に吊された豚。（提供：カウフマンとファブリ）

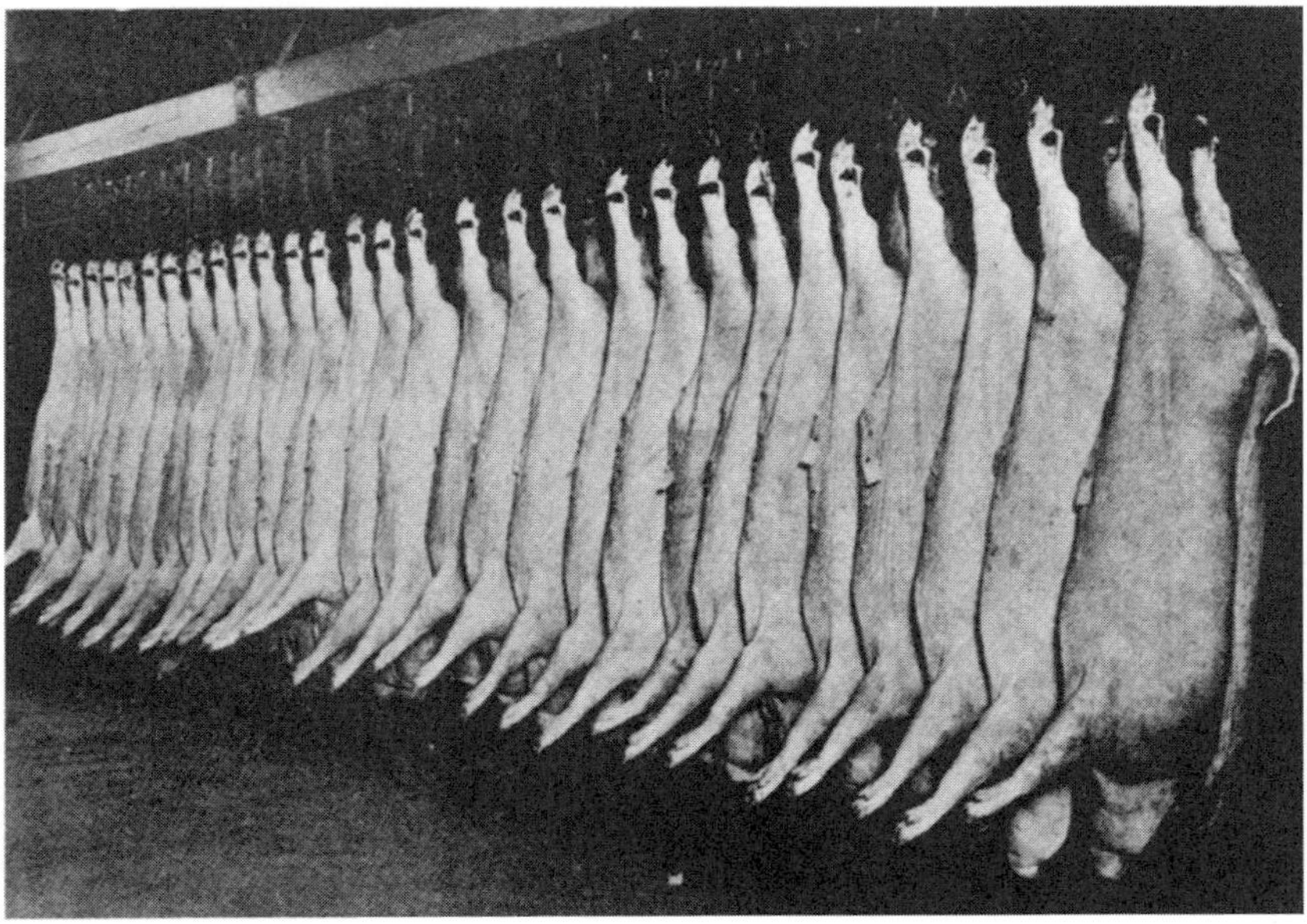

66　アッセンブリーラインに組み込まれた人間。「モダン・タイムス」の中のチャールズ・チャプリン，1936年。「機械の部品にされた個人主義者は発狂し、工場全体を大混乱におとし入れた」。（提供：ユナイテッド・アーティスト社）

ない労働者と機械化の熱烈な推進者の間で大きく二つに分かれた。

テーラーは「争議は長かったが、今では労働者と雇用者は互いに仲間だと思っている」と、一九一二年に言っているが[126]、労働者のほうは「残酷な性格を買われてなったような職工長に、非人間的なペースで仕事をさせられている」と不満を述べている[127]。また科学的管理法の代弁者は、「職工長はスピード第一主義だと言われるが、労働者をせきたてているのでは決してない。むしろ、彼こそ労働者の下僕だといっていい……正しい作業スピードとは、彼らが毎日働くことができ、しかも絶えず健康を高められるようなスピードのことである」[128]と言う。これに対して労働者のほうは、「気分の転換がはかれる余暇も機会もありはしない……昼食時に十五分か二十分休めるだけで、交替がいなければ便所にさえ行けない」[129]と不満をもらす。

こうした意見は、工場でたまたま耳にしたものだが、労働組合も科学的管理法を目の敵にしていた。労働組合組織がアメリカに浸透したのは遅い。たとえば、テーラーが有名な石炭をシャベルですくう作業と高速度鋼に関する実験をしたベツレヘム製鋼所では、「十年後（一九一〇年）も、労働組合のメンバーは一人もいなかった」[130]。労働組合は「経営者側への忠誠を増大させると」[131]戦術上不利だと考えた。なかでも、科学的管理法を収奪の新しい形態とみなした。

その後、労働組合の戦術に変化が起こり、運動方針が書き替えられた。「労働者側は、今の世の中では製品が必要とされ、生産が増大して始めて生活水準の向上は可能になることを充分に認めているし、そのためには、よりよい生産方法の工夫が必要なこともよく承

67　料理のライン生産：冷凍食品工場，ニューヨーク州のクイーンズビレッジ。「台所は不要……アッセンブリーラインのコンベアベルトがステーキ，チョップ，野菜など，調理に要する時間がそれぞれ違う食物を正確なスピードでオーブンの中に送り込む」。3種類の調理済みの料理が手袋をはめた作業員によってボール箱に詰められ，計量され，袋に入れられ，そして冷凍庫に送られる。（提供：『ニューヨーク・サン』1945年6月25日，写真：マクソン・フッド・システムズ社，ニューヨーク）

知している」(132)。

見落としてならないのは、階級闘争に関係した側面である。しかし、機械化された世界が有機体としての人間とその感情に及ぼす衝撃的な影響を述べることが本書のテーマであり、この問題をここで取り扱うことはできない。

シカゴの食肉生産工場では、頭を下にして吊された豚が、コンベアシステムの傍に立った体格のいい女性の前を、間断なく動いていた。彼女のやることは、検査を受けた豚肉にゴムのスタンプを押すことだった。彼女は大変なスピードでスタンプを押し続けた。

このようなことが人間の仕事であるとすれば、どこかが基本的に間違っている。外側からその作業の様子を見ている人は、奇妙な感情にとらわれる。あたかも、人間が、明けても暮れても、毎日八時間、何千万もの豚の死体に四個所スタンプを押すように訓練された動物のように見えてくるのである。

一九二二年、ヘンリー・フォードは、特に単調な仕事をしなければならなかった一人の労働者について書いている(133)。それは、手を一定の仕方で動かすだけの作業だった。彼は自分で志願して別の仕事に移ったが、二、三週間たってまた元の仕事に返りたいと申し出たという。フォードはそこで、スラム街の居住者の移住と取り組む都市問題の専門家には周知の現象に思いあたった。それは、どんなに原始的で不衛生であっても、昔から住みなれたスラムを去って新しい場所に引越すのを断わる人が必ず何人かはいるということである。

68　アッセンブリーラインにのった鶏。1944年。機械類のライン生産が達成された次には，全面的機械化は鶏のような非常にデリケートな素材に適用された。（提供：ベレニス・アボット）

シンシナティの食肉生産工場で、初めて登場した近代的なアッセンブリーラインや、人間を自動的なプロセスの一部として取り扱った科学的管理法上の幾つかの手段は、おそらく、機械が機械として不完全な状態にあるときだけに見られる、過渡期の現象に違いない。

機械化のこうした点に対する人間の側からの反応を、芸術的なシンボルとして表現したものに、チャールズ・チャプリンの「モダン・タイムス」(134)(図六六)がある。この映画が一九三六年二月、最初にニューヨークで上映された時、ある保守的な雑誌は、「チャプリンの政治的見解がどうであるか私は知らないし、また関心もないが、このような見方には賛成できない」(135)と批評した。この映画の決定的な問題点は、機械への隷属に対する反逆にある。

その映画は、一日八時間、一年中同じ動作を繰り返さなくてはならない男の物語である。彼にはすべての物が、ペンチで回したくなるナットに見えてくる。高速度で動くコンベアベルトの単調さとその強迫的な性格が、彼の精神のバランスを破壊する。「機械に変えられたこの個人主義は精神のバランスを失い、工場全体を精神科病院に変えようとするが、もともとそこは常軌を逸した場所だった」(136)。彼が危険なネジをゆるめると、アッセンブリーラインは壊れたように動き出す。職工長の鼻も、オフィスガールのボタンも、太った女の胸も、何もかも、彼にはナットに見えてきて締めたくなる。グロテスクなほど誇張されているが、ここには問題の人間的核心が明らかにされている。一体、この機械的動作の繰返し、ネジを締めつけるという反射運動は何を意味しているのだろうか。結局それは、工場から吐き出される、歩き方までロボットのような労働者の毎日やっていることではないか。

チャプリンの自動食事機械に象徴されているのは、飽くことを知らない機械化への熱中ぶりである。それは、労働者が手を使わないで食事がとれる装置で、時間の無駄をなくすことがその目的である。この装置を使うと、彼は昼食時も作業を休まないで、アッセンブリーラインに立ち会える。

何もかもグロテスクなくらいに誇張されているが、この作品はシェイクスピアの喜劇にあるような深い真理の閃きをもっている。たしかに、このような自動食事機械は複雑すぎるので、経営者によって拒否された。しかし、次第に現実の生活のほうが、ここに象徴されている工場的テンポの食事の仕方に近づいているではないか。現に、食事のカウンターでは、無限ベルトがホットプレートを台所からお客のところまで運んでいるし、ドラッグストアでも、ディスカウントストアのカウンターでも、食事用のカウンターは山道のように曲がりくねって、たくさんの人にできるだけ早く食事をとらせるように工夫されているではないか。

アッセンブリーラインと科学的管理法は、相反する経済体制のどちらにも適用可能である。機械化全体についてそうであるが、アッセンブリーラインも科学的管理法も、一定の経済体制と一方的に結びつけて考える必要はない。どちらも、労働という、人間にとって基本的な問題と深くかかわっている。それらに対する歴史的評価は、人間がどの程度までオートメーションの一部になるかという予想にかかっている。

この二つの方法が生まれる以前、一八三〇年代のニューイングランドの偉大な牧師ウィリアム・エラリー・チャニングは、アッセンブリーラインと、人間を純粋に機械のように使う問題について、はっきり次のように述べている。「人間は機械ではない。人間が外部の力によって動かされて、同じ動作を繰り返し、決められた量の作業をさせられて最後に身も心も粉々になって死んでよかろうはずはない」(137)と。

原　注

1　この新しい形態と新しい生産方法との合致は、一八三〇年代以降に確立される。ここで示す唯一の例は、一八三四年に発明された大鎌の刃（図七三）である。

2　*American Manufacturer and Builder*, New York, Jan. 1869.

3　The Walter A. Wood Mowing and Reaping Machine Company, Hoosick Falls, New York, *Circular for the Year* 1867, Albany, 1867.

4　これをナンシーで完成させたのはジャン・ラムール（Jean Lamour, 1698—1771）だった。彼はこれで、バロック末期の最も華麗な三つの広場の装飾を手がけたことになる。その一つ、スタニスラス広場（Place Stanislas, 1751—55）で、彼は広場の入口に繊細な鉄格子の扉を取り付けた。Lamour, *Recueil des ouvrages de serrurerie sur la Place Royale de Nancy*, Paris, 1767 を参照。

5　錠前製作の名人、ルイ・フォルドラン（Louis Fordrin）の著書、*Nouveau livre de serrurerie*, Paris, 1723 を参照。この本はA・ド・シャンポー（A. de Champeaux）によって原本通り忠実に複写された（パリ、一八九一年）。特に興味あるのは図版一九、二三、二七で、見事な教会の格子がその特徴ある部分とともに描き出されている。

6　Henry R. Towne, *Locks and Builders Hardware, a Hand Book for Architects*, New York, 1904, p.39.

7　「ピン・タンブラー方式のシリンダー・ロック」はライナス・エールの錠の専門名で、専門家以外にこう呼ぶ人はいない。

8　一八三〇年代ですら、このフランス製の金庫は古代の蓋で閉める方式のチェストと大した違いはなかった。こうした金庫の幾つかの例が、*Musée industriel, description complète de l'exposition des produits de l'industrie française en* 1834, Paris, 1838 に掲載されている。

9　*One Hundred Years of Progress*, Hartford, 1871, p.396.

10　*Herring's Fireproof Safe*, New York, 1854, p.36. この本には、書籍・書類等の保管に関する面白くかつ重要な情報が収められている。

11　S. Giedion, *Space, Time and Architecture*, Cambridge, 1941, pp. 460ff（S・ギーディオン著、太田実訳『空間 時間 建築』丸善、昭和四十四年、同書八二五—二六頁）。

12　このバロン・ロック（Barron lock, 1778）は近代的な銀行錠の前身である。

13　*Report of the National Mechanics Institute of Lower Austria on Newell's Parautoptic Combination Lock*, Awarding the Institute's Diploma and Gold Medal, New York, 1848. デイニューウェル社のパロートプティック錠が初めて製造されたのは一八三六年である。

14　同報告書八、一八頁。

15　ライナス・エール・ジュニア（Linus Yale, Jr.）、『錠および錠をこじあけることに関して——ライナス・エール・ジュニアの発明による完全無欠な銀行錠に見出される盗難防止の原則』（フィラデルフィア、一八五六年）。

16　同右一六頁。

17　同右。

18　彼の生涯を扱った研究はこれまで一度も刊行されていない。*Encyclopedia Americana*, vol. XXIX (1940 edition) にある彼に関する記述は不正確であるし、また彼の優れた発明については一言も触れられていない。

19 エール家は十七世紀にコネティカットにやってきた。エール大学がその名称をとったイライヒュー・エール（Elihu Yale）は、ライナス・エールの祖先の兄弟にあたる。

20 ライナス・エール・ジュニアの名はフィラデルフィアの人名録に一八五六年から六一年にかけて掲載されている。その最初の年には「ライナス・エール・ジュニア―金庫」として載っていた。ところが一八五七年と五八年には「ライナス・エール・ジュニア社―金庫と錠」と変わっている。一八五六年から五九年にかけて彼はマイルズタウン（Milestown）に住み、彼の工場はチェストナット通りとウォールナット通りの近辺でたびたび所在地を変えている。最後の三年間、すなわち一八五九年から六一年にかけて、勤務先の住所はノース・フロント通り二四八、自宅はノース十五番通り一四二となっている。なお、この情報は、フィラデルフィアのフランクリン研究所の図書委員ウォルター・A・R・パータッチ氏から提供してもらった。

21 Linus Yale, Jr. *Dissertation on Locks and Lock Picking*, Philadelphia, 1856 で言及されていることからもわかるように、この錠は当時すでに広く用いられていた。一八五三年七月十二日に特許九八五〇として認可されている。

22 エドウィン・T・フリードリー（Edwin T. Freedley）はその著、*Philadelphia and Its Manufactures*, 1859, p.332 で「エール社」の革命的な銀行錠を賞讃し、近代の最も著名な錠であると述べている。

23 特許四八四七五、一八六五年六月二十七日の説明の一部。

24 The Yale and Towne Manufacturing Company, Catalogue 12, 1889.

25 同右。

26 「郵便ポストの錠の改善」、特許一二〇一七七、一八七一年十月二十四日。

27 ライナス・エール（父）（Linus Yale, Sr.）による特許説明書の一部、特許三六三〇、一八四四年六月十三日。

28 同右。

29 Pitt―Rivers, 前掲書二五頁。

30 たとえば、Charles Tomlinson, *Rudimentary Treatise on the Construction of Locks*, London, 1853, p.83 と比較せよ。その個所で著者は「四十年前に合衆国で発明されたスタンベリーの錠（*Stanbury's lock*）」について触れている。

31 ライナス・エール（父）の特許状、一八四四年。

32 同右。

33 この情報は、メトロポリタン美術館（ニューヨーク）のエジプト芸術部部長アンブローズ・ランシング氏の好意で得た。

34 Herbert E. Winlock and Walter E. Crum, *The Monastery of Epiphanius at Thebes*, New York, 1926, Part I, p.57.

35 Daremberg and Saglio, *Dictionnaire des Antiquités grecques et romaines* の 'Sera' の項と比較せよ。

36 Felix von Luschan, 'Ueber Schloesser mit Fallriegel,' *Zeitschrift fuer Ethnologie*, Berlin, 1916, 48 Jahrgang, p.423.

37 Hermann Diehls, *Antike Technik*, Berlin, 1914. 同書 'Ancient Doors and Locks,' p.34ff には、花瓶の絵模様と浮彫りのほかに、ホメロス錠、あるいはここで言っている「ボルトを突くもの」（bolt-rammer）の仕組みが忠実に再現されている。

38 *Odyssey*, XXI, Butcher and Lang transl.

39 Diehls, 前掲書四〇頁。この本には鍵骨とテンプル・キイが並べて描かれている。有名なアルテミスの聖所（紀元前五世紀）にあったそのような鍵が最近発掘されている。

40 同書四六頁。

41 同書。「バラノイ」(Ballanoi)あるいは「どんぐり」、「バラノス」(Ballanos)という言葉はアリストファネスの時代に一般に使われていた。Joseph Fink, *Der Verschluss bei den Griechen und Roemern*, Regensburg, 1890, p.28 を参照。

42 どんぐり形のタンブラーをもったポンペイ時代の南京錠は現在も保存されている。Daremberg and Saglio, 前掲書一二四七頁にその図が載っている。

43 Fink, 前掲書二二一—二三一頁に、このラコニア錠に関する説明が載っている。

44 Daremberg and Saglio, 前掲書一二四四頁、'Sera' の項とその図版を参照。

45 ギリシャの島で近年発見された錠の起源はそれ以上に曖昧である。そのほとんどは木製のタンブラー錠に属し、世界的な広がりをみせた錠の一部である。R. M. Dawkins, 'Notes from Karpathos' *Annals of the British School of Athens*, IX, p.190ff を参照。この論文の中でドーキンスは、ギリシャの島々では二つの鍵をもった合成型も発見されたと言っている（同書一九五頁）。そのうち一方の鍵はボルトを突くためのものである。この錠は「ホメロス錠の後裔」である。

46 Luschan, 前掲書四〇九頁。著者の結論には必ずしも賛成できないが、その説明には納得させられるものがある。

47 Luschan, 同右四三〇頁。

48 L. Jacobi, *Das Roemerkastell Saalburg*, Homburg v.d. Hoehe, 1897, p.462ff. しかしここでも確実なことはわかっていない。すなわち、ドイツのザールブルク砦の鍵——ブロンズ製の扁平な鍵で、多分、木製の鍵をまねて作ったものだろう——はアウグストゥスの時代に端を発したものか、それとも三世紀末に初めて工夫されたものなのか、はっきりしていない。ローマ人自身は巧みに製作された回転式のドア・ロックを好んだだけに、その鍵を彼らがどこから入手したかは未解決のままである。

49 Luschan, 前掲書四三〇頁。

50 「アッセンブリーライン」という語が初めて使われたのは比較的最近である。『オックスフォード英語辞典』（一九三三年）の補遺で、アメリカの資料（一八九七年）を基にして「アッセンブリー」とは「機械あるいはその部品を組み立てる行為あるいは方法である」と定義されている。しかしここでも「アッセンブリーライン」としては載っていない。ただ、「アッセンブリー・ルーム」として、「工場の中で、部品を組み立てて物をつくる部屋」と定義されている。

51 *Wartime Technological Developments*, U.S. Senate, subcommittee monograph No.2, May 1945, p.348 でこのように定義されている。

52 アリベート(Aribert)の特許。

53 オリバー・エバンズの生涯とその仕事についての詳細は、充分な資料を基にして書かれた、Greville and Dorothy Bathe, *Oliver Evans*, Philadelphia, 1935 に出ている。

54 Coleman Sellers, Jr., 'Oliver Evans and His Inventions,' *The Journal of the Franklin Institute*, Philadelphia, vol. XCII (1886), p.4.

55 *Young Steam Engineer's Guide*, Philadelphia, 1804 の中で彼は蒸気機関小史を綴っているが、そこで自分をウスター侯と比較し、あわせて上記の文を書いている。

56 Coleman Sellers, Jr., 前掲書。

57 同書。

58 *The Young Millwright and Miller's Guide*, Philadelphia, 1795 には付録として、同僚のエリンコットによる事業経営に関する一文が添えられている。この本は仏訳され、一八六〇年までに一五版を重ねた。また、グレヴィル・ベイズ(Greville Bathe)による厳密な注解が施されている。この本は半世紀以上にもわたって基本文献として使用された。

59 同書一八九—九〇頁。

60 同書九一頁。

61 ピーター・ブリューゲル (Pieter Brueghel) の絵を検討して最近わかったことだが、「オランダでは、一五六一年、運河の浚渫に瓶をつないだものが使われた」。この一文は、Zimmer, 'Early History of Conveying Machines', *Transactions of the Newcomen Society* (London, 1924—25), vol. 4, p.31. に出ている。

62 Agostino Ramelli, *Le Diverse et Artificiose Machine Del Capitano Agostino Ramelli*, Paris, 1588.

63 ここで言っているのは、都市の港湾建設用に彼が発明した「水陸両用の浚渫機」(一八〇四年、G. Bathe, 前掲書一〇八頁) や高圧蒸気機関のことではなく、半世紀にわたり「有効性を保った製氷法の工夫に彼が示した驚くべき精密さである」。本書五七一—二頁をみよ。

64 *The Book of Trades, or Library of the Useful Arts*, London, 1804, p.107—08. この資料の最初のアメリカ版は、一八〇七年、フィラデルフィアで刊行された。

65 Peter Barlow, *Manufactures and Machinery in Britain*, London, 1836.

66 同書八〇一頁。

67 同書八〇四頁。

68 Harriet Martineau, *Retrospect of Western Travels*, New York, 1838, vol. 2, p. 45. R. A. Clemen, *The American Livestock and Meat Industry*, New York, 1923 にも引用されている。

69 R. A. Clemen, *The American Livestock and Meat Industry*, New York, 1923.

70 同書一二一頁。

71 現代におけるヨハン・ジョージ・ボードマー(Johann Georg Bodmer)の再発見は、J・W・ロー(Roe)の功績である。彼はその著 *English and American Toolbuilders*, New Haven, 1916, p.75—80 でボードマーに、彼にふさわしい位置を与えている。ローはその論文を『土木技師会議事録』(*Minutes of the Institution of Civil Engineers*, London, 1868, XXVIII, 573ff)を基にして書いている。『議事録』は、ボードマーの死の直後に、彼に関する詳しい伝記を掲載するとともに、その末尾に八頁にわたって彼の特許リストを付している。

72 英国特許八〇七〇、一八三九年—英国特許八九一二、一八四一年。

73 英国特許八〇七〇、一八三九年、二頁。

74 この点は、当時書かれた、土木技師会によるボードマーの伝記に最も良く描写されている。前掲書五八八頁。

75 土木技師会によるボードマーの伝記、前掲書五七九頁。

76 同書五八一頁。
77 **J.W. Roe**, 前掲書。
78 英国特許六六一七、一八三四年。
79 土木技師会、前掲書五八四頁。
80 同書。
81 英国特許九八九九、一八四三年。これに関する特許説明書は一七頁にも及んでいる。
82 「ロンドン－バーミンガム間に鉄道が計画されたのはこの頃（一八三四年）である。ディレクターの一人がボードマー氏を招き、最も優れた客車の構造について彼の意見を求めたところ、ボードマー氏は一つの提案をしたが、それは後に、アメリカ、ドイツの一部、スイスで採用された。その客車の特徴は、通路が中央に走り、車掌が列車の端から端まで自由かつ安全に往き来できるという点にあった」。土木技師会、前掲書五八五頁。
83 アッセンブリーラインにはこの場合のように解体過程を扱う場合と、自動車工業のような組立過程を扱う場合とがある。しかしその違いは重要ではなく、問題は、両者に共通する大量生産の方法である。
84 本書二〇八－二一〇頁を参照。
85 ***Harper's Magazine***, 6 Sept. 1873, p.778.
86 T・モリソン(Morrison)、豚の目方を量る機械、合衆国特許九二〇八三、一八六九年六月二十九日。
87 同右。
88 ***The Scientific American***, New York, vol. IX, Pt.1, 15 Oct. 1853.
89 ***Iron Age***, New York, vol. 96, p.1029.
90 Frank Barkley Copley, ***Frederick W. Taylor, Father of Scientific Management***, New York, 1923, vol. 2, p. 84.「赤熱かたさ」という言葉は、F. W. Taylor, ***The Art of Cutting Metal***, New York, 1906, p.223 にある。
91 テーラーの主著、***Shop Management***, 1903 と *The Principles of Scientific Management*, 1911 を比較せよ。
92 F. B. Copley, 前掲書第二巻二二三頁。
93 F.W.Taylor, ***The Principles of Scientific Management***, New York, 1911, p.8.
94 フロイトは、テーラーが初めてアメリカの技術者を前にして講演した年（一八九五年）に、ヒステリアに関する研究書を刊行している。
95 Hugo Muensterberg, ***Psychology and Industrial Efficiency***, Boston, 1913. この本は、鉄道と電話サービスの改善に関する実験、緊急事態に対処し得ない海上勤務の士官についての調査が行なわれているという点でも重要である。また、それ以後長足の進歩を遂げた、広告、展示、販売といった分野における彼の研究活動を知る上でも重要な文献である。
96 Frank B. Gilbreth, ***Bricklaying System***, New York, 1909.
97 F.B. Copley, 前掲書第1巻二二三頁。
98 F.B. Gilbreth, ***Primer of Scientific Management***, New York, 1914, p.7.
99 F.B. Gilbreth, *Concrete System*, New York, 1908.

100 F.B. Gilbreth, *Bricklaying System*, New York, 1909, p.40.

101 Frank B. and Lillian M. Gilbreth, ***Motion Study for the Handicapped***, London, 1920, p.15.

102 同書一六頁。ギルブレスは、彼が行なった実験の一つに関連して次のように書いている。「ある優れた外科医に、彼がデリケートな手術に従事しているときの様子を写真にとりたいと申し出たところ、彼は非常に乗り気になった。ところが、撮影の目的が彼の動作と他の熟練した作業員のそれとを比較することにあると告げると、彼は怪訝そうな顔付をした。一体そのようなことがあり得るだろうか。自分のように長年の勉学と訓練を積んだ者が煉瓦積み職人と比較されるとは！　彼はこう言いたげだった」。ある有名な物理学者も、やはり不信そうな態度で、今日の物理学の方法と現代芸術のそれとの間につながりがあるという考え方を頭から否定した。

103 Frank B. and Lillian M. Gilbreth, *Motion Study for the Handicapped*, London, 1920, p.7.

104 E. J. Marey, *La Méthode graphique dans les sciences expérimentales*, Paris, 1885, p.34 に付録として 'Développement de la méthode graphique par l'emploi de la photographie' が載せられている。

105 Paul Eluard, *Picasso*, London Bulletin 15, 1939.

106 W. Grohmann, *The Drawings of Paul Klee*, New York, 1944.

107 Paul Klee, *Pedagogical Sketchbook.* この本は、最初、ワルター・グロピウス(Walter Gropius)、L・モホリ＝ナギ(L.Moholy-Nagy)編の『バウハウス叢書』の第二巻として刊行された。

108 アメリカ技術者協会。

109 Babbage, 前掲書一四六頁。

110 F.B. Copley, 前掲書第一巻二二六頁。

111 The Bedaux Company, *More Production, Better Morale*, A Program for American Industry, New York, 1942. 一九四二年には、合計で六七万五〇〇〇人の作業員を擁する七二〇社がベドー・システムを採用していた。

112 Charles Bedaux, *Labor Management, a pamphlet*, New York 1928 (その後幾度か版を重ねる)。

113 Henry Ford, *My Life and Work*, New York, 1922, p.86.

114 Horace Lucien Arnold and Fay Leone Fanrote, *Ford Methods and the Ford Shop*, New York., 1915, p.102.

115 Henry Ford, 前掲書八〇頁。

116 Arnold and Fanrote, 前掲書。

117 Henry Ford, *Moving Forward*, New York, 1930, p.128.

118 F.B. Copley, 前掲書第二巻五八頁。

119 Henry Ford, *My Life and Work*, chapter on wages.

120 L・R・スミス (Smith) 曰く「われわれは無人工場を建てるのだ」(*The Magazine of Business*, New York, February 1929)。

121 同右。

122 同右。

123 シドニー・G・クーン(Sidney G. Koon) によれば「一日に一万台分のフレームが製作された」という(*The Iron Age*, 5 June 1930)。

124 同右。

125 *Hearings before special committee of the House of Representatives to investigate Taylor's and other systems of Shop Management*, 3 vols, Government Printing Office, 1912.

126 *Bulletin of the Taylor Society*, June—August 1912, p.103.

127 Robert L. Cruden, *The End of the Ford Myth*, International Pamphlets no. 24, New York, 1932.

128 F.B. Gilbreth, 前掲書六五頁。

129 R. L. Cruden, 前掲書四頁。

130 Drury, *Scientific Management*, New York, 1915, p. 176.

131 同書一七五頁。

132 同書二七頁。

133 Henry Ford, *My Life and Work* の中の 'The Torture of the Machine' の章で語られている。

134 チャプリンはこの無声映画の製作に五年を費した。彼がこの映画の製作を開始した一九三一年には、ルネ・クレールが映画「自由をわれらに」(A Nous la Liberté) の中で無限ベルトと、機械化した人間を扱った。しかし、原始的なロマンティシズムと皮相な比較——監獄の生活とアッセンブリーライン——がクレールの諷刺がもつ象徴的な力を台無しにしている。

135 *New Masses*, 18 Feb. 1936, vol. No. 6.

136 *Herald Tribune*, New York, 7 Feb. 1936.

137 ウィリアム・エラリー・チャニング(William Ellery Channing)師による講演『自己訓練』より。この講演はフランクリン・レクチャーの基調講演として行なわれた。一八三八年九月、於ボストン。

第Ⅳ部　機械化が有機体におよぶ

機械化と土

農業の構造的変化

農業の分野ほど、機械化がもたらした構造的変化を知るのに容易な場面はない。ただしそれは農機具に限ってのことであって、農民におよんだ機械化の影響となるとそうはいかない。機械化は単なる経済的な現象ではなく、その影響は社会一般に広がっている。

確信のある判断をくだすには研究対象としてとりあげた期間は短かすぎるし、まず第一に、農業の機械化そのものが始まってあまり時間が経過していない。それはたかだか過去一世紀足らずの出来事にすぎない。その上、われわれの経験は資本主義の世界に限られている。コルホーズの農民におよぼした機械化の影響について結論するのはさらにむずかしい。

工業の分野では、手工業的な生産様式から機械化への移行が何を意味したかは大体のことがわかっている。しかし、農業の分野についてはわからないことばかりである。そこには、人間の土に対する関係が含まれている。しかしここで言う関係とは、土地の所有形態のことを指しているのではない。なぜなら機械化がもたらした構造的変化は、アメリカでもソ連でもはっきり現われているからである。機械化とともに、連続性の象徴としての農民は大きな変化の渦に巻き込まれた。

クラフトマンや工場の労働者は、衣料、機械、住宅といった人工物を作るが、農民は、動物、植物、土に象徴される有機的生長を相手にする。すなわち土地の耕作者は、人間と自然の生命力をつなぐ輪であり絆であって、この点にこそ、他の職業分野と区別される農業の基本的な特徴がある。

そこで土地の耕作者は文明の中で変わらぬものの象徴であるように考えられてきた。農民に対するこのようなイメージは、ホメロスの同時代人ヘシオドスが農業を他のどんな職業よりも祝福を受けたもの、商人や兵士を凌ぐ職業であると讃えたとき以来変わっていない。この見方はこれまでの歴史で一貫しているが、帝政ローマや十八世紀ヨーロッパのように文明が高度に発達した時代において特に顕著である。宮廷人や都市生活者とは対照的に、土地を耕す農民像はモラリストや詩人の想像力の中で単純化されたが、それはひとまずどうでもよい。

農民は文明の中の輝ける存在ではない。むしろ農民は、船の竜骨にしまいこまれたバランスをとるための鉛に似ている。都市は文化の内容そのもの、船の場合の積荷にたとえられる。一方農民の役割は、船を横風から守ることにある。ローマは大災害によって崩壊したが、その究極の原因は農業がその時までにすでに衰退していたからだと指摘している人もいる(1)。

十九世紀の後半に至っても農民生活の自給自足的な性格に変わりはなく、依然として人類の定住生活の象徴のような存在であった。

エマーソンは一八五八年、マサチューセッツ州の畜牛共進会で〝鋤を手にした人〟と題して農業について講演しているが、その話は重農主義者を思わせるものがあった。

農業の栄光は、この分業が支配する世界にあって創造することが彼の分担であるという点にある。その原始的な行動なくして、商業も何もあったものではない……。

農民は岩のように土地にしがみついたままで変わることがない。私が住んでいる町では、農場は同じ家族に七代、八代にわたって引き継がれている。（一六三五年の）最初の入植者が今こうした農場に現われたら、彼らの血も姓もそのまま残っているのを知るだろう。

エマーソンが自分もその一人として数えていた農民は、手仕事に頼る農民、すなわち〝鋤を手にした人〟であった。

同じ年（一八五八年）に、マコーミックは四〇九五台の刈取機を製造している。その時すでに、中西部の農業は構造的変化を完了し、ヴァーモントの丘の農園には人影はなく、その所有者は西部に移ってしまっていた。

機械化は農業の構造を永久に変えてしまった。自分の家で消費しきれない農産物を市場に直接運び、客相手に売っていた自給自足的な農民は、自分の産物の利潤に全面的に頼って生活する商品生産者に変わった。機械化が始まるとともに、自給生産の狭い枠は打ち破られ、代わって、国際市場に依存し世界貿易の変動に左右されるようになった。農民とその生産物は、価格水準に影響を与えるすべての組織の経済力に、もろに晒されるようになったのである。

自給生産から専門生産への構造的変化は一つの必然である。競争に生き残るためには、農民は特定の品目に限って生産しなければならなくなった。アメリカでこの専門化への傾向が始まったのは、およそ一世紀前、中西部からの安価な小麦が東部諸州に現われ、東部の耕作地を牧草地へと転換させた時である。

東部諸州の全地域が家畜と酪農製品の専門的生産にたずさわるようになった(2)。この現象はヨーロッパでも起きた。世界の安い小麦が輸入されると、生活程度の高い国では国内の小麦生産によっては利益をあげることができなくなったからである。

自給自足から専門分化への構造的変化は、工業化が進行したあらゆる所で起こった。アメリカでは、まるで実験室の中でのように、この過程を純粋なかたちで観察することができる。そこでは土地の広さ、あるいは社会構造といった点でも、機械化の自由な展開を妨げるものは何一つ存在しなかった。

今日のヨーロッパで自給自足的な農業生産が可能なのは生活水準の低い国に限られている。しかしたとえば、スイスのように生活水準がアメリカに匹敵する国では、農民はさまざまな形の助成金などで保護されなければ生活してゆけない。確かに、一見したところでは何の変化も起きていないかのようである。エマーソンが一八五八年ニューイングランドの農場について述べたのと同じことが今のヨーロッパにもあてはまり、土地や建物は人手にわたることなく何世紀も古い家系に伝わっている。また、牧場は家と同じようによく手入れされ、どの牧場をとっても個性ある表情をもっている。しかし経済的には、そうした農民の生活は危険な状態になっている。彼の

69　機械化の始まり：脱穀機。1770年代。これは，農業における機械化の初期の段階を代表する装置である。から竿を多く備え，機械的な回転運動によって人の腕の動きを真似ている。この脱穀機は，18世紀末のイングランドで実際に用いられ，機械化した農機具の最初の成功例となった。(『ペンシルベニア・マガジン』，フィラデルフィア，1775)

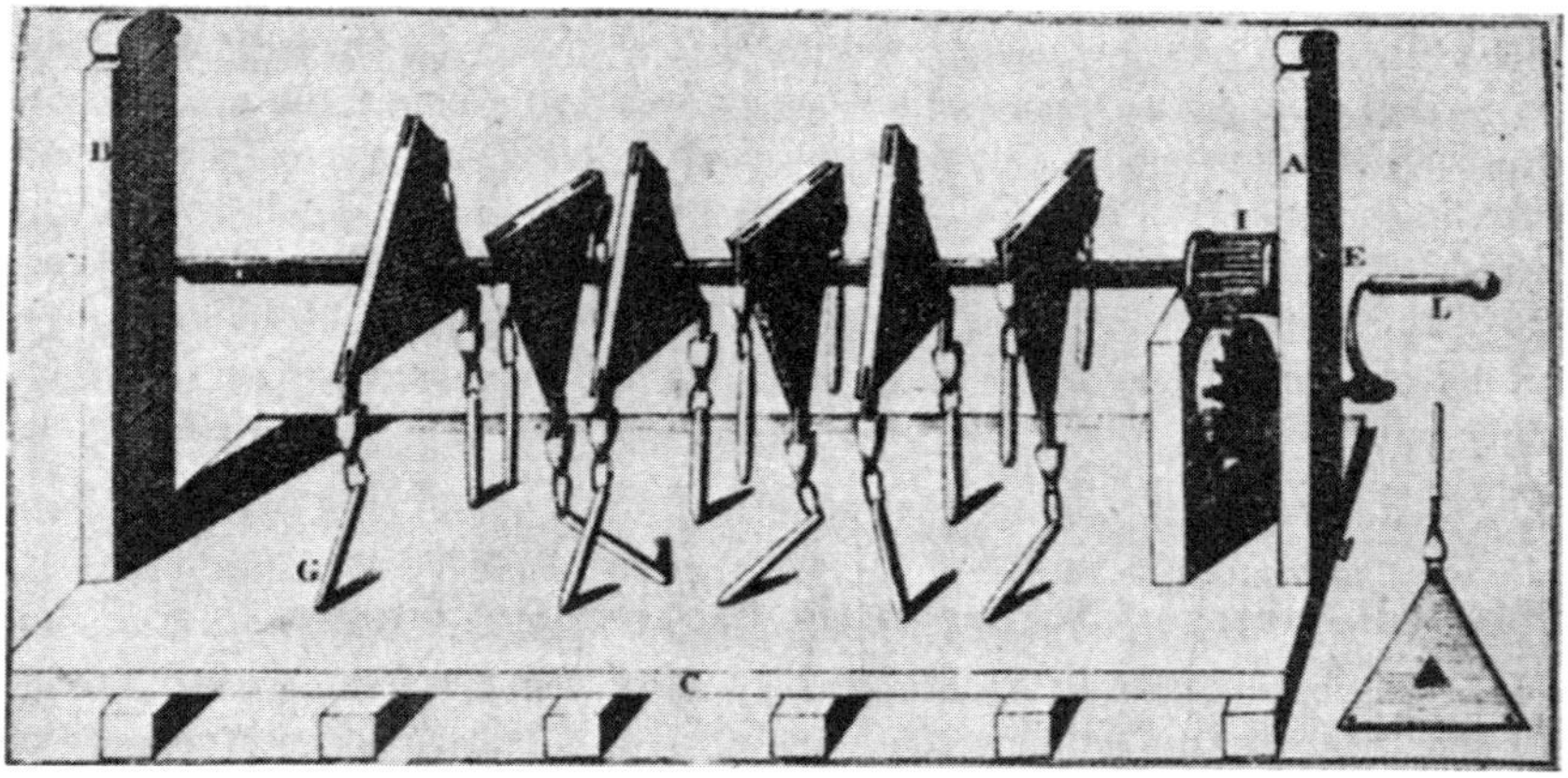

農産物では世界市場での競争に太刀打ちできないからである。このような古い基盤の上に成立した農業でも、今日続いているのは、社会全体に対する農業の意義が重視され、立法措置を通じて保護されているからである。アメリカでは、法律の起草者は企業家や銀行家、鉄道会社の利益を代弁し、農民のために立法が講ぜられた場合（ホームステッド法、一八六二年）にも、後になってトラストや鉄道会社に有利なように解釈された[3]。

専門化は休みなく進行する。農民は競争に生き残るためには、ますます、とうもろこしやトマト、牛や鶏といった具合に、特定のものに限って生産しなければならない。同一の産物でも規格化の圧力が高まる。市場向けの果物を栽培している果樹園は、同じ種類の樹を何千何万と育てる。より組織的な栽培法、たとえば害虫に対する万全の予防措置、よりよい日照条件の確保、摘花など、すべてにとってそのほうが好都合だからである。気候上の要因もここでは考慮されている。前世紀の半ばにはすでに、北アメリカは「新改良果実生産の偉大な実験場」という称号をたてまつられていた[4]。

機械化の影響――より正確には大量生産の影響――は果物を二、三の種類に限定して生産する方向に進ませた。一つの商業農場で一〇〇万本の桃の木が育てられていることもある。四万二〇〇〇本のマッキントッシュ種のりんごの木を植えた果樹園も見られた。そこのりんごはまるで機械で型押しされたかのように形が一定だった。

消費者の側でも、ほんの僅かな種類で満足するように教育された。見た目によい大きな赤いりんごは特に好まれたが、輸送時に傷がつきにくいように固い皮をもつように育てられた。しかし香りのことはあまり考えられず、味も、わざわざ特徴のない中立的なものに変えられた。やや酸味のあるものから甘いものに至る味の多様性、果肉のもつさまざまの風味について、ナサニール・ホーソンの『古い牧師館から運ばれたコケ』（一八四六年）ほど美しく詩的に表現している作品はないだろう。

彼は一本一本の樹を自分の子供のように慈んだ。果樹園には何か人間とのつながりを示すもの、人の心の奥底に触れるものがある。この果樹園の木々は、森の樹々のような荒々しさを捨て、おっとりした雰囲気を備えている。人間の配慮を一身に受け、またその望みに仕えることによって、人間のような趣を呈している。また、りんごの木にはそれぞれ個性がある。ある木は、荒々しさと気むずかしさを持ち合わせ、ある木は慈愛を思わせるような、柔らかな風味のある果物をみのらせる。吝嗇で意地悪く、少しの実しか結ばない木もあれば、情が深すぎて、自分自身が疲れてしまうほどたわわに実を結んだ木もある。

ホーソンは、このようにりんごと人との親しい関係を語っているが、特に詩的に誇張しているわけではない。彼の同時代人であるアンドリュー・ジャクソン・ダウニングは、十九世紀前半、著名な造園家として知られた人だが、その著『アメリカの果物と果樹』(5)の中で、一八〇種類のりんごと二三三種類の梨の木を推薦している。また小規模な果樹園の経営者用には、三〇種類の「実を間断なくみのらせる」りんごの木を特にすすめており、そのほとんどは、現在もなおヨーロッパで栽培されている。そのうちには格別な風味をもったりんご、カナダ・レネットがあったが、アメリカでは、もはや見られなくなったようである。こうした見解は単なる文学的な遊びではなく、実際にも「北アメリカはかなり長期にわたって驚くほどりんごの種類が豊富だった」と、一八五四年の『園芸百科』(6)には記されている。

アメリカ農民による、りんご、桃、とうもろこし、トマト、牛、豚、卵、そして家禽の生産量は、とてもヨーロッパの比ではない。しかしヨーロッパでも、農民の変わらぬ表情の裏では、手工業的規模であるが、アメリカと同様の専門分化が進行していた。スイスのグリソンズ地方の深い谷間でも、農民たちは次第に一つの品目、ミルクを専門に生産するようになった。その仕事は、牧牛とその枠内での酪農生産であり、チーズもバターも自分ではつくらない。ただ夏に、毎日ミルクをアルプスから何マイルも離れたところの協同組合に運び、ミルクはそこでバターなどに加工される。一方、自家用には、しばしばマーガリンを買う。

十八世紀における自然の再発見

他のすべての時期と同様、十八世紀は一時代の始まりと同時に終りをも画している。この世紀は十九世紀への通路を拓く一方では、それ以前の時代の経験を総括している。十八世紀が後世にもたらした素晴らしい贈物は、物事に対する普遍的な理解である。後に十八世紀を代表する例としてロココ調の家具を選び、十八世紀の方法をいっそう詳しく探ってみることにしたい。

自然科学

十八世紀には自然が再発見され、あらゆる方面から探求がなされた。探求は、回顧的動機や経済的、農業的関心に基づくものに始まって、すべての被造物の分野にまでおよんだ。偉大な博物学者――ビュフォン公（一七〇七―八八年）やシャルル・リンネ（一七〇七―七八年）の生涯は、この世紀と歩みを共にするものであった。スウェーデンの博物学者リンネは、『自然大系』（一七三五年）を著わし、植物の二元的分類法を確立し、植物を属と科に分けて命名している。

一方、典型的な後期バロック期の思想を体現したビュフォンは、明確な分類に異論を唱え、動物の種の微妙な混り合いを指摘している。彼は、宇宙および物体における現象の連続性に深い関心を寄せていた。彼が提出した仮説は、生命の根源は「有機分子」に在るという説を始めとしてさまざまであったが、十九世紀には今日と違って奇異な印象を人びとに与えた。

ルネ・アントワーヌ・フェルショ・ド・レオミュール（一六八三―一七五七年）は昆虫の生態を観察した。彼の『昆虫記』は、各巻五〇〇頁以上で、全一〇巻から成る全集という構想のもとに書かれたが、そのうち六巻が一七三四年から一七四二年の間に出版されている。彼はビュフォンやリンネより年上だが、彼らと同様、一八三〇年代に注目されるようになった。レオミュールの名前は、温度計と関連して思い起こされることが多いが、そこでも彼が行なったのは一種の区分けであり、氷点と沸点の二つの固定点を定め、その間を八〇度に分割したことだった（一七三〇年）。しかしこれは研究の副産物にすぎず、つかみどころのないほど幅広い昆虫の世界を丹念に記録した点にこそ、彼の主たる貢献があった。ジャン・ジャック・ルソーは彼の研究の熱心な支持者であった。また、トマス・ヘンリー・ハクスレーは、ダーウィンに匹敵する博物学者は彼だけであると述べている(7)。レオミュールとビュフォンは、単純かつ科学的に正確であるという普遍人のもつ才能を備えていた。このような博物学者が、自然再発見への基礎を築いたのである(8)。

土　壌

長い間、人びとはただ種を播き、昔から引き継がれた方法で耕し続けてきたが、土地そのものに対しては特に意識しなかった。しかし地球が科学的検討の対象になるとともに、次のような疑問が生じてきた。「植物は一体どこから栄養をとっているのだろうか」。「植物は水を大地から吸収するのか、それとも〝硝酸塩〟から吸収しているのだろうか、あるいは土の小さな粒子を吸いあげているだろうか」。ジェスロ・タル（一六七四―一七四〇年）は、植物は大地の微粒子を栄養にすると信じ、この考えをもとにして「土壌粉砕こそ土地の生産性を高める道である」という革命的な耕作理論を展開した。施肥や輪作は不必要であると考えたのである。彼はこの着想を基礎にして、最初の実用可能な「条播機」を発明した。この機械を使うと、真直ぐな畝に沿って種が播けると同時に、その畝の間を穀物の生長期間中六回耕すことができた。これがきっかけとなって、馬を動力とした耕作機が、彼の第二の発明として生まれた(9)。彼は、小麦は同じ畑で十三年続けて生産できることを自分の農場で証明した。

音楽に傾倒していたタルは、僅かばかりの土地を継承し、オクスフォードで学んだ。彼の条播機にヒントを与えたのはオルガンの機構だった。彼は実際に農民となり、対象をじかに観察した。その後自分の見解を『馬を動力とした耕作機による新しい農業』(一七三一年)にためらいがちに記述するまでは、当時の農業理論に目を向けようとしなかった。この頃には農業理論はますます一般の関心を呼ぶようになっていた。

フランスでは、一七〇〇年頃に生まれた世代を通じて新しい動きが起こった。その代表者に、農業問題にまで手を広げたレオミュールや、植物を対象とした最初の体系的な生理学を打ち立てたアンリ・ルイ・デュアメル・デュモンソー(一七〇〇—八二年、彼は自分の学問を物理学と呼んでいる)のような学者がいた。ここでは引用は差し控えるが、デュアメルの『樹木の物理学』(一七五八年)や、広く読まれた『農業概論』(一七六二年)では、植物の生長を支配する法則が十八世紀の率直さと素晴らしい観察力をもって明らかにされている。土壌の種類に適した根の形態、小枝による挿木、樹皮の形成、樹液の循環、葉の呼吸作用といった項目がそこに並んでいた。

フランス貴族の末子であるデュアメルは、技術者であり、また海軍の監察長官を務めたし、また、海軍関係の建築物に関して第一級の論文も書いている。農業の研究に情熱を注いだデュアメルは、父親の残した土地で、土を洗浄し、残留物を分析するという方法で土壌の性質を調べた。彼はまた、一七四〇年以後、気象日記をつけている。デュアメルは、ジェスロ・タルの、耕作をすれば施肥の必要はないという主張に強く反対し(10)、フランス式条播機(11)を好んで人に説明した。しかし、彼はジェスロ・タルを尊敬し、彼の六巻(一七五一—六〇年)におよぶ全集を『タル氏の理論による土地耕作論』と題している。

農業、人間の天職

農業への関心が高まってゆくとともに、他のすべての職業は、農業に従属するものだと考えられるようになった。重農主義者はロココ期も終りに近づいた一七五八年から一七七〇年にかけて、科学的な経済理論を築いたが、その中で彼らは、金融・商業・工業等は二次的な活動であるとし、農業はそれらの上に君臨するものであるという、極端な立場をとった。農業こそはあらゆる富の源泉、経済活動の支柱であり、国富の六分の五を占めるものだと主張された。「農業は生産的であり、工業は非生産的である」(12)とされ、金融・商業、および工業は、自然の摂理に背くものとみなされた。

重農主義者は、ただ農民をロマンチックに理想化したわけではない。彼らは「大規模農法《ラ・グランド・クルチュール》」の代弁者であり、穀物の栽培では少なくとも耕地面積一八〇ヘクタール程度の農場経営を提唱した(13)。言い換えると、大規模な土地所有と機械化に希望を託し、「金持の土地所有者でなく一体誰が、安くて良質な農産物の生産に必要な道具を手に入れられようか」(14)と論じている。

重農主義者が農業以外の職業に対して示した態度は、ローマ帝政時代の著述家、たとえば、ユニウス・コルメラの『農業論』（これは当時フランス語および英語の翻訳でも読まれていた）で語られている不満をただ繰り返しているにすぎない。財務は「いやらしい」仕事であり、軍人は残酷な殺人業にひとしく、法律家は「犬のように吠えてばかりいる」職業だとみなされた(15)。

自然法と自然権の考え方は、この時代のジャン・ジャック・ルソーの著作にも反映されているが、そこでは、重農主義者とは違った方向が示されている。ルソーは自然を人間における生得的なもの、人工的でなく、まだ訓練されていない部分すべての象徴とみなした。彼は農民に目を向けず、当時は「野蛮人」とみなされていた、本能のままに行動する原始時代の人間に注目した。そして、大土地所有者を賞讃することはしないで、「この土地は自分のものだ」と言い一握りの土地を最初に耕し、それを他人に信じ込ませた人間こそが社会の創立者であると主張した。こうした自然観こそ、実は、詩人や経済学者、教師、王、初期の工業理論家の思想的基盤だったのである。

分業を工業の基礎として最初に認めたアダム・スミスも、農民を社会の柱とし、農民の仕事を「あらゆる経済活動の中で最も生産的かつ根本的な形態」(16)であると考え、また、「農民の生活の安全さと静けさ」を価値あるものとみなした。スミスが二十年間の思索の集大成として『国富論』を出版したのは一七七六年だが、この頃は重農主義者が絶頂をきわめ、ルソーにとっても最も創造的な時期であった。

こうして振り返ってみると、歴史は短く圧縮されて示されてしまう。紡績および機織りの機械化への準備は、脚光を浴びることなく目立たないように進行していった。十八世紀には、後世の意味での工業は、どんな社会的地位も与えられていなかった。工業は手工業の同義語とみなされ、この時代の高度に洗練された工芸品以外は、当時の人びとの頭には思い浮かばなかった。百科全書派の人びとは、並はずれた偉業を遂行していたが、十八世紀の「ものいわぬものの歴史」についての知識は、その百科事典に掲載されている図版に負うところが大きい。ディドロは『大百科事典』（一七五一年）の序文で、さまざまの商取引の日付やそれについての事実は記録に残っていないと述べている。そこで、彼と彼の協力者は、これらについては労働者の口から直接聞き出さなければならなかった(17)。

重農主義者や、ルソーおよびアダム・スミスが活躍し、百科事典（一七五一―七二年）が強い反対にもかかわらず一巻また一巻とゆっくり出版されていた頃も、社会の最下層に属していたランカシャーの貧しい手工業者は、機械紡績の道具の考案に取り組んでいたし、ジェームズ・ワットは実際に使える蒸気機関の発明を間近にしていた。後世が工業化と称したものの萌芽は、この他にも、陽の目を見なかった無数の人びとの実験の中にこそ存在していた。

ここで一七八三年の『芸術協会《ソサイアティ・オブ・アーツ》紀要』の第一号で協会所有の陳列品を検討してみると、その当時分類Ⅰの「農業関係の機械」(18)には六三例あがっているのに対し、分類Ⅲの「工業関係の機械」は二〇例にすぎず、糸車などが展示されているだけで、重要な工業上の発明は一つたりとも見出せなかった。こうした数字は、当時の農業と工業に向けられた関心の比率をよく反映している。

新しい農業

フランス重農主義者の理論体系はフランス革命とともに焼け落ちたが、イギリスではこれが現実的な力を獲得した。

イギリスの土地貴族たちはフランスの貴族階級とは異なり、十八世紀も終りに近づいたころ、かつてなく活動的であった。その結果、フランスの貴族階級が除外されるか衰退していったのに対し、イギリスの地主は力と富を獲得していった。イギリスのあらゆる階級と職業にみなぎっていた生産的なエネルギーは、豪農にもみられたが、彼らの中には特殊な農業技術面の改良に努力を傾けた者もいた。タウンゼンド卿は、穀物の輪作を研究し、ロバート・ベークウェル（一七二五―九五年）は、一七六〇年頃、食肉用の羊や牛の組織的な飼育法を専門的に研究したり、また、品種改良をして強靭な農耕用の馬をつくることにも優れた成果をあげた。彼の邸宅の玄関には、彼のこうした努力の産物である動物の骨が誇らしく飾れていた。ベークウェルは彼の発見した品種改良の原理を公開せず、職業上の機密にしていた。結局彼がやったことは、多くの品種の中から最も良いものを選んでかけあわせ、劣性の血統と混合しないよう気を配ったということである[19]。

レスター地方の伯爵、ウィリアム・コーク（一七五二―一八四二年）は、貧弱なノーフォーク土壌を持った、広さ四万八〇〇〇エーカーのホルクハム領地を相続し、その経営を引き継いだが、底土を表層にもってくることにより、これを肥沃な土地に変えた。一〇マイルも続く壁に囲まれたその広い領地は、最初の実験農場となり、ここでコークは、さまざまな種類の作物を試作した。コークの努力により、この農場の収入は三二〇〇ポンドから二万ポンドにはねあがった。一八二一年までホルクハムで公開された彼による羊の毛刈りショーには、ヨーロッパからも見物客が集まった。この豪農ウィリアム・コークの活動力は、六十九歳で十八歳の少女と結婚し、五人の息子と一人の娘をもうけたということからもうかがわれる[20]。これらの豪農は一人として農業については記録を残していない。

封建領主から大規模な企業家への転換は、公有地の囲込みを通じて得られた富の拡大と並行して起こった。この囲込みとは、土地の一画を、垣や溝などで障害を作り、人間や動物の自由通行を禁止する一方、共有地として集団的に使用するのを制度的に廃止するというものであった[21]。こうして農民は農業の自由を奪われ、賃金に依存するようになった。自作自営農民からの土地の収奪と地主による経営は、十八世紀を通じて促進されたが、この傾向は十九世紀の初頭に頂点に達する[22]。その結果についてはよく知られているが、ここでは、一つの点についてだけ触れておきたい。つまり農場への労働者の集中は、ちょうどこの時期に進行していた織物工業の機械化と類似した、農業機械化の予兆であったということがそれである。名もない労働者の仕事も、豪農たちの仕事と同様、土壌を改良し収穫を高めることであり、機械化そのものはこの変革に対しほとんど無関係であった。

このような傾向を著述を通じて代弁したアーサー・ヤング（一七四一―一八二〇年）やジョン・シンクレア卿（一七五四―一八三五年）は、豪農運動の衰退期に登場し、その栄枯盛衰をまのあたりに見た。彼らの著作とその影響は、ロシアではカサリン二世、北アメリカではワシントンのジェファーソンにまで大きく広がっている。アーサー・ヤングは中流階級の子弟として生まれ、シンクレアはスコットランド地方の上流階級の出であった。アーサー・ヤングは、農民としては、彼の同時代人で教育者のペスタロッチ（一七四六―一八二七年）の成功にはとてもおよばなかったが、彼と同様、土地に強く魅きつけられ、農業見聞記である『旅行記』や、彼が編集し一流の権威者たちが執筆に加わった『農業年報』を通じて、広く人びとの関心を高めた。シンクレアは、自分の領地の管理に加えて『スコットランド統計研究』二十一巻を一七九一年に刊行している。

シンクレアの名前は、半官半民の農業会議所を一七九一年に創立したことでも思い起こされる[23]。アーサー・ヤングはこの会議所の書記であった。彼らの意図は、農業の基本をイギリスの人びとに教育することにあったが、農業経営が二〇年代に入って後退のムードに落ち込んだ時、会議所もその生命力を失った。この団体はアメリカ農務省にも精神的影響を与えたようである。アメリカ農務省は、一八六二年に創設されて以来、アメリカ農業を理論、実践の両面で次第に高め、他の国における類似の農業機関よりも効果的な役割を果たしていた。織物工業の開始に関しては、断片的な事実を手掛りにするほかはないが、イギリス農業の事情については、ヤングとシンクレアという二人のスポークスマンの記録を通じて多くを知ることができる[24]。保守的な思想に似合わず、シンクレアは世界的視野に立った計画を持っていた。「誰もが自由に使用できるように、新しい発明や発見に関する知識を世界に普及させるという趣旨」（一七九五年）[25]の、発明の国際管理制度がそれである。

農機具の機械化は順調に進んでいた。マコーミックの刈取機を構成している要素は十八世紀の終りから十九世紀の最初の二、三十年までに、英国の特許にすべて現われている。しかし、これらを一つに結合し新しいものを生みだす力に欠けていたため、利用されないまま放置されていたのである。土地の拡大もこの状況を変えることはなかった。一八三〇年頃、この動きは一時滞り、その間、外部の織物工業が、それまでどんな生産分野にも見られなかったような勢

70　「馬を使って土を短い距離移動させる機械」：1805年。アメリカでは，19世紀初期，シャベルを機械におきかえる試みがいろいろ行なわれた。今日のブルドーザーは，こうした努力の延長線上にある。この機械は３頭の馬によって牽引された。「この機械は人間なら20人分以上の仕事をこなす」。（Ｓ．Ｗ．ジョンソンの発明，オリバー・エバンズ『若き蒸気機関士の手引』，フィラデルフィア，1805．所収）

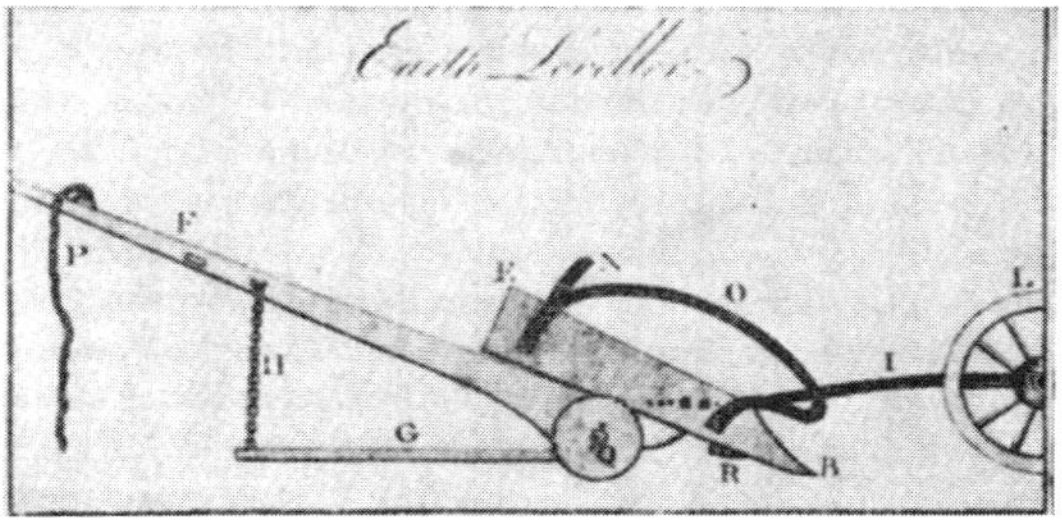

力を発揮し始めた。しかし、十八世紀の農業振興の努力は、無駄に終ったわけではない。イギリス農業の地位は非常な高まりをみせた。一八四五年、ドイツの農業専門家は次のように述べている。「これほど美しく感動的な田園風景はどこへ行っても見られないだろう。……どのような位置から見ても、イギリスの田園地帯は広く、豊かな庭園のような光景を呈している。広大な畑は生垣に囲まれ、その中では農民たちが形のいい道具を力強くひき、乳牛が見事な群れをなして牧場に遊び、果樹園や穀物畑の間には、小作に従事する農民のすっきりした住いが垣間見られる……」(26)。

このイギリスの田園風景は、限りなく未開の荒野が広がる当時のアメリカの光景と、何と対照的であることか。しかしアメリカのこのような状態こそ、結局、人類にとり最も古くからある職業、つまり農業の機械化に欠くべからざる条件であった。アメリカ大陸の中でも初期に開拓された大西洋沿岸の諸州ではあまり大きな変化がみられなかったのに対し、それまで鋤も鍬も触れなかった中西部の土壌で機械化が進行したのは、決して偶然ではない。

中間の段階を経ず、荒地から一挙に機械化が高度に進んだ状態へ飛躍する現象は、農業以外の分野にもみられた。これはアメリカの発展の中でも最も興味をそそる現象の一つであり、この影響は社会学者、心理学者、歴史家が協力して探求するにふさわしいテーマである。

アメリカ中西部と機械化農業

機械化による農業の革命は、特定の地域、時代、および社会階層と結びついており、この三つの要素を結びつけることによって説明される。この条件を満たし農業機械化の舞台となったのは、ほかならぬアメリカ中西部であった。

ちょうど、ギリシャの計画都市の起源がイオニアに、ゴシック文化がイル・ド・フランスに、ルネッサンスの起源がフィレンツェにあったように、農業の機械化は、中西部の大草原と不可分に結びついていた。

大草原

中西部は、五大湖沿岸一帯を中心として、ミシガン湖から北西および南西に扇状に広がる、大草原地帯を含んだ地域である。大草原は幾つかの州にまたがり、北はカナダ、南はテキサスの大平原にまで不規則な形をとって広がっている。シカゴが中西部の経済・工業の中心となったのと同様、イリノイ州は大草原の始まりを画すと同時に、その中心部を形成している。

一八六一年十二月一日の議会への教書の中でアブラハム・リンカーン（彼自身、大草原の丸太小屋で生まれたのだが）は、中西部をそれにふさわしく次のように規定している。「アメリカ中西部は西洋のエジプトと言えよう。……その広大な内陸部は、東はアレゲニー山脈に、北は英領に、西はロッキー山脈、そして南は、とうもろこしと綿花の栽培地帯の境界線によって囲まれている」。

当時、大草原は処女地であった。その土壌の性質は多様で、イタリアのように、赤いローム質もところどころにある。しかし、最もよく見られるのは、暗褐色でぼろぼろした状態の、細かくて黒い砂を混じえた土壌である。それは、何千、何万年もの間、草と長い根が堆積してできた腐植土である。入植者がこの地中に密に食い込んだ草木の根を初めて切り込むのには、鋤に六頭の牛をつなぐ必要があった。しかし、この作業がすめば、庭土のようにきめ細かく、そして驚くほど肥沃な土壌であった。ヨーロッパの層の薄い腐植土に慣れた人びとは、土掘りの棒——果樹を植えるためのものだろうが——を土の中に入れてみて、柔らかい土が四フィート、いやそれ以上も地中深く続いているのを発見して驚いたものである。この土壌の豊かさが、初期にはヴァーモント州の高原から、後には、英国や西ヨーロッパから農民を引き寄せることになった。

アメリカ以外の大草原も、確かに、耕されてはきた。しかし、ロシア平原や広大な中国の土地の開墾が、数世紀間にまたがって行なわれてきたのに比べ、中西部の発展は、ほんの数十年の間に起こった。それは、時間を瞬時に短縮したにもひとしかった。

旅行者がプルマン客車の窓から見ていると、陽はイリノイのとうもろこし畑に沈み、まるで、列車が一つの地点から少しも動かなかったかのように、翌朝もまた同じとうもろこし畑の地平線に昇る。そこで初めて彼は、数字を示されただけではわからないこの国の広さを実感する。

この時間の超越と、不気味なほどの広大さとが、農業の機械化をもたらしたのである。

この機械化はどのような経過をとって進行したのであろうか。どのようにしてイリノイの大草原が、一八三三年、機械化の最初の舞台になったのだろうか。現在残っている最もよい記録の一つに、未踏の地を農民らしい観察眼をもって眺めた一人のスコットランド人の残した記録がある。ウエストロシアン地方のモンゴスウェル出身のパトリック・シレフは、同胞が生存の手段を見出しているものかどうかを知ろうと、カナダと合衆国の各地を旅行した。彼はデトロイトからシカゴまでは郵便馬車や牛車に乗って旅行したが、シカゴからは、大草原を南に向かって徒歩で横断した。セントルイスまでの交通は完全にはつながっていなかったからである。大草原の魅力が彼の心にやきついたのはこの時だった。

「私は、大草原の荘厳さ、美しさに深く感動した。土壌のきめはさまざまに変化し、地表の起伏もバラエティーに富んでいる。背の高い雑草が、花をつけた樹々の間に散在し、……時折り、木立が海の中の島のように、平原の中に浮かんでいた。

ふと気がつくと、一面木も何もない場所の真只中に佇んでいることがよくあった。……地表は珍しい植物におおわれ、あたり一面、海のように広がっていた。たまたま筆記するものを持ち合わせず、その時の印象は書き留めなかったが、今は思い出そうにも思い出せない」(27)。

彼は農場から農場へと旅を続けた。見知らぬ人とベッドを共にしたり、薄汚い敷物をベッド代りにして寝なければならないこともあった。「私は、ナップザックを枕代りにした」(28)、と彼は言っている。彼が記している屋内の様子は、この時代の英国やフランスの工業都市のスラムを思い起こさせるような、生存ぎりぎりの生活状態を示していた。他の個所では、次のように述べている。「農民たちは自らの生活に満足しているようだ。納屋などはなく、小麦の脱穀は土間や戸外等、至るところで行なわれていた」(29)。

彼はこうした一時的な状況に欺かれはしなかった。このスコットランドの農民が、いかに鋭くマルサスの理論を通じてアメリカ中西部の農民の状況をみていたかは、実に興味深い。「この広い草原は、勤勉に働くようにと神が与えた贈物である。すぐに耕作に取りかかるのに何の障害もなく、大自然は、土を耕しその贈物にあずかるようにと耕作者を招いているかのようである。人口の増加は生存手段のそれより速いというマルサスの説は、非常に疑わしく思えてきた」。彼は「耕された土地が小さな点のようにみえる」大草原と、英国の状態とを比較して、次のように述べている。「私は、イギリスとアイルランドの飢え、困窮した人間を救うのに恰好な土地を見て感謝したいような気持であった。一方、土地所有の実態や十分の一税の立法などは、自然の恩賜の循環を制限している罪深いことのように思えてきた」(30)。

時代と社会運動

オハイオ以南と比較して、中西部は、十八世紀半ばまでほとんど眠った状態だった。一八五〇年になってさえも、イリノイ地域の人口密度は、一平方マイル二人から六人程度(31)、一八五九年の大拡張の時代でさえ、イギリス当局は移民しようとする人に、土地全体の十分の一も耕作されていないと保証している(32)。

原始的で植民地的な生活様式から、高度に組織化された機械化への突然の移行は、アメリカの発展全体を通じて典型的にみられる現象である。この跳躍が可能になるまでに、二世紀が経過した。

開拓者が十九世紀初期、中西部に進んだ時も、この経過は繰り返された。ただこの時は、時間が数十年間に短縮された点が違っていた。十七世紀の場合と同様、これらの入植者は、助けも、他との接触もなく、頼れるのは自分たちの持ち物だけであった。彼らは生きのびられるだけで充分だと思っていた。必要なものはすべて、自分たちで持ち込まなければならなかった。「牛車に、道具や種子も、鶏や、簡単な家具も積み込み、家畜を追いながら移動した」。自給自足の、まさにその日暮らしの生活だった。入植者が森の外辺に沿って住みついたのは、そこに狩猟の獲物が豊富に存在したからである。秋には、狩りがしやすいようにしばしば林を焼いたり、草原に火をつけたりしたという(33)。

また、植民地時代のように、入植者は木製の道具や器具、木鋤、ヒッコリー材の柄がついた木製馬鍬を使ったが、そのほとんどは自分たちで作ったものだった。イリノイ州の南部では、一八五〇年まで、重くて原始的な草原用の鋤が使われていたという(34)。一八一八年にオハイオ州を旅行したイギリス人は次のように述べている。「耕作者は、何でも自分でやり、農具も自分で作っている」(35)。

中西部では、十九世紀半ば頃、自給自足経済から、機械生産へ突如として移行し、未曾有の規模の農業の機械化が始まった。一八三三年、イリノイ南部を旅し旅行記を書いたパトリック・シレフは、次のような感想を添えている。「刈取機は、一八三四年にジャクソンビルで使われた。この刈取機や、その他の農業機械類が威力を発揮するのは、大草原のような、平坦な地域で用いられる場合である」(36)。ここでも、このスコットランドの農民は「刈取機や〝その他あらゆる種類の農業機械〟を必要とするのは、この草原の、芝生のようになめらかな土地である」ことを正しく見抜いていた。

一台の一八三四年製の刈取機は、一八三八年にシカゴから船積みされた七八ブッシェル分の穀物に相当する。穀物生産量は、機械の数に比例して増加した。それは、五〇年代半ばから急激に上昇し、シカゴからは一八六〇年に一〇〇〇万ブッシェル、南北戦争の年には二〇〇〇万ブッシェルが船積みされた。

これに対応して、一八六四年には一八六二年の二倍の、一〇万台の刈取機が製造された。需要は大きく、生産が追いつけないほどであった(37)。一八六〇年の頃には、生産は大躍進をとげ、南北戦争はこの傾向をさらに助長した。すでにこの頃には、軍隊にも世界市場にも供給できるようになっていた。

こうしてみてくると、イギリス議会のある議員がなぜ移民にトランク一杯分の衣服以外、何も持っていかないように忠告したかが納得できる。イリノイでは、イギリス以上によい道具が手に入った。刈取機や脱穀機はいつでも賃借でき、一エーカーあたり二シリング六ペンスの費用で刈り取ることができた。機械を使うと一日に一四エーカーの土地を刈り取り、三〇〇ブッシェルの小麦を脱穀できた。さらに「高価な道具の場合にはたくさん集まって共同で買い求めるのがならわしになっていた」(38)。農場から眼に見える所を鉄道が走り、産物を素晴らしい市場へ運んだものである。「新しい、未開拓の草原の土」が開拓を待ち受けており、さらに、組立住宅は、「シカゴで契約をかわせば、あまり遠方でないかぎり、注文した日から三〇日以内に鉄道で運ばれ、現場で組み立てることができた」(39)という。

ここで言われている組立住宅は、大部分、一八三〇年代にシカゴで発明された「バルーン・フレーム」構造(40)でできており、非常に軽く、荷造りしてどこにでも運搬できるものであった。

中西部における農業の急速な機械化は、この時、並行して進められていた他の多くの発達と結びつくことによってもたらされた。その一つに、輸送機関の発達があげられる。ニューヨークのハドソン川と中西部、ケベック州と中西部をそれぞれ結ぶ運河網は、一八二五年から一八五〇年の間に実現した。しかし、中西部をほんとうの意味で征服したのは、鉄道であった。

一八五〇年頃、シカゴから大草原へ鉄道が通じ、これを契機に発展が加速された(41)。そして早くも十年後には、鉄道網はシカゴを起点として大草原を幾重にもおおっていた(42)。線路は短区間に分けて次々と敷かれていった。鉄道が敷設されようとすると、そのほんの少し前に、移民のほうが先に開拓地に到着していたという(43)。発展が最も熱狂的に進んだ時期は、一八五五年から南北戦争が終った一八六五年に至る短期間に集中している。

一八九一年から一九〇五年にかけて建設されたシベリア鉄道も、移住者を魅きつけ、耕作地域を広げていったことではアメリカ西部と変わりはない。そこの土壌が肥沃で細かい黒砂が混っていた点でも同じである。しかし、これはツァーリ支配下の閉塞状態に近い地域に限られた事件にすぎず、ここでは農業分野での大胆な冒険家も新

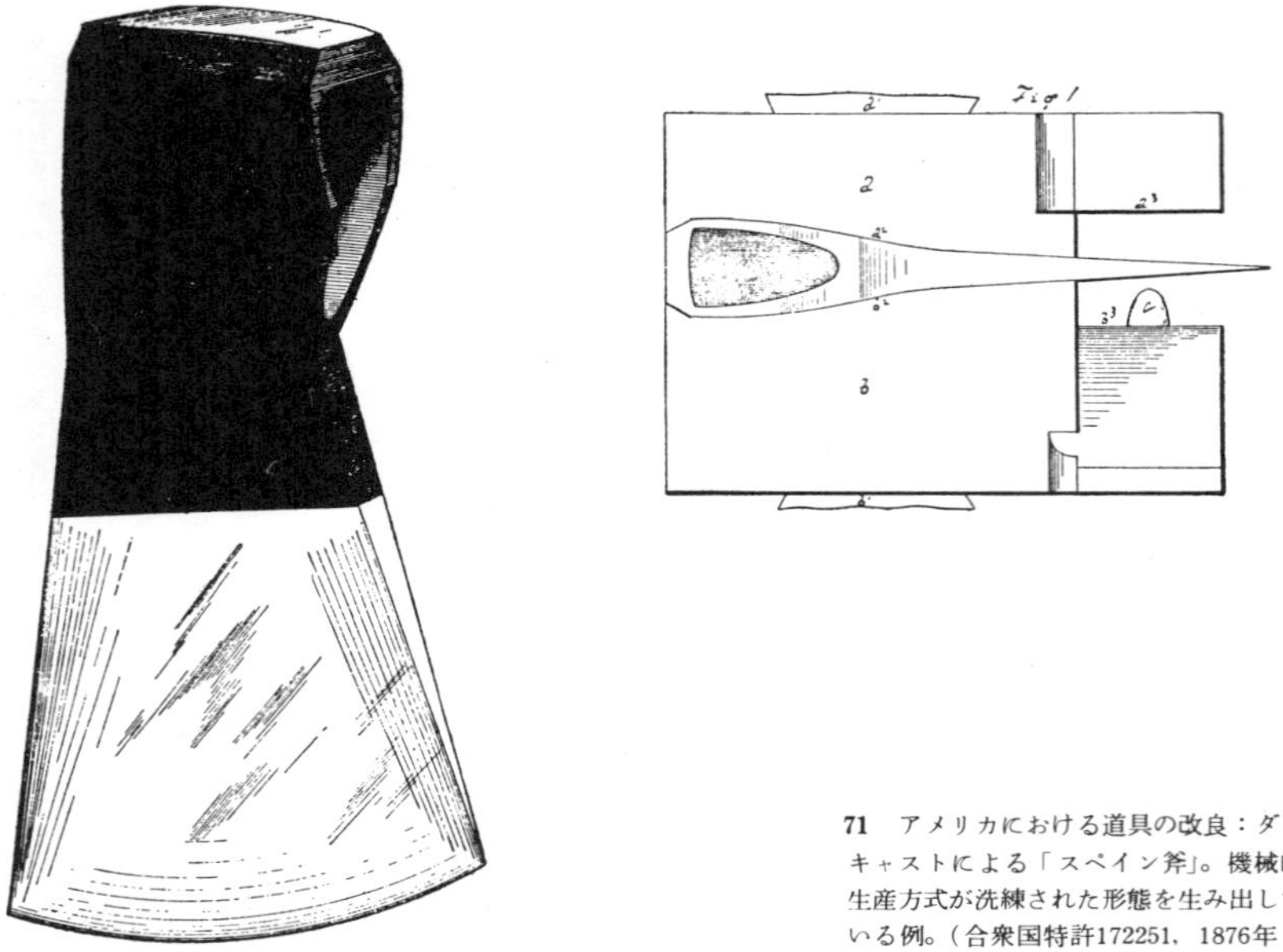

71　アメリカにおける道具の改良：ダイキャストによる「スペイン斧」。機械的生産方式が洗練された形態を生み出している例。（合衆国特許172251，1876年1月18日）

しい方式も現われなかった。アメリカ中西部の場合と比べると、シベリア鉄道は荒地を横切る一本の鉄道であったというにすぎない。

機械化の担い手

アメリカにおける道具の再形成

農業は複雑な手仕事の領域に属する。自然の豊かさ、あらゆる多様性が、動物や植物、そして大地には備わっている。したがって、農業において機械に人間の仕事をやらせることは、原料を処理する工業の場合と比べてずっと困難で手間のかかることであった。

入植後一世紀半を経て、アメリカの農民はつばの広い帽子をかぶって広大な農場をトラクターで回り、刈入れの跡を残しながら収穫物を刈り取るところまできていた。彼はただ、注意してハンドルを操縦するだけでよくなった。あとはすべて、手ごろな大きさの機械が刈取りから袋詰めに至るまでを流れ作業方式でやってくれる。収穫作業は一人でもできないことはない。十歳ぐらいの男の子をトラクターの台に立たせて、袋詰めが正確に行なわれているかを監視させるだけでも充分間に合う。増産、人間および動物の労役からの解放、そして仕事の楽しさ、これらがこの場合ほど見事に統合されている例もまた珍しい。

ここで、段階を追って類型的に農業の機械化がどのような形をとって発展してきたかについて若干述べたい。そうすることによって発展の歴史的背景がわかってくる。人間の手による活動を一つ一つ機械の仕事に置き換えてゆくという、機械化の原理を把握するだけで機械化のパターンはおのずから明らかになる。あとはただ、発展の各段階を述べるだけでよい。

十九世紀の第二四半期、アメリカはさまざまの職業分野で集中的に道具を作り替えた（図七一）。農具にも新しい標準型が確立し、種類も豊富になった（図七二、七三）。すでに一八七〇年代に入ってのことであるが、ヨーロッパのある博物館長は博覧会を訪ねた感想として、「アメリカの斧は、美術工芸品に劣らぬ美的感動を与えてくれる」(44)と言ってくる。このような高度な水準は一八五〇年代までに達成され、専門家によってただちに確認されている。『アメリカ移住者ハンドブック』（フランクフルト著、一八四八年）によると、アメリカ製の斧は、ヨーロッパ製の斧ときわだって対照的だった。ヨーロッパの斧は今もって柄の部分がぎこちなく、また、全体としてもバランスが悪く、後期ゴシック期からほとんど変わっていない。

> 斧は、移住者の森での生活に欠かせない重要な道具だが、ここでは（アメリカ、一八四八年）高い水準に達している。アメリカの斧の切先はカーブし、頭部は重く、しかも柄とのバランスがとれているため、振りおろした際に大きな力が入り、切り込みも深い。加える力も少なくてすみ、仕事はおおいにはかどる。斧の柄はカーブがついているため狙いが定めやすく、また振ったときに力が入りやすい（ケンタッキー斧）。

同様に、他の道具類も、アメリカの厳しい自然環境に合わせて次々と改良され、種類も増えていった。確かに鋤の用途別分化は、イギリスとフランスでも十八世紀の後半にすでに始まっていたが(45)、アメリカでは十九世紀の半ばまでにその種類は六〇を超えていた。これらの鋤は「普通、鋳鉄でできており」特定の用途に合わせて製作された。例として、土の中の根を切るためのもの、大草原および普通の牧草地用、株を除くためのもの、磨ぐ必要のない鋤、とうもろこし、綿、米、砂糖きび用の鋤などがあり、さらに底土用、山地用にも分かれていた(46)。

鎌や大鎌（図七四）、後には鍬も、それぞれ草原用、穀物用、灌木用に分かれ、これらはみな、十九世紀半ば頃に一応の型として確立し、新たな発展の基礎を築いた（図七五）。

刈取り作業の機械化

ここでは技術上の細かい点には触れず、方法一般について考察したい。まず、多くある道具類のうち、どれが手仕事の機械化を最も明確に反映しているかを考えなければならない。答えは明らかである。刈取機こそ、紡績の機械化においてミュール自動紡績機が果たしたのと同じ役割を、農業の機械化において担った。ミュール自動紡績機も刈取機も、それぞれの分野で発展段階の後期に出現し、どちらも生産を飛躍的に高めた。前者は一八三〇年頃、後者は付属装置を伴って一八八〇年頃、一応標準の型に達している。この時期の相違は、そのまま紡績の機械化と刈取り作業の機械化の年代的な違いを反映している。

72 大鎌の改良：カーブしたかい栓と動かせる把手。1828年。この道具の起源はヨーロッパ大陸にあるが，アメリカで急速に完成された。（合衆国特許，1828年12月28日）

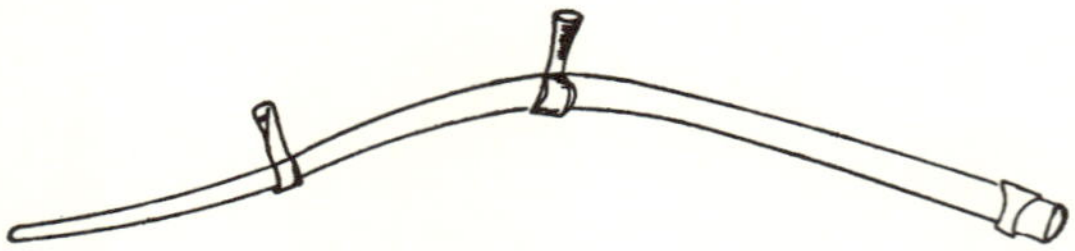

73 大鎌の改良：刃の上部にリッジを取り付ける。製作はダイスによる。1834年。「今までのものに比べて，材料は少なく，安価にできると同時に，はるかに丈夫である」。アメリカ製の大鎌は，1830年代に定型を確立した。（合衆国特許56，1843年12月17日再許可）

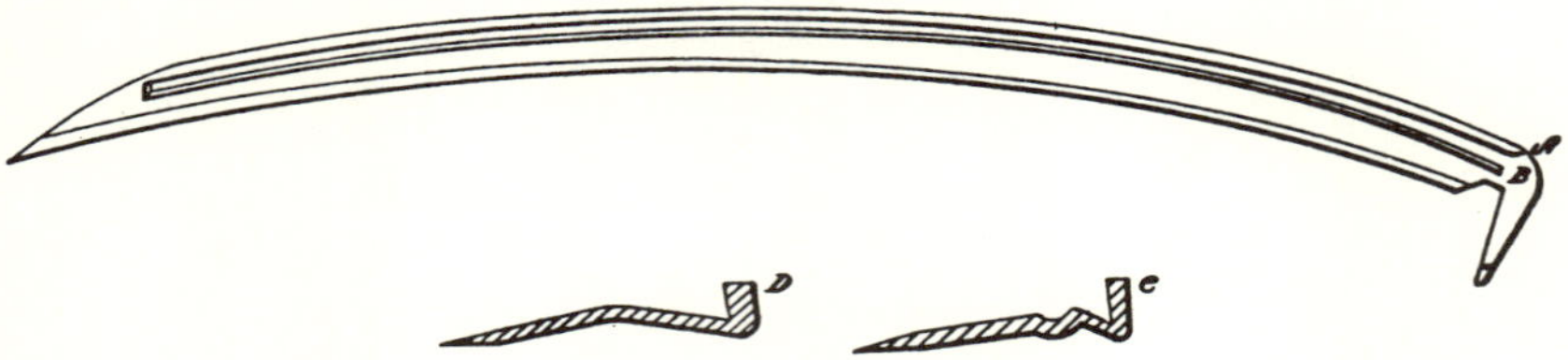

74 大鎌の分化：「刈り取る草や穀物の種類に応じて種々の大鎌が用意されている」。1876年。（アシャー，アダムス共著『アメリカ工業図鑑』，フィラデルフィア，1876）

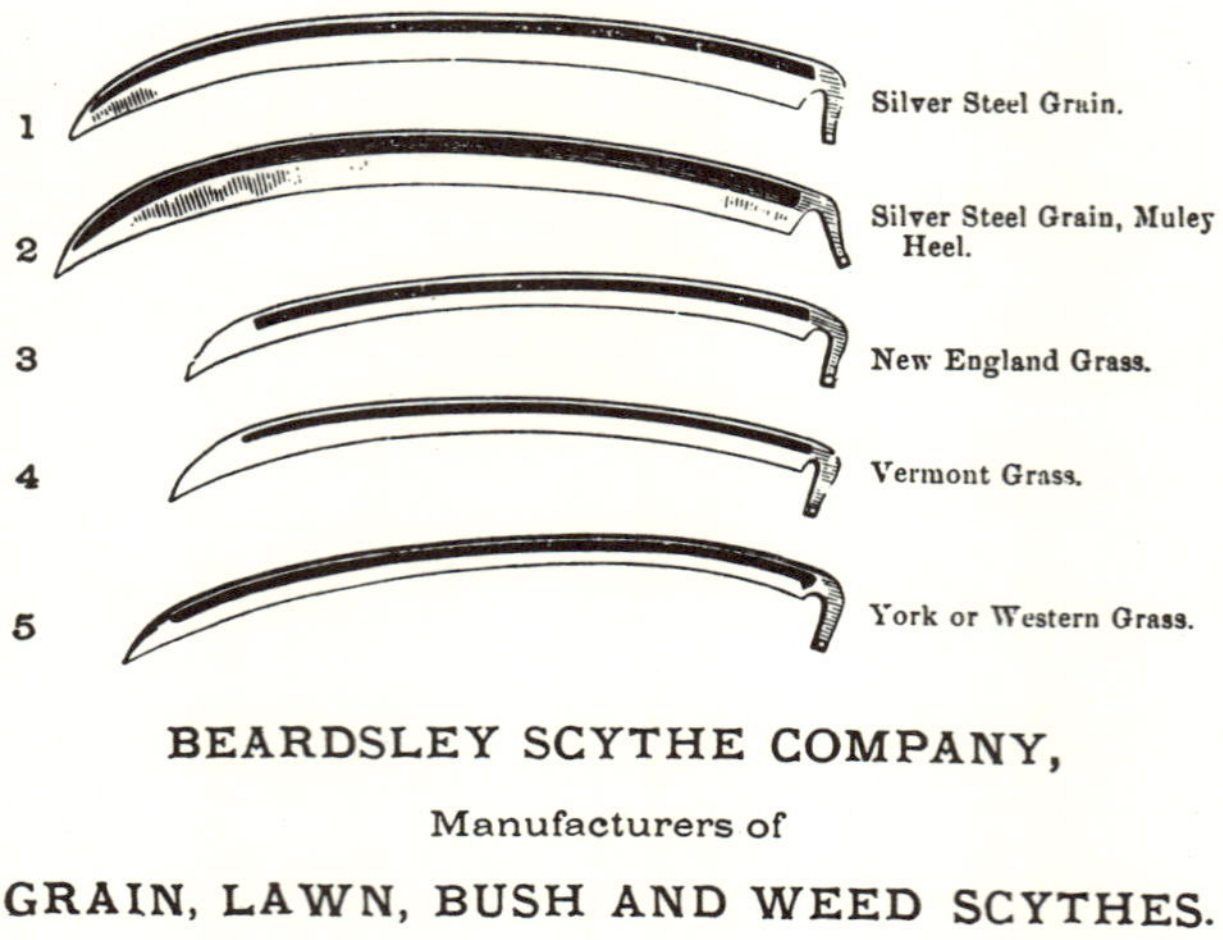

75　農機具一覧。1850年頃。数世紀にわたって変わることのなかった道具の改良運動は，1850年頃ほぼその頂点に達した。19世紀中頃のこの広告には，「さまざまな種類の鋤，乾草や茎を切る道具，脱穀機，木の皮むき機，挽肉製造機，種々のチェーン」が載っている。用途をそれぞれ異にした斧，大鎌，鍬，ハンマーも掲載されている。

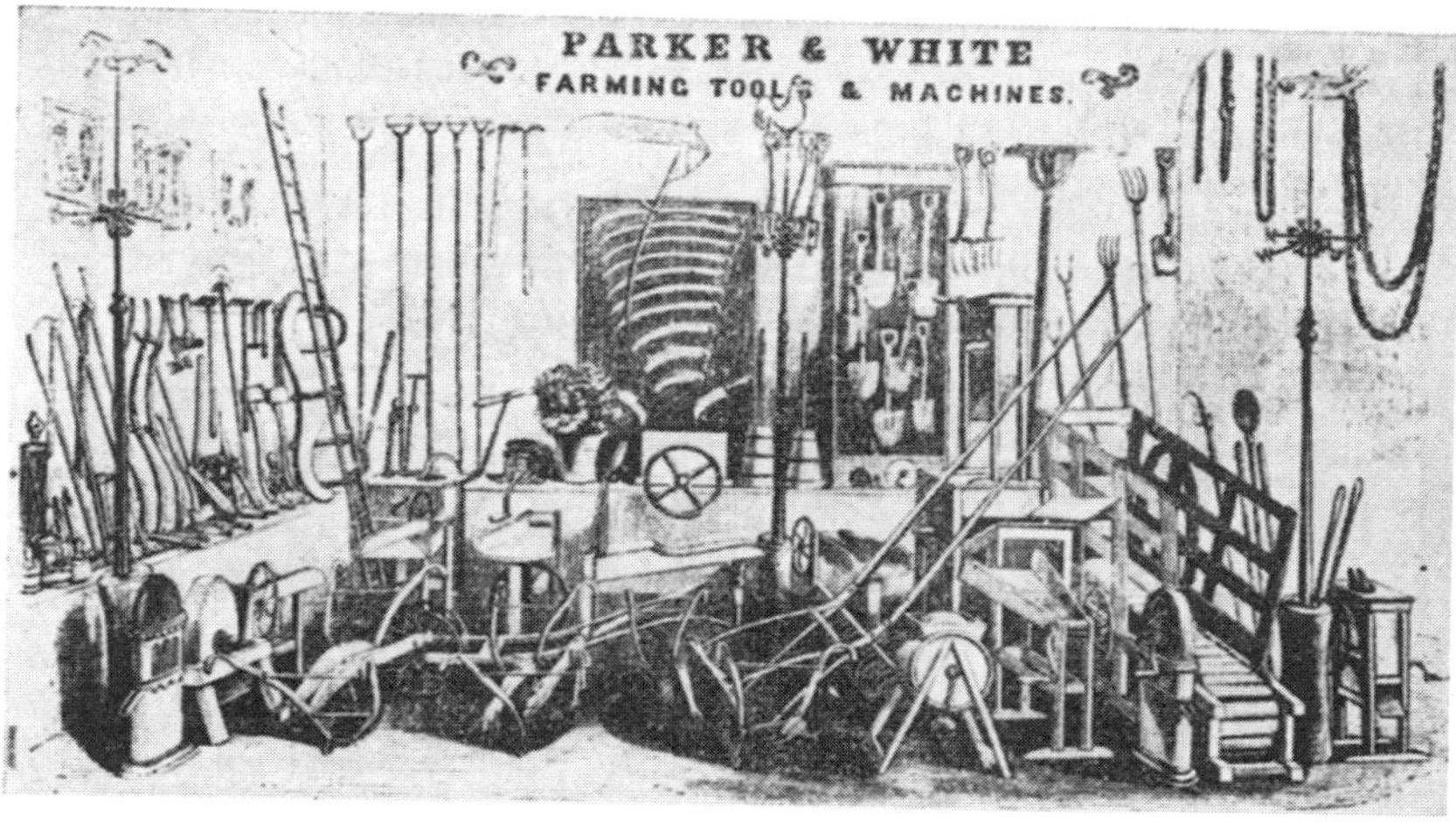

あらゆる点からみて、刈取機が果たした役割は自動紡績機のそれより決定的だった。刈取りの迅速性は収穫にとって必要不可欠で、それも穀物が熟し、天候に恵まれているうちに行なわなければならない。機械を用いると、刈取り間際に人を雇わないですみ、その利点は二重であった。

刈取り作業

一七八三年、ロンドンの「芸術協会」は、「小麦、ライ麦、大麦、からす麦、および豆類の収穫作業を容易にする安価な機械を発明した者」に、金メダルを与えようという提案をした。「少なくとも三エーカーを刈り取ったという保証付の機械を、一七八三年十一月の第二火曜日までに、協会に提出すること。……構造が簡単で製作費が安くてすむ点が選考の際に最も考慮される」(47)、これが募集要項だった。

ジェスロ・タルは私財を投げうって、農業技術の改良、条播機（一七〇一年）、馬に曳かせる耕作機（一七一六年）の発明に努力した。一七三二年に最初の脱穀機が出現し、それから五十年後に芸術協会がコンテストを開催するまでには、すでに主だった改良が加えられ、実用化されていた(48)。

刈取り作業の機械化も不可能なはずはなかった。茎を地中に残したまま穂だけを刈り取る、ローマ時代の穂先刈取機については、プリニウスが書き、英語、フランス語に訳されて一般に知られていた。ところが、芸術協会は、これの上をゆく機械、すなわち、刈り取った麦を適当に地面に置き、あとで集めて束ねやすくする機械を要求したのである(49)。

76　機械式刈取機の導入。英国特許，1811年。これは，刈取り作業の機械化をはかった多くの試みのひとつだが，方法が単純すぎて失敗した。周囲に円形刃をつけた大きな回転ドラムは円鋸の原理を真似たものだった。(『エディンバラ百科事典』)

しばらくの間、実用的な機械はまったく現われなかった。しかし、十八世紀も終りの頃、発明活動が活発になり、未熟ではあったが重要な工夫がなされた(50)。

どうすれば、人間の手による仕事を機械に置き換えられるのか。後で述べるように、イギリスでは、揉んだり押したりする手の動作を、そのまま真似る洗濯機の発明が試みられた。しかし刈取機は、最初（一七八六年）から、あらゆる機械の究極の目標である連続回転機構の達成を目指していた。

一八一一年に、回転する刃を円錘形のドラムに沿って取り付けた刈取機(図七六)に特許がおりた(51)。それは、円鋸の原理(52)を刈取りに応用したものであった。しかし、小麦の稈は木とも、板とも違う。いろいろと試みられたが、結局、連続回転機構は成功に結びつかなかった(53)。

稈は、手で刈り取る場合には、少しずつ確実に刈り取ってゆくほかない。つまり、鎌では、稈をいちいち束ねながら刈り取ってゆかなければならないが、機械ではこれが連続作業としてやれるはずである。そこで、鎌の代りに短い三角の歯が一列に並べられた。固定された鉄の爪が稈を摑むと、歯が鎌と同じ具合に穀物を刈り取ってゆく。この間に、大きなリールが、歯が一回の動作で切り取った量の稈を地面においてゆく。この方式は現在まで変わらず残っている。

草は空洞の稈とはまったく違った動きをするため、長い鉄の爪を使ったほうが、刈取り作業の能率があがることが間もなくはっきりした(54)。長い爪をもった刈取機は、後にバリカンにも適用された剪断の原理を基にしている。

草と髪は、どちらも根が深く、稈、木材よりも構造的にはるかに互いに接近しているため、同じ原理で処理できるのである。

サイラス・マコーミックの刈取機は、鋭い刻み目の入った短い三角の刃から成っており、この点は現在も変わっていない。それは鮫の歯のように材料に深く食い込む点で優れている。

すでに一七八三年には刈取機の原理はわかっていたが、マコーミックが特許を得たのは、それから五十年後の一八三四年だった(図七九)。しかしそのときですら、刈取機は実用化に到っていなかった。この時代についていろいろ教えてくれているフィラデルフィアのある年代記作者は、一八五四年、次のように書いている。「柄の付いた鎌は、ヨーロッパやアメリカで、干草や穀物を刈り取る主要な道具として引き続いて用いられている。……機械導入の試みは、すべて失敗に終ったが、その原因は、機械にメリットが欠けていたからというより、機械化への意欲そのものが一般にあまりなかったからである」(55)。この文が書かれた頃になってようやく、マコーミックの刈取機の成功を契機に、刈取り作業の機械化が促進されるようになった(56)。

十九世紀半ばになって機械化が始まったのは刈取り作業ばかりではない。製鉄や織物工業を除く全工業分野の発展も、この時代にやっと始まった。マコーミックを引き継いで刈取機を完成へと一歩進めたC・N・マーシュは、一八四六年、大胆にも刈取機(図七七)の製造に乗り出した工場について次のように語っている。

> 情熱や勇気を充分に持ち合わせた者はなかなかいなかったし、刈取機の製作という冒険的な事業を始めるのは実に困難なことだった。それに、刈取機を使って穀物を収穫するよう農民を説得したり、そうした改良に熱意をもつようにしむけるのも並大抵の苦労ではなかった。しかし、その年に作られた一〇〇台の機械は成功だった。……この成功は刈取りと収穫の方法に革命をもたらした(57)。

マコーミックが西部へ移動し、シカゴに工場を設立すると、一年間の生産台数は急にはねあがった(58)。その後、彼の刈取機は、いろいろな点で改良が加えられたが、基本的な構造はこの時期までに確立されていた。

刈取機は一人の個人の発明ではない。マーシュは、彼の長い経験を振り返って、次のように述べている。「実用的な刈取機は、漸次完成していった。ある人が機械を発明すると、その発明の有効な部分だけが、彼の死後、次の機械に引き継がれてゆくというように」(59)。

マコーミックの刈取機の七つの基本要素は、すでに十九世紀の初頭、イギリスの特許リストに載っている。彼がこの事実を知っていたかどうかはあまり重要ではないし、彼を天才と評する多くの論議も、歴史的に見れば問題とするに足りない。彼は、シカゴにいた同時代人のプルマンのように、ただ成功を約束するようなものにだけ目を向けたわけではない。マコーミックが本当の意味での発明の才能を備えていたことは、今日まで残っている刈取機の構造や、鮫の歯のような刻み目をもった切断機構をみればわかる。彼は、アメリカ人らしく、物事をうまく働かせ、同時にそれを活用する秘訣を知っていた。南部の農場出身の発明家は彼だけだった。もし一八四七年(最初の会社が一〇〇台の刈取機の連続生産を始めた翌年)にイ

77　マコーミックの刈取機。1846年。1850年のこの広告ちらしには，当時まだ「ヴァージニア刈取機」と称されていたものの最初のモデルが示されている。この刈取機は1846年に100台生産された。１人が馬に乗って刈取機をひっぱり，もう１人が機械の後方に乗って穀物を纏めて地面にかき落とす。（提供：マコーミック歴史協会付属図書館，シカゴ）

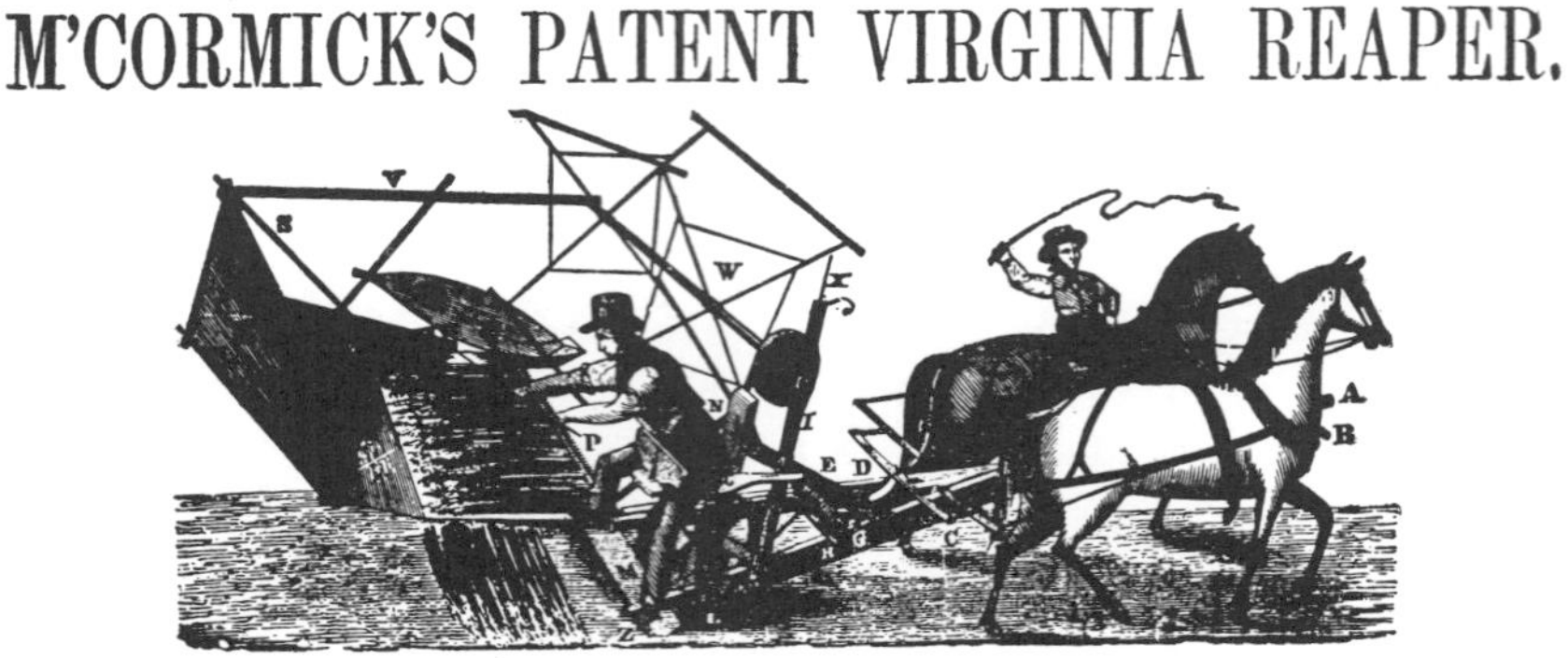

78　ウォルター　A．ウッド：自動レーカー付刈取機。1864年。刈取り作業の機械化は解決された。次の問題は，穀物を手で集める作業をいかにしてなくすかということだった。台に乗った人間にとって代わり，人間の腕の動作を真似て穀物をかき集める最初の機械式レーカーは，1853年に工夫された。間もなく，ドライバーは後部の片持ち方式の座部に坐って刈取機を操縦するようになった。彼の体重で機械のバランスが保たれ，彼はただ作業の様子を見守っていればすむようになった。（ウォルター　A．ウッドの自動レーカー付刈取機，1864，カタログ：マコーミック歴史協会）

79　マコーミックが刈取機に関してとった最初の特許，1834年。発明は1831年。（合衆国特許，1834年６月21日）

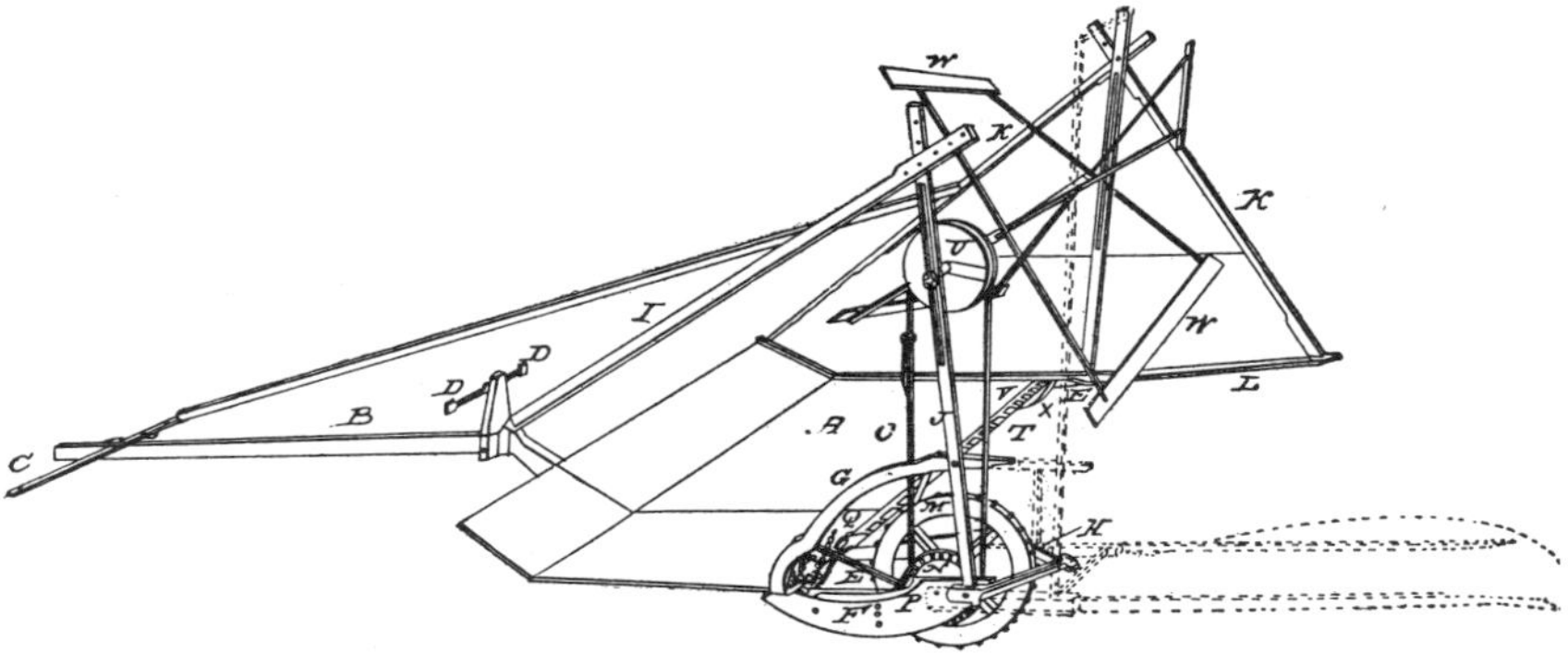

80　ウッドの自動レーカー付刈取機。1875年。農業機械に可動性が与えられた。「作業部分や作業台は２，３分で折り畳むことができ，幅４フィートの門を通ることもできます。これまでに製作されたうちで最も優秀な刈取機です。1872年に数台，1873年に1000台，そして1874年に4000台近く生産されました」。（ウォルター　A. ウッド，英国のカタログより，1875，提供：マコーミック歴史協会）

The above Cut shows Wood's New Self-Delivery Reaper on the Road.

リノイに移住せず、ヴァージニアに留まっていたならば、彼は多くの無名の発明家の一人にとどまっていただろう。彼は慎重で、保守的と言ってもいいくらいだった。実用化が可能で失敗の危険性が少ないという確信がもてるまでは、発明が成功したとは認めなかった。とはいえ、彼はいつ行動すべきかを知っていた。一八五一年、世界中の人びとが集まるロンドン万国博覧会に一人で旅立った。アメリカに残った彼の主な競争相手は、このとき、決定的な遅れをとったのである。『ロンドン・タイムス』は、マコーミックの刈取機の風変りな外観について「二輪馬車と、手押し車と、飛行機が混ざっている」と嘲笑した。しかし、彼の機械がこの分野で他の追随を許さぬものであることが実証されると、誰もこのようなことは言わなくなった。マコーミックは発明家、製作者、財政家、そして販売と広報担当を兼ねていた。一八五〇年代、代理店網をアメリカ全土にはりめぐらした最初の実業家でもある。

刈取り作業、収集作業、結束作業

刈取り作業の問題は解決されたが、次の課題は、作業台に沿って歩き回った後、その上に立ち、穀物を時々かき集め、地面に適当な間隔でおろす作業の手間をはぶくことだった。いろいろな型の自動収集機が作業員の手にとって代わったのは、十九世紀半ば頃である(60)。

無限ベルトによる解決——刈取り作業を機械化しただけでは、穀物はまだ地上に放り出されたままで、その先の仕事は、依然手で行なわねばならなかった。最初の課題は、刈取り作業と結束作業を結びつけること——すなわち、穀物を地上におろす前に束ねてしまうことであった。これには、種々の方法が試みられたが、ついにイリノイ州出身の二人の若い農民、マーシュ兄弟が成功をおさめた。彼らは、ヨーロッパの農民には見られない、中西部の男に独特な大胆さを発揮して、作業台にテーブルを取り付けた刈取機を思いつき、その大まかなモデルを自分たちの試験農場で製作した。それは、傾斜を付けた無限ベルトで作業台上に穀物の稈を運び、これを作業台の上に立っている二人の作業員が束にして、地上に投げおろす仕組みになっていた。

このマーシュ兄弟の基本的な構想は、穀物を高い位置にまで運ぶ点——上方移送——にあり、今日でもそれは変わっていない。オリバー・エバンスの場合(一七八四年)でもそうだが、ベルトコンベアと、アメリカにおける機械化は切っても切れぬ関係にあり、ここでも驚異的な効果を生んでいる。この機械では、二つのコンベアが組み合わされている。低いほうのコンベアは作業台から穀物を水平に運び、高いほうのそれは穀物を上方に移送する(図八二)。こうして穀物はコンベアで反対側の作業面に運ばれる。この屋根の形をした構造(図八一)は、後に、結束作業が機械化されても、刈取機の特徴として残った。

一八九〇年頃、この機械の発明者は誇らしげに次のように語っている。「マーシュ収穫機は、以後、原理も形態も実質的に何ら変わっていない。一八五八年に使われた古い機械と、現在のように塗装された機械を結束機を除いた状態で比べてみれば(61)、アメリカ、ヨーロッパ、あるいはオーストラリアのどこの農場におかれていようと、また、どこで製造されたものであろうと、ほとんど見分けがつかないだろう」。この話には充分な説得力がある。実際、どの製

81　自動レーカーの除去：マーシュ収穫機。1881年。無限ベルトで穀物を収穫台から結束台へ移動させるようになっている。２人の男（この絵には見えない）が，図83にあるように穀物を結わえ，地面に落とす。（カタログ：マコーミック歴史協会）

MARSH HARVESTER.

82　マーシュ兄弟がとった最初の収穫機の特許。「ハーベスター・レイク」。1858年。この画期的な発明では，D，Eの無限ベルトが傾斜した台にとって代わっている。穀物はこのベルトにのって２人の男が立っている台へと運ばれ，そこで束ねられる。（合衆国特許21207，1858年８月17日）

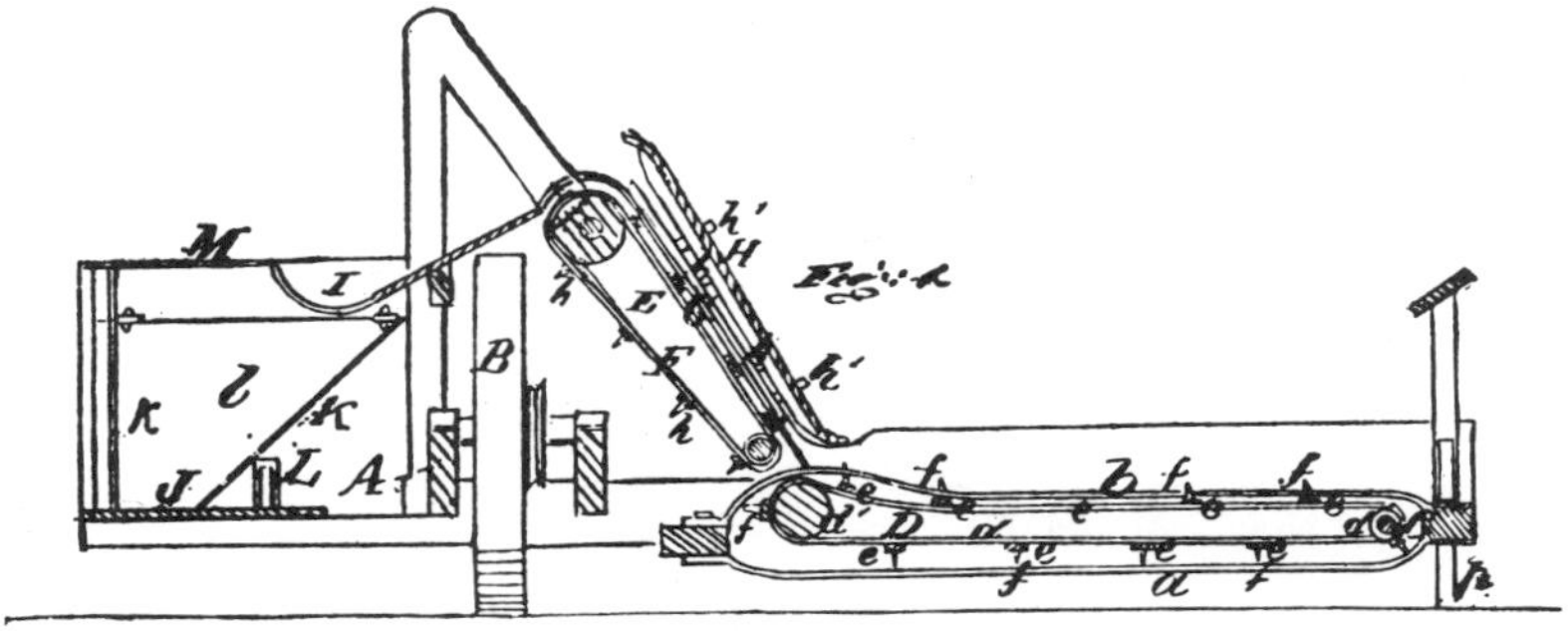

83　マコーミックの収穫機。結束は手で行なわれている。1880年。(マコーミック社のカタログ，1880，提供：マコーミック歴史協会)

84　結束作業の機械化：穀物の束は針金で自動的に結束される。ウォルター　A. ウッド，1876年。結束作業が自動化された結果，２人の作業員が作業台から姿を消している。ウッドの収穫機に取り付けられたワイヤー結束機は，すでに1873年には市場に出ていた。マコーミックのワイヤー結束機も同時に開発された。

85　結束作業の機械化：ウォルター　A. ウッドが発明した麻糸を使用した最初の結束機。1880年。針金を使った結束機は長続きせず，麻糸を使う結束機が発明されると姿を消した。(英国カタログ，1880，提供：マコーミック歴史協会)

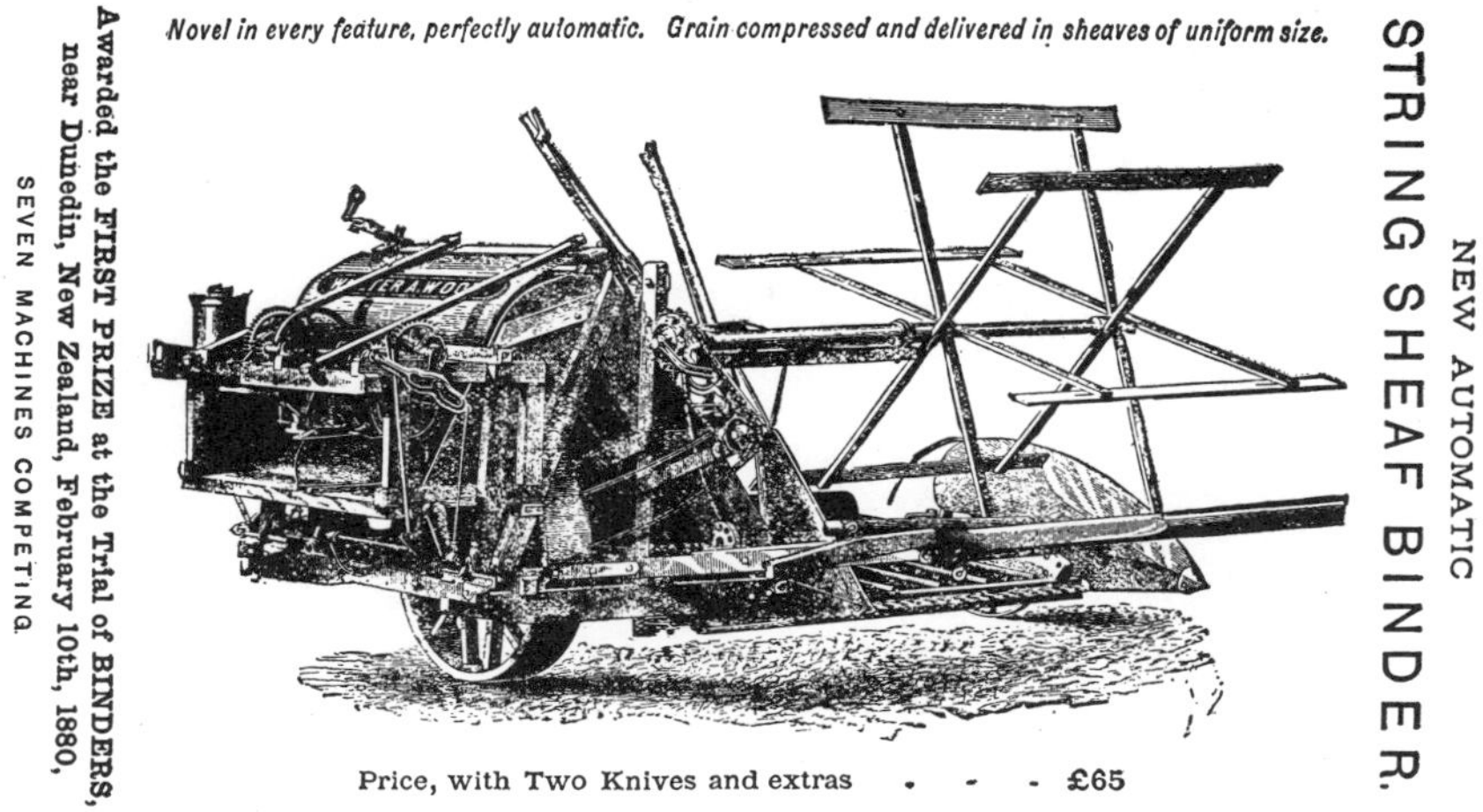
NEW AUTOMATIC
STRING SHEAF BINDER.
Novel in every feature, perfectly automatic. Grain compressed and delivered in sheaves of uniform size.
WALTER A. WOOD
Price, with Two Knives and extras - - - - £65
Awarded the FIRST PRIZE at the Trial of BINDERS, near Dunedin, New Zealand, February 10th, 1880,
SEVEN MACHINES COMPETING.

造業者もこのタイプを作らざるをえなかった。この機械はマーシュによって「収穫機」と命名されたが、間もなく、単純刈取り作業以上の仕事を行なう機種一般を指す名称になった。C・W・マーシュも、オリバー・エバンスと同じように、アイディアを金に替える才能に欠けた多くのアメリカの発明家の一人に数えられよう。最後にマーシュは『農機具ニュース』の編集者になった。この雑誌に掲載された彼の農機具史論は、さまざまの発明の意義を明らかにしたものだが、われわれにとってもかけがえのない資料となっている。『アメリカの農機具』という小冊子には、R・L・アードリーによって彼の論文が収録されているが、その本はアメリカ農業史における重要な時期を知る手掛りを与えるものとして、ヴァザーリの年代記のような役目を果たしている。本書でもたびたび参照している。

自動結束機——結わえるための工夫は、織物業界からは生まれなかった。最初、麻糸を使って束ねることが考えられたが、満足のゆ

86　ウォルター　A. ウッドのトレードマーク。1875年登録。ウォルター　A. ウッドは，19世紀後期の最も優れた農業機械を製作した。彼も，大型機械に互換部品を使ったパイオニアの1人だった(図25)。この会社は1904年に閉鎖され，その記録も失われた。

WALTER A. WOOD.
TRADE
MARK.

87　麻糸を使った結束機の成功：アプルビーの発明した結束機，および，結び目をつくる部分。「これほど圧倒的なスピードで世界を席捲した機械はない」。農業の機械化に関するヴァザーリともいうべきR．アードリーはこのように書き残している（1894年）。アプルビーの結束機とウッドのそれは，どちらもマーシュ型の収穫機に取付け可能だったが，1880年，同時に市場に現われた。（アードリー『アメリカの農機具』1894）

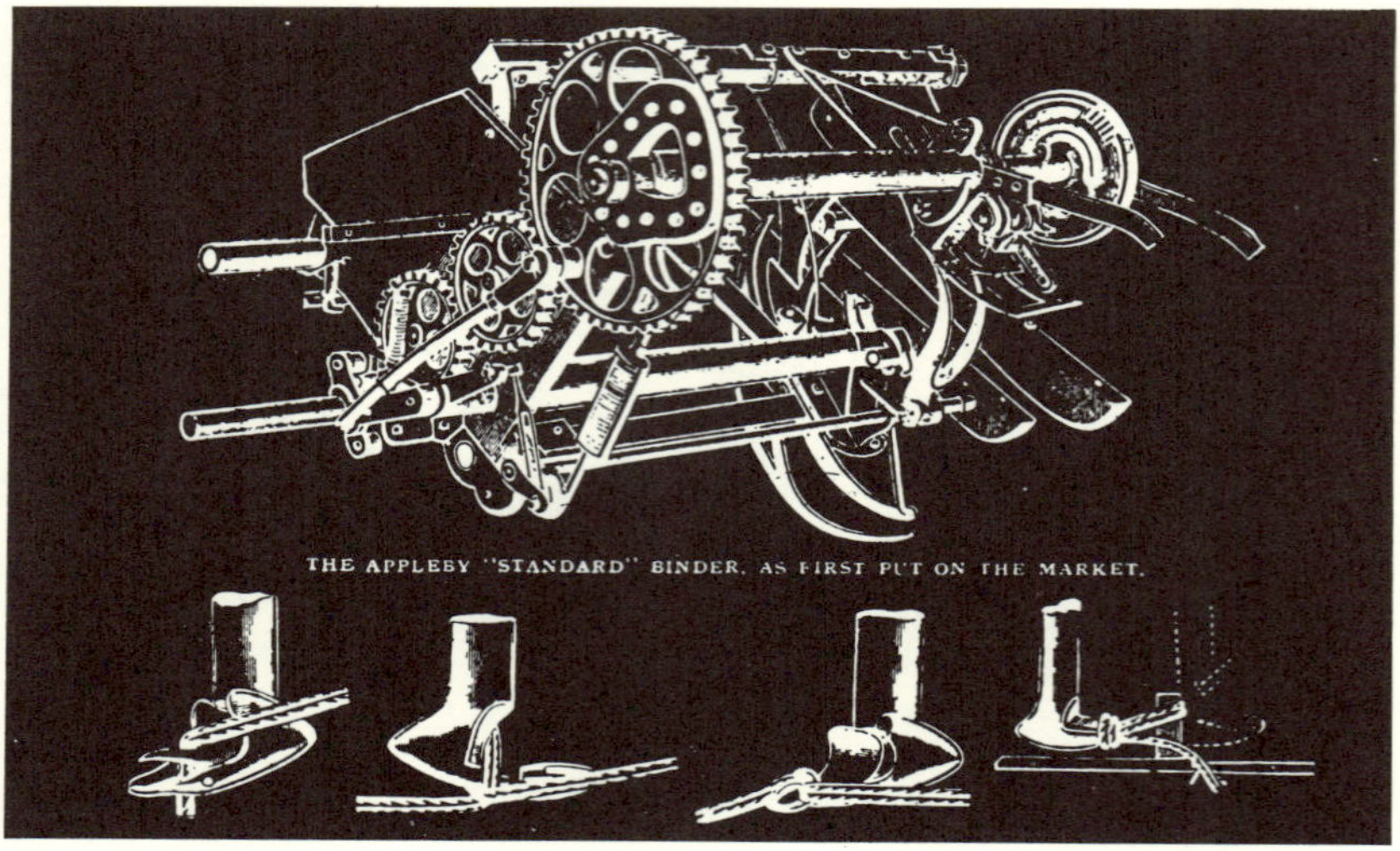

88　麻糸を使った結束機。1940年代。1880年頃完成された麻糸を使った結束機は，小型コンバインが登場した全面的機械化時代まで基本的に変化しなかった。（写真：マーチン・ジェームス）

く解決ではなかった(62)。自動結束装置付刈取機は、機械化の上でのやっかいな課題だった。マーシュは失敗に終った試みがどれほど多かったかについて、次のように説明している。「結束機が構造的にも機能的にも完成し、実用化するまでには二十五年かかった。その間、現在業界に投資されているのと同じくらいの資本が失敗作に費された」(63)。

次に、硬い材料である針金が比較的問題が少なかったため、結束の材料として使われた。そして、一八七〇年代の初頭にはそれを使って束ねる自動結束の実用機が登場した(64)（図八四）。しかし、やはり金属は束ねる材料としてふさわしくないことがわかった。針金が穀物の中に残ってしまうという難点と、それ以上に、針金という材料に対して好感がもたれなかったからである。

針金にとって代わったのは再び麻糸だった。すでに一八八〇年には、麻糸の結束機は実用化をみるばかりになっていた。ジョン・F・アプルビーは、刈取りの機械化の過程で登場する三番目の重要人物であるが、彼は最初、麻糸で束ねる装置を発明して一八五八年に特許をとり、次に麻糸にかえて針金を使ったが、最後に一八七五年頃、ふたたび元の麻糸を使うアイディアに戻っている。アプルビーの結束機（図八七）は、マコーミックの刈取機と同様、過去の発明家の工夫を実に巧みに組み合わせたものだが、現在まで、そこに示された原理を変える必要はまったくなかった。それほど、そのアイディアは卓抜だった。その驚くべき普及度についてマーシュは、「今までにこれほど圧倒的な速度で世界中に広がった機械はない」(65)と記している。

現在でも農場では、屋根型の収穫機が動いている。無限ベルトが刈り取られた穀物を持ち上げ反対側におろすと、そこでは二人の人間に代わって自動機械が待ち受け、穀物を集め圧縮してまとめる。次の瞬間、機械が傾き（図八八）、一定の長さのマニラ麻で結束する。結び目ができると糸は切断され、束は機械から自動的に離れる。

結び目をつくる装置（図八七）は長さも形も、ちょうど鶏のくちばしに似ていて、その突端部で麻糸をあやつり、輪をつくる。一人を除き(66)、すべての製造業者がJ・アプルビーの特許を使用した。この機械が発明された結果、生産が増大した。この点については、後に次のように記されている。「この機械は他のどんな発明、工夫にもまして生産の増大を可能にした」(67)。この自動結束機の出現をもって、一八八〇年代、農業の機械化は一応の完成をみる。この時期には、アメリカで収穫された小麦の四分の五が機械を使って刈り取られている。

刈取機と並行して、鋤や円板鋤、ばね式馬鍬、条播機など、他の道具も改良され機械化されていった。

全面的機械化時代に入ると、新しいタイプの農機具が結束機に続いて登場した。刈取りから脱穀に至るすべての操作を一貫して行なう機械が現われたのである。しかし、これは、アプルビーの結束機の価値を減少させるものではなかった。なぜなら、腐敗の恐れがなく穀物を穂の状態から直接袋詰めにできるのは、天候が一様な地域に限られているからである。

回顧——ここで、今までの機械化の過程を振り返ってみよう。機械化が生産に影響を与えるようになった時代から今日までは、次の三つの段階に区分できる。

一八五〇年頃。単純刈取り作業——マコーミックの刈取機（一八三一年発明)。

一八七〇年頃。手による結束をともなった刈取り作業——マーシュの刈取機(一八五六年、最初の型の出現)。

一八八〇年頃。自動結束装置——アプルビーの麻糸を使用した結束機(一八五八年に構想)。

こうして、農業の機械化は一応完成した。しかし、農業機械は全面的機械化の時代まで、より軽いもの、能率の高いもの、安全性のあるもの(スチール・フレームの使用)を目指して絶え間なく改良が加えられた。

このことは、一八八〇年から一九二〇年にかけて、穀物生産高が増大し続けたという事実によく示されている。

機械による収穫作業は驚くべき速さで、一八五〇年から一八八〇年にかけて完成されたが、なかでも、五〇年代後半から七〇年代に至る期間は特に興味深い。後にみるように、このことはこの時代のアメリカの他の活動分野にもあてはまる。

全面的機械化時代の農業

人間の手による作業は段階を踏んで機械にとって代わられた。しかし、刈取りと結束という作業の内容そのものは、手工業的な時代から変わっていない。

一八八〇年代には、小麦畑一エーカーを収穫するのに延べ二〇時間の労働が必要だったと推定される。一九〇九年から一九一六年にかけては、これが一二・七時間になり、一九一七年から一九二一年には——すなわち、全面的機械化時代の到来とともに——一〇・七時間に短縮される。次の一九三〇年代(一九三四—三六年)(68)には六・一時間となり、それ以前の四十年間と、短縮率はほぼ同じである。

トラクター

このような生産性の飛躍的増大は、実は外部からもたらされた。家事の機械化を可能にしたのは小型のモーターだったが、農業の全面的機械化を可能にしたのはもう一つの動力、内燃機関だった。一九〇五年には、最初のトラクターが現われている。この機械は当時の電気レンジと同様、怪物のような印象を人びとに与えた。トラクターの出現は、自動車の安価な生産によって初めて可能になったが、トラクターに対しては誰もが実に慎重な態度をとった。マコーミックのインターナショナル・ハーベスター社が雑誌『トラクター』を創刊したのは、ようやく一九一五年になってからである。この雑誌の謳い文句は、「トラクター農法を専門的に扱った最初の出版物」ということだった。人びとはトラクターに対して次のような疑問を抱いていた。曰く、「小型の農場用トラクターの操作はむずかしいのではないか」。「今トラクターを買って得するだろうか」。馬と比較して、「トラクターなら、使っていない時は餌代がかからない」という者もいた。ついには農民の想像力を掻き立てるかのように、飛行機とトラクターを並べてみせ、「蝶も、蟻も、一皮むけば中身は同じなのさ」とも言われた。ヘンリー・フォードが、年間

89　収穫作業のライン化：合衆国特許。1836年。「収穫，脱穀，洗滌，袋詰めを一括して行なう機械」，1836年。ミシガンの荒野で製作されたこの最初の自動コンバインは，オリバー・エバンスが1783年，製粉工場で成し遂げたことと同じ傾向を表現している。しかし，刈取り，脱穀，穀物の袋詰めを自動的に行なうコンバインが小規模農場に適したものになるまでには，さらに約100年を経過しなければならなかった。（合衆国特許，1836年6月20日）

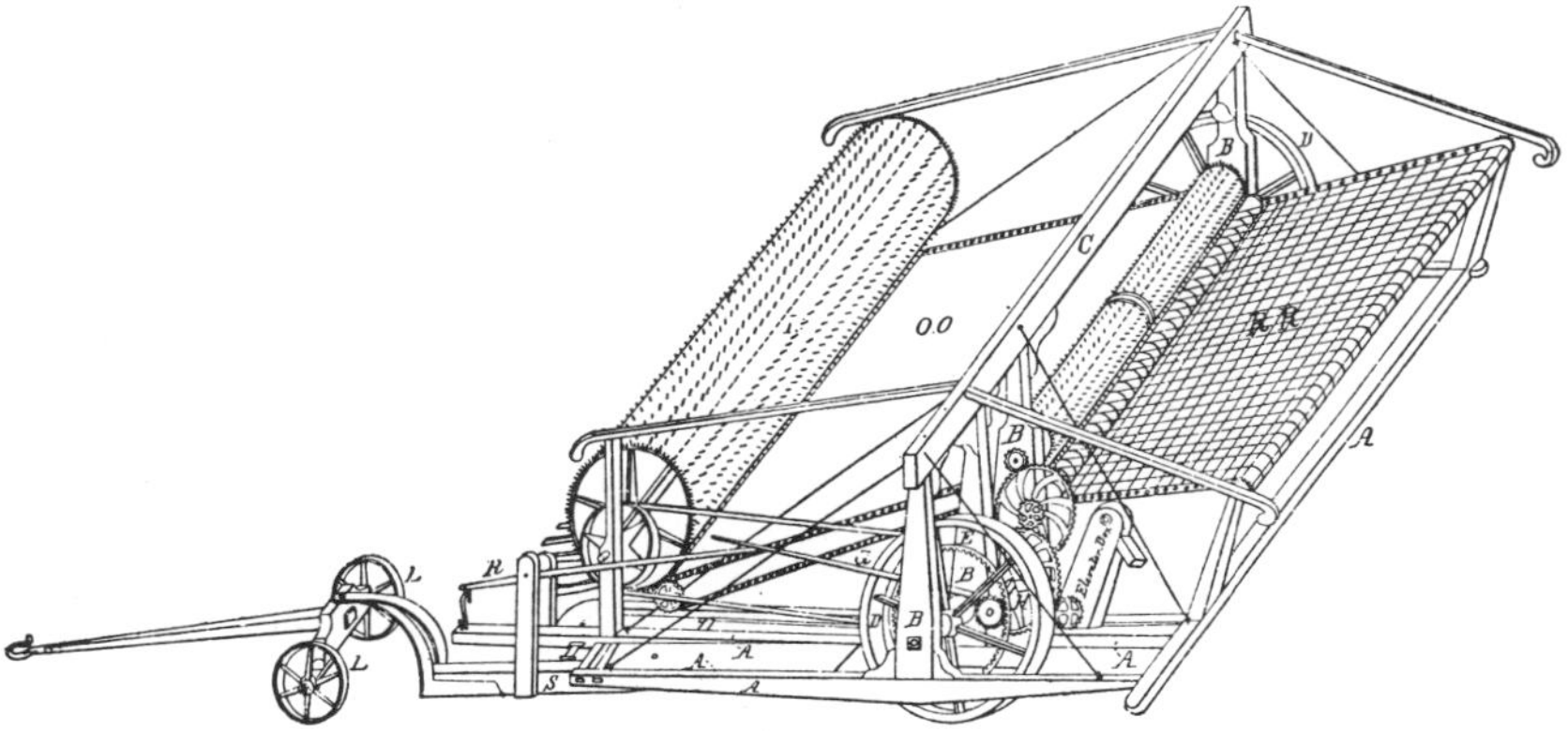

一〇〇万台の自動車生産を達成したのはちょうどこの頃で、それから二、三年もたたないうちに、トラクターの普及は一大躍進をとげた。一九一八年の八万台が、次の年には二倍の一六万台になり、一九三九年には一六〇万台に増大している。つまり全面的機械化の展開期（一九一九―三九年）に、生産台数は十倍にはねあがったことになる。

一八六〇年代から七〇年代にかけて、イギリス人が蒸気鋤の製作に使った不恰好な自動機関《ロコモービル》に始まり、より大きな、そして最後には軽便なトラクターが登場するまでの過程は、機械化がたどる一般的段階を反映している。一般の農民に人気があったのは、軽便な多目的トラクターだった。鉄の車輪に代わって空気タイヤが使われた結果（一九三二年）、畑から畑へ移動する際の時間の損失が省けるようになった。

トラクターの重要な特徴は、動力の部分を小さなユニットにまとめている点である。トラクターは三頭の馬に曳かせた刈取機よりも敏速で、仕事量も大きい。また馬よりも牽引力が大きく、一台でできる仕事の種類も多い。

作業過程の統合

現代はアッセンブリーライン、言い換えれば生産ラインがあらゆる分野に浸透している時代である。確かに自然は、初めと終りを一挙に結びつけるようなことはしない。植物が生長し成熟するには時間がかかる。しかし生産の場面では、初め――耕作、種播き、施肥――と、終り――刈取りから袋詰めの段階――を一つの作業に統合

90　農業における一貫作業。1930年代。小型コンバインの登場。小規模農場における収穫作業が完全に機械化されるには，機械が小型化し，価格が引き下げられるとともに，新しい動力源，ガソリンエンジンを使ったトラクターの登場を待たねばならなかった。20フィート幅で穀物を刈り取ってゆく巨大なカリフォルニア式収穫兼脱穀機を出発点として，大きさと価格の点で小規模農場に適したベビー・コンバイン（1936年）が，そして遂には刈り幅が40インチのミゼット・コンバイン（1939年）が生まれた。小型のガソリンエンジンは，小さな電動モーターが家事の機械化に果たしたのと類似した役割を，農業の分野で果たした。（インターナショナル・ハーベスター社，シカゴ）

する方法が発見された。

穀物を刈り取ったあと、それを地上に投げ出したままほっておくわけにはいかない。乾燥させるためには手を下し、立てかけなくてはならない。それを運ぶにはさらに時間がかかる。ところで、こうした作業を一つにまとめたのが、収穫機と脱穀機を一つにした「コンバイン」と呼ばれる機械である(図九〇)。一九三六年――タイヤをつけたスピードの速いトラクターが現われた年――に、小規模の農場に適したコンバインが製作された。これは、刈取機と同様、普通の五―六フィートの幅で刈入れを行なうことができた。条件がそろえば、この機械は一時間に四マイルから五マイルのスピードで移動しながら、刈取り、脱穀、袋詰めの作業ができたという(69)。このコンバインは「ベビー・コンバイン」とも呼ばれた(70)。

収穫を一回の操作で行なおうとする構想はかなり昔からあった。それは一時的に棚ざらしになり、埃をかぶっていた発明の一つだった。すでに一八二八年には、一貫作業方式に対し最初の特許が認可されていた。マコーミックが最初の刈取機を発明する以前のことである。しかしこの機械については、特許の明細書があるだけで、他には何も知られていない。収穫・脱穀・洗浄・袋詰めの作業を一度に行なう機械が初めて作られたのは、一八三六年だった(71)(図八九)。したがって、この時からコンバインが小規模な農場に導入されるまでに、実に一〇〇年の歳月が経過したことになる。理由ははっきりしている。一二頭の牛を動力とした初期のコンバインは数千ドルもしたうえ、天候が不順だと使えず、また、よく整備された商業農場でなければ成り立たなかったからである。中西部ではこうした条件はそろわなかった。この一八三六年製の「コンバイン」は、大草原出身の二人の農民によって、彼らの大草原地方独特の気質に助けられて製作され、ただちに未開発地域の農作業に使われた。

一八八〇年代には「脱穀兼収穫機」がカリフォルニアに現われた。ここでは、一年中同じような天候が続き、大規模な機械類を使っても採算の合う裕福な大農場があった。オベリスクでも動かせるかと思われるほどのたくさんの馬が、この機械を動かすのに使われた。しかし、自動機関《ロコモービル》では動力の問題は解決できなかった。

必要な条件を備えていたのはトラクターだけだった。一九二〇年頃は、一六フィートから二〇フィートの幅で刈取り作業をする大型のカリフォルニア・トラクターが使用されていた。

この大型トラクターは次第に小型化し、価格も下がり、ついに一九三九年には、四〇インチ幅でも刈り取れる、非常に小型のコンバインが導入された。それは結束機と値段がほとんど変わらず、小規模な農場でも「今まで大農場の経営者だけのものだった収穫コスト上の利点」にあずかれるようになった(72)。

これに類した機械は生産の最初の段階でも使われた。ただこの小麦収穫用のコンバインは、以前は別々の作業であったものを同時に遂行するという新しい傾向を表現していた。この機械によって、小麦の種播き作業、じゃがいもの植付け作業、耕作、苗床の準備、施肥などすべての作業が流れ作業方式で行なわれるようになったのである。

自営農場と工場としての農場

切妻屋根の大きな納屋の中に並んだ農業機械類。そしてそのまわり一帯では一六〇エーカーもの牧草、小麦、とうもろこし畑が刈取りを待っている。これだけの作業を三人でやってのけるのである。小舎に飼われている二〇頭ほどの雌牛の乳搾り作業は機械で行なわれ、乳が出なくなると機械は自動的に止まる。農民は朝五時に起きて畑に出て行く必要もなくなった。朝九時から十時の間に、種播きや刈取り作業のために、それも時々家を出るだけですむようになった。

人類の農耕史上初めて、農民は激しい重労働から解放されたわけである。機械がすべてを行なう。十八世紀の理論家が夢想だにしなかったことが日常茶飯事になった。機械化の目的が人間を苦行から救うことにあるとすれば、ここにこそ、その完成した姿が見出される。農民は身をかがめるようにして同じ動作を繰り返す必要は最早なくなった。しかも偉大な自然の力、季節の変化、風と太陽そして動物と土――これらとの接触に伴う作業の多様性は昔と変わらない。

一六〇エーカーといえば、以前にはなかった規模の農場である。これは偶然の数字ではない。アブラハム・リンカーンが署名承認した自営農場法の規定によれば、それは、誰でもアメリカ合衆国市民や、すでに市民権を申請した人であれば、求めに応じて直ぐに与えられる土地の広さであった。こうして分与された土地につけられた唯一の条件は、五年以内にそこを耕し、農場を建設するということであった。自営農場法によって与えられた土地は、どんな事情のもとであっても、以前の借金の抵当にしてはならなかった。

この施策を支えたのは、アメリカの広大な未開発地域の存在と、「貴族的な土地所有ではなく、独立自営農場の増加を図り」、「自分の土地は自分で耕す基本姿勢を堅持する」(73)という民主主義の精神であった。

当時は、自営農民の勃興を促す有利な状況が存在していた。農村の若者は独立して自分の農場を持つことが制度化されていたため、農民は人手不足を嘆いたものである。「農場で熟練労働者を見かけることはほとんどない。というのは、土地の安いこの国の若者は、成功するや否や自分の農場を持つことを考えるからである」(74)。

機械化は高度な段階に達しており、すでにこの頃、穀物の刈取り作業には機械が使われていた。織物工場が大規模な資本の蓄積を必要としたのに比べ、刈取機は一二五ドルで手に入れることができ、非常に大衆的な機械だった。

どこでもそうだが、機械化が始まると、その影響は社会全体に波及する。うち続く不況は、農業界に大きな打撃を与えた。これは世界市場へ接近したために支払われた代価のようなものだった。南北戦争以後、穀物、肉、果物が輸出されるようになると、不況が度々起こるようになり、同時に、農業はかつて経験したことのない不穏な事態に直面した。それは、宗教改革の時代、土地を追われた小作人が直面したのとは性質を異にする状況だった。アメリカの自営農民はさまざまな政治的・組織的な闘争を組み、大企業と中間業者の横暴に対抗するようになった。具体的にはそれは市場価格以下に農産物価格を固定させようとする外部からの圧力と戦う運動だった。

農業における社会構造の変化とともに、労働時間の短縮、生産性の向上がみられる一方、社会状況は複雑化した。農業の機械化は、一八八〇年以後、農場規模の拡大に決定的な影響を及ぼした。

「時代は変わっていってるんですよ。気がつかないんですか。とても生活なんてできませんよ。農地は俺たちのようなちっぽけな人間の手には入らないんです。どうすることもできないですよ、まったく。どこかよそへ行って一日三ドルの日雇いにでもなるんですね。ほかに道はありません」(75)。

農業の商業化について、カリフォルニアの農業専門家は、一九二六年、次のように指摘している。「小麦は栽培するのではなく、製造するものである。……われわれは農民ではない。われわれは売らんがために農産物をつくっているのである」(76)。このような耕作者から企業家への転身についての自負にも、それなりの暗い面がのぞきかけていた。つまり、農産物は株式市場の影響を受けるようになったのである。不景気が始まると、その影響を最初に蒙ったのは農産物価格だった(77)。農業収入は狂ったような曲線を描いて変動し、経済不安は刈入れの失敗からでなく、過剰生産が原因で起きるようになった。

こうした脅威は、中西部の大農場地帯の自営農民にとっては特に深刻だった。一九二〇年代の初頭、事情は特に深刻で、農民は借りた金が返せなくなると、担保の土地を銀行に取り上げられるようなことも起きた。銀行は「農場監督会社」を設立し、冷酷な監督者をどこからか雇い入れ、荒廃してしまった自営農民の土地を耕させるようなこともした。それらの中には、二、三年の間に土地を七〇〇エーカーから二五万エーカーに増やした会社もあった。創造的な刺激もなく、ただ巨大に膨れあがったこうした過程は、十八世紀の封建地主による土地の囲込みを思い起こさせる。囲込み当時と同様、土地を失った失業者が続出した。

トラクターとコンバインが、土地の侵食や土砂嵐以上に、農場から農民を追い立てる原因になった。ジョン・スタインベックは『怒りの葡萄』の中で、トラクターが土地をならし、厄介者になった借地人の家を打ちこわす様子をなまなましく描いている。

トラクターに乗った男が言う。「君たちはすぐ出ていってくれ。食事が終ったらすぐ家をこわすからな」。

「一体どこへ行けと言うんだ。行きようもないじゃないか。一銭もありやしないのに」。こう言い返してみたところで、土地を銀行に明け渡さなくてはならないことは、彼らもよく承知していた。

こうした何も持たない農民や小作農は「オーキーズ」(Okies) と呼ばれ、州から州へ、苺からグレープフルーツの収穫地帯へ、そして、桃からオレンジや綿花の収穫地へ移動する渡り鳥的な農民になった。自分たちの土地で放浪の民となったのである。

人間への影響

この部の冒頭で述べたように、機械化による変化が最も顕著に現われたのは農業の分野であるが、その結果を実際にあとづけるのは容易なことではない。自分の土地をさまよう流浪の民、つまり、渡り鳥農民は消滅した。第二次世界大戦がこれを証明している。しかし、農民の土地からの離脱という現象は今も存在している。すなわち、農民は変化の渦に巻き込まれると同時に、彼らの土地に対する関係に基本的な変化が起きたのである。農民は、もはや、土地に固執しなくなった。確かに機械化がこの変化を早めたのは事実である。しかし、後に述べるように(78)、機械化にのみ起因すると思われることが、実は、その前からすでに起こっていることがよくある。この、土地に対する関係の変化も、十九世紀初頭、農業の機械化が始まる前、入植者が大西洋沿岸諸州を離れて西部へと移動し始めた時に、すでに始まっていたのである。

このとき以来、農耕者は変化の渦に巻き込まれた。機械化はそれに拍車をかけたにすぎない。この変わりゆく農民の姿は、到る所で起きている過程を、ただ、いっそう顕著な形で反映しているにすぎないのだろうか。農民の間に起こっていることは、あらゆる分野で起こっていることの、ひとつの投影なのだろうか。何世紀にもわたって土地を耕し続けてきた農民から、仕事を失ってさまよっている現在の農民への変化は、われわれ一人一人の心の中で起こっていることと対応しているのかもしれない。この過程で、われわれの世界観を構成する根本的な概念である運動という考えが、ゆがめられた形で、人類の運命の中に位置づけられた、とも言える。戦時中から戦後にかけて、何百万もの人びとが家を追われ身寄りがなくなっても、冷やかに受け取められるようになってしまった。

かつても、自ら進んで、あるいは、暴力や切迫した事情に迫られて大規模な人口移動が起こったことはある。しかし、人びとはいずれは、落ち着くのが常であった。今日われわれが目のあたりにしているのは、これまでとは違う永続する必然性を秘めた変化のように思える。あるいは、この変動は、まだ具体的な形こそ欠いているが、生活の変貌過程を示すもので、農業の機構の変化はその最初の徴候ということなのだろうか。

われわれは、まだ、こうした疑問に明確な答えを与え得ないでいる。これらは、経済制度の相違を超越した問題であり、人間におけ る大いなる「恒常的なもの」と不可分に結びついている。この人間における「恒常的なもの」は、肉体の組織と同様、狭い枠の中でしか変化しない。現在に至るまで、いかなる果物も労働も文化も、意を注ぎ集中化することを通じてしか育った試しはないのである。

機械化と有機物質——パン

食物は人間と自然がじかに触れあう場面の一つである。食物は肉体を支配する法則と一致したものでなければならない。人間の適応力には限りがあり、この限界を無視すると——摂取量次第で——その悪影響はすぐに現われるか、あるいは後になって、たとえば、子孫の代になって現われたりする。

機械化の対象になっている領域を広く見渡してみても、食物の世界ほど、間違った取扱い方に敏感に反応する分野はない。ここでは機械と有機体の接点が問題になる（人体の健康と病気を支配する原理は、まだ完全には解明されていない）。食物の在り方の多少の違いは、健康に敏感に影響する。

食物に問題があっても、その結果はすぐには表面に現われてこないし、将来への影響も、普通は予知できない。自然の法則から遠く逸脱してしまうと、人間の味覚は徐々におかされ、身体全体が危険にさらされる。この結果、気がつかないうちに、判断力や本能までも損われる。この二つを喪失すると、人間の平衡はいとも簡単に崩れてしまう。

生パンを捏ねる作業の機械化

手工業時代の末期、薬学者であり農学者でもあったアントワーヌ・オーガスタン・パルマンティエ（一七三七—一八一三年）は、当時の普遍的方法にのっとり、科学的精密さと手工業の知識とを結びつけ、パンを捏ねる作業について次のような定義をくだしている。「それは、イースト菌、小麦粉、水、空気を混ぜ合わせ、柔らかくて、ムラのない新しい特性をもった物質を生み出す作業である」(79)。

この生パンを捏ねる作業は、ひっぱったり、押しつけたり、叩いたりする作業を同時に継続的に行なうことから成り立っている。この作業は手で行なわれたが、大量の生パンを捏ねるときには足まで使われた。工業化の到来とともにギルドが崩壊し、さらに都市が拡大すると、この作業に機械を使おうという気運が高まった。機械を使えば、パンはより速く、より衛生的に捏ねることができるわけである。

この方式の起源はかなり昔に遡る。ローマ人は回転式の捏ね機を使っていたし、応用工学に強い関心をもっていたルネッサンス後期にも、さまざまな実験が行なわれていたことを示す資料がある(80)。生パンを捏ねる作業には種々の動作が含まれるが、ローマやルネッサンス期の道具は、もっぱら叩くだけの原始的なものであった。クランク・シャフトに取り付けられた板や、木製の棒で生パンを打つ仕

91　パン捏ね機。1810年。J. B. ランベール。攪拌の原理を基礎とし，水平軸を中心に回転するパン捏ね機が，18世紀の末，フランスのパン製造業者によって発明された。この機械は成功をおさめ，その後，多くの機械式パン捏ね機がこれをモデルとして製作された。近代的パン捏ね機の原理は1850年以前にフランスで発見されていたが，ヨーロッパにおけるパン製造の規模は機械の利点を生かしきれるほどに大きくなかった。(C. H. シュミット『ドイツ式パン製造法』，ワイマール，1847)

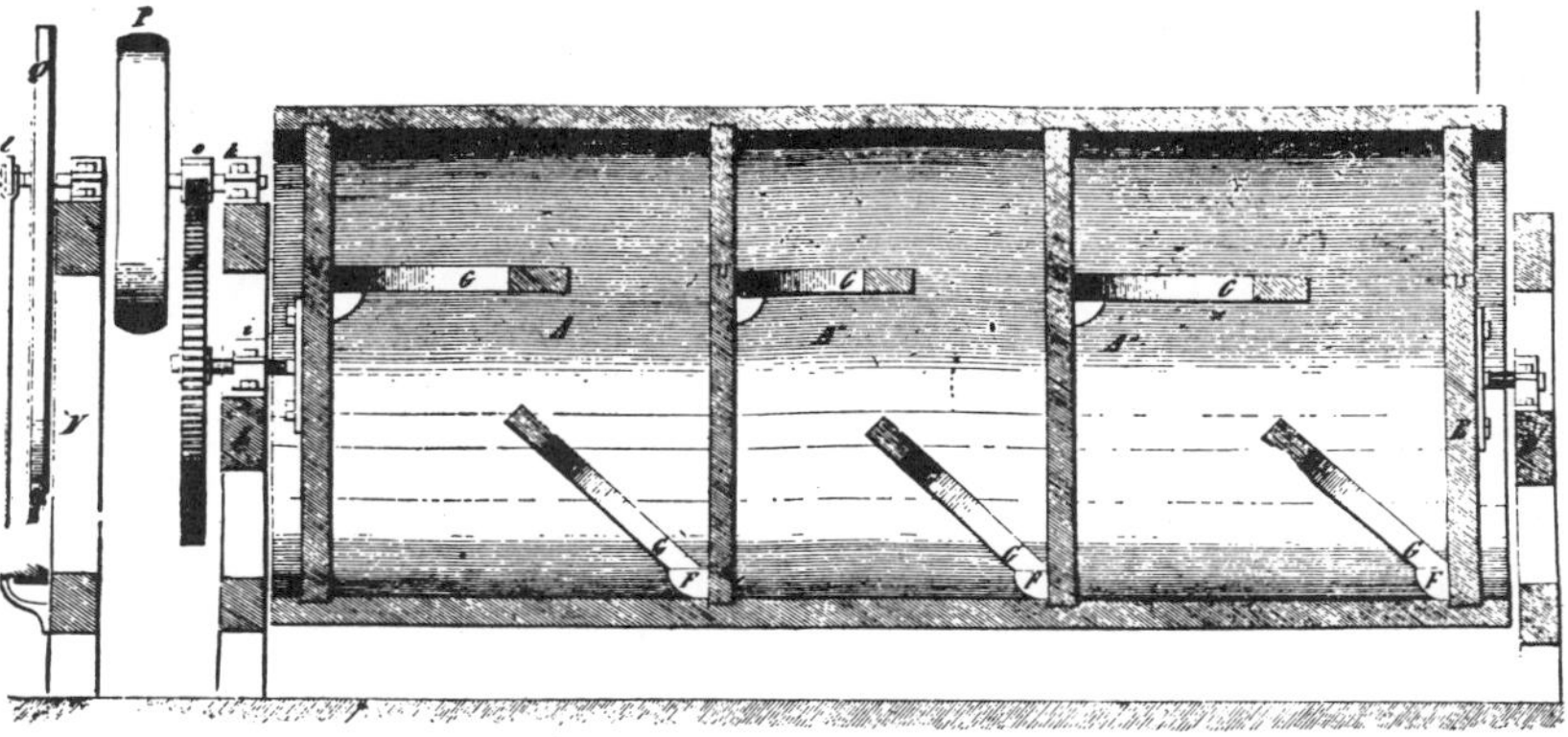

組みになっていた。捏ね作業を行なう装置として初歩的なものは、工業時代以前にもみられた。この例として、スペインのカスティーリャ地方のブラガ(81)がある。それは、天井から吊り下げられた大きなローラーが巨大な捏ね台の上を往復してパンを捏ねる装置であった。このルネッサンス期のアイディアは、バチカンの厨房でも使われたが、この場合には、ローラーに代わって板が用いられた。製パン作業の機械化の後の段階でますますはっきりしてきた現象は、すでにこのスペインの簡単な機械で作られたパンにもみられる。つまり、そのパンは「手で捏ねた場合よりも白かったし、パンの皮も堅くなく、非常に繊細で適当な弾力性を持っていた」(82)のである。

粉食品の国イタリアは、十八世紀末、捏ね機を大規模に採用し始めた。一七八九年にはすでに捏ね機がジェノア市立製パン所(83)で稼動していた。ここでは回転機構が使用されていた。つまり、十九世紀半ば、パリで機械化された最初の製パン所で用いられたような踏み車が、槽の中に一定の間隔で配置された垂直な棒を動かしていたのである。この方法によって「軽くて上品なパン」(84)の供給が可能になったといわれる。このジェノヴァ市立製パン所のパンは、市場に出回っていた唯一のパンだった。現在でもヨーロッパの大規模なパン製造は主に公共的な組織で行なわれている。

パリのパン屋J・B・ランベールはすでに一七九五年には、捏ね機を使っていた。しかし彼がこの機械を公表したのは、やっと、国民産業奨励協会が一八一〇年「最も完全な生パンを生産できる機械」に一五〇〇フランの賞金を与えると発表した時であった。その機械には牛乳攪拌器の原理がとり入れられていた。容器に密着した大きなシリンダーが水平な軸を中心に一分間に七、八回転の速度で三〇分も回転すると、生パンは充分に混ぜ合わされた(85)（図九一）。

ランベールの機械は、しばしば、機械によって生パンを捏ねる作業の始まりとされている。その原理は結局捨て去られたが、当時としては最も優れた工夫だったことは確かである。それから数十年たってからも、桶で軸を中心にして回転させるランベールのアイディアを巧みに適用した型が、最もすぐれた捏ね機であると述べられている(86)。ランベールにはほとんど競争相手がいなかった。一八二〇年代の終り頃、フランスはゆっくりと工業化への道を歩み始めたが、それまでは誰も、パン焼窯や混合機を機械化しようとはしなかったからである。一八二九年になってやっと、捏ね機の特許がフランスで五つ登録された。それからはほとんど毎年、生パンを捏ねる作業に含まれるさまざまな動作――ひっぱる、押す、叩く――を機械操作で行なおうとする新しい提案や、すでにある工夫を組み合わせた機械が提案された。ある時には閉じたシリンダーの中で鉄製のアームを回転させる方法がとられたり、またある時には、アルキメデス・スクリューが用いられた。円錐状の形体を組み合わせ、生パンを周辺から中心に向かってゆっくり押し出すという方法もとられた。人間の手の動きを真似て攪拌器を揺りかごのように揺らす方法を考案した者もいる。そのうちの一人ロレは、叩く、押すの両方の動作を共に行なう捏ね機を製作した。一八四七年に刊行されたその著『製粉業に関する覚え書』には、十九世紀の半ば頃までのこの種の機械の発達について、こと細かに記されている。その頃、人間の手が行なう複雑な仕事を機械にさせようという実験的な試みがさまざまな分野で行なわれていた。十九世紀の半ば近く（一八四七年）(87)に、次の時代に採用されることとなる原理を活用した混合機が発明された。

こうした発明は膨大な数にのぼったが、実際に採用されるまでにはかなりの時間を要した。その理由は、「パン屋の現状は機械の利点を生かせるほど規模が大きくなく、また、機械を使った場合にも、生パンの捏ね作業の多くの段階は手作業で行なわなければならなかった」(88)からであるという。ドイツの四〇年代の状況に関して述べたこの記事は、『サイアンティフィック・アメリカン』（一八八五年度版）に掲載されたパリのオペラ座通りのモダンなパン屋に当時見られた、フランス式混合機に関するレポートと、内容的には大きな違いはない。このレポートには、「すべての製パン所で通常採用されている手による生パン捏ね作業を、ここでは機械が行なっている」(89)とある。たしかに、アメリカでも最初の回転式混合機が特許を得たのは、日常生活のあらゆる分野に機械化が浸透しようとしていた六〇年代後半であった。

完全な機械化に向かっての決定的な第一歩が始まるには、さらに五十年以上の歳月が必要だった。この一歩は高速混合機の導入とともに始まった。が、この機械が一般に使用されるようになったのは、実に一九二五年以降(90)である。高速混合機は、もはや人間の手の動きを真似ようとしてはいなかった。その機械の攪拌部分は、簡単な鋼鉄製の棒に取り付けられ、一分間に六〇から八〇回転する二本のアームで構成されていた。「高速」とは回転数が高いということであるが、それ以上に、生パンが一度の回転で攪拌されるスピードそのものが恐ろしく速いことを意味する。この製法では原料に加えられる衝撃が大きすぎ、繊細なヨーロッパ産の小麦には向かなかった。結局、高速混合機はヨーロッパでは成功しなかった。

しかし、アメリカではこの機械は製パンの全面的機械化の大きな柱の一つになった。というのは、この機械を使った結果、生産のスピードがあがったばかりでなく、原料は鋼鉄製のアームの間を猛烈な速度で往復させるとより完全に混合し、その結果、以前より均質な生パンを製造できるようになったからである。「一九二五年には製パン業界全体が、高速混合機の必要性を確信していた」(91)と当時のある人は述べているが、その主な理由は、この強力な混合作業によって、以前よりも白いパンの製造が可能になったということらしい。

パン焼き作業の機械化

手工業時代のパン屋の窯

パン焼窯の形は、何世紀もの間ほとんど変わらなかった。それは斧やナイフと同様、人類にとって、最も基本的な道具の一つである。パン焼窯が後に卵形の室に変わったのは、そのほうが熱を保ち配分する上で非常に好都合だったからである。

しかしながら、南イタリアのアプリアにみられるような例外もあった。この地方では、パン焼窯はドームのような円天井の形をしていた。この形は、肥料あるいは牛糞を燃料として効率よく用いるのに適していたそうである。南イタリアは、「トルリ」の地である。トルリとは、ミケーネ文明時代の王の墓と同系列に属する奇妙なドームの形をした、藁小屋や石小屋の総称であるが、南イタリアにおけるこうした建物がいつ、どのような過程をとって出現したかについては未だにはっきりしたことはわかっていない。

アントワーヌ・オーガスタン・パルマンティエは、当時のパン焼窯の発展段階について完璧な記録を残している。「窯の大きさは様々に変化しているが、形はまったく一定している。窯は卵形をしており、現在までの経験から、この形は必要な熱を集め、蓄え、さらにその熱を窯の中の物体に伝えるのに最も有利で、また無駄のないことが証明されている」(92)。

パン焼窯が、粘土や煉瓦、あるいは石でできた耐火性の厚い円天井の内部に収められた卵形の室だったのは、こうした理由からである。この内部で丸太や薪に火がつけられた。石が充分な熱を蓄えると、灰が掻き出され、次に生パンが入れられた。生パンは石が保っている熱によってゆっくりと焼かれる。生パンは窯の中に入れられると、初めは高温で熱せられるが、その後、熱は次第に下がっていく。この方式こそ、パン焼きに必要な条件に合致した自然な製法であった。この簡単な工夫の細かい点、たとえば円天井、傾斜した炉、煙道の位置などは、それぞれ計り知れないほど古い時代からの経験の産物だった。

技術の影響、間接加熱方式の窯

まず室を熱し、燃えさしを掻き出し、次にパンを入れるという方法は、十九世紀になると大量のパンの需要を満たすには手間がかかりすぎると考えられるようになった。この方法では連続的に生産す

92 パン製造の機械化。ムショ兄弟、1847年。フランスで初めて成功をおさめたパン製造の機械化。ここに見られるような部分的機械化は、今日に至るまでヨーロッパにおけるパン製造の特徴を形成している。設備の規模が小さいために、機械化は最も骨の折れる作業に対してだけ適用された。（C. H. シュミット『ドイツ式パン製造法』）

ることは不可能だった。しかし、昔からあるパン焼窯のままでは、機械化はできない。そこで、まずパンの焼かれる室を火から離すことが考えられた。パン焼室と炉の部分とが互いに独立し、高温のガスが巧みにパン焼室の周辺部や上部を通過するようになった。将来の機械化の基礎となったのは、この間接加熱方式である。ババリアの将軍であり、園芸家で、公立無料食堂の創立者であると同時に熱力学分野の独創的な開拓者でもあった冒険好きなニューイングランド人、ランフォード伯（一七五三―一八一四年）は、ミュンヘンにある彼の無料食堂で、六台のレンジを備えたパン焼室の周辺に炎と高温ガスを引き込むという方法で燃料の節約に成功した(図三四八)。これらの室の壁は鋳鉄板でつくられ、煙道も調節が可能だった。これが近代的なパン焼室の原型である(93)。

十九世紀になると、空気をパン焼室に誘導する前に特別室で加熱する技術が開発された。この方式は空気熱方式（アエロテルム）と呼ばれたが、原理的には十九世紀後半を通じて住宅の暖房に好んで用いられた空気加熱方式と何ら変わらなかった。ただ違いとしては、空気熱方式のパン焼窯は閉鎖回路だったという点である。特別な導管および貯蔵室で熱せられた空気は、ガスの炎とは接触しない。この方式は効率が高いばかりか、パン焼室の空気を汚さないですんだ。この窯は四〇年代にフランスの病院で使われて成功をおさめている(94)。

フランス人アリベールの発明した空気熱方式の窯（一八三二年）は、それまでのパン焼窯の特徴をいくらか留めていた。たとえば、パン皿は、熱せられた空気が通っている直線型あるいは円形のトンネルの中をレールにのせられ、温度の高い部分から低い部分へゆっ

93　パン製造の機械化。ムショ兄弟，1847年。パン捏ね機は，工場の外で踏み車を踏む犬を動力として使った。パン焼窯用の燃料としてはコークスが用いられた。捏ね機とパン焼窯は時代とともに進歩したが，ヨーロッパの場合，その規模の小さいことは今も昔も変わりない。（C. H. シュミット『ドイツ式パン製造法』）

くりと運ばれた。この空気熱方式の窯は明らかに機械的な操作の始まりを示しており、一八四〇年頃になると、幾つかのフランスの都市で用いられるようになった(95)。

最終段階として、世紀半ばに、蒸気熱が使われるようになった(96)。これを最初に試みたのはアンジャ・マーチ・パーキンス（一七九九―一八八一年）である。彼は住居用の温水暖房の最初の提案者でもあった。彼はイギリス在住のアメリカ人だったが、最初、直接加熱式暖房の問題に取り組み、それから間もなくして、コイル・ボイラーの研究に移った(97)。彼は蒸気を鉄の製錬にも使おうとした。さらに、一八五一年、彼は炉を通るコイルと接続した一インチ厚さのパイプによって窯の内部を熱してみた(98)。「もうすでに、鋳鉄製の枝導管に温水を循環させて窯を加熱する提案はあった」と彼は特許の説明書の中で強調している。彼としては、ただ、循環パイプの「一連の枝管を用いた熱の伝達法」に関して特許の承認を求めたにすぎない。

この方式の出現をもって、間接加熱方式の窯の工夫は一応完了する。しかし、それが完全になったのは、パン製造が完全機械化の段階に到達した、主に一九一〇年以降である。蒸気ボイラーについては、ウィルコックスの管状型（一八五六年）などが出現し、五〇年代までに相当程度完成されていたが、これとは対照的に、この時期のパン焼窯の機械化は、まだ始まったばかりで、すべてのアイディアは棚ざらしになっていた。

アリベールの空気熱方式の窯（一八三二年）の、レールの上を走る平板をみれば、これがはっきりと機械化への方向を示していることがわかるが、彼は自分の発明を連続窯、つまり連続的に動く窯と呼んだ。一八五〇年頃、この分野での研究は、パン焼室の内部に可動装置を使って連続操作を実現させることに重点が置かれていた。通常の熱風窯でも、連続的な加熱操作は可能だったが、パンを入れ替えるのに時間がかかりすぎた。パン焼用の木べら、つまりパンの塊の出し入れに用いられる長い柄のついた木製シャベルを巧みに扱うには、熟練が必要とされたのである。

そこで、次の二つの方式で生産を増大させようとする試みがなされた。

その一つは、引抜き用鉄板を用いる方法で、未熟な労働者でも一回の動作で、これを窯に挿入、搬出することが可能だった。この方式は長く利用され、種々の形へと発展していった。

大量生産の決め手となった第二の方法は、連続作動装置の使用を基にしていた。パン焼室に可動装置を装備するにあたっては、いろいろな可能性が考えられた。その一つとして、水平方向、あるいは垂直方向に回転する車輪を利用する方法がとられた。垂直な軸を中心として回転する車輪は、現在も機械でパイを焼く作業に用いられている。このことは、固定式の炉板に、可動性が与えられたこと、つまり炉板が一種の車に変形したことを意味している。この考え方は十九世紀になって初めて可能になったようである。十八世紀には可動性はアイディアとして頭に描かれただけで終った。一七八八年には、炉板は依然として固定式であったが、窯のほうが回転する鋳鉄製の窯に対し、英国特許が与えられている(99)。一八五一年にはI・F・ロランが、車輪を備えた回転窯の近代版を発明した(100)。

水平な軸を中心として回転する車輪式の窯では、パン焼皿は位置を水平に保つようになっていたが、それは、ちょうどシカゴ博覧会（一八九三年）の、巨大なフェリス車輪をつけた自動車のような形をしていた。

しかし、これよりはるかに執拗な努力が、パン焼室の中にチェーンコンベアを設置し、連続的な流れを得ることに向けられた。一八五〇年から一八六〇年の間に、実にさまざまな解決策が試みられている。たとえば、水平方向や垂直方向に、単独、あるいは何本も連続して走るチェーンなどがあった。そして六〇年代の初頭には、一八〇〇年当時のパン焼窯は、すでに非常に複雑な機構に発展していた。

初めて無限チェーンが使用されたのは、驚くほど最近のことである。十九世紀の初頭、海軍大将I・コフィン卿（一七五九―一八三九年）は英国海軍のために「船用堅パンを焼くことを目的」として、自ら「永久窯」と名付けた窯を製作した(101)（図九九、一〇一）。彼がこれを発明したのは、彼の長い冒険的な生涯の終りの頃であった。彼はこの頃ヘルニアにかかっていたと言われ、活動的な仕事から身を引かざるを得なくなり、ポーツマス海軍廠の監督になっていた。彼はこの頃ヘルニアを患っていたと言われ、活動的な仕事かセンブリーラインを論じた個所で言及した。

コフィンは、自らの窯に付けた名前のいわれを次のように説明している。「この窯は、パン焼き作業を何時間でも連続して行なえることから、永久窯と呼ばれる」。この窯には、間接加熱方式がとられていた。幅一ヤードで、目の粗い金網からできている無限ベルトが、パン焼室の端から端までいっぱいに走っている。ベルトの端は窯の外に出ていたが、そこまでくると、ベルトは巨大な鋳鉄製のローラーの周りをまわる。このローラーがベルトを絶えず動かし続ける仕組みになっていた。

コフィンのありきたりな解決策に捉われない自立精神は、彼の気性とよく一致していた。たとえば彼は、軍法会議の席上で不服従と侮辱罪を問われようとも、自分の艦に、訓練の不充分な将校を乗せることを頑として拒んだ。

彼はマサチューセッツ州のボストンで関税吏の息子として生まれた。この英国軍人をアメリカ人と呼ぶのは誤りかもしれないが、われわれとしては、彼が青年時代をボストンで過ごしたことを、記憶しておかねばなるまい。

一八一〇年のコフィン海軍大将の提案は、一八五〇年から一八六〇年にかけての一連の特許と、次の点で違いがあった。つまり、世紀半ば頃の特許ではすべて、無限ベルトは完全にパン焼室の中に入り、熱の損失を防ぐようにできていた。この種の提案[102]を最初にしたのはあるフィラデルフィアの発明家だった。この提案が、無限チェーンの台座とパン焼窯とを結びつけた最初であるという説があるが（図一〇〇、一〇二）、歴史的に言って、これは明らかに正しくない。それはともかく、コンベアをパン焼室の中に置くというアイディアは、新しくかつ将来性のあるアイディアだった。あとに続いた者たちはみな、この方法を採用している。そして、生産を上げるため提案につぐ提案がなされた。ベルトの数は増やされ、間もなく直立チェーンを利用して、パン焼室を通過する際の短い垂直移動の間に、パンを焼いてしまおうという提案が行なわれた。

一八六〇年頃、窯の問題は、工作機械の製作者であるW・セラーズ[103]などの優れた技術者たちの関心をひいた。彼の考案した窯の内部構成、パンの出し入れを自動化するために[104]垂直式無限チェーンを互いに釣合いがとれるように配列した点、また彼の採用した熱制御方式など、そのどれ一つを取ってみても、セラーズが熟練した技術者であったことを証明している。

これら自動式の窯が出現した時、ボストン、シカゴ、ニューヨーク、特にフィラデルフィアには、無限ベルトから材料の提供をうける、二、三階建ての建物ほどの高さの窯を備えた機械式製パン工場がみられた。そのうちの幾つかは成功したが、あるものは運悪く、火災にあったり、採算が取れず、人手から人手へと渡っていった。しかし、成功、不成功にかかわらず、それらは全体として見事なものばかりであった。アメリカのパン屋は普通、小規模だったため、アメリカの主婦はヨーロッパの主婦よりずっと長く、パンを家庭で焼き続けた。

製パンの機械化が遅れたのにはもう一つの要因があった。製パン作業の自動化は異常に困難な問題であったということである。十九世紀の後半には、製パンプロセスの最後の段階だけが機械化された。捏ね機と、コンベア式の窯がそれである。次に述べる中間の部分が欠けていたわけである。つまり、生パンを自動的に計測し、分け、ボール状にまるめ、そして無限ベルトに乗せて温度と湿度が正確にコントロールされたガラス張りの通路を通す、といったプロセスの機械化が抜け落ちていた。しかも、発酵時間を半分に短縮する近代的なイースト菌は、まだ実用化されていなかった。

一九〇〇年以降、パン焼き作業の機械化は最終的段階を目指して進められたが、実験はすべて最初の地点に立ち返って行なわなければならなかった。五〇年代、六〇年代の驚くほど多種のパン焼窯は、明らかにすべての型に共通した原理を秘めていたにもかかわらず、完全に忘れ去られてしまっていた。これらの窯も、あのたくさんの棚ざらしにされ埃をかぶった発明に属していたわけである。ここにみられる発展の断絶は、歴史家にとっては、利用されることもなく放置された、鉱山の竪坑のような印象を与える。

一九〇七年頃、カナダの製パン業者の大会で、ロンドンのパン焼窯商会の代表者であるロバーツという人は、彼の言う「未来の窯」を発表した。この窯では、一方の端から生パンを入れると、他方の端から焼きあがったパンが出てくる仕組みになっている、と一八五〇年の特許説明書に記されている(105)。総会で彼の発表に聞き入っていた聴衆の中に、進取の気性に富んだ製パン業者、ケベック州ウェストマウントのデント・ハリソンがいた。彼は、現在の発展のきっかけをつくった人物である。当時も移動窯は存在していたが、それを使っていたのはビスケット製造工場くらいのものだった。そこで、モントリオールにあるこれらの工場の一つで、ハリソンとロバーツは、実験的に幾窯分かのパンを移動窯で焼いてみた。他方の端から出てきたパン塊は真黒に焦げていたが、デント・ハリソンは、「新しい」考え方の有効性を疑わず、ロバーツに対して世界で最初のパン焼用の移動窯を欲しいという注文を出した(106)。

イギリスで製作されたこの窯は、一九一三年モントリオールに設置された。そのパン焼台は長さ五〇フィート、幅六フィートあった。燃料に石炭を使ったこの窯は、最初からうまく機能した。こうして、コフィンによって英国海軍用に「永久窯」(一八一〇年)が発明されてから、製法の全面的機械化を完成させたこのトンネル型の窯が実現するまでに、一世紀もの年月が経過したわけである。

大量生産に関心をもつパン製造会社の数はますます増加し、これと同じような窯を用いて実験を始めた。一九一四年から一九一五年にシカゴで製作されたある窯の場合は、何度も壊しては実験が続けられた。これらはみな煉瓦造りの重々しい壁で囲われ、床に重量がかかるため、特別な基礎を設ける必要があったほどである。

まもなく、ガスが石炭に代わって窯の燃料として用いられるようになり、一九一七年には、一連のガスバーナーが、窯の寸法いっぱいに、炉板の上下に一定の間隔で設けられるようになった。

最後に、一九二〇年代に入って、高圧蒸気が用いられるようになり、蒸気を、炉をめぐる一連の管の中を循環させる方法が採られた(107)。ガス爆発の恐れがあるためにこの方法が採用されたのだと思われるが、この最も近代的な工夫は、アンジァ・マーチ・パーキンスが、一八五一年、控え目に自分の発見だと主張した原理を復活させたものにすぎないことを忘れてはなるまい。その原理とは、蒸気パイプから直接放出される熱を利用し、パンを焼く温度を正確にコントロールするというものであった。

現在は重い煉瓦の壁に代わって断熱材をはさんだ鋼板が使われている。鋼板を用いると温度の制御が正確になると同時に、融通性が増し、さらに加熱時間を四分の一に短縮することができる。また、パン焼室には電気照明が設置されている。

パン製造の機械化

これまでわれわれは、パンの製造過程の個々の局面を扱ってきたわけだが、連続生産ラインが出現しない限り、大量生産は可能にはならなかった。

すでに述べたように(108)、最初に流れ作業が出現したのは、イギリスの「軍需部糧食課」である。そこでは、船用堅パンを製造することで、さまざまの機械が相互に関係づけられていた。それは一八三三年のことで、オリバー・エバンスが機械化された製粉所を考案して半世紀後のことだった。この王立の糧食課では、混合機に流し込まれる小麦粉や水の量、それに生パンを平らにする作業などが自動的に調節されていた(図四六)。「重い鋳鉄製ローラーは交互に、下方の蒸気機関に接続したビームによって、テーブルの端から他方の端まで非常な速度で走る」(109)。これらの重いローラーはカスティーリャ地方のブラガにヒントを得たものだと、フランスの研究者は言っている。「この操作が終ると生パンはローラーにのせられ、次の台に運ばれる」――ここで生パンは幾つかに分けられる――「そして最後に、生パンは摩擦台の上に乗せられたまま、分ける作業と型押しの作業を同時に行なう機械へと運ばれていく」(110)。

こうして、近代的大量生産の三つの主要な要素、つまり混合作業、生パンを平らにする作業、そしてそれを型取りする作業が一度に機械化され、単一の生産ラインに結びつけられた。

平たい形の船用堅パンに用いられる発酵させてない生パンは、普通のパンに使われる微妙な生パンに比べ、その組成ははるかに単純である。一方、普通のパンにしても、連続生産方式、さらには、大量生産方式によって生産されるようになるまでに、それほど時間はかからなかった。フランス人は早くも一八四〇年代に、うまく作動するこのような装置を発明していた。パリにあったムショ兄弟の機械化した製パン工場(図九二、九三)では、空気熱方式による最新式の窯と効率のよい巨大な捏ね機が用いられ、その名はヨーロッパ中にとどろいていた。これらの捏ね機を動かすには、ルネッサンス期や十八世紀後期のジェノヴァの市立製パン所で使用されていたものと同じ踏み車が用いられていた。そしてこの踏み車はパン焼室の外部に吊され、よく訓練された犬が踏んでいた。捏ね機が必要な回転を終え、生パンが完全に混合されると、笛が自動的に鳴って犬は仕事を中止する仕組みになっていた。この新しい空気熱方式の窯には燃料としてコークスが用いられたが(図九二)、コークスだと石炭の場合に比べて費用は半分ですみ、しかも生産力を高めた(111)。二つのパン焼窯は二十四時間で六二四〇キロのパンを焼いた。この地下に設けられた製パン所の照明に使われたガスは、発明の才に富んだこのパン業者自身の手で製造された。

当時イギリスでは、ルネッサンス期の製パン用踏み車はすでに使われなくなっていた。一八五〇年、グラスゴーである装置が稼動し始めた(112)。この装置は、パリのムショ兄弟の製パン所の生産量のほぼ四倍にあたる、一時間に一・五トンのパンを製造するといわれた。そのパン工場は面積にしてわずかに数平方ヤードにまとめられ、すべてが自動化し、全体が一つの機械として機能していた。蒸気機関に用いられるはずみ車を使った調整器が、混合機に入る水と小麦粉の流れを制御した。生パンは回転式、あるいは横すべり式のナイフで細かく切られ、次に機械的にパンの形に型取られ、窯の中に押し込まれた。この小型のパン工場は、まるでオーケストラ全体を一つの楽器としてまとめる奇妙な音楽仕掛けを彷彿させる。しかし、この風変りな装置には、二つの巧みなアイディアが含まれていた。一つは、四つのパン焼室のうち二つを熱するためにコイル状のパイプが用いられていたこと、そして二番目は、生パンにソーダ水が用いられていた点である。このような工夫は、フランスでは到底思いつかれなかっただろう。なぜなら、フランス人がこのようにして作られたパンを買うとは、まず考えられないからである。イギリスにおいても、このパンが大成功をおさめたかといえば、そうではない。しかし、この工場がいっそう精度の高い方式へ向かう第一歩を画したことは確かだった。

パンとガス

パンをおいしく、ふっくらと作るには普通イースト菌かパン種の、いずれかの酵素が使われた。パン種を用いる場合には、生パンを焼く前にその一部を別にしておき、それを次に焼かれる生パンに混ぜる。ここでパン種は、発酵の引金のような役目を果たす。パン種を使うと、味わいが深く、わずかに酸味のあるパンができ、今でもこのパンを好む人は多い(113)。パン種は中世はもちろん、それ以後も使われた。イタリア人は白パンに、ドイツ人はライ麦パンに(114)、そしてロシア人は黒パンに、それぞれパン種を用いる習慣を今も固く守っている。

高度な機械化が進んだ多くの国々では、パン種は完全に姿を消し、代わってイースト菌が使われるようになった。最初は醸造用のイーストが使われていたが、それがいつ始まったかについては、意見が分かれている。イースト菌が一般的に用いられるようになったのは十九世紀半ばという説もあるし(115)、醸造用イースト菌はパリの製パン所では早くも十七世紀には使われていたと指摘している人もいる(116)。イースト菌を使った生パンは、パン種を使った生パンと同様、一晩かけてふくらませる。一晩の間に発酵によって生ずるガスで生パンはゆっくりとふくらみ、同時に自然に熱が発生する。

ヨーロッパではその後、発酵度の高い特殊なイースト菌が工夫され、それを濃縮したものが発売された。結局これが後に近代的製パン所で用いられ、アメリカの企業で量産されるイーストへと発展する。高い発酵度をもつイーストは、発酵時間を一〇時間から五時間に短縮させた。

パン焼き作業の機械化に先だって、パンの香りが大いに重要視された。パンの香りは、焼かれた小麦がもつ自然の香りや、発酵しているとき、あるいは、パン焼きの過程で発生する揮発性エステル、時には添加された香料（キャラウェーの実）から生じる。この揮発性エステルは、発酵の途上で炭酸ガスとともにゆっくり発生する。化学者は、炭酸ガスを大量かつ急激に発生させると風味が損われる点を強調している(117)。

一八五〇年代に入ると、パンの素材そのものに機械化の波が襲った。生産性をあげるため、作用の緩慢な酵素に代わって炭酸が生パンに混ぜ合わされたのである。

94　パンとガス：ドーグリッシュ博士のパン製造機，1860年代初頭。パン製造の所要時間は10時間から30分に短縮された。パン製造を大規模に機械化する初めての試みは，1856年，イギリスの医師ジョン・ドーグリッシュによってなされた。ドーグリッシュは，圧力を加えて生パンに炭酸ガスを吹き込み，発酵時間を9時間から20分へと短縮させた。この方法によって，細かな気泡をもつ，むらのないパンが生み出されたが，そこには発酵の結果もたらされる自然の温かみがなく，死体のように冷たかった。他にもさまざまな問題が続いて起こった。(『アメリカ機械特許記録』第Ⅲ巻，ニューヨーク，1866年5月9日)

95　リギ山の頂点に到る気球鉄道。1859年。1850年代の末から60年代にかけて，人びとは気球を牽引力として使うさまざまな実験に夢中だった。ここには，高架式レールに電車を吊し気球の力で山頂まで引き上げる計画が描かれている。(『ハーパーズ・ウィークリー』，1859)

96　パンとガス：ドーグリッシュ博士の高圧装置，後の特許。圧力を加え生パンをガスで飽和させるのと類似したアイディアが，鋼鉄やソーダ水の量産にも適用された。ソーダ水容器の原型はこの時期（1851年）に発明されたが，ベッセマーが鉄鋼生産の機械化に成功をおさめたのもこの頃（1856年）だった。ただ問題は，パンは水や鉄よりデリケートな物質だということである。（合衆国特許 52252，1866年１月23日）

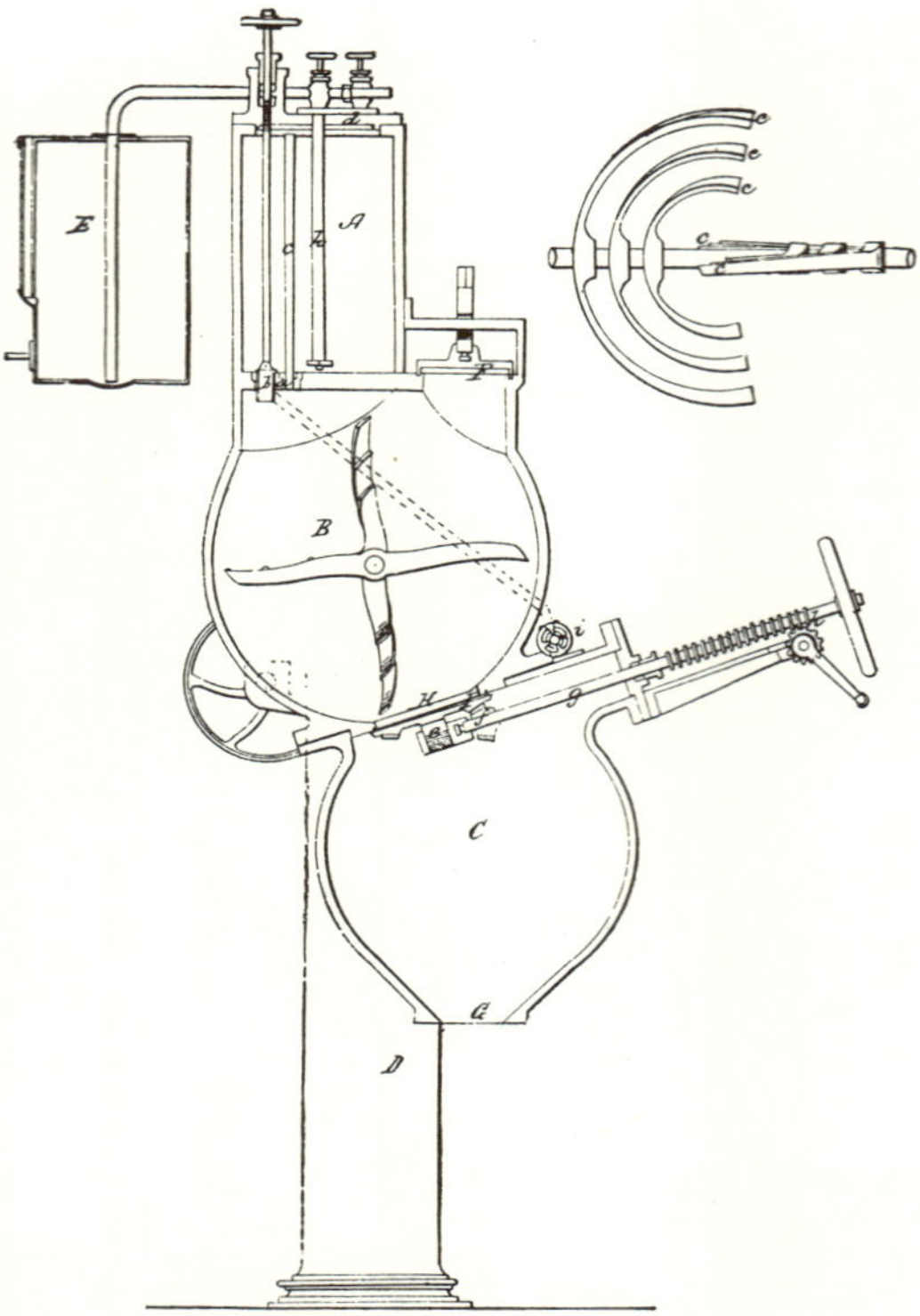

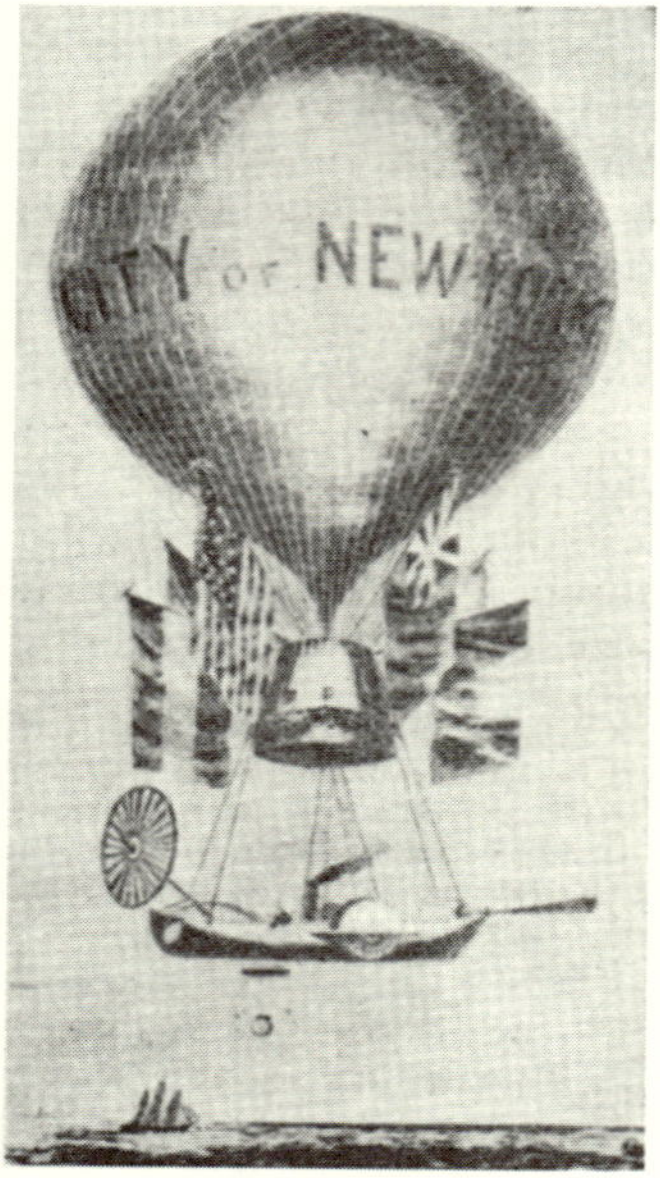

97　気球船「ニューヨーク・シティ号」。このジュール・ヴェルヌ的な奇想天外な気球船は，ガスと蒸気機関で動く仕組みになっていたが，あまり見込みのある方法とは言えなかった。結局，ガスを使った企画はすべて不成功に終った。炭酸ガス入りのパンも同様だった。（『ハーパーズ・ウィークリー』，1859）

98　「飛んでいかないように釘でとめられたパン」。風刺画。(『ハーパーズ・ウィークリー』, 1865)

十八世紀の半ば以後、実際に使われた小麦粉の分量以上にパンの目方を増やそうとしたり、また、小麦粉をそのまま使ったのでは得られないような白いパンをつくろうと、さまざまな化学物質が使われるようになった。石こう、みょうばん(118)、硫酸銅――「二〇〇個分のパンにリキュールグラス一杯分の硫酸銅を薄めた溶液」(119)――などがそれである。じゃがいもや豆の粉(120)が代用として使われたこともあった。このような混ぜ物をすると、量が多く、質も良くなったような錯覚を生んだ。そのため、混ぜ物を少なくさせるか、あるいは、まったく禁止することを目的に、懲罰手段が講じられたこともあった。

一八五〇年代になると、人びとは、増産のために機械的手段だけでなく、自然科学にも頼ろうとした。たとえば、ジョン・ドルトンとゲイリュサックが十九世紀初頭に発見したガスの膨張・収縮の法則は、五十年後にパン製造に適用された。ジョン・ドルトンの研究「水によるガスの吸収」(一八〇三年)はこの目的にとって願ったり叶ったりのものだった。

ガスの溶解度は加えられる圧力に比例して増加する。液体は、加えられる圧力が増大すればするほど、多くのガスを吸収する。この法則はさっそく、生パンに適用された。

イギリスの物理学者ジョン・ドーグリッシュ博士(一八二四―六六年)は、エディンバラでの研究中(一八五二―五五年)に、この考えを基に、一〇から一二気圧の圧力を加えて炭酸を生パンに送り込む実験を行ない、一八五六年に特許を得ている。「パン製造法の改良」(121)に関する特許説明書で、彼は次のように言っている。「パン製造には、以前、炭酸を含んだ水が用いられていたが、この発明の要点は炭酸水と小麦粉とを高圧状態で混合させることにある」。水をガスで飽和させる高圧装置は、ソーダ水の製造でずっと以前から使われていた。この製法によれば、ソーダ水を製造するのもパンを製造するのもほとんど変わりはない。処理する物質の硬さに応じて、装置のほうを少し変えればそれですむ。この分野の研究を進めていたのは、ドーグリッシュだけではなかった。一八五七年、彼が二番目の特許を得た同じ月に(122)、二人のアメリカ人が「生パン製法の改良(ガスの混入)」(123)を提案した。それから数年後、この二人は一冊のパンフレットを著わしたが、その表題は『万人のためのパン』(124)というもので、炭酸ガスでふくらませたパンを擁護した衝撃的なスローガンだった。

ドーグリッシュも、彼が工夫した酵素を使わないパンの利点を指摘している。一八六〇年、ロンドンの「芸術協会」に提出した論文の中で、炭酸を使ったパンは無限に保存がきくばかりでなく、健康にもよいと述べている。『万人のためのパン』を書いた二人のアメリカ人は、さらに歩を進め、イースト菌を使ったパンに対し、次のような警告を発している。「イースト菌や発酵剤は、腐敗状態にある物体の特徴を備えている」(125)。その少し前(一八五七年)にイースト杆菌を発見したパスツールが、この警告を聞いたらさぞ驚いたことだろう。

ジョン・ドーグリッシュはパン改良運動に身を粉にして努力し、四十二歳でなくなっている。彼の名前は今もこの運動と結びつけられている。

彼の最初の装置は簡単なものだった。頑丈な壁を備えた混合機にソーダ水と小麦粉を入れ、高圧状態で掻き混ぜるというものだった。捏ね作業が終って圧力が除かれると、ガスは膨張し、数分間で小さな泡が生パンをふくらます。高圧を加えた後で急に膨張させると、死体の場合のように、冷気が生パン全体に拡がる。この製法では、発酵作用でガスが発生する際に生じる自然の暖かさは欠けていたが、以前は生パンがふくれるのに六時間から八時間もかかったものが、瞬時に行なわれるようになった。

では、こうした発明は時代のどのような傾向を背景にして生まれたのだろうか。

炭酸ガスを使ってパンをつくるという奇妙なアイディアと、同時代の他の分野における発明との間には、何らかのつながりがあるだろうか。一八五〇年代、そして一八六〇年代にはなおのこと、人びとは水蒸気やガスを風変りな目的に使おうと夢中だった。気球はつとに発明されていたが、新たに空想的な計画がもちあがった。モンゴルフィエ製紙会社が作った気球(一七八二年)を、航行可能な飛行船に仕立てようというアイディアがそれである。こうして生まれた飛行船「ニューヨーク・シティ号」は、気球と籠、エンジン付の救命艇の三つを組み合わせただけのものだったが(一八五九年)、人びとはこれで海を横断することを大真面目に考えたものである(126)(図九七)。

この年は、ジュール・ヴェルヌが最初の小説『気球に乗って五週間』を刊行した年でもある(一八六三年)。この本の大成功は作家としての彼の生涯を決定した。しかし、実際の生活でも、自分たちの夢を実現させたいと願う、ジュール・ヴェルヌ的な人びとが増えた。一八六三年、アメリカの医師、アンドリュース博士は、葉巻の形をした気球を三個、犬のようにつないだ「アエレオン」を考案した。彼が発見したことというのは――その説明書通りだとすると――ただ「重力は飛行にとって充分な動力源である」という単純なことだった。ただその力をどのように正しく利用するかが問題だという(127)。気球を動力源として使う同様な計画は、海の彼方でもいろいろもち上がった。スイスではリギ山の頂上へ向けて、気球鉄道を建設しようとする計画が考えられた(一八五九年)(図九五)。それは、ガスを詰めた気球で、レールに吊り下げられた電車を山腹に沿って引き上げようという案だった(128)。

この時代の人びとは、蒸気圧をミルクや果物の保存に用いることにも大きな関心を寄せた。チャールズ・オールデンは、果物、トマト、ミルクを蒸気処理で乾燥させ、保存する実験を行なって有名になった。「トマトは、圧搾空気を使った乾燥器で処理すると、乾燥イチジクのような状態になる」(129)。五〇年代の初めには、ガイル・ボーデンも、ミルクを濃縮させる実験を行なっている(130)。

ソーダ水は、すでに十八世紀の末（一七八八年）、ジェノヴァの薬学者によって製造販売されていたが、それが普及したのは一八五〇年以降で、アメリカでは南北戦争の年からである。最初は、主に医薬用に、あるいは、ミネラルウォーターとして使われた。イギリスでは、一八四〇年から五〇年の間に一七の特許が与えられたが、実際に主導権を握ったのはフランスだった。このことは、イギリス人ほどに特許に関心をもたなかったフランス人が、「炭酸水製造装置」に関しては、一八四四年から一八五一年の間に三四件の特許を登録していることからもうなずける。この世紀の半ば頃、あるフランス人は「しろめ製のつばの上に栓抜き屈曲部を持った」現在みられる形のソーダ・サイフォンを市場に出している(131)。

この頃、ふくらし粉も一般に使われるようになった。一八三六年、ジャスタス・ウォン・リービッヒの化学書の読書であったジョン・ホワイティング博士は、「ある種の粉食品を調理する」方法を工夫して特許を得た(132)。この、生パンをふくらます最初の化学的ふくらし粉は、五〇年代に入るまで一般化されなかった(133)。この時代の広告には、焼いている間にパンが飛んでしまわないように釘でとめた挿絵が載っている(図九八)。六〇年代になっても、ふくらし粉は依然として何か珍しいものであったことがわかる。

ジョン・ドーグリッシュと同じ頃、彼と似たような方向を目指しつつ、ガス圧を利用して製品をより早く作ろうとしていた人がいる。ヘンリー・ベッセマーがその人である。一八五六年、彼は溶融した鉄をいれた梨形の転炉に、空気を強く吹き込むという製鋼法を初めて発表した。この方法は後に重大な反響を呼び起こした。

ドーグリッシュは二番目の特許で、パン焼き作業の分野においてベッセマーと似たことを試みている。そこで彼は、従来のソーダ水を用いるという考えを捨て、純粋の炭酸を鉄のフラスコから転炉の形をした容器に送り込む方法をとった。

彼の新しい装置は、直立型のボイラーや、二重になった潜水用のヘルメットを思い起こさせる(図九四、九六)。上部の球形容器は強い壁を持った混合機で、この中に水と小麦粉が正確に制御されて流し込まれる。そして、この混合機の中に炭酸が高圧で送り込まれる。この混合機は、重いすべり弁で下の第二の容器と仕切られており、この第二の容器は、いわば受け容器となっていて、そこから生パンは順次、パン型に流し込まれる。こうして、ドーグリッシュは連続的な流れをつくることに成功し、パン焼きに要する時間を一〇時間から三〇分に短縮した。「小麦粉が樽から機械に注入された時点から、パン焼型からパンが取り出されるまで、人の手は一切介入しない」(134)。

ここで述べられていることは、オリバー・エバンスが自動製粉所の連続ラインの利点について行なった説明と、ほとんど同じ内容である。しかし、パンは粉よりも微妙な製品である。たしかに、ドーグリッシュの生パンは非常に細かい多孔質のきめをもち、ガスの泡は均一に広がっていたが、パンはゴム状あるいはスポンジ状で、風味にも欠けていた。当時の人も同じようなことを述べ、さらに「これは到底本物のパンとは言えず、模造品にすぎない」とまで言っている。こうしたすべての非難に対し、博士はただちに反論する用意ができていた。

一八六〇年頃、多くのアメリカの都市で製造されていたガスを利用したパンは、あまり普及しなかった。ちなみに、ドーグリッシュ博士自らが推進したエアレテッド・ブレッド・カンパニー(Aerated Bread Company)という製パン会社だけが、ロンドンの自社のチェーンレストランに、今も、ABCというこの会社の頭文字を使っているにすぎない。

ドーグリッシュ博士は、ほんとうの意味で創造性に富んだ発明家だった、とは必ずしも言えない。彼は確かに生涯を通じて熱烈に追求した考えを成就させたが、そのアイディアは新しいものではなかった。ある目的の追求に一生を捧げる男の熱狂には、いくらかドン・キホーテ風なところがある。しかし、彼の製作した装置を、ただ機械的な玩具として簡単に片づけるわけにはいかない。この装置は、機械化が、後に、いかにパンの性質を変えることになったかを、早い時期に予言していた。

人間的な側面、製パンの機械化

ここでは二つの問題について考えたい。ひとつは、パンの材料である小麦粉が機械化の進展によってどのような影響を受けたか、他は、長い間人間の食物を象徴してきたパンの組成を、機械化はいかに変えたかという問題である。

小麦粉の大量生産

今日、製パンに用いられている小麦粉は一八五〇年のものより際立って白い。この白さは異質物(みょうばん、硫酸銅、その他)が入っているからではなく、製粉工程の革命の結果である。碾臼を使うと、穀粒を構成している澱粉質、グルテン質(麸質)中の滋養層、種々の油性の胚や胚珠等の大部分は、製粉される過程で完全に混りあってしまう。したがって胚珠の油成分が小麦粉全体に浸透するため、触れると油っぽく、見た目も悪くなる。そのうえ、貯蔵期間が長くなると油成分が腐敗する恐れがあった。平置式の碾臼では、鋭い溝をつけた石はできる限り近づけられた。

碾臼を使って穀物をできるだけ細かく砕いてしまう初期のやり方は、次に、大きく間隔をとって並ぶローラーで段階的にすり潰す方法にとって代わられた。この方法では、製粉は段階的に行なわれる。一組のローラーを通過するごとに小麦粉は篩にかけられ、種々の成分が分離される。この工程は四、六、八、あるいは一〇回も繰り返される。

この転換が始まったのはいつ頃だったのか。

小麦をローラーを用いて段階的に粉にする方法は「ハンガリアン・システム」と呼ばれた。フランスや他の国々でもこの方法が採用されたが、これを組織的に発達させたのは、大量の小麦を産し、製造に特別きめの細かい小麦粉が必要な、パイの好まれる国——ハ

99　無限ベルトを備えた最初のパン焼窯，1810年。アイザク・コフィン将軍。この船用堅パンを焼くためのパン焼窯は，もともとボストンの人で後にイギリスの将軍になったコフィンが発明したものだが，一貫生産方式に至る一歩手前の状態を表わしている。

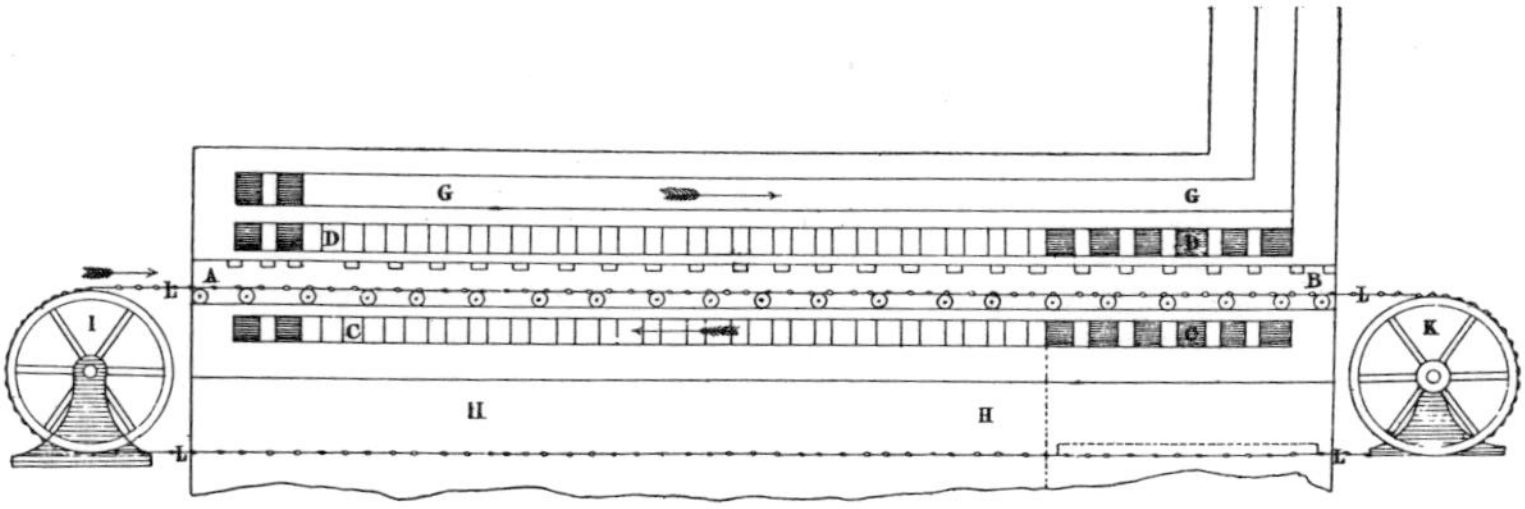

100　無限チェーンを備えたパン焼窯，1850年。1850年代，特に1860年代に入って，連続式パン焼窯の特許が数多く認可されたが，それらではみな，パン焼室に無限ベルトが通っていた。「パンやケーキは薄い金属板でできた無限ベルトにおかれる。焼き上がったパンはベルトの端から落ちてくる」。（合衆国特許7778，1850年11月19日）

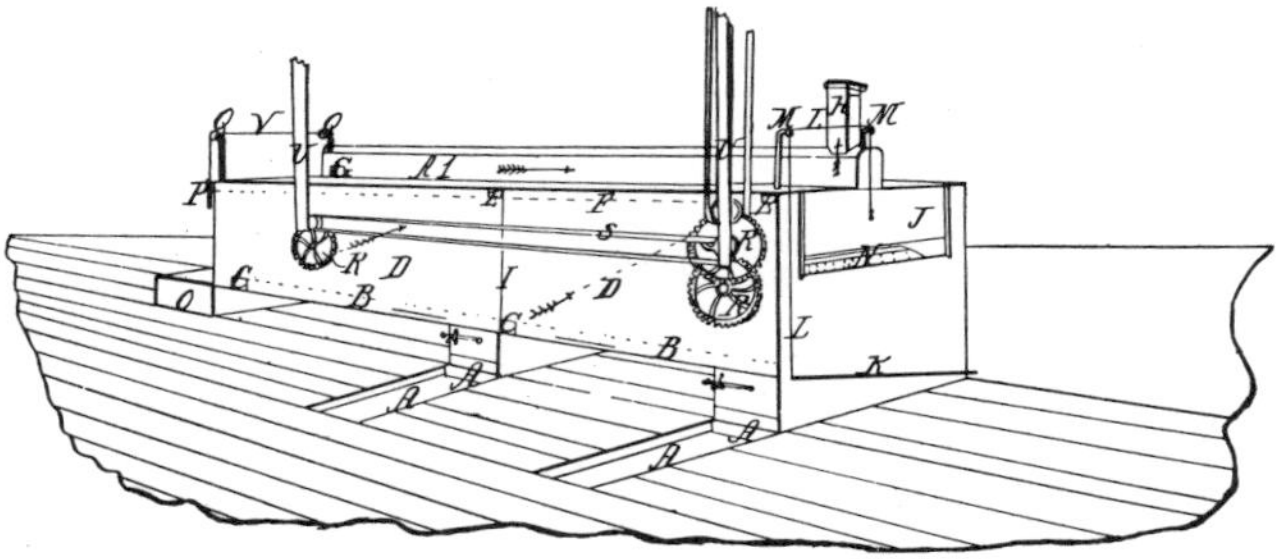

101　無限ベルトを使った最初のパン焼窯，1810年。アイザク・コフィン将軍。この極めて早い時期に現われた「連続式パン焼窯」では，無限ベルトの一部がパン焼室の中に入っている。

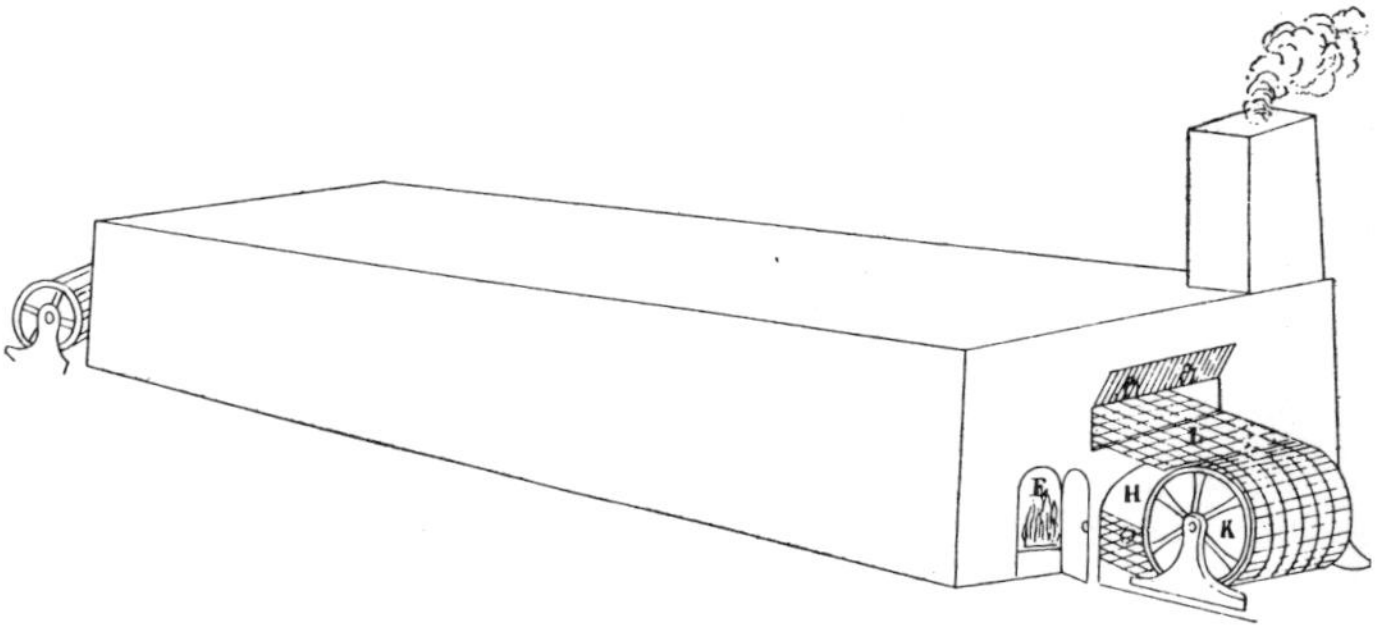

102 無限チェーンを使ったパン焼窯，1850年。断面。トンネル型パン焼窯の仕組みが巧みに改良されたあとをうけて，機械化されたパン工場が1860年代に幾つか現われた。しかしどれもみな，不成功に終った。パン製造における一貫生産方式が有効性を発揮するのは，自動制御のトンネル型パン焼窯が完成し，熱源としてガスあるいは電気を使うようになった全面的機械化時代に入ってからである。しかしそのときには，以前に行なわれた実験は忘れ去られており，また最初から始めなければならなかった。（合衆国特許7778，1850年11月19日）

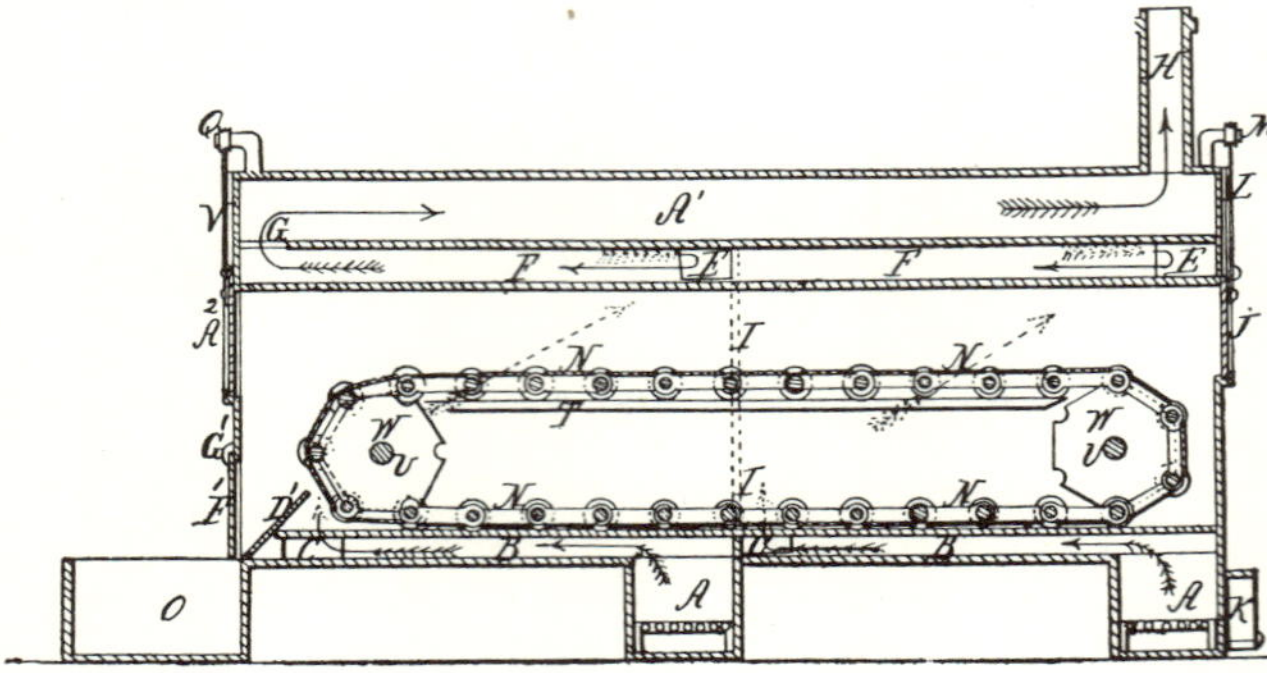

ンガリーであった。この発達は、一八三四年から一八七四年にかけて進行した(135)。アメリカでは製粉方法の改革は、小麦の育つ中西部（ミネアポリス）で一八七〇年から一八八〇年にかけて達成された。その端緒をつくったのが、穀物の核を薄くとりまいているグルテンの中間層を分離する一八六〇年代後期の試みであった(136)。

一八七一年には、フランス人が一八六〇年頃試みた精製機が発明され、これによって、従来の下級小麦からも、最高価格の小麦粉がつくられるようになった。ミネソタ粉とは、この「新しい精製工程」、一般には「新工程」という名で知られた方法で製粉された小麦粉のことである。「ミネソタ粉は、どこの市場でも最高にもてはやされた。それは、今までに生産されたうちで最も見た目によく、白く輝きのある小麦粉という謳い文句で市場に出回った」と当時の無署名のパンフレットには書かれている(137)。この精製方法は、ローラー方式がアメリカで試みられた一七八三年以前にすでに工夫されていた。しかしそれ以来、工場規模の拡大と製粉時間の短縮化が非常な勢いで進んだ。一八八一年頃には、ミネアポリスにある大きな工場はすべて新しい方式に改められ、さらに高度に自動化されていった。

生産規模の拡大と設備の寡占集中は並行して進行した。この頃は、シカゴの食肉産業が独占に向かっていた時期でもある。

オリバー・エバンスの「自動機械による新しい製粉方法」(138)から「中級粉の新工程」が生まれるまでの一世紀間、根本的な変化が起きたわけではない。同様に、一八九〇年以降も、製粉機械には特に基本的な改良は加えられていない。その代り、細かな、形式的な点に関心が注がれるようになった。たとえば、いっそうきめ細かくそして白い粉を得ることに関心が集まったり、粉を人工的に漂白するための、精巧で複雑な装置の工夫に努力が傾けられるようになった。この点について製粉業者は、大衆が人工的な漂白でしか得られない、純白度の高い粉を要求したからだと主張している。その通りかもしれないが、決定的な理由は他にあった(139)。以前は、粉は数カ月の間熟成させる必要があり、この間に、粉はその自然の色（クリーム色）を失い、純白に変化するものと考えられていた。しかし大規模生産では、この熟成に要求する時間が厄介な問題になった。それだけ大きな保存倉庫と、無駄な資本支出を意味するからである。「製粉業者は、この負担を免れる方法を探し求めた。彼らが発見したのは、小麦粉の漂白と熟成を人工的に行なう方法であった」(140)。それには、高圧電流を流したり塩素ガスを浸透させるという方法がとられた。販売促進をねらった小麦粉の漂白は、世紀の転換期にフランスで初めて導入され、次いでイギリスで成功をおさめ、最後にアメリカで大規模に実施された(141)。漂白を数分間で済ませるキャビネットは机の抽出しほどの大きさもない。塩素ガスは、管を通して吹きこまれると、回転している粉の微粒子に一瞬にして浸透し、そのあと粉は、下の階におかれた紙袋にまっすぐ落ちていく。

人工漂白が採用される際に異論がなかったわけではない。長期にわたる研究と激しい論戦があった。専門家の意見も真二つにわかれた。漂白は無害だと主張する者(142)と、現在の製粉法は穀物の最も重要な栄養分を奪ってしまうと主張する者とがいた。そのどちらが正しいかを判断する立場にわれわれはいない。ただ、新しい方法が生産増大への要求から起こったもので、人間的な見地からの考慮はほとんど問題にされなかったという点は確認しておく必要がある。

製粉工程の機械化は、見た目によく、多少とも人工的な製品を生み出した。以前、触れると油っぽい感じがあったのは、中に栄養価の高い油性の胚珠が含まれていたからだが、その胚珠が新しい製品では完全に除かれた。最近では、製粉の際に失われた栄養物を、イーストや生パンにビタミンを加えることで補っている。したがって小麦粉の白さは損われないが、こうしたやり方は、わざわざ自然のままの良い歯を抜いて、代りに、見た目によい義歯を入れるに等しい。ビタミンを加える装置は簡単なもので、郵便受けの受け口のような、細い小さな孔をあけた金属製の箱である。ペースト状のビタミンを小さな塊にして粉の中に入れ、オリバー・エバンズが用いたようなスクリュー・コンベアでかき混るだけである。

全面的機械化――パンの連続生産

パンの大量生産と生産のライン化を可能にした機械の多くは、最初はヨーロッパで考案された。パン焼き作業は複雑な手仕事であり、捏ね機や、その他の労働を節約するための工夫はずっと以前から使われていたとはいえ、食品生産の場合ほど、全面的機械化が慎重に進められた分野はない。

この機械化が最初に起こったイギリスでさえ、「製パン工場の数は小さなパン屋より遙かに少なく、一九〇〇年を過ぎた時点でも八〇対一の割合で、後者のほうが多かった」(143)。それ以来今日まで、イギリスはアメリカと違い、こうした状況に大きな変化はなかった。

このことは、ヨーロッパ大陸の生活水準の高い国々についてもあてはまる。それらの国々の小さなパン屋は、ほとんどが機械的な設備や電気オーブンを備えている。人びとは、パン屋ごとにパンの味が違うことを知っていて、気儘に自分の好きなパン屋を選んでいる。

ただ、アメリカのように機械化が高度な段階に達した国々――この点ではカナダも入る――では、小さなパン屋は消滅し、大量生産が支配した。一九三九年の合衆国国勢調査によると、会社組織をとった製パン企業は、五億一四〇〇万ドル分のパンや、これに類したもの（ビスケット、クラッカー、プレッツェルを除いて）を生産しているのに対し、会社形態をとっていない小規模な製パン企業の生産高は二〇〇〇万ドルにすぎない(144)。この現象は、一九一四年から一九三〇年にかけての、特に一九二五―三〇年の日常生活の機械化と並行して起こった。

この時期に、製パン工場は一つの生産ユニットとして組織された(145)。すべての作業と機械は互いに調整され、時計仕掛けのような正確さで同時進行するようになった。生パンの生産はその全段階にわたって自動化され、またパンは中身も外観も極端なまでに均一化された。

パン焼窯の規模も一八五〇年代のものに比べて大きくなった。このことは、すべての型の窯――スティーム式、ドロー・プレート式、ロータリー式――について言えるが、中でも、無限ベルト式の窯は長さが一〇〇から一三〇フィートあるものまで現われた。「トンネル型パン焼窯」という言い方は決して誇張した表現ではない。技術者は熱力学上の経験を、パン焼窯の断熱や正確な温度調節の工夫に生かした。工場が汚れることはまったくなくなった。以前は石炭を扱っていたために空気が汚れたが、ガスや電気、石油に代わってからは、そのようなこともなくなった。パン焼室は今では水力発電所のように清潔である。

生パンを捏ねる機械の外側はエナメル処理を施されて眩ゆく輝き、形そのものも目をみはるほど美しい。とがった角はすべて消え、溶けかかった氷塊のような、流れるような線にとって代わられている。この時期は、流線型のデザインが風靡した時代でもあった。ここでは、人間が介在しない流れ作業が、他の分野では滅多に見られないほど発達していた。

確かに、一時間あたり三万個のパンを生産する近代的な製パン工場の正確さ、組織性、清潔さには印象深いものがある。われわれはフィラデルフィアでこの種のものでは最大の、五階建ての鉄筋コンクリート造りの工場を訪ねた。工場の正面は巨大なガラス張りの壁面で、駐車場には五〇〇台の配送用トラックが収容されていた(146)。

生産工程は普通の近代的工場と同じである。すなわち、生産は上のほうの階で始まり、コンベアシステムが操作の一つ一つを連結している。重力とコンベアシステムを結びつけたのはオリバー・エバンスで、一七八四年レッド・クレイ・クリークの彼の製粉所で行なったのが最初である。近代的な製パン工場では小麦粉は、まず、高速混合機が並んだ最上階に上げられる。混合機一台は三樽半（六〇〇ポンド）の容量がある。「マンモス」混合機は生パンを熱し過ぎるので使われなくなった。われわれが訪れた工場は、以前、三〇樽、すなわち六〇〇〇ポンドの生パンを一時に捏ねる能力をもった、この型では最大の混合機を備えていた。しかし、巨大な混合機や捏ね鉢は、生パンのような微妙な材料には適さなかった。

パン種の入った生パンの塊——生パンの最初の段階——は数分間捏ねられたあと、混合機から捏ね鉢に移される。捏ね鉢は、鉱山用のトロッコにそっくりだがそれより縦が長く、ピボットを軸に反転して生パンを移す仕組みになっている。それは、天井近くを走るモノレールに取り付けられた高架移動滑車に接続した頑丈な金属の棒で吊り下げられている。このシステムは、原理的には、食肉生産工場で家畜を動かすのに用いられたものと同じだが、ただし、規模はそれよりもはるかに大きい。捏ね鉢は、脇に外れて次の部屋に移動し、そこで発酵が行なわれる。天井にはモノレールが何本も走り、そこから捏ね鉢が列車のように並んで吊り下り、ちょうど、操車場を宙に吊したような観を呈している。四時間半でパン種入りの生パンは捏ね鉢の底から縁のところまでふくれ上がってくる。ガスがゆっくりと作用して生パンを風船のようにふくらませるのである。鉢の口いっぱいにふくれた生パンの表面を覆った弾力のある薄膜状の層が破れると、温かい炭酸ガスが吹き出してくる。覗いてみると、ガスの泡が無数に見える。この段階ではまだ、この生き物のような生パンには、手作りのパン塊と同じ不規則な窪み、泡、孔などが見られる。

このような状態で四時間半経過すると、鉢の列車は動き出す。捏ね鉢は次々と部屋の後方に押しやられ、そして反転する。すると、中の生パンは床の大きな開口部を通って下の階へ流れてゆく。

生パンはそこに待機している第二陣の混合機に入れられ、むらな生パンを均質にするための成分が加えられる。発酵前には粉のおよそ六〇%が投入されたが、残りの四〇%がこのとき投入される。ミルク、水、脂肪、六%の砂糖、ビタミンも同時に加えられる。ここでパンの原料はすべて混ぜ合わされたことになる。

こうして第二陣の高速混合機を通過したあとは、かき混ぜた分子を安定させるために、三〇分か一時間そっとしておかれる。次はいよいよ生パンが小さく分けられる段階である。生パンはもう一階下におろされ、そこで分割機によってパン一個分の塊に分けられる。次の機械はこれをボール状に丸めるが、昔はパン屋がそれを手でやったものだった。丸めると、生パンのまわりに薄い膜がはり、ガスの発散を防止する。ガスが出てゆくのをパン屋の間では「ブリーディング」（出血）と呼んでいる。

丸められた生パンはバケット・プルーファー、すなわち無限チェーンの上の窪みに落ち、一五分かけて、隙間風から守られたガラス張りの暖かい室の中を移動する。

生パン状態での最終工程は、生パンのボールを円筒型にまとめる作業で、それは手作業の動作を分解してつくられた成形機《モールダー》によって行なわれる。こうして円筒型にされた生パンは、次に、平鍋《パン》に並べられるわけだが、この操作は自動化可能であるにもかかわらず、大工場でさえ、敢えて手作業で行なわれている。発酵が再び刺激される。平鍋で傷がつかないように工夫された高湿のキャビネットの中で、イースト菌は活発に働き、一時間もすると、生パンは平鍋のふちを越えるまでにふくらむ。

ここでパン焼工程に入る。平鍋は立ち並ぶオーブンの白壁にあけられた、一〇フィート幅の細長い開口部に消えてゆく。半時間かけて一三〇フィートのトンネルを無限ベルトに乗って移動し、充分に焼かれて反対側の端から自動的に押し出されてくる。ここでもう一度、人の手が介入する。厚い手袋をはめた作業員が、熱した平鍋からパンの塊を拾いあげる。コンベアがパンをさらに下の階に運ぶ。この、温度と湿度が厳密に調整された部屋の上部には、移動式冷却器が設置され、それによって、パンは約二時間かけて冷やされる。

三〇年代に現われた方法では、冷却は二段階にわけて行なわれた。「第一段階では通常の大気圧で行ない、その後、気圧を下げて水分を蒸発させ、その気化熱でパンの塊を急速に冷却する」(147)。

最後に、パンの塊を切り、包装し、配送する作業が残っている。パンの自動薄切機――一分間に六〇個のパンの塊を薄切りにする――は、製パン作業の中では遅れて登場した。一九二八年に発明されたが、一九三〇年代にもまだ採用がためらわれていた(148)。しかし、一九四〇年には必需品になった。一九四二年、戦時下のアメリカ政府が鉄を節約するためパンの薄切機の使用を禁じたところ、家庭の主婦の怒りを買い、この禁止を撤回しなければならなかったといういきさつがある。

意外にも、パンの塊を一度に切るというアイディアは、アメリカですでに一八六〇年代の初頭に現われていた。この時には、レバーに鎌状の刃が一〇本平行に並んだパン切り器に特許が認可されている(149)。しかし、この機械は真空掃除機や皿洗機と同様、長い間棚ざらしになっていた発明の一つだった。これには然るべき理由があった。ある指導的な専門家も言っているように、こういう近代的なパンの薄切機が満足に働くには、パンは今日機械生産されているような、外皮が柔らかく、全体にむらのまったくないパンでなくてはならないからである(150)。

一般に薄切機は包装機と組みになっているが、その包装機の工夫も比較的遅く、一九一三年から一四年にかけて登場してくる。こうして包装された製品は、地上階に列をなして待っているトラックに直接運ばれる。

製パンの全工程を眺めると、これから各種の機械が節約する時間は、必ずしも、その機械の複雑さに比例していないことがわかる。前述の二回ミキシングする方法――スポンジ・生パン方式――では、粉からパンができあがるまでに、ほぼ八時間半かかっている。この工程の前半で主に時間の節約に貢献しているのは、より速く生パンをふくらませるイーストの使用である。その結果、発酵時間は従来の九時間が約四時間半に短縮された。もっと速い方法――直接生パン方式――もある。それは、すべての原料を一度に混ぜてしまうやり方で、その方法に従うと、発酵時間を三時間半に切り詰めることができる。しかし、一般には、時間が長くかかるスポンジ・生パン方式のほうが好まれている。

時間の節約は、工程が早まったことより、機械化と流れ作業の結果、生産が飛躍的に増大したことによりもたらされた。

製パン工程は、ある限度以上に早めることはできない。機械はここで、侵し難い有機物質の法則という壁にぶつかる。アントワーヌ・オーガスタン・パルマンティエは、一七七八年、生パンを次のように定義している。すなわち、生パンは粉、水、空気、パン種を完全に混ぜ合わせて得られる、柔らかくて弾力性のある、むらのない物質であると。ここでパン種と言われているのは、当時イースト菌はまだ使われていなかったからである。今日では、この定義に、

103　袋に入ったスライスパン。広告。1944年。

生パンは絶えず変化している生き物で、その培養には大量生産の各段階で温度計と熱気室を頼りに慎重に扱う必要のある微生物のようなもの、と付け加えてもよい。すでにみてきたように、さまざまな装置を通過するたびに中断される酵素の活動を回復するには、種々の長さの休止時間をはさむ必要がある。機械的なプロセスでは、手順を細かくわけ休止状態をはさむなどして、手作りの場合よりはるかに慎重にことを運ばなくてはならない。

機械化が、細菌であると動物であるとを問わず、生命の存在と出会ったとき、両者の関係を決定するのは有機物質のほうなのである。

機械化によって変わったパンの質

一つの疑問が残されている。パンの質は機械化の影響を受けてどのように変わったか、という疑問である。

ドーグリッシュ博士の炭酸を使ったパンは、非常に均質で、細かい気泡がたくさんあいていた。それは、圧力を加えてガスを吹き込むことによってつくり出されたものだった。パンの外皮は比較的堅かったが、中はラバースポンジのように弾力があった。しかし、風味にはまったく欠けていた。その後、水の代りにワインを生パンに加えて香りをつける試みがなされたが、効果はほとんどなかった。

ドーグリッシュ博士の処方そのものは、結局、普及しなかったが、前工業時代のパンと区別される、機械生産によった彼のパンの特徴は、その後の傾向を支配した。

104　ハーバート・マター：イタリアパン，ニューヨーク，1944年。

均一性

一九〇〇年以降、大企業は一体どのようにして、それまでの市場を支配していた小さな製パン業者を駆逐したのであろうか。この疑問に対して専門家は決まって次のように答える。小さな製パン業者のパンは日によって違うのに対し、機械化はまったく均一なパンを提供できたからだ、と。大衆がすべての点で均一なパンを望んだことは確かだろうが、決定的な役割を果たしたのは、むしろ、経済的要因だった。一九〇〇年以後、匿名の企業の影響が生活のほとんどあらゆる領域に浸透する時代が訪れた。

ドーグリッシュ博士がガス注入法で得たような完全に均質なパンはイースト菌を発酵させただけでは作ることはできず、一九二八年、高速混合機が導入されて初めて可能となった。混合機の攪拌装置は、その強力な運動によって、イースト菌を生パン全体に万遍なく広げた。均一性と、見かけのよさに対する強い関心は同時に起こった。

今日人びとは、卵の黄味の色にも均一性を求めている。都市によって薄黄色の黄味が好まれたり、濃いオレンジ色が喜ばれるという違いはあるにせよ、その範囲の中で黄味の色は一定していなければならない。卵黄の色を揃えるには、工場でつくられる餌の中から、望む色をつくり出す餌を一種類選びさえすればよく、さらに人工着色を使えば、より完全になる。パンの外皮の色に関しては人びとはあまりうるさくないが、望めば、温度調整や成分付加によって、どんな色合いでも確実に得ることができる。小ざっぱりした包装は、広告的な意味をもつばかりでなく、パンを清潔かつ新鮮に保つ効果があるが、何よりもそれは、均一性への願望を満足させる(図一〇三)。

パンの組成の変化

全面的に機械化されたパンは、押さえても元の形に戻るラバースポンジのような弾力性をもっている。パンの塊はますます白く、弾力に富み、気泡をたくさんもつものになっている。しかし、これは機械化のせいばかりとはいえない。機械が複雑化するとともに資本支出が増大し、消費量を高めることが必要になったために、このような方法がとられたのである。

機械化以後、白パンに含まれる脂肪、ミルク、砂糖の量は他のパンに比べて多くなったとしばしば言われてきた。しかしそれも、パンの見かけをよくして販売を促進するのが目的だった。パンをさくさくした感じにするため、バターやラード（ショートニング）が加えられるが、あるパンの権威によると、「その直接の目的は、できあがった製品を、柔らかく口あたりのよいものにすることにある」(151)という。ショートニングが使われているので、パンはケーキのように柔らかくなり、口に入れる前にすでに半分咀嚼がすんだ状態になっている。

普通、白いパンには約六%の砂糖が加えられている。これはパンを柔らかくすると同時に、甘味をつけることにもなっている。砂糖は発酵にも効果がある。だが、つまるところ「砂糖はパンの皮の色の決め手」である。砂糖の量を減らすと、パンの皮はあの黄金色を失って、「色あせた魅力のない」ものになってしまう。この点は、つやのある赤いリンゴが、食欲をそそるような外観のおかげで、それより外観は劣っていても風味では勝った他の品種を押し除けた場合と似ている。

機械化のプロセスは一時も静止していない。パンをまず通常気圧に保ち、続いて、気圧以下に下げて急速に冷却するという一九三〇年代の考案についてはすでに述べた。これを発明した人は、後の特許[152]で、その冷却時を利用してパンの組成をさらに変えることを考えた。真空室で水分が除かれている時間を利用して、生パンに「針弁を備えた注入器」を皮下注射の要領で差し込むと、何でも望みの物質を滲み込ませることができるというのが、彼のアイディアだった。このアイディアは、ドーグリッシュ博士の幻想と似て、その後の傾向を象徴的に表現しているので次に引用しておきたい。

> 発明のもう一つの目的は、レモンやオレンジ、干ぶどうなど香りのある物質、あるいは香料や着色剤を注入できるようにすることにある……。こうすると、パンに望みの色を与えることができる。着色に加えて味付けもできる。……同様に、ビタミンを揮発性の担体に溶かして注入してもよい。……保存をよくするためには、オゾンのようなガスを使うのもよいだろう[153]。

パンが柔らかく泡状になると、今度は、外皮が極く薄く、中身も完全に新鮮なパンが欲しいという要求が起こってきた。前世紀の三〇年代、シルヴェスター・グレイアム――偉大な改革者（後述）――は、アメリカ人は蒸したての柔らかいパンが好きだと言って批判している。しかしそのような嗜好を育てたのは、焼かれて間もないパンの特徴である、柔らかくて軽やかな感触を可能にした機械化のほうなのかもしれない。もちろん、それだけが原因ではない。そのような感触は短時間でパンを生産した場合につきものである。たとえば、グレイアムは、機械化が始まるずっと以前に、よく精製された粉を使った薄皮のパンは、他のパンに比べて焼き上がるのが速いことを明らかにしている。大衆の好みはいつのまにか、この事実に適応したわけである。今日の製パン業における味の鑑定家は、製パン業者に対し、パンの外皮の主要な欠陥として、堅いこと、厚いこと、ひびが入っていることをあげている。さらに彼は、パンの外皮は柔らかく、全体にむらがないことが大切だと言っている[154]。

パンは非常に新鮮でなければ商売として成立しないところまできた。「売り子は、その日のうちに、いやそれより短時間に売れないパンは、永久に売れ残ると考えている」[155]。パンは焼きたての品質を保つため、入念に印刷された厚いロウ引き紙で包装されているが、その使用は、第二次大戦中の紙不足の時代にも容認された。あるアメリカの専門家によると、主婦たちはパンを包装紙の上から指でおさえてみて、もし指がパンの中心にまで埋まるほど柔らかく弾力がなければ、それを棚に返してしまうという。まったく新鮮なパンしか家庭では受け入れられない――浪費を促す一つの要因がここにある。このような浪費のすすめは消化にとって意味があるというより、ただ生産の拡大に貢献するのみである。

外観を追うあまりに除かれてしまった自然本来の価値を、人工的に回復しようという試みもいろいろあった。一九一六年、干ぶどうを生産していたある大会社が、製パン業者に干ぶどうの使用を求めてキャンペーンをはったところ、それから二年もたたないうちに、その会社の売上げは一〇倍以上に増加したという[156]。

ビタミンを生パンに加えるというアイディアは、二〇年代の末に始まる。しかし、このアイディアが大規模に実行に移されたのは、大衆がビタミンに夢中になった一九四〇年以後のことだった(157)。「アメリカの大衆は、今や、小麦にもともと含まれているビタミンとミネラルをそのまま含んだ、新しい白パンが手に入るのだと聞かされた」(158)。

機械化は大衆の嗜好を変える

たしかに、きめの細かいパンは、他の贅沢品と同様、大量生産を通じて誰にでも買えるほど安くなった。歴代のどのフランス王も、こんなに白く、絹のような肌ざわりをもったパンを食卓にのせたことはなかっただろう。しかし、生命の糧としてのパンの位置は損われてきた。全面的機械化を担った複雑な機械類は、パンの組成を変え、パンでもケーキでもない、その中間のものに変えた。甘く柔らかいというイメージがパンにつきまとう限り、新たにどんな成分が加えられようと、実質的変化は望むべくもない。

もし、アメリカで、パンの人気投票が行なわれれば、その結果は大体予想がつく。一九三九年の年鑑によれば、平鍋で焼かれた白いパンの消費量は、ライ麦のパンや全麦パンの約四倍にのぼるという(159)。しかし実際には、全麦パンは香りの点でも、泡のでき具合に関しても、白パンと大して違わない。それに、ライ麦のパンにはよく精製された白い小麦粉が四〇ないし五〇％混ぜられているのが普通で、その外皮もできるだけ薄くつくられている。

機械化の結果生じた嗜好の変化は、一九三九年、パンなどの粉食品に用いられた精製された小麦粉と、ふすまを混ぜたままの小麦粉(グラハム式小麦粉を含む)の量を比較すれば、はっきりする。この比率は二七対一であった(160)。

製パンの機械化にともなって生じた味覚の貧困化と似たような現象が、それより一世紀前、まったく別の分野でいっそうはっきりした形で起きている。十九世紀を支配した芸術上の傾向は、大衆の心に潜む願望を開拓することによって形成された。大衆は甘く、あたりがよく、見かけのよいものを好むものである。この願望は強めることも弱めることもでき、あるいは、よい方向に導くこともできる。支配的趣味の画家たちは、この大衆の要求をひたすら満足させることによって、市場と報酬を得た。この結果は、社会のあらゆる階層に属する人の本能を曇らせ、方向感覚の喪失を招いた。その影響は今なお続いている。

パンが機械化の影響を受けたとき、昔からの本能はどのように歪められたか。それについて細かく論証することはできない。ここには、願望が刺激されては満たされるという、作用と反作用の複雑なからみ合いがある。パンの性質の変化は、生産者の利益に帰着した。結局、消費者のほうで、それとも知らず、大量生産と速い消費に最も適したタイプのパンに自分の好みを合わせたといっても過言ではない。

シルヴェスター・グラハムとパンの質の低下

朝食に新鮮なパンを食べたいという要求がかなり昔にパンを前夜に焼く習慣を成立させた。宮廷やブルジョワ社会のこの習慣は、アンシャンレジームの末期、機敏なパリのパン屋が競争相手より早く、自分のパンを売りに出そうとして始まったというのが定説である。深夜から始まるこの仕事は、都市では、すでに中世末期から行なわれていたことが今では知られている。十五世紀後半には市条例で、夜のパン焼き作業について細かく規定されている(161)。

これは、限られた特権階級を相手とした仕事で、田舎の人たちは週に一度しかパンを焼かなかった。せいぜい二週間に一度ということもあった(162)。パンの塊は天井近くの木製棚に貯えられた。毎日パン屋で新鮮なパンを買えるようになった現在でも、多くの山間部では、パンを一週間分まとめて買う習慣が続いている。これは昔から行なわれてきたことで、経済的でもあった。というのは、何日か置かれたパンは、パン焼窯から出たてのものよりずっと腹のもちがよいからである(163)。

これはどこでも共通した習慣だった。ペンシルベニアの人びとは、一週間分の自家製のパンを蓄えるのに、背の高い樽の形をした柳製の籠(図一〇六)を使っていたらしい(164)。これらの「古い時代のパンの大きさは、今日のパン屋がつくるパンの数倍もあり、一窯分のパンだけでこの籠はいっぱいになった」(165)。

このパンは充分に焼けていなければならなかった。柔らかかったり、スポンジ質であってはならない。堅い外皮は、傷ついたりひからびることに対する自然の保護の役目を果たしていた。食べるときには時間をかけて充分に噛み砕く。これを噛みとろうとすると、かなりの歯応えがあった。

普通のパンの外皮では表面積が不充分だと考えられることがよくあった。その場合には、特別な形のパンが表面積を広げるために工夫された。ニューヨークにあるイタリア人のパン屋のパンは、ハーバート・マターがうまく描いているように、変幻自在な形をしており、外皮の面積を最大にするように工夫されている(図一〇四)。

イタリア人はパン塊の表面積を広げることにかけては名人で、時にはパンの形をバロック風に仕立てる。実際にも、引き延ばされ、表皮の部分が広くなったパン塊が現われたのは、十七世紀バロックの頃であった。パリの長いパン、面白い形をしたウィーン製のパン、塩味のあるねじりパン、砲弾形をしたパン、カイゼル・ロールや三日月形のパン、これらはみな、平たく細長い生パンを、丸めたり、折り重ねたりして作られたものである。こうすると、堅い外皮ができやすく、パン焼窯の熱がパンの塊全体に通りやすい。こうしてできたパンは、薄切りにするよりちぎって食べるのが普通である(166)。

機能的に考えると、このことは、食べる際に、歯と顎の筋肉を動かし、パンの風味を味わいつくすことに通ずる。

顎を運動させるには、パンの外皮は堅くなければならない。一八三〇年から一八五〇年にかけてのアメリカの重要な建国準備期に、多くの改革者は、他の同胞が古い道具をつくり変えるときに示したと同じような独立心と気魄をもって、栄養の問題を取り上げた。

シルヴェスター・グラハム（一七九四—一八五一年）はこうした動きの中心人物で、彼の名前は今も世界中で、彼が唱道した粗挽きの完全小麦粉に結びつけられている。彼が運動を始めると、専門家の支持が集まったばかりでなく、大学社会でも大きな共鳴を得た(167)。

グラハムは一八三七年、次のように書いている(168)。「パンは歯を充分に使わなければのみくだせないほど、堅く焼けていなくてはならない」。そればかりではない。用いられる材料もそれにふさわしいものでなくてはならず、その点では、栄養分を篩い分けていない粗挽き小麦粉が一番である。グラハムによれば、パンには「収穫したばかりの小麦の穂を脱穀し挽いてできたあら粉がもつ、優雅な風味と微妙な甘さ」がなくてはならない。彼はさらに一歩進めて、穀物が育つ土壌や、その地味を豊かにする肥料がいかに重要であるかも心得ていた。ここまでくると彼のアプローチは、最近の研究方法と非常に似かよったものになっている。

土、小麦粉、パンは、全体として人体との結びつきをもち、三者を分けて考えることはできないとされた。グラハムの目的は、人間と有機的なものとの接触を回復することにあったが、彼にとって、食物はそれを達成するための媒体だった。

ロマンチックな自然に対する感傷と、十八世紀の自然回復の風潮とが結びついて、自然のままの生活への呼びかけとなって現われた。グラハムの食物に対する見方は、ちょうどあのシレジアの農民、ヴィンセント・プリースニッツ（一七九九―一八五一年）が、水を人間の本性の中心にあるものに直接近づくための手段にしたのと似ている。水治療法の創始者プリースニッツについては、後で十九世紀における心身の蘇生法について述べる際に取り上げるが、その際、一八三〇年から一八五〇年にかけて、慢性の病気を治し、安逸な生活によって衰弱した身体を鍛え、循環を回復させる目的で彼が冷水摩擦や冷水浴、冷水シャワーを含む冷水療法をどのような方法で実践したかを考えてみたい。グラハムもプリースニッツも、アプローチにおいて、J・J・ルソーが半世紀前に唱え、一八三〇年までに人口に膾炙した考え方に従っていた。

シルヴェスター・グラハムは、初期に入植したコネティカット州の伝道者の一家に生まれた。子供の頃の彼はあまり身体の丈夫な方ではなかった。そして若くして苦労を重ね、幾度か職業を変えたあと、父親と同じ長老教会の牧師になった。彼が最初の宗教的な集会を開いたフィラデルフィアで、彼はクエーカー教徒や禁酒主義者と親交を結んだ。もっとも彼は、禁酒より、摂取した食物と人間の身体が互いに影響し合う様子のほうにはるかに興味を感じていた。彼は生理学と解剖学を学んだ。「人間の存在を支配する関係の法則」と、「心と身体の相互作用と相互依存」が彼の関心を惹いたテーマだった(169)。

彼の活躍は一八三二年、ヨーロッパとアメリカでコレラが大流行した年に始まった。この伝染病は、ロンドンの下水設備の改良と労働者階級のための最初の隣保館(セツルメント)をもたらした。S・グラハムは、ニューヨークのクリントン・ホールを満たした聴衆を前に、病気の予防には自然のままの食事習慣に復帰することが一番だと主張した。彼は多くの賛同者を獲得し(170)、彼の法則に従ったホテルも幾つか、ニューヨークやその他の都市に建てられた(171)。グラハムは後にマサチューセッツの小さな町に移り住んだが、ボストンでは多くの活動的な同志に恵まれた。そうした人たちはグラハムの死後も、雑誌や社交を通じてその教えを広めた。食餌療法に関するグラハムの方法は、後に、プリースニッツの水治療法と組み合わされた(172)。この食餌療法、運動、水治療法をさまざまに結びつけた健康法は、現在に至るまでヨーロッパの国々で生きている。

機械化が生活を支配し始める半世紀以上も前に、S・グラハムは、その影響を鋭く告発した。批判は、最初、主に「洗練された社

105 （左）パブロ・ピカソ：「パンを運ぶ女」1905年。（提供：フィラデルフィア美術館）

106 （右）ペンシルベニアへの入植者がパンを貯えるのに使ったバスケット。ヨーロッパにおけると同様，1週間分のパンが一度に焼かれた。「昔のパンは現在のパンの数倍の大きさがあり，一窯分のパンでこのようなバスケットは軽くいっぱいになる」。（提供：ランディス・ヴァレー博物館，ペンシルベニア州，ランカスター郡）

会の堕落した趣味」[173]に向けられたが、運動は次第に、大衆の広い層を巻き込んでいった。

S・グラハムの食物への関心は、人体を支配する法則と人間とを調和させたいという願いをその根底にもっている。彼の思考は極端に走ることもあったが、概してその主張は、時代にはるかに先んじ、驚くほど確かな直観に貫かれていた[174]。どんな大切な要素が穀物に貯えられているか、そして自ら熱心に勧めた生の果物や野菜の秘密が何であるかについて彼自身、正確に知っていたかといえば、そうではない。しかし、一つの重大な関心が彼の主張全体を一貫して流れていた。それは、調理の途中で食物の最も重要な価値を失ってはならないということである。同じような意味のことが、彼の著書の「食餌療法の法則」の章に記されている[175]。

「もし食物を自然のまま、言い換えれば、煮炊きしないで食べようとすれば、当然充分に嚙みこなさなくてはならない。それは、歯を衰弱から守るばかりでなく、食物と唾液を充分に混ぜあわせることにもなる」。

同じ理由から、彼はマッシュポテトに対しても警告を発す。それを食べるにはほとんど嚙む必要はなく、ねばねばした状態のものがそのまま胃に入っていく。今日では、うらごしほどポピュラーになっている調理法はないと言ってよいだろう。

今世紀に入って、手軽に呑み込める食物に対する好みはいよいよ顕著になった。切り刻んだ肉（ハンバーガー）やアイスクリームは、まさに、国民的食物といってもよいほどになった。果物は液体（ジュース）にしたり、小さく賽の目に切った（フルーツ・カップ）ほうが喜ばれる。子供は、主に薄切りにした果物を食べて育ったため、桃を丸かじりすることをいやがる。こうした傾向がどのような経過をたどって現われ、どれほど深刻な影響が強迫的とも言える時間節約の努力の結果、食物にもたらされたか。この問いに答えるには、いっそう突っ込んだ研究が必要である。箱に入れられて売られている即席スープやケーキの粉末、前もって挽かれ缶に入れて売られているコーヒー、すぐには溶けない角砂糖より好まれるグラニュー糖など、こうした傾向が一体どこまでおよぶのか、その限界を画することはほとんど不可能に近い。

パンはグラハムの運動の出発点であり、彼は常にパンに立ち返った。彼が讃美するのはニューイングランドの婦人たちが一八〇〇年頃焼いていた「美味なパン」であり、「それがもつ自然の甘さと豊潤さこそ、そのよさであった」(176)。そうしたパンの時代は過ぎ去ったが、グレイアムもそのことはよく承知していた。「パンは各自の家で……最良の新鮮な小麦から」作られるべきであり、各家族は「最新の手動製粉器を備え」また、イーストでさえ自分の家でつくったほうが醸造所のものより「はるかに優れたものができる」と述べている(177)。一方で彼は、これらの提案が長い期間のうちには結局否定され、時流にそぐわないものになるのではないかと危惧していたのである。

グラハムの危惧が的中したのは、パンは中身を保護する堅い外皮をもつべきであり、食べる前に二十四時間置かれるべきであるという点だった。彼が一八三二年に教えたことは、本能が鈍っていくことに対する警鐘、工業先進国で好まれている柔らかく、いつも新鮮で、外皮のないパンに対する警告であったように思われる。

他の個所で、グレイアムはアメリカの風習を次のように鋭く攻撃している。

パンを充分焼かないのは、この国でつくられているあらゆる種類のパンに共通した誤りである。……多くの人が、パン焼窯から生煮え同然の状態で出てくる、熱くてほかほかしたパンを食べている。

かちかちの堅いパンを食卓に出すときには皿にそのことを大文字で記しておくとよい。子供は歯が生えるとすぐに、かちかちの堅いパンを食べるように訓練するとよい。パンの皮は非常に結構なものだ。その利点は幾つもある。歯によく、正常な味覚の持主には口に合い、胃の健康にも適している(178)。

それから一世紀を経て、パン製造の機械化が頂点に達した今日、前にも言及した最も信頼のおけるパンの鑑定家は、製パン業者に向かい、パンの皮はできる限り柔らかく、薄くするように指示している。「パンの皮の欠点としては、厚すぎ、堅すぎること……である。望ましいパンの皮の性質は、柔らかく、表面が一様で、均質であることだ……と言ってよい」(179)。一体これ以上に急激な嗜好の変化を想像できるだろうか。

もしS・グラハムが全面的機械化時代のパンを目にしたら何と言うだろうか。おそらく彼は、ある有名なフランスの画家と同じように、「これは雪だ、味がない」と言うに違いない。

食物は、グラハムが人体に固有な法則を探求するのに使った一つの道具だった。中でもパンは、彼の運動で中心的な役割を果たした。彼も言っているように、「パンは世界のどの地域、どの時代にも最初から存在する、最も重要かつ普遍的な食品の一つである」(180)。しかし、彼はここにとどまらなかった。彼はその著書の「食餌療法」の章で、生で食べる食餌法について書いているが、この食餌法は生活水準の高い国、たとえばスイスでは一九三〇年以来、食習慣に大きな影響を及ぼしてきた。彼の規則の多くはこの食餌法を示唆している。たとえば彼はこう書いている。「もし、人間が食物を自然の状態のまま食べていれば、病気に罹るようなことは決ってないだろう」(181)。

ある医者が、グラハムのきめの粗い小麦粉でできたパンは消化に大変悪いから、決して胃に入れてはならない、という極端な意見を述べたとき、彼は答えて曰く、「この反論はわれわれの主張の本当の意味はもとより、健康を支配する法則についての無知を示しているだけで、取り合う必要はない……」(182)。彼は近代の栄養学者と同様、胃の筋肉は手足の筋肉と同じく、弱らせないためには運動の機会を与えなくてはならないことに気づいていた。

ここで彼が問題にしているのは、今日危険なほど先鋭化した傾向である。たとえ調理法が間違っていて大切な栄養価値が失われても、それは錠剤で補えばすむ、という考え方がそれである。「自然は、人間が摂取するために純粋に栄養になるものだけを生み出したりはしない」(183)と彼は書いている。

現在の科学者がグラハムの法則の誤りを指摘するのはたやすい。にもかかわらず、当時の改革者の中で彼ほど、現在のわれわれにも納得のいく教えを多く残した人もいない。適当な注釈を付け加えれば、「食餌療法」の章や『パンについての考察』から引用して、彼の考えが一般の人の意識に浸透するまで学校の教材として使い、あるいはラジオにのせることは、今もなお、充分な意味がある。

パンの性質は、何世紀もの間ほとんど変わらなかった。世代から世代へと引き継がれてきた物一般に通じて見られるある程度の粗雑さは、パンの場合にも基本的な特質の一つになっている。パンは、これまで常に、食物の象徴と言っていいほどの地位を保ってきた。

グラハムはパン本来の性質について繰り返し述べているが、その見解は、人類の長年にわたる経験を土台にしている。彼は、ある国民のパンは、彼らの栄養に対する態度一般を表わすものだということを理解していた。いかに技術的に進歩しようと、あるいは、どんな錠剤文明、濃縮食品が現われようと――これらに対して彼は時宜にかなった警告を発したのだが――この点に関しては少しも変わらない。

グラハムは当時、比較的孤独な存在だった。しかし彼が提起した問題は、より一般的な形をとってヨーロッパでも提起された。支配的傾向に対する反動が、まさに高度な生活水準を享受している国で始まった。それは、新案特許の小麦粉だけではなく、食品における人工的なもの一般に対して起こった。それは有機的なものへの新たな動きと密接に結びついているだけに、どの国においても押しとどめようのない反逆である。こうした傾向は、次々といろいろな分野に現われているが、結局は生産の横暴より長続きする傾向であることは間違いない。

純粋かつ素朴な機械化は峠を越えた。棚卸しが始まり、同時に批判も始まった。「いかに機械化はパンを変えたか」という問題に対する回答を引き延ばすわけにはいかないが、答えはすでにはっきりしている。機械化はパン本来の価値を低下させるとともに、パンを、絶えず目新しさが求められる流行商品に変えてしまった。

グラハムは、一八三二年、気持のおもむくまま、次のように告白している。「わが国の人びとが、今のように……飽くことなく富を追求しているとき、一個人がこうした問題に大声を上げてもまったく無駄なのかもしれない。……私の声が聞かれようと聞かれまいと、ただ私は、自らの義務感の命ずるところに従うまでである……」(184)。

グラハムが予見した通り、結局、彼の声は聞き入れられなかった。誰も、事態の成行きにさからうことはできなかった。しかし今こそわれわれは、人間と有機的なものを調和させようと試みた彼の努力が早急に意義を獲得すべき時期を迎えているのである。

機械化と死——食肉

集中化と手仕事

パリ、ラ・ヴィレットの食肉加工場(一八六三—六七年)

セーヌ地方長官ジョルジュ・ユージェンヌ・オースマンは、ほとんど独裁的な権力をふるい、十七年の間にパリの全容を変え、その物理的な仕組みを上から下まで作り変えた。ナポレオン一世が改革して以来、この都市は時代遅れのものになっていたが、オースマンはパリを十九世紀の都市に変えた(185)。彼は、都市が基本的には工学と組織化の問題であることを理解した最初の人である。彼は自分の予見と壮大さへの好みに従うように、そのマスタープランの一部として二三〇〇万フランの経費を必要とする中央食肉加工場をためらいもなく計画した。しかも、一方で彼の失脚が徐々にそして公然と計られていたときに、これを完成したのである。彼は、一八六三年に工事を開始し、一八六七年、盛大な万国博覧会が開かれた年の一月一日にこれを開設したが、設備のほうは第二帝政が崩れ去った時も完全には整っていなかった。

ラ・ヴィレットの中央食肉加工場(図一〇七)は要塞帯の最もはずれに建てられた。その一方の側はさまざまな鉄道の引き込み線に面し、もう一方は港のように広いサン・ドニ運河に面していた。その運河の支流の一つが食肉加工場を貫いて流れ、建物はその両岸に立っていた。残りの二面は、広い軍用道路と小さな街路に囲まれていた。

これは一〇〇万単位の人工を賄う食肉加工場の最初のものであった。オースマンも書いているように、その畜舎は「パリ市民の消費量数日分をまかなって余りあるほどの牛を収容することができた」(186)。イギリスとドイツでは土地などに対する既得権が存在し、オースマンによって考案されたような方法の発展を妨げていた。当時どこにも、これに匹敵するものは存在していなかった。『回顧録』の中でオースマンは、彼の企画の卓越性を自認している。「その大規模な施設は、大下水道と並んで、私の行政によって完成された最も重要な仕事の一つである……。私は、これにかかった莫大な経費は、古い公営加工場《アバトワール》の跡地を売却することで大部分まかなわれた、ということを言っておきたい」(187)。

オースマンが『回顧録』の中で言及している「古い公営加工場」は、ナポレオン一世が建設したもので、衛生的であることを旨につくられた最初の食肉加工場であった。ナポレオンの最初の政令は一八〇七年に出ているが、その中で彼は、公営の加工場の建設を命じたのである。食肉生産業者はそれ以外の場所でこの作業に従事しないことを誓わされた。こうして、五つの食肉加工場が、ちょうどそのころ建った市壁の外側に建設された。そのうち三つがセーヌの北、二つは南に建設された。一八一〇年にナポレオンは第二の政令を発し、公営の食肉加工場をフランスのすべての都市、具体的には市部の外側に建設することを命じている(188)。この衛生上の改革は、それまでの陰気な仕事に終止符をうつものだった。その後間もなく、公営の食肉加工場はフランスとベルギーで急速に広がっていった。ごく少数の例外を除いて、公営食肉加工場は各地方都市の所有となったが、財源としてではなく、動物を一定の管理のもとで加工できる場所と考えられ、小さな肉屋の地位はこれによってほとんど損われなかった。ヨーロッパでは今日に至るまで、家畜の供給はほとんど地域ごとに行なわれている。

ナポレオン一世の「公営食肉加工場」は、アメリカでもこの種の施設の一般名称になり、ラ・ヴィレット開設の直前まで、そのモデルとみなされていた。一八六六年のパンフレットには「そうした建物(アメリカの加工場)に公営食肉加工場の名がつけられているが、それは名前だけのことで、われわれの施設は清潔さへの配慮もないし、防火体制も設備も完成していない」と書かれている。さらに、ナポレオンの食肉加工場について、「ギルドや肉屋の協同組織によって非常に厳格な方法ですべてが執り行なわれている……肉屋はわずかの費用で本職の加工業者を雇い、仕事をすませている」。またさらに「加工業者も、血液や臓物などを得る役得を持っている」とも記されている。これらのうち、血液が一番貴重だと考えられた。世紀半ばまでには、血液はすでに貯蔵され、工業原料としてその価値を高めていたということもある。「血液は石の窪みにわけて貯えられ、その後、科学的に処理されて砂糖の精製や肥料に用いられる」(189)。

オースマンは前にナポレオンのリヴォリ通りを拡張したことがあったが、ラ・ヴィレットの食肉加工場の場合も、以前に着手された計画を引き継ぎ、これを改革するという方法をとった。彼はラ・ヴィレットの食肉加工場を完全なものにしようと腐心した。彼は使命感から行なったのだろうが、この時代では比較を絶する規模を誇っていた。

そして結局、公営食肉加工場と言えば、ラ・ヴィレットのそれを指すまでになり、二十世紀に入るまで、公営食肉加工場の原型の地位を保った。ちょうど、同じく彼のつくったパリの大通りや公園がヨーロッパの新興都市のモデルとなったように。

設備全体は、個々の動物が扱われる上での配慮をよく示している。大きな畜舎《ベルジェリー》には高屋根があり、その下には干草を貯える屋根裏もついていて、デザイン面で気を配られ、農場にあっても不思議でないような外観を呈していた。その一区画につき一頭の牛が入れられていた。また背の低い食肉加工場の長い列と管理事務所を圧するかのように、優雅なデザインの、ガラスと鉄で造られた三つの巨大なホールが高くそびえていた。中央ホールは八〇〇フィート(二八六メートル）以上の長さのある九つの側廊を持ち、「牛の収容場《アブリ・ボール・ブフ》」として使われていた。動物はここでも売買された。その傍にある二つの鉄筋建造物は、豚や羊、仔牛のために使用されていた。

後に、オースマンの中央食肉加工場は手厳しく批判された。たとえば、一九〇〇年頃、彼は、「最初の五つの食肉加工場で一八一〇年に採用された処理方法を何ら修正しなかった」と非難されている(190)。技術的な構成に関する限りは確かにその通りであるが、この種の改良は、一八六〇年のヨーロッパではどこにもなかった。その当時、アメリカにおいてさえ、食肉加工への機械力導入は実験の域を出てはいなかった。

しかし、この批判はラ・ヴィレットで行なわれた作業方法については的を射ている。動物の死骸を解体するホールは、歯車もコンベアも使わない手作業を反映して静寂だった。そしてこの手作業は、すでにシカゴでは流れ作業の開発が完了していた一八八〇年代の終りまで続いたのである。

このような集中化と手作業の奇妙な共生が、この施設ばかりでなくヨーロッパの他の国々の施設の特徴だった。ラ・ヴィレットでは──また別の点に関する批判であるが──牛は一頭ずつ独立した仕切りに入れられそこで加工処理されたが、これは、大量に加工処理する方法がまだ知られていなかった時代の手作業的な方法の名残りである。家畜が加工処理される長い棟の建物は、何列もの小さな区画で構成されていた。それ以来、機械的な設備が取り付けられ、また加工処理は大きなホールで行なわれるようになったが、独立した仕切りに動物を入れたことは、動物は不断の注意と配慮を保って初めて育つものだという根強い経験を表わしていると言ってよい。

ミシシッピ川の彼方の大草原では、馬上から広大な草原を見渡すことができ、家畜は放っておいても育つが、この大草原は流れ作業と深いところでつながっている。逆に、農民の経営する農場では、牛の一頭一頭に名前がつけられ、仔牛が生まれる時には傍らについていなければならないが、これは、手作業的な加工処理方法と関連している。

ラ・ヴィレットとユニオン・ストック・ヤード（一八六四年）

苦労して育て上げる動物と、大草原に放っておけば特に気を配らなくても成長する動物との相違は、食肉加工センターの計画にも反映している。

オースマンがラ・ヴィレットの食肉加工場を建てた頃、アメリカでは何が起きていたのだろうか。

この時代は、シカゴにおける最初の、そして最も激しい膨張期にあたっていた。シカゴでも、畜舎を集中し一カ所にまとめるという問題が起こった。この問題に対処するために大家畜置場《ユニオン・ストック・ヤード》が創設されたわけだが、これはその時以来、世界最大の家畜市場になった。オースマンは、ひとたびラ・ヴィレットを開設してしまうと、彼の在任期間中には、二度とこの施設に目を向けようとはしなかった。ユニオン・ストック・ヤード創設の決定は一八六四年の暮に下された。「工事は一八六五年六月一日に始められ、その年のクリスマスまでには取引ができるようになっていた。その敷地は矩形をなしていて、その中を大小の道が直交して通っていた。このストック・ヤードが開業した時、動物を入れた囲いはおよそ一二〇エーカーの土

107　パリ，ラ・ヴィレットの食肉加工場。1863—67年。公営食肉加工場（アバトワール）の原型であるこの鉄とガラスの建物は，第二帝政期のパリ市長オースマンによって建設されたが，ヨーロッパでは珍しく大規模なものだった。牛は別々のブースで加工される前に牛舎で休んだ。おきまりの加工風景は，この静寂でハンディクラフツ的な雰囲気にとっては無縁である。ここに見られるハンディクラフツ方式と集中管理の結合の根底には，動物は一匹ずつ手厚く扱うべきものだとする，ヨーロッパ人の感情が働いている。

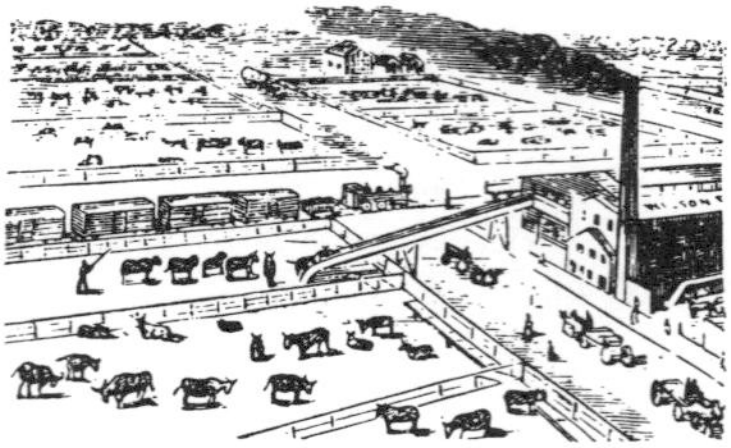

108　シカゴの家畜置場（ストック・ヤード），1880年代初期。ラ・ヴィレットがまだ建設中だった1865年に開設されたこのユニオン・ストック・ヤードは，アメリカの国土にふさわしいものだった。大草原から連れてこられた動物に建物は不要だった。夏も冬も，動物たちは屋根のない囲いの中に入れられた。加工の一貫作業はここを起点に始まり，動物たちはここから同じく屋根のない通路を通って食肉生産工場の上階へ誘導された。

地をおおっていた。……シカゴに入ってくる鉄道はすべてストック・ヤードに結ばれている」(191)。一八八六年にアンドリアスがシカゴの歴史を書いた時、ストック・ヤードを取り囲む鉄道の長さは一〇〇マイルにもおよんでいた。

ここには鉄骨のホールも畜舎もなかった。大草原から運ばれてきた動物はもともと畜舎など知らなかった。ここでは、夏でも冬でも、野外の囲いに動物を入れておくことができた。こうしてこの家畜置場(図一〇八)は、家畜の集散市場センターを形成し、ここから家畜は直接に無蓋通路を通って食肉生産工場の最上階へと追いたてられていった。

ここには何の建築上の計画もなかった。全体が木造で、しかも、まるでつぎはぎ的に建てられたので、全体計画をたてようなどと考える者はいなかった。すべてが急速にそしてその時々の要求に従って建設された。これはまさに、労働者が通り、鉄道が走る通路や階段、それに吊橋によって結ばれた、倉庫と巨大なホールの迷宮である。案内がないと、この巨大な建物群の中では自分の行く先をみつけることもできない(192)。

これは、シカゴのユニオン・ストック・ヤードの家畜の処理技術が、年間五〇〇万頭の豚を処理できるところまで到達した時代の状況を述べたものである。この工場は、一日に最大二〇万頭の豚を処理する能力を持っていたが、この数字は同じ時代のラ・ヴィレットの一年間の数字を上回るものだった(193)。

アメリカにおける食肉生産の機械化

アメリカの食肉産業は、国土の大きさと地勢に根ざしている。また、その食肉産業の起源と特質を説明できるのはこの事実をおいて他にはない。この分野が工業化されるずっと以前から、国土の形態そのものが、すでに工業化の必要条件を体質として持っていた。

ペンシルベニアやニューイングランドに入植が行なわれていた間は、小規模な農業と自給的な独立農場といったヨーロッパ的なスケールを維持することができた。都市の区域も広くないので、家畜の生産地域に近かった。つまり、たくさんの村が郊外に散らばるように存在していた。その時はまだ、農業と牧畜業は、ヨーロッパの伝統に従って行なわれていた。しかし、一八一二年の戦争の後、移住者がアレゲニー山脈の頂きを越えてアメリカの広大さを知るや否や、状況は一変した。豚や羊、そして牛を大量に育てることは容易であったが、消費者が近くに住んでいなかった。そのような場所では生産物は何の価値も持たなかったので、家畜の群れを危険や損失を承知の上で広い土地を横切り山を越えて、東部の町へと駆りたてていかねばならなかった。

このように消費地から離れた、極端に人口密度の低い地域は、アメリカでは十九世紀の後半に入ってもまだかなり残っていた。都市への人口集中と広大な未開拓地の間のこういった対照は、ヨーロッパにはないものだった。アメリカでは生産者と消費者が遠く離れていたが、ヨーロッパでは今日に至るまで、食肉供給は地域ごとに行なわれている。

技術的状況はこの世紀の間に変化した。しかし、一八二〇年頃に食肉加工が一つの地域、シンシナティに集中し始めた途端に、アメリカの食肉産業の存在理由が明らかになった。そこでは生産物を自己消費できないので、他の地域に移出せざるを得なかったのである。アメリカの食肉産業は、国内の広い地域が中心地域から食肉の供給を仰ぐという仮定の上に成り立っている。肉は塩づけされて樽に詰められ、馬で運ばれ、あるいは船に乗せられてミシシッピ川を下った。六〇年代に入りシカゴが覇権を握ってからは、家畜は貨物列車で東部に運ばれ、八〇年代の初期には、ついに、今日の供給システムが確立され、冷蔵車によって消費地の各センターへと、処理された食肉が配送されるようになった。

このような初期の段階から、一年の売上高三三億三〇〇〇万ドル（一九三七年）、一日の生産量五〇〇〇万ポンドという、合衆国でも指折りの大産業が発展したのである。

機械化の初期、シンシナティ（一八三〇—六〇年）

その形態と機能がすべて一つの精密機械のように組み合わされた現在の食肉産業が、大陸的規模にまでどのような段階をたどって発展したのか、その経過はいまだに不明である。これを示す動因や創造力は、南アメリカの食肉産業との比較において判断できるだろう。しかし、今日でもなお、食肉産業の発展してきた道筋を考えることは不可能ではない。

この工業は、十九世紀初期の生産の中心地、オハイオ州に起こった。ヨーロッパ人が、五〇年代まで安全な入植地の西の限界と考えていた都市の周辺に、食肉産業のセンターが位置したのである。その都市シンシナティは、ミシシッピ川の最も豊かな支流であるオハイオ川の近くにあり、工業都市ピッツバーグと二本の川の合流点の、ほぼ中間に位置している。後に鉄道がシカゴにおいて果たしたのと同様の役割を、シンシナティでは川が果たしていた。というのは、もともと消費地は南部にあり、搬出はニューオリンズを経由して行なわれたからである。シンシナティの興隆期には——そのピークは十九世紀半ばであるが——東部の消費地への輸送については、有効な手段は存在しなかった。

生産物はシンシナティにおいてさえ最初は無価値に等しかった。シンシナティの歴史家チャールズ・シスト(194)は、一八六六年、「驚くべきことに、地域によっては、とうもろこしが一ブッシェル六セントしかしなかったり、あるいは、燃料として木の代用になるぐらいで、ほとんど価値のない時代が西部にはあった」と述べている。

豊富なとうもろこしを消費するために、シンシナティではこれをウイスキーや豚の形に濃縮する方法がとられた。土地が広いので、豚を森の中に追い込んで樫の実や山毛欅の実で養い、そして「加工する五、六週間前になると、太らせるためにとうもろこし畑に追い入れる」ようなことができた(195)。間もなく生産高は、ヨーロッパ人の目から見ると、動物の育て方と同様、驚異的なものとなった。「一シーズンに最高一〇〇〇頭もの豚を畑に追い込んだ農民もいたし、普通でも一五〇ないし三〇〇頭という数字であった」(196)。

このようなことは直ちに生産過剰をもたらした。食肉産業は生産された原材料の全量を処理しきれなかった。早くもここでは、十九世紀の中頃にアメリカ全土で顕著になった兆候が現われていた。すなわち、生産過剰とその人為的な処分である。この傾向は、最初、農業分野や人口密度の比較的低い地方に現われたが、後には、高度に発展したほとんどの産業分野に広がった。

食肉生産の大規模な工業化が軌道にのってくると、シンシナティでは生産過剰の結果、最も価値のある部分のみを用い、他は川へ捨ててしまうほどだった。

シンシナティでは、まだ記憶している人も多いが、豚肉生産の初期、たとえば一八二八年を例にとると、驚くべきことに腿肉、肩肉、脇肉、ラード以外はほとんど需要が無く、豚の他の部分、つまり頭部や肉のついた肋骨、首、背骨等はオハイオ川に投げ捨てられていた(197)。

この時代、シンシナティでは一年に約四万頭の豚が処理されていた(198)。

この段階と今日の食肉生産との間には、大きな隔りがある。たとえば、今日ではすべての副産物を利用することが試みられている。雄牛の、豆粒ほどの大きさの松果腺まで利用され、これを一五〇〇頭分集めて松果腺物質を一ポンドとる。あるいは、胆石も日本に輸出されている。

初期のシンシナティでは、加工は食肉生産や貯蔵から区別され、作業は離れた場所で行なわれていた。このような分離は、今もヨーロッパの特徴として残っている。「食肉生産工場は水路利用のために波止場やその近辺に設置されたが、食肉加工場は都市区域外に置かれていた。食肉として仕上げられる肉は、食肉加工場から街路を通って生産工場へと運搬された」(199)。

屠畜と、食肉への加工とでは方法がまったく違っていた。前に見たように(200)、旅行者は、すでに一八三〇年代、入念に計画された屠畜の組織を見て大きな感銘を受けた。作業は寒い季節にしかやれず、秋の終り頃に一年分の仕事が集中した。腐りやすいので、すべて、できるだけ早く処理しなければならなかった。この結果、作業を細かく分業化し、段階を追うように、次々と行なわなくてはならなかった。まったく同様に、当時のイギリスの船用堅パンの製造工場でも、材料の性質の許す限り、機械装置が使われた。すべての考慮に優先していたのは、どのようにして連続的な生産ラインを確保するか、という問題だった。

一八五〇年頃、食肉加工場と食肉生産工場はすでに一つの屋根の下にあった。『エディンバラ百科事典』の編集者で、出版者でもあったウィリアム・チェンバーズ(201)は、その頃（一八五四年）のシンシナティ最大の施設について書き残している。それは四階建てで、傾斜面が建物の頂上まで伸びていた。この斜路を通って豚が追い込まれ、最上階で解体される。このように、十九世紀半ばには、今日の食肉生産工場の原理が現われていた。つまり、重力を利用し、動物自体の重量で下の階へと下ろしていくという方法である。

ウィリアム・チェンバーズは、皮肉まじりに付け加えているが、イギリスでは、受難者は鋭い叫び声を発して自らの死を隣人に知らせる特権が与えられていたという。「シンシナティではこんな暇はない。豚は処刑の部屋に入ると、前頭部に槌の一撃を喰らい、意識を失い動かなくなる。そして間もなく、出血多量で死ぬ」。

フレデリック・L・オルムステッドは、ニューヨークのセントラルパークの設計者であり、当時の最も先見の明ある造園家の一人であったが、彼は同じ頃、シンシナティの食肉生産工場を訪れた。しかし彼は、屠畜の場面は見ないことにした。彼は別の設備を見学したらしい。「私たちは広大な食肉加工場を訪ねないようにした。そこから溢れてくる血の河を見ただけで充分だった」(202)。彼は専門的な事には触れず、分業についての自分の印象を生き生きと伝えている。歯車こそなかったが、このときすでに、人間の手が機械のように機能するために訓練されていたことを認めている。

> われわれは、天井の低い広大な部屋に入った。そして死んでいる豚が無言のまま足を天に伸ばしている光景を見て歩いた。その光景が尽きる所まで歩いて行くと、そこには人力による肉切り機のようなものがあり、そこで、豚の体が売り物の豚肉に変えられていく。厚板の台、その上で豚を上げたり回したりしている二人の男、そして巧みに肉切り庖丁をふるっている他の二人、これらはみな機械の構成部分だった。
>
> どんな鉄の歯車でも、これ以上規則的には動かないだろう。ドシンと豚がテーブルの上に落ち、そしてスパ、スパ、スパ、スパと庖丁が動いていく。これですべて終った、と思う間もなく、ドシン、スパ、スパ、スパ、スパ、スパ、スパという音がまた聞える。そこには賞讃の声をあげる暇すらない。熟練した早業で、腿肉、肩肉、屑肉、最良の肉が飛ばされ、各々はその

109　シンシナティ，豚の加工と食肉生産の全景，1873年。つかまえ，加工する段階(上) 豚は高架式レールについた滑車に頭を逆さにして吊され，加工作業員のいる所まで移動してくる……。煮沸と毛剃り作業(中) これらの作業はここではまだ手で行なわれていた。これ以後の作業段階がアッセンブリーラインの起源を示している。 解体作業(下左) 豚は脚の腱の所で，滑車からたれた鉄鉤に結びつけられ，レールに沿って移動する。最初の作業員が腹を裂き，２番目の作業員が内臓を取り出し，３番目の作業員が心臓や肝臓などを除く。そのあと豚は，ホースの水で洗われ，レールにぶらさがったままの状態で乾燥室へと移動してゆく（図49参照）。 乾燥室と整備台(下右) 肉を乾燥させて保存する地下貯蔵室と脂肪を溶かし出す作業。(『ハーパーズ・ウィークリー』，1873年９月６日)

場所で四角に切られる。そこでは、トラックや運搬台を使って、従業員が各々の行先を割りつける。腿肉はメキシコへ、腰肉はボルドーへと。予想をはるかに超える敏速さに仰天して時計を取り出してみると、一頭の豚がテーブルに落ちて次の豚がその場所を占めるまでに三五秒しかたっていない。屠畜に必要な打撃の回数は、残念ながら数えなかった[203]。

機械化の拡大、シカゴ(一八六〇―八五年)

シンシナティは、シカゴの発展の陰におおわれてしまった後も、長い間、食肉産業においては最も広い経験を誇る地域だった。新しい機械はここでその有効性を試された。

　大量の原料を処理していたにもかかわらず、シンシナティは依然として、主に周辺地域から豚の供給を仰いでいた。造園家のF・L・オルムステッドがシンシナティからテキサスへ向かう途中、馬車は「シンシナティへ、そして市場へと、ブウブウ鳴きながら駆りたてられていく豚の群れの中を、縫うようにして進まざるを得なかった」。つづけて彼は、「この地方は森林が豊富だが、豚も樹木の本数と同じくらい見られた……」[204]と書いている。

　シンシナティでは、食肉生産工場への動物の供給は周辺地域からで充分間に合ったが、この点は、後のシカゴの状態と非常に対照的である。このセンターが莫大な量を処理するためには、巨大な供給地域が必要だった。シカゴでは、今日の物差しをもってしても計り切れないほどの規模ですべてが展開していた。奔放に成長したこの力の中心地では、他の場所には見られないような十九世紀の生々しい、創意に満ちた生命力が体現されていた。ここは次第に、広い国内の消費者と飼育者との間の、最も重要な結び目となっていった。

七〇年代の初め、一八七三年の世界恐慌の直前に、一人の観察者(205)がこの都市の計りつくせない可能性について語っている。無限の発展へのこの可能性こそが、大規模な実験に必要な刺激を与えた。工業的に処理される動物の数が一〇〇万の単位に近づき始めると同時に、一方では、それに必要な器具類が手近に用意された状態になっていた。原材料（穀物、家畜）の大量生産は、工程の機械化（機械類、アッセンブリーライン）と並行し、輸送と貯蔵設備（鉄道、冷凍車、冷凍庫）も同時に発展を遂げた。

シカゴの植民人口がまだ少ないときは、供給は地域的な範囲で行なわれていた。一八三九年には「三〇〇〇頭の家畜が近辺の草原からシカゴに駆り立てられ、そこで処理され樽に詰められて輸出された」(206)。間もなく、近くの中西部諸州も供給地域に含まれるようになったが、それでも、供給地域として不充分になってきた。

メキシコ湾からカナダの国境近くまで延びているミシシッピ川の西に広がる大草原は、十年と経たないうちに、家畜の巨大な供給地へと変貌を遂げた。この波は、南から始まって北のほうへと移動していった。そこではすでに、スペインからの入植者がテキサス長角牛を飼育していた。南北戦争から一八七六年までの短い期間に、家畜の群れは一二州の草原に広がった。大草原は、境界も柵も、また支配者もいない自由の地だった。「おそらくアメリカ史上、この拡大の速度に匹敵する時期はないであろう」(207)。

シンシナティが一八三〇年頃直面したのと同じ問題が、この家畜王国の巨大な領土のレベルでも起こった。つまり、生産の過剰分をどうすべきか、またいかにして買い手の所まで送るかという問題がそれだった。

しかし、家畜を買い手の所まで追いたてて行くという、頼りない方法しか取れそうになかった。このほとんど克服できそうもない距離の問題に直面して、家畜商までが立案したり戦略を立てたりした。彼らのうちでも最も才能のあった男、シカゴのJ・G・マッコイは、地図を検討して「テキサスから家畜を追いたててゆく道筋は、西へ延びる予定の鉄道とどこでぶつかるか」を計算した(208)。その結果、カンザス州のアビリーンという見棄てられた入植地が最もそれらしい地点だということがわかった。アビリーンには一二戸の粗末な小屋しかなく、そこではプレーリードッグが飼育されていた。六〇日とたたないうちに、マッコイは三〇〇〇頭以上の動物を収容する施設をそこに造り上げ（一八六七年）、その年の秋には、三万五〇〇〇頭を積み出した。そのほとんどすべての列車はシカゴ行きだった。一八六九年までにこの数字は一〇倍に増え、一八七一年には約七〇万頭が中西部の処理工場へ送られた。

冷蔵車と倉庫

この家畜の貯蔵基地の形成と並行して、動物の大量処理に必要な機械の工夫を目指して、多方面から実験が行なわれた。われわれは、この発展の各段階について、後でより詳しく検討したい。そうすることによって初めて、試みられた方法の意味が理解できるからである。

シカゴは比較的長い間孤立したままだった。一八五六年までは東部の諸都市との間に鉄道は通じていなかった。十九世紀半ばに至って、強力な鉄道網の拡大が始まった。「シカゴ以西の大草原で汽車の汽笛が初めて聞かれたのは、一八四九年だった」。その時は、たった一〇マイルの行程であったが[209]、一八五〇年には、北西部の草原地帯の一部、イリノイ州のガリーナまで鉄道が通じた。六〇年代には大陸全体に跨がる鉄道が何本も敷かれた。七〇年代の初め、シカゴの人びとは列車が十五分間隔で発車するのを自慢したものだった[210]。同じ頃、路線間の競合関係が激化し一大問題になり、鉄道会社間に公然たる争いが生まれるまでになった。

五〇年代には作業の季節的制約という不利を避けるため、当時のシカゴにおいて可能なかぎり、夏期にも加工作業が行なわれるようになった。それには、天然氷を蓄えた大きな倉庫が必要だった。間もなく、食肉生産工場のある町にはどこにでも、木造のこの種の倉庫が出現した。七〇年代初めには、徐々に、人工的な手段による冷蔵法が導入され始めた。

地域的な供給システムは、冷蔵車の導入をもって初めて終りを告げた[211]。冷蔵車による輸送の実験期間は、一八六七年、アメリカで冷蔵車の特許がはじめて認められ、シカゴ―ボストン間の出荷が開始されてから、ニューヨークで加工体の市場売買が決定的な成功をおさめた一八八二年までの、十五年間に及んだ。

最初の特許[212]では、空気循環を規則正しく行ない、暖気を放出するという方法で問題は処理されていた。五年後の一八七二年[213]には、それまで貨車の上部におかれていた氷が車輌の最後部のV字形の容器へ移された。また、水の蒸発による気化熱で自然冷却させる試みもあった。

一方では、フランス人のシャルル・テリエ[214]が「冷凍庫号《フリゴリフィック》」に新鮮な肉を積み、海の向うに運ぶことに成功した（一八七六年）。港町でも、またパリでも、アメリカのマトンが手に入るようになった。南アメリカ人は、これを最初に発明したのはモンテヴィデオのフランチェスコ・レコクだと主張している。彼は、パリのテリエと親交があった。レコクの冷蔵方法はエーテルの気化作用を基にしていた[215]。

ジョージ・ヘンリー・ハモンドは、冷蔵車の可能性を最初に認めた食肉生産業者である。彼が最初の貨車をシカゴからボストンに送ったのが正確にいつであったかはっきりしないが、おそらく、一八六七年か一八六八年のどちらかである。その肉は氷詰めにされていたので、いくらか変色しており、そのためやや不人気なところがあった。

完全な成功は、グスタブス・スウィフトが一八八二年、ニューヨーク市場を制圧したときにもたらされた。彼は前々から周到な準備をしていた。彼がボストンの技術者の助けをかりて造った冷蔵車（一八七九年）[216]では、氷は天井に配され、冷気は吊り下がった肉をなでるようにして床へ下りていくようになっていた。同様な方法で、彼はニューヨークの倉庫も造っている。そこでは、三〇〇トンの氷が断熱性の高い壁の上部に置かれていた（図一一〇）。

彼による最初の出荷は、『ハーパーズ・ウィークリー』紙が「安

110　スウィフトが工夫した最初の冷凍貯蔵庫。ニューヨーク，1882年。グスタブス・スウィフトは，20年におよぶ失敗の末に，ついに綿密な計画によって冷却した肉を遠方の都市に輸送することに成功した。「その結果，肉の市場価格は100ポンドにつき3ドルから4ドル下落した」。(『ハーパーズ・ウィークリー』，1882年10月21日)

い牛肉」という見出しで挿絵を豊富に刷り込んだ記事を掲載したほど、華々しい成功をおさめた。そこでは、その突然な商業的成功の秘密について語られていた。「この新機軸によってすでに肉の市場価格は一〇〇ポンドにつき三ドルから四ドル下がった。……牛肉価格の決定的かつ恒久的な低下をもたらすに相違ない牛肉市場の動揺は、深い関心を呼ばずにはおかない。……少なくともニューヨークでは、牛肉は安値時代に入った」(217)。

統計を見ると、冷凍肉の大規模な輸送がいかに功を奏したかがよくわかる。シカゴから出荷された生きた家畜の数は、一年で一挙に一七万頭も減少した(218)。これが起きたのは、どの分野でも生産が急上昇し、かつ、最初の摩天楼をその最も恒久的なモニュメントとして残した一八八五年の大好況の、前年のことだった。

食肉生産業者と食肉産業

シカゴの発展は自然な形で進行し、金鉱の町の発展のように、その最初の頃の様子はほとんど誰にも知られていなかった。食肉産業で、世界的に著名な人物の名前がおもてに現われたのは、困難な勃興期が過ぎ去ったあとのことである。

二人の偉大な食肉生産業者、グスタブス・スウィフトとフィリップ・D・アーマーは、逡巡したあげく、比較的あとになってシカゴに移住することを決めた。G・F・スウィフト（一八三九―一九〇三年）は、肉の行商をニューイングランドで始め、自分の荷車で家から家への回った。後に彼は、家畜商になり、主な食肉加工の中心地、たとえば、アルバニーやバッファローを訪れ、最後に、三十六歳の

111　アメリカの冷蔵車。

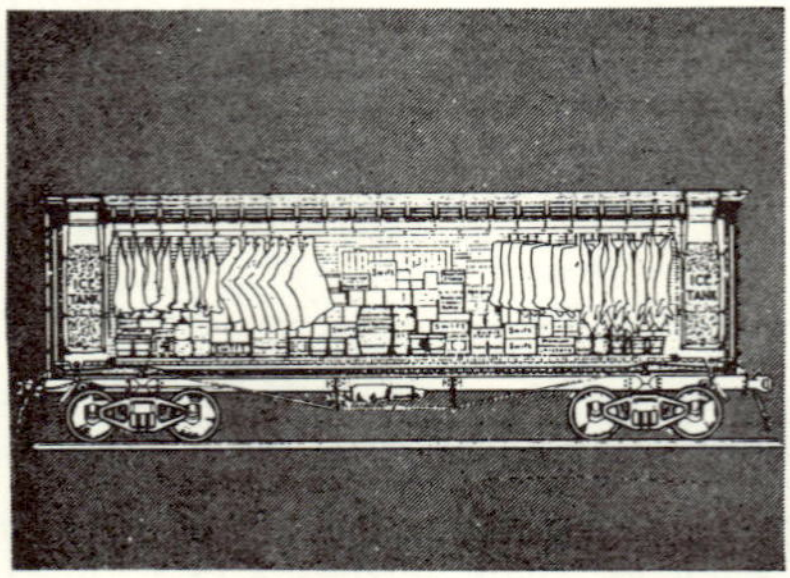

112　農民と食肉生産業者。（提供：ライヤーソン・コレクション、シカゴ）

とき、シカゴに五人の家族とともにやってきた。その頃までに彼は、二十五年間の商売で稼いだ三万ドルを手にしていたが、資本としては、彼の息子も述べているように(219)、「一八七五年の時点でも」小さな食肉生産工場をつくるのにも「充分な額」ではなかった。そのため、最初のうちは本業の家畜商の仕事を続けていた。彼は家畜の鑑定の専門家で、自分の目の確かさに誇りを持っていた。不充分な資本という不利を背負いながらも、大手の食肉生産業者への競争意識に駆り立てられて、彼は新たな道を選んだ。

　シカゴにやってきた一八七五年の冬、彼は、とりたてて言うほどの後ろだてもなく、貨物列車を使って家畜ではなく食肉を輸送し始めた(220)。たしかに彼以前にも、冷蔵車を試みた者がいたことはいた。しかしスウィフトにとって冷蔵車は、最初の足掛りを得るための道具でしかなかった。彼は、資金は不足していても、この方法をとれば成功のチャンスがあると考えた。家畜を運搬する鉄道が協力を拒否したので、普通の商売ではまったく不可能とされるような、遠回りの鉄道を使って自分の肉を出荷せざるを得なかった。あるデトロイトの資金のある会社が、寛大にも、保証なしで貨車を一〇台彼に製作してくれたので、この鉄道を彼の計画に引き込んだのである(221)。それから彼の運は上向き始めた。しかし、これは容易なことではなかった。彼の息子が書いた本の中で(222)、これらの貨車が「誤まった方法をとったため、腐敗しやすい肉を新鮮に保つのに失敗した」こと、そして、スウィフトと彼の協力者が素朴な方法でこれを改良しようとしたことなどが語られている。七〇年代の末には、成功した食肉業者がすでに大きな食肉生産工場を要所に建設し、市場の分割は完了していたので、このような、滑稽なほど小さな資本しかもたない部外者には、ささやかなチャンスしか残されていなかった。

スウィフトは、あたかも事業の拡大が自分の専門でもあるかのように、それにすべてのエネルギーを傾けた。彼が成功したのは、思い切った構想を行なう大胆さと、すぐれた分析的な才能とが彼において結びついていたからである。

フィリップ・D・アーマー（一八三二―一九〇一年）は、すでにシカゴに来る以前に、ミルウォーキーで成功をおさめていた食肉生産業者であり、兄弟と共にその市のはずれに工場をもっていた。彼は豚肉の包装出荷にかけてはスペシャリストで、また穀物市場にも積極的だった。彼は、生まれながらの投機家であったからこそ、シカゴにおいて二十五年間も、激しい仕事を続けられたに違いない。彼がシカゴを仕事の本拠として選んだのは、七歳年下のスウィフトが移住したのとたまたま同じ、一八七五年のことであった。この時期、スウィフトの娘によると「シカゴは金儲けに最も適した場所であった」(223)。

シカゴの奇跡的な発展は、鉄道で家畜をシカゴに供給できるようになり、工業的に一年に五〇万頭の豚を処理し、食肉の生産地としてシンシナティを追い越しつつあった一八六一―六二年に始まった。六〇年代の最初の数年で生産量は約二倍になった。一八六〇年には処理された動物の数はまだ四〇万頭にも達していなかったが、一八六二年には、一〇〇万の大台を軽く超えた（一三四万）。一八六五年にはユニオン・ストック・ヤードが新しい規模の企業として創設された。シカゴの発展は、ある人が正しくも指摘したように、その土地に固有な力から芽生えたもので、よく言われることだが、南北戦争の結果なのではない(224)。

この最初の躍進に引き続いて、第二段階が七〇年代初頭に起こった。食肉産業に新風が巻き起こり、大企業の時代に適した新しい方式が導入され始めたのはこの頃だった。貯蔵室への冷凍機の導入、そして加工工程の機械化への不撓不屈の努力などがその例である。すでに述べたように、食肉生産業者の中で、肉をボストンへ運ぶために六〇年代の終り頃冷蔵車を使用したのは、ジョージ・M・ハモンドであった。

もう一人の食肉生産業者J・A・ウィルソンは、新しい食品を売り出した。彼は「肉をコンパクトな固形の状態で保存できる方法を発見し、そして実際にテストしてみた……この方法を使うと、肉は自然な味を保ったまま肉汁の出ない固形状の塊として販売できる……それは調理済みで、切ってそのまま食べられるようになっている」。ここで言われているのは、もちろんコンビーフのことで、その名前は今では多くの国の言葉の中に入り込んでいる。この食品は、兵士の背嚢には必ずと言っていいほどおさめられている。ウィルソンはピラミッドの頭を切ったような形の缶を工夫した（図一一三、一一四）。この形は現在までほとんど変わっていない。一八七八年の『フランク・レスリーズ・イラストレーテッド・ニュースペーパー』によれば「肉は、骨や軟骨をすべて取り除いて、圧縮して缶に詰められている」。樽に詰めた肉と比較すると重量は三分の一になった(225)。これは、家畜のかわりに新鮮な肉を輸送することによって得られたのと同じ経済性である。

アーマーとスウィフトが競争を始めた時期が、アメリカにおける食肉産業の第三段階を画している。それは、両者が、国内はもとよ

113　牛肉をパックするための缶の製作，シカゴ，1878年。(『フランク・レスリーズ・イラストレーテッド・ニュースペーパー』，1878年10月12日)

114　ウィルソンが最初にとったコンビーフ用の缶の特許。1875年。「図のCの部分を軽く叩くと，ぎっしり詰まった肉がポンと飛び出し，そのまま薄切りにすることができる」。(合衆国特許161848，1875年4月6日)

り世界市場の覇権をかけて争った時期である。この頃、機械はさらに精密化され、今日も用いられている流れ作業が完成した。冷蔵車はこの発展において攻撃用の武器となった。スウィフトとアーマーが成功をおさめたのは、たしかに、企業家としての強い意欲があったからこそだが、彼らは二つの利点に恵まれていた。第一は、彼らは時宜を得て、大きな目的をもつ人間を受け入れる用意のできた時代に登場したという点であり、次は、それまでその分野で蓄積された工業上の経験を利用できたという点である。実際のところ、二人とも、最初に何か新しい発明をしたわけではない。にもかかわらず、この二人の姿が他の誰よりも際立っているのは、彼らが食肉産業のかなめになる要素を問題にしたからである。組織化がそれであった。組織化を通じて、彼らはかつての家畜処理では考えられなか

った規模に、食肉産業を発展させることができた。

詳しい理由は後にまた述べるが、食肉産業では、発明はあまり大きな役割を果たしていない。食肉産業において発明が手仕事の機械化に果たした役割は、紡績産業の場合と比べて比較にならないほど小さい。紡績工場主の場合は、糸が紡ぎ始められたとき、問題は解決されたも同然だったが、食肉生産業者にとっては、どのようにして腐敗しやすい生産物を配送し、消費者の手に渡すかというところから問題は始まる。

スウィフトはイギリスに販路を広げようとして、大西洋を二〇回以上横断したという。どんなに組織化が食肉企業にとって重要であるかは、長々と説明するより一つの例をひくほうがわかりやすい。スウィフトが「シカゴ風牛肉」のニューヨークへの輸送に大きな成功をおさめたとき冷蔵車と貯蔵室の関係に特別な注意が払われた。『ハーパーズ・ウィークリー』紙が当時説明しているように「冷蔵車の扉は……倉庫の扉と向かい合い、双方の軌道(高架式の単軌道)が連結されて肉はいとも簡単に貯蔵室へ移される。貯蔵室は冷蔵車と同じ温度に保たれ、その間、時間の無駄もフックからはずす手間もかからず、加工時に吊したままの状態で移される」(226)。

スウィフト自身、一度ならず感じた財政上の危機の原因は、資本力以上に事業が拡大を早めたことにあった(227)。彼が企てた拡張は、すべて一つの目的に集中していた。それは、どんなチャンネルによって勢力範囲を広げていくかということであった。彼は高度の精密さと作業効率を要求し(228)、製品の質と工場の管理状態がひと目見ただけでわかるようにした。これと並行して、副産物を徹底的に利用した。また彼は、夜中に温度計を読むため何度も貯蔵室に馬を走らせもした。八〇年代の末期、畜牛地帯の後退に伴ってはるか南のテキサスに工場を建てたときにも、彼はこの綿密なアプローチを忘れなかった。一見してまったく不適当だと思えるような場所を選んだこともあったが、そこにも土壌への注意深い関心と、そこで育っているものへの観察、あるいは育つ可能性のあるものへの正確な判断が働いていた(229)。すぐれた人間一般がそうであるように、彼においても、先を見透かす力と細心の注意が見事に結びついていた。

グスタブス・スウィフトはアーマーについて次のように述べている。「彼は自称している通りの人間、つまり生まれながらの投機家であり、同時にたくさんの仕事を推し進めるだけの才能をもっていた」(230)。世界のパンの価格が決まるシカゴの穀物市場は、狂騒と混乱に満ちていた。アーマーは、この破滅と破産、現実の、あるいは誘発されたパニックや半ばパニックの渦中にあって、二十五年間にわたって公然とあるいは隠然と操作を行なった。彼は「買い方にまわったり」「買い方に反対して動いたり」、またある時は再び「売り方を襲ったり」「売り方の側にいる」というふうであった。豚肉の買占めのかどで逮捕令状が彼に発せられたことは、誰もが知っていた(231)。彼の仕事は単に紙の上だけでなされたのではない。彼は、世界最大の収容力を誇るサイロも建設している。

この時代の闘いは素手で行なわれた。それに勝ちぬくには、初代の人間の不撓不屈のエネルギーが必要だった。アーマーが一八五一年、運を試そうと、歩いたり牛車に乗ったりしてカリフォルニアに向かって旅したとき、彼のポケットには一〇〇ドルしかなかった。ジョージ・ハモンドは、一三ドルの現金と五〇ドルの手形をもって五〇年代にシカゴで小さな肉屋を始めているし、スウィフトも、二ューイングランドで二五ドルの元手で出発した。

後の時代の——個人にせよ国家にせよ——金利生活者的な小心翼々とした精神では、こうした大会社を興すことは到底望めない。こうしたことをやり遂げるには、危険に対して用意のできている人間、勝つことと同時に負ける用意もできている人間が必要だった。ここに、中庸の道など存在していなかった。それは、いちかばちかの賭けだった。

スウィフトとアーマーの時代における大規模な生産への鍵は冷蔵車にあったが、それに対する最初の反対は、冷蔵車で最も利益をあげそうな人たち、つまり鉄道会社のほうから起こった。鉄道会社は食肉生産業者の利益をはかるために、わざわざ疑わしい実験に引き込まれたくはなかったのである。また、たとえそれが成功したところで、生きた家畜の代りに冷凍肉を運ぶと、鉄道の積荷は半分に減ってしまう。今まで東部の都市に動物を運ぶのに使われていた車輛は大幅に余ってしまうが、それらは一体どうなるのか。鉄道会社に、自分の利益を犠牲にしてまで、これまで家畜の運搬に使ってきた設備を廃棄する理由があるだろうか。しかし結局、鉄道会社の拒否は、食肉生産業者に自分で鉄道をつくることを余儀なくさせる一方、「私設鉄道」(232)の発展をうながし、直接、間接に、食肉生産業者に高い利益をもたらすことになった。

次の課題は、東部の肉屋を職人稼業から冷凍肉の販売業者へと転換させることだった。これは、冷蔵車の操業が成功すると間もなく完了した。食肉生産業者は、「肉屋が自分の加工場で処理した動物からとった品質の悪い肉」の価格より安く、上等の「肉」を売ることができるようになった(233)。同じ勢いで、闘いは本拠地でも繰り広げられ、後には、食肉産業の他の中心地にも広がった。小さな会社は吸収されたり買収されて追いつめられていった。

アーマーは、冷蔵車が成功するとわかってからそれに関心を向け、なみなみならぬ情熱をもって取り組んだ。八〇年代の終りに、新興発展地カリフォルニアの果実を冷蔵した状態で東部に運ぶ試みがなされ(234)、たちまちにして巨大な利益が約束されると、これがまた、アーマーの注意を惹いた(一八九〇年頃)。彼は穀物市場の場合と同様、競争に加わり——まだ取引先もないのに——一〇〇〇台以上の貨車を注文した。彼は、ある会社とはパートナーシップを組み、他の会社は高い価格で買収したり、あるいは廃業に追い込んだ。カリフォルニアから果実を運ぶ試みに最初に成功した会社も潰れてしまった(235)。いろいろな名前でよばれたアーマーの列車(236)は、九〇年代最も強力な存在となった。

活動の範囲が広がり規模が拡大するとともに、ついには、すべての貯蔵食料市場——果実、穀物、食肉——の獲得が問題になるときがやってきた。世紀の変り目がそのときであった。一九〇二年、J・O・アーマー、G・スウィフトの義理の息子、エドワード・モリスの三人は、後に法律によって解散させられたカルテル、「ナショナル・パッキング株式会社」を創設した。

食肉生産の機械化と一貫作業

ハンディクラフト的な加工作業では各工程が重なり合っているため、その工程を分けるのはむずかしい。生きた動物を販売可能な食肉に変える工程に大量生産方式を適用しようとすると、他の分野の機械化における同様、まず個々の作業を明確に分解し、その上で一貫作業として組織することが必要となる。

家畜を短時間で食肉に変換しようとする関心の主な対象は、まず最初、豚を中心にしていた。この点は、合衆国で五〇万頭の豚が処理された一八五〇年も、五五〇万頭(237)が処理された一八七〇年も、変わりはなかった。

今日では、豚が生きた状態から二つに切断されてコンベアに乗せられ、冷蔵庫に入れられるまでに約二四の工程を経る。全工程は次に述べる三つの段階に大別できる。そこでは、時間の損失を少なくし、できるだけ連続的な流れに近づける工夫がはかられている。

第一は屠畜工程である。まず、豚の後足を一本つかまえ、そのまわりに鎖をかける。次にこの豚を、直径一二フィートの回転ドラムにつなぐ。ドラムがゆっくりと回転するにつれ（一分間二―三回転）、この豚は後向きになって引っ張り上げられ、ついには頭を下にして吊された状態になる。こうなると、豚は単なる無防備な物体となってしまう。滑車を用いてぐるりと回転させ、最も高い位置までもっていくと、次に簡単な装置で上方のレールに移す。豚はこのレールの上をすべって加工作業員の手の届くところまで移動する。この回転式巻上げ法が、「豚をつかまえ吊り下げる時間を縮めるには一番よい方法であると同時に、それをレールに持ち上げるにも最も迅速な方法であることが経験的に実証された」(238)。ここまでの工程は三〇秒内外ですみ、そのあと、血を抜けば第一段階が完了する。

次の工程では、豚の粘液、血液、汚物がきれいに洗われ、柔毛と剛毛が除去される。なお、肉屋が煮沸に用いた樽は、今では蒸気熱式のものに変わっている。熱湯では皮が弾性をもち、柔毛や剛毛が柔らかくなってしまうからである。傾斜したレールが動物を、体毛を剃る機械のところまで運び、そこで、頭から足先までの毛は完全に剃られる。後足の腱が取り去られ、この二本の後足の間に鉄鉤が渡されたところで、この第二段階は終る。この鉄鉤は、無限ベルトに結びついた小型の滑車に吊されている。

三番目の工程は、豚を冷却室に入れるところまでを含む。ここで豚は完全に体温を失う。これまでの処理過程は、スムーズとは言えないまでも、一応連続的な流れに従って行なわれた。スイッチバック式の鉄道のように、レベル差のある面を上下しながら進行した。しかしそのあとは、無限チェーンがとって代わり、工程の各部分に一定の速度が強制的に与えられる。豚はコンベアの上で胸部と背部とを開かれ、頭部もほとんど切り落とされた状態になる。次に獣医がリンパ腺の検査を行ない、不良肉は別のラインに移される。さらに胃が開かれ、腸が取り除かれ、内臓が検査される。次に肝臓と心臓がえぐり出され、脊椎は二つに裂かれる。肉は、内側、外側とも、もう一度きれいに洗われ、検査を受け、検印が押される。こうして最後に、ゆっくりと冷却室に運ばれていく。

第二段階は、すでにみてきたように(239)、別の角度からみれば大きな重要性を持っている。というのは、この工程に潜む方法によってはじめて、流れ作業方式が出現したからである。食肉産業のこの作業段階で、数十年にわたってアッセンブリーラインに関する経験が積み重ねられた。自動車産業が驚くべきスピードでアッセンブリーラインを達成しえたのも、この分野での経験があったからこそである。

アプトン・シンクレアは『ジャングル』の中で、技術的な記述にまさる真に迫った表現で、この段階の作業の様子について次のように書いている。

豚は再び機械で一列に並べられ、もう一度滑車に吊り下げられて移動する。このとき、豚は、高くなった台の上に二列に並んだ作業員の間を通っていく。各作業員は、豚が自分の所へやってくると、決められた一つの作業だけを行なう。たとえば、一人が一本の脚の外側の毛をそぐと、もう一人が同じ脚の内側の毛をそぐ。次に、一人が喉を素早く一突きでえぐる。すると他の一人は体を縦に切り裂く。さらには、体を押し開いたり、鋸で肋骨を切ったり、内臓をゆるめ、それを引き出す作業が続く。脇腹や背中の毛をそいだり、内部をきれいに洗浄する作業員もそれぞれ待機している。この部屋を上から見下ろすと、吊り下げられた豚が列をなして移動していく様子や、一ヤードの間隔をおいて並び、あたかも悪魔に追いかけられているかのように懸命に働いている作業員の姿が見える。この処理の最終工程までに、豚の体は隅々まで綿密な検査を数回にわたって受ける(240)。

機械化と有機物質

大量加工用の機械は、六〇年代後半から七〇年代後半にかけての重要な時期に製作された。その頃はまだ、シカゴの食肉センターで処理される家畜の数は、パリのようなヨーロッパの大都市で処理される数とあまり違いはなかった。しかし、シカゴとパリでは根本的に事情が違っていた。というのは、一八六七年頃、パリの人口は郊外も含めると二〇〇万人に近づいていたのに反し、シカゴの人口は二二万あるかなしかであった。そのため、シカゴだけでは生産した全量を消費できず、冷蔵車の導入以前でさえ、生産量の一部は外国に送られていた。たとえば、すでに七〇年代の後半には、さまざまな形で処理された新鮮な肉が、イングランドやスコットランドに向けて輸出されていた。

大量加工用の装置は、生産高が記録的な伸びを見せるだいぶ前にすでに製作されていた。それが発明された時期は簡単に決定できる。まず、種々の機械化に関する特許が幾つか発表されたのは、一八六〇年以降である。六〇年代中頃から七〇年代全般を通じて、特許の数は増加の一途をたどり、この傾向は一八八〇年頃まで続く。そして、この時期に開発された機械化の基本的原理は、後になっても、そのまま生かされた。一八七二年から一八七三年にかけて、六つの特許が、豚の足にひもをかける装置に与えられ、さらに、一八七四年には二四もの特許が種々の機械に与えられている。ところが、発明の大部分は一八六七年から一八七七年の間になされ、それ以降は、特許の数は急に減少する。ただ、熱湯処理を終えた屠殺体から柔毛や剛毛を取り除くための機械だけは例外で、そのほとんどは、八〇年代初頭に考案された。一八八一年には四つの特許がこの部類の機械に与えられている。この種の装置は豚の処理過程で現在でも重要な役割を演じている。

当時すでに、発達の程度に差こそあれ、紡績工程、パン焼き工程および製粉工程の機械化はかなり進んでいた。そうである以上、食肉生産の機械化が不可能な筈があろうか。

115　豚の加工処理。シカゴ，1886年。ロープと滑車で吊す。(『サイアンティフィック・アメリカン』，1886年8月21日)

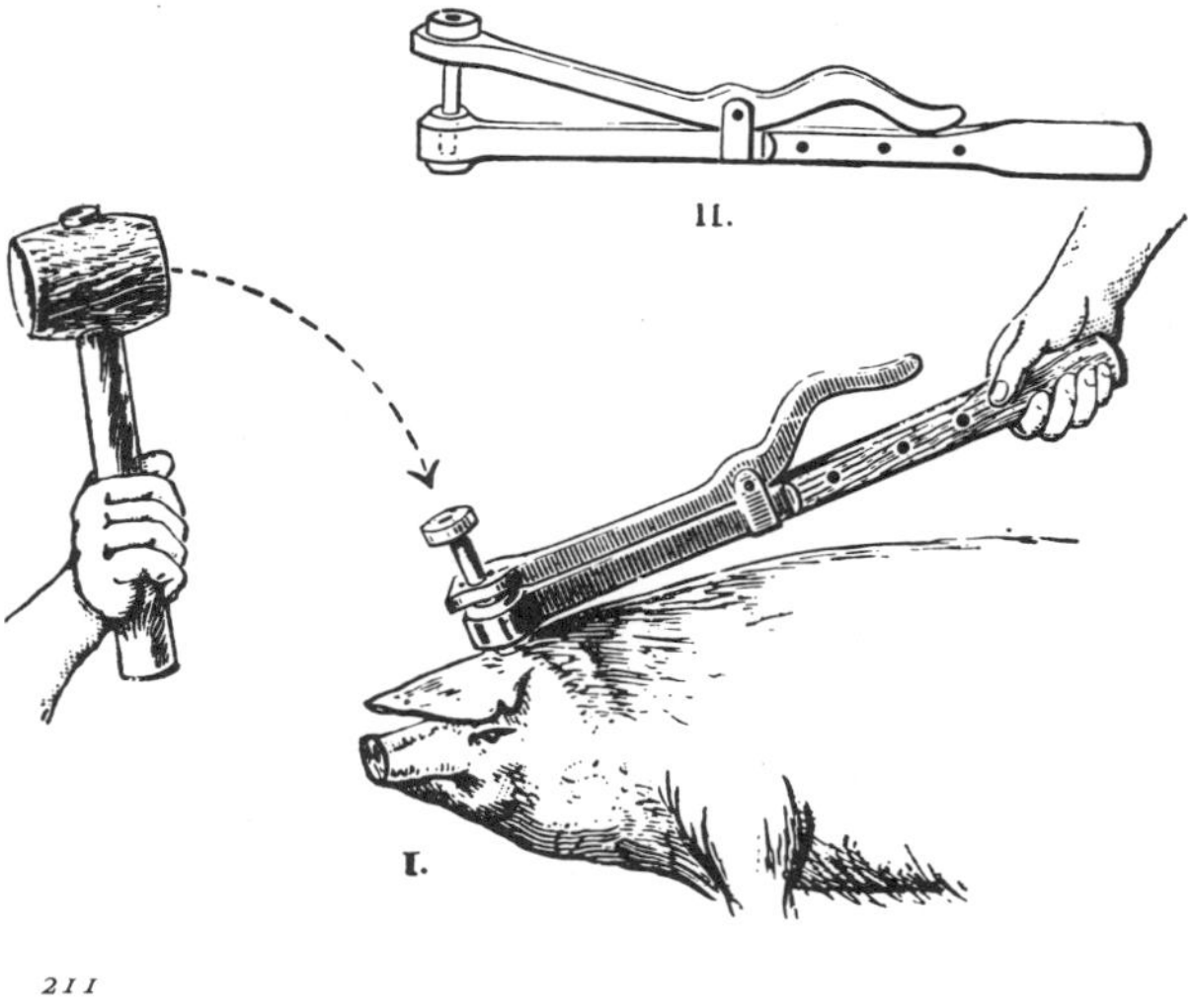

116　コックス社製の豚の加工道具。(『ダグラス百科事典』)

進取の気性と発明の才に富んだ人たちがこの問題に取り組み、時間のかかる作業をできるだけ機械化しようと努力した。しかしアッセンブリーラインの発達のところで述べたように、問題は、複雑な有機体は偶然的な要素をもち、変化しやすくまた傷つきやすいという点にある。どのような形にもなる鉄の塊とは様子が違う。このことは加工後の動物についてもあてはまり、いろいろ試みられたが、結局、加工体の処理作業を完全に機械化することはできなかった。

この機械化と複雑な有機体との不適合な関係はわれわれの関心をそそるが、それについては技術的立場から検討するより、歴史的な観点からみていくほうがはるかに興味深い。自然界に見出される予見不可能な偶然性や不規則性を、機械はどのような形で克服しようとしただろうか。この問いにこそ、問題の核心がある。ここで結論を先に言うと、技術者は、結局、この戦いに勝利をおさめることができなかった。

特許といっても奇妙な提案(図一一六、一二二)であったり、その初期には、高度に発達した機械というより中世の拷問の道具を思わせるようなものが発明されたが、この分野の歴史的研究はほとんど未開拓であり、ここで一瞥してみることには大きな意義があろう。

豚の捕縛と吊上げ作業

食肉加工作業の機械化を目的に考案された装置の中でも、生きた豚を生産ラインに乗せる装置の発明ほど、多くの努力が傾けられたものはない。いろいろな作業がある中で、この処理過程の最初の段階が支障なく行なわれることは、作業全体の成否を左右するほど重要であった。

一八七〇年代になると、豚の頭部を槌で一撃し、失神状態にしてから運ぶという方法は、時間がかかりすぎるため、放棄された。これに代わって、生きた豚の一方の足を吊るし上げ、コンベアを用いて作業員の所まで滑らせて運ぶ方法がとられ始めると、「つかまえて吊り上げる」ための発明の数が急激に増大した(241)。この方法のおかげで、作業員が豚を隅に追いつめて、額に一撃を加える必要はなくなった。代わって捕縛作業と加工作業は分けて行なわれるようになった。一人の作業員が豚の一方の後足をつかまえ、そのまわりに鎖をかけ終ったあと、残る問題は、この豚をできるだけ素早くレールに吊すにはどうすればよいかということであった。

最初はごく単純な方法がとられた。たとえば、一八七三年のシンシナティの食肉加工場のパノラマ図(図一〇九)にも見られるように、豚は滑車に吊り下げられた。しかし、生産量の増加に伴い、もっと速く豚を連続的な処理プロセスに送り込む方法が必要になった。しかも、できるかぎり一定の間隔でそれを行なうことが必要になった。そこでは、「いかにして豚を捕縛し、吊り上げて運ぶか」(242)ということが問題だった。最初に出された提案は、豚を順次、狭い囲いの中に追い込み、次に豚の気づかない所にいる補助作業員が、すでにコンベアのレールに取り付けられている鎖を素早く豚の一方の後足に巻きつけるという方法であった。あとは、何らかの方法で吊り上げればすむ。そのためには、たとえば、狭い通路の端を傾斜させるのも一つの方法である。しかし結局、この部分は、豚が足を踏み込むと下にさがる台にするとよいことがわかった。あとは、水平な高架式のレールが豚を適当な高さに吊り上げる。

しかし、豚が傾斜面に踏み込む前に疑い深くなることは充分あり

117　豚をつかまえ，吊す装置，1882年。ここを起点として，動物の加工・解体作業（ディス・アッセンブリーライン）が始まる。1870年代，気絶させたうえで加工するのは時間がかかりすぎると考えられはじめ，代わって，豚を暴れさせないで高架式レールに吊す方法が工夫された。「豚Ｍをおとりにすることによって時間と手間がだいぶ省ける。ブレーキを操作して台Ｄを次第に下げてゆくと，最後に豚は完全な宙づり状態になり，レールＫに沿って滑りながら加工場所まで移動してゆく」。（合衆国特許252112，1882年１月10日）

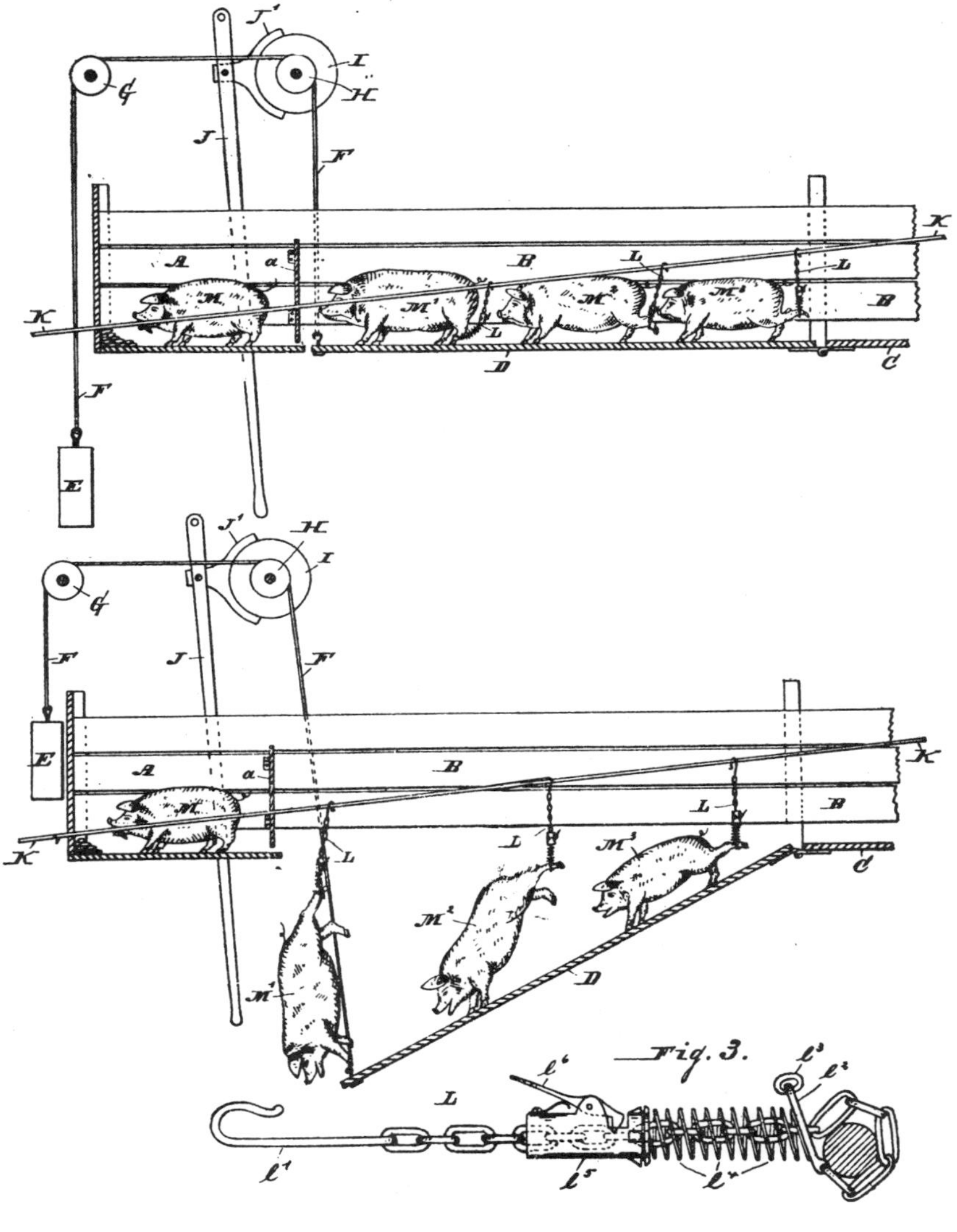

うる。それ以前に、狭い通路に送り込まれることにさえ抵抗するかもしれない。そこで一年後、一人の発明家が巧妙な方法を提案した。「豚の特性として、新しい道やまだ行ったことのない道に追い込むのは非常にむずかしい。しかし、ある一匹が無事に通り抜けたことがはっきりすると、特にこの一匹がその近くに餌をみつけたということになれば、他の豚は躊躇しないでこの豚のあとに従う」(243)。彼はこの点に着目して囲いの端におとりの豚を一匹置き、この豚の前に餌を置いた。そして、そのおとりの豚の立っている床面だけを固定し、残りの床面を可動式の罠にしたのである(図一一七)。あらかじめ上方のレールに留められた鎖が豚に取り付けられており、「簡単な仕掛けで床がゆっくりと下降すると、豚は足をすべらせ、最後に完全に吊り下げられた状態になる。一群の豚が通過し終ると、可動式の床面は再び水平な位置に戻る。そして、次の一群の豚がこの通路に追い込まれ、同じ操作が繰り返される」(244)。

背骨を切るための機械

電気鋸が使える現在でも、内臓を取り除いた後の豚の背骨を縦に切り裂くためには、普通、斧が用いられている。一八七〇年頃、当時の目標は大量生産であったため、多くの発明家は加工作業の機械化にも——他の多くの分野でも役に立った——円鋸を使用しようとした。

豚を仰向けに寝かせ、傾斜面に沿って自動的に滑らせていくだけで、豚は回転鋸で半分に挽けると考えられた。これを発明した人によれば、豚は、自分から進んでカッターに身を任せることになり、背骨を切り裂く操作も連続して進められるという(245)。

機械による皮を剝ぐ作業

時代が早ければ早いほど、発明家は大胆に、複雑な手の操作を機械的装置に置き換えようと試みた。皮を剝ぐ作業も当然、機械で行なわれることになった(246)。そこで、家畜——この場合は牛——の頭と足を床に固定した上で、梃子と滑車の機構を用いてこの作業を行なおうとした。この装置を描いた絵(図一二二)——ある種の芸術的魅力は否定できないが——には、皮を半分ほど剝がれた牛が示されている。頭の皮はすでに剝がれ、手前のほうに置かれている。後方には頭と角が見える。しかし、今日でも皮を剝ぐ作業は手で行なわれているところをみると、この機械は不成功であったらしい。

皮剝ぎ作業、つまり、生皮を剝がす作業に関する限り、機械化は不可能に思える。「頭皮を剝ぎ、頭を胴から切り離す人のナイフさばきは大変巧みで、頭皮を剝ぎ取り、頭を、脊椎と頭蓋骨のちょうどつなぎ目のところで切り落す作業を一分もかからないでやってのける」。

羊の皮を剝ぐ作業は、コンベアの上に羊をのせ、移動させながら行なわれる。とは言っても、この作業もまったくの手作業で、何人かでチームを作り分担して作業をすすめる。最後の仕上げは背の皮を剝ぐ係員の手で行なわれる。彼の役目は「皮を手につかみ、皮の肌目を損わず、そして尻と背の柔らかな脂身を引き剝がさぬように、皮を小羊の背中から剝がすこと」である。彼はこの作業を一回の動作で行なう。羊毛を体から剝がす作業は、一見簡単なようだが、実は大変な熟練を必要とする。その上、皮を剝がれた体は、血塗られたマントのような羊毛を引き摺りながら流れ作業台の上を移動す

118　豚の毛を除く機械。1864年。ここでは，有機的物体を扱うのに鋼鉄とゴムの弾力性が利用されている。「この機械の処理能力は1日に5000頭から1万5000頭である。……動物の体の不規則な変化に沿い，しかも，体に密着して毛を除くだけの力をもった弾力ある材料の使用が決め手である」。（合衆国特許44021，1864年8月30日）

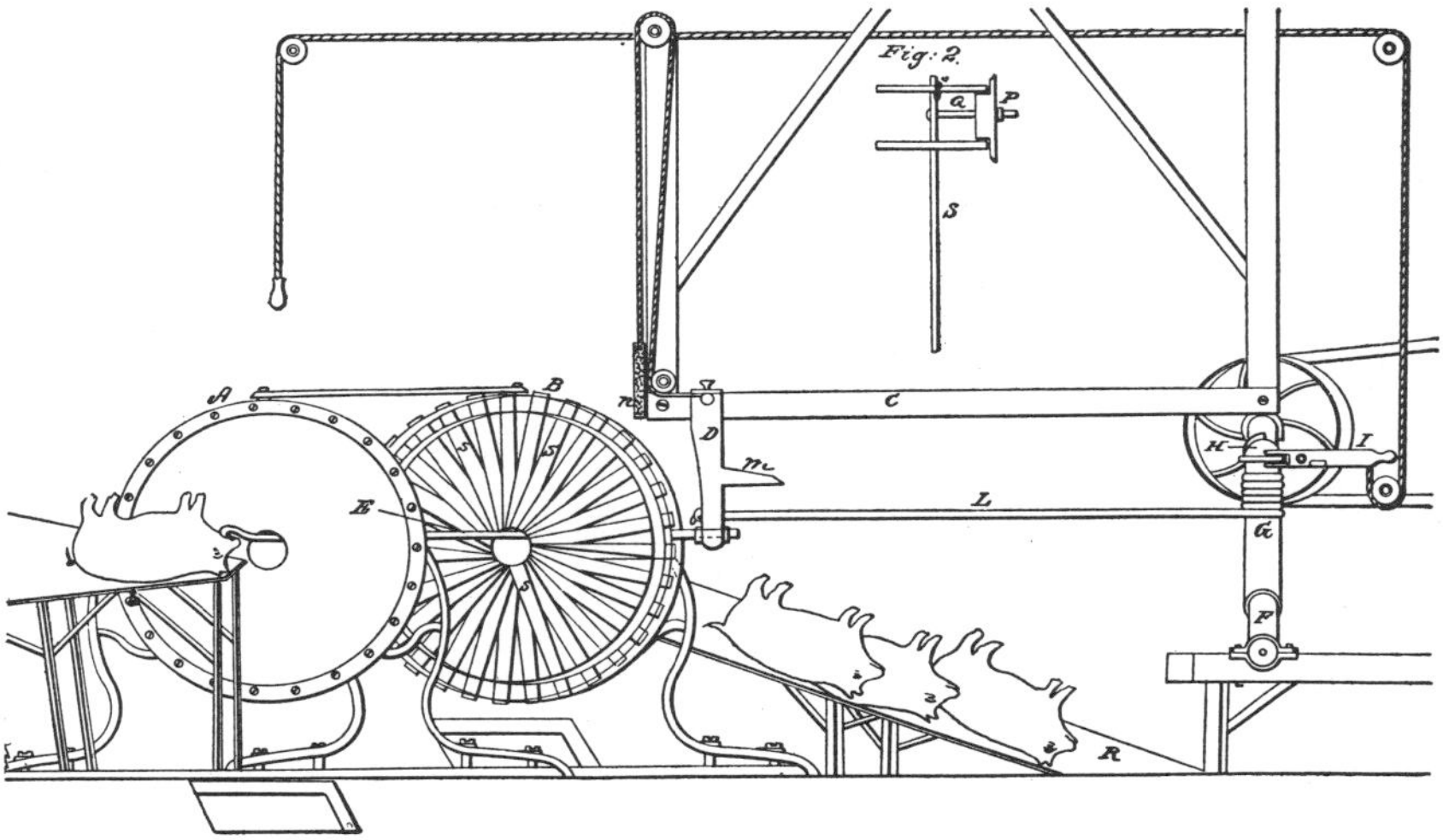

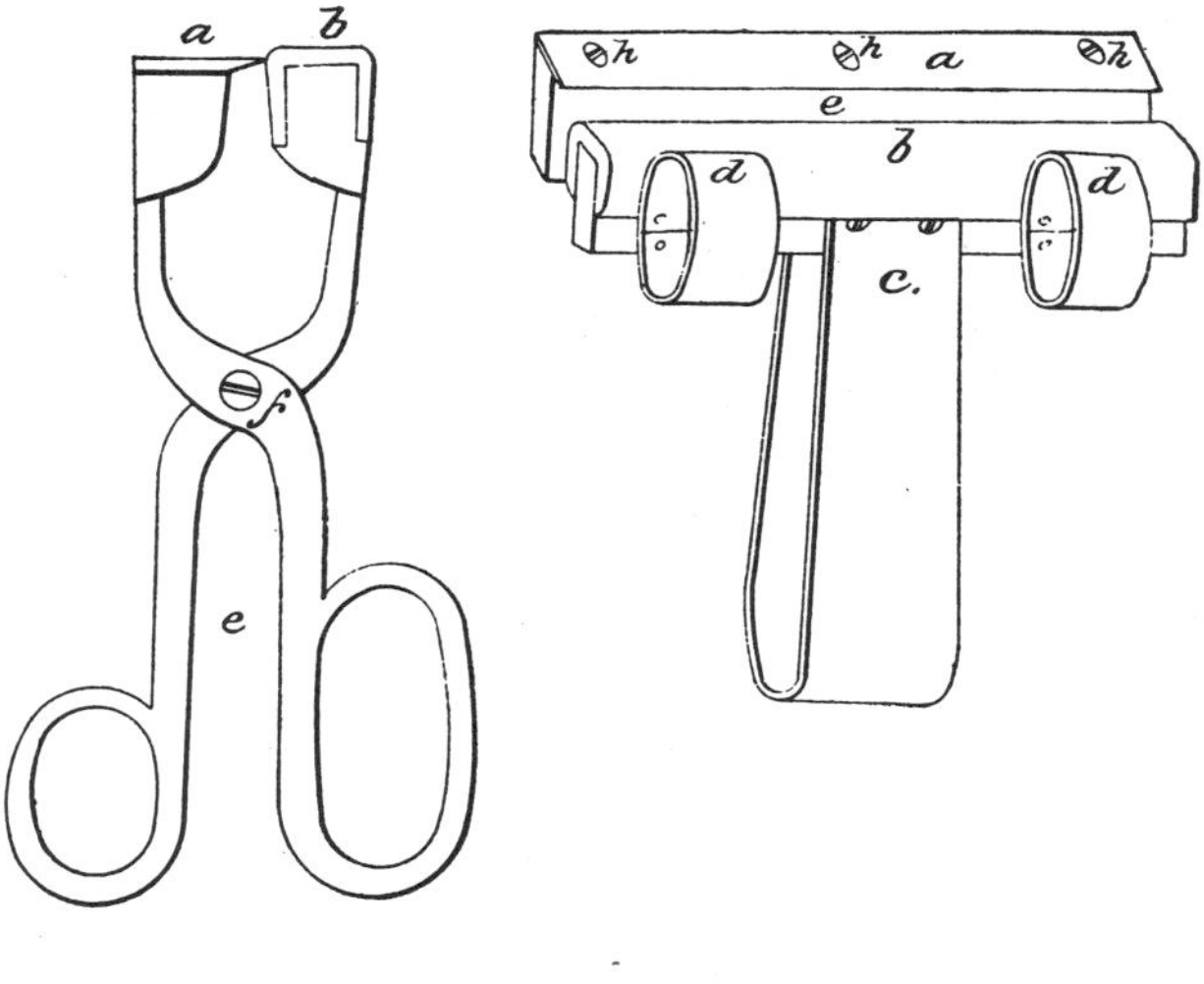

119　毛を抜く道具。1837年。人間の手が模倣されている。「図の *b* は，普通のナイフで毛を抜くときの親指の役目を果たしている。したがって，その内側には皮や弾性ゴムなどの材料が張りつけられている……」。（合衆国特許244，1837年6月30日）

るため、至るところ血だらけになる。

豚の毛を機械で取り除く作業

有機物質を機械で処理しようとする試みはほとんどが失敗に終わった。が、ただ一つ、たとえ部分的にせよ、機械の使用が成功をおさめた作業がある。その作業の特徴は、体の内部ではなく、外部を対象にしている点にある。つまり、煮沸器から出たばかりで柔らかくなった食肉から柔毛や剛毛を機械的に取り除く作業がそれであった。その機械は、できるだけ短時間に体全体の毛を取り除けるように考案された、巨大な毛剃り装置であった。

機械式生パン混合機では、それまで手を使ってやっていた捏ね作業や、叩いたり引っぱったりする作業が、金属製の杵や螺旋装置などにとって代わられている。同様に、豚の毛を除く作業でも、ナイフを手に握って作業するほうが豚の輪郭には適していたが、結局は機械に道を譲った。

生パン混合機はヨーロッパで発明され、アメリカで用いられるようになったのは南北戦争以後だった。一方豚の毛を取り除く機械のほうは、ヨーロッパでは決して思いつかれない発想であった。たとえ発明されたとしても、いろいろな理由で使われることは決してなかっただろう。

機械を不規則な有機体に適用しようとする試みは、十八世紀後半、アメリカでみられたが、当時はまず、リンゴの皮をむく道具が数多く発明された。種々の型の皮むき器が、十九世紀半ばを過ぎてもしばらくの間、どの農家にも保存されていた。この皮むき器は、最初は木製だったが、後に鋳物製に変わった。その原理は、弾性アームに付いた刃にリンゴを押しつけて回転させるという方法を中心にしていた(247)。

アメリカ人が、長年にわたって変化しなかった道具の機能的改良にとりかかった一八三〇年代、「皮から毛を除く」(248)道具の提案が行なわれている(図一一九)。親指で毛を逆立てて刃でこれをそぐという方法に代わって、それには皮をかぶせたジョーと、ナイフの代りとして互換可能な鋼鉄製の刃が付いていた。そして、この二つの部品は、スプリング・アームか鋏型の取っ手で結ばれていた。これを発明したニューヨークの発明家は、「形もサイズも角砂糖をつまむ鋏」に似ているこの道具を「クランプ型除毛ナイフ」と名付け、「生皮から毛をそぐといっても、その範囲は刃の幅や型によって限定されてしまう。したがって、刃の幅はできるだけ広く、しかも、多少の丸みをもち、ジョーのほうにはインディアン・ラバーのカバーがついていればいっそう便利である」と言っている。

この毛皮職人の道具から「豚の毛を除く機械」(当時はこの名で呼ばれていた)(図一一八)への歩みは大きな飛躍だった。この提案は、一八六四年に出された。毛と剛毛を剃りおとす機械に、家畜の体をまるごと送り込むこの初期の試み(249)について記されている特許説明書では、その目的がはっきり次のように述べられている。「この発明は、円盤や刃、その他の装置を、熱湯処理した豚の体全体に適用している点が特徴である。この機械は、豚の体に充分に密着するだけの力を持っていると同時に、その不規則な形にも対応できるだけの弾力性を有している」。安定した圧力と、皮に刃が食い込んだり傷つけたりしないための柔軟な適応力をもっていることが不可決

120　豚の毛をそぐ機械。1900年頃。「豚を無限チェーンで引っ張り，調節可能なスプリングに取り付けられたたくさんの小さなナイフの中をくぐらせる。……ナイフは，自動的に豚の体に密着するようになっている。処理能力は毎分８頭」。しかし結局，毛をそぐ機械は完全に満足すべきものにはならなかった。(『ダグラス百科事典』，ロンドン)

の条件であり、この条件を満たすために種々の解決策が提案された。
　この一八六四年に提案された機械では、直径三六インチの二つの鉄製の輪が前後に並んで立てられている。それはちょうど、サーカスの犬が跳び抜ける輪のような形をしていた。最初の輪は、中心に一二インチの穴のあるゴム製の円盤でふさがれ、そして二番目の輪は、毛を剃る鋼鉄製の刃を円形に配した二つのリングから構成されていた。「刃はすべて円の中心に収斂するように配置されているが、まん中に四インチの穴があいている」。言い換えれば、刃は写真機の絞りの部分のように配置されていた。鼻をひっかけられて無限チェーンまで運ばれた豚は、まず、ゴムの部分に、次に鉄の輪の中にひっぱり込まれる。発明家は、この機械の有効性に大きな期待をもち、「計算では、この機械の処理能力は一日に五〇〇〇から一万五〇〇〇頭である」と述べている。このような話は、およそ空想的で、ありそうもないことと思われるかもしれない。しかし、この装置は「体の不規則性に対応するため」にゴムを使った最初の例であるばかりでなく、弾力のある鋼鉄製の刃を中心に向かって配置したその仕組みは、四十年後に再び実用的な機械に使用された。しかしそのときには、刃を漏斗状に配列し、蜘蛛の足のように体に爪をたてる方法がとられた(図一二〇)。
　一八六四年に出された提案は、そのままの状態ではほとんど実際の用に役立たなかった。十年後、同じ発明者は第二の案を示した。この時、彼が心に描いたのは、「一連のローラーにバネ式の刃を取り付け、このローラーをそれぞれの軸を中心にして同時に回転させる」という方法だった(250)。この個々のローラーの配置は、機械を動物の形によりよく合わせたという意味で成功をおさめた。近代的

121 ろうを使って鶏の毛を抜く。機械化の最盛期，ろうを使用した毛抜き作業が鶏にも適用された。機械による毛抜きは，結局充分な成功をおさめなかった。有機物のみが有機体に順応できる。（写真：ベレニス・アボット）

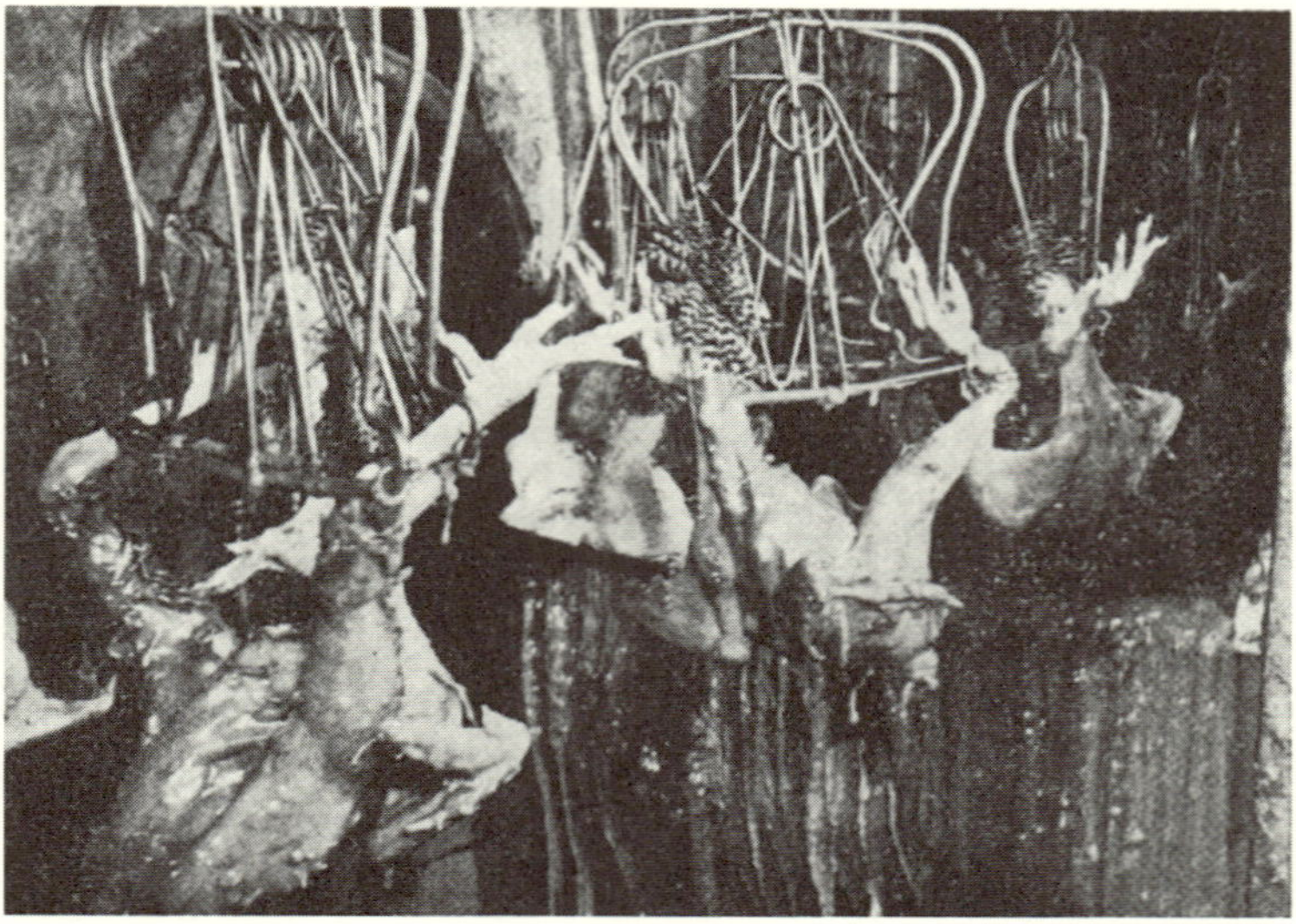

な剃毛機はこの二番目の試みを基礎にしている。その機械は、豚をコンベアにのせて移動させながら、一時間に七五〇頭以上処理する。

七〇年代末にかけて、この時期の急速な技術革新を通じて、あらゆる分野で機械の改良が進んだが、剃毛機を動物の形状により一層近づけようとする試みの上でも、進歩がみられた。「機械は、通過していく加工体の大きさや形の変化に自動的に順応できなくてはならない。……このため、私の発明ではいくつかのシリンダーを用いてみた。このシリンダーにはそれぞれ、弾力のある刃が取り付けられている。……シリンダーはそれぞれ独立して動き、体の輪郭に沿って自由に出たりひっこんだりする」(251)。

八〇年代初期に至って生産高が増大し、シカゴでの豚の年間処理高が約五〇〇万頭にも達すると、この種の機械の効率を高めることが緊急の課題になった(252)。この頃、食肉の分野における他の機械の改良は一段落しかかっていたが、豚の剃毛機の特許の数は逆に増大しつつあった(253)。

しかし、どんな機械も完全な満足を与えてはくれなかった。機械で行なわれた仕事を検査し、仕上げるには依然として包丁による手の作業が必要であった。

二十世紀に入ると、より徹底した除毛方法がとられた。最近では、除毛の仕上げとして、豚の体を溶けたろうを入れた桶の中に入れ、ろうが冷えるとそれをはがすという方法がとられている。こうすれば、毛は一本も残さず除くことができる(254)。つまり、有機物のみが、有機体に順応できるというわけである(図一二一)。

122　牛の皮を剝ぐ。1867年。皮を剝ぐ作業の機械化は，今も実現していないが，それへの試みはかなり昔からあった。しかし，動物の皮は非常にデリケートなので，手にナイフを握って皮を剝ぐ以外の方法は見出されていない。素朴な皮剝ぎ機を描いたこの挿絵は，アメリカ民族芸術のオリジナルのひとつである。（合衆国特許63910，1869年4月16日）

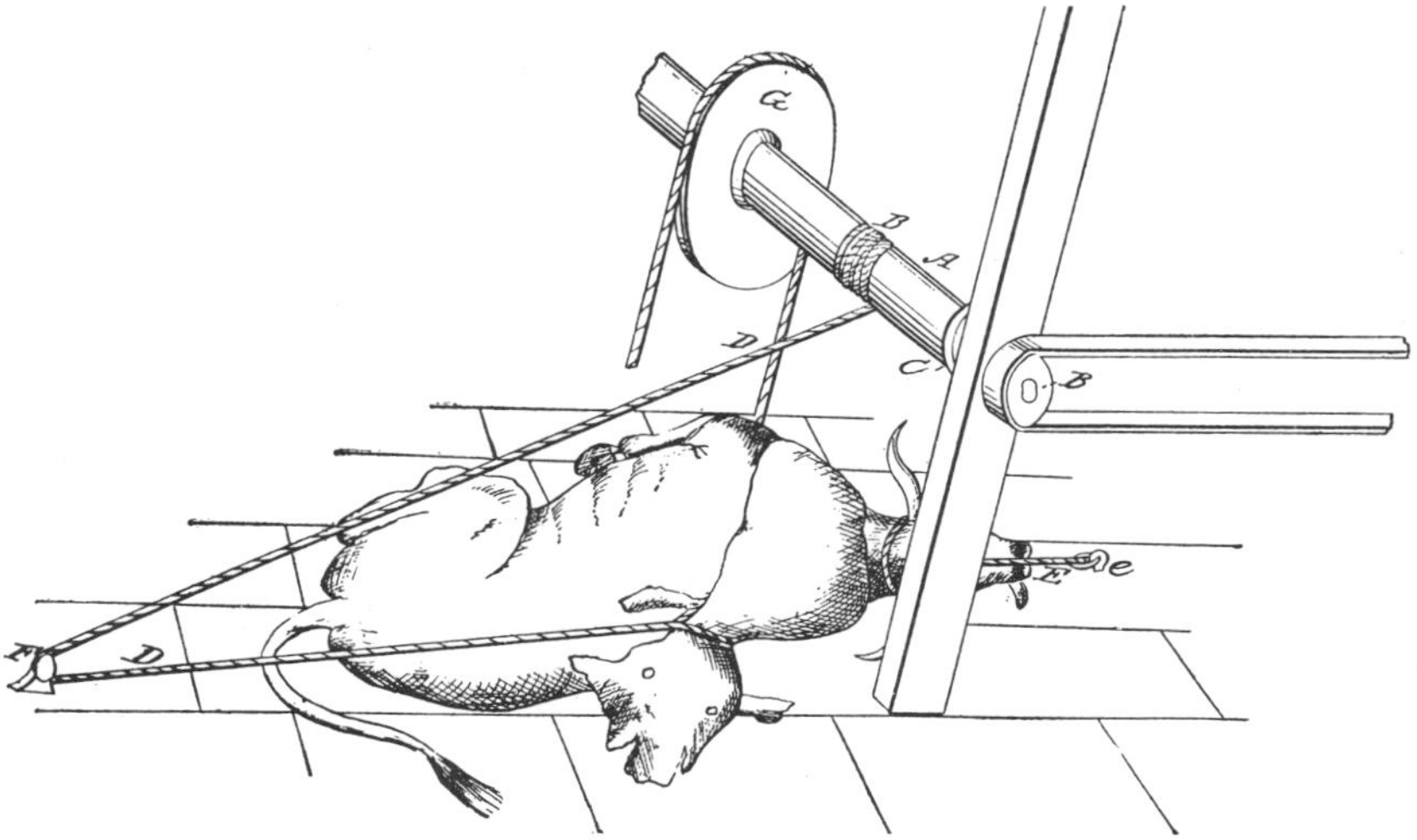

123　牛を安楽死させる方法。グリナー。（『ダグラス百科事典』，ロンドン）

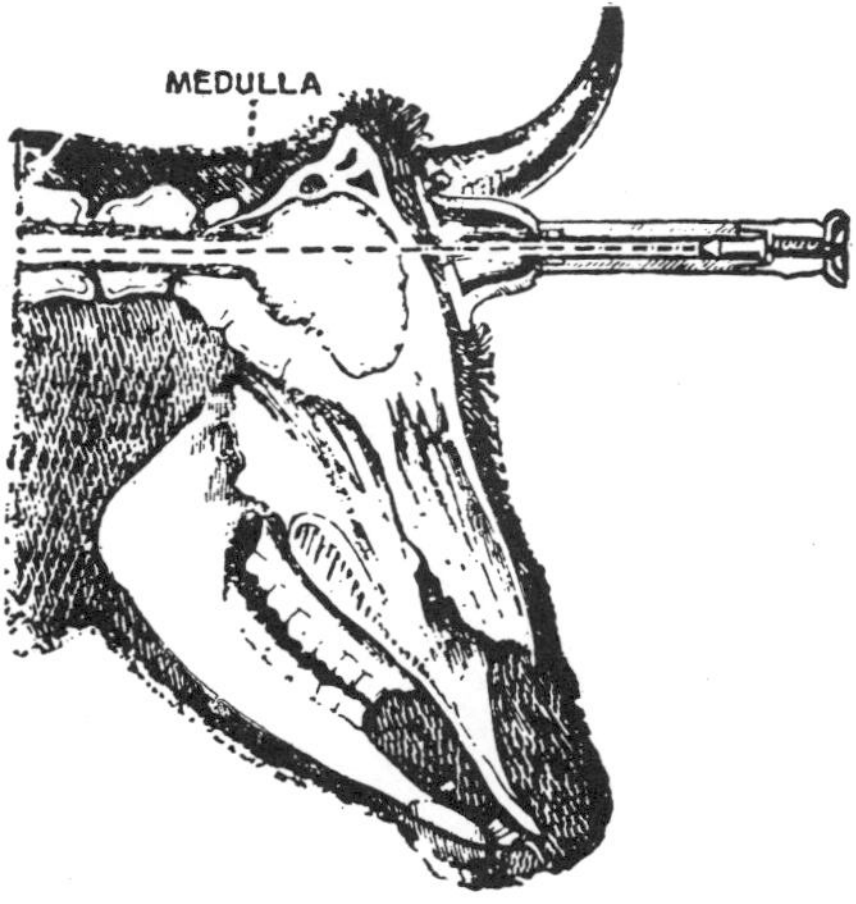

死の機械化

ここでわれわれは、死の機械化という現象を、感情本位に、あるいは、食品生産者の立場からみていこうとするのではない。われわれの関心を呼ぶものは、ただ、機械化と死の間の関係だけである。われわれがここでの関心事である。機械化と死の問題を抜きにして、食

124　シカゴ缶詰工場の広告。1890年代。(提供：J. ライヤーソン・コレクション、シカゴ)

肉の大量生産を考えることはできない。

加工機械の発達を調べるには、ワシントンの特許庁に保管されている書類を参照するのが最もよい方法である。その書類をみると、巧妙な装置で豚の後足がどのようにしてつかまえられたか、また、どのようにして豚は機械に送り込まれ、一列に吊され、加工に最も都合のよい位置まで運ばれていったかもわかる。さらには、滑車、ロープ、および梃子などを使っての牛の皮を剝ぐ作業がどんな形で行なわれたか(図一二二)、回転鋸や捕縛機を使った豚の毛をそぐ作業はどんな様子であったかなどについても特許資料を通じて知ることができる。

特許庁に保管されている挿絵の唯一の目的は、できるだけ明瞭に特許申請の根拠を表現することにある。しかし、技術上の理解や意義を離れて自由にこれら一連の挿絵を眺めてみると、これはまさに現代の「死の舞踏」という印象を受ける。これらの挿絵が表現していることは、十九世紀の生と死を描いた絵画以上に直接的であり、したがって、いっそう強い印象を与える。両者の間の乖離は、十九世紀半ば頃の後期ロマン主義の画家、アルフレッド・レーテル(一八一六—五九年)の有名な木版画シリーズにおいてはっきり認められる(図一二六)。彼はこのシリーズを「新・死の舞踏」(一八四九年)と呼んだ。

不吉な筆致を用いる一方、アルブレヒト・デューラーの高貴な木版画の伝統を受け継いだこの版画では、死が政治的宣伝のために悪用されている。これらの木版画は、死の現象を扱っているのではなく、一八四八年の革命に対する政治的諷刺を表現している。そこでは死は、煽動家の仮面をかぶっている。教訓的な四行詩が共和国の自由と博愛のスローガンに警告を発している。

　　コートの襟をたてたる彼が姿を見し人は、その心、恐怖に凍りぬ。

ここでは、死は単なる衣装になりさがっている。初期の版画「締

125　牛の加工風景。(『フランク・レスリーズ・イラストレイテッド・ニュースペーパー』, 1878年10月12日)

126　19世紀の死に対する関係：アルフレッド・レーテル「新・死の舞踏」, 木版, 1849年。15世紀とは対照的に, 機械時代は死という現象と直接のかかわりをもっていない。同じことが, 19世紀の芸術についてもあてはまる。死が扱われる場合はあっても, それは, 文学的な仮装をまとったり, あるいは少なくとも粉飾されて表現された。(アルフレッド・レーテル「新・死の舞踏」, 1849)

127　手による鶏の加工。食肉の一貫生産における一工程，1944年。（写真：ベレニス・アボット）

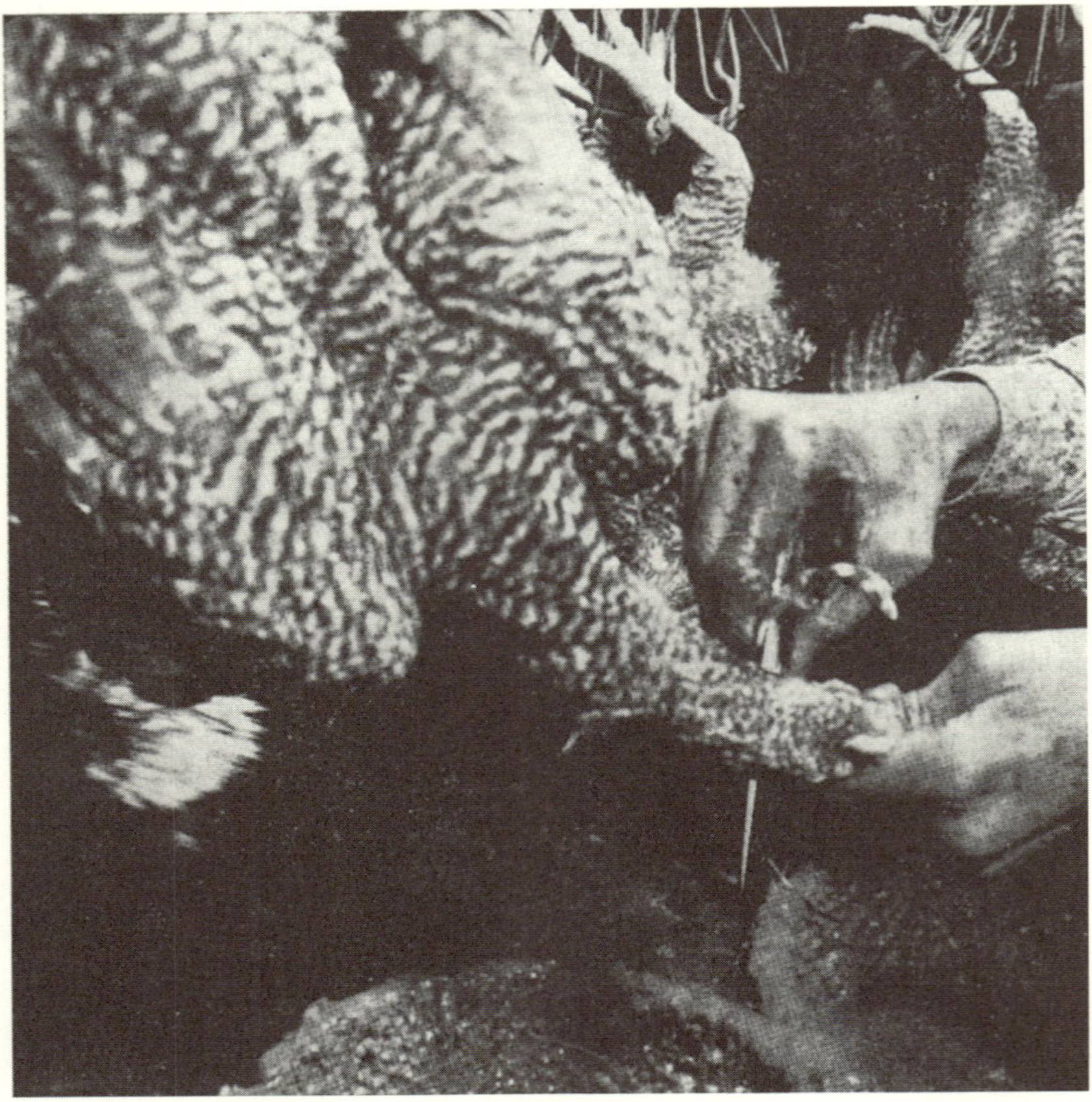

殺し屋としての死」（一八四七年）では、死は骨の上のバイオリン弾きとして描かれている。ここでは、このような場面が選ばれたこと自体が重要な意味をもっている。ハインリッヒ・ハイネによる、パリ仮面舞踏会での一八三一年のコレラ大流行の描写が利用されているのである。

十五世紀に、死と不可分の関係にあった「最後の審判」は、恐ろしい一つの現実であり、死以上に恐れられた。十九世紀になると、生物学的な意味での死だけが問題にされたが、それですら人びとの目から覆い隠された。人間と死との関係を描いた当時の芸術はすべて、特にレーテルの構図などは、真実味を失ったものになっている。そこでは、信仰という生きた現実の支えを失いその価値を喪失してしまった、シンボルが用いられている。

機械化が進むにつれ、死との接触はますます、生の場から消え失

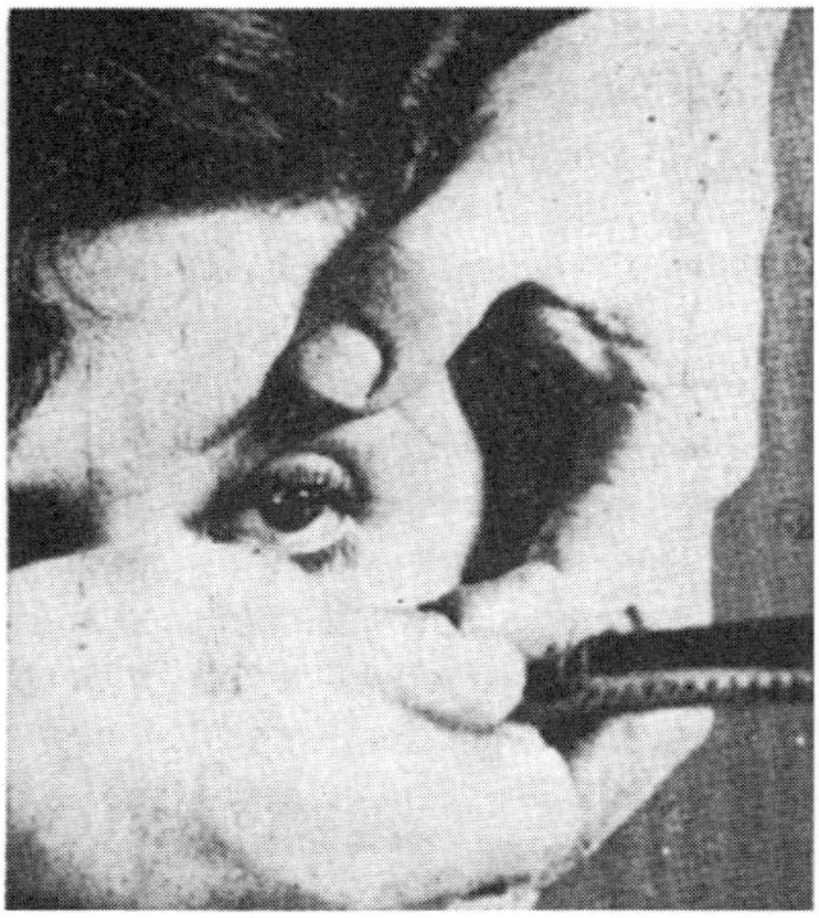

128　死の生々しい表現：ルイ・ブニュエル「アンダルシアの犬」1929年。雲が月にかかり，若い女の目が，かみそりで切られようとしている。死に仮装をまとわすより，生々しく表現するほうがより正直である。超現実主義的な映画「アンダルシアの犬」で，ルイ・ブニュエルは一見無関係と思われるシンボルを操りながら，死の意味を伝えようとした。（提供：ルイ・ブニュエル）

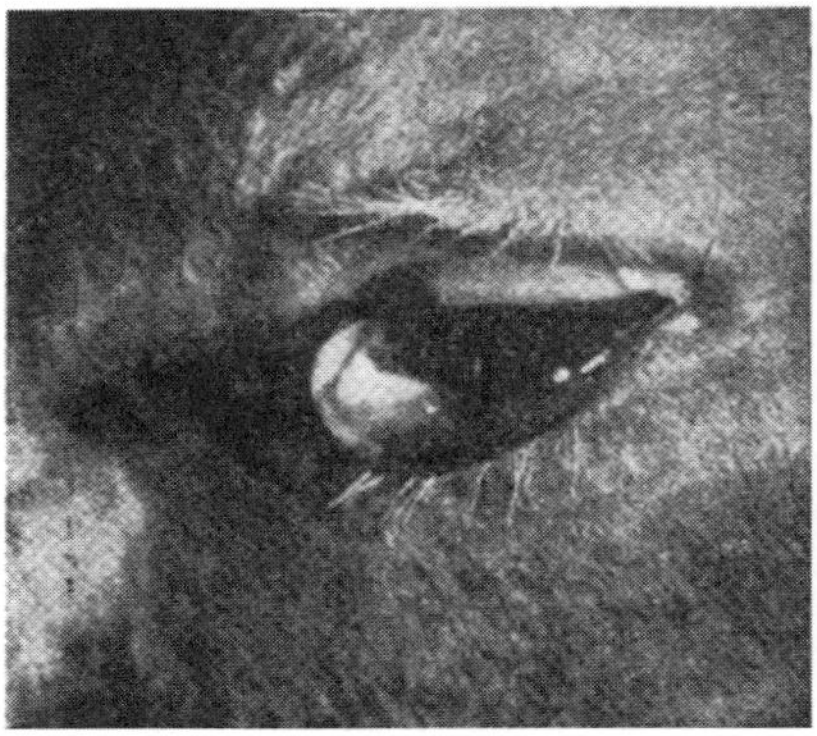

129　（右下）ブニュエル：「アンダルシアの犬」。かみそりで切られた直後の目。（提供：ルイ・ブニュエル）

せていった。死は、ただ最後の場面に出会う避けがたい偶発事として考えられるようになった。われわれは、これと同じ事実を、中世の快適さの概念が後の時代のそれとどのような意味で違っているかを論ずる際に指摘したい。スペイン人のルイ・ブニュエルが自作の映画「アンダルシアの犬」（一九二九年）の中で象徴的に描いたように、死の生々しさそのものを描くほうがより正直である（図一二八、一二九）。この映画の中で、死は不合理な連想の戯れの中に象徴化され、取るに足らない日常の出来事や幻想的な事件が、一つの芸術的なリアリティを織りなしている。たとえば、一枚のかみそりの刃が、夜空に輝く満月をよぎる細長い雲となり、次に若い婦人の眼球を切ろうとしている殺人者のナイフに変わる。この場面のシナリオは、次のように進行していく。


夜のバルコニー。

バルコニーの近くで一人の男がかみそりを研いでいる。男は窓ガラス越しに空を見上げ、そして見る……

かすかな雲が、満月に向かって動いて

いくのを。
この時、目を見開いた若い女性の顔が映る。
かすかな雲がまさに月の前を通り過ぎようとしている。
かみそりの刃がこの女性の眼の中に引き込まれ、これをさっとかすめる(255)。

これらはすべて、一様に生々しく、残忍であるが、真実を表現している。この表現の直接性は、死に対する永遠の恐怖のようなものを捉えている。恐怖の感情は、有機体が突然、破壊されようとするときに惹き起こされる。

素早く、しかも有機体を傷つけないで行なうことを食肉加工の条件にすれば、生から死への移行を機械化することは不可能になる。このような形で死を実現しようと、いろいろな機械器具が工夫されたが、結局、不首尾に終った。これらの機械は複雑すぎたり、身体を直接傷つけるようなものばかりだった。血液を全部除いて肉を食べるというわれわれの習慣は、ユダヤ教の戒律に由来するという説がある。なぜなら、ギリシャ人もローマ人もともに、この貴重な液体が家畜の体から逃さないように気を配っていたからである。彼らは出血を防ぐため、家畜は締め殺すか、あるいは熱した槍で突き殺したものだった。しかしわれわれとしては、本能にまでなってしまった習慣を捨てるくらいなら、肉なぞ食べないほうがよいと思うだろう。それほど血は、われわれの中に恐怖の感情を呼び起こすのである。

人が手にナイフ(図一二七)を握って行なう場合にのみ、死への移行は望ましい形で行なわれる。この作業は外科医の正確さと熟練、賃労働者のスピードをあわせ備えた技術者でなければやれない。豚の喉をどの程度、どの位の深さまで突き刺すべきかが重要であり、動作を誤ると、製品としての食肉を傷つけることになる。しかも、この動作は素早く(一時間に五〇〇頭のスピードで)行なわなければならない(256)。

頸動脈を切るためには、係員は、頭を逆さにして吊り下げられた動物の前足を手でつかまえ、これを適当な位置までまわして、喉を約六インチほど突き刺す。羊の作業にも同じような完璧な熟練と慎重さが要求される。羊のようにあまり暴れない動物の場合には、二匹を一組にしてレールに吊り上げる方法がとられる。この作業には両刃の小剣が用いられ、突き刺す場所は耳の後ろが選ばれる。

牛の場合、貨車で囲いまで運び、槍で突き殺すという方法は、今はもうとられない。かつては、係員が囲いの上に十の字に渡された板の上に身をかがめ、うまく槍を刺せる瞬間を待って、牛の眉間を狙ったものである。しかし今日では、四ポンドのハンマーが用いられ、これで狭い囲いの中に閉じ込められた牛の頭蓋骨に一撃を加える。この一撃で牛は丸太のように倒れてしまう。すると直ぐ、作業員が後足に鎖を巻きつけ、逆さにしてレールに吊り上げる。同時に係員が意識を失った牛の喉にナイフを突き刺す。血は普通、特別の容器の中に集められる。

以上のことから明らかなように、行為そのものは機械化できない。そこで、作業全体を組織化することにすべての努力が傾けられた。ある巨大な食肉生産工場では平均一秒に二頭が加工される。一日に約六万頭の割合である。頸動脈を切られた家畜の断末魔の叫びは、巨大なドラムのごろごろ鳴る音、ギヤのかみあう音、蒸気が噴出する甲高い音にまぎれてしまう。そのため、断末魔の叫びと機械の音はほとんど区別できない。しかも、目をこらしても、具体的な様子ははっきりつかめない。作業員の一方の側には生きた動物がおり、他方には処理されてころがっている。動物は一定の間隔をおいて逆さに吊されているが、作業員の右側に吊された家畜からは、心臓の鼓動に合わせて首の傷口から血が噴き出している。平均して二〇秒後には、豚は出血多量で死んでしまうという。この作業は素早く行なわれ、しかも、生産過程の一部になっているため、感情がかき乱される余地はほとんどない。

この生から死への大量移行において驚嘆すべきことは、この作業の無機的な性格である。ここには経験も、感情もない。ただ観察あるのみである。われわれのコントロールできない神経が、潜在意識のどこかで反抗することはあるかもしれない。血の跡が体に滲みついているわけではなくても、いつかある時、吸い込んだそのにおいが突然胃壁をつたわって上ってくるということは考えられる。

こうした疑問がどれほど意味のあるものか、われわれにはわからない。しかし、少なくとも次のような疑問がわいてくる。死に対するこの無感情は、より大きな影響をわれわれ自身に及ぼしてはいないだろうか、という疑問である。この感情がもたらす広範な影響は、機械式食肉加工の方法が生まれた国、あるいは、この方法が工夫された時代に現われるとは限らない。死に対する無感情は、むしろ現代の深層に宿っているのかもしれない。死に対する無機的な態度は、世界大戦において初めて大規模に表面化した。そのとき、走行チェーンに逆さに吊された動物のように、無防備な人びとが冷やかに、そして機械的に犠牲にされたのである。

機械化と生長

一九三〇年頃、新しい傾向が始まり、現在、より発展した段階を迎えようとしている。この新しい傾向とは、機械的なものとは逆の方向を志向する新しい時代の到来を指し示している。この発展は、前にも簡単に触れたが、人間による有機体への介入を中心的な課題としている。つまり、動植物の構造と性質を変えようとする試みである。この根源的な介入を担った遺伝学は、生物学の一分野として生まれた。

有史以来、人間は、動物を飼い馴らすという形で自然に介入してきた。人間は野性の動物や植物の性質を自分の意にそうような形につくりかえてきた。雄牛や鶏も、人間の目的にかなうような育て方をされてきた。古代にもすでに、馬とろばを合わせて、「らば」がつくられている。十三世紀のアラブ人は、純血種の雌馬に人工授精を施したと言われている。エジプト人はこれに窯を使った。中国人は温かい米の入った籠の中で卵を孵し、エジプト人はこれに窯を使った。ネイティブ・アメリカンも、とうもろこしの品種改良に大きな成功をおさめている。

十八世紀には機械化農業が始まったが、科学的実験と分析を通じて、遺伝学という新しい分野が拓かれた。植物が生殖機能を持つ有機体であるという発見（カメラリウス、一六九四年）や植物の分析的な雑種育成（トーマス・フェアチャイルド、一七一七年、ヴィルモラン・アンドリュー、一七二七年）[257]に始まり、グレゴール・メンデルの革命的な実験や発見（一八六五年）[258]に到るまで、この種の実験に対する関心は決して衰えたことはなかった。そして、十八世紀末には、遺伝学の領域は哺乳動物の人工授精にまで拡大した。

遺伝学そのものの原理は、新しいものではない。遺伝学も、先人から伝えられた経験の段階から科学的実験へという通例の道をたどったが、この移行には長い時間がかかった。しかし、全面的な機械化時代の遺伝学と初期のそれとは、比較を絶するほどの開きがある。一九二〇、三〇年代、有機体の生長への介入は飛躍的に強化された。動植物の仕組みを変えていくテンポはきわめて速く、一瞬の出来事のようである。そして、介入の規模も拡大した。

この革命には、それより一世紀前の道具や器具類の革命的な変化と多少似たところがある。当時、これらの道具類もつくりかえられて、突然、機械へと変貌した。有機体に対する介入が現在のようなスピードで進行すると、有機体そのものがデリケートであるだけに、道具の機械化にもまさる重大な結果がもたらされることははっきりしている。

種子

全面的機械化の時代となると、人間に食料や衣料をもたらす植物は、その本来の価値を回復した。そのとき、特別な方法、ことに品種改良を通じて植物の構造に変更が加えられ、生産の増大がはかられた。小麦、大麦、からす麦、砂糖きび、綿花、果物類、および野菜類は、旱魃や害虫に強いものにかえられた。大豆は前世紀初頭にすでにアメリカに伝えられていたが、これも新しい意味を獲得した。しかし、中でも最も重要なのは、とうもろこし栽培である。

「植物の中で混種とうもろこしは、ちょうどトラクターが機械類の中で占めるのと同じ位置を占めている」と農業経済局は述べている[259]。

アメリカの気候が幸いして、とうもろこしは家畜の最も重要な飼料となった。わずか数年で、とうもろこしの品種は大きく改良され、その生産は驚くほど伸びた。混種とうもろこしを換金作物として栽培する試みはすでに一九二〇年代に始まっているが、充分な量を産出できるようになったのは、やっと三〇年代の初めの頃である。このとき以来、一九三五年から一九三九年の四年間に、単位面積当りの生産高は実に五倍に増大した。混種とうもろこしの耕地面積は、五〇万エーカーから二四〇〇万エーカーへと拡大した。この数字はとうもろこし畑全体の四分の一以上に相当する[260]。

混種とうもろこしは、穂軸のまわりに大量に、しかもむらなく実をつける。このとうもろこしは他の品種より多くの実をつけ（一五から三〇％増）、抵抗力が大きく、その上、形もよい[261]。しかし意外にも、一代目の混種とうもろこしの種を播いて生まれた第二世代には、一代目の望ましい特徴の幾つかが失われることがわかった。そのため、農民は、この品種の種子を専門的につくる業者から種子を購入しなければならなかった。

卵

鶏卵ひとつをとってみても、十八世紀の人びとがどれほど分析と実験とを、生長の機械化の出発点としたかがわかる。

古代エジプト人は、卵を孵化させる装置の工夫に関しては名人だった。つい最近まで、彼らはその技術をおぼえていた。十八世紀に、ナイルデルタの一農村、ベルマの人びとは、雛を人工的に飼育することで生計を立てていたが、その秘訣は、父親から息子へと伝えられてきた。レオミュールの報告によれば、三万羽の雛が一度に孵化され、ブッシェル単位で売られていたという。

ちょうどエキゾチックな草花が北国に移植されたように、このエジプトの一農村に源を発した技術は、トスカーニ公爵の手によってフィレンツェに伝わり、宮廷の人びとは一年中若鶏を賞味できるようになった。一七四七年、偉大な博物学者、アントワーヌ・フェルショ・ド・レオミュールは、孵化器に関する論文をパリ・アカデミーに提出したが、彼の伝記作家によると、この論文はセンセーショナルな成功をおさめたという。ロースト・チキンを一年中食卓に置けるというのは、その当時としては夢のようなことだったからである(262)。

二年後、レオミュールは立派な銅版刷りの著書を刊行し、その翌年には、英訳された(263)。彼はその序文で、この実験の始まった経緯を楽しげに語っている。最初、外交官をしている彼の友人が、彼にエジプトの村で行なわれている孵化の様子について詳しく話してくれた。ところが、彼は直ぐに、これは自分のとるべき方法ではないと考えた。彼は、王侯たちとは違って、エジプト人の専門家を雇うつもりはなかった。温度計がエジプト人の代りを務めることになった。最初、彼は堆肥の山の自然のぬくもりを利用して孵化しようとし、その中に孵化器を内蔵した樽を沈めてみた(図一三〇)。次に、近くの尼僧院のパン焼窯で実験を重ねた。そしてついに、木材を燃料とし熱を均一に放射する円筒型の「暖炉」を自らの手で製作した。今日でも、アメリカの農民は、電気式より、むしろ、石炭を燃料とした円筒型の人工孵化器のほうを好んで使っている。彼らによれば、電気式のものは寒冷な気候には適さないという。

レオミュールの著書を読むと、興奮を抑えることができない。なぜなら、この平凡な問題を扱う際にも、偉大な科学者の観察眼が細かな点にまで力強くみなぎっているからである。彼は、雛がどのようにして殻を破って出てくるか、どのようにして胎児は形成されるかを正確に知っていた。その上で彼は「人工の母親」を発明したのである。

セントルイスの食品工場の薄暗い部屋を訪れたことのある人は、低い金網の籠の中に、孵化器から数日前に孵ったばかりの雛が飼われているのを見たことがあるだろう。そこの人工孵化器の中には、傾斜のついたゴム引き布が置かれているが、これは電気で温められており、雛がこの布の下にもぐり込むと、雛の肺を温めてやる母親の羽毛の代りになる。十八世紀半ばに、レオミュールも同じことを考え、羊の毛で箱を裏打ちし(図一三〇)、二十世紀の人工孵化器のゴム引き布と同じように、箱の天井を傾斜させ、雌鳥の羽毛に似せ

130　有機体への介入：レオミュール，「人工の母親」，1750年頃。レオミュールの実験は，エジプトの「人工の母親」にヒントを得て工夫された。この点は，18世紀における蒸気や真空を利用した試みが，すでにアレキサンドリアの時代に見られたのと同様である。おそらく，パン焼窯を使って孵化する方法の起源は，技術の進歩していたプレトマイオス朝期にあったと考えられる。この方法は，レオミュールの時代まで，ナイルデルタの村々で行なわれていた。（左）樽の内側を羊毛で覆い，堆肥の上においた「人工の母親」。（右）木の枠に子羊の毛皮を釘で打ちつけて作った「人工の母親」。毛深いほうの側が内側に向けられている。箱の中では，幕がほとんど底に接するほどに垂れ下がっているが，雛鳥が，中に自由にもぐり込めるほどの隙間があいている。払いのけたり持ち上げたりは，簡単にできるようになっている。（A.F.レオミュール「家禽を1年中いつでも孵化し育てるための工夫」，ロンドン，1750）

131　レオミュール：「人工の母親」，1750年頃。「この図版は，雛鳥を育てる温室の内部を描いたものである。これは雛を孵すのにも使える。Aの部分は円筒型をしたストーブの蓋を示す。必要なときにはこの蓋を開け，薪を入れる」。（同上）

かけている。彼は、この装置全体を「人工の母親」と呼んだ。

一九四四年頃になると、合衆国で生産された雛のうち、わずか一五％が雌鳥によって直接孵化され、残りは約一万の孵化器によって孵されている。今日では、サーモスタットでコントロールされた孵化器一台に、約五万二〇〇〇個の卵がおさめられている。これには、一人の作業員が付き添っていればよい。レオミュールの孵化装置は固定されていたが、現代の孵化器の棚は軸のまわりを回転し、雌鳥のするように卵の位置を規則的に変える。こうすると、胎児が殻に固着するのを防ぐことができる。農場で飼われる鶏の数は平均一〇〇羽であるが、孵化場によっては一〇〇万個の卵を孵すものもある。一万の孵化工場が約一六億羽の雛を毎年孵している。

人工孵化器の急激な増大は、全面的機械化の時代とともに可能となった。一九一八年から一九四四年までの間に、人工的に孵化された卵の数は、全体の二〇％から八五％に増大した。その理由の一つとして、一九一八年以降、若鶏を貨車で送れるようになったことがあげられる。実際にも、生産の増大は一般的な傾向と合致している。卵を量産し、その中からよいものを選んで、雛に育てるほうが利益が大きい。一つの危険としては、病気の蔓延があげられるが、これには厳重な管理が必要である。もう一つの危険は、不注意な取扱い方をする業者の問題である。

生産量をできる限り一定に保つため、秋と冬の朝には鶏舎に人工燈が用いられた。雌鳥の卵巣を刺激することがその目的だった。この方法を使っても生産高が増加することはないが、一年を通じて生産量を一定に保つことができ、この結果、機械化された工場（三〇年代に導入）で鶏の処理がやれるようになった。こうして、トスカーニ公爵でもなかなかありつけなかった珍味を、今や、だれもが口にすることができるようになった。

鶏が大量生産される以前は、鶏肉の価格は、夏に比べて冬は二倍もした。しかし今では、新鮮な鶏肉は一年中手に入る。そればかりか、肉と骨を機械的に分離させる装置も考案されようとしている。

人工授精

十八世紀、人びとが、あらゆることに疑問を持ち、あらゆることに対して答えを見出そうとしたこの時代、有機的生命の発生に関する問題は特別な関心を呼んだ。十八世紀には、懐疑主義と普遍主義とが併存していた。植物、動物、昆虫および哺乳動物の生命に探りが入れられたように、微生物の生命についても、探求の手がおよぼうとしていた。

イエズス派の科学者ラツァロ・スパランツァーニ（一七二九―九九年）は、滴虫類が生長力、つまり「実体的力」または「神秘的力」から自然発生的に生まれるという説に異論を唱えた。これは十八世紀における科学上の大論争のひとつに数えられている。ねばり強く実験を重ねたすえ、スパランツァーニは、バクテリアは外部から栄養物添加溶液の中に入り込んでくることを実証した。彼は、哺乳動物に始まって植物や滴虫類までを対象に、いわゆる「生命発生の大問題」に関心を示したのである。

132　全面的機械化時代における「人工の母親」：電気を使った雛の保育箱，1940年。1919年から1944年の間に，人工孵化された雛が全体に占める比率は，20%から85%へと上昇した。1台の電気式人工孵化器で，約5万2000個の卵が孵される。（ホーキンス『100万ドルの雌鳥』，イリノイ州，マウント・ヴァーノン）

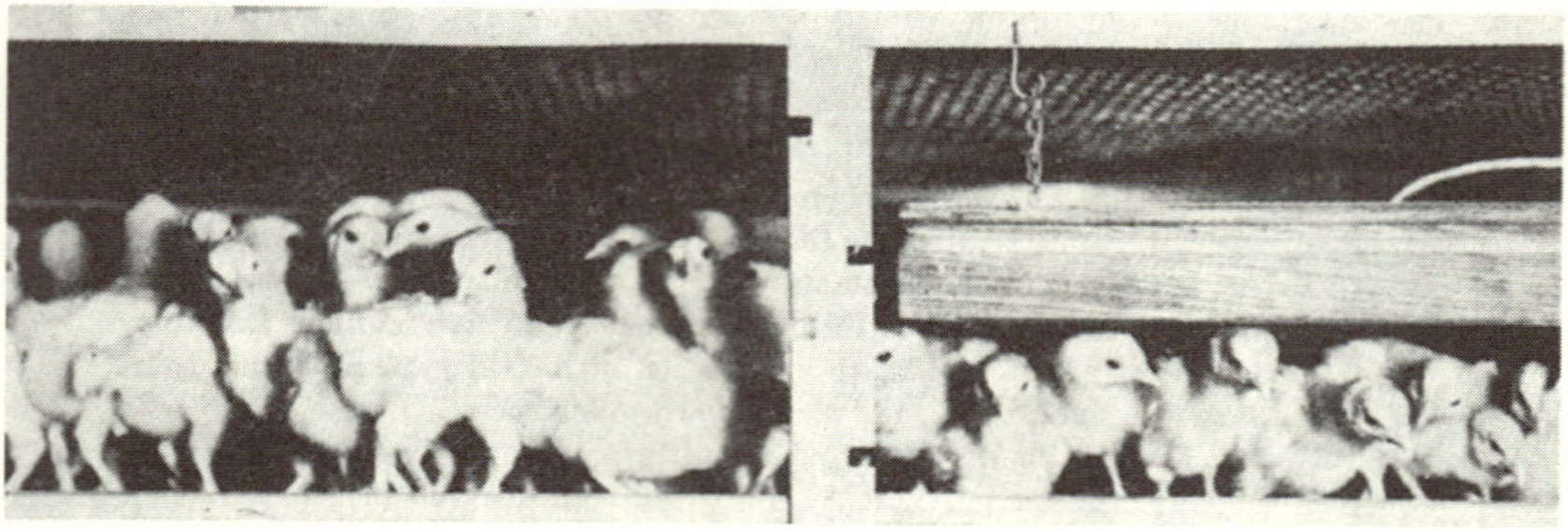

133　機械による授精：ラツァロ・スパランツァーニ，滴虫類の細胞分裂を初めて図示したもの。ラツァロ・スパランツァーニとジュネーブの科学者は，微生物は交尾ではなく，細胞分裂によって増殖することを明らかにした。生命の起源に関する科学的研究は，この頃から始まった。スパランツァーニは，僅か数年の間に，単細胞生物から雌牛の人工授精までを手がけた。（L．スパランツァーニ）

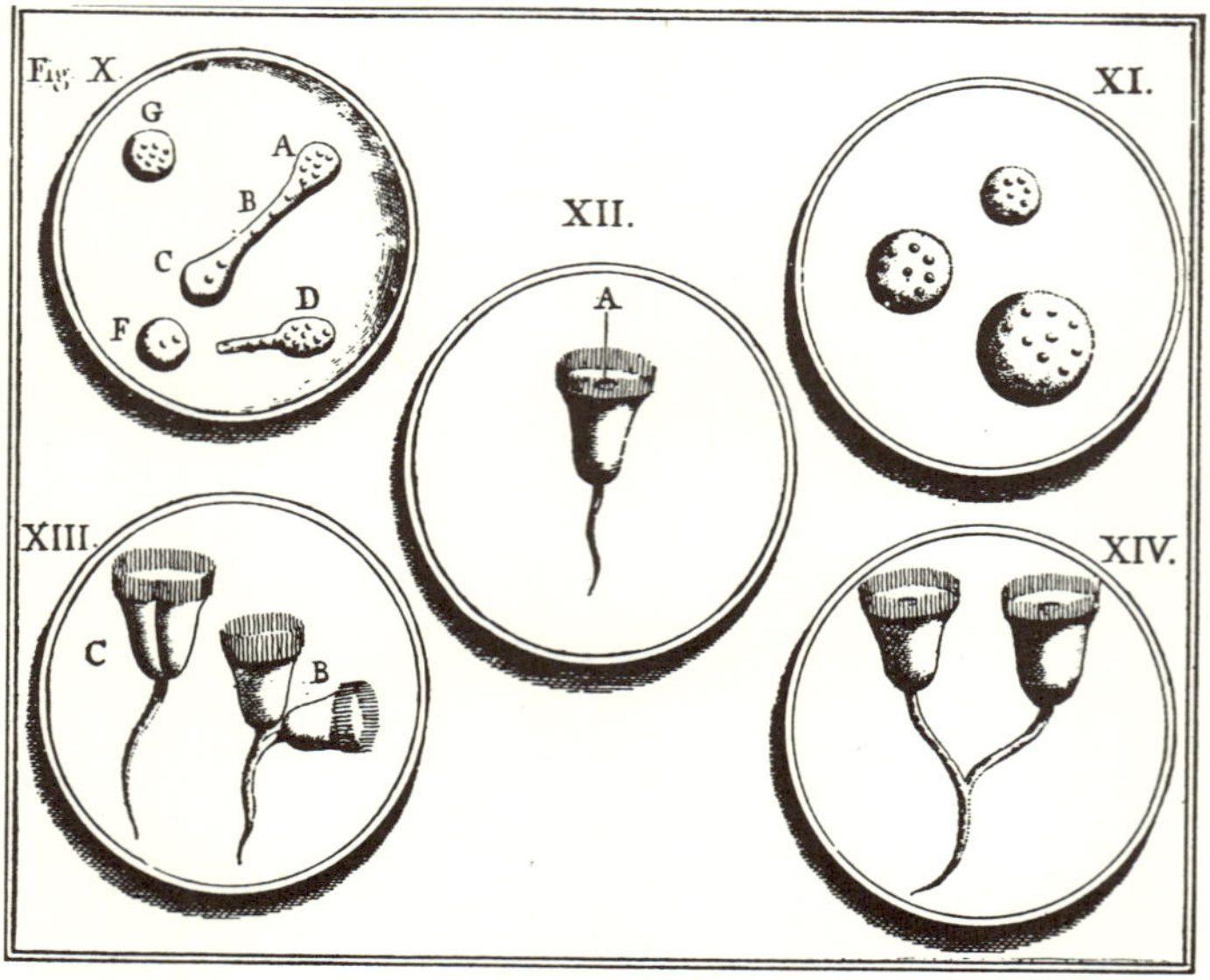

いかにして微生物は増殖するかという問いに対しては、それは、交尾によるというのが定説であった。しかし、ジュネーブの地質学者で、モンブランの初登頂に成功おさめたオラス・ベネディクト・ド・ソシュールは、一七七〇年、滴虫類は分裂によって増殖することを発見した。スパランツァーニは、この事実を、自ら楽しげに工夫した実験を通して実証し、初めて（一七七六年）、滴虫類の発生、成熟そして分裂の各段階を絵に描いてみせた(図一三三)。

この発見から精虫と人工授精の実験までは、ほんの一歩であった。スパランツァーニは、生命の生成に関する研究を段階を追って順次進めていった。彼は、ガマガエル、いもり、さらには蚕までも使って実験し、ついには雌犬の人工授精に成功した。

（スパランツァーニの報告によれば）私は注射器を使って精液を子宮に注入した。……注射器は、人間や犬の体温と同じ温度を保つように気を配った。そして結局、母犬は元気のいい三匹の子犬を産んだ。うち二匹は雄で、一匹は雌であった。こうして私は、動物の受胎に成功した。実験の哲学を胸に抱いてこのかた、このときほど嬉しく思ったことはない。私の採用したような簡単な装置を使っただけで、二つの性の協力がなくても、われわれの手で、将来、大きな動物に子を産ませることができるという確信が持てた(264)。

スパランツァーニの実験は、より厳しい基準のもとで、間もなくイギリスでも繰り返され、一世紀後には、大規模に犬の品種改良に適用された(265)。

一世代のうちに、単細胞生物から高度な有機体である哺乳動物にいたるまで、この実験が行なわれた。それ以来、注射器は技術的に改良が加えられ、また、遺伝形質や、諸器官が胎児の中でいかに生長するかについての知識も、大きく飛躍した。しかし、生命発生の問題や連続雑種交配の影響については、まだそれほど深く探求の手はのびていない。

人工授精については、ロシアとアメリカが最も進んでいた。それ以前にも、ロシアの生理学的実験は大きな評判を呼んでいた。すでに一九〇七年には、ロシアのある生理学者が哺乳動物の人工授精について論じている(266)。そして、全面的機械化の時代になると、以前には実験室で試みられていたものが、大量生産の手段として使われるようになった。一九三六年には、ソ連で一万五〇〇〇頭の雌羊が一頭の雄羊の精液によって人工授精を受けた。妊娠の成功率は、平均して九六・六％であった。ある地域では四万五〇〇〇頭の雌羊全部が、八頭の雄の精液によって人工授精を受けた。この年、ソ連全体では、六〇〇万頭の雌牛と雌羊が人工的に妊娠させられた(267)。これは、アメリカでの混種とうもろこしの導入と並行している。

一九四五年頃、アメリカは、大規模な人工授精の導入段階にあった(268)。装置は手近にあったため、牛、羊、山羊、犬、狐、兎、鶏等に適用されていった(269)。人工膣を持ったダミーと、精液注入用の注射器が用意された。直接的な利点と問題点とが共に吟味された。しかしわれわれは、どの範囲まで、あるいはどの程度の期間にわたって自然は機械に従うものかについて、まだ何も知っていない。ここでその成行きを論じることは無駄である。いずれにせよ、生殖が機械的過程として取り扱われたとき、われわれは最もデリケ

134　人工授粉によるトマトの異種交配。H. J. ハインズ試験場。オハイオ州，ボーリング・グリーン。（提供：H. L. ハインズ社）

ートな問題にぶつかったということである。

特にこの分野では、生産のための生産という考え方は捨てねばならない。ここで問題になっているのは、鉄とか鋼、モーターや冷凍機などの固定した特質ではなく、世代から世代へと受け継がれていく生命の質のようなものである。ここには重大な責任の問題が含まれている。

この観点からみると、市場からの束の間の要求は、グロテスクな様相をおびてくる。第二次大戦前には、植物油との競争から、豚は脂肪ができるだけ少ないように飼育された。ところが数年後には、外部からの事情で今度は脂肪分の多い豚が求められた。こうした例をみただけでも、その場限りの御都合主義の問題点は明らかである。ここでは、別のアプローチが必要なのである。たとえば、メリーランド州ベルツビルにある畜産研究センター(270)で、南部の気候に豚を適合させようとしてとられた方法などがそれである。ここで

135　機械による授精。牛の子宮に注射器が挿入されている図。注射器は18世紀末スパランツァーニによって使われたが，現在でも，技術的に改良されたものが，人工授精を目的として使用されている。ソ連は全面的機械化の時代，特に1930年代に広範な実験を行なった。そこでは1936年，600万頭の雌牛と雌羊が機械的な方法で妊娠した。アメリカにおいても，実施面ではソ連ほどではないにしろ，いろいろな動物を対象とした種々の装置が開発された。（アメリカ農務省報告567，W. V. ランバート）

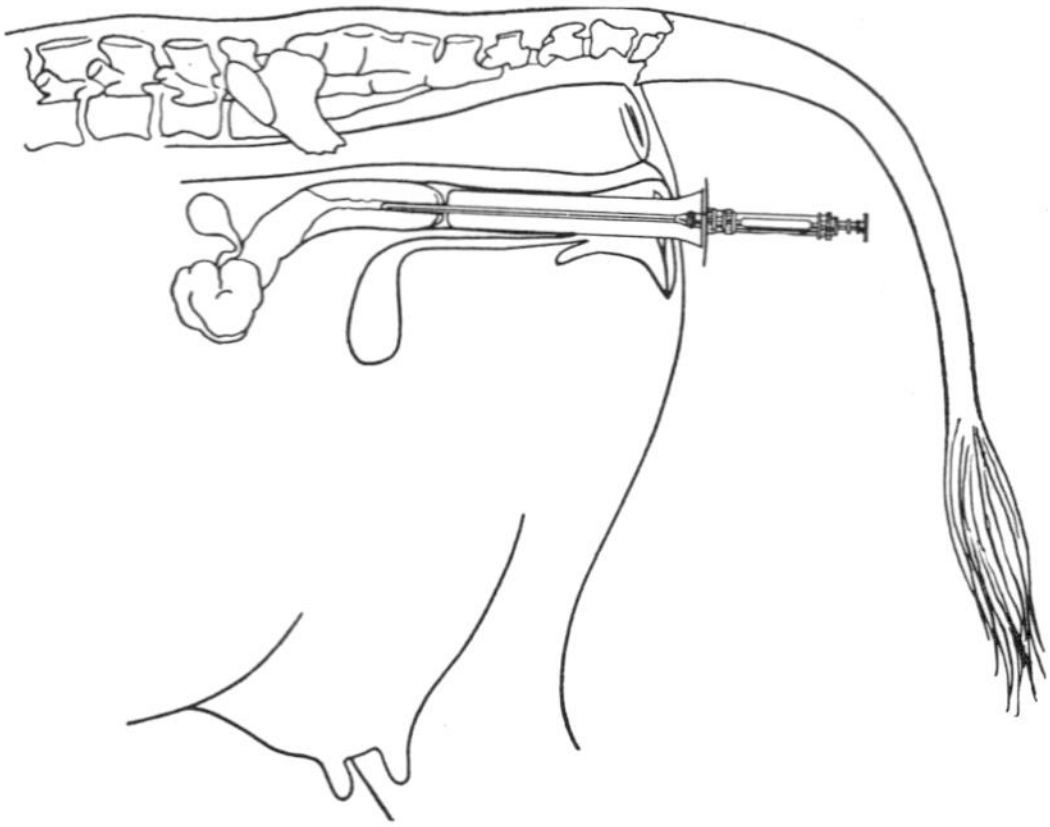

は、北ヨーロッパ産の色の薄い豚（胴が長く、ピンク色をし、肉の良質な豚）の利点と、アメリカ産の豚の本質的な特徴とが組み合わされた。ピンクの色をした豚にとって南部の太陽は強すぎたため、数年を費やし、異種交配により色があさ黒く、赤と黒のまだらの豚が開発されたのである。こうして要求はすべて満足させられた。

この研究の最大の意義は、動物の習慣とその生活条件を共に考慮している点である。豚も、人間や猫と同じように、清潔さへの欲求をもっている。ただその機会が与えられていないだけである。驚くべきことに、品種の変更にはほんのわずかな期間しか要さない。たとえば、ベルツビルでは、数年のうちに七面鳥は、小家族の要求を満たし、近代的なオーブンに合う大きさのものに変えられた。

他にもこうした例はたくさんあるが、右にあげた例からも、実験の基礎条件を気紛れな市場の要求に従わせるべきか、それとも、より普遍的な方針に沿って決めるべきか、今はまだ方向の定まらない段階にあることが理解されよう。

現在、これらの方法の大部分には疑問な点が多々ある。たとえば、たしかに、産卵活動を邪魔しないように雌鳥の母性本能を組織的に抑圧し、また雛を人工的に孵化し飼育するようになって、卵の生産高は増大した。

雄牛の角を最初から腐食剤で除いてしまえば、たしかに牛の扱いは容易になる。自然から授った闘争の武器をその牛は奪われてしまうからである。この利点はやがては肉の質に影響を与えはしないだろうか。たしかに、大きな孵化所では、卵の選択に大きな注意が払われているし、小規模な農民も、自分では決して得られないような血統のよい雄牛の精液を得ることができる。八頭の雄羊で四万五〇〇〇頭の雌羊の受胎が可能となったことも、素晴らしい進歩である。しかし、自然がある意味で確実に荒廃していくのではないかという疑念は、依然として消えていない。九〇年代、中西部で雌鳥の人工授精法を提唱した人も、自身で「雌馬は、雄馬と〝愛〟を語ってはいけないのだろうか」と言っている[271]。しかし、次のことだけは確かであろう。つまり、機械化は、生命体に出会ったところで、先に進めなくなったということである。もし、自然を退化させるのではなく征服しようとするなら、これまでとは違った新しい考え方が一般化されなければならない。まずは警鐘を打ち鳴らし、生産の偶像崇拝からの一八〇度転換を叫ぶことこそ急務である。

原注

1 Michael Rostovtzeff, 'The Decay of the Ancient World' *Economic History Review*, London, 1929, vol. II, p. 211. ロストフツェフ (Rostovtzeff) は、土壌の疲弊あるいは気候の変化によってローマの没落が始まったとする理論を排し、農民の土地からの逃亡がその決定的要因であると考える。

2 Russel H. Anderson, 'New York Agriculture Meets the West, 1830-1850,' *Wisconsin Magazine of History*, 1932, vol. 16, p. 186.「一八四〇年には、バッファローに集められた小麦だけでも、ニューヨークの収穫高のほぼ三〇%に達した。一八五〇年には、この割合は七〇%を超えていた……。ニューヨークの農民は、高価な土地、貧弱な土壌、さらには西部の安価な土地からの競争の増大の結果、転業を余儀なくされた〔同誌二九二頁〕。四〇年代には、穀物の栽培から家畜の飼育へと重点が移行した〔二九三頁〕」。

3 Allan Nevins and Henry S. Commager, *The Pocket History of the United States*, pp. 372—73.「法律を起草した人びとは、農民のことを考えるより、工場主、銀行家および鉄道業者たちの利益を守ることにはるかに熱心だった。制定された法律には、この事実が反映されている。トラスト組織や鉄道を制限するための法律は、不都合なことが起きないような書き方をされているか、あるいは、そのように解釈された」。

4 *The Rural Cyclopedia*, Edinburgh, 1854, vol. 1, p. 222.

5 A. J. Downing, 前掲書（第九版・一八四九年）一四八頁。

6 *The Rural Cyclopedia*, p. 222.

7 「私の見るところでは、レオミュール (Réaumur) を除いて、彼と肩を並べられる者は誰もいない」。この文は、Will Morton Wheeler, *The Natural History of the Ants*, New York and London, 1926 に引用されているが、出典は「パリ」科学アカデミーに保管されているレオミュールの未発表の草稿である。

8 Jean Torlais, *Réaumur, un esprit encyclopédique en dehors de l'Académie*, Paris, 1936. この書物には、この十八世紀の学者の多方面にわたる活躍や発明の才についてよく述べられている。

9 T. H. Marshall, 'Jethro Tull and the New Husbandry of the Eighteenth Century,' *Economic History Review*, vol. II, London, 1929, p. 41-60 で、ジェスロ・タル (Jethro Tull) は批判的な扱いをされている。また、彼の先輩たちについても言及されている。

10 同書五一—五二頁。

11 Duhamel Dumonceau, *Eléments d'agriculture*, Paris, 1762, vol. II, p. 37. タルの装置について「この機械は、複雑すぎ、値段も高すぎる」と、彼は述べている。

12 G. Weulersee, *Les Physiocrates*, Paris, 1931, p. 62.

13 同書八八頁。

14 同書八三頁。

15 Paul H. Johnstone, 'In Praise of Husbandry,' *Agricultural History*, Wisconsin, 1937 には、古代から現代までの文献が広く概観されている。最近のイギリスやフランスについては、同書第一三巻（一九三八年）二四四—五五頁にある同じ筆者による論文 'Turnips and Romanticism' を参照。

16 Johnstone, 'Turnips and Romanticism' 同書所収二四五頁。

17 「したがって、われわれは、皆、労働者に頼らねばならなかった」。

18 *Transactions of the Society, Instituted at London, for the Encouragement of Arts, Manufactures and Commerce, with the Premiums Offered in the Year 1783*, London, 1783, vol. I, p. 309. カブラの種播き機、大豆および小麦の種播き機、刃のついた鋤、藁を切る機械、脱穀機および吹き分け機などの農具。

19 Lord Ernle, *English Farming Past and Present*, new ed., London, 1936, p. 176-89.

20 William MacDonald, *The Makers of Modern Agriculture*, London, 1913.

21 Gilbert Slater, *The English Peasantry and the Enclosure of Common Fields*, London, 1907, p. 1,2.

22 同書二六七頁。一七二七年から一八一五年に至る毎年の囲い込みの統計が示されている。

23 John Sinclair, *Account of the Origin of the Board of Agriculture and Its Progress for Three Years after Its Establishment*, London, 1793.

24 大英博物館の所蔵品については次を参照。 Witt Bowden, *Industrial Society in England Towards the End of the Eighteenth Century*, New York, 1925, p. 316-17.

25 同書三四―三五頁。

26 Wilhelm von Hamm, *Die Landwirtschaftlichen Maschinen und Geraete Englands*, Braunschweig, 1845.

27 Patrick Shirreff, *A Tour through North America*, Edinburgh, 1835, p. 244.

28 同書二三七頁。

29 同書二二五頁。

30 同書二四五頁。

31 P. W. Bidwell and John L. Falconer, *History of Agriculture in the Northern United States*, Washington, 1925. 一四八―一五一頁に、一七九〇年から一八四〇年に至る人口密度を示す地図が掲載されている。

32 James Caird, M. P., *A Brief Description of the Prairies of Illinois*, London, 1859, p. 4.

33 Hubert Schmidt, 'Farming in Illinois a Century Ago as Illustrated in Bond County,' *Journal of Illinois State Historical Society*, Springfield, Illinois, vol. 31, 1938, p. 142 所収。

34 同書。

35 *The Farm Centennial History of Ohio*, 1803—1903, Dept. of Agriculture, Springfield, Ohio, 1904, p. 10.

36 Shirreff, 前掲書四六三頁。

37 E. D. Fite, 'The Agricultural Development of the West during the Civil War,' *Quarterly Journal of Economics*, Boston, 1906, vol. 20, p. 260.

38 James Caird, 前掲書一六および二〇頁。

39 同書四頁。

40 S. Giedion, *Space, Time and Architecture* (S・ギーディオン著、太田実訳『空間・時間・建築』丸善、昭和四十四年、同書四一一―四二〇頁)。

41 これについては、本書「食肉」の章の二〇〇―二〇一頁でいくらか言及されている。

42 一八六〇年までの鉄道網の発展については、P・W・ビドウェル (Bidwell) とJ・L・ファルコナー (Falconer) の前掲書中に掲載の多数の地図に明確に示されている。

43 Joseph Schafer, *A History of Agriculture in Wisconsin*, Madison, Wis., 1922, p. 42. 「ミルウォーキー・ミシシッピ鉄道は一八四九年に開設されたが、小区間ずつ延長されながら、次第に西進していった。調査隊が建設部隊に常に先行した。現存の土地台帳からは、鉄道が間もなく敷設されようとする地域に、将来の入植者がやってくる様子がはっきりわかる」。

44 こうした意見については、ギーディオン (Giedion) 前掲書 (邦訳) 三九九頁以降を参照。

45 この実例は、デュアメル・ド・モンソウ (Duhamel du Monceau) 前掲書第二巻にみられる。

46 A. and B. Allen & Co., Catalogue, New York, 1848.

47 *Transactions of the Royal Society of Arts*, vol.I, p. 107(1783).

48 本当の意味で実用的な最初の脱穀機は、一七八六年、スコット・アンドリュー・メイクル (Scot Andrew Meikle) により発明された。農業部門で広く用いられるようになった最初の脱穀装置は、牛を動力として利用した固定式であった。

49 前掲書紀要第一巻一〇七頁。

50 Bennet Woodcroft, *Specifications of English Patents for Reaping Machines*, London, 1853. *Evolution of the Reaping Machine in the United States*, Dept. of Agriculture, Office of Experimentation Bulletin no. 103, Washington, 1902. William T. Hutchinson, *Cyrus Hall McCormick*, New York—London, 1853.

51 一つはカー (Kerr) により、もう一つはスミス (Smith) によって発明された。

52 一七九〇年、ベンサム将軍によって発明され、一八〇四年、改良が加えられた。

53 農業の歴史と刈取機の発展については、アメリカにおける推移も含め、産業における機械化の場合より比較的多くのことが知られている。エバレット・E・エドワーズ (Everett E. Edwards) が作成し、農務省から刊行された目録をみると、それに関する資料の幅についておよその見当がつく。われわれはまず第一に、マコーミック歴史協会 (McCormick Historical Association) の会長で、われわれの友人でもあるハーバート・A・ケラー (Herbert A. Kellar) 氏に感謝の意を述べたい。氏は、われわれが協会で調査を続けている間、私心なく、農業の歴史に関する最も豊かな資料を公開してくれた。また、ニューヨーク州北部のラウゼス・ポイントの農民たちのことも忘れることはできない。彼らは、実際に使っている農業機械の利点や欠点を教えてくれた。最後に、われわれとともにトウモロコシの刈入れをしたペンシルベニア州のバックス社、パーカージーの農民、アール・ウッドロフ氏 (Earle Woodroffe) の名もここに述べておきたい。

54 最初はマコーミックの刈取機より優れていたオベイ・フセイ (Obey Hussey) の機械は、この方法を基礎としていた。

55 Edwin T. Freedly, *Leading Pursuits and Leading Men*, Philadelphia, 1854, p. 29.

56 一八四六年から一八五四年の間に、八〇〇〇台以上ものマコーミックの刈取機が、主に中西部で販売され使用された (ハーバート・A・ケラー氏の情報による)。

57 R. L. Ardrey, *American Agricultural Implements*, Chicago, 1894, p. 229. これらは、「世界で最も古い刈取機工場」であるニューヨーク州ブロックポートのセイモア・アンド・モーガン工場で製作された。これらの機械は、マコーミックから特許を得て製作された。

58 年度別の生産台数は以下の通りである。一八四九年—一五〇〇台、一八五六年—四〇〇〇台、一八七四年—一万台、そしてマコーミックの没年である一八八四年は八万台であった。

59 R. L. Ardrey, 前掲書四七頁。

60 すでに初期の英国特許にこのような装置はみられたが、自動かき集め機 (Self-raker) が支配的になったのは、この時が最初である。初期の頃のレーカーは人間の手を真似たような機構をしており(一八五二年)、一定の間隔をおいて台の上をすべるようにできていた。後に(一八六〇年)、このレーカー装置は、整えた穀物の茎を地面におろす「リール」と組み合わされた。

61 マーシュ収穫機 (Marsh Harvester) は一八五六年に発明されたが、使用され始めたのは六〇年代の後半になってからである。一八六五年には二五台、一八七〇年には一〇〇〇台製作された。Ardrey, 前掲書五八—五九頁を参照。

62 一八五一年頃、農業機械に精通していたある特許弁護士は、数人の発明家と協力して、刈取機の特許を獲得し、後の刈取機の発展において考えられるすべての利権を守ろうとした。次の発展段階を正しく予測していた彼らは、主に、穀物を束ねる装置に関心の目を向けた。

63 Ardrey, 前掲書一一五頁。

64 この装置は、一八七一年、当時の先駆的会社であったニューヨーク州、フーシック・フォールのウォルター・A・ウッド社が製作した。この会社は実に優雅な構造の機械を製作し、他社に先がけ興味深い発明を多数、発表した。この発明の中には、農業機械への鉄管フレームの利用なども含まれていた。一九〇四年、この会社が解散した際、新しいオーナーは、この会社の古い記録を川に投げ捨てたということである。その結果、機械化の歴史にとって大変貴重な資料が失われてしまった。しかし、一九二六年、特許庁でさえ、議会の承認の下に特許モデルを整理してしまったことを思えば、彼の行動もそれほど奇異ではないのかもしれない。

65 Ardrey, 前掲書七七頁。

66 ウォルター・A・ウッドの会社だけが、一九〇四年に解散するまで独自の道を歩み続けた。

67 こう述べたのは、トーマス・N・カーバー (Thomas N. Carver) で、*Yearbook of Agriculture, 1940*, p. 230, U.S. Dept. of Agriculture, Washington, D. C., 1941 に引用されている。

68 *Technology on the Farm*, U.S. Dept. of Agriculture, 1940, p. 63.

69 同書一四頁。

70 このために新しい農業機械を発明する必要はなかった。必要なのは、ただ、「新しい組合せ」だった。内燃機関によって、既存の装置を組み合わせた「移動するアッセンブリーライン」が可能になった。この「小型コンバイン」は、一九三九年、この考えを引き継いで実現した。次に、このコンバインをさらに小型化したのが、「超小型コンバイン」で、それは四〇インチ幅で麦を刈り取るものだった。

71 H・ムーア (Moore) とJ・ハスケル (Haskell) が発明、一八三六年六月二十八日に合衆国特許がおりている。これについては、アードリー (Ardrey) の前掲書五四—五五頁に詳しく述べられている。この機械は、刈取装置、穀物を脱穀機まで運び無限ベルト、とうみ、送風機そして袋詰装置で構成されていた。

72 *Technology on the Farm*, U. S. Dept. of Agriculture, 1940, p. 14.

73 Carey McWilliams, *Ill Fares the Land, Migrants and Migranting Labor in the United States*, Boston, 1942, p. 301 に引用されている。

74 *Yearbook of Agriculture*, 1941, p. 150 に引用されている。

75 John Steinbeck, *The Grapes of Wrath*（ジョン・スタインベック著、大橋健三郎訳『怒りの葡萄』、岩波書店）。

76 Carey McWilliams, 前掲書三〇一―〇三頁。

77 「一九二〇年に、農産物の価格が一番最初に下落した。合衆国の穀物が市場に出始めたのとほぼ同じ時期、農民は大きな打撃を受けた。これとは対照的に、非農産物については、年度末頃まで、価格の下落はみられなかった」。*Yearbook of Agriculture*, 1941, p. 298—99 記載の、Chester C. Davis, 'The Development of Agricultural Policy since the World War' より。

78 本書の「支配的趣味の始まり」の章。

79 Parmentier, *L'Art du boulanger*, Paris, 1778, p. 361.

80 *Baker's Weekly*, 18 Aug. 1923.

81 「捏ね作業用ローラーに似たこの装置は、堅パンの製造用にイギリスの幾つかの港で使われていたが、ポーツマスやプリマスで使われていた機械は、この装置にヒントを得たものらしい」。Augustin Rollet, *Mémoire sur la meunerie, la boulangerie et la conservation des grains et des farines*, Paris, 1847, p. 383 より。

82 Benoit, Fontenelle and Malpeyre, *Nouveau Manuel du boulanger*, Paris, 1778, vol. 2, p. 47.

83 同書第二巻四八頁。

84 同右。

85 同書第二巻四七頁。

86 フォンテーヌ（Fontaine）の捏ね機を指す。C.H. Schmidt, *Das Deutsche Bäckerhanduerk in Jahre 1847*, Weimar, 1847, p. 234 を参照。

87 フランス特許二七五四。*Description des brevets d'invention*, vol. 10, p. 216, Boland, 15 Jan. 1847.

88 Christian H. Schmidt, 前掲書二三〇頁。

89 *Scientific American*, 17 Oct. 1885.

90 初期の型の高速混合機は一八九八年に現われたが、実用型が開発されたのは、一九一六年と言われている。

91 一九二五年のバッファローでの博覧会で述べられた。

92 Parmentier, *Nouveau Cours complet d'agriculture théorique et pratique*, 16 vols., new ed., Paris, 1821—23, vol. 6, p. 565 の 'Four'（パン焼窯）の項。

93 Augustin Rollet, 前掲書四三七頁。この本の四一一―七八頁、第六章「パン焼窯」でロレ（Rollet）は、パン焼窯の発展について優れた記述を残している。

94 これは、一八三〇年代に導入された。一八三六年、国民産業奨励協会（Société d'Encouragement pour l'Industriec Nationale）は、特に効率の良い熱循環システムを備えた空気熱窯（four aerotherme）に賞を与えた。Benoit, 前掲書第一巻二三一頁以降を参照。

95 ロレは、前掲書四〇頁で、ガップ、グルノーブル、アヴィニョンやその他の都市で「燃用に無煙炭あるいは軟炭が用いられている」と述べている。図版M、N、および地図の巻の図四五を参照。

96 「熱湯から、煮沸作業およびパン焼作業に有用な蒸気を作る」という考え方に対して、十八世紀の初期に特許が与えられている（英国特許四三〇、一七二〇年六月二十五日）。

97 パーキンス（Perkins）は、次の特許を獲得した。建物内の暖房用装置、英国特許六一四六、一八三一年七月三十日。水循環方式による熱伝達装置、英国特許八三一一、一八三九年十二月十六日。熱湯循環方式による加熱装置、英国特許八八〇四、一八四一年一月二十一日。

98 パーキンス、加熱窯、英国特許一三五〇九、一八五一年二月十一日。

99 ジョン・ネイラー（John Naylor）、英国特許一六五六、一七八八年七月二十九日。「パン焼窯は、火の上に直接置かれるか、その上に吊り下げられる……回転する場合もあるが……そのときも中のパンは一定の位置に保たれている……私はこれを、『回転式パン焼窯』と命名した」。

100 I・F・ロラン（Rolland）、パン焼窯（Four de boulangerie）、フランス特許七〇一五、一八五一年四月八日。*Description de brevets d'inventions*, vol. 23, p. 176.

101 英国特許三三三七、一八一〇年五月十五日。

102 H・ボール（Ball）、パン焼窯（Bake Oven）、合衆国特許七七七八、一八五〇年十一月十九日。

103 ウィリアム・セラーズ（William Sellers, 1824—1905）はフィラデルフィアに生まれ、アメリカの産業家の初期の世代に属していたが、この世代の人びとは、一人で生産者と発明者を兼ねていた。彼は多くの分野で活躍し、その領域は、道具の製作から橋や摩天楼の建設にまで及んだ。ミッドヴェイル・スチール（Midvale Steel）社の社長をしていた彼は、フレデリック・ウィンスロー・テーラー（Frederick Winslow Taylor）の上司だった。テーラーがミッドヴェイル・スチール社で自分の考えを発展させることができたのは彼のおかげである。

104 W・セラーズ（Sellers）、窯の改良、合衆国特許三一一九二、一八六一年一月二十二日。

105 Gordon E. Harrison, 'The First Traveling Oven,' *The Baker's Helper*, 50th Anniversary Number, 17 Apr. 1937, p. 832.

106 同書。

107 V. C. Kylberg, 'Baking for Profit,' *The Northwestern Miller and American Baker*, 6 Oct. 1937, Minneapolis.

108 本書八二頁参照。

109 Barlow, 前掲書八〇三頁。

110 Rollet, 前掲書。

111 詳しい説明は、C・H・シュミットの前掲書三二〇頁以降を参照。

112 G・A・ロビンソン（Robinson）とR・E・リー（Lee）、「パン製造法」英国特許一二七〇三、一八四九年七月十日。

113 パン製造に関する権威の中にも、パン種のほうが良いと考えている人がいる。L・ブトルー（Boutroux）なども、*Le Pain et la panification* の中で、イーストで作ったパンよりパン種で作ったパンのほうが健康によいと言っているが、その理由は、パンに含まれている酸が消化を助けるからだという。彼の見解は、Emil Braun, *The Baker's Book*, New York, 1903, p. 52 に出ている。

114 Pumpernickel（粗挽きのライ麦粉で作ったパン）と Schwarzbrot（黒パン）を指す。

115 J. C. Drummond and Anne Wilbraham, *The Englishmen's Food*, London, 1939, p. 353.

116 E. and L. Bunyard, *The Epicure's Companion*, London, 1973.

117 *Arkady* の中で述べられている。この本は、*Arkady Review*, Manchester, England, 1938 に掲載された記事を集めたものである。

118 「都市のパン焼場では、一袋分の小麦粉に四オンスものみょうばんが使われた。この化学物質を用いると、パンは大きくなるばかりでなく、小麦粉の質は悪くても、出来上がったパンのきめと色が良くなる」。Drummond and Wilbraham, 前掲書三四二頁。

119 Schmidt, 前掲書一四六頁。

120 シルヴェスター・グレイアム（Sylvester Graham）は、著書 *Treatise on Bread and Breadmaking*, Boston, 1837 の中で、一八二九年には二十五人のパン焼業者が硫酸銅を使ったかどで処罰された、と述べている。食品に混ぜ物を入れることを初めて攻撃したのは、F・アッカム（Accum）で、彼はこの見解を著者 *Treatise on the Adulteration of Food*, London, 1820. の中で述べている。彼がこの「不正な方法」について書いたことは、彼のためにならず、結局彼はイギリスから追放されるはめになった。

121 英国特許二二九三、一八五六年十月一日。

122 英国特許二二二四、一八五七年八月二十一日。

123 ジョージ・トムリンソン・ブースフィールド（George Tomlinson Bousfield）の「生パン製造法の改良」。これは、ニューヨークのペリー（Perry）とフィッツジェルラルド（Fitzgerald）から教わった。英国特許二一七四、一八五七年八月十五日。

124 Perry and Fitzgerald, *Bread for the Millions, a brief exposition of Perry and Fitzgerald's patent process*, New York, 1861. 図版入り。

125 同書。

126 *Harper's Weekly*, 1859, p. 612.

127 *The Aereon. invented by Solomon Andrews*, New York, 1866, p. 3. 図版入り。

128 *Harper's Weekly*, 1859, p. 276. 図版入り。

129 *The Great Industries of the United States*, Hartford, 1872, p. 673.

130 ゲイル・ボーデン（Gail Borden）、合衆国特許一五五三三、一八五六年八月十九日。

131 フェーブル（Févre）、フランス特許五九八一、一八五一年四月十六日。英国特許一三五二五、一八五一年八月二十二日。

132 英国特許七〇七六、一八三六年五月三日。

133 一八五九年、ロード・アイランド州ランフォードのランフォード化学工場は、ふくらし粉用として初めて燐酸カルシウムを売りに出した。Albert E. Marshall, 'Eighty Years of Baking Powder Industry' *Chemical and Matallurgical Engineering*, New York, 1933. を参照。

134 *American Artisan*, New York, 1866, vol. 3, no. 1.

135 この「ハンガリアン・システム」は一八三四年から七三年にかけて三人のスイスの発明家によってブダペストで開発された。一八三四年にヤコブ・ザルツバーガーが、また一八五〇年にはアブラハム・ガンツが冷却装置付の鉄製ローラーを導入し、最後に一八七三年、フリードリッヒ・ヴェークマンが、自動式で表面が滑らかな陶器製のローラーを使用するに至った（Wilhelm Glauner, *Die Historische Entwicklung der Müllerei*, Munich,

Berlin, 1939 を参照)。ローラーは、棚上げされていた発明の典型である。ラメリの発明した移動型のローラー式粉挽き機（一五八八年）が、機械装置に発展するのに二世紀半を要している。十八世紀には、大部分家庭用であったが、この種のさまざまな考案がイギリスとフランスで行なわれた。製パンの全分野においてそうであるように、パン粉の製造法に関しても一八二〇年代には無数の試みが行なわれたが、満足すべき解決は皆無であった。

136 Charles B. Kuhlmann, *Development of the Flour-Milling Industry in the United States*, Boston, 1929, p. 115 ff.

137 *The original inventor for the purifying of middlings*, New York, 1874, p. 4. この小冊子は新方式について書かれた夥しい著作のうちの一つである。

138 オリバー・エバンスの特許明細書より。

139 Kuhlmann, 前掲書二八三頁。

140 同書二三四頁。

141 一八九八年のあるフランスの特許が商業的漂白法の最初のものであることは明らかである。C. H. Baily, *The Chemistry of Wheat Flour*, New York, 1925 を参照。

142 Baily, 前掲書二一三頁を参照。

143 Emil Braun, *The Baker's Book*, New York, 1901, vol. 1, p. 182.

144 *U. S. Census* 1939, vol. 1, Statistics and subjects, p. 234 には、「会社所有の施設数は一一六〇、そうでないものは三三九であり、そこで働く賃金労働者の数は会社所有の施設では八万〇〇七四名、非会社所有の場合三五六一名」となっている。

145 各種の機械の導入時期に関して述べた記事が散見されるが、そこであげられているデータは一致していないことが多い。とはいえ、この発展を正確に確認することはある程度までならできる。たとえば、全面的機械化への転換点、すなわち高速混合器とガス加熱式のトンネル型パン焼窯の導入についてははっきりしており、今日の軽量鋼鉄製のトンネル型パン焼窯と高速混合器が一般的に用いられるようになったのは一九二八年以降である。これらの機器の普及型が現われるのはそれと並行し、高速混合機は一九一六年、ガス加熱式のトンネル型パン焼窯（壁は煉瓦製）は一九一七年に登場している。

　これらと組み合わされる製パン工程の中間段階および最終作業を行なう諸装置、たとえば、パン塊形成機は一九〇〇年頃、包装機は一九一三—一四年、自動式パン薄切機は一九二八年に現われている。

146 この点に関しては、フィラデルフィアのフライホーファー製パン会社の支配人シーバー氏（W. A. Sieber）の好意ある指導と情報に負うところが大きかった。

147 合衆国特許二〇一二七七二、一九三五年十一月十九日。後に見るように（「パンの組成の変化」の項参照）、この工程はパンに望みの香りと色を注入する段階にまで拡張された。

148 「パンを薄切りにすることが最初に提案された時……パン業者たちは、そんなことをすればパンの品質と外観が損われてしまうと考えた」。E. J. Frederick, 'Slicing latest development, *Canadian Baker and Confectioner*, Toronto, July, 1938.

149 W・B・ヴィンセント（Vincent）、「パンや石けん、黒鉛を切る機械」、合衆国特許五二六二七、一八六六年二月十三日、マサチューセッツ州ボストン。

150 Julius B. Wihlfahrt, *Treatise on Baking*, New York, 1934.

151 J. B. Wihlfahrt, 同書。

152 英国特許一三九七四一六、一九三七年一月十九日。

153 同右。

154 Wihlfahrt, 前掲書三八〇頁。

155 J. S. David and W. Eldred, *Stalé Bread as a Problem of the Baking Industry*, Leland Stanford Jr. University, Food Research Institute, Miscellaneous Publications, no. 1, p. 11.

156 Cummings, 前掲書一五一頁。

157 「合計で三一〇〇万の読者を擁する、幾つもの雑誌によって広告宣伝が行なわれた。また、日刊紙には六カ月間に添加パンに関して五万ものニュース項目が掲載された」。*Baker's Weekly*, 21 Sept. 1941 を参照。

158 同誌、「添加パンの将来について」。

159 平鍋焼の白パンの消費量は、七二億一八八四万三二七一ポンド、金額にして四億九一五二万〇七四一ドルであり、小麦およびライ麦のパンに自家製のパンを加えた消費量は一七億三一一二万五〇二八ポンド、金額にして一億二八二一万〇四一八ドルであった（*Sixteenth U. S. Census* 1939, vol. 2, Part 1, 'Manufactures', p. 164 を参照)。

160 普通のパンの場合。*Sixteenth U.S. Census* 1939, vol 2., Part 1, 'Manufactures', p. 165. によれば、パンおよび他のパン製品（ビスケット、クラッカー、プレッツェルを除く）に用いられた小麦粉の消費量の内訳は、一九三九年、次のようになっている。漂白小麦粉は四一八六万七六九八バーレル、金額にして一億八八〇三万三四八六ドル。完全小麦粉（精麦していないものも含む）は一九四万九五一七バーレル、金額にして九二一万四一六六ドル。

161 Ambroise Morel, *Histoire illustrée de la boulangerie en France*, Paris, 1924, p. 114.

162 Schmidt, 前掲書二九八頁。

163 戦時中の小麦粉不足をしのぐためにスイス政府は、パンは販売する前に八時間熟成させるように指示した。これによって消費量はたちまち一〇%低下した。

164 ランカスター郡のドイツ人入植地。

165 *Lancaster Sunday News*, 12 Jan, 1930 を参照。

166 こうしたいろいろなパンの製造法に関する図によるすぐれた説明が John Kirkland の *The Modern Baker*, London, 1924, vol. 1, pp. 198—202 にみられる。

167 *The Boston Medical and Surgical Journal*, no. XIII, 21 Oct. 1835, p. 178には、グラハムが当市で行なった「人間生活の科学について (On the Science of Human Life)」と題する講演が次のように評されている。「われわれはこの紳士がほかのところで嘲笑をかったと聞いてまったく驚いている。……彼は自然の効用に対して厳密な考慮を払っているが、それは既知の物理的法則に基づいてのことであり、その提案を否定する理由はない。彼の用語や図解は、医学の権威によって書かれた著書に照らしても外れていない。……」 Richard Osborne Cummings, *The American and His Food*, Chicago, 1940, p. 47—48 を参照。この本はアメリカ人の食物の歴史には欠かせない文献である。この書物のおかげで、詳しく調べる手間が省けるといった場合が少なくない。著者は全体の流れを描き出すことと、第一次資料を使うこととを一つに結びつけている。著者は、一八三〇年から一八五〇年の間に、アメリカの改革者たちが示した活動に関して、簡潔にして要を得た概観を行なっている（同書四三—五三頁）。このテーマに関する最良の見解はグレイアム自身の著作に散見される。また次の文献も参照。 Richard H. Shryock, 'Sylvester Graham and the Popular Health Movement', *Mississippi Valley Historical Review*, Cedar Rapids vol. 18, 1931, p. 172—183.

168 Sylvester Graham, *Treatise on Bread and Breadmaking*, Boston, 1837, p. 87.

169 Graham, *Lectures on the Science of Human Health*, Boston, 1839, p. 12.

170 Graham, *Aesculapian Tablets of the Nineteenth Century*, Providence, 1834. この本では数百頁が彼に対する讃辞に当てられており、この時期にグレイアムが大衆の間に惹き起こした関心のほどを物語っている。

171 こうした食事付のホテルでの生活ルールや生活様式については、グラハム自身によりニコルソン（A. Nicholson）の*Nature's Own Book*の中で簡潔に記述されている。

172 ニューヨークのトラール博士（T. H. Trall）はこれらの二つの傾向を融合することに成功した。彼の雑誌はいろいろと名称を変えながらも（*The Water Cure Journal, The Herald of Health, The New York Journal of Hygiene*）、五十年にわたって続いた。Shryock、前掲書六頁参照。

173 〔Asenath Nicholson〕前掲書（第二版、ボストン、一八三五年）六頁。

174 同書十三頁以降 'Rules and Regulations of the Temperance Boarding House in New York, 1832.'

175 Graham, *Treatise on Bread and Breadmaking*, Boston, 1837, ch. 'Laws of Diet,' p. 17.

176 同書。二、三の区域では今もなおグラハムの指摘が生きている。スイスのワリス州の谷の奥では、後期ゴシック風の家屋や柔らかな言い回しとともに、その土地のパンに、この時代の逞しさが生き残っている。それは、グラハムがニューイングランドのパンに関して述べた「それを常に望ましいものにしている」特徴的な内容を含んでいる。

177 同書三九、四九、一三一頁。

178 同書九七頁。

179 Wihlfahrt, 前掲書三八〇頁。

180 Graham, 前掲書一六頁。

181 同書五三頁。

182 同書一八頁。

183 同書一九頁。

184 同書三五—三六頁。

185 この発展の詳細については、Giedion 前掲書（邦訳）八三四—六八頁。

186 George Eugène Haussmann, *Mémoires*, Paris, 1890—93, vol. III, p. 561.

187 同書五六〇、五六一頁。

188 *Handbuch der Architektur*, 4. Teil, 3. Halbband, Darmstadt, 1884, p. 182.

189 Thomas DeVoe, *Abattoirs*, Paper read before the Polytechnic branch of the American Institute, Albany, 1866, p. 19.

190 *L'abattoir moderne* 2nd ed., Paris, 1916, p. 45.

191 A. T. Andreas, *History of Chicago*, Chicago, 1886, vol. 3, p. 334.

192 *Scientific American*, 21 Aug. 1886, p. 120.

193 こうした数字だけでは、全体の姿は正確に伝わらない。そこでパリとシカゴの一年間の処理量を比較検討してみた。パリの資料は、*La Grande Encyclopédie*, Paris, 1884から、シカゴのは、アンドレアス（Andreas）の前掲書第三巻三三五頁から引用した。年間の需要を比較すると、ヨーロッパとアメリカの食肉に対する好みの違いばかりではなく、両者の相違がいろいろな点ではっきりしてくる。パリにおける処理数はシカゴの場合に比し、羊では二倍、仔牛では六倍になっている。一方、豚に関してはシカゴはパリに比べて約三三倍、牛に関しては約九倍に達している。シカゴにあるスウィフト社は、一社だけで、この年度に同時期のパリの消費量の二倍の牛を処理している（スウィフト社の一八八四—八五年度の生産高は四二万九四八三頭である）。またアメリカでは「牛」という見出しが、これ以上細かく分かれていない点が注目される。ヨーロッパでは牝牛の肉に対する評価は低く、したがってパリの数字は小さくなっているが、他方、牡牛は高く評価された。しかし合衆国では、牡牛は小農場で農作業に使われ、加工される頭数はしだいに減少していった。

1883年	牛		仔牛	豚	羊
シカゴ	牛	1,878,944	30,223	5,640,625	749,917
パリ	去勢牛および去勢してない牛 牝牛	184,900 43,099	189,490	170,465	1,570,904

194 Charls Cist, 'The hog and its products,' *Commissioner of Agriculture Report*, 1866, p. 391.

195 Charles Cist. これは、C. F. Goss, *Cincinnati, the Queen City*, 1788—1912, Chicago, 1912, 4 vols:, vol. 2, p. 334. に引用されている。

196 同書。

197 Charles Cist. C. F. Goss, *Cincinnati, the Queen City*, 1788—1912, Chicago, 1912, 4 vols.; vol. 2, p. 391. に引用されている。

198 Goss, 前掲書第二巻三三四頁。

199 Malcolm Keir, *Manufacturing*, New York, 1928, p. 257.

200 「アッセンブリーライン」の章において扱った。

201 Chambers, *Things as They Are in America*, 1854, p. 156.

202 Olmsted, *A Journey through Texas*, New York, 1857, p. 9.

203 Olmsted, 同右。

204 Olmsted, 同書一二頁。

205 James Parton, *Triumphs of Enterprise, Ingenuity and Public Spirit*, New York, 1872, ch. II.
206 Parton, 前掲書四四頁。
207 Walter Prescott Webb, *The Great Plains*, Boston, 1936, p. 207.
208 Webb, 前掲書二九一頁。
209 Webb, 前掲書二三二―二三三頁。
210 Parton, 前掲書四六頁。
211 詳細は次の著作を参照のこと。Harper Leech and John Charles Carroll, *Armour and His Times*, New York-London, 1938, p. 125―27.
212 合衆国特許七一四二三、一八六七年、J・B・サザランド (Sutherland)。
213 合衆国特許一三一七二二、一八七二年九月二十四日、J・タンステル (Tunstel)。
214 Charles Tellier, *L'Histoire d'une invention moderne, le frigorifique*, Paris, 1910.
215 Ramon J. Carcano, *Francesco Lecoq. Su teoria y su obra* 1865―1868, Buenos Aires, 1919. フランスの特許は一八六六年一月二十日、レコク (Lecoq) に下りた。
216 合衆国特許二二五五七二、空気の浄化、循環および稀薄化、一八七九年、アンドリュー・J・チェイス (Andrew J. Chase)。
217 *Harper's Weekly*, 21 Oct. 1882, p. 663.
218 A. T. Andreas, *The History of Chicago*, 1884―6, vol. 3, p. 335. によれば、牛の出荷頭数は、一八八三年には九六万六七五八頭であったが、一八八四年には七九万一八八四頭になっている。
219 Louis F. Swift, *The Yankee and the Yards, the Biography of Gustavus Franklin Swift*, New York, 1927, p. 18.
220 同書一八五頁。
221 この段階にいたるまでにも、障害はあった。食肉生産業者ハモンドは、この列車を特許権侵害のかどで攻撃した。Swift, 前掲書一八九頁。
222 同書 'Never Stay Beaten' の章を参照。
223 Helen Swift, *My Father and My Mother*, Chicago, 1937, p. 127.
224 Helen Swift, 同書。
225 *Frank Leslie's Illustrated Newspaper*, 12 Oct. 1878, p. 95.
226 *Harper's Weekly*, 21 Oct. 1882, p. 663.
227 Louis F. Swift, 前掲書一一八頁。
228 それでもなお工場の衛生状態は、少なくとも世紀の変わり目の頃は、憂慮すべき状態にあった。決定的な改善策はその後にとられた。イギリスの *Lancet* 誌がこの点に関し世論を喚起した（一九〇五年一月七、十四、二十一および二十八日）。この批判は、アプトン・シンクレア (Upton Sinclair) の小説 *The Jungle* (1906) に引き継がれ、また議会による調査も行なわれた（一九〇六年）。そのとき、セオドア・ルーズヴェルト (Theodore Roosvelt) は次のように述べている。「今回の短期間の視察ですら、シカゴの食肉加工場の衛生状態が大層ひどいことがわかった」（第五九回議会、第一部会、議事録八七三）。この件についてはアンドリュース氏に情報提供を受けた。

229 Swift, 前掲書一一八頁。
230 H. Leech and J. C. Carroll, *Armour and His Time*, New York, 1938, p. 238.
231 同書二五一頁。
232 Louis D. Weld, *Private Freight Cars and American Railways*, Columbia University Studies in History, Economics and Public Law, New York, 1908, vol. 31, no. 1.
233 J. Ogden Armour, *Packers, The Private Car Lines and the People*, Philadelphia, 1906, p. 24.
234 最初の果物輸送専用の冷蔵車のうち、主なものを挙げるとすれば、それは、シカゴのF・A・トマスの列車である。彼は一八八六年に五〇輌の冷蔵貨車を建造したデトロイトの発明家である。L. D. Weld, 前掲書一八頁。
235 同書一九頁。貨物運賃の切下げが原因だった。
236 Armour Car Line, Fruit Growers' Express, Continental Fruit Express.
237 *Harper's Weekly*, Mar. 1872—Mar. 1873 による。
238 William Douglas & Son, *Encyclopedia*, London, 1903, p. 451. 本書は食肉、豚肉および糧食一般を扱う業界すべてにとって有効な参考文献である。
239 本書「アッセンブリーライン」の章。
240 Upton Sinclair, *The Jungle*, New York, 1906, p. 42.
241 豚昇降機の改良、合衆国特許二七三六六、一八六〇年三月六日。豚昇降機、合衆国特許九四〇七六、一八六九年八月二十四日。豚の持揚げ機、合衆国特許一二〇九四六、一八七一年十一月十四日。
242 合衆国特許二四五六四三、一八八一年八月十六日。
243 合衆国特許二五二一一二、一八八二年一月十日。
244 合衆国特許二五二一一二、一八八二年一月十日。
245 合衆国特許一三〇五一五、一八七二年八月十三日。
246 合衆国特許六三九一〇、一八六七年四月十六日。
247 本書五三一頁を参照。
248 合衆国特許二四四、一八三七年七月三十日。
249 合衆国特許四四〇二一、一八六四年八月三十日、N・シルヴァーソン (Silverthorn)。
250 合衆国特許一五三一八三、一八七四年一月二十八日、N・シルヴァーソン。
251 合衆国特許二三五七三一、一八八〇年十二月二十一日、J・ブッカード (Bouchard) (一八七九年十二月四日申請)。
252 「豚を無限エプロンの上にのせ、それを、豚の体の外形に自動的に沿いつつ高速で動く刃の間を通過させて毛を取る」機械《スクレーパー》の提案もなかったわけではない。たとえば、合衆国特許一八四三九〇、一八七六年九月六日。またある場合には、作業の効果を高めるため毛をそぐ機械の外形が「カーブさせられている」こともあった。合衆国特許一九六二六九、一八七七年三月二十九日。

253　一八八一年には四件、一八八二年には二件、一八八六年には三件の特許がそれぞれおりている。

254　流れ作業方式が、三〇年代になって家禽の処理に適用されたとき、これと似た方法が、高架式のコンベアと毛むしり機にも採用された。この後者の機械は、ドラムに弾力のあるゴムの突起を散りばめたものだった。このような装置は、ごく小規模の処理場においてさえ見られた。鶏肉生産業者も、洗浄作業を完全に行なうために溶解ワックス法を採用した。

255　*La Révolution surréaliste*, Paris, 1930.

256　*Scientific American*, 21 Aug. 1866. その当時豚の大量処理が始まったが、そこで示された技術は、それ以後ほとんど進歩しなかった。今日でさえ、一人一時間当り五〇〇頭から六〇〇頭程度しか処理できない。

257　J. Oppenheimer, 'A Historical Introduction to the Study of Teleostian Development, *Osiris*, vol. 2, 1936, p. 124—48 には、発生学の分野における研究成果について、次のように記されている。

一七六一年、ケールロイター (Koelreuter) は植物の人工授粉を行ない、その方法で雑種を得ることができた。

一七六三年、ヤコービ (Jacobi) は、魚類の卵の受精現象について報告している (*Hanover Magazine*, 1763)

一七八五年、M・E・ブロック (Bloch) は、*Ichtyologie*, Berlin, 1785 を出版。本書には、「魚の卵を孵化させる方法について」の章がある。

258　*Versuche ueber Pflanzenhybriden*, 1865.

259　*Technology on the Farm*, U. S. Govt. Printing Office, Washington, August 1940 p. 21.

260　たとえば、アイオワ州のとうもろこし生産地の一部では、混種とうもろこしの割合は、七七%にものぼっている。*Technology on the Farm*, 前掲書一三六頁を参照。

261　異種交配を規制し望みの品種を開発するには、穂が偶然に受粉したり、雌の木が自家受粉するのを防止しなければならない。普通の状態では、受粉した穀粒は、偶然の法則に従ってとうもろこしのふさ毛から絹糸状の穂の若枝の上に落ち、その穂を受粉させる。雄の木と雌の木は、したがって引き離され、雌の木二列あるいは四列ごとに一列の雄の木が植えられる。雌の木のふさ毛は、花粉をまき散らす前に引き抜かれる。この操作を一定の間隔で繰り返すと、畑全体のとうもろこしは一定の品質を備えた雄の木だけから花粉を受けることになる。収穫時には、雄の木は除去され、雌の木の穂軸の上についた穀粒だけが翌年の栽培に用いられる。この方法、つまり同種交配は五年から七年間、継続して行なわねばならない。これについて詳しく知りたい場合は、*Technology on the Farm*, 前掲書二一章を参照。一般向けの記述としては、William R. Van Dersal, *The American Land, Its History and Its Uses*, New York, 1943, p. 54—57 を参照。

262　Jean Torlay, 前掲書三〇三—一四頁。

263　Réaumur, *L'Art de faire éclore des oeufs et d'élever en toute saison des oiseaux domestiques par la chaleur du fumier et par celle du feu ordinaire*, Paris, 1749.

264　*Dissertation Relative to the Natural History of Animals and Vegetables*, London, 1784, vol. 2, p. 197—99.

265　Walter Heape, in Royal Society (London) *Proceedings*, 1897; 16, p. 52—63.

266　Elie Ivanoff, 'De la fécondation artificielle chez les mammiferes,' *Archives des Sciences Biologiques*, Leningrad, 1907, p. 377—511.

267　W. V. Lambert, *Artificial Insemination in Livestock Breeding*, Circular no. 567, U. S. Dept. of Agriculture, Washington, D. C., 1940, p.

2―3.

268 同書六頁。

269 同書二〇―六一頁。

270 ベルツビル研究センター（Beltsville Research Center）は合衆国農務省に所属し、ワシントンD.C.から一三マイル離れた地点に在る。このセンターは、一九一〇年、まず四七五エーカーの実験場で研究を始めたが、現在その規模は一万三九〇〇エーカーに、従業員は二〇〇〇人にのぼっている。その主な研究テーマは、植物および家畜の改良と害虫の駆除である。R・W・フィリップス（Phillips）氏、ジョン・H・ゼラー（Zeller）氏、T・C・バイアリー（Byerly）氏の好意により、われわれはセンターへの立入りを許可され、この三氏の研究成果を自由に活用することができた。

271 「科学者たちは、性細胞質に変化のないことを声を大にして強調するだろうが、著者の経験からすると、交尾中の動物が精神的にも結ばれている場合、生まれた子は間違いなく従順になる」。これは、'On Breeding Mares,' *The Horseman*, Chicago, vol. XIV, 8 March, 1894 からの引用である。人工授精の導入について、この著者はまた次のように指摘している。「最初、私がこのことについて何か言おうとすると、ほとんどの人から笑われたが（一八九三年のことである）、今では、私の身辺の人びとは、多くの場合にこれは必要なことと考えるようになった」（*The Horseman*, 30 May, 1895）。

第Ⅴ部　機械化が人間環境におよぶ

中世の快適さに対する考え方

中世と機械化

なぜこの章を中世から始めるのか、疑問に思う人もいるかもしれない。われわれの目的は機械化の成長過程を研究することにある。それでは、なぜ、中世に比べてはるかに機械化の精神に近い、合理主義的方法を身につけたルネッサンスから始めようとしないのか。これには多くの理由がある。

まず、今必要としているのは、これまで絶えず発展し続けてきた西洋人の生活様式の起源について、多少なりとも知識を得ることである。起源を知ることによって、最も確実な探求の手がかりが得られる。この点を解明すれば、鏡に写すように、どの点が変化してきたのか、また現在残っている、あるいはすでに失われた特徴は何であるか、さらには、何が新しい推進力であるか、といったこともわかってくる。

機械化の連続的な発展の始まりは、ローマ帝国の滅亡以来初めて市民生活が可能になるほど生活水準が上がった頃、と断定してよい。この時、ローマ以降初めて、文化は再び都市社会に根付き、そして繁栄した。古くからあったヨーロッパの諸都市は、十一世紀以後、息を吹き返し、そして十三世紀には、後のどの世紀にもまして多くの都市が建設された。

ギリシャによりどころを求めたルネッサンスは、なるほど、われわれの視野を広げてくれた。しかし、われわれの生活の根源を宿したのは中世であった。

今日もなお、ゴシック式教会の尖塔は町に高く聳えているが、教会ばかりではなく、ゴシック期の生活様式もわれわれの潜在意識の中に生き続けている。この時代の生活様式は、山岳地帯や、頑として旧習を守っている地方、そして中世的生産様式に縛られている地方にひっそりと生き長らえている。トラクターは、険しい山岳地帯の傾斜面で力を発揮するわけにはいかないからである。農民の生活は、習慣や家屋、家具類、さらには衣服に関しても、古いものへの執着が強いため、現在でもなお、後期ゴシックの域に留まっている。たとえば、スイス中部地方やアッペンツェルの農民は、ペンシルベニアのアマナ派教徒やメノー派教徒と同じような、「羊飼いの野良着」を頭から被っている。両者は、起源を同じくし、ただ材料が違っているだけである。スイスの場合はリンネル、アメリカのはコーデュロイでできている。

このこと以上に重要な意味をもちながら、認識されることの少ないのは、生産に対する中世的な態度が未だに残っているということである。ギルドの倫理は、ひとことで、質の維持という原則に集約される。機械的生産と並行して質の観念が強く残っているのは、ゴシック的な生活様式が今なお生きているヨーロッパの国々においてである。

136 古代エジプト人の姿勢：石灰石製の石碑，紀元前1500年頃。現在の観点から見ると，古代のエジプト人の着席の習慣は，東洋的であると同時に，西洋的でもある。エジプトの人は，家具の制作に素晴らしい技術を発揮し，長腰掛け，折畳みベッド，特にいろいろな種類の椅子やスツールを発達させた。この椅子は，東洋風のしゃがむ姿勢にも適するし（この場合の椅子は普通より低く，座部はより深くしてある），また，西洋風に脚をぶら下げて坐る姿勢にも適している。左側の人は，脚を前方に出して休ませている。これと同じ列は，紀元前5世紀のギリシャの壺の絵にもみられる。（提供：メトロポリタン美術館，ニューヨーク）

パン屋、肉屋、宿屋の主人、そしてその他多くの職人たちがゴシック期さながらの生業を今なお営んでいることは、生活の全体的な気分にも深い影響を与えている。アメリカとは異なり、複雑な工芸技術が機械化を受けつけなかった場合も、それは生産の規模が小さいからだとは一概には言えない。事実、チェーン・レストランが初めて出現したのはパリであったが、このようなレストランが発展して日常生活に実質的な影響を与えるようになったのはアメリカにおいてであった。ある特定の分野に関して、機械化への抵抗が質を犠牲にしたくないという気持を表現していることがよくあるが、それがどの分野に生ずるかについて一定の法則があるわけではない。たとえば、工業化による料理の質の低下は、アメリカよりもイギリスの場合のほうが顕著だった。しかし一方、イギリス人があくまでも質の高い衣服を求めるのは、何世紀にもわたる手工業時代からの伝統である。これは、質に対する要求であり、遠くゴシック期の都市のギルドに端を発するものだが、その要求は今再び目覚めようとしている。

　アメリカはかつて農業経済の国であった。そして、十七、八世紀に渡来した移民は、生活や労働の仕方の点で、彼らの中世の祖先たちとほとんど違いがなかった。後にみるように、植民地時代のアメリカには、「旧世界」で忘れ去られたゴシック的要素を温存させている例がよくみられる。アメリカは、原始的な手工業や中世的な禁欲生活の段階から一足飛びに、高度な機械化の時代に飛び込んだ。

快適さの概念の変遷

「快適さ《コンフォート》」という言葉は、ラテン語の語源では「強化する」ということを意味した。西洋では、十八世紀以降、「快適さ」は「便利さ」と同じ意味に用いられてきた。つまり、できる限り安楽であるように、人間は自分の身の回りの環境を整え、そしてコントロールしなければならないという考え方である。この考えに基づいて、彼らは家具を作り、絨毯を選び、照明を工夫し、さらに機械化によって得られた技術的成果のすべてを利用してきたのである。

　快適さの観念は、それぞれの文明ごとにその内容を異にする。快適さの獲得方法はさまざまである。人間が自分を「守り固める」、あるいは「強化する」のに必要だと考えたことが「快適さ」の意味内容を構成する。

　東洋人の考える快適さに従えば、人間はいかなる時にも、身体の筋肉をコントロールしていなければならない。このような考え方から、東洋人は、身体がそれ自体の範囲内で、自然に休養でき、快適さを保てるような姿勢を完成させてきた。このような快適さを楽しむには、たとえば筋肉組織を弛緩させ、両足を身体の下で交差させて坐るような「ごく自然な」姿勢をとるだけで充分である。それには背もたれも肱掛けも必要としない。身体は自らを座としてその上でくつろぐからである。また身体をもたせかける姿勢は眠りを誘うためばかりではなく、食事や会話の間に身体を休ませるためである。

137　ローマ人の姿勢：壁画。ボスコレアレ，紀元前1世紀。椅子はローマ時代の室内では重要な役割をもっていなかった。チター奏者の坐っているこの重厚な椅子は，姿勢に対する考慮よりも贅沢に飾り立てることを中心にしている。純粋に装飾用の肱掛け部分や豪華な脚部は，この傾向を示している。ローマ文明の崩壊後，個々の椅子に坐る習慣が復活するまでに1000年の歳月が経過した。（提供：メトロポリタン美術館，ニューヨーク）

138　中世の姿勢：書き物をしているピタゴラス。シャルトル大聖堂の北正面玄関。12世紀。中世では座とその姿勢は，そのつど状況に合わせて決められた。シャルトル大聖堂には，携帯用の書き物机を膝の上にのせて，何かを書いているピタゴラスの像が彫られている。同じように，一般の人びとも，床，長腰掛け，窓の下に取り付けられた腰掛け，クッション，小型のスツール，あるいは薄い座蒲団に直接坐ることを習慣とした。

東洋の快適さの概念は、十八世紀の卓越した精妙さや技術に代表される西洋のそれとは対照的である。西洋の快適さは、脚を下に降ろして坐るという考え方に基づいている。この姿勢をとる場合には外側からの支えが必要になってくる。

この支えの骨組となるもの、つまり椅子には、時代とともに変遷してきた快適さに対する考え方が記録されている。

ペリクレスの時代のアテネからフランス・ロココに至るまでの間には、一つの断絶があるのだが、この断絶を歴史家は見過ごし易い。ギリシャ時代の椅子は、先細りの優美な脚を持ち、座部は幾分後方に傾斜し、そして肩は広く力強い曲線を持っており、いわば、家具におけるフェイディアスの彫刻ともいうべきものである。形の優美さ、繊細さにおいて、これらの椅子を凌ぐものは現われなかった。しかし、ローマ滅亡後、このような洗練された椅子は忘れ去られてしまった。

十八世紀になってやっと、ギリシャ時代が到達した快適さの水準を追い越したが、そのとき、快適さの目的や方向は別のものに変わっていた。それ以前の人びとの目には、詰め物をして柔らかくなった十八世紀の座部は、ベッドの一部を切りとったもののように見えたかもしれない。

しかしここでは、身体を支える方法に科学が導入されている。まず、身体の繊細な部分に特別な考慮が払われ、家具を体形に合わせてつくることに関心が払われた。背もたれは背骨のくぼみをかたどって作られ、座席の外形は太腿の長さや膝の開く角度を計算して作られた。他方、肱掛けは女性の衣服を配慮し短くなった。われわれの文化の象徴ともいうべき座の快適さは、十八世紀の家具において最も洗練された形で表現されている。

第三段階として、十九世紀の後半、快適さの実現に新しい方法がとられた。可動性の導入がそれである。そこでは、家具を一連の可動面に分解した上で、一個の機械として再構成するという方法がとられた。この家具は、美しさの点でギリシャの椅子におよばないし、その座部は談笑する騎士の膝のことを慮って製作されているわけでもない。高価な材料が使用されているのでもなく、造形の極致が表現されているわけでもなかった。それは、匿名の発明家の手から生まれた無名の作品、連続生産による製品であった。この家具は、十九世紀の風習と職業に根ざしている。十九世紀は独自の態度をとった時代なのだろうか、それとも、欺瞞に明け暮れた時代だったのだろうか。この疑問を解く鍵を、この家具は握っている。

中世の人びとの姿勢

中世の人びとはどのような姿勢をとって坐っていたのだろうか。姿勢は、一時代の内面的な傾向を反映する。中世の聖壇には、金色を背景にし、真正面を向いた聖母マリアの像が飾られている。また、シャルトル大聖堂の正門には、彫像が階級順に並べられ、その背後や上方には、聖書の中の出来事が描かれている。一見したところ、中世の人びとの姿勢は儀式的な厳粛さを保ち、秩序の保たれた中世社会の投影であるかのように感じられる。

しかしこれはあまりに安易な社会学的解釈であって、これとは違

139 フランスの高等法院。1458年。ジャン・フーケ，本の口絵。イギリスと通じたかどで，アランソン公に対し死刑が宣告されようとしている。この時までの３カ月におよぶ裁判期間中，高位高官の人びとは，背のないベンチに，肩をすり合わせるようにして坐っていた。裁判官は驚くほどくつろいだ姿勢で床に坐っている。(P. ドュリュー『ミュンヘンのボッカチオ』)

った見方も可能なのである。十三世紀の封建領主や貴婦人は、ゴシックの彫像に表現されているような、実に気品に満ちた坐り方、歩き方をしていた。中世は崇高さ、厳粛さをよく表現し得たが、そのような態度は礼拝にとってこそ重大な意味をもつものであった。今日のわれわれには、中世の教会での礼拝が醸し出した荘重さや熱気を感ずることは到底不可能だろう。華麗さの点で聖職者の坐る聖歌隊席に匹敵する家具は存在しなかった。しかし、一般の庶民は石に跪いてお祈りした。都市の住人も聖職者とは違った坐り方をした。古代ギリシャと中世は、さまざまな点で違っているが、荘重さや厳粛さといったことが、神を崇拝する場面に限られていたことでは共通していた。

　ローマ帝国の崩壊は生活のあらゆる領域に影響をおよぼした。一五〇〇年かかって築き上げられた文化的価値は、その意味を失い、見るかげもなく寸断されてしまった。遊牧民がローマに侵入したとき、そこで発見した椅子は、彫像や公衆浴場、象嵌を施した家具、分化発展した文化の道具一般と同様、彼らには何の意味も持たなかった。彼らは、地面に直接坐り込むのを習慣にしていたからである。この習慣はその後も変わらなかった。

　そのとき形成されようとしていた文化は、古代世界とは違う目的を追求した。それは純重なものへの恐怖を表現したゴシックの骨組構造と、ローマの公衆浴場の重厚な円天井の違いに示されている。確かに中世末期には生活水準が上がり、「便利」という意味の快適さは成立したかもしれない。しかしこの考えはゴシック期には無縁だった。ゴシック期には、体形に合わせて作られた家具などはなかった。十五世紀には、低い三本脚のスツールがロマネスク期と同じ程度に使われていた。いろいろな点から判断して、中世の人びとは気楽な、格式ばらない坐り方をしていたらしい。彼らは腰掛けるよりも床に坐ることのほうが多かった。ロマネスク期、横から見てアーチ形に背筋を曲げた聖母マリアの彫像が彫られているが、これなど、当時の女性の坐り方を表現している。つまり、マリアは、玉座に腰掛けているが、身体を背にもたせかけてはいない。彫刻家がただ、こうした姿勢で坐っている女性を威厳に満ちた椅子の上に載せたにすぎないのである。十三世紀、あるいはイタリア・ルネッサンスの頃、ベンチの背後に吊り下げられた豪華なカーテンに描かれたマリア像についても、同じように解釈すべきである。

　人びとは、何も敷いていない床や、クッションの上に坐った。彼らは階段や、高い位置のベッドにのぼる段の上にも坐った。ロマネスク期の櫃《チェスト》――少なくとも現在残っているもの――は儀式用に用いられ、椅子として使うには高すぎたが、高さが低くなるとともに壁に沿って並べられるようになった。そのとき、チェストは椅子や寝椅子の役割を果たすようになった。この伝統に従って、収納家具にもなる椅子やテーブルが製作されたが、この現象は、一五〇〇年頃も一般に見られた。中世は十五世紀の後半をもって終りを告げたわけだが、その頃も、中世の精神は至る所で生き続けていた。同時に長年の習慣は滅び、新しい習慣が形成されようとしていた。

　中世の人びとは、一体どんな坐り方をしていたのだろうか。中世という過渡期に存在したさまざまな国、そして社会階層から、二、三の例をひくだけで、直接、当時の快適さの推移を知ることができよう。

シャルル七世が議長を務めた
「高等法院」――一四五八年

ジャン・フーケ（図一三九）の手になるこの多色刷りの細密画には、イギリスと通じ反逆の罪で告訴された、アランソン公に対する死刑判決の様子が描かれている。それは、三カ月におよぶ事情聴取後の厳粛な判決の瞬間である。中央には王が一段高い位につき、その左右にフランスの高位高官、領主、聖職者、貴族たちが坐し、裁判官たちは数列に並んだベンチに坐っている。王の前に跪いているのは死刑判決の布告者である。国家に関する議事では、社会的な階級秩序がよく守られていた。紛うかたなき荘重さが聴衆を支配し、全体の空気を満たしている。壁は、衣装や紋章、丈の長いゴブラン織などで天井まで飾り立てられている。

　ところで、これらの審議の間の快適さの様子はどうであろうか。八月から十月までの三カ月間、絢爛豪華な法廷――ここでも中世の常として――は背もたれのない堅い木のベンチに坐った人びとでぎっしり埋められている。ベンチは足の踏み場もないほどたくさん置かれている。この光景は、聖歌隊席と際立った対照をなしている。裁判官が、驚くほどうちとけて床に坐っているのに対し、玉座の踏み台に坐っている六人の高官たちは、それほど気楽な様子でもない。快適さという点では、この法廷はサーカス小屋と変わりない。

　フランスの法廷に見られる、このような身体的な快適さを拒否した坐り方――当時のブルゴーニュの人びとにとって最も洗練された坐り方――は、中世末期まで続いた生活態度を典型的に表現している。十七世紀にはその権威にふさわしい座席をもたない裁判所など、考えることさえできなかった。

140　台所での底抜け騒ぎ。1475年頃。1567年制作のオランダの版画。フーケの描いた高等法院とオランダの台所で騒いでいる人たちの間には，大きな社会的距離がある。しかしこの２つの光景に共通しているのは，坐り方に一定の決まりがないということである。この台所で騒いでいる人びとは，籠をひっくり返して坐ったり，高さがそれぞれ違うスツールや，ずんぐりした背と丸い脚を持った椅子など，利用できるものは何でも使って坐っている。このような坐り方は，ロマネスクの伝統を引き継いでいる。

オランダのある台所での底抜け騒ぎ
――一四七五年頃

フーケの描いたフランスの最高裁判所とこのオランダの版画

141　ライン上流地方の室内。1450年頃。「キリストに湯をつかわせている聖母マリア」コンラッド・ウィッツ派。聖母マリアの地位を示すものと言えば，足もとに広がった衣服だけである。彼女は低いスツールに腰掛けているのか，床にじかに坐っているのか，それとも壁に沿って置かれたチェストの上にあるようなクッションに坐っているのか，この絵でははっきりわからない。

(1)(図一四〇)に見られる道楽者達の交遊の図との間には、途方もなく大きな社会的な隔りがある。しかし、これら二つの場面には同じ習慣が見出せる。オランダの版画では、炉辺にさまざまな人間が集まり、その傍で、一人の女がワッフルを焼いている。その近くの、ロマネスク風の小さなスツールには、巨体をふんぞり返らせて一人の男が腰掛けている。彼が坐っているのは、スツールではなく椅子だろうか。この版画は、当時の人びとがどのような坐り方をしていたかを、実に端的に示してくれている。身体を斜めにし、腕を短い背もたれに投げかけて坐っている様子がそれである。

ここに集まっている他の人びとは、手近にあるものならどんな物の上にでも坐っている。たとえば、籠を逆さにして坐ったり、いろいろな高さのスツールに坐っている。結局、このような光景をみてわかるように、当時の人びとには、テーブルのまわりにきちんと集まって坐る習慣は存在しなかったらしい。

この版画でも、みんな密集して坐っており、互いの身体が触れ合っている。中世の絵で人びとが密集した様子が描かれているのは、画家ができるかぎり多くのものを描きたかったからだという説明をよく聞くが、その説明にはあまり信憑性はない。多くの絵を見れば見るほど、共通してわかってくることは、中世社会には、われわれが知っているような椅子は存在しなかったこと、そして人びとは、密集して坐ることを習慣にしていたということである。

われわれは椅子に坐ることに慣れているが、椅子の場合、隣の人と離れて坐ることになるので、人と人との間にどうしても距離ができる。そして、このような習慣は、われわれの行動の一部になってしまっている。中世の人びととは違い、現在のわれわれは、隣の人

142 イタリアの寝室および書斎：フランチェスコの柱からの木版画。「イプネルトマキア」ヴェニス，1499年。ポリフィロの愛人が寝室で彼からの手紙を読み，一方，ポリフィロは彼女への手紙を書いている。約40年前のライン地方の家の居間と同様，壁に沿って置かれたチェストが，ここでの主な家具になっている。部屋全体が簡素で禁欲的な雰囲気に満たされている。どちらの部屋の目的も家具にはっきりと表われている。一方の部屋ではベッドの周りにチェストが壇のように置かれ，他方の部屋では，ポリフィロが壁際にテーブルを引き寄せ，その上に携帯用のデスクをのせて書き物をしている。

に触れられたり、またこちらから触れたりするのを好まない。万一触れた場合には、謝ってから離れるのが普通である。

ライン上流地方の室内装飾——一四五〇年頃

コンラッド・ウィッツ派の一枚の絵では、裸の壁に沿って——羽目板はまだ一般に用いられていなかった——同じ形をしたチェストが一列に並んでいる(図一四一)。聖母マリアがテーブルのない部屋に坐り、幼いキリストが洗面器に顔を映している。

この時代の聖者の像を見ていると、目はおのずと長く垂れ下がったその衣装に惹きつけられる。その衣装は彩色写本をふちどった打ち違いの装飾に似ている。コンラッド・ウィッツは、ブルゴーニュ地方の彫刻にあるようなゆったりとした襞の描写に優れていたが、室内全体で、この襞がマリアの身分を明かす唯一の特徴になっている。身体がこの衣装に隠れて、彼女がクッションあるいは低いスツールの上に坐っているのか、それとも、床に直接坐っているのか、はっきりしない。しかし、チェストの上にクッションが幾つかあることから、そのうちの一つを使っているのかもしれない。

スイスの教室——一五一六年

ものを書くときの姿勢も、やはり格式ばらないものだった。ハンス・ホルバイン二世が、学校の校長のために描いたこの絵には、単純で質素な室内の様子が表現されている(図一四三)。この絵に描かれている坐り方は、三十年ほど前のオランダの台所での気楽なポー

143　スイスの教室。1516年。「学校の先生の看板」，ハンス・ホルバイン二世。この16世紀初期の光景にも，型にはまらない座の様式が示されている。ベンチに坐っている少年は膝の上に教科書をのせ，その後ろでは別の少年が、いくぶんシャルトル大聖堂のピタゴラス像を思わせるような姿勢で，スツールらしいものに腰掛け，ベンチを机代りに用いている。（提供：バーゼル美術館）

ズとあまり大差はない。一人の生徒は低いスツールに坐り、隣の生徒のベンチを書き物机にしている。もう一人は練習帳を膝の上に広げている。これらは、何世紀も続いた習慣で、ここではそれが日常的な場面で表現されている。一方シャルトル大聖堂の北側玄関には、ピタゴラスが、やはり同じような姿勢で低いスツールに腰掛けている(図一三八)。彼は、背をかがめ、小さな書き物机を膝にのせている。十五世紀になると、修道院付の画家や世俗の学者の机は、便利さと身体への適合性を考慮して慎重に製作されるようになった(図一五一、一五二、一五四)。

ホルバインの教室を描いた作品（一五一六年）には、高さのまちまちなスツールやベンチがみられ、また一人の女性が傾斜をつけた聖書台に向かって坐り、子供に何かを教えている。彼女は、ルネッサンスの興隆期に好まれた、折畳み式の椅子（ダンテ椅子）に腰掛けている。

王の食卓——ヘロド王の前で舞うサロメ、カタロニア派——一四六〇年頃

中世の人びとはどんな姿勢で食事をしたのだろうか。この絵では、一座の人びとは、壁に背を向けて、ベンチに坐っている(図一四四)。ここでも、フランス法廷の「親裁座」と同じように、立派な錦織や高価な衣装が全体の調子を決めている。この場合も、家具はいささかも洗練されていない。テーブル面は取りはずしのできる数枚の板で構成され、食事の際、粗削りな架台の上にのせられる。確かにこの家具は簡素で、後の時代からみると、その場限りの間に合わせのように思えるが、それは後に述べるように、快適さを獲得

144　王の食卓。1450年頃。「洗礼者ヨハネの首を手にしたサロメ」，カタロニア派。金襴と貂(てん)の手皮でできた衣裳をまとった王と従者が，床にタイルを張り壁につづれ織を掛けた部屋で食卓についている。一方，腰掛用には，壁に沿ったベンチが使われている。快適さの点でのこの遅れは，原始的なナイフや，皿のないことからもうかがわれる。(提供：メトロポリタン美術館，ニューヨーク)

する技術的能力を欠いていたからではない。

椅子の出現——一四九〇年頃

この頃から次第に椅子は日常の設備とみなされるようになった。今日の快適さの先駆けとなった椅子（一四九〇年代）(2)が二、三今もフィレンツェのストロッツィ宮殿に保存されている(図一四五)。これをみると、初期の椅子がどんなものであったかが一目でわかる。それは三本脚のスツールのようなもので、オランダの台所やホルバインの描いた教室に置かれているスツールと同様、台に粗削りな脚が直接取り付けられている。

ここを起点として、椅子は洗練されていった。座部は滑らかになり、彫刻的な装飾が施され、どこで脚が始まっているのかはっきりわからなくなる。座部が八角形であると、真直ぐに腰掛けることもできるし、オランダの「底抜け騒ぎ」のシーンのように、くつろいだ姿勢で斜《はす》に腰掛けることもできる。この新しい様式の特徴は、先端に円形の浮彫りをのせた、幅の狭い石碑のような背もたれにある。

この堅くて幅の狭い板が背もたれであるのか、それとも、ゴシックの時代、地位を象徴した椅子の背の名残りなのかは、なかなか判断のむずかしいところである。この椅子のプロポーションがこの椅子の由来を示している。重い感じの下半分と、初期ルネッサンスの繊細さをもって形作られたすんなり伸びた背部とが、ちぐはぐな印象を与えている。この構造は、矛盾に満ちた椅子の誕生期の様子をよく示している。

特に重要なのは、形の同じ椅子が幾つも、ストロッツィ宮殿に保存されているという事実である。このことから、(少なくとも南部地方では) 椅子は、一四九〇年頃、希少価値や象徴的意味を失い、大量に用いられ始めたことがわかる。

十六世紀に入ると、この型の椅子の脚は三本から四本に変わり、背もたれは広くなり、カーブがつけられるようになる。頑丈な型のものは今もアルプス地方の農家に残っているが、それは、背と座部に板がそれぞれ一枚、そして脚が四本という構成をとっている。この椅子は、その後次第に華美な彫刻が施されていったが、構造は原始的である。それでもここには、生活様式の変化が示されている。テーブルが固定し、椅子のほうが動くようになった。以前のように、テーブルを固定したベンチのほうに動かすのではなく、椅子がテーブルに引き寄せられるようになったのである。ロマネスク時代のように丸みがついた三本脚の十五世紀のスツールは、ときたましか用いられなかったが、今や誰もが、テーブルに向かうときには椅子に腰掛けるようになった。椅子は最早、光栄ある座、つまり地位が非常に高いことを示すシンボルではなくなり、テーブルの周りにたくさん並べて置かれるようになったのである。

しかし、時代が下って十六世紀前半になっても、椅子の使用は依然として、最も格式のある場合においてすら、慣例化していなかった。ハンス・ホルバイン二世は、一五三〇年、ヘンリー八世と枢密院の様子を描いた木版画を残しているが、そこには、この高貴な会議に参加している人びとが、一四五八年の「パリ高等法院親裁座」の参加者のように、低い背のついたベンチに、ぎっしり並んで腰掛けている。

塗装もされず、単純に組み立てられたベンチやテーブル、椅子などが、今日のアルプス地方や、十九世紀までのアメリカ植民者の間に残っているが、それは、ゴシック後期以来の伝統を表現しており、十五世紀の終り頃には、ヨーロッパの北部、南部を問わず、どこにでも見られた。この伝統は、市民や貴族の要求を背景に都市において形成されたものだった。そこには、中世の簡素な生活様式が反映している。

中世の室内が質素であるのは、一つは禁欲的な人生観に、もう一つは生活の状態が不安定であったことに由来している。このうち後者が、家具に移動性という性格を与えた。

中世の移動家具

家具は、人間の存在と最も密接に結びついた道具の一つである。人は、夜も昼も、家具と共に生活する。家具は、人の仕事と休息を助け、人間の生活、誕生、そして死の忠実な証人でもある。

フランス語の meuble (家具) という言葉、および mobilier というその集合名詞は、もともと「動かせる」、すなわち、移動可能な物を意味していた。動かせないものという意味の immovables はフランス語で immeubles であり、今日でも、家屋や建物を示す言葉である。ここで、movable という言葉は、部屋から部屋へ、

145　椅子の出現。ストロッツィ宮殿の3本脚の椅子，フィレンツェ，1490年頃。椅子の前身ともいうべきこの家具には，スツールの面影が強く残り，3本の脚は平板に直接釘打ちされている。この構造の椅子は，現在もアルプス地方の農家で用いられている。すんなりした背は，身体を休ませるための支えなのか，それとも，ゴシック期の椅子に表現されていた儀式的意味の単なる名残りなのだろうか。(提供：メトロポリタン美術館，ニューヨーク)

146　農家の椅子。スイス，ヴァレ地方，19世紀初頭。フィレンツェに始まる単純な構造の椅子は，その原理を変えることなく，ひとつの伝統となって今日に引き継がれている。(提供：ベネディクト・ラスト，スイス，フリブール)

住居から住居へと運ぶことができるという、今日用いられているような狭い意味に解すべきではない。そう呼ばれたのは、かつては所有者の旅行先に必ず携行されたからだというのが定説である。事実、十四世紀の終りには、家具は、所有者が一時的に住居を変えるときとか、旅行の際には一緒に移動した(3)。

一五七三年のオックスフォード辞典によれば、家具《モビリエ》(4)とは、家庭内の動産、あるいは「住居内の動かし得るもの」のことを意味する言葉で、その中には、銀の食器、宝石、つづれ織、台所用品、馬などが含まれるという(5)。

家具はもちろん、運べるものは何でも、ときには囚人までも運ぶ習慣は、中世以後もなくならなかった。フランス国王フランソワ一世は、パリからニースへ、彼の領土の南部地方を旅行したとき（一五三八年）、家事設備を携行したが、その際、この「家具」、つまり囚人の運搬に一二〇〇リーブル支払ったという(6)。家具を伴って旅行する習慣は、場合によって「旧体制」の終り頃まで続いたようである。

このように、昔の強大な領主たちは備えを怠らなかったが、その準備は決して無駄に終らなかった。逆にたとえば、オルレアン公は一四四七年、タラスコンに家事設備を持たないで到着したため、市民から家具を借りねばならなかった(7)。この習慣は十七世紀に入ってからもしばらく続いた。一六四九年、フランス宮廷が急に移転しなくてはならなくなったとき、移転先ではベッドなど到底手に入らず、王女は藁の上で眠ったという(8)。

高位の貴族の城は、領主が不在のときは空《から》同然であった。領主の残していったのは、雑多な備品類とか、窓の下に置く石製の腰掛け、壁や天井の飾り、細かい彫刻を施した暖炉棚など、取りはずせないものばかりであった。

このような習慣の根底には、生活条件がきわめて不安定だったという事情があった。社会のどの階級もこのような不安感を抱き、防備の強化と武器の製作に市の予算の大半が使われていた。たとえば、ボローニャの貴族や、ダンテの時代のトスカーニ人が築いた防備の行き届いた塔は、都市という要塞の中に築かれたもう一つの要塞であった。壁に囲まれていても、生活は安全ではなかったのである。ヤコブ・ブルクハルトは、その著書『ルネッサンスの文明』の中で、ペルージャで起こった白昼の暗殺事件について面白い挿話を記している。こうしたことが実は、ペルジーノが十五世紀末、落ち着いた雰囲気を湛えたマリア像を描いていたとき、起こっていたのである。

社会的にも経済的にも深刻な不安感がみなぎっていたので、商人や領主は、できるかぎり、自分の所有物を持ち運ばざるを得なかった。一度、家を後にすると、どんな災難が身にふりかかるか、誰にも予測できなかった。家具を示す言葉（meuble）に動かし得る、移動できるという意味がこめられているのは、このような理由からである。チェスト（櫃）は簡単に運ぶことができ、中世に最も広く用いられた家具である。チェストは基本的な備品であり、中世の室内の主役であったといっても過言ではない。それは、動かせる持ち物すべてをいれる容器であった。中世の家具の中で、チェストほど現在たくさん残っているものもない。チェストは、同時にトランクの用をも果たし、中には家具用品があらかじめ詰められていた。人びとは、常に、旅に出る仕度ができていたのである。

人びとは、かさばりすぎて持ち運びできないものだけを後に残した。したがって、小型にまとまった家具、特に折り畳める家具が好んで製作された。X字型椅子のように、運搬可能な折畳み式の家具は、近代的な意味での椅子が出現するよりずっと以前から用いられていた。これらの背なし椅子や折畳み式、組立式のテーブル、ベッドが製作されたのは場所が狭いからではなく、その名の示すとおり、即座に折り畳め、組み立て、荷作りできることが移動にとって必要だったからである。

この時代の政治的混乱が、移動家具の存在に現われているわけである。ただ商人の交易が危険にさらされていたとか、貴族がお互いに絶えず反目していたということだけではない。支配者を含めて国全体が、全般的に不安定な状況におかれていたのである。

ヴァロア朝最後の王の統治期間中、フランスの首都は、続けて六回も変わった。シャルル七世はジャンヌ・ダルクの奇跡的な救援によって即位したが、百年戦争（一三四〇―一四五三年）の最後の時期、イギリスから逃れて以来、ずっと放浪を続けた。彼は、仮の宮廷をブルジェ、ポアチエ、シノンと何度も変えなければならなかった。

多目的家具としてのチェスト

ロマネスク式の教会が円天井や塔を持つ、非常に複雑な建造物として建てられていた一方で、当時の日常生活のほうは、依然として原始的な状態にあった。

十二世紀の半ば頃、シャルトル大聖堂の正門は、イエス・キリストの勝利と永遠の御代とを象徴するような、偉大な力や思想を持った人物の像で覆われていた。また、表現力や色彩の豊かさの点で、円花窓のガラス絵に及ぶものはなかった。しかし、これに比べて、同じ頃十字軍の基金を募るために教会に設置されたチェストのほうは、木の幹をノミで削ったり火で焼いたりして、窪みを作っただけのものだった。その蓋には粗野で重い板が使われていた。

このように、木を刳り抜いて作った容器が用いられていたことから、ほかの点でも中世の室内がいかに原始的だったか容易に察しがつく。丸太を刳り抜いて作った容器が、横に連続して並べられ、穀物や果物、その他の食料を貯蔵するのに用いられた。また、木の幹を焼いて穴をうがった容器は、十七世紀、あるいはそれ以降も、アメリカ移民者たちによって、貯蔵用に使われていたが、それらは明らかに古い型の後裔である。

木の幹を刳り抜いて容器としたものは、現在でも、ヨーロッパのアルプス地方の峡谷で飲料水を入れる桶として使われている。

チェストは、中世の室内の基本的単位であった。容器として、実にさまざまな物を入れるのに使われた。遺品、武器、書類、衣類、リネン、調味料、家庭用品に始まって、保存する価値があると考えられたものすべてがこれに収められた。

十二世紀のローマ教皇が教会に設置するよう指示したチェストは、標準型チェストの代表と考えてよい。十二世紀にはまた、素晴らしい活力と厳格さとを備えた容器が作られている。司教在住の地であったヴァレール市（スイス・ヴァレ地方、シオンの近郊）のロ

147　ロマネスク期のチェスト。ヴァレール城砦教会，12世紀。チェストは中世の万能家具であった。これらは，どの部屋にも置かれ，ある時は壁に沿い，またある時は，ベッドの側に配置された。独特な，堂々としたチェストが5つ，ヴァレールのロマネスク風城砦教会に保存されている。それらは，高くどっしりした脚を備えている。脚の中には，アーチを刳り抜いたものもある。

マネスク風城砦教会には、五つの大きなチェストが保存されている。落葉松材や胡桃材で作られたこれらのチェストは、たしかに十二世紀に属するものだが(9)(図一四七、一四八)、ロマネスク式の家具を後に農民風に単純化したものではない。当時、ブルゴーニュ領であったヴァレを通り、イタリアをフランスやフランドルに結びつけて幹線道路、聖ベルナール街道が走っていたからである。このチェストは力強さを特徴としているが、丈のある、重厚な脚部をもち、中には脚に深いアーチを施したものもあった。さらに、同じアーケードのモチーフが、チェストの全面に彫刻されている。厳格な印象を与えるにもかかわらず、これらのチェストの構造は、依然として原始的なままである。木材を頭部の大きな釘でうちつけて作った箱にすぎない。

　チェストはさまざまな形、大きさのものが作り出され、いろいろな目的に使われた。また表面の仕上げもさまざまな方法で行なわれた。革で覆われたもの、鉄の帯や鋳鉄の渦形装飾で結束されたもの、塗装あるいは彫刻の施されたものがあるかと思えば、象嵌細工をあしらったもの、多彩なプラスター・レリーフで飾られたものなど、実にさまざまであった。

　チェストは中世の多目的家具だった。それはどの部屋にもあったが、壁に沿って置かれたり、ベッドの足元や傍に置かれたりした。大きさの同じチェストが壁に沿い連続して並べられることもよくあった。チェストは、ヨーロッパの北部にも南部にも見出される。マリアが幼いキリストを湯浴みさせている(一四五〇年、図一四一)ライン上流地方の家にも、ポリフィロが愛人に手紙を書いている書斎(一四九九年、図一四二)にも、またその愛人が手紙を読んでい

148 ロマネスク時代のチェスト。ヴァレール城砦教会，スイス，12世紀。この教会用の家具は，坐るためのものではない。（提供：ランデス博物館，スイス，チューリヒ）

る寝室にも、チェストは置かれている。普通のチェストは、特に個性を主張しない、質素で規格化された収納具だった。人びとはこの運びやすい家具を必要に応じて購入した。

十六世紀にはまだ衣服は吊り下げられないで水平に置かれていた。中世の、一列に並べられたチェストからは、当時の簡素な生活振りがうかがわれる。

一五〇〇年頃、壁に沿って並べられていたチェストは、部屋の四方をめぐる型のベンチに次第にとって代わられるようになった。アルブレヒト・デューラーの版画「書斎の聖ジェローム」（一五一四年、図一六七）には、そうしたベンチが克明に描かれているが、この版画や、それより二、三年前（一五一二年）にスイスはグリソンズ州に建てられたミュンスター尼僧院の院長室（図一六六）を見ると、この型のベンチがいかに急速に普及したかがわかる。

イタリア・ルネッサンス期のどの家具をとって見ても、チェストつまりカッソーネ（木製の大箱）[10]ほど種類に富み、現在大量に残っているものはない。カッソーネは量産品ではなかった。それは美術品で、結婚式やそれに類した祝い事用に作られた。そしてフィレンツェのパオロ・ウッチェロやボッティチェリ、ギルランダイオ、アンドレア・デル・サルト、北イタリアのマンテーニャ、コッサ、カルパッチオといった著名な芸術家がカッソーネの装飾を受けもった。フィレンツェのカッソーネは、当時の私生活や文芸への関心がどんなものであったかを教えてくれている点で、特に貴重である。これらのチェストは見せるための家具だった。

この中世的伝統も、十六世紀になると衰え始めた。石棺は、木版彫刻家の華麗な技巧に覆われ、大理石にしか通用しないような処理

149　抽出し。ドイツの書類戸棚。ブレスロー，1455年。15世紀に入り，後の家具で不可欠となった要素，すなわち，抽出しが普及するようになった。抽出しは，16世紀，特に17世紀に大きな発展を遂げた。ブレスロー大聖堂に置かれていた，この幅10フィート，高さ６フィートのオーク材の書類戸棚は，ごく初期の家具である。この大きな扉の中には，ＡからＺまでの文字をふった何列かの抽出しが収められている。教会の聖具室には，これより古い大きな書類戸棚が所蔵されていることもあったが，その場合には，ここにあるような抽出しに代わって小さな扉が何列も取り付けられていた。

が加えられるようになった。中世的伝統を衰えさせたもう一つの要因として、生活が安定し始めたことが挙げられる。このため、固定式の家具が一般の室内用として台頭するようになった。これらの家具は、もはや放浪する必要がなくなり、住居と一体化していた。

抽出し

十五世紀に入ると家具に新たな要素がつけ加えられ、収納具としてのチェストの役割を大部分、引き継ぐことになる。抽出しがそれであった。アンリ・アバールは苦心してこの抽出しの起源を探ろうとしたが(11)、それについては未だに断片的な事実しか明らかにされていない。しかし、抽出しの発祥地をフランドルやブルゴーニュ地方としても、それほど間違ってはいないだろう。事実、この二つの地方は、十五世紀になって高まってきた快適さへの関心という点において、一つの水準を打ち立てた中心地であった(12)。

ブレスローにある大聖堂の聖具室には、かなり昔の家具が保存されている(13)(図一四九)。それは、教会内で記録を保存するためのオーク材の巨大なキャビネットである。この種のキャビネットで有名なもの、たとえば、バイユー大聖堂にあるキャビネットの起源はさらに古い。それらには小さな扉が何列もついている。一四五五年という製作年月日が施された幅一〇フィート、高さ六フィートのドイツ製の書類戸棚には、大きな扉の中にＡからＺまでのアルファベットをふった抽出しが取り付けられている。この戸棚は Almaiar と銘うたれている。この命名は、一見奇妙に思われるが、almaiar あるいは almarium という単語は、古典語の armarium (14)の変化形で、現代フランス語の armoire（衣裳戸棚）と同系統であり、これらの単語は、みな同じ意味を持っている。ｒからｌへの変化は、中高地ドイツ語から高地ドイツ語への移行過程で規則的にみられる現象である。

このように抽出しは、教会の文書を整理するのに適した、一種の可動の小型チェストとして出現した。これが抽出しの最初の形式であったのか、それとも、文書以外のもの、たとえば薬草などを貯蔵するのに用いられたのかは、まだはっきりしない。しかし、抽出しが最初、聖職者用として使用されたとすれば、それは、同じような目的に使われたさまざまな家具（書き物机、衣裳棚、それにリブをわたした椅子）と同じ起源をもつものだと考えられる。

初期の文献――一四七一年の文献が最も古い――によれば、抽出しは衣裳戸棚や机にも取り付けられていたし、木製手箱にも幾つか備えられていた(15)。しかしこれはむしろ例外で、一般的な方向としては、抽出しは、中世の標準的家具――すなわちチェスト――の内部に現われたらしい。前の扉をおろすと二列の抽出しが現われる方式のチェストは、十六世紀以来存在しているが、これに脚を付けると「チェスト・オブ・ドロワーズ」(16)と何ら変わるところはなかった。

抽出しは、食器戸棚《ビュッフェ》やドレッサー、飾り戸棚など、固定式の家具にとってはますます重要な要素になった。十七世紀以降、抽出しの用途は広がり、次第にさまざまな型のものが要求されるようになった。そして十八世紀末、抽出しはイギリスの飾り戸棚の製作者にとり、インスピレーションを誘う対象、彼らの最高の名人芸を発揮する手段にすらなった。

ゴシック期の建具類

墓石や中世の教会の玄関に刻まれた聖書の場面を表現した彫刻には、素材と表現技術に対する完璧な習熟が示されている。ゴシック期の最も代表的な家具である聖歌隊席は、記念碑の域に高められている。最高の手工芸技術と彫刻的ヴィジョンが発揮され、長椅子の端、高い背部、座部のブラケット、それに全体を覆っている透かし細工のピナクルは、彫刻師の小刀が舞う祭典の場と化している。

しかし、ゴシックも終りに近づくにつれ、たがねと留め金の名人芸は、聖壇を、金銀線細工《フィリグラン》、つまりしなやかな糸で織られたレース細工のようなものに変えてしまった。十五世紀の木彫家の達成した変幻自在な表現に匹敵するものといえば、十八世紀の鍛鉄製の格子ぐらいなものだろう。

中世には、二つの木工具、木彫用の小刀と手斧(17)が巧みに用いられた。これらの二つの道具は、想像以上に近い関係にある。それ自体は融通の利かない、扱いにくい道具で、すべてはこれを操る人の手にかかっている。これらの道具は、上手に使えば、木という媒体に働きかける動作を素晴らしく直截に伝達する。中世の人びとがこの道具を特に好んだ理由も、この点にあったようである。中世の木彫家や大工は、これらを用いて、類稀なる技術を発展させた。

中世の大工の手にかかると、重くて幅の広い刃を持つ手斧も、剃刀の刃のように微妙に動いた。厚板が手斧で滑らかに仕上げられることもしばしばあった。これは、木造家屋やゴシック期の大広間の屋根構造によく示されている。この場合にも、職人は、困難な仕事を逃れているというより、積極的にそれを求めている。この職人気質は、ニュールンベルクやアウグスブルクなど、二、三の富裕な都市に限らず、至る所、たとえば、遙かなアルプスの峡谷にも見出せた。スイスのグリソンズ地方のダボス峡谷には、オベリスクのように高く細い木造の尖塔（一五〇〇年頃）が教会の上に聳えているが、大工の野望はそれだけでは満たされず、塔の屋根をネジのように形作り、空に突き出させたのである。

ゴシック期の指物師の技術はまだ未発達だった。後期ゴシック期の祭壇と椅子は、互いにまったく違った時代の作品のように感じられる。一方が最高度に洗練されているのに反し、他方は無恰好そのものである。指物師は、長い間自分たちのギルドを持たなかった。家具は、大工の仕事としてほとんど無造作に作られた。その理由は、技術が欠けていたからではなく、時代そのものが良い家具をつくる方向を志向していなかったからである。中世の人びとは家具や快適さには関心がなかった。

指物師の基本的道具の一つである鋸は、中世の家具製作にはごく稀にしか使用されなかった。鋸は、手斧や木彫用の小刀より道具としては複雑だが、手の屈曲動作をそれほど忠実に木材に伝えない。中世の人びとが鋸をほとんど使わなかった理由はこの辺にある。彼らが愛用したのは、ローマ時代から受け継がれ、現在も使われている「おさのこ」である。歯の調整可能なおさのこは、細密画に見られるように、すでに十四世紀には使われていた。指物技術を完成させることへの関心の欠如は、製材所の発達の遅れにも反映している。製材所は大昔から存在していたが、まだ広くは利用されていなかった(18)。

中世の家具には、必ずといっていいほど、分厚い木の板が使われている。この板は構造体の役割を果たしていた。チェストの本体と脚との間に何の区別もなく、「普通、本体の前面には、頑丈な一枚板が水平に嵌められ、脚も同様に粗削りの板で作られていた」。板の幅は一二インチにもおよぶことが多かったが、手斧で簡単に削ることができた(19)。

十五世紀に、架台の上に板をのせる取りはずし可能なテーブルに代わって、固定式のテーブルが出現したときも、このテーブルの天板は、テーブルの長さいっぱいに渡した板形の支持材の上にのせられていた。イタリア・ルネッサンス時代に、これらの分厚い板にはコンソールデスクの場合のように、華やかな装飾が刻み込まれはしたが、重々しい印象を与える点では変わりはなかった。この点は長椅子やチェスト、椅子の場合も同様だった。これらも骨組を持たず、分厚い板で作られていた。

指物類はまだ原始的だった。板の端と端とは無造作に合わせて釘留めされ、V字形の溝も強度の点で不充分だった。そのため、チェストの多くは鉄製の装飾帯で周囲を補強され、扉の帯金型ヒンジも幅が広くそして長いものになっていた。背が高く幅の狭い切妻形のワードローブ(20)——現在も幾つか残っている——も、このような帯金型のヒンジや装飾帯金で補強されていた。木材の仕口加工だけでは、安定が保てなかったからである。

十四世紀に入って、支持材としての板、なかでもチェストの脚に

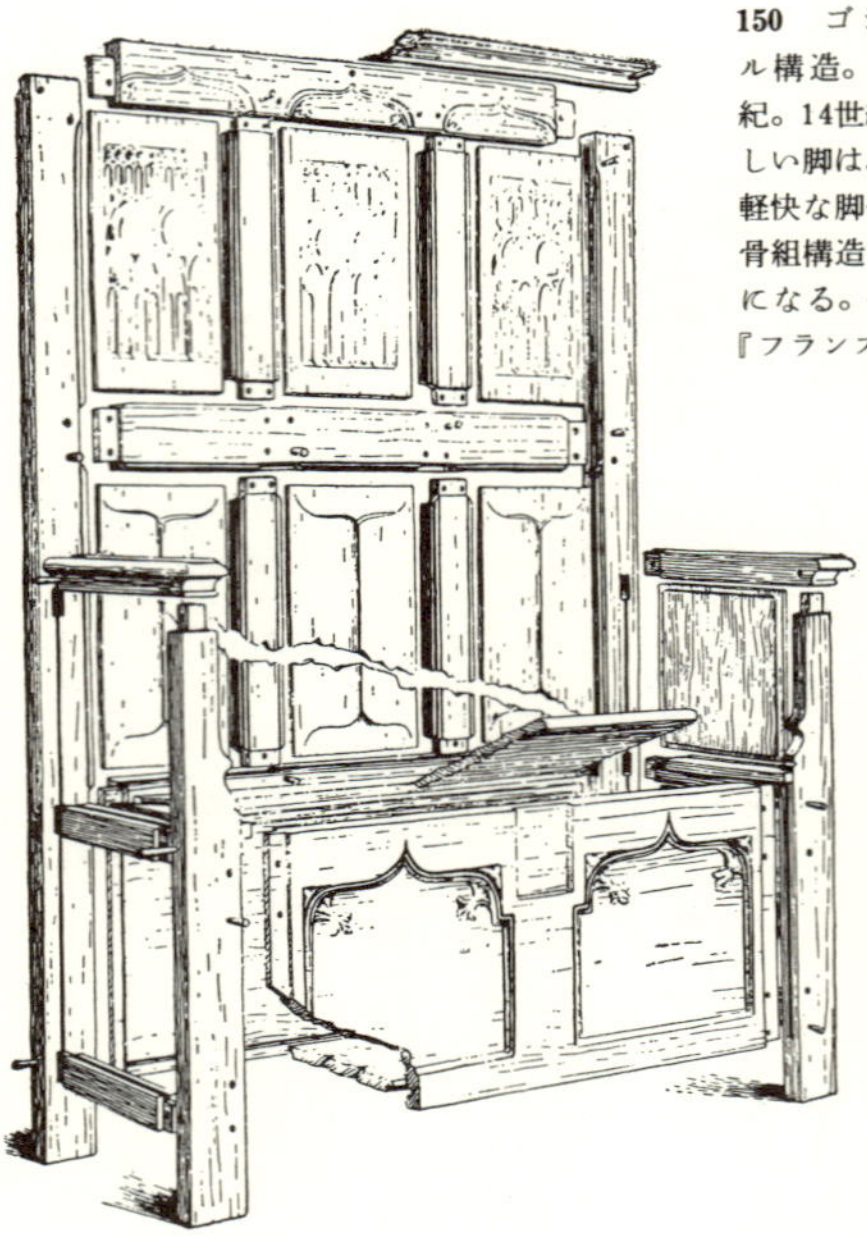

150　ゴシック期のパネル構造。リジュー、14世紀。14世紀になると、重々しい脚は、溝のついたより軽快な脚へと変化し、後に骨組構造の家具を生むことになる。(H. L. マーニュ『フランスの家具―椅子』)

用いられた垂直な板は、次第に小さくなり、隅の支柱に変化していった。このことは、骨組構造へ向かっての一つの前進である(21)。板にはさねが、垂直板には溝がつけられた。

　ゴシック末期、建築では室内の空間を思いきって広くとり、柱を極力細くする方法が採用されてすでに久しかったが、鈍重な厚板の壁も、この頃になりようやく、より軽量な骨組構造へと移行し始めた。十五世紀に入って、この移行過程はさらに推し進められた。家具はますます、家屋の骨格と同様、一つの骨組構造として扱われるようになった。そして、鈍重な厚板の壁に代わって、水平なつなぎ材と垂直な支柱とを組み合わせる方法がとられるようになった。当時の大工は、彼らの習慣に従って継ぎ手を組み立て、注意深く蟻継ぎで接合した。家屋の構造に見られるように、支持機能をもたない軽い羽目板が難なく枠に嵌め込まれ、支持材としての木の壁にとって代わったのである(図一五〇)。

　後期ゴシックの骨組構造は、木材の特性を基盤としてごく自然に発展した。これは、膨張や収縮に対して適応のきく構造である。そのため、この骨組構造は、建築の発展に対してクロス・リブ方式の円天井がもたらしたのにも匹敵する決定的な影響を、後の家具の発展に与えた。この発展は、重厚さから洗練された形への飛躍であった。

　細かいところでは、骨組構造は幾多の変化を経た。新しい技術も現われたが、この後期ゴシックの製作方法は、今日なお家具づくりの方式として存続している。これに代わる新しい原理、たとえば支持材として合板やプラスチックの弾力のある材料が工夫されたのは、最近二、三十年のことである。

　人間は一度獲得したものを次々と忘れるようにできているらしい。このことは過去の例をみてもわかる。骨組構造、抽出し、それに、機はまだ熟していなかったというものの、たとえば薄板やギリシャの椅子の優美さは、古代では日常生活の一部を形成していた。これらは、十五世紀、困難なまわり道を経て部分的にではあるが再発見され、身近な環境の形成に利用された。

ゴシック期の家具の可動性

中世の造作の手法や技術は未熟だったが、家具にある程度の可動性を与えようとする努力は多くみられた。

中世の人びとは家具の可動性を無視するどころか、しばしば、祈禱用の折畳み式のスツールや鉄製の聖書台、あるいは桁組ベッドなど、折畳み式の家具を製作した。ゴシック後期になると、読書や筆記、あるいは絵を描くなどといった特定の行為をしやすくするため、家具に可動性を取り込んだ。

その目的に使われたのが、ピボットとヒンジという単純な装置であった。

ピボット

四本脚の椅子が使用される前、中世では、動かせる椅子、つまり折畳み可能な座椅子や祈禱用のスツールが使われていた。これらは、固定式のものに比べ、製作が簡単である。というのは、これらの家具は、本質的には、X字形に交差させた四個の部材と、これをつなぐ布か革、それに安定を得るための一組の長手で構成されているにすぎないからである。野外用のスツールの起源は、遠く中期古代エジプト王国に遡るが、この椅子は、現在でも最も広く大量生産されている製品の一つである。

ゴシック後期になると、趣向を凝らした木造建築物が好まれ、これらの祈禱用の折畳み式スツールも、さらに洗練さが加わった。この時代のリブを渡した椅子は、その名の示す通り、一組の薄いリブをX字形に交差させ、これを共通の軸の周りに旋回させる方法で作られていた。これらのリブは、外側にかなり彎曲していたため、椅子に坐る者にとって快適とはいえなかった。これは、身体の調整を考えない、中世の家具の特徴を示している。二列のリブの間には座部を構成する一枚の板が渡されているが、この板は、リブの交点のすぐ近くに取り付けられているため、幅が非常に狭くなっている。一五一六年作のホルバインの教室の絵(図一四三)には、体格の大きな婦人が不似合なほど小さな椅子に腰掛けているが、そこではスツールの使い方が示されている。つまり彼女は、狭い座部の上に快適さの象徴ともいうべき、クッションを敷いて坐っている。この「ダンテ椅子」とよばれる椅子の起源については、まだ知られていない。

すでにローマ時代の硬貨に、背の低い野外用スツールが描かれているが、これが「ダンテ椅子」の祖型だと考えられる(22)。現在確認されている最古の祈禱用の折畳み式スツールの起源は、少なくとも、ルネッサンス以降である(23)。その性質、構造からして、リブを有する椅子はゴシック後期のもので、聖職者用の家具として修道院で用いられた。

X字形の祈禱用の折畳み式スツールは、古代には広く用いられていた。アーサー・エバンズ卿の発掘したクノッソス宮殿の中で最も魅力的な発見の一つは、「野外用スツールの部屋」という名の部屋だが、この名は、部屋のフレスコ画にクッション付の祈禱用の折畳み式スツールに坐った若者が描かれていることからきている(24)。古代には——ミノスのフレスコ画に描かれている若者たちのように——人びとは、交差した部材にかけ渡した長手の上に脚を乗せて坐った(25)。この習慣はエジプトから伝えられたものである。

さらに中世になると、古代には日常的であったこの家具は、高い地位の人びとの専用家具となり、儀式の際などに限って組み立てられた。一二四〇年頃、ザルツブルクの僧正が、ある尼僧院長に贈った深紅の椅子(26)がその例で、この椅子は、座部には型押しした革が張られ、また全体に海象《せいうち》の象嵌がはめこまれていたが、簡単な木製部材で構成されていた。

中世初期のテーブルも、X字形に交差した架台によって支えられていた(27)。十四世紀以来今日に至るまで、帯状の薄板でできた読書机が使用されてきたが、そのX字形の脚はさまざまな長さに変えられ、今日の譜面台と同じく、本を自由な角度で支えられるようにできる(28)。

中世最古の折畳み椅子である、メロヴィング朝のダコベルト王の所有していた金箔貼りの青銅製の肱掛椅子が、古代に起源をもち、メロヴィング朝の財宝の一つであったことに関しては、今日、考古学者の意見は大体一致している(29)。金属（鉄の棒）製の折畳み椅子は、ルネッサンス時代に見出される。

十五世紀の職人たちは、驚くほど巧みに、書き物机や読書机に可動性を与えた。中世の書き物机は、すでに最初のものからテーブルの上面に傾斜が付いていた。こうした机は、上面が水平になった現在使われている書き物机に比べ、ものを書いたり読書をしたりするときの姿勢に合っている。今日の書き物机の構造全体は、十八世紀後半のイギリスの図書館用テーブルの系統を引いているが、この図書館用テーブルは、当時流行していた二つ折りの版画が広げられるほど、ゆったりしたものだった。

中世の机は寸法は小さかったが、開いた本を置くのにちょうどよい幅がとってあった。人びとはこの読書机を膝やテーブルの上にのせたり、架台の上に据え付けたりした(30)。テーブル上面の幅は、十五世紀後半になると徐々に広げられ、また、新たな可動性が与えられた。絵を描いたり書き物をしたりする机は、修道士の居室で発達したが、彼らはそれらを斜めにした状態で使った。回転机(図一五二)は、軸受けの中で回転する金属製クランクにのせられていたが、そのクランクは、机の端に取り付けられていたため、机の上面を自由な方向に動かすことができた。また、いろいろなものを組み合わせた机も作られ、その中には、本立て、机、収納棚を一体化したものもあった。

十五世紀後半の世俗の学者たちも、便利な読書机や書き物机に対しては少なからぬ興味を示した。この時代は古典復興期にあたり、聖書や古代の作家、原典の比較対照などに関心が高まっていた。多角形あるいは円錐形の平面を持つ回転式の読書机が作り出されたのもこの頃だった。それらの読書机は手で軽く触れただけで回転する。ある細密画では、円錐形の読書机の初期のもの（一四五八年）が、書き物をしているボッカチオの傍に描かれている。アメリカの特許家具運動の中で生まれた回転式の書架も、ボッカチオの傍の机と同じ原理に従っている(図一五一)。

何人かが周りを囲んで同時に本を閲覧できる読書机（図一五四）が、十五世紀末の修道院や大学図書館にみられた。小さな読書机が

151　ゴシック家具の可動性：「書き物をしているボッカチオ」ジャン・フーケの細密画，1458年。15世紀の人文主義者は，可動式で回転し，しかも調節のきく家具を望んだ。『王子たちの没落』第4巻の冒頭の挿絵には，「まだ数々の不幸を語らねばならない」と人びとに告げているボッカチオの姿が描かれている。ここでは彼は，軸を中心に回転する円錐形の聖書台を使っているが，書き物机には原始的な平板を利用している。

152　ゴシック期の家具に見られる可動性：軸を中心に回転し，調節もきく修道院の机。15世紀の職人は，書き物机の傾斜面を頭と腕の位置に対して調節する仕組みの製作に驚くほどの技倆を発揮した。（マッコイド，ティリング共著『イギリス家具事典』）

153a ゴシック期の家具に見られる可動性：回転式背もたれを備えたベンチ。ワール祭壇の一部，1438年。これは，いつでも前方を向いた状態になれるアメリカの列車の座席（図271）の遠い先祖にあたる。（マドリッド，プラド。写真提供：フォグ博物館）

集まって八角形を構成し、その中央を大きな木製のねじが貫いている。そのねじを軸に机全体が動き、坐った位置から立った位置までの、さまざまな高さに机の高さを調整できるようになっていた。軸を中心に回転するこの机は、回転机と呼ばれ(31)、これには垂れ板式の座席が加えられる場合もあった。

この方向にそった、奇想天外な工夫がいろいろ生まれた。十六世紀には、フランス王に仕え、水力機械(32)の発明で有名になったイタリアの技術者、アゴスティノ・ラメリが、「およそ学術をたしなむ者であれば、誰にとっても有益かつ便利な精密機械を考案した。これは、ある場所から移動しないでたくさんの本を読める装置であった」(33)（図一五六）。この機械は全体が車輪のようになっていた。水車にあるような傾斜した平面の上に本が置かれ、望みの本が目の位置に運ばれてくる仕掛けになっていた。一七三〇年頃、ヤコブ・シュブラーはある野心的な装置を設計した。それは会計事務をとるための多目的机(34)で、勘定簿のほかにも一年分の通信文を収納でき、一つ一つの書類差しを机の中の車輪の周りに配置したものである（図一五五）。シュブラーの考えたこの能率的な回転式の書類差しは、今日、鋼管を使った回転ファイルとなって再登場している。「この機械は、職員の手が簡単に届く範囲に一万五〇〇〇枚もの照合カードを収納でき、労力を四〇％節約できる」(35)（図一五七）。さらに最近、ある航空機工場の開発企画部が、実験的に「ドーナツ型デスク」と呼ばれる八角形の机を製作したが、この場合、事務員はドーナツの中央に坐り、ファイルはその中心から放射状に伸びている。「この机によって事務処理能力を八・五倍に高めることができた」(36)という。

さらに、ゴシック後期には、調節可能な組合せ式の家庭用家具に対する要求が生まれた。可動の背もたれをつけた長椅子はその一例である。この長椅子は、フレマールの画家の手になるワールの聖壇の絵（一四三八年、図一五三）に見られるように、暖炉の前に置かれ、これに坐る人は、火のほうに顔を向けることも背を暖めることも自由にできた。

これに類したものに、ベンチ・テーブル（ドイツの Tischbank、ペンシルベニア・ダッチの Dischbank）がある。これは、肱掛けについた二本のピボットを軸に高い背が回転する、テーブルとの兼用ベンチである。このチェスト型家具は、背を水平にすると、テーブルの上面になり、長椅子にも、また場合によってはテーブルとしても使えた。この種のものは明らかに後期ゴシックの型であり、その

153b　回転式背もたれを備えたゴシック期のベンチ：ワール祭壇の聖バーバラのパネル，フレマールの師，1438年。聖バーバラが，炉の傍におかれた，背もたれの回転するベンチに腰掛けている。背もたれの役を果たしている木の棒を動かして，自由に火の方向に向いたり，逆に，背を向けたりできるようになっている。（マドリッド，プラド。写真提供：フォグ博物館）

154　螺旋軸を中心に回転する読書机。1485年頃。机の高さは，太い木製ねじを軸に回転させて調節する。(ボッカチオの写本，ミュンヘン，マッコイド，ティリング共著『イギリス家具事典』)

155　商人用机兼回転式書類ファイル。ヤコブ・シュブラー，1730年頃。この商人用の多角形の机は，1年分の会計簿と通信文を保管することができた。書類ファイルは，机の内部に組み込まれた車輪の周りに収められた。(シュブラー『ヌエツリッヘ・フォアシュテルンク』，ニュールンベルク，1730)

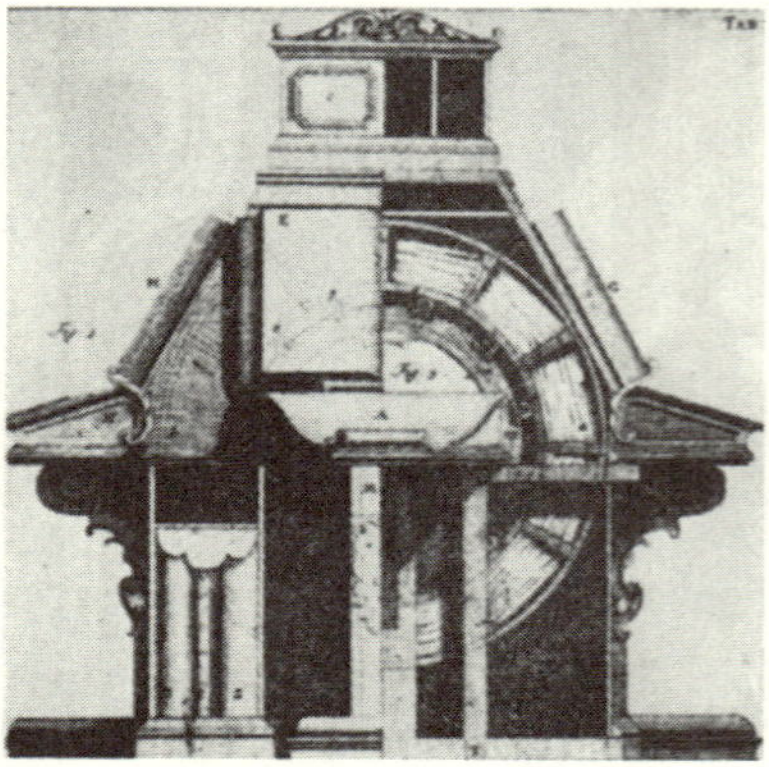

156　回転式の読書机。アゴスティノ・ラメリ，1588年。ルネッサンスの末期，機械装置に対する関心の高まりとともに，水車からヒントを得た可動式の読書机が考案された。車を回せば望みの本を目の位置にもってくることができた。

157　回転式ファイル。アメリカ，1944年。シュブラーが迅速な照合を目的として発明した回転式の書類ファイルは，1万5000枚の照合カードを収められるスティール製の回転ファイルとなって，今日の事務所に再現されている。(提供：ディーボルド社，オハイオ州，トレド)

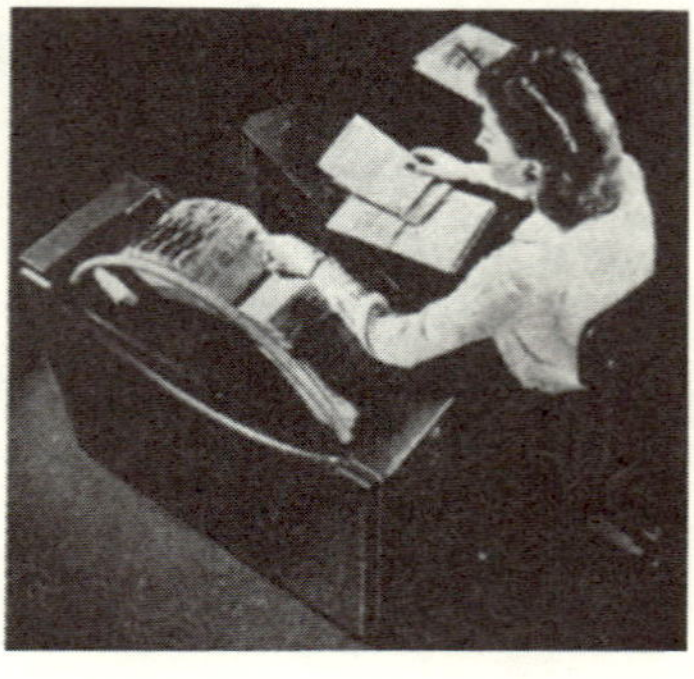

158　カルパッチオ：「書斎の聖ジェローム」スキアボーニ教団，ヴェニス，1505年頃。聖ジェロームが，礼拝室の世俗的な雰囲気の中で仕事中をしている教会の高官として描かれている。彼が書き物に用いているテーブルは，三脚の上にのせられていて，壁ぎわに折り畳める仕組みになっている。これは，書き物をしているボッカチオの姿を描いたフーケの細密画にある机の場合と同様，低い台座の上にのせられている。後ろの，坐り心地の良さそうな椅子と祈禱台も，やはり低い台の上にのせられている。（写真：アリナリ）

159　カルパッチオ：「書斎の聖ジェローム」の一部。回転椅子，1505年頃。この椅子は固定式なのだろうか，それとも可動式なのだろうか。15世紀以後の回転椅子はまったく現存していないため，この疑問に関心が集まっている。おそらく，脚が縮まってピボットが現われ，このピボットを軸に座部が回転したのであろう。また，もし椅子が２つの部分に分かれていないとしたら，浮き出した２列の釘の存在理由が説明できなくなる。この２つの部分のうち，下方は固定式で，上方の部分が回転する仕組みになっていたらしい。この肱掛椅子は形態の点で18世紀のゴンドラ型の先駆となった。（写真：アリナリ）

最古のものは十六世紀に遡る(図二五九)。

ほかにも軸を中心に回転する家具として、回転椅子があるが、それも中世末期に端を発した。アバールによれば、座の部分で自由に回転する椅子については十四世紀末、一三九一年のある財産目録に記されているという(37)。これらの初期の椅子がどのような外見を呈していたかは明らかではないが、十五世紀、十六世紀の同系統の椅子と同じく、高い地位を象徴するものとして使われたことは疑問の余地がない(38)。この場合にも、家具は近代的な固定式が普及する以前に、可動型として最初に出現している。

十六世紀に入って回転椅子は大きな発展を遂げ、十九世紀の回転式事務用椅子に近いものになった。ルーブル美術館に陳列されている十六世紀後期の回転椅子は、一本の脚の上で回転するが、その下部は三方に枝分かれして広がっている(39)(図一六〇)。

カルパッチオは、書き物をしている聖ジェロームの背後に一台の椅子を描いているが、おそらくこの椅子は、回転椅子の初期の型だと考えられる(40)。いずれにせよ、この椅子の構造は、当時の最も有名な椅子、すなわち十六世紀後半、アウグスブルクの工芸技術が作り上げた豊かに装飾を施した鋳鉄製の玉座と酷似している。

十八世紀後期には可動性をそなえた機構が特に好まれ、回転椅子に対しても新たな関心の目が注がれた。ルイ十六世時代のフランスでは、さまざまな種類の優美な回転椅子が現われた。一方、アメリカでも、一七七六年頃、トーマス・ジェファーソン(彼であることは現在すでにはっきりしている)(41)が、回転椅子を作らせている。この椅子は、書き物用(図一六一)で、コロニアル風の簡潔なウィンザー型である。カルパッチオの描いた椅子からもうかがわれるように、

この椅子は、書き物用(図一六一)で、コロニアル風の簡潔なウィンザー型である。カルパッチオの描いた椅子からもうかがわれるように、

さらにこの可動式家具の範疇に属するものとして、十五世紀に出現した、揺り子《ロッカー》をつけたベッド兼揺り籃がある(42)。ロッキング・チェアは、一七五〇年頃、イギリスのランカシャーで生まれた「保育用椅子」が初期のものとして知られているが、十八世紀の後半になって、アメリカで大きな発達を遂げた(43)。一八三〇年頃のアメリカに見られた、ロッキング・チェアと揺り籃を兼ねたもの(44)、それに一八五〇年代の事務用椅子なども、後期ゴシックの揺り籃の流れを汲んでいる。

ヒンジ

ヒンジは、十四世紀以前にも、至る所でいろいろなかたちで使われていた。持送りのついた聖歌隊席は、一八五〇年頃フランスに出現した「観劇用座席《オペラ・シート》」のように、立て返されるようにできていた。横に並べられた聖歌隊席は、実際には名誉席で、内陣という特権的な場所に座を占めた聖職者という特権階級のためのものだった。これらの座部は、ピン・ヒンジを軸に立て返されるようになっていたため、修道士や聖職者は礼拝の際には跪くことができた。

家具は、部屋の中でなるべく邪魔にならないように設計されていた。カルパッチオの描く聖ジェローム(一五〇五年)は、アイロン板のように壁に畳み込める机に向かって書き物をしている。この絵の中の折畳み式家具は、固定式の上面と、下方向に垂れる可動部分とを備え、垂れ板式テーブルに至る一歩手前の段階を示している。

160　回転椅子。16世紀末。ルーブル美術館，パリ。16世紀には，14世紀に現われた回転椅子がすでに高度の発展を遂げていた。ここでは椅子は台座の上で回転する仕組みになっている。（E. モリニエ『応用美術史概論』第２巻）

161　トーマス・ジェファーソン：アメリカ最初の回転椅子，1770年頃。18世紀後期に至り，機械的に動くものに対する関心が高まるとともに，再び回転椅子が注目されだした。ジェファーソンの椅子は，カルパッチオが描いた椅子と非常によく似た構造をもち，円形のベースの上で座部が回転するようになっている。（提供：フィラデルフィア哲学協会，P. B. ウォーレス）

すでに十六世紀には、エッセンのフォルクヴァンク美術館(45)にある垂れ板式テーブル(図一六三)のような、粗削りの素朴な家具が用いられていた。また、この家具の側板にもヒンジが付けられ、回転式の支柱で支えられていた。

十八世紀には、回転椅子と並んで垂れ板式テーブルが愛好された。この時代、テーブルはさらに洗練され（折畳み式円テーブル）、同時にますます大きな寸法のものが作られるようになった。しかし、十八世紀末になると、一般の関心はより効果的な製作方法に向かっていった。

おそらくヨーロッパにおいても同様であろうが、アメリカにおい

162　イタリアの書き物机。1525〜1550年頃。中世の取りはずせる型の架台付机が固定式に変わったとき，内部の空間が収納場所として用いられるようになったのは自然の成行きだった。その結果，チェストと机を兼ねた家具が生まれ，同時に，多くの扉や抽出しが付け加えられるようになった。ルネッサンスは，簡素な中世家具に記念碑的な性格を与えた。(提供：デトロイト美術研究所)

163　ドイツ，垂れ板式机。16世紀。机が固定式となり，取り外せない様式になると，これに収納部が組み込まれ，同時に，可動式の垂れ板がしばしば取り付けられた。(提供：フォルクヴァンク美術館)

ても、各部屋は天井にヒンジで留められた可動式の仕切り板で区分されていた。このような、天井から下りてくる仕切りは、ヨーロッパではすでに見られなくなったが、アメリカのコネチカット州には今も残っているかもしれない。この地方の十七世紀前半の石造家屋は板の間仕切りを備え、夏期は天井まで引き上げられ、冬期には炉の周りに暖を集めるために下ろせる仕組みになっていた。

取りはずし可能なテーブル

中世の習慣は、われわれの言葉づかいの中に生きている。たとえば、「テーブルを回す」は「形勢を逆転させる」、「テーブルを置く」は「食事の用意をする」、「部屋を片付ける」は「部屋を出てゆく」、をそれぞれ意味している。中世の人びとにとっては、大きなテーブルが部屋に永久的に置かれることなど、考えられもしなかった。詩でも財産目録においても、テーブルという表現はされず、板《ボード》とか、架台《トレッスル》とかいう言葉が使われている(46)。こうした用語法は、十六世紀に入っても行なわれ、四本脚の枠の付いたテーブルは、依然「枠付きの板」(ボード・アンド・フレーム)などと呼ばれていた。ゴシック期の通常のテーブルも、修道院から発生したことから「食堂用《リフェクトリー》テーブル」と称され、細長い厚板の自然な形を留めていた。このテーブルは、食事の際に組み立てられ、食事が終ると分解されるのが普通だった。壁に沿った石造または木製のベンチが固定式であったのに対し、テーブルは可動式で、ベンチの前に引き寄せられて使われた。ルネッサンス時代になると、これら脚の付いたテーブルは、木製か大理石造りの重厚な装飾用の家具に変わり、架台には豪華な装飾が施されるようになった。素朴な中世の家具はこうして記念碑的性格のものに変化していった。

十五世紀を通じて、テーブルの上面は次第に四角形に近いものとなり、脚部と永久に結合する傾向を示した。しかし、取りはずし可能という以前からの特質は、この新しい型にも引き継がれた。たとえば、一本の脚の上に載せられた小さなテーブルは、折り畳めるようになっていたらしい(47)。すでに述べた垂れ板式テーブル、それに十六世紀に現われた伸縮式テーブルも、「可動式」の伝統に従っている。

テーブルが取りはずすことができ、そして小型テーブルが折畳み式であった理由は、中世の家具が移動を前提としていたことにある。「家具が、領主やその持主の旅行に従って持ち運ばれる時代、家具をできる限り足手まといにならないようにするのは理の当然だった」(48)。

テーブルが取りはずせるようになっていたことには、ほかにも理由があった。自由で、何物にも妨げられない空間に対する願望がそれである。何も置いてない空間の中を動きまわりたいという要求が存在するかぎり、部屋の中央に大きな食卓を置くことは避けられた。

十七世紀の人びと、特にヨーロッパ北部の人びとは重厚な形を好んだ。ドイツ南部やスイスなどには、重厚な外観を呈した大型の衣裳戸棚《アルモワール》が数多く保存されている。イギリス人の邸宅には、長くて重量感のあるテーブルが現われたが、これは、中世の型が安定した記念碑的な型に姿を変えたものだった。これらのテーブルは重々しい構造と丸ぼったい脚を備え、あたかも、混乱の時代が終り、安定した摂理の時代がやってきたことを証言しているかのようである。重い衣裳戸棚は居間ではなく、都市の住居の円天井に覆われた廊下に置かれ、また、イギリス貴族が使ったオーク材のテーブルは、広いホールとよく調和していた。

　十八世紀の新しい王宮には、宴会の参加者全員が着席できるようなテーブルはなかった。必要なときにはテーブルが宴会用に組み立てられ、（中世のように）食事が終ると片づけられた。

　アバールによれば、「食卓」という言葉は、十八世紀末以前フランス語にはなかった。「かつて『イギリス式テーブル』と呼ばれていた種類のものも、普通はマホガニー製で形は円く、二つの垂れ板を備え、壁際に簡単に寄せておくことができた」(49)。

　たしかに大型の食卓は、イギリスではこれより一世紀ほど前から発達し、種々の型のものが編み出されていた(50)。大きさから見れば、これらの「イギリス式テーブル」は、食卓と長い架台のついた中世のテーブルとの中間にあった。

　移り気で、デザインにやかましい十八世紀の社会にあって、人びとは想像力をたくましくして、自由に新しい形や新しい組合せを編み出した。四角なテーブルは円形や長円形に、また円形テーブルは四角や楕円に姿を変えた。また、「長さ七フィートで、先細りの脚をつければ自由に拡大できる馬蹄形テーブル」なども流行した(51)。

　こうした形の変遷に伴って、機構も少なからず変化した。垂れ板や伸縮自在な上面をもったテーブルなど、中世後期の典型的な変型テーブルは寸法が拡大され、技術的にも洗練された。一八〇〇年頃には、新しい型の拡張可能なテーブルに特許がおりている。それは、「ヒンジで留められた菱形の構造体の上に、開閉自在な上面」を備えたテーブル(52)だった。この形式のものは、十九世紀前半のアメリカにおける特許家具運動へと直接に結びついていく（図一六五）。

　こうした垂れ板方式、あるいは開閉自在な上面をもったテーブルのほかに、中世に特徴的な細長い架台式のテーブルも存続したが、ここではそれは、幾つもの部分に分けて製作されるようになった。こうして作られた、丸い脚を備えた四角な小テーブルは一列に並べてセットされた(53)。

　十八世紀の末になっても、テーブルを部屋に常設することは好まれなかった。フィラデルフィアにあったワシントン邸の大食堂で公式の晩餐会が催されたときにも、「組立て式の食卓がセットされ、その上に飾り皿が並べられた。また、この部屋は火曜日の接見式や、特別な代表団のレセプションにも使用されたが、そのときにはテーブルは分解され、壁際に引き寄せられた」(54)。

身近な環境の創造、さまざまな型への分化

　家具が徐々に定着性を示していくに従い、室内におかれる家具の量が増え始めた。永続性と固定性を目指した新しい家具の出現とともに、家具の型の分化が始まった。

　中世の人びとにとって、家具は容れ物か、あるいは玉座や聖杯のように日常生活とかけ離れたものか、そのいずれかを意味した。少

なくとも十五世紀の家具は、ただ書いたり、眠ったり、食事をしたりするためだけのものではなく、同時に容れ物としても用いられた。チェスト兼ベンチ、チェスト兼長椅子、箱兼椅子、それにチェスト兼テーブルなどその例で、これらはみな、中世の万能家具、万能容器であったチェストから派生した。

チェストに坐ったのでは脚が伸ばせないとか、背もたれは背中をうまく支えられないのではないかといった問題には、中世の人びとは無関心だった。骨組構造とともに発展した高い背もたれは、荘厳で格調あるものだったが、椅子の下部とは機能的なつながりはなかった(図一五〇)。背もたれは、上部が天蓋に覆われていることが多く、低い台座に載った座部と一単位を構成していた——こうした特徴は、明らかに聖歌隊席から受け継いでいた。

164　アウグスチヌス派修道院の書き物机。バーゼル、1500年頃。現在，バーゼル歴史博物館蔵。上部を開くと，小さな抽出しを備えた書き物机になる変換可能な家具。チェストを開ける要領で，書き物用の上面に付いた蓋を開けると，中が収納部になっている。これは，16世紀イタリアの前垂れ式書き物机の前身である。

165　アメリカの伸縮自在な机。1846年。(提供：ニューヨーク歴史協会，ベラ　C. ランダウア・コレクション)

貴重品箱兼ベンチは、普通のチェストに背の部分をつけたものである。この家具は後に箱兼椅子に発展したが、一般的な家具にはならず、間もなく椅子にとって代わられた。

ドレッサーや宮廷用食器戸棚《コート・カッパード》は、チェストをかまちの上に載せたようなものである。これらは、十五世紀初頭に、細い脚をそなえた四角の小型容器として出現し、いわば箱兼椅子と対を成す家具だった。この家具は、部屋の中に独立して置かれた。その後十五世紀になって大型化され、高い背もたれを持つドレッサーやサイドボードなどに発展した。

意外なことに、テーブルでさえ、収納具に姿を変えていた。手箱や抽出しが整然とテーブルの下にしまわれていることがよくあった。しかし、坐る者の脚をまったく無視するわけにはいかなかったので、その収納具は下方にいくにしたがい狭くなっていた。

これらの十五世紀のテーブルは、取りはずし可能な架台式テーブルから、今日の四本脚の骨組構造式テーブルへの過渡的形態を示し、現代の構造の出発点ともなっている。このテーブルは、ポリフィロや聖ジェロームの書斎にも見出されるが、そこでは重厚なテーブル面が脚部の厚板に固定されている。これらが直接の祖型、つまり架台を思い起こさせるX字形の板によって支えられているのか、あるいは、彫刻入りの厚板によって支えられているのかといったことは、さして重要ではない。

家具の内部の空間を有効に利用する習慣は、十六世紀初頭にもまだ根強く残っていた。チェスト兼テーブルは、南ヨーロッパと同様に北ヨーロッパにも広く普及していた(55)。これらは、食卓用ではなく、作業台として用いられ、さらに洗練されたもの（一五三〇年頃のイタリアの物容れ兼テーブルの例に見られるように―図一六二）は、銀行家や両替商の事務所などに置かれていたらしく、その名も「セクレタリー」（書き物机）(56)と呼ばれた。バーゼルにあるアウグスチヌス派修道院の書き物机（図一六四）の場合、テーブルの上面はヒンジで留められ、収納部分の蓋の役目も果たすようになっている。これは、十六世紀イタリアの、下端を軸として扉が前方に開くセクレタリーの先駆である。

ロマネスク期の椅子

椅子とベンチは、明らかにロマネスク期にすでに存在していた(57)。これらは、旋盤で丸く削ったような重々しい脚を備えていた。その脚は、プロポーションの点で初期ロマネスクの納骨堂や身廊の、丸くずんぐりとした柱に似ており、細い棒材で接合されていた。教会用の家具は、十五世紀や十六世紀の世俗の家具とは、何の共通性もなかった。棒材を棒材に差し込むといった原始的な方法は、構造的にフレキシブルでなく、それ以上の発展は望めなかった。この方式は、フレキシビリティーという点で十五世紀の骨組構造に及びもつかなかった。

北欧（ノルウェー、スウェーデン）の椅子やベンチは、十一世紀か十二世紀に、フランスやドイツの家庭で用いられていたのと同じ型だと主張する人も一部にはいる(58)。しかしこの北欧風家具は、椅子の使用が一般化した、この数世紀の間に出現したものである。せいぜいこの家具は構造や装飾の点で聖職者用の家具に影響されたという程度で、ゴシック期にさえ広くは用いられなかった型が、未発達なロマネスクの室内に存在していたとは考えられない。

アーヘン大聖堂のシャルル一世の墓がひらかれた際、この皇帝は大理石造りのローマ風の玉座に坐っていた。しかしそれから四世紀を経ているのに、ゴスラーにある司教の座(59)はなんと原始的であることか。その座部は厚い石板で作られた箱になっており、上部を構成する青銅の繊細な網目模様も、この座部の粗野な印象を和らげるところまでは至っていない。家具の分化は、ロマネスクの世紀にあってはまったく問題にならなかったようである(60)。

フランドルと身近な環境の創造

フランドルは定着型の家具の発祥地として最もふさわしい条件を備えていた。

ブルゴーニュの統治下にあった時代、フランドルは賢明にも、一〇〇年にわたるイギリスとフランスの反目から中立の立場を保ちつつ、イギリスに対しては友好政策をとっていた。産業の発展という点では、フランダースは隣国に比べて半世紀は進んでいた。この国では最高級の毛織物が織られていたし、金糸や銀糸で織られたアラス織りもこの地域の産物であった。このアラス織りはブルゴーニュの諸公の自慢の種で、彼らはこれを特別の蔵に収めていたものである。この華麗なつづれ織は、大領主の居室にゆったりと吊しておかれるのが普通だったが、時には教皇やヨーロッパの宮廷に贈り物として贈られることもあった。後の時代のどのつづれ織をとってみても、材料使用の確かさという点で、フランドル製に匹敵するものはなかった。肥沃なブルゴーニュと産業の地ブラバンやフランドルとの併合は、一〇〇年以上も続き、やがてブルゴーニュの没落とともに終りを告げた。この産業の地（敵対するフランスとドイツとの緩衝地帯でもあった）の没落は、大陸の後の歴史に暗い影を投げかけることになった。しかし、フランドルがブルゴーニュに統一されていたこの一〇〇年間に、豊かな文化が温室的にではあるが、二つの首都ディジョンとブリュッセルを中心として成長した。この文化を代表するものは種々ある。柔らかい布をまとった十五世紀のブルゴーニュの彫刻、ディジョンの宮廷絵画、表現手法の上での新機軸、そしてたとえば、ファン・アイク兄弟の油絵、初めて後期ゴシックの骨組構造を使って現世的な快適さを創造した新しいタイプの贅沢な家具、などがそれである。日常生活で用いられる最初の装飾家具であるドレッサー（食器戸棚）が初めてその姿を見せたのは、「チュランの時」と題された美しい細密画の中であるといわれてきた。この作品は、ヒューベルト・ファン・アイクがブルゴーニュ公の兄のために描いたもので、一四一六年の作品である(61)。

高い脚をつけたほっそりしたドレッサーが一つ、ジョンの生まれた産室の中に置かれている。その戸棚の収納部は小さく、前に突き出ている上部の棚や、床に密接した台座の部分、さらには後期ゴシックの家庭に置かれたふくらみのある錫と青銅でできた容器に比べて、あまり重要な意味をもっていないような印象を与える。この細密画が示しているように、この種のドレッサーはチェストのように、書斎などに置かれた。

これよりもっと一般的だったのは、壁に寄せられ、普通の大きさのチェストのまわりに置かれた型のドレッサーである。チェストは、ロマネスク時代以来脚が付くようになり、この時代になると、分厚くて広がった板材部分は薄く細身になり、重い蓋も小さな扉に変わった(62)。そしてさまざまな方法で飾りたてられるようになった。たとえば背と天蓋が付け加えられ、豪華な装飾や浮彫りが家具全体を覆うようになった。ブルゴーニュの宮廷では、金や水晶の器を飾っておくため、数枚の棚板を家具の上部に備えつけるのが普通であった。その棚の数は、所有者の地位が高いほど多く、公爵だけが六つの棚をつける資格があった。というのも、「これがもてるのは独立君主だけ」(63)だったからである。

装飾家具は、通常、その形を実用主義的な過去の時代から受け継いだ（たとえば、十八世紀の背の高い鏡の下におかれたコンソール型のテーブルは、十六世紀に修道士たちが書き物に使った渦巻形の脚をつけた壁机に起源をもっている）。ドレッサーも、料理を食卓に出す前に並べるのに使われ、最初は台所に置かれていたが、後に、居間へ移されたものであった。したがってこの型のドレッサーは、前に述べた修道院に起源をもつものとは異なる。

十三世紀になって、都市部の家庭の台所は、居間と分離した(64)。調理の場とくつろぐ場が切り離されたのである。都市住居での台所の分離が、都市の新しい建設とどの程度関係があったかは、これからの研究を待たねばならない。ただ十六世紀になっても、台所は依然として都市生活者や下級貴族にとって、食事をとる部屋であった(65)。

台所には調理用の台が必要であった。最初はテーブル一般の仕組みがそうであるように、X字形に組んだ脚の上に横材をのせた架台に板を渡したものが使われていた。この板は食器などをのせておくのに非常に便利だった。ドレッサーも、初めはこうした架台や板で構成されていたが、後に装飾的な家具へと変貌し、それとともに、棚の数が持主の社会的地位を知る目安になった。

従来の研究は主に様式の歴史を扱い、現在のわれわれの身近な環境を構成している家具類が、どこで、どのような経過をとって発展したかについては、不明な点を多く残している。特に現在欠けているのは、アンリ・アバールが『家具事典』を編纂して以来六十年間に収集された事実を利用した類型学的な歴史研究である。

必要なのは、家具の事典ではなく、型の比較史であり、この研究方法によれば、各地域の貢献を整理し評価することができる。また、この分野に占めるフランダースの重要な地位も明らかになる。

十五世紀の人びとは、椅子、長椅子、机、ドレッサーなど、種々の型の家具を創造し、また、テーブルに定着性を与えることによって、現世的快適さの始まりを画した。

これらの家具は、十八世紀の洗練された工芸技術に比べて原始的に見えるかもしれないが、芸術的な表現性という観点からすると決してそうではない。そのいわゆる芸術的、あるいは技術的な処理法の点に注目したのでは、それらの家具が秘めた真の力を理解することはできない。なぜなら、これらは独立した家具としては考えられておらず、後期ゴシック期の室内の必要不可欠の一部として発展したものだからである。ちょうど植物が土に根を張るように、これらの家具は部屋そのものの一部だったのである。

中世の快適さ——空間の快適さ

今のわれわれの目から見ると、中世には快適さを求める気持はまったくなかったように感ぜられる。

家具は粗野だし、暖炉も原始的なものだった。確かに、積み重ねた薪の燃える光景はいつの時代にも魅力的なものであろう。中世の人びとも、どのようにして暖炉を家庭生活の中に組み込み、炉辺にその直接的な機能以上の意味を与えたらよいかをよく知っていた。しかし、ローマ人がアルプスを越えて移住した地域のどこにでも見られた、床と壁とが一様に暖房された住居に比べ、中世の生活ぶりは何と大きな後退を示していることか。

中世の住居の中は寒かった。細密画にはよく、小さな円い作業机や食卓、長椅子などが燃える火の近くに引き寄せられている様子や、顔と背中をかわるがわる火のほうに向けられるように、背もたれを回転できる長椅子の様子などが描かれている(図一五三)。

これと同じ原始的状態への後退現象は、中世の室内全体にわたってみられた。それでは、中世には何の快適さもなかったのだろうか。幾つかのチェストや荒い仕上げの架台付テーブル、さらには造りの悪い寝台枠など貧相な設備しかない室、これは果たして快適と呼べるのであろうか。

中世の初期から十三世紀に入ってもしばらくの間、修道士たちは文化の担い手であり、かつ、創造者であった。騎士道の華やかなりし頃、貴族たちは狩りをし戦争に従事しながら、その戦争や恋愛の体験から、偉大な中世の叙事詩を生んだ。しかし彼らは、いかに広い意味においても、文化の創造者ではなかった。そこでいきおい中世においては、無名の修道院が文化の中心的な担い手になった。種々の階級に分かれた修道院は、中世初期、非常に複雑な組織を構成していた。修道院は文明の最高の代弁者であり、社会活動の焦点であり、他国との交流の接点であると同時に、すべての教育と学問の源泉であった。ここには古代の著作が保存され、ラテン語で当時の年代記が書かれていた。修道院の広い建物は、旅行者には宿泊所、貧民には救済所、そして病人にとっては病院としての役割を果たしていた。修道院の直轄地は宗教改革期の貴族にとって垂涎の的だったが、その土地で修道院は大規模な農場経営者として勢力をふるった。戦乱の時代には、修道院だけが比較的安全で静かな場所であった。

このような環境の中で、中世の家具は形成された。修道院の中で、青銅または木製の祈禱用の折畳み式スツール、古代から受け継がれた他の聖職者用の座、聖歌隊席、チャペルや聖具保管室の聖書台、小部屋の書き物机、食堂の細長い架台付テーブルといった家具が発展したのである。その後、これらの家具は、次々と一般の家庭に引き継がれていった。

壁のくぼみに嵌め込まれた洗面台や隅の食器戸棚《カッバード》でさえ、蛇口や洗面器の上に取り付けられた小さな金属性の貯水槽に、修道院的な様式が反映している。最初の段階では、これらの家具には、デューラーの「聖母マリアの生活」にみられるような円錐形の貯水槽が取り付けられていたが、その後、背の高いゴシック様式の洗面棚に組み込まれ、最後にはドレッサーと一体化した。

十三世紀の修道院の洗面所は円天井で、（聖ドニ聖堂の例にみられるように）食堂の近くにあった。水は普通、中央の洗礼盤から細い流れとなって流れていた。「この盤は通常円形をしていて、幾つかの穴があいていた」(66)。ここで修道士たちは、定められた洗浄式を行なったのである。

言うまでもなく、食後、師の手に水を注ぐために、水差しが常に用意されていた。南フランスの木製や鉄製の洗面台には、金属か木製の脚がついていた(67)。しかし、貯水槽の蛇口と洗面器を備えた洗面所は、これらとは大きな違いがある。後者はむしろ、修道士の古風で大仰な洗面所を簡素にし、大きさを都市住民の生活に合わせたものの一部であるように思われる。

起居振舞いや生活ぶりに関して慎しみを旨とした修道士たちは、いかにすれば椅子に坐ったとき一番くつろげるかなどという問題には、ほとんど関心を払わなかった。肉体の苦行の上に成立していた生活にとって、このようなことが問題になるはずはなかった。中世を通じて、室内は常にその起源である修道院の厳格な性格の跡を留めていた。

家具が原始的だったのとは対照的に、衣服は贅をきわめた(図一四四)。十四世紀は大いに繁栄し、絹や金襴がもてはやされ、宴会は幾夜も続いたという。宴会では、食事六回分くらいの料理が出された(68)。貴婦人たちは、高価な緞子風の衣裳や白テンの縁飾りの袖のある衣裳を身に着け、粗削りの架台付テーブルの席で食事をし、背のない長椅子に一緒に腰掛けて坐ったものだった。

ブルジョワジーが新たに獲得した力の表現として、室内や備付け家具に、よりくつろいだ調子、言い換えれば現世的な調子を付け加えるようになったのは、十五世紀、特に十六世紀になってからである。この時代になると、背もたれの付いた長椅子が室内に見られるようになり、さらには、配膳のためのサイドボードや、四角の細い脚をもったゴシック後期に属する様式のドレッサドも出現した。

にもかかわらず、中世には中世の「快適さ」が存在していた。ただそれは物質的な尺度が当てはめられない性質のものだった。中世の快適さ、その満足と歓びの源泉は空間構成にあった。つまり、中世における快適さとは、人びととその生活をつつむ雰囲気のようなもの、中世における神の国のように、手では触れることのできないものだった。中世の快適さは空間の快適さであった。

中世における部屋は、家具がなくても殺風景な印象はなく、それだけで完結しているかのようである。教会堂にしても、食堂あるいは一般市民の部屋のいずれをとってみても、それぞれの規模、材料および形状に応じて、生命感があふれている。この空間の尊厳に対する感覚は、中世とともに終ってしまったわけではなく、後に十九世紀に入って産業主義が感覚を曇らせてしまうまで存続した。しかし、中世ほど強く肉体の快適さを否認した時代は二度と訪れなかった。修道院の禁欲的な生き方が、知らず知らずのうちにこの時代の相貌を決定したのである。

人間にとって肉体的生命だけがすべてではない。死は、逃れられない災難とは考えられず、人間の生に常にまつわる同伴者として、生と密接な関係をもっていた。このことを証明するのに文学を引合いに出す必要はない。町や村といった小さな共同体によって建立さ

166　修道女院長の居室。ミュンスター修道女院。スイス，グリソンズ。（提供：スイス国立博物館）

れた巨大な教会堂を見れば、彼岸における生であると考えられた死が、いかに日常生活を隈なく支配していたかがわかる。そして「死の舞踏」は、この重荷を繰り返し表現し続ける。ホルバイン（子）はこの時代の終りの頃、「身分と職業を問わず繰り広げられる死の舞踏」という題名を自分の一連の作品に与えている。

この来世的な世界観は、中世の「快適さ」の形成に深い影響をおよぼした。しかし後世、物質的な世界観が出現するとともに、中世とはまったく異なる価値観が支配的となる。

不安定な戸外での生活とバランスをとるためにも、自分の周囲の身近な環境には平和がなければならない。この感覚は、中世の室内に感じられる静寂さと瞑想的な雰囲気に表われている。絵の主題として、自らの内的思考を投影するため、書斎の静けさの中に引き籠り、書き物をしたり絵筆をふるっている人の姿が頻繁に選ばれているのは注目に値する。当時、文章を書いたり絵を描いたりすることは、今日のように一般的な活動ではなく、崇高なものに対して精神を集中させるという意義をもっていた。中世の初期には、羊皮紙の巻物を手にした福音伝道者、特に聖リュークが絵を描いている様子が絵画のモチーフになっている。十五世紀になると、自室にいる修道士が描かれるようになった。そしてこの世紀の終り頃には、美しい木版の書物に聖職者ではない一般人が書き物をしている様子が描かれるようになった。愛人に手紙を書いているポリフィロがそれである(図一四二)。その後間もなく（一五一四年）アルブレヒト・デューラーは、市民的な生活状況(図一六七)を背景として、当時としては贅沢な部屋にいる聖ジェロームの姿を描いている。柔らかいクッションが幾つか、窓下の長い腰掛けに沿って並べられ、後ろの平ら

167 アルブレヒト・デューラー:「書斎の聖ジェローム」版画、1514年。

な壁にはたくさんの生活用具が掛けられており、その近くには、主人公の鍔広の帽子などもみえる。それでいてこの部屋は、非常によくまとまっている。垂木、天井、石の柱、格子窓、そして背後の鏡板をはめた壁が全体として一つに溶け合っている。小机に屈み込んで聖書の原典をラテン語に翻訳している聖者の姿は、ハインリヒ・ヴェルフリンの言葉を借りれば(69)、「密室の静寂さを必要とする学者の瞑想的な姿」である。このジェロームの姿には、静寂と瞑想という隠遁的雰囲気が人間の姿を通じて表現されている。ここにはゴシック末期の残照のようなものが表現されているが、中世の部屋の暖かさと落着きがこれほど見事に表現されている例はない。そして十五世紀に固有の文化を形成したブルジョワジーは、この精神の集中と静寂という修道院的な雰囲気に、親密さを付け加えた。

ジェロームの部屋は、おそらく、他の部屋に比べて家具類は豊富だが、それでもデューラーを取り巻いていた雰囲気をよく表わしている。また当時のスイスの修道女院長の居室(一五一二年、図一六六)は、アーチ状の格子窓、長腰掛、垂木や羽目板を付けたまま今も完全な状態で保存されているが、やはり同じような温かさをかもしだしている。この部屋をみると、デューラーがいかに正直に、ゴシック末期の部屋を描写したかがわかる。

これらの部屋の完璧さは、中世期の全体を通じて進行した発展の結晶であった。中世の部屋の統一性は、当初、円天井によって確保されていた。その後、薄く塗装された装飾が壁と天井を覆うようになった。十四世紀になると、金持ちはフランドル産の色彩豊かなつづれ織を壁にかけるようになったが、それはむしろ稀な例だった。しっくいの塗られていない平らな壁が依然として一般的で、家具などがまばらに飾り気のない壁の前に置かれていた。そして黒ずんだ垂木が天井に渡され、円天井にとって代わっていた。

十五世紀も半ばを過ぎると、一つの変化の兆しが見え始めた。ゴシックの骨組構造が、家具に限らず、部屋それ自体を形成するようになったのである。チェスト、ベッド、ドレッサー、さらには初期の聖歌隊席などに付けられていた木製の高い背は、過渡的な現象にすぎず、代わって、それと大体レベルの同じ腰羽目が部屋の壁全体にめぐらされるようになった。

さらに十六世紀になると、腰羽目は天井にまで届いて、垂木までを包み込むようになる。その結果部屋は、今日でもアルプス地方の農家にみられる要塞のような風情を帯びるようになった。

部屋を構成している部分（壁、床、天井）だけが一単位を構成していたわけではなく、扉さえも羽目板に組み込まれ、扉と壁が区別できないほどになった。長椅子も腰羽目とつながり、洗面台と一体化して天井まで届いていたドレッサーは、実際にも、上壁の一部が張り出したようなものだった。

ゴシック末期の部屋は、一つの発展の最終段階を画していると同時に、新しい発展の始まりでもあった。十六世紀、十七世紀、十八世紀と時代が経過するにつれ、外形は変化していったが、いかなるものも部屋の統一を乱してはならないとする造形の基調に変わりはなかった。

家具でなく空間をもって環境の統一原理にするという考え方は、これらの時代の自然な直観であった。この考え方に、他のすべてのものが無意識のうちに従属させられたのである。

十八世紀における快適さ

フランス――ロココ様式と自然

ゴシック末期から、十八世紀の四〇年代にロココ様式の全盛時代が到来するまでに、二五〇年の歳月が経過する。ここでこの期間を省略するのは理由のないことではない。というのは、ゴシック以降、快適さの領域における創造的な衝動は、バロック末期に至りやっと現われたからである。ロココがこの時期を代表している。

後の時代は、前の時代とは区別されるものの、時間をかけて蓄積された過去の遺産を受け継いでいるため、恵まれた役割を果たすことがある。また、自信をもって自らを表現できるし、遺産は第二の自然としてすでに定着しているため、前の時代が中断した事業を容易に成し遂げることもできる。

十五世紀のゴシック末期と十八世紀のバロック末期はそのような時代であった。ゴシック末期には、修道院的な雰囲気と価値観は失われようとしていた。他方、バロック末期には、ルネッサンスの現世的なものの帰結が表現されている。この二つの時代は、多くの世代の経験を総括すると同時に、新しい発展への道を拓くことができた。

収納具の製作

ルネッサンスは、絵画や建築と比べて、家具の分野ではあまり新しい動きを示さなかった。

この時代は、後期ゴシックが大まかに展開したものを細部にわたって精巧にしたにすぎない。家具を誇示しようとする傾向は、十六世紀の間にますます顕著になったが、これはちょうどローマ帝政下で、禁欲的な厳しいものから華麗なものへと、時代の趣味が変化したときのことを想い起こさせる。しかし、ルネッサンスが家具の領域で果たした貢献は決して小さくはなかった。

収納具と座具という家具の二つのカテゴリーは、チェストから派生したものだが、これらはさらに分化していった。特に、収納具ではこの傾向が強かった。椅子のほうは、十六世紀半ばになると、広く使われるようになった。種々の収納具がこの時代に考案され、特に抽出しというどこででも必要とされるようになった部分には、大きな関心が集まった。あらゆる寸法、あらゆる大きさの抽出しが製作され、書き物机《セクレタリー》や食器棚《クリデンサ》に組み込まれた。抽出しはいくらあっても、多すぎるということはなかった。豊かな彫刻や繰形でふちどられた抽出しはどれも、人びとの目を惹きつけるに充分であった。イタリアは十六世紀を通じ、あらゆる様式や技術において指導的な役割を果たした。封建的な都市国家が各々固有の発展を遂げつつ、イタリア半島全体にわたって存在していたが、そこでは、セクレタリーとクリデンザが好んで用いられた。現在イタリア式のセクレタリーは一五〇〇年頃のものから、またクリデンザは一五三〇年代のものから知られている。

書き物机

ルネッサンスの人びとは、日常生活の場で物を書くことを好み、書き物机に強い関心を示した。後期ゴシックの修道士が用いた調節の可能な机、たとえば一四九九年になってもポリフィロが使っていた携帯用机は、この時代には二つの部分から成る大きな書き物机となったが、その上のほうは、抽出しや扉がたくさんつけられるほどの大きさがあった。

この収納部分は（この世紀のフランスのビュッフェのように）、渦脚台の上かドア付きの飾り棚の上に載せられていた。この机の上部と下部は別々に設計されることが多かったが、このことは、書き物机が元は二つの部分から成る家具（たとえば、一つの枠組みに載せられた一つのチェスト）として考えられていたことを示している(70)。その前垂部分を下げると中に手を伸ばすことができ、同時に書き物をする面にもなった。間もなく、書き物机は独立した家具として製作されるようになり、さまざまの様式上の変遷を経ながら、十九世紀に入ってもしばらくの間使われていた。

二つか三つの狭い抽出しの上に、固定式の水平な書き物面を備えた事務机《ビューロー》は、修道院の壁付机に起源をもっている(71)。その後、渦脚台部分の代りに、床まで届く抽出しが取り付けられた(72)。この机は今日の机と同型だが、十七世紀の後半、イタリアからフランスへ伝えられたとされている(73)。ロココ期には、この机に可動式の円筒状のテーブルトップが加えられた。セクレタリーはますます

168　18世紀人の姿勢：「夜明け」。18世紀に至り，ギリシャ以後とだえていた洗練された坐り方が復活し，気楽で柔軟性に富む姿勢が発展してきた。人びとは，この絵に見られる騎士のように，左右どちらにも自由に姿勢を変えながら会話を楽しむようになった。ここでは，一方の脚を片方の脚に斜めにのせた人の様子が描かれている。このゆったりした姿勢は，18世紀後期の版画に見られる特色である。（フロイデンベルガーにならったニコラ・ド・ロネ作の版画）

豪華なものになっていったが、この傾向が行き過ぎたため、自分自身も比類のない贅沢な家具を持っていたルイ十五世は、純銀製の机の禁止令を出した(74)。間もなく書き物机はブルジョワジーに合う形のものに変えられ、古い背の高い型のセクレタリーが好まれる時代が訪れる。さらに、後のアメリカの「特許家具の時代」になると、ロココ後期に装飾的な意味をもっていた円筒状のテーブルトップをもった机は、連続生産される事務机になってゆく。

ビュッフェ（食器棚）

装飾容器を飾るための棚を備えた十五世紀のブルゴーニュ地方のドレッサーは、社会的地位が高いことを示すシンボルであり、台所から宴会広間へ進出していった。一方、長方形のイタリアのクリデンザには、多数の狭い抽出しとその下に二つか三つの扉がついていたが、この戸棚には、ブルゴーニュの食器戸棚にあった装飾容器を載せる棚はついていなかった。この家具は古く、聖具保管室に由来するが、十六世紀半ばのイタリアの広い邸宅や宮殿で実用家具として重宝された(75)。十六世紀半ば頃にはすでに、セクレタリー、クリデンザ、椅子、カッバードなどは一般住居の室内家具の一部となっていた。

　十八世紀後半のイギリス人は、棚のないドレッサー、すなわちサイドボードに深い関心を示し、これらを今日の型にまで完成させた。「サイドボード」とは壁（サイド）ぎわに置く卓（ボード）のことを意味しており、脚が付いているか、あるいは壁にもたせかける形態をとっていた。オックスフォードの英語辞典によれば、十四世紀からアレキサンダー法王の時代までサイドボードという言葉はこの意味で使われていたという。シェラトンの時代には、サイドボードに小綺麗な収納部分が付いていたが、それはクリデンザ型であり、そこで初めて、この棚のない形式のものが現われた。後期ゴシック期に起源を持つ他の様式のビュッフェは、十六世紀にアルプスを越えて、特にドイツおよびスイスで発展した。これは、クリデンザとは異なり、独立した家具ではなく、すでに述べたように、壁の一部であった。つまり、この家具の本体と上部は、障害にならない程度に壁の一部がこころもちせり出したようなものだった。この型の家具は、現在でもスイスの宿屋や農家で見受けられる。

十九世紀の支配的趣味に合わせて作りかえられたのは、この型であった。こうしてビュッフェは装飾的な家具として他から分離し、中流階級のさほど大きくない食堂にまで入り込んでいった。この意味では、この家具が復活したのは八〇年代のドイツではなく、六〇年代のフランスであったといえよう。

169 ギリシャ人の姿勢：ペルセフォネとパラメデス，紀元前5世紀中葉。椅子と人間の姿勢が一体となっている。女神は，杖を手にして，クッションのない椅子に静かに坐っているが，このゆったりとした姿勢は，育ちのよさと身体の訓練を通じて初めて得られるものである。背もたれが身体と肩とを，緩やかな曲線で包み込んでいる。（アテナイの赤絵式の鉢，提供：メトロポリタン美術館，ニューヨーク）

コモード（整理ダンス）

コモードは、いわばチェストの直系である。しかし、この家具が家庭用に用いられるようになったのは、さほど昔のことではない。事実、この家具が現われたのは、イタリアでは十六世紀末[76]、イギリスで初めてそれについて触れられているのもその頃である[77]。この家具の最初の型[78]は三つの抽出しから成り、それぞれ家具の幅一ぱいの大きさをもち、重厚な彫刻を施した水平部材がこれを際立たせていた。この抽出しの上には、さらに一列の小さな抽出しが嵌め込まれていた。

コモードの出現が遅れたのは、この家具の抽出しの大きさに問題があったからであることは確かである。小さな抽出しは技術的にはたいして問題はないが、大きな抽出しはあらゆる点で取扱いが困難だった。一四五五年製の古文書保管キャビネット（図一四九）が抽出し付家具の最初の例とすれば、抽出し付家具が完成するまでに一世紀半を要したことになる。

ロココ期になって、初めて、抽出し付きの家具が脚光を浴びるようになった。アバールがコモードの出現を一七〇五年から一七一〇年の間であるとしたのは正しい[79]。一七二〇年頃、このようなコモードが盛んに生産され、十八世紀には最高の家具とされるようになった。バロック末期には、家具の少ない部屋が好まれたが、形に

170　流木の根。(写真：マーティン・ジェイムズ)

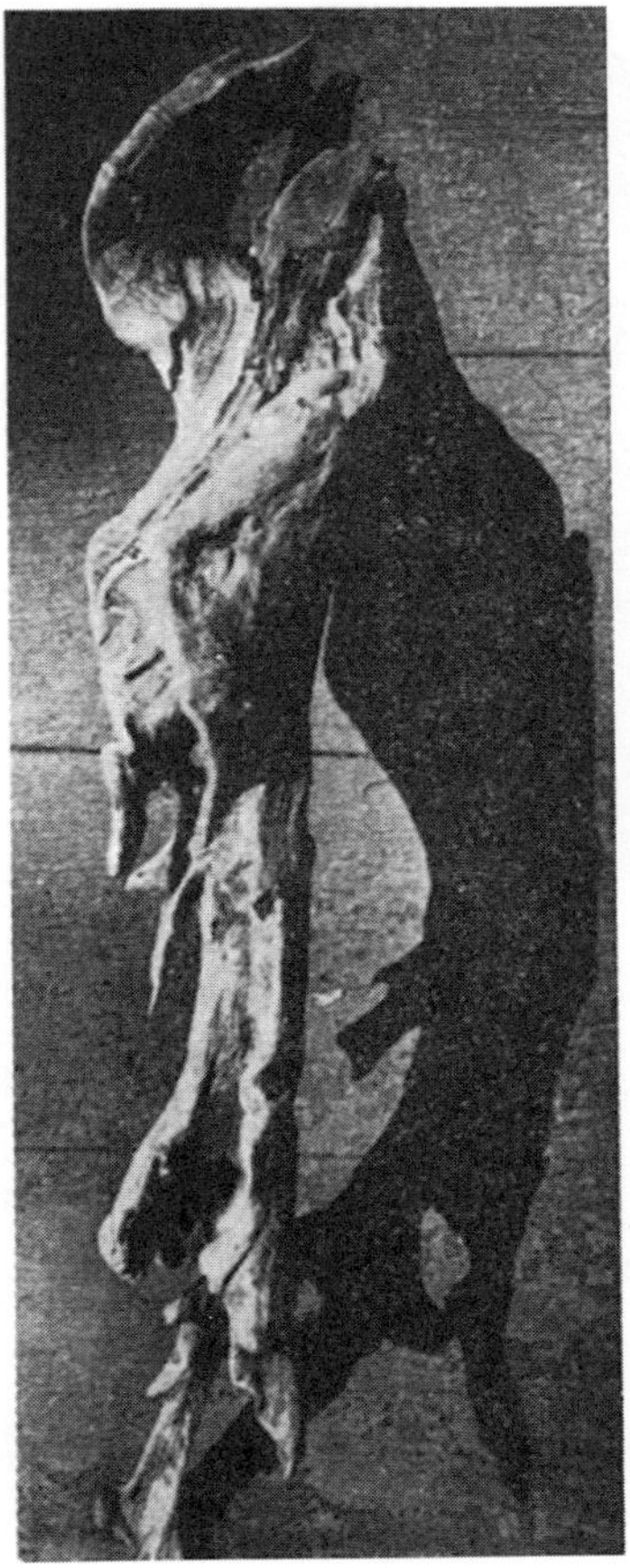

171　自然とロココ様式：ジュスト・オーレール・メッソニエ作の蓋付きスープ入れ、1738年。ロカイユ様式は、自然の形に対する正確な観察を基にし、自由でしかも構造のはっきりした自然物の輪郭を捉えている。

魅せられたこの時代の幻想はこのような部屋で自在にくり広げられた。コモードの側壁には三次元的なカーブが施されるとともに、そのカーブは脚にまで伸びていた。抽出しは、前面が波状となってコモードの全体に組み込まれ、わずかに、髪の毛ほどの細い裂け目だけがその存在を示していたにすぎない。奥行があり、ふくらみのある抽出しを二つ備えたこの優美な家具は、装飾品としてもてはやされた。十八世紀後半、イギリスでもこのフランス風デザインは受け継がれた。チッペンデールとその一門は、抽出しのついた装飾的な家具を総称して「コモード」と呼んだ(80)。

床まで抽出しのついたルネッサンスのコモードは、その後「セクレタリー」となって残った。フランス帝政時代には立体的な形態が好まれ、コモードの中でも特に重厚なものが復活し、十九世紀を通じて流行の主流を形成した。さらに十九世紀半ばには、コモードは洗面台に姿を変えて寝室にも入っていった(図一八七)。この時期に、ロココ時代に取り付けられた大理石の上面に、洗面器と水差しがおかれるようになった。

座の快適さの創造

十八世紀における姿勢

十八世紀フランスにおいて、紀元前五世紀のギリシャ人が享受した座の快適さが再び復活した。しかし両者の場合の社会的背景は大きく違っ

172 燭台。ジュスト・オーレール・メソニエ作，1728年。メソニエは，聖堂の正面（パリ，サン・シュルピス教会），室内装飾，蓋付きスープ入れ，燭台を，渦巻くような運動そのものに変えた。品位を失うことなくこのことをやり遂げるには，芸術において，網渡りをする芸人にも匹敵する平衡感覚が必要とされる。

173 電気式の燭台。バーミンガム，1850年。19世紀は，物にも物語を語らせた。（ヘンリー・コール『ジャーナル・オブ・デザイン』，1851）

ている。フランス宮廷の貴婦人が身にまとった絹やレースは、古代ギリシャの婦人が着ていたペプロスの堅い感じと大分違っているが、それと同じ意味で、ロココの椅子や長椅子《シェーズ・ロング》とギリシャの家具との間には大きな隔たりがある。類型学的にいえば、この時期のフランスの椅子は長年忘れ去られていた観点、すなわち、ゆったりとした姿勢がとれる家具の製作の復活を示していた。

五世紀の赤絵式の鉢には、パラメデスと、笏《しゃく》を片手にゆったりとした姿勢で坐っているペルセフォネが描かれている(図一六九)。ここでは人の姿勢と椅子とが一体になっているが、このような坐り方をとるには、身体がそれなりに訓練されていなくてはならない。クッションのない座の部分は、ゆるく後方に傾斜し、一方、幅の広い背もたれは肩の高さまで伸び、身体をそのカーブに沿って包んでいる。上体を後ろへ傾斜させ、脚を前に伸ばして足台に置く姿勢——これはエジプトから受け継いだものだが——は、ギリシャ神殿のような落ち着きのある雰囲気をかもし出している。

この坐り方は十八世紀に入って、融通無碍な、くつろいだ感じの姿勢へと変わった。フランス人が創始した、曲線溢れる布張りの背もたれは、ゴシック末期に始まる流れの最後の段階を表現している。

ルイ十五世の時代の宮廷の人びとは、あまり格式ばらない坐り方をしていた。長い伝統の結果として、ギリシャの場合と同じように、椅子と姿勢は一体となっていた。たしかに、ゆったりとした姿勢――休息する場合の必要条件――はここでも保たれているが、その姿勢は時に応じて微妙に変化する。この休息の姿勢は静的ではなく、宮廷の人びとは、向きをいろいろ変えて坐った。一方の脚をもう一方の脚の上に斜めにのせた坐り方は、十八世紀半ばの版画にたびたび描かれている(81)(図一六八)。ロココ時代に初めてこのようなうちとけた姿勢が現われたわけではないが、これが典型的な身のこなし方になったのは、ロココ時代になってからであった。一七〇〇年頃の肖像画には、脚を前後にずらせて坐っている様子が描かれている。これは新しい様式の椅子が現われる前の過渡的な姿勢である。ロココ様式の肱掛椅子《フォテーユ》の場合、肱掛けの部分は、婦人への配慮から外側にカーブしているが、この椅子は、男性の訪問客がゆったりした姿勢をとるのにも好都合であった。

ロカイユ様式

一見したところ自在な形態も、長い経験からくる確実さを背景にもつとき、モーツァルトのオペラにみられる厳しさと柔軟さを表現する。すべてが永遠に流動しているかのような柔軟さ、そして厳しさ、この両者の統合を象徴していたのがバロック末期に創造されたロカイユ様式である。

骨組がなく貝殻の形態をとった家具、石の永遠性と水の流動性を一つに結びつけたこの家具こそ、この時代の意志を表現するために考えられたかのように思える。これと同じ現象がそれ以前にもルネッサンスにみられたことは一般によく知られているが、ロカイユでは徹底的な変化が起こった。貝殻は、海草やレースなどに姿を変えた。また、ふくれ上がって膜状になったり、あるいは粉々に砕かれ、また刻み目を与えられて、ついにはありのままの貝の形態は一つの記号、現代の画家が言う「オブジェ」へと変化した。こうした記号は、単独に、あるいはC字やS字形をつくって他の要素と対照をなし、また、それを際立たせるような役目を果たした。この時代の柔軟さ、巧みさ、おおらかさの中で、人びとの幻想は自由に翼を広げた。

すべてを包み込もうとする欲求が至る所に現われ、ばらばらな部分を一つに統合するために曲線が盛んに用いられた。これはたとえば、都市計画や、広場や建物の配置の仕方に、あるいは部屋の丸い隅などにも表現されている。有機的形態の豊かさと理性の、この特異な融合は、いつの時代にも変化の最も遅いとされる家具の領域で顕著に表現された。あたかも、ゴシック末期以来蓄積されてきた経験の貯えが、家具の領域で一挙に噴き出したかのようであった。このことは、曲線に覆われたコモード、机の上部に取り付けられた畳込み式の蓋、そして精巧なつくりの安楽椅子などによく示されている。

貝の形状が多様な有機的形態を一つにまとめたように、ロココ様式の家具の脚部は、大きな枝の構造に近づいていく(図一七〇)。木材の構造的な性質に忠実に脚を製作すると、水で柔らかい部分が朽

174　肱掛椅子（２人用の安楽椅子）。「告白する夫」N.F.ルニョーによるフラゴナール風の挿絵，1795年。『ラ・フォンテーヌの寓話』の挿絵として描かれたこのフラゴナール風の，故意に古めかした絵は遊びと逸話に満ち，皮相な趣を呈している。その意味でこの絵は，19世紀における支配的趣味の出発点を画している。

ち落ちた枝に自然に似てくるのである。偉大な博物学者（ビュフォンやリンネ）の生涯はルイ十六世の一生と並行しているが、座の快適さとロココ様式を創造した時代は、それ以前のどの時代にもまして植物や動物の生命を深く洞察していた。

この時代の形を創造していくエネルギーを今日の状態と比較してみるとよい。現代のわれわれは、ありあまる新たな材料を手にしながら、それに生命を与え得ないでいる。もしバロック末期の工夫の才の一握りでも人間的な目的に生かされていれば、今日の様子は大分違っていたのではないだろうか。

椅子の形成

ロココ期の人びとは座の形態に徹底して取り組んだ。十七世紀の骨組はほとんどその跡を留めないほど変えられた。曲線が現われるとともに、以前の原型はほとんど見分けがつかなくなった。椅子は、形が流線型になるとともに、有機体、すなわち人間の身体の構造に適合するようになる。十七世紀の肱掛けと布張りの座の部分は連続的な曲線に覆われるようになる。全体は人体に合わせてつくられ、貝殻のような形状をとるようになった。この変化は一七二五年に起こった。この新しい形の椅子はベルジェールと呼ばれ、その名前や種類はこれに関する多くのハンドブックに記されている。ベルジェール型の一種であるゴンドラ型ベルジェールは、その名も形態もゴンドラに由来している。中高の背もたれを有し、波うつような形態をもったこの様式は、この時代の要求と合致していた。家具職人のルボが指摘しているように、このゴンドラに坐ると、「自分の肩を椅子の背で休めることができ、なおかつ、紳士であろうと淑女であろうと、髪を乱さないで頭を自由に動かすことができる」。流行の髪形の形をくずさない工夫として、これにまさる方法はなかった。

流行はただ、流行を超越したもの、つまり人体に椅子を適合させるという原則を推し進めるための引き金の役を果たしたにすぎない。バロック後期の教会の円天井に見られるのと同じ三次元曲線がここにも現われているが、この種の曲線はもともと人体に適合している。ルイ十六世の治世に、形は合理化され単純化していったが、ゴンドラ型は依然として残った(図一六八)。このルイ十六世の時代の、中高の背もたれを有する椅子が、帝政時代のファッション雑誌にたびたび現われたことは注目してよい。このゴンドラ型の椅子にならって最初のスプリングの付いた肱掛椅子《フォテーユ》が、一八三〇年代、フランスのある布張り職人の手によって工夫されたが、この椅子の骨組には、彎曲した鉄線が使われていた。輪郭はぼやけ、木は使用されなくなった。しかし、ベルジェールという様式そのものは失われなかった。一八六〇年代に入ってしばらくの間、室内装飾家はこの構成的な椅子に新たな足場を発見しつつあるようだったが、実際にはこの時、家具はクッションに姿を変えようとしていたことが間もなく明らかになった。

その結果生まれたのが軽快な感じの布張りの椅子であった。その椅子には肱掛け部分のあるものもないものもあった。ここでも、ロカイユの場合と同じような、有機的形態への接近がみられた。つまり二重のS字型曲線をもった背もたれは、抽象的な形ではあるが、人間の肩や骨格の構成に沿うようにできていた。

二人が坐れるマルキーズ(肱掛椅子)はこのゴンドラ型に属し、ロココ期に長椅子《セッル》から発展したものである。ドゥラノワによって一七六〇年代の末に製作された、一人ないしは二人用のマルキーズは、この種の椅子の完全に発達した状態を示している(図一七五)。ルイ十六世時代のモロー・ル・ジュンヌ風の版画(82)には、この長い肱掛椅子に若い新婚夫婦が仲むつまじく坐っている様子が描かれている。他方、アンリ・フラゴナール(一七三二―一八〇六年)風の「告白する夫」と題された九〇年代の版画では、一人で坐っている婦人を取り巻きたちが囲んでいるとき、思いがけなくその婦人の夫がその場に登場してくる様子が描かれている(83)(図一七四)。

ロココの精神を理解しようとするとき、七〇年代後半の版画に描かれている内容をまともに受けとってはならない。ましてや、後の時代のエロティックな主題を額面どおりに信ずべきではない。エロティックな場面は昔を振り返って描かれたもので、過去を人為的に引き延ばそうとしたものだった。フラゴナールの晩年、この雰囲気は表面的な遊びの精神に堕落していった。この風俗的な取扱いへの後退は、十九世紀の支配的趣味の一つの出発点となっている。それはブルジョワ趣味のロココ調であった。

ロココ期のもつ意味は、多くの場合、ロココ様式の家具も室内装飾もまだ存在していなかった時代の絵画に現われている。十八世紀の初期、ワトー(一六八四―一七二一年)は、有機的形態と精神の機敏さの融合という後の時代の現実を、時代に先んじて表現した。

休息用家具

近代的な休息用家具も、十八世紀後期に形成された。これらは短時間の休息用で、ベッドでの静的な休息とは大分異なる快適さを提供するものであった。

長椅子《シェーズ・ロング》はその名の示す通り、椅子を長くしたものである。これにも、ベッドと同じように頭もたれが付いていたが、ベッドの場合よりもその存在が強調されていた。十七世紀の初頭、フランスやイギリスでは長椅子からリクライニング・チェア、つまり休息用ベッド(リ・ド・ルポ)が発展した。その頭を載せる部分は、歯車やチェ

175　L. ドゥラノワ作の肱掛椅子（マルキーズ），1760年代末期。ドゥラノワの肱掛椅子の頂点を画するこのゴンドラ型の椅子は，身体を貝のように包み込む。単純で力強い曲線，繊細なプロフィールには，規律と柔軟さとが見事に統一されている。ロココ時代の終り頃，クッションは際立って厚くなった。（写真および資料：ルーブル美術館，パリ）

176　19世紀の肱掛椅子。1863年。ゴンドラ型は執政内閣時代，帝政時代を通じて流行したが，室内装飾家の勢力が強くなってからもしばらくのあいだ存続した。しかし，この頃には骨組と脚が外からは見えなくなり，全体がボタン留めした布で覆われるようになる。（産業芸術博覧会，パリ，1863）

177　デュシェス（背もたれのある長椅子），マチュー・リアール，1762年。休憩用の近代家具の幾つかの型も，すでに18世紀には形成されていた。身体を１つの曲線で包み込むゴンドラ型の椅子は休憩用に適している。デュシェスは，最初，３つの部分に分かれていた。すなわち，高さと深さがそれぞれ違う２個のゴンドラ型の安楽椅子と，その中間に置かれたスツールの計３つである。ロココ末期に，これら３つの部分が，１つの家具として統合された。（マチュー・リアール『小家具コレクション』，パリ，1762）

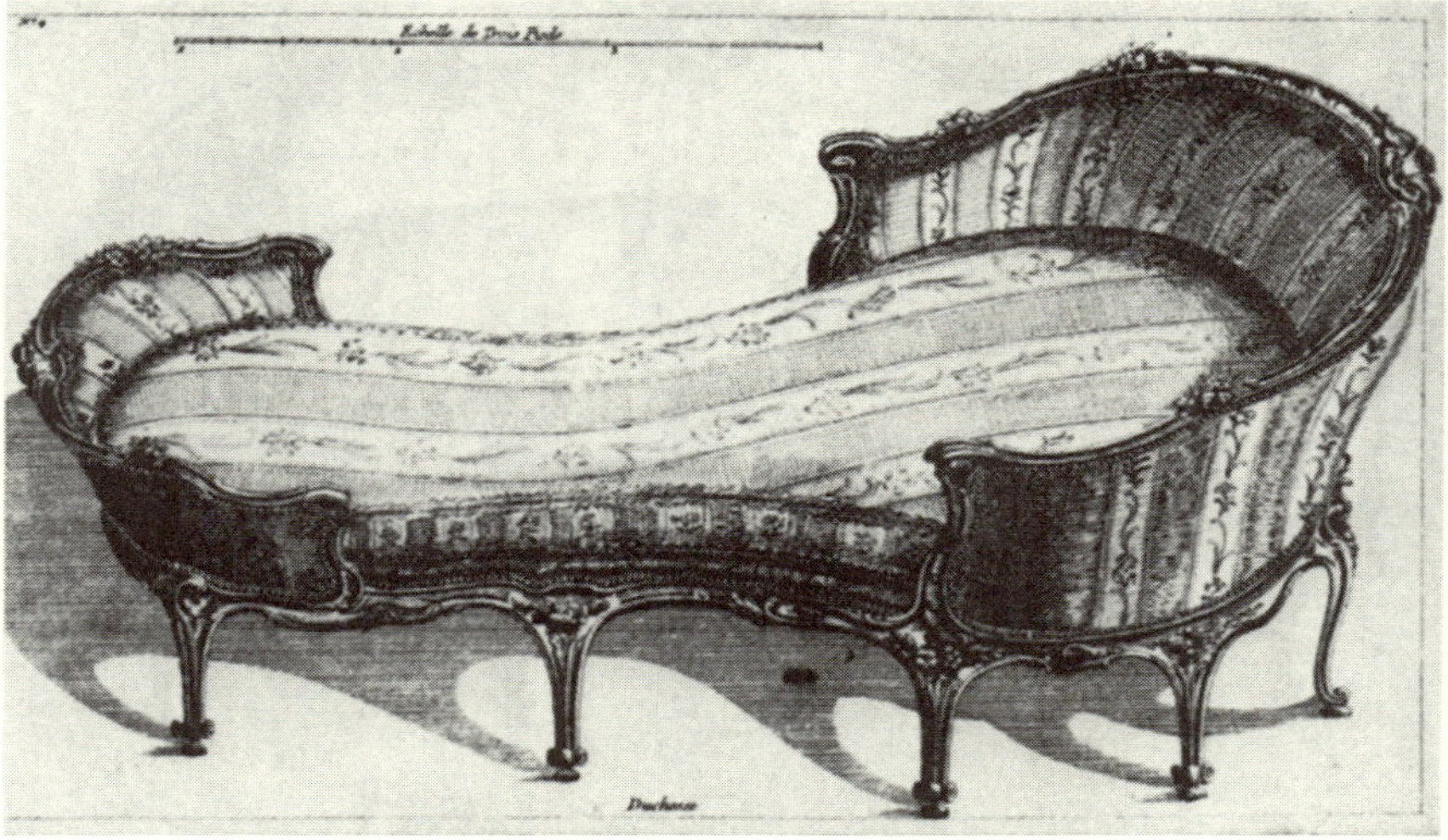

ーンで調節できるようになっていた。長椅子では、カーブしたゴンドラ風の形状がこの調節可能な面の代りをつとめていた。ベルジェールと布張りしたスツールを組み合わせると、長椅子ができあがる。この両者を一つにしたのがデュシェス（図一七七）で、この家具はマルキーズ（公爵夫人）、デュシェス（公妃）という名前が示すように、貴婦人が軽装で客を迎えるときに用いたものである。休息用家具の製作には想像力がたくましく働き、実に多くの組合せが現われた。たとえば、長椅子の頭部が開口式になったものや、十八世紀後期のエロティックな版画に見られる、浅い浴槽を取り付けたものなどが現われた。あるいは、スツールをともなって、高背のベルジェールがどちらか一方の側に置かれたこともある。これはデュシェス・セットと呼ばれた。

一八〇〇年頃、デュシェスはポンペイ家具を模倣したプシュケーとなった。後にこの家具の系統をひくものが、一八三〇年頃アメリカで見られたが（図三二二）、その家具の面は全体に短時間の休息に適すように、自由な波型をとっていた。これについては後にまた触れたい。さらにこの家具の現代版としては、ル・コルビュジエの鋼管製の寝椅子、シェーズ・ロング・バスキュラント（図三二三）がある。ル・コルビュジエによる、飾りもなく布張りもされていないこの椅子は、その原点である十七世紀の休息用ベッドを雰囲気としては忠実に継承しているが、人体に合った形態という点で近代の経験が織り込まれている。

特許家具の時代、特に六〇年代、七〇年代には長椅子は機械化されるとともに、これをツインベッドに転換する方法がいろいろと工夫された（図二六四）。一方、室内装飾家は肱掛椅子の場合と同様、

178 マチュー・リアール，1762年。ルイ16世の古典主義の影響が広がり始めるとともに，高度な木彫りの技術が発展した。力線の知識が応用され，骨組が驚くほど細くなる一方，有機的形態の優美さが表現された。（『小家具コレクション』，パリ，1762）

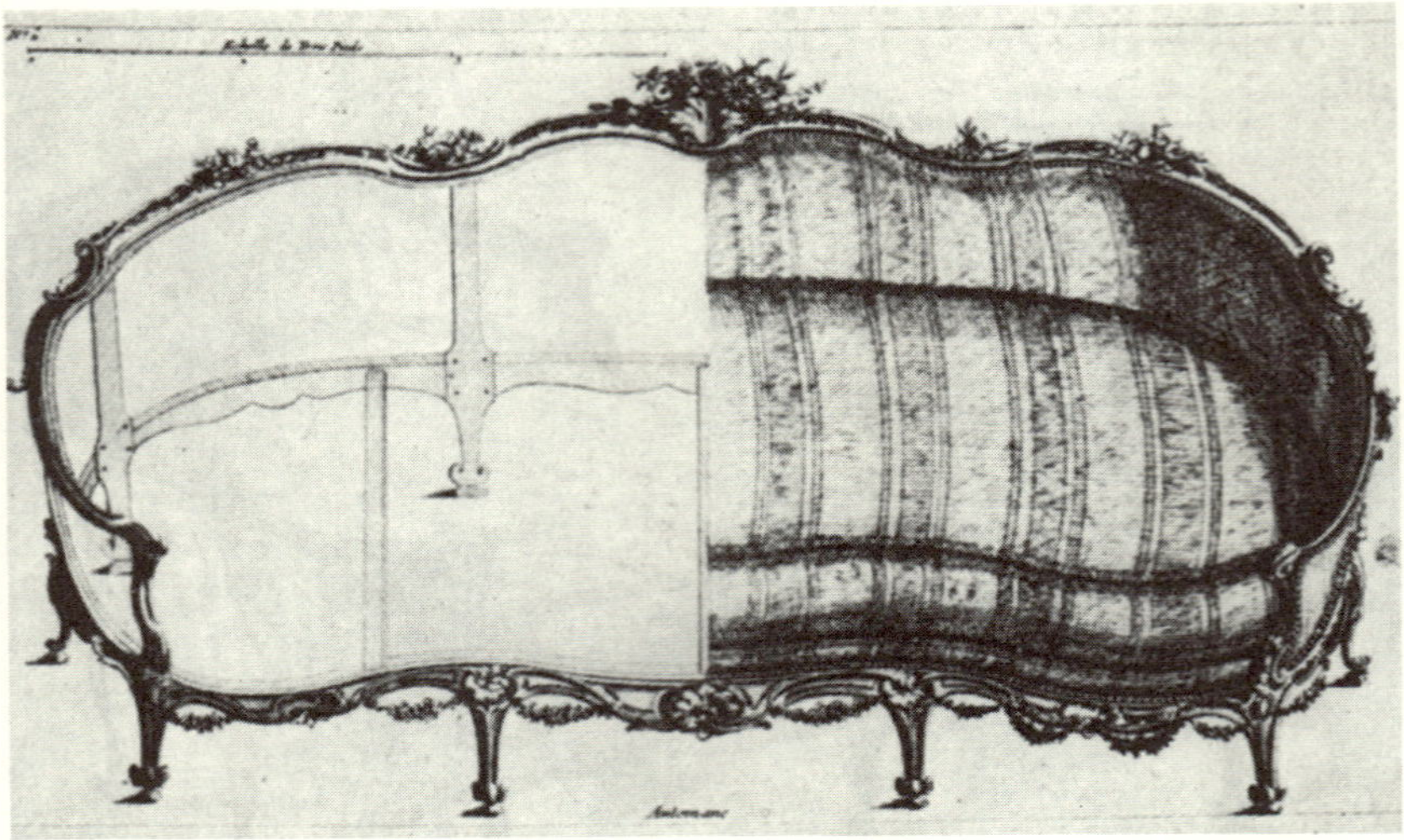

長椅子の構造をも破壊し、骨組のないものに変えてしまった。その結果、長椅子は主として寝室でベッドの近くに置かれるようになった。このような用い方は、最初、十八世紀半ばのエロティックな絵画に現われた。

ソファは、背と腕もたれのある布張りした長椅子から発展したものである。この形成過程は、椅子の発展と並行し、椅子とソファは次第に一対とみなされるようになった。ソファは本質的にサロン用家具であった（図一七八）。

ロカイユ様式は、何もかも柔らかくしてしまう当時の趣向を反映している。それは、表現方法は機能と不可分であるという主張を背景にして、フランス人が当時、絵画様式《スティル・ピトレスク》あるいは新趣向《グー・ヌーヴォー》と呼んだものより大きな影響力をふるった。

家具職人は透視画法によった巧みな図面や複雑な断面図を残しているが、それらは、一見したところ無意味にみえる曲線が、実は、人間の姿勢についての正確な観察と分析に裏打ちされた想像力の産物であったことを示している。ロココ時代の家具は大仰に衒っているのではなく、ただ快適さを生み出し、要求されたものを実現しようとしたにすぎない。ロココの家具はこの努力を通じて、近代の快適さを生み出したのである。

この時代の人びとの住居にあったエロティックな雰囲気は、十八世紀の版画をもちだすまでもなく明らかである。この雰囲気はルイ十六世治下の、ブルジョワ的なものに変化して定着したが、それはフランス革命によってもほとんど影響されなかった。フランスにおけるロココ様式の原点は、身のまわりの環境にあった。フランスの歴史を通じて非常にはっきりしているスケール感覚に従うと、ロコ

179　セッティ。イギリス，1775年。イギリス人は流行に遅れまいとすると，決まってフランスの例にならった。この，全体が彫刻そのものであるような家具は，依然として17世紀の堅苦しさを残し，快適さの点では当時のフランス家具に到底およばない。イギリスが18世紀末に発展させた快適さは，目的も性質もフランスの場合とはまったく違っていた。(R.マンワリング『飾りダンスと椅子職人の真の友人』，ロンドン，1775)

コ様式は室内で最も有効性を発揮するものだと言ってよい。

ルイ十五世はフルリ枢機卿が九十歳で死んだときに初めて、その政治的任務を真剣になって受け継いだ。モリニエも述べているように、王は小さな集会や親密な晩餐会を好んだ。その他の点では、宮廷は一七三八年まで新しい傾向に対し受身の姿勢をとっていた。ロココ様式は――最近、フィスク・キンバール(84)が力説しているように――ヴェルサイユから遠く離れたフランス貴族の宮殿で生まれたもので、その舞台は邸宅の室内であった。このロココ様式の家具は人生を堕落と紙一重の点まで楽しもうとする、洗練された精神的な社会の産物であった。

芸術作品には芸術家が伝えようと意図した事柄ばかりでなくそれ以上のものが示されているものだが、このロココ調家具も、そのきらびやかな外観の背後に永続的な創意を秘めている。ゴシックは石材、ロココは木材から、それぞれ柔軟さ、軽快さの最後の糧を抽き出した。こうした発展の目的は、それぞれの時代の性格を知る目安を与えてくれている。フランスでは、「快適さ」の分野に関する限り、この時ほど輝かしい創造力を発揮した時代はなかった。

イギリスの家具――その形態と機構

イギリスは十八世紀の前半と後半とではまったく事情が異なり、まるで別の国を扱っているかのようである。

十八世紀に入って最初の数十年は、前世紀の粗野な習慣を多分に

180 トーマス・シェラトン：図書室用の足踏台を兼ねた机，1793年。18世紀の終り頃，イギリスは全ヨーロッパの趣味や習慣に影響を与えた。イギリスは，食堂，図書館，そして後には浴室の原型を造った。チッペンデール以後，図書室用の足踏台でさえ慎重な配慮の下に製作され，変換可能な家具として扱われた。

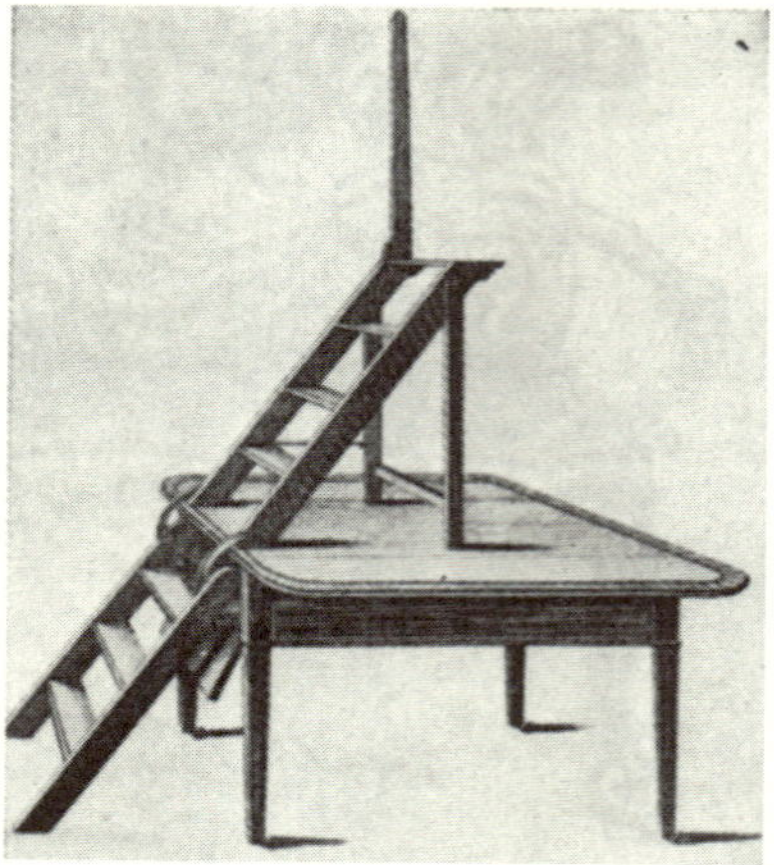

残していた。しかし後半に入ると、驚くほどの分化が進行し、生活のあらゆる分野に影響を与えていった。イギリス人のタイプすら――少なくともその典型は――一七五〇年以後、大きく変わった。

ウィリアム・ホガースが時代の諷刺を始めた三〇年代には、フォールスタッフ型（ビヤだる型）の人物が、まだ主流を占めていた。フォールスタッフ型の人間とは、この時代の家具のように肥満し、大食漢で、何事であれ貪欲な男のことである。ホガースは単刀直入に物事を表現したが、害毒や悪徳、上品に痛めつけられる動物たち、また互いに意地悪をしあう婦人たちを描いたその銅版画には、彼の創造力がいかんなく発揮されている。彼の描く肖像画にはほとんどサディズムに近いものがあった。

ところが、それから数十年もたたないうちに、好まれる男のタイプはほっそりとして、未熟な感じのするタイプが中心となり、一方、女は、優しく、夢みる少女といった感じの、あまり情熱的でないタイプがよいとされるようになった。

十八世紀後期に入って、まず文学の分野で、次いで絵画の分野において感傷的なタイプ(85)の先駆けが現われたが、このタイプが、十九世紀全般を通じて大衆の好みとなった。

イギリスは、フランドル派の絵画を吸収し、さらにそれを発展させたが、それと同じ流儀で、十七世紀のユグノー派の亡命者がオランダから移入した工業的手法を自国の事情に合わせて発展させた。工業の振興に大きなエネルギーが注がれ、動力、紡績、織物産業の機械化が進み、交通網が急速に発展し（運河・橋・ハイウェイ）、さらには「新しい農業」というスローガンのもとに農業の復活がみられた。

イギリスは十八世紀の終り頃、「快適さ」の場面でも指導的な役割を果たした。これも新事態であった。

またこの世紀前半のイギリスの家具、たとえば背と肱掛けに詰め物をした、翼のある安楽椅子には、静かで信頼感に満ちた線が表現されている。この線は、イタリア・ルネッサンスに端を発したもので、フランスとイギリスでさらに発展した。坐り心地のよいイギリスの家具は、一七〇〇年頃原型が確立し、現在でもその人気は衰えていない。しかし、ロココ期に新しい快適さを創造したのはフランスであり、これはイギリスにも影響を与えずにはおかなかった。この時期、イギリスの背景には常にフランスが存在していた。六〇年代に入っても、イギリスの意匠関係の書物(86)は、フランス語版も同時に刊行されていた。胸像やキャンドル用の腕木、燭台、枝付

181a (左)ベンジャミン・フランクリン：足踏台にもなる書庫用の椅子、1780年。フランクリンはこの椅子を自分の書庫用に設計した。また、高い棚にある本を取り出すための取っ手も考案した。(提供：哲学協会、フィラデルフィア)

181b (右)足踏台に姿を変えたフランクリンの椅子。

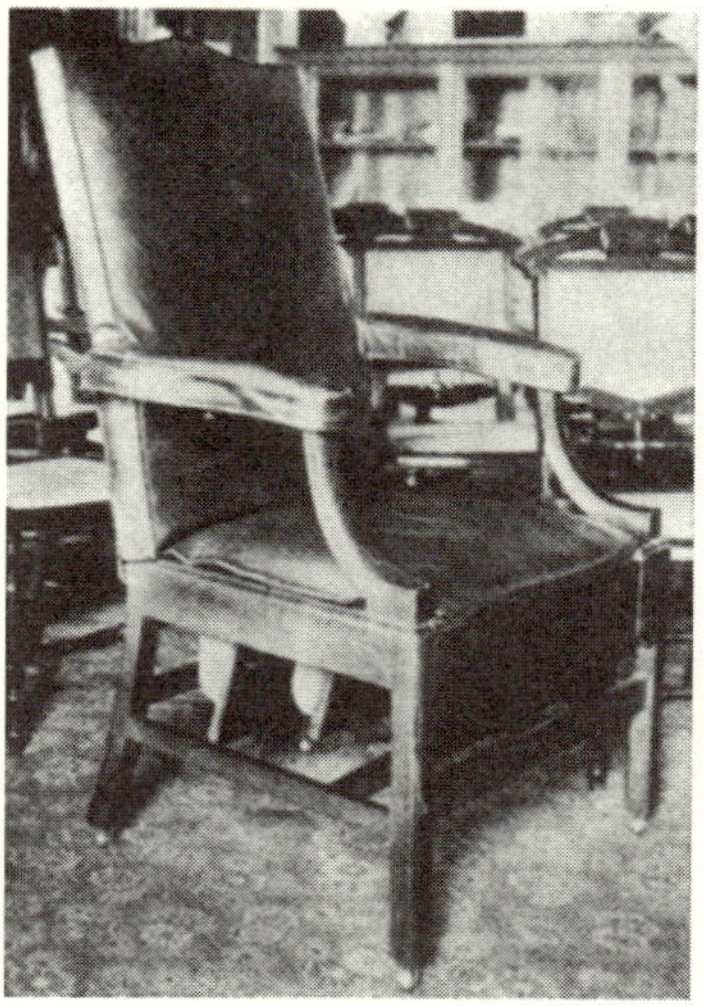

の飾り燭台、照明器具、シャンデリアは、椅子以上に人びとの関心を惹いたらしい。六〇年代に入っても、当時隆盛していた家具職人(87)は、不安げに細部の写実化に固執したものである。岩や木の形を背に彫り込んだ庭園椅子や、「フランス式長椅子《セッティ》」(88)と呼ばれる、背の部分全体に彫刻が施されている坐り心地の悪い椅子などは、十七世紀の様式に救いようもなくとらわれていたが、これもフランスの流行に遅れまいとする苦しい努力の産物であった(89)(図一七九)。

イギリス紳士による様式の決定

十八世紀も押し詰った頃、状況は一変する。フランス帝政様式が流入するまでのほんの僅かな期間、イギリスの室内装飾と家具造りは、完全に近い円熟の域に達した。そこでは何世紀もの経験が集大成された。これは、当時のブルームズベリー広場、バスの三日月広場の設計に示されている、抑制された成熟さと同じ類のものであった。

イギリスは男性中心の社会であり、十八世紀も終りに近づいた頃、厳格な調子が社会全体を覆っていた。十九世紀初頭に建てられたロンドンの有名なクラブ建築には、当時の贅をつくした室内装飾が施されていたが、ここにも男性中心の社会の一端が示されていた。ロココ時代のフランスとは対照的に、イギリスでは女性の力は弱く、すべてが男性本位に決められていたのである。イギリス紳士であるためには世襲の称号を持っていなくてもよかったし、閉鎖的な社会階級に属している必要もなかった。「紳士」は一つの道徳的

182 ウィリアム・モリス：サイドボード，1880年頃。モリスはこのようなサイドボードを数個作っている。優雅な曲線を描いた前部は，彼と18世紀との強い結びつきを示している。ここに陶器類が陳列されていなかったなら，この結びつきはもっと明瞭だっただろう。

概念になっていたのである。

たとえば、一七一〇年、スティールはイギリス紳士を『タトラー』誌で次のように定義している。「紳士の呼称はその人の環境に対して与えられるのではなく、その環境における彼の行動に対して与えられるのである」。そして、チッペンデールは、彼の有名なカタログ（一七五四年）を『紳士と家具職人のガイド』と名付けている。有名な家具職人の顧客としては、貴族のほかに中産階級、芸術家、俳優らがいた。ヘップルホワイト、シアラー、シェラトンらの本に示されているデザインを見ると、その作品は新興階級を対象としたものであったことがわかる(90)。

貴族の雰囲気が封建的なものから中産階級的なものへと変化するに従い、彼らの居室も中産階級的な調子を帯びるようになった。

書庫

書庫は大貴族だけがもち、普通、そこには勲章や骨董品を並べた棚がおかれていた。十八世紀の人びとは読書をよくし、ヴォルテール、ゲーテ、ヒューム、ジェファーソンらも皆、大の読書家であった。普遍性への欲求にかられて、至る所に知識を求めたのである。チッペンデール以後、ガラス張りの本棚が大流行し、その大きさと仕上げ技術は、実にバラエティーに富んでいた。そこで書き物机と本棚が一体化したものが生まれることが多かった。たとえば、ガラス製の本棚が、抽出しのたくさん付いたルネッサンスの書き物机の上の部分にとって代わっている場合などがそれである。チッペンデールがガリックという俳優の書庫の家具取付けを熱心に行なったこ

183　イギリスのサイドボード。1780年。18世紀後半のイギリスの食堂には，繊細なデザインの机，椅子，およびサイドボードが置かれていた。細い脚を備えた軽快なサイドボードが一般化したのはこの頃である。(H. セシンスキー『18世紀のイギリス家具』)

とはよく知られている。

自然科学からギリシャ神殿まで、あらゆる分野で愛好された彫刻やアクアティント版画を載せた全紙二つ折りの大きな本を広げるには、机の上面は広くなくてはならなかった。このような図書机は、すでに十八世紀半ば、チッペンデールが製作している。この大型の家具から、平面と左右どちらか一方に抽出しを二つ備えた今日の大型机が発展した。十八世紀に人びとは、物を書くにあたっては小さな面で満足していた。

高い棚に手を伸ばすには、踏み台が必要だったが、これは、使う必要のないときにはどこかにしまっておけるものでなくてはならなかった。トーマス・チッペンデールの主な作品の一つであるハードウッド・ハウス（一七七〇―七五年）で、彼は踏み台を畳んでしまえる箱を製作している(91)。

ベンジャミン・フランクリンは、これと同じ問題を肱掛椅子の座部の下に脚立《きゃたつ》を置くという独特の方法で解決した。脚立は、ヒンジを軸に回転する仕組みになっていた（図一八一）。彼はよく知られているように、もっと高いところにある本を取るために、竿の先に鉗子のようなものとを取り付けて使った。そして訪問客に自慢げに実演してみせたという。またシェラトンは、踏み台をテーブルの中に隠す仕組みを考えた（図一八〇）。

食堂

食堂も、独立した部屋になるとともに、専用の椅子、垂れ板式テーブル、ビュッフェ等を備えるようになった。

有名な家具職人の手になる椅子は、脚や座席、ハート形あるいは打違いの背など、細かなところまで知られている。それらは優美を誇ったが、それだけのことであり、その価値は評判ほどではない。これらの椅子は、主に居間用として作られたものだった。

それ以上に興味深いのは、この世紀の終り頃のイギリスのサイドボードである（図一八三）。この家具の本体は、軽量で、曲線をあしらったものが多く、下部には細い脚が付いていた。ロバート・アダムは、刃物を置く場所として頭部が壺の形をした台（イギリスではどの庭園にも見られるモチーフ）を、サイドボードのわきに付け加えた。しかし、このような付属品はまもなく用いられなくなり、軽快で優雅な形だけが残った。このようにして、ウィリアム・モリスへと連なる系譜ができあがった（図一八二）。

すでに述べたように、最初、食卓はフランスでは「イギリス式テーブル」と呼ばれていた。このテーブルに巧みな機構をつけ加え、軽快な外観と伸縮自在な機能を両立させるべく、多大の努力が払われた。馬蹄形の食卓でさえ、伸縮自在なものとして作られた（一七八八年）(92)。

清潔さの再発見

十八世紀後半の人びとは、次第に、清潔にし衛生を保つことに意味を認めるようになった。このような関心から、この時代の最も興味ある家具が生み出された。シェラトンは部屋の隅や壁際に取り付ける型の、簡単な洗面台を数多く設計した。

またフランスで好まれたような独立式の洗面台（lavabo）も用いられた(93)。

シアラーが工夫をこらして製作した紳士用化粧台(94)（一七八八年）は、内側が鏡になった天板をヒンジで取り付け、左右に開く蛇腹式の前面部を備えていた（図一八四）。これの女性用（婦人用化粧台）では、小さな十八世紀風の洗面器とビデが抽出しのように取り付けられ（図一八五）、水槽も組み込まれていた(95)。

ラッドのテーブルと呼ばれる「鏡付きの化粧台」(96)の場合には、無駄を省いた優美な形態と大きな自在性とが結合されている。中央に抽出しが付き、また左右にも一つずつ、軸を中心にして水平に回転する抽出しが取り付けられ、婦人があらゆる角度から自分の姿を眺められるようにできていた。この時期はちょうど、紡績機械におけるさまざまな難問が解決された時代でもあった。

可動性

ロココ期は、形態を柔軟にし構造を軽くする上で大きく貢献のあった時代である。

ロココ期には家具の可動性に関心が集まった。机の上にかぶせる畳込み式の蓋の発明や回転椅子の復活に始まって、トランプ用テーブルや折畳みのできる家具などが生まれた。デザイナーは、自在に動く整理棚や鏡、前垂れ式や蛇腹式の蓋を、いろいろと工夫して楽しんだようである。形をマスターすることは当然のこととされ、特にそれを強調する必要はなかった。そこで彼らの関心は、専ら家具の機能に注がれた。

関心は動く収納具、つまり抽出しに改めて向けられた。その構造

184　(左)シアラー：男性用化粧台，1788年。化粧台と洗面台の内部備品は近代的な衛生器具の出発点の一つとなった。この化粧台には，4つの本物の抽出しと3つの装飾用抽出し（実際には使えない），平らな上面，上面にセットされた鏡，それに，右か左かに滑るタンブール・フロントをもった抽出しの下にはカッバードが付いている。

185　(右)シアラー：婦人用化粧台，1788年。再び可動式の収納具，つまり抽出しに関心が向けられ，それとともに構造全体が根本的に改良された。抽出し，小さく仕切られた整理箱，それにタンブール・フロント付きの前面は，優美な機械的な工夫として見事な成功をおさめている。シアラーは次のように述べている。「この化粧台には，2本の下垂脚に支えられた四角のビデの前に2つの本物の抽出しと2つの装飾用の抽出し，スライドする部分にヒンジで取り付けられた枠付きの鏡，4個のコップ，抽出しの背面にヒンジで取り付けられた洗面用の器を覆う垂れ板，抽出しになった洗面器からの水を受ける後ろの水溜め，そして自由に出し入れできるビデが収められている」。

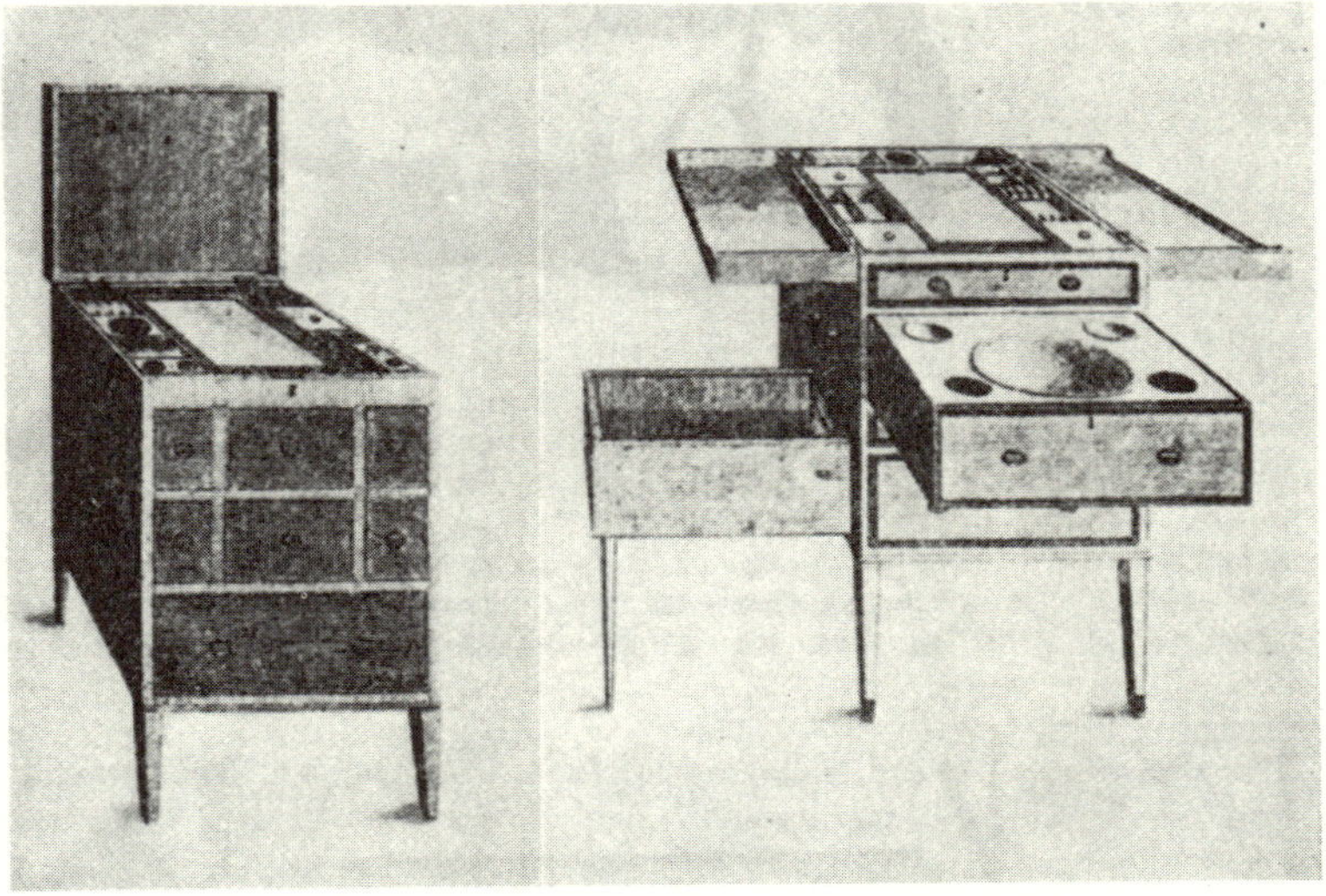

186　折畳み式の理髪店用の椅子とスツール。合衆国特許，1865年。18世紀後期の家具製作を出発点とする流れは，一方ではウィリアム・モリスへ，そして他方ではアメリカの特許家具へと通じている。この持ち運び可能な理髪店用の椅子には，温水と冷水とを入れる容器，商売用具や金銭を入れるための抽出しが付いている。「脚はヒンジで留められているため，折り畳むことができる」。（合衆国特許50032，1865年9月19日）

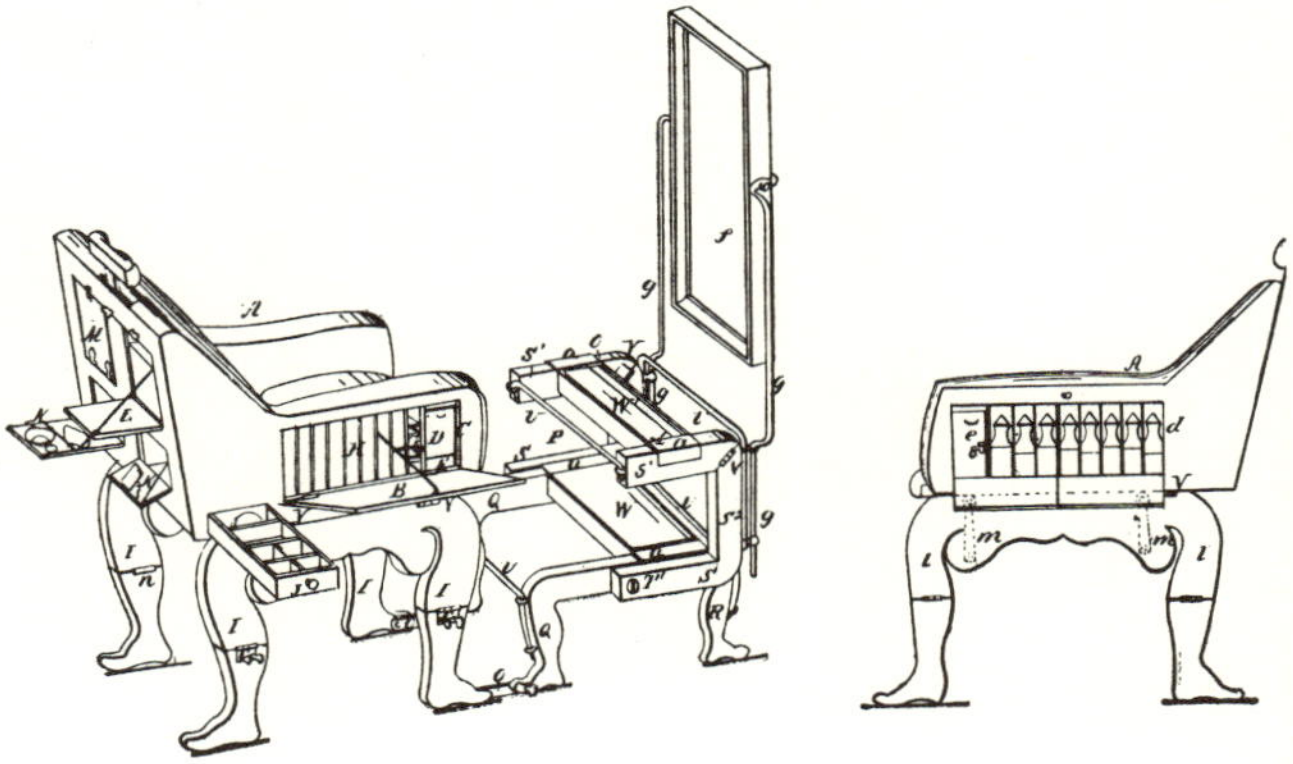

187　イギリスの洗面器台。1835年頃。19世紀になって大型化した洗面器台の最初の頃の例。第1期ロココ復活様式を表現したテーブルに大理石の上面が取り付けられている。19世紀の中頃になると，このテーブル型に代わって，抽出しをそなえ上面が大理石になったタンス風の洗面器台が用いられた。（カタログ，イギリス，1835，提供：メトロポリタン美術館，ニューヨーク）

188　反射鏡付き化粧台，別名ラッドのテーブル。1788年。「これは最も完成された化粧台である」。イギリスの家具職人は，開いたり展開できる，巧みに工夫された可動部分（扉，スライド式の鏡，滑りにのせられた抽出し）を誇らしく開いて見せている。同じように，進んで内部の機構を見せようとする傾向は，アメリカの特許家具の図版にも現われている。

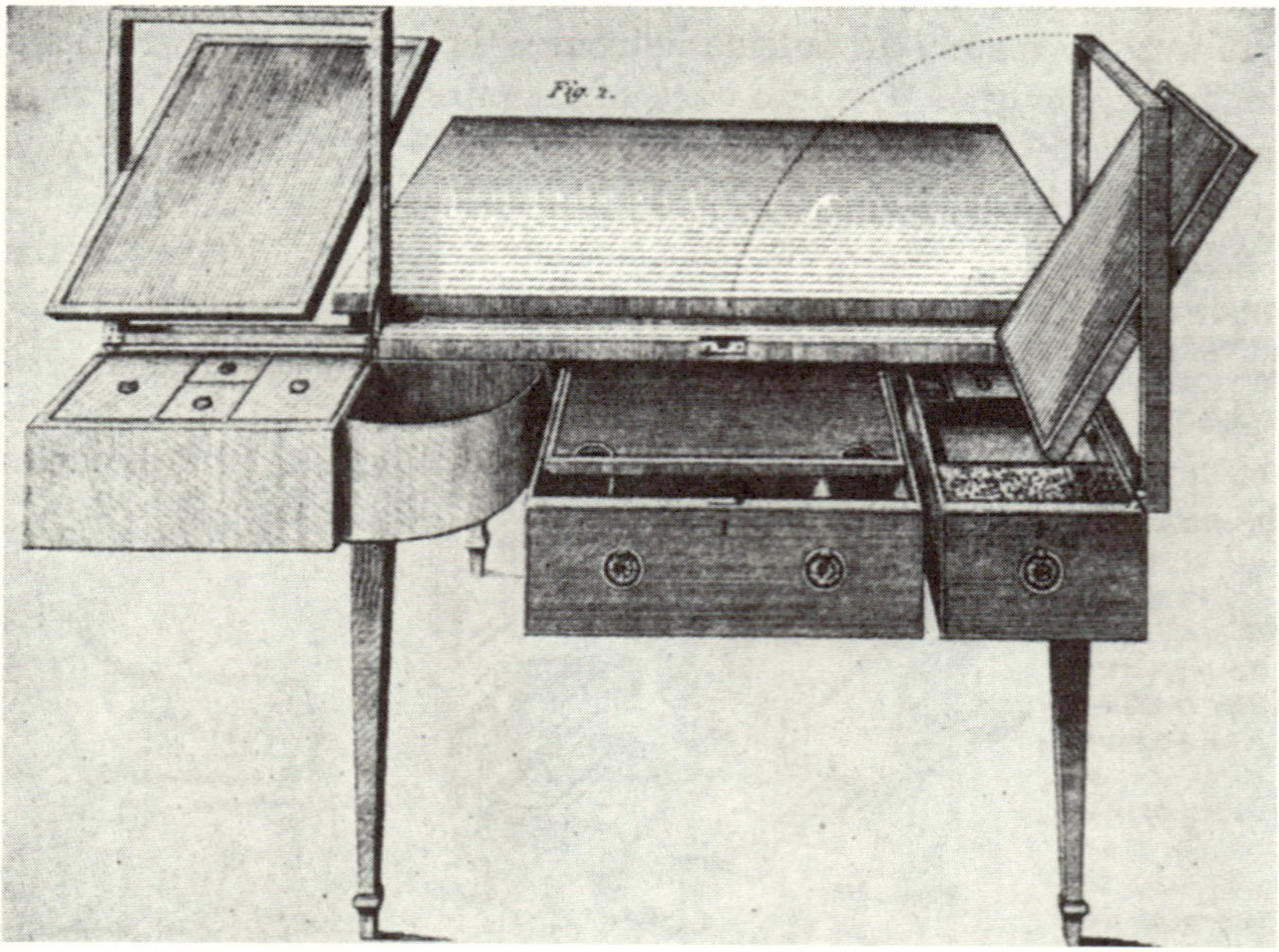

に根本的な改良が加えられ、自由に滑るようになった。また多くの場合、スライド式の棚が上下に積み重ねられ、ビュッフェやコモードを開けると、中に入っているものがすぐに見渡せるようになっていた。バネで飛び出す方式の隠し抽出しも、机にとってなくてはならない部分だったようである。ラッドのテーブルのように、上部の縁のところで吊られた抽出しも好まれた。厚地の布にたくさんの木片を貼りつけた蛇腹式の蓋も大流行し、さまざまの家具に取り付けられた。それは円筒型の蓋と違って空間の節約にもなった。「プルオーバー」式の書き物机は一七八〇年から九〇年にかけて広く用いられた家具である(97)。

スプリングは、後には家具の詰め物の中に組み込まれたが、それ以前には、シェラトンの「室内練習用馬具」（図二二四）に用いられている。

この用具は、挿絵の描き方に至るまで、十九世紀の構成的家具との直接的なつながりを示している。

機構と形態――思考と感情――は、イギリスの家具においてみごとに統一されていたが、そのピークは二十年と続かなかった。十九世紀は来るべき輝かしい都市化時代の幕開けを画すと同時に、十八世紀のすべての知識を背景として身近な生活環境をかつてない水準に引き上げた時代でもある。

これに加えて、苦しい労働から人間を永遠に解放する力になるだろうとアンリ・ド・サンシモンが信じた機械化も間近に迫っていた。

しかし歴史は、自然と同様、単純な論理には従わないものである。これといった理由もなく、果実が霜にやられ、小麦が雹の害にあわなければならないというのは実に馬鹿げたことのように思える。なぜ、わけもなく、前途を約束された発展が突如として中断し、同じ精神を持った思想に再発見されるまで、その構成的要素が忘れ去られてしまったのか、われわれは理解に苦しむ。

形態と機構の統一は、十九世紀に入って崩れた。ウィリアム・モリスを中心としたサークルは偽りのない純粋な形態を獲得する運動を起こし、アメリカにおける草の根的な特許家具運動は動作の問題を追求した。両者とも、十九世紀の後半に並行して起こったが、その源は、共に、十八世紀末のイギリスに遡る。

思考と感情が異なる道を歩んだのは、まさに十九世紀の悲劇的な側面であった。これを、T・S・エリオットは「魂の本質的な調和が破壊された」と表現している。

イギリスにおける運動を不毛なものにしたのは、単に、アンピール様式など、外国からの影響ばかりではない。シェラトンの晩年の仕事、特に予定されていた膨大な百科事典のうち、彼の没後に刊行された最初の数巻をみても、情熱が失われていることが窺われる。

一つの人間的変化が始まろうとしていた。そのことはイギリス海峡をはさんだ両岸のどちらにも当てはまったが、その変化をより具体的な形で表現していたのは、ナポレオンとアンピール様式の創始者であった。

本書で支配的趣味と呼んでいるもののきっかけをつくったのは彼らであった。支配的趣味は過渡的な現象だが、ちょうど人工授精の際に「代え牛《ダミー》」を使って雄牛の精子をとるように、大衆の感情を吸収し、それをあらぬ方向に導いていった。

十九世紀――機械化と支配的趣味

支配的趣味の始まりとアンピール様式

ナポレオンと象徴の価値の低下

厳密にいえば、アンピール様式とは、ナポレオン皇帝治下の十年間、つまり一八〇四年から一八一四年までの期間に該当する。しかしこの様式の創始者ペルシェとフォンテーヌが緊密な共同作業を行なった期間、つまり一七九四年から一八一四年までをアンピール様式の時期と考えたほうがよい。アンピール様式の影響は、ロシアからアメリカまで文明社会全体におよんだ。それは大衆的な形式をとってナポレオンの死後も長く続いた。

ナポレオンの帝国支配は、身辺の事柄にまで社会的な影響をおよぼした。「簡潔さ」を意味した古典主義の復興は久しく叫ばれてきたものの、実際にそれが実現してみると、純粋な古典主義の信奉者が考えていたものとはだいぶかけ離れたものだった。(たとえば画家のルイ・ダヴィッドは、自分の住居にはエトルリア様式を選んでいる。)

ナポレオンは十八世紀に育った人間で、人生における特定の場にはそれにふさわしい環境がなければならないと深く信じていた。そこで彼自身の環境も、家具や装飾品に至るまで、新しく作り直す必要を感じた。この環境が彼の全活動の背景をなすと同時に、微妙な影響の輪を隈なく広げていった。すなわち、アンピール「様式」とはナポレオンの写し絵であり、ナポレオンという人物の不可分の一部であった。

ところでアンピール様式とは、よく言われるように、偉大な歴史的様式の最後のものなのであろうか。それとも、ルイ十五世様式と同じレベルに属するものなのであろうか。あるいは十九世紀になって出現してくるものすべての先駆けをなしたものなのだろうか。それは何かの始まりを画しているのか、あるいは終りを意味するのだろうか。

次のような疑問も生じてくる。たとえば、ナポレオンを――彼と同じレベルの――ルイ十四世と比較した場合、ルイ十四世が国王であったのと同じ意味で彼は皇帝だったのだろうか。また彼の統治は合法的な表現、つまりある社会的集団を基礎として成立していたものなのだろうか。

実は、こうした相違は問題にするまでもなくはっきりしている。ナポレオンは、後の時代である十九世紀を支配し形成した人間像、つまり独立独歩の人間の典型であった。ナポレオンのように無限のエネルギーを備えた人間が頂点に立つことができたのは、革命の時代だったからこそである。平常の時代にそのような人間が現われようとすると、保守主義がそれを押しつぶしてしまう。この際、革命

189　象徴の価値の低下：ペルシエとフォンテーヌ。白鳥の形をした花瓶をしたがえた安楽椅子，1800年代。この芝居がかった家具は玉座ではなく，金持ちの顧客用に設計された肱掛椅子である。(『室内装飾集』1801)

が政治の領域で起こるか、生産の領域で起こるかは問題ではない。ギルドの時代には、独立独歩の人間は例外的存在であり、決して一般的ではなかった。その後、経済の分野でのし上がってきた人たちは、そのスケールにおいて、ナポレオンには及びもつかなかったが、背景をなした社会的条件という点では同じであった。つまり(この点はわれわれの観点にとって重要なのだが)、彼らは条件を等しくして世界に立ち向かったのである。

ナポレオンはフランス革命の申し子である。フランス革命の思想は、目に見えない形で彼の征服のお目付け役になった。確かに、彼は征服した国々を戦争遂行の道具にした。ナポレオンは、これらの国々の財源を枯渇させ、イタリアからは手あたり次第にあらゆる美術品を略奪し、すべて、アルプスを越して運び去った。そして一七九八年、パリで開かれた第一回の工業博覧会では、名作を満載した勝利の馬車を引かせた。その光景には、かつてローマ市民が見守る中で人質が引き回されたときのことを想い起こさせるものがあった。

しかし、ナポレオンは単なる征服者ではなかった。彼は同時に、イタリアからオーストリアの圧制を一掃し、ローマ教皇を幽閉する一方、新しく建国されたイタリア共和国のために民主的な憲法を制定した。これが初期の状況である。

その後、皇帝となったナポレオンは、政治的自由を次第に制限していったが、彼の軍隊が伝えたフランス革命の息吹き、その基本的思想、そして社会的平等や宗教的寛容の思想は、いかなる反動といえども消し去ることはできなかった。

ナポレオンはポーランドとプロシャでは農民の地位を改善し、ま

190 象徴の価値の低下：マックス・エルンスト『ベルフォールの獅子』。マックス・エルンストの絵物語は，19世紀の不気味な面とともに，うわべだけのごまかしという側面を如実に描き出している。コラージュという方法は，それを表現するにふさわしい媒体であった。一見して無関係な絵の断片が糊づけされているが，そこでは新たな意味が構成されている。マックス・エルンストの『ベルフォールの獅子』の中の最初のコラージュでは，厚く詰め物をした軍服の上に，どこかの椅子か記念建造物から外してきたライオンの首がのせられている。壁にかかったみすぼらしい絵の中に，ナポレオンの姿がぼんやり浮かんでいる。石造の雌ライオンが軍服に跳びかかっている。(『慈善週間』，パリ，1934)

た宗教的寛容の原則に従って、ドイツのユダヤ人居住区を解体し彼らにも平等の市民権を与えた。スイスの占領は短期間であったが、そこを支配していた貴族の過大な権力を終結させた。またドイツの勢力分布を整理して、国家統一への道をも拓いた。

彼を背後から支えていたのは、執政の最後の年一八〇四年に完成された、彼の青年期最大の労作「民法典」であった。民法を簡単明瞭に集大成したこの「ナポレオン法典」は最初の近代法であり、人権に法的形態を賦与し、教会と国家とを分離した。

ナポレオンの悲劇は、フランス革命によって生じた有利な状況から、新しい、生命力に溢れた社会形態を造り出せなかったこと、したがって、新しいヨーロッパを創造することに失敗したことにある。これは単にナポレオン一人の運命ではなく、十九世紀全体の運命でもあった。新しい持続的な形態をつくりあげるかわりに、時代の動きとは逆の方向を目指したのである。彼はヨーロッパの古い王朝支配を模倣し、それと肩を並べようとし、王朝の称号や儀式、統治形態も採り入れた。その一員となるため、ナポレオンは王族と結婚してその血を入れたが、十九世紀にもなって新しく王朝を創設できると信じたことに、彼の誤算があった。ナポレオンと比較すれば、その時代の王侯はとるに足らない存在だったが、彼が王侯の一員になろうとした途端、彼ら王侯はナポレオンより上の存在になってしまったのである。たとえていえば、この状況は現代の画家がフランス・アカデミーへの加入に熱心なのに似ている。

こうしたことが、ナポレオンという人格を二つに引き裂いた。彼は全体的統一を志向した十八世紀的感覚を失ってしまった。彼は自信を喪失し、何か頼れるものを必要としたが、それというのも、彼の人生の諸問題が意味のある形をとって現われてこなかったからである。彼の巨大な権力欲と征服への願望を、建設的な方向で充足させる社会的な条件はまったく存在しなかった。封建的でも民主的でもない、時代遅れの様式に基づいて作られた彼の帝国は、あらゆる意味で不適当なものだった。

ナポレオンは、対社会的にも自分自身を失ってしまった。それは、自分の社会的地位を粉飾しようとして趣味の向上に身をやつし、結局破綻をきたした、後の産業時代の独立独歩の人間像でもあった。ナポレオンは、十八世紀末になっても依然として、彼らしく徹底した生き方を欲し、中途半端を好まなかった。彼は、カエサルと我が身にふさわしい様式を望み、ためらうことなく自分の世界を表現することに努めた。その様式は、徹頭徹尾、彼の刻印をとどめている。

アンピール様式の創始者――
ペルシエとフォンテーヌ

ナポレオン様式の元となる要素は、すでに手近なところに存在していた。その様式の兆しは、ナポレオンが他のだれよりも彼に近い考えをもった二人の建築家に仕事を依頼する前に、すでにはっきり現われていた。

ナポレオンと同様、ペルシエとフォンテーヌも、厳しい革命期に青春を過ごした。ペルシエの父親はテュイルリー宮の門衛であり、一方、フォンテーヌは小さな請負人の息子としてパリにやってきた。ナポレオンが最初にこの二人を知ったのは、彼らが建築の仕事を始めて間もない頃であった。彼らはナポレオンと歩みを共にし、ナポレオンのほうも、その統治期間中、他の建築家を召しかかえようとはしなかった。一方では、彼らとの関係が続いていた間、二人には私的な仕事を禁じていた。ナポレオンの近くには作家や画家は誰一人としておらず、一世代前の画家ルイ・ダヴィッドはすでにその盛りを過ぎていた。しかし、ペルシエとフォンテーヌという二人の建築家は、帝政的な感覚を具体的な形で表現するにふさわしい人物であった。

ピエール・フランソワ・ルイ・フォンテーヌ（一七六二―一八五三年）は、顧客や職人を扱う実務的な能力を備えていた。二人のうちでは、フォンテーヌのほうが技術者であり、晩年、パレ・ロワイヤル内部にガラスの円天井をもつガルリー・ドルレアンを制作している。この回廊《ガルリー》は、後に十九世紀のガラスと鉄を素材とした建築物の出発点の一つを画したものである。

一方、シャルル・ペルシエ（一七六四―一八三八年）(98)はデザイナーであり、彼の画才は早くから注目されていた。彼の自信を秘めたすぐれた筆致は、二人の共同作品にも感じとれる。ペルシエは仕事場に閉じこもって、フランスの宝石商、セーブルの製造業者、織物業者、家具職人などのために新しいデザインを考案した。彼は、外の世界に何の関心も示さず、帝政末期には、ルーブル博物館の自室にひきこもって、仕事を始めた頃と同様、後進の育成に身を献げた。

ペルシエとフォンテーヌの一七九四年から一八一四年（一部には一八一二年とも言われる）までの共同作業は、アンピール様式の形成と展開そのものであった。彼らの協力は、経済的な基礎の上に成立していたにしろ、共通の理想と友情を土台にしていた。二人はパ

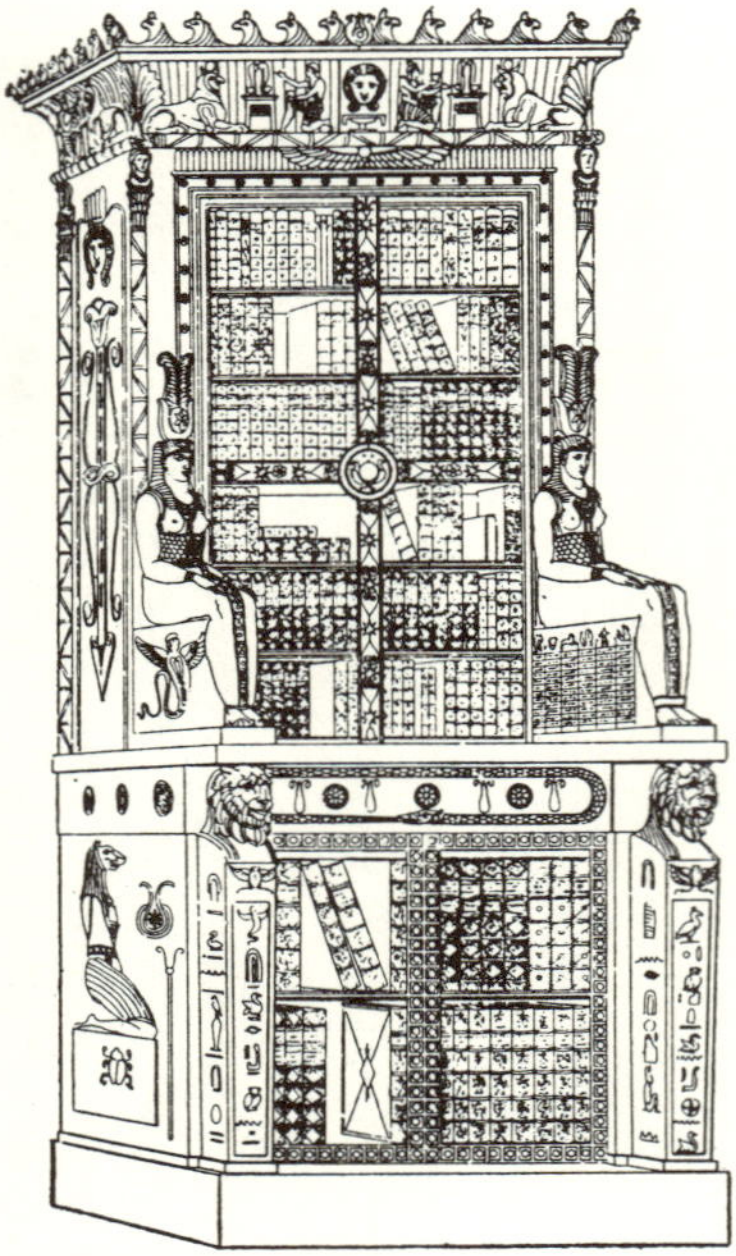

191 (左)ペルシエとフォンテーヌ：書き物机兼本棚，1801年。書き物机を兼ねた本棚はイギリスの家具職人の好みのテーマだったが，ここではペルシエによって流行の装飾が加えられ，ほとんど何であるかがわからなくなっている。19世紀の支配的趣味は，機械化の衝撃がおよぶ以前にすでにその頂点に達していた。(『室内装飾集』)

192 (右)書き物机兼本棚，イギリス—アメリカ風，1790年代。イギリスの家具職人の手になるガラス入りのこの本棚は質素な外観を呈している。備品は必要なものだけが簡潔に備わり，周囲の環境を無視した大仰な自己主張はまったく感じられない。(提供：メトロポリタン博物館，ニューヨーク)

リのある建築事務所で知り合ったが、その後再び、ローマでアカデミー会員として出張した際に会っている。彼らの共同研究のテーマは、一般に考えられるように古代に関するものではなく、むしろ、十九世紀の建築にとって最も重要な意味をもっていたルネッサンスを中心としていた。ペルシエとフォンテーヌによるルネッサンスの再発見については、後にパリで刊行された二巻の木版刷の著書で語られている(99)。二人は四年間ローマに滞在したが、革命が起きたとき、フォンテーヌはパリに戻らなければならなかった。パリで彼は、ある建築家の助手として一時的な仕事しかなく、カーテンや織物のデザインをしたが、それでは生活していけなかった。当時、家を建てようとする者はだれもいなかったのである。いろいろな仕事に手を染めたあげく、パスポートなしでロンドンに渡ったが、そこでも、同じような経験が彼を待ち受けていた。織物のデザイン、壁紙、装飾品、かぎ煙草箱の絵などの仕事がそれであった。九〇年代初頭のロンドンでは、家具職人がわが世の春を謳歌していた。たしかに、ロバート・アダムの影響はアンピール様式にもおよんでいるが、フォンテーヌに影響を与えたのは、イギリス家具の機能性よりも装飾や面の扱い方であった。しかしこの時すでに、フォンテーヌはイギリス家具とは違った方向をめざしていた。

彼のロンドン滞在を早めに打ち切らせたのは、彼の父からの一通の手紙であったようである。それは、議会が不法出国している者の家族の財産の没収を決議したという報せであった。

一方、この頃パリに居残っていたペルシエは、オペラ座の舞台デザイナーの地位を獲得したばかりであった（一七九四年）。彼は、フォンテーヌを呼びたいと申し入れ、これが二人の共同作業のきっかけとなった。

二人の仕事でナポレオンの注意を惹いたのは、一七九八年、元駐英大使ショブラン氏のパリの邸宅を改造した仕事であった。このショブランの隣に住んでいたのが、ナポレオンの最初の妻、ジョセフィーヌ・ボーアルネであった。彼女は、マルメゾンの古城を購入したが（一七九八年）、それを改築することになっていた建築家に満足していなかった。彼女はペルシエとフォンテーヌが担当した隣家の改築工事を見ていた。二人を彼女に紹介したのは社交界付きの画家イザベイだったが、ジョセフィーヌは二人の仕事に感激していたらしく、早速マルメゾンの改築を二人に任せた。あるいは、これとは違ういきさつで彼女はマルメゾンの改築を思いたったのかもしれない。というのは、ちょうどその頃、寝室を古代調に仕上げたばかりの（一七九八年）社交界の花形レカミエ夫人が、この優美な寝室がいかに婦人の美しさをひき立たせるものであるかを吹聴していたからである（図一九五）。

設計を担当したのはペルシエの弟子ルイ・マリ・ベルトーであったが、指導にあたったのはこの二人の建築家であった。房飾りのついた絵入りの掛け布など、どの装飾品にも、ペルシエの手腕がはっきり示されている。ジョセフィーヌのベッドは、レカミエ夫人のそれと同様、ヘッドボードにも脚部にも白鳥の装飾があしらわれていた。ジョセフィーヌは、どの宮殿よりもマルメゾンを好み、終生（一八一四年没）、そこに住んだ。息をひきとったのも、ペルシエが設計した白鳥の形をしたベッドにおいてであった。

すでにナポレオンの戴冠式の頃には、アンピール様式はかなり普及していた。一八〇一年、ペルシエとフォンテーヌが著わした『室内装飾集』にはアンピール様式の全貌が描き出されている。

ところで、ナポレオンはこの二人の建築家にどのような仕事をさせたのだろうか。

建設の仕事は一刻の猶予もなかった。ナポレオンの計画は多岐にわたっていたが、実施されたのは期待に反して、僅かしかなかった。新時代の王朝を開くべく、彼は息子のイタリア国王のために巨大な王宮を設計させた（一八一〇年）。こうした計画は実施に移されなかったが、それでよかったのかもしれない。この二人の建築家は、彼らが解決しようとした問題と同様、時代遅れの存在だったからである。

実施に移された唯一の大規模な事業は、テュイルリー宮に面した「リボリ街」の建設であった(100)。後にオースマンによるパリ改造の土台となったこのような都市計画は、もはや単なる装飾家の仕事ではなく、充分に修練を積んだ者の仕事と言い得るものであった。

ナポレオンは、おかかえの建築家に改築を命じたり、饗宴の装飾や当時流行していた小さな装身具なども製作させた。教皇の手によるナポレオンの戴冠式（一八〇四年）と、ハプスブルク家のマリー・ルイーズとナポレオンの結婚式、この二つを記念して、ペルシエとフォンテーヌが刊行した二冊の図集には、ナポレオンの威信を誇示する祭礼や儀式が強調されている(101)。

ペルシテとフォンテーヌが最も大きな影響をおよぼしたのは室内装飾の分野であった。「ペルシエは、皇帝にふさわしい道具立てをすべて生み出した。この二人の芸術家の影響は、宮廷のどんな小さな物にも残っている」(102)。ナポレオンはまた、花瓶や食器、青銅の燭台（lustres）などの贅沢品、および大変重要な役割を演じた宝石類などを、好んで身のまわりに置いた。特別の「贈呈局」が設けられ、外国の元首に贈り物が届けられたが、そのような物にまで、ペルシェの影響はおよんでいた。

フォンテーヌによって代表される実業家あるいは技術者と、ペル

193 空間の死滅：ペルシエとフォンテーヌ，花台，1801年。あるスウェーデンの伯爵が注文したこの巨大な花台には，19世紀を通じて空間の破壊に使われたすべてのものが予想されている。広間の中央に置かれるこの花台は，金魚鉢と花台，鳥籠で構成されている。花がスフィンクスの頭の上で咲いている。（『室内装飾集』）

194　空間の死滅：レオン・フシェール「ディヴァン（背なしの長椅子）に囲まれた巨大な花台」1842年。ペルシェとフォンテーヌの花台と比較しつつ，影響力ある劇場建築家であり舞台装置家でもあった人物の手になるこの作品を見ると，1840年頃，支配的趣味がいかに広範に人びとの生活に浸透していたかがわかる。周りを座席に取り囲まれたこの花台には，後に，部屋の中央に置かれることになった大きな円形ソファ，ボルンの出現が予告されている。（図212―14参照，『産業芸術』パリ，1842）

シエによって代表される芸術家の協同は、十九世紀を通じてしばしば繰り返された。ギルドの廃止、種々の工芸分野の間の障害の除去は、ペルシエとフォンテーヌが創設した会社がいち早く取り組んだ事業の基本方針でもあった。

ペルシエとフォンテーヌ、および彼らがあらゆる分野で創り出していったアンピール様式は、十九世紀を理解する上での鍵である。この二人を初期の代表者とする支配的趣味は、個々の物の形態を際立たせはしたが、物の根底をなす現実からは遠ざかった。しかし、ナポレオンという人物を、産業の分野でたたきあげられた人物と同等に扱うのが適当でないように、ペルシエとフォンテーヌの仕事

195 レカミエ夫人の寝室。L. M. ベルトー、1798年。壁に描かれた掛け布の模様、2列の縁飾りが付いた本物の掛け布、燭台の飾り、小彫像、ベッド用テーブル、そして花台。これらすべてが、来たるべき趣味の予兆となっている。

を、その生産物で十九世紀を水浸しにした装飾業者の水準で捉えることもまたできない。

アンピール様式の変転

前にも指摘しようとしたように、古典主義とは様式ではなく、一つの彩色法である(103)。古い形式の背後では、バロックの普遍主義(イギリス派、あるいはルイ十六世様式)と、十九世紀の専門分化の傾向という、二つの大きな概念が衝突していた。

アンピール様式の本質を捉えるには、まず装飾を取り上げなくてはならない。イギリス家具職人の手になる家具では、技術的解決と機能が優先され、装飾はデリケートな付随物として次第に二の次になっていった。しかし、ペルシエとフォンテーヌが著わした最初のデザイン書『室内装飾集』(104)では、家具職人については言及もさえされていない。シェラトンのデザインに関する書物とは違って、新しい型や新しい抽出しは何ひとつ見られず、ちょうどジョン・フラックスマンが初めて試みたように、すべてが細い線によって表現されている。ちなみに、このフラックスマンはフォンテーヌと同じ年にローマへ赴いた人物である。フォンテーヌの図面は一見しただけでは容易にわからない。その図面では装飾的なものがあらゆるものを覆いつくし、空間が感じられなかった。

シェラトンは、金属板を切って錠の保護壁を製作し、それに何の装飾もつけ加えなかったが、フォンテーヌの時代には、錠の保護壁は金箔をかぶせた青銅を用いる口実になった。そこでは、赤いマホガニー材との対比の効果が考えられた。金箔は、錠のみならず、可能なところにはどこにでも用いられるようになった。他の時代にも、装飾がデリケートな取扱いから華美なものへと移行する過程はみられたが、この時代に、装飾は見る人を眩惑させ、その素材の違いを主張しつつ、耳ざわりな騒音を発していた。

象徴の価値の低下

196　室内装飾家の影響：交差した掛け布。室内装飾家による支配の兆候は、早くもナポレオン時代に現われた。カーテンは大きく波うち，その上部は飾り立てられ，きらびやかに垂れ下がっている。鷲の嘴が垂れた布をくわえている。当時のある人は、1804年、次のような感想を述べている。「財政家の家で金色の鷲の彫刻が爪でカーテンを支えているのを見ると，私は苦笑を禁じえない。長槍を飾ったベッドは，将軍用としてはまだしも，財政家には無意味なはずだ。将軍は，長槍を飾ると、テントの下で野営しているような気分になれるだろう。このような武器の類は、愛の矢しか知らない可愛い女主人にとって、一体どのような意味をもっているのだろうか。小さな柱は、優美さや趣味のよさを表現していないし，いわんや，家の扉や家具に彫刻された，伝説的な動物の頭と爪はその状態からはほど遠い。」——アンタンの堤防への旅行，1804年。（オスマン『掛け布の手帳』パリ，1810）

これらすべての事情の背後にあったのは、ローマ帝国への郷愁である。ルネッサンス以来、古代様式の装飾はたびたび用いられてきた。たとえば、アラベスク模様、トロフィー、松明、豊角、ロバート・アダムの用いたような棕櫚、雷を持ったローマの鷲、ローマのファシーズ、白鳥、魔神、伸ばした手に月桂冠を持ち羽をつけた勝利の女神、ペガサスとグリフィン、スフィンクス、ヘルメス、ライオンの首、力と名誉の象徴である冑をかぶった戦士の頭部とオリンピックの場面など、枚挙にいとまがない。こうした装飾は単独、あるいは、他のものと一緒に、壁に取り付けられたり、あるいはその小型化したものが家具に打ちつけられた。

力と名誉を表現したこれらの装飾は多様をきわめ、その一つ一つは確認できないほどであった。ペルシェとフォンテーヌによるこうした装飾の扱いの優雅さは、フランス調を真似て至る所で作られたものと比べてみたときにはっきりする。トーマス・シェラトンも、晩年にはフランスの影響から逃れられなかった。彼でさえ、このような装飾を手がけた場合、できあがった作品は驚くほど鈍重な印象を与えた。

装飾は、さまざまな伝統的なモチーフから選ばれ、組み合わされて使われた。その線は確かに優美ではあるが、そこには創意がまったくみられない。おそらく、このような装飾もかつては全体の構成の中でそれなりの意味を持っていたのかもしれないが、しかし、ここでは装飾は全体の文脈から機械的に切り離されて用いられている。古代から借りた形式に独創性を盛ったルネッサンスとは異なり、この時代には、こうした装飾は充分に消化されていなかった。

モチーフは多様化したが、その一つ一つを人びとは果たして弁別

197　掛け布を垂らしたベッド。フランス，1832年。帝政時代に始まった傾向は，次の時代に入ってさらに強まった。(ラ・メサンジェール『家具と趣味製品』737号)

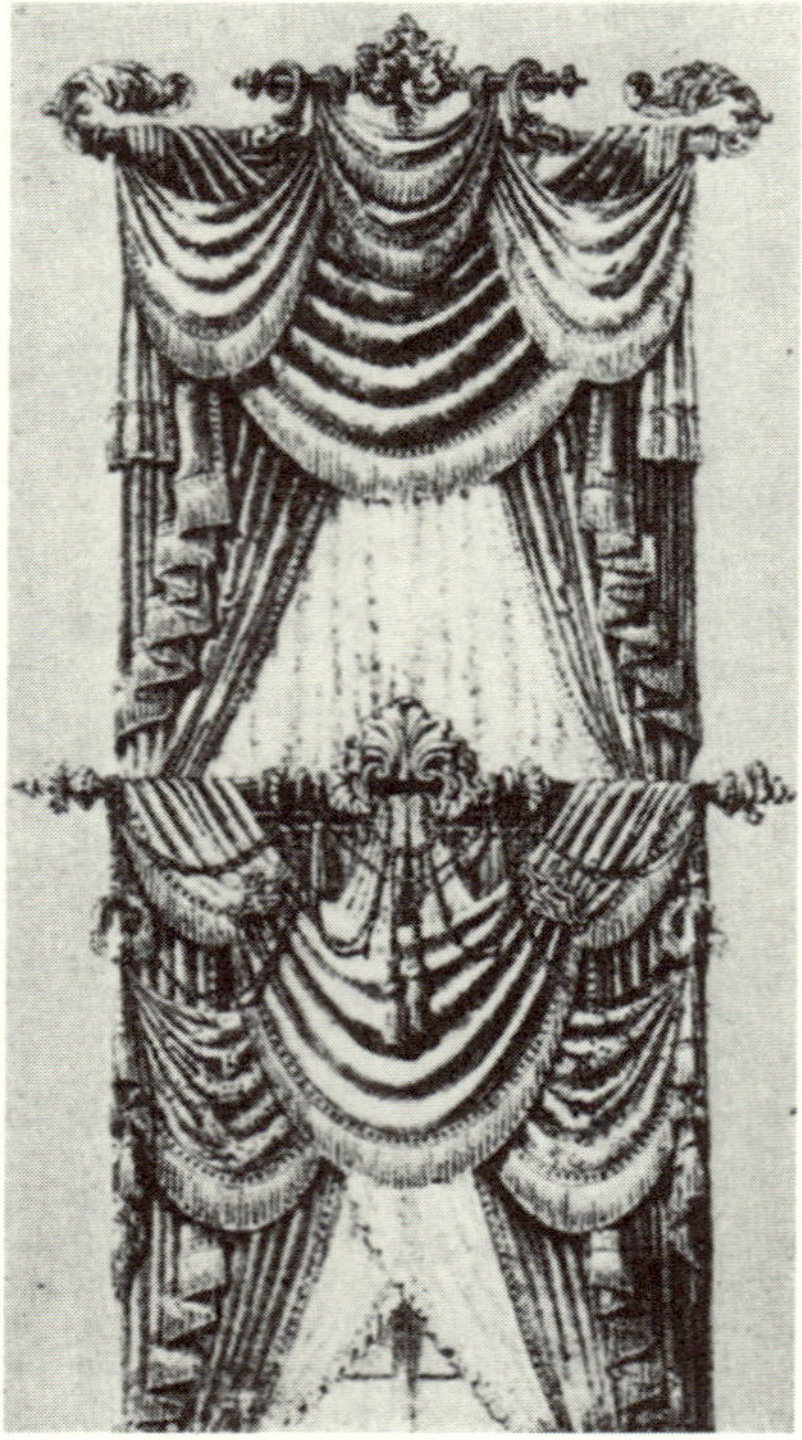

198　交差した掛け布。カーテンはますます重く，複雑化した。この世紀の後半，室内全体は暗くそして陰鬱な雰囲気に包まれるようになった。(ジュール・ヴェルデレ『マニュエル・ジェオメトリーク・ドゥ・タピシエ』，パリ，1859)

199　マックス・エルンスト：「夜がその寝所で金切声をあげ……」波打つ掛け布と陰脅な雰囲気とから，マックス・エルンストの鋏は海底の洞窟を構成した。内部は暗殺と逃げ道のない雰囲気に満ちている。横になった身体は，生きているのだろうか，あるいは死体なのだろうか。それとも，石膏の彫像なのだろうか。一体，休んでいるのか，朽ちているのか，生きているのか，死んでいるのだろうか。「どの広間も，湖の底に沈んでいるように見える」とアンドレ・ブルトンは述べている。（366頁参照，マックス・エルンスト『百頭女』パリ，1929）

できたのだろうか。それらのモチーフは、何度も見ているうちに無関心に見過ごしてしまう広告のようなものではなかろうか。鷲やライオンの首、松明、それにグリフィンなども、ローマ時代の祖先への追憶を強調しすぎてはいないだろうか。また、家具や壁に嵌め込まれていたトロフィー、棕櫚を手にした魔神、それに剣や槍も、安易に勝利を誇り過ぎているのではなかろうか。

アンピール様式のこのような状況は、まさに象徴の価値の低下以外の何ものでもなかった。ナポレオンは、貴族の地位を低下させると同時に、装飾の価値をも低下させたのである。

このような象徴の価値の低下は、アンピール様式においてたびたび見られる。ローマ人にとって月桂冠は特別な意味を持っており、ごく稀にしか用いられなかったが、帝政時代にはほとんどアンピール様式の商標にさえなった。月桂冠は執政内閣時代にはじめて使われた頃には一つずつ用いられていたが、後には、つけ柱の前面に蔦のように張りめぐらされ、また、ペルシエとフォンテーヌがナポレオンの命をうけて装飾を担当したテュイルリー宮の玉座室では、壁にその浮彫りが施されたりした。また棕櫚の枝を手に王冠を抱く勝利の女神の彫刻が、ティーポットにまで彫られていることに対して、人びとが何の違和感も感じていなかったことに注目しなければならない(105)。そして、古代においては、ディオニシウスの信者が最も厳粛な儀式の場合にだけ手にしたバッカスの杖が、この時代にはカーテンのロッドとして用いられたことも（図一九六）、象徴の価値の低下を如実に示している。

ペルシエとフォンテーヌは、（一八〇一年以前に）スウェーデンに巨大な花台（図一九三）を送ったが、そこで彼らは、本物の植物を入れる花籠の支柱としてスフィンクスの頭を用いている。このモチーフは新しいものではない。フォンテーヌブローにあったマリー・アントワネットの居室の壁には明るい色でスフィンクスが描かれ、その頭上には華奢な花籠が描かれていた(106)。しかし、こうしたことはすべて、視線を誘うだけの戯れでしかなかった。スフィンクスの尾がアラベスクの中に巻き込まれ、そして花瓶そのものとバランスをとるように細い茎がはり出しているという構図も、実に奇妙なものである。ナポレオンの時代になると、このスフィンクスは金属製の動物に変化して、本物の花が活けられるようになった。しかし、このように自然主義的な扱いに固執するようになると、幻想の持つ魅力は失われる。さらに、象徴の価値の低下は、宮廷建築家が部屋の中央に天井にまで達するほどの塔門を設け、その上に神をまつり、これをワードローブと呼んだことにもよく示されている(107)。

家具の支配

十九世紀におけるアンピール様式への決定的な第一歩は、空間の崩壊をもって始まった。家具は、自己完結的な建築と同じ扱いをうけるようになった。それは独立した実体とみなされ、周りの空間とのつながりを欠いたものになった。

十八世紀には、かなり大きな家具はできる限り壁と一体化するように、あるいは、部屋と部屋の間に配置され、その存在がなるべく目立たないように設計されていた（図一九二）。

十八世紀後期のイギリスの家具職人は、ガラス戸のついた本棚の製作に非常な努力を払った。彼らは特に、本棚の外観を簡素にし、最小のスペースになるべく多くの本が収められるように工夫した。そして、それを壁に密着させてセットした。ペルシエとフォンテーヌも、一八〇〇年、マルメゾンにあったナポレオンの邸宅用に、これと同じような簡素な本棚を設計している。しかし、同時に彼らは、本棚を装飾家具（図一九一）に仕立てる傾向も示していた。アムステルダムの顧客の注文に応じてデザインした「書き物机兼本棚」がその例である。その家具は部分的にはイギリス調の本棚を踏襲しているが、その意味は変化している。もはや、書物を手にしやすいということが製作の中心的な動機ではなくなり、かわって、本棚をエジプトの神殿の扉に似せて作り、象形文字で覆うことに関心が集まっている。ペルシエとフォンテーヌは、この点について次のように説明している。「エジプト様式を採用したのは、そのようにすると珍しい木材や種々の化粧張りをふんだんに使う口実が得られるからである。オシリスの頭を持った二つの坐像は青銅製である」(108)。ここでは、異国趣味と装飾性が、判断の規準になっている。

巨大な花台の傍には、花をくわえた四つのスフィンクスが控え、三つの壺には、それぞれ金魚鉢、花、および鳥籠が置かれていたが、これらを前にしては、空間を強調することなど不可能と言っていい。スウェーデンの伯爵が注文したこの花台には、来たるべき十九世紀の方向が示されていた（図一九三）。

室内装飾家の影響

アンピール様式が最初に現われたのは、真剣なデザイン的考慮の対象とはほど遠く、一見したところアクセサリーにすぎないような物においてであった。ドレイパリー（掛け布）がそれである。その役割のピークは帝政末期におとずれるが、ナポレオン時代の何にもまして来たるべき事態を予告していた。

ここでは、室内装飾家が主導権を握っている。ルイ十四世の時代には、種々の垂れ布や飾りをつけた掛け物は頑丈な建築的枠組の中で用いられていた。ジャン・マロも空間と融合するように掛け物はすっきりした形のものにした。執政内閣時代になると、古代様式を暗に模倣して、羽目板のかわりにドレイパリーの絵が壁に描かれるようになった。たとえば、レカミエ夫人の寝室はそのようになっていた。この傾向は、家具を独立した物として扱う傾向とともに、空間的統合を崩壊させる大きな要因となった。ナポレオンも、最初はこの流行に抵抗したらしい。戦役から帰ってきたナポレオンは、ペルシエとフォンテーヌが布飾りをテント状に描いたマルメゾンの客間に不満を示し、「まるで野獣を入れる檻のようだ」(109)と言ったという。間もなく、壁にドレイパリーを描く方式が衰退すると、本物の布で空間を包み、すべての境界をぼかす傾向が現われた。

ドレイパリーには、特別な役割が与えられていた。執政内閣時代には、一本の棒にゆるく通された大きな輪にキャラコのカーテンを吊り下げて、多少なりともくつろいだ雰囲気を作り出す工夫がなされた。帝政時代になると、カーテンが描き出す線はダイナミックで華麗なものになった。「この時代の印象としてわれわれの心に強く残るのは、大胆な効果を生んでいた厚地のドレイパリーの存在である」(110)。この点に、一八七〇年代のある室内装飾家はもっとも大きな印象を受けた。カーテンの上部（ランブルカン）にはドレイパリーが豊かに施され、トーガのように、カーテン・ロッドを覆っていた。このロッドにもカーテンの動きは関係していた。そして鷲がその大きな嘴にカーテン上部の垂れ布をくわえていた（図一九六）。縁は、二重、三重になっていたため、一層の重量が加わった。キャラコのカーテンは、重ねられて左右非対称に交差し、大きな襞をつくっていた。そして、カーテンと共に窓や扉、そしてアルコーブも、室内装飾家の意のままに作られていた。この華やかなドレイパリーは一見、無造作に見えるが、実は非常によく計算されていた。熟練工は、この面倒な装飾の裁断や縫製の方法、さらには、これをカーテン・ロッド（槍、またはバッカスの杖）にかける際にさりげない効果を生み出す方法を心得ていた。この頃、ドレイパリーはまだ薄いキャラコで作られていたが、その後のルイ・フィリップの時代になると、カーテンの意匠は帝政時代の華やかさを保ったまま、キャラコに代わってルイ十四世調の重厚な布が使われるようになった。

装飾の機械化

人間の身のまわりの環境はどの程度機械化の影響を受けたのだろうか。この問いに対しては簡単な答えはなく、充分な理解は不可能に近いが、それはこの問題が感情の世界とかかわり、一方的な解釈を許さないからである。

機械化の影響は生活のあらゆる側面におよんだが、ここでは、機械化が身近な環境におよぼした影響として次の三点をあげ、それについて考えていきたい。

その第一は、機械化がいかに人間の環境を混乱に導いたか、という点である。それは、芸術品の工業生産、工芸技術の模倣と水準の低下、素材に対する感覚の頽廃に現われている。一八四〇年代に始まって改革者は相次いで機械化の弊害を執拗に叫んだが、その力には勝てなかった。

第二の影響は一見してわかるというものではなく、研究対象としても未開拓の分野である。ここでは、機械化と、家具という人間の日常生活にとって最も身近な道具、その両者のつながりが問題になる。この分野における機械化の到来については「室内装飾家の支配」の項（三四五頁）で扱う予定である。

そして第三に、機械化の影響が流行に妨げられることなく大胆に展開した例として、十九世紀に固有な要求に応じて創造された、さまざまな型の家具について触れる。それらは、それ自身の生命力をもった家具である。「十九世紀の構成的家具——技術者の家具」の項で、この家具の重要性を指摘するつもりである。

ギルドは、一貫して、高い水準の日用品を生産した。ギルド体制は統制経済を意味し、価格は固定され、しかも、一時間当りの賃金の割にはその価格は非常に高かった。物はなかなか手に入らなかった。物は物質的価値だけでなく精神的価値を表現し、人とその愛用品との間には、強い人格的な絆が芽生えた。

以上は、産業革命が始まった頃の状況である。機械化は日用品ばかりでなく、情緒的、あるいは表現上の欲求を満たすためのものをも変えた。人間の飾りたいという願望は生得的なものであり、愛したり飢えを凌いだりする欲求と同様、否定できるものではない。

問題はこの願望がどのような形で満たされるかということである。ここで取り扱うのは、年代や数字によっては表現することのできない現象であるが、ここにも十九世紀全体を通じてみられた、象徴の価値の低下が示されている。

機械は彫刻や絵画、壺、花瓶、絨毯を大量に生産し始めた。それに伴って、家具はずんぐりした印象を与えるものになり、形も鈍重になっていった。それに続いて、装飾に対する要求が増大し、ありとあらゆる物が部屋に詰め込まれるようになった。そして、生産コストが下がれば下がるほど、このような装飾品はますます増加していった。

ここでは、落ち着いた環境と空間の気品に対する感覚は失われてしまったかのようである。画一的な嗜好がすべての社会階層に行き渡り、ただ違っているのは材料と仕上げだけであった。たとえば、彫刻はブロンズ製と、安いものとして鋳鉄製があった。あるいは、大理石と石膏の違い、本物の陶器と張子、手細工の銀製か型押し加工の錫製か、という違いがあった。床や壁の表面仕上げについても同様で、絨毯は東洋産か、機械製であり、絵画は原画か、でなければ複製かという状況であった。

人間に備わっている秩序のとれた環境に対する本能が、これほどまでに堕落したことはかつてなかった。以前には金があり余ってもこのような収集趣味は起こらなかっただろう。では一体、なぜこのような自制を欠いた状況が生まれたのだろうか。責任は機械化だけにあるのだろうか。

このような状況はある程度までは理解できる。十九世紀の初期に生まれた人びとは、すべての製品は高い労働価値を含み、長い労働のすえに得られるものだという根強い信念の支配する中で育った。ところが、この時代になると、機械は綿製品ばかりでなく、芸術や装飾として用いられるほとんどあらゆるものの価値を下げ始めた。機械生産された壺や小像、敷物などは、手製のものに似ていたし、それはそれなりに、当時急速に全土に広がりつつあった鉄道と同様、ひとつの奇跡を表わしていた。

しかし究極の原因は、このように物を氾濫させた機械化でもなければ、生産物が安くなったことでもない。

背後に何かもっと大きな動因がなかったなら、こうした事態は長くは続かなかっただろう。機械化それ自体は、良くも悪くもない中立的な現象である。問題はその利用の仕方である。支配的趣味は、装飾品の大量生産が始まる以前に、すでにアンピール様式に表われていた。機械化は、ただこうした徴候を途方もなく増幅したにすぎない。支配的趣味の要素は、すでに一八〇〇年頃に見出される。象徴の価値を下げたのは機械化だけではなくて、機械化の利用法であった。それでは、これはいつ頃始まったのであろうか。

代用材と手工芸の模倣（一八二〇—五〇年）

一八三〇年代から四〇年代の初めにかけて、工業は装飾の各分野に驚くべきスピードで浸透した。これは、五十年間で紡績と織物の機械化という複雑な問題を解決した、強力な技術革新を基礎にしてはじめて可能であった。作業過程の分割と機械の分化を伴ったこの技術革新の性質からは、機械化がまずいかなる問題の解決に有効であるかがはっきりしていた。細い綿糸を紡ぐ機械を製作するよりも、手工芸的な家庭用品を機械で模造することのほうがやさしいことがわかったのである。

機械化はまず絨毯から始まった。一八二〇年以降、人物や風景、大きな花などを描いた絨毯に対する需要が高まった。そして、自動織機が発明されるとともに、織物機械の発展はその頂点に達した。一八二七年、イギリスでは「ヴェネツィア風絨毯の製造方法の改良」(111)に特許が与えられた。花柄は横も縦も、幅一ヤードあるいはそれ以上の絨毯をいっぱいに覆うほど大きなものが作られるようになった(112)。

ある発明者が誇らしげに「ダマスカス王朝風絨毯」と名付けた多色織りの織物は、それ以前には不可能だった大柄な模様と安い価格を実現したものだった。ジャカール織機の場合に、梳き櫛や針の数が増えたため、デザイナーは手織りの制約から解放され、内容は別として、頭に描いたことを自由に表現できるようになった。装飾の機械生産化が本格化したのはいつ頃だったか。いつ頃小像や壺、花瓶や食卓用器具は豊富に量産されるようになったのだろうか。

これらの生産物は、手製であるかのような外観をもつことが第一の前提であった。そして手工芸品のように見せるためには、まず、装飾したり、浮彫り細工や凹凸を施したりする機械装置の発明が必要だった。

事実、一八三〇年から一八五〇年にかけてイギリスで出願された特許を調べてみると、手工芸品の材料や形態を模倣する新機軸がひきもきらず開発されていたことがわかる。一八三七年から一八四六年の十年足らずの間に、特許庁は「非金属体の塗装と表面仕上げ」「現在（一八四三年）用いられている漆塗りや他の方法に代わる、

200　型打ち機械，1832年。機械が手工芸品の外観を真似，彫刻，絵画，壺，その他の品物を大量に生産し始めた。機械による硬貨型打ちは，装飾機械化の出発点のひとつである。（チャールズ・バビッジ『機械と製造業の経済』，ケンブリッジ，1832）

鍛鉄製品の表面仕上げ法」そして「人造石や金属の表面仕上げ材として使える樹脂やセメント」(113)等々、三五にものぼる特許を認可している。

電気メッキも普及し始めた。これは、ディッピング・プロセスといわれ、鋳鉄や薄板品を亜鉛の溶液に浸す方法である。この方法では、縁の部分が円くなるのが欠点だったが、そのことで普及が妨げられることはなかった。

さらに時代が進み、電気メッキ（ロシア人学者、ドルパットのヤコビ教授によって一八三七年発明された）による模造品の生産が大規模に行なわれるようになった。この方法によって、石膏に髪の毛ほどの薄さの金属膜をかぶせ、ブロンズのような外観を与えることができるようになった。

一八四〇年頃には、機械化の濫用の結果として素材に対する感覚は荒廃し、あるいは少なくともその力を失っていった。

機械化の誤用は安い材料を高価な塗装で隠すことにとどまらなかった。部屋を満たす装飾品を製造する工夫がいくつも考案された。型打加工、圧搾、押抜き、鋳型やダイスの製作などがそれである。一八三八年に特許の認可を受けたものには、「彫刻品の凹凸を型にとって打ち抜き、表面に浮彫り細工をして原型を複製する方法」があった(114)。一八四四年の特許には、「型打加工、型付加工、型どり加工用ブロック」の製造に関するものがあったし(115)、一八四六年になると、ついに「型打加工の自動化」に特許が与えられている(116)。一八四六年の一年間だけで、こうした複製の機械化を扱った特許が三つもあった。

機械製の装飾品に対する需要は頂点に達しようとしていた。一八三〇年から一八五〇年の間に、あらゆる種類の代用材が生み出されたが、その影響は今日にまで尾をひいている。

機械化の誤用に抗する動き、一八五〇年のイギリスの改革者

こうした機械化の濫用に対して抗議の声があがったのはいつ頃であったか。

一八五〇年頃、イギリスでは、その功罪は別として、他の国よりも工業化が進んでいた。先見の明ある人物が現われ、機械化の現状に警鐘を鳴らしたのもやはりイギリスだった。この運動を組織したのはヘンリー・コール（一八〇八―八二年）(117)だった。彼はイギリスの官吏で、最初は中世の年代記の保存を実施して注目された人物である。

このグループは、工業生産の無謀さを抑えようとした。かくして、およそ二十年の間に、機械化の誤用がもたらす弊害について徹底した理解がなされた。コールを中心とした改革者のグループには、イギリスの著名な画家や彫刻家も何人か含まれていた。このグループの思想は、当時この問題に関心を持ち始めたラスキンとも、一八六〇年のモリス一派の思想とも違っている。一八五〇年の改革者は手工芸への復帰を説いたわけではない。彼らは工業からの脱脚を求めず、機械化も否定せずに、問題の解決を図ろうとしたのである。

当時のイギリスでは、機械は管理もされず、まったくの野放し状態で使われていた。それに対して、ヘンリー・コールらの考えた解決は、芸術家、製造業者、それにデザイナーの間のギャップを埋めようという試みであった。彼は「美術と製造活動を統一しよう」としたのである。こうして彼は、「芸術産業」という言葉を発明した。彼はすでに一八四五年頃、その考えを抱いていた。「私が、芸術や美を機械による生産方式へ適用することを意味する、芸術産業という言葉を思いついたのは、確か一八四五年であったと思う」と彼は述べている(118)。

このように彼は、機械化の弊害を根本から除くような生産活動のあり方を追求した。彼の言葉を借りれば、「芸術と製造者の協力によって大衆の趣味の向上を図る」(119)ことがその狙いだった。彼はその後数年にして、伝統のある主だった企業の協力を得ることができた。その中には、鋳鉄製の橋梁（一七七五―七九年）を初めて建設した、有名なコールブルックデール鉄工所やウェッジウッド陶器製作所、家具のホランズ社、ガラス器のクリスティ社などが含まれていた。

さらに計画を進めるために、ヘンリー・コールには何かきっかけとなるものが必要であった。画家のウィリアム・シプレイが一七五四年に設立した「芸術協会」（正式名称は「芸術・製造・商業振興協会」）は、創立以来、さまざまなコンテストを催してきたが(120)、一八四五年には、「一般向けのティー・セットとビール・ジョッキの製作」に授賞が決定した。

この賞を受けたのは、フェリックス・サマリーであったが、これは、実際にはヘンリー・コールのペンネームであった。彼のティー・セット（図二〇二）は、大変普及し――協会の秘書が著者に語ったところによれば――現在でもミントン社で製造されているという。このティー・セットは、現在のわれわれから見れば格別変わったも

のではないが、歴史的には十九世紀における改革の出発点となった記念すべき製品であり、ヘンリー・コールにとって、新しく、そして遠大な計画を進める上で大きな刺激となった作品である。

ヘンリー・コールの『ジャーナル・オブ・デザイン』誌（一八四九―五二年）

この頃コールは、アダム兄弟が設計した小綺麗な芸術協会の建物で、毎年「フェリックス・サマリー・シリーズ」と題する、小規模な工業製品展示会を開催していた。彼は、批判と賞讃を混えながら、産業界を自分の考えに引き入れていった。彼の机の上は、全国の製造業者から送られたさまざまな模様の織物でいつも埋めつくされていた。小冊子だが戦闘的な『ジャーナル・オブ・デザイン』誌は、彼の思想や運動の内容をよく伝えていた。たとえば、彼は、目の前に並べられたさまざまな模様の織物を前にして感じたことを次のように書き記している。「ここからはただ、目新しさを競う声しか響いてこない」。「自然広しといえども、ここに表現されているほどの形態や幻想性は存在しない。……まるで精神の安定を欠いた気分のむらを思わせる……」(121)。

同時に彼は、模様はよいものであればかなりの利益をあげられるとも述べ、「装飾デザインの商業価値」を証明したのである。

月刊誌『ジャーナル・オブ・デザイン』は全体で六巻からなり、創刊号は一八四九年、最終号は一八五二年二月に発行されている。この雑誌は、装飾や日用品を含めあらゆる製品を取り上げているが、この雑誌ほど当時の不安や関心をよく表現しているものはない。そこでは、子供の教育問題についても、大胆に、また徹底した形で検討が加えられている。また生地の一部が植物標本帖のように誌面に貼付され、その模様が批判されている。その模様は、元の色彩をそのまま写しているため、今見ても大変参考になる。織物の模様やゴシックの墓に似せて作られたマッチ箱（図二〇一）に対する批評と並行して、重要な新刊書を取り上げては、それに対する自分の見解をはっきりと述べている。若いラスキンの逃避主義に対しても間髪を入れず攻撃を加えた。コールの雑誌は『レスプリ・ヌーヴォー』誌の一八五〇年度版といってもよいが、ただ一九二〇年頃の『レスプリ・ヌーヴォー』誌のようなテーマを限った前衛雑誌ではなく、広く産業全体、世の中一般の事を扱っている点が違っていた。一九二〇年の運動と比較した場合、コールらの最大の弱点は、新しい芸術上のヴィジョンを示し得なかった点にあった。その影響が長続きしなかった理由もそこにあった。

コールは、展示物はどれも具体的な目的をもたなくてはと主張した。それは「有用性を最大に発揮し、純粋な形を選んでなければならない」。一八四七年から一八四八年にかけて、コールは芸術協会の後援を一身に受け、展示会を組織したが、それは小規模ながら次第に成功をおさめていった。彼の影響を受けて、協会は何十年かの眠りから目を覚まし、再び精力的な活動を開始した。彼は一八四八年、当時、芸術協会の総裁をしていたヴィクトリア女王の夫アルバート公に、イギリス工業博覧会の開催を進言した。「これに対する回答は芳ばしいものではなかった」(122)らしいが、彼は諦めなかった。一八四九年に開かれたパリの工業博覧会の成功は彼の立場を有利に導き、彼はさらに自分の意図を推し進めていった。コールは、バッキンガム宮殿でプリンス・アルバートに会見し、慎重かつ巧妙に彼

201　十字軍戦士の墓を模した陶器製のマッチ箱。1850年頃。ヘンリー・コールは皮肉まじりに，材料と象徴の価値がますます低下することに対して警告を発している。（ヘンリー・コール『ジャーナル・オブ・デザイン』）

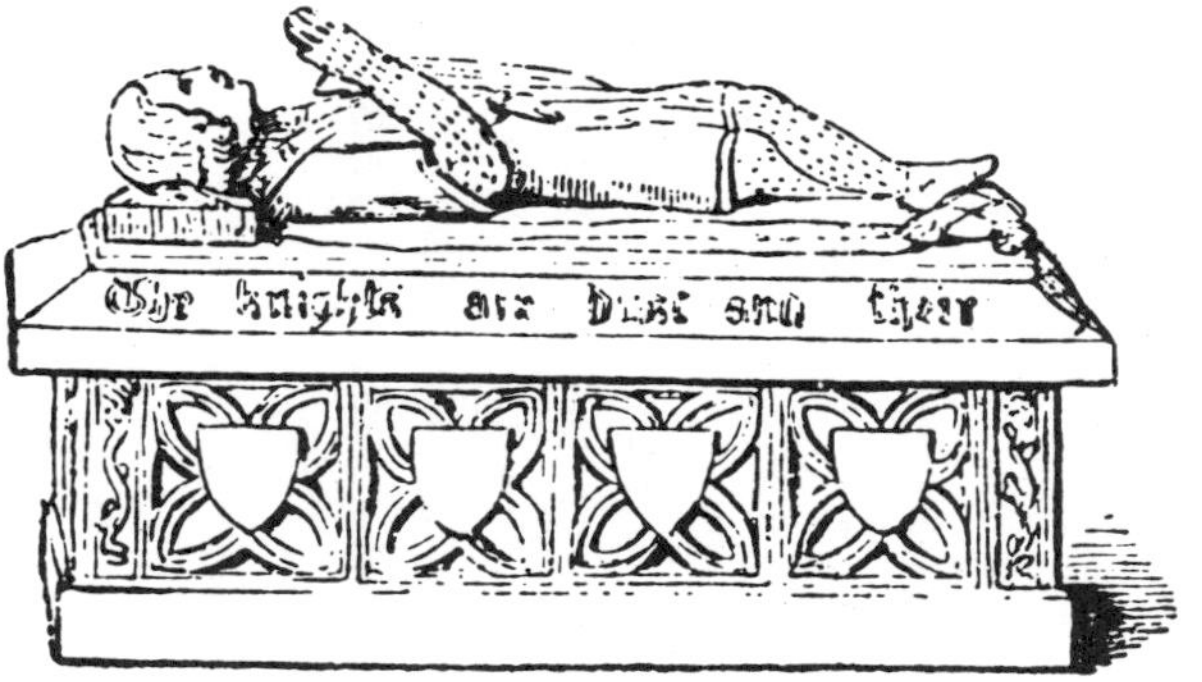

202　ヘンリー・コール：若術協会主催の競技設計，1845年。家庭用ティー・セット。この普及型ティー・セットは，一般大衆の趣味を向上させようとする初期の努力のひとつであり，簡素で安価な陶器の好例である。「デザインの目的は，安くて，しかも最大限の美と装飾性を得ることにあった。把手の装飾は，簡潔な外観を損わないようデザインされている。カップは縦長で，お茶がさめにくいようにできている。」——『民衆の生活50年史』（提供：芸術協会，ロンドン）

を説得し、ついに、真の意味での初めての国際博、万国工業博覧会をロンドンで開くことを決断させた(123)。

装飾品の機械化と一八五一年の万国博

周知のように、万国博は芸術協会が計画したが、実際にはプリンス・アルバートとヘンリー・コールによって推進された。二人は、気弱な人間では萎縮してしまいそうな障害や困難を見事切り抜けた。

「第一回万国博覧会」は、全世界の人びとの努力の成果を一堂に集めて見比べることを目的としていた。コールの狙いははっきりしていた。『ジャーナル・オブ・デザイン』誌上で小規模に進めていたこと、つまり「実地に見ること」そして「見比べること」を大規模に展開し実施することが、その目的だったのである。他の国々における工芸の様子はどうなっているだろうか。工業生産は、東洋の手工業と比較してひけをとっていないだろうか。

コールの初めての演説(一八四九年十月)でも、この点が触れられている。「博覧会では、今までほとんど知られていないインドの製品が見られるだろう」(124)。

コールが意図した、ヨーロッパとヨーロッパ以外の地域の製品の比較は、機械化の惨憺たる敗北に終った。一方に、落ち着いたインド製の織物の図柄やカシミア・ショール、そして抽象的な薄青色の飾りのついた薄いモスリンがあり、他方その隣には、三万個の梳き櫛によって製造された、まばゆい機械織の絨毯が、あだ花を咲かせていた(125)。

見学に来た人はこの対照に大きなショックを受けた。

「この博覧会では、見たこともないような巨大な花や葉、果実がみられる。モス・ローズの模様を見ていると、あまりに派手で目がくらみ、頭痛を催しそうになる」。それと同時に、一体、絨毯の目的とは何なのか、という疑問が起こってきた。「絨毯の用途ははっきりしているはずだ。それは、家具を引き立たせるものでなくてはならないが、一体ここに展示されている絨毯のように色のコントラストが強いと、目は家具のほうに向かないで、その下の絨毯のほうに行ってしまうのではないだろうか」(126)。

一方には高度に発達した機械化の産物があり、他方には原始的で労働集約的な手工芸品が展示されていた。そこで、「文明が進歩し、知識や労働の価値が高まると趣味の本質は侵されるのだろうか」という疑問が生じてきた。工業化の水準は、決して、文化や生活を形成する能力を計る目安にならないことが、ここで初めて明らかになった。それ以来次第に、高度な機械化は生活の質の向上につながらないという事実が誰の目にもはっきりしてきた。こうして並べて見比べてみると、ヨーロッパ以外のほうが品性を保ち素材を生かしていることを、誰も否定できなかった。ヨーロッパ人は、中性的な織物に対する確信を得た途端に、装飾性と自然主義をミックスしたパターンにも、また素材の使い方に対しても、急に不安を覚え始めた。『タイム』に載った「デザインの本質に対する不信の拡大」と題された記事は次のように述べている。「今度の万国博で、装飾デザインに何の原則もないことがはっきりした。全ヨーロッパの美術品製作者は混乱を極めているようである」(127)。

このほかにも、「一切のデザイン原理からの大幅な逸脱」とか、「現代の科学的進歩の濫用」とか、「人間は機械の奴隷となってしまった」(128)等々について述べられている。ヘンリー・コールは、この認識を、彼らしく次のように表現している。「東洋から実に多くの教訓を学んだ。芸術の新鮮な泉がそこではこんこんと湧き出ている」。次に彼は、東洋の手工芸品から目を転じ、博覧会でみられた第二の創造的な傾向について述べている。「次にわれわれに多くの事を教えてくれたのは、建国期の新しい要求に忠実に、刈取り機やその他の機械類を製作しているアメリカの兄弟たちではなかったかと思う」(129)。コールは、原始的な表現と高度な機械化の産物という二つの極、近代芸術の二つの源泉を直感的に把握した。彼が時代に先んじていたことの所以がここに示されている。

この博覧会の実行委員は五人だけで構成されていた。まず筆頭に挙げられるのは、ヘンリー・コール。そして、メナイ海峡を横断する鋼管製の橋梁を完成させた偉大な土木技師のロバート・スチーブンソン。建築家であり、改革者であったディグビイ・ワイアット。あとの一人は、やはり芸術協会の会員で、『デイリー・ニューズ』紙を建て直したことで知られ、その経験を博覧会のカタログ作成に生かした人物であった。このチームが、博覧会全体を通じて最も困難な事業、すなわち「新しい必要に適合した展示会場」の建設にとりかかることになった。ここで、ヘンリー・コールは、常々芸術産業に対して説いてきたことを実施に移す機会を得た。彼はジョセフ・パクストンに展示会場の設計を依頼した。その結果生まれたのが水晶宮であり、そこでは「物質のかげは跡かたもなく消え去っていた」(130)。水晶宮は、機械化にもヴィジョンの可能性があることを見事に証明した。

この計画が実現したのはほとんど奇跡に近かった。もし臆病な人間が担当していたら、計画は到底陽の目を見なかっただろうし(131)、建てられたとしても、記念碑的な性格の建物が生まれるのが精々だっただろう。問題が起これば、企画全体が放棄されていたかもしれない。

展覧会場のような芸術的価値をもった建物を建てる際には、後援者がデザイナーにもまして重要である。

したがって水晶宮はパクストンだけの功績ではなく、それを可能にしたのは一八五一年当時のロンドンの雰囲気そのものであった。その後間もなく、パクストンが一八五三年のニューヨーク万国博覧会でお世辞にも良いとは言えない後期ロマン派的なゴシック建築を設計したのも、決して不思議ではない(132)。

「われわれには指導原理となるものがない」

博覧会の教訓は、広く同時代の人びとの間で議論され(133)、来たるべき時代に対しそれがもつ意義について話し合われた。ヘンリー・コールは、実地に見ること、見比べることを将来への指針とし、それを実際の教育の場に採り入れた(134)。

工業それ自体に歯止めをかけることはできなかったし、生産もそのまま続行した。しかし、イギリスでは改革の火は消えなかった。このことは、万国博覧会で、ヨーロッパ諸国の華美な展示品の脇に並べられ、簡潔に白く塗装されたイギリス製の家具を見ても明らかだった。フランスその他の大陸諸国ではまだ、工業に方向づけをしようとする動きは見出せなかった。

コールのグループに属していたデザイナー、オーエン・ジョーンズ(図二〇三)は、「われわれには指導原理となるものがない」(135)とはっきり述べている。

この言葉の背後に、一八五〇年当時の状況を窺うことができる。装飾品の機械化が大衆の支配的趣味と軌を一にする現象であったことは疑う余地がない。風俗画や、はにかんだようなポーズをとった裸婦の絵は、まるで舌で描かれたかのような印象を与える。今日の博物館では、そのような絵は品性を損うものでもあるかのように地下室に追いやられている。しかしこうした絵は、一八五〇年から一八九〇年に至る期間、市場と消費者の好みを捉え、他を一切寄せつけないほどの勢力をもっていた。これらは、嫌悪感を催させるような下品な素材感に支配されていたが、その点では、芸術産業が生み出した型抜きの装飾品や花模様の絨毯も同様だった。

デザインの基本原理の探究

このような状況に対して、ヘンリー・コールらはどのような方法を講じたのだろうか。

彼ら改革者の姿勢は、その青春時代、すなわち後期ロマン派時代に形成された。彼らは、優れた作品には接するだけで大きな意義があると常々考えていた。フェリックス・サマリー(ヘンリー・コール)は、一八四〇年代に子供用の本を数冊発行したが、この時、デューラーとホルバインの木版画を挿絵に使った。

これらの改革者は、ビクトル・ユーゴーの同時代人である。ドラクロアと同様、オーエン・ジョーンズも、一八三〇年代に東洋へ旅行し、そこでアラビアの模様と装飾に大きな感銘を受けた。大博覧会の数年前には、彼はアルハンブラ宮殿に関する豪華な本を刊行している(136)。

一八五〇年頃のイギリスの芸術家は、同時に有能な職人でもあり、いわば両者の中間を行く存在だった。彼らの芸術は深い感動を与えるようなものではなかった。しかし、彼らの唱えた原理にみられる洞察と自由こそは、彼らが実際につくった作品以上にすぐれた指針であった。

一見しただけではわからないかもしれないが、彼らは基本原理の確立を目指していたのである。

オーエン・ジョーンズの『装飾の文法』(一八五六年)(137)には、この目的がはっきり示されている。この書物には、中国や近東のものから、ケルト風のレース編み飾りやバロックに至るまでの、さまざまな土地や時代の装飾品が丹念に蒐集されている。ジョーンズは、材料——たとえば、絹・リネン・木・石・陶器——からパターンを抽出し、これに彩色して平面に表現した。彼の狙いは一見したところとは逆であった。

「私は、このようにさまざまの美のパターンを直接見比べることにより、過ぎし時代の形式を模倣することで事足れりとする今日の傾向に、歯止めをかけたかったのである」(138)。そうしたパターンは、コールの若者向けの本に載っているデューラーの木版画のように、直接に知覚を刺激することを目指していた。オーエン・ジョーンズは、著書の最後の章で、自分が作成したパターンを例にひいてこの点をはっきりさせている。そこで彼は「装飾の工場生産の非常な手軽さ」に屈服もしていないし、新しい装飾を工夫しようともしていない。自然にみられるパターンを写真や型を使ってコピーしたり、また「過去の経験に、自然へ回帰することによって得られる新鮮な発想を接木」するという彼の主張を展開しているわけでもな

203　オーエン・ジョーンズ：押しのばしたセイヨウトチノキの葉のパターン。1856年。50年代の改革者たちは，折衷主義の絆を断ち，「過去の形態を模倣しつつ流行に身を委せることで事足れりとしている現代の不幸な傾向を終らせようとした」。オーエン・ジョーンズは1ページ全体にわたり，セイヨウトチノキの葉を，光と影を捨象して，ただ線と輪郭だけをもつものとして扱っている。彼は，19世紀後期の「アール・ヌーヴォー」の方向を指向していた。（オーエン・ジョーンズ『装飾の文法』，ロンドン，1856）

204　オザンファン：線描，1925年。日常使っている物こそ，われわれの生活にとって最も重要なものである。キュービストと同様，1920年代のピューリストも，長年使われた結果純化され，型として定着した物を題材に選んだ。それらの物の簡潔な線が後に「輪郭の婚姻」を導くことになる。

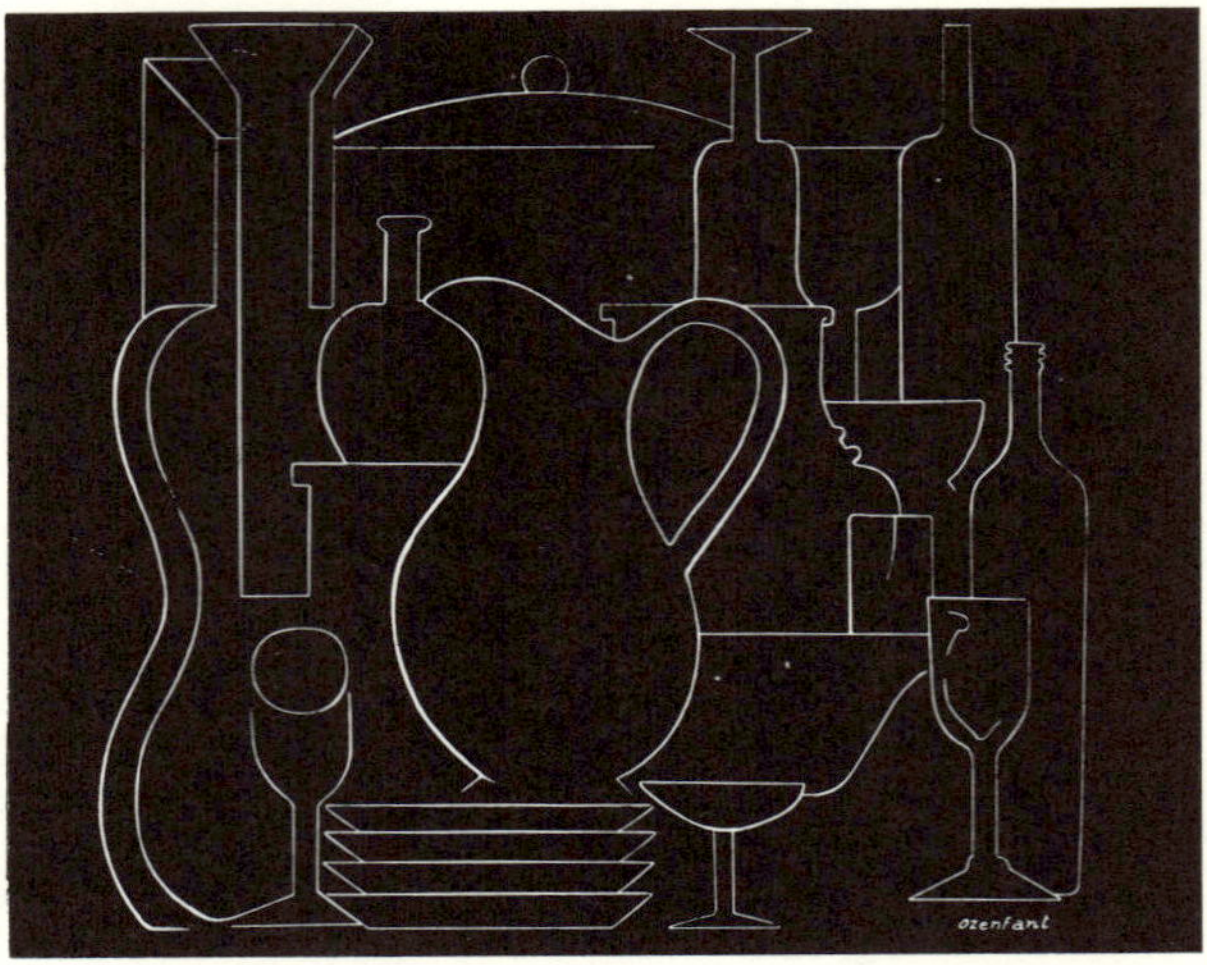

い。ただ彼は、「一枚の葉にも見出される自然の法則を発見」(139)しようとしたまでであった。彼は一ページ全体に、中国の版画のような、陰影のない大小の橡《とち》の木の葉のパターンを描いている(図二〇三)。そこには、植物の標本帖のように、スカーレット・オークやとけい草、玉葱、らっぱ水仙、いぬばら、アイリスのパターンが集められている。多くの植物が取り上げられているわけではないが、橡《とち》の木の葉の配置のされ方、アイリスの色も形も単純化され花の部分が平面と立体で表現されている様子（これから、あらゆる形態の基礎は幾何学であることであることがわかる、と彼はいっている）をみると、彼の考え方は、当時の華美な花模様の絨毯よりも、世紀の転換期のアール・ヌーヴォーの原理に近いことがわかる。

彼の色彩に対する態度も醒めていた。彼は色を、面の構成要素として捉え、幻想的な効果を生むためのものではないと考えた。彼は三原色に還れと主張し、「純粋な青、赤、黄を用いるべし」と述べている。そしてそれを建築で使用する場合、つまり、形態や面に適用する場合には、進出や後退といった色の空間的効果を考慮しなければならないと言っている。あたかもそれは、ル・コルビュジエが建物における色の機能について説いているかのようであった。

強い反対を受けながらも、オーエン・ジョーンズは、ゼンパーの方法にならって水晶宮の骨組を彩色した。彼はそれに成功をおさめたようである。当時の批評家の次のような言葉からもそれは窺える。「建物を形造っている粗野な材料は、色彩の中に完全に融け込んでいる。建物は、色彩で飾られているのではなく、色彩で構成されている。こうした私の印象は、時間がたつにつれて、ますます強くなっていった」(140)。

青は後退し、黄色は進出し、そして赤はその中間に位置し、白は垂直の「中立な」壁面に適している。彼は建築における彩色の基本原理をうちたてている(141)。

モデルとしての日用品

205　ヘンリー・コール：初等教育の題材に選ばれた品々。コールは，子供には黒板に，細部に拘泥せず太いチョークで描かせるのがよいと言っている。また，子供の観察力は大量生産される日用品――壜，水差し，コップ等――を描くことによって鍛えられると主張した。（『ジャーナル・オブ・デザイン』，第1巻，1849）

『ジャーナル・オブ・デザイン』誌は大きな図版はあまり使っていないが、ただ一個所、第一巻（一八四九年）でコールは、ごく普通の日用品たとえば、錐、鍵、鋸、鍋、コップなどの輪郭を、暗褐色の地に描いたものを載せている。これはすべて、平面的に描かれ、遠近法は用いられていない。二枚目は、茶色の地の上に白い線で物体をスケッチしたもので、そこでは「遠近法を徐々に導入する」試みがなされている。ここで対象になっているのも、日常使われる物――コップ、壜、靴、帽子――であった。

デザインは、すべての小学校で教えるべきである、というのがコールの信念であった。彼は、これらの図版の中で、ケント州の小さな学校で「正確な観察眼を養うことを目的として」行なわれた実験の成功例を取り上げている。コールは、鉛筆の使用に反対し、子供には、削っていないチョークを使わせるのがよいと主張している。というのは「チョークを使うと大胆な描き方が身につき、せせこましい絵を書かなくなるから」である。そして黒板を推奨し、それが手に入らない場合は、石板か黒い厚紙を用いるように指示している(142)。

彼は子供の観察眼と感覚を目覚めさせ、同時に審美眼を養おうとして、身のまわりにあり、はっきりとした輪郭を持つ無感情な物体、たとえば、ごく普通の工業製品を題材に選んだ(図二〇五)。こうした方法からもヘンリー・コールたちが、もはや日用品を情緒に乏しい、つまらないものとして見下げていなかったことは明らかである。改革者自身にこうしたことがどの程度意識されていたかは定かではない。ただはっきりしていることは、工業製品を「実地に見る」態度は、あの奇想天外な水晶宮と同様、時代に深く根ざしたものであったということである。

改革の限界

改革派の中心人物、ヘンリー・コール、オーエン・ジョーンズ、リチャード・レッドグレーブは、三人とも公務員で、中でもコールとレッドグレーブは、ヴィクトリア朝の全盛期の高級官僚であった。ヘンリー・コール(一八〇八—八二年)は、「デザイン分野のただ一人の事務官」として、特に、一八六四年当時すでに九一校にも達していたイギリスの美術学校の監督を受けもっていた。オーエン・ジョーンズ(一八〇九—七四年)は、室内装飾デザイナーとして幅広く活躍し(143)、「万国博展示館設営委員長」を務めたリチャード・レッドグレーブ(一八〇四—八八年)は、芸術監督総官と王室付属検査官を兼任していた。

ヘンリー・コールは、精力的な運動家、オルガナイザーであった。オーエン・ジョーンズは、主に芸術活動の実地で活躍し、一九一〇年まで版を重ねた著書、『装飾の文法』を通じて強い影響力を持っていた。リチャード・レッドグレーブは、このグループを代表する思想家であった。彼の考えを知るには、彼が作成した報告書や、学校でメダルや賞品の授与式に際して行なった演説を引合いに出さねばならない(144)。彼の場合のように、公式の演説が歴史的な資料となっている例は十九世紀ではきわめて稀である。

このグループには、グループの見解を総括しようとした者は誰もいなかった。その主張は、宣言文や断片的な文章、それに彼らが起こした運動そのものの中に表われている。一八五〇年、芸術協会の賞の授与式に際して、レッドグレーブは、「有用性」のもつ意味について次のように論じている。

誤解のないように言っておきたいが、私は、絨毯は床を覆い、コップは液体を入れるためにあるというような、わかりきった意味の有用性について語っているのではない。私が言っている有用性は、獲得するには知識も思考も必要だが、非常に現実的な意味をもっている。それは選択や趣味に関する誤ちを繰り返させないための概念である。絨毯には、床を覆うという機能があるが、同時にそれは、部屋にあるすべての家具やいろいろな物品を置く場でもある以上、それらを引き立たせるためにも単純なテクスチャーをもっていなくてはならない。しかしこうした意味での使用効果は一般に忘れ去られている(145)。

功利主義を哲学的経済学的見地から展開したのはジョン・スチュワート・ミル(一八〇六—七三年)であったが、このサークルの知的傾向は、多かれ少なかれ、この功利主義と軌を一にしている。しかも、ヘンリー・コールとミルとの交際は早くから始まり、二人は、三〇年代初期に週に二回友人の家で会い、意見を交換していた。

この大英博覧会の経験と原理を幅広く体系化しようと試みたのは、ドイツの建築家、ゴットフリート・ゼンパー(一八〇三—七九年)だけであった。当時、移住者としてイギリスで生活していた彼は、コールのグループに近づき、博覧会に協力し、新しく創設されたデザイン学校の建築、金工そして装飾芸術部門の教授になった。ヘンリー・コールは、『ジャーナル・オブ・デザイン』誌上で個人を名ざして賞めるようなことはほとんどしない人だったが、その彼が、「ゼンパーの建築、装飾一般に関する造詣は深く、その審美眼は卓越している」と述べ、イギリスの製造業者の注意を喚起した。また、ゼンパーを「製造業者にとって頼りになる人物」(146)と評している。その後、彼はチューリヒに新設された技術工科大学の教授に任命された一八五五年に、ロンドンでの体験と作品をまとめた

『工芸・建築技術における様式、あるいは実用美学』(147)と題した本を著わしている。その第一巻と第二巻は、それぞれ一八六〇年と一八六三年に出版されている。第三巻では、社会の進歩と芸術との関連について述べられるはずであったが、ついに刊行をみなかった。彼の主張は数十年にわたって芸術理論に大きな影響を与えた。その後一九一〇年代に、ドイツに「目的への適合」を標榜した装飾芸術上の改革運動が起きたが、彼はその運動の指針として仰がれた。彼の出発点は、イギリスの改革者の指導原理であった功利主義にあり、一八五三年、ロンドンで書いた論文でも「実用芸術は建築以前に存在していた」と述べている。功利主義は、彼の歴史認識に深い影響をおよぼしていたのである。確かにゼンパーはこの時代の数少ない重要な建築家の一人であると同時に、一八五〇年代の知的見解を体系化し得るだけの能力を備えた人物だった。しかし、こうした見解が、一つの体系にまとめあげられるほど幅をもっていたかどうかには疑問がある。この時代の人びとは、感情という克服し難い障害に阻まれて、機械生産品に潜む純粋な形態を知覚できなかった。

当時の人びとはただ断片的な発言から、工業製品に固有な抽象形態とはどんなものかを知ったにすぎない。たとえば、コールのグループの影響をはっきりとどめている『タイムズ』の記事は万国博について次のように述べている。

「特に機械分野の人びとは、自らの卓越性に磐石の自信をもち、簡素で気取らない物を展示することに満足している。一途に追求されている美は、厳密な機械科学の必然性が物質世界にもたらす美である。そこには一つの壮大な芸術様式が展開されている」(148)。

ピューリズムと象徴としての日用品

日用品はまったく無意識のうちに人間に影響をおよぼしている。こうした日用品が人間生活のいかに重要な部分を形成しているかを明らかにしたのは、一九一〇年頃の立体派の画家たちであった。一八四九年に子供の目の訓練に用いられた単純な物体が、芸術的表現の出発点となったのである。そして、水差し、壜、コップなどがもつ静的な輪郭が、一九二〇年代のピューリスト、オザンファンや、ジャンヌレ（ル・コルビュジエ）の絵に繰り返し表現されている（図二〇四）。

これらの形態の存在感を捉えるため、さまざまの輪郭は流れるような動きを賦与され、あるいは中断され、分裂し、繰り返され、また互いに結びつけられている。消え入るかと思えばまた現われてくる。それらは具体的でありながら捉えどころがなく、透明であると同時に不透明、宙に舞うようでいて静止し、空気のように稀薄であるかと思えば、逆に、量を感じさせる。ファン・グリスの初期の静物画では、壁やヴァイオリンが、光をうけて闇に浮かび上がった一本の木のようにその輪郭を際立たせている。

同じ事が、茶、青、黒、各種の灰色や緑、などの色に関しても試みられた。これらの色も、それぞれの記述的機能を捨て去り、それ自身の法則に従って平面上で出会い、相互に浸透している。こうした傾向はその後も推し進められた。こうしたことはすべて、模倣や遠近法と断絶した空間の捉え方によって初めて可能となったものである。この空間認識は、構造や色、形態を、大陽系のようなシステムに組織すると同時に、壜、コップ、皿、パイプ、テーブル、楽器などの本質的な意味だけを抽出する視点である。

206 葉をかたどった燭台。電気メッキ製，1850年頃。（ヘンリー・コール『ジャーナル・オブ・デザイン』）

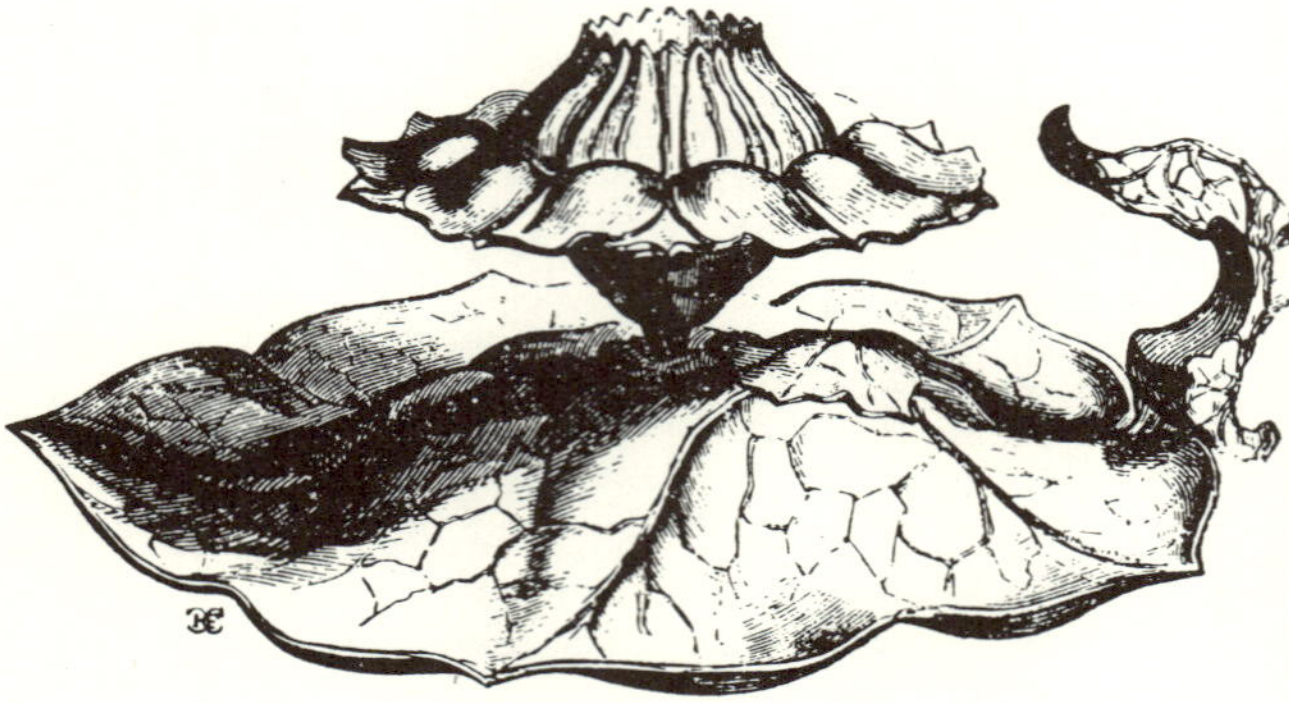

シュールレアリスムと装飾の機械化

機械生産される装飾の分野はこれとはだいぶ様子を異にしていた。そこにみられる逆巻く面や苦渋にみちた曲線は、互いにつながりをもっていない。つまり、「輪郭の婚姻」が果たされていない。そこでは、透明さも構造的表現も、そうした物の意味を表現することになっていない。彫像や絵画、壺や絨毯は、一つ一つ取り上げてみると、無害な、どうでもいいものばかりである。その中には、グラン・ヴィル（一八〇三―四七年）の木版画を思い起こさせるような、痩せ細った自然主義的傾向を示したほほえましい製品（図二〇六）さえある。しかし博物館のように並べて全体としてみると、形と素材の劣悪さがはっきり目にうつり、見る者に嫌悪を催させる。

こうした事態を導いたのは、一種の堂々めぐりだった。レッドグレーブは、一八五三年、その間の事情を次のように伝えている。「企業家は、純粋で高級な趣味をもった製品をつくったのでは商売は成り立たないと考えている。彼らが抱いているのは、一言でいって〝よく売れるものは良い物に決まっている〟という考え方である」[149]。機械生産された過去の記念物、そのがらくたの山に囲まれて、形と素材に対するもって生まれた感覚は腐敗し、空間に対する規律のとれた扱いは失われた。

こうしたことは十九世紀の中葉以来わかっていたことだし、それに対する批判もいやというほど行なわれてきたが、結局あまり大きな意味をもたなかった。要するに、物そのものの力のほうが批判の力より強かったということである。

こうした混沌とした状況は何を生み、どのような影響をわれわれの精神風土にもたらしたのだろうか。これについては合理的な説明

207　「サブリナ」。磁器製。イギリス，1850年。

は不可能である。どんな論理も、社会学的記述も、この状況を描き出すことはできない。ただ芸術的シンボルだけがそれを表現するにふさわしい。この状況を明らかにすることが、実はシュールリアリストの仕事の一つであった。彼らは十九世紀の意味あるもの、無意味なものを同時に捉え、この陳腐さと不気味さの絡み合った現象がいかに時代の根底を貫いてきたかを示した。

マックス・エルンストほど鋭くこの状況を描き出した人もいない。彼の血管には、依然として十九世紀の残滓が残っているかと思われるほどである。ここで取り上げたいのは彼の絵物語、特に『百頭女』(150)である。それはまさに、十九世紀の不安げな足取りを象徴するにふさわしい表題ではなかろうか。この絵物語では、象徴の価値の低下の実態が、非合理なイメージを通じて明らかにされている。一見したところ何のつながりもない絵が次から次へと現われるが、問題は、描かれている情景そのものではなく、その心的意味合いである。この絵物語は、久しく忘れられていた前世紀の木版画を切り貼りして作ったコラージュだが、マックス・エルンストはそれを「芸術作品」の地位に高めた(図二〇八)。当時、石膏の彫像は至る所においてあった。首のあるもの、ないものが、まさにゴキブリのように床にころがり壁にとりついていた。「叔父が締め殺されると、百頭女は石膏のヌードのまま逃げ出した」(151)。

この絵物語の全体には暴力と死の雰囲気が漂っている。その中の一枚のコラージュでは、石膏像に化身した「百頭女」が、五〇年代調のガラス張りの本棚から、立っている学者の上に覆いかぶさろうとしている情景が描かれている。また椅子に刻まれたライオンの頭部は、しかめっ面をした巨大な猿の顔に変化しているが、その猿は「警官であっても、カトリックの信者でも、あるいは株式仲買人であってもかまわない」というダダ的な厚かましい説明が付け加えられている(図二一〇)。

このマックス・エルンストの絵物語は、機械化された環境が、いかに、人間の潜在意識にまで影響をもたらしたかを示している。私はかつて、エルンストに、彼の絵物語の由来について尋ねたことがある。それに対して彼は、「子供の頃のことを想い出して描いた初期の作品と同じもの」だと言っていた。

マックス・エルンストは、こうした子供の頃の記憶を、時代の精

208　マックス・エルンスト：さまよい出た石膏像。(『百頭女』1929)

神を映し出す鏡として使ったのである。しかし今もなお、十九世紀の支配的趣味が感情の源泉をなしているような人は数多くいる。T・S・エリオットの表現を借りれば、そうした人びとの心には、二十世紀になっても十九世紀が尾を引いて残っている。現代人のほとんどはこうした人びとであり、中でも、公共建造物や記念建造物の様式を決めている人はそうである。彼らのうちのほとんどは、自分の美的信念の基礎となっているものについて、意識したこともない人たちである。

カーライルが十九世紀半ば頃に著わした反抗的著書『昨今のパンフレット』の中の次のような一節は、マックス・エルンストが絵物語に添えた説明をそのまま繰り返しているようではないか。

まったく、美術はこの長い年月の間、真実から遠ざかり、ほとんど公然と、架空の世界や虚偽の世界、それに類するものと結びつき、狂気の沙汰としか呼びようのないものになってしまった。その狂った美術は、押しとどめる者もなく、ここかしこにさまよい出る。はたまた、誰もこの忌むべき状態を疑ってみようともしないまま、奇想天外な策略を仕掛けている(152)。

室内装飾家の支配

室内装飾家

室内装飾家（タピシエ）とは、織物とその模様のデザインを仕事とする職人のことである。フランスでは長い間、「タピシエ」という語は、場合によって、「絨毯を作る職人か、あるいは、これを販売したり敷いたりする商人」の二つの意味に使われていた。十五世紀には、タピシエは、「タペストリーを吊ったりはずしたりする職人」のことを指していた。タピシエのギルドの規約が制定されたのは、十三世紀半ばに遡るという。このようなタピシエの定義が載っている一八七五年刊行の本は、続けて「今日、タピシエとは室内の装飾を請け負う家具商のことである」と述べている(153)。

十九世紀に入ると、室内装飾家の仕事は、アンピール様式の流行以来家具職人の技術を堕落させてきた装飾家のそれと変わらなくなる。すでにみてきたように、こうした室内装飾家の役割は、一八〇〇年頃、カーテンを窓に二重三重に垂れかけ（クロワッセ）、壁に吊すことから始まった。その後彼らは、王政復古の時代には家具にも手をそめるようになった。その結果、椅子やソファはかさばったものになった。

偉大な家具のデザイナーである「家具職人」は以前はどこの国にもいたが、十九世紀に入るとその姿が見られなくなる。たしかに、日常仕事をしていた家具職人の中には高度な技術をもった者もいたが、彼らは骨董店向けにイミテーションを作っていた。中には独自にデザインした製品を作っていた者もいたが、それも、当時の人びとがいみじくも表現したように、「世界の様式の寄せ集め」の域を出なかった。そうした職人の技術には創造的な血が通っておらず、構成的な価値をもつものは何も生み出さなかった。支配的趣味の産物である家具と室内には室内装飾家からの影響が圧倒的だったが、彼らの影響力は次第に輪を拡げていった。その関心は大袈裟な装飾には向けられても、独創的なものを作るという方向には向かなかった。家具に布張りをする以外にも、彼らはいろいろな物を吊り下げたり、機械生産された派手な装飾品をあしらったりすることを仕事としていた。客間に静物を配したり、また十九世紀の終りの頃には、彫像や甲、花瓶や垂れ布を無造作に配置して面白い効果を生み出そうともした。

こうした一時的な傾向を充分に調べるのは容易なことではない。この傾向は当時圧倒的だったし、これと並行した現象は絵画や建築の分野にもみられた。ただ、広範な大衆の感情の動きを見過ごすと、十九世紀の精神の二面性を理解できないことになる。雑然とし、それでいて華麗な光景が人びとの心をとりこにしたのも、それが混沌とした感情生活を反映していたからである。室内装飾家は、家具や掛け物などを飾り立てることによって、煤けた工業化時代を生きる人びとを蠱惑する、お伽の国をしつらえたのである。

フランスでは、第一次帝政下に引き続いて第二次帝政においても、特有の様式が発展した。多くの過渡的な家具がこの時代に初めて姿を現わした。しかし、当時の社会構造は、すでにナポレオン一世の時代とは大きく変化しており、彼の後継者は自分の生活に適した様式を作り上げることはできなかった。そこで、部屋全体を飾り立てるといった新しい型の装飾は、無名の新興階級、すなわちナポレオン一世を初期の代表者とする立志伝中の人の趣味を中心として発展した。室内装飾家の仕事と新興階級の趣味とは一対をなし、同じ方向をめざしていたようである。

富の源泉を機械化された生産手段に負っていたこの新興階級は、工業化が成功をおさめたところではどこでも成長した。これは世界的な現象であり、フランスやヴィクトリア時代のイギリス、また七〇年代初期の鉄道ブームの頃のアメリカ、さらには突如として未曽有の繁栄を迎えた頃のドイツにも当てはまる。ドイツにおける一八七〇年以降の、熱狂的ともいえる工業化は、支配的趣味の急速な進展と並行して起こった。何物も象徴の価値の低下に抵抗しえなかったようである(154)。

時代の波への反動、技術者と改革者

十九世紀には、しばしば、まったく相異なる傾向が同時に、並行して起こった。五〇年代から六〇年代にかけてのアメリカでは、誰もが機械化に対する衝動を秘め発明工夫に熱中していた。技術者はただ黙々と家具を製造していたが、そこで生み出された家具は支配的趣味とは正反対のタイプのものだった。この、技術者が製作した家具については後に充分な関心を払うつもりだが、この型の家具は室内装飾家の家具と時代的に同時に形成され、機械化もされたが、大衆芸術と同様、過去に影響されていない点が後者と決定的に違っていた。そうした発明家は、ただ、具体的な問題を解決することにだけ関心をもっていた。

イギリスでは状況はまったく異なっていた。ヘンリー・コールを始めとする一八五〇年頃の改革者は、装飾機械化の欺瞞性に攻撃の矢を向けた。ウィリアム・モリスとジョン・ラスキンに率いられた次の世代は、機械化がすべてのものを平板化し非人間化する点を強調し、機械そのものを否認した。一八六〇年頃運動を展開したモリス一派の基本的な狙いは、到底実現不可能なものであった。なぜなら、その運動は手工芸を復活させると同時に、後期ゴシックに還れと主張していたからである。そのグループは最初、後期ゴシック好みのドレッサーを生産し、それにモリスは中世の伝説をテーマとした絵を描いたものである(155)。全体としてそうした作品は、配慮の行き届いた趣味のよいものだった。モリスとの結びつきの強かった前期ラファエル派のダンテ・ガブリエル・ロセッティやバーン・ジョーンズは、芸術家としてはヘンリー・コールの周りに集まった画家や彫刻家たちよりも優れていたが、彼らの才能はその専門分野つまり視覚の領域よりも、文学に偏していた。この点は家具についても同様だった。そこには新鮮なヴィジョンが欠けていた。十九世紀の中葉に後期ゴシック風のドレッサーをつくっても、あまり意味のあることではなかった。モリスらの製作した家具の大部分はゴシックの精神よりも十八世紀の家具製作との類似点のほうが多かった。

ただ、われわれのほうが前の時代の人びとより、なぜラスキンやモリスが中世に惹きつけられたのか理解できるような気がする。彼らにとって中世ほど当時の機械化と際立った対照をなすものはなかったのである。しかし、両者は数百年にわたる時間によって隔てられ、直接の接触やつながりはまったくなかった。ウィリアム・モリス一派の強さは道徳的な方面にあった。

室内装飾家の家具

室内装飾家の安楽椅子ははっきりした形をもたなくなり、構造の明確さを失って骨のないようなものになる。

椅子やソファの骨組はクッションに埋もれて見えなくなったが、このことをフランス人は「木に対する装飾の勝利」(156)と呼んだ。肱掛椅子、ソファ、ディヴァン（背なしの長椅子）、オットマンをできるかぎり重く、かさばったものにするためにあらゆる手段が講じられた。一フィートもある房縁飾りが、短い脚部を覆い隠さんばかりにしていた。家具は次第に膨れ上がったクッションのようなものになっていった。彫像も構成的形態をなくし、表面は不自然なほど滑らかになっていったが、その点は家具の表皮についても同様で、最初は暗赤色のフラシ天で覆われていたが、後には目も眩むばかりの東洋趣味の生地が用いられるようになった。

偏平な、あるいは円筒型をしたクッションを覆った毛深い布の下では、木造の骨組がコケにおおわれた木のように朽ちていた。十九世紀の前半を支配したのは、こうした重くかさばった家具であった。第二帝政は、三〇年代の王政復古の時代に芽生えた傾向を全面的に開花させた。バルザックは『エーブの娘』（一八三八年）の中で当時の室内について書いているが、そこで彼はカシミア織と柔らかなカーペットに対する強い嗜好に注目している。彼は「足の裏には芝生のようにふさふさした、ベルギー風カーペットの感触がある」と書いている。

東洋の影響

重い感じの肱掛椅子やソファは、東洋的なロマンティシズムの系統をひいたものである。夢と伝説に溢れた東洋への関心は、文学の領域では、ビクトル・ユーゴーの有名な『東方詩集』（一八二九年）の中で表現された。

「絵のような東洋に対する趣味」が画家の手を通じて表現されたとき、この影響は、一層はっきりした形で定着した。一八三一年に開かれた絵画展では、ドカンの大作「スミュルネの舞踏」(157)や、その他東洋をテーマとした彼の作品が大きな喝采を浴びた。そうした作品は、絵画的な印象を求めての彼の小アジア紀行（一八二八―二九年）(158)の成果であった。それから三年後、一八三四年の絵画展に出品されたドラクロアの「アルジェリアの女」も、厳しい調子の絵であったにもかかわらず(159)、即座に成功をおさめた。

動作に対するドラクロアの炯眼は、主にバーバル人の上品で落着きのある立居振舞に惹きつけられた。彼は、そのくつろいだ様子に古代世界の残照を見たような気がした。ドラクロアの初期の礼讃者であったボードレールは、このことを当時の人びとに伝えようと努めた。東方世界はさまざまの媒体を通じ、さまざまの分野の才能ある人びとによって表現された。こうした巨匠の視点は、東洋趣味の追求者の観点とはかけ離れたものであった。たとえば、ドラクロアがイメージしていたことは、室内装飾家にとっての東洋とは直接の

209　東洋の影響。レオン・フシェール，東洋調の喫煙室，1842年。1830年代の人びとは，中世あるいはルネッサンス風の部屋で煙草を吸うのは時代錯誤だと考えた。中世復古主義者ピュージンは，「建物の様式はその機能に一致し，一目でその目的がわかるようでなくてはならない」と喝破した。パイプ掛けは，アンピール様式の「花台」（図194）やその後の「ボルン」（図212）と同様，部屋の中央を占める非常に目立った存在になっている。

210　東洋調の喫煙室。1879年。東洋の影響は19世紀を通じて，直接，間接に感じられ，特にその末期，部屋の雰囲気をますます陰気くさいものにした。

211　空間恐怖：ルイ・フィリップ時代のボルン，「オルレアン公邸での夜会」1843年。ルイ・フィリップの時代，形ばかりの肱掛けと背もたれを備えた一種のダブル・ベッドが広間の中央に置かれていた。それが部屋の中央に置かれていたことは，19世紀の空間に対する恐怖を典型的に物語っている。また，この華麗な絵は，上流社会でも形式ばらない姿勢が許容されていたことを示している。（ジュール・ジャナン『パリの冬』，パリ，1843）

つながりはほとんどない。しかし、東洋の影響は、総じて、十九世紀の核心をなしている。

東洋的モチーフは、間もなく芸術産業にも現われた。ドラクロアが「アルジェリアの女」を描いた二年後、エメ・シュナヴァール（一七九八―一八三八年）の『装飾カタログ』(160)では、アラビア模様とペルシャ模様は、執政内閣時代大変な貴重品だった「つづれ織の壁掛け《タンチュール》」にふさわしいと述べられている。そのカタログにはペルシャ絨毯も含まれていた(161)。ペルシャ模様が機械による模造生産の波にのって流行したのは、十九世紀の中期以降であった。

東洋的モチーフは、シュナヴァールの『カタログ』の一部を構成していたにすぎないが、三〇年代のフランスで過去の様式が一斉に復活し芸術産業を可能にした中で、その一端を担った。エメ・シュナヴァールは、陶器とタペストリーを生産していたセーブルとボーベの二つの王立工場の顧問という要職を占めていた。ボーベでは、彼のデザインしたタペストリーとスクリーンを(162)、セーブルの工場では彼のルネッサンス調の花瓶と彩色コップを生産していた。こうした製品は、シュナヴァール自身も言っているように「十六世紀の絵画のイミテーション」(163)であった。こうした作品は個人の委託で製作されたものだったが、すでにそれらは、その後間もなく大量生産が室内全体に押し広げた、生命のない模造品の調子を帯びていた。アンピール様式について述べたことはここでも当てはまる。すなわち、支配的趣味の兆しは、機械化が始まる前にすでに存在していたということである。

イギリスが（型打加工や圧搾加工、代用材の使用によって）装飾の機械生産を推し進めた工場であったとすれば、フランスは支配的趣味が歩むべき道を知的な形で定式化した。この分野の旗手、シュナヴァールも、ルイ・フィリップの宮廷のために彼自身がデザインした作品より、そのカタログを通じて趣味に影響をおよぼした。

後に十九世紀全体を支配することになった当時の傾向を、敏感に感じとっていた人もいた。たとえば、ミュッセは、一八三六年に次のように言っている。「われわれはわれわれの時代の刻印を、住居にも庭にもどこにも残していない。ただ過去の時代から断片的にいろいろなものを拾い集め、それを糧として生きているにすぎない」と。ここでわれわれが東洋趣味の台頭に関心を払っているのも、それがこうした工芸市場における模様の収集癖の一面を構成していたからにほかならない。室内装飾家の支配は一八七〇年代にピークに達した。

十九世紀にとって東洋とは、同時に色彩と冒険、ロマンスと伝説を意味していた。また、十九世紀が見失ったと思われた生活の知恵のようなものを反映していた。

東洋の影響は至る所に現われていた。支配的趣味を満足させる無数の風俗画はもちろんのこと、アングルの一八〇〇年頃のオダリスク、すなわち、横たわったヌードを題材とした作品、あるいはマチスのオダリスクにまでその影響はおよんだ。工業国イギリスにトルコ風呂が紹介されたのも（一八五〇年頃）、ムーア式の邸宅や、手づくりと機械生産を問わず「ペルシャ絨毯」がはやったのも、東洋の影響の結果であった。十九世紀の機械化された人間は自分たちの環境にはない雰囲気に憧れた。東洋では、金持ち、貧乏を問わず、誰もが時間と余暇をもち、西洋ではだれ一人としてそれをもっていない。西洋の生活は緊張を、東洋の生活はくつろぎを象徴するものだった。

東洋からの影響は、前世紀の感情生活を暗いものにし、それに非劇的な調子を付け加えた、さまざまな逃避の型の一つとして捉える必要がある。ありのままの生活に満足を発見できないとき、そこにはグロテスクなものしか生まれてこない。東洋的な室内は広々とし、落ち着いていた。寝椅子《カウチ》は壁に沿って配置されていた。ところが、それが室内装飾家の手を通じてスプリング付きのクッション家具に姿を変えた途端に、寝椅子は目立って孤立した単位に変化してしまった。

「東洋」は室内装飾家の手によって通俗化したが、その影響は大方の回顧趣味に比してはるかに根強いものがあった。中世主義は、浪漫主義はなやかなりし頃、讃美の的だったが、住居に対する影響は長続きしなかった。それよりもルイ王朝様式の復活のほうが影響力をもっていたが、その役割も、繰り返し流行したにしては皮相なものにとどまった。

東洋の影響は物事の根底で作用し、一見しただけではわからないことが多い。世紀の後半に好まれた薄暗い室内も、その影響の結果かもしれない。以下の頁では、家具におよぼした東洋の影響について述べたい。

さまざまのクッション家具

フランスは東洋の影響を真っ先に表現した国であり、ここではまずクッション家具が流行した。こうしてフランスは、三〇年代末、ドラクロア、ドカンの成功の後を受けて、十九世紀の支配的趣味を代表する家具の中心地となった。

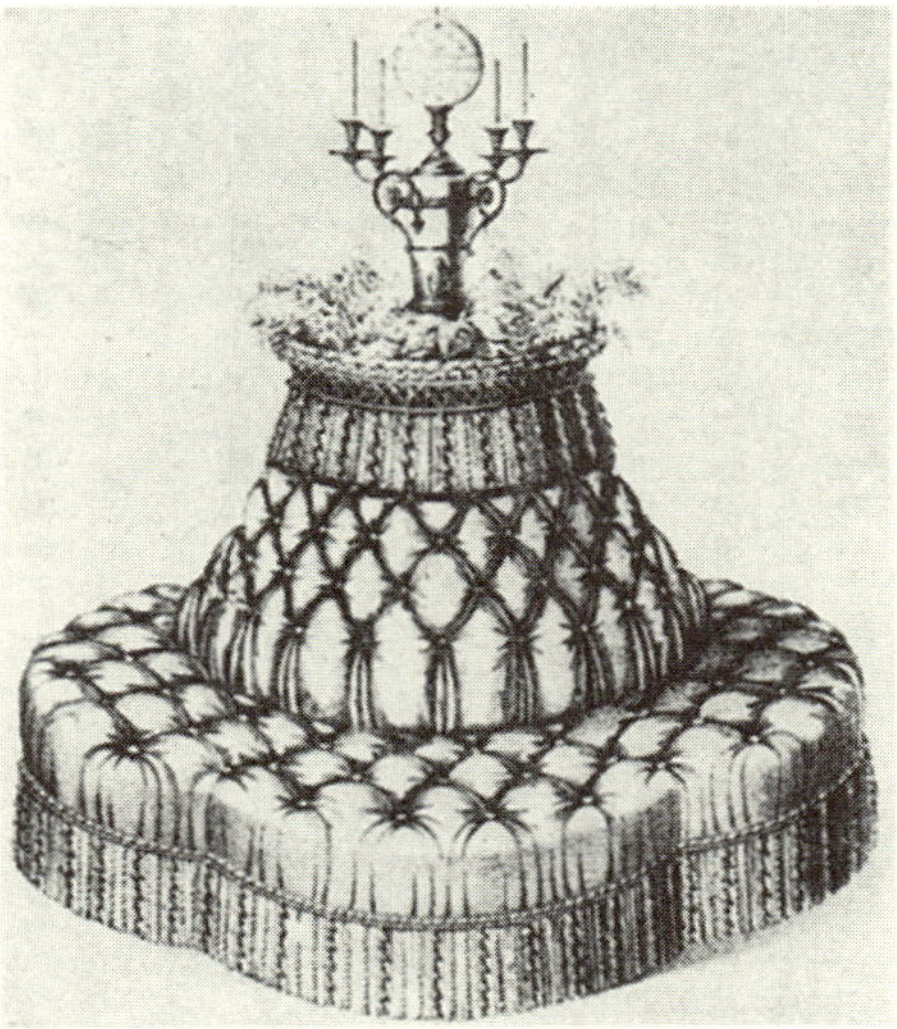

212　広間の中央に置かれた花台付きボルン。1863年。フランス人がボルンと呼んだ，円形あるいはクローバー型の大型ソファーは，普通，「広間の中央」に置かれた。ボルンの起源は，1800年にペルシェとフォンテーヌが設計した花台や，1842年の，周りに座席を配した花台に遡ることができる（図193―4参照)。(A．サンギネティ『19世紀の家具』，パリ，1863)

213　イギリスのオットマン。1835年頃。イギリスには，ボルンに匹敵するものとしてこのオットマンがあったが，ボルンよりは慎ましくすっきりした輪郭をもち，房飾りはいっさい付いていない。(トーマス・キング『家具職人のスケッチブック』第2版)

214　フランスのボルン。1880年代初頭。背もたれが円錐形の先を切ったような形をしたこの典型的なボルンは，19世紀末，ホテルのラウンジ，鉄道の駅，美術館などに置かれていた。真中の棕櫚は本物の場合もあれば人工の場合もあったが，花台の名残りをとどめた，人間にたとえれば虫垂のようなものだった。(アバール『家具事典』)

ディヴァン（背なしの長椅子）　いうまでもなく、東洋の影響は三〇年代に始まったことではない。たとえば、ルイ十五世時代の家具職人はクッションを座部に三つ並べ、壁にも漫然と立てかけた優雅なテュルクワーズを製作している。

またトーマス・シェラトンも、前面に二本の柱を備え、アルコーブを感じさせるような「トルコ式ソファ」をデザインしている。それはU字形で、部屋の隅に控え目におさまり、大きさを誇張しようとした十九世紀の家具とはまったく様相を異にしていた。

十九世紀は新しい一章を開いた。象徴の価値の低下と空間の死滅は同時に進行した。家具は部屋を満たすための手段となり、そしてそのためにまず、家具のかさをふくらませることが考えられた。

ドラクロアの「アルジェリアの女」が発表された一八三四年、バルザックは『金の眼の娘』の中で婦人用私室《ブドワール》を描写し、十九世紀に発展した柔らかな雰囲気を伝えている。「ブドワールの半分は緩やかで優美な曲線を描き、部屋の他の真四角な半分と対照をなしていた。この馬蹄形をした部屋には、トルコ風ディヴァンがおかれてあった。それは、床に敷いたマットレスのようなものだが、ベッドほどの広さがあり、カシミア織で覆われ、周囲の長さは五〇フィートもあった。この巨大なベッドの頭部は、豊かなクッションがおかれたところからさえ、上へ二、三フィート突き出ていた」。クッションが好まれたことは、ボニントンの一八二六年の作品「よりかかる婦人」(図二三三)からも窺われる。

ディヴァンは人の集まる場所にも進出した。もっとも、それは装飾を施したベンチのようなもので、形も室内に置かれるものほど柔らかな印象を与えるものではなかった。それが最初に現われたのはパリの芸術家たちがよく集まる喫茶店であった。その喫茶店はこの家具の名称をとりカフェ・ディヴァンと呼ばれていた。「最初のカフェ・ディヴァンが開店したのは一八三八年頃だった。しばらくの間、ペルティエ通りのカフェ・ディヴァンは芸術家たちによく知られていた」(164)。浪漫主義者、ジラール・ド・ネルヴァル、それにバルザック自身も、そこをよく訪れたものである。このカフェはオースマンがパリの改造を始めた一八五九年頃になくなった(165)。

一八五〇年のパリには、ディヴァン型のベンチは至る所、アーケードにまで置かれた。それは今もパリのレストランに残っており、壁に平行したテーブルの配置を決めている。

ファンシー・チェア（シージュ・ド・ファンタジー）　フランスの室内装飾家は自分たちの名誉にかけて、新しい型の家具を新しい名前をつけて次々と製作し続けた。それはちょうど、後にアメリカでレンジや冷蔵庫が毎年リ・デザインされて、人びとの関心をそのつど惹いたのと似ている。こうして生まれたのが、フランス人が適切にもシージュ・ド・ファンタジーと呼んだ家具、つまりファンシー・チェアであった。それは一種の流行家具で、はやりの帽子のように短命な家具であった。

ファンシー・チェアの中には、室内装飾家が飾り立てた、さまざまの組合せ椅子が含まれていた。二つの椅子をS字形に組みにしたものはコンフィダントと呼ばれた。コンフィダントには、三つの椅子が車輪のスポークのように結合したものもあった(図二一五)。面と向かい合って坐ったり、背中合わせに坐る形式の組合せ椅子もあったが、後者からは、プチット・ブドゥーズ（喧嘩している二人—

215　3つの座席をもった「コンフィダント」。フランス，1870年代末。フランスの室内装飾家は，新しい名前とともにいろいろな「ファンシー・チェア」を世に送り出した。コンフィダントはくつろいで坐るためのもので，2つ以上の椅子をS字形に結びつけたものである。（アバール『家具事典』）

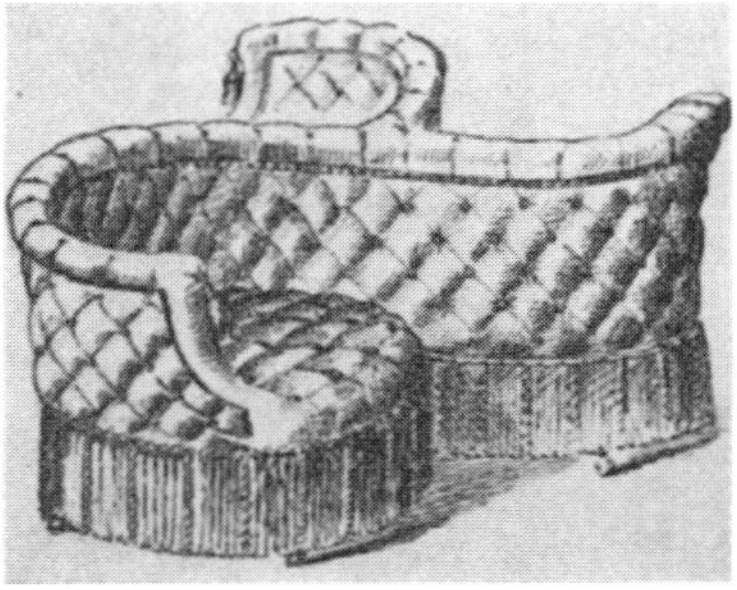

216　ブドゥーズ。フランス。1880年頃。ブドゥーズは客間用のツイン・チェアで，背中合わせに坐るようにできており，全体が垂れ布で覆われている。（アバール『家具事典』）

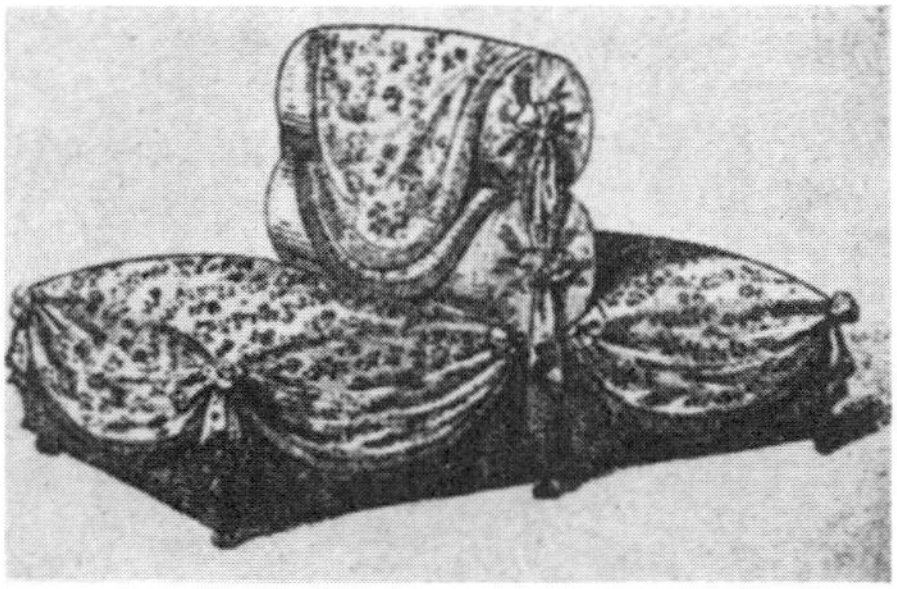

217　プフ。1880年頃。プフは，支配的趣味華やかなりし頃，盛んに愛用された家具。「円形の大型ダブレで長くて厚い房飾りをたらし，木造部はどんな場合にも外側からは見えない」と定義されている。（アバール『家具事典』）

218　「フォテーユ・ベベ」。フランス，1863年。低い背もたれを備えたフォテーユで，プフとゴンドラ型の特徴を1つにしたもの。（A．サンギネティ『19世紀の家具』）

219　背中合わせに坐る椅子。イギリス，1835年頃。ボルンのイギリス版がそうであったように，これもフランスのブドゥーズより形が簡潔になっている。フランスは支配的趣味の発祥の地であった。（トーマス・キング『家具職人のスケッチブック』）

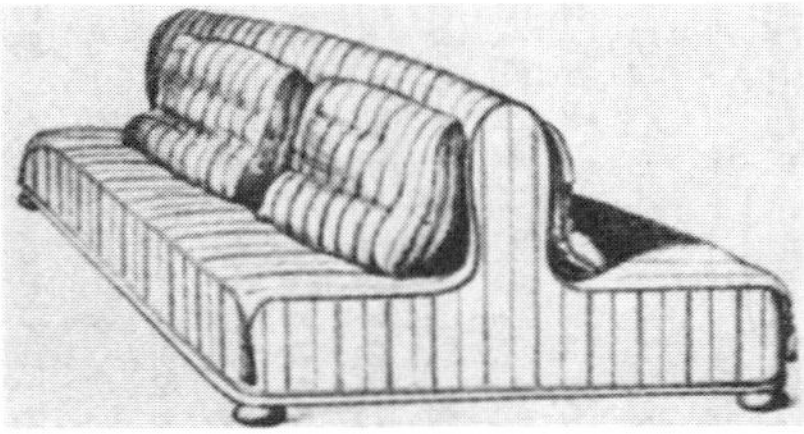

図二一六）が発展した。これは、居間におかれる二人用の椅子で、背の部分を共通にし、二人が背中合わせに坐るようにできている。アバールは『家具事典』で「これはきわめて近代的な家具であり……普通は全体が垂れ布で覆われている」(166)と書いている。プチット・ブドゥーズの背もたれは、円筒型をしたクッションを二つ重ねたもので、その上に布が何げなく掛けられ、二つの座部はフェストーン（花づな）によって縁どられている。ここに取り上げたのは、たくさんあるこの種の家具のうちの二、三例にすぎない。

プフ（クッション・タブレ）とボルン（円形ソファ）　プフがフランスの居間に現われたのは一八四五年である。それは「円筒型をし詰め物をした大きなタブレで、長くて厚い縁飾りをつけ、木の骨組はどんな場合にも見えなかった」(167)。かつて貴族だけが朝見の式で坐ることのできた優美なタブレは、ここでは、十九世紀風に形を変え、東洋化されている。テオフィール・ゴティエも、サロンでプフに美人が腰かけている様子ほど、魅力的な光景はないと書いている。プフに坐った美人は、彫刻のように、あらゆる角度から見て楽しめるというわけである。こうしたプフはすでに、十九世紀にどのような姿勢が好まれたかを示している。まるいクッション・シートに坐る場合には、おのずから、あまりどっかりとは坐らず自由に位置を変えられるような坐り方をすることになる。六〇年代に入ると、これに低い背が付けられることがあった（フォテーユ・ベベ―図二一八）。そして次第に丈の低い、クッションのようなものになってゆく。当時の人は、室内装飾家がタブレをあまりいじり回すといって非難しているが、実際にもそれは、一八八〇年頃には家具というより誕生日のケーキに近い形になっていたようである（図二一七）。

　プフに近いものに、当時のもっとも大きな家具の一つがある。それは客間の中央や、ダンス室の端におかれた。ソファに似たこの巨大な円形の腰掛けは、フランス語でボルン（境界石）(168)と呼ばれたが、直径が二メートルを越すものもよくあり、実にさまざまな模様と形のものが売られていた。四角のもの、多角形のもの、円の端を切ったような形のものもあったが、後に標準型になったのは円形のボルシである。ボルンには背もたれがなく、プフを大きくしたような形をしていたが、テュイルリー宮におけるナポレオン三世の会議室でも使われていた(169)。

　しかし、典型的なボルンは、円錐の先端を切ったような形をした背もたれと、それを取り囲んだ座部で構成されていた。世紀中葉にみられる型のボルンの始まりが第一帝政期にあったかどうかについては、はっきりしたことはわからない。というより、円形のボルン――中央の円錐状の部分に花瓶や彫像、ランプを取り付けてあるもの――は、ペルシエとフォンテーヌが一八〇〇年頃部屋の中央に設置した、段のたくさんある花台（図一九三）の系統を引いているように思われる。レオン・フシェール（一八〇四―五七年）は、支配的趣味に大きな影響を与えた後期ロマン派のデザイナーであるが、彼は銅版画をあしらった著書『産業工芸』（一八四二年）の中で、周囲にディヴァンをめぐらせた巨大な花台（図一九四）を示している。そこでは幾つかの腰掛が花台全体をまるく取り囲んでいる。この造形意欲に溢れた大作は威厳の点でペルシエとフォンテーヌによる花台を凌いでいた。いろいろな物が中央から飛び出していた八〇年代

220　支配的趣味を表現した衣裳：ニュースタイルの腰当て，1880年代。（カタログ：ニューヨーク歴史協会，ベラ　C. ラシダウア・コレクション）

のボルンでは、本物あるいは人工の棕櫚の木が花台の名残りをとどめていた。それは、かつては一定の機能をもっていた人間の虫垂にも似ている。正確な系統云々の問題より重要なのは、八〇年代のこの巨大な円形の腰掛けと、ペルシエとフォンテーヌがスウェーデンの客間用にデザインした花台との内的な共通性である。どちらも空間感情の衰退を表わしている。「今日、誰もがそうした腰掛に多大な関心を示し、直径二メートルの花台が、中産階級の一辺が四メートルの小さな居間に置かれていることもよくある」(170)。中世とバロックが、部屋中央の空間を常に尊重したのに対して、この時期は空間に対する恐怖からそこを何物かで埋めようとしたのである(図二一二、一二四)。

四〇年代に入って、この部屋の中央に置くタイプのソファが流行した。オルレアン公の豪華な客間（一八四三年）には、このダブル・ベッドのようなソファ（もちろん枠は付いていなかったが、一応肱掛けあるいは背もたれのようなものは付いていた）が部屋の中央を占めていた(171)(図二一二)。このソファは第二帝政期中およびそれ以降に大流行した。普及度も速く、思いもよらない場所にも現われた。Ａ・Ｉ・ダウニングはアメリカの有名な造園家で、十九世紀の前半に活躍した人だが、彼は一八五〇年、「田舎の家には都市の場合よりも簡潔に家具を配したほうがよい」(172)と述べて、そこに「八辺形のオットマン」を置くことを奨めている。「おそらく、詰め物をした八辺形のオットマンを広い部屋の中央に置くのが一番感じがよい……」(173)とも言っている。部屋の中央に置くためのソファは六〇年代に流行のピークに達したが、それはボタンで留められ、ダマスクス織やクレトン更紗（後には、朱色のフラシ天が一般化する）で覆われ、床まで垂れ下がる王朝風房縁飾り《フランジュ・ロワイヤル》をつけていた。当時のイギリス人はこの種のソファについては、さまざまの形態を楽しんだが、フランスのものに比べて質素で輪郭のはっきりしたものを作った。房縁飾りはまったく付いていなかった(図二一三)。その後、これらの堂々としたソファは、ホテルのラウンジ、画廊、それに待合室へと入っていった。個人の住宅では、一九〇〇年頃、このソファは、室内の周辺に置かれるソファ（コーナー・ソファ）にとって代わられた。

詰め物をした安楽椅子――コンフォルタブル　当時の動向を探るためには、これから示す安楽椅子の例をみれば充分であろう。そのうちの多くは市場に現われては消えたが、なかには長い寿命を保

221 支配的趣味を表現した絵：「ラ・グランド・ツァ」、ブコヴァク。（カバネル派、1890年代）

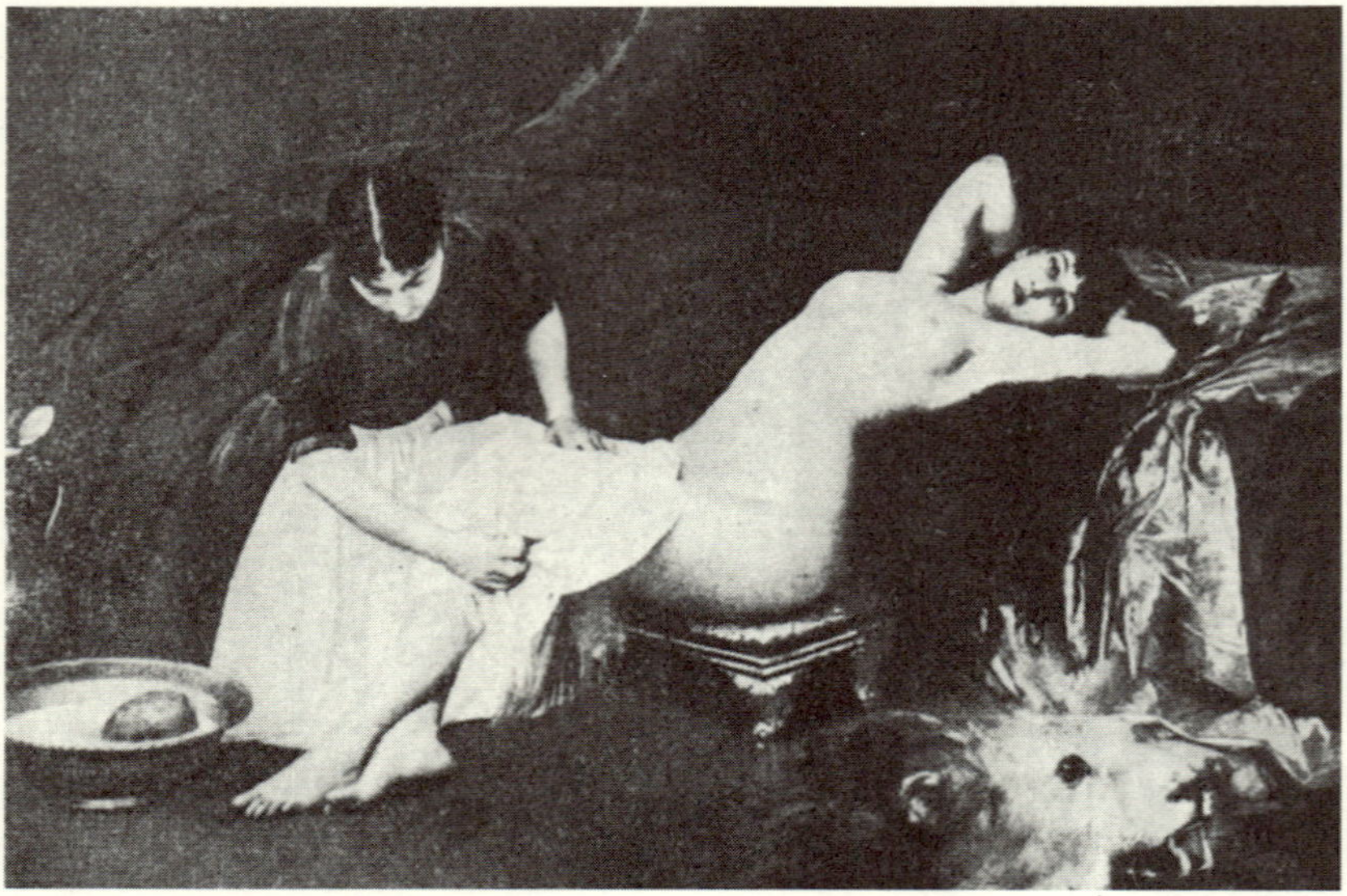

ったものも幾つかあった。「コンフォルタブル」という名で知られていた詰め物をした安楽椅子も、このような命脈を保った型の一つである(図二二三)。この椅子の特徴は、まず骨組が完全に織物で覆われていることと、普通、スプリングのまわりをクッションがたっぷり取り囲んでいる点である。広く普及したこの型の原型は、ルイ・フィリップの時代に遡る。今では、最初に椅子を織物でこのように完全に覆ったパリの室内装飾家の名も、また彼がなぜこのような工夫をしたかということまでも明らかにされている。

「コンフォルタブルという名のこうした肱掛椅子の出現が、一八三八年以後であることは確かである。ベルジェールの代りに、スプリングと詰め物とでできた椅子を製作したのは当時の室内装飾家デルビリエである」(174)。この安楽椅子は、数えきれないほど種類に富み、長い歴史を持った椅子とソファーの系譜の最初に位置している。そこでは椅子の全体がスプリングを軸に構成されている。「コンフォルタブル」とは、デルビリエが一八三四年に初めて展示会に出品した新作「弾力のある肱掛椅子」に与えた名称であった(175)。この椅子の木造部分は、まだ布地で覆われておらず、むきだしのままだったし、脚も独立していた。

三〇年代になると、十九世紀を通じ何度も繰り返されるロココ様式の最初の波が到来した。そしてこの流行に沿って、シェル型の座部を備えた一世紀前の「ゴンドラ型のベルジェール」が復活した。デルビリエが一八三八年に売り出した型は、全体が完全に布地で覆われていた。というのは、鉄材は曲げ作業が容易でゴンドラ型にたやすく加工できた点はよかったが、外からそれが見えるのは都合が悪かったからである(176)。ところが、間もなく（一八四〇年）、鉄製

222　「フォテーユ・コンフォルタブル」，シュルレアリストの解釈。マックス・エルンスト，1934年。薄暗い中に，コンフォルタブル（安楽椅子）が鎮座し，その長い房縁飾りは床まで届いている。裸婦が金縁の額を抜け出して降りてきた……。（マックス・エルンスト『慈善週間』，パリ，1934）

の骨組は形の崩れることがわかり、代わってぶな材を膠で接着する製作方法がとられた。その結果強度が増した。しかし椅子を完全に布地で包み込む習慣は、材料は変わってもそのまま引き継がれた。

これより二十年を経ると、坐った姿勢を優雅にみせるベルジェールも流行遅れになった。肱掛椅子は、大きくそして重量感のあるものとなり、輪郭も、「上院議員用コンフォルタブル」[177]（一八六三年）のように、丸味を帯びてくる。このように、表面に丸味を持たせることより、クッションやマットレスに似た特質が強調された。襞がボタン留めされている理由については、説明に難くない。つまり、室内装飾家は、紡績の機械化の副産物である短繊維綿とウールの梳毛の使い途をここに見出したのである。房飾りや縁飾りも、六〇年代の人びとを魅了した厚ぼったい外観を損うものではなかった。しかし、かさが大きくなるにつれて、家具としての移動性は減少した。肱掛の部分には、ブドゥーズの背もたれと同じように、円筒型のクッションがあてられている。座部を含めて椅子全体が、一見してクッションを組み合わせてできているような印象を与えている（図二二三）。ここに見られるような東洋調は圧倒的な影響をおよぼした。椅子全体を、低く地面にしゃがんだ形にしなければならなかったため、頭もたれは姿を消した。それに坐る人は、両側に円筒型のクッションがあるため、正面を向く姿勢をとることになった。この型のコンフォルタブルは、大体、一八八〇年頃からほとんどの家庭で用いられた。この重量のあるクッション付きの家具は、スプリングの入ったソファーと組みで用いられるのが普通だったが、ソファーのほうも両端に円筒型のクッションを持ち、脚はなかったが、上部には装飾用の小物を入れる棚が付いていた。これらの重い

223　フォテーユ：クッション付きコンフォルタブル，1880年頃。絶頂期のコンフォルタブル。骨組は織物で完全に覆われ，肱掛部分は円筒型のクッションに変わっている。いくつものクッションを，トリックを使って組み立てたような外観を呈している。（アバール『家具事典』）

クッション付きの家具は、十九世紀の支配的趣味の象徴となり、それなりに大衆を惹きつける感覚を表現していた。いずれにせよ、評判になって当然な家具であったと言ってよい。これらの椅子の普及を助けた要因として、この椅子の製造が機械化されていたということがあげられる。その結果、多くの人がこの椅子を入手できるようになった。

機械化とクッション家具

渦巻バネ（スプリング）――十八世紀の人びとの目には、詰め物をした家具は不自然なまでにふくれ上がった印象を与えたことだろう。渦巻バネを使って弾性を得る場合には、馬毛や羽毛の詰め物よりもさらに厚さが必要だった。渦巻バネは、円錐を二つ逆に重ねたような形に鉄線を巻いたものだが、その一方の端は、帯に固定され、その帯の上部には馬毛を材料とした薄い層が敷いてあった。このように、家具は、マットレスを幾層も重ねたようなものになっていった。

「コンフォルタブル」は、家具の中でも、スプリングを多用した最初の家具である。当時、渦巻バネは機械生産されていたため、価格も大幅にさがっていた。

初めて渦巻バネが用いられたのはいつ頃なのか、正確なことはわかっていない。十九世紀初頭のドイツのある鍛冶屋がその開拓者ともいわれているが(178)、発明された時期は、いろいろな材料をもとに判断してみると、それ以前のようである。

十八世紀には、考えられる限りあらゆるものにスプリングを用いる技術が完成した。たとえば、巧妙に工夫された自動人形の動力装置として、あるいは、椅子の背に弾性をもたせるために、スプリングが用いられた。

イギリスで初めて、スプリングに対して特許が与えられたのは、十八世紀の初頭であった。詳しい説明は残っていないが、一七〇六年には、「数個のバネを用い、馬車や椅子、さまざまな乗物の利用者が快適であると感じられるための数学的装置」に特許がおりている(179)。また、馬車用のスプリング(180)や、さらには、このスプリングを製作する機械に対しても特許が認可されている(181)。

「渦巻バネ」については一七六九年にも言及されているが、この場合にも「渦巻バネを組み合わせて馬車の台車の構造を改良する方法」(182)に対して特許がおりている。

渦巻バネの発達の段階については、完全に知られているわけではない。ただはっきりしているのは、イギリスで初めて、家具に渦巻バネを用いることに特許が申請されたのは、一八二六年以後だったということである。完成にいたる中間的な段階のものも幾つか存在するはずだが、特許明細書の形では残っていない。

チッペンデールは、渦巻バネを縦に積み重ねた、体操で使う馬を工夫したと言われている。トーマス・シェラトンも「乗馬の練習台」について詳細な説明と図を残している（一七九三年）(図二二四)が、この装置は、天候に関係なく常に乗馬の練習をしたいと思う紳士用に考案されたものである。この「乗馬の練習台」の内部は、「端で固定された五枚の厚さ一インチの羽目板でできており、その板に、強力な針金が心棒を軸に規則的な勾配をつくって巻き付けられている。そのため、練習者が台に乗ってスプリングを押えても針金は互いにひっかからず整然と伸縮する」(183)。

トーマス・シェラトンは、新しい発明を発表する者の常として、スプリングについてこのように詳しく説明している。

さらに、この方式の新しさを立証するものとして、シェラトンが伸長力の非常に小さいスプリングを製作できたという点があげられる。スプリングの座屈を防止するために彼がとった方法は、全体を薄い板で幾つもの層に分けるという方法であった。そしてこの時点から、スプリングを使った装置はさらに発展を遂げていく。

十八世紀の初頭から末期に至るまで、渦巻バネは一貫して、技術的な目的に用いられていた。たとえば、衝撃を吸収し弱めるために使われたり（馬車のスプリング）、あるいはその反発力が利用されたりした（乗馬の練習台）。乗馬の練習台の持主も、堅い皮張りの板の上に乗ったのであり、ここでもスプリングの弾性は快適さをはかるために利用されたのではなかった。

一八二六年に、サミュエル・プラット(184)は、渦巻バネを使った椅子の特許を取得した。ここでは、布で覆われ、渦巻バネを仕組んだ椅子の座部は、クッションとして使われ、快適さを増すことに目標が置かれていた。しかしここでも、スプリングの弾性は主に揺止めの役割しか果たしていなかった。すなわち、この最初のスプリング付きの椅子は、船酔いの防止を目的として発明されたものだった。プラットは次のように述べている。「この装置は、振動装置として考案したものだが、私の発明の目的は、自在に揺れ動く座席の製作にあり、船酔いの不快感を和らげることを狙いとして、船舶用に用いられることを意図している」(185)(図二二五)。

渦巻バネの弾性を利用したこの「クッション」は、プラットにとり単なる付属物でしかなかった。このことはクッションが座部と共に「振動する鋳鉄製の骨組の上に取り付けられている」ことからもわかる。(同じことが、鉄製の骨組の周りにスプリングを施したデルビリエの最初のフォテーユについても当てはまる。)

粗布でできた基礎の部分に、鋼線をねじって砂時計のような形にした渦巻バネが適当な数、配置される。渦巻バネの下端は粗布または帯ひもに縫い付けられ、その上端は、網の目のよう

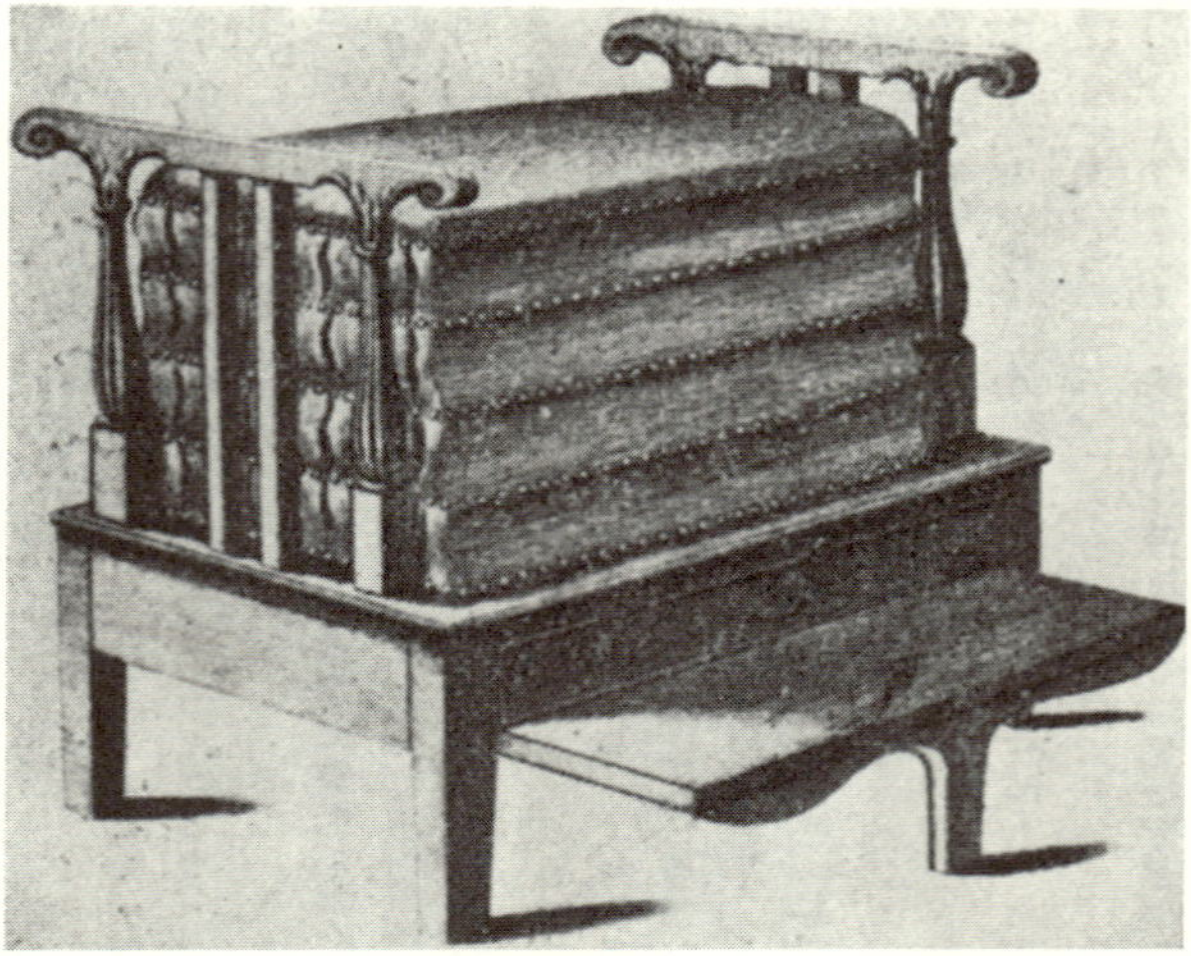

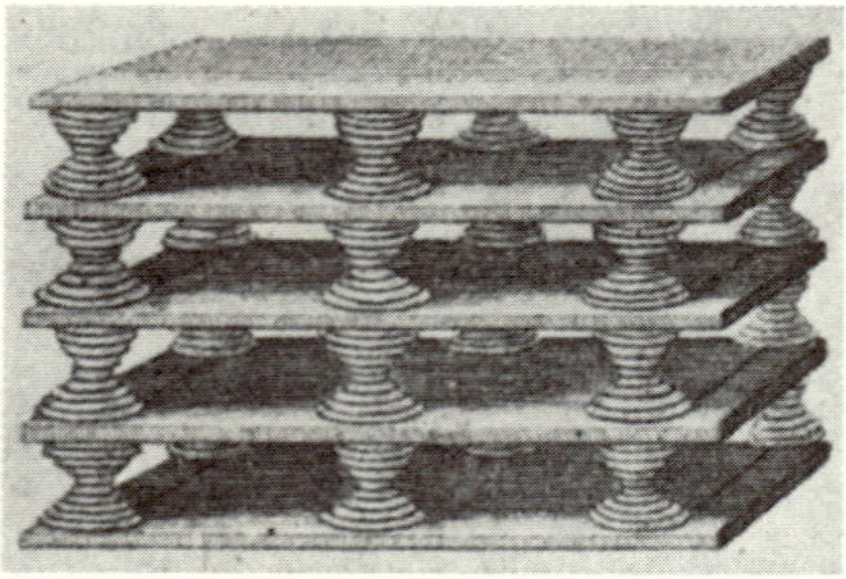

224　乗馬の練習台に使われたスプリング：トーマス・シェラトン，1793年。偉大な家具デザイナー，シェラトンは，天候にかかわらず乗馬の練習をしたいと思う人のために，この乗馬の練習台（チェインバー・ホース）を設計した。スプリングは限られた長さのものしかなかったので，彼は薄い板で全体を幾つもの層に分けた。（トーマス・シェラトン『家具製作者と室内装飾家のスケッチ・ブック』の付録）

225　船酔いの防止に用いられたスプリング：伸縮自在な揺り椅子，1826年。イギリスの発明家が特許をとったこの最初のスプリング入りの椅子には，揺れる装置が用いられている。船酔いの防止がその目的だった。（英国特許5418）

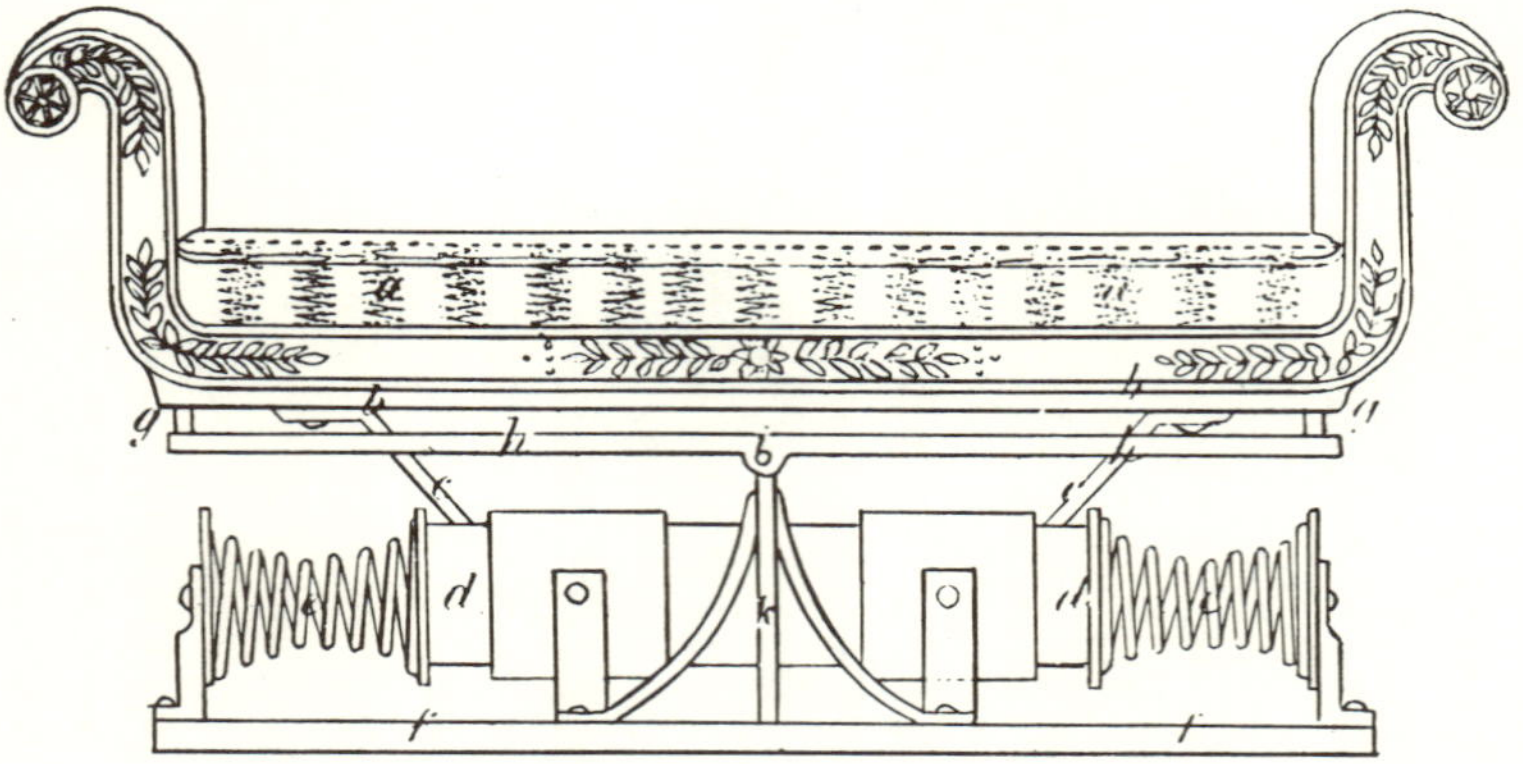

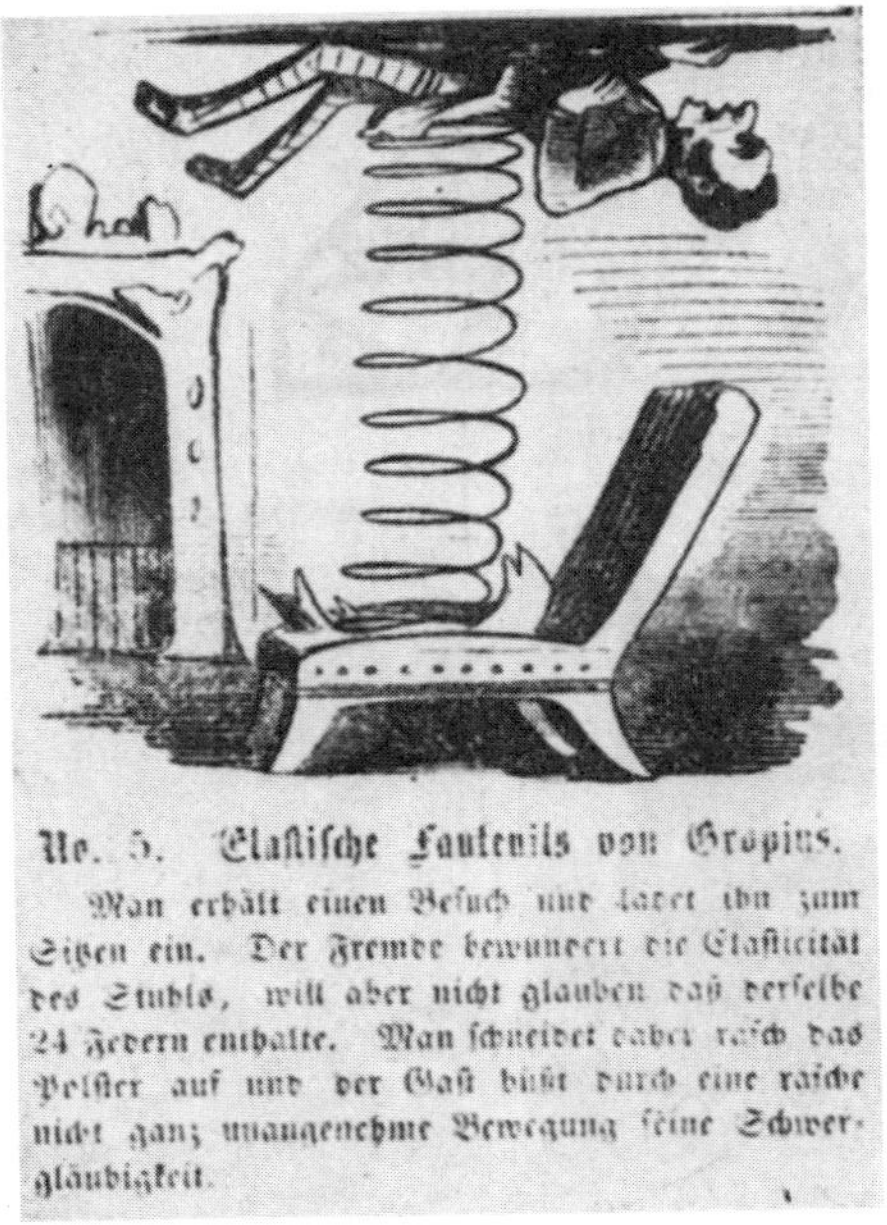

226　スプリング式フォテーユ。マーティン・グロピウスの漫画，1850年頃。ベルリンの諷刺雑誌に次のような小咄が載っていた。「１人の男が部屋に通され，椅子をすすめられた。男はその椅子の弾力性に感心するが，中に24個のスプリングが入っているとはどうも信じられない。そこで中を開けてみようとしたところ，突然，身体が得も言われぬ感じで持ち上げられてしまった。最初から信じていれば，こんなことにはならなかったはずなのに」。(『クラドラダーチ』誌，ベルリン)

に交差した細いひもで垂直に保たれている[186]。

この発明家の主たる目的は、船の上下振動を和らげることにあった。そこで彼は、弾性のある台座受けを四個の大きなスプリングの上に乗せ、座席のバランスを保った。「横方向のスプリングは、振動する骨組の下部に取り付けられ抵抗を和らげる」。

この複雑な構造を見ると、一八三〇年頃のイギリスで、機械化が家具に影響を与え、突飛な結果を生んだ様子がよくわかる。この時代は、アメリカでは特許家具が誕生する時期の直前にあたっていた。一方フランスでも、新たに針金を用いたクッションが実用化され、支配的趣味の家具である「コンフォルタブル」が製作された。

同じ一八二〇年代には、ベッドと椅子は金属パイプで作られつつあった[187]。ただこの方式が充分な発展を遂げたのは、結局それから一世紀後のことであった。しかし、当時支配的であった感情と、この時代の技術的風潮は、互いに異なる方向を志向していた。そのため、十九世紀がはらんだ新しい可能性は、十九世紀自らが作り上げた物と内的なつながりをもたなかった。この時代に快適さの領域で生じた現象は、建築の分野では、外観に対する好みが骨格構造を覆い隠してしまうという現象となって現われている。

技術的目的以外へのスプリングの使用はあまり急速な広がりをみせなかった。一八五一年の時点でも、渦巻バネを安楽椅子に取り付けることは、一般的ではなかったようである。一八五〇年代の初めには、著名な建築家であるマーティン・グロピウス[188]が、渦巻バネを使った安楽椅子を製作した。ところが、ユーモアを心得たベルリンの雑誌『クラドラダーチ』は「最近の発明品」の欄で、この椅

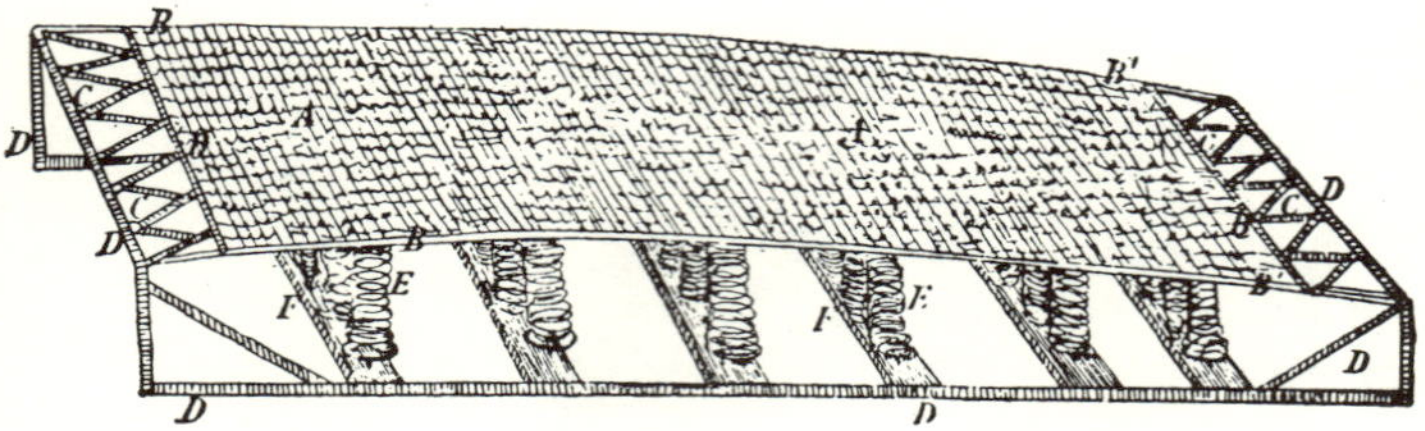

227 初期のワイヤ・マットレス。(英国特許 99、1865年1月12日)

228 ワイヤを編んでつくったマットレス。アメリカ、1871年。(『マニュファクチャラー・アンド・ビルダー』誌、第3巻5号、1871年5月)

子を茶化し、疑心暗鬼の客が、本当に二四個の渦巻バネがあるのかを確かめようとして、天井まで持ち上げられてしまっている様子を描いた諷刺画を載せている(図二二六)。

予備的な実験が繰り返された後(189)(図二二七)、一八七〇年頃、金網の形式をとったスプリングが考案された。「細い針金でできた長いスプリングを、一定の方法で繋ぎ合わせ、ある程度の張りを持たせると、大きな力と耐久性を備えた(しなやかな)金網のできることが判明した」(190)(図二二八)。

この発見が新奇なものであったため、ワイヤ・マットレスの長所がいくらか誇張されて表現されたのもむべなるかなである。「……外観は奇妙かもしれないが、毛布を折り畳んでこの鉄線の上に載せるだけで、立派にベッドの役割を果たす。針金の表面……つまり、マットレスは、水のように敏感に動き、圧力を加えればたわみ、圧力を取り除けば直ちに元に戻る」(191)。

鉄製の寝台枠は一八三〇年前後に導入されたが、これらは病院や監獄などで用いられただけで、一般家庭用ではなかった。ところが、七〇年代になると、この弾力のあるマットレスは新しい輸送機関で使われるようになった。

「……汽船の寝台や、寝台車など、清潔で涼しい寝具の要求される所ならどこにでも向いている」(192)。

詰め物をした家具にこれが用いられた例もある。「このマットレスは、家具類にも適用できるようである。事実これは、寝椅子や自動車の座席などにもすでに使われている。これを製作した会社(193)は、来年の夏までに、田舎の家の縁側に置くのに最適な、快適な長椅子を市場に出すことを予定している。この椅子は、ハンモックのように、気楽に横たわるのにふさわしい」(194)。

間もなく、この風通しのよいワイヤ・マットレスは人気の的になった。『アート・アンド・ホーム』誌は、この時代の手軽な大衆雑誌の一つで、イギリスの一般大衆に衛生的な家具の在り方を指導していたが、その中に次のような記事が載っている（一八七八年）。「私は、新型の弾性マットレスを勧めたい。これは鎖かたびらに似ているが、旅行の際には涼しく、清潔で、しかも運搬しやすいという三つの長所を備えている」(195)。パーカーは、子供用の低い鉄製寝台にワイヤ・マットレスを用いることをこのように推薦している（図二二九）。

229　家庭に入ったワイヤ・マットレス。イギリスの子供用ベッド，1878年。(レディー・バーカー『寝室とブドワール』，ロンドン，1878)

十九世紀に人間の身辺の環境に何が起こったか？

十九世紀の支配的趣味の歴史を書くには社会学的な資料とともに、感情の面で何が起こっていたかを示す記録が必要だが、その歴史はまだ書かれていない。

ここでは、機械化が人間におよぼした強力な影響を断片的な事実を通じて示すにとどまった。

装飾品の機械化に関しては、イギリスだけを対象に考察した。機械化は、一八五〇年頃、イギリスにおいて最も進み、また、危険な兆候もそこで最初に現われた。警告者や改革者のあげる叫びが最初に聞かれたのもイギリスにおいてであった。といっても、フランスの果たした役割を過小評価しているわけでは決してない。事実、早くも十七世紀に贅沢品の産業を育成し発展させたコルベールの時代以来、フランスは流行の世界をリードしてきた。またフランスは、支配的趣味を基調として、十九世紀の幾多の大博覧会でも輝かしい成功をおさめた。こうした博覧会のカタログや、彫像、手すり、亜鉛メッキの柱時計、装飾欄干などを大量生産していたパリの大会社のカタログは、この点をいかんなく証明している。一八六七年にパ

230 シュルレアリストによる19世紀の室内の解釈。マックス・エルンスト，1929年。石膏の胸像に扮した百頭女がガラスの入った本棚からのぞき，立って思索に耽っている人を驚かせている。椅子についた型打ちして作られたライオンの頭は，巨大な猿に姿を変えている。

リ万国博の審査委員会が算定したところによると、フランス産業界が世界中に輸出してきた亜鉛メッキ製の時計の総数は一五万個にものぼったという(196)。

ナポレオン三世から特別の用命を受けていたクリストフル金属社の刃物類や、ユジェニ女王がスエズ運河開通の際に、フェルディナン・ド・レセップスに贈った浮彫細工を施した手づくりの銀製のゴンドラなどは、これをデザインした職人の名前と同様、まったく関心を惹かなくなったが、当時量産された模造品のほうは、われわれの関心を惹かずにはおかない。なぜなら、それらは実際に大衆の感情生活に大きな影響をおよぼしたからである。この機械生産された装飾品の開発と増産については、これまでまったく研究されてこなかった。

家具に関しては、フランスの幾つかの例に絞って考察した。というのは、フランスの発展のほうが、イギリスの場合より忠実に、十九世紀という時代が家具の構造に与えた影響を表現しているからである。フランスで東洋調のクッション家具が作られていた頃、イギリスではより簡素な様式のものが生み出されたが、それは、社交クラブでの生活習慣と関係していた。これらの黒い皮を張った安楽椅子やソファは、パイプをくゆらすタイプの人びとが用いるためのものだった。この家具の系譜は、ウィリアム・モリスの改革を経て直接現在に連なっている。イギリスでは、応接室や寝室用の快適な家具の製作は、室内装飾家の手に一任されなかったのである。しかし、イギリスにおけるこの発展に関するわれわれの知識は断片的である。

三〇年代のフランス全土を覆ったロココの波は、単なる様式の復

231　サラ・ベルナールのスタジオ。1890年。(『装飾家と家具商』，ニューヨーク，1891)

活以上のものであったようである。人体に合わせて製作されたロコ様式の椅子は、六〇年代にはさらに洗練を加えたが、そこには、ある独創性が働いていたことは否めない。座席は広く、低く、そして深くなっていった。そして、特に坐るためでも横たわるためのものでもないような、さまざまな混合型がデザインされたが、それらは、くつろいだ姿勢をとらせるという点では共通していた。この自在な姿勢がいかにこの世紀の性格に合致したものであったかについては後ほど述べたい。

多くのフランス人と同様、旧体制の精神が依然として生き続けていたある著述家は、種々雑多なコンフォルタブルを一瞥し、次のような感想を禁じえなかった。「近頃（一八七八年）、サロンに入って、椅子に無造作に寄りかかったりふんぞり返ったりしている男女を見ると、果たしてほんとうに彼らは、立居振舞いや処世術の点で抜群だった、あの輝かしいフランス社交界の末裔なのだろうかと自問せずにはいられない」(197)。

一八八〇年頃、ヨーロッパ大陸では感情の混乱はその極に達し、支配的趣味を基調とした室内装飾は、果てしもなく、細部やニュアンスの違いを求めるようになり、後世の人間にとっては、どれが意味のあるもので、どれがそうでないのか、判断がつかないような状態になっていた(198)。この時代はまた、コンフォルタブルがクッションの塊のようになった時期でもある。

こうして十九世紀最後の数十年間、室内装飾家の権威は上がる一方であった。彼はどの分野にも属さない雑貨を一手に引き受けた。たとえば、原画を得られない中流階級には、金の額縁入りの油絵を提供した。室内装飾家は過去を機械的に復元したがらくたを素材として、静物画を構成した。一八八〇年のフランスでは、こうした奇妙な作品は動く装飾品《デコラシオン・モビル》と呼ばれたが、これらは何げなくテーブルや椅子の上に並べられ(199)、それにクッションと掛け布を配すると、その効果は満点となった。

ここでもまた、シュルレアリストが、人間の心の内部で起こったことを語ってくれている。マックス・エルンストは、『慈善週間』の中の、怪奇なコラージュを集めた「ベルフォールの獅子」(200)の章で、家具が攻撃される様子を描いている。薄暗い中に、コンフォルタブルが鎮座し、その長い房縁飾りは床まで届いている。その椅子の中に、当時流行のサロンにかかっていた裸婦の像がポーズをとっている。この美人は金縁の額を抜け出し、コンフォルタブルのクッションと房飾りの上に舞い降りてきたのである。その裸体のまわりには、ベルフォール戦勝記念館からもってこられたライオンの頭や爪がころがっている。そして最後にこの絵には、房に代わって、切断された人の手をくわえたライオンの顎が描かれている(図二一二)。

室内装飾家が描き出す変幻自在な光景は至る所に見られた。アンドレ・ブルトンは、『百頭女』(一九二九年)への序文で、彼流にこのことを次のようにして表現している。

> 『百頭女』は、まさしく今日の絵物語であると言ってもよい。現今のサロンはますます湖の底のような光景を呈してきている。そこでは鱗が光を放ち、星がまたたき、海草が踊っているかと思えば、床は泥に覆われ、衣裳がきらめいている。波うつカーテンと陰鬱な雰囲気から、エルンストの鋏は海底の洞窟(201)を構成する。そこにいる生き物や石膏の像、気取った絵のモデルなどは、休んでいるのだろうか、それとも腐りかけているのだろうか。この問いに対しては答えられないし、また答えるべきではない。部屋は常のごとく、暗殺と逃げ場のない雰囲気に満たされている(図一九九)。
>
> 夜がその寝所で金切声をあげ、われわれをまばたきさせる。

このような光景こそ、ありふれた物の背後にさえ常に感じられた十九世紀の悪魔的側面である。ここではダダ的なコラージュを通じて、このような状況はすでに克服されている。あるいは、適当な距離をとって呼び起こされている、のだと言えるかもしれない。自己の住処を劇場に仕立て上げた頽廃した時代の情念は、あまり真剣に受け取らないほうがよい。しかし、シュルレアリストが嘲るように描き出しているのは、根本的には、同じ時代を生きたヘンリック・イプセンが真剣に攻撃し、小説の登場人物を通じて具体化したこと、すなわち自己の魂を求めての終りなき彷徨に他ならない。それは家庭という地獄から逃れたいとするノラの願望、『ロスメルスホルム』における水車用水の決壊、『幽霊』でのオスヴァルの狂気に表現されている。それらにも、『百頭女』の場合と同様、新しいシンボルを形成することなく既存のシンボルの価値を低下させ、真の自己に至る道を発見しえなかった十九世紀の姿が描かれている。

十九世紀の構成的家具

『空間 時間 建築』で概略を示したように、われわれは歴史的事実を構成的と一時的の、二つのカテゴリーに分類する。歴史家が、個々の様式や時代、またそれらの類似点や相違を比較することだけに関心があるのなら別だが、そうでなければ、この区別は必要になる。つまり歴史を、生物学と同じように、成長と発展――これを進歩と混同してはならない――の問題としてみるならば、この区別は是非とも必要になってくる。

分析にあたって、歴史家はある程度の道具の使用を許されているが、その道具は用心深く、かつ明瞭に意識して用いなければならない。彼は、短命な事実、創造的な力や発明の才に欠けている仕事は括弧でくくり、これらが一時的な事実であることを示す。たしかにこうした事実は、同時代人にとっては、花火のような魅力をもち、舞台の中心を占めるものであっただろう。たとえばこのことは、支配的趣味が十九世紀を通じて絵画、建築、家具の分野でふるった影響をみればわかる。

一方、構成的事実は、創造力や発明の才によって特徴づけられる。それらは積み重ねられ加算されて、歴史的成長の核心を形成する。歴史を成長の過程とみなした上で十九世紀をみると、特許家具こそがこの時代の構成的家具であることがわかる。

特許家具と支配的趣味

支配的趣味を表現した家具は、同じ趣味の絵画と同様、流行《ファッション》の産物である。どの時代もそのイメージに合わせて生活を形成し、特有な衣裳をそれにまとわせる。どの流行も――したがってどんな様式も――ある限られた時間の中での出来事である。これは歴史の常である。しかし、この限定された時代を貫き、あるいは越えて、もう一つの要素がそれに加わる。それが強く表現されるか弱く表現されるかは時代によって異なる。これこそは構成的要素、その時代の底流をなす新鮮な生命力である。この要素の中に、ある時代が歴史に対してもつ意味が存在する。それらは古代の遺産がそうであったように、幾世紀もの間忘れられたままのこともある。しかしある時、人びとの意識に再び蘇り、その意義を回復して新しい出発への堅固な地盤を形成する。ルネッサンス人が古代をそのスプリングボードにしたり、最近の数十年間では原始人に関する研究が抑圧された本能への開眼を促したことなど、その例であると言ってよい。

十九世紀にとって不運だったのは、芸術と家具が支配的趣味のとりこになり、真の意味での創意に至る道をほとんど見出し得なかったということである。しかしやがては、芸術や歴史の分野における探究を通じて、シュルレアリストの画家たちが成し遂げたように、十九世紀の他の面が明らかにされるだろう。十九世紀を覆った、陳腐さと高尚な趣味、自然主義と怪奇趣味との混合は、ある《オーク》ノスタルジアを惹き起こしもする。この時代の室内に射し込む陰鬱な光、分厚いカーテンとカーペット、沈んだ色の木工部、空間への恐怖等のうちには、特殊な温かさと不安とが息づいていた。これらすべてに、心底からのペシミズムが反映し、この時代の感覚の全領域にまとい付いていた。ここに、この世紀の一面がある。実際的な生活、産業のオプティミズムと攻撃性とは反対の方向が、ここには示されている。

感情の分野は、あの暗く沈んだ、混沌と分裂、そしてしばしば虚偽を特徴とするその時代の一面に呪縛されたままだった。趣味は情緒的安定を欠き、時代から時代へといくつもの渦を作って動いていった。こうして三〇年代、六〇年代、さらに九〇年代と、ロココ様式がさまざまに脚色されて繰り返し用いられた。

建築物の擬似記念碑性と、家具に現われたそれとは、まったく同じものである。どちらも一時的な現象に属し、真の創造性の血液によって活気づけられていない。それでいてこれらは、十九世紀の感覚を支配し、その時代の深層に根ざしたすべての衝動を、無慈悲に窒息させてしまった。

まだあまり研究されていない特許家具というジャンルは、この支配的趣味とは別の次元に存在している。それは、十九世紀の構成的な力のほとんどすべてを呼び起こすと同時に、くつろいでいるときの素顔の十九世紀を垣間見せている。特許家具は、十九世紀としてはまったく新しい方法で問題に取り組んだのである。

特許家具はどのような経過をとって生まれたのだろうか。それについては、今もってわからないことが多いが、一つの傾向が全体を一貫している。すなわちそこでは、家具は個々の要素、個々の面に解体されてしまっている。可動の部分は、全体の機構によって一つに結合され、身体がとるさまざまの姿勢に対応して家具のほうが変わるようにできていた。家具はこうして、以前には知られていなかった自在性を与えられ、剛直で静止した道具ではなくなった。この時代、機械的に操作された義手や義足が非常に強い関心を呼んだのも決して偶然ではない(図二三二)。特許家具はこれと似た機能をもっていた。さらにわれわれの興味をそそるのは、これが人体のとるどんな姿勢にもそうことができ、しかもその後、元の状態に戻るという点である。身体に対応させることによって積極的な形で獲得される快適さ。そして一方ではクッションの中に身を沈めることによって得られる消極的な快適さ。ここに前世紀の構成的な家具と一時的な家具との間の相違のすべてがある。

特許家具の基本的問題は、結局、動作の問題に尽きる。一八五〇年から一八九三年にかけて、アメリカ人は想像力を駆使して家具をめぐる動作の問題の解決にあたった。彼らはしばしば、椅子が叶えるべき特定の用途のことは忘れ去り、ただ、新しい機構を工夫することに熱心だった。たとえば、傾いたあと、前や後ろで位置が決まってしまう椅子の工夫などはその例である。そこでアメリカの特許庁も、「傾く椅子」といった新しいカテゴリーを設けたものである。提案はあり余るほどあったが、この動作の問題は決してなまやさしいものではなかった。一九二〇年頃、ヨーロッパの家具もやはり、人体の輪郭へ適応することを追求した。しかしヨーロッパでは、家具をばらばらな面へと分解する試みはいろいろなされたにもかかわらず、そのほとんどが不首尾に終った。ヨーロッパの家具では、坐

232　機械的な動きに対する関心：義足，1850年代。「人間の足のようにフレキシブルに動きます」。義足の柔軟性が向上する一方で，家具もかつてなく自在性を高め，いかなる姿勢の変化にも適応できるようになった。(『アメリカン・ポートレイト・ギャラリー』第3巻，ニューヨーク，1855)

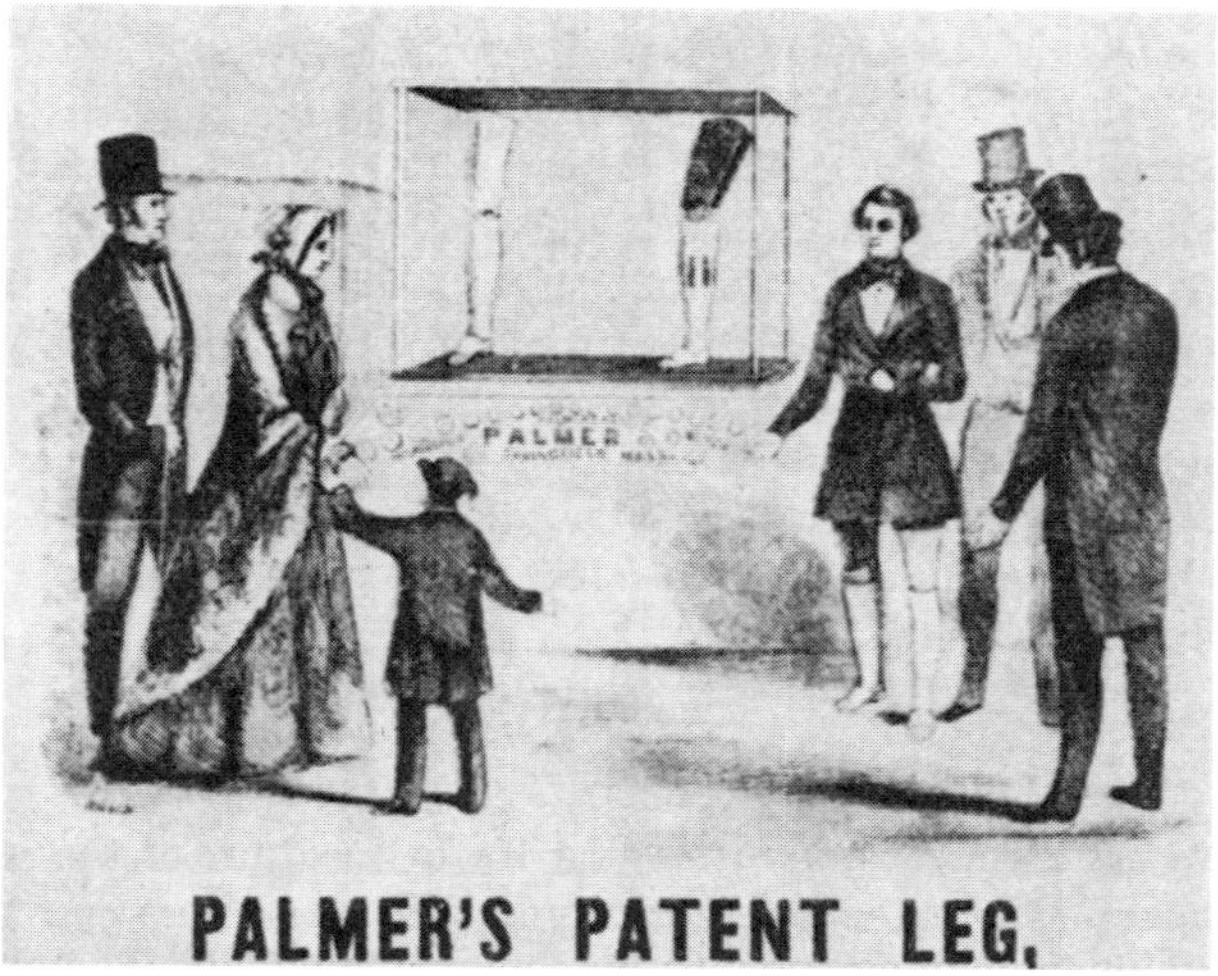

る人の姿勢は家具の枠で決まってしまい、釘づけされたままの状態を保つほかはなかった。背を倒すことも、またアメリカの事務用椅子や理髪用の椅子のように、傾いた位置からごく簡単に普通の姿勢に戻ることもできなかった。

　一八五〇年から一八九〇年にかけての四十年間、日常生活のあらゆる活動は新鮮な目で見直された。発明への奔放な衝動が、すべてのものを新しく作り直していった。家具も例外ではなく、その姿を変えた。これには、感覚の独立と、前例にとらわれぬ新鮮な目で見る勇気が必要だった。このような資質こそ、その時代のアメリカの活力の源泉だった。無名の発明家が、新しい目的に沿った型を発展させる場合であれ、あるいは、既存の型に思いもかけなかったような変換性と可動性を与える場合にせよ、どんな因習も彼らの自由闊達な才能を萎縮させはしなかった。

　一八五一年から一八八九年にかけて開かれた万国博覧会に参加したアメリカ人は、その非「芸術的な」家具を恥ずかしいものとは思わなかった。それは、ヨーロッパの豪華な展示家具の傍にあって、――フランス職人の手彫りピストルの傍に置かれた、アメリカ人、サミュエル・コルトの簡素な回転式《リボルバー》ピストルもそうだが――人目を惹く存在ではなかった[202]。一八七八年のパリ大博覧会のカタログ[203]の一頁はこの時代の誇りがどこにあったかを教えてくれている。カタログには、孔あきベニヤ板製の座席、事務机、調節できる書見台、自動式ソファベッド兼寝椅子、揺り籃を組み合わせたものなどが掲載されていた。

　アメリカ合衆国特許庁の刊行物を一覧すると、小部門に分けることがどのカテゴリーでも必要になっていたことがわかる。一八七〇年代には、およそ七〇の異なった小部門がそれぞれ使用目的の違う椅子ごとに付け加えられた。ワシントンの特許庁は、この動きについて調べられる唯一の場所で、そこには、一九二六年までの特許の原型が保存されている。全体としてこれらの原型は、アメリカの発明の才が最も独創的に発揮された分野について類稀な展望を提供しており、アメリカ的生活様式をテーマとした博物館がもしできるとすれば、展示の中核になるようなものばかりである。こうした特許は、アメリカの歴史において最も活気に溢れた時代の証人になっている。しかし繁栄の一九二〇年代は、こうした原型の保存にこれ以上部屋も資金もさこうとせず、がらくた同然に売却してしまった。こうした歴史意識の欠如はまさに不可解というほかはない。

十九世紀の構成的家具が、なぜこれまで長い間見過ごされてきたか、その理由ははっきりしている。つまりそれらは、純粋に形式や様式だけを対象にした研究の網目をすり抜けてしまったということである。構成的家具は特定の問題に対する機能的な解答として創造された——機能的な解答、たしかにそのとおりなのだが、この問題の真の意味は、人間の本性と習慣に深くかかわっている。

家具と機械化

機械化が、一方で支配的趣味の家具と、そして他方では特許家具に対しどのような関係をもっていたか。これに対する説明は、もはやむずかしくないはずである。

家具の分野でも、われわれがすでに他の分野で注目してきた機械化の二つの影響が現われた。その第一は、手工芸品の安価な代用品を求めるという安易な行き方である。機械は費用をかけずに、型押し、型取り、丸削り、といった安あがりな生産方法で、それ以前の時代の外形や装飾を生産するのに使われた。そこに、機械のもつ手際のよさ、さらに場合によっては、ある程度の装飾的な味わいがあったことは否定できない。しかし全体としてみると、これは新しい型を創造できないまま、同じ個所で足踏みをしているのに等しかった。この世紀の前半を通じて見られた、詰め物をした家具の機械化、装飾品の機械化は、この安易な方法が一時的なものに呪縛された様子を示している。

家具における機械化の第二の方向は、以前にはなかった解決を導いた。ここでは、機械的なものは人間の身体を支え、助けるために使われた。家具は、室内装飾家によってデザインされたのではなく、技術者によって構成された。発明家の名前は知られていないし、その数は枚挙にいとまがない。彼らはある新しい家具の原型を創造したり、可動性を獲得すべく新しく簡単な方法を工夫した。彼らは、この世紀の「ものいわぬものの歴史」に属している。発明者の氏名は、各特許の説明書の最初の欄を占めてはいるが、それはほかにもたくさんある名前の一つでしかなく、電話帳にある番号や氏名と同様、人目を惹きつける存在ではない。彼らは、全体としてはほとんど使われることのなかったアイディアと、失われた経験の倉庫を形成した人びとである。

特許家具の歩んだ四十年（一八五〇—九〇年）

十九世紀の特許家具は、快適さの歴史の中で際立った位置を占めている。それは、十八世紀の英仏両国に見られた巧妙な家具と、家具を単純な方法で姿勢に適応させた今日の試み、この両者をつなぐ輪を形作っている。

シェラトンから一八五〇年までの発明は断片的にしか知られていない。その間に構成的傾向として働いたものについては、詳しい研究が欠けている。しかしこの世紀の前半、英仏両国において、たとえ微弱な潮流であったにせよ、継続した発展がみられたのは確かである。その発展の基調は、可動性と技術の進歩に重点を置いたものだった。

一八五〇年以後はアメリカが主導権を握り、特許家具をヨーロッパでは不可能なレベルに引き上げた。一八三〇年から一八五〇年の間は準備の期間で、模索が続いた。一八六〇年にかけて、発明活動一般の高揚に歩調を合わせて、特許家具運動も圧倒的な盛り上がりをみせはじめる。そしてそれからわずか十年以内に、技術的に高度な段階に達する。八〇年代には、家具における動作の問題を解く技術は急速に向上し——ここでも他の分野と足並みを揃えて——これ以上つけ加えるものがないほどの成熟の域に達した。

九〇年代に入ってからは、ヨーロッパの支配的趣味が、アメリカに流入し、全土に溢れた。その転機を作ったことでよく知られているのが、一八九三年のシカゴ万国博覧会である。フランス・アカデミーから直輸入された古典主義建築のコピーを最上のものと考え、アメリカはそれに膝を屈した。万国博を契機に、主流となったこのような態度は、アメリカ製の設備がもつ、機械加工が生んだ平坦な面を、無味乾燥だとして退ける一方、特許家具も滑稽なほど場違いであるとして排斥した。こうして、機械生産の家具は生活の場から消えていった。だれもがそれを恥ずかしいものと感じ始めたからである。この時以来、特許家具運動は、特殊で専門的な目的をもつ家具に限って行なわれるようになった。特許家具は室内から追い払われ、十九世紀の快適さの創造に真剣に取り組んだ無数の試みは反古に帰した。アメリカでこうした事態が起きていた頃、ヨーロッパ人は支配的趣味に身をやつすと、どんな破目になるかに気づき始めていた。

あるいは、金融資本が少数の人の手中に集中したことが——一八九三年はその特筆すべき年である——小さな発明家にとり活動の機会が少なくなった理由であるかもしれない。しかし、決定的な要因は、合衆国全体、一般の人びとを捉えた趣味そのものに在り、この点にこそ問題があった。この一八九三年という年は、誇らしげにそそり立つシカゴ派のスカイスクレーパーにも一つの亀裂を印している。それから四十年を経てやっと傷は癒え始めたが、それほどその影響は深刻であった。

十九世紀の家具へのひとつの研究態度

十九世紀の家具をテーマとした研究には一種の取っかかりにくさがある。資料が不足しているからではない。資料は至る所にある。問題はむしろ、心理的な領域に在る。この時代の家具の外観から受ける印象をうのみにしてはならない。まず、一見してわかるパラドックスを解明することこそ先決である。この時期に市場を支配した家具は、感情と豊かな想像力を解き放ったかのごとき外観を呈している。しかし、製作された個々の作品を見るとわかるように、そこには率直さ、正直さが感じられない。懐古的な姿勢が基調をなし、様式が模倣され繰り返されているのがわかる。T・S・エリオットはヴィクトリア朝の詩人たちを「回顧的」と呼び、「彼らは考えることはするが、自分たちの思想を、バラの香りをかぐように直感することができない」と言っている。詩ばかりでなく、身辺の環境も過去をふり返るような姿勢で生み出された。未知なるもの、創意のあるものを求めての跳躍がそこには欠けていた。ここに、十九世紀の顕著な一面、仮面をかぶった性格が露呈している。十九世紀の実生活に対する見方は、臘人形館のように欺瞞的だった。

一方、特許家具は十九世紀のこの側面を越え、あるいはそれと対立するような形で存在している。ここには昔を回顧する余裕などない。末梢的な情緒は、皮相なものとしてすべて削り取られた。特許家具はグロテスクな印象を与えるものもあるが、その多くは好感がもて、驚くほど直截につくられている。この家具の唯一の目的は、以前には要求も解決もされなかった必要をかなえることにあった。したがってその構造からはむき出しの形式と発明的な想像力以外はすべて排除され、創造的な衝動だけで一貫している。

以上に述べたことは、パラドックスがこの世紀の本質であったことを暗示している。

ここでのわれわれの目的は、十九世紀の真の家具である特許家具に関して詳しく知ることではなく、その全体を概観することにある。特許の説明書や実例を並べたてても、歴史的理解の助けにはほとんどならないだろう。その点に固執していると、技術上の事柄の中で身動きできなくなってしまうのがおちである。また、家具の形式や様式だけを研究していては、ほんの表面を撫でるだけで終ってしまう。

十九世紀の家具の真の性質を理解するには、別のアプローチを採らなければならない。彫刻家のブランクーシは、パリのスタジオでその作品「魚」を大理石に刻みながら、「彫刻家は素材の導くところに素直でなければならない。素材は、彼に、何をなすべきかを教えてくれる」と言ったが、このことは歴史家の仕事の場合に一層よくあてはまる。

ここで問題になるのは、特許家具とは何を意味しているのか、ということである。この問いに答えようとすると、アプローチの基盤を拡大し、さらにもう一つの問いを発しなければならない。十九世紀における身体の姿勢は、それ以前の時代とどう違うか、という問いがそれである。もし新しい坐り方が発展していたなら、特許家具、すなわち技術者の家具が、支配的趣味の家具よりその点に関して適切な解決をもたらしたかどうかを見極めなければならない。この問題が家具の身体への適応をめぐって存在していたことは、後にみるとおりである。

特許家具に関する第二の問題は、機能変換をめぐって存在している。どの特許家具も二つ以上の機能を果たすように作られている。その結果、まるで関係のないものが組み合わされたり、あるいは、見せかけの解決にすぎないような例が生じている。寝台車の発達が特にわれわれの関心を惹くのは、それが、今日に伝えられている数少ない変換可能な家具の例だからである。また、ハンモックも見落とせない。ハンモックは視覚的には、特許家具の対極に位置しているように見える。しかし、八〇年代初期のアメリカ人によるハンモックの取扱い方は、十九世紀の人びとが、宙に舞うような型にはまらない姿勢に、無意識のうちに惹きつけられていたことを示している。

中産階級向けの家具

ここでは、支配的趣味に合わせた一時的な性格の家具と、技術者の構成的な家具が隣り合っている。

建築の分野では、十九世紀は擬似記念碑的なものの支配を意味した。記念碑的形式は、上は公共建築物から下は貸家に至るまで、無差別に適用された。これと同じ態度が、この時代に流行した家具の装飾過剰の原因にもなっている。かつては上流階級だけが購入できた品々が、今や機械化によって誰の手にも入るようになった。たしかに、こうした宮廷風の様式が三部屋しかない狭い家で幅をきかす状態が長続きするはずはない。しかしそれは、富と威信のシンボルとしての魅力をふるい、かなりの期間、より健康な本能の発露を妨げた。

十九世紀のもつ他の一面は、技術の手になる建築物と家具に現われている。特許家具は、中流階級が必要に迫られて生み出したものである。金持には、寝椅子が揺り台になったり、ベッドが衣裳ダンスになったりする必要はない。彼らは必要なだけ充分、空間も道具も持っているからである。

こうして特許家具は、少なくともアメリカでは、中間階級の必要から生まれた。切り詰められた空間をさらに狭苦しいものにしないで、少しでも快適なものにしたいという願いが、特許家具を生んだと言ってよい。寝椅子にもなる椅子、ワードローブに変わるベッド、居間に転換できる寝室などは、部屋が二つか三つしかない新興中産階級の住宅には、支配的趣味の家具よりはるかに自然でふさわしいものだった。

特許家具は実際、成長しつつあった都市中産階級という限られた範囲の生活場面に登場した。しかしその意味は、ただ空間の経済をはかったということにとどまらなかった。人間の精神が、与えられた場を生かそうとすると、思いがけない解決を生み出すのが常であり、しかもそれは、まったく新しい方向に現われることが多い。この場合には、姿勢に最も適合した家具の問題が解決された。

十九世紀における姿勢

中世人の姿勢は臨機応変で、定まった形式をもたなかった。また、ルネッサンス期には正面を向いた姿勢が、十八世紀にはくつろいだ姿勢が一般的だった。十九世紀の家具には種々の様式とともに、これらの姿勢のすべてが復活した。十九世紀に、円筒状のクッションや渦巻バネ入りの重々しい椅子が作られた場合、十七世紀の安楽椅子と同じ堅い詰め物と格式ばった外観が与えられた。十九世紀はまた、十八世紀の曲線の多い細身の形式をはやらせ、さらに、東洋趣味の流行にのって、自在な姿勢を発展させた。自在な姿勢という点では、十九世紀は中世のさらに上をいった。

このような事態にもどかしさを感じて、「いったい、この世紀は自分自身に固有な欲求をもっていなかったのだろうか。自己を表現する鍵を見出さなかったのだろうか」と問う人もいるだろう。

十九世紀が固有の姿勢を発展させ、後の発展の基礎を据えたのは

233　19世紀の姿勢：リチャード・ボニントン「よりかかる婦人」水彩、1826年。19世紀の姿勢は、坐っているのでもなく横たわっているのでもない、自由で気どらない態度のうちに見出せる。自由なポーズをとったモデルの瞬間をとらえることによって、時代に潜む無意識の傾向を最初に表現したのは、またしても画家であった。それは、この姿勢にふさわしい椅子が生まれる以前のことだった。（アンドリュー・シャーリー『ボニントン』、ロンドン、1941）

確かである。ただわれわれが今まで、そのことに気づかなかったというにすぎない。この姿勢は、サロンを見せ場にしていた支配的趣味の家具には表現されていない。概して十九世紀は、その天分を労働の場で表現した。労働の場面で十九世紀は、あらゆる仮面を取り去り、自らの力で問題を解決しようとした。この点では他の世紀にまさるとも劣っていない。しかし家具の領域では、この自信はほとんど見られなかった。

十九世紀の姿勢は——この点もまた支配的趣味とはまったく対照的に——くつろぐことに重点をおいている。このくつろぎ方は、坐っているとも横たわっているとも言えない自由で気取らない態度の中に見出せる。この時代の無意識的な傾向を最初に表現したのは、またしても画家だった。彼らは自由な姿勢をとったモデルを通じてそれを表現した。一八二六年、リチャード・ボニントンは水彩で「よりかかる婦人」（図二三三）を描いているが、その婦人は詰め物をしたソファを寝椅子のようにくつろいだかたちで使っている。彼女は軽く反り返り、半ば腰を掛け半ば横たわったような姿勢をとり、足は床に落としている。

この姿勢はそれ以前には馴染のないものであった。十八世紀中葉には、ブーシェが、またその後半期にはフラゴナールが、リラックスした姿勢の美人を描いているが、それらは決まって裸像であり、「ヴィーナスの化粧室」あるいはそれに類した主題のための習作であった。キューピッドや観察者が、画面中央に立っているか、あるいはそれほど遠くないところに暗示的に描かれていた。

ボニントンが描いているのは衣服を身につけてくつろいでいる婦人で、彼女の頭にはきちんとショールが載っている。束縛のない姿勢は、生まれが違うのに宮廷に惹きつけられた帝政時代の社交界で発達したものらしい。その社会が生み出した家具は、堅苦しい外観を呈しているが、実際にはそうした印象とはまったく違う使われ方をされたらしい。ボニントンの初期の作品に、宮廷画家ジェラールの作品の模写がある。そこでは、皇妃ジョセフィーヌだとされている一人の婦人が、長方形の輪郭をした帝政風のソファに腰をおろしている様子が描かれている(図二四二)。彼女はソファに斜めに腰をかけ爪先を床につけ、脚は座席に対して斜めに、そして身体全体をソファの隅のほうにもたせかけている。ボニントンが、ごく平凡な画家であるジェラールのこの作品を模写したということは、意味深長である。

ボニントンは結核にかかり、一八二六年、二十五歳で亡くなった。彼は坐ることが、また横臥することが何を意味するかを知っていた。彼は、フランスの友人に宛てた手紙の中で、病床にある者の夢に現われるリクライニング・チェアについて書いている。

伸びやかに流れるような筆致を見せているボニントンの「よりかかる婦人」こそ、十九世紀の姿勢の典型を示していると言ってよい。身体に適応した椅子の系譜は、一八三〇年からル・コルビュジエに至るまでとだえることなく続いた。

可動性

可動性を研究し、その結果を実地に適用することは今日の基本的な傾向の一つであるが、このことは家具の分野についてもあてはまる。

旅行先のどこへでも持っていける中世の移動家具は原始的なものだった。家具はその時代、固定式であるより、分解あるいは折り畳める型のほうが一般的だった。食卓は架台と、その上に置くだけで取りはずしのきく厚板で構成され、食事が終ると畳んで壁際に寄せておくのが普通だった。四本脚の、骨組が固定されたテーブルは、後になって、肱掛けと背もたれのついた椅子と同様ルネッサンス期に成立したものである。

古代から受け継いだ折り畳み式のスツールが、四本脚で枠組の独立した椅子が現われるかなり以前には、椅子の標準型だった。机は動かすことができ、しかも目的によって筆記用とか、読書用とかに分かれていた。

可動性に対する要求は、その後、生活条件が安定するとともに衰退したが、完全に消滅してしまったわけではない。十五世紀末から十八世紀末にかけて、家庭が安定するとともに、新たな形態と便利さを志向した別の価値が成熟した。

すでに十八世紀末、巧みに動く自動人形ばかりか紡績機械も発明され始めていた頃、工夫に富んだ、機械仕掛けによる快適さに人気が集まった。そして、秘密の隠し抽出しよりも、小さくまとめられた家具のほうが喜ばれた。それは新しい用途を考えて作られ、しかも、多目的に役立つものが多かった。イギリス、それ以上にフランスでは、十八世紀の中頃、簡単な操作で鞄のようにまとめられる「ポータブルベッド」や「旅行用ベッド」が生産された。今でもアメリカやイギリスでは、寝椅子に変換できるベッドが保存されている。

十九世紀は可動性の問題を別の方向で展開した。生活は前よりも一層安定したものになったが、生活の場は、特にアメリカでは窮屈なことが多かった。このような状況はアイディアに溢れた家具やその組合せを発展させた。中にはグロテスクと言っていいようなものも作られたが、創意にあふれた斬新な家具もたくさん生み出された。機能転換を原理として発明された寝台車はその一例である。

可動性の原理を適用して人間の生理的要求に応えることが新たな課題だった。生理的要求に応えようとする限り、解決は完全に近いものでなくてはならなかった。こうして、身体を完全にくつろがせることを目的とした座の様式が発展した。このような完全にくつろいだ状態は、後にみるように、椅子の機構に対する人体の意識的な働きかけを通じて獲得される。坐った姿勢から横たわった姿勢に至る中間のさまざまな姿勢は、肱や頭の支え方から決まってくるが、その問題を解決する椅子の仕組みは非常にバラエティに富んでいた。

姿勢と生理学

一九二〇年頃の建築運動は、身体の生理的要求をかなえ、しかも、それを芸術的に表現することを目指した。坐る行為に対しては軽く浮き上がるような姿勢、横たわる行為に対しては人体の関節に対応した姿勢というふうに。十九世紀中頃の雑誌類に目を通すと、そこに生理的要求を満たすためにさまざまな考え方や関心が披瀝されているのに驚かされる。一八六九年の雑誌にはこう記されている。「快適さ、便利さ、そして健康にかなったものであること、これらは椅子を作るに際しての主な目標である」(204)。後に最も普及した金属性の寝椅子《ラウンジ》(図二五六)の製作では、生理学的な考慮を中心におき、七〇もの種々の姿勢が検討された。「生理学者の教えるところによれば、腰部を中心にした運動には、約三〇〇もの筋肉が直接、間接に関係している……坐ることの多い生活をしている人びとは、絶えず背の苦痛を訴えている」(205)。

五〇年代以降、列車の座席は実験的研究の対象となり、発明家たちは、背もたれと座席を身体に合うように彎曲させようと大変な努力を払った。後に、ある発明家が新しい「背もたれを反転できる列車用座席」を発表したとき(一八八五年)、彼は工夫の要点を次のように述べている。「腰掛けた状態で姿勢を垂直に保つ場合、身体中で最も力のかかるのは首と腰である。……そこで関係している骨は頸椎と腰椎だけである……」(206)。彼はこのような考えをもとに、詰め物をして丸くなった部分で首と腰のあたりを柔らかく保護する椅子を製作した(図二三四)。彼はまず、人が普通の椅子に腰掛けている状態の図を使って説明する。その場合、丸で囲まれたxは、頸部に支持物が欠けていることを示している。第二の図はイングランド鉄道の座席の一つで、xは、頭が後方にもたれかかったときの位置を示している。この特許申請者は、アメリカの鉄道に採用されている椅子の欠点はxが宙に浮いていることだ、と診断している。彼自身の解決案ではxはなくなっている。その座席では、特にプロポーションと曲線部分に対して考慮が払われ、生理的要求が充分かなえられている。

234 a,b,c,d,　姿勢の生理学的考察：列車の座席，1885年。ヨーロッパで支配的趣味が全盛を極めていた頃，アメリカの技術者は，身体に合った座席と背もたれをつくることに努力を払っていた。この椅子の発明者は，坐り方と解剖学との関係を説明することから始め，そして，支持が必要な部分を点線で示している。

（a）背中の輪郭と普通の椅子との関係。

（b）普通のアメリカの鉄道座席。

（c）イギリスの鉄道座席。

（d）「私の発明の目的は，適切な背もたれを考案することにある……その上部は頭もたれとして，また下部は，坐る人の腰部を支えるように動き，座席も後方へ傾斜して，望みどおりの快適さが得られるようになっている」。（合衆国特許324825，1885年8月25日）

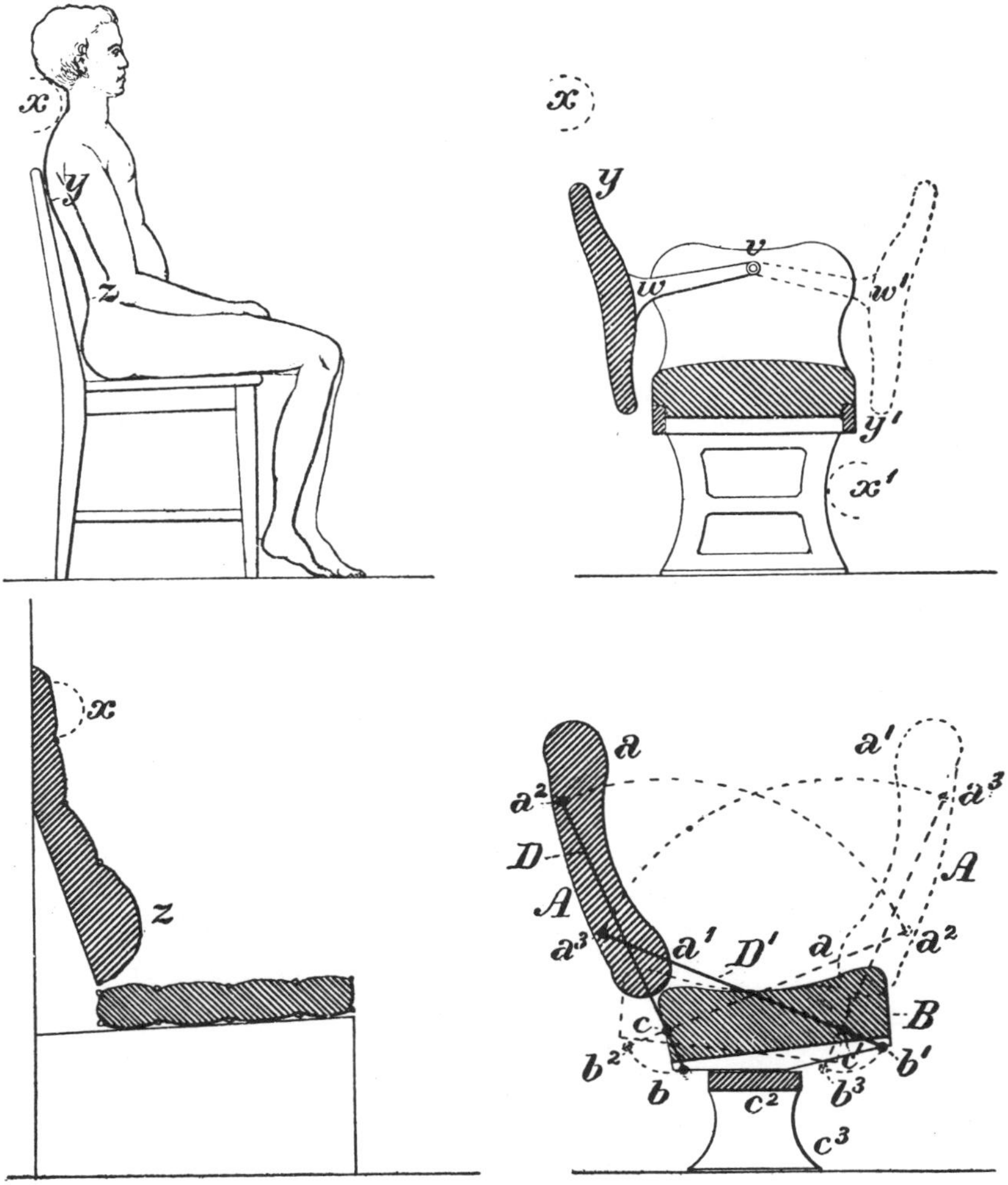

235 （左）ウィンザー・チェア。1800年頃。ウィンザー型のロッキング・チェアは150年間にわたってアメリカの家庭に欠かせぬ家具であった。ロッキング・チェアの起源は1750年前後のランカシャー地方ではないのかとか，ベンジャミン・フランクリンは1760年頃，鉄製の揺り椅子を愛用していたのかどうか，という問題は重要ではない。むしろ，われわれの関心はロッキング・チェアそのものが最初から柔軟で弾力に富んだ椅子として考えられていたという点にある。(『アンティークス』誌)

236 （右）機械化：改良されたロッキング・チェア，1831年。30年代には揺り子と座部の間にワゴン・スプリングをはさんで，ロッキング・チェアの弾力性を高める試みが行なわれた。(合衆国特許，1831年４月23日，D. ハリントン)

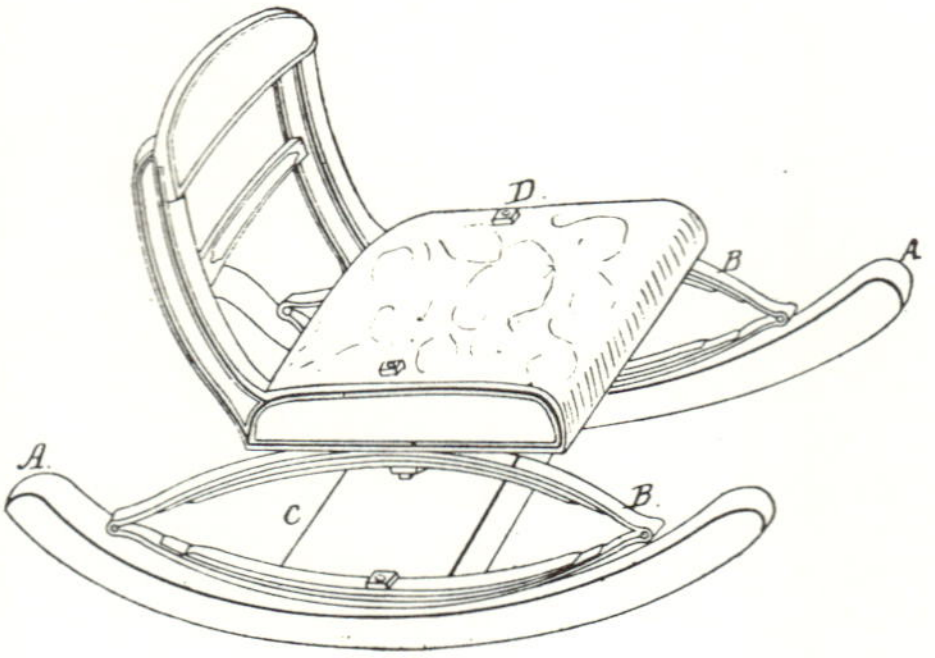

坐ること

ただ表面だけをつくろって、椅子の外観を時代にマッチさせるのは簡単である。家具デザイナーにとって最もむずかしいのは、新しい座の習慣に適した椅子を作り上げることである。人体および特定の時代の姿勢に家具を適応させる問題は、いつの時代にも新たに持ち上がってきた。ゴシック期からバロック期に至る数世紀間の座席作りに示された苦難の歩みを振り返ってみると、この分野における現代人の想像力がいかに柔軟性を欠いているかがわかる。

ところで、十九世紀にはどんな坐り方が好まれたのだろうか。十九世紀の姿勢と、それ以前の数世紀間の姿勢の違いについてはすでによく知られている。たとえばそれは、坐り方に現われていた。十九世紀の椅子は、できるだけくつろげるということを主眼にしていた。しかしここでわれわれが知りたいのは、それが一体どのような方法で実現されたか、という点である。

その答えは、人体と椅子の機構とが一体となって弾力に富んだ座をつくる、ということに尽きるだろう。

姿勢のとり方が少しでも変わり平衡にわずかでも変化が起きると、血行に影響するが、それに関する研究は今のところ皆無である。平衡の変化は、くつろぎに何らかの形で影響をおよぼし、詰め物の代りを果たすことは、十八世紀末、アメリカでかつてないほど発達したロッキング・チェア（図二三五）の例からもわかる。

ロッキング・チェアが快適なのは、身体への適応をきめ細かく配慮して製作されているからである。それはウィンザー・タイプから

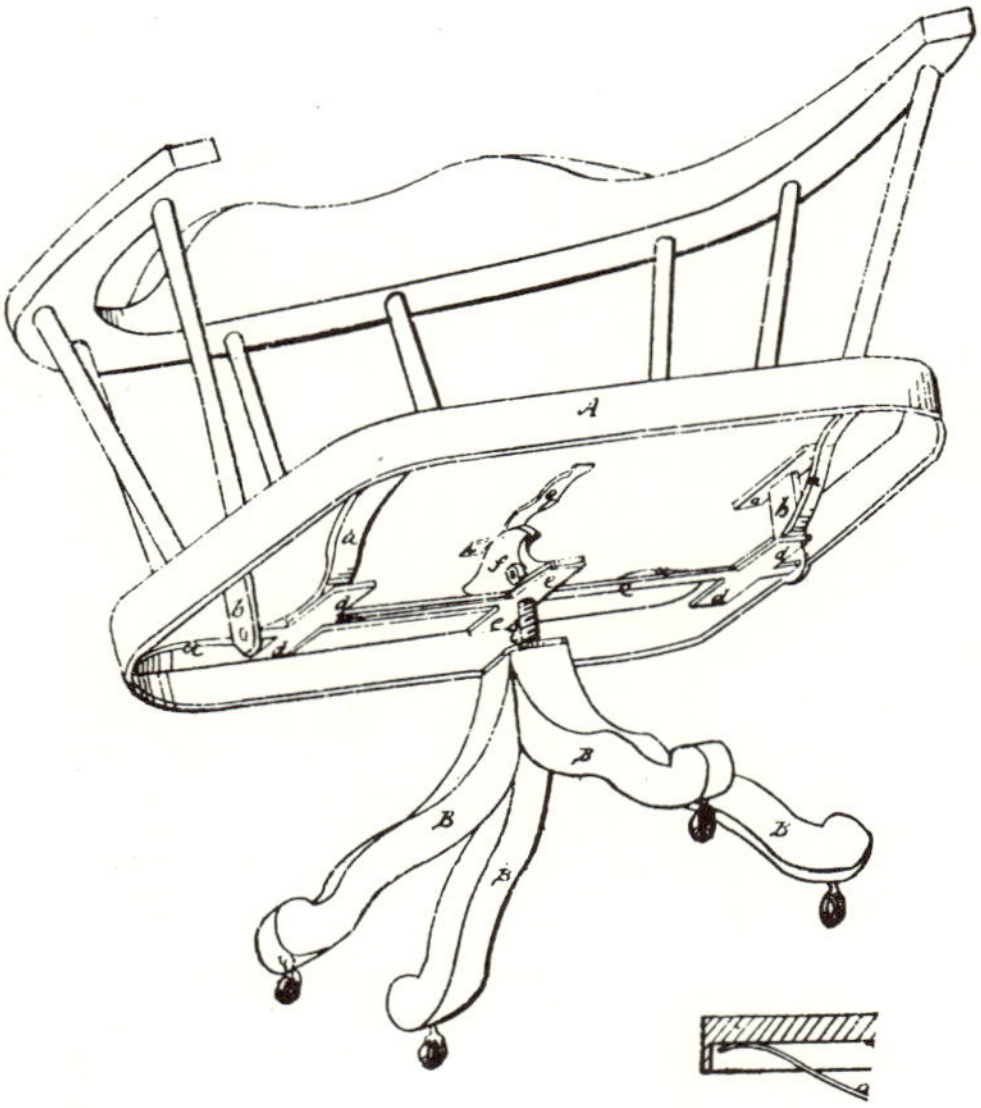

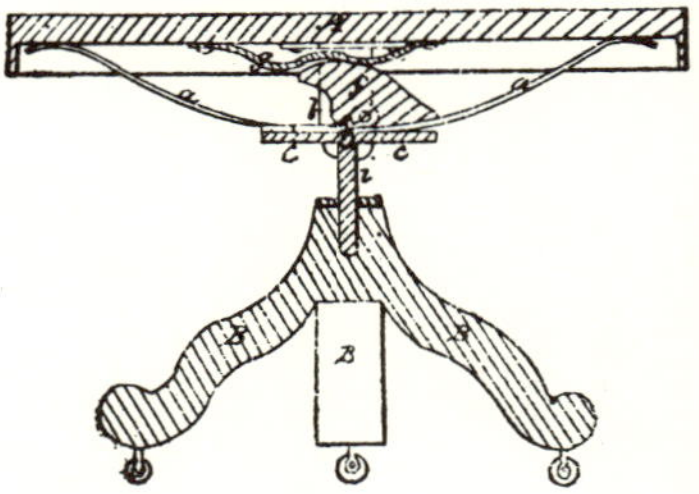

237　椅子、1853年。現在、事務所で用いられているこの型の椅子は、最初、家庭用として考えられた。型としては、1世紀前に発展した回転椅子（図160）と、ロッキング・チェアとの中間に位置し、回転と揺れを組み合わせたものである。ここでは揺り子は床から持ち上げられ、座部の下に直接取り付けられている。くつろぎは、姿勢を僅かでも無意識に変えられることから得られる。これを使うには使い方を知らなければならないし、また快適さは身体を完全にリラックスさせて初めて得られる。身体と機構が協働して快適さがもたらされるのである。（合衆国特許 9620、1853年3月15日）

派生したものだが、その背を揺らしやすくしている細いヒッコリー材の主軸や反りのある座席は、アメリカの植民地時代の特質を反映している。アメリカのロッキング・チェアは、中世家具の厳しさを繊細な技術で和らげたようなもの、と言っていい。ロッキング・チェアは羽目板と同様、アメリカ人の生活には決まって現われてくる。アメリカの農民は一日を終えると自宅のポーチに置かれたロッキング・チェアに無意識的に近づいていく。ヨーロッパの農民は自分の小屋の前のベンチにまるで釘付けされたように坐ってたそがれ時を過ごす。こうした単純な相違には気をつけておく必要がある。なぜなら、人が考える以上に深い所で、このような習慣の違いが発明的想像力の流れを変化させているからである。十九世紀における快適さが、アメリカとヨーロッパとで相違しているのには、こうした背景の違いがあった。機械化が家具に決定的に力をふるい始めるや否や、こうした違いが表面に現われ始めた。

　では、この復元力を利用した座の様式はどのような形をとって発展したか。

　一八五三年――可動式の列車用座席の実験が行なわれた年――、このタイプの最初の椅子が現われた。それは、椅子の機構と坐る人の身体を一体化させることによって、融通自在な坐り方という課題をあっさりと解決した。

　その後、この家具はより洗練され、精巧なものになっていったが、原理に変わりはなかった。機械に関する想像力を働かせ二つの型をかけ合わせると、そこには種々の改良された新種が生み出されることがある。後にアメリカ人が植物の交配に際して巧みにやり遂げたことが機械の分野でも行なわれた。結合された二つの型とは、ロッキング・チェアと回転椅子である(図二三五、二三六、二三七、二三八)。ここでは回転椅子の回転運動とロッキング・チェアの揺れ運動が結びつけられた。この点で発明への想像力が発揮され、ロッキング・チェアの本体は持ち上げられて、台の上に載せられた。これから先はすべて工作上の問題だった。

238 揺れかつ回転する椅子各種。1855年。いわゆる事務用椅子は、最初、家庭、病室、応接室、図書室、事務室および、庭園用として考えられ、事務家具となったのはその後である。しかし不幸にして、これまで、この完全なくつろぎの手段は、家具デザイナーや建築家に無視されてきた。(『アメリカン・ポートレイト・ギャラリー』第3巻、ニューヨーク、1855)

三〇年代の初頭、アメリカ人は、揺り子と座席の間にワゴン・スプリングを取り付け、ロッキング・チェアの弾性を一層高めようとした(図二三六)。一八三一年の手書きの特許申請書(207)では、これは「健康増進の乗物」と名付けられ、「……その中央部に機械部品をまとめて取り付け……三個の鋼鉄性の楕円スプリングが用いられ

る」と記されている。

ここで再びスプリングが十九世紀の製品の出発点を画しているが、その方法はクッション材のそれと明らかに違っている。ここではもはや、スプリングは羽毛の詰め物や、人工的に椅子をふくらませる材料の、安価な代用品ではない。ここでスプリングは、イギリスの発明家が考えた「揺れる装置」（図二二五）という名の、最初の渦巻バネ付椅子の場合と同じ使い方をされており、それの発展した用法を示している。

一八五三年の椅子[208]（図二三七）は、新しい坐り方を可能にしたが、これがロッキング・チェアから派生したものであることは一目瞭然である。座席の下部に直接取り付けられた彎曲した鋼鉄の部品は、揺り子の痕跡をとどめている。「脚は動かないで、上部と座部が留め金を基点にして揺れるようになっている」。言い換えると、これは床から少し持ち上げられたロッキング・チェア、浮き上がったロッキング・チェアということになる。これの揺れ幅は、揺り子の部分が地面についた椅子に比べて大きく、したがって、坐る人に不快な気持を味合わせないようにするには精密な機構が必要であった。つまり、どんなに激しい動きでも柔らげるスプリングや、椅子が急激に後へ反ったり、あるいは反り返えり過ぎたりしないための安全装置が必要だった。両方の揺り子は、椅子を下から見上げた図にはっきり示されているように、伸びた二本のアームの上で揺れる。その最初のモデルでは、すでに上部全体が支点の上に据えられ、後方および前方、あるいは、左右どちらの側にも揺れるようにできている。

一八五三年の椅子は、くつろげる椅子の創造を念頭にして製作された。発明者のピーター・テン・アイクの名は、電話帳に載っている氏名のように誰にも知られていない。彼はただ、改良型ロッキング・チェア、あるいは、彼が呼ぶところの「坐り椅子《シッティング・チェア》」を作ることで頭がいっぱいだった。誰一人としてこれを事務専門に使うことは思いつかなかった。五〇年代にはこの型の椅子は家庭で使われた。

この時代の広告やカタログ（図二三八）では、ロッキング・チェアは「ピアノ・スツール」や「図書館椅子」の項に、詰め物をした背高のロッキング・チェアは「安楽椅子」の項に分類されている。また、「バネ式回転椅子」という総称で分類されていることもある。これらの椅子の形には、支配的趣味が重なり合うように表現されている。ずんぐりした本体と、一方その構造に表現された精緻な思考とが、ちぐはぐな印象を与えている。

固定した型の椅子に坐り慣れている人が、この人体と機構が一体となって機能する椅子に坐るには、まず、坐り方を学ばなければならない。固定した椅子とは対照的に、この型の椅子に坐るには、人体の側も一定の役割を果たさなくてはならないのである。最初はまず、くつろいだ姿勢をとることから始まる。膝、くるぶし、そして爪先の関節は、椅子の機構の重要な一部といってよい。これらこそ、そのときの状況やくつろぎ方に応じて、後方、前方あるいは左右と体の位置を調整する部分である。動作のかなめは、爪先と足の親指の付け根の部分である。これらが支点となって、絶えず調整し続ける。ちょうどバレエの踊り手が爪先で立っているときのくるぶしのように微妙に動く。
詰め物がされているというだけで身体はくつろげるわけではない。くつろぐためには、弾性に富み、揺れることのできる座席が必要である。つまり、背伸びや、その他自発的な動作をしたとき、前後左右に自由に動けて初めて、くつろぎは得られる。無意識のうちに姿勢を変えられるように椅子ができていると、固定した椅子に坐るとよく起きる痙攣の心配がない。

ロッキング・チェアは、一八六〇年代、その定型が確立されようとしていた頃、事務用椅子として分類されるようになった(209)。それ以後この椅子は、人体への適応、スプリングの調整を含めて機構全体にいろいろな改良が加えられたが、真に新しいものは何も付け加えられなかった。

もしアメリカ人の家庭生活が支配的趣味に影響されていなかったら、アメリカ人は今、どんな坐り方をしているだろうか。それを知るには、事務所での彼らの生活を見ればよい。そこでは、事務用椅子が人の身体と協調して機能し、それに坐っている人のほうも、無意識のうちに姿勢を絶えず変えながら仕事をしている。アメリカ人は、流行に支配されない会社の中では、アラブ人と馬の関係のように、身体と椅子とで一つの生き物になって生活しているように見える。

どの時代もこれほどの可動性、身体への適応を経験したことはなかった。格式ばらない融通無礙な坐り方は、この時代の精神から芽ばえたものであり、そのまま、おおらかに推進されるべきだった。しかし当時の支配的趣味がその行く手をはばむとともに、時代の関心は、ものものしく細工を施した家具のほうに向かってしまった。

こうしてこの時代は、ロッキング・チェアに象徴される有機性を捉え、それに芸術の血を混じえる機会を逸してしまったのである。

弾性を利用した椅子に大きな関心を寄せた、一九二〇年頃のヨーロッパにおける建築運動は、アメリカとはおよそ異質な家具の伝統を基礎にしていた。アメリカでは一八五〇年以後、創意は萎縮し、関心は専ら純技術的な問題に注がれ、その結果、この型の椅子が拓いた可能性は、今日まで展開されないままに終っている。

特殊な用途のための椅子

六〇年代から七〇年代にかけて、特殊な用途の椅子を製作する傾向がますます強まった。学童家具、写真家がモデルを坐らせる椅子、列車の座席、あるいは手術台のいずれの場合も、中心となっていた原則はまったく同じである。いかなるときも最適な姿勢をとれる家具の製作、これが不断の目標であり、種々の方向に動かせるということは、そのための手段であった。

次に、幾つかあるこの型の椅子の中から二、三の例をひいてみよう。

ミシン用椅子――七〇年代、ミシン用椅子(図二四〇)は「特にミシンを使っていて起こる身体の故障の多くを、科学的な原理に基づいて未然に防ぐ」ことを狙いとして製作された。

この椅子の製作では、「腿の筋肉を座部の前縁との絶えざる接触から解放すると同時に、背中を適切に支持し安楽さと快適さを増進すること」に専ら努力が傾けられた。さらに特許申請者は「一定時間内に、できるだけ多くの仕事が遂行されること」(210)も忘れずに

239 (左)J.J.シュブラー：筆記机用の椅子。フランス，1730年。タイプライター用椅子の前身ともいえるもので，背もたれに柔軟な支えが付いている。「この椅子の背は坐る人の背中の窪みにあたる部分に詰め物がしてある。また，後方に反り返っても折れないように弾性スプリングが付けられている」。(シュブラー『ニューツリッヘ・フォアシュテルンク』，ニュールンベルク，1730)

240 (中)ミシン用椅子。1871年。「ミシンを取り扱う人に起こりがちな病気を，科学的な考察をもとに未然に防ぐことを目的に製作されている。背もたれの軸棒DCは，下のほうで後退しており，そのため腰の筋肉は圧迫されないようになっている。また，肩のすぐ下の背もたれ部分は適当に支えられている」。椅子は，弾力のある刈取り機のシートからミシン用および理髪店用椅子まで，活動の性格に応じて異なる。(合衆国特許114532，1871年5月9日)

241 (右)タイプ用椅子。1896年。タイプ用の椅子は遅れて登場した。タイピストにとっては椅子の背が弾力的にできていることと左右に姿勢の向きを変えられることだけが必要なのであって，背もたれが前後に揺れるのは好ましくない。(合衆国特許552502，1896年1月7日)

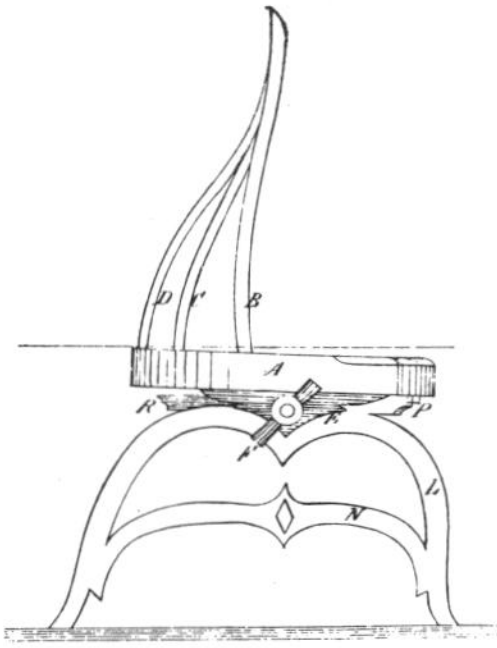

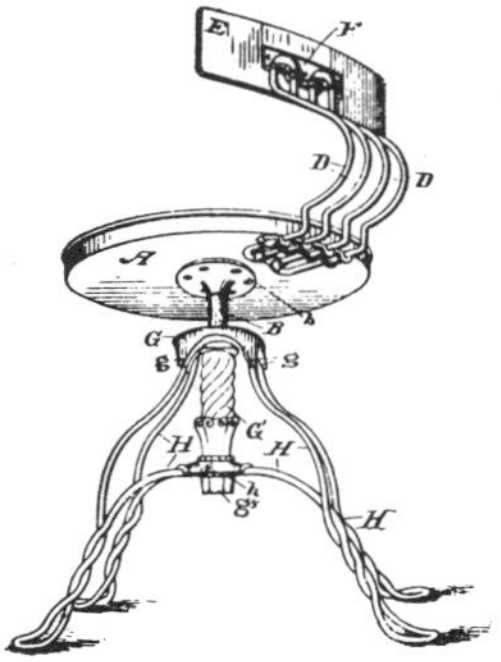

強調している。彼は、「座部を前方に傾斜するように配して」腿部への圧迫が小さくなるように工夫している。背もたれも、ミシンを使うときの身体の傾斜に合わせて前方に傾いている。

タイプライター用椅子——アメリカ人は事務用椅子とタイプ用椅子を分化させた。タイプ用の椅子を、事務用の椅子のように身体とともに動くようにすると、タイプ作業にはまったく適さないものになってしまう。タイプ用の椅子で肝心なのは、弾力のある背もたれで絶えず身体を押えつけるように支え、同時に肩の筋肉をくつろがせ、手をつかれさせないようにすることである。

事務用椅子とタイプ用椅子の相違は、それぞれの活動の相違に対応している。机の上で物を書くのは一種の手工業的な作業で、どんな姿勢でも自由にとれるようでなくてはならない。ある一定の姿勢に縛られてはならない。姿勢は、物を書く人の習慣と好みによって違う。事務用椅子の自在性とは、たまたまくつろぎたくなって身体を後ろに反らせたり、あるいは訪問者と向きあうため、反り返った姿勢のまま身体を回転させたりすることが、自由に行なえることだと言ってよい。

タイプ作業では、機械的な活動一般がそうであるように、一定の動作が継続的に繰り返されるため、座部が揺れるのは問題外である。その椅子で必要なのは、背もたれが弾性に富んでいることと、左右どちらにも自由に向きを変えられるということに尽きる。したがってタイプ用椅子は、回転はしても傾斜するようにはできていない。

タイプ用の椅子は遅れて発達し、九〇年代以前には現われていない――それが現われたのは、タイプライターが標準型に到達して二十年、また、事務用椅子が現われて四十年後のことであった。その頃にはすでに、特許家具運動はかつての先鋭さを失っていた。このことは、初期のモデルで背もたれを可動式にする際にとられた方法のうちにはっきり見て取れる[211]。傾斜したパネルが椅子の枠組から分岐しているが、これは機械装置というより、無用の長物であるように思える。一八九六年の解決[212]（明らかにタイプ用椅子に関する最初の特許）における、四個の鎌に似たスプリングで座部と背もたれをつなぐという方法も、充分満足のいくものとは思えない[213]（図二四二）。

背もたれにスプリングを仕掛けるというのは、ニュールンベルクの家具デザイナー、ヨハン・ヤコブ・シュブラーの一七三〇年頃のアイディアである（図二三九）。彼はその椅子をフランス式安楽椅子と呼び、「背もたれは、背の窪みにあたる部分に詰め物が施される一方、スプリングが取り付けられ、後ろに反り返っても折れないようにできている」と述べている。

この、スプリング付きの背もたれを備えた椅子は、筆記用机と組みで使われた。この椅子が、後のタイプ用椅子の原理を含んでいることは明らかである。

その後次第に、タイピストの肩に自然に密着する形式の背もたれが発展してきた。つまりそれは、一八七一年のミシン用椅子のように、前方に傾斜していた。しかしこの場合には、背もたれ全体が可動になっていて、座部の下側についたスプリングで脊椎に押しつけられるようにできていた。この型は「ポスチャー・チェア」と呼ばれている。坐ろうとするときにはまず、前に傾いている背もたれを後ろへ押し返さなければならない。その後は、身体にピッタリとくっつき、その動きに従うようにできている。

こうして一九〇〇年頃、タイプ用椅子の背もたれは秤の棹のような形になり、「座部に取り付けられた背を支えるためのアーム」になった。この短いアームは座部の下側へ突き出し、そこで、背もたれを常に前方へ押しやる働きをしているスプリングと、何らかの方法で接続する[214]。

第二次大戦の金属不足時には木製のタイプ用椅子が市場に出回った。その椅子では、腰掛けた人の体重がスプリングの代りを果たし、その重みで背もたれが必要なだけ反発するようにできていた。

横臥すること

十九世紀の坐り方の特徴は、緊張を解いてリラックスするということだったが、十九世紀は横臥の姿勢の可能性も同じ観点から追求した。この場合、長時間にわたる休憩や夜間の睡眠は対象外であった。研究されたのは、ちょっとくつろぐ際に用いられる家具である。そういう家具が家庭内で認められるようになったのは、家具の存在に先立って、まず、社会習慣が自由な姿勢を認めたからに違いない。ボニントンはそのことを鋭く感じとり、一八二六年の「よりかかる婦人」でそれを表現している（図二三三）。

坐ることに関しては、身体をできるだけくつろがせながら、しかも一方で、仕事ができるということが問題だった。いわば、行動の真只中に、どのようにして休息の状態を割り込ませるかということが課題だった。

しかし横臥を含めて、当時次第に関心の集まっていた坐の姿勢から横臥に至る中間のさまざまな姿勢では、受身の状態で身体を楽にできることが必要である。このことは、簡単な調節式の寝椅子、列車の座席、理髪用椅子や複雑な手術台についてもあてはまる。

まず最初このような問題は、身体に特に気を配らなければならない病人や、寝たきりの人の場合に生じた。

他の例でもそうだが、この場合にも、その源泉をたどると、十七世紀初期のイギリスの特許に行きあたる。その特許申請書だけが現在残っていて頼りになる唯一の資料だが、それもどちらかと言えば、不完全な記述にとどまっている。そこには次のように記されている。「寝たきりの病人のための背あて枠および背あて幕……長い間床に伏しているために背中がむれて困っている病人の安楽と救済のために……」[215]。

十八世紀の後期、マットが脚、大腿、背中に対応して三つの可動部分に分かれた寝台《ベッドマシン》が製作された。最初は、扱いにくい木製の枠がこれらのマットを一つにまとめていた。重い鉄製のウォーム・ギヤが使われたのはその後、十九世紀初期である[216]（図二四三）。

ベッドに転換できる椅子――そのうち幾つかは今も保存されている[217]――は、十八世紀にもあった。十九世紀にはこれとまったく異なった課題が手がけられるようになった。ベッドでも椅子でもない、椅子から寝椅子へいきなり変化するのではなく、その間にいろいろと変化する混成家具の工夫がそれである。その初期の段階はイギリスでもフランスでもみられた。その点についてはまだ未研究であるが、あまり有望な研究分野だとは思えない[218]。

アメリカ――一八三〇年代の末に始め、一八五〇年以後急速なペースで進んだ――が明らかに主導権をとってその開発を進めた。その最初の型である一八三八年の「調節自在な寝椅子、別名、病人用椅子」[219]（図二四五）は、将来の発展の核心を含んでいた。「この基部は脚あるいはキャスターの付いた台になっている。寝椅子の背は、一本のスプリング・ボルトと回転部分により、垂直あるいは水平にすることも含めて、希望通りの傾斜が得られるようになっている」。また、天井から金属棒で椅子を吊り下げるようにもできている。同種のもので、構造がそれほど複雑でない「病人用寝椅子」は、この時代にはそれほど珍しくはなかった。トーマス・ウェブスターの有名な『家政百科事典』[220]も、ロンドンで生まれたあるデザイン（図二四四）を掲載して以来、このような寝椅子を挿絵入りで詳しく解説する意味があると感じた。

人を椅子に坐らせ受身の姿勢をとらせた上で、ひげ剃りから外科手術までの作業をいかに行ないやすくするかを考える家具製作の部門がある。その分野は非常に広いが、以下ではその輪郭だけでも論じてみたい。最初、理髪師、外科医および歯科用の椅子は、ちょうどこれら三つの職業を同一の人物が兼ねていたように、同じものだった。こうした兼用型の椅子は、一八六〇年代に入っても見られた。

五〇年代半ばには、空間を無駄にすることなく、座部を寝椅子に変換する実験がさまざまに行なわれ、これが民主的な列車の座席（後述）の実現を促した。次にこの調節可能な列車の座席の探求は、他の型の椅子の発展をも刺激した。

六〇年代に入ると、理髪用の椅子と歯科用の椅子が分化し始めた。歯科用の椅子は、頭もたれ、背もたれ、そして足掛け台が、以

242　19世紀初期の姿勢：皇妃ジョセフィーヌの肖像。ボニントンによるジェラール風の水彩。1810年頃でも，姿勢と家具の間には著しい隔たりがあった。この婦人は，四角ばった帝政様式の家具に斜めに腰掛けている。型にはまっていないことがこの姿勢の基調になっている。（アンドリュー・シャーリー『ボニントン』，ロンドン，1941）

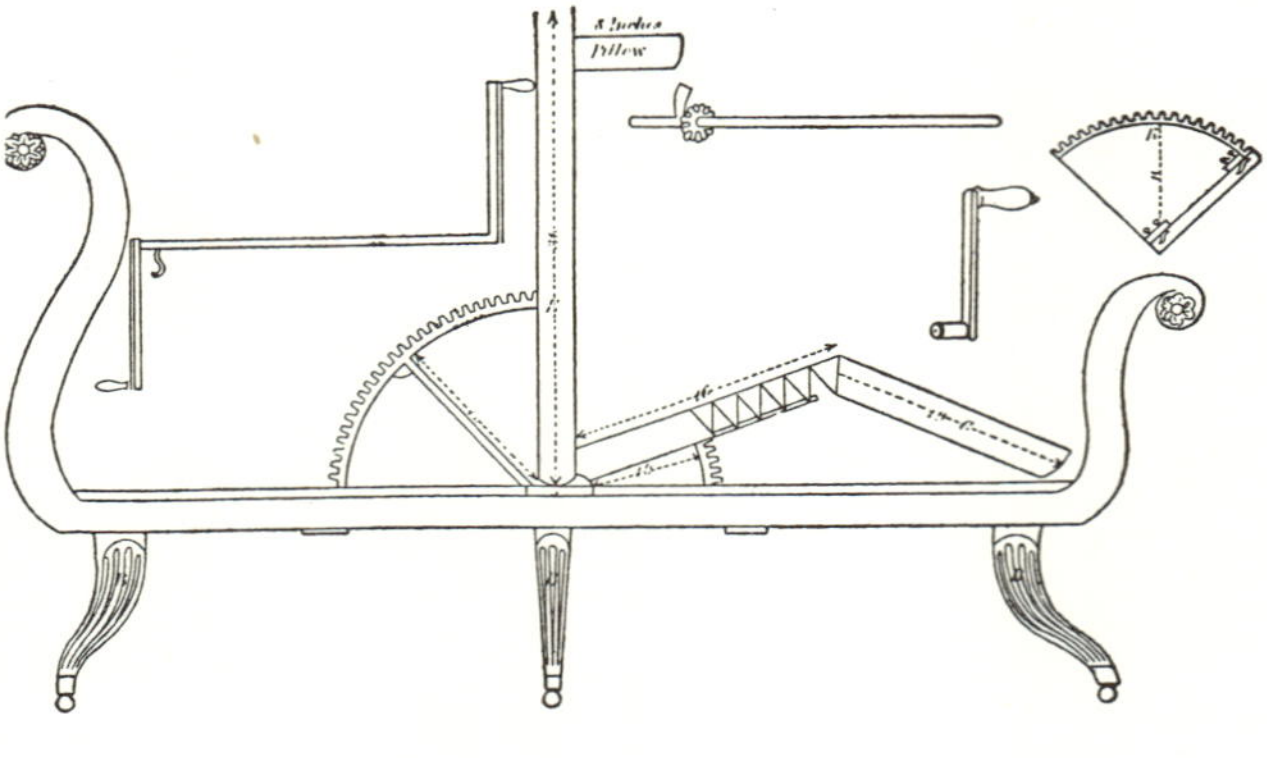

243　ソファあるいは病人用ベッドマシン。1813年。坐った状態と横たわった状態の中間の，くつろいだ姿勢をとるための家具は，もともと病人が使っていたものである。そのため調節できることが必要だった。18世紀末，3つのマットレスを備えた「ベッドマシン」が考案された。これは，19世紀初頭に至って，ウィンチや歯車，ギヤといった厄介な機構を使い，さまざまに角度を調節する仕組みのものが考案された。（英国特許3744，1813年11月1日）

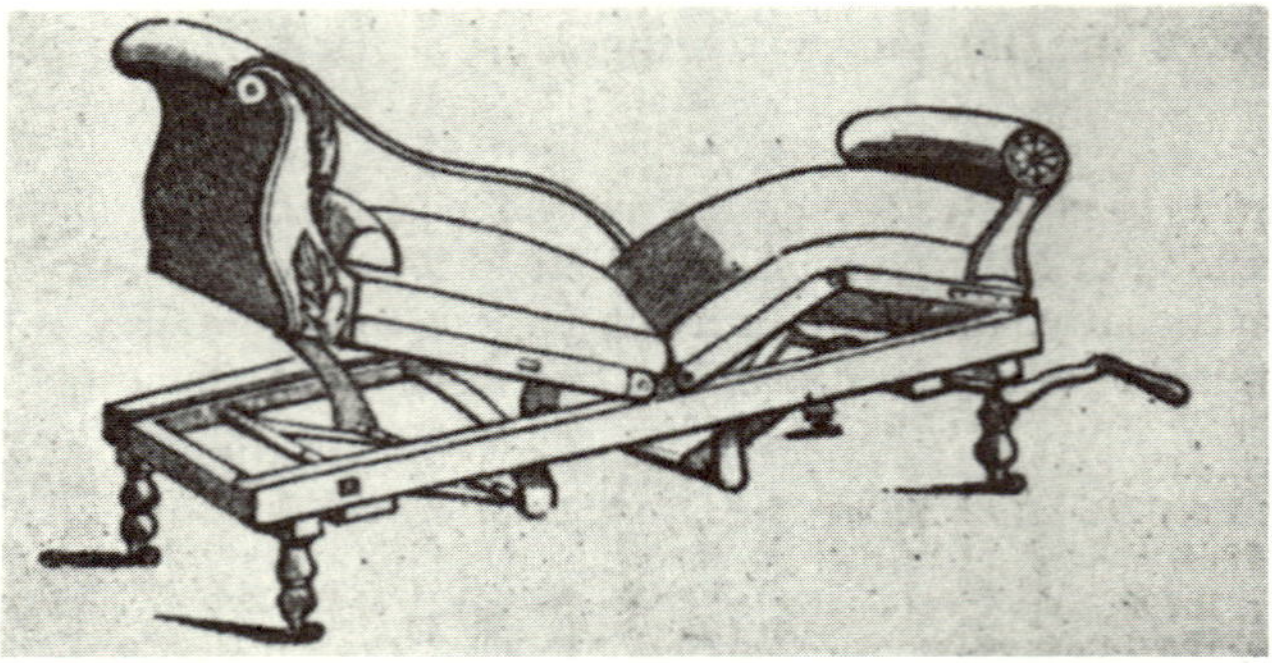

244　病人用寝椅子。ロンドン，1840年以後。「ウィンチを使って，背の角度を調節できるばかりでなく，ベッドの枠の一部を持ち上げて脚を休ませられるようにもできている」。この時代には，一般向けの百科事典でさえ，調節可能な寝椅子について触れている。（トーマス・ウェブスター『家政百科事典』，ニューヨーク，1845）

245　調節自在な寝椅子あるいは病人用の椅子。1838年。この病人用の椅子は形こそ不恰好だが，後の特許家具に現われた調節性と可動性を予告している。基部は，脚とキャスター付きのスツールになっている。寝椅子の背は，垂直から水平状態までどんな傾斜でもとることができる。天井からロッドで吊し，揺れるようにすることも可能である。（合衆国特許775，1838年６月12日）

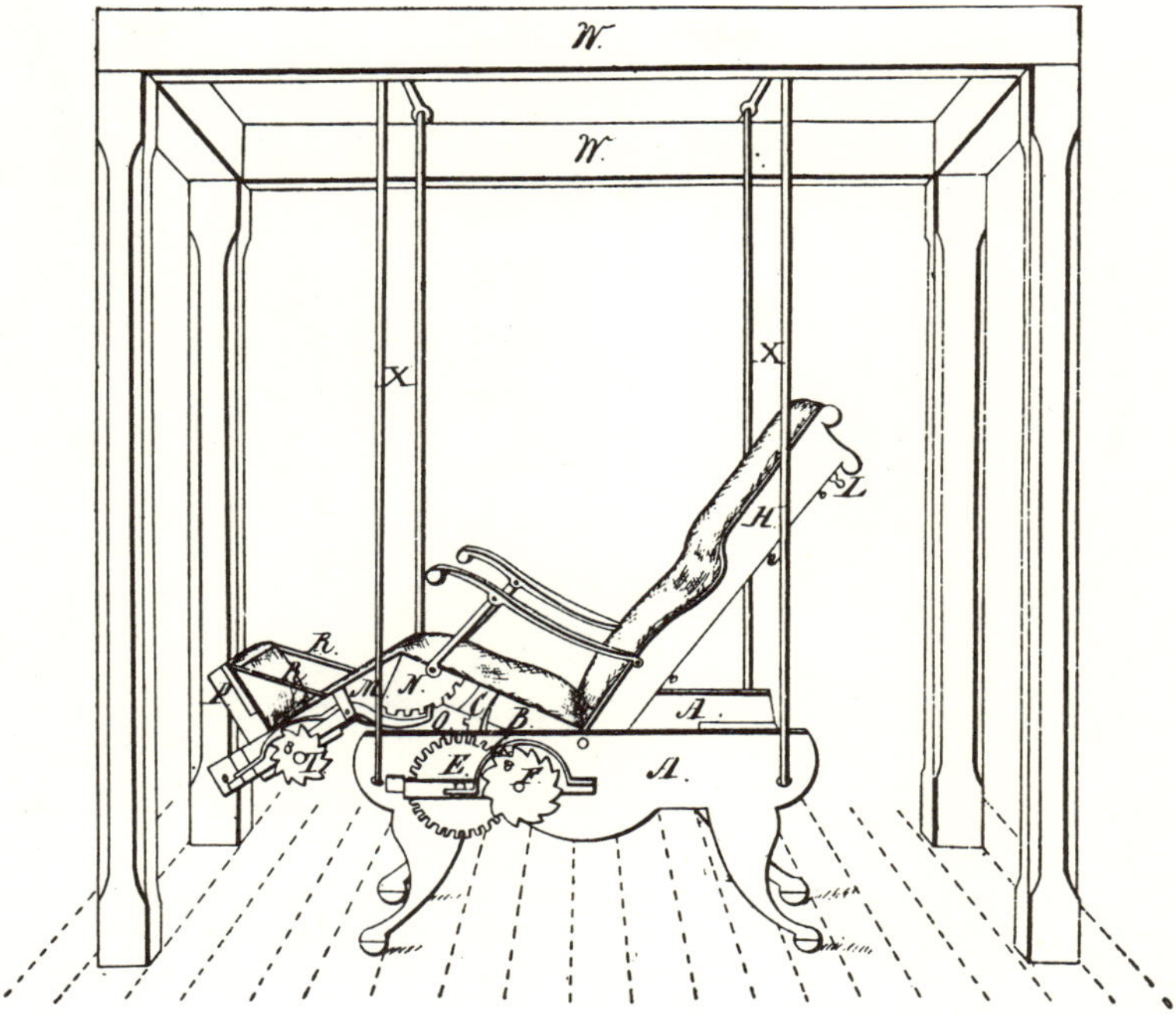

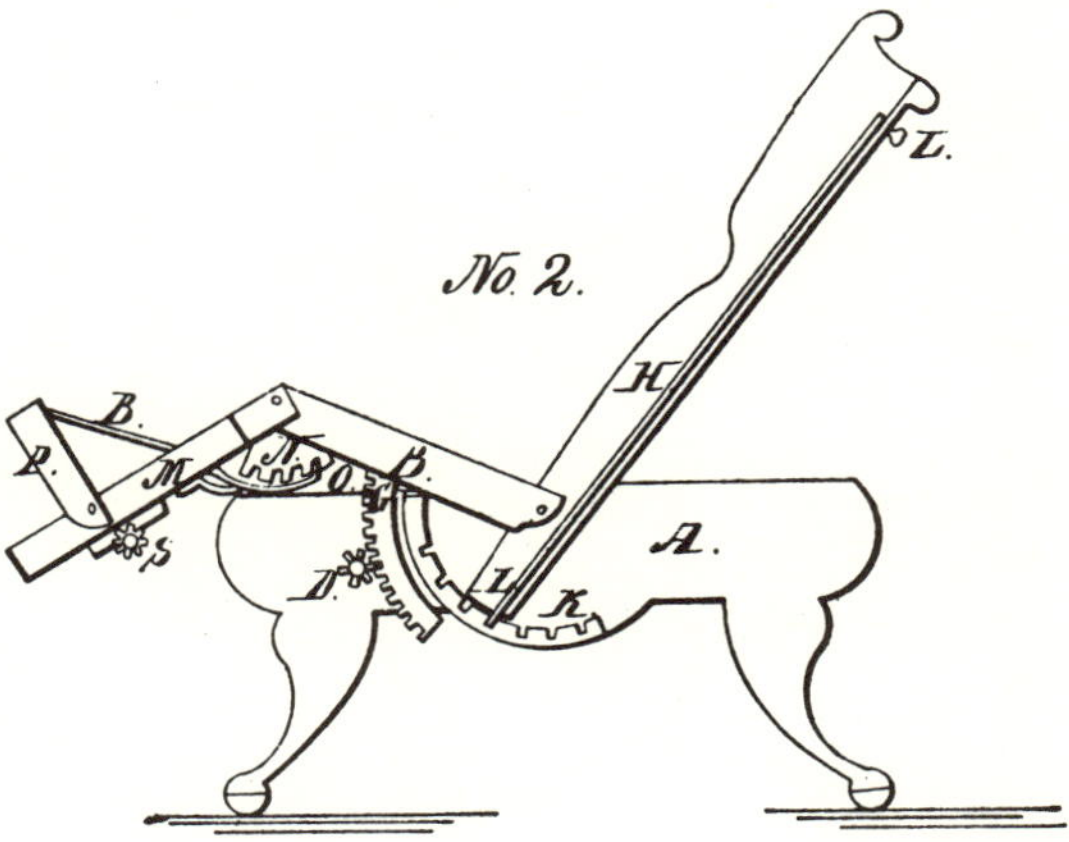

246　エッフェル塔。1889年。エッフエル塔が立てられた1880年代末，かつてなく大胆で精巧な鉄骨構造が発達した。(G.ティサンディール『エッフェル塔』, パリ，1889)

247a　(左)外科用椅子。1889年。外科医術の発展と並行して技術者の仕事は正確さと巧みさの点で向上した。手術台は以前には考えられなかった適応性を獲得した。この手術台は支持面が７つの面に分かれ，レバーとペダルを動かすと，どんな傾斜でもとることができる。これは，すでに1838年の「調節自在な寝椅子」に現われていた特徴を，さらに発展させたものである。(合衆国特許397077，1889年１月29日)

247b　(右)この「椅子の本体を垂直に上下させたり，支持台の上で回転あるいは揺らすための装置」は非常に複雑にできている。この椅子の場合，機構はまだ露出しているが，間もなく白いホーローで覆われ，油圧機構で操作されるようになる。

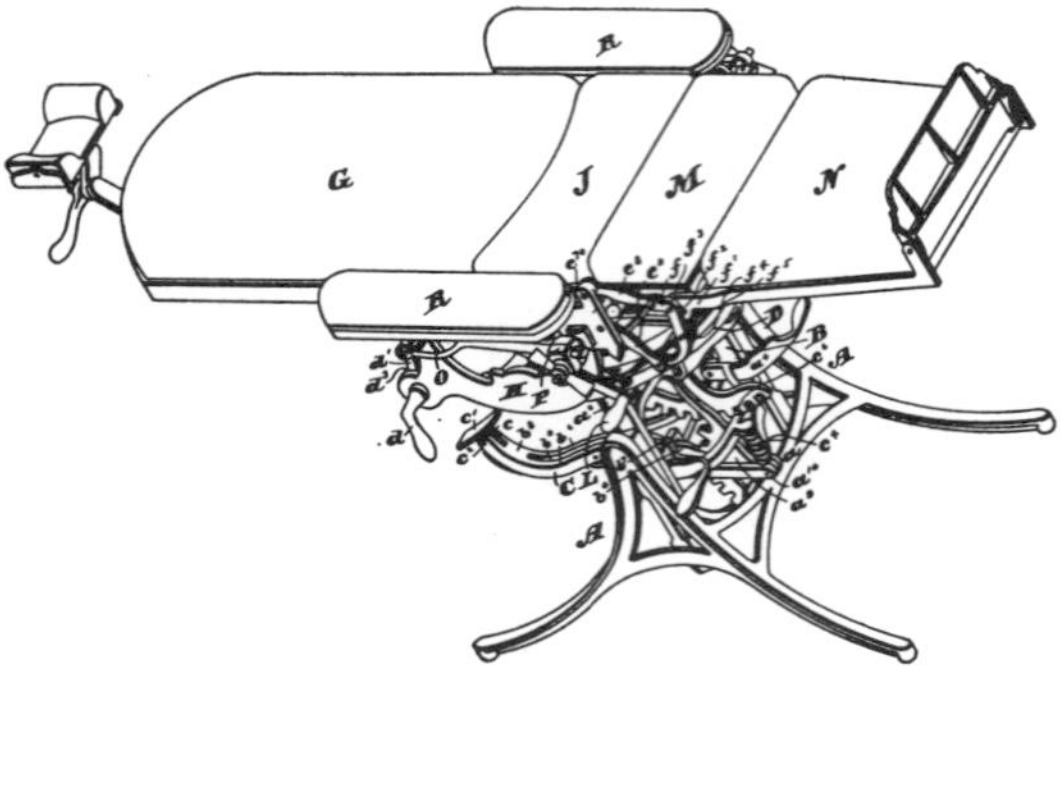

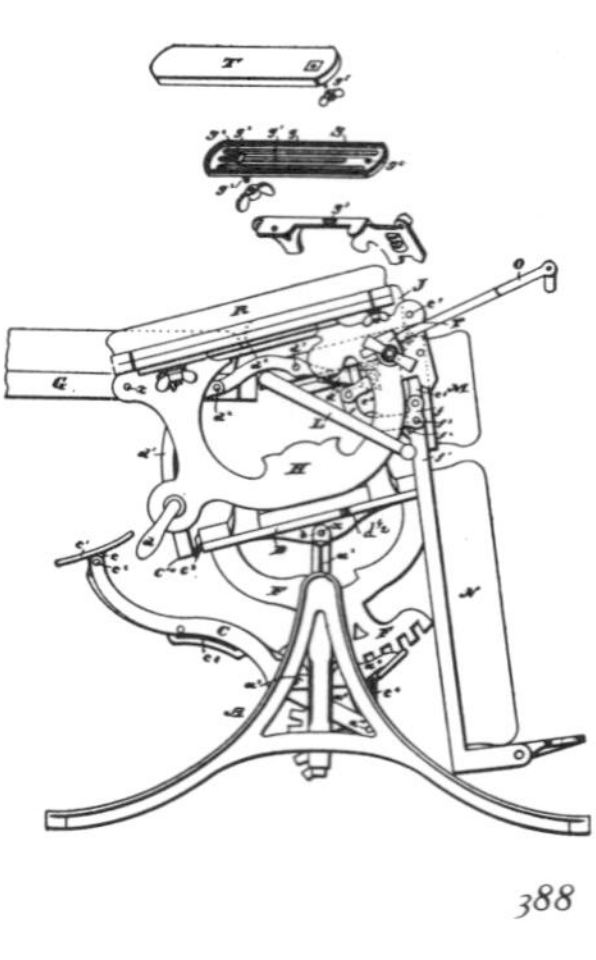

前にもまして調節可能になり、独立していった。同時にその調節機構はさらに複雑化していった[221]。すでに六〇年代末には、椅子を上下させる方法としてペダル・レバー操作による油圧機構が用いられ、また首の筋が凝らないように、特に頭もたれの構造に注意が払われるようになった。さらに十年後には、歯科用の椅子は現在の標準的な型に近づき[222]（図二五三）、「急な動きをしたり、きしむ音をさせないで手軽に……椅子の本体を上下させる」ことができるようになった。

一八七八年と一八八九年に開かれた二度のパリ博にはさまれた十年間に、ヴォールト天井の問題が、鉄筋構造を用いることによって急速かつ大胆に解決された。この時期、アメリカにおいては、特許家具が技術的な成熟期を迎えた。それと時を同じくして、医学の分野でも、十九世紀に特有な才能、つまり、技術的な才能が急速に成長した。外科手術はますます大胆になり、それに伴い、正確に調節のきく手術台が必要になってきた。今では特に珍しくなった手術台も、当時すでに一応の技術的な完成をみていた。手術台設計の狙いについてある発明家は、次のように述べている。

手術用の椅子は、姿勢をさまざまに調節できることが必要である。すなわち、患者を坐らせたり、背伸びをさせたり、横にさせたり、また頭や足を同時に、あるいは別々に上下させたり、さらには患者を左右どちらの側にも傾けたり転がしたりできること、つまり、一般的にいえば、外科医にとって治療や診療に便利なように、どんな姿勢でもとれるようにすることが必要である[223]。

このようなことは、技術者にとってまったく新しい挑戦であった。その成功の意義を評価するために、長いリストの中から、一八八九年の例を選んでみたい。この年はエッフェル塔（図二四六）が建てられた年でもある。その頃までにすでに、身体を支える面は七つの部分に分割されていた（図二四七）。すなわち、頭もたれと足掛け台、二つの可動式の肱掛け、それに身体を支える四枚のパネルがそれである。椅子の台は機械の収納部分となり、そこには互いに関連したロッド機構と望み通りの位置へ調節するレバーが収まっていた。

「椅子の本体を垂直に上下させたり支持台の上で回転させたりする機構」[224]はすでに普通になっていた。機械部分を内臓した基台の鉄製フレームはこのときはまだ露出していたが、後に、白い衛生的なホーローびきのケースで覆われるようになる。しかし八〇年代の末には、複雑な制御に必要な機構はその基本的な部分に関して解決が得られていた。

理髪用椅子の機械化

理髪用の椅子は、調節可能な寝椅子の系譜に属しているのだろうか。その答えは、われわれがヨーロッパの理髪用の椅子とアメリカのそれの、どちらを思い浮かべるかによって違ってくる。

ヨーロッパでは、理髪用椅子は支配的趣味の影響から取り残されて、列車の座席や寝椅子、ソファと同様、堅苦しく不恰好なままの状態が続いた。一九〇一年、アンリ・ヴァン・デ・ヴェルデは、ハビーの店[225]――ベルリンで先端をいっていた理髪店で、芸術家の手が加えられた最初の店のひとつ――の眩いばかりの室内に、理アメリカの理髪用椅子は，列車の座席と同様，ヨーロッパのものと本質的な違いがある。すなわち，ヨーロッパの理髪用椅子は固定されているが，アメリカのは自在に動かせるようにできている。問題は，いかにして座席と背に可動性をもたせ，さまざまな位置に固定できるようにするか，ということであった。

248 （左）歯科および外科用椅子。1850年。これは初期の型の１つで，理髪用椅子の問題に対する解決方法を模索していた時期に考案された。３つの部分から成り，前部と後部のところでラックとギヤにより持ち上げられるようにできている。「この２種類の操作によって，望み通りに高さと傾斜を変えることができる」。（合衆国特許7224，1850年３月26日）

249 （右）理髪用椅子。1873年。長い忍耐と努力の果てに，椅子に可動性がもたらされた。特許家具運動が頂点に達した頃，さまざまな要素をつなぎ合わせた複雑な機構のものが生み出された。その中には，座席と背もたれを１回の操作で逆の方向に向けられるものもあった。（合衆国特許135986，1875年２月19日）

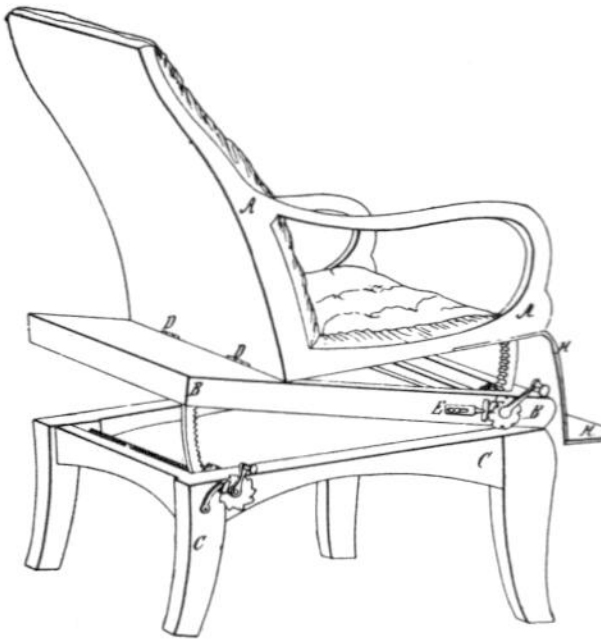

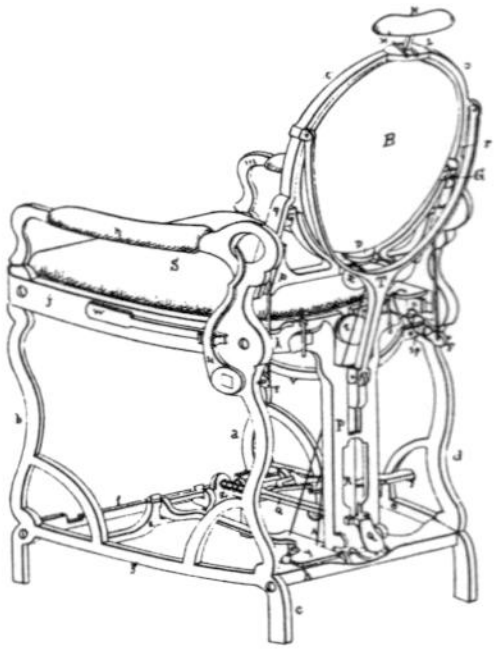

髪用の椅子をずらりと並べた。これらの椅子は、繊細なアール・ヌーヴォー調の曲線に包まれていたが、ごく単純な頭もたれを除いて、完全に固定化され、店内を流れる曲線と、きわだった対照をなしていた。ヨーロッパでは、一九四〇年頃でも、理髪店の椅子は固定式が一般的であった。十八世紀の場合と同じように、理髪師は、自分が剃っている客の顎を、下からのぞくようにしなければならず、肱を独特な格好で曲げなければ、自分のやっていることが見えなかった。

アメリカでは十九世紀の半ば頃になって——特許家具運動が始まった頃であるが——理髪用の椅子から、昔からの堅さがなくなり始めた。

この時代といえば、理髪師は同時に歯科医であり、さらに外科医まで兼ねていることが多かった。彼は抜歯や放血など、簡単な治療は行なった。そして何世紀もの間、これら二つの活動は「理髪師兼外科医」という職業の中で一つに結びついていた。

歯科医、理髪師、外科医の作業条件はそれぞれ違っているが、共通して必要なことは、患者の頭や身体にできるかぎり近いところで作業しなければならないということである。

理髪師の場合、問題は簡単である。客は垂直に坐るか、あるいはほとんど水平に横たわるかの、どちらかの姿勢をとらなければならない。ヘアカットは客の頭に目を近づけすぎては行なえない。正しい位置はただ一つ、垂直な姿勢であり、これには普通の椅子が必要である。一方、髭を剃るには客を水平に横たえ、左右の頬と顎の下側が垂直になるのが最も好ましい姿勢である。客がこのような姿勢をとっているとき、理髪師は最も効率よく作業が行なえる。さらに

250 (左)調節可能な理髪用椅子。1867年。1880年代末までは,このような,椅子全体が傾くようになった単純な型の理髪用椅子が最も一般的であった。この椅子は2種類の角度に調節できるようになっている。客は、祈禱机ほどの高さの台に足を載せて休ませた。(広告)

251 (右)理髪用椅子。1880年。このときはまだ椅子全体が傾く方式が一般的であり、また足掛け台は本体と別になっていた。(カタログ:セオドア　A.コックス社、シカゴ)

客の身体は、不意に動いたりしないように、完全に受け身の状態にしておかなければならない。身体を伸ばして横たわれる面が必要なのはそのためである。髭剃りとヘアカットという二つの作業を一つの椅子で行なうには、椅子は可動性を備え、かつ調節可能でなければならない。理髪用の椅子に具体化されている機能の細心な分割は、アメリカとヨーロッパにおける技術的発展の全体的相違を反映している。

長い忍耐強い努力の結果、ついに椅子はさまざまな動きがとれるものになり、望み通りの位置に固定できるようになった。一八五〇年にはまだ、傾斜させる方法として、せいぜい、椅子を三つの部分、すなわち椅子、基台それにその中間面の三つに分割して傾斜させる方法しか存在しなかった[226](図二四八)。その場合、椅子の本体はラックとギヤによって後ろへ傾き、中間部の平面を上げると前へ傾くようになっていた。

間もなく、より手軽に傾ける方法が工夫された。その場合、椅子は二つの部分、椅子本体と基台からなり、その基台を軸として椅子が動くようになった。基台の後部が傾斜をつくり、椅子の傾斜は下の面によって決まってくるようになった。一八六七年にこの椅子の長所について触れた記事が残っている。それによると、この椅子は「髪を切るときには人を垂直に坐らせ、髭を剃るときには後ろへもたれさせる」仕組みになっていた[227](図二五〇)。数十年にもわたってこれらの「傾斜する椅子」に関しありとあらゆる可動方式が考案され、アメリカの特許のリストにはこれに独自のカテゴリーが設けられていたほどであった。

252　マッサージ器付理髪用椅子。1906年。すでに1890年代の初期には，理髪用椅子は支柱の上に取り付けられ，傾斜も回転もできるようになっていた。支柱の中に収められた油圧機構で椅子を上下させる式のものは，アメリカでは1900年頃に一般化した。（カタログ：セオドア　A.コックス社，シカゴ，1906—07）

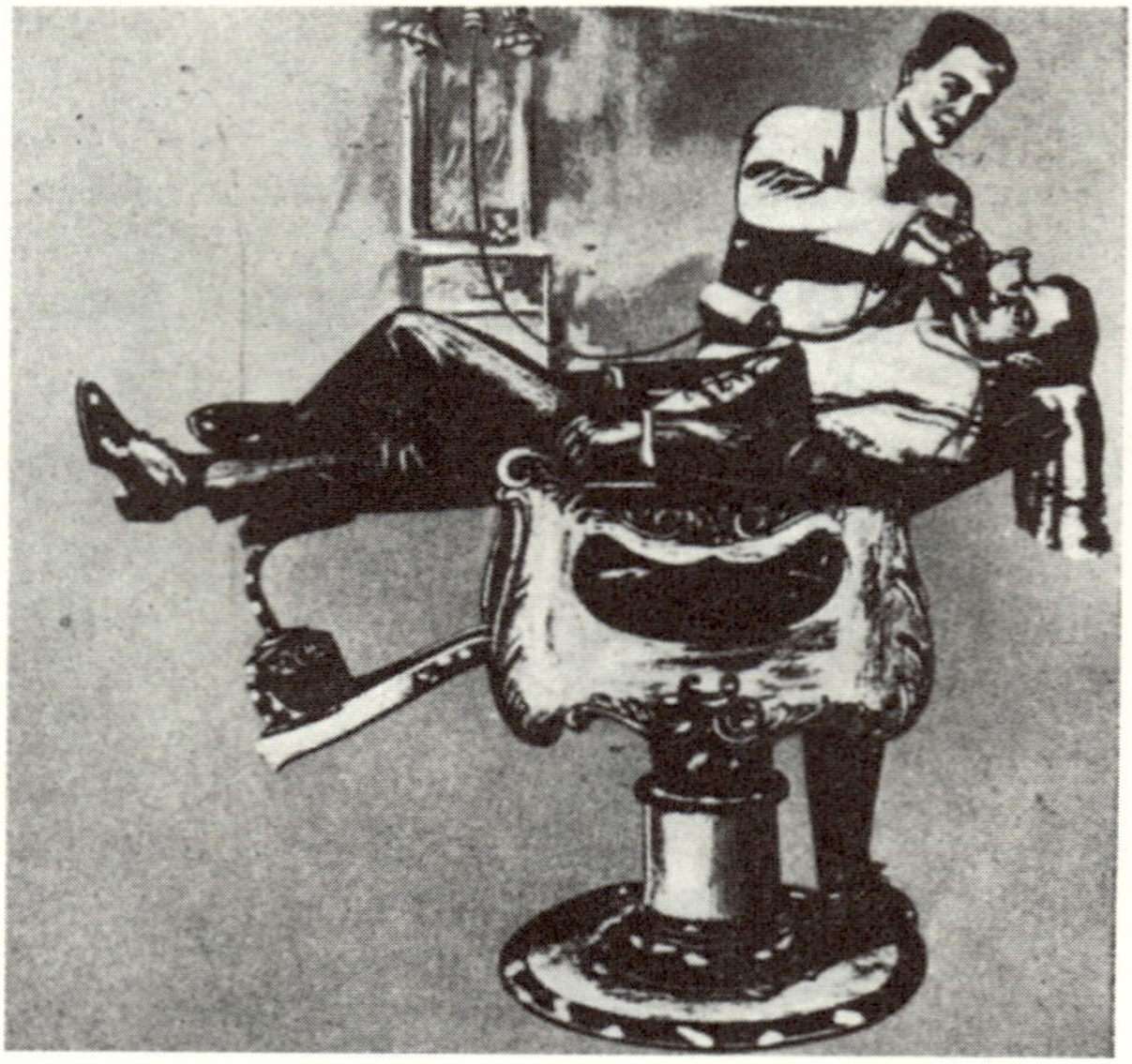

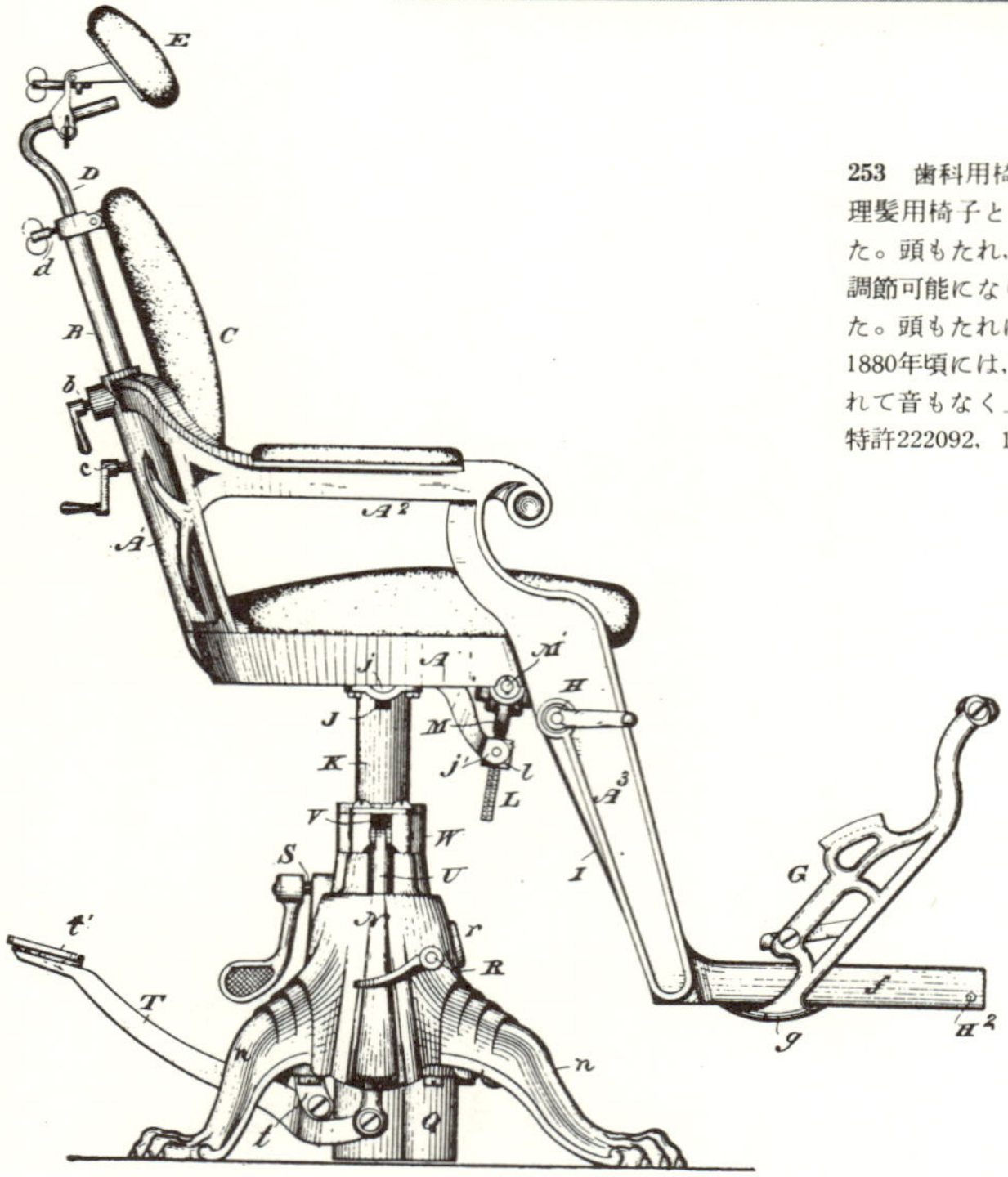

253　歯科用椅子。1879年。60年代になると理髪用椅子と歯科用椅子との分化が始まった。頭もたれ，背もたれ，足掛け台は次第に調節可能になり，機構も増々複雑化していった。頭もたれには特に注意が払われている。1880年頃には，椅子は油圧式の支柱に支えられて音もなく上昇するものになる。（合衆国特許222092，1879年11月25日）

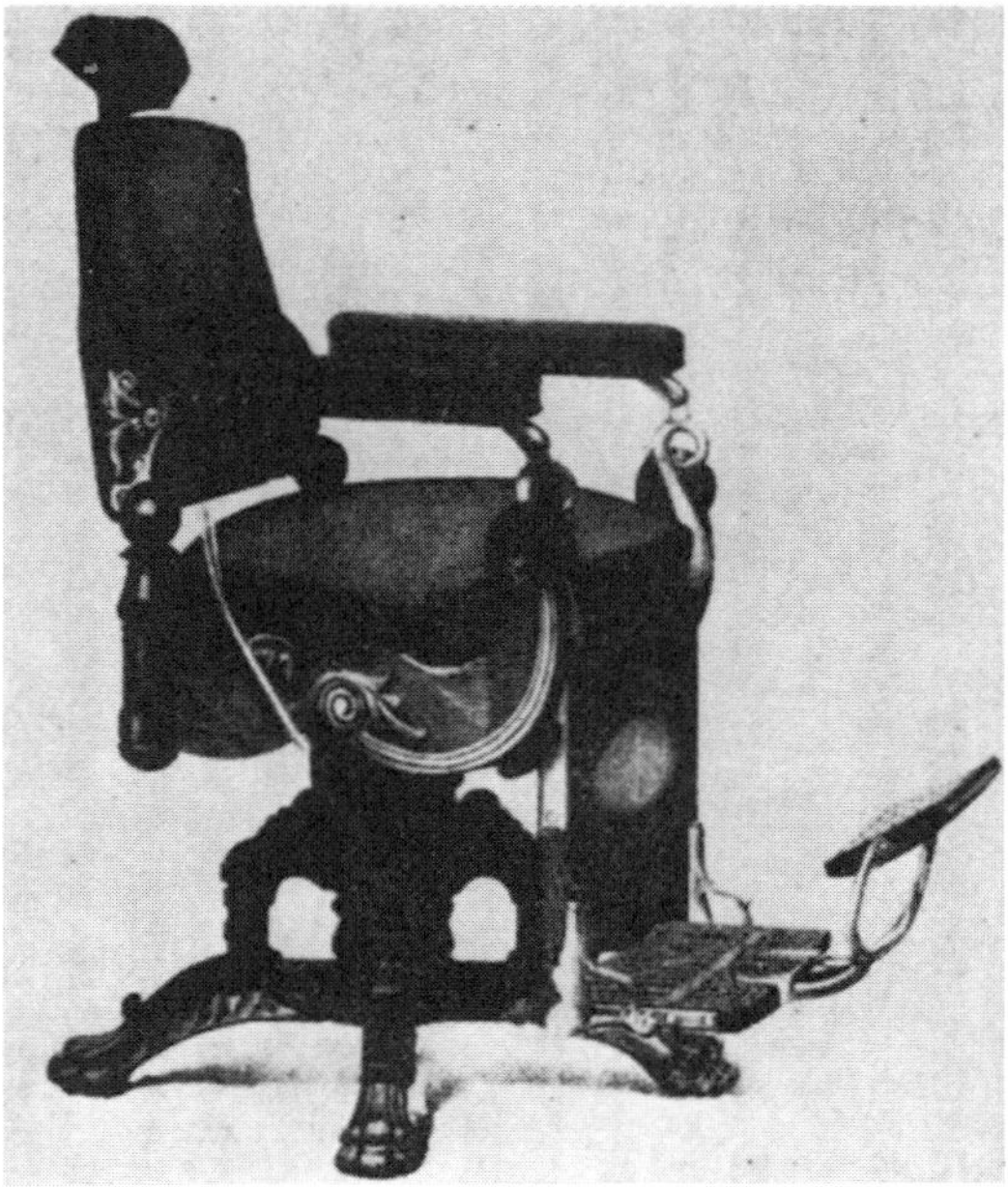

254　理髪用椅子。1894年。歯科用椅子と同じような支柱の上に取り付けられており，回転式である。（カタログ：セオドア　A.コックス社，シカゴ，1894）

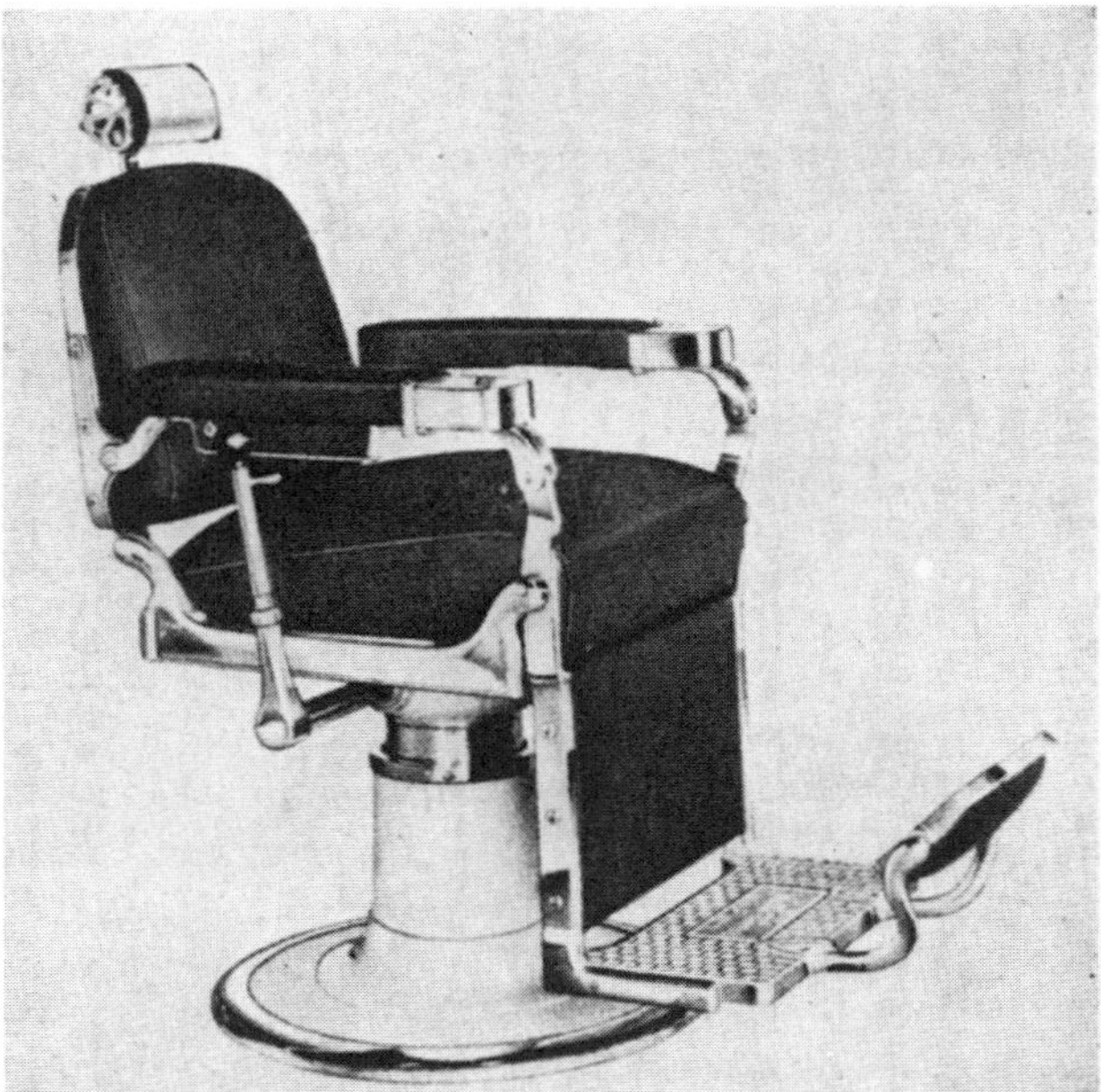

255　理髪用椅子。1939年。1910年頃に，理髪用椅子は今日見られるようなものになった。フレームは白いエナメルで覆われ，肱掛けをもち，全体がなめらかな基台の上に取り付けられている。（カタログ：セオドア　A.コックス社，シカゴ，1939）

七〇年代に入ると、次の客が席に着く前に、座部と背もたれを一回の動作で元に戻すことができる複雑な装置が数多く現われた。特許家具運動の全体を通じて一貫していた目的は、調節の可能性と可動性の増大をはかることであった。その結果、各部分は一層柔軟に組み合わせられるようになった。理髪用椅子もその過程で次第に複雑化したが、問題の中心は変わらなかった。つまり坐った姿勢から横たわる姿勢への移行を、いかにスムーズに行なえるかが問題だった。七〇年代初期にはすでに、脚部、本体、頭もたれを一つの機構に組み合わせた単純な型が市場に出回っていたが(228)、これはむしろ例外で、椅子と足掛け台を分離した型が八〇年代後期までの主流をなしていた。その椅子は四本脚で、足掛け台は別になっていたが、中には祈禱机ほどの大きさの足掛け台もあった（図二五一）。回転椅子への要求が生まれたのはその後である(229)。この回転椅子は事務用椅子のように、下部で短い四本の脚が放射状に広がった円柱の上に取り付けられている（図二五四）。理髪用の椅子は、九〇年代の初めにはすでに、傾斜することも回転することもできるようになっていた。そこでは椅子を上下させる機能も付け加えられ、「背の低い理髪師には低く、高い人には高く」調節できるようになっていた。一九〇〇年(230)にはすでに、上昇下降は油圧機構を使って行なわれるようになっていた（図二五二）。前にも述べたように、油圧機構は六〇年代にはすでに歯医者の椅子に用いられていた。この理髪用の椅子の二倍もする高価な機構が使えるようになったのは、世紀の転換期にアメリカ人の生活水準が高くなったからこそである(231)。一九〇〇年頃には、理髪用の椅子は四種類の動きができるようになっていた。つまり回転と傾斜、上昇と下降である。それは一九一〇年頃、現在の標準型に到達した。そのときすでに、フレームと肱掛けは白いエナメルで塗装され、基台の表面もなめらかになり、複雑な鋳鉄の装飾は鉄製の脚と足掛けの部分に限られていた（図二五五）。把手を軽く押すと傾斜機構がはたらき、離すと椅子は自動的にその位置で止まる。可動装置——その部品数は二〇〇以上にものぼる——は白いエナメル塗りの基台の中に収められているため、客の身体が横たえられるときにも音はしないし、ショックもない。こうして身体が水平になったあと、客はマッサージを受け、熱いタオルをあてがわれる。それはあわただしい床屋の動きの中でほっと一息つく瞬間である。

リクライニング・チェアの機械化

理髪用の椅子も、列車の座席も、また手術台も、われわれの身のまわりにいつもあるというものではなく、家庭用品ではない。しかしそれらは、可動家具という未知の分野の幕が開かれたとき、すぐれた先導者の役割を果たした。特許家具は単純化され、受け入れられやすい形をとってから、家庭という親密な空間に入っていったのである。長い間、アメリカ人はそういった順応を首尾よくやり遂げてきた。

しかし機械化の技術的側面だけに注意を向けるのは間違いである。その背景もみなくてはならない。それらの椅子は、格式ばらないことを基調とする、十九世紀の坐の姿勢を反映していた。寝椅子とソファはこのような姿勢の所産だが、それらは椅子が可動性を備えた有機的なシステムに変化する以前に姿を現わしていた。リラックスした姿勢への要求は非常に強く、その結果、家具は機能的仕組みこそもたなかったが、無意識のうちに、それに応えるように作られた。アメリカでは三〇年代から四〇年代にかけて、その奇妙な恰好から「カンガルー」と呼ばれた寝椅子が市場に現われた。それは、大洋の波の形にも似て、静かに身をまかせたくなるような形態をしていた。この頃、男性はよく自分の脚をマントルピースやテーブルの端にのせて坐っていたが、この寝椅子も、端が急なカーブを描いてほどよい高さまで持ち上がっていた（図三三二）。同時代の人の説明によれば、この寝椅子に横たわると、「背は快適に支えられ、足を椅子の上にのせた姿勢で坐ると、その安楽さ、快適さはたとえようもない」[232]そうである。

伝統が障害として作用するのは、創造的な力が弱い時期だけである。創造力が目を覚ますと、長い間変化しなかった物——たとえば鋤、ハンマー、鋸、あるいは家具——なども新しい姿をとり始める。たとえば、X字型の脚をもった古典的な折畳み式のスツールからは、僅かな改良を加えただけで、人間の身体にみごとに適応した曲線を有するリクライニング・チェア（一八六九年）が発展した[233]（図二五八）。ここでは複雑な機構は使われておらず、まさに手品というほかはない。この特許家具の発達の底に横たわる精神を把握すると、他のこれと似た製品の理解も容易になる。このように野外用家具を一回の操作で快適な安楽椅子に変える仕組みを発明した人は、椅子は幾つかの面によって構成された一つのシステムであるという見方をとっていたに違いない。すなわち、それらの面と面の関係は固定しておらず自在に変化し、そのことによっていくつかの機能を果たせるのだという見方である。

この椅子も、昔からあるものと同じように、中央のピボットで折れるようになっている。背もたれにも座部にも詰め物が施されているが、背もたれは座部に接するところで終っているわけではなく、その詰め物の入った面は座部の下まで伸びている。一見したところ、これは無意味なように見える。しかし座部の留め金をはずして折り畳んだ脚を一杯に広げると、この一見無駄に思われる平面が生きてくる。普通より大きい背もたれは座部とつながり、それを一杯に広げると、新たな組合せ、長い曲線を描いた安楽椅子が生まれる。その機械的部分——数個所に取り付けられたヒンジ——だけからいうと、この椅子は十五世紀に発明されていてもよかったはずである。しかしこの椅子の成立の背景には十五世紀とはまったく違う思考が働いていた。椅子は目的に従って自由に変換できる、幾つかの面で構成された道具である、という認識がそれである。さらにこの考え方の背後には、一八六〇年代の建設的な創意が横たわっており、ここにみられるのはその小気味よい結晶である。

六〇年代も末になると、アメリカ人はこの一八六九年の折畳み式の椅子から得られる一、二種類の姿勢だけではあきたらなくなった。彼らは、日頃の家庭生活用にも、病人用の椅子ですでになじみになっていた多岐な組合せを求めた。しかしこれには、多少とも複雑な装置が必要だった。

ここでも一つだけ例を挙げたい。一八七〇年から一八七八年までの約十年間、リクライニング・チェアの機械化は徐々に進行する。この発展の跡をたどるのはそれほどむずかしくはない[234]。ウィルソン・チェア——発明者の名をとってこう称された——は病人用の椅子が有する可動性を、日常生活用の椅子へ移し替えた初期のモデルのひとつであった（図二五六）。この椅子はその当時大流行し、ウ

256 a　調節可能な椅子。1876年。19世紀には，可動式の椅子は技術者の手を通じて生まれた。ここには支配的趣味の影響は見られない。この単純化された後期の型（図256 b, cと比較せよ）は，リクライニング・チェアが70年代までに獲得した変換性と可動性を表現している。動きの問題は，20世紀のデザイナーにとっての難問だが，機械的才能のおもむくまま，自然な形で解決された。（カタログ：ウィルソン調節式椅子製作会社，ニューヨーク）

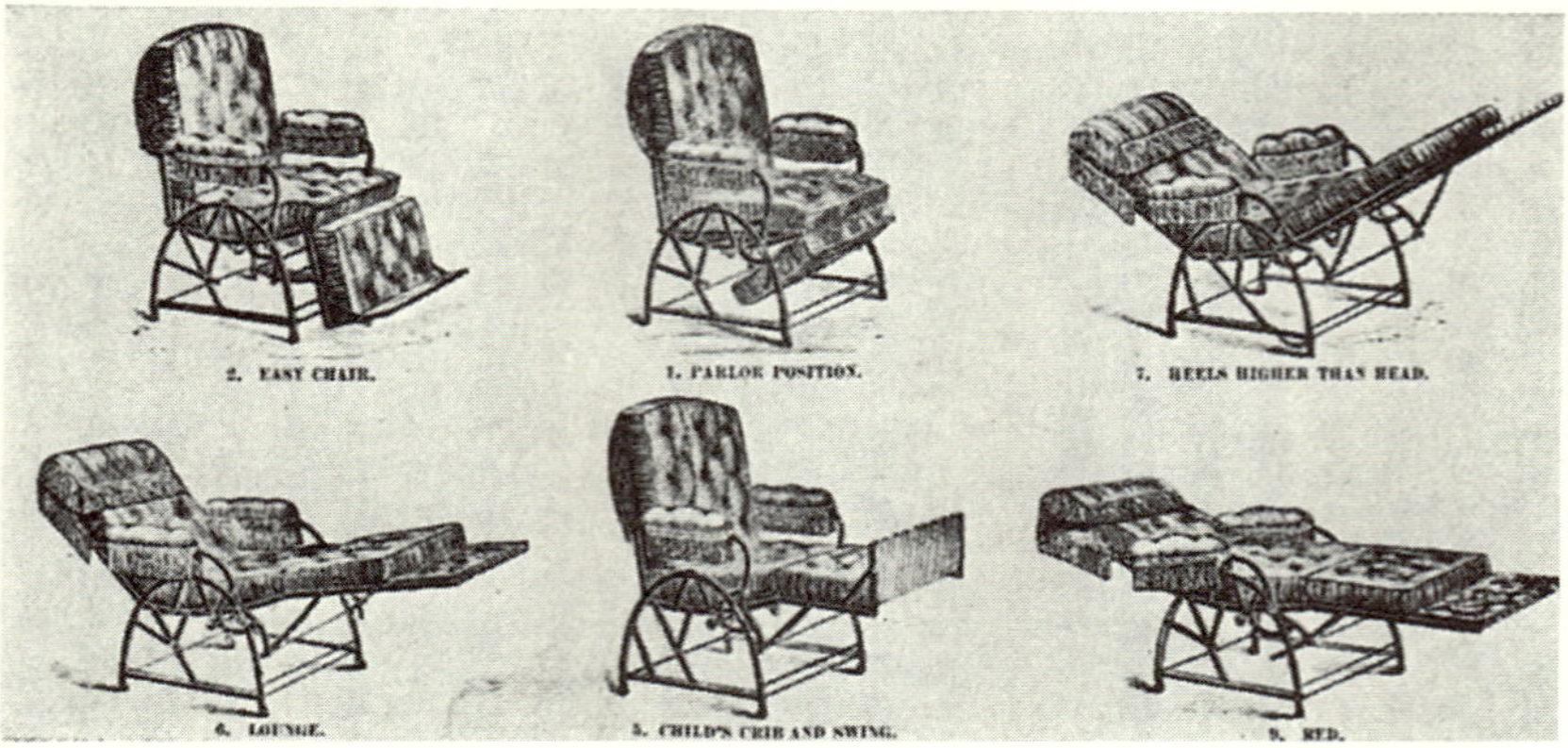

ィルソン調節式椅子製作会社はこの椅子の製造だけを目的として創設されたほどで、その販売量は数万台にものぼった。

一見したところ、このような椅子はいかにも複雑な印象を与える。しかし、掛金やピボット、留め金などを一旦はずして考えてみると、この製作の底に横たわる単純な前提が明らかになる。この折畳み式の椅子もこの時代に一般的であった方法に従って、互いに接合された単純な面で構成されている。これらの面は個々に、あるいは組み合わせて調節することができ、また、どんな位置にも大体望み通りに固定できるようになっている。この椅子はさまざまのヴァリエーションを生み出した。それは低い足掛け台を備えた安楽椅子に始まって、小さな机のついた読書椅子、背の傾斜した寝椅子（「踵が頭より高くなった」姿勢もとれる）やベッド、さらに吊れば子供用の揺り籃にもなった。ウィルソン・チェアこそは、組合せと、格式ばらない姿勢に魅せられた時代の楽園そのものであった（図二五六a、b、c）。

もう一つの永続的な傾向がウィルソン・チェアには現われている。すなわち、手術台や理髪用の椅子の表面と同じように、その支持面は基台から独立している。普通の椅子の四本脚は二つのアーチ型のブリッジに変化し、この基台のアーチの間で、シートや背もたれ、脚部パネルがピボットを軸にスウィングする。この点が全体を動かしやすく、また変換しやすくしている。人は坐ったままの状態で、人形使いが人形の腕や脚を操るように、中心の位置から自由に姿勢を決めることができるようになっている。

七〇年代、八〇年代に入ると、このタイプのヴァリエーション、およびこれより精巧なものが出現した。ウィルソン・チェアの場合

256 b　G. ウィルソン：鉄製の折畳み椅子，1871年。ブロンズの帯板で入念に組み立てられたこの試作品は，アメリカ特許庁主催の競売で著者が購入したものである。これらのアメリカ精神の記録ともいうべきものは拡散し，人手から人手へと渡っていった。（写真：ソーイチ・スナミ，近代美術館，特許を取得したオリジナル・モデルは著者所有）

256 c　G. ウィルソン：鉄製の折畳み椅子，1871年。脚は２本の鉄製アーチに変わり，その上に座席が天秤のように吊り下っている。人は坐ったままレバー（L）を操作して姿勢を調節できる。背もたれ，座席，脚もたれ，足掛け台はそれぞれ別の面に分かれており，ほとんどどんな位置にも調節できる。（合衆国特許116784，1871年７月４日）

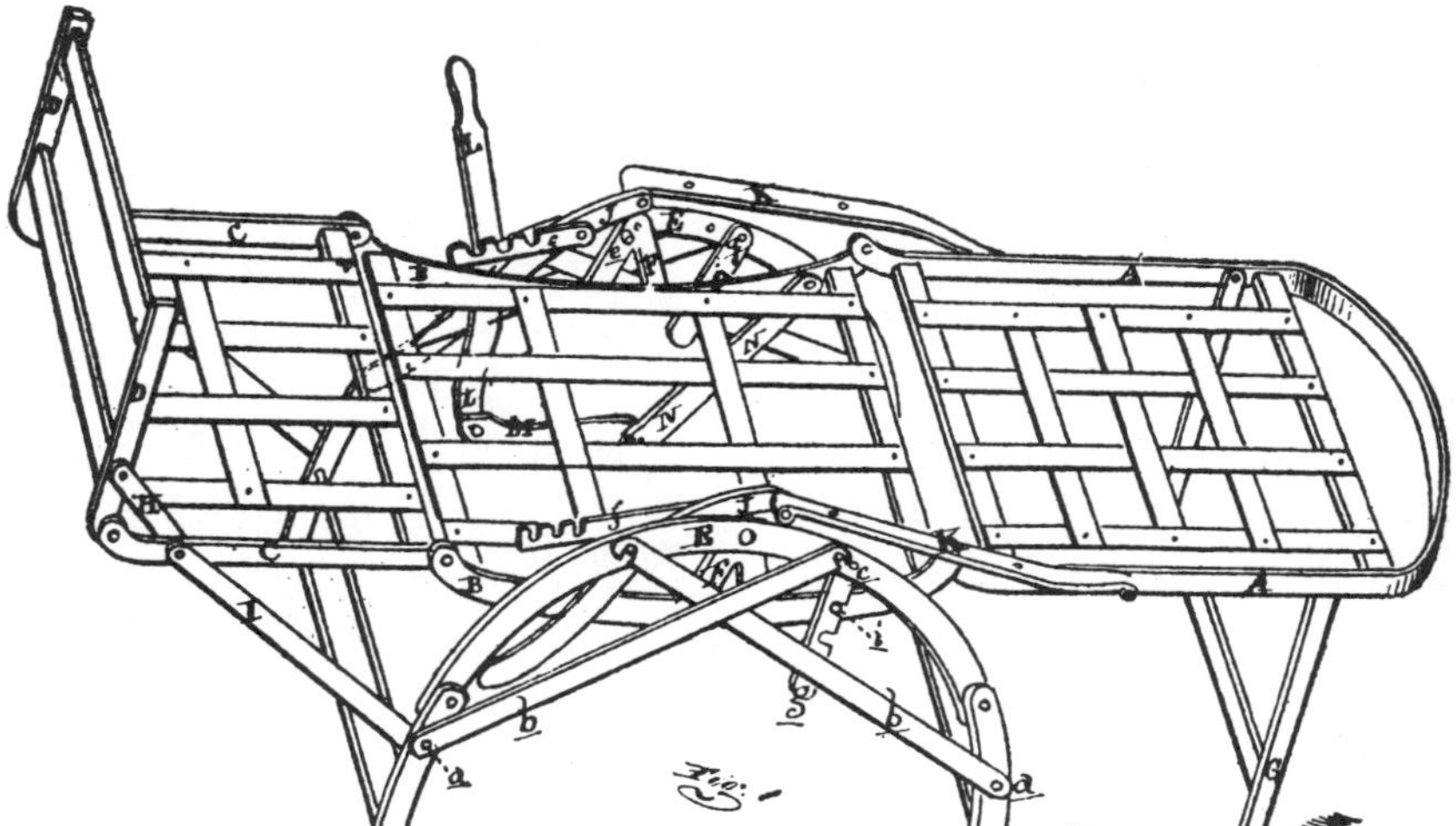

257　調節可能な椅子。シカゴ、1893年。「これは世界一すぐれた椅子である。この椅子1台で、居間用の椅子、図書館用椅子、喫煙用椅子、寝椅子、長椅子、さらにはベッドさえも兼ねている。また、いかなる姿勢にも調節できるようになっている。今日この椅子は、8万台以上使われている」。機械化されたリクライニング・チェアは、単純で安くできていたが、家庭からは間もなく追放された。1893年のシカゴ博が広めた価値基準を満たしえなかったからである。（マークス調節式折畳み椅子製作会社、ニューヨーク、ランダウアー・コレクション）

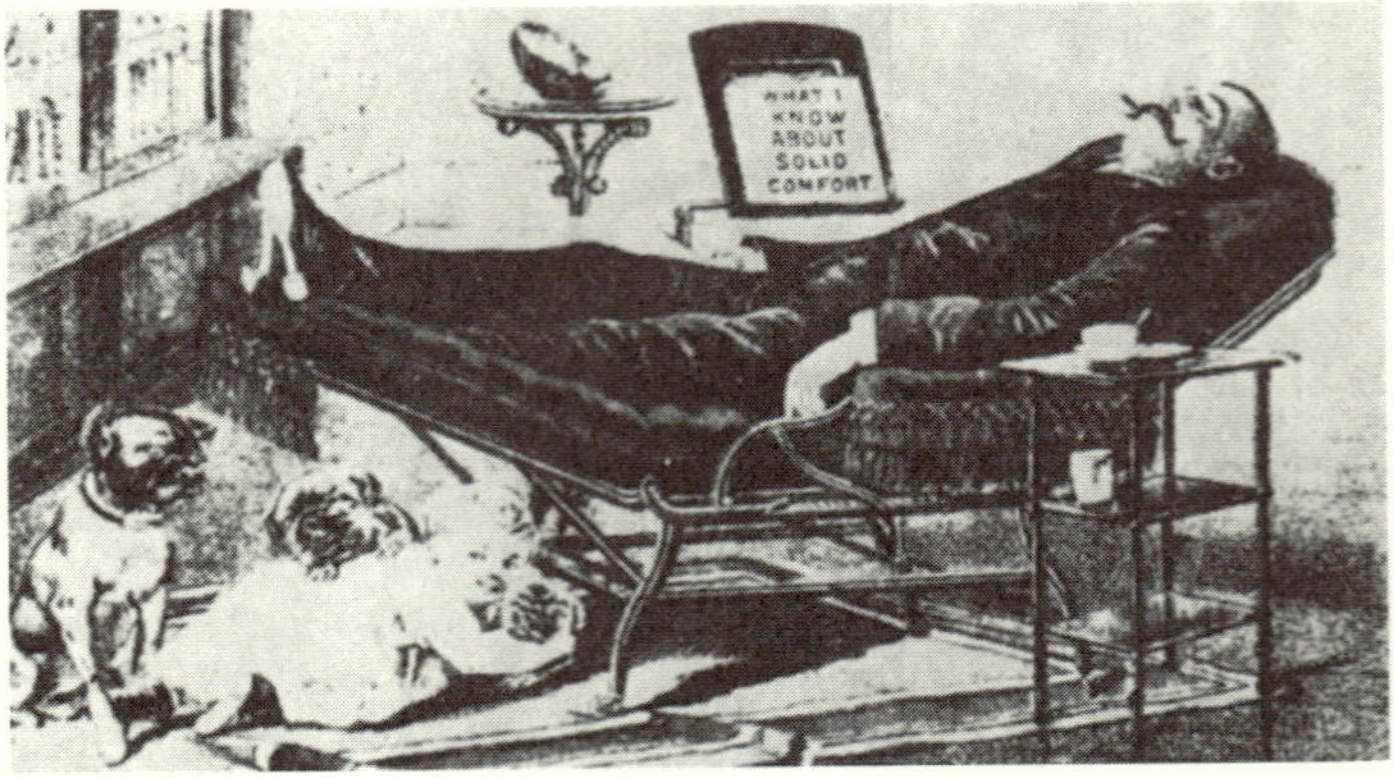

と同様、しばしば、まったく完成された単一のモデルの製造を目的に会社が創設された。すでに五〇年代の初めには、あるイギリス人は、シンシナティの工場がヨーロッパとは比較にならない規模で椅子を製造していると記録にとどめている。そして七〇年代の末には、ウィルソン・チェアのような複雑な型の家具の大量生産が始まった。こうしたことはかつてないことだった。病人用の椅子と手術台にはこれほどの市場はなかったからである。一般向けのリクライニング・チェアの製作の目的は、この時代に典型的なものであった。充分な快適さを、単純で安価な構造と結びつけるという目的がそれである。製造業者が自慢して販売量が八万台を越えたといっている後期の型では、可動性と調節の可能性を犠牲にして、単純な構成と価格の安さが獲得されている。しかし、こうした動きは、特許家具運動も終りに近づいた一八九三年、シカゴ万国博開催の年に一つの転機を迎えた（図二五七）。

人びとはこのような家具を軽蔑するようになったのである。人びとの中に新たに目覚めた、富と豪華さに対する憧れを、この家具は表現していなかった。ともかく、この種の家具は姿を消した。

変換性

機構の変態

神話の世界では人間が石や木に変えられ、自然は半身半馬、半身半魚、半身半蛇のような生きものに溢れている。ここでは、どこで動物の部分が終り、どこから人間の身体が始まっているのか皆目わからない。それと同じように、特許家具と呼ばれている独特な分野でもどこで一つのカテゴリーが終り、どこから別のカテゴリーが始まるのかほとんど見分けがつかない。そこではすべてが混在している。変換によってさまざまの形式をとれることがこの家具の重要な特質なのである。寝椅子に変わる肱掛椅子、揺り籃に変わる寝椅子は、まさしく組合せ家具と呼ぶにふさわしい。ソファや椅子、テーブルや列車の座席に姿を変えるベッドもまた然りである。

あらゆるものが折り畳むことができ、回転し、伸縮自在で、組み直すことができる。どこである部分が終り、どこで次の部分が始まるのか。ここだと思った途端、またもわからなくなり、最初の振出しに戻ってしまう。なぜこのようなことになるのか、その理由はこの家具の性質自体にある。各部分は、人魚における魚の部分と人間の部分のように、一つにとけ合い区別がつかなくなっているからである。それらはとけ合って一つの新しい実体を形作っている。

中世の人びとは一つの家具をさまざまの目的に使ったが、それには、家具が乏しかったということと同時に、家事そのものが一般に未発達だったという納得できる理由があった。チェストを、いろいろなものを入れる容器として用いるのにも、ベンチ、ベッド、あるいは高いベッドに上がる踏み台として用いるのにも、そこでは機械仕掛けを必要としなかった。チェストに背が施されたのはやっと十五世紀になってからである。そして十六世紀に入ると、この背もたれは拡大し、回転させるとテーブルの上面として使える仕組みが生まれた。

このタイプは、テーブルを食事の後に移動させるという古い習慣を思い起こさせる。アメリカへの入植者はこのベンチ兼テーブルをペンシルベニアに伝えた(235)(図二五九)。農民用のものは、華美な装飾を施したルネッサンス・タイプとは違って単純かつ非常に実用的であったため、十九世紀に入ってもなおその命脈を保ったのである。

物を書くための装備と組み合わされた椅子の起源は、これよりはるか以前に遡る。小さな机を自分の膝の上に載せて物を書く中世の習慣は、十二世紀のシャルトル大聖堂にあるピタゴラス像のレリーフにも表現されているが（図二三八）、この習慣は、その後十五世紀に、調節可能な書き物台と座席を組み合わせた家具を生み出した。この発展の延長として、その後、ウィンザー・チェアの一方の肱掛部分を広げて筆記のための面を確保するという工夫が生まれた。一七七六年頃のトーマス・ジェファーソンの回転椅子や、現在アメリカのほとんどの講堂で用いられている椅子などはその例である（図一六二）。

十九世紀は、坐ったり横たわったりするための調節可能な家具の場合と同様、変換可能な家具にも機械的工夫を適用した。変換可能な家具と調節可能な家具とは同時に発達した。どちらも最初の試みは、一八五〇年以前に行なわれ、続く六〇年代、七〇年代、さらに八〇年代に大きな飛躍を遂げた。

この変換可能な家具は、ヨーロッパではあまり歓迎されなかった。十九世紀の初頭、十八世紀の傾向を引き継いでイギリス、そしてフランスでもそれに対してある程度の関心が払われた。ある人は

258　折畳み椅子。1869年。古典的なX字型のスツールにごく僅かな変更を加えるとリクライニング・チェアになる。これの持つ曲線は見事に人間の身体に適合している。ここでは変換性が面の転換によって獲得され，複雑な機構は用いられていない。発明者はこれについて次のように記している。「普通の野外用スツールに幾分似ている。脚部（BB）は座部の上部で僅かに前方に傾斜して伸び，椅子の背を形作っている。この脚と背もたれわ兼ねた部分には全体にわたって詰め物がされている。座席(A)は下側にも詰め物がされており，前端が脚(C)の上端にヒンジ留めされている。この椅子は，運搬や収納の便を考えて小さく折り畳めるようになっている」。（合衆国特許92133，1869年6月29日）

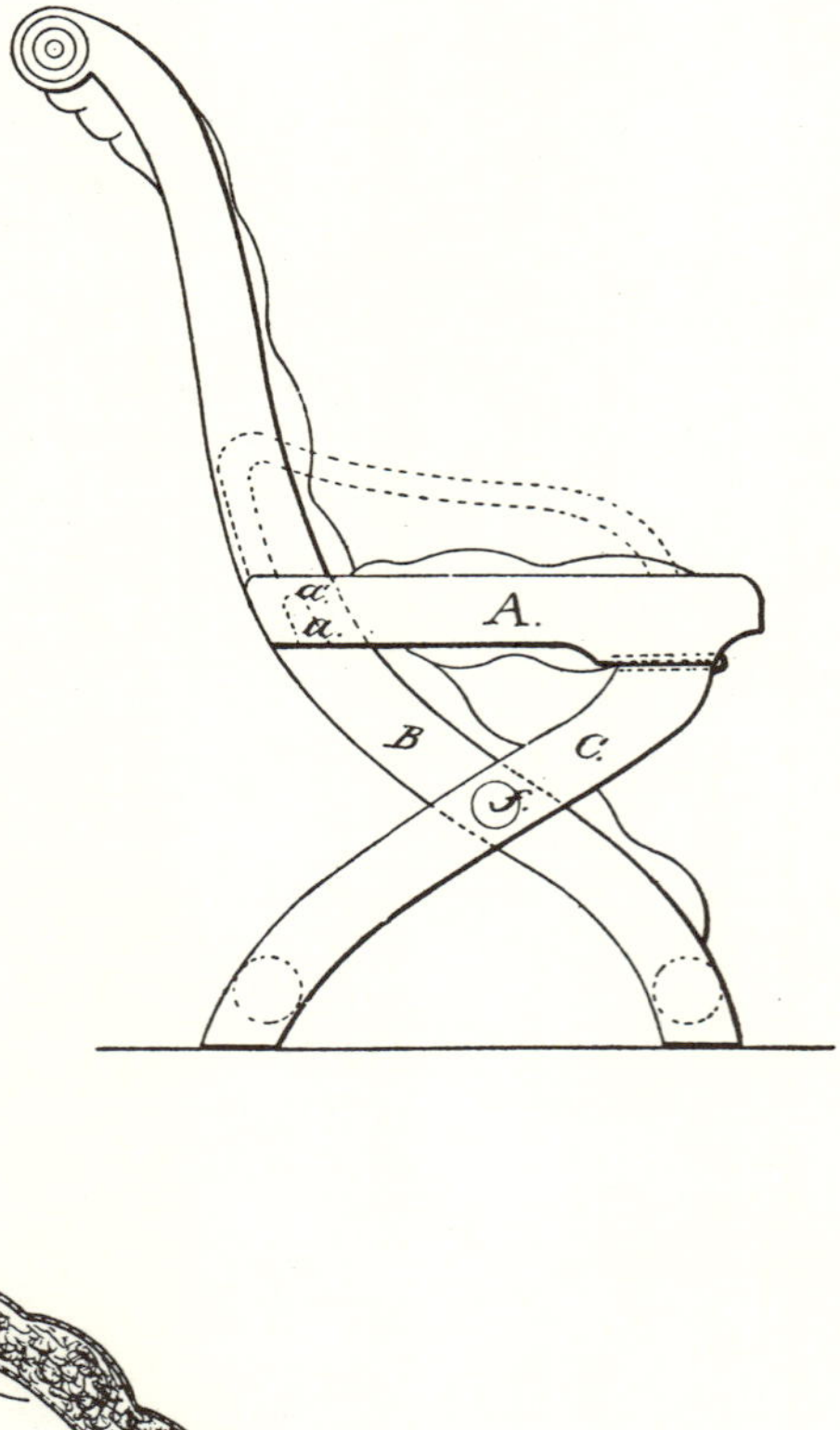

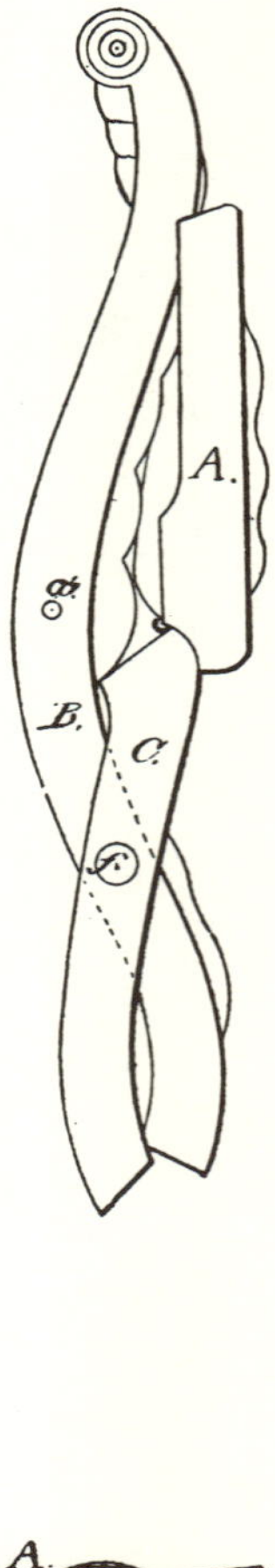

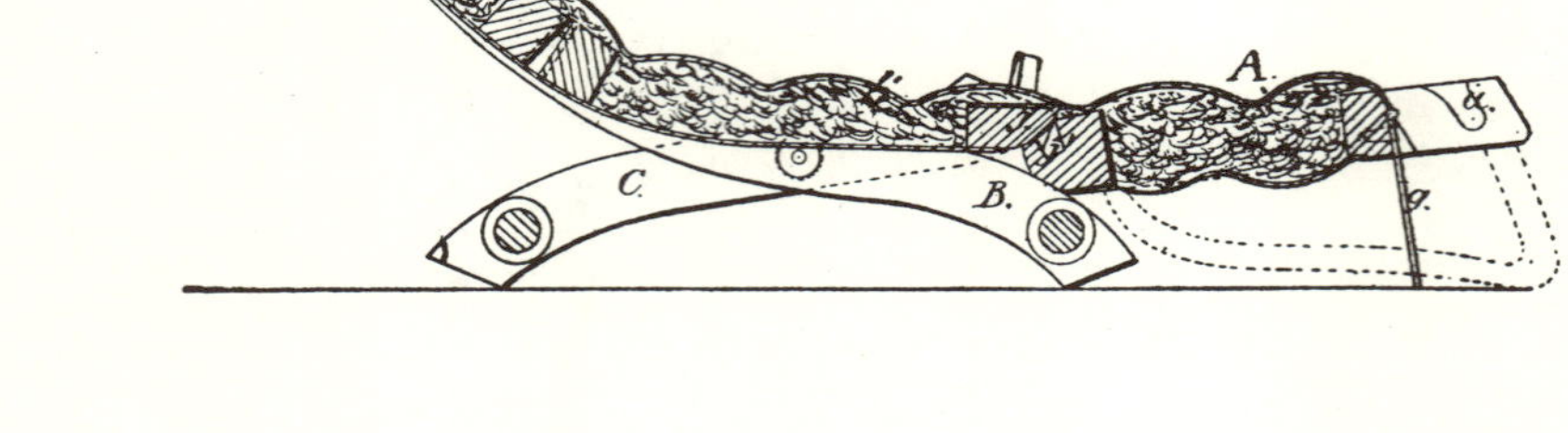

259　ベンチ兼テーブル。ペンシルベニアへの入植者が使った「ディッシュバンク」。チェストやベンチをテーブルに変えるアイディアは，後期ゴシックやルネッサンスの習慣と結びついており，その習慣が後にアメリカへも伝わった。これは，「ベンチ式の椅子で両側に肱掛けがつき，その肱掛けの上にテーブル面が4本のピンで固定される仕組みになっている。前のピンをはずしてテーブル面を持ち上げると，それがベンチの背に変わる」。（写真および説明：ペンシルベニア州ランカスター郡，ランディスヴァレー美術館館長）

その当時の様子を次のように綴っている。

一八三四年と一八四四年、そしてさらに一八四九年のパリ万国博覧会では……寝椅子になるベッドや病人用の椅子などの展示が目立って多かった……。発明家は忍耐強い研究を通じて、すでにベッド・メーキングのできている寝台を収納する方法を際限もなく工夫した。……チェストの中や、回転する背もたれに入ってしまう寝台、はては上昇下降を機械的な装置で行なう寝台も現われた。そのほかにも、寝台に洗面用具や衣裳ダンスの付いたものもあった。しかし快適な睡眠を得るのに、寝椅子になるベッドが必要だとはどうしても思えない。……寝室を応接間に、応接間を寝室に変えるには、どの展示会でも賞を獲得した寝椅子にもなるベッドを備え、さらにベッド兼テーブル兼洗面台、衣裳ダンス兼机、安楽椅子兼寝椅子をおけばよい。……これだけのことをすれば、かの万博委員会とねんごろな関係にある発明家の庇護者になる資格はもう充分というものだ(236)。

この一文は、七〇年代末に昔を回顧して書かれたもので、筆者は最も華美なカーテン・デザインのガイドブック、『室内装飾事典』の著者である。彼は当時の支配的趣味を代弁し、新しい型の家具に対してはもともと敵対的な人物であった。特許家具に対するイギリスの見方もこれとあまり変わらなかった(237)。

しかしアメリカでは、様子がまったく違っていた。家具が部屋を占領してしまうことなど許されなかった。というのは、経済が拡大している時期の住宅では、空間が不足していたからである。一八五

260 テーブル兼ベッド。1849年。2枚の板を左右に開き，脚の下の部分をはずして短くすると，テーブルがベッドに変わる（左下から右上へ）。もう1つの板は別のテーブルになる（右下）。「私は“テーブル兼ベッド”あるいは，小さなオットマンと組みになったグランド・オットマンを発明した。それは，食卓やその他いろいろ役に立つものを収められるようにできている。小さなオットマン（プフ）の垂れ布を上げると，中に入った化粧道具をとり出せる」。（合衆国特許6884，1849年11月20日）

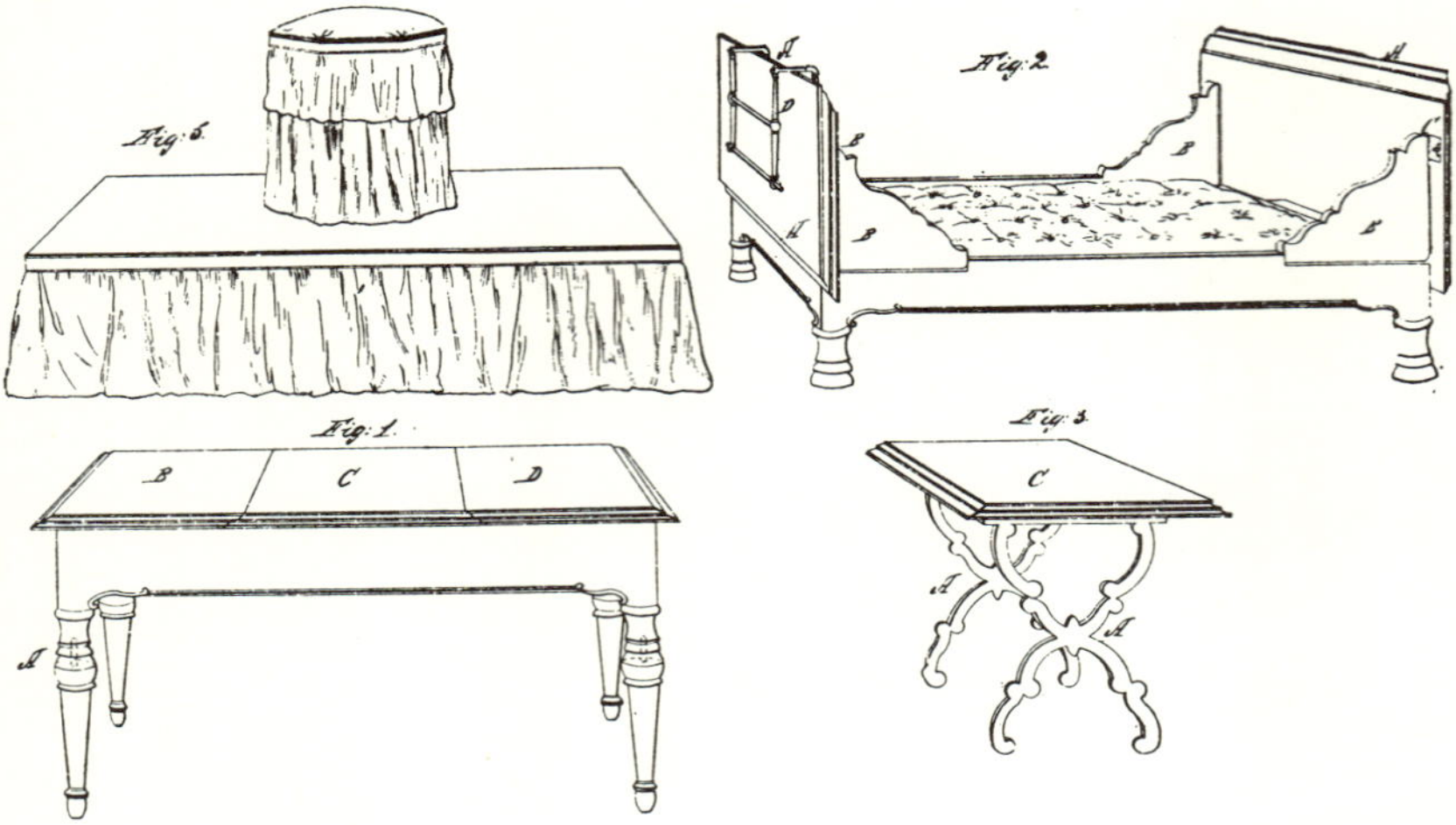

○年頃のアメリカでは、ヨーロッパとは対照的に、大衆の流行を導く裕福な階級は層が薄かった。その上、二つあるいはそれ以上の機能を一つにまとめた家具は安上りでもあった。

こうしたことが積み重なって、一八三七年のピストル付ボーイー刀[238]にみられるような、互いにまったく異なるものを組み合わせることに対するアメリカ人の好みは一層煽られた。特許の説明文によると「この発明の特徴は、ピストルとナイフを一緒にし、しかも二つが別になっているときと同じように手軽に使えるよう工夫した点にある」。

しかしアメリカ人は、このような組合せへの熱中ぶりと、そのグロテスクな結果をからかうだけのユーモアを持っていた。『ハーパーズ・ウィークリー』(一八五七年)[239]には、ピストル、短剣、手斧、靴べら、パン、皿、それに赤ん坊までを詰め込んだ旅行ケースを描いた諷刺画が載っている(図二六六)。

面の転換

見さかいなく組み合わせた結果、時折グロテスクなものが生み出されたが、それは副産物であって、昔からあるものを積極的に見直し、それを根本から変えようとしている点にこそ、われわれは注目しなければならない。戸の錠やハンマーや鉋といった単純な道具の機械化には徹底したエネルギーが注がれ、長い間頑固に変化を拒んできたこうした道具は新しく鋳直されたが、これと同じことが多目的家具でもみられた。

一八六九年の折畳み椅子は一回の動作でリクライニング・チェア

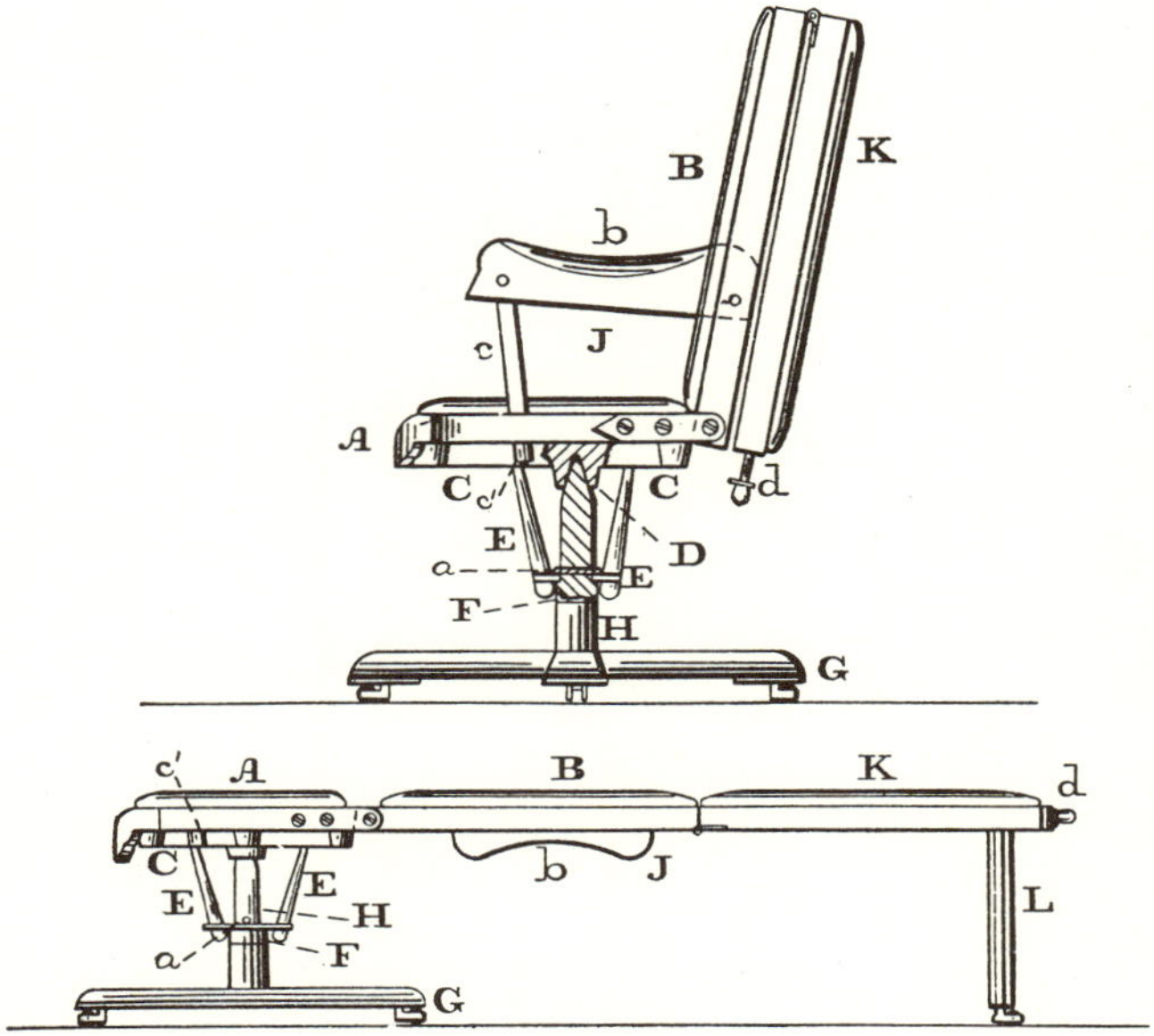

261　寝椅子にもなる回転式肱掛椅子。1875年。この家具は可動な面で構成されている。可動面の構成を変えると、全体の意味が変わる。特許の明細書には次のように記されている。「この椅子の背もたれは座席にヒンジで取り付けられている。椅子を寝椅子に変えるには，背もたれを下ろすだけでよい。すると，フレームの裏側に隠されていた折畳み式の脚が出て支持脚となる」。（合衆国特許169752，1875年11月9日）

に変わるが、これに必要な機構はすでに十五世紀に知られていた(図二五八)。十九世紀の家具(テーブル、ソファ、ベッド、椅子)はさまざまな可動面から構成されいろいろな組合せをつくるが、その際、面の意味が変わることすらある。この一八六九年の椅子の座部を下に降ろすと簡単に足掛け台になるが、同じような仕組みは一八七五年の回転椅子にも見られる。その椅子では背もたれが水平な面に変化する(図二六一)。さらに一八七四年の肱掛椅子(図二六二)では、座部がソファーの頭もたれになる。このプロセスをわれわれは、面の転換と呼ぶ。中世の家具にも、この面の転換が見られるものがある。

後期ゴシックの長椅子《セツル》は、後にペンシルベニアの植民者が使ったディッシュバンクの前身だが(図二五九)、背もたれが動く仕組みになっており、九〇度回転させて水平にするとテーブルの上面になるような構造をもっていた。しかし、こういった面の取扱い方が、構成的な動きの出発点となるには十九世紀を待たなければならなかったし、またそこでは、複雑な機械を取り入れるだけの自由な想像力も欠けていた。

面の転換の原理の発生を説明する例として、同じく中世につくられていても不思議でないような家具を二、三取り上げてみたい。

高度に熟練した手工業技術をもっていたシェーカー教徒は、十九世紀前半にさまざまな型の組合せ家具を製作した。この世紀の中頃に作られた特許家具の中には、将来の発展をはっきり予見したものがある。たとえば一八四九年のテーブル兼ベッドがそうである(240)(図二六〇)。

ここでは、テーブルがベッドに変換する仕組みが表現されている。その最初の状態はテーブルであるが、上板が三つに区切られているので伸縮可能なテーブルのように見える。この場合——というのは問題毎にそれぞれ別の解決が考えられているからなのだが——両端の二枚の板が垂直に起こされ、ヒンジ付の隅板で支えられる。また中央の板をはずし、これに折畳み式の脚をつけると、小さな臨時のテーブルができあがる。「食卓の四本の脚は真ん中で取りはずせるように枘《ほぞ》でとめてある」。このあとは、簡単に推測できる。テーブル用の高い脚は下半分が取りはずされてベッドの支柱になり、全体がそのままベッドになる。つまりテーブルの枠がベッドの枠となり、両端の板は垂直に起こされてベッドの端板になる。また独立したスツールは「化粧道具一式」をのせる洗面器台に即座に変化する。

この次の時代になって、面をいろいろに配列してさまざまな組合せを得るというこの傾向は着実な広がりをみせた。一八七五年に考案されたものは、一見したところ回転椅子のようだが(241)、よく調べてみると「椅子の背もたれは座部にヒンジで留められ、肱掛けは背につながれている」ことがわかる。背は両面とも詰め物を施されているが、実際には、この背もたれはヒンジで連結された二つのフレームで構成されている。椅子を寝椅子に変換するには、ただ「フレーム（K）を背（B）に繋いでいる留め金をはずし、前者のフレームを広げるだけでよい」。フレームの中には、背もたれを水平に支える折畳み式の脚が隠されている。肱掛けはフレームの下に隠れ、これで回転椅子は休憩用のベッドに変わる（図二六一）。

一八七四年の肱掛椅子(242)（図二六二b）にもこれと同じような柔軟な想像力が発揮され、面の意味を大胆に変える試みが行なわれている。タイプとしては、この板金製の肱掛椅子は古代から用いられてきた、折畳み椅子の系統に属している。その各部分はすべて、自在に動かせるよう連結されており、ちょうど蒸気機関のタイミングギヤのように、一つの部品を動かすとシステム全体が動くようになっている。三カ所でヒンジ留めされた肱掛けを後ろに押すと、座部はS字型に彎曲した前脚の間におさまる。それと同時にロットが働き、二本の脚が背もたれの上部に現われる。こうして肱掛椅子は今やソファに姿を変え、あとはこれを九〇度倒すだけでよい。

では一体、ここで何が起こったのだろうか。肱掛けを押すと座部が沈み、家具全体の高さが低くなると同時に、座の部分が頭もたれとなり、高い背もたれがマットレスの機能を果たすようになる。この変化は面の転換によって成就されている。

古代の折畳み椅子の場合、脚部は座部と床の中間あたりで交差しているが、この製品では交点が座部の高さにある。そして巻物のような形をした前脚部は異常に高い背もたれへと続き、また後脚はブーメランのように曲がっている。その短いほうの部分が床につき、長いほうは水平な座部の一部になっている。

プロポーションは奇妙でも、便利でさえあればそれでよかった。この機械化家具の分野にも、芸術の領域によくある「通常のプロポーションの攪乱」がみられる。ゴシック期の芸術家や十六世紀のマニエリスト、一九一〇年頃の画家たちは、新しい表現様式を創造するのに歪みを使った。

ソファをベッド——実際にはツインベッド（一八七二年）であるが——に変換するのに、おおよそ以下のような手順が考えられた(243)（図二六五）。

262 a　(左)寝椅子にもなる安楽椅子。面の意味が変わる別の例。(合衆国特許157042, 1874年11月17日)

262 b　(右)3カ所でヒンジ留めされた肱掛部分(P. Q)を後ろに押すと座部がS字型の前脚の間に入る。それと同時に背もたれの上部から脚がはり出してくる。(合衆国特許157042, 1874年11月17日)

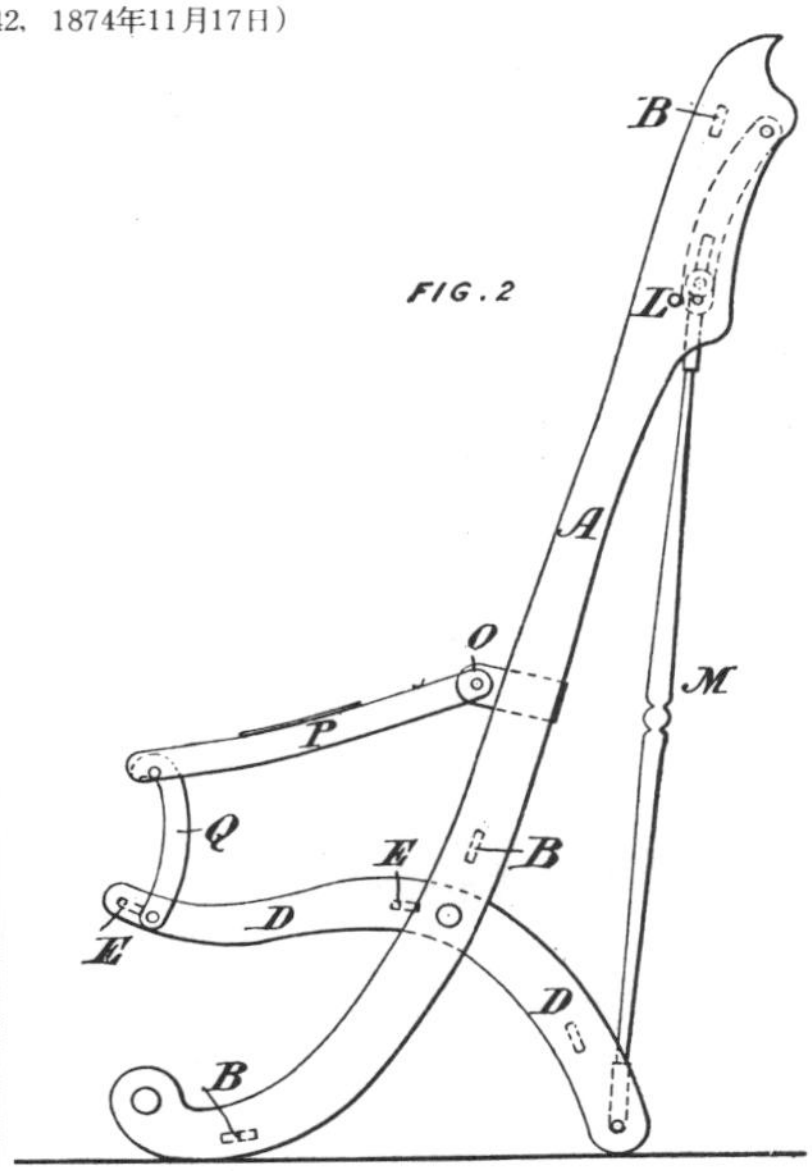

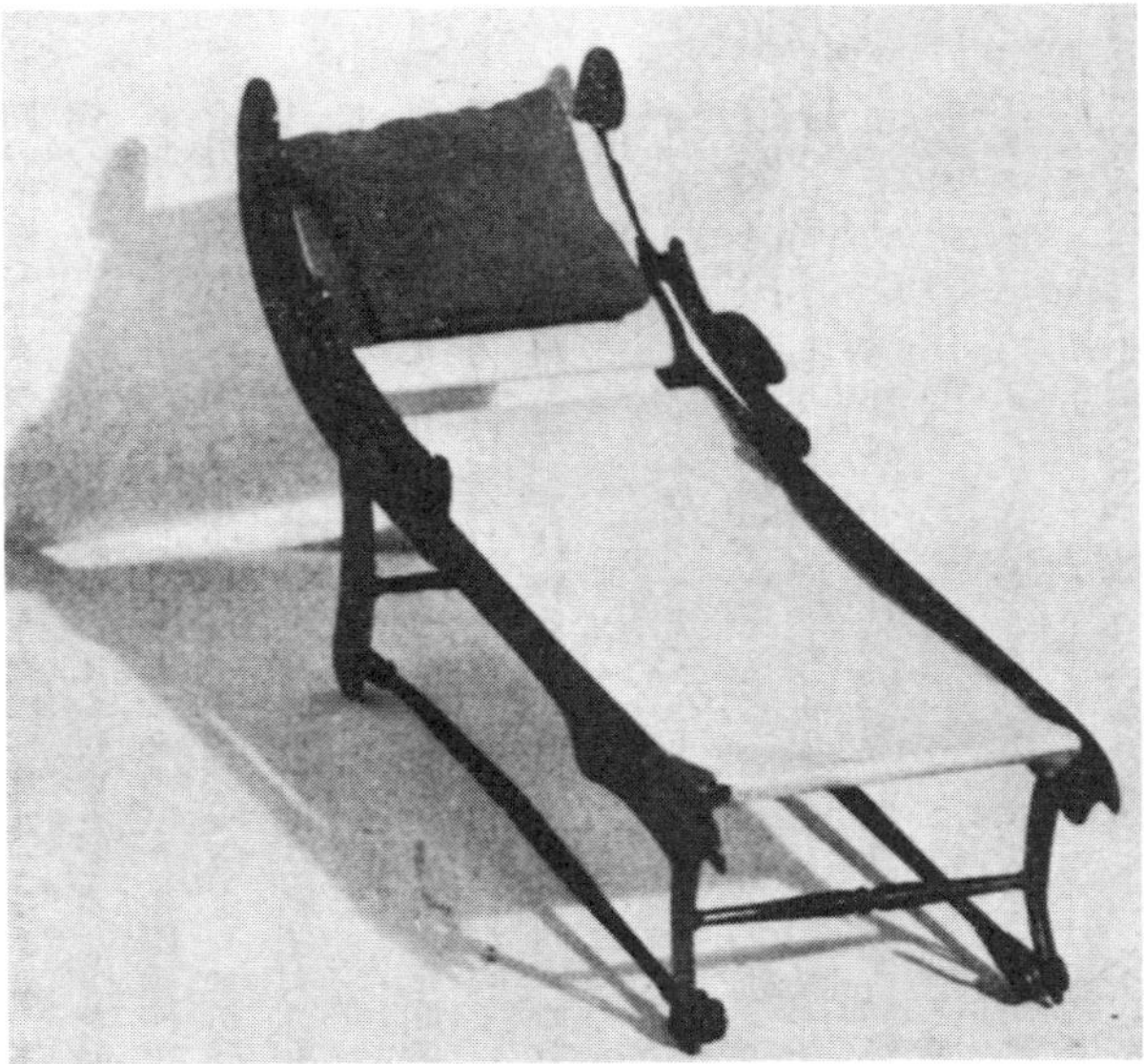

262 c　寝椅子に変えるには，椅子を90度倒せばよい。すると，座席であった部分が頭もたれになり，高い背もたれがベッド面になる。「椅子に変えるときには，寝椅子の枕の部分が椅子の座部になる」。(写真：ソーイチ・スナミ，近代美術館，オリジナル・モデルは著者所有)

263 アルヴァ・アアルト：ベッドに変換できる鋼管製ソファ，1932年。可動性の問題に取り組んだ現代の数少ない作品の１つである。左：背もたれと座部の傾斜をいろいろな角度に調節できる。右上：通常の状態。右下：背を目一杯低くすると，座部と一体になってベッドになる。（ヴォーンベダルフ，チューリヒ）

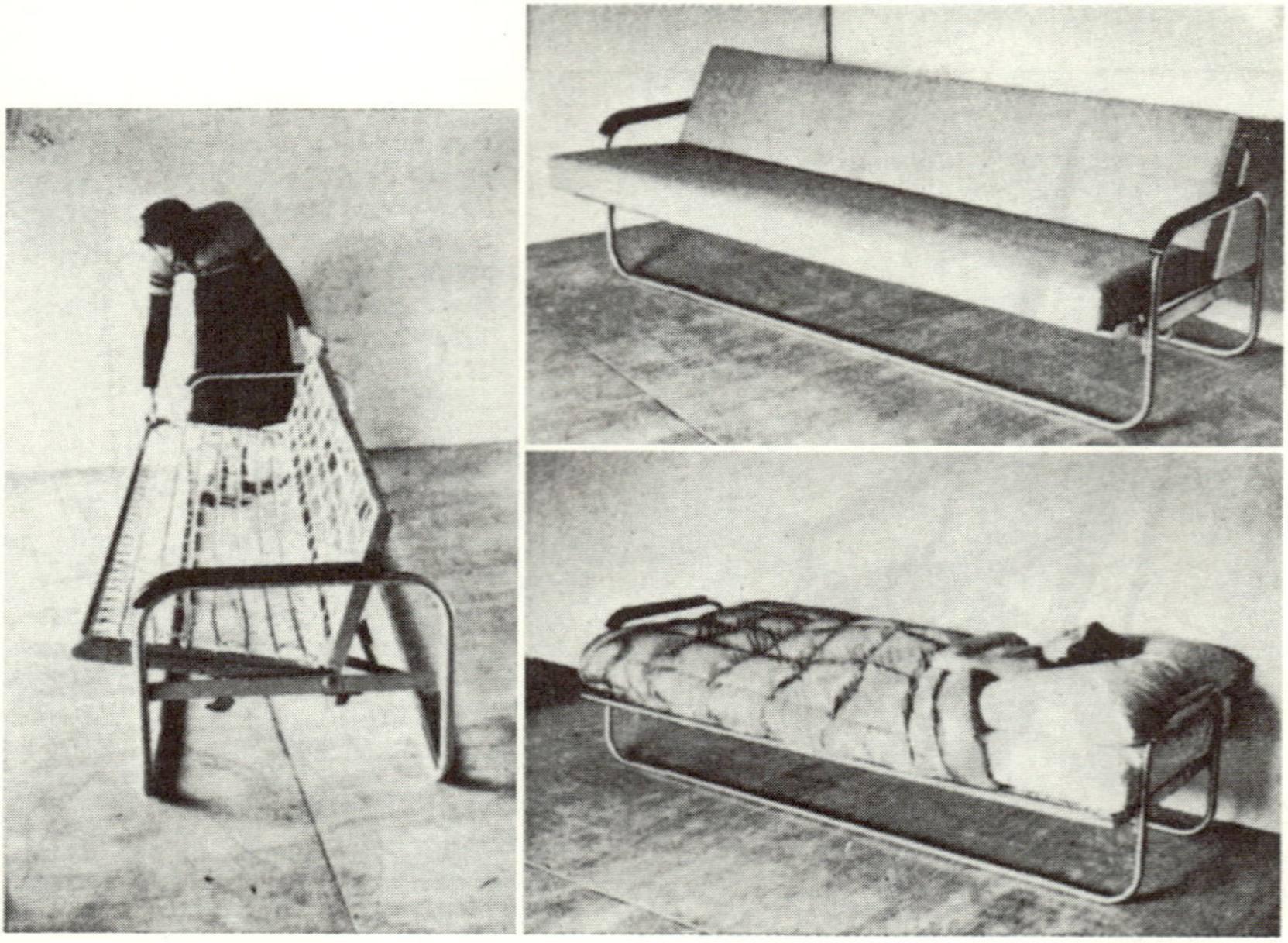

ツインベッドに変わるソファという場合、一方のマットが他方のマットの上に載った姿を想像しやすい。しかしここで用いられているような、マットになる部分が互いに背中合せになった仕組みは、それほど簡単にはわからない。この原理は一八七五年の回転椅子にも見られた。しかしここでは二つの部分が、その長さ一杯の滑り式のヒンジによって結合されている。ツインベッドは一回の操作でできあがる。というのは、意外なことに、下側のマットが両端の中央に一つずつ付いたピボットを軸に回転するようになっているからである。この際、座部を外に引っ張り出しさえすれば、下側のマットレスが回り始める。そしてそのまま引っ張り続けると両者は水平になる。

六〇年代、七〇年代のアメリカにおいてとられた問題に対する処理方法は、今日のそれと同じ方向に沿っている。形式も材料も違ってはいるが、方法の点で同一である場合が多い。

一九三二年に、アルヴァ・アアルトは鋼管製のソファを発表した。これは間もなくヨーロッパで、「アアルト・ソファ」として知られるようになった。（図二六三）。このソファは、可動性の問題と取り組んだ、当時の数少ない作品のひとつである。ここでは使う人が快適であるように、ソファの背もたれを調節できるようにすることが問題になっている。背もたれをいっぱいに下げると座部と連結してベッドになる。アアルトの作品は、かたちに関

264 a.b.d　(左上，中，下)ベッドの床架にもなるソファ。1868年。「ソファの背の角度を変えたり，ベッドの床架を用意するときには，コード（11）(図264c)を引っ張るだけでよい。すると，ボルト（d）が溝から出てくる。フレーム（B）の端の後ろ側には脚（mm）がヒンジ留めされており，ベッドの床架に変換したとき，その背を支える。これらの脚は，使われていないときには背の裏側に畳み込まれている」。(合衆国特許77872，1868年5月12日)

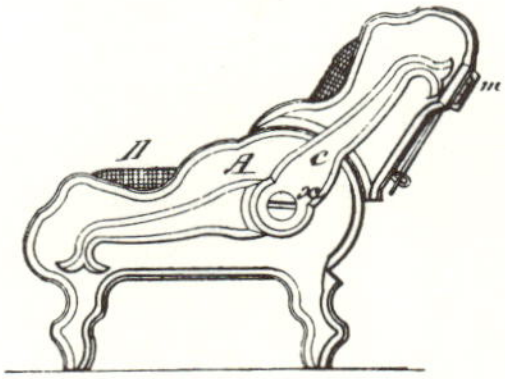

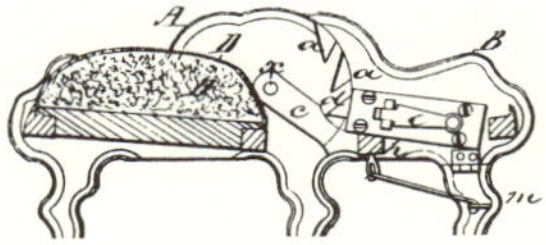

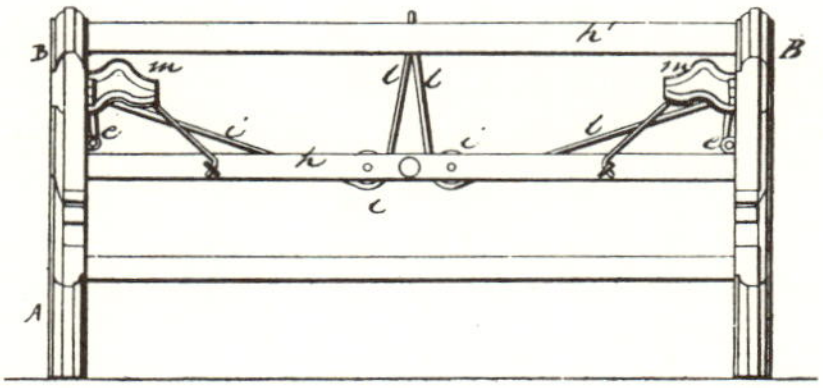

264 d　(上) ベッドの床架にもなるソファ。1868年。(写真：ソーイチ・スナミ、近代美術館、オリジナル・モデルは著者所有)

する限りはよかったが、全体のメカニズムとしては、どちらかといえば単純だった。この点の問題をスイスの工場で解決しようとしたが、結局、病院用ベッドの調節可能な背もたれをヒントにすることしか考えられなかった。

一八六八年のアメリカの「調節できるソファ」(244)では、動きに関する同じ問題はどのような形で解決されていただろうか（図二六四）。そこでは背もたれの調節が自由にでき、かついっぱいに下げられるように、下のフレームの後端を丸くし、この部分のカーブに沿って上のほうのフレームが水平になるまで動かせるようになっている。両側に一本ずつあるアームは可動フレームと固定フレームとを繋いでいる。背をいろいろな角度で支えられるように、カーブした部分にはボルトをスプリングで固定しやすいようにV字形の刻みが入っている。ボルトはどちらも、上のほうのフレームに付いているコードで簡単にはずせる仕組みになっている。この単純な構造に示されている解決は優雅でさえあり、この点、可動性の問題を熟知しているはずの今日の家具と対照的である。

組合せと擬態

垂直あるいは水平にくるりと回転するベッド、上に折り上げられたり、重ねて折り畳んだりできるベッド――こうしたいろいろな方法で昼間の住居空間を節約する試

265 a　ベッド兼寝椅子。1872年。(写真：ソーイチ・スナミ，近代美術館，オリジナル・モデルは著者所有)

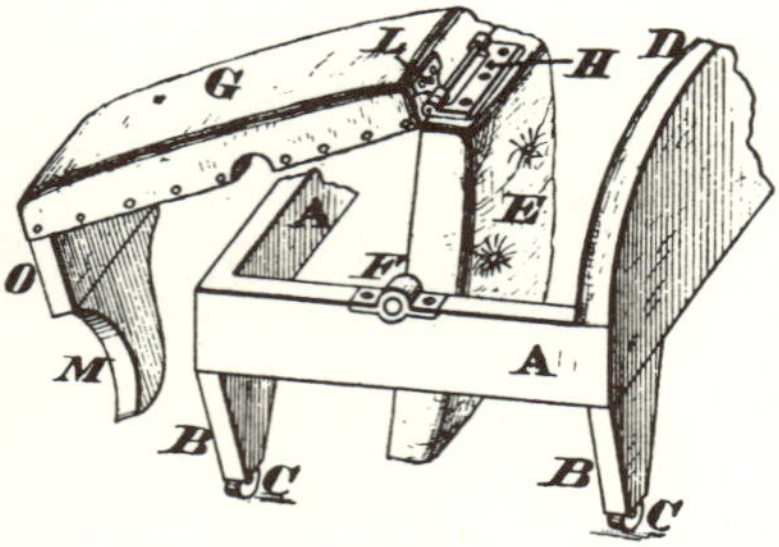

265 b　ベッド兼寝椅子。1872年。特許図面の詳細。

265 c　ベッド兼寝椅子。1872年。通常の畳まれた状態では2枚のマットレスが背中合わせになっている。これを開くには，輪（N）を握って引っ張ればよい。すると，上側のマットレスが引き出され下側のマットレスが支軸の回りを半回転して，脚（M）が床につく。上側のマットレスは，滑りヒンジ(H) によって正確な位置におさまる。(合衆国特許127741)

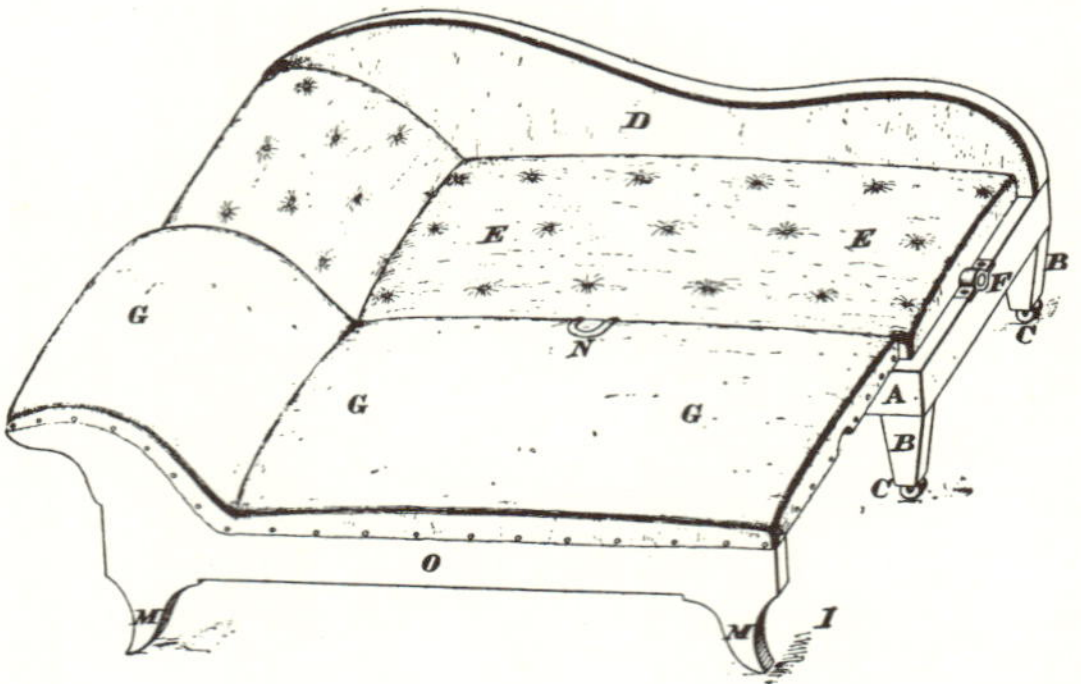

266　新案特許の旅行用鞄。諷刺画、1857年。特許家具時代のアメリカ人は、自分たちの組合せ好きを諷刺した。1940年代にもやはり台所の行き過ぎた機械化が諷刺されている（図408）（『ハーパーズ・ウィークリー』1857）

みが今日まで数々なされてきた。そこで登場したのが、昼間は他の家具に姿を変えたり、壁の中、あるいは天井の中に隠れてしまうような、変換式ベッドの分野である。初期の段階には、壁際にベッドを寄せて畳んだり、あるいはこれをケースの中にしまう程度のことしか行なわれなかった。こうしたことは、部分的には、十七世紀あるいは十八世紀以来行なわれてきたことである(245)。しかしその技術面での改良は一八三〇年代になって始まった。その頃、「ベッドが回転したときに毛布や枕が落ちないようにするための」簡単な工夫が行なわれている(246)。特許家具時代にはワードローブ風ベッドの製作に大きな関心が払われ、アメリカの多くの住宅で、独立した寝室にとって代わる場合が多くみられた。八〇年代にはすでにその標準型ができあがり、八〇年末には一八九一年製のベッド（図二六九）のような、実際の店頭展示品が製作されている。この一八九一年製のベッドは、折り畳むと「彫刻をたくさん施したマホガニー製の」鏡付きワードローブに変わる。このベッドは、また「居間用ベッド」とも呼ばれた。というのは、それは寝室ではなく居間に置かれていたからである。その後、この型のベッドは個人の家ではほとんど見られなくなった。ホテルの部屋で使われることはよくあったが、ついにはホテルからも次第に姿を消していった。それ以来、このような一方の端を軸に折り畳める型のベッドは、一九三七年にプルマン社が寝台車の個室《ルーメット》を考案するまでの長い期間、忘れられたままになっていた（図二七〇）。

一八五〇年から一八九〇年までの期間、他の家具に変換するベッドほど、発明家たちを夢中にさせたものはなかった。そこでは家具は、ベッドを覆い隠す目的で使われた。その努力は多岐にわたったが、あまり満足のいく分野だとは言えなかった。というのは、ほとんどの場合、それは構造的変化《メタモルフォーシス》というより単なる擬態《ミミクリー》の域を出なかったからである。昼間はソファとして使えるベッドは、ソファあるいはベッドとしてそれなりの機能を果たす。この場合には、外観ばかりではなくその本質も変わる。しかし、たとえばベッドをピ

267　擬態と変換性：衣裳ダンス兼ベッド，1859年。「書き物机，衣裳戸棚，化粧鏡台を兼ねている点で便利である」。この種のものは他にもたくさんあった。（合衆国特許23604，1859年４月12日）

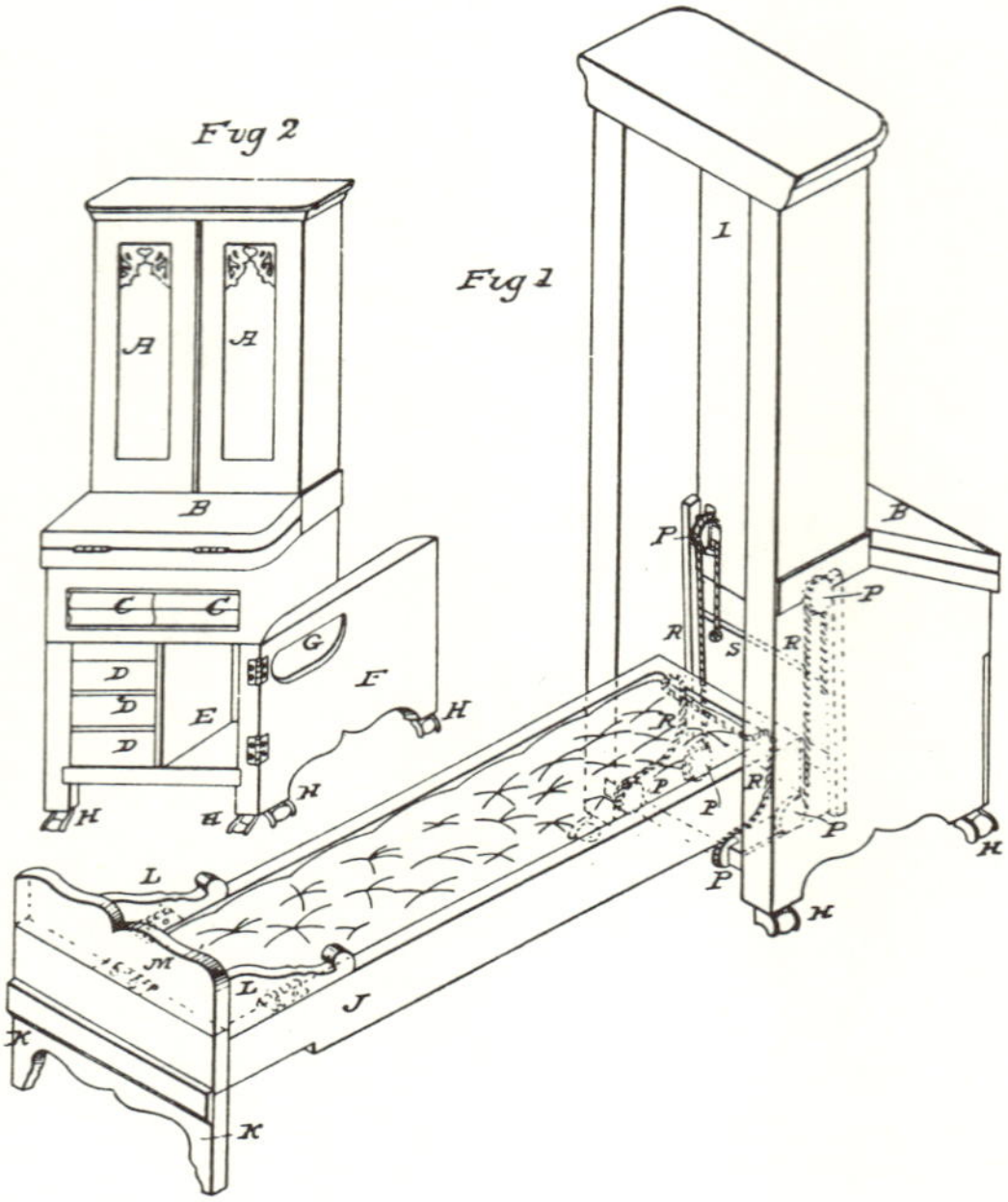

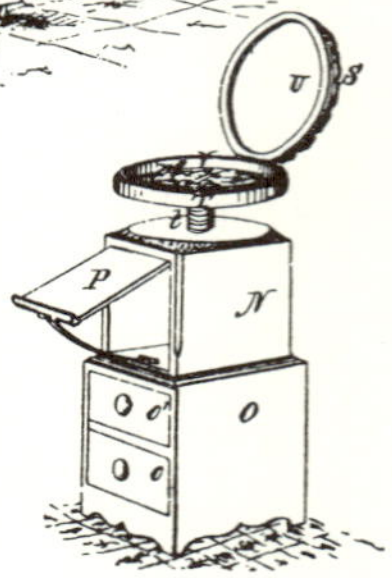

268　擬態と変換性：ピアノ・ベッド，1866年。ベッドのほかに，書き物机，２つの寝具戸棚，洗面台，水差し，タオル等が含まれている。空間の節約は，このピアノ・ベッドに素朴な形で表現されている。この空間の節約という考えはアメリカの伝統であり，支配的趣味の流行の中で一時的に押えつけられたが，放棄されたわけではなかった。この傾向はトレーラー・ハウスにも見られ，1937年のプルマン車両の個室（ルーメット）ではいっそう強く現われている。（合衆国特許56413，1866年７月17日）

269　居間用ベッド。1891年。衣裳ダンス兼ベッドは，すでに17，18世紀には知られていたが，特許家具時代のアメリカの住居で，寝室を別に作る代りとして製作された。それは，時代趣味の流行の中でほとんど絶滅しかかったが，後にルーメットにおいて復活した。（『装飾家と家具商』，ニューヨーク，1891）

270　寝台車：プルマン車両のルーメット，1937年。ルーメットは，実際には部屋というより，旅行者が内部で動けるように工夫された組合せ家具である。ベッドを倒すと，それだけで部屋の床全体を覆ってしまう。その後ろからは戸棚や洗面台，化粧設備が現われてくる。1850年代の伝統が続いている数少ない変換可能な家具の１つである。（提供：プルマン社）

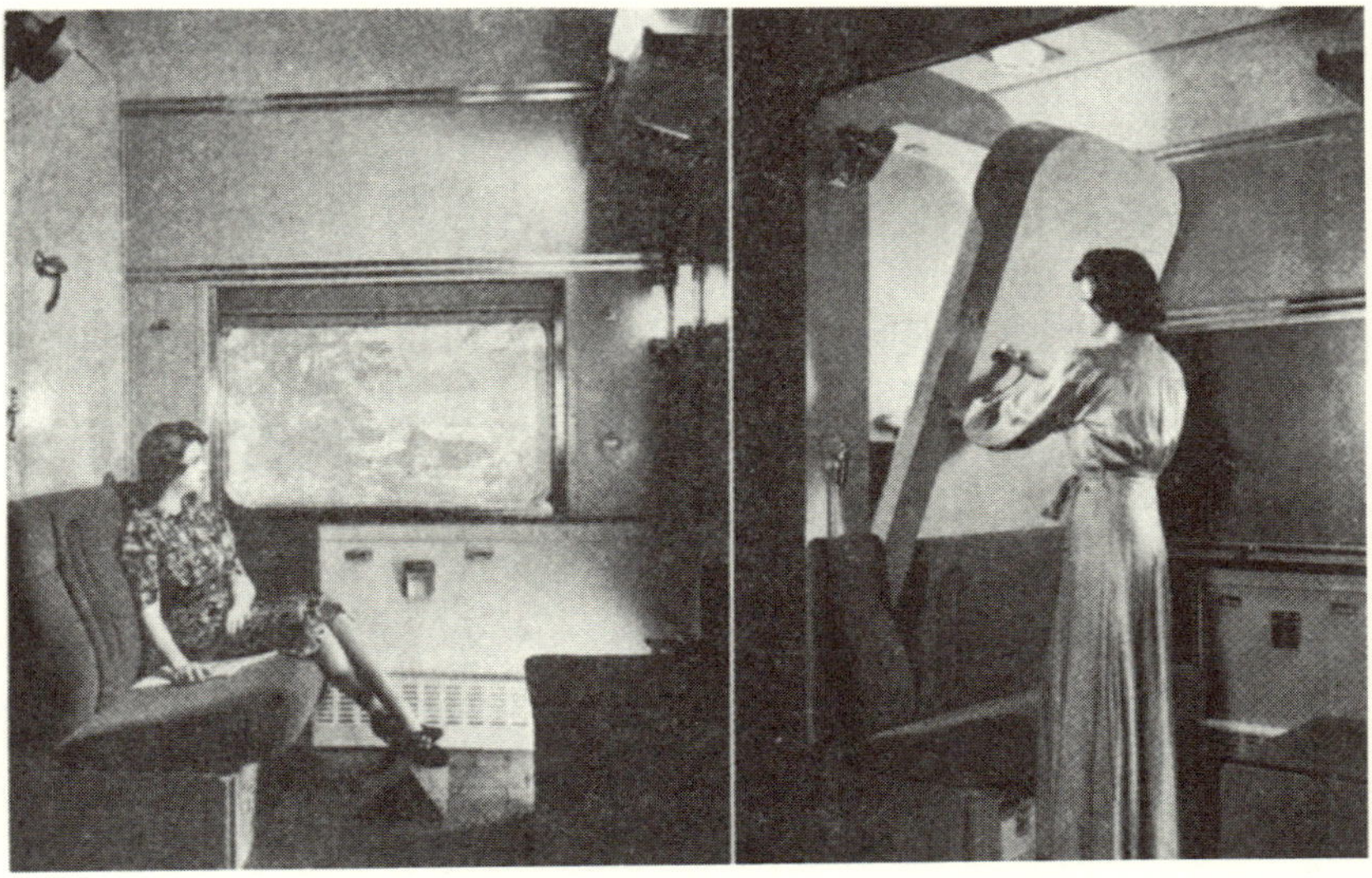

アノに偽装するのは、本来はそうでないものに見せかけようとする努力にほかならない。これが擬態である(247)。ここでは、十九世紀の支配的趣味と構成的家具が出会い、滑稽なほどの亀裂を生み出している。グロテスクなものが好きな歴史家にとって、この分野はまさに資料の宝庫であると言ってよい。

変換性の問題は最初は非常に熱心に取り組まれた。その結果、新しい、奇想天外といってもいいような組合せが考案された。たとえば、ある発明家（一八六六年）は、ほとんど完全な寝室用セット一式と組みになったピアノを製作した（図二六八）。彼によれば、「ピアノにこのようなものを取り付けても、その楽器としての品質を損う心配のまったくないことが実際に使用してみてわかった」という(248)。この組合せは、ピアノ本体の下の空いた空間を利用するという、実に簡単な方法で達成されている。ピアノの本体は「普通の脚にのせられるかわりに、フレームBで支えられる。フレームBには、衣裳ダンスEや二つの戸棚F、Gが造り付けになっており、……寝具や洗面器、水差し、タオルなどが入れておける」。この組合せを支えているフレームの中には、巨大な抽出しのようなものがついているが、ベッドはこの中に収められており、二個所にある把手で引き出せる仕組みになっていた。

発明者はこれだけでは満足できず、これに、「別個に特許を取得した」回転式のピアノ・スツールをつけ加えた。このスツールは、持ち上げると、婦人用の針箱と化粧用の鏡が出て来る構造になっていた。そして最後に抽出しとヒンジで留めた書き物台がこれにつけ加えられていた。いろいろなものを組み合わせて作った家具はたしかに愛嬌はあるが、その使用場面は限られている。この点は発明者自身も気付いていて、「この変換可能なピアノは、基本的には、一つの部屋を昼間は居間として、夜は寝室として使うホテルや寄宿舎、ワンルームのアパート向けに考案されたものである」と言っている。この家具は、奇術師がいろいろなものを引っ張り出す帽子を思い起こさせる。

ここでわれわれの関心を呼ぶのは、個々の発明ではなく、その背後にひそむ方法である。ピアノ・ベッドにおいて素朴な形で表現されている空間の経済はアメリカの伝統の一部であり、一時、支配的趣味によって押し潰されたが、完全には放棄されなかった。寝台車《ルーメット》の個室やトレーラーの設備にみられるように、やがてまた復活してきた。

ルーメットとは、詰め物をした広い座席を両側に備えた、プルマン寝台車の小さな個室のことである。「ベッドを下げるには、座席の背の上部についたハンドルを回して引き下げ、その位置に固定しておけばよい。そうすると、ベッドはスプリングの作用でゆっくり下がり、然るべき位置で止まる……」(249)。朝になって旅行者が洗面や着替えをしたいと思えば、掛け金を緩めるとベッドはまた元の位置に折り畳める。こうして折り畳むと、反対側の壁面に付いた洗面台や衣裳ダンス、化粧戸棚を開くのに充分な場所ができる。「座席のクッションの上部を持ち上げると化粧用具が出てくる」。ルーメットは実際には部室ではなく、旅行者が中を動ける一種の組合せ家具である。ベッドを広げると、座席のスペースはなくなり床面も見えなくなってしまう。

このベッドを畳むと、一部は壁に、また一部は詰め物を施した座席の背もたれになるが、これは一八五九年のワードローブ風ベッド（図二六七）と同じ原理に基づいている。どちらの場合にも、面の転換という原則が働いている。

ルーメットは、一八五〇年代の伝統を今日に伝える数少ない変換可能な製品のうちの一つである。なぜそれが生き残ったかといえば、一貫して発展し続けた一つの制度、すなわち、寝台車の一部であったからである。

鉄道と特許家具

一八七六年にフィラデルフィアで開かれた、アメリカ独立百年を記念した博覧会について、あるフランス人が報告している。その記事の内容は展示品の道具や機械類、家具やその他の装置を網羅したものだったが[250]、彼は、展示会の特性をフランス人に何とかわかってもらおうと、適当な言葉を探しあぐねたが、結局、「プルマン車様式」という表現しか見つからなかった。彼がこの言葉で表現しようとしていたのは、装飾過剰とは無縁の、簡単な線と面であった。これらは、機械化された生産の過程で自然に現われてくる特質である。機械に手仕事と同じ事をさせていた一八七〇年、あるいは一八八〇年頃のヨーロッパ人にとって、簡素な家具は理解の範囲を超え、何と表現してよいかわからなかった。そこで彼は、アメリカの発展過程で最も人気のあったプルマン客車の名で呼ぶのが一番ふさわしいと考えたのだろう。

それはまさに適切な表現だった。プルマンの名前と結びついた寝台車は、特許家具という広大な分野のほとんど唯一の生き残りである。寝台車だけが今日に至るまで一貫して発展し続けてきた。他の特許家具は——純粋に技術的なものは除き——一八九三年頃を境にすべて衰退し、以後再び顧みられることはなかった。

一八五五年当時は、快適で機能や生理的要求に適した理髪用、歯科用、病人用の椅子に関する発明の数々は、新案特許の客車用のリクライニング・チェアと同等に考えられていた。今では忘れ去られた種々の変換可能なソファや折畳み式ベッドですら、画期的な最初の上段ベッドと重要性において同等に考えられていた。

寝台車は今では普通のことになっているが、改めてその構成要素が何であるかについて考えてみると、そこには二つの型の家具が含まれていることがわかる。一つは、下段の寝台用の変換可能な座席であり、もう一つは上段用の折畳み式ベッドである。同じことをアメリカの一般客車について考えてみると、やはりそれも特許家具の一種で、精巧に製作されたリクライニング・チェアを基礎にしている。寝台車と一般客車、特等車と食堂車は、アメリカの発展の典型的な産物である。それらは、特許家具を出発点とし、新しいかたちの快適さを求める過程で生まれた。

今日でさえ、アメリカ人とヨーロッパ人の間には、旅行の快適さということに関して大きな考え方の隔りがある。

旅行の快適さ

アメリカの交通機関は徐々に改善され非常に快適なものになってきたがその一つの理由として旅行の距離が長いことが挙げられる。

271　アメリカの紳士用客車。1847年。詰め物を施した座席は鉄の棒によって仕切られている。背もたれも1本の簡単な鉄の棒だが，仕切り棒をまたぐようにして前後いずれにも移動できる。隣の客車に続く通路には扉がなく，見通しになっている。窓は小さく，チャールズ・ディッケンズが皮肉って言っているように「どこも壁だらけ」だった。(『リリュストラシオン』，パリ，1848)

供給過剰――私鉄は互いに競合してきた――も別の要因としてあったろう。しかし基本的には、社会学的な理由が最も大きい。それについての説明は、鉄道が出現した三〇年代におけるヨーロッパとアメリカの政治的態度の相違の中に求められる。

距離は決定的な要因ではなかった。アメリカ最初の貨客両用の鉄道がボルチモアとエリコット間に開通して六年後の一八三六年には、早くも、今日のペンシルベニア鉄道の一部であるカンバーランド峡谷鉄道の夜行列車に初歩的な寝台車が用意された。その客車は、部屋単位に区分され、各々に上中下三段の寝床が付いていた(251)。普通は、この発展を決定的に刺激したのは会社間の競争ではないかと考えられやすい。しかし実際には、ヨーロッパ人の考え方と際立って違う、快適さに対するアメリカ人の態度こそが発展の要因であった。

一八三〇年頃、座席の快適さと等級分けという問題に関して各国がとった方法には、支配階級の一般大衆に対する態度が反映している。この時期、フランスとドイツでは、王政復古が支配し、支配階級は絶対的な特権を与えられていた。列車は、大衆は考慮に値せずという原則のもとに建造されていた。八〇%以上の旅行者は堅い木製の座席に雑然と押し込まれ、四階級に分かれた国でも、家畜用の車輌が旅行者用に使われた。そして上流階級の人間だけが、存分に快適さを楽しんだ。最初の経験は往々にして将来の発展の方向を決めるものだが、このことは客車についても当てはまる。ヨーロッパではいまだに「木製ベンチ」クラスが残っている。たしかに、一人当りの空間は一八四〇年代以来三倍になり、木製のベンチはいくらか身体に合うようにはなったが、堅くて動かないものであることは、昔も今も変わりない。

アメリカの客車には(黒人用、そしてのちの移民用は除いて)一つの等級しかなかった。一八三〇年から一八六〇年にかけて、ヨーロッパ人がいつも驚いたのは、アメリカ合衆国では、等級は何通りにも分かれておらず、ただ一つの等級しかないということだった。窓は決して広いとは言えず、簡素で原始的でさえあった。しかし、一八四〇年代のアメリカの客車には、人間の尊厳に対する配慮が見られ、詰め物をした長椅子にも、快適さに対する初歩的な試みが表現されていた（図二七二）。それは簡素でありながら、この時代の民主的な風潮を反映していた。「天は人の上に人をつくらず」の格言が実際に生きていたのである。こうした民主主義的な観念は、六〇年代半ば、プルマンがアメリカの大衆に贅沢さへの関心を呼び起こすまで続いた。現在でも、旅行者は誰もが最小限の快適さを受ける権利がある、という考え方は変わっていない。「完全に調節できる座席を備えた客車」が最小限の快適さを意味したが、この点では他のどの国もアメリカにおよばなかった。

アメリカにおける旅行の快適さを推し進めた要因として何よりもまず指摘できるのは、五〇年代後半におけるアメリカの精力的な鉄道建設が、ちょうど、特許家具の開花期と一致していたという点である。この時期は誰もが進取と事業の精神をもって事にあたり、危険を恐れないで機会をつかみ、自らの力でそれを生かしていった、若々しく希望に満ちた時代だった。

客車と調節のきく座席

一八四〇年代のアメリカの客車は簡単なものだったが、そこには、人間の尊厳に対する配慮と快適さを追求する姿勢が最初から窺われた。技術的な点に関していえば、座と背もたれが互いに分離していた。その背もたれは実際には背を支える一本のバーでしかなかったが、これは可動式で旅行者がいつも進行方向に向かって坐れるように回転できる仕組みになっていた。この、背もたれのバーを回転させるという考えは、何ら新しいものではない。十五世紀ゴシックの、回転式背もたれのついたベンチ（図一五三）は暖炉の前に置かれ、火のほうに、顔を向けることも背を向けることもできるようになっていた。今日のアメリカの列車や市内電車に見られる回転式の背もたれは、四〇年代にあったこの簡単なバーに起源をもっている。同時にこの背もたれは、その後、列車用座席の可動性への道をも拓いた。その後まもなく五〇年代に入って、背もたれに関しては次から次へとさまざまな工夫が生み出された。その中には、奇想天外な解決法も数多くみられた。

回転式の背もたれに続く最も初期の特許（一八五一年）(252)では、背もたれの傾斜と高さを調節できる仕組みになっていた。背もたれは、たとえば「交差した二本のレバーを操作する」ことによって調節でき、しかも「どんな角度にも固定できた」(253)（図二七四）。

それ以来、前面と背面で反りの異なる背もたれを考案して、昼の旅にも夜の旅にも適合した座席を作ろうとする気運が高まった。そこで生まれたのが、普通の姿勢で坐っている昼間は、凸面になった側で背を支え、夜には凹面になった側で頭と肩を支える座席である。「その背もたれは夜間、外側が内側になると同時に、気持よく休めるように全体が高くなり頭と身体を均等に支えるようにできている」(254)。この特許を扱った小さな広告がたまたま残っているが、そこでは、昼間と夜間の姿勢のとり方がはっきり示されている（図二七二）。

快適さは、複雑な機構だけでなく、簡単な工夫によっても得られる。たとえば「列車用休息台」などはそれで、旅行者は自分で汽車に持ち込み、座席にひっかけて用いる（図二七三）。間もなく、別の

272　自分で調節できるリクライニング式の座席。1855年。後ろに倒れる背もたれが快適さへの出発点である。昼間はカーブした背もたれの凸面で背を支え，夜間は凹面で頭と肩を支える。(提供：ニューヨーク歴史協会，ベラ　C.ランダウア・コレクション)

273　持ち運びができる，調節も可能なリクライニング式「列車用休息台」。1857年。旅客は「列車用休息台」を自分の座席に便利な角度で取り付けた。(提供：ニューヨーク歴史協会，ベラ　C.ランダウア・コレクション)

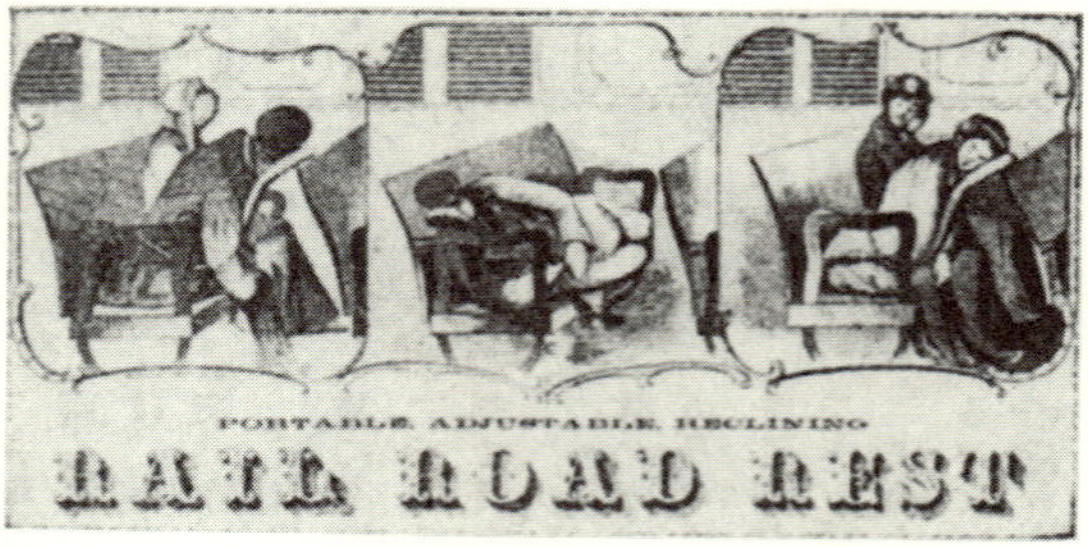

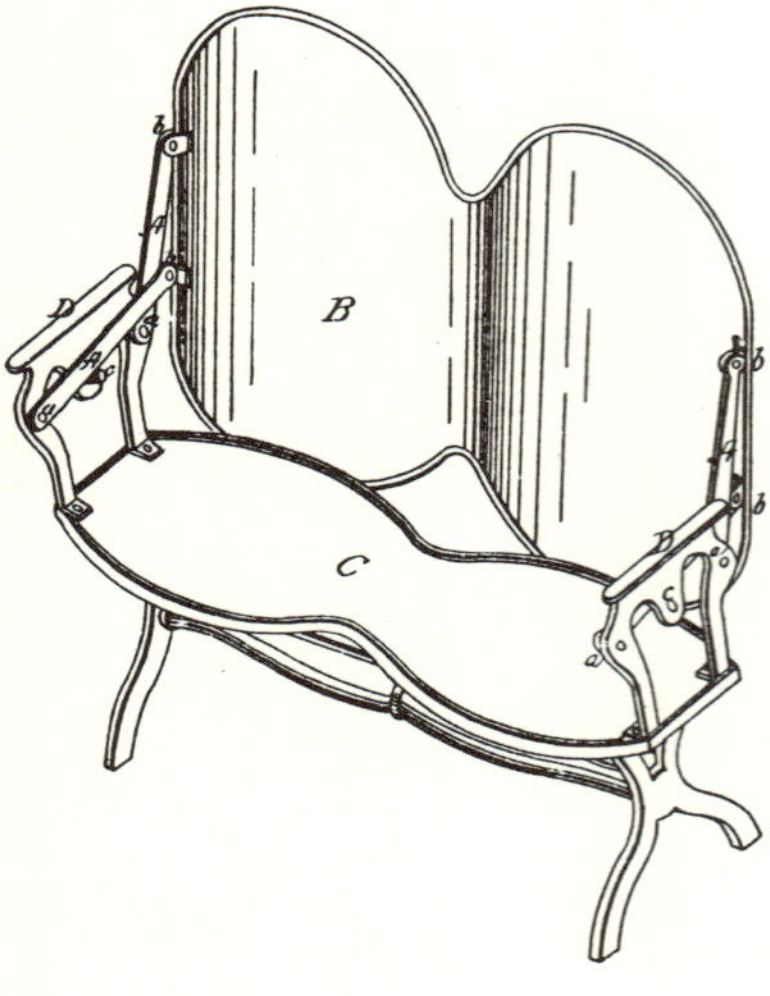

274　調節可能で反転できる列車の座席。1851年。調節可能な列車用座席に関する，合衆国では２番目の特許。背もたれは「２つのレバーを操作することによって……好きな高さに上げることができるばかりでなく，座席の前後どちら側へも反転できる。また，どんな角度にも固定できる」。(合衆国特許8508，851年11月11日)

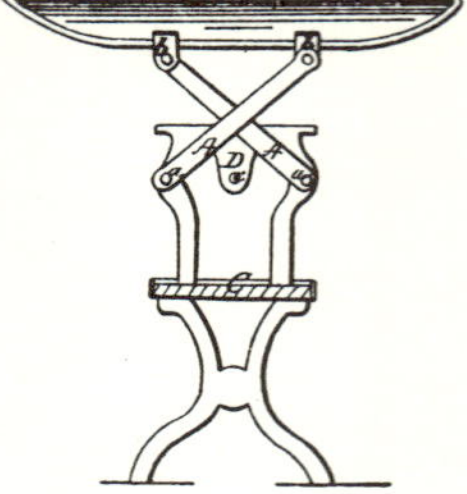

275　よりかかれる列車用座席。1855年。2枚の板金の間に挟まれた金属盤の上に取り付けられ，前後に傾けたり回転させることができる。(合衆国特許13464，1855年8月21日)

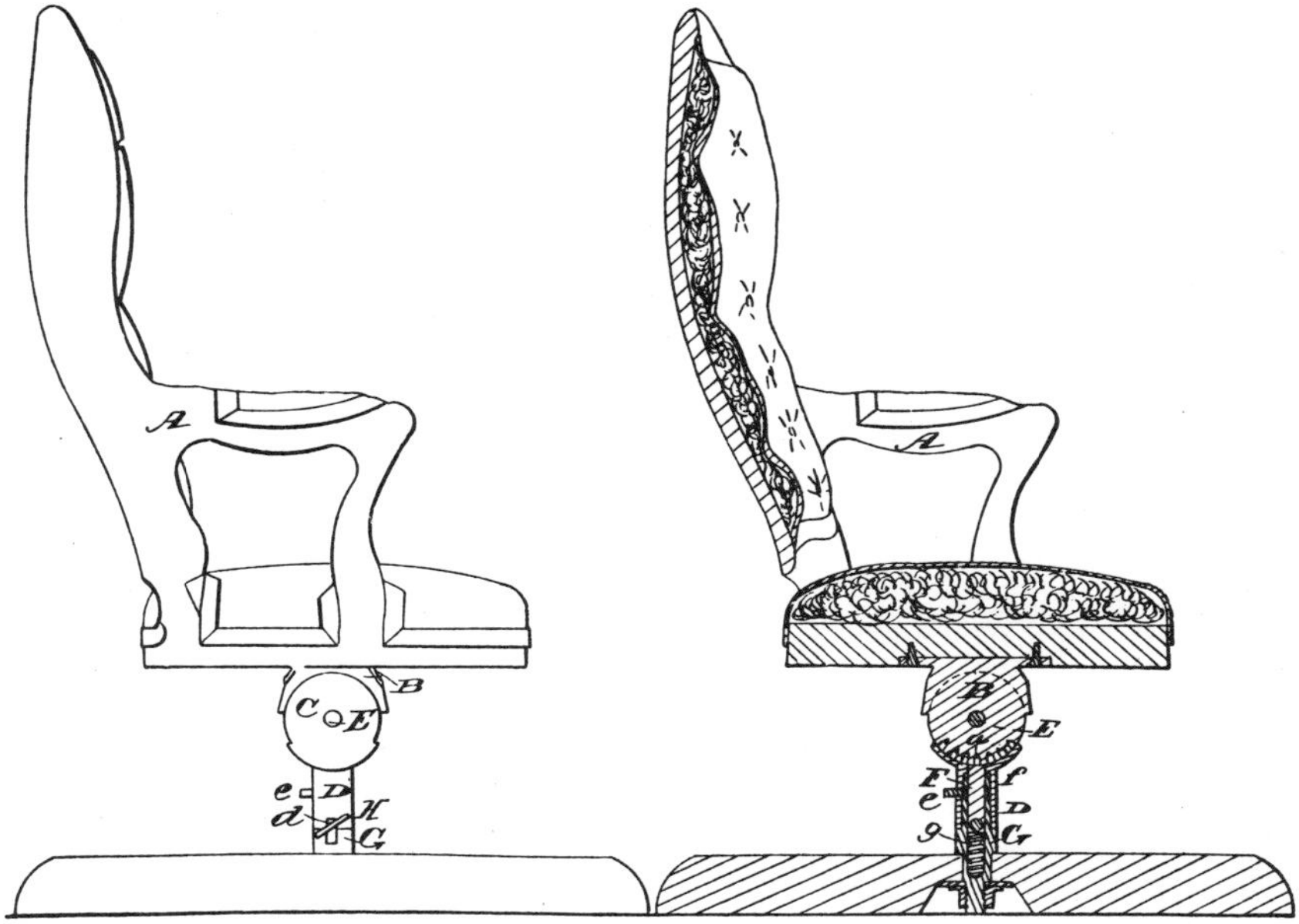

276　調節可能な列車用座席。1858年。溝のついた半円とちょうねじを使って可動性が獲得されている。脚もたれは，望遠鏡のように延長できるようになっている。(合衆国特許21052，1858年7月27日)

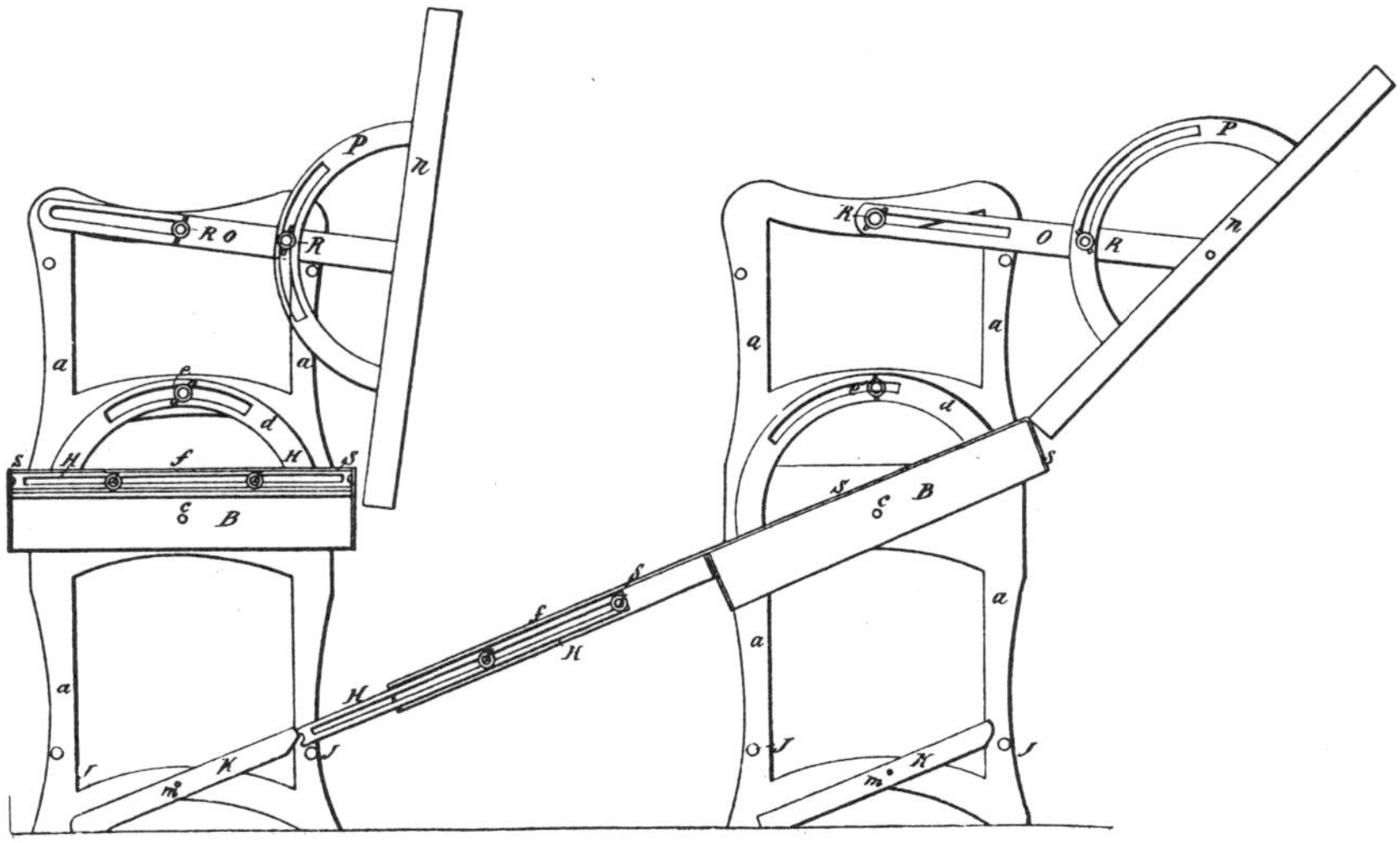

277 寝椅子に変わる列車用座席。1858年。2枚の特許図面を合成したこの図は、限られた空間の中で列車用座席を寝椅子に変換する工夫を示している。発明者は、座席を1つおきに天井に吊し、その後、上下2つの座席を広げて寝台にすることを考えた。(合衆国特許21985、1858年11月2日)

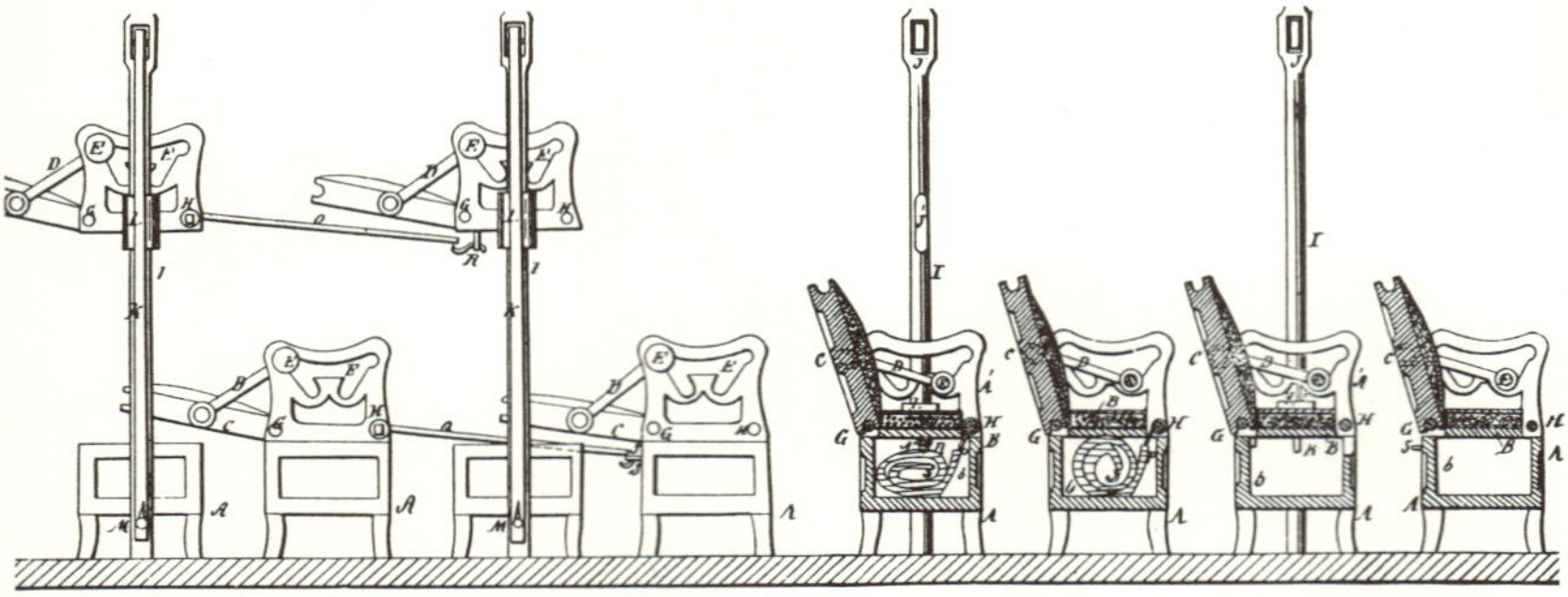

問題が急速に表面化し、関心は変換のきく肱掛椅子のほうへ移っていった。それは元来は病人用の椅子として発明されたものが、今や、列車用座席すべてにわたって適用されることになった。

五〇年代も終りに近づいた頃、発明家たちは、列車の座席を、狭い空間の中でできる限り快適で、調節と変換がきくものにしようと懸命だった。彼らは「座席をどんな姿勢に対しても調節できるようにする」(255)ことだけに満足せず、大胆にも、「それを快適な寝台に変換できるものにすること」(256)を考えていた。しかもその場合、座席をベッドに変換することで定員が減ってはならなかった。それはちょうど円を四角にしようとして結局は不可能だというのに似ている。しかしこうした気紛れになりがちなアイディアにも、何か訴えかけるものがあった。つまりそこには、誰もが平等に快適さを分かち合うことのできるような、民主的な解決を見出したいという願いがひそんでいたのである。

誰もがベッドの上に寝る資格があるというのが基本的な前提だった。ある発明家は「回転フレーム」を考案した。このフレームは、昼間は縦になっていて天井にまで達しているが、夜間は跳ね橋のように降りて僅かに傾斜した平面を形作り、旅行者はその上で手足を伸ばせる仕組みになっていた(257)。また別の工夫では「座席が一つおきに二つの部分に分かれ、下の台は固定し、上の部分が支柱に沿って持ち上げられるようになっている。そこで上下の座席の背もたれを倒して固定すると、座席は高さの違う二台の快適なベッドに早変わりする」。この場合乗客は、ちょうど屋根瓦が重なるように二段になって寝ることになる(258)(図二七七)。

一八五八年頃(259)、発明家はこぞって列車の座席を工夫しようと

278　調節可能な列車用座席。1858年。この座席には，前後に揺れる足掛け台，調節可能な背，コイル・スプリングで調整される頭もたれが付いている。発明者は，できる限り完全な座席を作らんものと，椅子を人体に見たて，幾つかの関節に分解している。その結果生まれた列車用座席は，関節接合した人形のような観を呈している。デザインは紛れもなく独創的であったが，その後この考えを発展させたものは不幸にして生まれなかった。（合衆国特許19910，1858年4月13日）

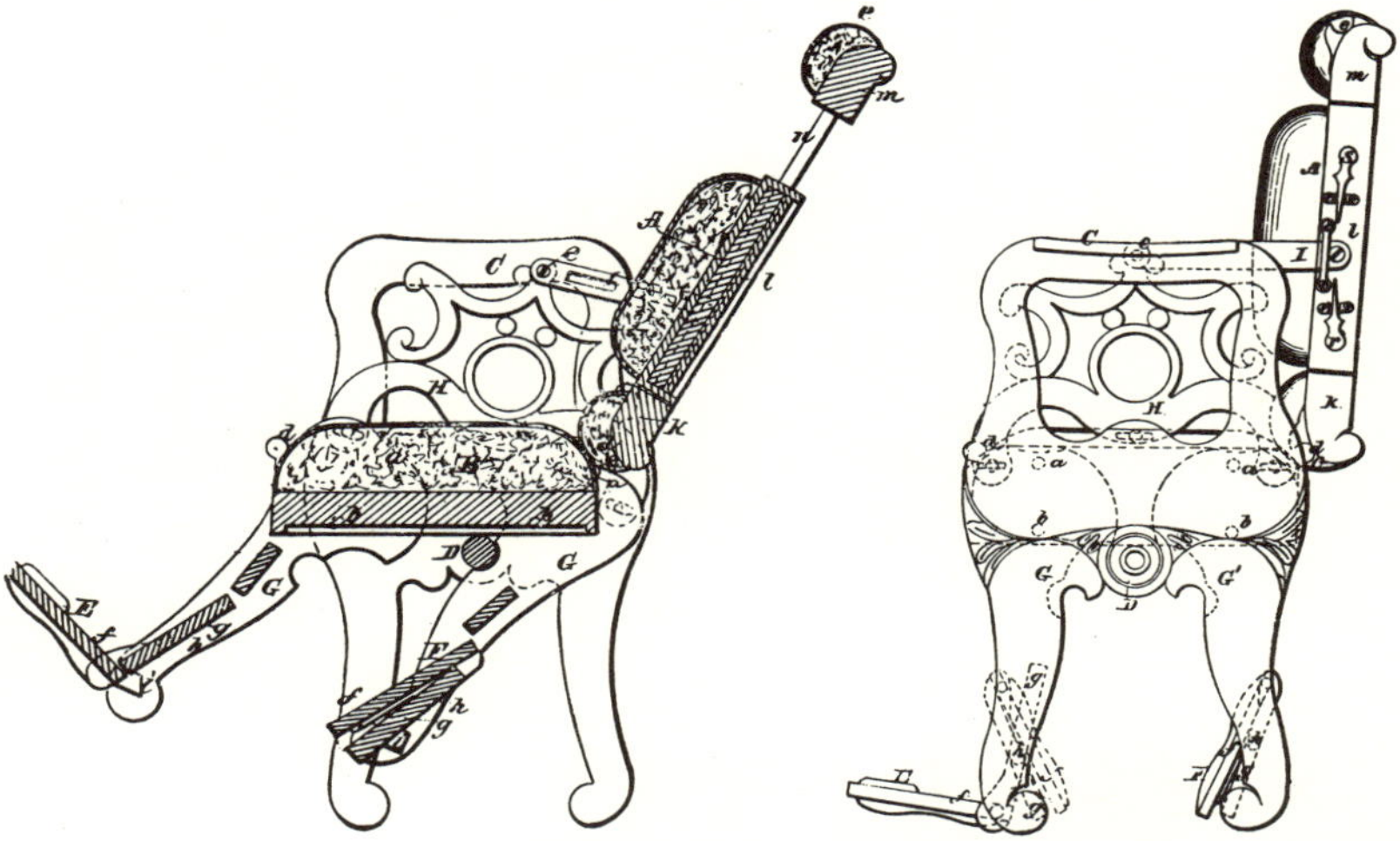

279　理髪用椅子。1888年。80年代の理髪用椅子は，30年ほど前の調節可能な列車の座席を単純化したものである。（カタログ：セオドア　A. コックス社，シカゴ）

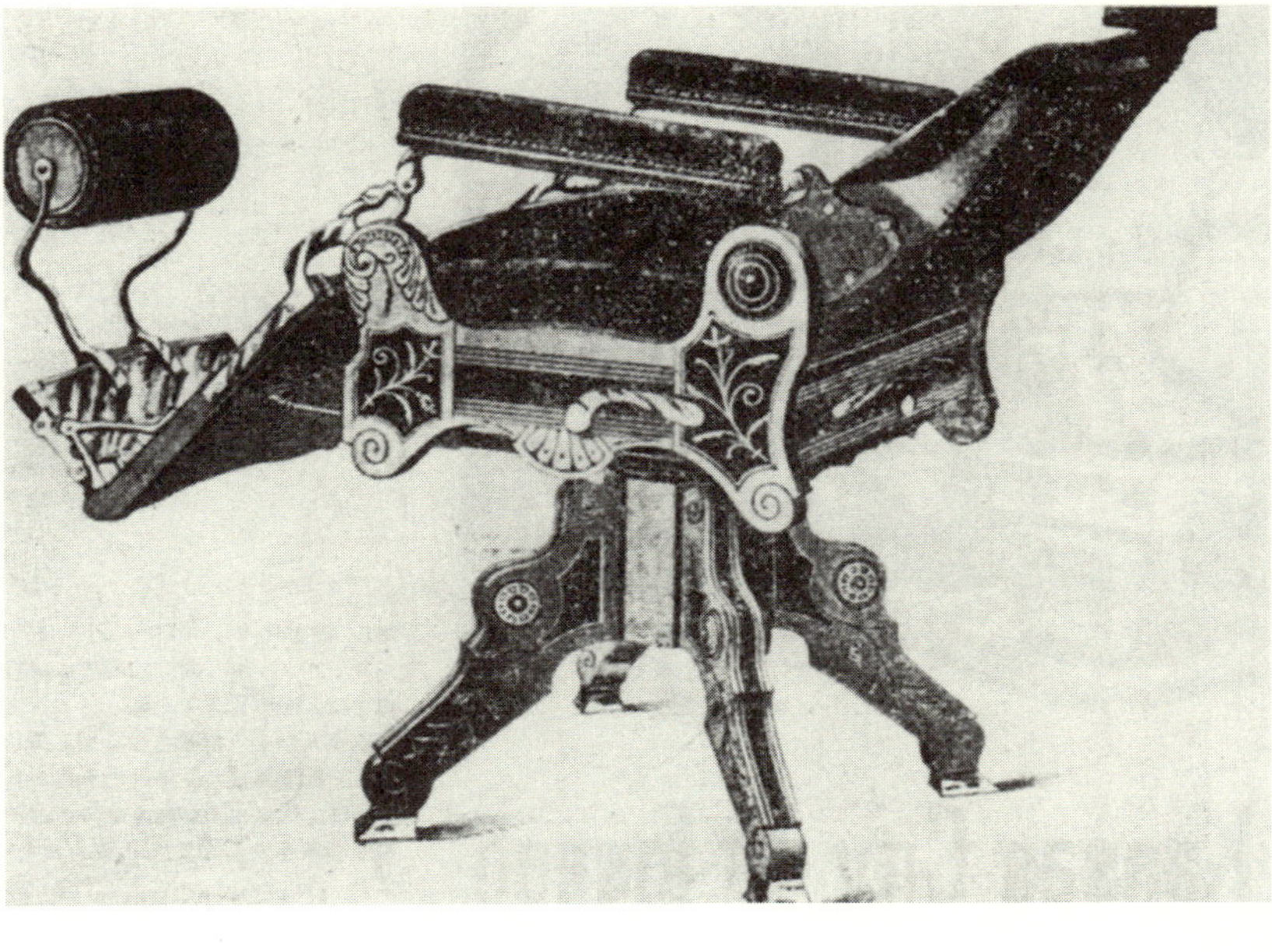

280　ナポレオン三世のサロン車，1857年。東部鉄道会社からナポレオン三世に献上されたもの。50年代のヨーロッパでは，旅行の快適さは皇帝だけの特権と考えられていた。ナポレオンが「栄誉席」に坐っている。この堅い家具を備えた鉄道「サロン」は，旅行者の必要にかなっているとは必ずしも言えない。(『リリュストラシオン』，パリ，1857)

281　特等車（パーラー・カー）。シカゴ―カンザスシティ間，1888年。旅行の快適さは，60年代後半以後，アメリカでは裕福な人びとの特権となった。高い背もたれと折畳み式の足掛け台を備えた回転椅子は，アメリカではもともと誰にでも利用できるものとして考案された。(ポスター：ニューヨーク歴史協会，ベラC.ランダウア・コレクション)

282　(左) 40年代の汽船の船室。チャールズ・ディケンズの「特別室」ブリタニア号，1842年。当時は遠洋定期船でさえ快適さという点では原始的な状態にあった。ディケンズは『アメリカ日記』の中で，皮肉たっぷりに次のように述べている。「極く薄いマットレスに敷かれたせんべい布団が，高すぎて登れないような位置にあるベッドに，まるで外科用のプラスターのようにはりついている。その上に坐ってみたところ，馬の毛を詰めた布団のような感触がした」。(提供：科学博物館，ロンドン，サウスケンジントン)

283　(右) 40年代の寝台車。ボルチモア—オハイオ鉄道の婦人用寝台車，1847年。「寝台車は幾つかの寝室に分けられその各々には，6つの寝台，というよりは寝椅子といった感じのものが左右の壁に沿って3段に取り付けられている。そして上下のベッドの間には，ベッドから落ちないための工夫として垂直の帯が3本わたされている」。(『リリュストラシオン』，パリ，1848)

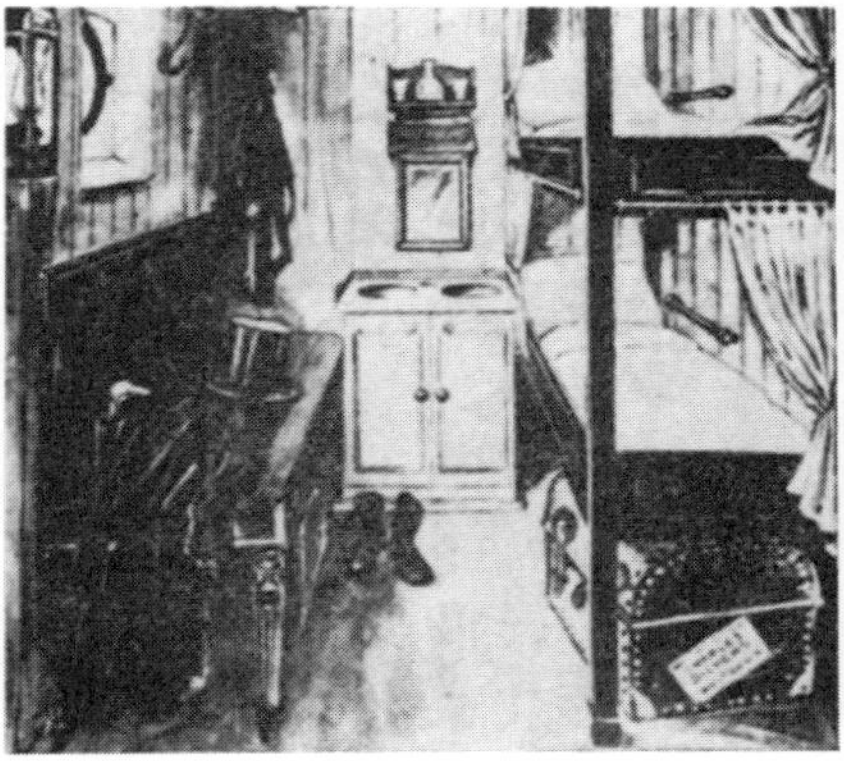

試みたが、それらは、後の理髪用や歯科用の椅子の場合のように調節可能な頭もたれ、ヒンジ留めされた背、吊り下げられた足掛け台、といったものを使って設計された。早くも一八五五年には、脚の上に載せられた繋ぎのディスクに回転椅子を取り付けた人がいる。その椅子は、自転車のサドルのように前後に傾くようにできていた[260](図二七五)。また別の発明家は、足掛け台を伸縮自在なものにする一方、細い溝の入った半円とちょうねじから成るシステムを使って可動性を獲得しようとした[256](図二七六)。さらに「振動する台座」[255]の上に座席を平衡をもたせて取り付けた人もいるし、スイングする足掛け台、調節可能な背もたれ、頭もたれを持ち、コイル・スプリングで全体を調整した椅子を発明した人もいる[261](図二七八)。このような複雑な装置は、理髪用にも採り入れられたが、それはずっと後のことだった(図二七九)。折畳み式の足掛け台の付いた肱掛椅子は、八〇年代に簡素化され、裕福な旅行者用として特等車に現われた(図二八一)。この椅子は当時の流行だった。一八八八年のある広告には、一人の紳士がシカゴ—カンザスシティ間をくつろいで旅行している様子が描かれている。この椅子の原型となった五〇年代の特許は、座席の快適さを誰もが享受できることを趣旨としていたが、ここではすでに、特権階級のものになっている。

こうした試みは数えきれないほど膨大な量にのぼった。そうした発明家たちの意中にあったのは、旅客の一人一人が意のままに姿勢を変え、快適な旅を楽しめるようにするということだった。これらのタイプの多くは実際の使用には適していなかったが、しかしそこには、粗削りではあるが独創的な、機械への夢が息づいていた。その夢は同時に、堅いものや固定したもの、締めつけられたものや鋲

284 「客車の座席兼寝椅子」1854年。アメリカにおける「初めて」の寝台車の特許。座部と背もたれを展開するとベッド面になる。もともと寝台車は，反転できたり，変換可能な列車用座席から発展した。初期の発明者は「寝台車」とは言わず，列車用座席の発明者と同様，「寝椅子」とか「改良型座席」と称していた。この発明には，それ以前のものと比べて急激な変化があるわけではないので，それをアメリカでの寝台車に関する「初めての」特許と呼ぶのには多少無理があるかもしれない。（合衆国特許11699，1854年９月19日）

留めしたものを退け、不可能なことですら実現してみせるという野望に貫かれていた。これらの座席は、家具におけるジュール・ヴェルヌといって差支えない。全体として見れば、この種の座席は、その中に未来への発展の萌芽を宿していたのである。

寝台車――変換のきく座席と折畳み式ベッド

今日の意味での寝台車の製作は、反転あるいは調節の可能な列車用座席の製作が試みられたあとを引き継いですぐに始まった。それに関するアメリカ最初の特許は、一八五四年におりたというのが定説である。しかしこの特許ではまだ、寝台車という言葉は使われていない。その特許は座席を寝椅子に変換する方法に対して与えられたもので、同じような方向に沿った数多くの実験のうちの一つでしかなかった。

一八七三年の鉄道の大恐慌が始まる寸前、記録的な鉄道線路の敷設が行なわれた。すなわち、一八七一年には約七五〇〇マイルが敷設され、この数字は最初の二十年間に建設された線路の全延長を凌いでいた。この拡大と密接に結びついて登場したのが、種々の型の豪華客車であった。しかし、――忘れてはならないことは――快適な旅行に対する要求は、アメリカではすでに、鉄道の運行距離がヨーロッパのそれとほぼ同じくらいになったときに大きな高まりをみせ、何らかの解決が考えられ始めていたということである。さまざまの型の客車が、大陸横断鉄道の開通する数年前に定期路線で使われていた。一八六九年には、東部を出発点とするユニオン・パシフィック鉄道と、サンフランシスコを起点とするセントラル・パシフ

285 a.b　ウッドラフの「客車用の座席兼寝椅子」。上部寝台の抜本的解決策，1856年。寝台車に関する基本特許の２番目のものであり，セオドア　T.ウッドラフによる「客車用座席兼寝椅子」（上図）と「客車用座席兼寝椅子の改良型」（下図）である。ウッドラフはこの分野での最も多産な発明家であり，彼の示した根本原理は，現在もなおアメリカで生きている。その詳しい点に関心のある人は，彼の説明書を精読するとよい。特許家具の根本原理は面転換の法則を拡大している点にある。座席，背，面などすべてが分離独立し，固定した状態のものは何もない。ウッドラフも彼の先駆者がやったように，椅子の座部を床のレベルで展開している。しかし実は，最上段，すなわち，５番目のベッドに，最も重要な解決が示されている。つまり，ベッドとして使われていないときには，屋根と窓の間の空間に畳んで収められているようになっている。この考えは，プルマンが製作した有名な1865年の「パイオニア号」（図286）に引き継がれた。ウッドラフの２つの発明は，どちらも同じ日に特許申請されたのだが，両者の相違は，一方（上図）では上部ベッドが４つの部分に分割し２つずつの組みにして収められているのに対し，もう一方（下図）ではベッド全体をそのまま上に押し上げてしまうという方法をとっている点にある。この方法は現在でもプルマン車に用いられている。（合衆国特許16159および16160，1850年12月２日）

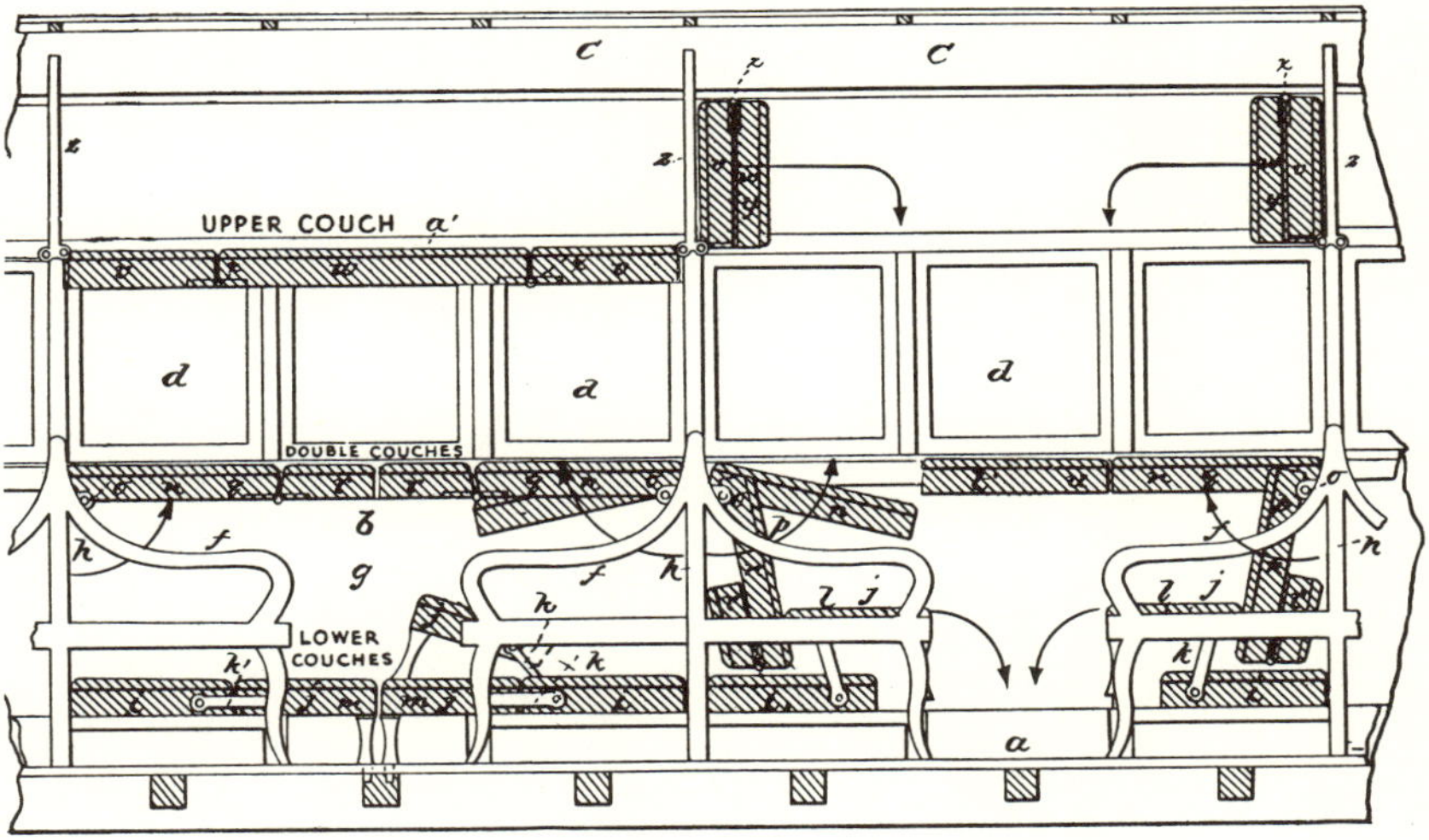

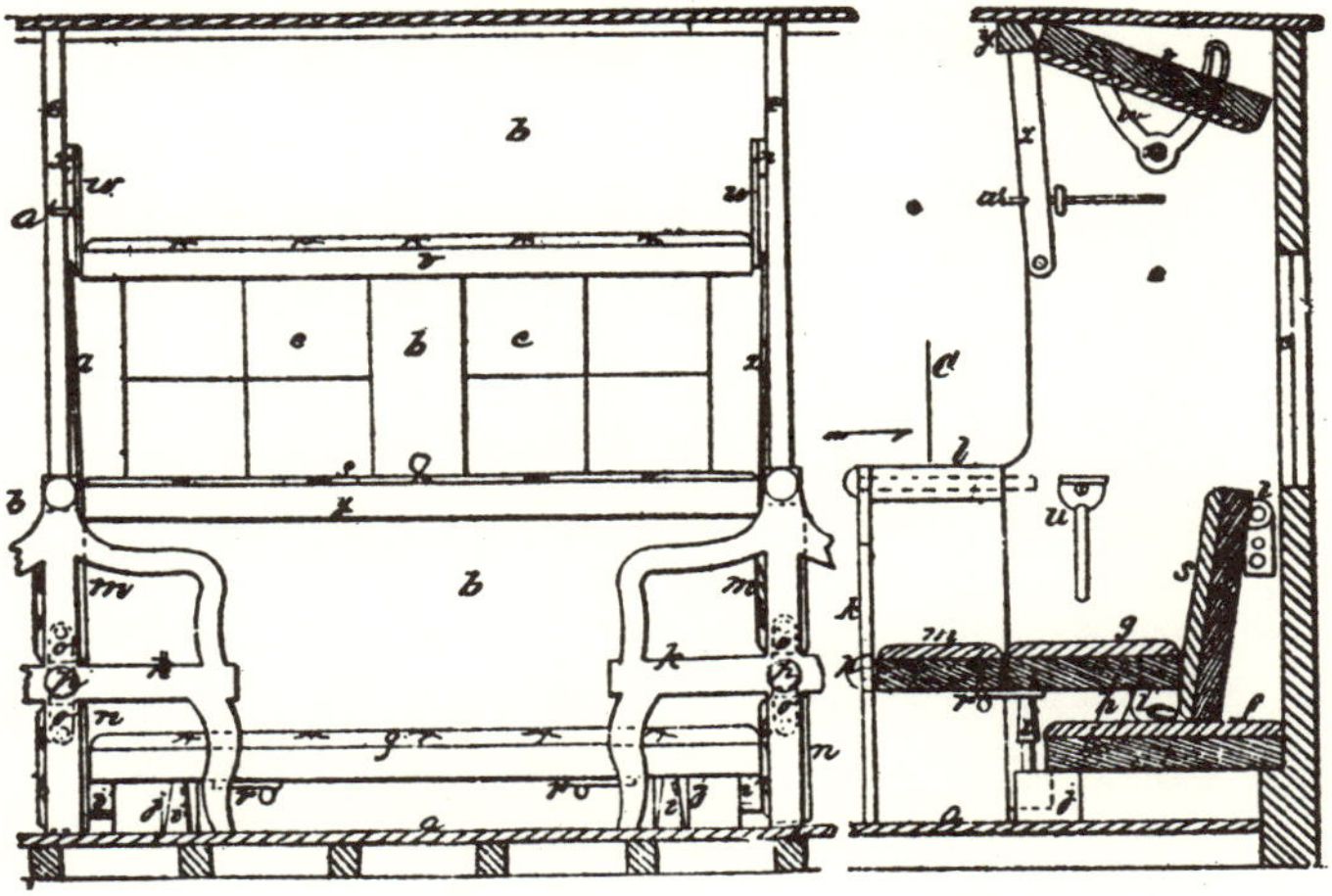

ィック鉄道とが一本に結ばれた。一八七〇年には、ジョージ・M・プルマンがボストン商業会議所の面々を初めての七日間大陸横断旅行に招いたが、そのとき彼は、ただ自分の停車場にすでに用意のできている客車を集めておくだけでよかった。

豪華客車の導入は、次のような経過をたどった。一八六五年には特級寝台車「パイオニア号」、一八六七—六八年にホテル客車(262)、食堂車、一八六七年には個室式寝台車が走り始めた。この一八六七年の個室式寝台車は、プルマンの競争相手であったウェブスター・ワグナーの製作したもので、彼はこれをヴァンダービルト線に走らせて成功をおさめた。この客車はプルマンが死んだ一八九七年直後まで走っていた。一八七五年にはプルマンの製作になる個室式寝台車が現われた。これは最初、調節可能な肱掛椅子の型の名称をとって「リクライニング・チェア付客車」と呼ばれていたが、後になって「特等車《パーラー・カー》」と呼ばれるようになった。この客車は、現在も走っている。このように、今日みられる型の客車はすでに一八六〇年代の末までには完成していた。それからほぼ二十年後の一八八六年にはデッキが設置され、これによって列車全体が、ちょうど一軒の家の中にいくつもの部屋があるように、一つの屋根でおおわれた。技術的には、この安全装置はその後も引き続いて改良を加えられたが、プルマンの工場で考案されたものの中では最も独創的なものだといってよいだろう。たしかにこの考案ほど、急速かつ熱狂的に受け入れられたものはない(263)。このように、寝台車においても、他の多くの分野と同様、基本的な特徴に関する限り将来の発展の方向は一八九〇年までにすでに決まっていた。一八九三年のシカゴ万国博に展示され、その後、色刷りの本(264)に掲載された寝台車は、一つの型として定着し、以後数十年にわたって使われた。

この頃、特許家具運動は終りを迎えた。九〇年代には、寝台車や食堂も、この時代に流行した室内調度品と同じように、表面的な豪華さを競うようになった。ロココ風の花綵飾りで覆われ、彎曲した高い天井——「帝政好み《フルエムパイア》」と呼ばれたが——も、石造りの円天井を装ったものになった。『レディース・ホーム・ジャーナル』誌の編集者エドワード・ボックは、ある記事の中で、これを「まさに悪趣味の極致」といって痛烈に非難している。彼は「新興成金の妻たち」が、家具商に「プルマンの特等車で見てきた装飾品やカーテンと同じスタイルのもの」を注文していると述べ、さらに「羽目板は彫刻と装飾で埋めつくされ……また、ところかまわず金箔が施されており……ブロンズと赤いビロードでできた枠に入った鏡こそはこの時代の趣味の典型であった」と書いている(265)。

ジョージ・M・プルマンと旅行における贅沢さ

プルマンを技術点な発明という点からみると、彼に対する評価は低くなる。この点では、特許家具の発明者ならばどんなに無名な者でも、プルマンくらいの才能は自認できる。将来を左右する最初の重大な時期に、彼は技術的な発明よりも、発明されたものを組み合わせて使うことに鋭いひらめきを見せた。

一八六四年、他の発明家と共同で寝台車に関する最初の特許を取得したとき、彼はこの分野における何百人にもおよぶ先駆者の後塵を拝していたにすぎない。この特許は考え方として古く、依然として上段の寝台を天井に密着させて取り付けるという原理を踏襲してい

286　プルマンの「パイオニア号」。1865年。その車内。「パイオニア号」は高級ホテル並みの快適さを提供した。隅々にまで細やかな神経が行き届いている。（提供：プルマン社）

287　プルマンの「パイオニア号」。1865年。外観。スムーズな走行には長い車体が好都合だが、これはボギー台車の上に車体を柔軟に載せることによって可能になった。この点は可動式の座席兼寝椅子と並んでアメリカの列車の特徴になっている。（提供：プルマン社）

た[266]。次の年[267]の九月に許可された第二番目の特許ではじめて、上段の寝台はフラップ式になり、窓の上のヒンジを軸にして下げると寝台になり、天井に向けて折り上げると傾斜した状態で止まる方式になった。この独創的な構造、ベッドが折り上げられて傾斜した状態に止まるという構造は、彼の先駆者の一人からヒントを得たものだった。彼はこれを一八六五年に製作した有名なパイオニア号に採用した。それは、以後今日に至るまで、アメリカでの標準的な寝台として残っている。寝台車という一種の家具がもっている変換性については改めて述べることにしたい。

その頃のプルマンの強みは機械的な工夫にあったのではない。機械的な工夫に関しては、すでにあるものを利用したまでである。彼の強みはまったく違う方向にあった。工学の分野ではなく、社会学の分野にあったといっていい。すなわち、彼の行なった発明は、旅行に贅沢さを持ち込んだという点にあった。これが彼の領分だった。この領分で彼は、自らの創造的能力を現わし、予見能力、戦略、大胆さにおいて他の追随を許さなかった。また自分のアイディアを実行に移し、それを展開できる能力にも恵まれていた。彼はこの場面で、圧倒的かつ恒久的な成功をおさめたのである。

ジョージ・モーティマー・プルマンは、最初、兄の商売を手伝って指物職人をしていた。後に彼にとり強力なライバルとなった二人[268]とは違って、馬車づくりを職業としていたのではなかった。彼が得意としたのは、指物の製作より企画や事業であった。エリー運河が拡張されたとき、彼は古い川岸から新しい川岸へと家屋を運搬する仕事を行ない、そして、シカゴで沼沢地から数フィート上に家屋が建ち始めた時にも、同様な才能を発揮した。彼は一八五五

288　イギリスの病人用ベッド。1794年。このベッドは，ウィンチ，歯車，柱，はずみ車を含む複雑な機械仕掛けによって引き揚げられる。（英国特許2005，1794年8月7日）

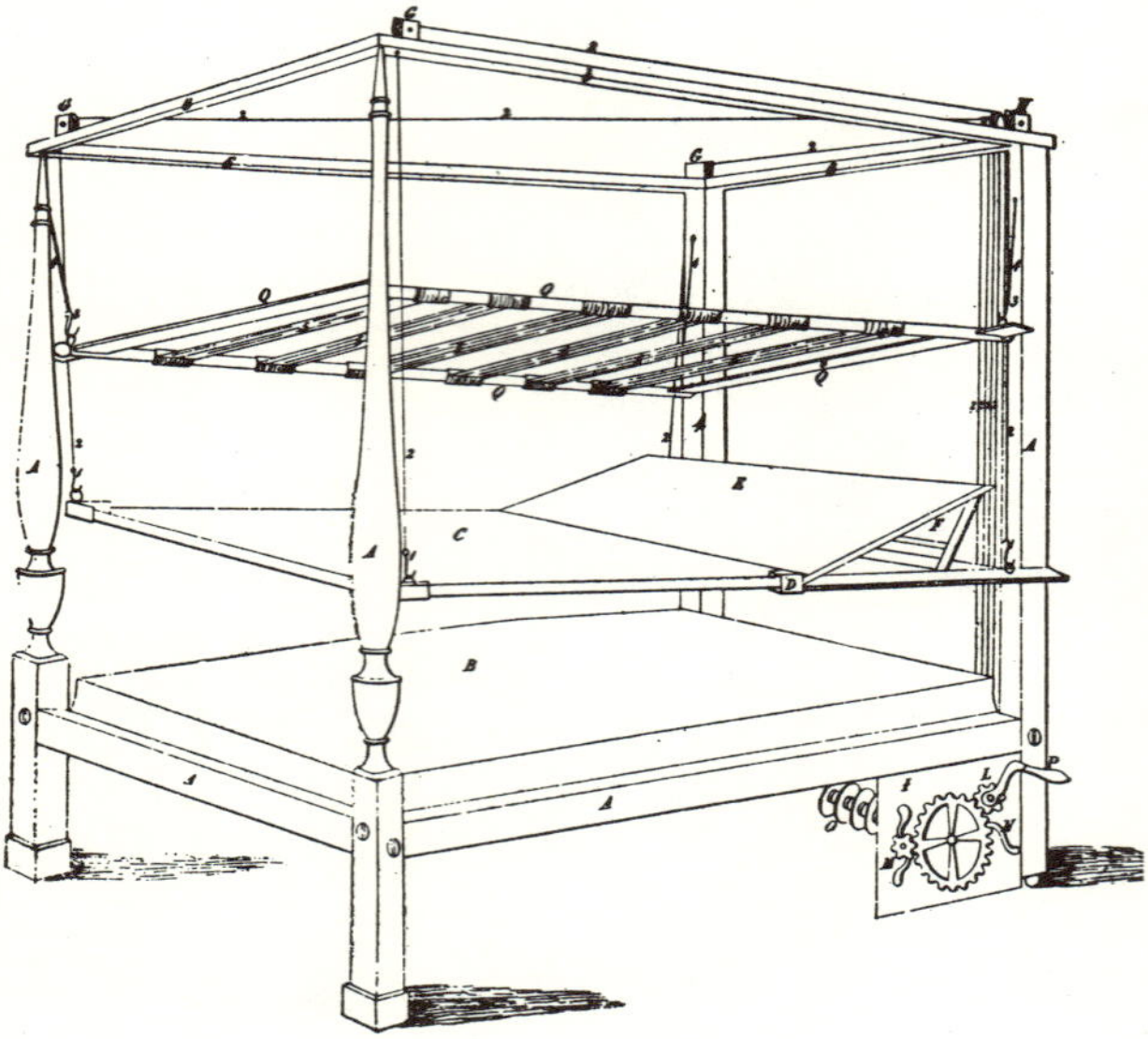

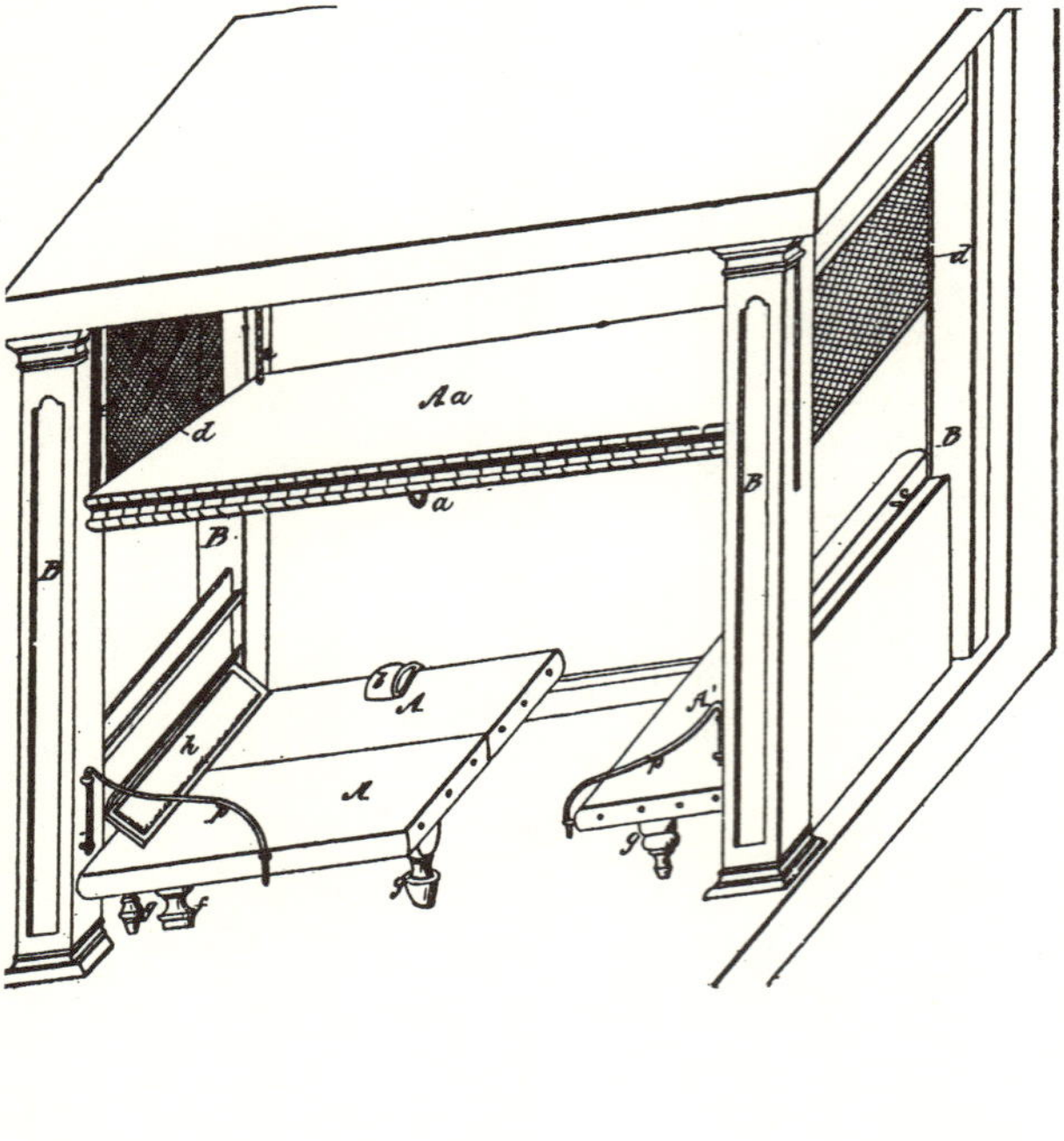

289　持ち上げられる列車の寝台。1858年。「上段ベッドは車輌の屋根にすっきりと収まり，使われていないときはこの位置に引き揚げられている。使う際にはループを引っ張ればよい。すると，枕と毛布を載せたまま下りてきて2人用のベッドになる」。2年前のウッドラフの特許もそうだが，この特許の原理も，18世紀にすでに予想されていた。（合衆国特許21352，1858年8月31日）

290　(左)トーマス・ジェファーソンのベッド。モンティセロ，1793年頃。このベッドはジェファーソンの書斎と化粧室の間の通路に置かれていた。昔はロープでベッドを天井に引っ張り揚げるのが習慣だったという説があるが，今ではその説は否定されている。しかし，使用されていないときに姿を消さないとすると，彼がそれをなぜ通路に置いたのかが理解できなくなる。(提供：トーマス・ジェファーソン記念財団)

291　(右)「9号客車」。1859年にプルマンが改造した2台の客車のうちの1つ。昼間，上段ベッドはロープと滑車を使って，ほぼ水平状態にある天井にまで引き揚げられる。マットレスと毛布，枕（敷布はない）は，昼間，空いている場所に収納された。(提供：プルマン社)

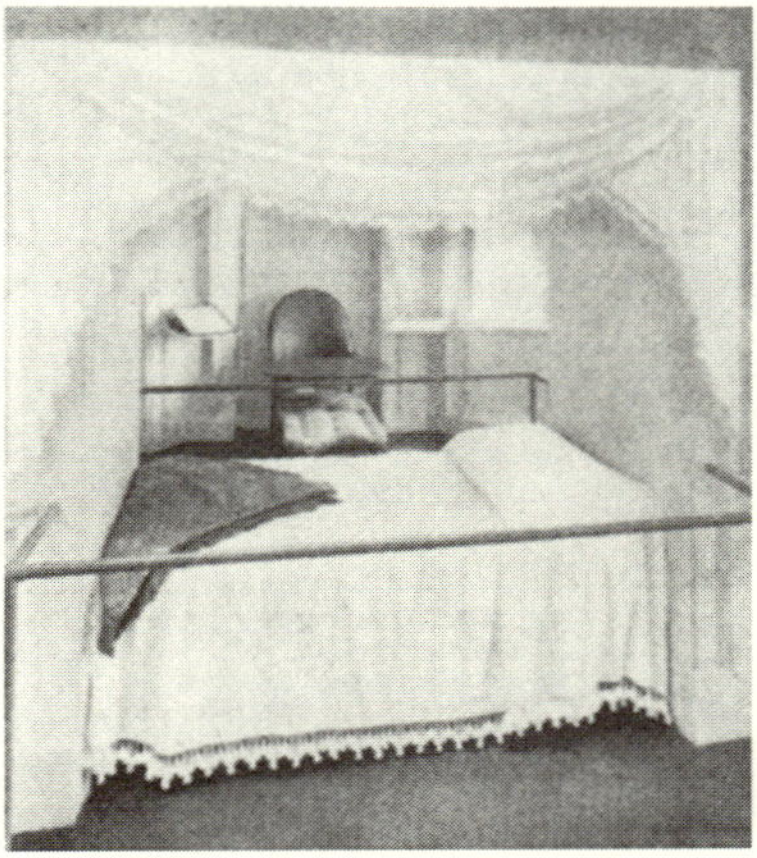

年、営業中のホテルを歩道ごと引き上げるという離れ業をやってのけた。プルマンはこの時二十四歳だった。五〇年代の終りにかけて、寝台車が一般の関心を惹き始めた。一八五七年に、この分野の発明に関しては指導的存在であったセオドア・T・ウッドラフが、新しい寝台車を製造し操業を始めた。一方プルマンも、一八五八年、古い車輌を二台購入し、一台につき一〇〇〇ドルを費やして寝台車に改造した。その後南北戦争が勃発し、プルマンはコロラド州に移って、一時、鉱山業に転業した。そこで彼は、機材を鉱山に売り込み、二万ドルという大金をものにしてシカゴに戻った。このとき彼は三十四歳だった。

六〇年代には、アメリカ大陸と同じくヨーロッパでも、中流階級の富裕化と数的増加が進行した。この時期のヨーロッパでは、ルツェルン湖やリビエラ地方に贅沢なホテルが建設されていたが、アメリカで贅沢なものといえば寝台車だった。プルマンの才能は、贅沢さに対する要求が膨れ上がっていくのをいちはやく察知することに示された。彼は二万ドルを一枚のカードに賭けることにし、一八六五年、他の寝台車の四倍もの費用をかけてパイオニア号（図二八六、二八七）を建造した。

その当時、これほど莫大な投資をして割に合うなどとは信じられなかった。しかも、プルマンの製作した寝台車は一般の鉄道では使用できなかった。鉄橋を渡るには幅が広すぎ、また、プラットフォームの屋根をくぐるには高すぎたからである。しかし、事はプルマンの予想したとおりに運んだ。鉄橋は広げられ、プラットフォームの屋根も、彼が快適な旅行をするに必要だと考えた車輌の高さに合わせて改造され、今日に至っている。彼は効果的な広報の術を習得

292 「御召列車」。東部鉄道会社がナポレオン三世に献上した列車，1857年。皇帝夫妻用の寝室の内部，備付けのベッドがみえる。(『リリュストラシオン』，パリ，1857)

293 「御召列車」。1857年。パリ－オルレアン鉄道会社がナポレオン三世に献上した列車。特等車のソファーのような皇帝用の座席は，著名な建築家ヴィオレ・ル・デュクによりデザインされた。彼はこの列車全体の装飾を担当した。

294　「御召列車」。1857年。東部鉄道会社がナポレオン三世に献上した列車。展望車，食堂車，個室寝台車の外観。(『リリュストラシオン』，パリ，1857)

した最初の企業家の一人でもあった。一八七〇年にアメリカの企業家を初の大陸横断に招待したように、一八六五年、パイオニア号の試運転の際も、名士を招待し、広報活動を怠らなかった。一方では、プラットフォームの屋根を高くするきっかけをそこで掴んだ。豪華な寝台車パイオニア号の旅は、霊柩車として、アブラハム・リンカーンの遺体を故郷に埋葬すべく運ぶことから始まった。

プルマンは、夜行列車の料金を以前の一ドル五〇セントから二ドルに引き上げて、乗客に難なく納得させた。またしても彼の予想は的中した。「人びとはプルマン車のほうに殺到し、料金の安い古いほうの客車には見向きもしなかった」(269)。他の会社もそれに同調せざるを得なくなった。パイオニア号は高級ホテルのように快適だった。内装は「木造で黒の胡桃材を使っており」、「ブラッセル製の高価なカーペット」を敷きつめ、細部に至るまできめ細やかな配慮がなされていた。天井には、ありきたりの照明に代わって、「美しいシャンデリアが数個」吊り下げられていたし、また「壁にはフランス製の鏡が取り付けられていた」(270)(図二八六)。

ヨーロッパでは、贅沢な旅行は上流階級だけが楽しむものだった。プルマンが最初の豪華客車《パレス・カー》を計画したとき、フランスの鉄道がナポレオン三世に献上した御召列車(図二九二―四、二九六)のことが頭にあったことは想像に難くない。一八五七年、パリ―オルレアン鉄道がナポレオン三世に献上した「御召列車」を、自分の仕事に関して興味をそそるものには注意を怠らなかったプルマンが見逃すはずはなかった。この、フランスの趣味と建造技術の傑作は、細部まで色刷りの豪華本となって刊行され(271)、広く一般の知るところとなった。今も「ポロンソ梁」の発明者として記憶されている偉大な技術者カミーユ・ポロンソは、巧みにつくられたプラットフォームと合うような客車として御召列車を建造した。ヴィオレ・ル・デュクが内装をデザインし、天井の装飾に工夫をこらす一方、重々しいカーテンと分厚いカーペットをそこに配した。プルマンのパイオニア号と同様、この列車も寸法は普通のものより、高さ、幅ともに大きくなっていた。パリ市街の改造はヨーロッパ中の王侯ナポレオン三世に対する競争心を煽ったが、御召列車の光沢のある組格子や車輪、栄誉車、食堂車、皇帝夫妻のための素晴らしい寝台車、列車中央の窓のない展望車なども、彼らの競争心を刺激せずにはおかなかった。

ナポレオン三世の御召列車が建造されて八年後の一八六五年、プルマンの製作になるパイオニア号は、貴族的な贅沢を民主化する先

295 「特別室（マスタールーム）」。プルマン社，1939年。昼と夜とで使われ方が変わる部屋。２部屋続きのアパートと同程度の快適さが，折畳み式ベッドと数脚の折畳み式椅子でかなえられている。ここでの快適さは，ナポレオン三世の固定化した部屋や造付けの家具とは対照的に，家具をいろいろと変換することによって得られている。（提供：プルマン社）

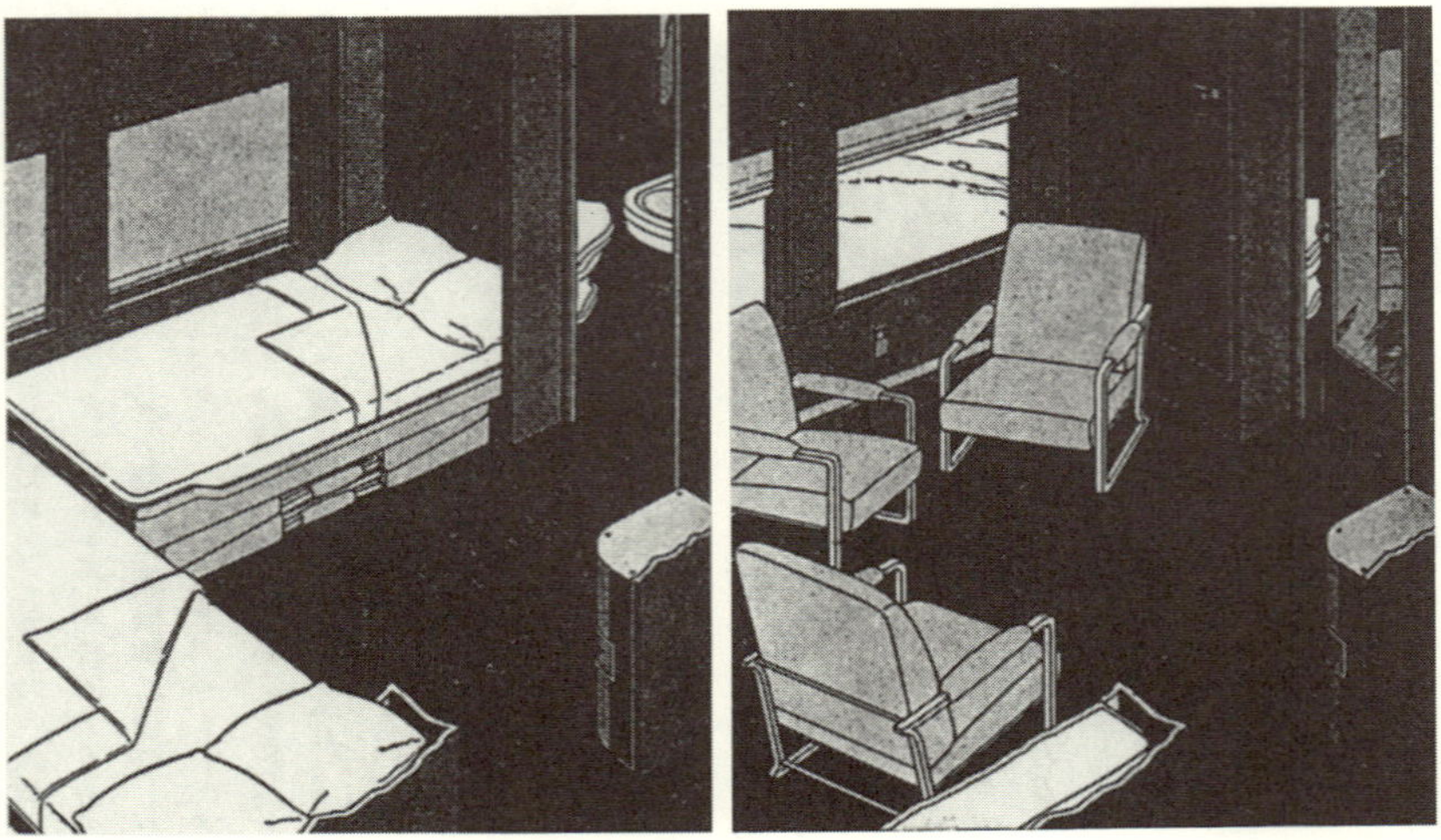

鞭を担った。プルマンは、半世紀後に現われたフォードと同様、大衆の夢をかき立て、それを差し迫った要求へ転換させる天分を備えていた。二人とも、生涯をかけて一つの問題に取り組んだ。それは、ヨーロッパでは当然、金持だけのものとされていた快適な施設を民主化するという課題であった。

　しかし、ここで「民主化」という言葉を無条件に適用するわけにはいかない。というのは、プルマンの改革とともに、アメリカの客車に等級制が現われたからである。四〇年代、五〇年代には、ヨーロッパからの旅行者は、アメリカの客車には等級制がないことを繰り返し述べている。「ここは、われわれの国と違って、一等も二等もない。あるのは紳士用と婦人用の区別だけである。両者の主な違いは、前者では誰もが煙草を吸うが、後者では吸わない点にある……車輛は古ぼけた乗合馬車を大きくしたようなものである」。これは、チャールズ・ディッケンズがアメリカの鉄道を初めて見たときの印象である。さらに「どこも壁ばかり」と、窓の少ないことを多少皮肉な調子で述べている[272]。五〇年代末になっても、あるフランス人は「フランスやイギリスと違って、アメリカの鉄道客車には等級の区別がない……」[273]と、驚いている。

　しかし、プルマンの豪華客車、パイオニア号の出現とともに、状況は変わってきた。急増した金持のために、特等車が設けられたのである。そして、時とともに「プルマン」は特等車の同義語になっていった。こうしてアメリカの実業家は、ナポレオン三世の御召列車の贅沢さを一個所に詰め込み、しかもそれ以上に豪華な専用客車を楽しめるようになったのである。

寝台車の前身（一八三六―六五年）

寝台車の問題点は、それ以前にも船の客室に現われていた。船にしても列車にしても、輸送機関であるので、空間は非常に限られている。しかも列車は船以上に狭いため、空間の節約には一層気を配る必要がある。このことから直ちに、最優先すべき問題が生じてくる。空間をできるだけ切り詰める一方で、旅行者にある程度の快適さを保証するにはどうすればよいかという問題である。

誰もがナポレオン三世の御召列車のような個室をもつことは不可能である。まして、固定したベッドのある寝室や接見室、食堂、それにベランダまで一緒にして移動させるというのは到底無理な相談である。しかしアメリカでは、一八六五年から、連廊のついた列車が初めて走った一八八六年までの間に、客車は次第に移動するホテルのようになった。御召列車にあったものの中で実現しなかったのは、固定したベッドを備えた寝室だけだった。

一台の車輛が幾つもの機能を果たさなければならないので、日中は居間に、夜間には寝室になることが必要だった。食堂車でさえ最初、夜間は寝台車に変わり、「ホテル客車」と呼ばれた。ナポレオン三世が楽しんだのと同じような快適なベッドは、昼間は姿を消す必要があったのである。寝台車の問題点は、その変換性ということに絞られてきた。言い換えれば、どうすれば二回の動作――回転させること、引っ張るかそれとも広げること――で座席を解体してベッドへと組み直すか、ということが問題になった。

すでに一八三六年には、カンバーランド峡谷鉄道で即席の寝台が用いられていた。五〇年代には、五つもの寝床が積み重ねられ、それが列をなしていた。しかし、列車の座席が寝椅子として捉えられるようになった途端に、寝台車をめぐる問題は、変換可能な座席や折畳み式ベッドなど、一連の特許家具の一つとしてはっきりと位置づけられるようになった。五〇年代の特許は、寝台車ではなく、「列車用座席と寝椅子の改良」という名目で取得された。今日みられる幾つかの標準的な型は、一八五四年から六五年にかけて、すなわち、アメリカで特許家具に対する発明意欲が最も活発であった時期にあいついで出現したものである。

座席にもなる変換可能なベッドは快適な状態からは程遠かった。これで旅行が楽しみになったとは、到底いえなかった。最上段の寝台にいる旅客にとっては天井が近すぎ、背すじを伸ばしては坐れなかったし、最下段は床に近すぎて、通る人の靴底しか見えなかった。しかしその当時、旅行や移動は日常化していなかったため、人びとは山小屋で仮寝するのと同じように考えて、不便を凌いでいたのである。「特別室」と命名された客室（図二八二）は、チャールズ・ディケンズも一八四二年のアメリカ横断の際に利用したものだが、これは、一八四七年のアメリカの寝台車(274)（図二八三）と同様、ごく簡素なものだった。ボルチモアとオハイオを結んだこの寝台車には、昼間は壁際に折り畳んでおける木ずりの枠がついていたが、これは一時の間に合わせにすぎなかったらしい。「このベッドが充分快適だと言えば嘘になるだろうが、ともかくこれで一夜を過ごせるとなれば、誰でも有難いと思うだろう」(275)。

この一八四七年の寝台車は当時、アメリカの運河船に備えられていた就寝用の設備と密接な関係がある。ナサニエル・ホーソンは、彼独特の優美な語り口で――居室、食堂、寄宿舎を一つにしたような――運河船の船室の中の様子を描写している。「深紅のカーテンが紳士室と婦人室を仕切っている」。――彼はこれを「船における男女の住み分け」と呼んでいる。――「船室は二〇人用の寝室に変わり、そこで人びとは、上下に積み重なった寝台に身体を横たえる……私は、寝床が棺のように余り広くないことをつい忘れ、突然寝返りを打った。とその拍子に、私はどすんと床にころげ落ちてしまった……」(276)。

変換可能な列車用座席が現われて三年を経た一八五四年、特許庁はアメリカにおける最初の寝台車に特許を認めた(図二八四)。イギリスの特許(277)にこれと同じ名称のものが記録されているが(278)(一八五二年)、それは寝台車とは何の関係もない。アメリカ初の特許は――あまり満足すべき方法ではなかったが――上方の空間を使って座席の収容能力を二倍にすることを試みたものだった。つまり、二階(ダブルデッカー)にすることが試みられた。バッファローの発明家の手になるこの特許(一八五四年)のスケッチを見ればすぐわかるように、変換できる座席がこの工夫のかなめになっていた。普通ならば、背は一八〇度回転するが、この場合には九〇度回って空中で水平に固定される。座席の背は普通より高めにつくられ、また「回転させたとき、隣接した座席の背とつながって一枚の水平な面を構成するようにできている」。下段のベッドには、座部そのものがあてられている。発明者によれば、「座席のクッションを展開する……これは両面とも詰め物をされておりヒンジで留められている……これを展開すると、下になったクッションとともにベッドを構成する」。だが、ベッドというものは、こうした板のようなものであってよいのだろうか。発明者はこれをベッドとは呼ばず、「寝椅子にもなる座席」という見方をとっていた。確かにベッドと寝椅子の間に明確な一線を画すことのできないのは事実である。

空間の節約は変換性の生みの親である。昼間の座席数と夜間のベッド数が同じであることが初期には普通であった。夜、座席の数より多いベッドが現われるようなこともしばしばあったが、この手品のカギは、ベッドの一つを天井の中に隠すという方法にあった。それは、フィレンツェのメディチ家のマリアの結婚披露宴で使われた不思議な「自動式」テーブルのように、必要な時に現われてくる仕組みになっていた。

その一例として、あるデトロイトの発明家が一八五八年に提案した次のような工夫がある。

> 上段のベッドは……きちんと客車の天蓋におさまるようになっている。使用されないときにはベッドの四隅から出ている四個の平衡錘とコードで引き揚げられて、然るべき位置に収まっている。誰も、それが天蓋の一部だと信じて疑わない……。枕と毛布を載せたベッドがループによって留め金の位置までするすると降りてくると、二人分のベッドができあがる(279)(図二八九)。

トーマス・ジェファーソンは、機械駆動の家具や、自動折畳み式の扉などに、ことのほか強い関心を抱いていた。彼の自宅の地下室と食堂を結んだ葡萄酒昇降機は、その一例である。モンティセロの彼の住居では、ベッドは、小さな寝室に普通に据え付けられていたが、彼自身のベッドだけは特殊な場所に据えられていた（図二九〇）。すなわち、書斎と化粧室の間の通路に置かれていた。このベッドは、初期の伝統をふまえて、昼間はロープで天井に吊り上げられるようになっていたとする説は、現在では否定されている。しかし、もし彼がベッドを昼間消えるように工夫したのでなかったとすれば、ベッドを通路においた理由がわからない。吊上げ式ベッドのアイディアは、イギリスの病人用ベッド[280]（図二八八）の特許にも見られるが、この特許が認可されたのは、ジェファーソンがモンティセロの彼の家を改造していたのと同じ時期である。この特許では、綱や巻上げ機、歯車、減速用のはずみ車から成る複雑な機構を使って、四本の溝つき柱《スライディング・ポスト》の間をマットレスのフレームを上下させるようになっていた。

寝台車の上段ベッドは、実際に空間節約の用を果たしていた。しかし、ベッドをロープの端に吊して下降させる方法は、納得のゆく解決法とは言えなかった。すでに、デトロイトの発明家がこれを考案する以前に、現在のアメリカの寝台車に用いられている上段ベッドの機構は工夫されていた。それは一八五六年末のことで、上段ベッドに関する二番目の特許だった。

後のすべての発展の基礎となるような根本原理を一度に発見してしまうといったことは、この時代には珍しいことではなかった。たとえば家事の機械化では、回転式の卵泡立て器《エッグビーター》（一八五六年）などの小さな道具に始まって、真空掃除機（一八五九年）、皿洗い機（一八六五年）、攪拌装置付洗濯機（一八六九年）に至るまで、まず最初に原理が一度に設定され、以後の発展はこれに従うといったプロセスをとる例が幾つもある。

寝台車の折畳み式ベッドの問題に決定的な解決[281]（図二八五）をもたらしたのは、プルマンの初期のライバル、セオドア・T・ウッドラフ（一八一一―九二年）であった。彼には真の発明家の血が流れていた。一八五〇年当時の観点からすると、彼は現代版馬車製作者というところであった。彼には、ロープを引っ張りベッドを天井に収めることなど、あまりにもぶざまな方法であるように思われた。彼にとって家具とは、自在な組合せが可能な幾つかの面をもって構成されるものを意味していた。たとえば彼は、ヒンジを巧みに使って座席の背を九〇度回転させて水平にし、二つの中段ベッドを得たが、その手際は実に見事である。座部は低い位置に降りて水平な面と結合し、さらに二つのベッドが床の近くにできる。ここでは、窓の上部に上段ベッドを設けるというアイディアが大きな決め手になっていた。昼間はそれは、天井と車窓の間に収まっている。ウッドラフはただ簡単に「ヒンジでつないだ面を展開すれば、車窓の上部にベッドが設けられる」とだけ言っている。ウッドラフは、折畳み式椅子と同じ考え方でベッドを工夫したのであるが、それは新機軸であった。

それでも、ウッドラフの特許ではまだ、寝台車とは表現されず、ただ、「座席と寝椅子」と言われていた。一人当りの空間は極度に限られていた。ウッドラフの提案では、中段と下段に合わせて四人、上段ベッドに一人、合計五人が寝られる仕組みになっていた[282]。上段ベッドを壁と天井の間に折り畳んでしまうという彼の提案が果たした先駆的役割について、次のように述べている人がいる。

折畳み式の上段ベッドという新しいアイディアは、以前の解決法とは根本的に違っていた。寝台車の発明というと他の人の名を連想しやすいが、独創的なアイディアを出し、最初に特許を与えられ、かつその特許をもって最初の実用的な寝台車を製作したのは、ほかならぬセオドア・T・ウッドラフであった(283)。

ウッドラフは馬車の製作を本業としていたが、彼も同時代人にふさわしく、蒸気鋤、刈取り機、機関車、船のプロペラなど、あらゆる種類の機械の設計を手がけた。彼は自分のつくった寝台車を走らせるために、資本金二〇〇万ドルの会社を設立した（一八五七年）。その寝台車は各地で成功をおさめたが、七〇年代の初め、彼は、側廊と、斜めに取り付けた折畳み式ベッドを豪華客車に採用したプルマンを、特許侵害の廉で告訴した。裁判の結果は彼の勝利に終ったが、プルマンの力はすでにウッドラフを上回っていた。「奇妙なことに裁判の結果はまったく履行されず、プルマン社はウッドラフの特許を使い続けて繁栄した。一方ウッドラフの会社は倒産寸前となり、この正当な権利を有する発明家の名前はほとんど完全に忘れられてしまった」(284)。

プルマンの拡張

ウッドラフとの争いから数年後、プルマンは、パイオニア号が初めて走った路線に対する特権を失った。プルマンですら、屈辱を経験したことがあったのである。当時は、財力に物を言わせた者が勝ちをおさめる苛酷な弱肉強食の時代だった。結局、この路線の営業権を握ったのは、コルネリウス・ヴァンダービルトが金を出していたウェブスター・ワグナーのパレス・カー・カンパニーだった(285)。

ジョージ・M・プルマン、偉大な食肉生産業者フィリップ・アーマー、そしてグスタフ・スウィフト、この三人が歩んだ道には基本的な類似点がある。三人とも一八三〇年代生まれであり、東部を離れてシカゴに行き、そこで無限とも言っていい活動の場を見出した。プルマンは快適な旅行というアイディアをもって、またスウィフトは冷蔵車を走らせることによって、アメリカの広大な空間を征服した。

プルマンとスウィフトは、幅と深さの両方向で発展する意欲をもっていたという点で似ていた。水平方向では独占を目指し、垂直方向では自分の基本的な関心と結びつくすべてのものに手をつけた。アーマーとスウィフトは共に牛を処理し、それを自分の冷蔵車で確実に運び、全国的な販売組織を確立すると同時に、副産物を利用する産業を創始した。プルマンも同様に、強引ともいえる手口で路線の拡張をはかった。彼は、競争会社をすべて買収した。ただ、ヴァンダービルトが支配権を握っていた会社だけは買収できなかった。しかしプルマンが死んで二年後には、ヴァンダービルトがワグナー客車を走らせていたニューヨーク・セントラル・システムも、プルマンの会社に買収された。こうして、特等客車に対するプルマンの独占は完成した。垂直方向には、彼は製作品目のリストを広げていった。プルマン客車ばかりではなく、車輪と関係した物は何でも製作した。

ヨーロッパの寝台車

大衆的な寝台車がヨーロッパに移入されたのは自然の成行きだった。パイオニア号が定期的に走り始めて八年後、イギリスとヨーロッパ大陸の両方で、大衆的な寝台車が走り始めた。すでに一八七三年に一八輛の客車がプルマンによって鉄道の母国に船積みされた。このように、この分野でのアメリカの影響は比較的早く現われた。

同じ年、別のアメリカの企業家がウィーン―ミュンヘン間に初めて寝台車を走らせた。その時の客車は、今もヨーロッパで走っている。「ブードワール列車」と呼ばれたその客車では、ベッドは、進行方向に向いていたアメリカの場合とは対照的に、窓に対して直角に並べられていた。その上、ベッドは幾つかまとめられ、壁で仕切られていた。このような配置方法には長い間の習慣が反映している。アメリカでは、十九世紀ですら、部屋は互いに連続するように配置され、ドアは開け放たれていた。ヨーロッパでは家そのものが垣根で囲まれる一方、中の部屋もできるだけ閉鎖的に作られ、ドアもいつも気をつけて閉められている。このような習慣は客車にも反映し、その中は等級別に細かく分かれている。

ヨーロッパでは寝台車は――旅行を快適にするための施設一般がそうだが――あまり進歩しなかった。今でもそれは贅沢の部類に属する。アメリカでは、プルマン客車の料金は、普通のホテルに一泊するより安くなっている。

旅行の快適さの進展――食堂車と特等車《パーラー・カー》

一八五〇年代末には、食堂車で食事をとるのは特権階級だけだった。ナポレオン三世とその随員は中央の大きなテーブルを囲んで食事をし、まわりには制服をつけた給仕が控えていた（図二九六）。

手荷物車にカウンターと高いスツールを持ち込んだものが、食堂車の最初の姿だった。「一八六二年の食堂車は手荷物車だった。内部はあっけらかんとし、あるのはただ長いカウンターだけで、客は高いスツールに腰掛けて食事をした。食事はこのカウンターの内側にいる、白いジャケットを着た黒人の給仕によってサービスされた」[286]。寝台車の場合と同様、食堂車もプルマンの手が触れた途端、快適なものに変わった。

プルマンは一八六九年、食堂車に関する特許[287]を獲得したとき、その新しい発明に対してはっきりとした見通しはもっていなかった。彼の特許の趣旨は特定の配置と組合せ方にあった。はっきりした見通しをもてないまま、彼は別の二つの特許をとった。寝台設備がなく食堂車だけがついた客車と、両者が一つに結びついたものとの二案だった。一八六九年の「ホテル客車」（図二九七）は依然寝台車で、一方の端に小さな台所が取り付けられていた。特許には、その細部は示されていない。プルマンが特許によって守ろうとしたのは、細部ではなく型であり、組合せであった。ホテル客車が面白いのにはもう一つの理由がある。プルマンは「改良の狙いは、乗客、とくに家族が旅行し、食べることと眠ることを同時にできる便利な客車を作ることにある」と言っている。その客車の一方の端には、

296 「御召列車」。1857年。東部鉄道会社がナポレオン三世に献上したもの。「食堂車」。1850年代には，食堂車は有力者だけのものだった。皇帝が中央に置かれた大きなテーブルに坐っている。その周りでは，制服を着た給仕がナポレオンとその随員にサービスしている。(『リリュストラシオン』，パリ，1857)

他とは隔離された部屋があった。プルマンはその様子を詳しく示し、「特別室《ステート・ルーム》」と呼んでいる。狭い通路が脇を通っているだけで、客車全体に通ずる側廊はここにはおよんでいない。それはプライバシーを重んずる旅行者用の個室だったが、アメリカの客車に特に仕切られた場所が現われたのはこれが最初だった。これを手始めとして、アメリカの客車に等級が現われてきた。

　プルマンの第二案（図二九七）は「食堂車を改良したもの」で、サロンあるいはレストラン風につくられており、寝台設備はまったくなくなっている。しかし、プルマン自身も認めているように、これは寝台車のパターンにまだ強く影響されている。「座席は、寝台車と同様、窓に対して直角に、しかも互いに向かい合って坐れるように、配置されている」。しかし、ナポレオン三世の御召列車（一八五七年）の食堂車にあったような椅子はまだ現われていない。座席がテーブルのほうにでなく、テーブルが座席のほうに寄せられるようになっている。テーブルは「一方の端にだけ脚がつき、他方は、簡単にはずせるように、かけ金でとめられている」。彼の頭には住居のイメージがあり、食糧貯蔵庫は、住宅の地下貯蔵室を連想させるように、車体の下に取り付けられていた。そして陶器類を入れておく戸棚は窓と窓の間に、また大きな水槽は厨房の上部に取り付けられていた。

　ナポレオン三世の御召列車にはレセプションを開くための「栄誉車《ワゴン・ドヌール》」があった。背なしの長椅子《ディヴァン》が、第二帝政期の客間のように、壁に沿って並べられていた。皇帝用には、別のところにソファのような玉座が設けられてあった（図二九三）。パリ—オルレアン鉄道会社のためにこの列車をデザインしたヴィオレ・ル・デュクは、この座に彼らしい繊細なロマンチシズムを与えている。それから十年後の一八六七年、ヴァンダービルトお抱えのデザイナー、ワグナーは、アメリカでこの「栄誉車」の大衆版、特等客車を設計した。プルマンの最初の特等室は一八七五年に作られた。これには壁に沿ったディヴァンもなければ、堅苦しい垂直な玉座もなく、代わって、背

297　プルマンの食堂車に関する特許。1869年。食事専用の車輌を作るべきなのだろうか。それとも，食事と睡眠の設備を１つの車輌の中に結合すべきなのだろうか。その方向の定まらぬまま，彼はこの両方の特許を取得した。上図：プルマンの「ホテル客車」。乗客，特に家族連れがここで食べたり眠ったりすることができるように，車輌の一方の端に台所Ｒが付いている。われわれの知るかぎり，この列車にアメリカ最初の特別室(A)が現われた。この部屋の傍には狭い通路(C)が通っていた。椅子(K)は部屋中を自由に動かせる。下図：プルマンの「改良型食堂車」では，すでにベッド設備はなくなっている。しかし，「寝台車の場合と同じように，座席は窓に対して直角に配置されている」。1857年のナポレオンの「食堂車」の１人掛けの椅子とは異なり，ここでは座席のほうが固定され食卓が可動式になっている。台所は車輌の中央部を占めている。貯蔵庫と冷蔵庫は，地下室のように床面の下にあり，一般の住宅を髣髴させる。Ｄは流し台，Ｃはレンジ，そしてＢは水槽である。（合衆国特許89537および89538，1869年４月27日）

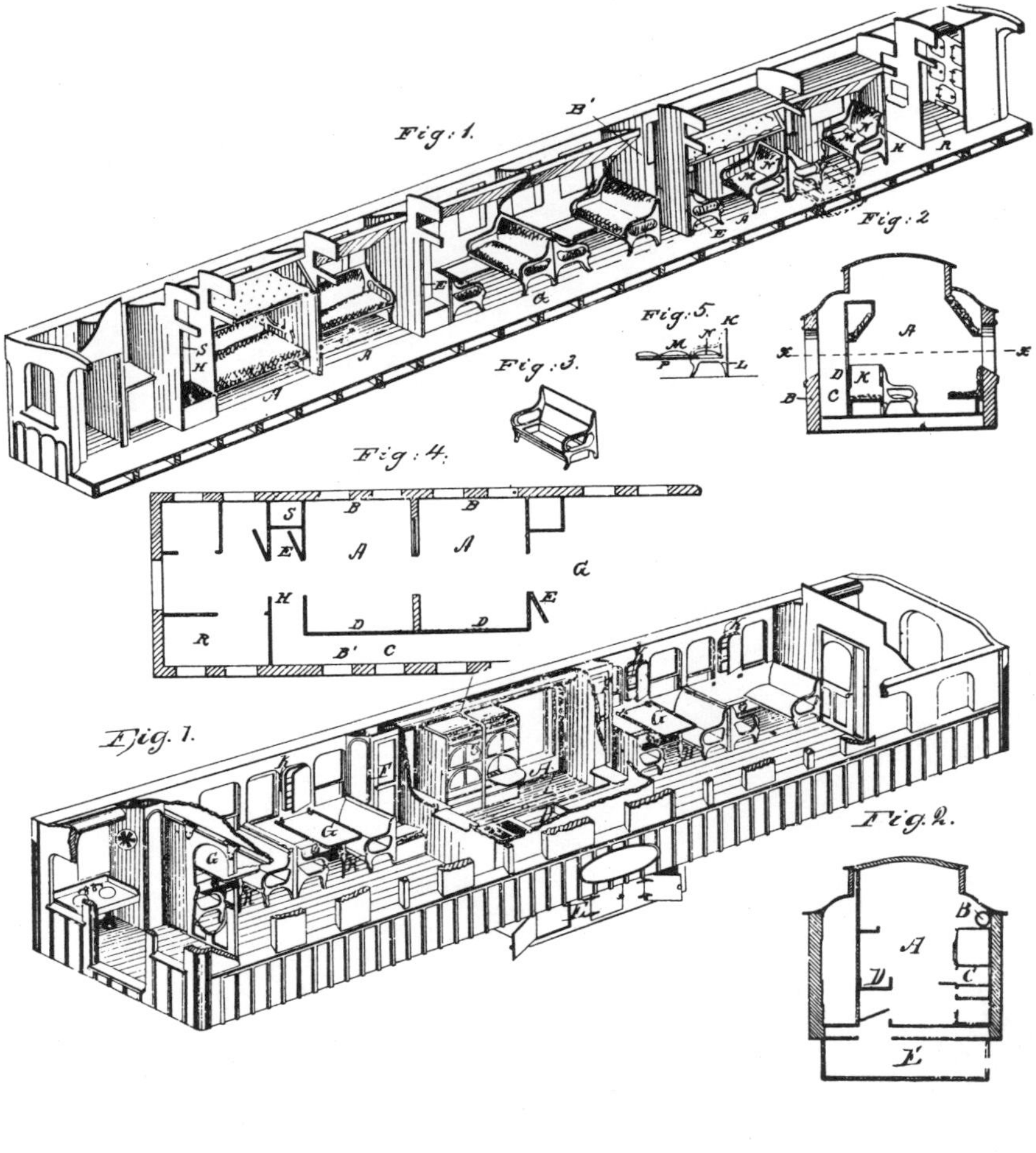

298　プルマン車の最初の特等車。1875年。この簡潔な外観をもった調節可能な回転式肱掛椅子は、90年代の華麗な形をした椅子とも、また、1930年代の詰め物をたくさん施した流線型のそれともまったく違っている。

299　旅客機に用いられた調節可能な折畳み椅子。1936年。軽い材料の使用を念頭に、巧みにデザインされ、また、特許家具の伝統の最良の部分を引き継いでいる。しかし、外観を故意に重々しくさせている形跡がある。おそらく、19世紀の支配的趣味の気取りを、至る所で固定化した「流線型」の影響がここに現われているのであろう。(提供：ダグラス航空機会社)

もたれを自由に調節できる回転椅子がたくさん設けられていた。しかもそれらは、玉座に劣らず快適なものだった。旅行は目に見えて快適になっていった。間もなく、五〇年代にすでに提案されていた可動式の足掛け台が採用され、同時に、当時最盛期にさしかかろうとしていた特許家具運動の生んださまざまの成果が組み込まれていった。一八七五年製作の調節のきく回転椅子がもつ簡潔な線は、機能に忠実であることの論理的な帰結であった。デザインの純化にウィリアム・モリスは必要でなかった。前にも述べたように、一八九三年(288)以後、設備や天井は次第に仰々しさを加えていったが、その状態から再び目的に適った形態に復帰するには迂回が必要であったように思われる。一八七五年の特等車の椅子は、九〇年代の大袈裟な装飾とも、また今日の「流線型」デザインとも無縁だった。

ま　と　め

ヨーロッパ社会が反動に見舞われていた頃、鉄道建設期にあったアメリカでは民主的な風潮が社会を覆っていた。ヨーロッパでは、いわば、上流階級はどこへ行っても敬われ、一般市民は何事にも耐え忍ばねばならなかった。アメリカにおける鉄道建設の初期の頃の民主的な考え方は、旅行の快適さを高めていく過程で、当時のヨーロッパに伝えられた。旅行の快適さを高める設備は、いずれもアメリカから伝えられたものだった。一八七三年には寝台車、一八七九年には、イギリス人が呼ぶところの「食堂運搬車」、そして一八八九年には連廊列車がアメリカからヨーロッパへ伝えられた。

どんな姿勢にも調節できるばかりか、もたれ椅子や寝椅子にもなる列車用座席を一般向けに作ろうとする努力ほど、この時期におけるアメリカの民主主義的情熱を端的に表わしていたものはない。その努力の背後には、乗客は誰もが場所と快適さを等しく享受する資格をもつとする原則が働いていた。だからこそ、客車に等級を認めなかったのであり、この伝統は今も、アメリカの普通客車に生きている。

南北戦争後、一つの転機が訪れた。プルマン客車が登場し、旅行に贅沢さが持ち込まれるようになったのである。しかしまだそれは、快適さの民主化という枠をはみ出ていなかった。しかし表示はされなくとも、アメリカに幾つもの等級が静かに現われ始めた。時とともに、全体として贅沢な方向を目指しながら、等級はますます細かく分かれていった。

旅行の快適さを形成した第二の要因は、家具の機械化であった。変換可能な座席と折畳み式のベッドがその中心だった。それらによって、昼間の生活空間は夜のそれに、居間は寝室に代えられるようになった。変換可能な座席と折畳み式のベッドは、ともに特許家具、すなわち、その可動性によって姿勢に適応し、機構上の変態を遂げつつ多様な機能を発揮する家具の範疇に属している。

300　ヤコブ・シュブラー：折畳み式ベッド，1730年頃。「新しく発明されたフランス式ベッドである。枠は2つの部分から成り，ねじで繋がれている。各脚は2つの鉄製のブラケットの中に押し上げられる。小さな頭板と足板はヒンジ留めされている。頭板の先端には穴のあいたポールがヒンジで留められている。ベッドの覆いをとるには，コードを引っ張りカーテンのように絞ればよい」。(「新しく発明されたフランス式折畳みベッド」，ニュルンベルク，1730)

十九世紀の移動家具

手軽な野外家具

折り畳んで持ち運べる野外家具の分野は、想像を刺激する楽しい世界である。そこではすべてを小さくまとめ、またどんな器具の取合せも機械的な装置にできるだけ頼らず、また、なるべく小さな空間にまとめる必要がある。すべてが単純でなければならない。どんなアイディアも、きわめて直截に表現されなくてはならない。

折畳み式、あるいは小さくまとめられる家具の原型は、X字型の椅子にある。問わず、あるいは古代のある時期に現われた固定的であるとを問わず、小さくまとめられる家具の原型は、X字型の椅子にある。前にも述べたように、古典世界において家財道具の一つであったこの椅子は、中世初期には玉座になった（メロビンガ朝の財宝であるダゴベルト王の椅子）。ゴシック期には、修道女院の院長の椅子がこの形式をとっていた。ルネッサンスに入ると、その仕組みは複雑化し、X字型のリブを何列も配した構造のものが現われた（図一四三）。十九世紀には、折畳み式の野外用スツールは、どこででも買える品物の一つになった。

この小さくまとめられる野外用スツールは、改良されないまま放置されていたわけではない。どうすれば坐り心地を良くすることができるか、背もたれをつけて、しかもコンパクトに折り畳めるよう

301　ナポレオン三世が使った野営用テント。1855年にクリミア戦争のために製作されたものだが，皇帝が使ったのは1859年のイタリア遠征のときである。サロンと寝室，更衣室から成っている。鉄製ベッドだけではなく折畳み式椅子や他の用具類も初代皇帝のものだった。(『ハーパーズ・ウィークリー』1859)

にするにはどうすればよいかが、そこでの問題だった。
さまざまなアイディアが現われた。その一つに、脚をその中間点で（たとえば金属製の環を使って）緩やかにしばるという方法がある。折り畳むと、椅子は棒を四本束ねたような状態になる。広げようとすると一回の動作で傘のように開き、その先端で布を緊張させる。同時に、キャンバスを渡した二本の棒が飛び出し、それが背もたれになる[289]。

ベッドを小さくまとめることは、これより若干むずかしい。ゴシック期には、トラス構造のベッドが現われ、しばしば野外で用いられた。野外ベッドを使ったのは、ブルゴーニュのシャルル勇胆公が最初だったらしい（一四七二年）[290]。当時、野外では誰もが地面の上で寝ていたらしいが、ブルゴーニュの宮廷はその当時ヨーロッパでも最も洗練された宮廷だった。ところが十七世紀に入るとそうしたベッドの設備は贅沢品ではなくなった。シュブラーの折畳み式ベッド（一七三〇年頃、図三〇〇）についてはすでに述べたが、それもまた、取りはずしのきく野外家具の部類に属している。

十八世紀中頃のフランス（一七五六年）には、「ベッド、天蓋、カバー、スツール、テーブルで一式になった」野外家具があったという。それは二分で組み上がり、またバッグにも収納できるようになっていた[291]。値段が三〇〇フランから四〇〇フランであったことから、贅沢品だったことがわかる。

折畳み式の鉄製ベッドは、偉大な人物の名前に結びつけられて、今も保存されている。マルメゾンに展示されているナポレオン一世の繊細な形の脚と狭いシーツを備えた野外ベッドがそれである。

十九世紀に入ると、イギリスでもフランスでも進歩は緩慢にな

302　野外用のチェスト，寝椅子，食卓を組み合わせたもの。アメリカ，1864年。「これは上官や兵卒のために工夫されたもので，野外生活に必要な道具を嵩張らないようにまとめ，かつ運び易いことを考えて設計されている。図1は，抽出しは開き帯もほどけているが，一応パックされた状態を示している。図2は，使用時に展開した状態。箱(A)には書類やリネン類を入れる抽出しが付いている。抽出しの上には料理用具，食事用具そして小さな軍隊用のコンロを収める空間がある。この上に折畳み式の木枠があり，それにキャンバスを張ると椅子や寝椅子あるいはベッドができあがる。テーブルとして使える板がついている場合もある。全部パックした状態で，大きさは2フィート×2フィート×2フィート4インチである」。(『アメリカの職人と特許記録』第1巻31号，ニューヨーク，1864)

り、ナポレオン三世はイタリア遠征（一八五九年）の際、初代皇帝が旅行に携行した装備を好んで使った。ただ、三部屋ある、鉄管製の骨組のテントだけが新しく作られたものだった(292)(図三〇一)。

一方、アメリカではまったく様子が違っていた。ことに世紀半ば以降、辺境が着々と後退し、西部と大草原の開発が進むにつれ、手軽に持ち運びのできる家具に対する要求が自然に芽生えてきた。アメリカの野外家具の発展は早く、すでに六〇年代初期に始まっている。最初は、展開するとテーブルになり、中に作業道具と台所用具を収納できる野外用チェスト(293)、あるいは、「野外用スツール二個を棒でつなぎ、その棒の間に粗麻布を渡す」(294)式の初歩的な用具から出発した。この発達は寝台車のそれと平行し、急速に成熟の域に達し、その後、比較的早い時期に発展の幕を閉じた(295)。

一八六四年のアメリカの組合せ式野外用具(296)をナポレオン三世の三部屋付テント（一八五九年）と比較すると、その発達の速度が異常に速かったことがわかる。これも、野外用のチェストであった(図三〇二)。大きさは、普通の小型トランクと同じくらいで、縦横二フィート、高さが二フィート四インチである。このチェストは、全体が組合せ家具で構成されていた。チェストを開くと安楽椅子や寝椅子になり、また、金庫のような本体の基部には抽出しが付き、洗面用具ばかりでなく、「料理道具や食卓器具」、「現在軍隊で用いられている調理用ランプ」まで入るようになっている。さらに、折り畳めるフレームをつなぐと、セカンドチェアやベッドができあがる。この家具では、変化が連続して起こる仕組みになっている。肱掛部分は伸縮でき、その上に板を渡すとテーブルになる。また、寝椅子の場合には一方の肱掛けにテーブル面が取り付けられる仕組みになっている。

道具をこのように巧みにまとめたアメリカの野外用チェストに比べると、この頃のヨーロッパの野外家具は際立って原始的である。逆に趣味の洗練度からすると、アメリカの客間用家具はヨーロッパの贅沢な設備に比べて粗野な印象を与えた。初期の寝台車と同様、このアメリカの野外家具も、少数の人たちのものではなく、多数の人が使用することを目指していた。

ハンモック

ハンモックのように単純なものでさえ、特許家具運動に引き込まれ、そこで完全に変化させられた。ただ両端だけで固定され、宙づりになった網に身体を横たえるという方法は、当時の調節可能な座席に表現されている可動性と、考え方の上で非常に近い。特許家具の発展が頂点に達した八〇年代、多種多様なハンモックが大きな関心を呼び起こしたのは至極当然だった。事実、八〇年代に入り、ハンモックに関する特許は急にふえた。たとえば、一八八一年には六件、一八八二年には八件、一八八三年には一一件といった具合である。一八七三年以前には、アメリカにはハンモックの特許はわずか二件しかなく(297)、しかもそのうち一件は、イギリスに起源をもつものだった。

ハンモック——西インド諸島の家具

軽快な網で織られ、通気性が常に保たれているハンモックは、熱帯の気候の産物である。それはアメリカ、正確にはカリブ海域に起源をもつ数少ない家具の一つである。

クリストファー・コロンブスは、一四九二年、バハマ諸島に初めて航海した際、そこでハンモックを知った。コロンブスの手稿からラス・カサスが抜粋した個所には、ハンモックに関する詳しい説明とともに、コロンブスが初めてそれを見た時に受けた新鮮な印象が記されている(298)。

原地住民の住居を数軒回った給水隊の報告によると、「彼らのベッドや家具は、さながら木綿糸でできた網のようだった」という。ラス・カサスの注釈によると、

> それは、スペイン語でハマカスと呼ばれ、つり包帯のような形式になっている。ジグザグに織られた網のようなものではなく、縦糸は非常に緩くなっており、手や指さえ入るくらいである。その縦糸は、上等のレース飾りのように細かく織られた横糸と、手の幅くらいの間隔で交差している。それは、セヴィリアでエスパルト草を材料にして作られる篩と同じ要領で織られている。
>
> ハンモックの先端はたくさんの輪で終っている……それらの輪は一番先のところで剣の柄《つか》のようにまとめられ、家屋の柱に結びつけられる。ハンモックは、このような状態で宙に浮き、静かに揺れる……その中で眠ると非常に休まる。

西インド諸島への航海に成功した者は誰もがハンモックに気づき、それを讃えている、とS・E・モリソンは付け加えている。暑い気候の下でこれがいかに便利であるかを最初に知ったのはスペイン人で、これを船の中で最初に使ったのも、やはり彼らだった(299)。『オックスフォード辞典』にも、ハンモックはカリブ海域を起源にしていると記されている(300)。熱帯では、ハンモックは現在まで変わることなく愛用されてきた。船乗りだけでなく、兵士もその実用価値を知って持ち歩いた。一八五五年五月九日付のフランク・レ

303　熱帯の戦場で使われたハンモック。休息中のニカラグア兵，1855年。ハンモックは，アメリカ大陸を発祥の地とする数少ない家具の１つである。コロンブス一行は，1492年にバハマ諸島に上陸したとき，一団の人びとがイギリス人が「ブラジル・ベッド」と呼ぶ巨大なハンモックの上で眠っているのを目にした。ハンモックは熱帯地方では今もって使われている。（『フランク・レスリーズ・イラストレーテッド・ニュースペーパー』1855年５月９日）

304　蚊帳と組み合わせられたハンモック。円筒状の蚊帳が輪に張られてあり，中へは，その輪を滑らせるようにして開けて入る。（合衆国特許329763，1885年11月３日）

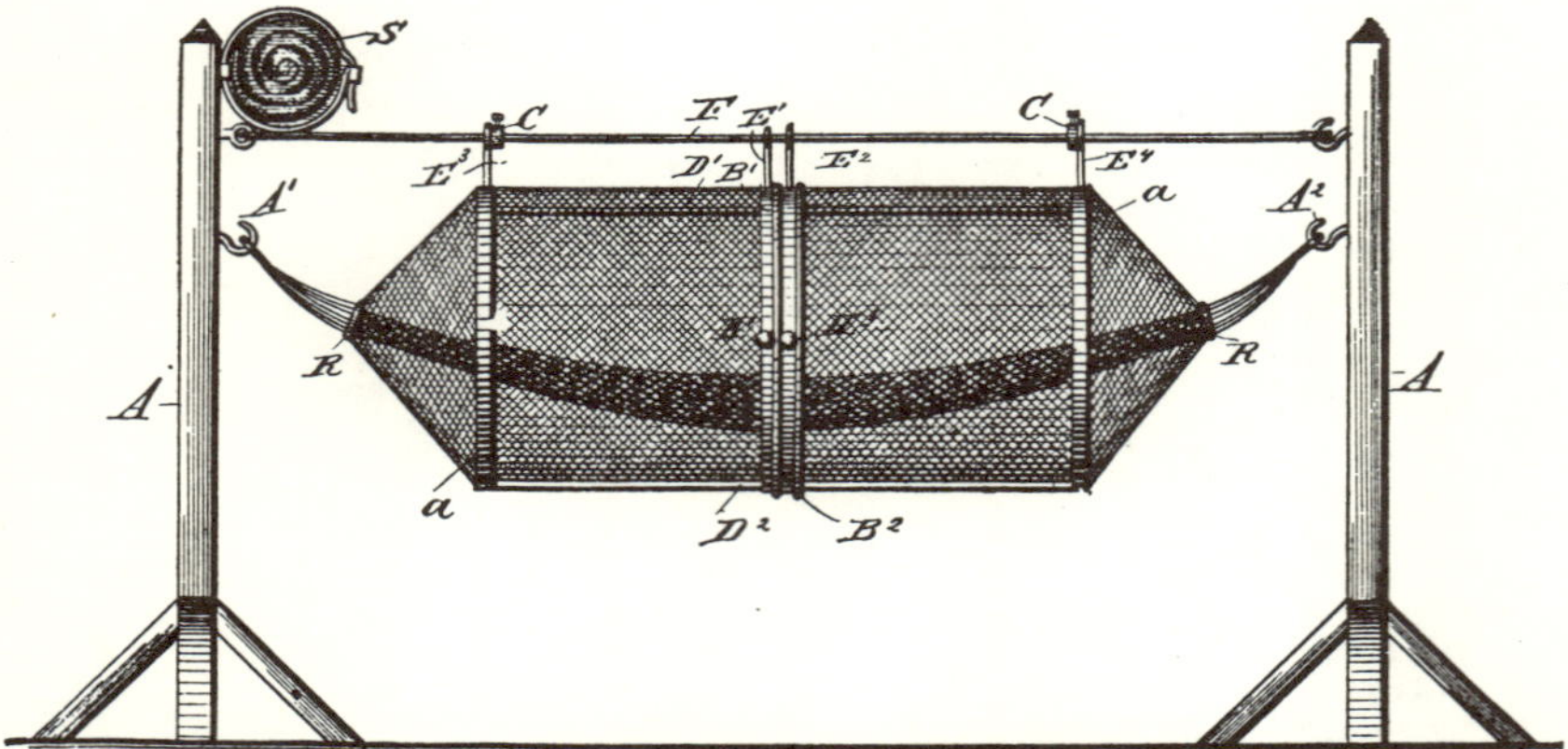

305　三輪車と組み合わせられたハンモック。1883年。やや異様な感じのする工夫である。ハンモックが逆さになった三輪車に吊されている。防水布を全体にすっぽりかぶせると寝室に変わる。(合衆国特許278431，1883年5月29日)

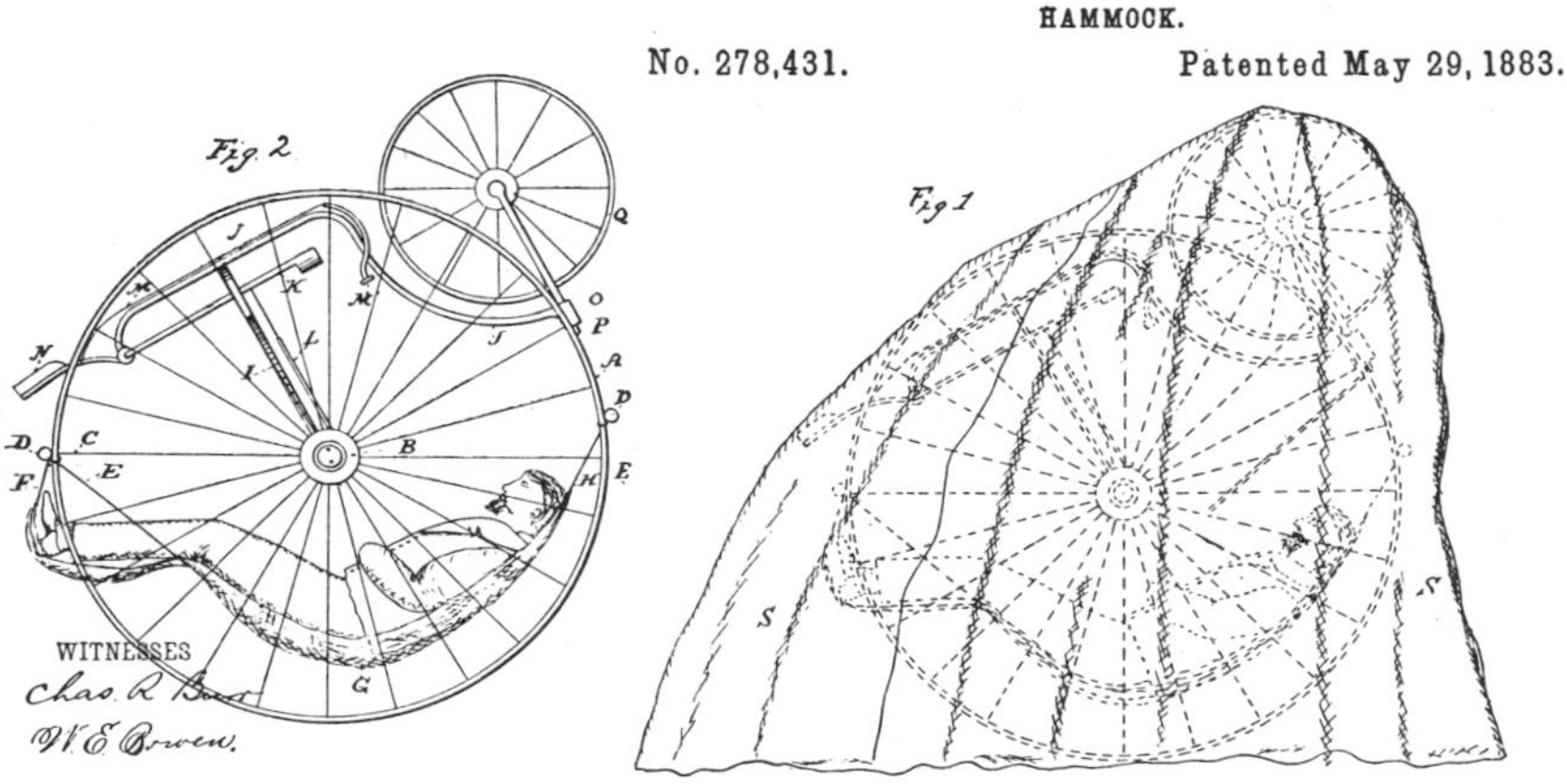

306　90年代に流行した機械化されたハンモック。特許家具の影響が見られ，交差した2本の棒によって網の緊張が常に適度に保たれている。シェルターとして簡単な工夫だが，扇を手にし流行の詩集を傍に置いて休んでいる女性を保護している。(合衆国特許495532，1893年4月18日)

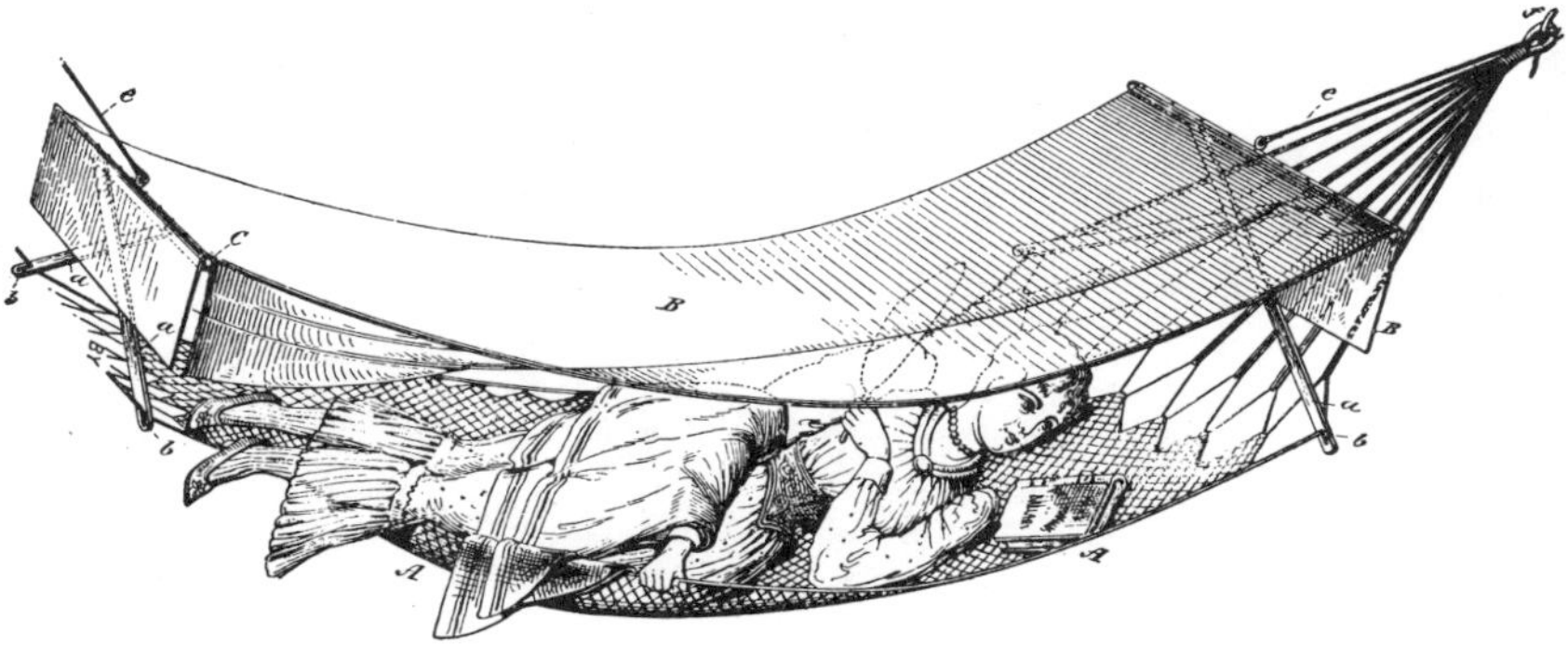

スリーの『イラストレーテッド・ニュースペーパー』には、その年のニカラグアの暴動が報道され、兵営でくつろいでいる不正規兵の様子が挿絵で示されている(図三〇三)。ハンモックはこの段階ではまだ、庭に吊ってくつろぐ型のスマートな家具にはなっていない。これらの兵士がハンモックを天井と壁に吊し、ごく自然な形で使っている様子を見ると、当時ハンモックは、彼らにとって欠かせない伴侶であったことがわかる。

ハンモックの機械化

さて八〇年代になると、この西インド諸島の家具の用途を広げ、そこから新しい組合せを抽き出そうとする試みがなされた。発明家がまず問題にしたのは、身体が生捕りにされた動物のように網にからまりはしないか、あるいは、気をつけて使わないと身体が落ちてしまうのではないか、という点だった。そのためにまず、方杖をネットに取り付け、ネットをぴんと張った状態にすると同時に、横たわった女性を太陽光線や雨から守る簡単な工夫が付け加えられた(301)(図三〇六)。

他にも、蚊の侵入を防ぐために、スライドする輪にネットをかぶせて円筒状の覆いをつくり、その中にハンモックを入れるという工夫がなされた(302)(図三〇四)。ある発明家は奇抜なことを思いついた。彼はハンモックを、枝と枝の間に吊す代りに、ひっくり返した三輪自転車に取り付けた(303)。同時に、このハンモックでは、ロープを使って、横になった人の身体を関節の所で折り曲げた状態にしているので、身体全体は普通の状態より小さくおさまる。最後に、雨除けの布をこの八〇年代の三輪自転車にかぶせると「ちょっとした寝室」ができ上がる仕組みになっていた(図三〇五)。

広い視野からすると、こうした特殊な提案が実用化したかどうかということは大して重要な問題ではない。あえてわれわれがこのようなグロテスクな例を示したのは、そこに働いている衝動的とも、ばかばかしいとも言える想像力が、家具の固定観念を打ち破っているからである。この点こそが実は重要なのである。しかもその想像力は、ハンモックという限られた分野でも、グロテスクなものばかりを生んだわけではない。

ハンモックに手を加えて組合せ家具をつくろうとする試みがなされたのは、当時としてはごく自然な成行きであった。八〇年代初期になされたその種の工夫の中で最も説得力のあるものの一つが、当時のちらし広告に掲載されている(304)(図三〇七)。そこでハンモックから引き継がれているのは、枝や鉤に吊したときに得られる、軽く浮遊した状態である。自由自在にバランスを保つことのできるその軽快なフレームは、身体を少し動かすだけで、ある時はハンモックや安楽椅子に、またある時には揺り椅子に変わる。また構造全体が昆虫の巣のように、宙に漂ったような状態を呈している。あらゆる部分が可動性を基礎として作られ、「多くの輪や枝、脚、それに横棒などが互いにつながり合って構成されたシステムの上に成立している。足掛け台までも、椅子の枠組に固定されず、フレキシブルな形で支えられている」(305)。

特許の説明文にはさらに詳しく書かれてあるが、これ以上の引用は差し控えたい。しかし、この時代が動きの問題に対して示した自由奔放な才能について自分自身で確かめたいと思う人は、特許に記されている言葉を熟読玩味してみるのもよい。そのとき、当時のアメリカ人がいかに自由かつ独創的に、支配的趣味が家具にかけた魔法を追い払ったかが理解されるだろう。

ハンモックとアレキサンダー・カルダー

浮遊し変化しながら絶えず新たな平衡を求め続けるこのシステムから、カルダーの芸術までの距離は僅かである。どちらも、アメリカの環境に深く根ざしている。しかし一方でカルダーの芸術は、大きな現代の発展の流れに深く棹さしている。この点に彼の芸術の強さがある。

カルダーが、当時着実な発展を遂げつつあったパリに何年も滞在したのには、彼の直感が働いていた。そこで彼は、現代人にふさわしい創造の作法を学んだ。彼は毎週のように、現代の新しい表現手段を創造した人びとと接し、そこで、自然主義的表現方法の限界に眼を開かれた。その方法では、彼の内部に湧き上がる衝動に芸術的な表現を与え得ないことを、彼ははっきりと自覚した。彼を導いたのは特定の芸術家でもない。カルダーを創造へと駆りたてたのは、さまざまの芸術上の問題が相会する面、自我そのものであった。そして彼の自我は、アメリカの経験の本質に根ざしたものであったのである。アメリカはそれまでにも、途方もなく多くの発明を行ない、日常生活に大きな影響をおよぼしていた。しかし芸術、あるいは感情の面では、それらの発明は何事も語っていなかった。発明されたものは手近にあり、役に立つものだった。確かにそれらは具体的な利益をもたらしはしたが、しかし、誰一人としてそうした発明の芸術的可能性に気づいた者はいなかった。誰も、日用品の基礎にある象徴的な内容には思い至らなかったのである。

現代芸術の中ではカルダーの作品を除いて、このようなアメリカ的経験を土壌として生まれ出た芸術はない。アメリカ的経験とは、これまでにも度々強調してきたように、アメリカ人と機械、機構、そして可動なものとの一体関係、その特殊なかかわりの中に存在する。アメリカ人ほど、こうした抽象的構造物と密接な関係を保った人びとはいない。カルダーは現代の表現方法を吸収し、これを自己の背景と徐々に融和させ、そしてついに、一九三一年までに、その「モビル」(図三〇八)の中で強調した均衡的状態に対する感受性をわがものとした。彼は、芸術上の先駆者の伝統を受け継ぐと同時に、それにアメリカの意識を融合させたのである。

モーターで動かすと、あるいは、空気が流れたり、手で触れただけで、モビルの針金に吊された要素間の関係と均衡は変化し、予想だにしない構成を生み出すと同時に、見る人に時空の営みを感じさせる。

動作の問題の解決はアメリカ人を魅了してやまなかった。たとえ頭では金のための発明だと割り切っても、その解決への衝動は強迫観念に近かった。アレキサンダー・カルダーのモビルにおいて、この衝動は初めて芸術的実体を獲得したと言ってよい。

構成的家具とその意義

何か埋もれているのではないかと、廃坑からサンプルをとって調

307 ハンモックと変換性。ハンモック・チェア，1881年。この，幾つもの機能を果たすハンモック・チェアには網が使われていない。「丈夫なキャンバスが木枠全体にすっきりかけ渡されている。網を使った場合のように衣類が身体に密着しないので気持がよい。また，ボタンがひっかかったり，女性の場合，髪が網に絡むということもなく，また，空中で身体が，二転三転するようなことも起きない」。高度の可動性と変換性を備えたこの家具は，特許家具運動の最盛期の産物である。姿勢を僅かに動かすだけで，この吊り下げられた機構の平衡はさまざまに変化する。（広告チラシ：ウスター歴史協会，マサチューセッツ州，ウスター）

308　アレキサンダー・カルダー：モビル「黒点」1941年。金属板と針金。平衡を絶えず変えようとしているハンモックから，アメリカの彫刻家，アレキサンダー・カルダーの芸術までには，ほんの一歩の距離しかない。針金に吊された金属の薄片の均衡は空気が僅かに動くだけで，あるいは，手でちょっと押しただけで変化する。要素間の関係は，絶えず変わり，予期しない構成を時空の相のもとに現わす。

べる調査法があるが、われわれもこれまで、十九世紀の構成的家具というほとんど未知の分野から、幾つかの代表例を取り出して検討してきた。そのサンプルが完全なものでないことはわれわれも承知している。しかしともかく、その生得権を主張し、その真の意義を評価するために、まず何かを始める必要があった。構成的家具の運動が、人間的快適さの歴史において正当な位置を占めるであろうことは、もはや疑いない。可動性と組合せの可能性という視点から書かれた家具と快適さの歴史は今はないが、それに関して深く知ろうとする者には、豊富な資料が利用されぬまま埋もれている。これまでに挙げた例はその存在を示唆する程度にとどまっている。

十八世紀末のイギリスの家具、たとえば巧みに作られたひげ剃り台、適度に仕切った洗面器台、上部が円筒型で、メカニズムを内蔵した机などでは、技術と形態が一体化している。形態と構造との間に亀裂がない。十八世紀末の生まれもった感性が、技術的経験と美的経験の融合を可能にしたのだと言ってよい。その背後には、数世紀におよぶ優れたクラフトマンシップの伝統が控えていた。十九世紀は思考と感情が分離していたため、十八世紀に匹敵し得たのは、機能がしっかり手綱を引き締めている場合だけである。しかし当時は発明の才には事欠かなかった。十九世紀の構成的家具が前時代のものより勝っていたのはまさにこの点だった。

この世紀の後半、アメリカ人は動作の問題を解決することにかけては名人だった。歴史家がこのテーマに大きな関心を抱くのは、至る所で新しく思いがけない解決法に出会うからである。歴史家ばかりでなく、建築家やデザイナーにとっても、家具という有機体に組み込まれた可動性に対する、今はすでに忘れ去られた解決法は有用だし、刺激にもなる。動きの問題は、建築やデザインの分野で最もむずかしい問題の一つである。それを解決するには問題と真正面から取り組み、手品師のように想像力をたくましくしなければならない。そのとき、問題そのものが第二の天性になる。しかし、これがためには、ステンドグラスの窓を創るのにある雰囲気が必要だったように、特定の雰囲気が必要である。そのような雰囲気を欠くと、技術と経験は死にたえる。このことは現実に家具の場合に起こった。十九世紀の支配的趣味が特許家具を窒息させたとき、家具は再び元の固苦しい調子のものに戻ってしまった。

家具の機械化に対する異論

家具には可動部分があってはならないという主張をよく耳にする。そのようなものは、複雑で不必要だというのがその理由である。われわれに言えることはただ、その是非はある時代の快適さの概念によって決まってくるということである。絶対的な基準からすると、おそらく東洋の快適さの概念は有機的であると言えるかもしれない。姿勢が外部からの支えをまったく必要としないからである。前にも述べたが、西洋の文化では十五世紀以来、姿勢は次第に多様化する方向を辿った。西洋人は足を下にぶらさげるようにして坐る。この方向の行き着くところ、前世紀に、メカニズムと身体との相互作用が分析され、両者が一体となり浮遊するような、軽快な家具が生み出された。

このようなメカニズムの介入を非難する人も、あるいはいるかもしれない。また、機械化された家具と機械化された家事は、どちらも同じ生活様式に対する回答であるという意味で否定されるかもしれない。ただ、技術者の家具がとった方向には、家事の機械化と比べて一つだけ面白い点がある。それは、構成的家具は――真空掃除機とは違って――労働を節約する問題ばかりでなく、しばしば、くつろぎの問題とも取り組んだということである。

特許家具と一九二〇年代

一九二〇年頃、建築家は、新しい構造（鉄骨構造および鉄筋コンクリート構造）と、新しい要求（軽さ、透明度、空間の貫入）との相関関係に気づき始めていた。家具もこの過程に引き込まれていった。しかし、名も知れぬアメリカの特許家具のほうは忘れ去られてすでに久しかった。感情の裏付けのない純粋に工学的な解決は、簡単に潰え去ってしまう。技術者による解決はその時代の感情面に、それと対応するものを発見できなかったのである。

一八六〇年代の無名の発明家と、一九二〇年代の建築家が力を合わせた場合、すなわち家具を可動かつ調節可能にする能力と、その家具にふさわしい美的価値を創造する才能が一つに融け合った場合を想像してみよう。たしかにこの二つの運動には、はっきり共通するものがある。十九世紀のアメリカ人と一九二〇年頃の建築家は、客の個人的気紛れに応えてデザインするようなことはまったくしなかった。どちらも、型の創造に従事した。二〇年代の運動は、型の創造をめぐって行なわれたのである。

われわれ現代人と一八六〇年代のアメリカ人が類似の問題と取り組むたびに、両者の活動は互いに重なり合う。こうしたことは実に頻繁に起こる。しかし両者の間には半世紀のギャップがあり、一方、近代運動は天然の肥沃な土壌を欠いていた。アメリカ人が支配的趣味に屈服する以前に工夫し発展させたものは、何一つとして、当時運動を指導していたヨーロッパ人には知られていなかった。彼らヨーロッパ人は、長い間、動作の問題に熱中したアメリカ人の経験を欠いていた。彼らは最初から出発しなければならなかった。歴史は自然の一部であり、そして自然には無駄がつきものである。

二十世紀の構成的家具

家具とその製作者

十五世紀の終り頃までは、大工が家の中の木工造作を担当していた。その後を継いだのは指物職であり、さらに十七世紀には、家具職人がそれに代わる。家具職人は美材を使った仕事にその技倆を発揮し、象嵌と化粧張りの扱いにたけていた。

十九世紀に入ってからは、装飾家が家具を製作するようになる。ナポレオンお抱えのデザイナー、ペルシェとフォンテーヌの磨き上げたアンピール様式が、室内装飾家が活躍する舞台を用意した。次第に室内装飾家が支配的趣味の担い手になっていった。ただアメリカの特許家具では技術者と機械工が大きな影響力をふるっていた。

このように、中世以来、大工、指物職、家具職人、室内装飾家、機械技術者など、さまざまの職人が、かわるがわる家具の製作を担当してきたのである。

「職人《クラフトマン》」運動

アメリカで特許家具運動が起きていた頃、イギリスでは、機械に対する反乱が広がりつつあった。この反乱には、特許家具運動と共通するものは何もない。それは、イギリスにおいて一八五〇年頃影響が現われ始めた、機械化の最初の段階に対する抗議運動というべきものであった。ウィリアム・モリスを中心としたグループ——その背後にはジョン・ラスキンがいた——が起こしたこの運動の影響は、世紀の転換期、ヨーロッパ大陸はもちろん、アメリカにもおよんだ。この工芸復興《アーツ・アンド・クラフツ》運動は、家具とインテリアは「個性の表現でなければならない」という主張を掲げていた。こうした動きの中で脚光を浴びるようになったのが職人の存在である。

一九〇〇年頃ヨーロッパ大陸とアメリカに広がったこの運動は、どこでも同じ結果を生んだわけではない。大西洋をはさんだイギリスとヨーロッパ大陸では、ラスキンとモリスを師として仰ぎ、著しく文学的な傾向を示したが、一方アメリカでは、「日常生活の単純化と合理的な生活様式」を支持するという形をとった。細部がよくできている田舎家が住宅の模範として讃えられる一方では、自給自足を擁護し、「家族の食料の大部分を生産できるほどの広さの土地に楽しく快適な住まいをもつこと」(306)ほど素晴らしいことはないとされた。大量生産に対する反動としての自給自足は、のちにフランク・ロイド・ライトによって再び主張されることになる。

イギリスの工芸運動に対し、アメリカにおける運動はただ「職人《クラフトマン》運動」と呼ばれた。たとえば、職人家屋《クラフトマン・ハウス》、職人家具《クラフトマン・ファニチュア》、職人《クラフトマン・》農園《ファーム》などという表現をとった(307)。この運動は、家具に個性を求めようとしたのではなく、開拓者であった父祖の生活様式へ回帰することを目指していた。運動のある代弁者は、この運動は「アメリカ人の物の見方の基本的な健全さを表現し、……かつての職人を活気づけていた、必要に直接こたえるという原則を発想の基盤としている」(308)と述べている。

この運動とヨーロッパの運動との間には共通点も多い。たとえば、グランド・ラピッドで大量生産される「黒いウォールナットの応接セット」を斥け、単純で塗装も装飾もしていない木製品を良しとした点、また、荘重な襞や人工的な塗装の使用に反対し、明るく陽光に満ち、窓辺にはキッチン・テーブルが置かれているといった部屋を理想とした点などがそれである。枝編み細工の椅子やソファが好まれた点も、ヨーロッパと共通していた。椅子やソファの形態は、わざわざ堅く厳しい調子に押えられ、木製椅子の多く、特に細い木製の部材を使った椅子などは、フランク・ロイド・ライトがデザインした室内に置かれてもおかしくないくらいであった。

これらの家具の大半は、仕上げが粗削りで、頑丈にできていた。木釘でとめた状態や蟻継ぎが見えていた点にその良さがあったらしい。のちに、この運動全体は「ミッション・スタイル」と称されるようになった。たしかにそう言われるとおり、形は原始的だったが、その様式が十八世紀後期のカリフォルニアの修道院の家具と共通していたのはこの点だけだった。

アメリカの職人運動は創造的な芸術家を欠いていた。この運動の機関誌ともいうべき雑誌『クラフトマン』は一九一〇年代に入っても読まれていたが、この運動が生き残る見込みは最初からなかった。全面的機械化が押し寄せつつある状況ではたとえ真の天才の支援されたところでこのような試みが実を結ぶはずはなかったのである。

時折『クラフトマン』誌は、「日曜大工」の特集をくんでベンチや本棚、テーブル、チェストのデザインを掲載した。そして、『やさしい工作』シリーズの一部二五セントの小冊子は、素人向けに「ミッション・ファーニチャー、その作り方」(309)と題されていた。こうして、この運動は最後には趣味的なものに変わっていった。

建築家、型の形成者

ヨーロッパの土壌では、モリスの運動はまた別の結果を生んだ。モリスの影響は二つの方向をとった。まずそれは職業的なデザイン改良主義者である装飾芸術家の地位を認めることになった。奇抜な効果を狙って物のうわべだけを変えようとする彼らの努力は、最初から危険を孕んでいた。モリスの教えに備わる道徳的純粋さは、時代の趣味と妥協するとともに失われてしまった。この点は、パリ国際装飾芸術展（一九二五年）ではっきり実証された。この展覧会はモリスの運動が最後に、過渡的な現象と結びついた側面を示している。この頃、建築においては近代運動が高まりをみせ始めていた。

しかし一方では、ウィリアム・モリスは多くの人の良心を動かし、考える機会を与えた。やがてこの運動は一九〇七年頃のドイツ工作連盟へとつながり、狭い枠を脱して工業の分野に近づき、また、建築をもその領域に包含するようになる。最初は、ペーター・ベーレンス、ついで（一九一四年）ワルター・グロピウスがその中心人物となった。

一九二〇年前後、建築家は新しい型の家具の製作者として、装飾美術家にとって代わった。家具のデザインを手がけた建築家は、たとえばドゥセルソーのようにいつの世にも存在した。なぜこの交替が生じたか、その理由ははっきりしている。一九二〇年代の運動は、新しい芸術上の前提、新しい造形観をもとに出発したからである。改良だけではもはや不充分だった。

問題は家具を一つ一つを取り上げてデザインすることでもなければ、それらをセットとしてデザインすることでもなかった。十八世紀以来初めて、部屋とそこにあるものは一個の全体として捉えられるようになったのである。

こうした状況では、形のうわべだけを変える装飾芸術家はもはや何もやれなくなった。主導権は建築家の手に移った。一人の人物が建築家とデザイナーを兼ねたり、あるいは、デザイナーとして出発した人も、多くは、のちに建築家として変貌を遂げた。

一九三一年、われわれは次のような見解を明らかにしたことがある。「現在の傾向を見るとわかるように、装飾家は家具デザイナーとしての威信をまったく失ってしまった。重要な着想は、ほとんどすべて、未来に向けて標準を設定しつつある建築家から生まれている。今日では、どんなに小さな家具といえども、新しい建築の精神――建築家にとってはきわめて当然のことである全体の統一――を体現していなければならない」(310)。

現代の芸術と建築は、多面的な複雑な様相を呈している。一つの運動は、現代の一面、あるいは一つの傾向を代表しているだけなのかもしれない。しかし、傾向はそれぞれ違っていても、その固有の手段を通じて現実を明らかにしている。われわれの時代のヴィジョンはこれらのいくつもの傾向が集まって構成されている。ある運動が終焉し、あるいは他の運動に合流した後も、その考え方は人びとの意識の中に生き続ける。国、あるいは、一個人の力だけで家具や住宅の設備が創り出されたためしはない。ある理念の形成にあたっては、必ず、幾多の国の雰囲気や人材がそれに関与している。このような協力が、発展全体の有効性を保証しているのである。

新しいアイディアが出現するや否や——たとえば鋼管椅子の場合でも——そこに含まれている可能性は、創造的な人びとによってさまざまなかたちをとって展開される。それでいて、原型そのものはいつの場合にも維持されている。こうした授受の関係、無意識であっても積極的な共同は、いつの時代にも存在している。

現在では、工夫の対象は、特許家具の時代とは異なり、形態が中心になっている。発明家は、もはや電話帳に記載された氏名のように無名の存在ではない。名前も個性もはっきりそれとわかる。抽象的な形態の背後にすら、ある特定の国、あるいは個人の貢献が感じとれることも稀ではない。

型の形成

先駆者、G・リートフェルト

家具に初めて新しい芸術上のヴィジョンを投じたのは、オランダ人であった。中でもユトレヒトのG・リートフェルトは、すでに一九二〇年以前に、この方向を目指していた。彼は孤立していたわけではなく、オランダの前衛、テオ・ファン・ドゥースブルク、ピエト・モンドリアン、J・J・P・アウトらとともに、一九一七年以来、雑誌『デ・スティル』で独自の美学を展開していた。「椅子やテーブル、食器棚は将来、建築の抽象的、実在的な一部となるだろう」と、リートフェルトは一九一九年、彼の最初の椅子のデザインを発表した際に宣言している(31)。

絵画や建築と同様、家具の場合にも、一時的にすべてを忘れ、あたかも、かつて椅子など作られたことがなかったかのように、新鮮な目をもって出発することが必要だった。したがって、蟻継などはないほうがよかった。その結果、生まれた椅子の枠組は、ただ四角の板をねじで留めただけのものだった。部材は互いに交差し、角のところで留まっていない。かえって、重なり合った状態がはっきり強調されている。リートフェルト自身述べているように、部材の結合個所は「目に見えていなければならない」(図三〇九)。このように直線が交差した形態は、同じ頃のピエト・モンドリアンの、しばしば「プラスとマイナス」の絵画(図三一〇)と呼ばれる、無彩色の絵や素描にも見出される。一九一八年作の椅子は座部と背もたれが、平らな合板で作られており、しかもその合板の面はほどよい間隔を保っている。

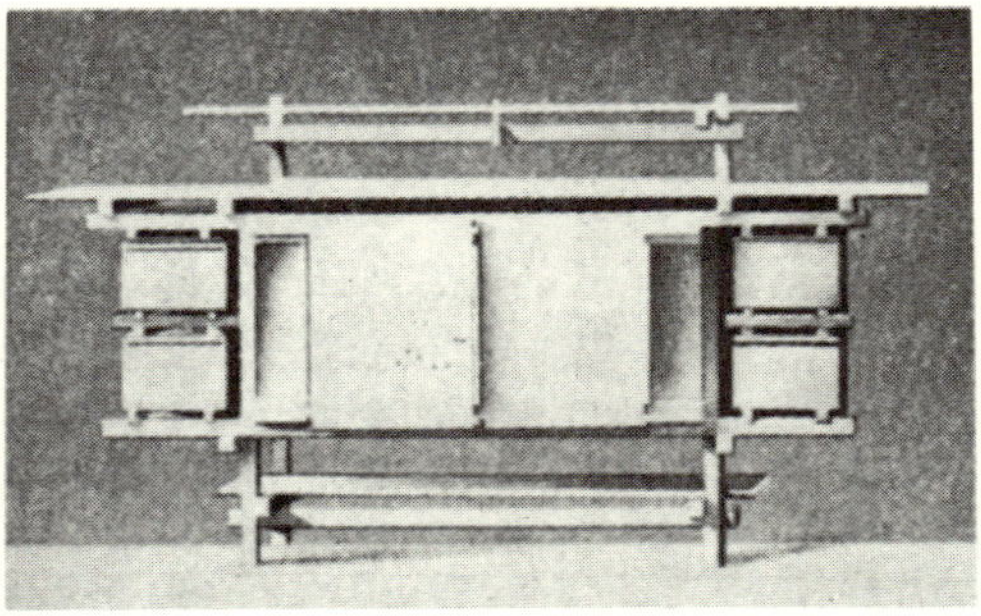

309　（左）リートフェルト：椅子，1919年。新しい芸術上のヴィジョンを反映して，家具はその基本要素に分解された。空間は各部分の間に流れ込み，そして，部材の結合部は「目にはっきり見えるように表現されている」。（提供：G．リートフェルト（ユトレヒト））

311　（上）リートフェルト：サイドボード，1917年。家具はその構成単位に分解されるとともに，支柱と面が直交するように配置され，形態の中立性が可能なかぎり保たれている。（『デ・スティル』10周年記念特集号，1927）

310　（下）ピエト・モンドリアン：「桟橋と海」，1914年。画家のモンドリアンは，『デ・スティル』のグループに属する建築家や都市計画家と協働した。この，いわゆる「プラスとマイナス」と呼ばれる素描では，形態は自然主義的あるいは伝統的な観点から解放され，究極的なものに還元されている。（ニューヨーク近代美術館）

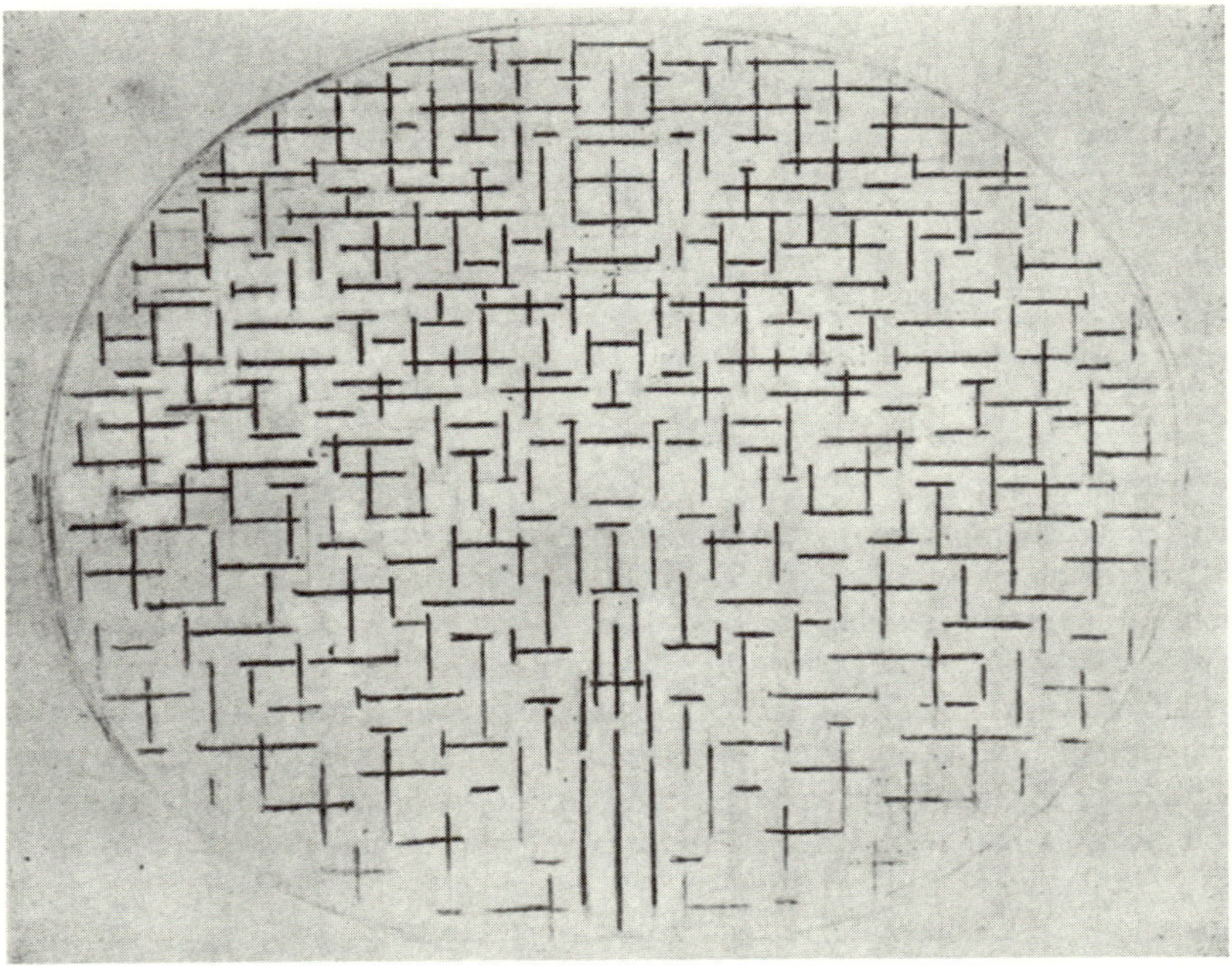

そこでは一体何が起きているのだろうか。一見してわかるように、その家具は構成要素である支柱と面に分解された上で、一つのシステムとして組み上がっている。鉄骨のように、できる限り軽く透明で、浮揚するような感じをもたせられている。

こういった傾向は、一九一七年のリートフェルトのサイドボード(312)に一層顕著に現われている(図三一二)。ここでは、家具は垂直および水平な要素に分解されている。サイドボードの上面をなしている平らな板は、片持ち方式――それ以後建築でもよく用いられるようになった方式――をとって両側に突き出し、その結果、全体が浮き上がったような印象を与えている。部品相互は抽出しの間でさえ風通しよく作られている。また扉は引違いになっている。

こうした作品に対し家具製作の専門家は、椅子についた平らな木ねじは不適当だとか、後の表現傾向を予想した一九一七年の傑作、サイドボードの場合では、引っ込んだ所に埃がたまると言って批判するかもしれない。しかし、こうした作品は、別の観点から評価すべきなのである。政治的マニフェストの効果は正確に計れないものだが、しかしマニフェストこそ、転機を画し未来への指標を形成する。リートフェルトの作品も、そのようなマニフェストの一つであった。その作品は、将来の大きな発展の方向を見定めている。流れ作業や、紋切型の精神には、こうした作品に表現されている想像力を期待することはできない。家具は新たな出発を画すため、分解され、しかる後、諸要素が支柱と面の体系として再編成されている。また形態はできる限り中立的な性格を保っている。一九一〇年頃の画家やロベール・メイヤールのような鉄筋コンクリートの技師は、新しい可能性、新しい表現を求めて、これと同じ原理を用いた(313)。現在、有望視されている数少ない方法の一つ、平行工法《パラレル・メソッド》は家具の分野にも現われている。やがて、二十世紀も半ばを過ぎる頃には、マニフェストと一般製品との落差は埋められるだろう。普及が急速に始まるのはその時である。

ここでもう一度、この時期に形成された椅子、鋼管椅子に限定し、この味気ない、数学的発明の産物のような椅子が、どのような経過をとって生み出されたかを見てゆきたい。ここでも、さまざまな国のさまざまな人びとがその形成に参画し、独自の貢献を行なっている。

パイプ椅子の形成

まさに鋼管椅子は、耐力壁にとって代わったカーテン・ウォールとともに、新しい建築の英雄時代の重要な一部を形成している。鋼管椅子はまた、われわれの時代に芽生えた新しい可能性、誰の目にもふれる存在でありながら、その意義を理解されぬままに顧みられなかった媒体、鉄を利用している。この無知の背後には、周知のように、思考と感情の断絶、構造を感情の言葉に置き換えることを不可能にしていた断絶があった。建築は鋼材および鉄筋コンクリート構造に秘められていた可能性を呼び起こしたが、それと同時に、一世紀の間衰退を重ねてきた空間が新しい概念を得て蘇った。同じことが家具についても言える。新しい家具は新しい空間感覚の中で育まれ、それとともに、室内装飾家は建築家に道を譲り始めた。

これ以前にも金属パイプを使った椅子の例は幾つもあった。すでに見たように、イギリスでは一八三〇年頃、ベッドに鉄パイプが用

312（左）パイプ椅子。ガンディロ、フランス、1844年。ガンディロは1838年パイプを製造するための新しい溶接方式をイギリスから導入した。溶接した鉄パイプが鉛管や銅製パイプに代わってガス，水道，スチームの主管として使われるようになった。かくしてフランスでは，パイプ椅子が流行しはじめた。ガンディロの椅子は，木製椅子の形態を踏襲し，金属製でありながら木製や象嵌に見えるよう塗装されている。（パリ装飾美術館）

313（右）マルセル・ブロイヤー：鋼管椅子，1926年。支配的趣味を表現した1844年の金属椅子（図312）とは対照的にブロイヤーの椅子は，曲げられた溶接鋼管の法則を基にして考えられている。（マルセル・ブロイヤー）

いられ、水平なパイプと垂直なパイプの接合という厄介な問題の解決に対しさまざまな試みがなされた(314)。イギリスからフランスへ鉄管溶接の技術が伝えられるや否や(315)、一八四四年の型のような、鉄パイプを曲げてつくった椅子が現われた（図三一二）。その鉄パイプは、中に膠や石膏をつめて補強されていた。これらの鉄パイプ製の椅子は庭園用としてではなく、意外にも、応接用として使われた。第二帝政期と同様、見かけを重んじたその時期には稀な、興味深い現象だった。当時のある水彩画を仔細にみると、この型の椅子は、皇后ユジェニの部屋(316)にも置かれていたことがわかる。鉄パイプは塗装され堅さが和らげられていたが、やはり当時の支配的趣味には合致せず、パイプ製の椅子は、まったく使われなくなってしまった。

　これら以前の型は、現代の型の出現を解明する助けとはならない。現代の型はそれとはまったく別のものだからである。その出現の背後には、軽く、半ば宙に浮くような構造を作りだしたいという衝動が秘められていた。現代のパイプ椅子は、一九二〇年代、教育実践を通じて新しい道を模索したバウハウスの雰囲気の中で生み出された。この型を発明したマルセル・ブロイヤーは、一九二〇年、十八歳でバウハウスに入学し、一九二五年には彼にとって最初の、パイプを使った肱掛椅子を製作した。彼の使った継目無し鋼管はマネスマン管とも呼ばれ、コンパクトである点が長所だ

314 (左)ミカエル・トーネット：単板を曲げて作った椅子。1836—40年。背もたれも含めてすべての部材が加熱成型されている。同一面に揃った側面の部材は，前後の脚と「一体的なユニット」を形成している。この最初の型は，幾つかの点で，後の型よりも進歩している。たとえば，ここで初めて用いられている，曲げられた単板の帯は，1870年頃アメリカで散発的に起こり，後に近代運動によって仕上げられることになった発展の先駆けをなしている。(ミカエル・トーネット，ウィーン，1896)

315 (中)ミカエル・トーネット：曲げ木椅子，ロンドン万国博，1851年。(ミカエル・トーネット，1896)

316 (右)ミカエル・トーネット：曲げ木椅子，ウィーン博，1850年。部材は金属ネジを使って組み立てられるが輸送は部材のままで行なわれる。1891年には，このタイプの椅子は700万脚生産されたが，デザインにはほとんど変化はなかった。(ミカエル・トーネット，1896)

った。この最初の鋼管椅子に見出される方向は、座部に適用されたサスペンション方式とともに、その後さらに発展させられる傾向――布を張ったときの皮膜のような弾性を利用した座部、背もたれ、肱掛け――を予測していた。マルセル・ブロイヤーはリートフェルトの次の世代に属していた。ブロイヤーの一九二三年の木製椅子(317)は、要素への分解、軽快さ、結合部の単純さを追求している点では、リートフェルトの諸作品と共通していた。しかしそこには、早くも、新しい傾向が表現されていた。キャンバスを張って座部と弾力のある背もたれとして使用すること、いっそう片持ち方式的要素を用いていること、さらに、大量生産を考え、規格化した木材を使用している点がそれである。

　これらがパイプ椅子の基本要素だった。ワルター・グロピウスのデッサウ・バウハウスが一九二六年に建てられたとき、講堂にはパイプ椅子が置かれたが、この型の椅子が一般に知られるようになったのは、新しいバウハウスの開校を記念し、ブロイヤーの椅子を描いた郵便はがきが発売されたときである。同じ年の一九二六年、ブロイヤーは、テーブルとしても使えるスタッキング・スツールを製作した。最初の鋼管椅子の原理はここにもはっきり現われていた。このスツールは、それ以後の型が製作される場合の基準を鮮やかに示していた。ここでも、後のテーブル（一九二八年）や片持ち方式のパイプ椅子と同様、部品を組み立てて作られているという印象を与えていない。鋼管はアイルランドのレース細工のように、流れるような曲線を描いている。ここでは、二次元的構造に代わって、透明感を強調し現代の新しい空間概念を表現した空間的構造が実現されている(318)。

317　ル・コルビュジエとピエール・ジャンヌレ：レスプリ・ヌーヴォー館，1925年。室内。トーネットの曲げ木椅子，B-9型がおかれている。「この椅子は，まさに高貴というタイトルに値する」。鋼管フレームのテーブルがおかれ，壁にはフェルナン・レジェとル・コルビュジエの絵がかかっている。

ブロイヤーの椅子は大量生産を考えてデザインされたものだが、一九二八年にトーネット社が製造権を譲り受けるまでの三年間、一人の職人の手を通じて製作された。

一つの発明が生み出されるまでの段階を、正確に再構成するのは不可能である。マルセル・ブロイヤーは、光輝く自転車のハンドルを見て、椅子にも同じ材料を使おうとしたのかもしれない。鋼管椅子には、初期の曲げ木を使った椅子と何らかの関連があるようにも思われる。

ミカエル・トーネット[319]（一七九六―一八七一年）はドイツのボパルドで、背の横木を含むあらゆる部分に単板を四層ないし五層はり合わせたものを使った椅子を、実験的に製作した（一八三六―四〇年、図三一四）。

この椅子の規格化と大量生産は、一八五〇年代に始まり（図三一五、三一六）、以後中断されることなく続いた。一九二〇年頃、建築家たちが装飾芸術風の家具を耐えがたく感じていた頃、一方ではこの簡素な、ブナ材の椅子が、量産の手法により純化された形態を提示していた。これこそ彼らが探し求めていたものにほかならなかった。

ル・コルビュジエは、あたかも宣言でもするかのように、この規格化された椅子を、一九二五年のパリ国際装飾芸術展のレスプリ・ヌーヴォー館に展示した（図三一七）。この椅子を選んだ理由を、ル・コルビュジエ自身次のように述べている。「木材を蒸気成型したトーネットの衒いのない椅子は最も安価で、同時に最も普及している椅子でもある。ヨーロッパ大陸や南北アメリカで何百万と用いられているこの椅子には、気品がみられる」[320]。レスプリ・ヌーヴ

318　レスプリ・ヌーヴォー館。1925年。室内。正方形の戸棚とキャビネットが、スティール製の脚の上にのっている。これらは、空間を2つに仕切るパーティションの役目も果たしている。

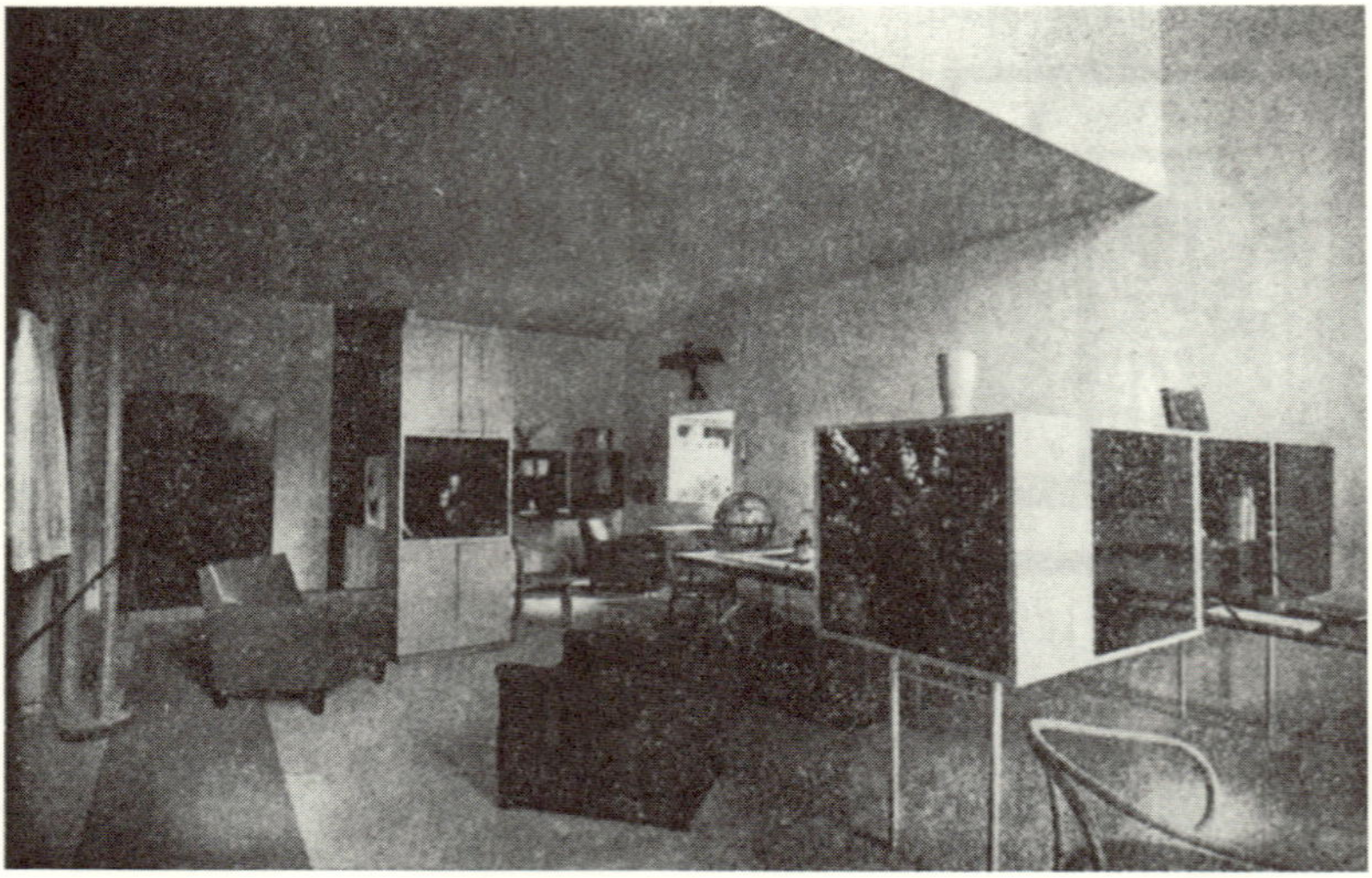

ォー館でル・コルビュジエは、彼のデザインしたキャビネットを鋼管製の脚の上に載せ、またテーブルの上板を鋼管を溶接して作った骨組の上に取り付けた（図三一八）。中でも彼にとって自慢だったのはパイプを曲げて作った階段である。彼は「自転車のフレームのような階段を作った」(321)と言っている（図三一九）。椅子の製作はきわめてデリートな問題を含んでおり、コルビュジエ自身は椅子のデザインを手がけなかった。椅子の製作は結局マルセル・ブロイヤーの仕事になった。彼は最初の椅子を同じ一九二五年に製作している。

　ブロイヤーの椅子の座部は、片持ち方式をとっているわけでも、弾性があるわけでもないが、ここでは、鋼管の弾性とキャンバスのテンションが併用され、座部、背もたれ、肱掛が弾性をもつように作られている(322)。アメリカの特許家具が機械仕掛けの可動性を持っていたのに反し、ここでは、素材そのものの弾性が利用されて僅かばかりの柔軟性が獲得されている。やがてパイプ椅子は、初期の木製椅子の面影を捨て去り、部分と部分が融合し、流れるような曲線を描くようになった。

　さまざまな、しかも見慣れた諸要素が発明家の心の中で一つに融合し、新たな全体を構成する。新しい型を獲得したのは、自転車のハンドルや蒸気成形した木製椅子ばかりではない。視覚的ヴィジョンも一新した。絵画の世界で表現された構造の強調と透明さへの願望は、その最初の兆しであった。

　一九二〇年頃、ロシアの画家や彫刻家、たとえば絶対主義者《シュプレマティスト》や構成主義者《コンストラクティビスト》は、新しい美学を提示した。軽やかさと透明さを備えた、構成主義者による針金の彫刻にも、マルセル・ブロイヤーが鋼管椅子に与えた説明「この椅子が存在することで空間がふさがれる

319　レスプリ・ヌーヴォー館。パリ，1925年。鋼管を使った階段。「われわれは，自転車のフレームのような階段を作った」。

ことはない」(323)が、そのままあてはまった。

片持ち方式のパイプ椅子

パイプ椅子は、一九二五年から一九二九年に至る期間に完成した。一九二七年、ドイツ工作連盟はミース・ファン・デル・ローエの指導のもとに、シュツットガルト近郊に集団住宅を建設した。それはユニークかつ大胆な企てであった。新しい動きが起こったヨーロッパ各国から建築家が招かれ、アイディアを自由に具体化するように求められた。ル・コルビュジエやワルター・グロピウス、J・J・P・アウト、ペーター・ベーレンスらに加えて、若い世代にも機会が与えられた。これら若い人びとの多くにとっては、計画が実施に移される初めての機会だった。そのうちの一人にオランダ人、マルト・スタムがいた。スタムの建てた住宅には鋼管椅子がおかれていたが、それは四本脚ではなく二本脚の椅子だった。それは、前脚が「ランナー」で終っているため、座席全体が今にも飛び立とうとするかのような印象を与えていた。これが最初の片持ち方式の椅子である(324)。マルト・スタムの黒く塗られた椅子は、美しくなかったし、弾性もなかった。彼はパイプの間には細長い布地を編んで作ったキャンバスを渡し（図三二九）、そして肱掛椅子の座部と背もたれの部分だけに、幅広いゴムの帯を渡して弾性を与えようとした。ともあれ、この椅子の簡潔な矩形の外観は、後に定型となるべき形態を示していた。

数週間遅れて、ミース・ファン・デル・ローエも、片持ち方式のパイプ椅子をシュツットガルトのワイセンホーフ集団住宅地の自分の担当区画に展示した(325)。その椅子は弾性を備え、骨組の間に皮革あるいは優美な網代を渡したものだった。ミースは、鋼管構造の弾性に気づいてそれを最初に利用したのは自分だと主張しているが、脚を半円形に曲げて弾性を得る（図三二八）手法は、一八九〇年代に作られた華麗な曲線を持つトーネットの揺り椅子《ロッキング・チェア》にも見出せ

320 レスプリ・ヌーヴォー館。パリ，1925年。外観。この展示館は，ル・コルビュジエがパリ市のために計画したアパートの一単位である。左側のオープンスペースは空中庭園になっている。

る(図三二六)。片持ち方式の椅子のアイディアは広く知れわたっていたわけで、ミースは、これを独自の方法で発展させたのだった。マルト・スタムは、彼の妻のために実験的にデザインした最初のモデルについて、一度だけミースに話をしたことがある。そのモデルは、重いガス管をL字型の接手《エルボー》でつないだものだった。スタムはミースに、これはアメリカの自動車に備えつけられた片持ち方式の補助椅子にヒントを得て作ったと語っている。その補助椅子というのは、折り畳むと床に収まるようにできていた(326)。

片持ち方式の椅子は、スタムとミースを経て、再びブロイヤーの手にわたった。彼は、垂直な脚を用いて簡潔にまとめたスタムのモデルを引き継いでその構造を改良し、現在広く普及している型の鋼管椅子を作り上げた。

この時期、つまり一九二五年から一九二九年までの間、イギリスはかつてこの国に改革者のいたことを忘れ去ったかのように惰眠をむさぼっていた。一方アメリカも、骨董品を礼讃し模倣することに夢中だった。大衆はフランク・ロイド・ライトにも全体としての近代主義運動にも興味を示さなかった。ヨーロッパ大陸で大変な論争を巻き起こしていた住宅や室内も、イギリスとアメリカに関する限り、存在しないに等しかった。ところが三〇年代に入るとアメリカでは、片持ち方式の椅子が、ブロイヤーの定めた最終的な方式にそって大規模に、しかもヨーロッパでのコストの何分の一かで大量生産され始めた。しかし、当時の他の家具と同様、客間ではなく理髪店におかれたり、主に台所の備品として使われた。

かつては、片持ち方式の椅子のアイディアは、他のどの国よりもアメリカと密接なつながりをもっていた。しかしこの点について述

321　ル・コルビュジエとシャルロット・ペリアン：背もたれがピボットを軸に回転する肱掛椅子。1928年。

べるには、特許家具運動に話題を戻さなくてはならない。

一九二七年、ヨーロッパで精神的な充足を目的に生み出されたしなやかな片持ち方式の座部は、実はすでに、一八八〇年代のアメリカに存在していたのである。それが初めて見出されるのは、意外にも農業機械においてであった。早くも一八六〇年代、一人乗りの耕作機や草刈り機、刈取り機などの座席は、機械の本体から斜めに張り出した支持材によって支えられていた。八〇年代の初頭には、耕作機、まぐわ、刈取り機などの機械から木製の部分が消え、全体が鉄で作られるようになった。また、パイプの骨組も、軽いという理由で広く用いられた。この頃から、運転者の座席は、凸凹した地面からくる震動を吸収するために、バネのきいた鉄の帯板で支えられるようになった（図三二四）。鋳型あるいは打出しによって作られ、大きな通気孔のあいたこの座席は、身体に素晴らしく密着するようにできていたが、これは、十九世紀初頭のアメリカのウィンザー・チェアのサドル型座部の系統を直接ひいたものである（図三二五）。

もし、刈取り機の乗心地の向上に払われた配慮の一部でも家具の製作に向けられていたなら、今日、家具全体の様子は大分違ったものになっていただろう。

浮遊するような、バネのきいた座席のアイディアは、特許家具運動が頂点に達した頃、アメリカの発明家の心を動かしたらしい。一八八九年には、ある発明家が遠洋航海用の船に面白い工夫を思いついた（図三二五）。その船では食事を配り易いように回転式になった大きな円形テーブルに、位置の調節できる「吊り棒」で椅子が取り付けられていた。また座席の下には、旅客が「テーブルの動きとは関係なくほぼ垂直な姿勢を保てる足掛け」[327]がついていた。

こうして例からも、アメリカの特許家具の問題と、後のヨーロッパにおける動きが、しばしば同じ方向を志向していたことがわかる。片持ち方式の椅子に関しては、両者の重複はさらにはっきりしている。

アメリカの特許庁は、最初、ミースの片持ち方式のパイプ椅子に関する特許申請を却下した。そのとき彼が示されたのは数年前に提出された、同じように弾性に富み彎曲した脚を備えた椅子の特許明細書だった[328]（図三二七）。それはアメリカの伝統に忠実に調節のための機械仕掛けを備え、脚の渦巻状になった部分から弾性を得る仕組みになっていた。この一九二二年に特許申請されている椅子

322　アメリカのカンガルー・ソファ。ヴァージニア，1830年代。プシュケー別名カンガルー・ソファは，休息時の身体の姿勢に順応した，斬新な曲線をもっている。(提供：ダブルディ社)

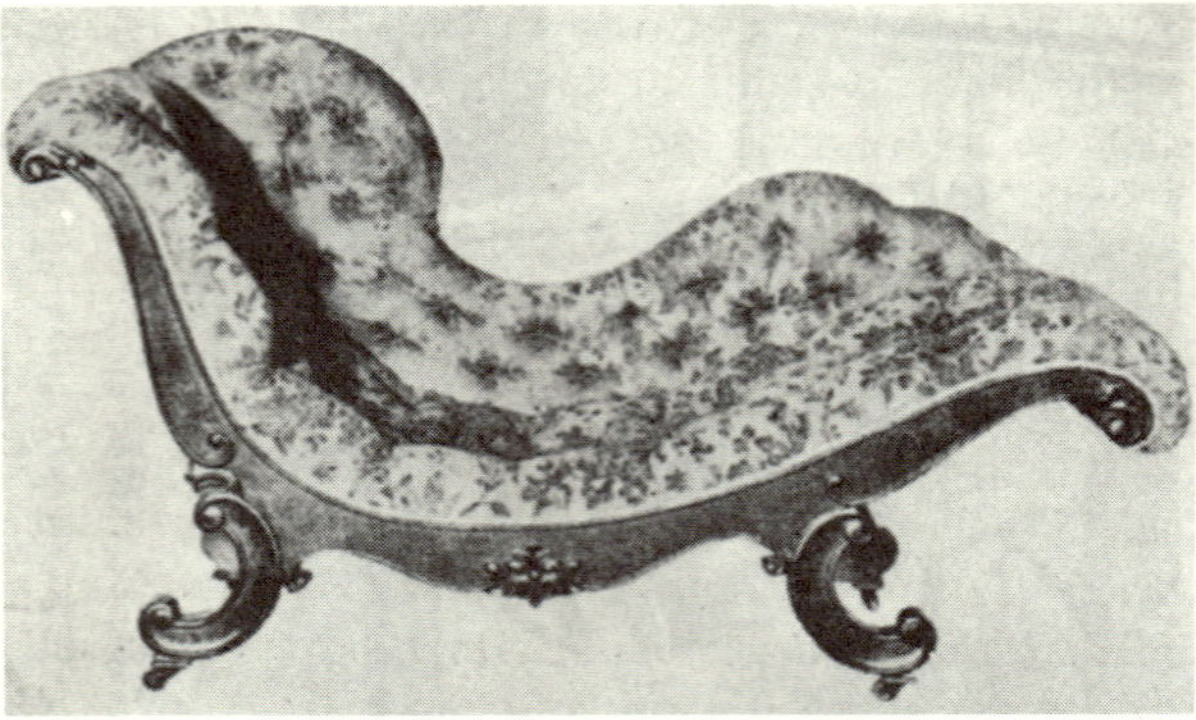

は、パイプではなく、鋼棒で製作されるように設計されていた。言い換えれば、ヨーロッパのパイプ製家具の、最も困難かつ中心的な問題、つまり、機械仕掛けを使わずにいかにして弾性を確保するかという問題には触れていなかったのである。その上この座席は、居間用ではなく、「庭園用椅子」として考案されていた。

この椅子は、実際には製作されなかったらしい。にもかかわらず、ミースによれば、彼はそのアメリカ人の特許明細書に基づいた作品を作り、渦巻スプリングの非有効性を具体的に証明するように求められたという。この点を実証してやっと、彼の特許は認可された。

可動性とパイプ椅子

鋼管のように抽象的な素材は、個人の手には余るもののようである。ところが実際には、さまざまな国でさまざまな表現形態が発展した。フランスもまた、一九二五年から一九二九年までの期間、その発展に寄与した。

一見したところフランスは、ナポレオン一世の時代以来、内部に多くの矛盾をかかえた国のような印象をうける。芸術の領域全般にわたって頑強なアカデミズムが支配する半面、十九世紀の絵画と建築の動向は、フランスを抜きにしては考えられない。何であれ創造的な力が、世に出ると必ず大多数の抵抗に遭い、また支配的趣味と衝突を引き起こしたのもフランスだった。その創造性が結局発揮されたのは、機械化に決して圧倒されることのなかった、フランス人の生活様式の力強さに負うところが大きい。

一九二〇年頃のフランスは、住居に関しては、すべてが型にはまり、何の変哲もない国だった。

この空白状態は、一九二五年のパリ国際装飾芸術展を例にとってもわかる(329)。その展覧会で唯一歴史に残るものといえば、ル・コ

323　ル・コルビュジエとシャルロット・ペリアン：寝椅子，「シェーズ・ロング・バスキュラント」1929年。有名なフランスの建築家が設計したこのソファは，100年前のアメリカのカンガルー・ソファと同様，身体への順応を表現している。

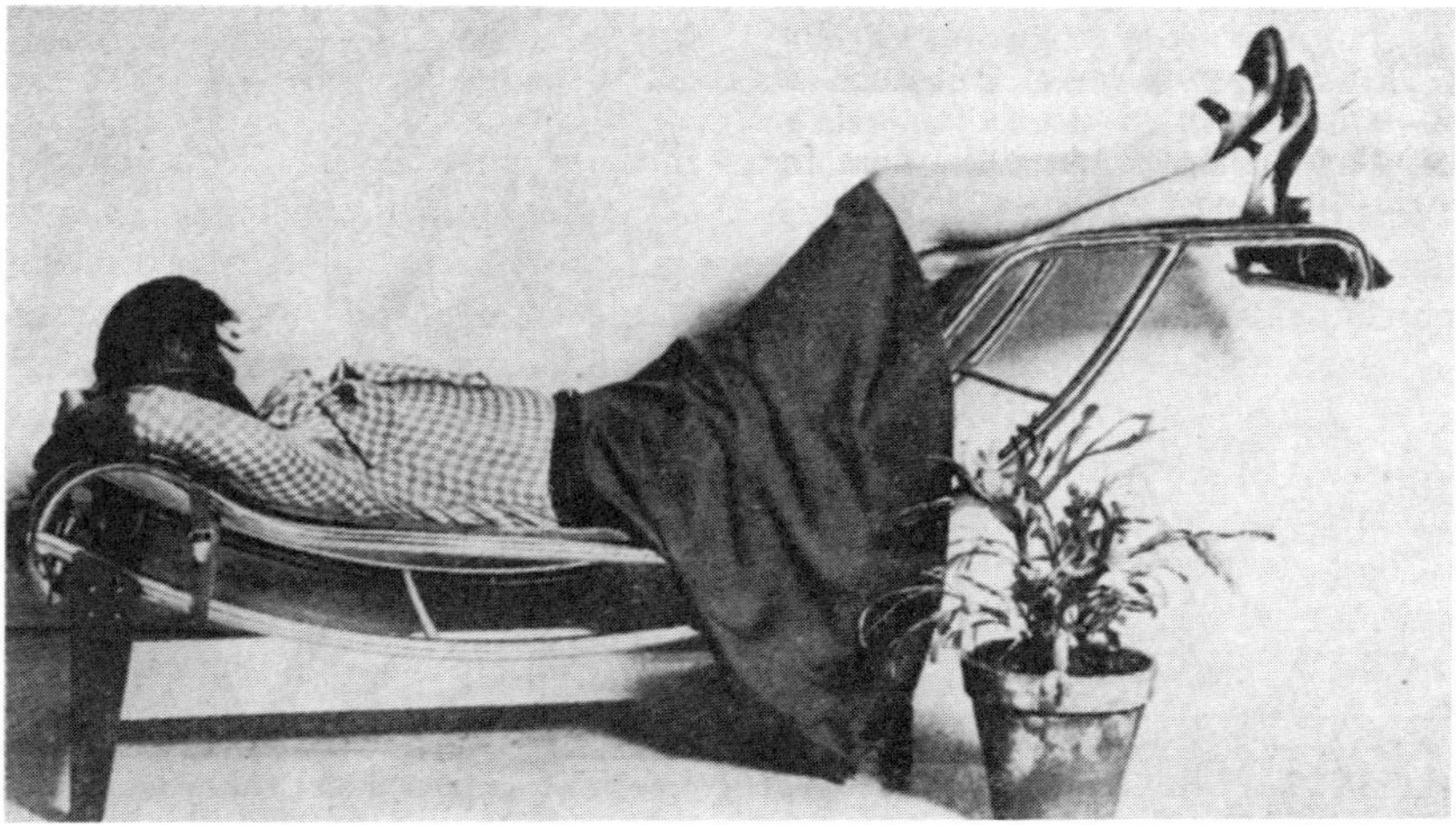

ルビュジエとピエール・ジャンヌレが設計したレスプリ・ヌーヴォー館ぐらいのものだった。そのレスプリ・ヌーヴォー館も、展示場の端のほうへ追いやられていた。ル・コルビュジエ自身いっているように、その館は「最も貧弱で、しかも人の目につかないようなところに建っていた」。一八六七年のパリ万国博ではエドゥアール・マネが、その異端的な絵を、会場の外に自分で板張りの小屋を建て、そこに展示しなければならなかった。そのどちらの場合にも共通していたのは、博覧会の主催者はこうした芸術家の作品を恥ずべきものと感じていたということである。

ル・コルビュジエの抗議「われわれは、室内装飾を信じない」を表現することだけがレスプリ・ヌーヴォー館の目的であったわけではない。それは同時に、装飾家にとって代わろうとしていた建築家の存在を浮彫りにした。レスプリ・ヌーヴォー館を建てた人びとはそれまでにも、幾多の問題を大衆に訴えようとしたが、それを表現する場所に恵まれていなかった。この展示館は、一九二〇年から一九二五年まで、ポール・デルメの協力を得てオザンファンとル・コルビュジエによって発行された『レスプリ・ヌーヴォー』誌上の主張を具体的に示そうという狙いをもっていたのである。展示館はまた、自由な平面による新しい住居、新しい絵画および新しい都市計画を提唱する場でもあった。建物自体は、ル・コルビュジエがかつてパリ市街地のために計画した巨大な集合住宅を構成する、二階建ての住居単位としてデザインされたものである。これらの住宅群と都市全体との関係は、パリの壮大な透視画、プラン・ヴォアザン（パリ市改造計画）に示されている。

レスプリ・ヌーヴォー館のインテリア全体も、新機軸を開いたも

324 刈取り機に取り付けられた片持ち方式の座席。この金属製の孔のあいたシートは，荒地での振動を吸収するよう，鋼鉄の帯板に弾力的に取り付けられている。坐り心地のよさそうなシートの形は，アメリカのウィンザー・チェアやロッキング・チェアに見られる木製のサドル・シートの伝統を受け継いでいる。この金属製シートとその弾力のある取付け方は，不恰好な木製の骨組が金属製の骨組やパイプ構造に置き換わった1880年代に工夫された。（写真：マーチン・ジェイムス）

のだった。そこには、「意匠を凝らした」ガラスや陶器の花瓶に代わって、実用性と機能性によって形態の純化されたビーカーがおかれていた。また、絢爛豪華なカット・クリスタルに代えて、立体派の画家たちの空想を絶えずかきたてた、簡素な、フランスのどこのカフェにもあるワイングラスが展示されていた。また装飾的な絨毯に代わって単純な抽象模様の、力強さに溢れた北アフリカ産のバーバル絨毯が敷かれていた。涙形をしたシャンデリアではなく、舞台用の投光器や、店頭用の照明器具がおかれていたし、また工芸調の装飾的な骨董品に代わって、巻貝の貝殻が、また二階の手摺りには、ジャック・リプシッツの彫刻がおかれていた。

最後にこれらと同じ意味をもつものとして、ファン・グリス、フェルナン・レジェ、ピカソ、オザンファンそしてル・コルビュジエの手になる絵画が、彩色を施した壁に掛けられ、全体を締めくくっていた。自然物、実験用具、ベドウィンの絨毯、連続生産によって純化された工業製品など、あらゆるものを通じて終始一貫して追求されたのは、純粋かつ直接的な形態であった。一見無関係な、雑多な要素をこのように一個所に集めるという手法は、室内に置かれる品々はすべて一人の人間によってデザインされるべきだという考え方とはっきり訣別していた。もとより部屋は、培養器ではなく、無菌状態におくべき性質のものではない。そこでは、過去、現在とを問わず、さまざまな生活形態が相互に作用し合う機会を与えられてよい。

異質なものが混ざり合って醸し出す雰囲気は、最近の室内ではすでになじみだが、このような雰囲気がはっきり、しかも一貫して表現されたのは一九二五年のレスプリ・ヌーヴォー館が最初であった。

ル・コルビュジエは、トーネットの椅子に純粋な形態を見出していた。しかし彼自身は、その当時、クッションの肱掛椅子をデザイン的に改良する以上のことはしなかった。マルセル・ブロイヤーの開拓したパイプ椅子の分野は、その後間もなくフランス人が引き継いだ。可動性がフランスの家具でたびたび問題になり、しかもその解決がアメリカの特許家具の場合と違って機械仕掛けによらず、ヒンジやピボットといった簡単な部品を使ってなされたことは注目に値する。ともかく、ヨーロッパの家具から堅く不動な印象を除くのに払われた努力には目を見張るものがあった(330)。

325　客船の食堂に取り付けられた片持ち方式のシート。1889年。船客用の座席は，テーブル面から伸びた棒材によって片持ち方式で支えられている。また，シートはピボットの上にのせられているので自在に揺れ動き，いっそうの独立性を獲得する一方，下の重しによってバランスが保たれている。この特許は，天候不良の際にも食事のサービスを行ない易くするための工夫である。ペダル(C)を踏むと，テーブルと椅子が回転し，船客が給仕人のほうに移動する仕組みになっている。(合衆国特許396089，1889年1月15日)

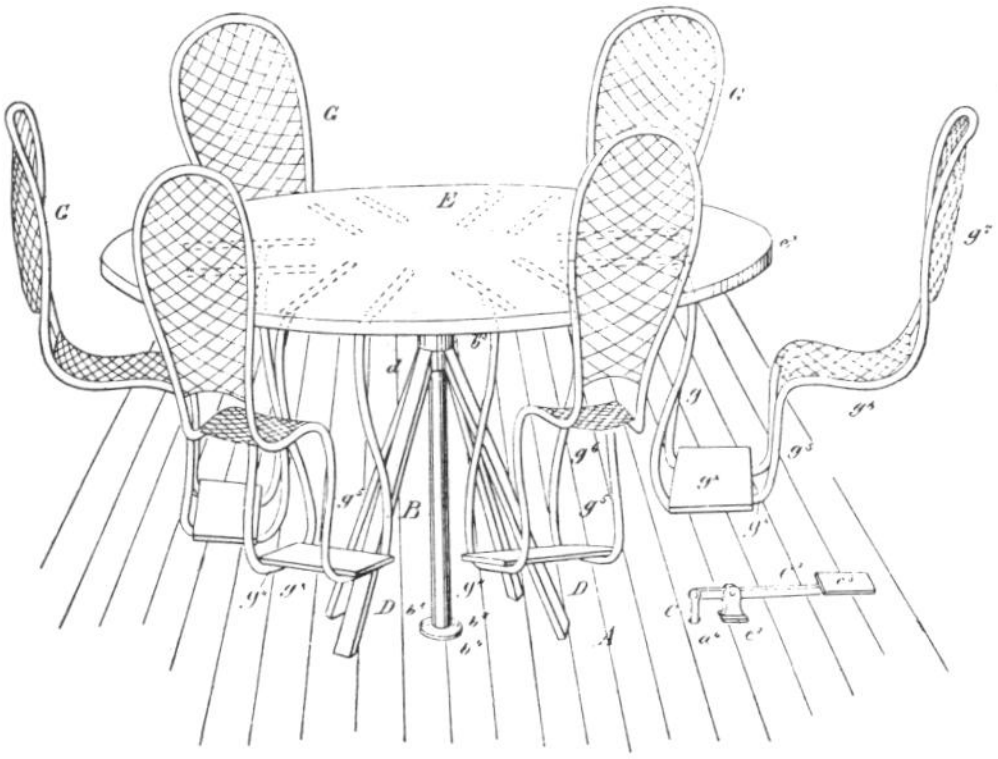

フランスの若い建築家、シャルロット・ペリアンがル・コルビュジエのアトリエで仕事を始めたのは、一九二七年だった。彼女は、鋼管製の回転椅子を、単なる装飾品としてではなく、それとは違った形で婦人の私室に適応させようとした。そこで彼女がとった方法は、背もたれの役を果たす水平の管に、蛇腹状の革製のクッションを巻きつけるという簡単な工夫だった。この椅子は、型式としては、ル・コルビュジエがレスプリ・ヌーヴォー館に展示した伝統的なトーネットの椅子から派生したものだが、今では、独自の椅子の型として確立している。そこにみられる可動性は、ヨーロッパ家具一般がそうであるように、原始的で、技術上の工夫も十六世紀と大差なかった。また、伝え聞くところによれば、ル・コルビュジエとシャルロット・ペリアンは、事務用の椅子を微妙なバランスをとることによって軽量化し、これを居間用の椅子にすることを試みていたという。しかし、当時のいろいろな事情でその試みは中断された。

標準的な型のほとんどは、ル・コルビュジエがピエール・ジャンヌレ、シャルロット・ペリアンと協働して生み出した。背もたれがピボットを軸に回転するようになっている一九二八年製作の肱掛椅子(図三二一)も、その一例である。

調節可能な安楽椅子、あるいは寝椅子とも言える「シェーズ・ロング・バスキュラント」(図三二三)は、それより一世紀前に作られたアメリカのカンガルー・ソファ(図三二二)と同様、伝統との訣別を表わしている。このカンガルー・ソファは、「プシュケー」という名の堅い帝政風ソファの輪郭を、大胆に人体に合わせて作

326　トーネット兄弟：ロッキング・チェア，1号，1878年。1860年のモデル。（提供：ニューヨーク近代美術館）

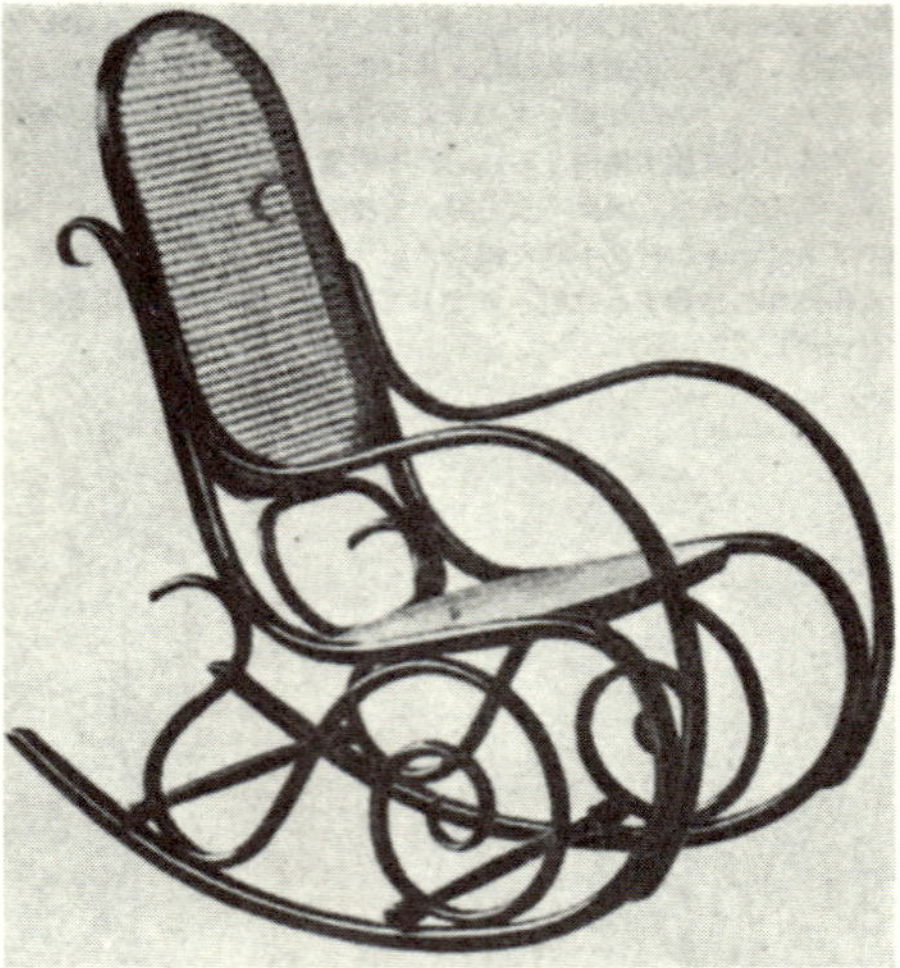

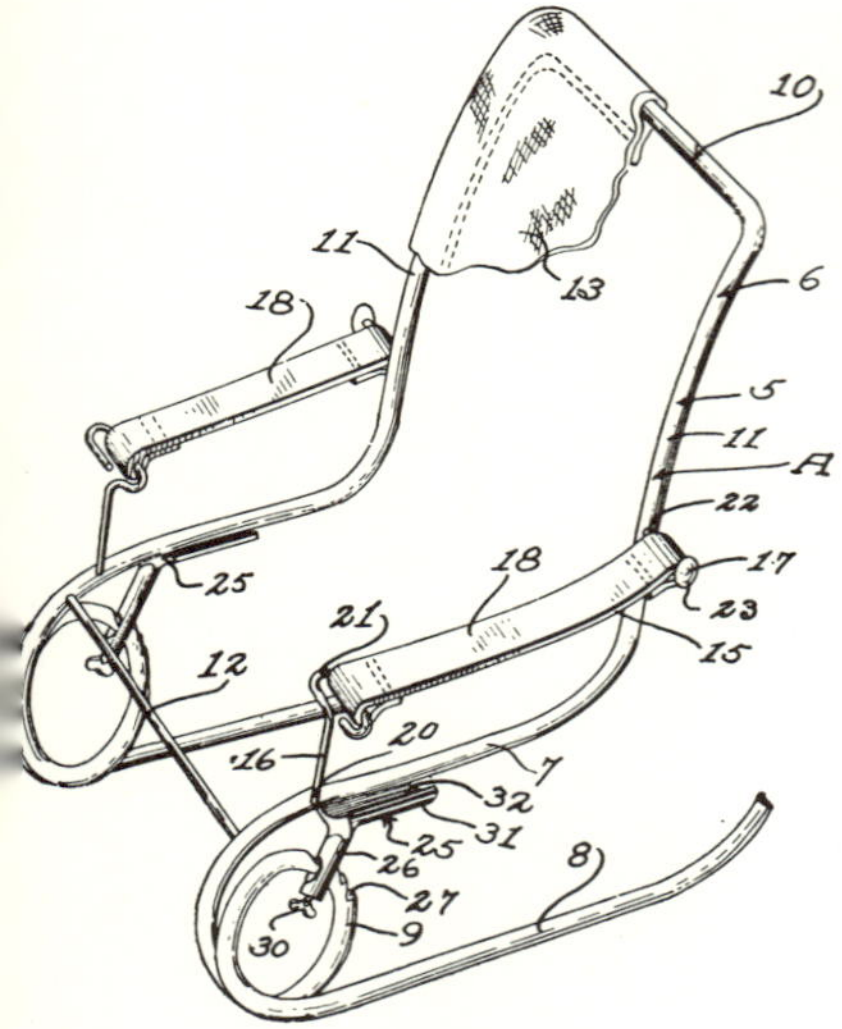

327　弾力性のある片持ち方式の椅子。アメリカ，1928年。「この庭園用の椅子は，全体が1本の鋼棒でできており……衝撃をやわらげる，弾力性に富んだ性質をもっている」。ミース・ファン・デル・ローエは，彼が工夫したシンプルな曲線を描いた家庭用パイプ椅子に対し特許を認可される前に，まず，この椅子の非有用性を実証するように要求された。（合衆国特許1491918，1922年特許申請，1924年4月29日認可）

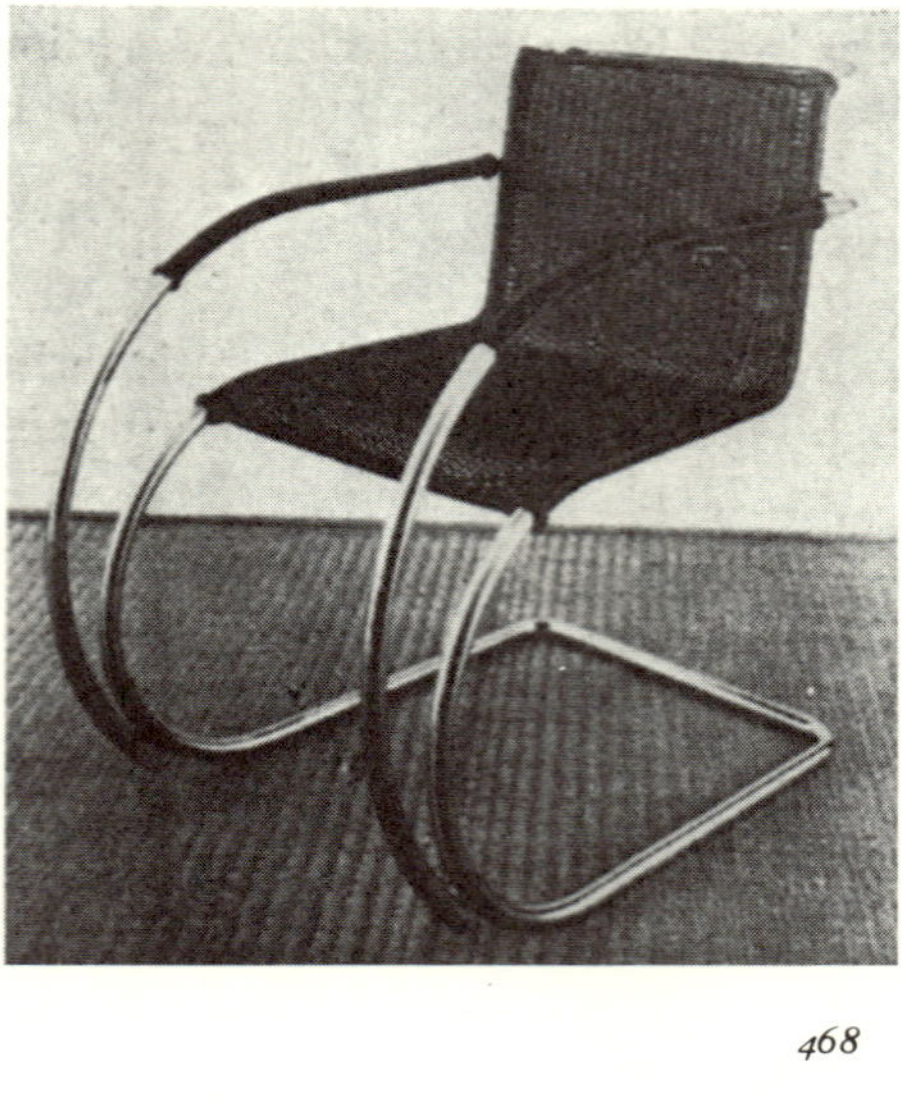

328　ミース・ファン・デル・ローエ：弾力性のある片持ち方式の椅子，鋼管製，1927年。

329　(左)マルト・スタム：最初の近代的な片持ち方式の椅子，パイプを継ぎ合わせてつくられている。1926年。(アドルフ　G. シュネック『デア・シュトゥール』シュツットガルト，1928)

330　(右)マルセル・ブロイヤー：片持ち方式の椅子，1本の鋼管でつくられている。1929年。弾性に富む片持ち方式のアイディアは，20年代のはやりであった。ミース・ファン・デル・ローエの方式では弾性を獲得することに重点がおかれ，一方，マルト・スタムの方式では片持ち方式を完成させることが中心になっている。ブロイヤーはこれら2つの特徴を総合し，今日標準型となった形態に到達した。(提供：ニューヨーク近代美術館)

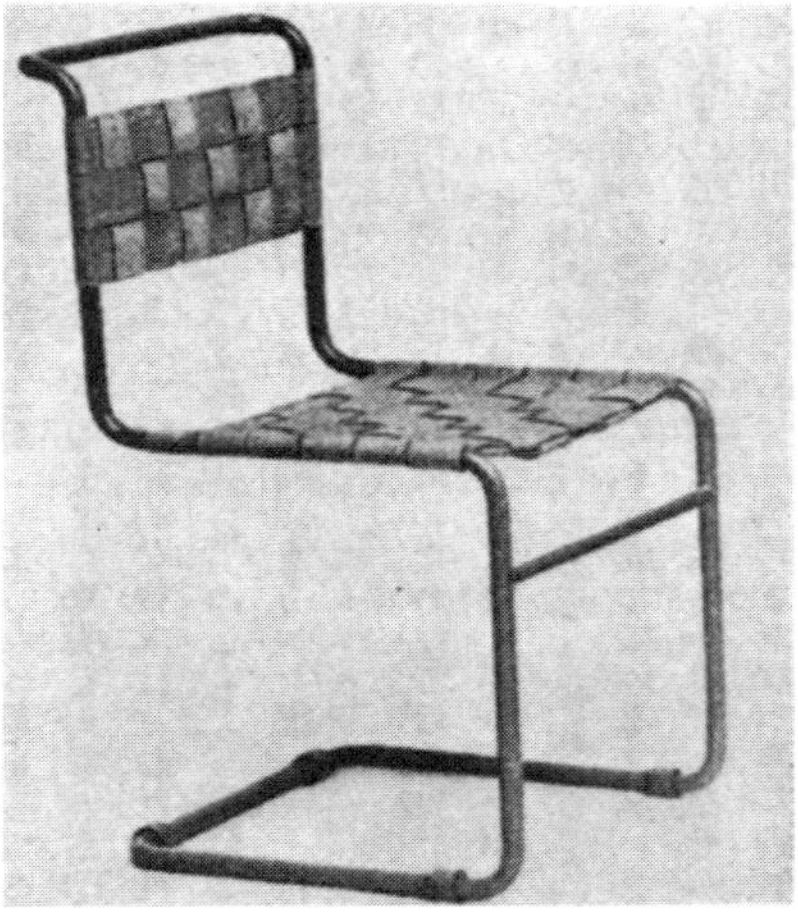

りかえたものだった。「シェーズ・ロング・バスキュラント」の直接の祖先は、台とその上に載る座部あるいは横臥面の二つの部分から構成された病人用の椅子である。この種の病人用の椅子は、十九世紀にはどこにでも見られた。

この調節可能な安楽椅子は、幅の広い黒塗りの台の上にクロム管製の本体が載せられ、下枠についている二個のゴムのパッドと本体との調節で、望みの角度に固定できる仕組みになっていた。病人用椅子の可動面とは異なり、「シェーズ・ロング・バスキュラント」の支持面は曲線を描いているが、その位置は固定されている。そのため、傾斜を変えるには、利用者は一度椅子から降りなければならない。しかも、この時代の家具一般がそうであったように簡単に起き上がれるような形態になっていない。一方、調節可能な各種の椅子、理髪用、事務用の椅子あるいは長椅子の場合は、利用者が起き上がろうとするときにはそれを助けるような動きをする。

この調節可能な安楽椅子の少なからぬ魅力は、台の単純な構成と、横臥面が描くダイナミックな曲線との対比にある。長椅子を身体に合わせて調節できるようにしようという一世紀にもわたる努力が、ここで古典的なスタイルをとって結実している。またフランスでは、片持ち方式の椅子はこれ以上発展しなかったことも付け加えておきたい。

片持ち方式の合板椅子

片持ち方式の椅子は、この時代の特殊な要求に根ざしている。つまり、椅子にも、片持ち方式のコンクリート・スラブや、ピロティー方式の住宅のように、地上から浮き上がったような印象をもつことが求められたのである。人びとは、重力をよく克服しえている印象を与えるものに魅かれた。このような情緒的な要求は、われわれの時代に固有なものである。ゴシック時代にはバットレス（控壁）が、また、バロック時代には波打つような曲面をもった壁が、それぞれの時代の感情を表現していた。

片持ち方式の椅子の材料は鋼管に限られていたわけではない。新しい技術に対する関心は、木製の片持ち方式の椅子をも生み出した。この動きはヨーロッパ文明の辺境、フィンランドに起こった。製材業と木材加工業が生活の基礎そのものを形成しているフィンランドは、樺の森林に恵まれている。樺の木は、柔らかく、しなやかな木材であるが、樺の持つ可能性については当時まだはっきり理解されていなかった。木材を豊富に供給できる土地は多いが、それだけでは、新たな芸術的衝動は生まれてこない。土壌だけからは得られない刺激が、そのためには必要である。古めかしく素朴なフィンランドの伝統に生命を吹き込んだのは、建築家のアルヴァ・アアルトであった。彼はフィンランド以外の地では、一カ所に長くとどまらなかった。一九二九年の国際近代建築会議に初めて登場して以来、彼の姿はほとんど毎年、ヨーロッパのどこかで、また後にはアメリカでも見られた。あらゆるところに触角を働かす彼にとって、一カ所に落ち着くことは意味をなさなかったのである。彼は今、何が建設され、何が描かれているかをよく知っていた。彫刻家のカルダーと同じように、ただしアアルトは建築と家具の領域においてだが、現代の表現法を自由に使いこなし、それを生れ故郷の環境と融合させた。このように、ある時代の表現技法と土地が結びつくと、いつの時代にも実り多い結果をもたらすものである。

アアルトは鋼管製の片持ち方式の椅子から出発した。彼の最初のモデル（一九三一年）は、鋼管の骨組の上に、座部と背もたれを形成する彎曲した合板をねじで留めたものであった。この骨組は、ブロイヤーが一九二六年に製作したスタッキング・チェアを想起させるが、ブロイヤーのものとは異なり、これは直立している。この椅子の独創性は、曲げた合板を構造体として使っている点にある――背の部分はこの合板の一部が重ね合わせられているだけで、それ以外には何の支えもない。

この弾力性のある合板の使用は、アアルトの次の段階、すなわち木製の片持ち方式の椅子の出現を予告していた。彼はここで、北方の国々で以前にはスキーにしか用いられなかった樺材特有の弾力性を利用した。そして、その椅子の構造体の部分には、適当な厚さの積層材を選んだ（図三三三）。この椅子の輪郭は、パイプ製の片持ち方式の椅子と変わらない。「ランナー」、脚、肱掛け、そして背もたれを一本に結びつけている骨組は、幅の狭い積層材で作られている。この骨組は、まず蒸気熱を加え機械で幅の広い板のままで曲げ、次にそれを細く鋸で切り分けたものである。そのようにしてできた二本の骨組は、詰め物をしたシートか、彎曲した合板で結ばれる。

アアルトの椅子の構造体は、パイプ椅子のようにはっきりそれとわかる骨格構造ではなく、最初から、またおそらく機能上の理由から、板が使われていた。

背もたれ、座席、脚部が一枚の彎曲した板で作られている椅子は、一八七〇年代のアメリカにもあった。ニューヨーク近代美術館には、一八七四年に工夫された椅子があるが、これは、アメリカの

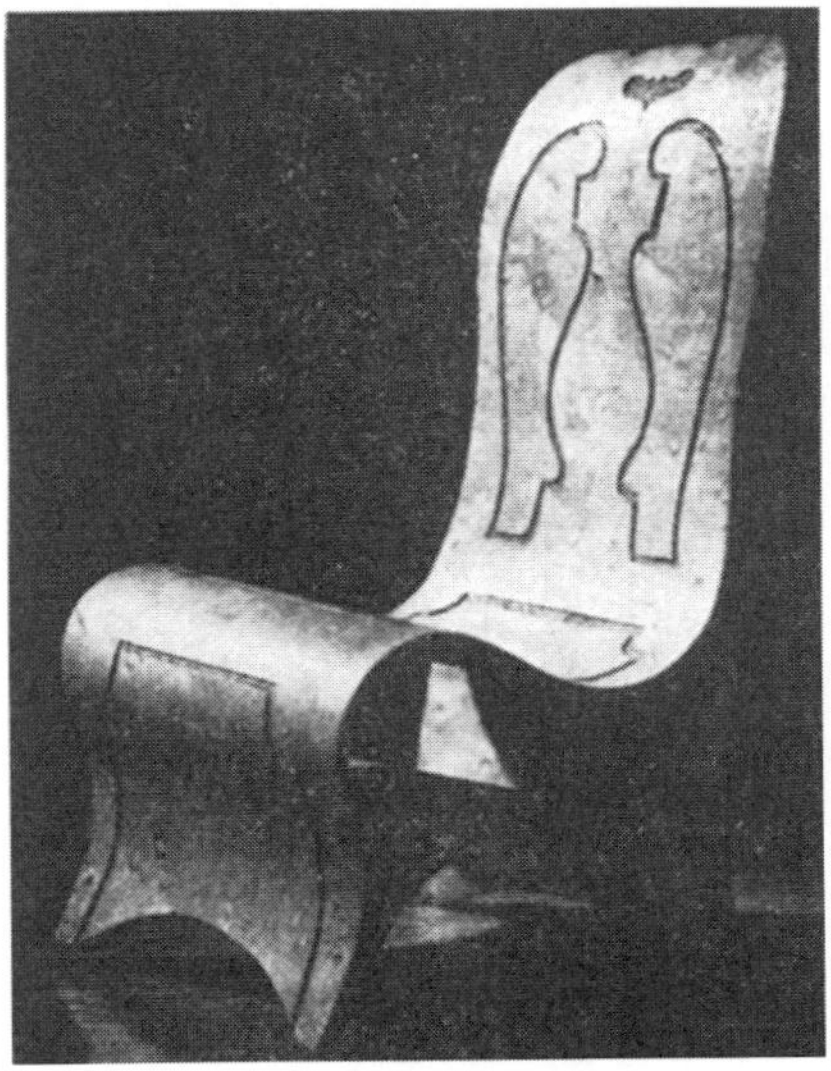

331　アメリカの曲げ合板椅子。1874年。（合衆国特許庁所蔵の原型を撮影したもの：ニューヨーク近代美術館）

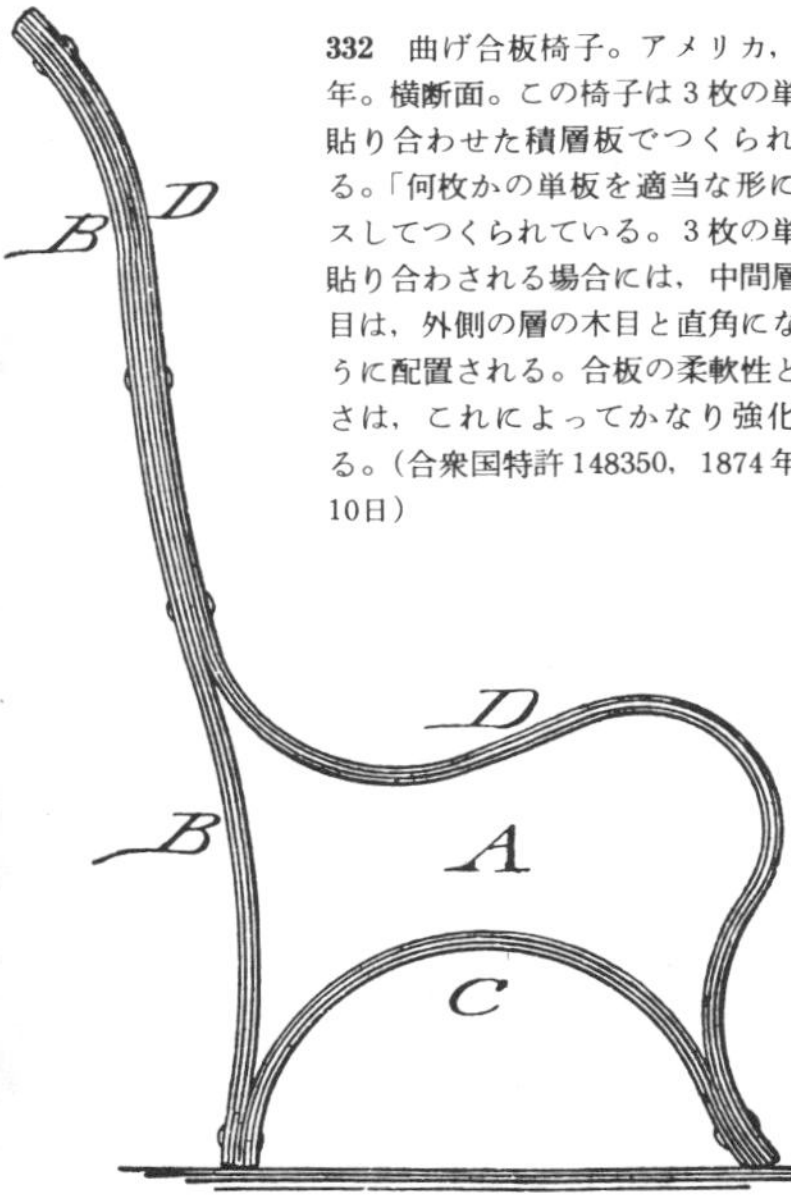

332　曲げ合板椅子。アメリカ，1874年。横断面。この椅子は3枚の単板を貼り合わせた積層板でつくられている。「何枚かの単板を適当な形にプレスしてつくられている。3枚の単板が貼り合わされる場合には，中間層の木目は，外側の層の木目と直角になるように配置される。合板の柔軟性と強靱さは，これによってかなり強化される。（合衆国特許148350，1874年3月10日）

特許庁が競売を催した際に買い取られ、美術館に収められたものである(331)（図三三一、三三二）。「この椅子は幾つかの部分から構成されているが、各部分は適当な大きさと厚さの単板を数枚、目的の形に成型したものである。三層の単板から成る合板では、真中の単板の木目が外側の層の木目と直角になるように重ね合わされる……単板の柔軟性と強靱さは、これによってかなり高まる……椅子は三つの部分から成り……そして前の部分は上に伸びて背もたれと一体化している」(332)。

幅の広いままの合板を、人体に合わせて成型し、それを一個分に切り離すという方法は、アアルトの椅子以前にも、アメリカの多くの木工ハンドブックに示されている。オランダでも、G・リートフェルトが、合板や繊維板を曲げ、これを鉄の棒の間に固定した。しかし、誰一人として、アアルトがフィンランドの樺材から引き出したような柔軟性を開拓したり、また積層材をあえて片持ち方式の構造に適用しようとしたものはいなかった。ここで決定的な役割を果たしたのは、形態だったのだろうか、それとも技術のほうだったのだろうか。

この分野でアメリカが先駆的な役割を果たしたことを知っている人は、最近ではだれもいない。その仕事は、それを生んだ土地においてすら埋もれ、忘れ去られたのである。

木製の椅子に関して再び持ち上がったのは、弾力性のある座席という問題である。ただしこれは、比較的最近のヨーロッパの椅子の場合にだけ問題となり、一八七四年の椅子のような、それ以前のアメリカの型には、弾力性はなかった。座席に弾力性があるということとは、アメリカの特許運動を扱ったところで触れたように、姿勢を

333 アルヴァ・アアルト：積層合板の片持ち方式の椅子，1937年。積層板を初めて片持ち構造に使ったのは，フィンランドの建築家，アルヴァ・アアルトであった。木材は，機械と蒸気処理によって曲げられ，次に小さな幅に切断される。スラブがこの椅子の構成原理となっている。（写真撮影：ハーバート・マター、ニューヨーク近代美術館提供）

僅かに変えるだけでくつろぎが得られることを意味する。

デッソウのバウハウスでは、普通の四本脚の椅子の骨組に、合板を曲げて作った座部と背もたれを取り付け、その弾力性を利用する試みがなされた（一九二八年）(333)。

一方、航空機工業では、合板を樹脂で張り合わせる新しい方法が開発された。アアルトの場合にはまだ、蒸気加熱によって合板を曲げなければならなかった。樹脂を材料とした膠を使用すれば、油圧を用いて電気的に、乾式接着が可能になる。これは椅子の製作に新しい可能性を開くものだった。一九三九年以来、シカゴのインスティテュート・オブ・デザインでは、モホリ・ナギの指導のもとに、合板の弾力性と柔軟性を高め、同時に、システム全体にある程度の可動性を持たせようという研究が広範に行なわれた。そして合板の椅子に関する実験結果が、システマティックに研究課題に組み入れられていった。さまざまな材料の平らな板で三次元的構造が作れるようになり、また、曲げ、打出しなどの操作によって、材料の構造的特質を変えられるようになった。こうして、チャールズ・ニードリングハウスらはZ字型の鋭い輪郭を持つ「ランナー」のついた椅子（図三三五）を製作した。合板でできたその椅子の座部は、わずかではあるが坐っていて姿勢を変えることができるようになっていた。エーロ・サーリネンやチャールズ・イームズのような、アメリカの若い世代の建築家は、生産過程と繊細なデザインとを見事に結びつけている。

この章を閉じるにあたって、木材に新しい生命を吹き込み、その隠れた可能性を抽き出したのは、果たしてただ新しい技術への要求だけだったのだろうか、という疑問が残っている。答えは否である。原因はもっと深いところにあった。すなわち、一九三〇年代の初頭に芽生え、それ以後強くなっていった、有機的なものへの願望がその根底に働いていたのである。われわれは、生命の痕跡を保っているもの、たとえば樹皮や、グロテスクな木の根、貝殻、化石、それに年輪を経たものを好んで身のまわりに置く。三〇年代初期に、ホアン・ミロやハンス・アルプの作品が急速に有機的なものへ

334 （左）ジェンス・リゾム：食堂椅子。1940年。結合部はすべて量産を考えて機械処理されている。（提供：H.G.ノル社、ニューヨーク）

335 （右）シカゴ・スクール・オブ・デザイン：木材の弾力性を利用したＺ型椅子。1940年頃。特殊加工した積層合板とＺ字型スプリングを併用すると二重の揺れが獲得できる。航空機産業のような新しい産業分野から素材や工法を導入することによって、新しい可能性が開かれた。（提供：インスティテュート・オブ・デザイン、シカゴ）

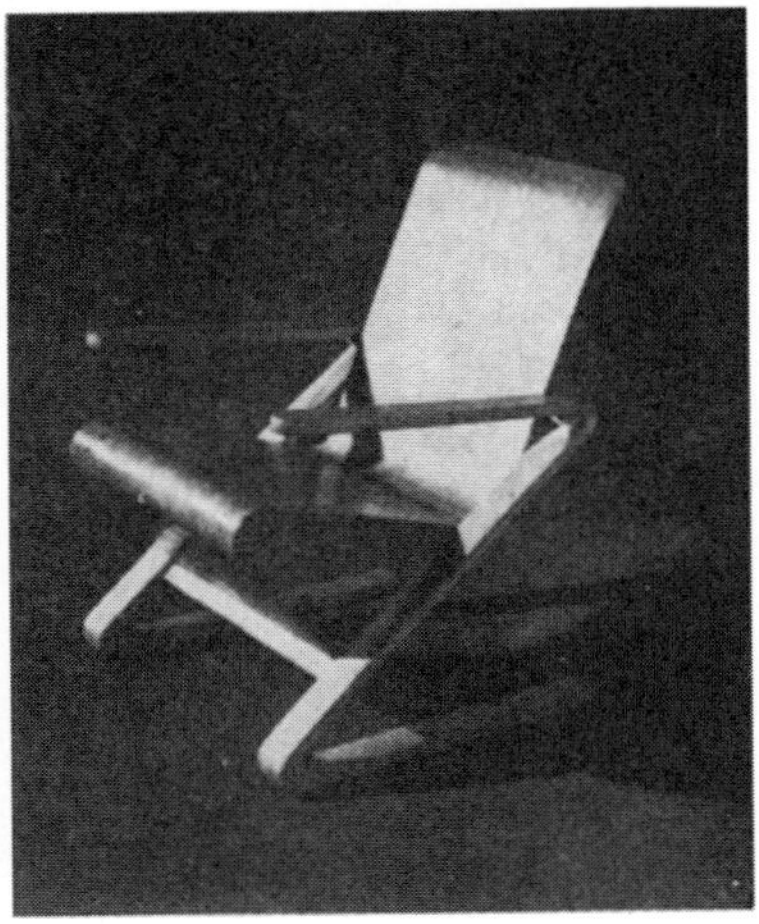

の傾斜を示したとき、絵画は再び、客観的な確信を与えてくれるものになった。ホアン・ミロは、自然主義的な約束に縛られず自由に宙を漂う円いもの、魚や蛇の形などの有機的形態、あるいはカリグラフィックなシンボルを多用することによって表現の自由を獲得することができた。またハンス・アルプは、自分の木彫の作品を帯鋸の上に置き、偶然の法則に委せてひく、といったことを試みている。

普　及

非常に大雑把ではあったが、これまで、一世紀にわたる表現と構造との断絶を埋めようとする動きの発端について概略的に述べてきた。この動きは、新しい建築と歩調を合わせて急速に発展した。一九二五年から一九二九年の間にはパイプ椅子が生まれ、その直後、合板製の片持ち方式の椅子が現われた。

これらはまさしく、型の家具である。椅子、テーブル、カッバード、ベッド、机、本棚、および組合せ家具など――ここではこれらについて触れないが――すべては新しく定義し直すことが必要だった。十九世紀の真正な家具、すなわち技術者の家具とは異なり、新しいタイプの家具は、もはや、場違いな置かれ方をされることはなくなった。建築家は、まず環境空間を創造し、次に、同じ感覚を通してこれらの家具を創造したからである。これらのタイプは機能を考えて設計されている。その製作では、新しい材料が用いられたり、あるいは、昔からある材料が新しい方法で使われたりしたこともあったろう。しかし、この家具の活力は何よりも感情の領域を基盤とした美的創造に負っている。これらの家具は三〇年代のヨーロッパに急速に普及したが、残念ながらその詳細を辿ることはここではできない(334)。

三〇年代の半ば頃、新しい型の家具の発明に小休止が訪れた。その大きな理由として、名前を聞いただけで新しい型の家具が連想される建築家たちが、建物、都市計画、そして当時関心が高まりつつあった大規模な計画などの、より差し迫った課題に取り組み始めたことが挙げられる。後に残された家具の分野にとってこのことは損失だったが、広い視野から見れば好ましいことの前兆であった。言い換えれば、建築家は椅子ばかりか都市の形をも考えるようになったということ、そして、そのことによって建築という職業が現代において専門の枠を越え、問題を普遍的に取り扱う最初の分野の一つになる可能性が示されたということである。

スペインからスウェーデンに至るヨーロッパ大陸の国々が、自らの業《ごう》ともいうべき状況に気づき始めた時期、十九世紀に大きな役割を果たした二つの国が停滞に陥った。まずイギリスが、W・モリスの死と工芸運動の衰退以後、建築と家具の分野で停滞し始めた。世界的な広がりをもつ意見の表明は、マッキントッシュとそのスコットランド派が最後であった。一方その頃、アメリカでは、今は亡きルイス・サリヴァンとフランク・ロイド・ライトはまだ一般に知られていなかった。発展の中心はヨーロッパ大陸に移動し、そこで、新しい建築と新しいインテリアの公式が確立された。

十九世紀、家具の分野で先駆的な役割を果たしたアメリカは、一九二〇年代の重要な動きにはまったく関与していない。運動全体にも、運動がとる方向にも、アメリカの不在が感じられた。アメリカは、技術者の家具、その組合せや可動性に対する情熱を完全に喪失したばかりでない。食事をしたりくつろいだりする部屋に対する関心までも失ってしまった。

ヨーロッパが、建築とインテリアに関して反省をし始めた頃、アメリカは、逆に、押し寄せる「骨董品」の波にのまれてしまった。工業は、同じタイプの製品をさまざまに擬装して繰り返し製造していた。形は鋭さを失い、形態は本来の生命力を喪失するとともに、ちょうどパレットの上で混ざり合った色のように曖昧で、不明確なものになった。

この全面的機械化時代のアメリカは、居間から目を背け、家庭器具の機械化へ関心を転じた。人の住む部屋、人の周囲にある品々は、ほとんど議論の対象とはされず、台所や浴室、そして労働節約的な設備が想像力を掻き立てた。以前特許家具に体現されていた発明の才は、家庭器具の機械化に向かった。そして現在、この分野におけるアメリカの発展はまさに群を抜いているといってよい。

原注

1 この絵の構図がそこに記入されている通り、ヒエロニムス・ボス（Hieronymus Bosch）にならったものかどうか、ということはここではたいして重要ではない。この絵はむしろ、十六世紀後期のアルカイック調を受け継いだもので、十五世紀後期の慣習を模倣している。

2 ウィルヘルム・ボーデ（Wilhelm Bode）は、フィグドール・コレクション（Figdor Collection）に収められたこの椅子の日付を一四九〇年頃と想定している。Wilhelm Bode, *Das Hausmoebel der Renaissance*, Berlin,1921, p 21 を参照。

3 Henri Havard, *Dictionnaire de l'ameublement et de la décoration depuis le XIIIme siècle jusqu'à nos jours. Nouvelle édition augmentée*, Paris, 1890—94, vol. III, col. 851.「一つの場所から他の場所へと移動可能で、領主や主人が居住地を変えるとき、その一行に従ってゆけるものを家具と呼ぶ」（一三八〇年の定義）。

4 モビリエ（Mobilier）は、現在でも多くの国において、家庭内で固定した位置を占めず、自由に動かせる物品一般を表わす法律用語である。

5 Havard, 前掲書第三巻第八五一集。これらの品々は、一五九九年のあるフランスの財産目録にならって列挙されている。中世の家具に関する限り、われわれがここに示している事柄は、単なる資料でしかない。機械化という視点からある型の年代、起源および発展などを決定しようとするとき、その参考になる類型学的な家具の歴史はまったく存在しない。活用できる数少ない情報源の一つに、アンリ・アバール（Henri Havard, 1838—1921）の研究がある。彼は幅広く研究した学者で、文献をまったく欠いた問題にもしばしば取り組んだ。しかし、彼の研究成果は、事典風に編纂されたため、型相互間の関係を扱い得ていない。しかも、資料はフランスに限られている。このような限界はあるが、それなりに彼は、広範囲の有効な資料を提供してくれている。

6 同書第八五四集。

7 同書第八五三集。

8 同書第八五五集。

9 Otto v. Falke and H. Schmitz, *Deutsche Moebel des Mittelalters und der Renaissance*, Stuttgart, 1924, pp. xv—xvii にはこうしたチェストが五個すべて再製されている。

10 Paul Schubrig, *Cassoni, Truhen und Truhenbilder der Ital. Renaissance*, 1924.

11 この歴史は複雑である。抽出しを意味するフランス語 tiroir が用いられるようになったのは十七世紀であると、アバールは述べている。十七世紀以前には、抽出しを意味する言葉として layette または liette が使われていた。一四七一年になると、ユジェール城の財産目録には、「衣裳戸棚には二つの戸と一つの抽出しが付き、塗装した書見台にも、ひっぱり出せる二つの抽出しが付いている」という記述がある。この直後の一四八三年には、「平らな木でできたチェストには幾つかの抽出しが付いている」と述べられている。十六世紀の終り頃になると、抽出しがビュッフェ、小型のテーブル、ドレッサーなどに使われていたことを示す文献が増えている。Havard, 前掲書第四巻第一三二九集、第三巻第二八七集を参照。

12 layette という言葉の語源が、この事実を確証している。アバール（Havard, 前掲書第三巻第二九〇集）も、ブルゴーニュでは、laiete という言葉が、「寝台と壁との間の石の層の部分」を指す意味に用いられていることから、抽出しの語源は石工術からきているらしいと述べている。

13 それは後に、ブレスローのディオゼサン博物館（Diozesan Museum）に移された。このカッバードには、大きめの小文字で次のような銘が刻まれている。大文字は、初期の印刷業者のイニシアルを示しているものと思われる。Anno dni mccclv D(omin)us Joes Paschkowicz Canonicus p(rae)c(e)ntor ac m(a)g(iste)r fab(ri)c(a)e ecclie hac almaiar comparauit et constat 35 Flor. de pr(opr)iis. A.Lutsch, *Die Kunstdenkmäler der Stadt Breslau*, Breslau, 1872, vol. II, p. 97 には、図版が掲載されている。デトロイトのシェイヤー教授 (E. Scheyer) は、この重要な家具への関心を促して下さるとともに、親切にも参考文献のリストを提供して下さった。

14 Du Cange, *Glossarium mediae et infimae latinitatis* には、この語について *r* の代りに *l* の綴りを用いたラテン語の例がいろいろ示されている。ハーバード大学の図書館員、F・M・パーマー (Palmer) 氏は、親切にも出典の確認をして下さった。

15 Havard, 前掲書第三巻第二八七集。

16 「コモードの前身ともいうべき最も初期のチェスト・オブ・ドロワーズの起源は、十六世紀の最後の十年間のイタリア・ルネッサンス期にある」。William M. Odom, *History of Italian Furniture*, New York, 1918 p. 36 を参照。

17 木彫用の小刀は、職人だけが使ったわけではない。デューラー (Dürer) やホルバイン (Holbein) の木版画の場合のように、偉大な芸術の創造にも用いられた。

18 建築家ヴィラール・ド・オヌクール (Villard de Honnecourt) (一二四五年頃) の有名なスケッチブックに、水力を動力とした製材所が描かれている。柱と支柱は節くれだった枝で作られていて、全体としてやや異様な感じを与える絵である。最古のものとされている製材所は、一三二二年、アウグスブルクにあった。この製材所の利用にはためらいがあったらしく、次に製材所についてふれられているのは、一〇〇年後の一四二七年である。場所はブレスローだった。一四六〇年の『シャルルマーニュ年代記』(国立博物館、ブリュッセル) には、二人の男が動かしている大きな鋸の挿絵が掲載されている。この頃、木の枠組構造が広く用いられるようになった。これらの点に関しては、フランツ・マリア・フェルドハウス (Franz Maria Feldhaus) の優れた小冊子 *Die Saege, Ein Rueckblick auf vier Jahrtausende*, Berlin, 1912 に図示されている。

19 Fred Roe, *Ancient Church Chests and Chairs*, London, 1929 p. 12.

20 Falke and Schmitz, 前掲書。

21 太くて円い脚を備えたロマネスクのベンチや玉座は、木の骨組構造が技術的に進歩する機会を一切摘みとってしまった。そこに表現されている技術は、別の素材、つまり石に属するものだった。

22 Gisela Richter, *The Oldest Furniture, A History of Greek Etruscan and Roman Furniture*, Oxford, 1926, p. 126.

23 Odom, 前掲書四三頁。

24 Evans, *The Palace of Minos at Knossos*, London, 1921—35, 4 vols, vol. iv, part II, pl. xxxi.

25 Richter, 前掲書の図一一二に示されているスタモス (stamos) も参照のこと。

26 Falke and Schmitz, 前掲書。

27 Viollet-le-Duc, *Dictionnaire raisonné du mobilier français de l'époque carlovingienne à la Renaissance*, Paris, 1855, vol.I, p. 254.

28 Havard, 前掲書第三巻第二九三集から第三〇二集まで。

29 Emile Molinier, *Les Meubles du Moyen Age et de la Renaissance*, Paris, 1897, P. 4.

30 中世の人びとは、勿体ぶってこうした習慣に従っていたわけではない。一四五八年のミュンヘンの細密画に描かれているボッカチオは、原始的な長い台の上で書き物をし（図一五一）、一五〇五年のカルパッチオ作の絵の中では、ジェロームが狭い台の上で書き物をしている（図一五八）。しかし一般的には、上面が大きく傾斜した机が使われていた。ホルバイン作の「学校の先生の看板」（図一四三）では、どっしりとした本体の上にのせられているだけに、机の傾斜は一層際立っている。

31 Percy Macquoid and Ralph Edwards, *Dictionary of English Furniture from the Middle Ages to the Late Georgian Period*, 3 vols. London, 1924—27, vol. II, P. 209. fig. 1.

32 本書「アッセンブリーライン」の章の図四三を参照。

33 Ramelli, *Le diverse artificiose machine del Capitano Agostino Ramelli Dal Ponte della Tresia, Ingenere del Re di Francia*, Paris, 1588, p. 317, plate CLXXXVIII.

34 Schuebler, *Nuetzliche Vorstellung, wie man auf eine ueberaus vorteilhafte Weise Bequeme Repositoria, Compendiose Contoir und neu faconierte Medaillenschraenke ordinieren kann*, Nürnberg, 1730.

35 *Time Magazine*, 9 Oct. 1944. 広告文より。

36 同誌一九四四年七月三日、七六頁。

37 Harvard, 前掲書第四巻第一四〇三集。

38 「塗装し金箔をはった回転椅子が二台」一四八四年に製作されている。同書。

39 Molinier, 前掲書第二巻一七〇頁。書斎の聖ジェローム (St. Jerome). Scuola degli Sciavoni, Venice.

40 カルパッチオ (Carpaccio) の伝記作家モルメンティ (Molmenti) はこれを回転椅子とは言っていない。Pompeo Molmenti, *The Life and Works of Vittorio Carpaccio*, London, 1907, p. 132 を参照。

41 Fiske Kimball, 'Thomas Jefferson's Windsor Chair,' *Pennsylvania Museum Bulletin*, Philadelphia, 1925, vol. XXI, p. 58—60.

42 the Altar of St. Stephan, Barcelona, Palacio Nacional de Monjuic を参照。Grace Hardendorf Burr, *Hispanic Furniture*, New York, 1941, fig.6 に図示されている。

43 Julia W. Torrey, 'Some Early Variants of the Windsor Chair, *Antiques*, vol. II, Sept. 1922, p. 106—10, fig.9, fig.10 を参照。われわれは、これとその次の資料を、ニューヨーク、メトロポリタン美術館、成人教育局のファーエル氏の尽力で入手できた。

44 Esther Frazer, 'Painted Furniture in America,' part III, 1835—45, *Antiques*, New York, vol. VII, 1925, (fjg. 4) に図示されている。

45 A. G. Meyer *Geschichte der Moebelformen*, Leipzig, 1902—11, Serie IV, Tafel 2.

46 Havard, 前掲書第四巻第一一三四—三五集。

47 「テーブル面が、先端を成形した一本の脚に載せられていることから、このテーブルは折畳み式であったらしいことがわかる」。Macquoid and Edwards, 前掲書第三巻。

48 Havard, 前掲第四巻第一一三〇集。

49 同書第四巻第一一二五集。

50 Macquoid and Edwards, 前掲書 'Table, dining table, trestle table'.

51 *The Cabinet Maker's London Book of Prices*, 1788, Pl. XIX, fig. 2 を参照。

52 英国特許二三九六、一八〇〇年五月一日、リチャード・ギロー (Richard Gillow)。

53 Macquoid and Edwards, 前掲書第三巻第二一二頁。

54 これらチェストの形式をとったテーブルは、特に南ドイツ地方でよく見られるものだが、十六世紀のイギリスにも存在していたらしい。「食器戸棚《カップボード》を組み込んだテーブル」は、ヘンリー八世の家財目録の中でも言及されている。Macquoid and Tipping, 前掲書第三巻第二二七頁。ドイツのテーブルについては、A. G. Meyer, *Geschichte der Moebelformen*, Serie IV, Tafel q, fig. 10 に図示されている。

55 Stephen Decatur, 'George Washington and His Presidential Furniture,' *American Collector*, Feb. 1941, vol. X.

56 Percy Rathbone, 'An Early Italian Writing Table,' *Bulletin of the Detroit Institute of Arts*, vol. XX, no. 6 (March 1914), p. 63—64.

57 文献 (Falke, 前掲書) で教会用ベンチ (Kirchenbank) と呼ばれているものは、現在でも使われているが、むしろロマネスク期の聖歌隊席の一例であったらしい。

58 Molinier, 前掲書八頁。

59 Falke and Schmitz, 前掲書中に図示されている。

60 木製の三本脚の低いスツールの年代については、確かなことは何も知られていない。いずれにせよ、それは、ロマネスク期のレベルの不ぞろいな床面によく適していたと思われる。この型は、乳しぼり用のスツールとして今でも使われている。この木製の三本脚のスツールは、四本脚の椅子が復活する以前、細密画や十五世紀の木版画などに描かれている。十六世紀のイギリスでは、このスツールは、三本の丸い脚で構成され、そのうちの一本が、上に延びて背もたれになるという形式をとっている。それはまた、安楽椅子にも変わるようになっていた。サヴォイ地方の三本脚の安楽椅子にはほぼ半円の座席が付いていたが、これについては、Falke and Schmitz, 前掲書図一四〇bに示されている。

61 Falke and Schmitz, 前掲書二七頁、本文三三頁に載っている。アバール (Havard, 前掲書第二巻第一九九集) は、ブルゴーニュ公の一三九九年度の報告書の中で鍵のかかるドレッサーについて述べている。このことからして、ドレッサーは十四世紀の終り頃に導入されたらしい。十六世紀になっても、ビュッフェ、ドレッサー、カッバード、この三つは正確には区別されていなかった。

62 しばしばチェストは上下に積み重ねられ、扉が手前に開く方式をとっていた。すなわち、傾向としてはむしろ、二段式を長く保持していたワードローブの方向を目指していた。十七世紀になっても、チェストの場合のように、衣服を水平に置く習慣はなくならなかった。

63 Havard, 前掲書第二巻第一九九集。

64 巨大な円天井のついた宮殿の台所 (モンサンミシェルやポルトガルのシントラ城) は、ここでは考慮に入れなかった。というのは、このような台所は大勢の人びとの食事を賄えるように設計され、当然、台所を別棟にするか分離する他はなかったからである。

65 Molinier, 前掲書二五頁。

66 Havard, 前掲書第二巻第二八一集。

67 同書第二巻第七九七集。

68 十四世紀のメニューが幾つか保存されている。各食事のコースには実にさまざまな料理が用意され、最後には砂糖菓子が出された。これは、当時ヨーロッパでも最も生産活動の盛んな土地、フランドル地方のメニューである。それでも、料理は驚くほどに変化に富み、あらゆる種類の猟獣や家禽

69 類、魚、各年代ごとのぶどう酒、珍しいデザート、ザクロ、蜜で焼いたアーモンドなどが出された。(J. Henry Hachez, *La Cuisine à travers l'histoire*, Brussels, 1900, p. 138—46).
70 Heinrich Woelfflin, *Die Kunst Albrecht Duerers*, München, 1905, p. 196.
71 Odom, William M., *History of Italian Furniture*, New York, 1918, vol. I p. 302.「上の部分が、独立したデザインの書き物板の上に置くものとして設計されていたことは、きわめてはっきりしている」。
72 十六世紀の各時期の例は、同書第一巻図一三八、三〇六、三〇七にある。
73 初期の型は、十六世紀の修道院のコンソール型書き物机と同様、壁と一体化していた。この例として、シュブラー（Schuebler）の一七三〇年頃の机があるが、この場合、抽出しは上から床まで付いていた（図二三九)。
74 Odom, 前掲書第二巻図三〇。
75 Havard, *Dictionnaire de l'ameublement et de la décoration depuis le XIIIme siècle jusqu'à nos jours.*
76 Odom, 前掲書第一巻一四四頁。初期の例としては、一五三五年のものがある。
77 同書第一巻三〇六頁。「現存している唯一のルネッサンス期のコモードは、一五九〇年代のものである」。これは、ヴィクトリア・アンド・アルバート博物館（サウス・ケンジントン、ロンドン）に所蔵されている。
78 一五九九年版の『オックスフォード英語辞典』に、「抽出しあるいは箱を備えた大型ないし標準型のチェスト」について述べられている。しかしその外観については一言もふれられていない。
79 Odom, 前掲書第一巻図二五〇。
80 Havard, 前掲書第一巻九二九頁。
81 Macquoid and Edwards, *Dictionary of English Furniture*, 前掲書第一巻七〇頁。
82 後に風俗画が主流をなした時代には、このような姿勢の描写だけが風靡した。たとえば、ルイ十六世時代の初期には、化粧室にいる騎士をモンロー（弟）（Moreau le jeune, 1741—1814）風に描いた、P・S・マルティニ（Martini）による版画「小化粧室」、あるいは、ニコラ・ド・ローネー（Nicolas de Launay, 1739—92）以後の版画として、フロイデンベルガー（Freudenberger, 1745—1801）風の「夜明け」などがある。
83 「私は、その好ましい前兆を受け入れる」と題する、モロー(弟)風に描いたフィリップ・C・トリエール（Philippe C. Trière）作の版画である（一七七六年に制作)。
84 「告白する夫」。これは、J・H・フラゴナール（Fragonard）風に描いたN・F・ルニョー（Regnault）作の版画で、『ラ・フォンテーヌの寓話』に載った挿絵の一つ。
85 E. Fiske Kimball, *The Growth of the Rococo*, Philadelphia, 1943, p. 152.
86 ここに述べていることは、絵画における支配的趣味の始まりをテーマとした著者の未発表の研究を基にしている。こうした人物像の起源は、グルーズ（Greuze）を中心としたフランスのサークルにではなく、一七六〇年代末のローマに在住していたイギリス人の画家や考古学者のサークルにあった。
Ince and Mayhew, *The Universal System of Household Furniture*, London, 1762.（本書は、マールボロ公爵に捧げられた)。

87 Manwaring, *The Cabinet and Chair Maker's Real Friend and Companion, or the Whole System of Chair Making Made Plain and Easy*, 2 vols., London, 1765, 1st. ed.

88 同書（一七七五年度版）図版二七。「夏の別荘用の田舎椅子」。この種の椅子で公表されたのはこれらの椅子だけである。

89 同書図版一九。

90 George Hepplewhite, *Cabinet-Maker's and Upholsterer's Guide*(1787) の序文は、貴族や紳士階級に訴えたのではなく、「ロンドンの住民」を対象にしたものだと指摘されてきた。Herbert Cescinski, *English Furniture From Gothic to Sheraton*, Grand Rapids, Michigan, 1929, p. 353 を参照。

91 Oliver Brackett, *Thomas Chippendale*, London, 1924, p. 277 に図示されている。

92 *Cabinet Maker's London Book of Prices*, London, 1788, pl. 19, fig. 2. 本書はトーマス・シアラー (Thomas Shearer) によって編纂された。

93 帝政時代には、この洗面台は古代の祭壇を偽装していた。Havard, 前掲書第三巻二七一頁を参照。「洗面台 (lavabo)」、この小さな家具は、ナポレオンの執政政治時代および帝政時代から王政復古に至るまで流行し、用いられた」。三〇年代に入って、イギリス人の好みは、大理石の上面を備えた幅の広い洗面台に向かった（図一八七）。

94 *London Book of Prices*, 前掲書図版九。

95 シェラトン (Sheraton) は寝室用便器や携帯用ビデのモデルを各種提示しているが、これらは、移動式の浴槽を携えて旅行した次の世紀のイギリス人の習慣を思い起こさせる。

96 Hepplewhite, 図版七九。

97 Herbert Cescinski, *English Furniture of the Eighteenth Century*, 3 vols. , London, 1911—12, vol. II, p. 147.

98 ペルシエ (Percier) とフォンテーヌ (Fontaine) の生涯と仕事は、まだそれにふさわしい評価を受けていない。フォンテーヌの自叙伝の断片は残っているが、それが書かれた年についての見解は大きく食い違っている。*Les Grandes Artistes* に収められたフーシェ (Fouché) によるペルシエとフォンテーヌの伝記も、充分な情報を提供してくれていない。

99 Percier and Fontaine, *Choix des plus célèbres maisons de plaisance de Rome*, Paris, 1809; *Palais, maisons et autres édifices modernes à Rome*. Paris, 1798; 2nd ed., Paris, 1830.

100 Giedion, *Space, Time and Architecture*, Cambridge, 1941. （S・ギーディオン著、太田実訳『空間 時間 建築』丸善、昭和四十四年）。

101 Percier, Fontaine and Isabey, *Sacre et couronnement de Napoléon, empereur des français et roi d'Italie*, Paris, 1807; Percier and Fontaine, *Le Mariage de S. Majesté l'Empereur avec S. A. I l'archiduchesse Marie Louise d'Autrich*, Paris, 1810.

102 E. Hessling, *Dessins d'orfèvrerie de Percier conservés a la Bibliothéque de l'Union centrale des Arts Décoratifs de Paris* n.d.

193 S. Giedion, *Spaetbarocker und romantischer Klassizismus*, München, 1922.

104 Percier and Fontaine, *Recueil de décorations intérieures*, Paris, 1801; 2nd ed. 1821; 3rd ed. 1821; 3rd. 1827. この本は、デザインの参考書として使われたが、帝政様式の普及に計りしれないほどの役割を演じた。三〇年間に三度、版を重ねる。

105 Hessling, 前掲書図版三。

106 L. Dimier *Fontainebleau, les appartements de Napoléon I et de Marie Antoinette*, Paris, 1911, pl. 74.

107 Percier and Fontaine, *Recueil de décorations intérieurs*, Paris, 1801.

108 前掲書。

109 G. Rayssal, *Château de Malmaison, texte historique et descriptif*, Paris, 1908? p. 13

110 Deville, *Dictionnaire du tapissier*, Paris, 1878, p.197.

111 英国特許五五〇一、一八二七年。

112 同右。

113 英国特許九八四一、一八四三年。

114 英国特許七五五二、一八三八年一月二十五日。

115 英国特許一〇三七七、一八四四年。

116 英国特許一一〇七七、一八四六年二月十一日。

117 本書のテーマの範囲からして、この興味ある人物についてこれ以上立ち入るわけにはいかない。未刊の研究書 *Industrialisierung und Gefühl* の中で、私は、ロンドンのヴィクトリア・アンド・アルバート博物館に保存されているコールの手稿や日記を資料として、一八五〇年の改革運動について書いた。しかしここでは、この運動については断片的に、しかもコールの活動が装飾の機械化を問題にしている場合に限って取り扱った。彼が世紀半ばに演じた大きな役割は、まったく忘れ去られたといって過言ではない。彼の著作は、死後、彼の娘によって刊行され、その活動について多くの情報を提供してくれている (*Fifty Years of Public Work*, 2 vols., London, 1884)。この他にも、彼の雑稿や日記が全四〇巻にまとめられ出版されている。

118 Cole, *Fifty Years of Public Work*, vol. I, p. 107.

119 前掲書一〇三頁。

120 この協会は入会のむずかしい協会で、すでに述べたように、「とうもろこしの刈取り作業の機械化に成功した者」に特別奨励賞を出した。

121 Cole, *Journal of Design*, vol. I. p. 74.

122 Henry Cole, *Fifty Years of Public Work*, vol. I, p. 121.

123 同書一二四—一二五頁。

124 同右。

125 Matthew Digby Wyatt, *The Industrial Arts of the Nineteenth Century. Illustrations of the choicest specimens of the Exhibition of* 1851, 2 vols., London, 1851. この本には、大版の着色石版刷りで、中国、アフリカ、インドの装飾品と並んで、機械生産されたカーペット (Axminster)、風俗的な小像 ('The First Step')、バーミンガムで作られた珍奇な水晶製の噴水盤、それに、王のベッドや装飾過多のピアノなど、けばけばしい品々が掲載されている。

126 この『ロンドン・タイムズ』に載った記事は、全体として、ヘンリー・コールを中心としたグループの考え方を反映している。コールはこれを *Journal of Design*, vol. V(1851), p. 158—59 に再録した。

127 *Journal of Design*, vol. V(1851), p. 158 に再録されている。
128 Nicolette Gray, 'Prophets of the Modern Movement,' *Architectural Review*, London, Feb. 1937.
129 Cole, *Journal of Design*, vol. VI, p. 252.
130 Lothar Bucher, *Kulturhistorische Skizzen aus der Industrieausstellung aller Voelker*, Frankfurt a.M. 1851, p. 10—11.
131 ヘンリー・コール自身も、「水晶宮」の建設のきっかけをなした興味ある事件に関し、数頁にわたって語っている。Cole, *Fifty Years of Public Work*, vol. I p. 163f を参照。
132 William Whewell, *Lectures on the Result of the Exhibition*, London, 1852.
133 B. Silliman Jr. and C. R. Goodrich, *The World of Science, Art and Industry*, New York, p.1—3 に掲載されている。
134 ヘンリー・コールは、ロンドン万国博の予想外の収益金を元に、最初の装飾芸術博物館、ヴィクトリア・アンド・アルバート博物館（サウス・ケンジントン）のための展示品を徐々に集めていった。
135 オーエン・ジョーンズ（Owen Jones, 1853)。この個所はグレイ（Gray）の前掲書中に引用されている。
136 Jones, *Elevations and Sections of the Alhambra*, London, 1847—48.
137 一九一〇年、ロンドンにて再版。
138 Jones, *Grammar of Ornament*, Preface.
139 同書一五七頁。
140 Bucher, 前掲書。
141 *Journal of Design* (1850), vol. IV, p. 131—33.
142 前掲書（一八四九年）、第一巻。
143 彼も、建物前面の窓を通して鋳鉄あるいは青銅製の小梁が見える店を建てている。「ロンドンはニューボンド街にあるチャッパー氏の店の前面」は、第二次世界大戦が始まる前には残っていた。*Journal of Design*, vol. VI, p. 13 にその写真が載っている。
144 彼の息子によって編纂されたその著作は、著者と編纂者との言葉が区別されていないために不完全なものに終っている。リチャード・レッドグレイブ (Richard Redgrave) の著作や講演を編纂した、Gilbert R. Redgrave, *Manual of Design*, London, 1876 を参照。
145 コールはこの演説を *Journal of Design*, vol. I, p. 101 の中で引用している。
146 *Journal of Design*, vol. VI, p. 113.
147 *Der Stil in den technischen und tektonischen Künsten*, 1860—63, 2nd ed., 2 vols., München, 1878—79.
148 *Journal of Design*(1851), vol. V. p. 158 に引用されている。
149 Redgrave, *On the Necessity of Principles in Teaching Design*, 1835, p. 8.
150 *La Femme 100 têtes*, Paris, 1929（M・エルンスト著。巖谷国士訳『百頭女』河出書房新社、昭和四十九年）および *Une Semaine de bonté ou les sept éléments*, Paris, 1934 は、おそらくわれわれの言わんとすることを最もよく伝えるものだろう。*Misfortunes of the Immortals*, New York, 1924 と *Rêves d'une petite fille qui voulut entrer au Carmel*, Paris, 1930 も参照のこと。

151 *La Femme 100 têtes*, ch. III.

152 コールは、この文章を *Journal of Design* (1850), vol. III, p. 91 に引用している。

153 L. Douet-D'Arq, 'Recueil de documents et statuts relatifs à la corporation des tapissiers, de 1258 à 1879,' *Extraits de la Bibliothèque des Chartes*, Paris, 1875, tome XXXIII, p. 6.

154 支配的趣味がどれほど強力な影響力をふるったかについては、何版も重ねたゲオルク・ヒルト (Georg Hirth) の例証集 *Das Deutsche Zimmer, Anregungen zu hauslicher Kunstpflege*, 3. stark verm, aufl., München, 1886. で明らかにされている。*Jugend* 誌 (Jugendstil あるいは Art Nouveau の名前はここに由来する) の創立者ヒルトは、そこに、室内装飾家や装飾家が上層中産階級向けにデザインしたヘルメット、短剣、花瓶を題材にした静物画を掲載している。

155 Victoria and Albert Museum, South Kensington, Catalogue of *An Exhibition in Celebration of the Centenary of William Morris*, London, 1934. 一八六一年、フィリップ・ウェッブ (Philip Webb) が設計し、ウィリアム・モリス (William Morris) が聖ジョージの伝説をヒントに絵を描いた (図版一一)。

156 Havard, *Dictionnaire de l'ameublement*, vol. IV, col. 623.

157 メトロポリタン美術館 (ニューヨーク) 蔵。

158 Jean Alasard, *L'Orient et la peinture française au XIXme siècle, d'Eugène Delacroix à Auguste Renoir*, Paris, 1930 には、東洋の影響が年代を追って詳細に跡付けられている。

159 この絵は、政府によって早速買い取られた。二人とも二度とそれらの地方を訪れなかったが、ドカン (Decamps) にとっては小アジアで受けた印象 (一八二八年)、ドラクロア (Delacroix) にとってはアルジェリア、モロッコ旅行 (一八三二年) の思い出は、生涯生き続けた。

160 *Album Ornemaniste*, Paris, 1836.

161 同書六四頁。ペルシャの主題。図版四四。アラブの緑飾り、図版一五の五a。染物、図版四四。

162 シュナバール (Chenavard) のデザインは、彼の著作 *Recueil de dessins de tapis, tapisseries, et autres objets d'ameublement executés dans la manufacture de M. Chenavard à Paris*, Paris, 1833—35 に収録されている。本書にはまた、「トルコ風呂の室内装飾」も収録されている (図版一一七) が、これは劇場用であった。シュナバールはこの種の仕事に熟練し、パリ市内の幾つかの劇場の改装を手がけた。支配的趣味の台頭については何も述べられてはいない。

163 彩色コップ、同書図版二四。タペストリーとスクリーン、図版三一および三五。

164 Larousse, *Dictionnaire du XIXme siècle*, Paris, 1870, art. 'Divan' の項。

165 同右。

166 Havard, 前掲書第一巻第三五七集。

167 同書第四巻第六二三集。

168 「画廊や非常に大きな広間には、この種の家具が各隅に一つずつ置かれていた。ボルン(境界石)という名称はこのことから生まれた。Jules Deville, *Dictionnaire du Tapissier*, Paris, 1878—80, p. 43.

169 「ナポレオン三世の会議室」、F・D・フルニエ (Fournier) 作の水彩画。フィルマン・ランボ (Firmin Rambaux) の所蔵品で、Henri Clouzot, *Des Tuileries à St. Cloud*, Paris, 1925 にその複製が載せられている。

170 Deville, 前掲書四三頁。

171 Jules Janin, *Un Hiver à Paris*, Paris, 1843, p. 41.

172 A. I. Downing, *The Architecture of Country Houses*, New York, 1850, p. 409.

173 同書四二七頁。

174 Deville, 前掲書二一頁。アバールは、前掲書第一巻第五八一集において、この指摘の正しいことを認めている。

175 一八三四年のパリ博覧会に関する報告書の中に、次のような発言がみられる。「デルビレ (Dervillé) (アバールやデビルは別の綴りを用いている) は、自作の弾性に富んだ肱掛椅子を安楽椅子《コンフォルタブル》と呼んだが、この椅子は、優雅であると同時に使いやすいという印象も受ける。しかも価格は、最初イギリスやドイツからわが国に輸入されていた同種の家具に比べて、さほど高いわけではない。この高級家具職人兼家具商が長い間研究を重ねてきたのも、ほかならぬこのような家具を作るためであった」。*Musée Industriel, description complète de l'exposition des produits de l'industrie française faits en 1834*, Paris, 1834, vol. 3, p. 159.

176 Deville, 前掲書二一頁。

177 A. Sanguineti, *Ameublement au* XIXme *siècle*, Paris, 1863, p. 26. A・サンギネッティのデッサンを基に、パリの主な製造業者や装飾家によって製作された。

178 Deville, 前掲書一七九頁には、この人物や他の先駆者について逸話風に語られている。

179 英国特許三七六、一七〇六年。

180 英国特許四七〇、一七二四年。

181 英国特許七六六、一七六二年。

182 英国特許九三二、一七六九年。

183 Thomas Sheraton, *Appendix to the Cabinet Maker and Upholsterer's Drawing Book*, London, 1793, pl. 22, p. 43.

184 サミュエル・プラット (Samuel Pratt)、英国特許五四一八、一八二六年。「この特許の一部はある外国人によって教えられたものだが、一部は、私自身の発見でもある」と彼は付言している。

185 同右。

186 同右。

187 ロバート・ワルター・ウィングフィールド (Robert Walter Wingfield)、英国特許五五七三、一八二七年十二月四日、家具用のパイプあるいはロッド。同申請者、英国特許六二〇六、一八三一年十二月二十日、中空のパイプを使った寝台の床架。同申請者、英国特許八八九一、一八四一年三月二十二日、金属製の寝台の床架。

188 マーティン・グロピウス (Martin Gropius, 1824—80) は、一八五〇年から一八七五年にかけての数少ない優れた建築家の一人であるが、その後、特に、機能的な病院建築や大きなガラス張りの屋根をつけた中庭のあるベルリン工芸博物館の設計で名声を得た。彼はまた、ワルター・グロピウス

(Walter Gropius) の大伯父にあたる。
189 英国特許九九、一八六五年一月十二日。
190 *The Manufacturer and Builder*, vol. III, no. 5, May 1871, p. 97.
191 同右。
192 同右。
193 Woven Wire Mattress Company, Hartford, Connecticut.
194 *The Manuufacturer and Builder*, May 1871.
195 Lady Barker, *The Bedroom and Boudoir, in Art and Home Series*, London, 1878.
196 Henri Clouzot, *Des Tuileries à St. Cloud*, Paris, 1925, p. 104 を参照。
197 Deville, 前掲書二一頁。
198 Henri Havard, *L'Art dans la maison*, nouv. ed., Paris, 1884 の中の 'Grammaire de l'Ameublement' の章を参照。
199 この習慣がいかに深く時代の風潮に根ざしていたかは、これまで度々参考にしてきた学者アンリ・アバールによる扱い方から推測がつくだろう。当時の室内装飾に関して述べた彼の著書 *L'Art dans la maison* には、このような動く装飾 (decorations mobiles) で飾られた肱掛椅子の絵の複製が全ページ大に描かれている。
200 Max Ernst, *Une Semaine de bonté ou les sept éléments capitaux*, Cahier: Le Lion de Belfort, Paris, 1934.
201 マン・レイ (Man Ray) は、後の一九三五年にパリで開かれたシュルレアリストの美術展で「雨に降られたタクシー」の実物を展示した。このタクシーには、等身大の人形が坐っており、この人形の上に、苔の垂れ下った屋根から水がしたたり落ちていた。サルバドール・ダリ (Salvador Dali) は、ニューヨーク万国博（一九三九年）で、超現実主義者のステージを公開し、この「雨に降られたタクシー」を、暗いヴィーナス館の中に置いた。それに接した水槽では、ガラス窓を通して、ふくらんだゴム製の尾をつけた生きた人魚が水中を泳ぐ様子が眺められた。
202 少なくとも審美的な見地からはそうであった。一八五一年の *Illustrated London News* も、コルトの連発拳銃には触れていない。しかし、今日ではどう見ても無価値な他の品々の装飾については、図版入りでいちいち説明している。
203 一八七八年のパリ万国博の合衆国展示公式カタログ。
204 *Manufacturer and Builder*, New York, 1869, vol. 1, p. 9.
205 ウィルソン調節椅子製造会社の広告、一八七六年。
206 合衆国特許三二四八二五、一八八五年八月二十五日。
207 合衆国特許一八三一年四月二十三日。
208 合衆国特許九六二〇、一八五三年三月十五日。
209 事務用椅子、合衆国特許六七〇三四、一八六七年七月二十三日。この椅子の回転軸は天秤の腕に似ている。
210 合衆国特許一一四五三二、一八七一年五月九日。ミシン用椅子の改良。
211 合衆国特許五七四六〇二、一八九七年一月五日、フランクリン、チチェスター (Franklin Chichester)。

212 合衆国特許五五二五〇二、一八九六年一月七日、H・L・アンドリュース (H. L. Andrews)。

213 発明家はこれであきらめず、後に今日の標準型に近い形式に到達した。

214 合衆国特許六四七一七八、一九〇〇年四月十日。

215 英国特許一六、一六二〇年。

216 たとえば、英国特許三七四四、一八一三年十一月一日、ソファ兼病人看護用の機械の場合がそうである。

217 Macquoid and Edwards, *Dictionary of English Furniture from the Middle Ages to the late Georgian Period*, vol. II の前掲個所、一六四頁にある「翼付の椅子に変わる」リクライニング・ベッド。この年代は一七三〇年ということになっているが、遡り過ぎているように思われる。同じタイプのアメリカの例として、「アン女王風の翼付椅子としても、クッション付の休息用ベッドとしても使える」家具が、Wallace, 'Double purpose furniture,' *Antiques*, vol. 38, no. 4(1940), p. 160 に見られる。

218 たとえば、「ミンターのリクライニング・チェア」(英国特許六〇三四、一八三〇年)。これには「自分で座部と背もたれを調節するためのレバー」が付いている。ほかにも、「気楽さと快適さを高めるように計算された椅子あるいは機械」(英国特許五四九〇、一八二七年八月二十八日)がある。その椅子の背もたれには、すでに、調節用の二つのヒンジが設けられている。この頃、フランスではずっと混み入った機械がつくられていた。「外科用チェア・ベッド」(英国特許五六〇五、一八二八年)がそれである。フランス人発明家の特許説明書は一〇頁にもわたっている。

219 合衆国特許七七五、一八三八年七月十二日。

220 Thomas Webster, *Encyclopedia of Domestic Economy*, New York, 1845.

221 合衆国特許五五三六八、一八六六年六月五日。

222 合衆国特許二二〇九二、一八七九年十一月二十五日。

223 合衆国特許三六〇二七九、一八八七年三月二十九日。二九—三七行。「外科用椅子」フランク・E・ケース(Frank E. Case)。

224 合衆国特許三九〇七七、一八八九年一月二十九日。

225 Karl Ernst Osthaus, *Van de Velde*, Hagen i W, 1920, p.29.

226 合衆国特許七二二四、一八五〇年三月二十六日、「歯科用および外科用椅子」。

227 一八六七年八月二十日付の広告。アメリカ合衆国特許八三六四四、一八六八年十一月三日。また、合衆国特許二二四六〇四、一八八〇年二月十七日(図二五二)を参照。この椅子は大変評判になり、九〇年代になってもまだカタログに載っていた。

228 A・コックス社(シカゴ)のカタログ、一八七三年。また図二七九を参照。

229 合衆国特許三三五五九四、一八八六年二月九日および、合衆国特許三七四八四〇、一八八七年十二月十三日。

230 合衆国特許五九八八七七、一八九八年二月八日。

231 一九〇四年に八五ドルだった。

232 この個所は、Esther Singleton, *The Furniture of Our Forefathers*, London, vol. 2, p. 649 に引用されている。

233 折畳み椅子、合衆国特許九二二三、一八六九年六月二十九日。

234 三つの特許。合衆国特許一〇七五八一(一八七〇年九月二十日)は、まだ非常に原始的であった。合衆国特許一一六七八四(一八七一年七月四日)

は複雑な構造によって可動性を得ている。合衆国特許二一〇七三三（一八七八年五月九日）では、形態と構造が単純化されている。

235 カール・シュルツ財団（フィラデルフィア）の図書館に勤めるライヒマン博士から教わった。

236 Jules Deville, *Dictionnaire du tapissier. Critique et historique de l'ameublement français depuis les temps anciens jusqu'à nos jours*, Paris, 1878—80, text-vol, p. 47.

237 John C. Loudon, *An Encyclopedia of Cottage-Farm and Villa Architecture and Furniture*, new ed, London, 1836 の「別荘用の家具」という章で、折畳みベッドについて触れられている。しかしそこでは、これについて述べたのは記述の完璧を期すためであって、実際にはイギリスの家庭でこのような家具は必要とされていない、という但し書きがついている。

238 合衆国特許二五四、一八三七年七月五日。

239 五四四頁。

240 合衆国特許六八八四、一八四九年十一月二十日、テーブル兼寝台の床架。テーブル、ベッド、椅子を組み合わせるという問題は、後に、複雑な機構によって解決された。その一例として、このワードローブ、寝台の床架、椅子、テーブルを一つに結合したものがある。合衆国特許一四二三八七、一八七三年九月二日。特に人気のあったのはベッドと机を組み合わせたものだった。たとえば、合衆国特許二四一一七三、一八八一年五月十日。

241 合衆国特許一六九七五二、一八七五年十一月九日、変換可能な椅子を改良したもの。

242 合衆国特許一五七〇四二、一八七四年十一月十七日。椅子と寝椅子《ラウンジ》を組み合わせたもの。

243 合衆国特許一二七四一、一八七二年六月十一日、ベッド兼寝椅子。

244 合衆国特許七七八七二、一八六八年五月十二日。

245 Havard, *Dictionnaire de l'ameublement et de la décoration depuis le XIIIme siècle jusqu'ànos jours*, Paris, 1890—94, vol.I, cols. 241—42. を参照せよ。ウォリス・ナッティング(Wallace Nutting)は、「二つの目的を持つ家具」について一九四〇年十月に次のように書いている。「一七七〇年にオリヴァー・ゴールドスミスは、夜はベッド、昼はタンスになる家具について記している」。*Antiques*, vol. XXXVII, p.160.

246 ワードローブ兼寝台の床架、合衆国特許六六八、一八三八年四月二日。また次を参照のこと。改良型ワードローブ兼寝台の床架（図二六七）、合衆国特許二三六〇四、一八五九年四月十二日。

247 ベッドと楽器を組み合わせたもの、合衆国特許九七一〇一、一八六九年十一月二十三日。まがいもの家具という眉つば的な分野の初期の例。ここではまだ、構成的な諸問題が一応手綱を握っている。しかしこの傾向のいきつくところ、擬態も地に落ち、ベッドのケースが昼間には煙突の外観を呈するといった馬鹿げた工夫が生まれた。ベッドと暖炉を組み合わせたものがそれである。合衆国特許三三四五〇四、一八八六年一月十九日。

248 ピアノ、寝椅子、事務用机を組み合わせたものの改良型、合衆国特許五六四一三、一八六六年七月十七日。

249 プルマン社のちらし広告。

250 Giedion, *Space, Time and Architecture*, p. 263 （S・ギーディオン著、太田実訳『空間 時間 建築』丸善、昭和四十四年、四〇三—五頁）に引用されている。

251 *Pullman News*, Chicago, October 1940, p.43.

252 三件の合衆国特許がこの年、一八五一年においている。合衆国特許八〇五九、四月二十二日、同八五〇八、十一月十一日、同八五八三、十二月九日。

253 合衆国特許八五〇八、一八五一年十一月十一日。

254 合衆国特許一三四七一、一八五五年八月二十四日。また次のものと比較せよ。合衆国特許一二六四四、一八五五年四月三日。ここでは二つの異なる曲面は使われていない。

255 合衆国特許二一一七八、一八五八年八月十七日。

256 合衆国特許二一〇五二、一八五八年七月二十七日。

257 合衆国特許二一八七〇、一八五八年十月二十六日。

258 合衆国特許二一九八五、一八五八年十一月二日。

259 一八五八年中に、列車用座席の改良に関して一三件、座席兼ベッド（あるいは寝椅子）の改良に関して八件の特許がおりている。

260 合衆国特許一三四六四、一八五五年八月二十一日。

261 合衆国特許一九九一〇、一八五八年四月十三日。

262 ホテル客車とは寝台車と食堂車を組み合わせたものである。このうち食堂車のほうは、現在の型を指向していた。両者に関するプルマンの特許は翌一八六九年に承認された（合衆国特許八九五三七ならびに八九五三八、一八六九年四月二十七日）。

263 これを備えた最初の列車は一八八六年に製作され、特許は一八八七年におりている。これが当時の人にどう受け取られたかについては次の著書を参照せよ。Horace Porter, 'Railway Passenger Travel,' *Scribner's Magazine*, vol.IV, pp. 296—319 (September 1888). 約半世紀後には（一九三四年）、流線型列車が登場した。しかしこの革新は、全体としての流線型化運動がそうであったように、単なる形のデザイン以上のことを意味していた。

264 *The Story of Pullman*, 1893.

265 *The Americanization of Edward Bok*, New York, 1921, p.251.

266 合衆国特許四二一八二、フィールドとプルマンが共同で取得、一八六四年四月五日。

267 合衆国特許四九九九二、フィールドとプルマンが共同で取得、寝台車、一八六五年九月十九日。

268 寝台車用の変換家具の指導的な発明家T・T・ウッドラフ（Theodore T. Woodruff）と、ヴァンダービルト（Vanderbilt）の後援を得て活動し個室式寝台車の導入ならびに卵形の列車の屋根の発明に功績のあったW・ワグナー（Webster Wagner, 1817—82）の二人を指す。

269 *A Pioneer's Centennial*, Chicago, 1931, p.9.

270 *The Illinois Journal*, 30 May, 1865. これは Joseph Husband, *The Story of the Pullman Car*, Chicago, 1917, p.45—46 に省略なしで引用されている。

271 Compagnie de Chemin de Fer de Paris à Orléans, *Wagons composant le train impérial offert à L. Maj. l'Empereur et l'Impératrice*, Paris, 1857.

272 Charles Dickens, *American Notes for General Circulation*, ch. iv.

273 *L'Illustration*, vol. XXXI, p. 215 (3 Apr. 1858).

274 L. Xavier Eyma, 'Souvenirs d'un voyage aux Etats-Unis en 1847,' *L'Illustration*, vol. XI, pp. 316f. (22, July, 1848).
275 同書。
276 'Sketches form Memory', *Mosses from an Old Manse*, New York, 1846 所収。
277 合衆国特許一一六九九、ヘンリー・B・メイヤー(Henry B. Myer)、一八五四年九月十九日。
278 英国特許五八七、一八五二年十月三十日。
279 合衆国特許二一三五二、一八五八年八月三十一日。
280 英国特許二〇〇五、一七九四年八月七日。
281 合衆国特許一六一五九および一六一六〇、一八五六年十二月二日。今日の解決はこのうちの後者において具体化されている。
282 それ以後の特許でも、ウッドラフは折畳みベッドのアイディアを使い続けた。彼はさらに進んで、二重に折り畳める二人用の「高架式寝椅子」までも工夫している。合衆国特許二四二五七参照。
283 Charles S. Sweet, 'Sketch of Evolution of the Pullman Car' (1923). manuscript・116 所収。シカゴのプルマン社の好意によって、このテーマに関し最も客観的かつ実証的に記録しているこの論文を入手できた。この論文は、変換式座席ではなく、寝台車用ベッドについて考察している。特に、ブレーキ、車輪、暖房、水、採光等を含むプルマン車の技術的細部のすべてについて記している。
284 Sweet, 前掲論文、一二三―二四頁。
285 そこでの財政操作については、*Chicago Tribune*, 22 Sept. 1875 を参照のこと。その記事は、Edward Hungerford, *Men and Iron, the History of New York Central*, New York, 1938, p.274. に引用されている。
286 Edward P. Mitchell, *Memories of an Editor*, New York, 1924. これは*Pullman News*, vol.XIII, no.4 (Apr. 1935) に原文のまま引用されている。
287 合衆国特許八九五三七および八九五三八、一八六九年四月二十七日。
288 チャールズ・S・スウィート(Charles S. Sweet) は'Sketch of the Evolution of the Pullman Car' (前掲書) の中で、十九世紀の様式を二つに区分している。「一八六五年から九二年までの簡素な型の天井」と、「一八九三年頃の準、あるいは完全なアンピール風の天井――たっぷり装飾を施した円天井」とである。
289 合衆国特許四〇二〇八、一八六三年十月六日、携帯用スツール。ニューヨーク近代美術館は一九四三年五月の競売の際、これのオリジナル・モデルを入手した。この美術館には「ポケット椅子」(合衆国特許一六三六二三、一八七五年五月二十五日) の原型もある。この椅子ではケースが座部の役を果たすようになっている。構成原理は前者と似ているが、工夫の巧みさの点ではおよばない。
290 Havard, 前掲書第三巻第四六四集。
291 Havard, 同書第一四六五―六七集は、この家具の広告を、一七六五年、一七七三年、一七八三年にわたって載せている。このことから、この型のキャンプ用家具に対する需要が継続的にあったことがわかる。
292 われわれの知る限り、最初に鉄管製の椅子をつくったのは (一八四四年頃)、ガンディロ (Gandillot) だった (図三一二)。
293 合衆国特許三二六四三、一八六一年六月二十五日。キャンプ用家具をテーマにしたアメリカ最初の特許。キャンプ用家具に関する七つの特許がこの年に取得されている。

294 合衆国特許三三三六二、一八六一年九月二十四日。

295 その発展がみられたのは主として一八六一年から一八六四年にかけてであった。この点に関して正確な記録がないのは、キャンプ用家具が、無数にある他の特許の分類項目の中に紛れ込んでいるからである。

296 合衆国特許四四五七八、一八六四年十月四日。この特許の図および説明は、*American Artisan and Patent Record*, vol.I, no.31, New York, 7 Dec. 1864 にある。

297 改良型ハンモック、合衆国特許三三六七八、一八六一年十一月五日。この特許は「携帯用折畳み式フレーム」に従来のハンモックを取り付けただけのものである。イギリスに起源をもつ次の特許（合衆国特許六八九二七、一八六七年九月十七日）では、網に代わって折畳み式の板が取り付けられている。

298 同書二四五頁。

299 次の著作中の引用に従っている。Samuel Eliot Morison, *Admiral of the South Sea, A Life of Christopher Columbus*, Boston, 1942, p. 245.

300 『オックスフォード英語辞典』は十六世紀半ばまで遡ってハンモックについて書いている。そこには、サー・ウォルター・ローリ (Sir Walter Raleigh) の言葉が引用されている。「彼らは、われわれがブラジル・ベッドと呼んでいるものに寝ている。」

301 合衆国特許四九五五三二、一八九三年四月十八日。

302 合衆国特許三二九七六三、一八八五年十一月三日。

303 合衆国特許二七八四三一、一八八三年五月二十九日。

304 ウスター市歴史協会の収集品、マサチューセッツ州ウスター。

305 合衆国特許二三六六三〇、一八八一年一月十一日。

306 Gustave Stickley, *Craftsman Homes*, New York, 1909, p.202.

307 この運動は機関誌 *The Craftsman* を持ち、一九〇一年から一九一六年まで発行された。

308 Stickly, 前掲書一五九頁。

309 Henry H. Windsor, *Mission Furniture, How to Make It*, Chicago, c. 1909—12.

310 *Die Bauwelt*, Berlin, 1933, no.33.

311 *De Stijl*, Jahrg. 2, Leyden, 1918—19, no.11.

312 *10 Jaaren Stijl*, Jubilee series, 1927, p.47 に掲載された。

313 Giedion, *Space, Time and Architecture* の 'Contsruction and Aesthetics: Slab and Plane' の章を参照（S・ギーディオン著、太田実訳『空間・時間・建築』丸善、昭和四十四年、五二六頁「構造と美学—スラブとプレーン」）。

314 鉄製の寝台の床架に関するイギリスの特許、一八二七—四一年。本書の「機械化とクッション家具」の項三五八頁を参照。

315 Charles Dupin, *Les Artisans Célèbres*, Paris, 1841, p.499—502.

316 後に焼け落ちた、Saint Cloud 城にあった。

317 その写真が最初に掲載されたのは、*Staatliches Bauhaus Weimar*, 1919—23, Weimar, 1923, p.83.

318 マルセル・ブロイヤー(Marcel Breuer)の作品、特に彼の建築作品を一番まとまった形で扱っているのは次の文献である。H. R. Hitchcock, Jr., *Exhibition by Marcel Breuer*, Harvard University, Dept. of Architecture, Cambridge, 1938, mimeographed catalogue.

319 彼の伝記は、彼の息子と孫たちにより、内輪で読むために印刷された。'Michael Thonet' Vienna, 1896. この貴重な資料はジェネラル・エレクトリック社の会長アイトナー博士(Dr. W. Eitner)の好意で入手できた。また次の著作も参照のこと。W. F. Exner, *Das Biegen des Holzes*, 3rd ed, Vienna, 1893.

320 LeCorbusier, *Almanach d'Architecture Moderne*, Paris, 1925, p.145.

321 同書一九五頁。

322 坐った人の重みで伸びるキャンバス（粗布）は、キャンプ用椅子やデッキチェアでは身近な存在だった。ところが今や、鋼管のもつ柔軟性を利用することによって、この素材を常にピンと張った状態に保てるようになった。「ピンと張った布地が背もたれと座部を形成しているが、これは以前、熱帯地方で靴紐として用いられていた。……古くからある素材は未知の、それまで見過ごされていた可能性を明らかにし、新しい意味を帯びた。……」Marcel Breuer, *Berliner Tageblatt*, 19 Oct. 1929.

323 同右。

324 シュツットガルトに建設された工作連盟の集団住宅地におけるスタム(Stam)のインテリアは、*Innenraeume*, by Werner Graff for the German Werkbund, Stuttgart, 1928, Abb. 98; Chairs. Abb. 51—52. に掲載されている。

325 同書、ミース・ファン・デル・ローエ(Mies Van der Rohe)によるインテリア。Chairs: Abb. 53.

326 Adolf G. Schneck, *Der Stuhl*, Stuttgart, 1928 では、この段階における種々の型が展望されている。またシュネック(Schneck)が一九二八年に開かれたドイツ工作連盟のシュツットガルト展用に収集したものも掲載されている。この年は、ワイセンホーフ住宅展の翌年である。そこでは、ウィンザー・タイプやアメリカの事務用椅子など、連続生産品の美学的再評価が試みられている。

327 回転式食卓、合衆国特許三九六〇八九、一八八九年一月十五日。

328 合衆国特許一四九一九一八、一九二四年四月二十九日（一九二二年申請）。「一番重要なのは、柔軟性のある新しい庭園用の椅子を提供することである。……その本体の部分は、一本の鋼棒からできており、柔軟性のある背もたれを支えるような形に曲げられている」。

329 夥しい数の刊行物や雑誌類が、フランスおよびアメリカで、大衆の間にフランス調の室内装飾を広める役割を果たした。*Larousse* とか、デザイン教育総監ガストン・クニョー(Gaston Quenioux)著、*Arts decoratifs modernes, France* (Paris, 1925) などはその代表的存在だった。アメリカの家具工業はこれらの出版物に強く感化された。また三〇年代の、ふくらみをつけられたり流線型化した品々は、ほとんどの場合一九二五年のパリ展の影響を受けていた。

330 マルセル・ブロイヤーによる最初の鋼管製肱掛椅子（一九二五年）は折畳み式だった。アルヴァ・アアルト(Alvar Aalto)も、動きの問題に関心があった。彼の調節できるパイプ製のラウンジ（一九三五年）を、本書の「変換性」の項にあるアメリカ製の機構（図二六三—六四）と比較せよ。

331 合衆国特許一四八三五〇、一八七四年三月十日。

332 同特許の説明書。

333 *Bauhaus* 1919—28, edited by H. Bayer, W. Gropius, I. Gropius, New York, The Museum of Modern Art, 1938, p.133.

スウェーデンは、歴史家のパウルセン（Gregor Paulsen)、建築家のアスプルンド(Asplund)といった人びとの指導で、その甘く通俗的な美術工芸と訣別し始めた。スウェーデン工作連盟（美術工芸協会）が、一九三〇年、ストックホルムで開催した大胆な展示会がそのきっかけをなした。

スイスの場合、建築界における組織的運動は二〇年代に始まり、スイス工作連盟によるノイビュール集団住宅（Neubühl Settlement)（一九三二年）が画期をなした。この集団住宅はスイス工作連盟の後援で建設されたが、それには、近代建築国際会議（ＣＩＡＭ）のスイス人会員、Ｍ・Ｅ・ハエフェリ(Haefeli)、Ｗ・Ｍ・モーゼル(Moser)、Ｅ・ロート(Roth)、Ｒ・シュタイゲル(Steiger)、Ｈ・シュミット(Schmidt)、その他の人たちの努力があった。同時にチューリヒには「住の要求《ヴォーンベダルフ》」（室内規準）が設定され、スイスおよびヨーロッパの指導的建築家の手になる家具デザインの試作製造が行なわれた。その家具は中流階級向けを目指し、普及型（国民型）を生産する事に大きな関心が払われた。

一九二一年以来、イタリア人はトリエンナーレ(Triennial Expositions)を開催してきた。その目的は、近代運動の諸理念の普及を図ることにあった。しかし、スイスやスウェーデンでの結果とは対照的に、イタリアのデザイナーは広範な大衆と結びつきを持つことに失敗した。スペインではＪ・Ｌ・セルト(Sert)の組織的才能によって、バルセロナが最前線に押し出された。そして最後に、イギリス人はバーリントン美術館の展示会をもってこの運動に参画した。その主導権をとったのはＭＡＲＳ――ＣＩＡＭのイギリス支部――の建築家たちであった。

第Ⅵ部　機械化が家事におよぶ

家事の機械化

工業における機械化とは、仕事の担い手が人間から機械へ変わることを意味した。しかし、単に機械を使用するだけでは充分ではない。個々の機械を相互に組み合わせ、流れ作業や科学的管理などによって、作業過程を組織化することが必要だった。

　このことは家事の機械化についてもあてはまる。アメリカ合衆国は、複雑な手作業を機械化することにかけては、他のどの国よりもぬきん出ていた。家事も調理も、そのような複雑な手作業に属する。家事の機械化がいかに進歩してきたか、何がそこでの問題であったかを知るには、アメリカを取り上げなくてはならない。多くの刺激や発想がイギリスやヨーロッパ大陸に端を発したことは事実だが、これらの問いに最も適切な回答を与えてくれたのはやはりアメリカだった。

　家庭と工場はすべての点で同じというわけではない。たとえば、家事に関しては「生産」ということはほとんど問題にならない。しかし、工場と家事には、ひとつだけ、重要な共通点がある。それはどちらの場合にも、組織を改良し、労力を節減することが求められたという点である。このことが発展全体の目標になっていた。

　家事労働の節減は、手仕事の機械化を通じて達成されるが、主として、洗濯、アイロン掛け、皿洗い、カーペットの掃除、家具の清掃など一連の汚れをおとす作業がその対象になる。これらに熱源、冷凍過程の機械化が加わる。

　組織面での改良は、従来の作業過程を吟味検討し、それをより合理的に秩序立てることによって達成される。

　これまでにみてきたことから判断すると、家事過程の機械化は十九世紀の六〇年代に始まったとしても不思議ではないという印象をうける。そして実際にもその通りだった。

女性解放運動と家事の合理化

女性の地位

　家事にかかわる雑事が削減され、その組織化が進行するとともに、主婦は解放され、ひいては使用人のいない、家族だけで維持される家庭が実現する。

　家事の機械化は、アメリカにおける女性および使用人の地位という社会的問題に端を発した。女性解放運動、奴隷制度の廃止、使用人の問題などはすべて、民主主義と奴隷の存在あるいは性の差別とは相容れないものだとする認識に根ざしている。

　ヨーロッパではこれらの革新的運動は弾圧され、擬似封建的な階級制度が保持されていたのに対し、アメリカでは、こうした問題は南北戦争当時、人びとの心を大きく揺り動かした。

　それにもかかわらず、アメリカの女性は、一八三〇年代にフランスでサン・シモン主義者が提唱し実践した急進的な計画や、「魅惑の法則《ラ・ロワ・ド・ラトラクシオン》」こそが男女関係を支配すべきだとするフーリエの考え方には関心を示さなかった。

アメリカの女性はこのような急進的立場に対してはヨーロッパ人以上に保守的である。彼女らが求めたのは、家庭の枠内で自分たちの権利を追求するという、元来清教徒的な生活態度であった。婦人は家庭をとりしきるべきであり、そのために教育され、またその方針のもとに自分の子供も教育する。アメリカの女性を支えているのは、一に結婚、二に子供の教育である。そしてこの二つを支配しさえすれば女性の力はおのずと拡張される、というのが彼女らの考え方であった。

アメリカの女性は、急進的な解決策には反対したが、政治的責任は要求した。彼女たちは、この政治的責任を獲得するために一八四八年から一九一八年の間、頑強に闘った。女性を結婚生活という一つの天職のために教育することが清教徒的家庭の観念に根ざしたものだとすれば、政治的平等への要求はクエーカー教徒の考え方を基盤にしていると言ってよい。クエーカー教徒は、常に女性と男性は平等な存在であると考えてきた。

保守的なアレクシス・ド・トクヴィルは、『アメリカにおける民主主義について』(一八三五年)という有名な書物の中でヨーロッパの読者に向かい、アメリカの女性は「夫婦関係においては、本来男性が上に立つものであるという考えを支持している」と述べている。この見解は、一八四一年、クエーカー教徒の年次大会で採択された「信条宣言」の次の一文と、興味深い対照を示している。「人類の歴史は、男性の女性に対する迫害と搾取の繰り返しの歴史であり、男性は、女性に対して苛酷な支配を打ちたてることを直接の目的としてきた」(1)。クエーカー教徒は「政治参加に対して自らの神聖な権利を確保するのは女性の義務である」(2)と考えた。

女性教育と女権拡張論

男女同権主義の一つの側面、政治的な責任の獲得は、本書の範囲をこえる問題であるが、もう一つの側面、家庭内における責任の遂行は、われわれのテーマである家事の合理化と直接の結びつきをもっている。

家事の合理化は精神的な動機を背景にもっていた。合理化を実現する方法が具体的に考えられる前に、目的が先に見えていたのである。

このような目標は何もないところに芽生えるものではない。それは預言者的な人物によって表明されるのが普通である。家事の問題に関しては、キャサリン・エスサー・ビーチャー(一八〇〇—七八年)が終始一貫してその中心人物であった。多くの改革者と同様、キャサリン・ビーチャーもニューイングランドの牧師の家庭に生まれた。エマーソンが『エッセイ集』を著わし、同時代のシルヴェスター・グラハムがパンの製造技術に情熱を傾けたのに対し、ビーチャーは家事の問題に取り組んだ。彼女にとって、家事は孤立した問題ではなく、婦人問題全体と関連していた。一八〇〇年前後に生まれた世代が課題と取り組む姿勢には、十九世紀前半まで尾を引いた十八世紀の普遍主義の影響が残っている。

一八四一年、キャサリン・ビーチャーは『家政学』を出版した。

それは、「女学校の教科書」として著わされたものであるが、非常な成功をおさめた。この本の第一章では、料理法ではなく、「アメリカ女性固有の責任」について述べられている。

彼女は、自分の疑問を、早くもその序文で提起している。「女性はどの点で従属的なのか。そしてどの点においてすぐれており、また平等なのか」。二十一歳にしてすでに、自ら創立した研究所で家政学を教えていたというビーチャーは、「女性は自らの職業をもつように訓練されていない」からこそ、数々の苦労を味わっているのだと述べている。

彼女の『家政学』は一八四〇年当時の女性が直面していた問題を丹念に分析している。彼女は、家政学の内容そのものに立ち入る前に、人間の生理を論ぜざるを得なかった。生理学の理解なくしては、実際的な取決めも単なる彌縫策《びほうさく》におわる、と彼女には思われたからである。

彼女は、家事の実際について詳細に論じた。炊事、洗濯、掃除、室内装飾の方法、庭にどんな野菜や樹木を選んだらよいか等々、について述べた。個々の料理の仕方については何も触れられておらず、そのことは後に、別の著書で扱われた。彼女の主張は、能率的な家事管理そのものは目標ではなく、それはあくまで正しく習得されるべき一つの手段であるということだった。とりわけ、能率的な家事管理を強調している点では、それを通してアメリカの女性が自らの責任を自覚するようになればという、ビーチャーの願いが託されていた。

一八四〇年代に行なった講演の中で、キャサリン・ビーチャーは、「アメリカにおける女性と児童が味わっている苦しみ」を指摘し、階級を問わず女性一般の運命について語った(3)。彼女は、「ニューヨークでは、一万人の女性が針仕事で生計をたてているが、一二―一四時間も働きながら二五セント半しか稼げない」と言っている。また、「ニューヨークに開設した家事使用人斡旋所」を視察したが、ここでは使用人たちはカウンターの上に載った鶏のように選ばれ、「その広い待合室は混雑がひどく、まるで奴隷を売買する市場のように思えた」という。ローウェル織物工場（当時、模範的な工場施設とされていた）で労働者の生活状態を研究したビーチャーは、数年前にここを訪れたチャールズ・ディケンズとは違った結論を下している。彼女によれば、一日一四時間の労働は少女の体力の限界を超えたものである。「早朝五時、ベルが彼女を労働に駆りたて……作業は十二時まで休みなしに続けられた……それから昼食に三〇分間の休息が許され、そのあと仕事は七時まで続けられた」と述べている。さらに、ビーチャーの指摘は「裕福な階級の、教育に恵まれた未婚の女性の多くが味わっているまた別の苦しみ、つまり、何もしないことからくる苦痛」にまでおよんでいる。

キャサリン・ビーチャーの目的は、家庭の外で女性の権力を確立することではなかった。彼女は、政治的分野での男女同権には終始反対した。彼女の目的は、女性に職業に対する自信を与えることにあった。「家政学」を一つの科学として物理や数学と同等に学校で教えるべきだと生涯を通じて主張したのも、ここに理由があった。

使用人の問題

女性の労働問題と同様、キャサリン・E・ビーチャーは、使用人の問題にも積極的に取り組んだ。それは彼女にとって、アメリカにおいてはほとんど解決不可能な社会問題と映った。彼女は、民主主義社会における「家事奉公」という、根本的な矛盾を強く感じていたのである。

キャサリン・ビーチャーは、一八四一年の著書の「家事管理について」と題する章で、「自分の雇った使用人との関係に関して、この国の女性は他のどの点よりも賢明であることを求められている」と述べ、さらに「この問題は、幾多の困難を伴っている。この問題においてアメリカの女性が受けている独特の試練は、われわれの最も価値ある市民的幸福と関係した必要悪である」(4)と書いている。

彼女は、『アンクル・トムの小屋』の作者である妹のハリエット・ビーチャー・ストウとともに、その家政学の教科書を全面的に書き改めた。アメリカの女性に捧げられたこの改訂版は、『アメリカ女性の家庭』と題されて一八六九年に出版された。この版では初期の断片的な提案がまとめられ、内容も深められた。「人間はすべて(独立宣言によれば)平等であり……世襲の称号も、独占も、いかなる特権階級も存在しない……あらゆる人は波頭のごとく、自由に上昇と下降を経験する自由をもっている。……しかるに、家事奉公の状態には、封建時代の名残りがみられる」(5)。

当時ヨーロッパを支配していた擬似封建的な状態は、アメリカとイギリスを比較してみればあきらかになる。「イギリスでは、召使を仕事とする人は確固とした一つの階級であり……その仕事は一つの職業になっている。……一方アメリカでは、家事奉公は出世のための踏み台でしかない」(6)。

『アメリカ女性の家庭』の二人の著者はこの点を回避しなかった。「さて、使用人を雇うことにはどのような問題があるのだろうか。……アメリカではこれ以上多くの使用人を維持していくことはもはや不可能である。……家庭の主婦は、使用人が一人増えるたびに、自分の心配事も増えることをよく知っている」。この問題に対する著者たちの考え方はきわめてはっきりしていた。「大げさにならない家事の様式、小さくまとめられた簡素な設備をもつことが、アメリカにおける一般的な生活様式とならなければならない」(7)。そして著者はこの書を次のような言葉で締めくくっている。「そうであるからには、家族のことは家族全員でやることが、アメリカの家庭の目標にならなければならない」(8)。

今日でさえ、この問題をこれほどまでに鋭く指摘できるものはいないだろう。環境の力に押されて、現実の側からこの結論の示すところに近づきつつある。一九一〇年頃にも、使用人の問題は「他の雇用問題と同様に」解決されるべきであり、そうなれば、「一生家庭内で働く使用人階級は次第になくなっていくはずである」(9)という主張が散見される。また一方では、この問題は次第に心理的な観点からも論じられるようになった。「家庭に終身雇用の使用人が居るべきでない大きな理由」として、「使用人が主婦や家族全員に心理的な適応を迫るということがあげられる。……家事の規準は意識的・無意識的であるとを問わず複雑化し、使用人の要求や期待に沿ったものになる」(10)。結局これらの問題を解決するには、家事はできるかぎり家族全員に振り分けられるべきだという、ビーチャーが一八六九年に行なった提案に立ちかえるほかはない。一九一五年には、さらに強力な理由が挙げられた。「家事に使用人を使わないこと(使用人を使わないとは、住込みの使用人がいないということである）によってはじめて、家族は確固とした規準に従って生活できるようになる……そのことによって、家族の協力が可能になるとともに、子供を教育する機会も得られる」(11)。しかしそのためには、機械化によって家庭内の雑事をできるかぎり少なくすることが前提条件としてあった。

作業過程の組織化

作業過程の組織化と機械器具の使用、この二つを混同してはならない。作業過程の組織化が機械器具の普及する以前にすでに起こっていたことは銘記しておく必要がある。事実、機械器具は、家庭には一九四〇年の時点でさえ、十分には普及していない。家事の計画化は家事の機械化以前に始まっていた。したがって機械設備が普及し始めた時にはすでに、それを組み込む科学的な家事管理の体制はできあがっていたということである。

作業過程の組織化は、一八六〇年代末に始まる。

一八六九年における作業過程の組織化

キャサリン・ビーチャーはこうした傾向の本質をすでにはっきりつかんでいた。「汽船の調理室には、二〇〇人分の料理をまかなうのに必要な物や道具がすべて用意されている。手の届く範囲にすべての器具が配置され、コックはわずか一歩か二歩動くだけですむ」（一八六九年）(12)。

建築家が一九二〇年以降、よく計画された台所の重要性に気づき始めたとき、彼らは食堂車の調理室を原型として利用した。しかしキャサリン・ビーチャーが本を著わした時点では、このような原型は存在してなかった。すでに述べたように、ジョージ・プルマンが食堂車に対する特許を初めて申請したのは同じ一八六九年だった。

彼女はさらに続けて「これとは対照的に、料理の材料と調理用具、流し台と食堂との間は距離が離れすぎていて、時間と労力の半分は、器具を集めたり戻したりするための往き来に費やされてしまう」(13)と述べている。彼女が作業過程の組織化の問題とどのように取り組んだかは、刻明な図版と説明に示されている（図三三六、三三八）。

まずそこで気づくことは、大きなテーブルや独立した戸棚が台所から姿を消しているという点である。テーブルの代りに小ぢんまりとした調理台が窓の下にひろがっている。食器戸棚の代りに、棚、抽出し、収納部分が調理台の下に配置されている。

今日の機械化された台所には、三つの作業中心——収納と保存、洗いと下準備、調理と配膳——がある（図三三七）。このうち二つ、収納—保存、調理—配膳の機能を、一八六九年の時点でビーチャーははっきり区別し、それぞれを一つの単位として扱った。しかし当時はまだ、調理用レンジは安全を考慮して離れた位置に設置しなければならなかった。

それと同時に、用具とその使用場面が一つに結びつけられた。

彼女の考案した調理台は、採光もよく、必要以上に大きくもない。調理台の左側には、小麦粉が入っている戸棚の大きな蓋が同じ

336 (左) 連続した作業面：台所の下準備と洗いものをする個所。キャサリン・ビーチャー設計，1869年。主婦の仕事を１つの技術あるいは職業とみなす傾向がニューイングランドの清教徒的な環境の中に生まれた。最小限の作業面が腰の高さにあり，その下には収納スペースがある。作業面への照明は行き届いている。パンの材料であるライ麦の粉や全麦粉を入れる抽出しも付いている。また同じく小麦粉の入っている収納戸棚の蓋は他の作業面と一体化している。生パンをこねる台は流しの側に返すと調理台になる。（キャサリン・ビーチャー&ハリエット・ビーチャー・ストウ『アメリカ女性の家庭』，ニューヨーク，1869）

337 (右) 連続した作業面：電化台所の下準備と洗いものをする個所，1942年。今日の機械化した台所には3つの作業部分が認められる。収納と保存，洗いと下準備，調理と配膳の各作業部分がそれである。このうちの２カ所，収納—保存と調理—配膳の場所は，1869年，キャサリン・ビーチャーによってはっきり区分され，別々の単位として扱われた。（提供：ジェネラル・エレクトリック社，ニューヨーク州，スキネクタディー）

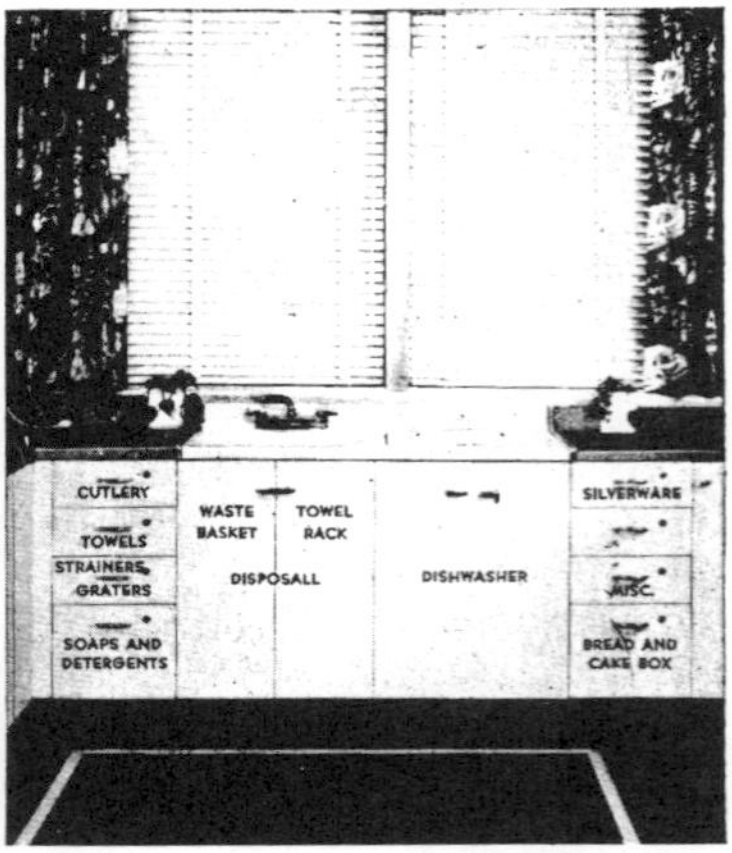

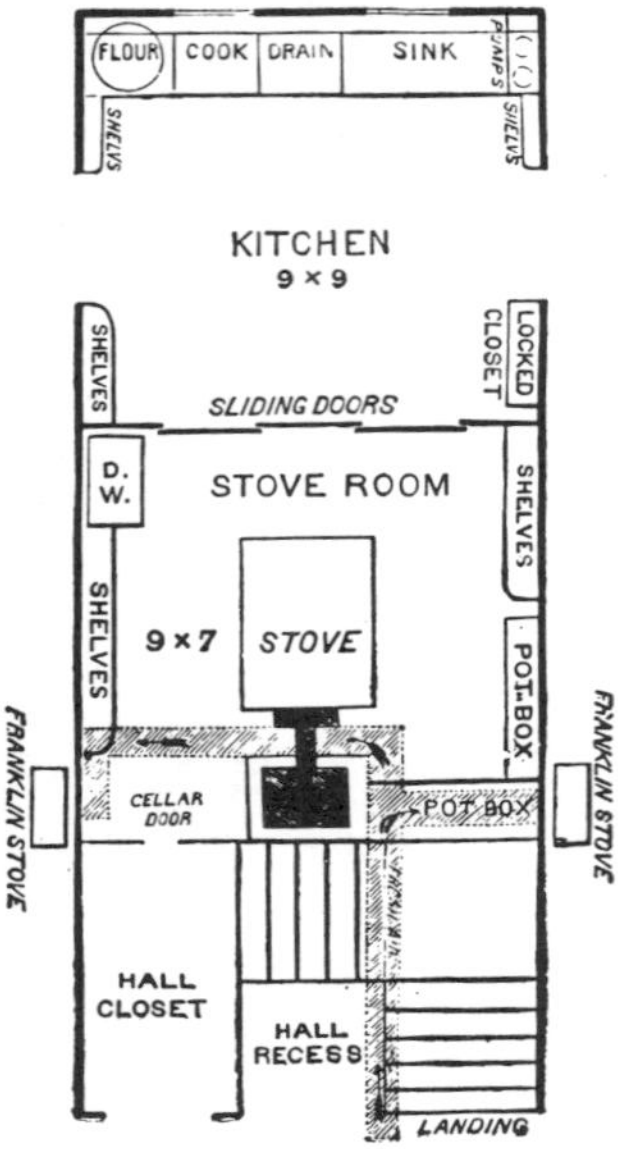

338 連続的な作業面：台所。キャサリン・ビーチャー設計，1869年。平面図。鋳物製のレンジはストーブ室に置き，台所とは隔離する必要がある。（キャサリン・ビーチャー&ハリエット・ビーチャー・ストウ『アメリカ女性の家庭』，ニューヨーク，1869）

レベルで隣接し、両者は腰の高さで一つの面を構成していた。主婦は、ただその蓋をあけて隣の「パンこね台」に粉をまけばよかった。当時、ヨーロッパとは異なり、アメリカの主婦はパンを依然として家庭で焼くことを習慣にしていた。キャサリン・ビーチャーは他の所で「真の主婦は、自分で焼いたパンを台所で最も重要なものと考えている」(14)と述べている。したがって、当然、全麦パンや大麦パンに使う大麦や粗い小麦粉をいれておく抽出しは、作業台の下に取り付けられた。さらにその下には、ほかの料理の材料を入れておく抽出しが付いていたが、その位置はあまり便利な位置にあるとは言えなかった。

「パンをこねる」台をひっくり返せば、肉や野菜の下準備をする場所になった。その隣の「皿の水切り台」はヒンジでとめられており、下準備用の台（「クック・フォーム」とビーチャーは名付けている）の上に置くこともできたし、ひっくり返せば、流しの蓋にもなった。

これは一八六九年に考えられたもので、まだ水道管が敷設されていない時代のことであった。そのため、キャサリン・ビーチャーは、流し台の近くに「井戸用・雨水用の二つのポンプ」を取り付け、自分なりの水道を工夫している。

「流し台の幅は、クック・フォームとうまく合致している」と彼女ははっきり述べている。こうして、収納部分と、調理や洗いものをする部分が一カ所に集められた。これらの点に関する彼女の工夫は、一九一〇年の水準のはるか上をいくものだった。一九一〇年の時点でも、まだ、テーブル、戸棚、レンジは、それぞれ独立した単位として横に並べて配置されていたからである。

夏期の蒸し暑さや台所から出る臭気のことを考えて、キャサリン・ビーチャーはレンジを台所の中で離れた所に置き、下準備をする空間とはガラスの引戸で仕切った。

一九一〇年以後の作業過程の組織化

一八六〇年代から次に決定的な動きがみられた一九一〇年頃までの期間に、どのような発展があったかは不明である。アメリカ人の要求に沿う台所の設計を目指した、その間の堅実な発展過程については、まだ研究がなされていない(15)。その研究が行なわれれば大きな成果が得られると思う。

キャサリン・ビーチャーがこの問題を明確に設定してから四十数年後、細かい所に至るまで綿密な検討が台所の設計に加えられた。この間にアメリカの女性は、キャサリン・ビーチャーが主張したことのすべて、あるいはそれ以上のものを獲得した。アメリカ社会における女性の力は、他の国々に比べてはるかに強くなり、良きにつけ悪しきにつけてその影響力を増大させた。

この家事の再組織化が、「疲れきった主婦の解放」(16)を目指していたことは事実である。しかし、それを推進した力は科学的管理法によってもたらされてきた。すでに、われわれはアッセンブリーラインの発達を論じた際に、科学的管理法とその作業過程の分析について述べた。その科学的管理法が一九一〇年頃、目覚ましい成果を生み始めたのである。人びとは科学的管理法の観点から、昔ながらの家庭内の仕事、特に台所での作業を新たな目で見るようになった。科学的管理法は一つの器具を使う際の人の動きや全体的な台所設計に関する分析法を教えた。

　フレデリック・W・テーラーが労働者の動作を逐一分析し、それを改善して石炭採掘の効率をあげたように、またフランク・B・ギルブレスが煉瓦積み作業において腰をかがめる回数を減らし、かつ器具を合理的に並べることによって労働の効率をあげたごとく、アメリカの主婦も自分たちの仕事の効率に疑問を抱き、自らの動作を観察し、毎日の仕事に要する歩数を数え始めた。家事と工場での作業が同等に扱えないのはもちろんだとしても、家事の苦労から逃れるには詳しい分析を行なう以外に方法のないこともまた確かであった。

　当時、こうした考えは誰もが抱いていた。その点は農家の主婦も同じであった。早くも一九〇九年には、一人の農家の主婦が「家事の際、歩く距離を少なくする点を特に考慮した小住宅」(17)を提案している。一九一二年の秋、「効率の科学を家庭に導入すること」に関心を抱いた女性の一人、クリスティーヌ・フレデリックが「新しい家事管理」と題する記事を『レディーズ・ホーム・ジャーナル』誌に連載したところ、大きな関心が巻き起こった。編集部では、各回の巻頭に、科学的管理法を論じた文章を掲載していたのである。翌年、フレデリックは、その連載記事を一冊の本にまとめたが、その本の雄弁な序文には、彼女の夫と新手の能率専門技術者との会話にヒントを得て、家事に科学的管理法を取り入れたいきさつが語られている。

　「私たち女性は、台所用テーブルや流し台、アイロン台の上で、煉瓦積工が煉瓦の上に屈み込むときのように無駄に腰をかがめていないだろうか」(18)。

　彼女は、皿洗いから説き始めたその連載記事の中で、この問いに対する回答をすでに出していた。「私は長い間気づかずに皿洗いだけで八〇もの誤った動きをしていた。この中には、整頓したり、拭いたり、並べたりする作業は勘定に入っていない」(19)。

　「私たちは、配置の間違った台所を歩きまわることで時間を浪費してはいないだろうか。列車が駅から駅へと速やかに動くように、家事においても仕事から仕事へと手早く移ることはできないものだろうか」(20)。この読みやすい本では、彼女が工場における管理の要点を取り上げ、それを家事の場に適用していった様子がわかり易く示されている。彼女は、自分の観点をさらに掘り下げ、数年後の著書に『家事工学――家庭における科学的管理法』という題名を選んだ。彼女の主張はこの題名そのものによく表現されていたと言ってよい。こうして「家事工学《ハウスホールド・エンジニアリング》」という言葉が「家庭科学《ホーム・サイエンス》」あるいは「家政学《ホーム・エコノミクス》」に代わって登場するようになった(21)。

ヨーロッパにおける作業過程の組織化
――一九二七年頃

遅ればせながらヨーロッパでも、科学的管理法は慎重に工場に取り入れられていった。しかしヨーロッパでは大きな市場がなく、工場そのものの規模が小さかったため、科学的管理法の導入はごく狭い範囲に限られていた。一九一二年頃のアメリカで力強く推進された家事管理に関する研究も、書籍の出版が少ないヨーロッパではほとんど気づかれないか、あるいはそのまま埋もれてしまった(22)。

　ヨーロッパにおける家事の組織化はアメリカとは異なり、新しい建築運動を出発点としていた。十九世紀の台所や浴室は、住宅全体の設計や組織化とともに、装飾家の意のままになっていたが、新し

339　工業が台所に関心を向け始める：整然とした戸棚，1923年。アメリカの工業は，多くの改革者の努力を引き継ぎ，台所における作業過程の組織化にのり出した。ガス会社や電気器具メーカーが1930年代に入って組織的に推し進めた傾向に先鞭をつけたのは，台所家具のメーカーだった。最初は，空間の無駄を少なくすることに努力が傾けられた。朝食コーナーに注目。細かく仕切られた戸棚には，食料品，掃除用具が収められている。（カタログ：キッチン・メイド社，1923）

340 a.b　連続的な作業面：ハウス・アム・ホルンの台所，バウハウス，ワイマール，1923年。建築家により近代的住宅の一部として設計された最初の台所の1つ。長いほうの壁に沿って簡潔な流し台と戸棚が取り付けられている。戸棚は腰下の戸棚（ベース・キャビネット）と吊り戸棚（ウォール・キャビネット）に分かれている。回転窓の下の広い作業面はガスレンジの上面と接続し，レンジの右にはまた別の作業面がある。これらの作業面を合計すると，以前の台所の場合より2，3倍広くなっている。充分に活かされた窓周辺の空間は，1910年頃のアメリカの職人運動の台所を思い起こさせる。

く起こった建築運動はこうした見せかけを断ち切るとともに、機能性にその基盤を求めた。問題を機能性だけに限定したことは、旧来の悪弊を除去する上で非常に有効だった。

このように、ヨーロッパ大陸における家事組織化の動きは工業や科学的管理法から発生したものではなく、建築家がその担い手であった。彼らは住居に関する問題をすべてにわたって再考することにより、十九世紀に失っていた自らの地歩を回復した。建築家が再び生活の枠組みを形づくる専門家になったのである。彼は住居を解体してその内部空間を再構成し、独自の家具の型を生み出すとともに、自らの社会的意義に目覚めた。台所はもはや孤立した単位ではなくなり、住居という有機体の一部となった。そしてこのような観点から、間もなく作業過程の組織化が始まった。

一九二三年、ワイマールのバウハウスは一般大衆を招き、教授や学生たちの作品を、劇や祝宴とともに披露した。「一家族用住宅」(ハウス・アム・ホルン)はこの時に建てられたものだが(23)、この中に建築的思考に貫かれたL字型の台所があった(図三四〇)。この台所は収納部分を設計の出発点としていた。簡単な流し台とサイドボードはここではすでにベース・キャビネットとウォール・キャビネットの二つの部分に分かれていた。窓の部分も、一九一〇年頃のアメリカの職人運動が生んだ台所を思い起こさせるように充分に活用されていた。回転窓の下にのびた広い作業面はガスレンジの上面とつながり、さらにそのレンジは、右側の、三〇年代初期のアメリカのレンジにあるような面と同じ高さで接続していた。

この台所は、おそらくは、作業の組織化が形との結びつきをとった最初の例だが、ここで特に注意をひくのは、収納部分、下準備や洗いものをする部分、そして調理をする部分の三つが、設備と作業面の高さを統一することにより、密接に結合されている点である。壁の隅に掛けてあるウォール・キャビネットも見逃せない。

一九二〇年代のドイツは、きわめて短期間だったが、文化創造の華をさかせた。世界各地から才能ある人びとが集まり、創造的な仕事に従事した。建築においても、ドイツは新しい運動に理解を示した。オランダの例にならって、一九一九年以来、労働者や中間階層のための住宅も計画された。さらに二〇年代の後半、フランクフルトでは、エルンスト・マイに率いられて大規模な住宅開発が行なわれ、その開発を助け進行を早めるために、オランダやスイス、オーストリアから建築家が招聘された。

この新しい運動に寄せられた好意的態度は、ドイツ工作連盟がシュツットガルト近郊のワイセンホーフに集団住宅の建設を決定し、ミース・ファン・デル・ローエが各国の若い建築家をドイツの建築家とともにこの事業に参加させるべく呼び寄せたことに、最もよく表われている。そのうちの一人にオランダ人J・J・P・アウトがいた。彼は、勤労者向けの住宅を芸術的な関心をもって眺めた最初の建築家だった。彼は問題を円柱や装飾で解決しようとはせず、周到な計画を基に低価格の部屋を供給し、それにできる限りの快適さと尊厳を与えることを設計の主眼とした。彼は、勤労者向け住宅をこのような形で捉えた最初の人物として末永く記憶に留められるだろう(一九一九年)。アウトはワイセンホーフの集団住宅地に一連の住宅を建設し、そこで、簡素ではあるが、今日一般化している形式の台所を設計している(図三四一)。一見したところ、簡素な作業台や厚板は、エナメルを塗られクロームのプレートにおおわれた一

341　連続的な作業面：J. J. P. アウト設計のL字型台所。ワイセンホーフ集団住宅地、シュツットガルト、1927年。すでに1920年以前、オランダにおいて勤労者用の大規模なアパートを設計したアウトは、ワイセンホーフの実験住宅地でロー・ハウス向けのL字型台所の設計を手がけた。このロー・コストの台所は一見したところ1940年頃の白いエナメルを塗った台所と共通点はないようだが、構成方法という点では後に台所設備のメーカーが豪華な装いをこらして製作した台所とほとんど変わりない。

342　(下右) J. J. P. アウト：L字型台所。ワイセンホーフ集団住宅地、1927年。平面図。収納個所、洗ったり下準備をする所、そして煮炊きする場所が1つの流れをつくっている。

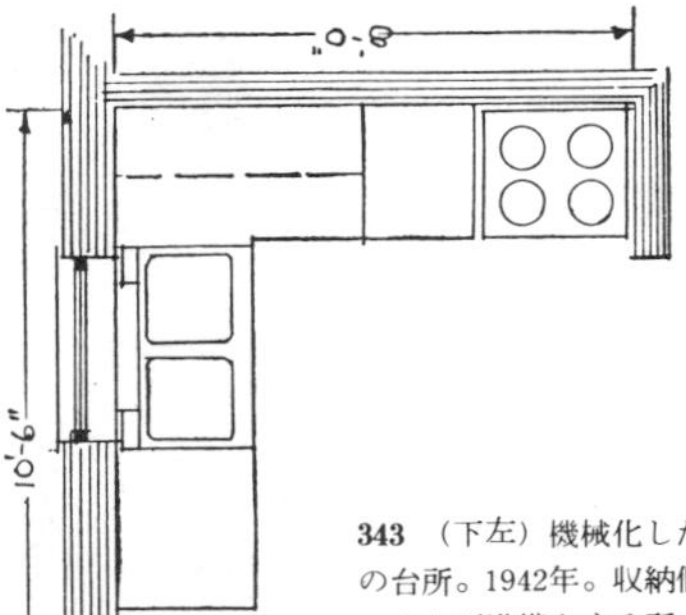

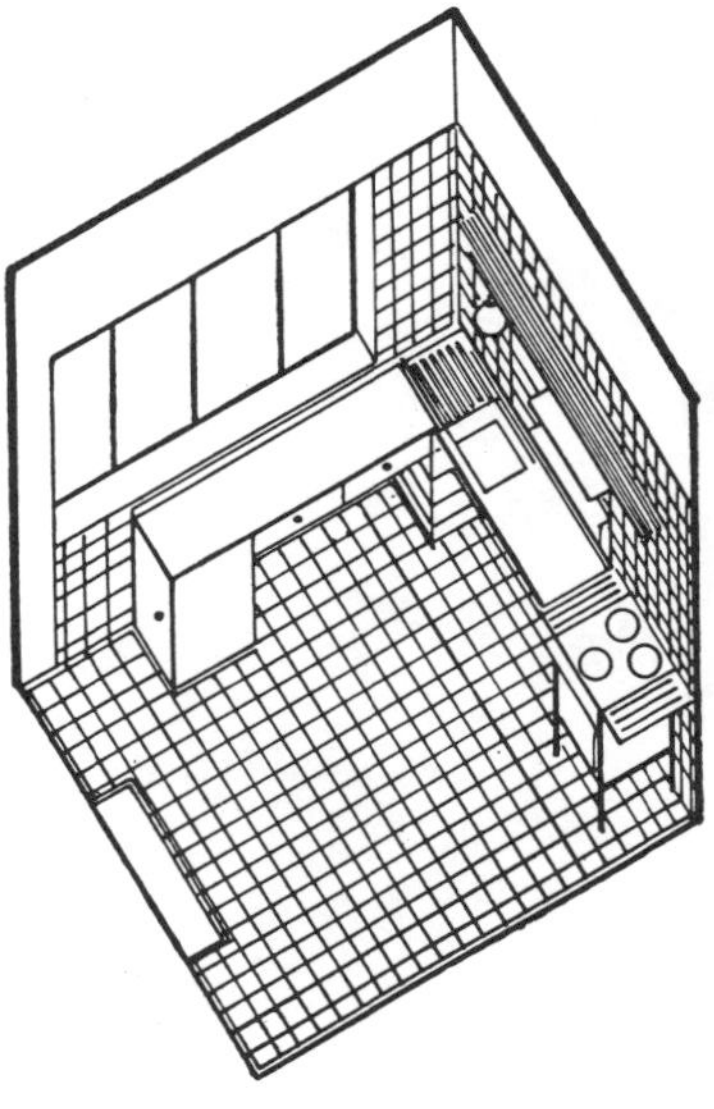

343　(下左) 機械化したL字型の台所。1942年。収納個所、洗ったり下準備をする所，そして煮炊きする場所が1つの流れを構成している、高度に機械化したアメリカの台所。(提供：クレーン社)

344 作業面が部分的に連続している台所：黒塗りの台所，1930年。当初，工業が台所の組織化に乗り出した頃，ウォール・キャビネット，作業面下のベース・キャビネット，造り付けの流し台は，このような形に配置された。しかしここではまだ，台所設備はばらばらな家具として扱われている。レンジは周囲の設備と一体化していないし，作業過程の流れにも沿っていない。（提供：キッチン・メイド社）

345 雑然とした設備類。リリアン・ギルブレスが研究用に作った台所。ブルックリン・ガス会社，1930年。動線の研究を通じて台所を合理化し，雑多な設備をよりコンパクトに配置しようとしたメーカーによる最初の試みの1つ。生産技師，リリアン・ギルブレスは当時の混乱した状況を批判して，「メーカーは，主婦が何を必要としているか，ほとんど何も知っていない。まず彼らはこの点を自覚すべきである」と言っている。（提供：『アーキテクチュラル・フォーラム』誌）

九四〇年の高度に機械化された台所とあまりつながりがないように見える。しかし構成面では、後に工業化によってより豪華な台所で実現した要素のほとんどをこの台所はすでに備えていた。

大きな窓の下では、中庭に向かって換気孔の開いた簡単な食料戸棚が収納部分の中心を占め、その上に作業面が広がっている。アウトはこの食料戸棚を、キャサリン・ビーチャーが一八六九年に小麦粉の容器を配置したのと同じ要領で処理した。洗ったり下準備をするための部分には、――一九四〇年頃提唱された「電気流し台」はなく――滑らかな作業面と簡単な流し台が取り付けられている。ごみ容器は造り付けで、庭から塵芥をとり出せるようになっている。右手には調理部分があり、サービスロを介して食堂と直接つながっている。この前の年の一九二六年、クリスティーヌ・フレデリックによる一九一三年の本と似た題名の書物が出版された。『新しい家庭――科学的家事管理への手引き』(24)と題されたマイヤー博士のこの著書はまさに時宜にかなったもので、建築家や製造業者、主婦などの間で広く読まれた。それは、アメリカで一九一〇年頃に出たこの種の出版物と違い、科学的管理法から直接着想を得たものではない。ドイツには、アメリカの場合のように家事を一つの専門職とみなす伝統はなく、それだからこそこのエルナ・マイヤー博士の著書は大きなセンセーションを巻き起こした。この本は、最初の一年で三〇版を重ね、最終的には四〇版にも達した。もし現代のアメリカ人が、家事労働を軽減するための素朴な工夫を熱心に説いたこの本を読んだら、一驚するに違いない。

著者は、執筆に先だってアウトと作業過程の組織化について意見を交換しており、この本にはアウトの明晰な思考が反映している。そこには、調理台を取り上げるときでさえ、将来の発展の方向を見据え理解しようとしていた真の芸術家の姿勢が示されている。

台所に関心を示したのはアウトだけではない。ミース・ファン・デル・ローエ、ワルター・グロピウス、ジョセフ・フランクの電気台所、それにル・コルビュジエのタイル張りの長い作業台なども、台所を一つのユニットとして扱うという点で共通していた(25)。ワイセンホーフの集団住宅は、新しい建築をひろめるきっかけをなし、またある程度まで、今世紀の構成的家具についてもその普及の端緒を開いた。しかしそれと同時に、台所を組織化する問題を解決した(26)。この傾向はヨーロッパ各国に急速に広がり(27)、一九三〇年までには一応の定着をみた。

一九三〇年代の半ばには、アメリカが発展の主導権を握った。それまでに、台所の機械化に関する基本的な設備はすべて開発が終っていた。それらはやがて、アウト式の作業台の下に設置されることになる。一九三五年頃の作業過程の組織化、これに続く発展について述べる前に、まず、機械化された台所に広く用いられている器具を種類別にみてゆきたい。

炉の機械化

レンジ――熱源の集中化

われわれが知っているかぎりの台所の歴史は、熱源の集中化と密接に関係してくる。炉の場合の焰、鋳鉄製のレンジにおける石炭、ガス、そして最後に電気が、相次いで熱源として利用された。これらの熱源が使用された期間はそれぞれ異なっている。焰が熱源の王座を占めた期間は非常に長かった。一八三〇年から一八八〇年に至る半世紀の間に鋳鉄製のレンジが普及し、一八八〇年から一九三〇年の間にはガスレンジが一般化した。それに続いて電気レンジの時代が始まった。

このような時代区分は、固定的な区分というより、流れとしてとらえるべきである。種々の形式が使用された時期は互いに重複している。それに、ある熱源が普及するまでには、長い準備期間のあるのが普通である。

焰が炉で使われていた期間は長く、十七世紀末までは、これが冬期におけるほとんど唯一の熱源の形式であった。石のブロックを積み上げた植民地時代の煙突は、家の支柱でもあり、焰を熱源とする伝統の力強さを象徴している。ブルゴーニュの宮廷や領主の城など、広大なゴシック様式の住居では、数個の炉が厨房のある建物に統合されている場合もあった。フランスのディジョンやポルトガルのシントラ宮殿ではそのようになっている。これらの煙道は円錐形の円天井に集まり、建物群の中心を形成していた。

やっと十五世紀に入り、市民意識が目覚めるとともに、台所は家の中で一つの独立した部屋になった。しかし十七世紀に入っても、台所は都市では食堂を兼ねている場合が多かった。さらに「寝室として使用されることも多く」、また社交の場として使われることもあった(28)。台所はよく整理された小綺麗な場所であり、そこに並べられた銅鍋は、十七世紀のオランダの小版画家の作品では光沢ある装飾品のように描かれている。ジェローム・ボッスの作といわれる絵(図一四〇)には、十五世紀の市民の家で、人びとが台所の背の高い炉を囲んで宴会を開き、陽気に楽しんでいる様子が描かれている。

十七世紀になると、台所はもはや憩いの部屋ではなくなり、単なる「設備」(29)になった。さらに十九世紀に入って営利を目的とした建造物が増え、かつ都市人口が増加するとともに、台所はまったく魅力のないものになってしまった。

鋳物のレンジ

炉の使用は、数世紀にわたっている。薪や石炭を燃料とする鋳物のレンジは十九世紀に普及した。スチームボイラーと鉄製のレンジは、今日、水力や電力がそうであるように、十九世紀のシンボルだった。アメリカほどいろいろな種類の鉄製ストーブやレンジを製造した国はない。そのことについては、チャールズ・ディケンズやオスカー・ワイルドがいろいろと書き残している。ディケンズは、一八四〇年代に「熱せられて赤くなった化け物」について語り、それから約四十年後には、ワイルドが、よく部屋の中央に置かれていたストーブの過剰な装飾を批判している。後の自動車のように、当時鋳物のストーブはアメリカの象徴といって過言ではなく、さまざまの型のストーブがヨーロッパ大陸や、またイギリスにさえ輸出されていた。しかし、ヨーロッパの台所では依然として、熱を均等に伝えるタイル張りのレンジが、タイルを張るには専門の職人

346　ペンシルベニア・ダッチ・ストーブの鋳鉄プレート。1748年。19世紀アメリカのストーブやレンジは，ドイツやスイスからの移民が使った鉄板製のストーブを原型として発達した。このプレートには次のような文字が記されている：WB〔ウィリアム・ブランセン〕；KTF〔コヴェン・ツリー・ファーネス〕；Gotes Brynlein hat Waser die Fyle〔神の井戸には水が豊富にある〕。(提供：ランディス・ヴァレー博物館，ペンシルベニア州，ランカスター郡)

が必要だったにもかかわらず、根強い人気を保っていた。キャサリン・ビーチャーは、イギリスの観察者の審美眼にならったわけでもなかろうが、一八六〇年代にすでに広く普及していた鋳物のレンジに正面きって反対を唱えた。彼女は次のように書いている。「昔からあるどっしりとした煉瓦造りのストーブが鋳物のレンジにほとんど完全にとって代わられたのは、ただ残念というほかない。鋳物のレンジは確かに性能はすぐれているが、これまでの習慣をまったく無視したものであることもまた確かである」(30)。

鋳物のレンジの基本は、熱源を狭い空間に集中化しているという点にある。熱を有効に伝え、レンジの難点を克服するには、科学時代の技術の粋が必要であった。熱効率を高めるという問題は、職人の手に負えるものではなく、むしろそれは物理学者の問題であった。スチームボイラーと鋳物のレンジは、燃焼ガスを正しく導いてその熱を有効に使わなければならないという点では共通していた。このことからもわかるように、鋳物のレンジの発達の担い手が、ストーブ製作の技術を習得している場合は稀だった。

ベンジャミン・フランクリンは、レンジこそ製作しなかったが、すでに十八世紀の前半に、不燃状態のガスの有効利用を目指し、暖炉の内部に設置する型のストーブを設計している。フランクリン自身も認めているように(31)、特にフランスでは、そのときすでに炉の熱効率を高める試みがなされていた。フランクリンが一七四二年(32)に製作した「ペンシルベニア式の炉」(図三四七)は、当時の人びとには受け入れられなかったが、この種の試みの最も有効なものとして今も残っている。フランクリンはまた、当時ペンシルベニアに広く普及していた、「ダッチ・ストーブ」(彼はオランダ・ストーブとも呼んでいる)からも着想を得た。それは鋳鉄板でつくられていた。彼は同じ材料を使って、「煙が上下して鉄板を熱する」(図三四七)ようになった鋳鉄製の空気箱《エアボックス》を製作した。彼は、この装置や他の改良を通じて、逃げていく熱を最大限に利用し、この熱を部屋全体に均等に行きわたらせる仕組みを考案した(33)。

ベンジャミン・トンプソン・ランフォード伯爵(一七五三—一八一四年)は植民地時代のアメリカで育ち、イギリスの官吏、バイエルンの政治家、陸軍大将を歴任した人である。そのうえ、この章と特

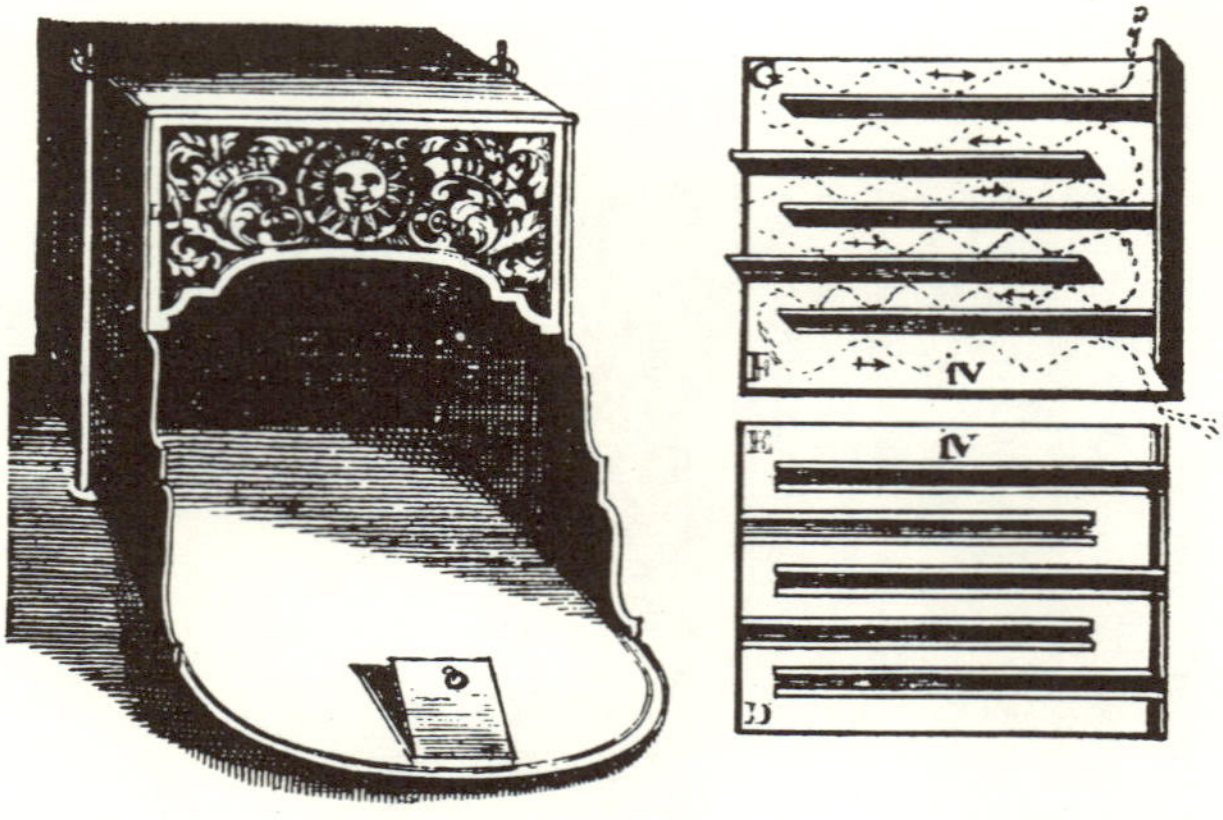

347　フランクリン・ストーブ。1740年頃。熱源集中化の傾向が見られ、19世紀の鋳鉄製ストーブへ一歩近づいている。また、燃焼ガスを煙道に通すことによって熱効率が高められている。フランクリンは、このストーブをフランス人による実験を基にして製作したと言っている。

に関連することだが、十八世紀の後半の偉大な物理学者の一人でもあった。ランフォードの創設になるミュンヘンの貧しい人達の施設の厨房向けに彼が設計した間接加熱式オーブンについてはすでに触れたが(34)、そのオーブンでは、熱と煙は何本にも分かれた煙道を通っておとし込み式鍋のまわりをめぐるようにできていた。

ランフォードは潜熱の研究者であり、また彼の名をとったスープの発明者、さらには『特上のコーヒーとその完璧な入れ方について』(35)という本の著者でもある（彼は、この本の中で、コーヒーの入れ方の秘訣と、今日でも使用されているパーコレーターのデザインをいくつか示し、コーヒーは大衆飲料にならなければならないと言っている）。ランフォードは彼の科学上の体験からして、まさにかまどを完成するにふさわしい人物であったと言ってよい。ミュンヘンの貧しい人達の施設でなされた毎日一〇〇〇人分の食事を用意するという社会的実験は、彼にとって絶好の機会であった。ランフォードはまた、バイエルンの貴族（図三四九）や陸軍病院（図三四八）、イタリアの病院のために、いくつもの大型のかまどを製作した。これらはみな、調理師が鍋のまわりを歩かず、中央に立って鍋を見守っていればよいという方式をとっていた。このかまどは、ランフォードがよく通っていたニンフェンブルク公園にある小さな食堂（メゾン・ド・プレザンス）のように、半円あるいは楕円形の窪みになっていた。これらのかまどは形態的には十八世紀の流れを汲んでおり、十九世紀に生み出された、見上げるようなかまどとは似ても似つかぬものだった。このかまどについては、ランフォードの全集の中でもとくに洞察力に富んだ第十巻で論じられ、詳細にその様子が示されている。この「台所におけるかまどと台所用具の構造——ならびに調理のさまざまな過程に関する見解と観察、およびその最も有効な技術改良に関する提案」(36)と題された三〇〇頁にもおよぶ論文は、包括的な理論に基づいた経験と示唆の集積であるばかりか、技術的な問題に対する解決をも示している。そこには、将来の傾向が予見されていたといっても過言ではない。

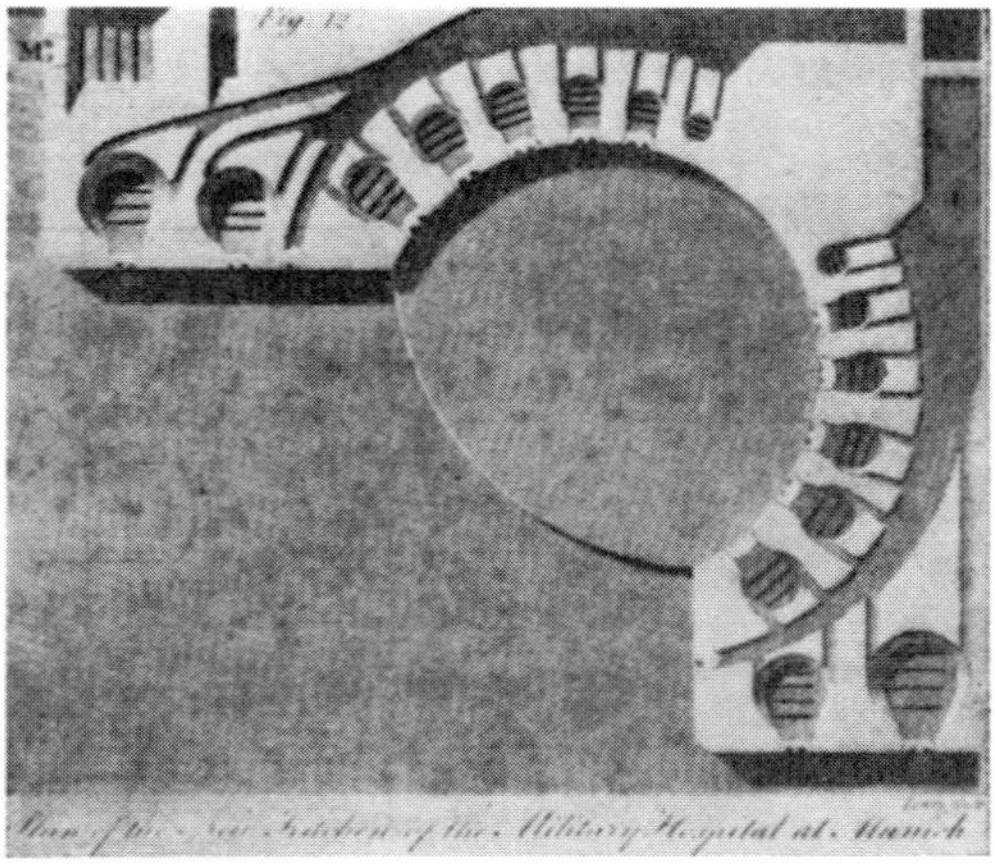

348　ランフォード：陸軍病院の卵形かまど　ミュンヘン，18世紀末。近代的な台所用ストーブの成立は，無料食堂やその他大規模な食堂施設の発展と結びについている。ランフォードは，ロココのメゾン・ド・プレザンスのような，半円あるいは卵形のかまどを造った。ここでは，料理人はいちいちかまどを見て回る必要はなく，中央に立って煮炊きの様子が見守れるようになっている。(『ランフォード全集』，ボストン，1870—75，第3巻)

349a　(右上)ランフォードがバイエルンの貴族のために設計したかまどの断面。おとし込み式の鍋，複雑な煙道によって鍋全体を加熱する工夫など，熱源の集中化がはかられている。

349 b　(右下)同じかまどを上から見た様子。料理人は中央に立つ。

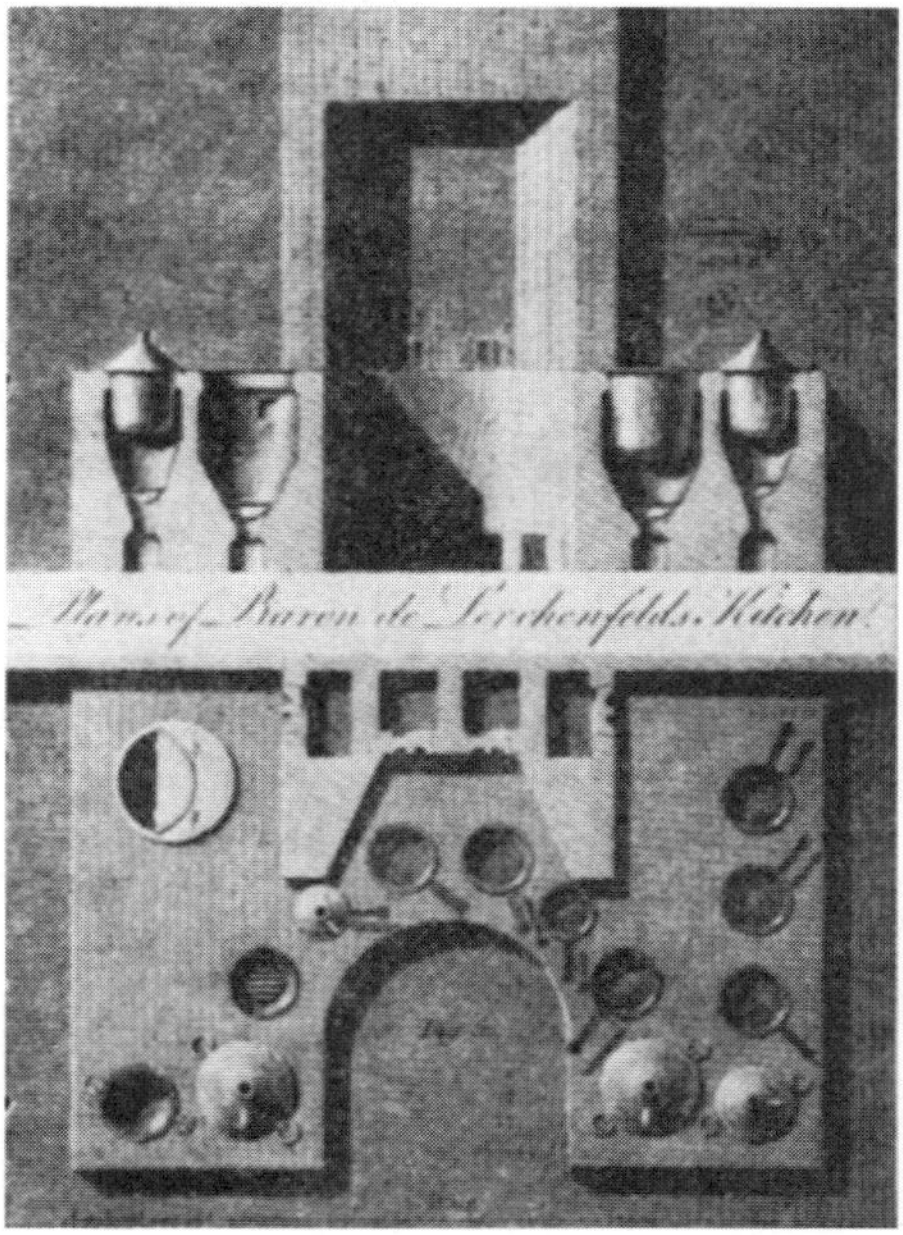

350　ランフード：おとし込み式蒸気鍋。

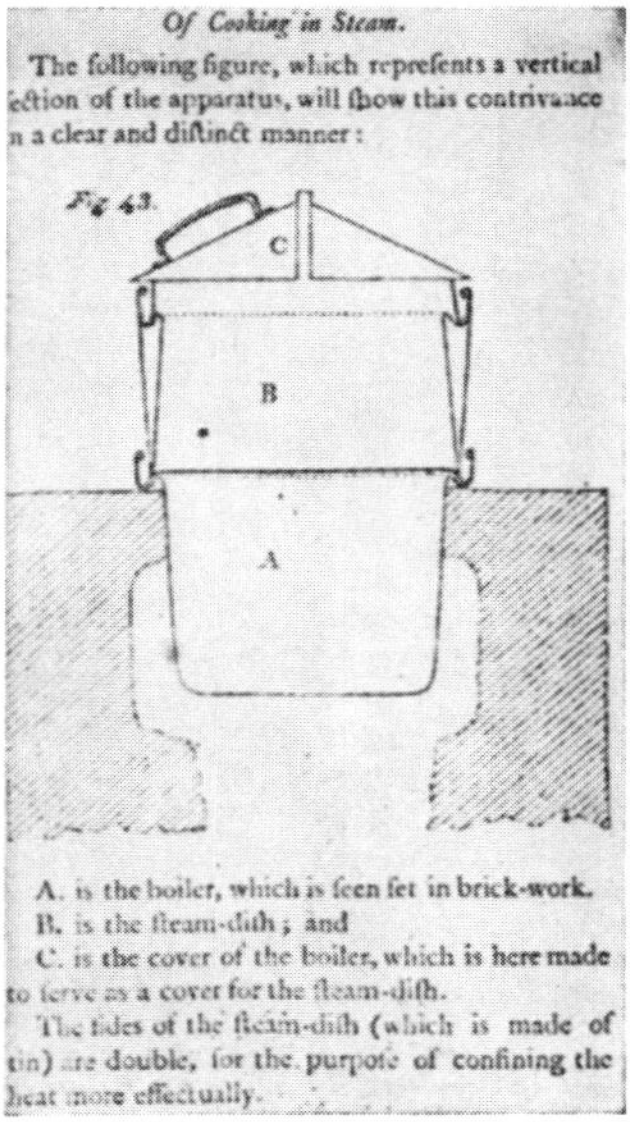

Of Cooking in Steam.

The following figure, which represents a vertical ſection of the apparatus, will ſhow this contrivance in a clear and diſtinct manner:

A. is the boiler, which is ſeen ſet in brick-work.
B. is the ſteam-diſh; and
C. is the cover of the boiler, which is here made to ſerve as a cover for the ſteam-diſh.
The ſides of the ſteam-diſh (which is made of tin) are double, for the purpoſe of confining the heat more effectually.

351　おとし込み式の鍋を備えた電気レンジ。1943年。リビー・オーエンス・フォード・ガラス製造会社。大戦中につくられた台所の模型，デザインはH.クレストン・ドーナー。おとし込み式の鍋，ワッフル焼器，ミキサーなどが見える。設備類を蓋で覆うと台所は遊戯室や勉強室に変わる（図439）。左手にガラスケースに入ったオーブン，右手に冷蔵庫が見える。

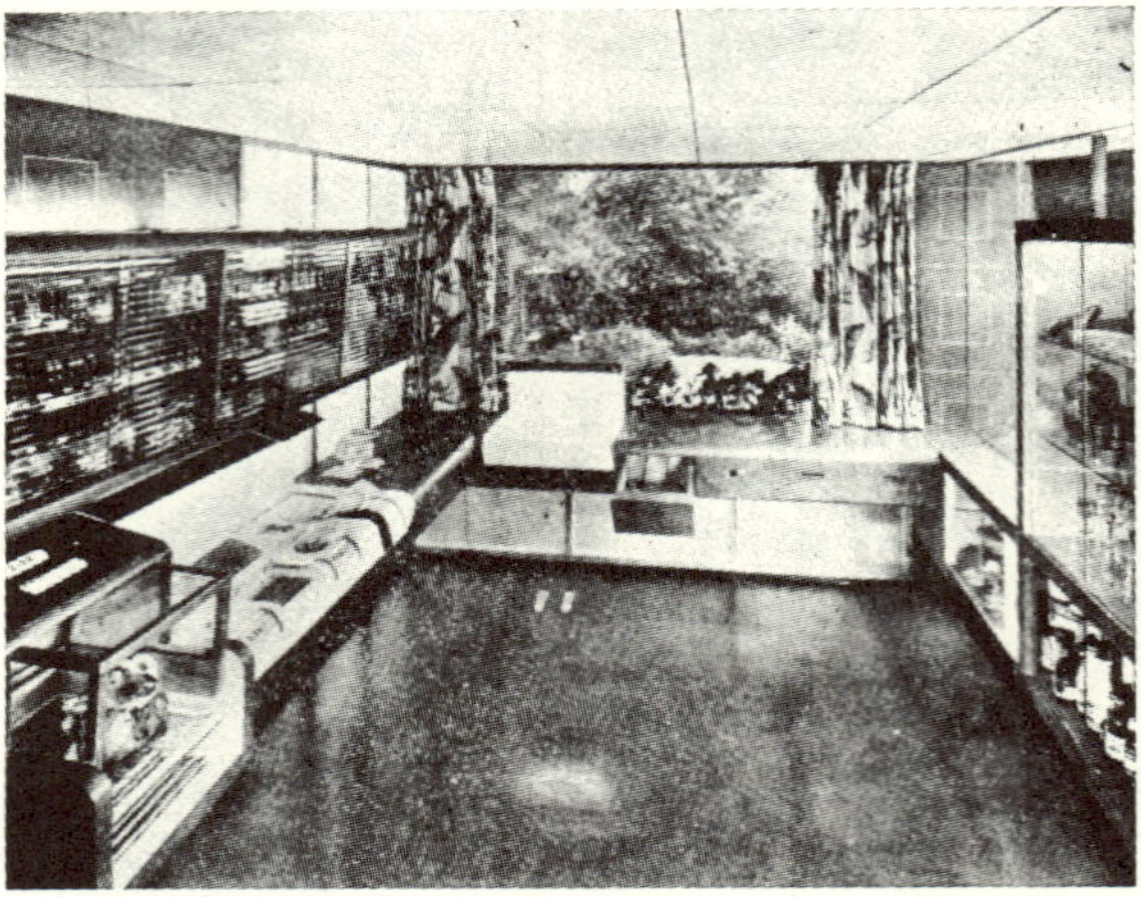

ランフォードの時代の台所設備は一般にどのような状態にあったのだろうか。その頃はまだ、現代的な意味での台所道具は存在しなかった。まだ何も発明されていなかったのである。ランフォードはイギリスに帰国したとき、「イギリスの裕福な家庭にあるのは、ほとんど、石炭をたくための長い火格子が、開放式になった幅の広い煙突の内部に置かれている型のかまどである」(37)と述べている。この型に代わって彼は、彼がミュンヘンで開発したかまどをさらに発展させた型を提案した。彼は、繰り返し熱源はできるだけ小さな範囲にまとめなければならないと強調している。また、「小型の鉄製オーブンの有効性、およびその最もすぐれた製造法」(38)を示し、さらに、早くも一八〇〇年以前に、「低所得家庭用の小型オーブン」(39)を設計している。これに関連して非常に興味深いのは、「ごく簡単で使い途の広い持ち運び可能な台所用ストーブ」である。これには、ランフォードのおとし込み式シチュー鍋が取り付けられ、その鍋のまわりを燃焼ガスが通過するようにできていた（図三五四）。また、円錐状で先細りになった燃焼室が、鳥の巣のように吊り下げられている。このように熱を閉じ込める方法は、空気をとり込み易い吊り下げ方式とともに、後の合理的なかまどの原型となった。

彼は、熱が一様に循環し肉汁をよく保てるロースト・オーブンの利点を熱心に説き、「鉄板でできた円筒の一方の端を閉じて煉瓦壁に埋め込み、小さな焔でも底に触れるようにした」オーブンを提案した(40)（図三五二）。

小さくまとめられた熱源の上に置く調理容器のデザインに彼は特別な関心を払っている。ここでは初めて、後にどんな大きさの鍋にもレンジを合わせるのに使われた鉄製の調節環が現われた。また彼は、調理に蒸気を利用するとともに鍋を重ねて熱を節約するための、巧みな仕組みも考えた。「蒸気鍋の側面は、熱の有効利用を目指して」二重になっている。さらに、設備一式を完備した小型の台《キチネッ》所《ト》に扉をつけ、食器戸棚《カップボード》のように壁にはめ込むといった気のきいた工夫も考えついた。ランフォードは、これを「隠し台所」(41)と呼んでいる。ランフォードの工夫は後世にすべて引き継がれたわけで

352 a.b　ランフォード：造り付けのロースト・オーブン。ランフォードは、肉を均等に焼き肉汁を保つには、一方の端を閉じた鉄製の円筒型オーブンが適していると述べている。それは、小さな焔でもオーブンの底に直接触れるように工夫されている。(『ランフォード全集』第３巻)

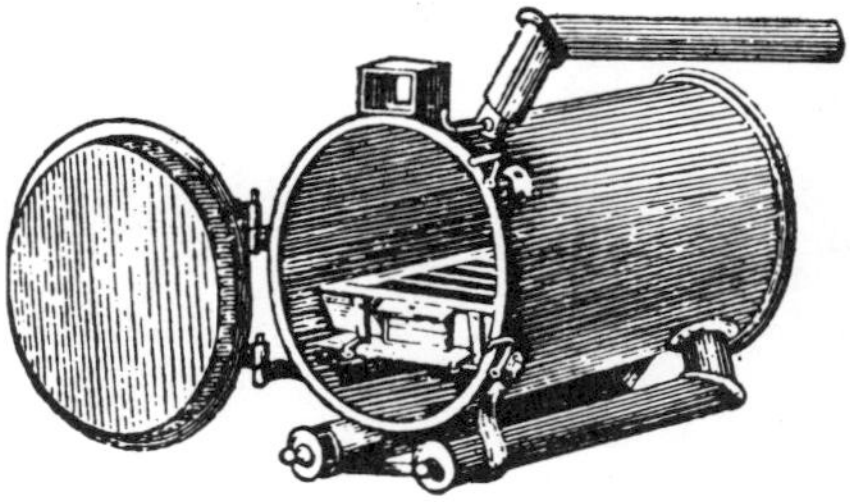

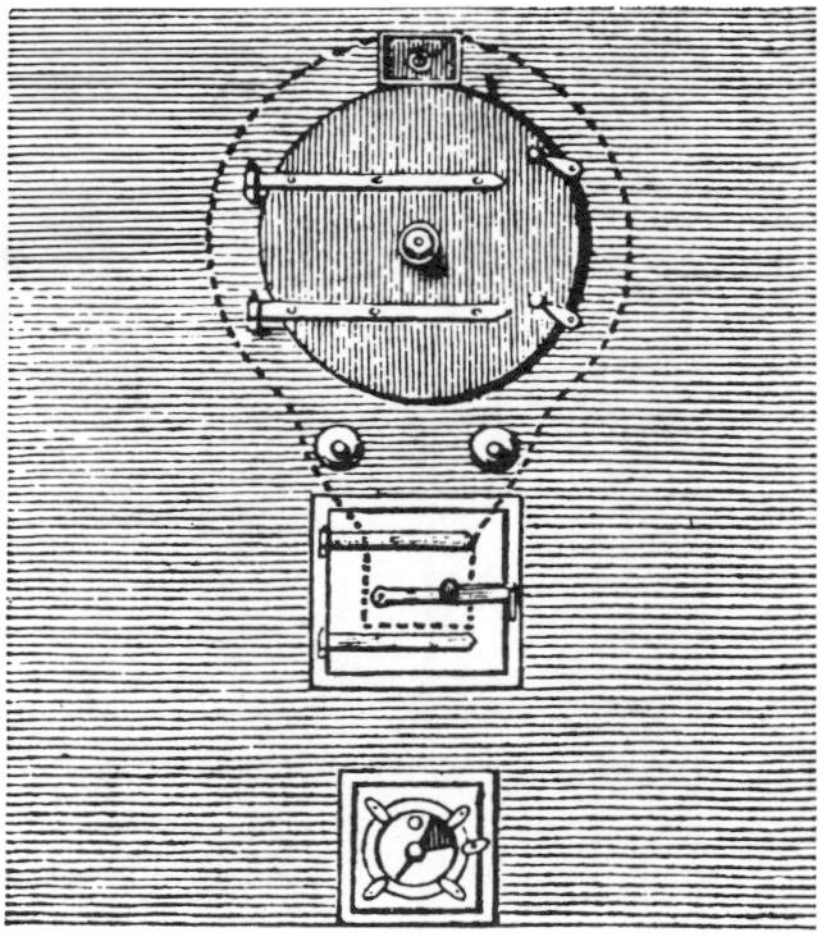

353　鋳鉄製のレンジ。アメリカ、1858年。ペンシルベニア・ストーブから発展した鋳鉄製レンジ。このレンジを原型として、火格子と煙道を効率よく配置した、工夫に富んだ多くのレンジが生み出された。(提供：エジソン研究所、ミシガン州、ディアボーン)

355 フィロ　P. スチュワート：夏期および冬期用のレンジ、1838年。経済的な料理施設は、フランクリン、ランフォード、あるいはスチュワートといった、レンジの製作を本業としない人びとにより、1世紀にわたって開発された。熱源は可能なかぎり集中化され、火室はランフォードのレンジと同様、逆円錐形で宙吊りにされ、その壁面にはたくさんの孔があいている。（合衆国特許915、1838年9月12日）

354 ランフォード：先細りになった火室をもつ、薄鉄板製の移動型レンジ、1800年頃。貧しい人たちのための無料食堂を開設したランフォードは、後に、勤労者階級向けに熱の保存の良いレンジを考案した。巧みに設計された把手をもつおとし込み式の鍋に注目。熱源は下がスノコ状になった円錐形の火室に集中している。

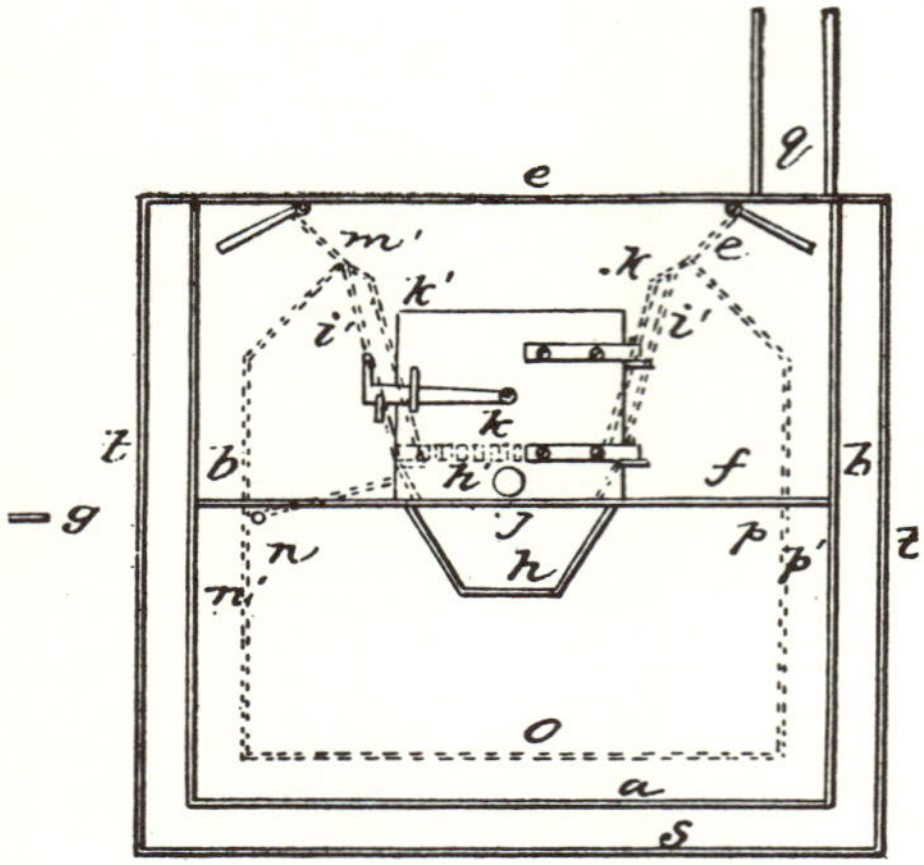

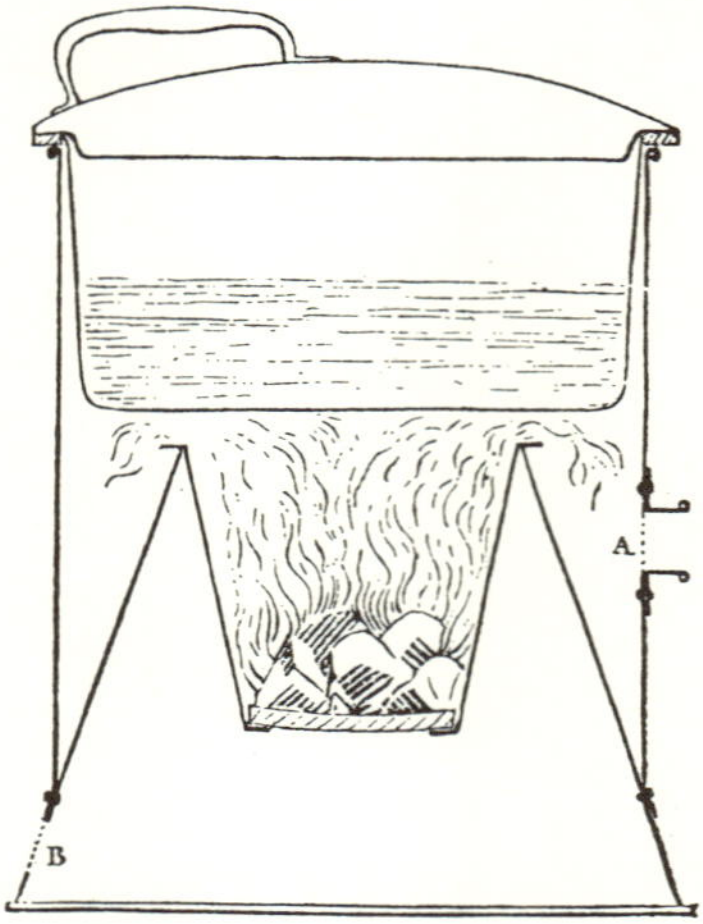

356 回転板付きのレンジ。1845年。19世紀の中頃には、鋳鉄製のレンジやストーブの改良をテーマとした特許が数百も現われた。その中には斬新な工夫をこらしたものがあったが、図の回転板で鍋を動かす労働節約型の工夫はその一例である。「ただダンパーを操作するだけで、固定式の湯沸かし器、回転板、またはその双方に、火を自由に誘導できる」。（合衆国特許4248、1845年11月1日）

357　テーブル・トップ型ガスレンジ。1941年。「テーブル・トップ型」レンジの生産は30年代初頭に始まった。長い発展の末に，ホーローびきのレンジ，食器棚，そして作業台を１つにした標準型が生み出された。これは作業過程と完全に一体化している。（デザイン：ドン・ハドレー，提供：タッパン社）

はない。彼自身も認めているように、その提案は実験的な裏づけをもっていたが、いまだ試案の域を出なかった。しかし彼は、未知の分野を探求し、かつ創造的な科学者として、後に人びとが日常の試行錯誤の末にはじめて到達した解決を前もって予想していた。

アメリカで次々に改良された鋳物のレンジは、そのほとんどが、ペンシルベニア・ダッチ式オーブンを発展させたものだった。鋳物のレンジが普及するには三十年以上かかった。それには、長い間暖炉に使われていた特別な火格子、さらに灰受けも加えられ、端に位置したロースト・オーブンの上部と下部を燃焼ガスで加熱するように工夫されていた(42)(図三五三)。

レンジの形成過程に直接かかわった三人目の人は、後にストーブの製作を手がけたことでこの道の専門家といってよい人物である。彼、フィロ・ペンフィールド・スチュワート(一七九八—一八六八年)は、最初、宣教師兼教師として、馬の背に跨がり二〇〇〇マイルもの距離をネイティブアメリカンに伝道してまわったこともあった。また、オバーリン・カレッジの創立に貢献する一方、ルネッサンスにおける画才のように当時のアメリカに広くみられた発明の才を備えた人物でもあった。フィロ・スチュワートは、彼の大学における研究を「学生が生活費その他をまかなえるような制度」と結合させようと考えた。この学校は一八三三年に開校した。その翌年、スチュワートは鋳鉄製ストーブの特許を取得した。彼はこれに自分の創立した学校の名をとってオバーリンと名づけた。死の数年前に申請した最後の特許では、レンジの機構は完成し、実用化できるものになっている。その図を一見すれば、彼がどんな特徴をレンジにもたせようとしたかがわかる。熱源をできるかぎり集中化する工夫(当時、燃料としては薪が普通だった)、ランフォードのかまどにもあった鳥の巣のような吊り下げ式の燃焼室、この燃焼室のまわりを空気で囲む方式、さらにランフォードのモデルと同様、底に向かって先細りになった燃焼室の壁に孔をあける工夫、などがその特徴であった(43)。スチュワートほどの人なら、広く人口に膾炙していたランフォードの著作を知っていたに違いない。にもかかわらず彼は、独自の道を歩んだ。熱に関する自分の理論的知識と一八〇〇年以来アメリカで発達してきたストーブとを結びつける必要を感じたから

358　鋳鉄製レンジ。アメリカ、1848年。「２台のレンジを１つにしたレンジ」この元気のよい広告は、1838年のスチュワートの特許以後いかに早くレンジが可動化し、同時に、当時の特許家具と同様多目的化したかを示している。広告の挿絵には、18世紀の家具職人のデザインのように、扉をすべて開け放した状態を示しているものが多い。(提供：ベラ　C. ランダウア・コレクション)

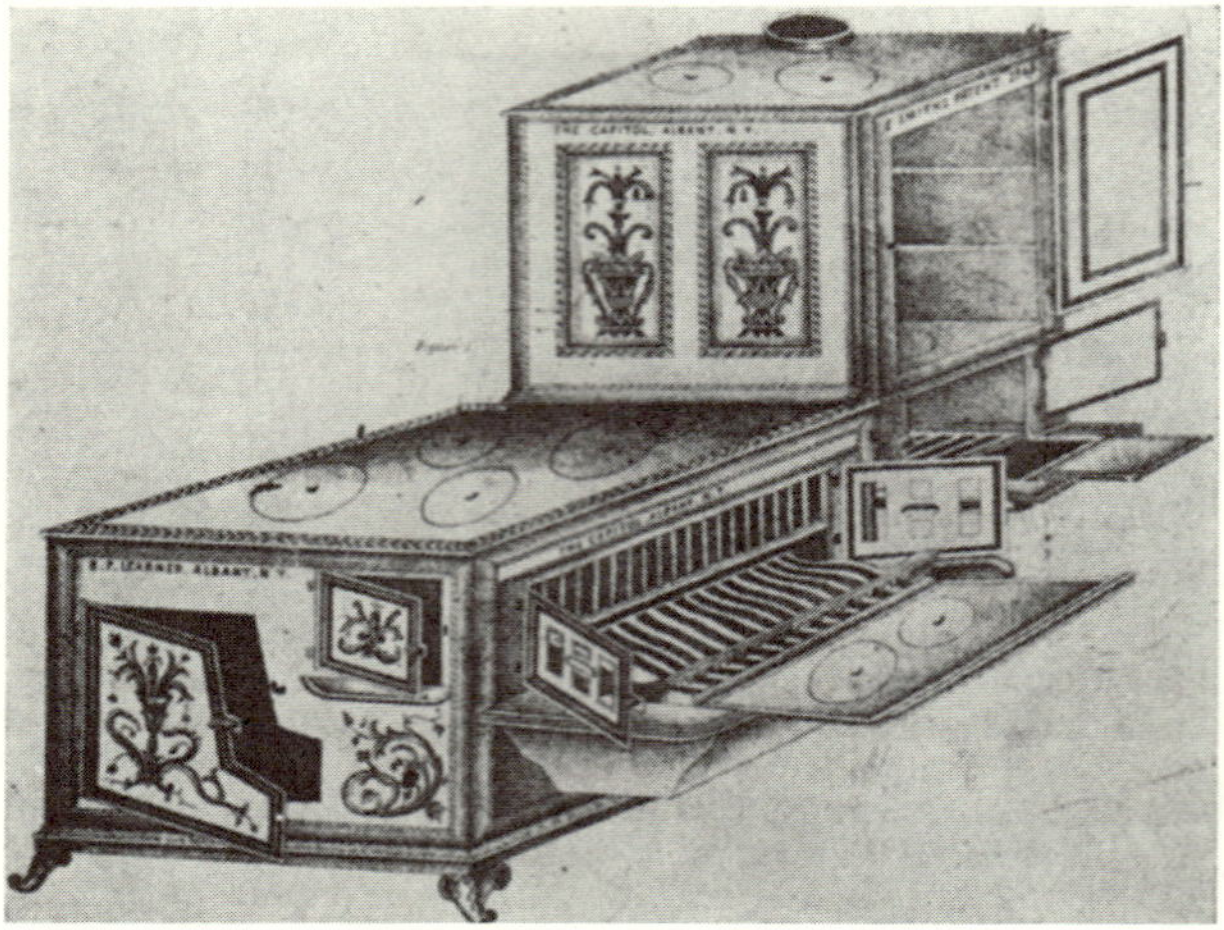

359　(下左) 炉、湯沸し器、鋳鉄製のオーブンを１つに結びつけたもの。1806年。アッセンブリーラインの発明者オリバー・エバンズの友人が，熱湯沸し器とオーブン、それに開放式の炉を１つに結合したこの設備をきわめて早い時期に考案した。「どちらかのダンパーを操作することによって加熱する。しかし熱源は共通である。真鍮の栓をつけた管を湯沸し器につないで台所に引くと、好きなときに湯が使える」。(S.W. ジョンソン『農業経済』1806)

360　(下右) 湯沸し器付き改良型レンジ。1871年。この時期に、現在もアメリカの農家に見られる、フリースタンディング式で断熱加工していない垂直湯沸し器が使われるようになった。(『マニュファクチャラー・アンド・ビルダー』誌、ニューヨーク、1871年11月)

361　(左)ガスレンジ。グラスゴー、1851年。ガス器具に関する特許はすでに19世紀の初期に現われている。しかしガスが調理用の燃料として使われるようになったのは非常に遅かった。螺旋バーナーを備え，鋳鉄製の簡潔な上面をもったこのガスレンジは，将来の発展方向を示唆していた。当時ガスを調理用に使っていたのはホテルくらいのものだった。

362　(右)ガスレンジ。1889年。1880年頃,「一般の偏見は次第に薄らいでいった」。このブロイラー（肉焼き器）を下に取り付けた型は，もともとイギリスで開発されたものだが（図361)，80年代にアメリカの工業により採用された。ブロイラーを上部に取り付けた石炭レンジは，後に，ガスレンジや初期の電気レンジ（図367）の模倣するところとなった。(ジョージ　M. クラーク社，シカゴ，ジュウェル・ガスストーブ・カタログ，提供：エジソン研究所，ミシガン州，ディアボーン)

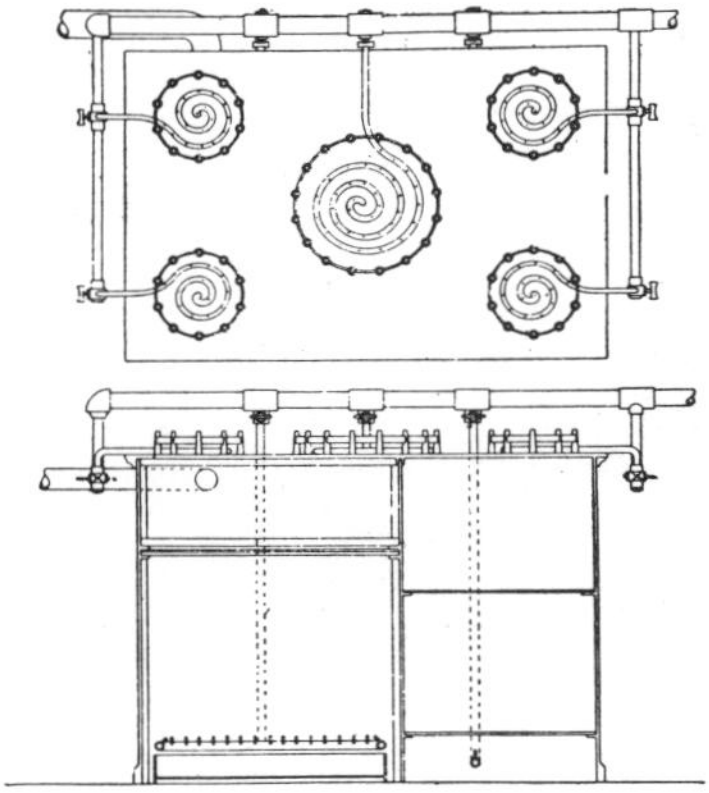

である。

スチュワートは、一八三四年、ストーブの特許を初めて取得したとき、その特許使用料が多少の利益を生むと思い、特許権を自分の大学に譲渡した。このような事実は、当時がまだビジネス中心の時代でなかったことを示している。しかし、スチュワートはまもなくオバーリンを去ってトロイに移り、そこで三十年間に約九万台のストーブを製造した。

フィロ・スチュワートのオバーリン・ストーブをもって、技術的に洗練されたレンジの時代が始まったとするのが定説である。それを契機に専門家の時代が幕をあけ、以後技術的改良が積み重ねられていった。一八四〇年頃には、鋳鉄製の調理レンジは、基礎部分と上部構造から成る、構成のしっかりしたものとなり、一世紀後の流線型の台所と同じような、大きな関心を当時呼び起こした。他の分野と同様、レンジの分野でも発明が最も活発に展開されたのは、一八五〇年代の半ばから七〇年代にかけてであった。一八四八年の広告には、燃料として石炭と薪の両方が使えること、火格子が可動式であること、そして収納部分が設けられていることなど、レンジのさまざまな特徴が魅力的に描き出されている（図三五八）。

断熱処理がされていない型の銅製ボイラーがレンジの横に取り付けられたのは、一八七〇年代に入ってからである（図三六〇）。

ガスレンジの時代、一八八〇―一九三〇年

石炭ガスの登場とともに、熱源を一層集中させることが可能になった。熱源の形式が焔である点に変わりはなかったが、ここでは焔

363 コンパクトなテーブル・トップ型ガスレンジ。1931年。「上面をヒンジ留めした最新のテーブル・トップ型」。この頃から、レンジは他の作業面と一体化し始める。（カタログ：スタンダード・ガス器具会社、ニューヨーク）

は狭いバーナー・リングの範囲内に限定されている。

イギリスは十七世紀、工業用、家事用に石炭を利用することで先端をいっていたが、十九世紀には石炭ガスの製造、使用の分野でも先端をきった。

照明用ガスの急速な普及と比べて、ガスの燃料としての使用は非常に遅れた[44]。たしかに十九世紀の初頭にもガスを燃料として使った例は見られたが、イギリス国民がこれに関心の目を向け始めたのはやっと十九世紀の半ば頃になってである。台所のモデルが展示され、そこでガスを利用したいろいろな料理法の実演を通じて、この捉えどころのない燃料が家事にとっていかに便利であるのかデモンストレーションが行なわれた。

将来のガスレンジの方向を示していたのは、螺旋状のバーナーを備えた上面が平坦な鋳鉄製のガスレンジである（図三六一）。このレンジは、グラスゴーのあるレストラン経営者が製作したもので、一八五一年のロンドン万国博覧会に展示された。

しかしこの時代になっても、ガスレンジに対する一般の関心は低く、それは主にホテルの厨房用として販売されていた。このように、一八五〇年から一八八〇年に至る三十年間の、熱源および調理用のガス利用の展開は遅々としていた。

一八七九年には、あるイギリスの会社が「ガスを照明以外の目的に使った器具を三〇〇点以上」[45]展示した。その中にはレンジ、オーブン、火のし、その他に洗濯用の器具などが含まれていた。この展示会は、この新しい燃料の普及にとって刺激になったようである。一八八〇年頃になって、ガスレンジに対する不信は次第に解け始めた。しかし大衆の多くが、あっさりと薪や石炭を放棄し、重量のない新しい燃料のほうに惹きつけられていったというわけではない。

一八八九年[46]、シカゴのあるカタログは次のように強調している。「われわれが『宝石』という名のガスレンジの製造を始めてすでに八年になる（図三六二）。ガスが未来の燃料になることに気づいたのはわれわれが最初であった。ガスを調理に使うのは、贅沢なことだろうか。いや、ガスを使うことは経済的に有利なのである。今やガスに対する偏見は次第になくなりつつある」[47]。

一九一〇年になってやっと、「石炭とガスを組み合わせた調理用レンジ」[48]が現われた。しかし、一九一五年頃でも、カタログは、

「主婦を忙しさから解放しましょう。それにはガスで料理を」(49)という宣伝文句を繰り返していた。それでも、一九一〇年には、照明用に使われたガスの半分にあたる量が、すでに、燃料用として消費されていた。

紆余曲折を経て、一九三〇年頃、ガスレンジの定型が現われた。一方ではこの頃、電気レンジという新しい競争相手が現われた。ガスレンジはその原型である石炭レンジのイメージを引き継いだような外観をもっていた。実際にも、大型のレンジの場合には、依然として調理面にパン焼きがまや肉焼き器《ブロイラー》が取り付けられていた。これらが小型のガスレンジに取り付けられると全体がキリンのような形になった。

一見してわかるガスレンジと石炭レンジの違いは、ガスレンジでは本体が机に似た枠の上に載せられているという点である。この枠についた鋳鉄製の脚は、しなやかな曲線を描き華麗な装飾をほどこされ、まるで、摂政時代のどこかのサロンから運ばれてきたかのような外観を呈していた。これは一八九〇年代から二十世紀の二〇年代にかけて広く普及した型だが、華麗な銀細工がほどこされているにもかかわらず、繁栄の時代の内的不安と無力感を隠しおおせていない。

しかし、このような装飾的な遊びは二次的な問題である。それより重大なのは、ガスレンジが石炭レンジのパターンにとらわれて、ごく限られた場所に封じ込められていたということである。ガスレンジが台所の作業過程に組み込まれるのが遅れたのはこのためである。

しかし一方では、ガス調理器の本質により合致した別の型が開発された。その一つとして、レンジの平坦な上面に円形のバーナーを嵌め込んだ型が流行した。一八五一年のロンドン万国博覧会に展示されたのはこの型である。そこでは肉焼き器とオーブンが下部の空間を占め、レンジ上面の左右には孔のあいたスタッキング面が延びていた。

後にレンジの表面を覆い、台所の外観を根底から変えることとなった白いホーローびきの部分はすでに一九一〇年には現われていたが、その当時はまだレンジの上面とはねよけの部分に限られていた(50)。

アメリカ人は、下にオーブンと肉焼き器、それにスタッキング面を備えた上面が平らなイギリス製のレンジを引き継ぎ、一九三〇年以降「テーブル・トップ型レンジ」を開発した。いまや、黒い上面は白いホーローの作業面に変わり、開口部としては、レンジの左側にあいたバーナー用の孔ぐらいしか残っていなかった。「コンパクトなテーブル・トップ型レンジ」(51)(図三六三)と銘うった(それには実質的な意味の作業面も、スタッキング面もなかったが)最初の型は、一九三一年頃現われた。カタログには、この新型のレンジを用いれば「台所の小規模化が可能になり、台所の設計もしやすくなる」と述べられている。ここには、家事組織化の影響が現われている。

ガス産業がこの時代に主導権を握ったのも不思議はない。ガス産業はそれまでの長い期間、台所設備の宣伝に努めていた。トレーラーに台所のモデルを積んで全国を巡回することも、すでに一九三〇年代の初頭から始めている。後に一九三五年頃の作業過程について取り上げる際に述べるつもりだが、ガス産業は、台所における科学

364 電気台所の想像図。1887年。80年代の末期、電気は家事と結びつきをもつようになった。「カナダの発明」には奇想天外なものが種々あったが、そのうちの1つに、電池から電気をとって加熱する一種の電気鍋があった。そこでは鍋の壁面が伝導体の役目を果たしていた。その鍋で調理すると、できあがった料理は「電気の香り」がすると言われた。この絵は、錬金術師の台所を描いたもの。(マックス・ド・ナンスティー『工業時代』、パリ、1887)

的管理法を徹底的に研究した最初の民間の業界だった。

レンジの自動化は、アメリカにおける機械化の最盛期に、細心の注意を払って完成されたが、これはまずガス調理器に始まった。一九一五年にはオーブン調節装置が現われ、それにサーモスタットが使われた。これは、十九世紀半ば以来の最初の注目すべき発明であった(52)。この発明が、時間と温度を機械的に調節する方式のきっかけをなしたが、この分野は、その後、特に電気レンジにおいてアメリカの独壇場になった。

テーブル・トップ型のレンジは、他の作業面と高さが一致しており、製作者も強調している通り(53)、壁に沿って配置された他の台所設備と一つに連なるようにできていた。まもなく、レンジから短い脚が姿を消し、小物を入れるための抽出しがつけられた。テーブル・トップ型のレンジの定型はこうして確立された。レンジは厨房家具の代表というべき存在である。熱源の集中化は、ここにその合理的な帰結を見出したと言ってよい。

熱源としての電気

電気利用の発達とともに、単に針金を巻いただけの熱源が生まれた。それは、電気が通うと赤くなり熱を発する細い抵抗体だった。最初から問題は、この輻射熱をいかにして加熱する物に近づけるか、という点にあった。この問題の解決にはさまざまな方法がとられたが、原理そのものに変わりはなかった。いまや、わざわざマッチをすらなくても瞬時に火が得られるようになったのである。

熱源が見えなくとも熱が発生するということは、熱と炎とを一つ

365　電気台所。コロンビア展，シカゴ，1893年。1893年開かれたシカゴ万博では，電気照明器具がかつてなく大規模に展示された。この最初の電気台所では，電気が家庭器具に適用された場合の様子が示されている。鍋，暖水器，ブロイラー（肉焼き器），熱湯沸し器はそれぞれ別のコンセントにつながれているが，この方式は1940年代の台所（図436 a. b）では改められた。

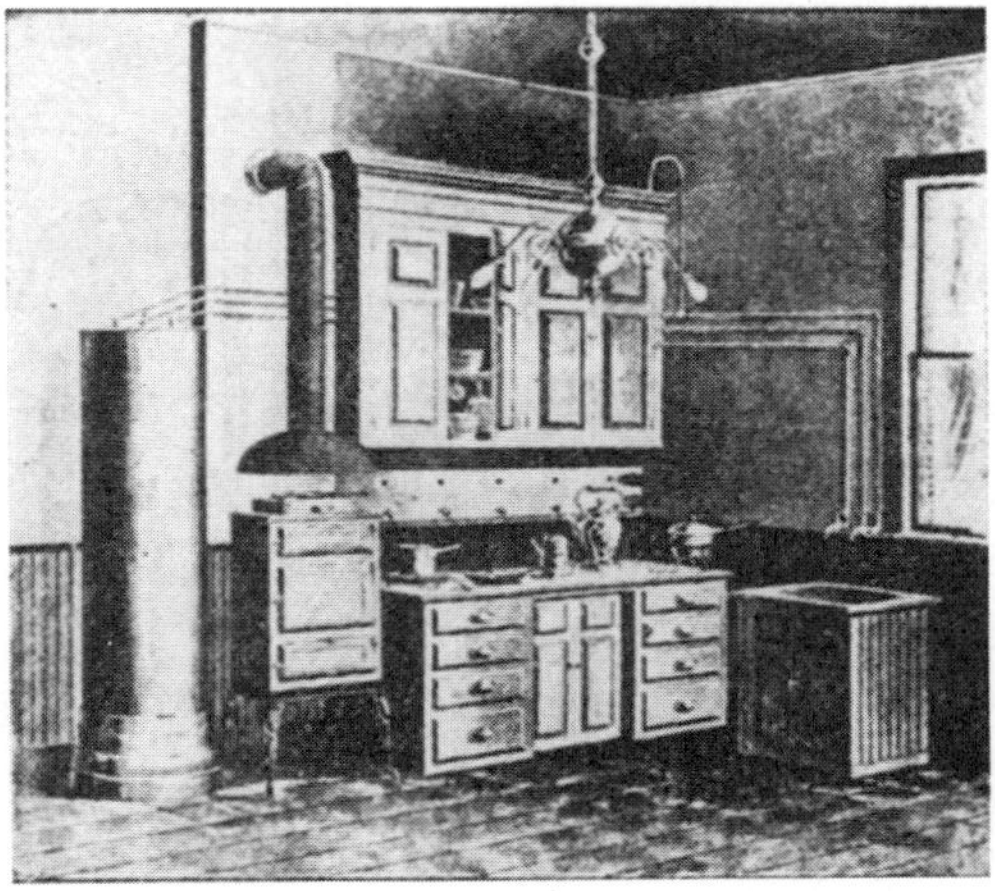

366　電気鍋。コロンビア展、シカゴ、1893年。

に結びつける昔からの考え方に背いたが、すでにガスが普及していたために、人びとはこの目新しい加熱方式に素直に応じられる用意ができていた。ガスレンジの導入には、発明から定着までに八十年を要した。電気レンジの場合は、そのほぼ半分の期間ですんだ。一九三〇年頃になると、かつては不信とためらいの的であった家事の機械化が販売促進のもっとも苛烈な舞台となった。

もちろん電気レンジの普及にも障害はあった。が、それはむしろ、電気器具の属性そのものに由来する障害だった。配線を引きこむ手間が繁雑で電気代は高くつき、器具は高価で、また家事に用いるにはデリケートすぎたという点がそれである。

長い間、人びとは電気に関することすべてに対して一種の驚異の念を抱き続けた。一八六二年、七十歳のマイケル・ファラデーはイギリスの燈台を見てまわり、すでにそれより三十年前に彼の手で生まれた、彼の言う「電磁スパーク」が実際に適用されている様子を目にしたが、当時も、電気は依然として驚異の的だった。

一八八〇年代の末、電気を調理に使うことが思いつかれたが、そのときにもまだ、実用を目的とした発明というより魔術的なものでも扱っているかのような態度がみられた。当時、大量に出回っていた一般向けの科学雑誌[54]に、電気を使って調理するという「奇想天外にして切実な要求」に応えようとしたカナダでのある発明にづいての記事が載っている。面白いことに、その発明家が工夫した器具で焼いたパンには「電気の香り」があると、そこには書かれている。

にもかかわらず、電気による調理は急速に人気を伸ばしていっ

367 ジェネラル・エレクトリック社の電気レンジ。1905年。電気レンジは，最初の頃（1890—1910年），オーブンやブロイラー（肉焼き器）を調理面の上部に取り付けたガスレンジをまねてつくられた。当時，電気はまだ実験的に慎重に取り扱われた。(提供：ジェネラル・エレクトリック社，ニューヨーク州，スケネクタディー)

368 ジェネラル・エレクトリック社の電気レンジ。1913年。ガスレンジの影響がまだ残っている。ガスレンジと電気レンジに共通しているのは熱源を小さな場所に閉じ込めている点である。(提供：ジェネラル・エレクトリック社，ニューヨーク州，スケネクタディー)

369　(左)電気レンジの普及：通信販売会社のカタログ，1930年。鋳鉄製のレンジの影響がまだはっきり残っている。通信販売会社のカタログは，アメリカ文明の毎年の進展を知るうえでの恰好な資料である。そこに掲載されている品物は，すべて大量生産品である。(カタログ：モンゴメリー・ワード社，1930)

370　(右)電気レンジ。1932年。図363にあるガスレンジ同様このレンジはまだ脚の上に載せられている。電気レンジは，ガスレンジの例にならってテーブル・トップ型をいち早く採用したが，このレンジはその点でもまだ不完全である。(提供：ジェネラル・エレクトリック社)

371　テーブル・トップ型電気レンジ。時間と温度の自動調節装置を備えたホーローびきの電気レンジが標準型として定着した。(提供：ジェネラル・エレクトリック社，ニューヨーク州，スケネクタディー)

た。最初の実用試験は、イギリスで一八九〇年頃に行なわれた。一八九一年に、ロンドンの水晶宮で開かれた電気製品見本市では、この新しい調理器具が展示されていたという(55)。

一八九三年のシカゴ万国博がエッフェル塔やこの塔の直接の前身である機械館より勝っていた点が一つある。この博覧会で初めて、それまでどこにも見られなかった電気照明器具が展示されたのである。それまでにも、多くの産業家が活発にいろいろな方向で電気器具の実験を始めていた。シカゴ博では、小型の電気レンジ、電気式肉焼き器、それに電気薬罐などを備えた「電気台所」(図三六五)も展示されていた。

一八五〇年頃、モデル・キッチンはガスレンジへの信頼を高めるのに大いに貢献したが、それから四十年後、電気による調理の普及に際しても同じ方法がとられた。たとえば、ボストンのアルゴンクイン・クラブなどは、二〇人収用できるレストランを設営し、フルコースの夕食(パンから魚、サーロイン・ロースト、最後はコーヒー)を調理したが、その「燃料費」は一人当り一セントをわずかに超える程度であったと記録されている(56)。しかしこの夕食は、一八九五年、ロンドン市長を主賓として開かれ、電気による調理が行なわれた大宴会の場合と同様、あまり大きな説得力をもたなかったらしい。その後、しばらくの間、電気調理器具の発達にとって潜伏期がつづく(一八九〇—一九一〇年)。そのとき出現した電気レンジは、当時のガスストーブと同様、外観がキリンのような形をしていた。「一九〇九年から一九一九年までの十年間に、電気レンジの製作者たちは世界中で最も完全な調理器を開発した」、と当時のあるハンドブックは述べている(57)。

いくつもの電力会社が安い電気を供給し始めるとともに、送電網も広がっていった。電気レンジは電気の大量消費者として認められ、またアメリカでは、その販売促進を目的とした近代的なセールス機構が発達した。後にその機構は、他の電力生産国でも模倣された。

しかし、一九一九年の時点では、このような楽天主義は、バラ色にすぎた。事実それから五年後、一般家庭用の電気台所をテーマとした長い連載記事が出ているが、それをみると電化に関しては当時失望もいろいろあったことがわかる。そこにはこう書かれていた。「電気による調理を試した人の中には、それをあきらめてしまった人もいる。修理に法外な費用がかかるし、部品が焼けたりするのがその理由だった。こうしたことは、電気調理器具にはまだ欠点がいろいろあり、改良の余地をかなり残しているということを示している」(58)。

電気レンジの発達については、ガスレンジの歴史がそのままあてはまる。電気レンジはすでに述べた、本体に脚を付け、調理用の上部面にオーブンと肉焼き器を載せた型のガスレンジをモデルにして作られた。電気レンジの普及が始まった一九三〇年までは、ガスレンジが中心で、今日一般化している「テーブル・トップ」型を採用したのもガスレンジが最初だった。一九三〇年以降、電力会社は台所製品の一括販売を行ない、台所の作業過程についても独自の研究を始めたが、それとともに、電気レンジが主役の地位にのし上がった。三〇年代半ばのことであった。こうしてレンジは、ホーローびきのきらびやかな外観を呈し、他方オーブンは、台所用具を入れる抽出しとの見分けがつかなくなった。レンジは完全に台所の一部になったのである。今日の台所は、かまどのあった場所より、かつての配膳室から発展したと言っていい。配膳室とは、昔、中流の大世帯で使用人が料理の盛りつけをするときに使った長い作業台を備えた部屋のことである。

家事における機械的快適さ

この部の冒頭で述べたように、作業過程の機械化によって家事の負担が最も軽減されたのは、洗濯、アイロン掛け、皿洗い、カーペット洗い、家具洗いなど、汚れをおとす作業の分野である。そして、これと並行して、加熱と冷蔵の自動化が進行した。

ところで、この種々のプロセスの機械化を可能にした方法が最初に現われたのはいつのことだろうか。

ここでの答えも、やはり、一八五〇年代および六〇年代である。まず全体を俯瞰する意味で、いろいろな型の器具を時代順にみてゆきたい。一応出現の順序にしたがって述べてゆくが、都合によって多少前後することもある。

この分野の機械化は、まず一八五八年、カーペットの掃除に始まった(59)。そこでの機械化の狙いは、背中を曲げたり、箒を扱う際に手を前後に動かす動作を除くことにあった。これは、回転式の機構を把手の先端にとりつけることで解決された。純然たる吸込みに基づく掃除機の原理が、さまざまの紆余曲折を経て本格的な展開をみたのはかなり後になってのことであるが、原理そのものはすでに一八五九年に現われている(60)（図三七二、三七三）。

一八五九年のこの特許は、純粋に吸込方式をとった掃除機の長い歴史の最初に位するもので、発明者も述べているように、回転ブラシが「カーペットを損う」欠点を除くことに狙いがあった。「これまで考案されたカーペット掃除機は、カーペットの表面と接触する部分に円筒型のブラシをとりつけたものだが、……私のこの発明は、ブラシの代りに回転ファン（F）を利用したところに特徴がある」。

このファンは、軸に四枚の金属製の羽根をつけたもので、車輪とは歯車比の大きいギヤで連結され、車輪がカーペットの上を移動すると「ファンがまわり、埃を偏平な容器の中に吹き込むようにできている。カーペットの掃除は、この方法によって、回転ブラシを用いる場合よりもはるかに完全に行なえる」。発明者はさらに、このファンは「カーペットと直接接触しないように調節されている」と付け加えている。

皿洗い機は、最初に現われたものと六十年後に完成されたものとが驚くほど似ている。エールの鍵と同様に、皿洗い機は細かいところで改良が重ねられたが、原理そのものは最初から変わらなかった。皿洗い作業の機械化は、洗うものに水をぶつけることが中心になる。そこで、タブの底で金属製の羽根を回転させ、水を上方に噴射する方法が採られた。装置の効果を最大にするため、皿類を固定式の金網フレームの中に適当な角度をもたせて積み重ね、水がこれらと接線方向からぶつかるように工夫された。この装置は、いわ

372 電気式真空カーペット掃除機。1908年。純吸込方式をとった最初のカーペット掃除機の原理（1859年）は，60年後，小型モーターの出現とともにやっと普及し始めた。現在の掃除機では，モーター，ゴミの吸込み口，吸入装置，打機構それにゴミ袋は，小型の手押車の上にのせられている。（合衆国特許889823,1908年6月2日）

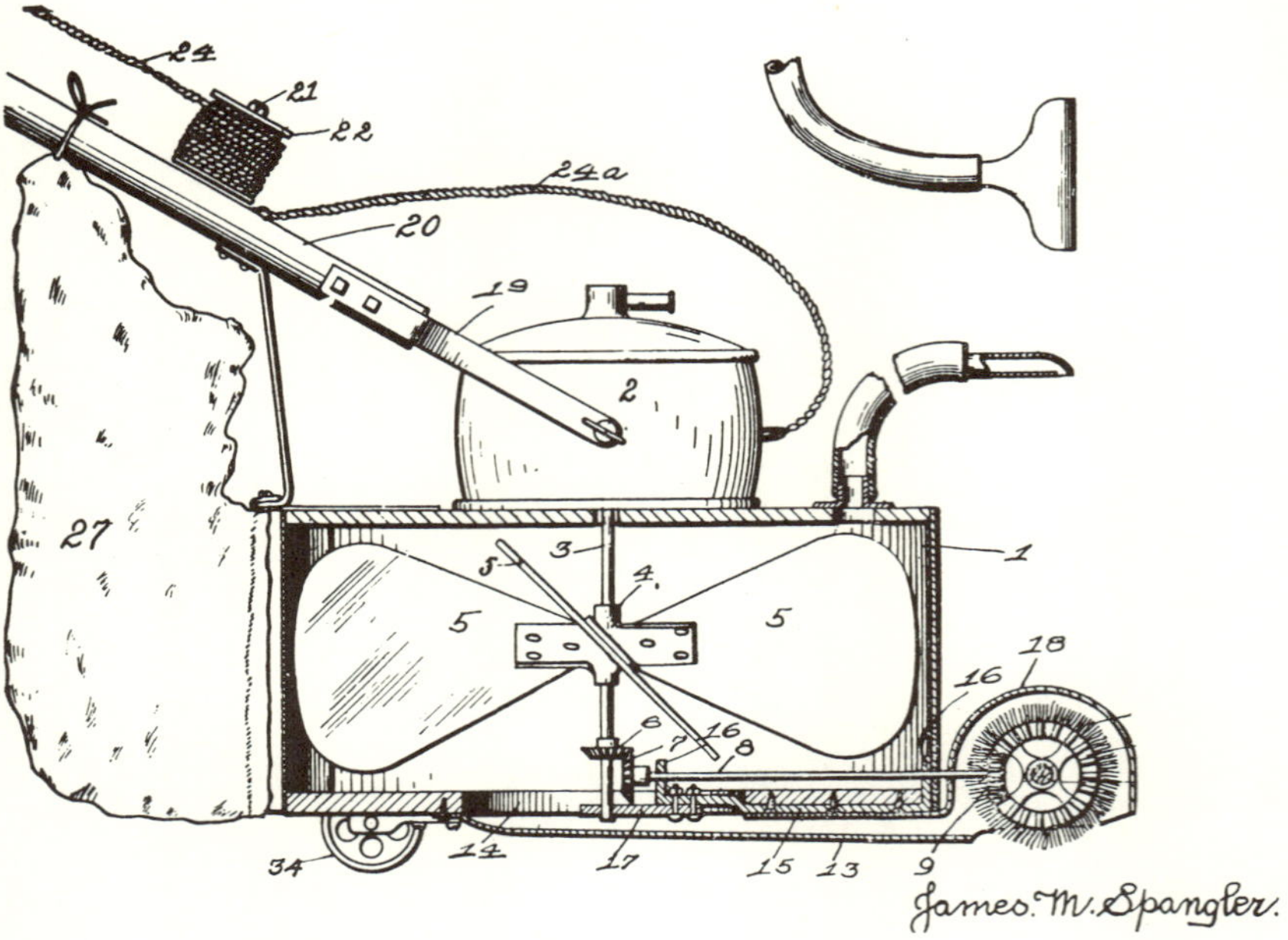

373 原型の定式化：カーペット掃除機。1859年。空気の働きを利用した最初の掃除機。しかしここでは，ゴミを吸い込むのではなく吹き込む方式がとられている。「これまでに工夫されたカーペット掃除機は円形のブラシをカーペットの表面に接触させてゴミをとる方式をとっていた。しかしそれではカーペットが摩耗するので，この点を解決することに私の発明の狙いがあった。ゴミは，羽根が回転することによって容器の中に吹き込まれる。この方法によると，カーペットの掃除はブラシ方式よりも完全になる」。（合衆国特許22488,1859年1月4日）

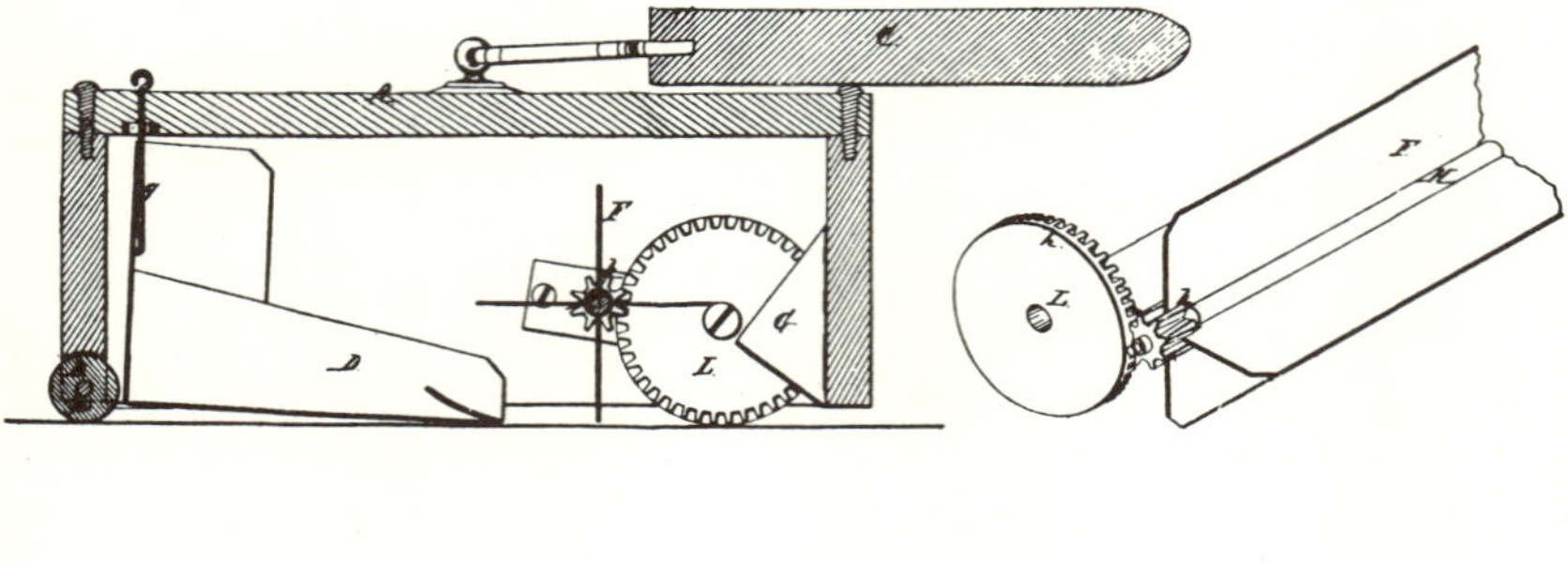

374　電気皿洗い機。1942年，断面図。小型のモーターを使っている点を除けば，近代的な皿洗い機は1865年の手動式の皿洗い機と基本的に何も変わっていない。（提供：ジェネラル・エレクトリック社）

375　原型の定式化：皿洗い機，1865年。「水は外側に向かって放射され，皿の間を通過後，再び中央に戻ってくる。皿は，水流の方向に対して接線を描く位置に置かれ，水はその皿と皿の間を通過する」。（合衆国特許51000，1865年11月21日）

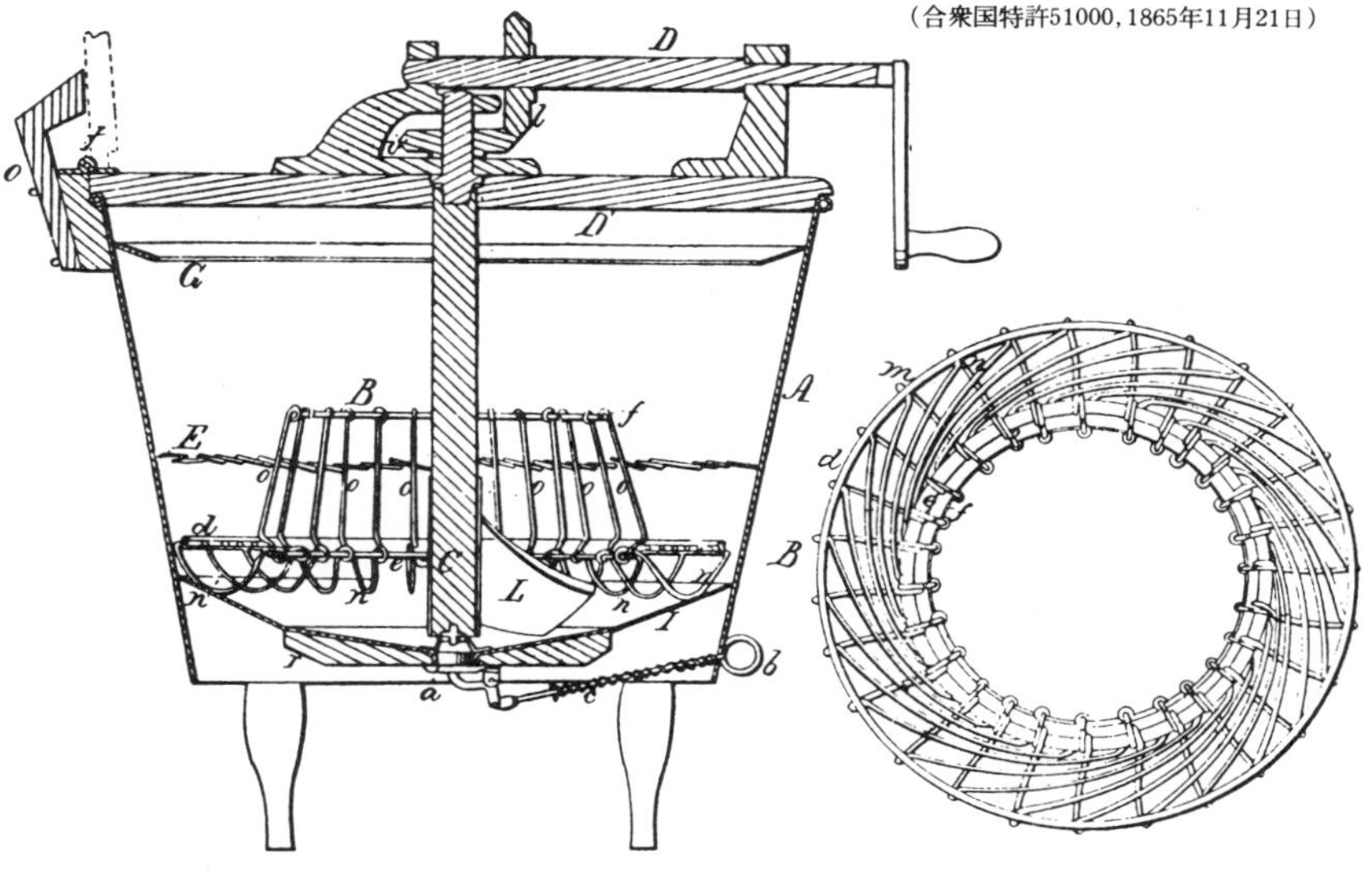

376　民主化した洗濯機。（カタログ：シアーズ・ローバック社，1942）

Handles 7 Lbs. Dry Clothes Every 3 to 10 Minutes

$37.95 Cash Electric Model
$3 Down, $4 a Month

This Standard Water Witch turns out your laundry in no time at all. Equipped with countless work-saving and safety features.

. **Anti-Splash Seamless Steel Tub,** 7-sheet size, holds 23 gallons water to top, 16½ gallons to load-line. Easy cleaning white porcelain enamel finish inside and out. Tub cover, chassis and legs finished in White Baked-on Enamel.

$57.95 Cash Gasoline Model
$3 Down, $4 a Month

377　原型の定式化：洗濯機，1869年。回転式。タブの底についた 4 枚羽根の小さな回転子で水を攪拌し繊維の中にしみ込ませる。「洗濯機は一般に円筒型をしている。タブの内側には何本かのリブが取り付けられている。タブの底の中心に向かって下りている主軸には何本かのフランジが放射状に取り付けられている……0は平軸クランクを示す」。（合衆国特許94005，1869年 8 月24日）

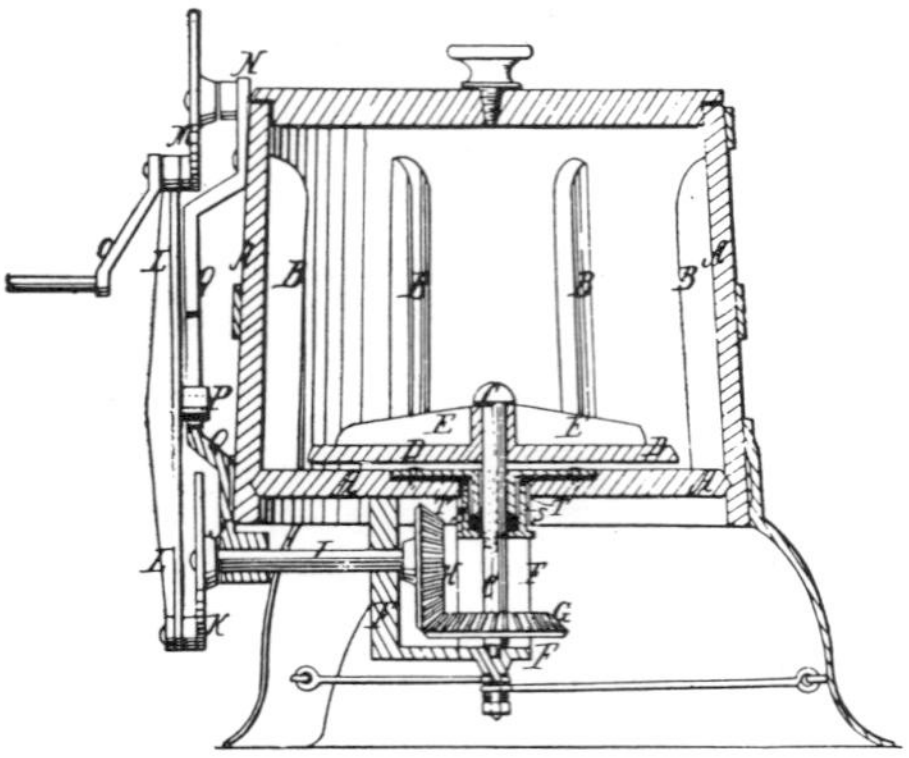

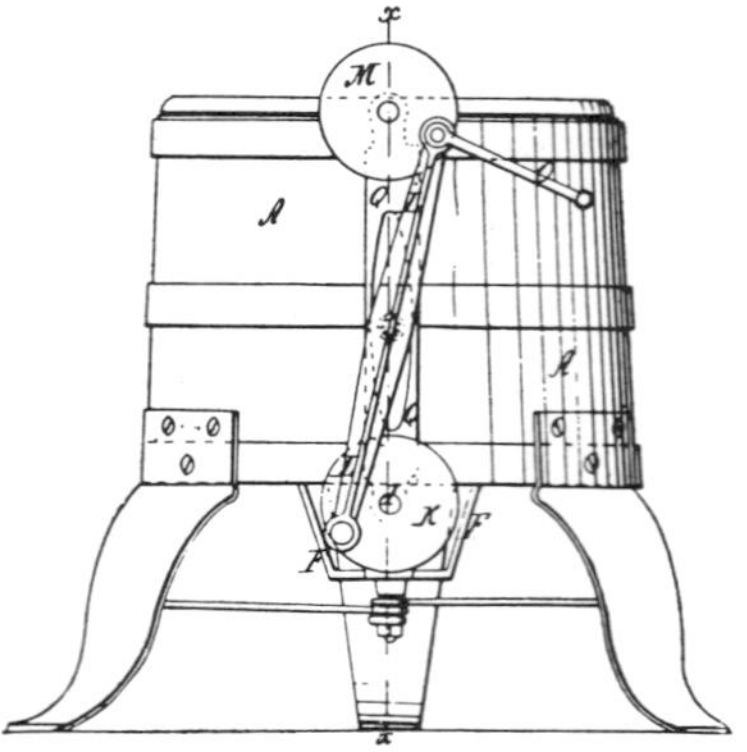

ば、タービンの原理を逆にしたようなものであった。この解決案は一八六五年に提案されたが(61)(図三七五)、発明者は自らこれに関連してさらに次のような説明を加えている。「ラックのワイヤーをカーブさせておくとそこに置かれた皿類はワイヤーの曲線と同じ角度、つまり水流に対して接線方向をとる。すると水は皿の間を通り抜け皿の両面にあたり、効果的に洗うことができる」。他にも細かい所で注意深い工夫がなされていた。たとえば、タブの縁には金属製のリングが取り付けられていたが、その目的は「水が蓋の下側にあたり、タブの縁から漏れ出すのを防ぐことにあった」。この工夫は、多少改良され今でも使われている。この型の皿洗い機は、電動モーターの出現までは「実用化されなかった発明」の一つだった。皿洗い機を手で動かすのはたいへん根気のいる仕事だったからである。現在も、冷蔵庫と比較して皿洗い機の利用者は非常に少ない。

洗濯という、主婦にとって最も骨の折れる仕事が最初に機械化されたのはいつか、それを決定するのは容易なことではない。他の二、三の分野（連発ピストル、鋳鉄製のストーブ）を除けば、アメリカ人が行なった発明のうちで洗濯の機械化ほど数々の発明がなされた分野はない。一八七三年までに、この分野での特許の数は二〇〇〇にのぼった。

実際、洗濯機がいつ現われたかという問いに対する答えは、洗濯の機械化のどの側面を問題にするかで違ってくる。もし洗濯する女性の動作を真似て掻き回したり擦ったりする機械ではなく、熱した石けん水を繊維にしみ込ませる方法がいつ考案されたかということであれば、洗濯機の編年リストの最初、つまり一八五〇年となる。内部に回転ドラムを備えたこの機械は、主に一度に大量な洗濯をする場合に用いられた。現在でも、この機械はこの分野で使われている。

一方、後に電動式で広く家庭用に普及した型がいつ発明されたかということであれば、編年リストの最終点つまり一八六九年(62)がその年にあたる。この型の本体は、円筒状で、上のほうに向けていくらか先細りになっている。タブの底の四枚羽根の回転子が繊維の間に水を送り込むが、この回転子つまり回転翼は、タブの下までのびた軸を中心に回転する(図三七七)。

優美で正確な構成に対する感受性をもった人がこのコンパクトに纏められた駆動部分（クランク、連結桿、かさ歯車）を見れば、この考えぬかれた構造は成功間違いなしという印象をうけるに違いない。しかし、成功までには長い期間をまたねばならなかった。この手動式洗濯機の出現から六十年を経て、家事機械化の動きは急激な盛り上がりをみせた。一九二九年度に限っても、攪拌型の特許申請は一五件にものぼった。攪拌型は多くの点で改良が加えられたが、原理そのものは最初から変わらなかった。一八六九年の洗濯機のように手動式で原始的な羽根をつけている場合にせよ、あるいはそれが電動式になり、羽根が形に関して慎重に吟味される一方、幅が広がりアルミニウムまたはプラスチック製になったにせよ、あるいはまた、単純な回転運動が反転運動に変わったにせよ、それらはすべて、付加的な改良にすぎない。後の世代は、初期の発明の不完全な部分だけを問題にし、そこから出発できたという意味では有利だった。

小家庭用の近代的な洗濯機の系譜をたどってみると、その起源が一八六九年にあることが、はっきりわかる。しかし当時の機械も実用化されなかった発明の一つで、それが実用化されるにはモーターの出現を待たねばならなかった。

以下に、器具の原型が最初に現われた年度を列記すると次のようになる。

一八五九年、真空掃除機
一八六五年、皿洗い機
一八六九年、近代的なタイプの洗濯機

小さな器具の機械化——一八六〇年頃

ここでは、人間の手のさまざまな動作を取り上げ機械化したこまごまとした労働節約のための器具を詳細に見てゆく余裕はない。しかし、アメリカ的環境から直接生まれたこれらの器具に、まったく注目しないというわけにもゆかない。リンゴの皮剝き器、ひき肉機、卵泡立て器（エッグ・ビーター）などは、特許家具と同様、機械装置に関する限りはすでに十五世紀に発明されていた。しかし、それらが実際に出現したのは、やっと作業器具一般を作りかえようとする動きが広くアメリカに起こった頃である。その原理は、機械化一般がそうであるように、手の前後運動を連続的な回転運動に置きかえることにあった。

綿繰機を発明したエリ・ホイットニーの発明家としての経歴は、一七七八年、十三歳のときのリンゴの皮剝き器の考案に始まったと言われている。最初の本格的な皮剝き器が考案されたのが十九世紀以後であることを考えると、ホイットニーの発明は時期としてかなり早いことになる。皮剝き器に根本的な改良が加えられたのは、一八三〇年代である。それは、リンゴを四つ切りにすることと芯を取り除くことを同時にできる機械だとされた(63)（図三七八）。まず、リンゴを機械のフォーク状の部分に突き刺し、次に右手でクランクを操作してシャフトを回転させる。他方、左手で刃を操作しつつ「連続的に、端から端までリンゴの皮を剝く」。次にリンゴを、四枚の刃のある部分に押し込み、四つ切りにすると同時に芯を抜く。原理は一目瞭然である。旋盤の原理が果実にまで拡大され、利用されているわけである。次の数十年間で、木製の枠組に代わって鉄枠が用いられ、他方刃は、スプリングアームで自動的に誘導されるようになった（図三七九）。六〇年代に入って、この機械は定型として確立した。芯取り、皮剝き、薄切りおよび分割を行なう家庭器具の発明は九〇年代に入っても依然として活発であった。この頃には缶詰工業が次第に盛んになってきていた。この分野では（通常の機械化のコースとは違って）、小型の家庭用器具が、工業用の大型の皮剝き機を生み出すきっかけをつくった。この工業用の皮剝き機も、回転するフォーク状の先端、皮剝きナイフ、それに、皮剝きの終ったリンゴを押し出す機構を備えていた。しかし、手に代わって、リンゴをにぎった部分が回転しながら機械的にそれをフォークに押しこむ点が違っていた(64)。

リンゴの皮剝き器は、ヨーロッパでは成立しなかった。アメリカでさえ、その寿命は、農場のあるところではどこでも果樹が実をつけていた十九世紀に限られていた。果樹栽培が専業化し、同一種の果樹が何万本も植えられるようになった途端に、これらの装置は屋

378　(左)リンゴの皮を剝き，芯を取る機械。1838年。リンゴをフォーク状の部分に突き刺し，右手でクランクを回転させ左手でナイフを誘導する。次にリンゴを４枚羽根の部分に押し込み芯を除くと同時に四切りにする。枠は木製。(合衆国特許686，1838年４月13日)

379　(右)リンゴの皮剝き，芯取り，薄切りを同時にやってのける機械。1869年。リンゴの皮剝き器は1860年代に定型に到達した。この皮剝き器はすでに鉄製になっており，刃の誘導は自動化されている。「工場の生産能力は週に2000台である」。

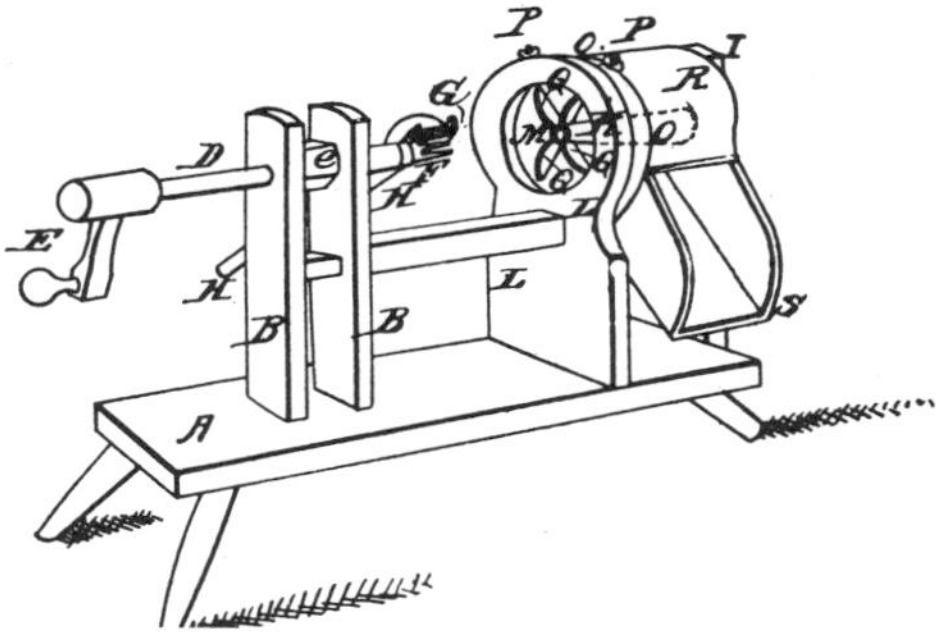

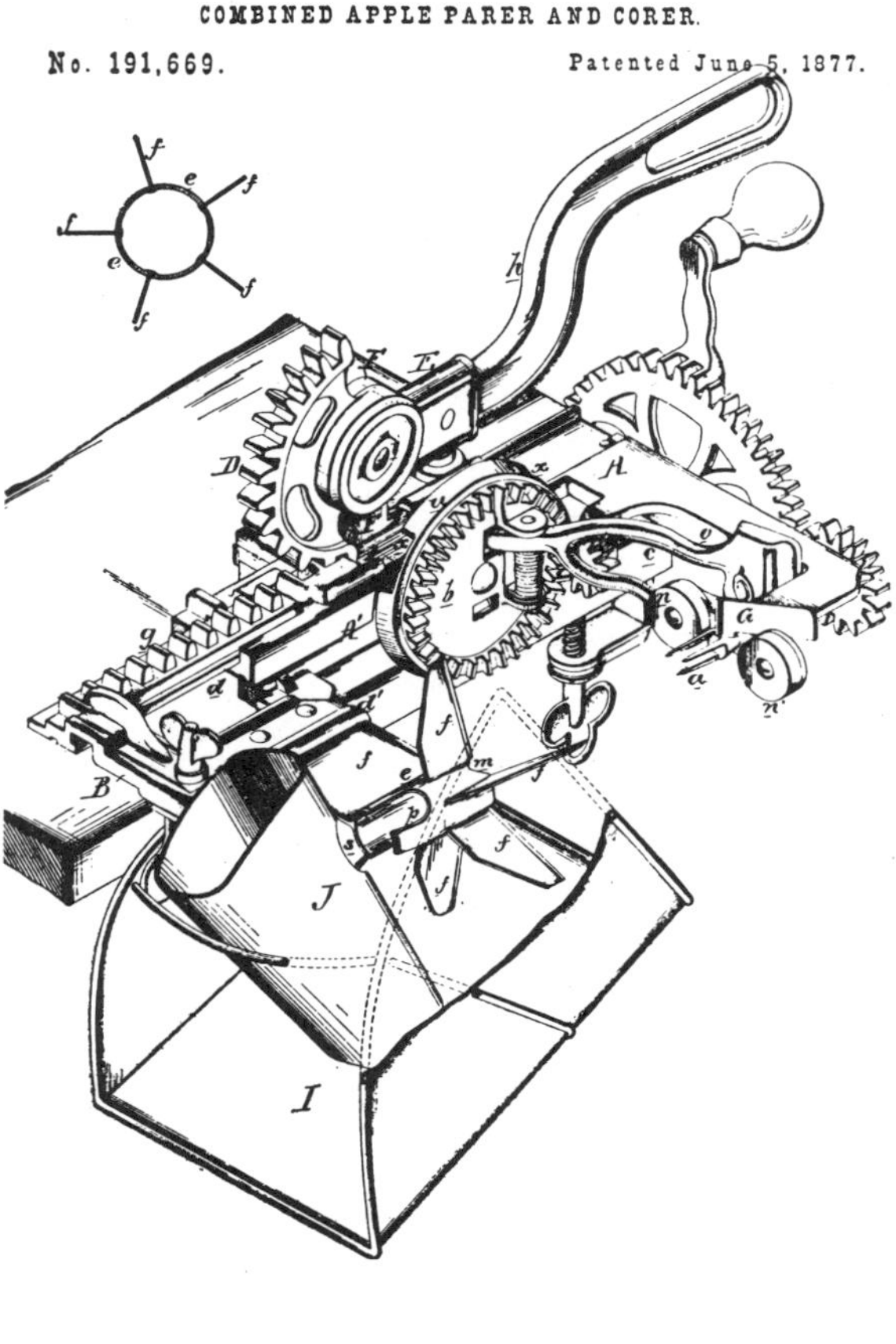

380　リンゴの皮を剝き，芯を取る機械。1877年。リンゴの皮剝き器は，複雑な精密機械のごときものになった。この機械には，茎の近くの皮をとる刃が余分に備わっている。n，n′の部分はリンゴの端を支え，リンゴがバラバラにならないための工夫である。この時期には機械的才能が大いに発揮され，穀物の刈束を結束する機械もこの頃に発明された。(合衆国特許191669，1877年６月５日)

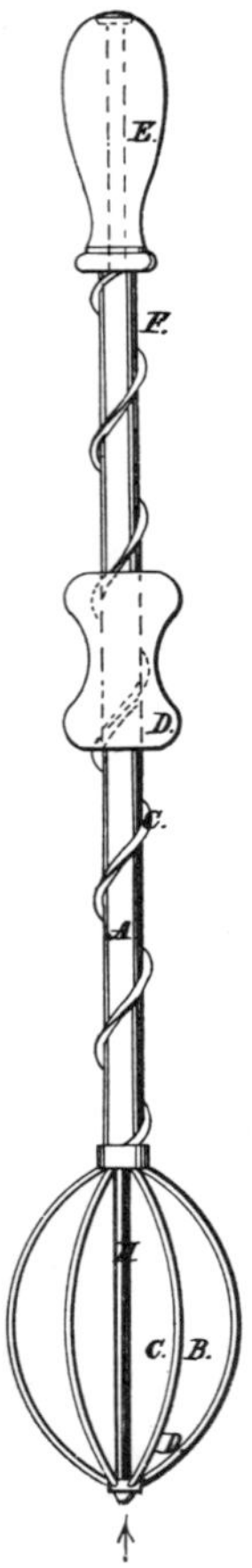

382 （右上）容器付きの卵泡立て器。1857年。「容器付きの回転式卵泡立て器。片手をのこぎり歯車Bにおいて全体を固定し、一方の手で把手を握り前後に動かすと、卵を手際よくかき混ぜることができる」。（合衆国特許18759、1857年12月1日）

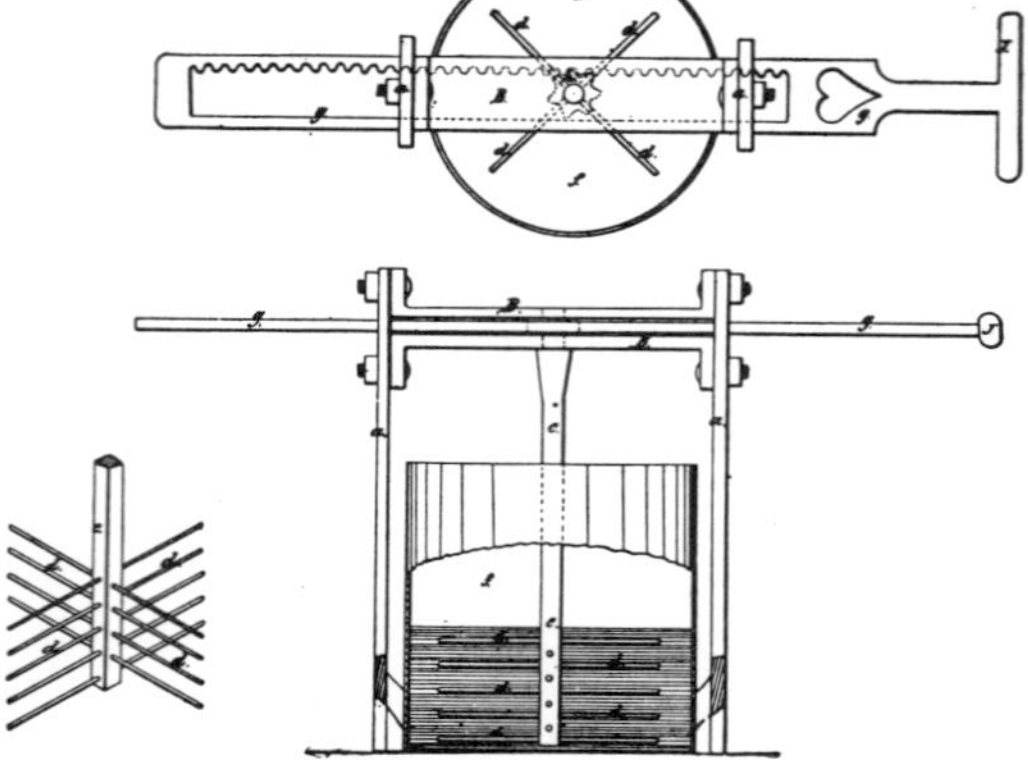

383 （右中）金網式卵泡立て器。1860年。「容器を上下に振ると、卵は金網に漉されてかき混ぜられた状態になる」。（合衆国特許30053、1860年9月18日）

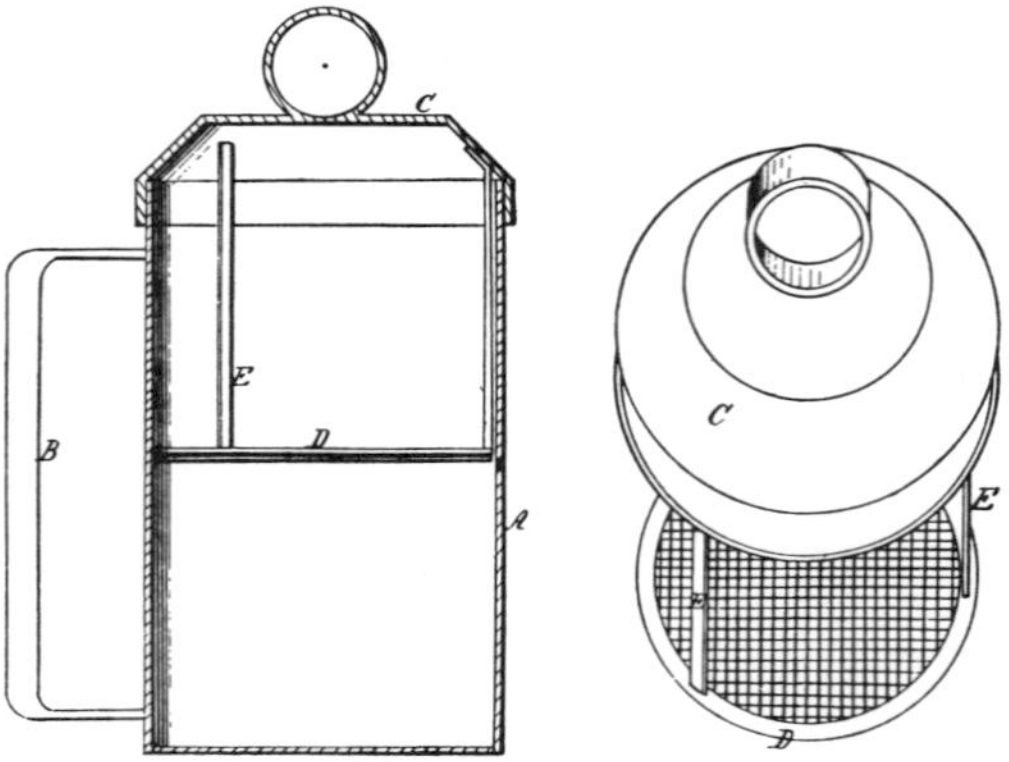

381 （左上）卵泡立て器。1860年。特別な容器を必要としない卵泡立て器が工夫された。その原理は軸棒にねじ山をつけ、その端をナットで止めた工夫にある。さしずめ、後期ゴシック調のドリルといった形をしている。（合衆国特許28047、1860年5月1日）

384 （右下）卵泡立て器の定型。1870年代初期。ギヤ方式で刃を回転させる方法が採り入れられたとき、卵泡立て器の定型が確立した。（広告）

根裏部屋にしまわれてしまった。一九四五年でさえ、庭に果物が実っても誰もそれをとって食べようとするものはいなかったからである。

細かく切り刻む作業の機械化も、同じような経過をたどった。ナイフの連続的な上下運動を真似た工夫がいろいろと考えられた。肉を細く切ったり野菜を切り刻んだりする機械には、材料のほうを回転させながらこれを規則的な上下運動を繰り返す刃の下に送り込む装置が取り付けられていた。

特許庁は、卵泡立て器を、セメントミキサーやパンこね機、バターミキサーなど、回転あるいは振動機構をもった器具の中に分類している。バター作りの機械化には、一八五〇年以降さまざまの方法がとられてきた。「卵の白味と黄味を混ぜ合わせるための」二、三の提案は、卵泡立て器がいかに遠回りをして最終的な形態をとったかを示している（図三八二、三八三）。卵泡立て器の機構上の原理はドリルにある。原理的にも両者は「押しわけるように進む」という点で共通しており、卵泡立て器の場合、対象が液体であるという点で違っているにすぎない。したがって、卵泡立て器の動かし方はドリルのそれにならって工夫された(65)（図三八一）。七〇年代の初めには、ギヤで連動する二つのホイールが付けられ、現在一般的にみられる操作法が確立した。

六〇年代には、掃除機や洗濯機といった大型の機械と同様、小型の器具にも大きな関心が向けられた。それらの小さな器具類は、六〇年代に定型に到達したが、これに反し、重量のある器具の実用化はモーターの登場を待たねばならなかった。

小型の動力部

玉突きのボールからフットボールぐらいまでの大きさの小型モーターなら、機器に組み込んでも目立たず、場所の如何を問わずどこでも使える。管理や維持にほとんど手間がかからず、原動機として最適である。家事の機械化にとってモーターは、荷物の運搬における車輪の発明に匹敵する意味をもっていた。モーターはあらゆるものを回転させる。これなくしては、家事における機械的快適さは、六〇年代の状態からたいして進歩していなかっただろう。

十九世紀の半ば以後、労力を省くための器具の設計は、驚くほど信頼性を増した。すでに見てきたように、真空掃除機、皿洗い機、洗濯機などの原理は、ほとんど同時に確立されたが、これらの成功と同化には原動機の出現を待たねばならなかった。

電動モーターも、他の器具と同様、出現までに長い準備期間を経た。出だしこそ夢に溢れていたが、以後は失敗と挫折を繰り返し、他のいかなる原動機よりも多難な道を歩んだ。しかし、そのプロセスを逐一追ってゆくと本題から逸れてしまうので、ここでは、モーターを時代的に位置づける際に必要な二、三の座標軸を設定するにとどめたい。最初のモーターは、マイケル・ファラデーによる誘導電流の発見（一八三一年）後、彼自身の手によって製作された。このモーターは、強力な電磁石の極の間を銅のディスクが回転する仕組みになっていた。この方法によると、ディスクに発生する直流を簡単に方向づけることができた。しかしファラデーは、これを実際に応用することには関心を示さなかった。彼の態度は、ただ発見す

385 アメリカにおける最初の電動モーター。1837年。銅と亜鉛板でできた電池が使われる。特許には，「磁気と電磁気を応用した旋回機械」という名称がつけられていた。ファラデーは，誘導電流の発見（1831年）後間もなくしてモーターを発明した。翌年にはイギリスでも幾つかの電動モーターが設計された。（合衆国特許13225，1837年２月）

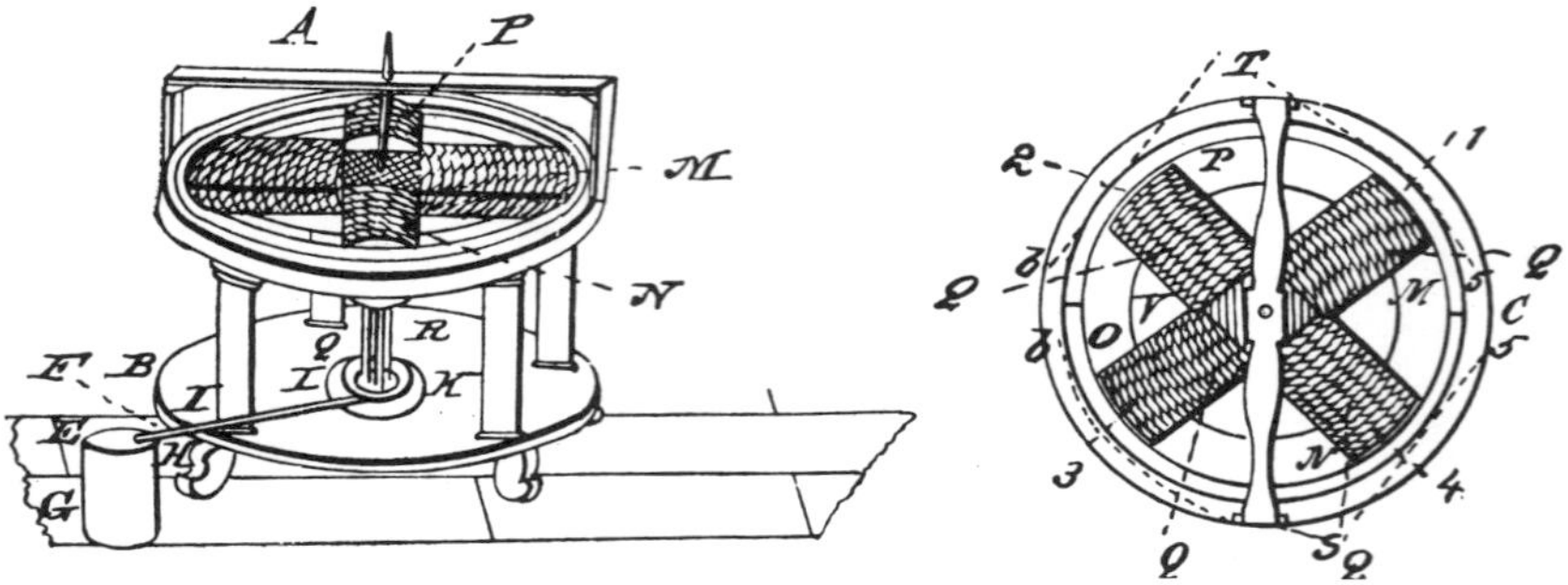

386 ３枚羽根をつけた小型モーター。ニコラ・テスラ，1889年。電磁気の原理がモーターに応用されてから50年後，モーターは一般家庭に入っていった。ニコラ・テスラの６分の１馬力の交流モーターは，家庭内の到る所に取り付けられるようになった，おそらくは最初の商業生産された小型モーターである。（古記録，ウェスティングハウス社，ピッツバーグ）

387　(左) 扇風機用モーターの原型。1891年。このモーターは，1889年の最初のモーターとは違い，スピードの調整がきく仕組みになっていた。(古記録，ウェスティングハウス社，ピッツバーグ)

388　(右) 電気扇風機。1910年。(古記録，ウェスティングハウス社，ピッツバーグ)

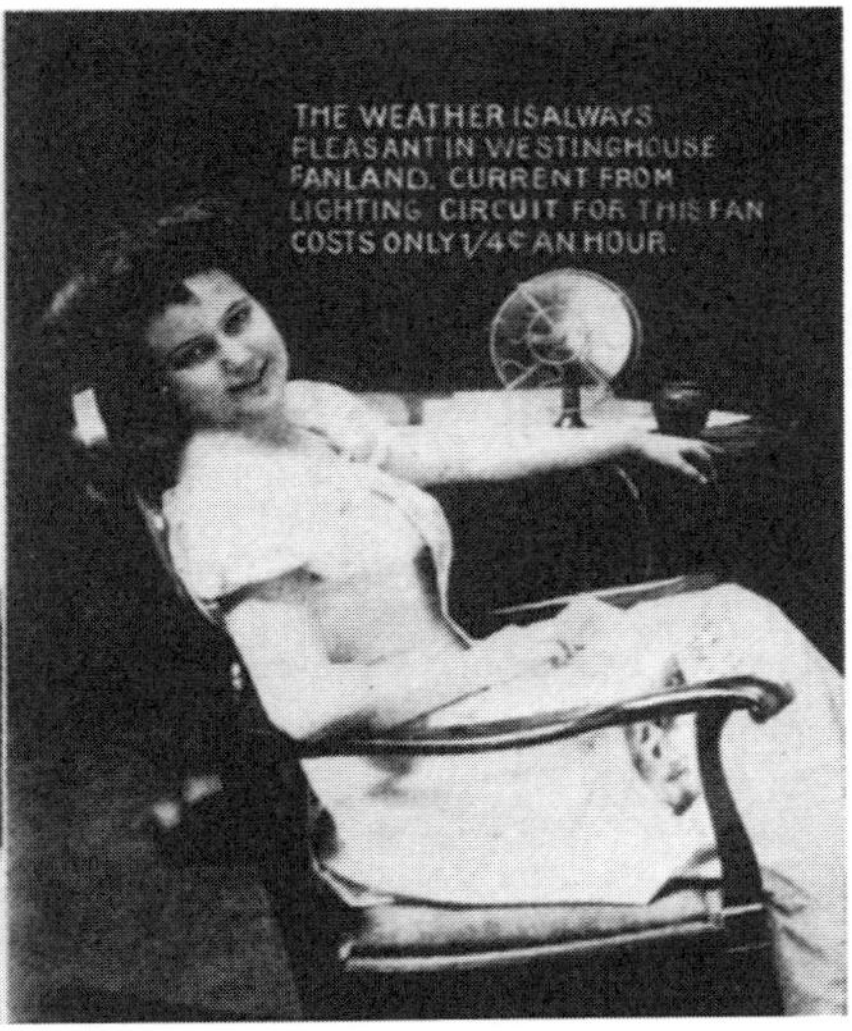

ることだけに関心をもった十八世紀の科学者に特有な態度であった。自然哲学者を自認していたファラデーは、その工業的利用に関しては他人にまかせた。

早急な解決には多くの障害があった。モーターは最初、ファラデーが考え出したもののように小型であったが、次に大型化し、その後再び小型の、信頼のおける形のものへと変化した。その間、半世紀以上の時間が経過した。また、モーターの使用が日常化するまでには一世紀近くの歳月を要した。

小型モーターが市場に出回るようになったことに関しては、ニコラ・テスラという人物とのかかわりが大きい。ただこの電動モーターの発明は、高周波電流の発生法とエネルギーの経済的な伝達を初めて可能にした、多相電動機の生み親であるこの大家の主な業績とはとても言えない。一八八九年の春、ニコラ・テスラは、多相電動機の特許をとって間もなく、ウェスティングハウス社と協力して、三枚羽根の扇風機を直接動かす六分の一馬力の交流モーターを市場に送り出した(図三八六)。このモーターはスピードや方向の調節はきかなかったが、部屋から部屋への持ち運びが簡単なため、住居内で動力ユニットを多角的に用いようとする後の無数の努力の出発点を画した。一八八九年には、ほかにも電動モーターで動く扇風機に対して多くの特許が提出されている(66)。しかし、テスラの簡単な装置の重要性は、これが単なるアイディアに留まらず、商業的に製作され、市場に出された点にあった。

夏期、高温多湿なアメリカで、手で動かす扇にかえて機械を使う試みがなされたのは当然だった。そこで考えられたのは、手を、前後に振る動作から解放する工夫だった。「一個のレバーと一本のコードで動く」(67)扇は、ペダルを踏んで動かすか、ロッキング・チェアに取り付けられた。後者の場合、「椅子に坐って揺らすと……」頭上の扇が「椅子のほんのわずかな動きによっても振動する」(68)仕組みになっていた。一八六〇年代の時点で本当の意味で自動化した扇風機を望むとすれば、それは、時計仕掛けになるほかなかった。「時計仕掛けの入ったケースが天井に取り付けられ、それに回転翼がついていた」(69)。この頃には時計仕掛けで速度の調節がきく卓上扇風機もあった(70)。

一八八九年のニコラ・テスラの扇風機は、以後およそ四半世紀にわたって扇風機の発展をリードした。九〇年代には、アメリカそしてヨーロッパでも、電気は贅沢品だった。送電線さえなかった(71)。最初の大規模な発電所が計画されたのは一八九一年だったが、稼動を始めたのはやっと一八九六年のことだった。この発電所は、ウェスティングハウス社が近隣の都市バッファローに電力を供給する目的でナイアガラ瀑布近くに建設したもので、五〇〇〇馬力のテスラ交流発電機を三台備えていた(72)。一方、パリのオペラ座のような劇場や百貨店、工場は、自家発電設備を備えていた。当時、電力の大部分は、電車を動かすのに使われていた。五〇〇ボルトの電車の路線から直接、「医者と患者の双方に少しの危険も与えず」電気を歯科医の診療所までひく装置もあった(73)。

電気を広く大衆のものにすべきかどうかという問題は、九〇年代、到る所で議論の的になった。ロンドンの排他的な協会 芸術《ソサイエティ》・協会《オブ・アーツ》は、一八五一年の最初の万国博を後援したことは前に述べたが、そこで講演をしたクロンプトンは、「電気は、一般に普及するには高価すぎる」と述べている。フィラデルフィア(74)やロンドンでも、電気の大衆化について専門家たちは半信半疑だった。その可能性を信じていたのは、テスラのような偉大な発明家だけだった。彼は、九〇年代の初頭、電気は間もなく、水のように自由に使われるようになるだろうと予言している。

一九〇〇年頃でも、電気がガスにとって代わることについては、誰もが疑問に思っていた。

電気は、小型モーターの普及と並行して次第に安価になっていった。一九一〇年頃、この傾向はさらに強く感じられるようになった。しかし、依然電動モーターは、動かされる物そのものとは別の単位とみなされていた。それよりは水力モーターのほうが一般的だった。この時代の製品カタログを一見すればわかるように、電動モーターは当時まだ稀少な存在だったのである。万一主婦が普通の水力モーターの代りに電動モーターでも買おうとしようものなら、電動モーターの製造業者は警告するような口調で「お宅の電気の種類と電圧を知らないことには、洗濯機用の電動モーターの価格は見積れません」(75)と言ったものだった。

洗濯の機械化

手の動作の模倣

十八世紀のイギリス——アメリカ人は、複雑な技術に伴う困難な問題を機械で解決することにかけては、常に指導的な役割を果たし

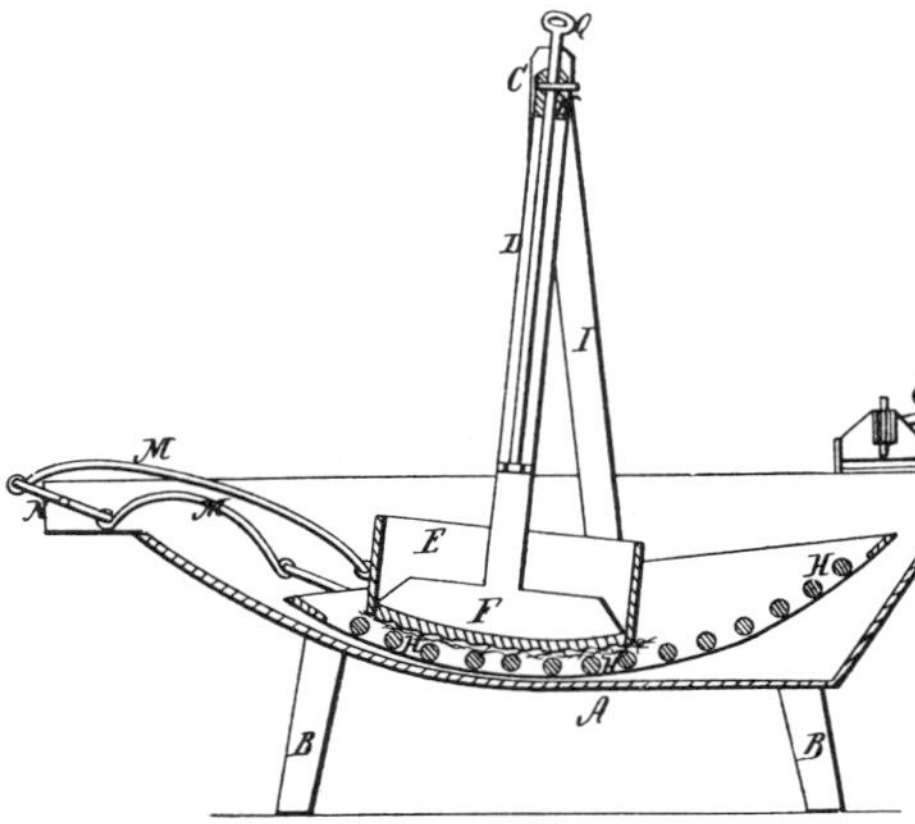

389　洗濯機。1846年。曲面をもった箱がローラー台の上で滑るよう工夫された洗濯機。人の手の前後運動を真似ている。「N点で操作し，衣類をはさんで箱とローラー台を互いに逆方向に動かす」。（合衆国特許4891，1846年12月15日）

390　手動式洗濯機。1927年。彎曲した洗濯板を備えた洗濯機の起源は18世紀末に遡る。この洗濯機は頑丈につくられ，今世紀に入ってもまだ通信販売会社のカタログに掲載されていた。そこには次のように記されていた。「ハンドレバーを動かすたびに，蛇腹状になった２枚の彎曲した洗濯板が互いに逆方向に動き，洗濯板とまったく同じ要領で衣類を擦る」。（カタログ：モンゴメリー・ワード社，1927）

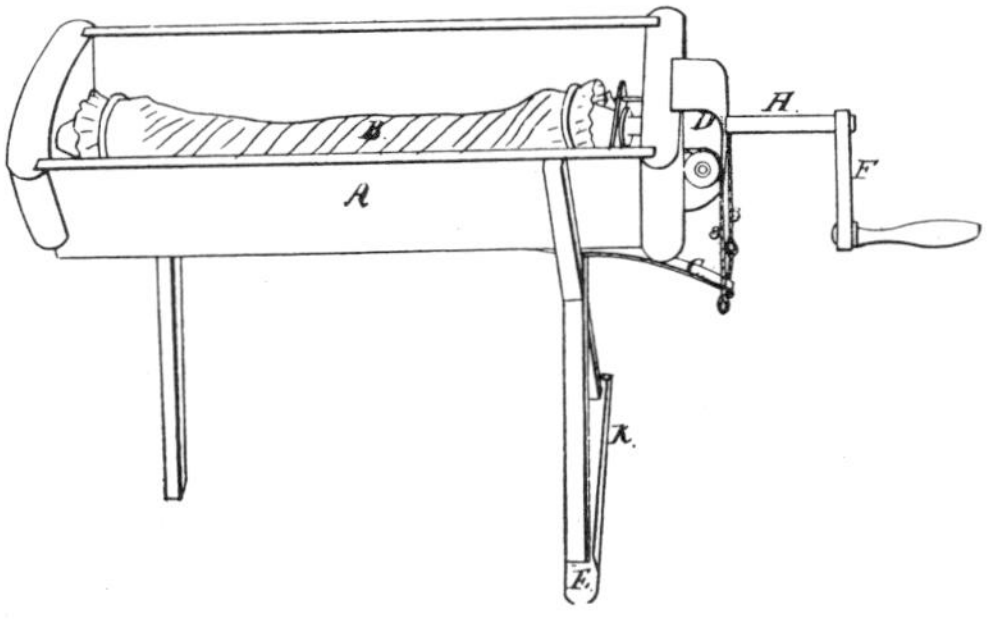

391　絞り機。1847年。連続回転の利用（ローラー方式や遠心力を利用した場合など）。以前は，裂け目の入った袋に衣類を入れて絞る方法がとられた。手の動作が模倣されている。（合衆国特許5106，1847年５月８日）

てきた。だからといって、ほかの国がこの問題に早くから関心を示さなかったというわけではない。たとえば、十八世紀末のイギリスでは、洗濯機というつつましい分野にも、この世紀の大いなる発明的傾向の一端が表現された。特許の説明書からは機構(76)そのものの様子はよくわからないが、すでに一六九一年には、洗濯機の分野で先駆的な業績が現われている。しかしこれは例外であって、この分野での本格的な発明は一七八〇年に始まり、以後ほとんど毎年新しい発明が行なわれ、一七九〇年にその数は五件にものぼった(77)。

一般に洗濯機は、クランク、ホイール、レバーおよび天秤で動く厄介なしろものである。最初の頃の蒸気機関がそうであったように、洗濯機は初め、ピストン、つちあるいはすべり皿を激しく動かして、しかもあまり効果のあがらない大げさな装置だった。洗濯機を家庭にもちこもうとする動きはあったが、このような機械ではたとえ発明者が「使用人の助手、あるいは主婦の労働軽減の手伝い役」(78)などと称したところで、まず問題外だった。

これらの装置が使用人の助けにもならず、家事労働を軽減する役にも立たないことは一目瞭然だった。当時は、まだ手探りの時期で、原理の発見もまだなされていなかった。つまりは、時期尚早だったということである。

一八五〇年以前のアメリカ——アメリカは、基本的に他のどの国よりも、家庭用の小型の洗濯機を発明しようとする強い意欲をもっていた。

十八世紀のイギリス、そして一八五〇年までのアメリカも、手の前後運動を直接真似ることから出発した。

そこで、形の凹凸をもった洗濯板に衣類を押しつけて強く擦る作業を主婦に代わって行なう機械が考えられた。それは、主婦の苦役を引き受け、衣類を丹念に擦りながら洗うというアイディアだった。

十九世紀前半、アメリカの場合は洗濯機の機構は比較的単純だったが、それでもすぐに役立つ解決を求めようとするあまり、奇妙な洗濯機が現われた。その一例として、十八世紀に現われ、その後驚くほど長い寿命を保った一八四六年の型を取り上げてみよう(79)(図三八九)。この機械では、人間の手の前後運動は、曲面をもった箱を、ローラーを並べた同じく曲面をもった台の上を滑らせるという形で模倣されている。この二つの部分の間に衣類をはさみ、押しつけ擦り合わせるようにして洗濯する(80)。それは、三本のクランクがローラーを並べた床面と箱を、同時に反対方向に動かすという方法で行なわれる。「衣類を洗濯板に押しつけるようにしながら往復する容器」も、人間の手を真似たものだった。外観はどちらかといえば奇妙だったが、カーブした洗濯板と容器とを逆方向に動かすこのタイプは、今世紀に入ってからもしばらくの間使われていた。たとえば、一九二七年のモンゴメリー・ワード通信販売会社のカタログにも、「忠実な友」という名で載っている(図三九〇)。

一八四六年の型の発明者は、ローラー台を使う考えは新しいものではないことを認めている。ただ彼は、箱のほうにも曲面をもたせた点は自分の功績だとしている。実際水槽の中を箱が振子のように動くこの不恰好な工夫は、もともとイギリスで考えられたものだった。そこではすでに、手に代わって曲面をもった格子状の板が用意され、それが揺れながら洗濯物を擦り、タブの底に押しつけるようにして洗うことが考えられていた。

392　デュボワール設計の自動洗濯機。フランス，1837年。蒸気と水の自然な循環運動を利用した洗濯機は，最初，フランスの織物の漂白用に繊維工場で使われた（1830年代）。「ボイラーで蒸気をつくり，その蒸気の力で水を管を通して上に押し上げ，そこから水を衣類の表面に均等にばらまく」。1940年代に入って実現した全自動洗濯機もこれと同じ原理を用い，水を「間歇泉」状に繊維に吹きつける仕組みをとっている（図404）。（J.B.デュマ『応用化学概論』，パリ，1847）

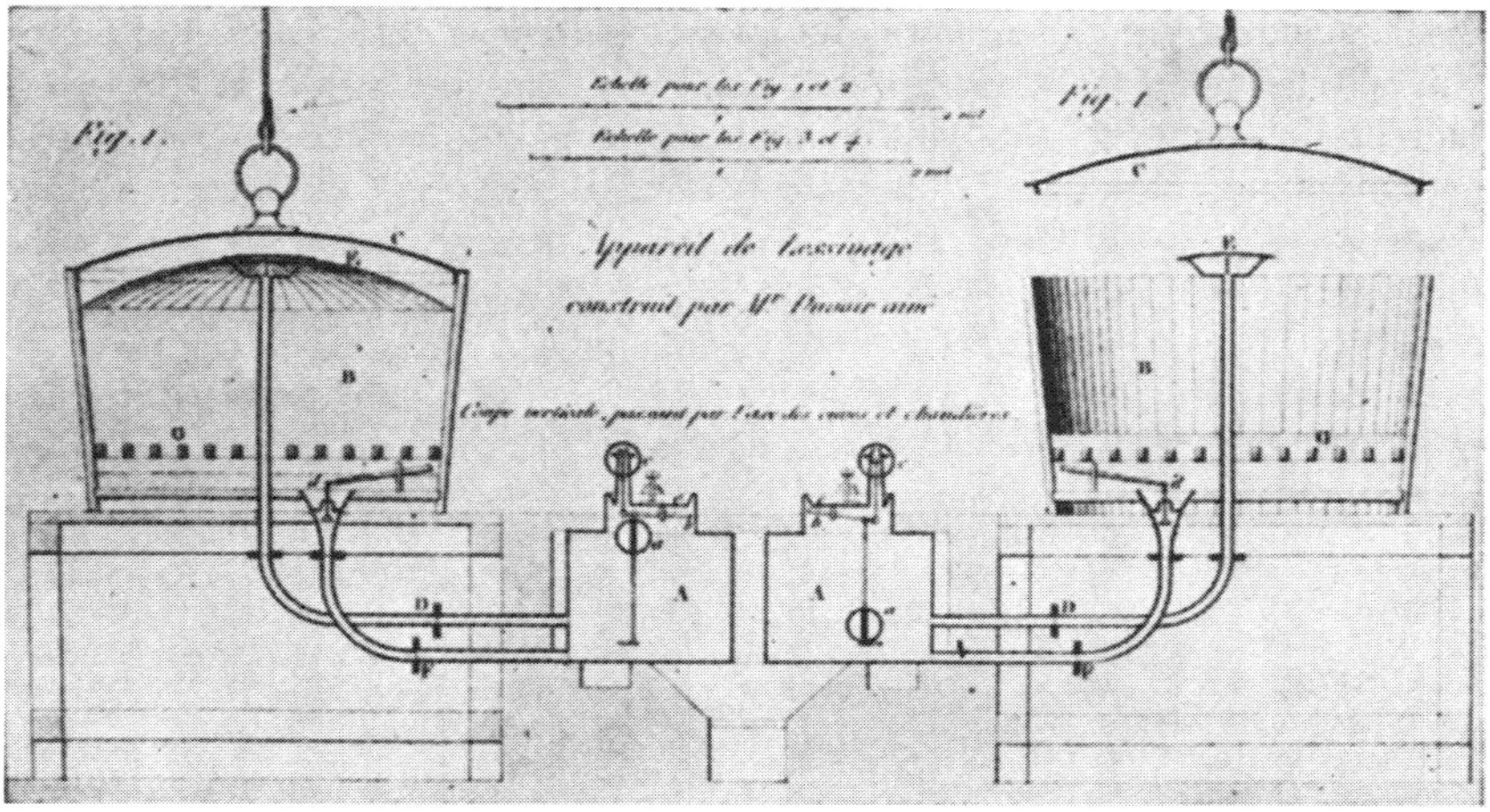

ローラー方式や遠心力を利用した水きりの方法が発明されるまで、やはり人の手の動きを真似ていたものに「絞り機」があった。遠心力を利用した提案は、すでに一七八〇年の最初の洗濯機の特許に現われている(81)。「水槽の上に載せられた機械には二つのフックが取り付けられており、そこに濡れた衣類が掛けられる。そのうちの一方のフックを回わして、衣類から水を絞り出す」。十年後の一七九〇年にはすでに、洗濯物を「絞り網」(82)に入れる方法がとられていた。それは、スリットの入った袋で、濡れた衣類をその中に入れる。そして衣類ごと、手で絞るのと同じ要領でクランクを回す。一八四七年のアメリカの特許(83)（図三九二）の場合は、洗濯物を取り付ける金具の部分に改良が加えられているが、その点を除けば、この発明も十八世紀の型と変わりはない。

機械化の二つの方法

技術的にみれば、洗濯機はいくつかの型に分かれる。普通それは四種類とされている。その詳細は専門の文献(84)にみえる。しかしわれわれにとって関心があるのは方法論であり、その点からすれば、洗濯過程の機械化には二つの型が見出せる。両者とも、その時代の発展と密接なつながりをもっている。

まず挙げられるのは、主に専門の洗濯業社で使われた機械である。この分野では、自動操作は蒸気の利用を基礎にしていた。この方式は、大規模な洗濯作業の場合には、十九世紀の半ば以降現在に至るまで、最も優れた方法だと言ってよい。ここでも、普及したのは最初に工業生産された型だった。その一八五一年の型（図三九六）はいち早く真価を発揮した。この型の場合、蒸気と沸騰水の自然の循環作用が利用されたが、その動きに回転運動が加えられて、効果はさらに高められた。機械部分は、一組の同心円のシリンダーから成り、そのうち内側のシリンダーが回るようになっていた。熱は、外側の固定シリンダーの下から加えられ、シリンダーには水が半分満たされている。使い方は次のようである。「ボイラーから蒸気が出はじめると、すぐ、石けんを充分に入れ、ボイラーを何回か回転させる。次にそれに衣類を入れる……あとはボイラーをときどき回転させるだけで、三分から二〇分間そのままほっておく」(85)。

国会図書館に、現在では珍しい一冊のカタログが保存されているが、その中でこの洗濯機の発明者は、あたかも当時の人が入浴の意味について議論してでもいるかのように詳しく、洗濯の過程でどんなことが起きるかを説明している。「油や野菜の滓のようなものが固まって衣類にへばりついたのが汚れである……洗濯とは、この固まりを中和することであり……普通の石けんはこの中和の働きをもっている」(86)(図三九五)。

さらに、この洗濯機の発明者ジェームス・T・キングは、手の動きを模倣せずに洗濯の工程を機械化したことについて、誇らしげに次のように述べている。「他の発明家はこれまで、擦ったり、押えたりする手による洗濯の過程をできるかぎり忠実に模倣すれば成功するだろうと考えてきた。ところがこれに反し、この機械では、衣類は交互に蒸気と石けんの泡にさらされる。蒸気が繊維を広げ、石けんの泡が汚れを取り除くわけである。したがって、擦ったり、叩いたりあるいは濯いだりする必要はない」。

このシリンダー方式は、特許件数から判断する限り、七〇年代に最も普及した型の一つとなった。この方式は、八〇年代に入って、孔のたくさんあいた鉄板製の内部シリンダーが取り付けられたことにより、完成の域に達したようである。洗濯物を、回転するかごあるいはシリンダーの中に入れるという考えは(蒸気は用いていないが)、一七八二年に生まれている(87)(図三九三)。この考えは、一八二〇年代のイギリスではじゃがいも洗い機に利用された(88)(図三九四)。

これらの発明の先駆けをなしたものは何であったろうか。蒸気と沸騰水の循環運動を利用した、科学的に設計された機械は、一八三〇年代にすでにフランスに登場している。それは面白いことに洗濯用ではなく、糸や繊維を染色する前の漂白作業用として繊維工場で使われていた(89)。

偉大なフランスの化学者ジャン・バティスト・デュマは、その著『応用化学概論』(パリ、一八四七年)に、当時よく使われていた機械の図版を載せている(90)。ボイラーの内部に蒸気が発生すると、この蒸気が温水を押し上げる。温水は、上昇パイプの内部を通過し二重底になった大桶に達し、そこで衣類に均等に撒き散らされる。バルブが一定の間隔で開閉し、二つの大桶は交互に満ちたり空になったりする(図三九二)。これは、コーヒーのパーコレーターとほぼ同じ方式である(91)。

十八世紀末にかけての二十年間、イギリスは洗濯機に強い関心を示したが、それもフランスと同様、織物の工業的処理に限られ、「衣服を洗い、プレスする洗濯屋と呼ばれる機械」が時折みられる程度だった(92)。機械による洗濯法に対するイギリス人の関心は、十九世紀に入ってかえって弱まったが、一方アメリカ人は、主婦の洗濯の苦労を軽くする装置を発明することに、よりいっそう努力を

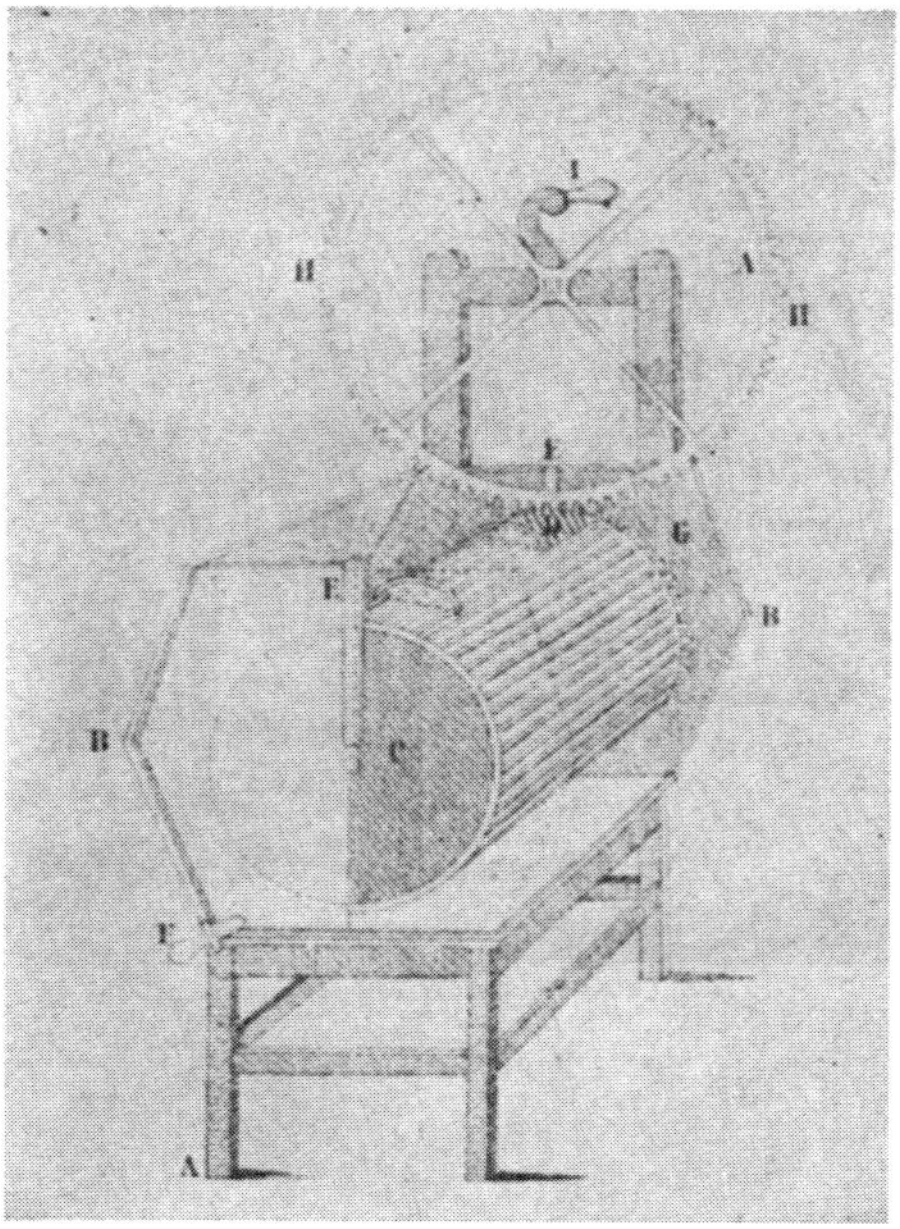

393　(左)洗濯機。イギリス,1782年。シリンダーを回転させて石けんの泡や水を衣類にしみ込ませるというアイディアの起源は，18世紀末の最初の大発明狂時代に遡る。(英国特許1331，1782年6月1日)

394　(下)じゃがいも洗い機。1823—24年。水が自由に出入りする円筒型のじゃがいも洗い機。(『機械工学』誌，1巻，ロンドン，1823—24)

傾けるようになった。

一八五一年のジェームス・T・キングによるシリンダー式洗濯機は、自動洗濯機の始まりを画す発明だった。しかしこの場合にも見過ごしてならないのはこのようなアイディアは、実施にこそ移されなかったが、それ以前にも長い間人びとの頭の中には存在していたということである。一八三一年に申請されたあるアメリカの特許(93)が、特許庁の火災にもかかわらず手書きの明細書として残っているが、これには、その発明者が二個の同心円のシリンダーの問題と取り組んだ様子が示されている。「耐水性を考えてつくられた外側のシリンダーに水が入り、一方オープン・シリンダーは鉄製のクロスヘッドピンを軸にして回転する」。ここでも、蒸気が洗濯用に用いられているが、その発生場所は別のところにある大釜だった。

導入までのためらい

アメリカにおける最初の洗濯機の特許は、一八〇五年に遡る。それ以来、実際に使える機械にするための努力が絶えず積み重ねられた。しかし洗濯機の日常生活への登場は遅々としていた。洗濯の機械化が普通の家庭で効果を発揮するまでには、一〇〇年以上もの年月がかかっている。特許は多数にのぼったが、洗濯機産業について語れるようになるのは一八六〇年以降である(94)。それ以来、六〇年代における発明活動の高揚に伴い、進歩のテンポも早まった。統計によれば、十九世紀後半に至って生産が僅かながら上昇してゆく様子が記録されている。しかし往々にして統計からは物事の表面はわかっても、深いところはなかなかわからない。たとえば、洗濯機の生産高が一八七〇年から一八九〇年の間に二倍になったと聞く

395 大規模な洗濯場のための洗濯機械。ジェームス T. キング設計，1855年。ここでは蒸気の自然な動きが回転運動によって助長されている。機械部分は二重のシリンダーで構成され，内側の孔のあいたシリンダーのほうが回転する。これは工業生産された最初の洗濯機で，現在でも立派にその機能を果たしている。（カタログ：アメリカン・スチーム・ワォッシング社，ニューヨーク，国会図書館）

396 洗濯機。ジェームス T. キング設計，1851年。（合衆国特許8446，1851年10月21日）

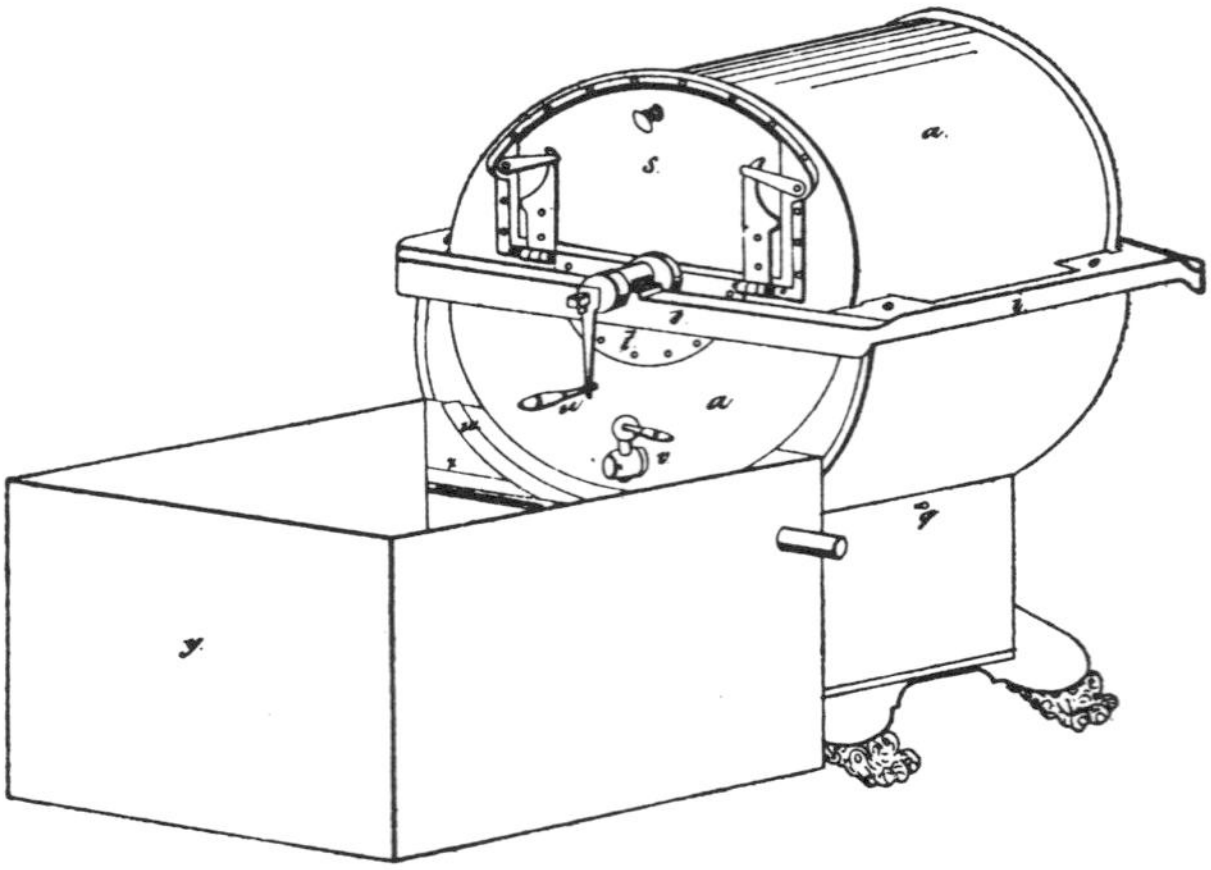

と、家庭用の機械が突然普及し始めたかのように考えられやすい。ところが実際には、これは高価な営業用の自動式洗濯機が急に増えたというにすぎない(95)。

こうした場合には当時の人の言葉に耳を傾けるほうが正確なことが知れる。一八六九年には、洗濯機の特許件数は二〇〇〇近くにものぼっていたため、キャサリン・ビーチャーは特定の洗濯機を支持することはせず、五〇年代のイギリスやフランスの勤労者階級の間での成功にならって、十二世帯で一台の洗濯機を共有することを提案した。

「洗濯とアイロン掛けの日をカレンダーから削除できたら、アメリカの主婦にとって家事はどんなにか楽になることだろう。……近所に共同の洗濯場ができれば、アメリカの主婦にとって最も困難な問題の解決に大きくプラスすることだろう」(96)。

一九一二年、この状況と密接なかかわりをもっていたクリスティーヌ・フレデリックは『レディース・ホーム・ジャーナル』誌で、あった。

一九一二年、この状況と密接なかかわりをもっていたクリスチーヌ・フレデリックは『レディース・ホーム・ジャーナル』誌で、「多くの家庭で洗濯は洗濯機を使わず、普通のボイラーだけを使って行なわれている」と書いている。

家庭での洗濯の完全な機械化

洗濯機と真空掃除機は、家庭における清掃機械化の指標である。どちらも、価格の低下に伴って次第に普及していった。一九二六年には冷蔵庫の平均小売価格が四〇〇ドルとなり、二〇万台が売られた。さらに一九三五年には価格は一七〇ドルにまで下がり、一五〇万の販売台数を記録した。同様なことが、洗濯機についても起こっている。一九二六年から一九三五年にかけて、洗濯機の需要は九〇万台から一四〇万台に増大し、一方、平均小売価格は、これまでの半分以下、すなわち、一五〇ドルから六〇ドルに下がった(97)。大手の通信販売会社は、一九三六年には価格を二九ドル九五セントにまで下げた。その時期はまさに、快適さが民主化された時代であったと言ってよい。

刈取りから袋詰めに至る穀物の生産過程が全面的に機械化され、小型コンバインに集約されたように、この時期には、家庭での洗濯行為もこれと同じ方式による全面的機械化を経験しようとしていた。汚れた衣類から脱水操作までの全作業を人の手を借りずに行なう全自動洗濯機の構想が、多くの発明家の心をとらえていた。手の操作を一切排除して全自動化を完成するには、複雑な機構が必要である。そこには、各操作の時間を調節する機構、水を水槽に入れ次に排水する機構、さらに濯ぎ用の水を入れ、排水し、ポンプで循環させる機構、そして最後に脱水機構が含まれる。対照的な二つの操作、つまり洗うことと乾かすことが、同じ容器の中で結合されねばならなかったのである。

完全に機械化された自動洗濯機には、二つの基本型がある。一つは一八五〇年に始まる「シリンダー方式」で、この場合、孔のあいた内側のシリンダーが水平軸を中心に回転する(98)(図三九六)。

二つ目は、全体が垂直軸に沿って構成されたもので、衣類は孔のあいた金属製のバスケットに入れられ回転翼によって洗われる。回転翼のついたこの垂直方式が通常の非自動式家庭用洗濯機となった。その起源は一八六〇年代である(99)(図三七七)。

最終操作は遠心力を利用しての脱水である。ここで、非常にむずかしい問題が起こった。つまり、本洗いは遅い回転あるいは振動運動によって行なわれるのに対し、乾燥や脱水には高速回転が要求されるという点がそれである。このため、速度変換と時間調節のための機構が、自動洗濯機の必要条件となった。

自動洗濯機は、水平軸方式、あるいは垂直軸方式とを問わず、容器つまり水槽をもち、その内部で孔のたくさんあいたバスケットが回転する仕組みになっている。一槽式と乾燥式も、六〇年代後期の発明が盛んな時代に考え出された(100)。

七〇年代には、洗濯や濯ぎに使った水を遠心力によってバスケットから脱水し、ポンプを使って再び水槽からバスケットへ循環させるという新しい原理が工夫された(101)。一八七八年にはモーターで動く一槽式脱水洗濯機の特許が申請されている(102)。この洗濯機は洗濯用の低速度、乾燥用の高速度の二つに速度を調節できたが、その調節はもちろん手で行なわれた。

全自動式洗濯機というアイディアは、機械化の最盛期に至るまで幾度となく追求された。一九二〇年には洗いと濯ぎを連続させるために、低速度回転と高速度回転とを組み合わせた一槽式の脱水洗濯機が種々考案された。一九〇〇年以降、自動操作式洗濯機の問題点は、ほとんど、自動制御の方法をどうするかという点にしぼられた。そしてその解決策として時計仕掛けや電動モーター式のタイマーによって電磁石か水圧機構を働かせ、バルブの開閉を操作したりシリンダーからの動力を伝達、中断する方法がとられた(103)。

しかし新たな問題が自動洗濯機の速やかな解決の障害になった。つまり、洗いから脱水へと、速度を自動的に変換する問題である。しかしこれも、自動変速装置つきの二段変速式のモーターが実現した途端に、解決困難な問題ではなくなった。アメリカの特許だけでなく、イギリスやフランスの特許(104)も、これと同じ方向で問題を解決しようとした。

半自動から全自動へと数々の実験が積み重ねられたが、実質的な解決は一九三九年に至るまで生み出されなかった。最初の自動洗濯機の発明者が誰であるかは、電気掃除機の場合と同様、簡単には言えない。どちらの場合にも、さまざまな努力と経験が積み重ねられた結果であるばかりか、他の分野での発明もその発展に寄与しているからである(105)。

一九四六年、洗濯の自動化に新たな傾向が現われた。腕の部分に人間の手の痕跡をとどめた回転翼はすでに廃されていた。自動式洗濯機は、石けん水を衣類に強く連続的に吹きつけることによって、洗濯物の汚れを落とす。水槽の中のバスケットはただ普通に回転するのではなく、回りながらはずむような動きをする。水につかった衣類は、一分間に六〇〇回の割合でたたかれ、下のほうから「間歇泉」のように噴出する水で洗われる(図四〇四)。

精巧な機構を必要とするこの方法は、洗濯作業に初めて科学が適用された例でもある。すでに述べたように、水を力強く噴射させる方法は一八三〇年代のフランスの繊維工場で、織物を漂白するのに用いられた(図三九二)。水は蒸気圧によって管を上昇し、その管の端は、衣類に水を均等かつ連続的にしみ込ませるように円錐形の噴霧器になっていた(106)。

普通、重労働である洗濯が、空中から電波を受信するラジオ以上とは言わないまでも、それと同ぐらい繊細な自動機械に任せられるようになったのである。自動紡績機械に始まる機械化の過程をみてもわかる通り、人間の苦役からの解放は、常に、高度に複雑化した機械によって行なわれてきた。

精密な時計がスイスの高度な技術の産物であるように、洗濯の機械化はアメリカに象徴される全面的機械化の典型的かつ当然の産物である。もし、製品の交換が支障なく行なわれれば、その製造は多少とも、これをつくるに一番ふさわしい国に集中するだろう。どんな障害を人為的に設けても、この傾向を阻止することはできない。

自動洗濯機が市場に現われたのは全面的機械化時代も終りに近づいた頃である。このとき、競争関係にあった会社の間で、この高価な機械の値下げ競争が始まった。しかし、おそらくこれからも当分の間、多くの製造業者たちは、現在の複雑な機構を故障のないより簡単なものへと完成させ、その効率を新しい方法で高める問題と懸命に取り組むだろう。ある著名な婦人雑誌の後援で戦後の市場に関して調査が行なわれたが、その結果が次のように報告されている。

> 投票に参加した婦人のほとんどは、自動洗濯機を欲しいと考えていた。自動洗濯機に票を投じた人の数は、回転式や絞り式の洗濯機の五倍にものぼった。しかし、自動式と他の型の洗濯機の間の価格差が狭まらない限り、値段表を見た途端に自動洗濯機に対する夢は打ち砕かれてしまうだろう(107)。

アイロン掛けの機械化

どうすればアイロンを十分ごとに加熱する煩わしさを省くことができるだろうか。この問題は、十九世紀の半ばにすでに持ち上がっていた。金属の塊を火の中で赤くなるまで熱し、それを中が空洞のアイロンに移したり、あるいは、重いアイロンをいくつもストーブの上に並べて熱したりするのは、決して愉快な仕事ではない。どうすればアイロンの熱がさめるのを遅らせることができるだろうか、そしてアイロン掛けを連続して行なえるようになるだろうか。

それには、アイロン自体の中に、持続的な熱源を仕組む方法しかなかった。一八五〇年代には、持続的な熱源として利用できるのはガスだけであった。他にもいろいろな熱源についての実験が行なわれたが、中には真剣な考慮に値しない提案もあった。たとえば、アイロンと「薬罐の口を管で結びつけて、蒸気で熱する」(108)といった工夫などがそれである。

ディアボーンにあるエジソン研究所に保存されている広告のちらしには、五〇年代の初期、ガスがアイロンの持続的な熱源としてどのように利用されたかが示されている。そこでは、「ガスアイロン」は天井からさがったガス管にグッタ・ペルカ製のチューブで直接つながれていた(図三九七)。

ガス管を電気のコードのように用いることの是非はともかく、ここで注目すべきことは、「簡単で合理化されたアイロン掛け」という問題に真っ向から取り組まれている点である。この工夫によって初

397　ガスアイロン。1850年頃。アイロン掛けを連続して行なうための初期の工夫。グッタ・ペルカ製のホースがガス管につながれている。「一度アイロンを熱すると、いつまでも作業を続けられますので、時間と労力の節約になります。このアイロンが一般化するのは時間の問題です」。(広告、提供：エジソン研究所、ミシガン州、ディアボーン)

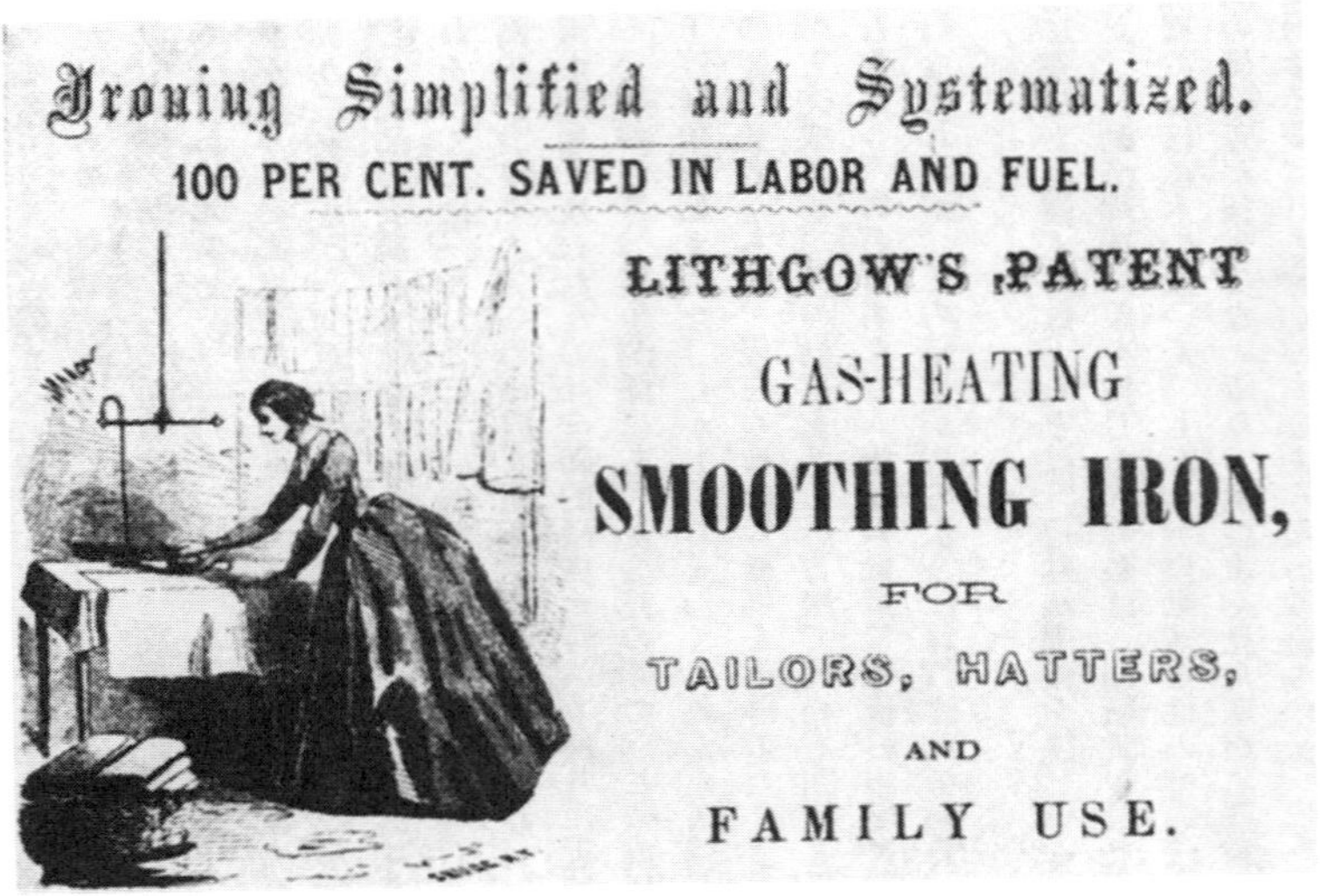

398　電気アイロンの始まり。1909年。1909年の時点でも、電気アイロンの良さを人びとに納得させるには強力な説得が必要だった。ウェスティングハウス社による一連の広告は、男性の理解に訴えている。主婦に対しては、「なぜ洗濯室でアイロンをするのですか。なぜ玄関に出て新鮮な空気を吸いながらアイロン掛けをしないのですか」と問いかけている。(広告、ウェスティングハウス社)

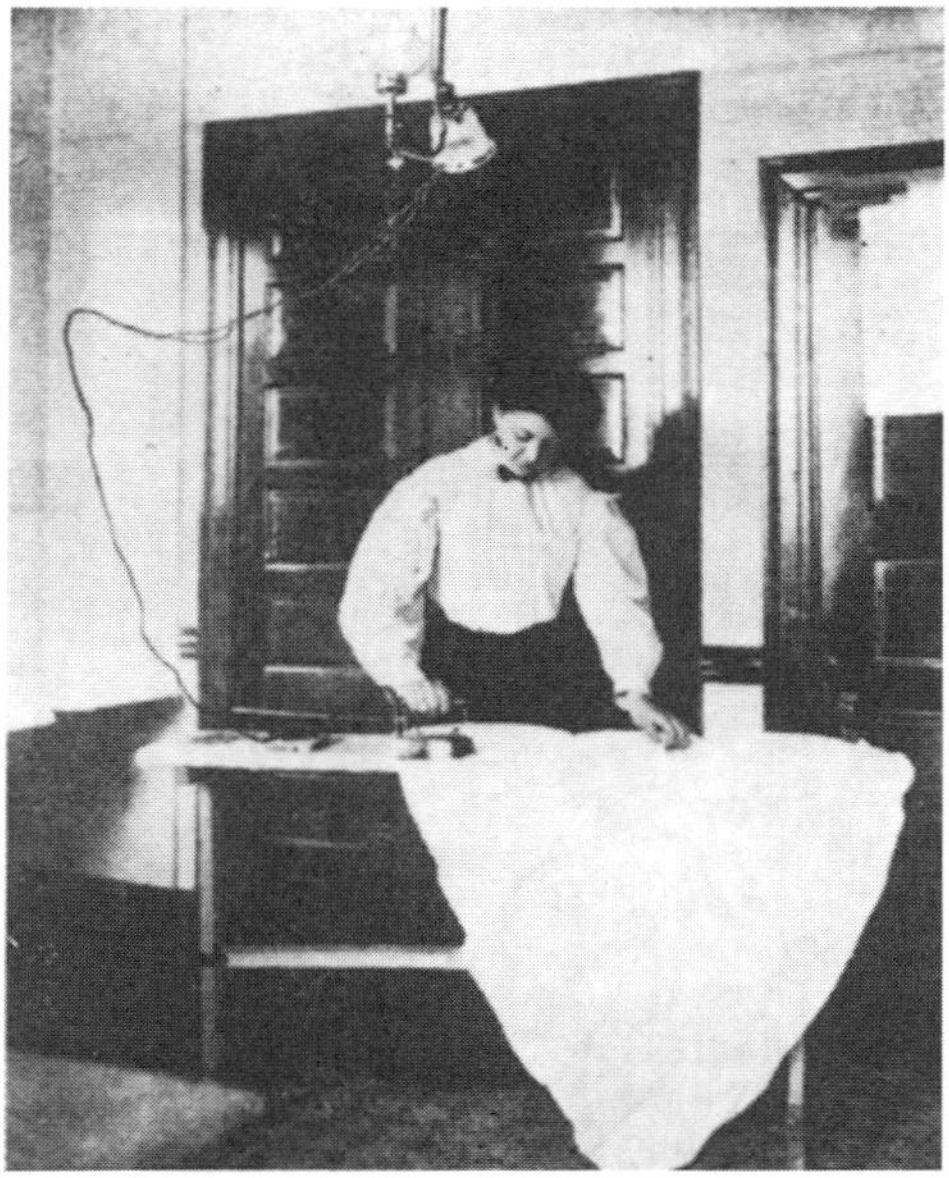

399 電気アイロン。1911年。電気のおかげで、連続的なアイロン掛けが可能になった。家庭に電気が入って間もない頃、電気アイロンは、50年代にガスアイロンがガス灯につないで使われたように，電管に接続して使われた。ガス管と電管の併用，急拵えのコードを見てもわかる通り、当時はどの器具も間に合わせ的な使われ方をされていた。(古記録、ウェスティングハウス社、ピッツバーグ)

めて、「アイロン掛けが連続して行なえる」ことが示された。

ガスレンジが導入されたのが一八八〇年以後であることを考えると、こうして電気だけがなし得ることをガスで試みられたことがいかに時期として早かったかがわかる。ガスアイロンの広告には、今日の電気アイロンの場合と同じ宣伝文句が使われている。「まず息づまるようなストーブの熱気から解放される点で快適です。便利でもあります。このアイロンは、ガスの引いてある部屋ならどこででも使えますから」。

一九〇六年、電気アイロンに人びとを親しませる必要を痛感したウェスティングハウス社は、一連の新聞広告を通じて、アイロン掛けは今や戸外やベランダでもできるようになった点を強調した。妻の苦労は夫にも責任の一端があるという意味で、夏に熱いかまどの傍にいることがどんなものか夫たちにも知ってもらおうと、蛇足ながら次のような広告も合わせて掲載した。「ストーブを事務所に置いてごらんなさい。きっとまいってしまうでしょう」(109)(図三九八)。

次の段階では、アイロンの大きさが小さすぎることが問題にされた。一九二二年、クリスティーヌ・フレデリックはアメリカの主婦に次のように語りかけている。「あなたはすでに古い型のフラット・アイロンではなく、電気アイロンを使っているとおっしゃるかもしれない。たしかに、それは進歩ですが、まだ充分とは言えません」。彼女はすでに十年前から「新しい家事管理シリーズ」を雑誌に連載し、そこで皿洗いにおける無駄な動作を計算していたが、アイロン掛けについても次のように論じている。「さて、約一万八〇〇〇平方インチの広さのテーブルクロスを幅二四インチしかない器

400　営業用の洗濯施設。1883年。反転式の洗濯機や遠心力を利用した脱水装置が見える（後方）。毛布用の蒸気式皺伸し機も見える（右手）。蒸気で加熱する回転式のアイロナーは，1922年頃アメリカの家庭に普及しはじめた電気アイロナーの前身である。この1880年代の洗濯場に見られるアイロナーは，カラーやシャツ等のアイロン掛けを専門にする機械だった。（エムパイヤ・ランドリー・マシナリ社，マサチューセッツ州，ボストン）

401　デュクダン・アイロナー。1900年頃。この大型の洗濯機械は，磨かれた金属製の台と重いローラーで構成され，全体が鋳鉄製のフレームに組み込まれていた。重々しい金属製の台は，家庭用電気アイロンの「アイロン受け」に相当する。（『洗濯屋経営』，ロンドン，1902）

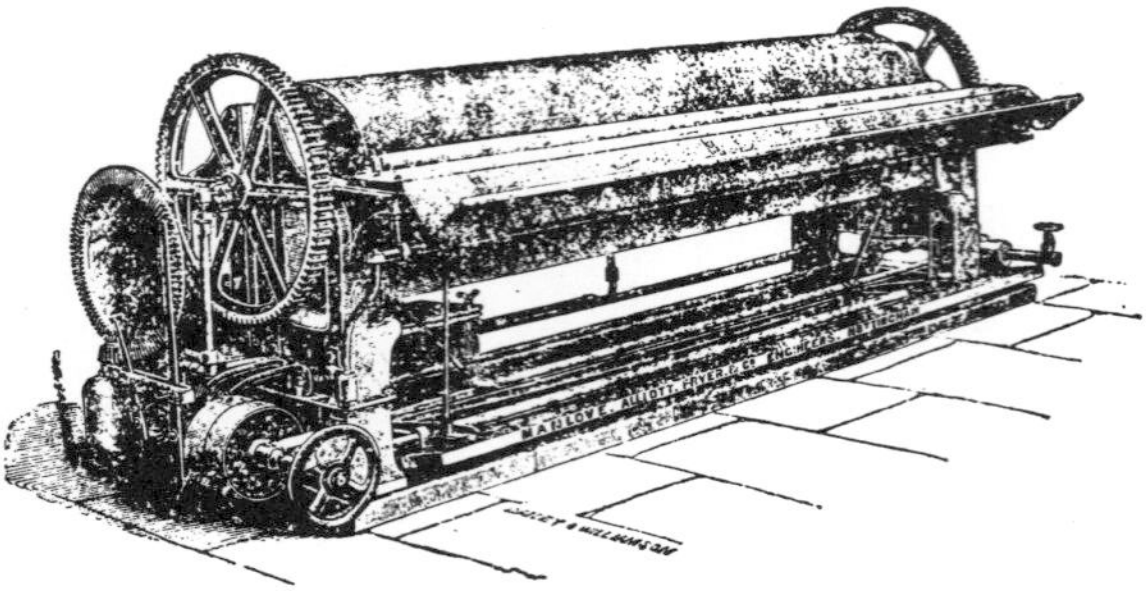

402　民主化された電気アイロナー。家庭用のアイロナーは全面的機械化時代にその定型が確立された。主婦の便宜をあらゆる点で考慮したホーローびきのアイロナーは、1926年以後、通信販売会社によって安く販売されるようになった。（カタログ：シアーズ・ローバック社，1941–42）

403　折畳み式アイロナー。1946年。アイロナーは、真空掃除機と同様、大型の機械から出発してごく手軽な道具へという発展経路をたどった。このアイロナーは「折り畳むと，$1\frac{3}{4}$平方フィートの床面積を占めるだけで、車を滑らせてごく簡単に移動できる。アイロンの本体と鋼管製の台が重量の上でバランスがとれているので、使用する状態に展開するのは簡単である」。（提供：アール・ラドギン社、シカゴ）

具でアイロン掛けするのは、馬鹿らしいことだとは思いませんか」(110)。

新しい大きなアイロンは、アイロナーと呼ばれた。この機械では、アイロン板は綿の入ったローラーに変わり、アイロンに相当する部分はローラー一杯の長さがあり、全体に丸みをおびたブレーキ・シューのような形をしていた。それは電気を熱源にしていた(図四〇二)。アイロンの部分は簡単にローラーの表面から離したり、それに押しつけたりすることができる。また厚く綿の詰まったシリンダーは、少なくとも後期の型では「厚手の衣類に対してはゆっくり、薄い布には速くローラーがまわるように速度が二段に調節」できるようになった。アイロン内部の温度はサーモスタットで調整されていた。機械化の過程においてよく見られるように、ここでも、手を前後に動かす動作が連続回転運動に変えられている。現在アメリカの家庭に広く普及しているこの型は電化の産物である。このアイロナーは最初、一九二六年の通信販売会社のカタログに現われた。それは、真空掃除機と同じように持ち運べ、しかも場所をとらないように設計されていた。モーターは白いエナメル製のケースに内蔵されているため、台所では移動可能な作業台としても利用できた。このすっきりした機械の美的魅力は見た目にも明らかだった。

このような手軽なアイロン器具は、一八八〇年代の初期、洗濯業者の間で使われるようになった鋳鉄製の重い洗濯機械から直接発達したものである。これらは「回転式アイロナー」と呼ばれ、カラー用、シャツ用、タオル用と、種類が分かれていた(図四〇〇)。一般に、一方のローラーが熱せられ、他方のローラーはフェルトで覆われていた。しかし、今日のアイロナーの直接の原型は、それを発明したフランス人の名を取ったデュクダン・アイロナー(図四〇一)である。デュクダン・アイロナーは、後の電気式の型と同様、「研磨され熱が加えられる凹形の金属製基部と重いローラーを備え、鋳鉄製の枠に組み込まれていた」(111)。

この機械は、間もなく一般化され、一九四一―四二年のカタログによれば大半の通信販売会社は、これを二〇ドルから六〇ドルの価格で売っていた。その宣伝文には「奥さま、腰をお掛け下さい!」と書かれてあった(図四〇二)。

こうしてアイロン掛けは楽しみにすらなった。「くつろいで腰を掛け、アイロン掛けを存分に楽しんでください」。弾性のあるパイプ椅子もリラックス感を高める効果を果たし、アイロン掛けの一要素となった。

カタログでは次のように謳われていた。

「フラット・アイロンよ、さようなら!
これでもう、腰を痛めることもなくなります」。

皿洗いの機械化

前にも述べたように、全面的機械化の時代になって広く普及することになった皿洗い機は、早くも一八六〇年代には提案されていた。それに先立って種々のことが考えられた。最初、回転羽根は洗い物とは別な個所に取り付けられていた。次に発明者はこの回転翼を「皿や洗い水の入った容器」(112)の中に取り付けた。ここではすでに皿洗い機の原理がはっきり把握されていた。つまり、羽根のついた車によって「水を皿や食器に吹きつける方法」がそれであっ

404　完全に機械化された洗濯機。アメリカ，1946年。すでに1870年代の初頭には，低速度回転による洗いと，それに続く高速度回転による脱水とを１つのタブで行なう自動洗濯機の原理が知られ，その工夫に対して特許が認可された。実際に自動洗濯機が現われたのは1920年代だが，その本格的成功は1939年頃みられた。1946年，人間の手の最後の名残りをとどめていた回転翼（アジテーター）がこの機械から姿を消し，代わって，バウンドするバスケットの底から噴き出す石けん水を，衣類にしみ込ませる方式が現われた。（提供：アペックス・ロータレックス社，オハイオ州，クリーブランド）

405　自動皿洗い機兼洗濯機。1946年。自動洗濯機は，すでにその普及以前から，アメリカの組合せの伝統にならい，第２の機能，皿洗い機と結合された。「洗濯機を皿洗い機に変えるのには１分半とかかりません。洗濯用の部品をはずして皿洗い機用の付属品を付ければすむことです。付属品はすべて軽くできています」。（提供：アール・ラドギン社，シカゴ）

406　バスケット・ストレーナー（目皿）。1942年。アメリカでは、流し台の排出口に対してまで慎重な検討が加えられた。２つの取りはずし可能な部品から構成されている目皿は、テーブル・トップ型のレンジと同様、1940年代のヨーロッパでは稀にしか見られなかった。（提供：シェイブル社、シンシナティ）

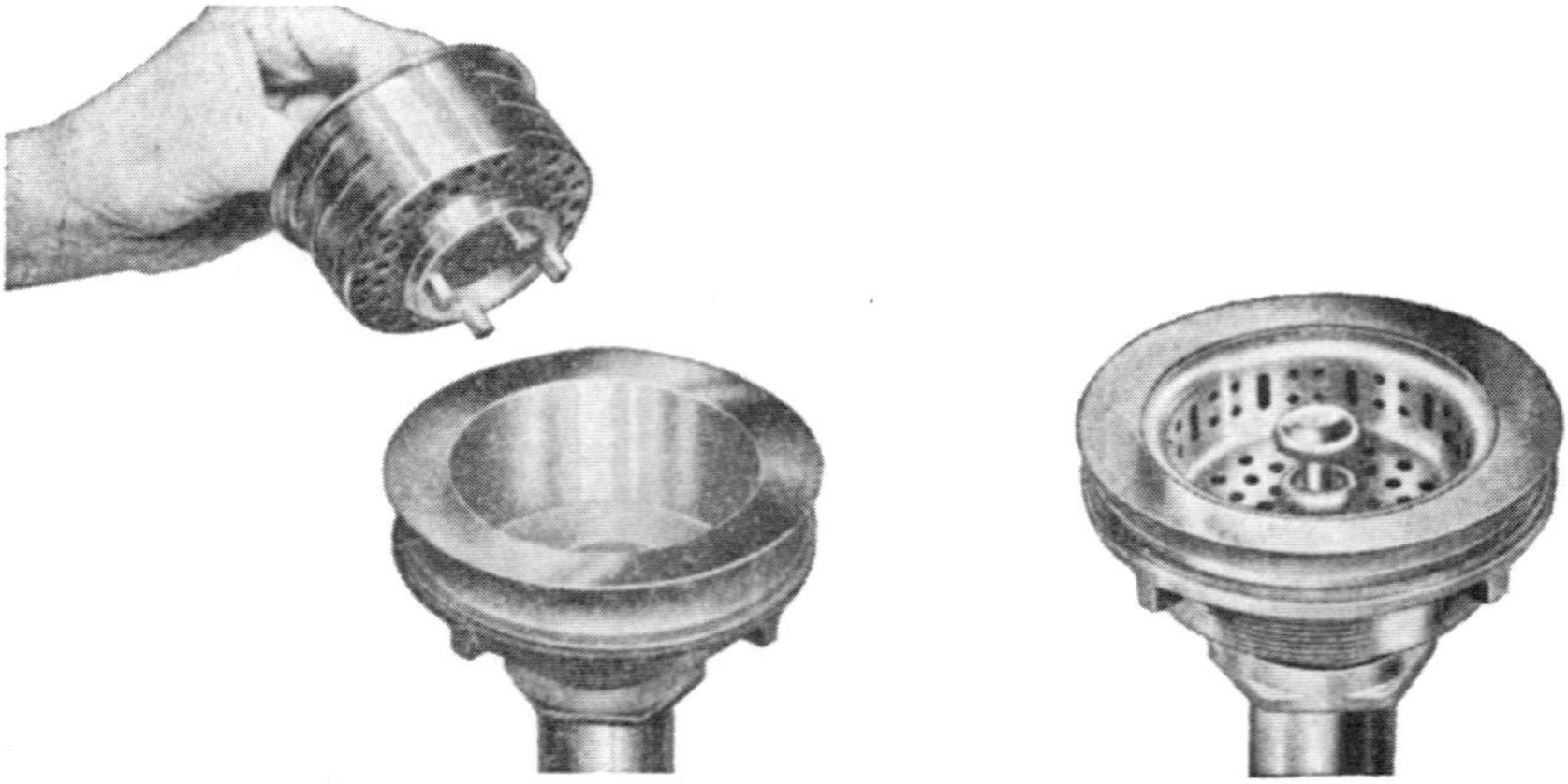

た。その場合、金網棚に収められた瀬戸物類は、水の回転運動に対して接線を描く位置に置かれる。

　ここで自然に水力タービンのことが思い起こされる。実際にもフランシス水車が誕生したのはこの頃だった。ジェームズ・B・フランシス（一八一五―九二年）は、水流の法則に関する正確な洞察に基づき、彼の名をとって呼ばれるタービンの基礎をつくった。フランシスは最初イギリスで機関車の製作に従事していたが、その後、アメリカはマサチューセッツ州ローウェルで水力技術者となり、運河や水道の建設にあたった。その当時はまだ未開拓だった水力学に関する彼の理論的探求の成果は、一八五五年、著書として刊行された。今でもフランシス水車は、低落差を利用した発電に使われている。その羽根の形や構造全体は、ゆるやかな水流に対し順応するように作られている。

　皿洗い機も原理的にはこれと同じである。しかし、ちょうどモーターが発電機を逆にしたものであるように、ここではその過程が逆になっている。タービンでは、水流が羽根を動かすのに対し、皿洗い機では逆に回転羽根が水を皿類に吹きつける仕組みになっている。

　一八六五年の皿洗い機[113]（図三七五）の発明者が、自分の考えを具体化した様子をみると、偉大な理論家や発明家による理論付けがいかに早く、家庭器具に反映されたかがわかる。

　この時点から皿洗い機の誕生にいたる長い準備期間が始まった。一九一〇年ニューヨーク・ステート・フェアである製造会社[114]が初めて機械式の皿洗い機を展示したが、それは一八六〇年代のものと同様、まだ手でクランクを回す式のものだった。この会社は、現在の

407　ディスポーザー付「電気流し台」。1939年。機械式のディスポーザーは流し台の下に直接取り付けられる。それは、電動式のシュレッダーによって残菜を即座に処理する。大会社はすでに1929年には実験を始めていたが、その定型が確立し工場生産が始まったのは1935年であった。（提供：ジェネラル・エレクトリック社、スケネクタディー）

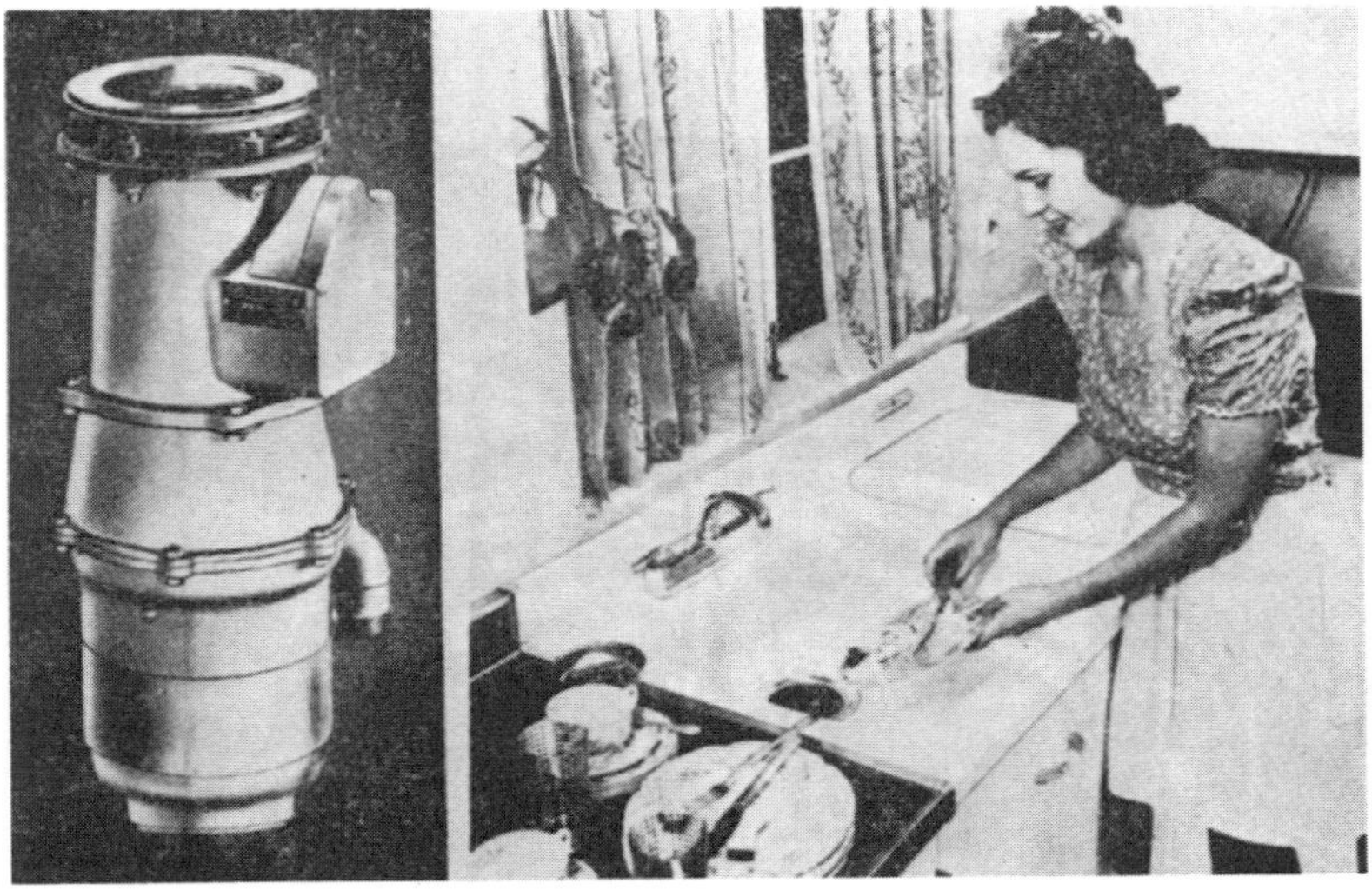

電気皿洗い機が出現するまでたゆまず問題の解決に努力を重ねた。ジェネラル・エレクトリック社はこの会社を買収し、皿洗い機の開発に乗り出した。その結果、四角の水槽を備えたダイヤル式の皿洗い機が出現した（一九三二年）。これは流し台と連結されることによって機械化した台所に組み込まれ、テーブル・トップ型のレンジのように、その一部を構成するように設計されていた。現在も、新たな要素が付け加わるごとに新しい組み合わせが考えられている。

電気皿洗い機は一九三〇年代に登場したが、電気冷蔵庫とは対照的に、市場は比較的限られていた。今では皿洗い機は各種の自動装置のついた一種の精密器機へと変貌をとげている（図三七四）。一つの発明が広く大衆化されると、大手の通信販売会社のカタログに載るのが通例だが、まだこの皿洗い機は、カタログには掲載されていない。一九四三年から四四年にかけて行なわれた『マッコール』誌の調査によると、回答のあった一万一四四六人の女性のうち、電気皿洗い機をもっていたのは僅かに一一五人であった(15)。

電気皿洗い機は、一九四五年頃にも、ある意味で、まだ実用化に至っていない発明の一つであった。この皿洗い機が大量生産され市場に出回るには、召使のいない家庭が一般化するまで時期を待たねばならない。

ディスポーザーの出現

ゴミや汚れを除く器具の系統の中で最後にくるのは、ディスポーザーである。これは、排水口の目皿の下に直接取り付けられる。皿洗い機とディスポーザーは、一つに組み合わせて用いられる場合も

408　過度に機械化された台所に対するメーカーの諷刺。過剰な機械化に対する批判が工業の内部から起こったのは健康な兆しである。あるアメリカの配管設備会社が広く配布したこのリーフレットは，機械的なものであれば何でも買おうとする人びとの習性を皮肉っている。いわく，「明日（とは言わずいつでも）の台所ではすべてが電子自動的にコントロールされる仕組みになっている。すべてが，巨大な回転式の蛇口の届く範囲内にある……未来の赤ん坊の揺りかごは自動的に揺れ，形は流線型をしている……乾燥食品は1年分用意されている……流線型の影響は未来の花にも見られる」。（提供：シェイブル社，シンシナティ）

ある（図四〇七）。

ディスポーザーの目的は、「残菜を直接流し台の排水口に投入し、水の力で下水に流し込み残菜を衛生的に処理する」(116)ことにある。このアイディアがジェネラル・エレクトリック社の開発プロジェクトとして取り上げられたのは一九二九年、最初のモデルが開発されたのが一九三〇年、そして標準型が確立し工場生産が始まったのは一九三五年である。重量は軽くなり、ゴミ処理の機構も改良されたが、原理そのものは変化しなかった(117)。

このディスポーザーは、細長いミルク缶のような形をしている。円錐形の容器の底には回転盤が付いていて、残滓が溜まるとこれを粉々に砕いて処理する。そして残滓は流れやすいように水と混ぜ合わされ、排水口から排出される。

ディスポーザーは、ある点で、将来の発展の方向を暗示していたと言ってよい。皿洗い機、アイロナー、真空掃除機、電動モーター、そして冷蔵庫がもともと商業用として考案されたのに反し、ディスポーザーは、機械化された台所の器具が家庭に滲透した頃に考案され、他の器具とは逆の順序を辿って普及した。つまりそれは、最初は家庭用で、後になってホテル、船舶、公共施設で使われるようになった。第二次大戦では、アメリカの海軍と陸軍で用いられた。

商業用には小型のものも使われていたが、その設置場所は調理の下準備をしたり皿洗いをするカウンターであった。

掃除の機械化――真空掃除機

「真空掃除機」という言葉は、二十世紀以前にはなく、この言葉が用いられるようになったのは、おそらく、一九〇三年が最初である(118)。十九世紀に知られていたのは「カーペット掃除機」だけである。

世紀の転換期、アメリカでは機械を使って掃除するという問題を、空気吸込方式で解決したと主張するいろいろな名称の会社が現われた。ある企業は、利用した媒体にちなんで「空気式掃除機製作会社」という名前を会社につけたし、また別の会社は、衛生的である（空気中のほこりを取り除く）点を強調し、「衛生設備製作所」という社名を名乗った。最後に、当時の基本特許(119)をすべて獲得した会社が「真空掃除機製作会社」と名乗り、以後この名がこの種の掃除機の総称になった。

初期の持ち運び可能な掃除機――一八六〇年頃

一八五〇年代の終り頃、背を曲げなくても済むように長い柄の先端に機械を取り付け、それをカーペットの上で回転させる提案が行なわれた。一八五八年には、カーペット掃除機に関して五つの特許が、さらに一八五九年には九つの特許がおり、これらの特許が掃除機の基本型を定めたが、それは、車輪やローラーに載った小さな車台の内部で円筒状のブラシを回転させる方法(120)を中心にしていた。

409　(左)回転ブラシを付けたカーペット掃除機。1859年。回転ブラシ方式の掃除機に対しては1850年代の末，いくつもの特許が認可されている。「ブラシはローラーとは逆の方向に回転する……スプリング（b）の作用で，ブラシは常に適度の強さで床に押しつけられた状態になっている」。(合衆国特許24103，1859年5月24日)

410　(右)フーバー真空掃除機の回転ブラシ。1915年。今日のバッグ方式をとった真空掃除機は1850年代の特許の場合と基本的に同じ方式で回転ブラシを使っている。(合衆国特許1151731，1915年8月31日)

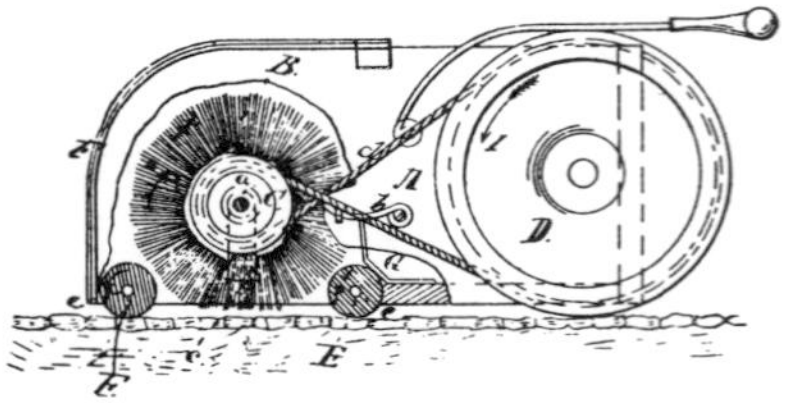

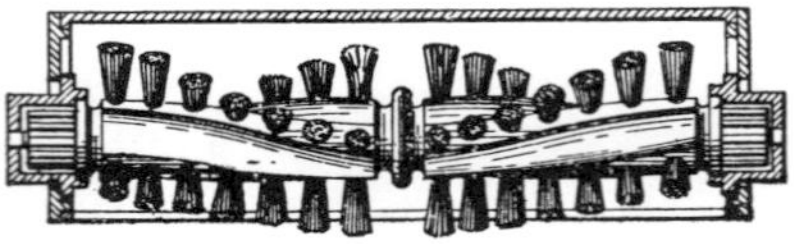

411　ジョセフ・ホイットワース：「街路清掃機」。イギリスの特許，1842年。この最初の街路掃除機では，無限ベルト状のブラシによりゴミを傾斜面に乗せる仕組みになっている。チェーンの構成は，ホイットワースが優れたエンジニアであったことを示している。「開放リンクと閉鎖リンクを用い，ブラシを無限チェーン状につなぐ方法を発明したのは，この私である」と彼は言っている。

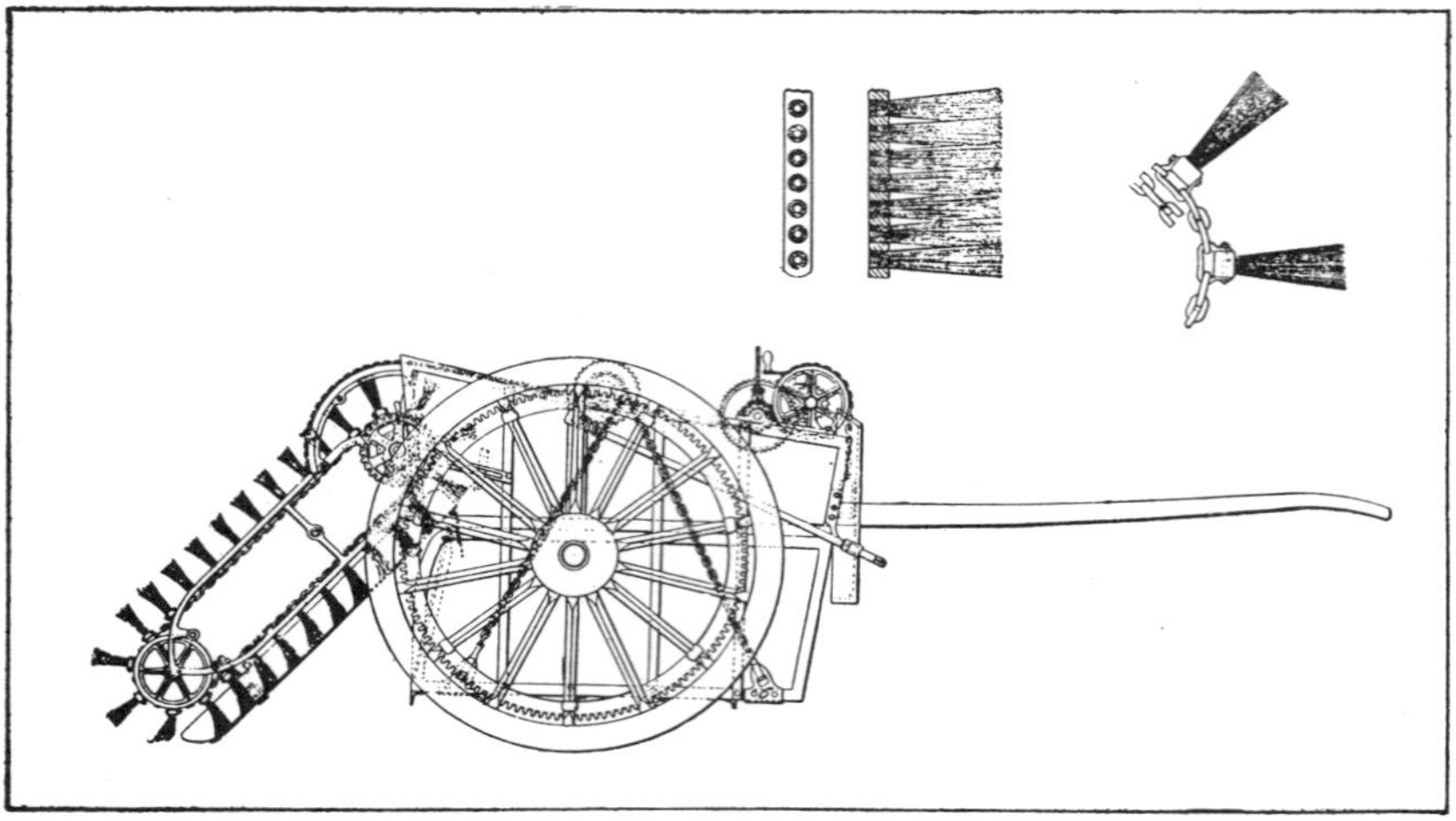

412（上左，中）　蛇腹式カーペット掃除機。1860年。他にも，車輪で蛇腹を動かして吸込力をつくり出す方法が工夫された。これは，吸込作用が一定な最初の掃除機である。後の固定式掃除機の場合と同様，ここでもゴミを含んだ空気が水の入った個所を通る仕組みになっている。（合衆国特許29077，1860年７月10日）

413（右端）　手動式真空掃除機「成功」。1912年頃。（トム　J.　スミス　Jr.　コレクション）

車輪あるいは手動による蛇腹式掃除機は，20世紀の10年代に入ってもしばらく生産されていた。

414（下）「家庭用真空掃除機」。1910年頃。（トム　J.　スミス　Jr.　コレクション）

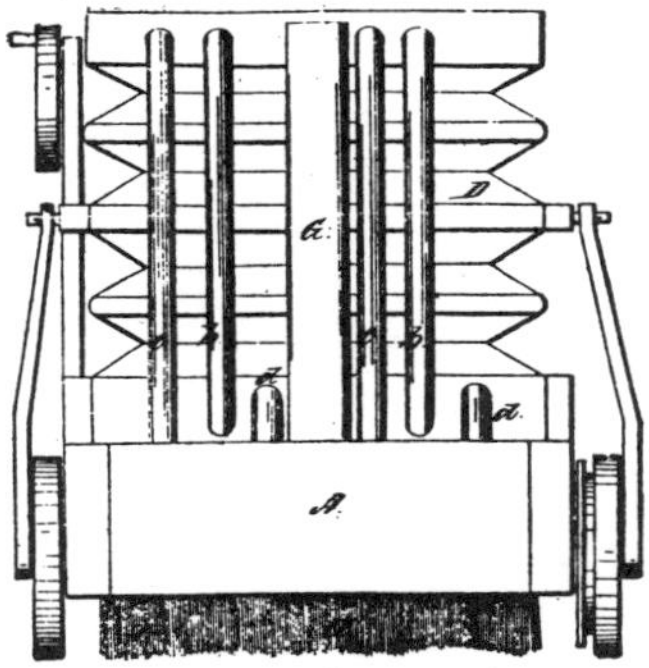

A

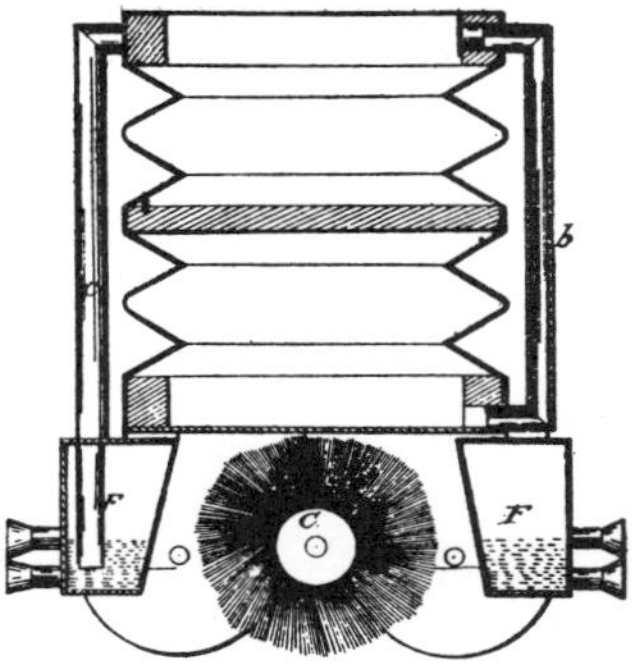

B

この装置の操作方法や形は、一八五〇年以来今日まで基本的には何も変わっていない(121)(図四〇九、四一〇)。

街路とカーペット

回転ブラシは最初、街路の掃除に用いられた。ある専門の文献に、回転ブラシのついた街路掃除機は「その同類であるカーペット掃除機」とほぼ同じ時期に現われたという趣旨のことが書かれているが、それについては割引して考える必要がある(122)。実際、近代的な街路掃除機はイギリスの偉大な器具の設計家、ジョセフ・ホイットワースによって早くも一八四〇年代に発明されていた(123)。それ以前の一八二〇年代のものは(124)、極めて原始的であった。これらの初期の型の中には、水車のパドルのように二つの車の間に箒を取り付けたものもある。

これに対して、ジョセフ・ホイットワースの掃除機(図四一一)は精密機械のようだった。彼の発明ではブラシが無限チェーンにつながれ、一方そのチェーンは荷車の心棒によって回転する仕組みになっていた(125)。ブラシを動かすチェーンはそれまでのものと異なり、開放リンクと閉鎖リンクでできており、この点に彼の見事な手際が発揮されている。無限チェーンによって動かされるブラシは傾斜した運搬台にゴミを持ち上げ、容器の中に落としてゆく。ホイットワースの街路清掃機は機械による大規模な清掃作業を完成させた最初の例であり、複雑な回転機械の改良に熟練した人の技術が細部にわたって示されている。この技術者ホイットワースのおかげで、世紀の半ば頃、非常に精度の高い機械が製作されるようになったのである(126)。

真空掃除機の初期の段階

この節の最初の部分で、ゴミや汚れを除くための機具を年代順、タイプ別に列挙したが、純粋な吸込方式に基づく掃除機は一八五九年に現われている。これは別に偶然ではなかった。事実、この時期には奇想天外なものも含めて多くの提案(127)がなされた。たとえば、炭酸を生パンの中に注入する方法、空気を溶けた鉄の中に吹き込むというベッセマーの考案した方法、空気吸込方式をカーペットの掃除に適用しようとした原始的な提案などがあった。一八五九年、最初の機械式のカーペット掃除機が出現してわずか数カ月後には、前に述べた真空掃除機(ブラシ付)が現われた。この掃除機では車輪が四枚羽根のファンを動かす仕組みになっていた(図三七三)。この頃(一八六〇年)に製作された第二の型では連続吸込みと回転ブラシが結合されていた(128)。つまり、車輪についた連結桿で蛇腹を動かすと吸い込む力が発生し、ブラシで集められたほこりを吸い込む仕組みになっていた(129)(図四一二)。

ではその後の発展はどうであったろうか。一八五九年のものと、一八六〇年の二つの器具には、掃除機の基本型が示されている。両者には、現在に至る全発展の基礎をなした原理が具体化されていた。

吸い込む力だけに頼った一八五九年の大胆な原理は、一九〇〇年以後のアメリカにおける固定式掃除機やイギリス、フランスなどの可動式掃除機に幅広く適用された。

回転ブラシと吸込方式を併用した一八六〇年の第二の型は、十九世紀から二十世紀初めにかけて、手動方式のまま、不断の改良が加えられた。一九一〇年、この型にモーターが取り付けられてから

415　台車にのせられた真空掃除機。フランス，1903年。車のついた真空掃除装置は路上で操作されるが，これを使うには２人の作業員が必要だった。この，人によって牽引される掃除機は間もなく小型化した。1905年頃のアメリカの家庭用移動型掃除機は，今日の軽量型よりこの図にある型に近かった。(『ラ・ナチュール』1903)

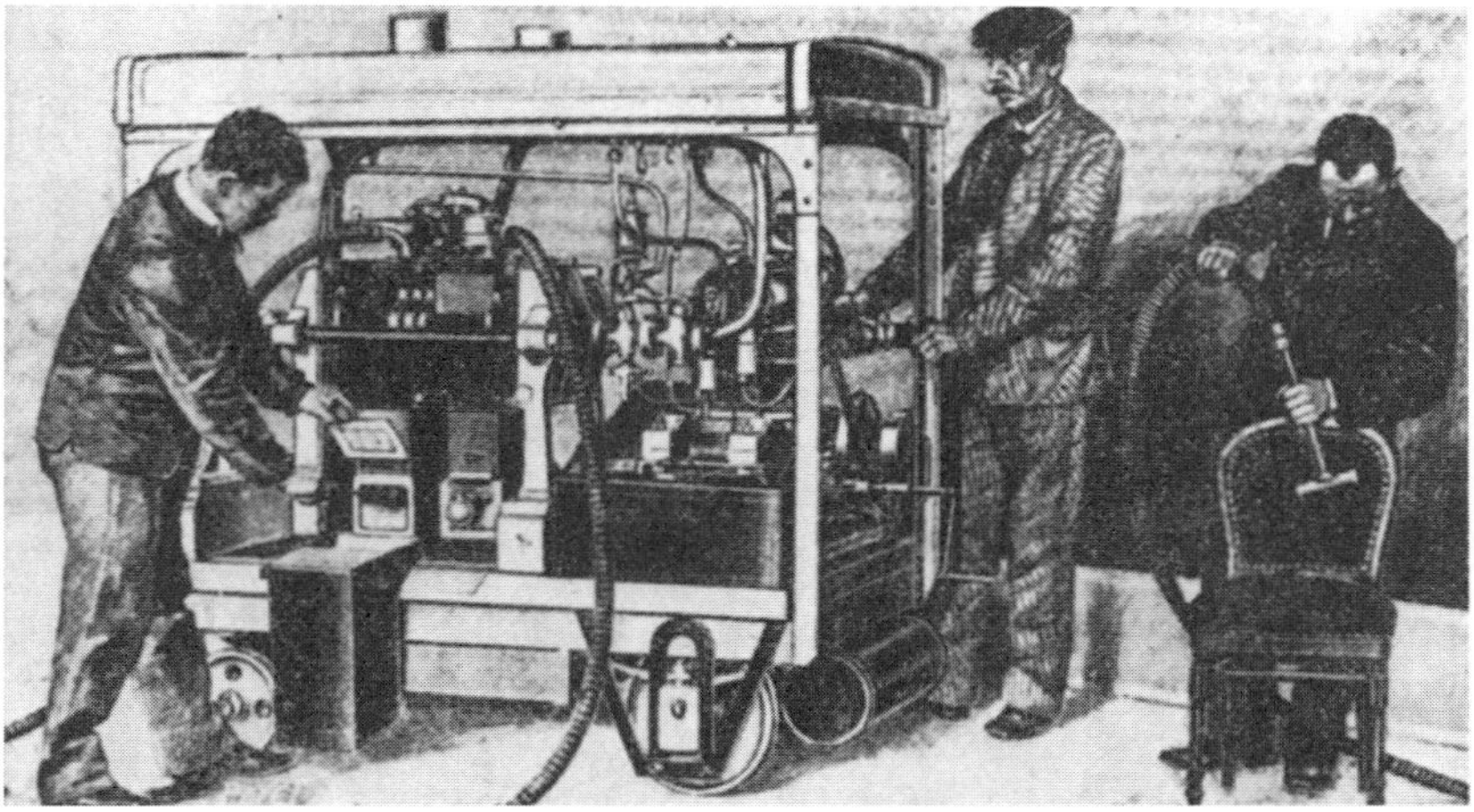

は、固定式掃除機にとって代わるようになった。

一八五九年の吸込方式だけに頼った型は、携帯用掃除機の分野で今日でも多く用いられている。これらの型はどちらも、十九世紀には実用化に至らなかった。それらにはたしかに発明の閃きが見られたが、電動モーターの適用によって一躍その真価を発揮するまで誰にも気づかれずに忘れられていた。しかし、こうした無名の存在に関心を向けるのが、実は、歴史家の仕事なのである。

真空掃除機——一九〇〇年頃

携帯型掃除機は長い迂回を経て考案された。電動モーターの歴史において、信頼できる小型モーターが生まれる前に巨大なモーターの時代を経なければならなかったのと同様、自動式真空掃除機がほどよい大きさにまで小型化するには、時間が必要であった。一八九〇年代の末、完成に今一歩というときの真空掃除機はかなり大型の装置だった。そのため、それをおける場所といえば、ホテルやデパート、鉄道ターミナルなどに限られていた。

真空掃除機が最終的に実用化されるまでの過程は、次の三段階に分けることができる。

最初、カーペットはしばしば洗濯屋と関係のあった特定の場所へ洗濯に出されていた。そこに据えられていた大型の機械は、十九世紀前半期の洗濯機と同様に、人間の動作を真似、カーペットを叩くようにして洗った。この機械の最初の特許は、一八六〇年頃に現われている(130)。一九〇〇年以後ですら、『洗濯屋経営』と題したイギリスの手引書は、種々の洗濯方法について調査した結果を掲載しているにもかかわらず、真空掃除機に関しては一言も触れていない。

建物の中に固定式の掃除機が据え付けられた時点が第二段階を画す。大きな建物の地下に吸込機がおかれ、それと建物全体に取り付けられた吸込口が管で結ばれていた。一九〇〇年頃に真空掃除機がセントラルヒーティングの製造業者によって作られていたのはこのような理由からである(131)。この種の装置が最初に発達したのはアメリカであった。

第三段階に入って、車輪のついた可動式の掃除機が開発された。この段階は、第二段階とかなりの部分重複している。この掃除機は、人力や馬、あるいは原動機を動力として、家から家へと移動した。そして街路や中庭に置かれ、長いホースがアパートの中に引き入れられた。この装置を動かすには、機械を監視するのに一人、清掃に一人と、少なくとも計二人の作業員が必要だった。

このような可動式装置は、フランス人とイギリス人、ことに後者によって発展させられた。イギリス人が最初の本格的な真空掃除機の発明者であると主張するH・C・ブースは、一九〇一年から一九〇三年にかけての自らの体験を想い起こして次のように語っている。「警察当局によれば、この機械（真空掃除機）は、一般道路では使用禁止になっているという……真空掃除機製作会社は、路上の辻馬車を曳く馬を驚かせたということで告訴されたこともしばしばあった」(132)。可動式装置はまもなく小型化され、フランスでは早い時期にそのほどよい大きさのものが出回った（図四一五）。この機械は、一般家庭に手軽な掃除機が登場する前の過渡的段階を表現している。

起源の問題

時代がくだるにつれて、われわれの歴史的情報は不正確になってくる。今までの調査では、機械的吸込作用を応用した近代的な掃除機がどこで最初に現われたか、はっきりしたことはほとんどわかっていない。一九〇〇年頃の実験では、吸込方式かそれとも圧搾空気の利用か、つまり、埃を吸い込むほうがよいか、それとも、吹きとばすほうがよいかに関して躊躇がみられた。圧搾方式と真空方式とが複雑に結合されて用いられることもあった。掃除機の前身は、「鋳物工場で鋳型から埃を払うための、圧搾空気を使った掃除機」であるという説もあるし、建物の清掃に用いられた最初の掃除機は、「彫刻類から埃を払うための墳射式であったことは疑いない」(133)と言う人もいる。

カーペットに圧搾空気を吹きつけるアメリカ方式も、他の国の人びとの前で実演された。イギリス人ブースは、自分のことについてはあまり言わない人だったが、次のように回想している。「まず私の関心を惹いたのは、アメリカ製の機械を使ってカーペットから埃を払う実演だった。それは一九〇一年、発明者自らの手によって行なわれた……この掃除機には圧搾空気の入った箱が取り付けられ、そこから空気がカーペットの両面に吹きつけられた」(134)。

このように、本格的な真空掃除機がどこで最初に使われたか、はっきりしたことはわからない。イギリス人は、吸込式だけを基礎にした最初の掃除機を発明したのはブースだとしている。彼の工夫は一九〇一年に特許がおり(135)、実用化にも成功をおさめた。ブースは吸込力の利用は自分のアイディアだと主張しているが、そのアイディアはカーペットに空気を吹きつけるアメリカ製機械の実演にヒントを得たと述べている。ブースは、アメリカ人は空気の流れの方

416　真空掃除機の基本特許。アメリカ、1903年。1902年以降、中央暖房装置のようにパイプの走った固定式掃除機が、アスター・ホテルやフリック・ビルなど、アメリカの大きな建物に据え付けられるようになった（1902年）。右：移動式および固定式の真空掃除機に関する最初の基本特許は、どちらも、D.T.ケニーが取得した。「塵を分離する装置」1903年。ここではまだハンドルとホースが本体とはっきり分かれている。左：真空掃除機が一定の型をとり始める。最初の特許を取得して数年後、ケニーは吸込み管をハンドルの中に通し塵の吸込口をその先端に取り付けるとともに、掃除機全体を車の上にのせた。今日の袋型掃除機がこれから発展したことは明らかである。（合衆国特許781532、1905年1月31日）

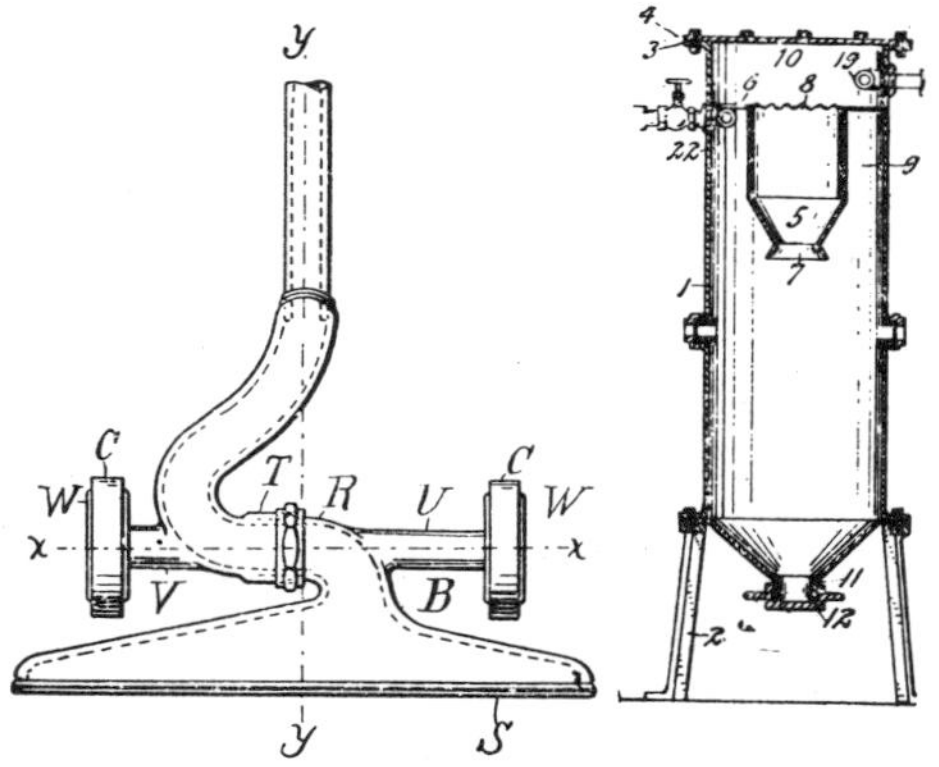

向を逆にしていると考えた。そして彼自身、吸込みの実験と称して「ヴィクトリア通りのレストランでビロード製の椅子の背に自分の口を押しつけて吸い込んでみたところ、ほとんど息がつまりそうになった」[136]という。ブースが自分の発明を独立に成し遂げたことは言うまでもない。しかし彼は、すでに十九世紀に彼が試みたのと同じ方法によった特許がたくさんあることを後になるまで気づかなかった。彼は、『真空掃除機の起源』と題する回顧録の中で、初期の特許の興味深いリストを載せている。ブースの発明した一九〇一年の機械は手押し車の上に載せられ移動できるようになっていた[137]。

フランス人も、一九〇〇年の直後、図にあるような、電動モーターで動く、車のついた手軽な機械を製作している。彼らは、家具を掃除するときに使うノズルは自分たちの発明だとしているが、一方ブースは自分の発明だと主張している。ブースはさらに、ホースと柄を一体化したのも自分が最初だったと述べている。フランスではこのような機械は、元来、劇場の座席の清掃に使われていたらしく、一軒の劇場の椅子から二一七キロの埃が吸収されたという記録もある[138]。

ドイツ人は、一九〇五年発明のイギリス製掃除機を取り上げて、その性能テストを行なった[139]。湿ったゼラチン板を使えば、通常の叩いたり掃いたりして出る埃の量と、新しい真空掃除機によって吸入されるそれとが比較できるはずであった。この機械については、あたかも新種の植物であるかのように語られている。テストの結果は真空掃除機に軍配があがったが、衛生学者は真空掃除機は時間の節約にも労力の軽減にも役立たないという結論を下した。

417 住宅用真空掃除システム。1910年頃。電動モーター、はずみ車、空気ポンプから成る装置が地下室に取り付けられている。この装置は金持の邸宅にだけ据えられていた。（リーフレット：トム J. スミス Jr. コレクション）

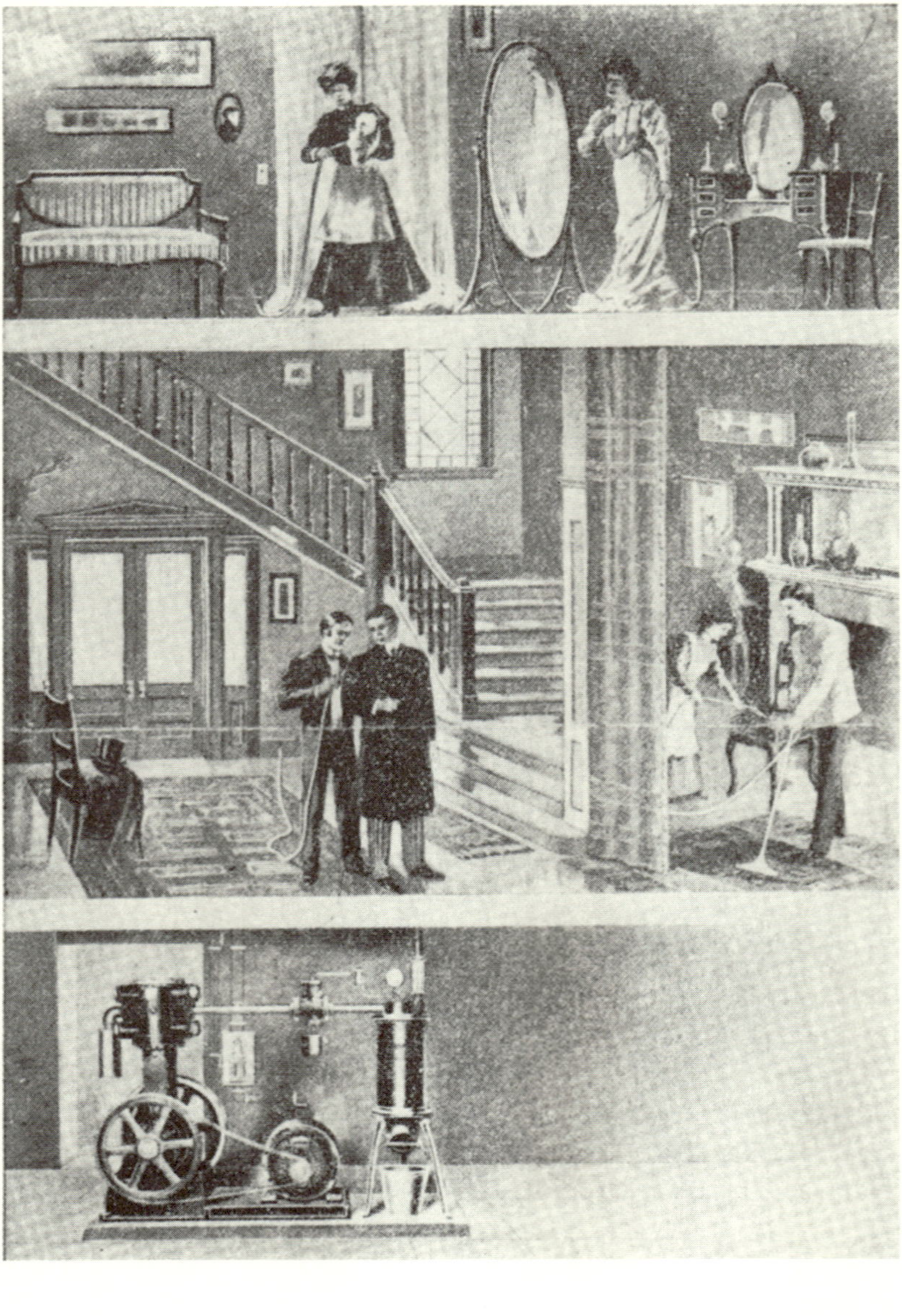

これ以後は、家事機械化の全般的な流れに忠実に、掃除機開発のイニシアチブも、アメリカ人の手に移った。デイビッド・T・ケニーは「真空だけを利用した最初の清掃装置」(140)をニューヨークのフリック・ビルに設置し（一九〇二年）、好評を博した。ケニーの画期的な特許は一九〇三年に認められたが、この特許は特許庁でそれまでの数年間、放置されたままであったという。ここで発明の年代的な順序がやや曖昧になってくる。特にそれは、ブースが自国の先駆者については述べていても、同時代の外国での成功例については一言も触れていないからである。しかし、大雑把ながら次のように言うことはできるだろう。すなわち、アメリカは据付け型の掃除機の分野で、そしてイギリスとフランスは可動式の分野でそれぞれ先駆的な役割を果たしたということである。

ただ次のことだけは確かである。アメリカの真空掃除機産業は可動型と据付け型とを問わず、ケニーの特許を利用したということである。この特許の正当性は、真空掃除機業界の現状に関する政府の調査委員会による審理で支持された。裁判の結果、「ケニーの特許(図四一六)が真空掃除機に関する基本特許であることが判明した」(141)と、裁判報告に記されている。

家庭用器具となった真空掃除機

吸込方式をとった最初の持ち運び可能な掃除機の出現後約六〇年間は、掃除機の歴史において一時期を画している。

この間、人びとの関心は蛇腹と回転ブラシをもった型の掃除機に集中していた。この型は大手の通信販売会社が持ち運び可能な掃除機の販売を始めた一九一七年にも依然として出回っていた。それは「電気掃除機とほとんど変わらない性能を備え、しかも、価格はそれよりずっと安い」(142)という謳い文句で売り出されていた。

その一時期を経過して二、三年後に、真空掃除機の標準型が製作された。一九〇一年および一九〇二年に、それぞれアメリカとイギリスで、初めて、本格的な固定式の真空掃除機が生まれたとされている。しかし、この、タービン、ファンを備え車台に載せられたアメリカ製の機械は依然として大きすぎ、のちの軽量な掃除機よりも、フランス製の車輪付掃除機のほうに近かった。二年後の一九〇八年には、現在の標準型に近い、より軽便な掃除機に特許が与えられた(144)(図三七二)。この掃除機では、一八八九年のテスラの電気扇風機と同様、ファンがモーターに直結した垂直軸を中心に回転し、モーターを内蔵したケースの形は、旋回式ハンドルを取り付けやすいように慎重に決定されていた。カーペット掃除機はこの時点で機械化された。次に関心は、部品を単純化しその数を減らすことに向けられた。この点を改良した発明家は、彼の二番目の特許（一九一五年）で、はっきりこう述べている（図四二一）。「この発明の目的は、数少ない簡単な部品を実際的かつ機械的な方法で組み立てることにより掃除機を製作することにあった」(145)と。

こうして、不恰好な固定式真空掃除機から、手軽な真空掃除機の定型が確立し日常の家庭用器具となるまでに、五年とかからなかったのである。

一九一二年頃、専門家は、真空掃除機の発展に関して終始懐疑的だった。当時存在したもの以上に小さく、信頼のおける掃除機が可能であるとは思ってもみなかった。ある専門家は、持ち運び可能な

418（左）「ウォーター・ウィッチ」モーター。1910年頃。「台所の流し台，浴槽など，水道の蛇口と排水口のあるところならどこにでも簡単にセットできます。通常の水圧で操作可能，重量は23ポンド以下，埃と細菌は自動的に水とかき混ぜられ流し出されます。絶対に安全。価格は75ドル，他の型の掃除機と違って，これは電気を必要としません」。（リーフレット：トム J.スミス Jr.コレクション）

419（右）「真空掃除機」ヘアー・ドライアーとしても使われている。1909年。「戸外からきれいで新鮮な空気をひいて髪を乾かすことができます」。この電気掃除機はタンク型で，当時急速に1つの型として定着しつつあった。（トム J.スミス Jr.コレクション）

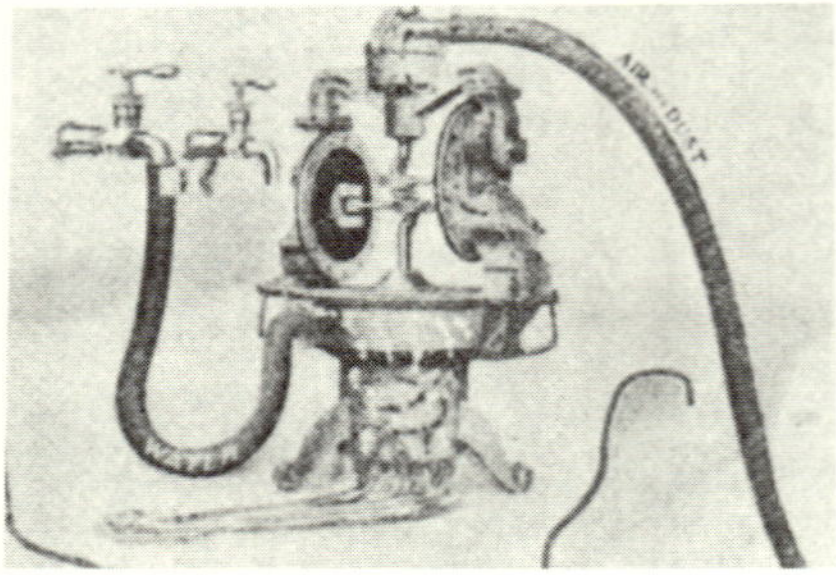

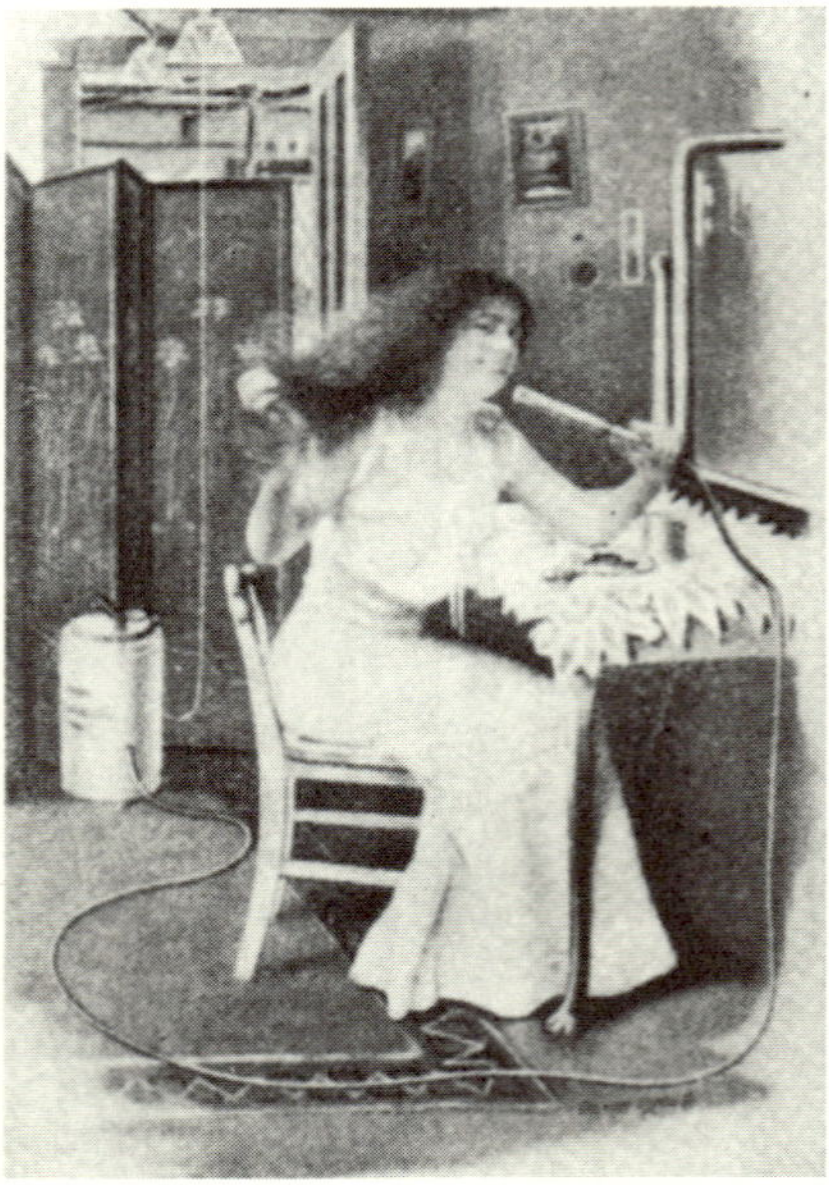

型を展示したり、実演してみせたりすることを拒むことで、この立場をとりわけはっきりさせた(146)。また当時、真空掃除機の問題を徹底して論じたある専門家(147)は、右の専門家よりは冷静に、「結局は適者生存の法則があてはまるだろう」と言い（一九一三年）、すでに掃除機は「自動車同様、その発展の極に達している」と信じていた。

こうした専門家の懐疑主義には根拠がまったくなかったわけではない。いろいろ試みられたが、手頃なモーターはまだなかったし、携帯型は形も良くなかったからである。一九一〇年には、吸込ポンプと、塵埃分離器を地下に備えつけた固定式の掃除機が、主に一般家庭で用いられていた。当時出回っていたカタログは現在もたくさん残っているが(148)、その一つに、パーラーで家の主人が使用人頭に真空掃除機でコートにかかった埃をとらせている様子が描かれている。その上の階でも、使用人が、同じことを婦人の帽子に行ない、一方、他の使用人も家具やカーペットの掃除をしている。こうして間もなく、真空掃除機は裕福さの象徴になった（図四一七）。

一九一〇年頃の洗濯機と同様、水力モーターや他の原動機も使われていた。これらはすべて吸込方式だけをとった固定式の掃除機だった。カタログには「非常に軽い道具を床の上で押すだけでよい」とか、持ち運び可能な電気掃除機に対する皮肉をこめて、「この掃除機は決して故障したりしません。あなたの家と同じくらい寿命があります……機械装置はなくても効果は良好……細菌の入ったゴミ袋をあける手間もいりません……」(149)などと書かれてあった。「ウォーター・ウィッチ」という名の掃除機は「全体がほとんどアルミニウム製の、軽い水車式の吸上げポンプを備え」、「一時的に台所の

420「吸込式」電気掃除機を初めて扱った全面広告。1909年。「ゴミは細菌でいっぱいです。カーペットに直接触れるのはブラシの部分だけです。モーターの音がかすかにする程度で，ワゴン型掃除機のような騒音はありません。この手軽で経済的な吸込式掃除機を買って，骨の折れる旧式の掃除法から解放されましょう」。

421「吸込式」電気掃除機。1915年。すでに1908年には，家庭用電気掃除機が現われていた(図372)。同じ発明家がそれを発展させたものが，ここに見られる掃除機である。工夫の狙いは全体を単純化することにあった。このモデルがフーバー・タイプの基礎を形づくったと思われる。(合衆国特許1151731，1915年8月31日)

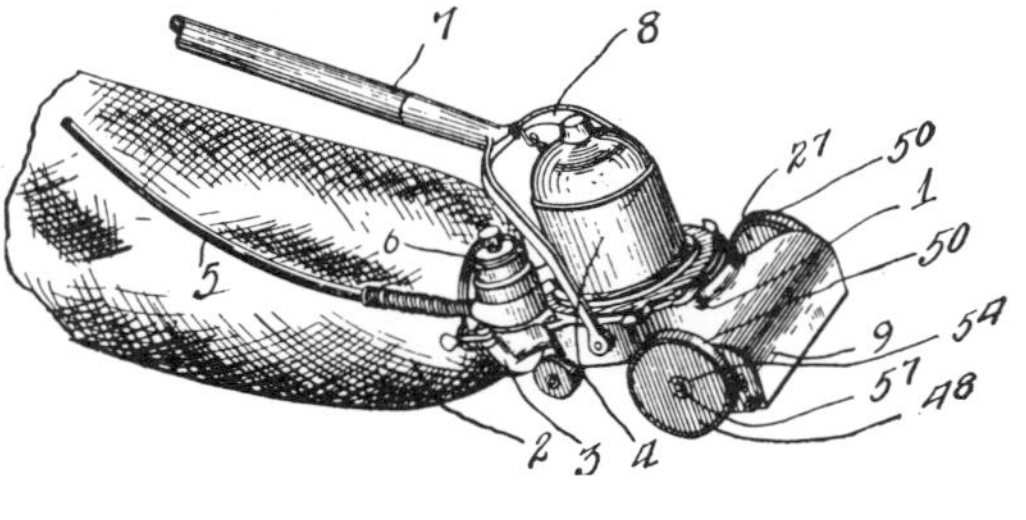

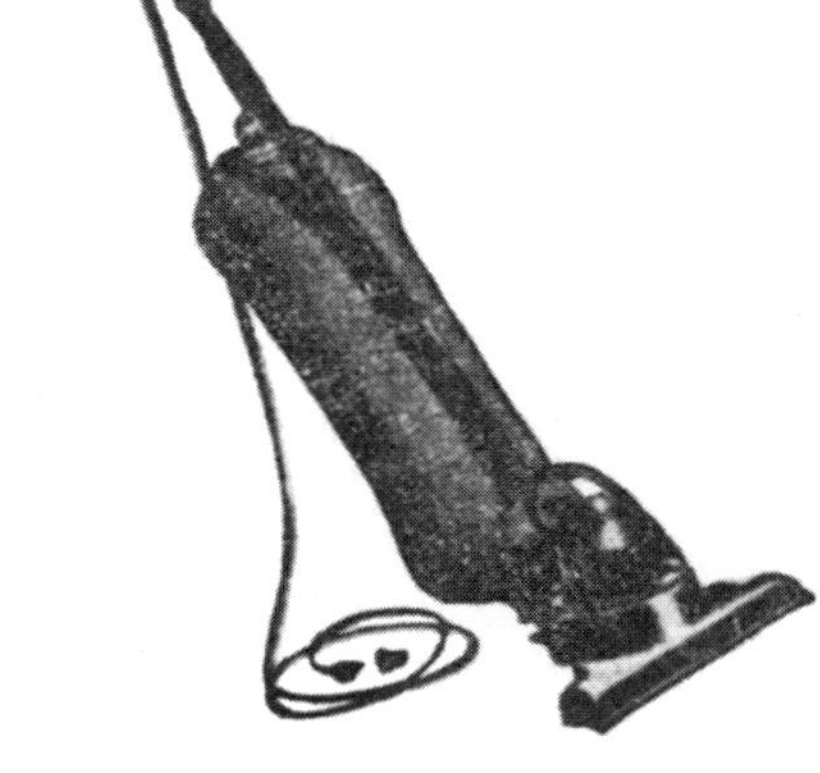

422 真空掃除機の普及：シカゴの通信販売会社のカタログ，1917年。携帯用の真空掃除機は，1917年，通信販売会社のカタログに初登場した。そこには，新製品を紹介するときにありがちな興奮した口調で次のように記されている：「重い家具を移動させる必要はありません。埃は立ちませんし，使ったあと疲労感もありません。楽しみながら使える掃除機です」。(カタログ：モンゴメリー・ワード社，シカゴ，1917)

流し台や浴槽に置けるもの」だった(図四一八)。吸い込まれた埃は、管を通って水と共に運び去られる仕組みになっていた[150]。この「ウォーター・ウィッチ」には、マッサージ・バイブレーター一式や、ヘアー・ドライヤー用の器具など、気を惹くような付属品がついていた。このヘアー・ドライヤーは、髪の量がどんなに多くても、洗髪後、速くそして完全に乾かすことができたという。

こうしたことはすべて、当時まだ進むべき方向がはっきりしていなかったことを意味している。しかし、掃除機の動力に水力を選んだ者に勝算は最初からなかった。本当の意味で将来性があったのは小型のモーターを使用する場合だけだった。基本特許が認可されてわずか一年後の一九〇九年、フーバー社は『サタデー・イブニング・ポスト』に全面広告を掲載した(図四二〇)。そこには、「ウォーター・ウィッチ」の主張に対抗して「このモーターは、あなたの家より長持ちするでしょう」と書かれてあった。それより強い印象を与えたのは「電気を使って掃除をしましょう――電気料は週に三セント」という宣伝文句だった。しかし、「今や週の生産台数は数百にのぼり、需要は膨大である」という自己宣伝にもかかわらず、競争製品――そのうちの幾つかはすでに取り上げたが――がたくさんあったことからもうかがえるように、その成功は完全とは言えなかった。しかし、電気を動力として使うという方向そのものに誤りはなかった。

一八五九年と一八六〇年に現われた掃除機の二つの基本型は、今日の携帯型電気掃除機とほとんど変わりない。一八五九年の純吸込式タイプは、今日、「タンク」式[151]となって残っている。この型の掃除機の操作では、初期の固定式真空掃除機の場合と同様、依然として、吸込口だけを握るようになっている。モーターと埃をおさめる部分は、車台のうしろに取り付けられている。一方、回転ブラシ、モーター、吸込口、ゴミ袋、そしてハンドルが全体として小さな手押車のようにまとめられた「ハンドル式」は、一八六〇年の型の系譜をひいている。そこでは吸込みとブラシの回転運動が結合されている。

こうした簡単に移動できる真空掃除機は、売込みに際してひじょうに便利だった。セールスマンは戸口から戸口へと掃除機を持ち運び、主に現金後払い方式をとって売り歩いた。アメリカの大量生産――真空掃除機から自動車、住宅に至るまで――は財政的にこの販売方式の上に成り立っていた。七〇年代に始まった通信販売会社が、機械化の最盛期に大きな成長を遂げたのも、このクレジット方式に負うところが多い。

トム・J・スミス・ジュニアによれば、現代の現金後払い方式は、死亡した親族の肖像写真に始まったという。二五ドルを投資すれば、金縁の額に入り豪華なリボンで飾られた故人の引伸し写真が台付きで渡された。肖像写真の販売における戸別訪問方式と現金後払い方式が大きな成功をおさめた結果、家庭用品メーカーもその影響を受け、同様の販売戦略を採用したものと思われる。

代理店組織がアメリカ全土に広がった。昔の農業機械や、最近の洗濯機や冷蔵庫、レンジ等と同様、掃除機に関しても、その維持、修理サービスが販売を促進する決め手となった。

専門家が懐疑論を唱えてから四年後には、すでに、軽量型の掃除機はアメリカ的制度の一部になっていた。一九一七年度の通信販売会社のカタログに、この型で一九ドル四五セントという低価格のも

423　採氷風景。スクールキル川，1860年代。採氷と貯氷は19世紀のアメリカにおいて１つの産業に発展した。氷は綿と同様，輸出商品になった。絵の右手には，氷鉋や氷鋤を使ってマークを付けている様子が描かれている。左のほうでは，氷の塊が傾斜台に載せられて地上の貯氷庫に運ばれている。（提供：ペンシルベニア歴史協会）

のが現われたことは、その何よりの証拠である（図四二二）。

掃除道具用のどんな戸棚にも入るこの軽量の掃除機は、他のどんな家庭用器具よりも目覚ましい成功をおさめ、世界中に急速に普及し始めた。保守的な『ブリタニカ百科事典』にすら、その一九二九年度版に、「軽くて持ち運びのできるタイプは、使用されている真空掃除機全体の九五パーセントを占め、その普及率は群を抜いている」と記されている。アメリカは別として、この掃除機の普及率は電気洗濯機のそれよりもはるかに高かった。

冷蔵の機械化

天然の氷

アメリカの蒸し暑い天候が、ヨーロッパ北部からの移民が最初から氷や冷たい飲料水を欲しがった理由だった。後にアイスクリームが国民的な食べ物になったのも理由のないことではなかった。この気候の影響は、かつて合衆国を旅した人たちを驚かせた。一八〇〇年にアメリカを訪れたイギリス人は、夏期、肉は一日で腐り、家禽は食べる四時間以前には処理するわけにいかず、ミルクもしぼって一、二時間もすれば悪くなる、と述べている(152)。どのようにすれば夏中氷を貯えておけるか、あるいは、人工的に氷を作れるかという課題は、すでに十八世紀にはもちあがっていたが、これも、アメリカの蒸し暑い気候に原因があった。

夏の間氷を貯える貯氷庫は、ペンシルベニアや、他の独立十三州

424 採氷道具。1883年。氷鉋は、凍った池の表面を掃除するのに使われる。「鉋で氷の表面を滑らかにしたあと、マーカーで氷原を縦32インチ横22インチのブロックに仕切る。最後の作業は氷鋤で行なわれる。鋤の歯１つは４分の１インチの氷を切るので、歯を８つ備えた鋤は溝を通過するたびに２インチの氷を切ることになる。氷塊を取り上げたり移動させたりするのには、アイス・フック(A)、フォーク状分割棒(B)、溝切り棒(C)、チャネル・フック棒(D)が使われる。(『アプルトンの応用工学百科』第Ⅱ巻、ニューヨーク)

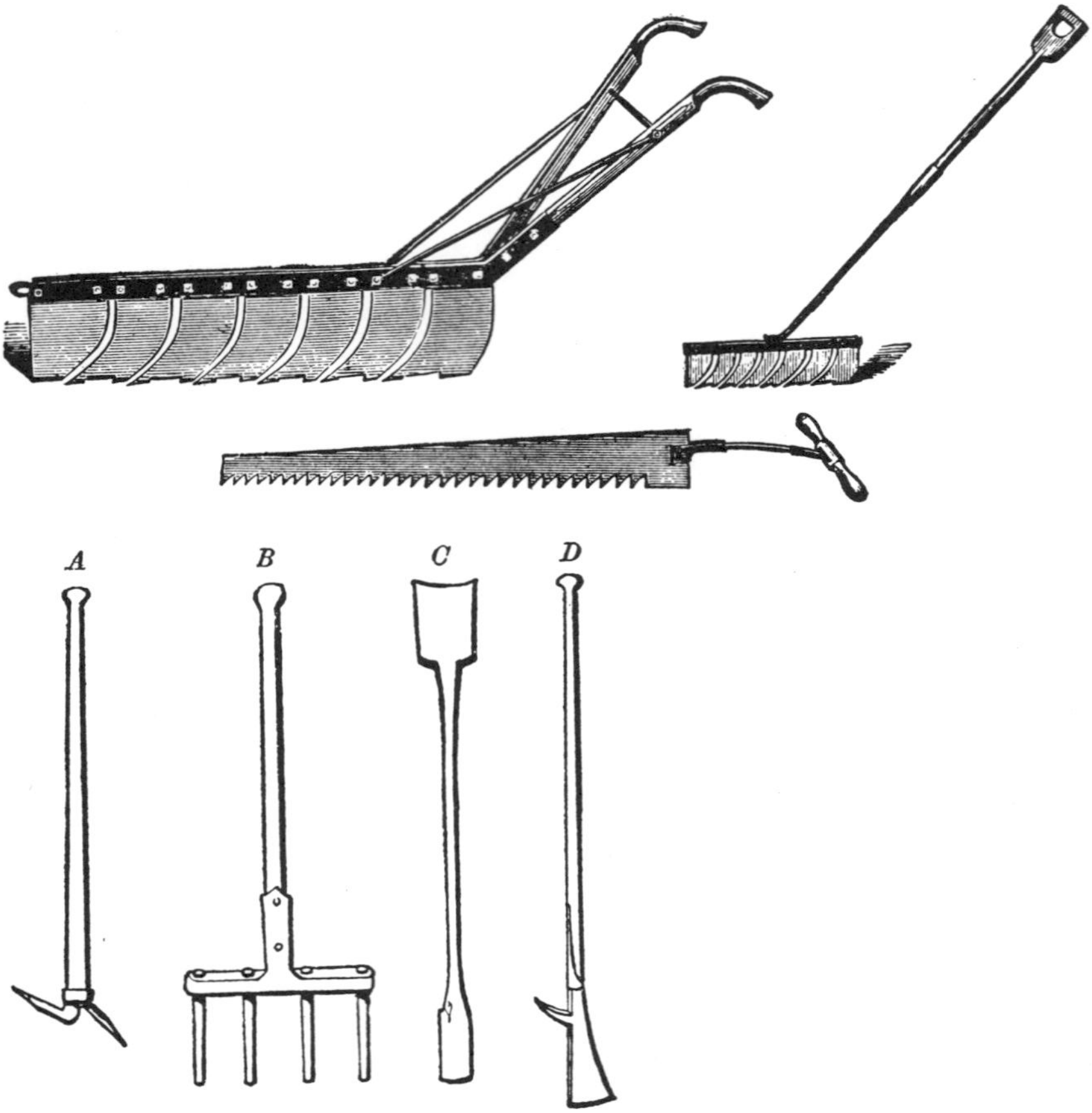

425 氷の配達。1830年頃。「冷蔵は、1803年、酪農製品を市場に輸送する際に始まった」と、アメリカの食習慣の歴史家カミングスは述べている。採氷高は氷鋤が発明されて、また特に1820年代に地上式貯氷庫が導入されるとともに飛躍的に増大した。

の農村部に今も見られる。貯氷庫はもとからアメリカにあったわけではないが、アメリカで大きく発達した。この習慣は、今もなお、まったく予想もされなかった形で存続している。ジョージ・ワシントンは、彼のマウント・ヴァーノンの所有地に大きな貯氷庫を持っていた。最初の頃、貯氷庫は地下に掘られ、ヨーロッパと同様、屋根がかぶせられていた。カミングスも述べているように、地上式の貯氷庫がアメリカに導入されたのは、十九世紀初期のことだった。それは、氷を西インド諸島に輸出していた船の貯氷庫の仕組みにならって作られ、壁もドアも二重になっていた。そうすることによって、氷の損失分を六〇パーセント以下へと減らすことができた(153)。

熱帯地方への天然氷の輸出は、一八〇五年にマルティニークへ船で運ぶことから始まった。キューバへに輸送はそれから十年後に始まった。さらに一八三三年には、有名な快速大型帆船でコルカタにまで運ばれるようになった。コルカタには三重壁の貯氷庫に三万トンの氷が貯蔵されていたという。

輸出用および国内消費用に大量の氷を切り出し、貯蔵するという仕事はまったくアメリカならではの商売である（一八七二年）。この商売は七〇年ほど前に始まり、最初は小規模だったが、今では大企業にまで成長し、何千人もの人間を雇い、数百万ドルの資本を持つほどになった。大きな寄港地（ポートランド、メイン、ボストン）はもちろん他のほとんどの町にも、すでに贅沢品ではなくなりほとんどの家庭で必需品になっていた氷を供給する地方会社が生まれた(154)。

このことは、トーマス・クックが初めて旅行団を率いて世界旅行をしたとき、彼自身の目で確かめられている。クエーカー教徒で酒を飲まないクックが、ニューヨークで最も印象づけられたのは、食卓ごとに氷水の入った水差しが置かれていたことだった。「一八七六年の国内消費量は二〇〇万トンを超え、それだけまかなうのに四〇〇〇頭の馬と一万人の人手が必要だった」(155)。

天然氷のようなどこにでもある材料を中心に、一つの輸出産業が打ち建てられたことは、何よりも、この時代のアメリカにおける企業精神を典型的な形で示している。ちょうど、木の幹を地中から引き抜く機械が工夫されたように、池から氷を切り出すという人手を使っての重労働は各作業単位に分解されるとともに、その軽減をはかるための道具が工夫された。この産業に革命をもたらしたアイス・カッターの発明は、一八二〇年代後半に始まる。「氷を切り出す鋤」は切歯付きの刃を備え、鋸のように氷に切り込み、深い溝をつける。この時代には発明的活動が活発に展開され、新しい型の鋤が数々生み出された。マコーミックが刈取機とその鮫の歯のような切歯を完成しつつあったのもこの頃だった。かくして、かき取り、平削り用の器具や各種の鉄梃、さらには氷を切り出した場所から氷室へ運ぶコンベア・ベルト等が発明されるとともに、採氷器具一式が完成した。螺旋コンベアにまで特許が与えられた。

一八八〇年代の工学百科事典からもうかがえるように、これらの器具は十九世紀に入っても引き続き採氷の標準的な道具として用いられた(156)（図四二四）。

貯氷庫は、全面的機械化の時代と直接的なつながりをもっている。このとき再び、食料を長期間保存するための小さな倉庫がアメ

426　人造氷の上でのスケート。マンチェスター、1877年。1877年度のフランスのカタログに掲載されたこの風景は、人工的方法による製氷が大規模な事業として成立するようになった時期を画している。（カタログ：ラウル・ピクテ、パリ、1877）

リカ全土に散見されるようになる。しかし、これらの小さな建物の目的は以前とは違ったものになっていた。それは、氷の貯蔵場所ではなく——氷はすでに簡単な機械装置で製造されるようになっていた——腐りやすい食料を保存するための場所だった。そこで食料は、新しい急速冷凍処理によって何カ月も新鮮さを保ったままの状態で貯蔵されるようになっていた。この種の設備の最初のものは、利益のあがらなかった製氷工場を改造したものだったと言われている。

一八〇〇年以後の機械的冷蔵

普遍主義的精神を備えた十八世紀の人びとは事物の総体に関心をもち、中でも循環の過程に興味を抱いた。ジャンバッティスタ・ヴィーコは、その著『新科学原理』（一七三〇年）で、歴史における周期的な過程を探求し、一つの民族の歴史を知れば、あらゆる民族の歴史もわかると主張した。これと並行して、物理学の分野でも、循環過程とそれを実生活に応用することに対して関心が高まった。こうして気体から液体、液体から固体への変化、あるいはその逆の過程が、この時代の人びとの発明的想像力を強く刺激した。

実際的な精神の持主であったジェームス・ワットは、専門知識こそ僅かしかもっていなかったが、水から蒸気、蒸気から再び水へという循環過程に着目し、凝縮器の発明（一七六九年）に成功した。この凝縮器の機能は、水蒸気を大気圧下で膨張させた後、再凝縮させることにある。これによって循環過程の中で欠落していた部分が補塡され、現代の蒸気機関が可能になった。

機械的冷蔵も同じような方法を基礎にしている。沸点の低い液体

427　家庭用冷蔵庫の前身：フェルディナン・カレの製氷機，1860年。フェルディナン・カレは最初の実用的な製氷機を発明し，その後，家庭用冷蔵庫の発明を手がけた。この機械の中心は，移動式ストーブの上に据えられアンモニアを全体の4分の3満たしたボイラー，冷水の中に入れられた二重壁の小型円錐形容器である。周囲の水によって液化されたアンモニア・ガスが気化すると，小さな容器に入った水から熱を奪い凍らせる。1キロの氷をつくるのに2時間かかる。（ルイ・フィギュイール『工業の驚異』，パリ）

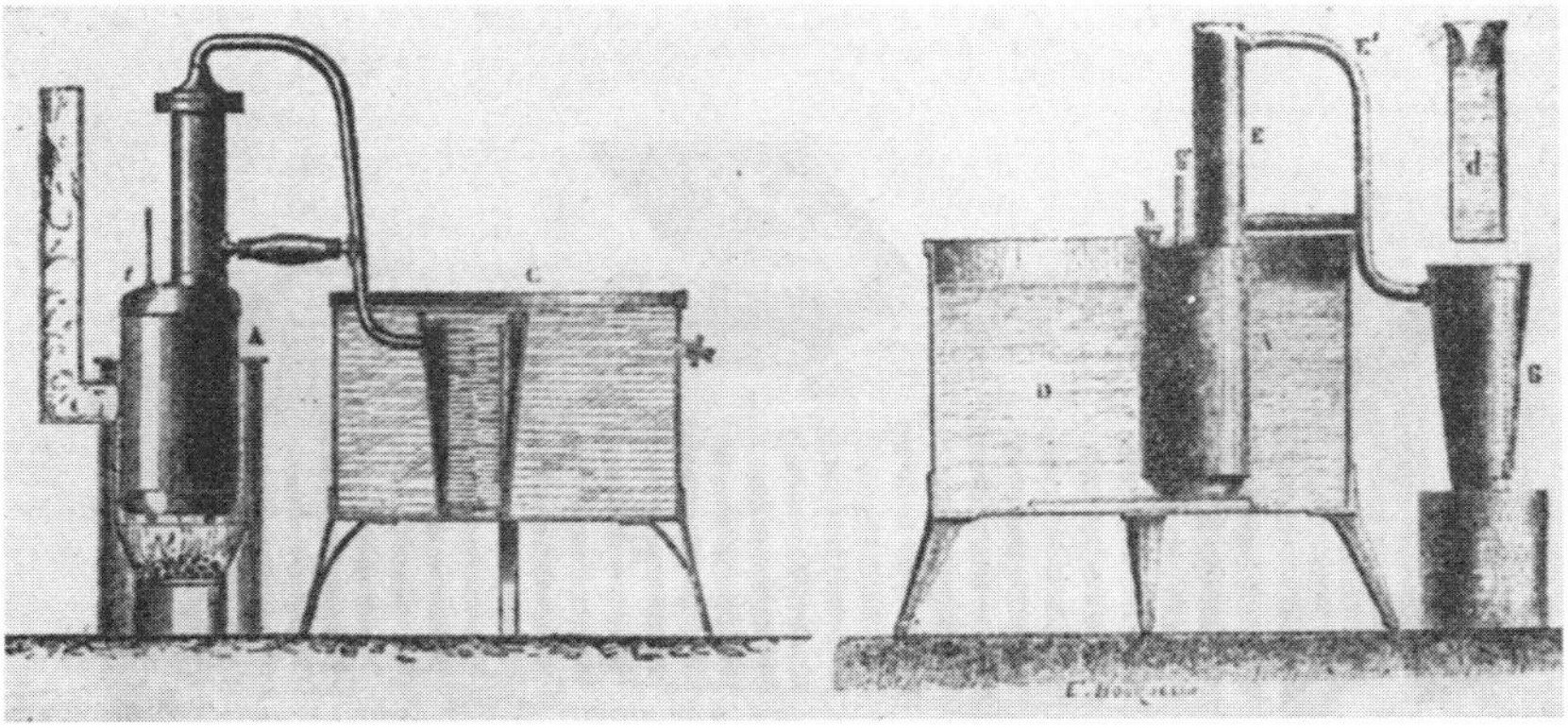

を気化させ、そして再び液化させる。気化するときに周囲から熱を奪い、冷却が起きる。マイケル・ファラデーは、機械による冷却法に成功した最初の実験家として知られている。彼は、一八二三年、ガスについて実験しているとき、U字管の中で熱せられたアンモニアが片側で再凝縮することに気づいた。アンモニアは放置しておくと再び気化し、非常な低温を生み出す。しかしファラデーは、それから九年後にモーターの原理を発見しながらその実用化を考えなかったように、ここでも、機械的冷蔵の原理を発見しながら実用化にはまったく無関心だった(157)。

低温を機械的につくり出し、実用化する方法に関する最初の正確な科学的見解は、一八〇五年、フィラデルフィアのオリバー・エバンズによる『若き蒸気機関士の手引』の一節に見出せる。この個所は、明らかに当時の人びとに見過ごされていた部分である。オリバー・エバンズは、製粉工程に初めて生産ラインを導入した人だが、少なくとも理論面では、近代的製氷の父でもあった。彼は、観察することから始めた。「空の瓶にエーテルを満たし、真空状態のもとで水につけると、エーテルは急速に沸騰し、水から潜熱を奪って凍らせる……」(158)。ここでエバンズは、以前、無限ベルトや、アルキメデス・スクリューを組立てラインに適用した時と同じ問題にぶつかった。つまり、物理法則は、どのような方法をとれば、また、どのような目的に対して利用できるだろうか、という問題がそれである。エバンズは、アメリカの都市にある、飲料水をためた貯水池の水を冷やすことを考え、強力な真空ポンプを作ってエーテルを揮発させ、水を冷やすことを提案した。その場合、第二のポンプを使って、水に浸した樽の中で、エーテルを元の液状に戻し、次にそれを

428 営業用のアイス・ボックス。1882年。「バター商や鮮魚商，果物商用の冷蔵庫であり，食堂車やホテルなどにも置かれる」。垂直型より暖気の侵入を防ぐ上で効果的なこのチェスト型は，華氏０度を保つアイスクリーム貯蔵庫の前身である。機械式のアイスクリーム貯蔵庫が市場に出回るようになると，釣や猟をたしなむ人がとった魚や獲物を，シーズンオフの期間中保存するためにも盛んに使われるようになった。アイスクリーム・キャビネット以外の冷凍貯蔵庫の最初の型は，1930年，フリジデア社によって製作された。しかし，自動式洗濯機の場合と同様，これが市場に出回るようになったのはそれから10年後のことである。（提供：L.H. メイス社，ベラ　C.ランダウア・コレクション）

再び気化させることが考えられていた。しかし結局、一八一一年、真空ポンプによるエーテルの気化に成功したのはイギリス人のレスリーだった(159)。

オリバー・エバンズは、早く生まれすぎて周りの人に理解されなかったという意味で、不幸な発明家だった。彼はたえず欲求不満の状態にあった。その著書で、つい自分をジェームス・ワットの不運な先達者ウスター侯にたとえたのも、読者が自分を無茶な人間だと思いはしないかという懸念からであった。そのウスター侯も、誰からも耳を傾けてもらえなかった不幸な発明家の一人だった。

家庭用冷蔵庫の機械化

この分野における成功は、他の家庭器具の場合と同様、小型化することと、組込み式のモーターの出現にかかっていた。洗濯機の場合のように、モーターと装置を、点検や維持を必要としない一つの構造単位の中に結合しなければならなかった。それには、サーモスタットで調整し、モーターの収納部を密閉する必要があったが、ここでは、その発展段階については述べない(160)。

フェルディナン・カレの製氷機は一度に数千ポンドの氷を生産できるもので、一八六二年のロンドン万国博では大きな呼び物の一つであった。人びとは、ほとんど連続的に巨大な氷の塊が造られていく様子を目のあたりに見た。カレは、初めて営業用製氷機の製作に成功したばかりでなく、一八六〇年には、家庭用冷蔵庫の先駆となったものを発表している（図四二七）。この「氷を作るための冷蔵庫」では、アンモニアが冷却剤として使われていた。それは、加熱装置としての移動式ストーブ、アンモニアを四分の三ほど満たした

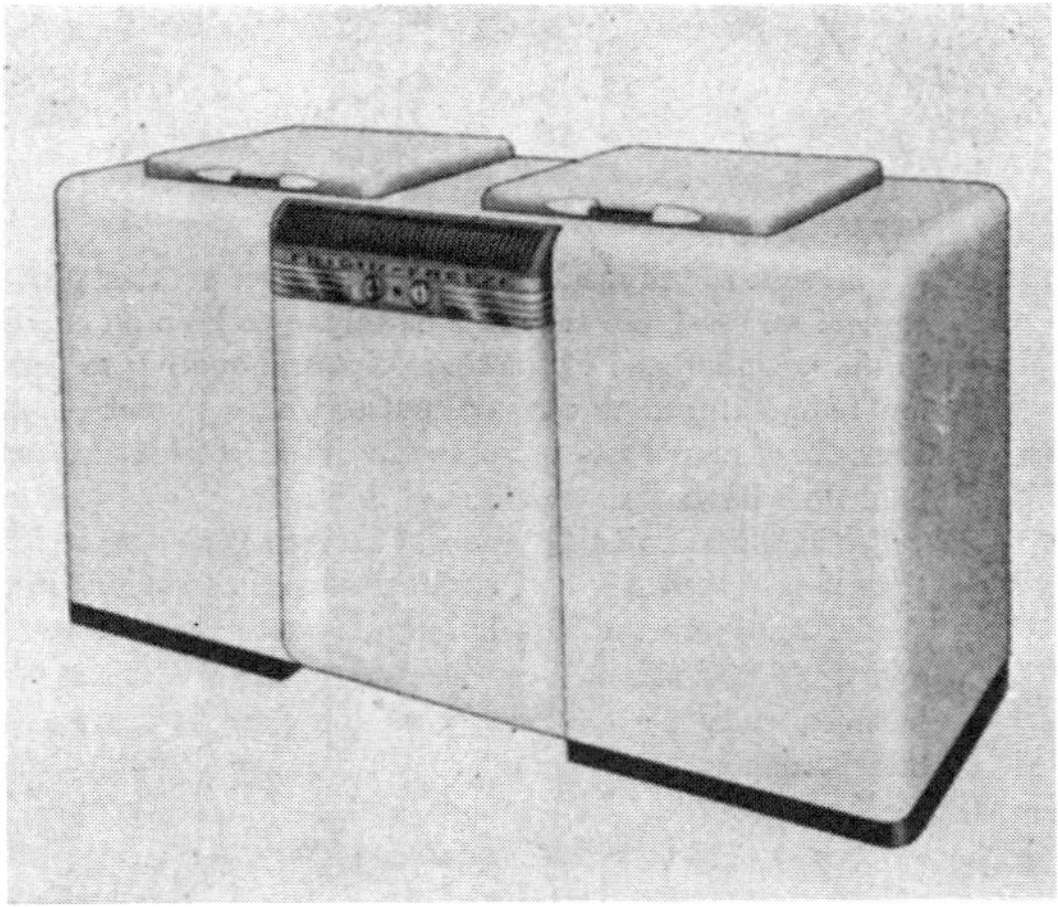

429　第2次世界大戦後の傾向：チェスト型冷凍食品貯蔵庫。1946年。冷凍貯蔵庫も早速自動化された。この冷凍庫は，普通は華氏0度に保たれているが，温度がある点を超えると光がつき警報が鳴る仕組みになっている。また，華氏でマイナス20度から10度まで下げ，急速冷凍することも可能である。金ピカな流線型の外観は，1940年代の機械化に付きものであった。（提供：アメリカ冷蔵庫協会）

ボイラー、冷凍器、それに貯水槽から成り立っている。この冷蔵庫は、規模こそ小さかったが、家庭の主婦が使うにはやや複雑すぎた——一キログラムの氷を作るのに、一時間加熱し、さらに冷却に一時間を要した。結局、加熱装置を使った完全自動式の冷蔵庫は、全面的機械化の時代、スウェーデン人がカレの原理を改良し、ストーブに代えてガスの炎を使用するまでは現われなかった。

機械で冷却するという問題は、大きな関心を呼んだ[161]。二十世紀の二〇年代、西洋文明圏のほとんどの国で、従来の大型機を台所に適した大きさにするための数々の特許が生まれた。すでに述べたように、スウェーデン人はガスの炎によって循環を行なう方法を工夫し、その発展に貢献した。また、アメリカでは、ある大会社がカレの特許を改良した。フランス最初の電動モーターによる手製の冷蔵庫は、現在でも動いているという。そして、一九一六―一七年頃、大企業が冷蔵庫の生産を開始した。

当時、冷蔵庫の価格は依然として高く、一台九〇〇ドルもした。電気冷蔵庫が普及し始めたのは二〇年代の半ば以後である。それが「大量生産されるようになったのは、ここ五年のことである」と一九二四年に報告されている[162]。アメリカでは、一九二三年に二万台、一九三三年には八五万台の電気冷蔵庫が使われていた。生産台数は急激な伸びを見せ、一九三六年には二〇〇万台、一九四一年には三五〇万台を記録した。自動車とともに冷蔵庫は、アメリカの家庭に欠かせない要素になった。平均小売価格と年間生産高の推移を比較すると、価格と快適さの民主化との間の関係が明らかになる。機械式冷蔵庫は、価格にむらがなくなり、かつ安くなると同時に普及し始めた。

時間的に見ると、冷却の原理が工業的に利用されるまで（一八七三―七五年）に半世紀を要し、家庭用冷蔵庫が大量生産されるまでには、さらに半世紀が経過した。仕組みは変化したが、この時代の標準型は、昔のアイスボックスに似せてつくられた。たとえば、一九一九年頃のアメリカの冷蔵庫には、昔のアイスボックスと同じ褐色の木製の外装が施されていた。その後、冷蔵庫も自動車のように流線型化され、販売促進をねらって意図的に大型化された。一九三〇年のアメリカの台所において、作業面と一体化していないのは冷蔵庫だけだった。もちろん冷蔵庫も毎年改良が加えられていった。主婦は、冷蔵庫の長所と欠点を習得し、何が保存でき、何がそうでないか、またどうすれば食物の乾燥を防げるかを知るようになった。しかし全体としてみれば、原理が発見されて一〇〇年後に完成された標準型は非常に生命の短いものだった。この標準型が市場に現われたときには、新たな冷蔵方式に特許が認可されようとしていたし、一九三二年にやっとこの方式が通信販売会社のカタログに載ったかと思うと、今度は、後に生活様式そのものを変化させることになった急速冷凍装置がすでに市場に登場していた。

冷凍食品

全面的機械化時代の到来とともに、有機物質は機械化と新たなかかわりあいをもつようになった。有機物質を氷点近くに保つのと、低温で瞬間的に冷凍することとは別の事柄である。温度を徐々に氷点（華氏三十二度）まで下げていくと、植物や動物の細胞は破壊されるが、急速に冷凍すると細胞は損われず、味も、壜詰めしたワインのように、新鮮に保つことができる。

よく知られているように、クラレンス・バーズアイはラブラドルで越冬したとき、北極の大気中では、魚や鹿の肉は急速に凍結することを発見した。イヌイットが獲物を殺してから数カ月後にその場所に戻っても、肉は最初の鮮度をそのまま保っていたという。バーズアイは、この現象を機械によって再現しようと試み、食物を金属板の間において凍らせた。一九二五年、この冷凍処理方法に対し特許がおりるや、直ちに商業的利用が始まった。一九二八年には、この方法で処理された食料が初めて市場に登場した。その後、冷凍食品の消費高は飛躍的に増大し、一九三四年には三九〇〇万ポンドだったのが、一九四四年には六〇〇〇万ポンドにのぼった(163)。

彫刻家のブランクーシによれば、果物は、育った所から三〇マイル以上離れた所では食べてはならないという格言が極東にはあるそうだが、急速冷凍は、おそらく、この格言にまさる知恵だといってよいかもしれない。というのは、急速冷凍によって、果物は充分熟した時点で収穫できるようになったからである。それは「最も味の良い時点で急速冷凍により処理される」。

同じことが海産物についても言える。漁獲物は、トロール船に引き揚げられると直ちに冷凍される。内臓を除く必要さえない。ニューヨークにいて、太平洋のカニを、海からとれたばかりような新鮮な状態で食べることができる。これが、以前のように地方市場を経由して運ばれてきたものや、缶詰にしたものよりずっと新鮮なことは言うまでもない。

大草原地帯《グレート・プレーンズ》からシカゴやカンザスシティの食肉加工場に家畜を船で輸送する経済的理由は原理的にはなくなった。家畜は、農業でその場で処理できるようになったからである。

このことは一体、どのような意味をもつのだろうか。

経済上の利点は明らかである。急速冷凍によって無駄をしなくて済むようになった。「冷凍処理によって、農民は全農作物を保存でき、投資した分だけのものを確実に自分のものにすることができるようになった」(164)。

このこと以上に重要だと思われるのは、その潜在的な社会的影響である。急速冷凍は、大量生産と独占の行過ぎをチェックし、それに対して均衡を保つに有効な方法かもしれない。それを正しく用いると、集中化の防止に役立つはずだからである。たとえば、小農民は自分の農作物を巨大な農場と競争させることもできる。さらに小農民は、初期の経験をもとにして書かれたボイデン・スパークの著書『家庭での貯蔵はまったく無用』（ニューヨーク、一九四四年）にあるように、冷凍機を農場に備え付けることも可能だし、あるいは、地域ごとに食品保管場《ロッカー・プラント》(165)を共同管理し、協同組合方式で皆が使えるようにすることもできる。これと同じことが、最近、先進地域で試みられている。すでに一九三六年、テネシー川流域開発公社（TVA）は、共同冷凍工場を設立した。これは、おそらく、地域社会への関心を目覚めさせるのに意味があるだろう。こうした食品保管場は、今日、人口数千のあらゆるコミュニティに計画されるべき、小さな市民センターの一部になるかもしれない。このような方向がこれからも推し進められることになるか、それとも、それは太平洋岸から大西洋岸へと伸びる巨大な会社のネットの一部になるか、それは結局、市民の意志ひとつにかかっている。

　都市の住人に対しては、急速冷凍はどのような影響をもたらすだろうか。その方向はいろいろ考えられるが、ここではただ二つの両極端な例をひくにとどめたい。

『ライフ』誌（図四四〇）に、アメリカの台所の模型が掲載されている。この台所には重いテーブルと肉屋にあるような厚いまな板が置かれている。全面的機械化の時代になって肉切り用のテーブルがあるということは、一体どういうわけなのだろうか。これを設計した建築家のフォーディスは、丸ごと購入した大きな肉の塊を保存するための、ホーローびきの急速冷凍庫をそこに備えつけている。つまり、広くて厚いまな板はその冷凍庫の中に入っている大きな肉の塊を切るためのものなのである。

　全面的機械化によって、都市の住人にも、肉などの食料品の貯蔵が可能になった。一九四五年ニューヨークに、地下室に冷凍貯蔵庫をずらりと並べた一流のアパートが現われたが、そこには、少なくとも一戸当り一つの貯蔵庫が用意されていた。

　食料品はほとんど中世的な様式にならって貯蔵されるようになった。その結果、缶詰を開けるのではなく、自然の材料に直接触れられるようになったし、料理の支度の際には昔の職人のような歓びも味わえるようになった。しかしこうしたことの一方に、次のような光景もある。

　肉は、トン単位でまとめて世界的に有名な料理長によって調理され、容器に詰められる。主婦は、食事の一分前に、調理済みの肉を電子レンジの中に入れる。すると、高周波電波がその上に万遍なくふりそそぐ。入れて数秒もするとベルが鳴り、料理がトーストパンのように飛び出してくる。

第二次大戦の終り頃には、こうした、アメリカ人の好奇心をそそるような文章がたびたび掲載された(166)。

　はたして赤外線のレンジは進歩を意味するのだろうか。主婦は、缶を開けたり食物が温まるのを待ったりなどして時間を無駄にすることはなくなった。すべてが瞬間的に行なわれ、皿を洗う必要もない。何故なら、プラスチック容器はそのまま捨てればよいからだ。

　一九四五年には、「セルフ・サービス」方式をとった冷凍食品センターが、ニューヨークとその近郊に数多く現われた。そこには、カートンに入った食品が白いエナメル塗りの箱の中に積み重ねられている。はたして、冷凍食品センターには、新鮮な生の材料も用意されるようになるだろうか。それとも、錫の缶が、調理済みの冷凍食品を装ってますます幅をきかせていくのだろうか。流れ作業で処理されたステーキが勝利をおさめるのだろうか（図六七）、それとも、人びとは家庭で思うまま料理する習慣へと戻っていくのであろうか。農村の食品保管場の運命と同様、こうしたこともすべて、消費者の態度いかんにかかっている。

流線型と全面的機械化

全面的機械化と「流線型化」の習慣は、互いに手を取り合って進行した。アメリカでは三〇年代の半ば、大量生産品をデザインし直すことに大きな関心が集まった。この傾向が、どの程度、不況を原因とし、感情をくすぐって販売を促すという必要の結果生まれたのか、さらにまた、この現象はどの程度、それに先立つ数十年間のヨーロッパにおける形態純化の運動に影響されているのか。これはなかなかむずかしい問題である。おそらく、こうした要因すべてに他の要素が付け加わって、「流線型」が生み出されたのであろう。

流線型とは、水力学的に言えば、どの点でひいた接線も、液体粒子に流れの方向を示す曲線のことである。流線は、本書で繰り返し取り上げた、運動の視覚的表現の一例である。そして流線型とは、ある物体（船、飛行機）を流れ（水・空気）の中においたとき、抵抗が最少であるような形態のことである。

三〇年代半ば以後、「流線型」という言葉はその意味を広げ、非常に広い分野にわたって使われるようになった。たとえば、事業を流線型にするとか、政治の分野では政府を流線型にするというふうに言われる。このように、使われ方は多岐にわたっているが、そこには、抵抗の最も少ない形という元の意味が残っている。一般的には、「流線型」は「モダン」という言葉とほぼ同じ意味に使われている。

この言葉を文字通りに受けとるべきでないことは、誰でも最初から承知していた。空気力学など知らない素人は、「恰好のいい線」には決まって流線型という言葉をあてはめる。流線型のラジオ・キャビネットがあるし、流線型のトースター、ライターもある。ガソリンでさえ、燃料効率のよいものは「流線型」と形容される。空気力学が発展し、それが飛行機に適用された結果、人びとの心に、滑らかな線に対する感覚が植えつけられた。デザイナーはこの線を装飾的要素として、物にスピード感を与えるのに用いた。自動車メーカーは、デザイナーが自動車に与えた視覚的なスピード感を宣伝に活用し「流線型」という言葉を至るところで使ってきたし、その点では今も変わりない(167)。

流線型は列車に始まった。すでに一八八七年には、円筒型をした電車が現われている(168)。しかし、ディーゼルエンジンを取り付け、鋼鉄の構造体をもち、波状のアルミ板(169)に覆われた流線型の列車が初めて登場したのは、一九三四年だった。汽車は車輛を連結したとき、全体として滑らかな線を描くように設計された。流線型の白

430　フランス風壁ランプ。1928年頃。装飾芸術調の壁ランプと流線型の真空掃除機は，似た方法で外観が処理されている。どちらも，輪郭を何度も強調することにより，できるだけ強い印象を与えようと試みられている。洋服屋が背広の肩にパッドを入れるように，デザイナーも全体を膨らませる一方，クロニウムの帯を何本も付け加えることによってその効果を高めようとした。1925年頃，「モダンな」建築と装飾の分野で，装飾芸術的なアプローチが衰退するとともに，代わって「流線型」の自動車，冷蔵庫が登場した。その影響は1935年頃，家具にも現われた。

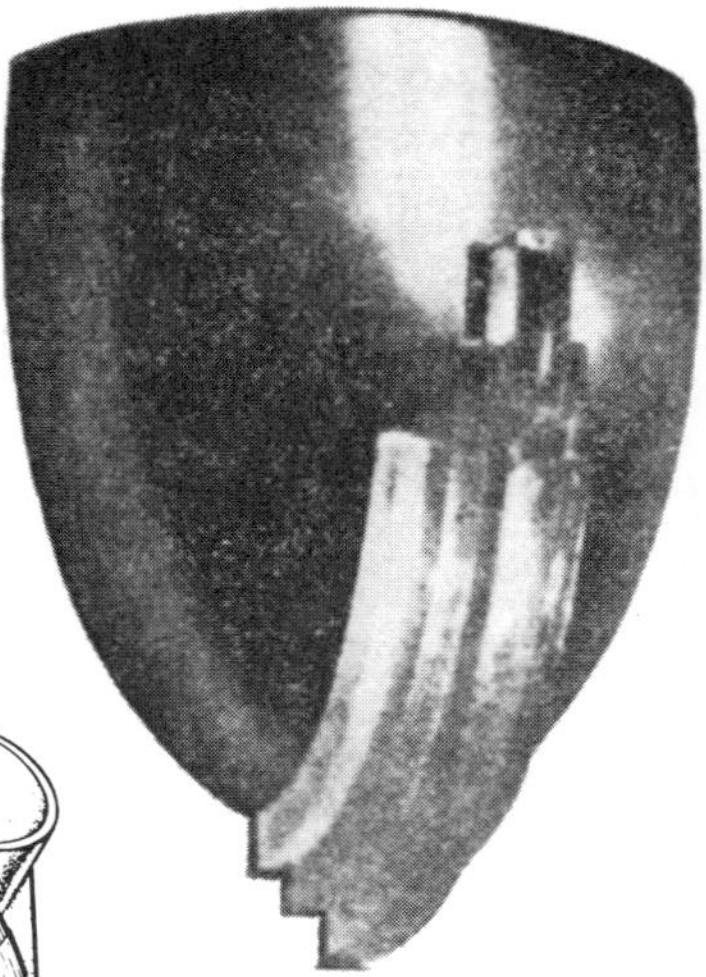

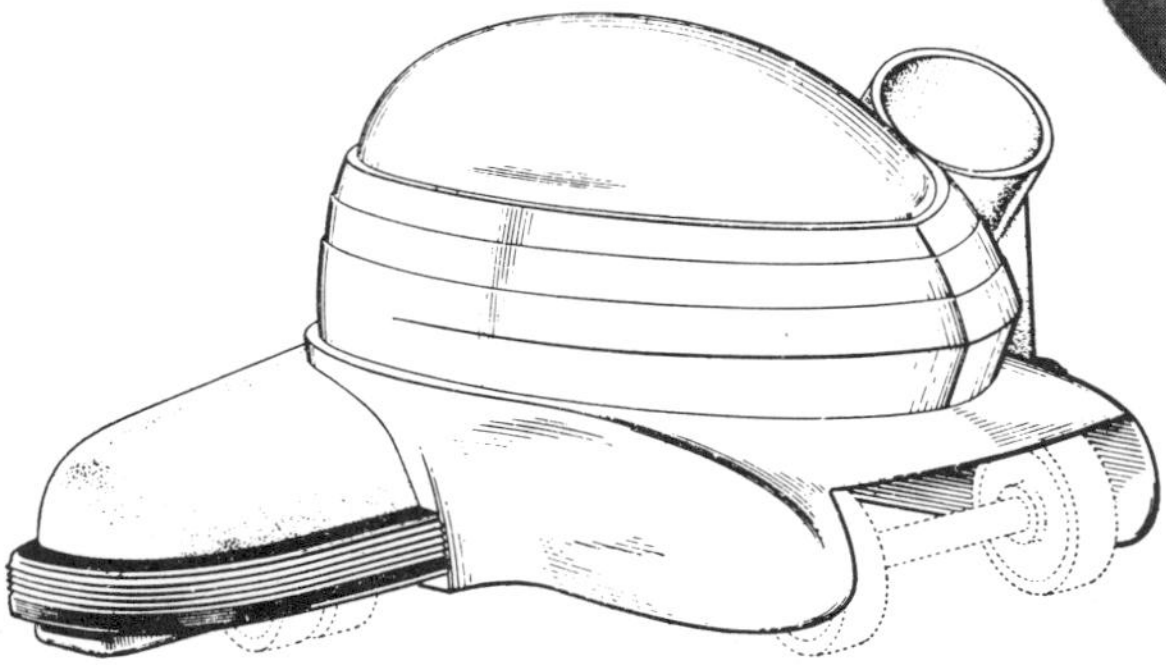

431　真空掃除機の流線型ケース。合衆国意匠特許，1943年。「私は吸込式掃除機のケース向けに，独創的な新しい装飾デザインを考案した」。(合衆国意匠特許135974)

432　流線型自動車。1945年。(新聞広告)

動車が登場し始めたのもこの頃である[170]。一九三二年には流線型の特製ボディが設計され、たちまち人気を博し、流線型自動車の先駆けをなした。最初のころは、洗濯機であれ、小さな機械部品であれ、流線型のデザインとはいわれず、ただ、「リ・デザインされた」という表現をされた。製品そのものの改良にも真剣な努力が払われ、たとえば、プレス加工した金属部品が三〇%安くできるようになったとか、三七%軽くなったとか、それでいて強度も性能も向上したといった例がしばしば聞かれた[171]。この分野は「プロダクト・エンジニアリング」と呼ばれ、一九三〇年以来ニューヨークで発行されているある業界誌は、「外観が重要」という標語が現われる大分前に、すでに、プロダクト・エンジニアリングという言葉を雑誌の表題として使っていた[172]。

販売を促進するには「外観が重要」であることがはっきりと強調された。このことは、「ショーウィンドーや近代的な台所に置かれる可能性の少ない機械類」についても言われた。

間もなく、レンジ、台所、冷蔵庫、それに洗濯機など、家事の機械化を担った器具類を流線型にリ・デザインする動きが活発に始まった。それらを単なる「機械から家庭用器具にころもがえすること」[173]がその狙いだった。この、全面的機械化が進行したころ、機械類もコンパクトになっていった。一九一四年頃の洗濯機では、部品を寄せ集めて組み立てた状態が外から見えていた。モーターは別になっていたし、危険な動く部分は露出していることが多かった。このときインダストリアル・デザイナーが登場し、このような状態の改善に乗りだした。彼は全体をケースでおおい、中の機構を見えなくするとともに、全体の外観を流線型にデザインした。汽車や自動車と同時に、それと同じ意味でリ・デザインが家庭用器具に関しても始まったのである[174]。こうした努力の結果、新しいタイプの器具が生み出されることもあった。一カ所にまとめられた加熱装置、作業面、あらかじめ器具を組み込んだ収納部分、これらを一つに簡潔にまとめたテーブル・トップ型レンジなどはその例である。台所全体の設計もよくなった。流線型の台所とは、設備全体が作業プロセスを軸にして構成されている台所のことである。冷蔵庫のデザインは一九三二年に始まっている。こうして、工業製品はデパートで以前よりも人目を惹きつける存在になった。「女性は機械そのものの性能より外観で買う」[175]とも言われた。

インダストリアル・デザイナー

こうしたことを推し進めたのがほかならぬインダストリアル・デザイナーだった。彼の成功は統計が示している。その力は不況を契機に増大した。企業家は、物の作り方を具体的に知っているエンジニアに信頼を寄せていたが、一方で、インダストリアル・デザイナーの言うことにも熱心に耳を傾けた。アメリカでは、一九四五年頃でも、建築家は依然として、菓子屋がケーキを飾るように家を装飾する人たちだと一般にみなされていた。全面的機械化の時代に建築家は依然、新しい役割を見出せないでいた。

インダストリアル・デザイナーの存在そのものは新しい現象ではない。前にも述べたように、一八五〇年頃、ヘンリー・コールは芸術家を組織し、あるいは批評活動を通じて、イギリスの産業に直接影響力をふるった。一九一〇年頃のドイツ工作連盟の活動も同じ方向を目指したものだった。しかし、機械化の全盛期に至って状況は一変した。量産製品が洪水のごとく溢れ出したのである。そしてその一つ一つがインダストリアル・デザイナーの影響をとどめていた。大衆の趣味の形成におよぼしたインダストリアル・デザイナーの影響力に匹敵するのはただ映画だけだと言ってよい。

　インダストリアル・デザイナーの仕事はただ曲線を描くことだけに終らない。大きなデザイン事務所では一〇〇人を超えるドラフトマンが雇われているが、そこではまた市場調査、店舗や工場、建物の設計も行なわれている。一言でインダストリアル・デザイナーとは、装飾芸術家、建築家、プランナーを一人で兼ねたような人物である。しかしアメリカの場合、彼の狙いはただ一つ、製品のセールス・マンであることを通じて趣味の専制君主たらんとすることにある。ここに危険と罠のみなもとがある。ウィリアム・モリスが生きていたら道義的な見地から異議を唱えたであろうような状態がそこにはある。しかし機械化の全盛期においては、改革そのものも市場の原理の枠をはみ出るものではない。他の一切の考慮は二の次である。

流線型様式の起源

流線型はスピードを表現したものだというのは、説明として到底充分でない。流線型様式は、芸術における形態一般がそうであるように、歴史的起源をもっており、その点については考えてみる価値がある。

　運動の時代であるからには、運動を連想させる形態をシンボルとして選び、それをあらゆる所に、機会あるごとに適用するというのは至極当然である。純粋に運動それ自身を、物質一般との関係を断って表現することが、現代絵画の構成的要素であることは、すでに見てきた通りである。

　ロココにおいても、有機的なシェル形式が自在さと包括性の象徴として幾度となく表現されていたではないか。しかし流線型様式の場合には、不幸にも、ロカイユ様式や今日の絵画における絶対主義運動と違って、その意味に一貫性がない。科学的な意味での流線型は全体のヴォリュームを最小にし、形態の無駄をできるだけ少なくすることを目指したものである。しかるに、それを日常品に適用する場合には全体のヴォリュームを人為的に脹らませることが意図されている。

　意匠権（その法的規制力は流線型デザインの時代に至って大分強化された）[176]の書類を一通りみただけで、自動車から真空掃除機に至るまで、外側のケースが毎年次第に脹らんできた様子がはっきりうかがわれる。そこに見られるさまざまなケースを、一九二五年に開かれたパリ国際装飾芸術展に現われた表現形式と比較してみるならば、「流線型様式」の歴史的起源は一目瞭然である。そこに展示されていた薄い板金製の照明器具（図四三〇）は脹れあがった外観を呈し、その輪郭は三重に強調されている。これと、真空掃除機（図四三一）の流線型のケースは、形態的特徴という点でまったく同一であると言ってよい。

　一九二五年のフランスの装飾芸術は、アール・ヌーヴォーとドイツ工芸との不毛な合成品であった。その影響は、第二帝政期の室内装飾家がデザインした家具のように、世界中に広がった。その外観を誇張した家具、装飾品、照明器具は人びとを大いに魅了した。四〇年代に入っても依然として人びとがその影響から逃れられていな

433　標準化された調理設備。1847年。調理設備を標準化し，その作業過程を研究する傾向はすでにこの頃に始まっていた。小さなレンジ・ユニットは必要に応じていろいろな組合せが考えられた。「レンジはすべて前方を向き，使用の際，火の上に屈みこむ危険と不便が除かれています。中央のレンジの位置は他と比べて高く，背中を曲げなくてもすむようになっています」。（ボストンの広告：ベラ　C. ランダウア・コレクション，ニューヨーク歴史協会）

いことは、自動レンジのコントロール・パネルや自動車のダッシュボードを見ればわかる。

　前にも述べたように、流線型様式は形を改善し新しい型をも同時に生んだ。その影響は、薄い板金を室内装飾家がデザインした安楽椅子のビロードのカバーのようにただ脹らませただけではなかった。一九四〇年の家庭用器具と一九一四年のそれとを見比べてみれば、進歩の跡は歴然としている。しかしそれにもかかわらず、両者は、物に重々しく大げさな外観を与えようとしている点では共通している。

　こうして、十九世紀の支配的趣味の基調は奇妙な形で二十世紀にもその尾をひいている。

作業過程の組織化——一九三五年頃

　台所の作業過程は、どのようにすれば合理的に、流れるように組織することができるか。一九一〇年以後、科学的家事管理の女性の提唱者は、この問題を正確に分析し、おおよその解決を得た。

　しかし、いざ実行に移すべく、さまざまな作業面や器具を一つに組織しようとした途端、彼女たちのアッセンブリーラインはたちまちにして屋根裏部屋のような混乱を呈してしまった。何ひとつとしてぴったり適合するものがない。というのは、どの製造業者も、他の製造業者がどんなレンジやサイドボード、流し台やアイス・ボックスを作っているか、ほとんど考慮しないで勝手に器具を製作して

434（左）食器戸棚。1891年。ベース・キャビネットを造り付けとし，ウォール・キャビネットを作業面の上に備えたこの食器戸棚は，1930年代の「流線型」台所への一歩を画している。可動式の棚とガラスの引戸に注目。（『装飾家と家具商』，ニューヨーク，1891，第18巻）

435（右）通信販売会社が売り出した規格化された台所設備。1942年。1940年代の通信販売会社はキャサリン・ビーチャー以来80年にわたって発展させられてきた原理を適用した。その広告文にいわく「すべてが手の届く範囲にあります。――設備は整然と配置され――混乱はまったくありません。予算次第で設備を付け加えることもできます。シアーズ社は，収納から下準備へ，調理から配膳へと作業がスムーズに行なえる近代的な，能率の良い台所設計のお手伝いをします。ステンレス製の縁どりと，へこみ式の抽出しの把手は，全体の効果を引き立たせると同時に流れるような印象を与えています」。（カタログ：シアーズ・ローバック社，1942）

いたからである（図三四五）。

企業が作業過程を組織化する問題を取り上げる数年前、クリスティーヌ・フレデリックは、ホテルの台所では「あらゆる設備が互いに関係づけられている」と述べ、さらに「ホテルはキッチン・テーブルとストーブを別々に購入したりはしない。同様に家庭の台所も、一定の作業システムを軸に規格化され相互に調整のとれた労働節約的な設備を備えることによって、能率の良いものにしなくてはならない」(177)と言っている。コンパクトな浴室の発展に関しても、アメリカのホテルは時代に先んじた。これについては後に述べる。

こうして作業過程の組織化が再び主張されたときにも、アメリカの企業は、台所を「あらゆる設備が互いに関係づけられた」一つの単位として扱うことに何の経済的な刺激も見出さなかった。一九三〇年代に入ってもこの点は同じだった。

流線型の台所として知られている、一九三五年頃の作業過程を組織化した台所は、幾人かのアメリカの女性の考えを工業生産を通じて実現したものだった。各設備ユニットが規格化されていることが流線型の台所の特徴である。その一つ一つが大メーカーや通信販売会社によって販売されたが、その場合、セットで売り込むほうが会社にとっては有利だった（図四三五）。どんなユニットも互いに適合し、さまざまな組合せが可能だった。レンジ、流し台、キャビネットを一つの壁にそって並べてもよいし、壁二面（L字型）あるいは三面（U字型）に配置してもよかった。規格化と組合せに対する傾向は、アメリカのレンジ製作の分野で驚くほど早い時期に現われた。特にホテルや船舶、病院向けに一八四七年製作された「気密式調理用レンジ」は、広告が示すように（図四三三）、各ユニットが規格化され、好きなだけ延長できるように設計されていた。部品の交換を簡単に行なえるようにもなっていた。そのためたとえば、そのレンジは、煉瓦の部分をこわさないで鉄製部分を取りはずせるようにできていた。しかしこの規格化の傾向は、前にも述べたように、その後一世紀近く一つの底流にとどまって表面に現われてこなかった。

作業面の合理的な配置とウォール・キャビネットの使用は、直接には配膳室から発想を得ていた。ここでは——つまり一八九一年の配膳室（図四三四）では——一続きになったカウンター・トップ、引戸を備えた造り付けのウォール・キャビネット、同じ造り付けの流し台が、すでにかなり以前から常識になっていた。

合理的台所への工業の進出

アメリカの工業は徐々に組立て式台所の設計と販売に関心を向け始めた。以下にその経過を逐一たどっていきたい。一九四〇年代の半ばまでには三種類の企業がこの分野に登場している。

最初に現われたのは厨房家具の量産メーカーであった。彼らが台所を個々の家具の集積とみなしたのは当然だった。その出発点は台所キャビネットにあった。以前それは独立しているのが普通だったが、掃除用具を入れる狭いクローゼットや陶器を並べておく戸棚、その他の収納ユニットとともに、いまや造り付けになった。それらの収納ユニットは規格化されていて、考えられる限り多様な組合せが可能になっていた。そうしてでき上がったのが天井にまで達する巨大な戸棚で、その唯一の目的は空間の節約にあった。メーカーはそれを「台所空間の科学的利用」[178]と称している。われわれの知るかぎり、この型の最初の戸棚は一九二二、三年頃[179]、市場に現われた。一方その頃にはワイマール期のバウハウスでもハウス・アム・ホルンにおいて、作業過程を軸とした台所（図三四〇）が製作されていた。「ユニット・システムの台所」[180]と題されたこの先駆的メーカーのカタログには、ユニットが組み合わされたときの状態が示されている（図三三九）。

この時期には、一八六九年のキャサリン・ビーチャーによる古典的提言、そして、科学的管理法にヒントを得たクリスティーヌ・フレデリックによる一九一二年頃の提案は、まだ工業に影響を及ぼすまでに至っていなかった。しかしこれら組合せ式の戸棚は、ユニット単位で販売され、自由に組み合わせられるという点でわれわれの関心を惹く。

以上が第一段階である。次に、作業過程を考慮して設備をユニット化する時代が訪れる。アメリカの企業が連続的な作業面の製作に踏みきったのは一九三〇年頃であった（図三四四）。そこでは、ベース・キャビネットと流し台の上面が一続きになり、その上方には、台所と食堂の中間の配膳室ではすでに長い間普通のことになっていたウォール・キャビネットが造り付けになっていた。ここでは、最も重要な道具であるレンジとの接続は未解決のままであった。

そのうちに、台所を組織化する問題はまた別の種類の企業の関心を惹き始めた。ガス会社がそれである。ガス会社はリリアン・M・ギルブレスに、台所の工業生産化をテーマとした研究を委託した[181]。彼女は夫と共同で動作研究をしたときに示したのと同じ正確

436 a　台所の作業部分。ジョージ・ネルソン設計，1944年。料理の下準備をするカウンター。ここでの設計上の問題は，旧式の冷蔵庫やレンジなど，大きな施設の機能を分割した上で，全体をアッセンブリーラインによる生産方式に適した形に再統合することにあった。（提供：『フォーチュン』誌，1944）

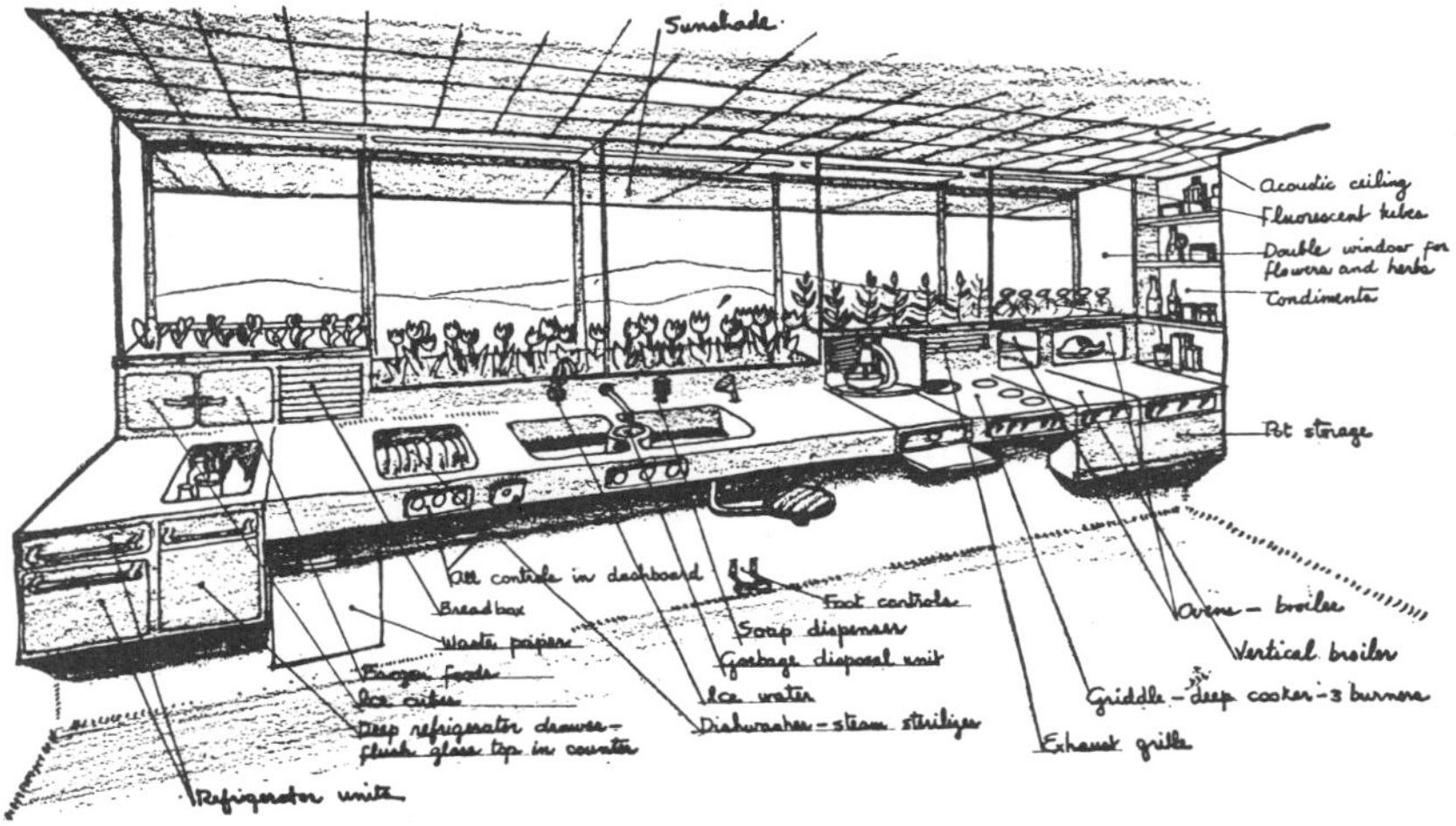

436 b　台所の作業部分。ジョージ・ネルソン設計，1944年。平面図。上図に示した料理の下準備をする部分と食事をとる場所は，収納空間によって軽く仕切られているだけで，一体化しているのも同然である。（提供：『フォーチュン』誌，1944）

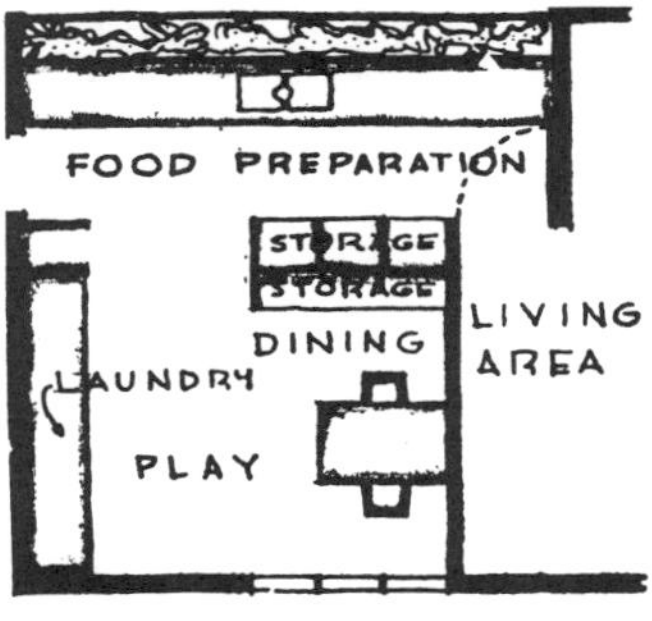

さで，新たな作業過程の研究と取り組んだ。このときの目的は，雑然とした台所を組織されたものに変えることであった。「設備の配置がえをしたところ，作業の数は五〇から二四に減った」という。そのプロセス・チャートを見ればこのことははっきりわかる。そのチャートは，まさに，分析の小さな傑作とも言うべきものだった(182)。

当時の器具の実態（図三四五）をみると，ただ混乱としかいいようがない。それは，リリアン・ギルブレスの次のような発言をはっきり裏付けていた。「メーカーは，現在（一九三〇年），主婦が何を必要としているか，ほとんど何も知っていない。まず彼らはこの点を自覚する必要がある。主婦自身も，何が必要であるかはもちろん，自分が何を望んでいるかさえほとんど理解していない」(183)。

全面的機械化は，設備と作業面が一体化する基盤を用意した。次々と市場に現われた電気器具は，冷蔵庫・水道・モーター・電気皿洗い機(184)――さらにディスポーザーまでも含めて――を一体として組織するのに有利な状況を作り出すと同時に、台所全体をワン・ユニットとして一括販売する道を拓いた。

一九三二年にはジェネラル・エレクトリック社が、さらに一九三四年にはウェスティングハウス社が料理の研究所を開設した。大恐慌の影響が尾をひく状況下、購売力を新たな方法で惹きつける必要があり、このことがこのような研究所の開設と多少の関係をもっていたことは言うまでもない。しかし主な理由は他にあったはずである。全面的機械化が間近に迫っていたということがその理由だった。あらゆる設備を作業過程と統合することはすでに避けられないところまできていた。

工業の巨大な力が直ちに動員された。台所における作業過程は調理作業の細かい点まで微に入り細にわたって研究された。エンジニア、化学者、建築家、栄養学者、そして現役の料理人が台所と関係のあるあらゆる事象を研究した。科学的家事管理の原理はついに実行に移され、間もなく、「流線型の台所」は完成した(185)。

その直後、大企業はさらにその先へと進んだ。彼らは、台所の改造が住宅全体にまで影響をもたらしたことに気づいた。一九三五年の初頭、ジェネラル・エレクトリック社は「近代的な生活のための住宅」をテーマとした競技設計を後援したが、その目的は、新しい建築技術、最新の設備、それに政府による小住宅振興策等を織り込んだ小住宅の設計と生産に対して、一般の関心を盛り上げることにあった(186)。

『アーキテクチュラル・フォーラム』誌はこの競技設計に大きな誌面をさいた。二〇〇〇を超える応募があった中で、建築的な観点から記憶すべきものは何もなかった。ただ、オランダ人が集団住宅の設計に示した新しい建築上の表現手法が、馴れない手つきで扱われていただけだった。しかしこの競技設計は他の点で、すなわち、作業面、収納部、器具を一体化して機械化した台所が応募作品に一貫して扱われていた点で注目に値する。熱源、配管、配線の様子は示されていたが、他の部屋はただスケッチ風に漠然と表現されていたにすぎない(187)。一九三五年の時点で、応募した建築家はこぞって台所を設計テーマに選んだのである。

厨房家具のメーカー（二〇年代）、ガス会社（一九三〇年）それに電気器具メーカー（一九三五年）の後を受けてこの分野に進出したのは、ガラス、プラスチック、合板といった建築資材の量産メーカーだった（一九四五年頃）(188)。この産業は第二次世界大戦中に発展をとげた。前面におどり出たこの分野は、クローゼットやレンジ、冷蔵庫の製作とは関係のない産業だった。それは、大衆に新しく興味をそそるような物を示す立場にあり、あらゆる機会を捉えて材料の普及と売り込みに懸命だった。

近代建築は、すでにヨーロッパ大陸における闘いから二十余年を経て、その軽い材料、広い窓への愛好を支援してくれる味方をここに見出した。

一九四〇年代の主婦に共通した夢は、台所の流し台の上に、大きな「ピクチャー・ウィンドー」をもつことだった。統計によれば、この窓は他のどんな改善にもまして大きな関心を呼んだという(189)。主婦にとって第二の希望は、台所に鏡を備えることだった(190)。

戸棚についた開き戸は、規格化の圧力にも屈せず「流線型の台所」にも残っていたが、それも姿を消した。台所と食堂のつながりが強調されるようになった。将来は、冷蔵庫の壁面はガラスになるかもしれない（図三五一）。レンジにかかったトンネル型のガラスの覆いを通してローストビーフが焼けるのを見守るのは楽しい、と言う主婦もいたが、中には、そうするとガラスのカバーが汚れるのではないかと心配する主婦もいた。ここで言っているのは、リビー・オーエンス・フォード社がデパートに展示した「未来の台所」に対する主婦の反応の一コマである。この台所はアメリカ各地のデパートで、一九四四年から四五年にかけて一五カ月にわたって展示された。反響は非常に大きく、同じものを三つ製作して巡回させなければならないほどだった。その台所のレンジ、流し台、冷蔵庫は、しばらくの間、木製の模型だった。一六〇万以上の見物客が未来の台所を垣間見たわけだが、戦時下でもあり、その台所は実際には生産されず、したがって使われもしなかった。われわれがニューヨークのある大きなデパートにその「夢の台所」を見に行ったときには、説明している若い女性のまわりを二重、三重に見物客が取り巻いていた。

437　フランク・ロイド・ライト：アフレク・ハウスの食事コーナー。ミシガン州，ブルームフィールド・ヒルズ，1940年。1934年，フランク・ロイド・ライトは，彼の言う「作業空間」全体を食堂に向かって開放することにより流線型台所に伴う問題すべてを迂回してかかるという方法をとったが，アフレク・ハウスではこのアプローチをさらに推し進めた。（写真：ジョー・マンロー）

　わずか十年の間にアメリカの女性は機械や設計の細部にわたって関心と理解を示すようになったが、それはまさに驚くべきことと言わなければならない。もはや、アメリカの女性について「何が必要であるかはもちろん、自分が何を望んでいるかさえ、ほとんど理解していない」とは言えなくなった。一九四四年『マッコール』誌によってアメリカの女性の生活態度をテーマとした広い範囲にわたる調査が行なわれ、さまざまな事実が明らかにされた。その調査は、リビー・オーエンス・フォード社がデパートに展示した台所と、一九三五年以後一つの型として定着した台所とを見較べてもらい、その感想を聞くという形式で行なわれた。

　調査の結果、主婦は今や自分が何を欲しているかを正確に知っていることが明らかになった。たとえば、台所には螢光灯、また流し台やレンジ、カウンターの上には補助照明を望み、また、流し台は

438 a　フランク・ロイド・ライト：アフレク・ハウスの台所。食事コーナーの側から見たところ。台所は２階分の高さがあるので，調理の際に出る匂いは直接上へ抜ける。（写真：ジョー・マンロー）

438 b　フランク・ロイド・ライト：アフレク・ハウスの台所。平面図。

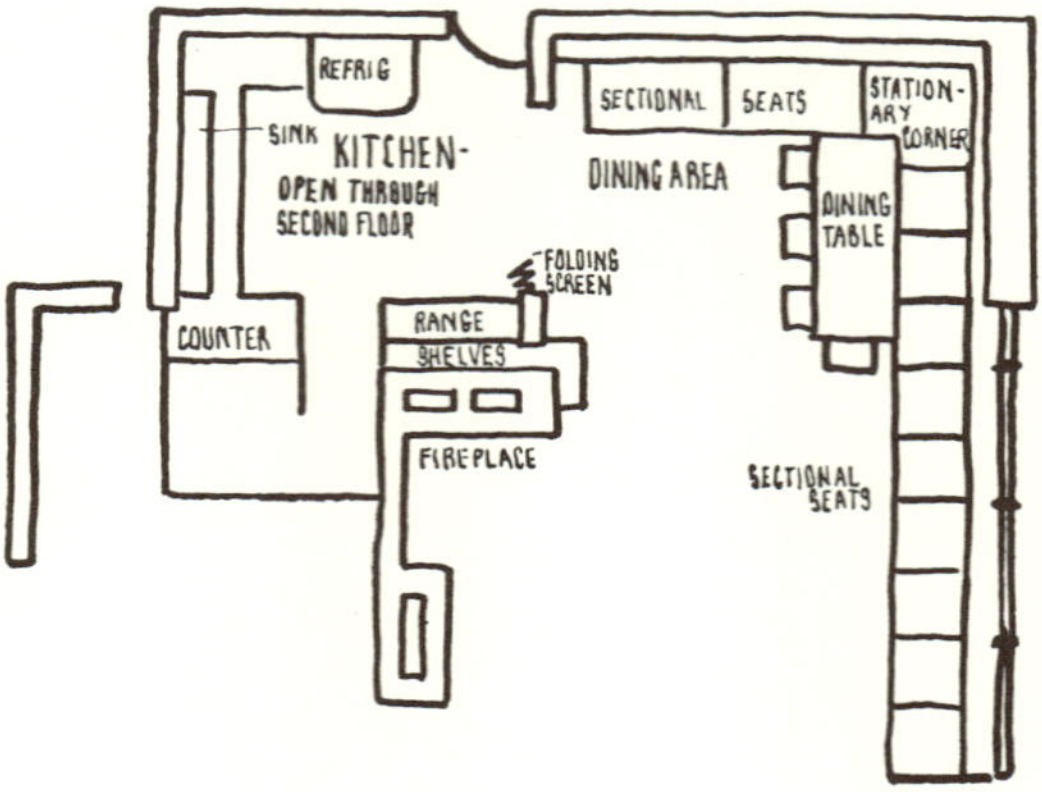

窓に対して平行しているべきか、それとも直角なほうがよいかといったことにまではっきりした希望をもっていた。回答した人のうち、四六・六％の人が直角であるほうを、また五三・六％が平行しているほうをよいと感じていた。

孤立した台所は、発展のこの第三段階目で姿を消した。第二段階が科学的管理法とのつながりをもっていたのに対し、三段階目は使用人を使わない家事と密接な関係をもっていた。使用人を使わない家事は、住宅における台所の位置に影響を与えるとともに、集中的機械コアの出現と密接なかかわりをもっていた。のちほど、ガラスや合板のメーカーがどのような形で、アメリカの若い建築家が機械コアの設計と取り組む際の刺激となったかについて述べよう。

439　台所と食事コーナー。H.クレストン・ドーナー設計，リビー・オーエンス・フォード社，1943年。数百万の人が見たこの台所の模型（図351はこれを別の角度から撮ったもの）は，将来の台所がとるであろうひとつの傾向を示している。この台所は作業空間として考えられているが，そこにある近代的設備を片づけると居間に変わるようにできている。食事コーナーも食堂専用ではなく，テーブルは使わないときは畳んで壁にたてかけておけるようになっている。食事コーナーと台所は，ガラスの引戸が入った脚付きのキャビネットだけで仕切られている。鋼管製の脚にのったキャビネットで空間を軽く仕切るという方法は，ル・コルビュジエがレスプリ・ヌーヴォー館（1925年，図318）を設計してから20年後，広く一般に行なわれるようになった。

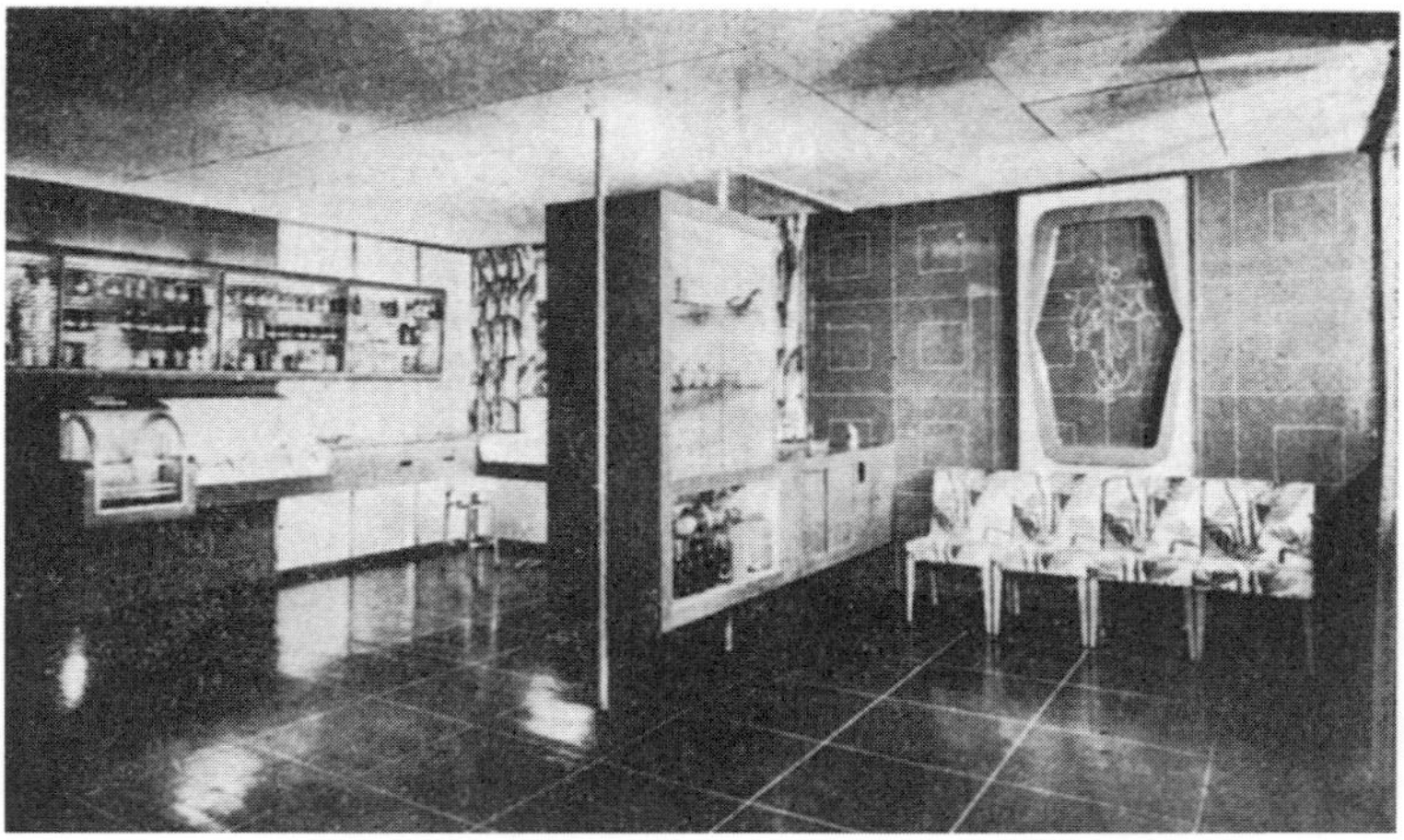

使用人のいない台所

使用人を使わない家事の問題は、一九三〇年代の末に至り、もはや放置しておくわけにはいかなくなった。それまで使用人を使うことを習慣にしていた人たちでさえ、そのことに気づくようになった。これはまさに時代の趨勢と言うべきであり、アメリカに限ったことではないが、特に長い間この問題がくすぶり続けたアメリカにおいて、顕著な形をとって現われた。

キャサリン・ビーチャーはすでに一八四一年、使用人の制度と民主的社会の矛盾に直面していた。このことについては前にも述べた。彼女の設計によるタウン・ハウス向けの小型の台所（一八六九年、図三三六）は、すでに使用人のいない台所のアウトラインを示している。それから四十年後、「新しい家事」の提唱者たちは、問題の所在をはっきりつかむと同時に、事態の成行きをきわめて正確に指摘するようになった。

クリスティーヌ・フレデリックは、一九一二年、次のような見解を明らかにしている。

現在の女主人―使用人関係が、就業時間が一定し、また、仕事量に応じて賃金が決まってくる、ビジネスライクな雇用者―被雇用者の関係に変化すると、使用人の仕事の内容も他の職業と似てくるだろうし、また、そうなるべきである……使用人階級の若い女性は仲間からは孤立し、タイピストや事務員より劣った存在として蔑視されている……私は、終身雇用の使用人と

440 a 食事コーナーと洗濯室を備えたリビング・キッチン。レイモンド・フォーディス設計，1945年。1940年代に入って，台所は以前の機能的価値を回復し，より広い面積を占める傾向が顕著になった。フォーディスはこれを「リビング・キッチン」と名付け，家族が働き，遊び，食事をする，家庭生活の活動的な中心にしたいと考えた。台所中央にある肉に塊を切る肉切り台については，急速冷凍に関係してすでに述べた。使用人のいない家庭という社会学的傾向は，はたして，中世的な生活様式を多少とも復活させ，料理は閉鎖的な空間で行なうものではなく，朗らかに楽しみながらするものだとする態度を生み出すだろうか。（提供：『ライフ』誌）

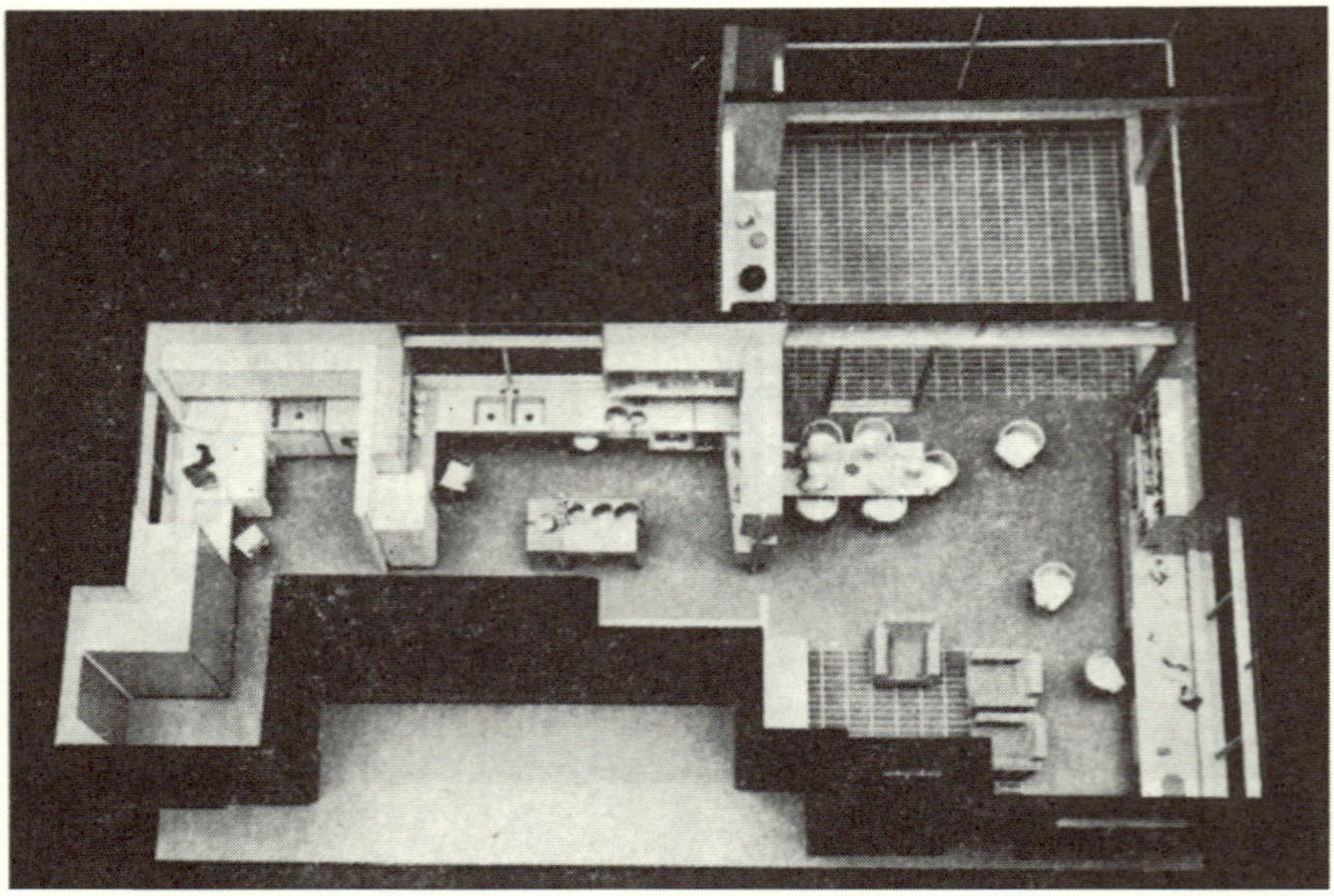

いう制度を廃止する時が近づいていると思う……これからは当然、使用人も、オフィスや工場に通う人と同様、毎日通勤しながら仕事をするようになるだろう……やがては、すべての家庭でそのようになるに違いない……[191]。

それから三十年後の第二次世界大戦中、問題をこれ以上引き延ばすわけにはいかなくなった。『リーダーズ・ダイジェスト』などの雑誌は、その数百万にのぼる読者に向けて「使用人は永遠にいなくなった」と題する記事を掲載した。その記事の副題は「戦後は、使用人といってもその社会・経済的地位は事務員や工場労働者と同じになるだろう」[192]となっていた。

家庭をめぐる新しい状況は単に社会学的な関心をそそるにとどまらない。それは、住宅の構造そのものにも影響をおよぼす。では一体、使用人のいない台所はどのような姿をとるのだろうか。

画期的な、I字型、L字型、あるいはU字型の台所は、それより二十年前に発展したコンパクトな浴室と同様、無駄なく小ぢんまりとまとめられ、それ自体で完結している。しかし基本的には、使用人を使う場合の家事にふさわしい台所であると言ってよい。言い換えれば、それは、主婦を家事から引き離すような形に設計されている。したがって『ニューヨーク・タイムス』といった新聞が（一九四五年に）「今日の高能性小型キッチン」と題して「料理すること自体はそれほど辛い作業ではない。問題は、台所が周囲から孤立していることにある。なぜ、このような隔離された場所で料理しなくてはならないのだろう

440 b　リビング・キッチン。レイモンド・フォーディス設計，1945年。食事コーナーから台所を見たところ。ここで再び，戸棚は1925年にル・コルビュジエが設計したキャビネットと同様，ガラス張りとなり，床から持ち上げられている。（提供：『ライフ』誌）

か」(193)と書いたのも当然だった。

問題ははっきりしている。しかし、それに対する解決のほうはそれほどはっきりしていない。家族は、十八世紀までのヨーロッパの都市中産階級のように、台所で食事をとるようになるのだろうか。それとも、台所はいっそう食堂や居間に引き寄せたほうがよいのだろうか。あるいは、純粋に作業場としての性格をもつべきなのだろうか。あるいはまた、台所は料理が終り次第、客間や遊戯室に転換できるような形に設計されるべきなのだろうか。

ここではごく大雑把に問題の外郭を示すにとどめた。問題の中心は、使用人に頼らない家事ということであったが、実際の解決はどのような生活様式を選ぶかで決まってくる。

ここで進行している過程は台所に限ったことではない。それは住宅の概念そのものの変化、開放型の間取りの発展と不可分に結びついている。一九二〇年代以後、細かく分かれた部屋に代わって、自由に動きまわれる空間に対する要求がたかまった。小さな住宅の場合ですら、一部屋でもよいから自由な形で使える広い部屋が欲しいという声がますます聞かれるようになったのである。

孤立した台所および食堂の廃止

孤立した台所の廃止は、孤立した食堂を廃止することと表裏一体の関係にある。一九二〇年代、この運動が始まったばかりの頃には、この傾向はまだはっきりは現われていなかった。たとえば、ワイセンホーフ集団住宅（一九二七年）の台所は依然、隔離した単位として設計されていた。しかし一方、多くの初期の例において食堂はすでに姿を消し、代わって広い居間が現われていた。

同時に、中産階級の住宅ならどこにでも、十九世紀の支配的趣味にのっとって食堂の中央に置かれていた大きなテーブルに代わり、小さなテーブルが短いほうの辺を壁に付けて設置される例が多く見られるようになった。部屋の中央に置かれた大きすぎるテーブルは、円形ソファやボルン（図二一二）と感情の形式を同じくしている。どちらも、空間に対する恐怖を根底にしている。こうした状態に代わって今や、テーブルは幅が狭くなり、同時に便宜を考えてサービス口に近づけて設置されるようになった。そこには、中世家具（図一六三）の質朴さが蘇っている。またそれは、部屋の空間を広くとるべく壁に畳みかけられるように設計される場合が多くなった。こうした点は最初、一九二七年頃のスイスの例に見られるように単身者用住宅に慎重に適用されたが(194)、四〇年代には豪華な未来の台所にさえ現われている（図三五一、四三九）。

開放型の間取りの出現は台所の閉鎖性を打破する大きな要因となった。フランク・ロイド・ライトは流線型の台所に付随する問題すべてを迂回してかかるという方法をとった。一九三四年、アメリカの工業がライトの考え方に理解を示すようになった頃、彼は十年後のアメリカの若い建築家のだれよりも徹底した形で問題と取り組んだ。彼は設計を担当した住宅の一つで(195)、台所の間口を全面にわたって開放し、広い居間とつないだ。ライトは彼の伝記作家にいつもの率直さで、「ここで初めて台所の空間、すなわち私のいう作業空間は居間の空間と一つに結びついた」(196)と述べている。彼はこの問題を一九四〇年に再びブルームフィールド・ヒルズ（ミシガン州）のグレゴア・アフレク・ハウスで取り上げたが、そこでは、調理の匂いがまっすぐ上に抜けるように、台所を二階分の高さの吹き抜けとした（図四三七、四三八）。この点に関しては異論の余地があろう。それらの個々の解決は、到底、同じくライトが設計した、扉のないガレージ、「カー・ポート」ほどの人気は期待できなかった。しかし、発展全体の方向は、最初からきわめてはっきり示されていた。

フランク・ロイド・ライトの解決では、調理はもはや、来客や家族の目から見えない扉の陰でする必要のないことが意味されている。具体的な問題の扱い、たとえば、台所を完全に開放するか、それとも、透明なガラスの戸棚で居間から仕切るか（図四三九、四四〇）、あるいは、ガラスをはめるだけにしてメイン・ルームのほうが見えるようにすべきか(197)、といった問題の解決は個々の建築家の手に委ねられている。と同時に、その成否は新しい必要にかなった住形式を発見する彼の能力いかんにかかっている。

台所兼食堂？

一九二〇年代の建築運動を通じて脚光を浴びた最小スペースの台所と寝室は、それなりの意義をもっていた。それを通じてはじめて、雑然とした部屋は部屋としての機能的価値を回復することができたからである。しかしそれ以後は、いっそう広い寝室や台所――つまり、動き回れる室内――への傾向がいたるところに現われた。L字型やU字型の台所も、J・J・P・アウトのワイセンホーフにおける台所（一九二七年）で強調されているように、食堂との兼用を考えて広く設計されている。一九四五年には、たとえばレイモン

441　機械コア：H字型住宅。J.フレッチャーとN.フレッチャーによる共同設計，1945年。平均的家族向けの小住宅をテーマとした競技設計で，機械コアを中心とした構造が1等を獲得した。ここでは機械コアが居間と寝室をつなぐ位置を占めている――機械コアの影響はこの頃から支配的になる。(提供：『ペンシル・ポイント』誌)

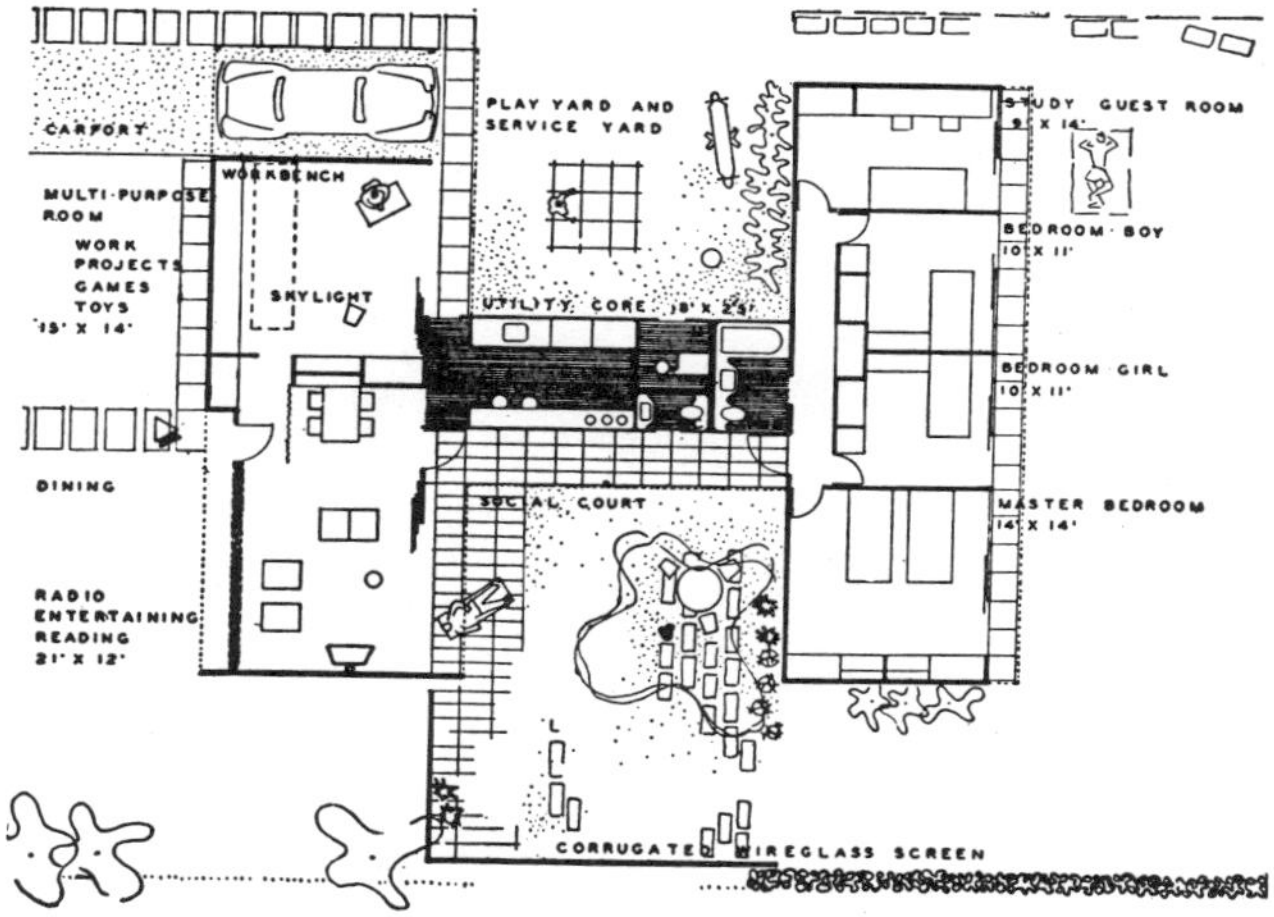

ド・フォーディスの提案(198)(図四四〇a、b)にあるように、台所と洗濯室、それに裁縫室を兼ねた機械化された空間が全体のプランを決定するまでになった。フォーディスは次のように言っている。「リビング・キッチンは、台所を家庭生活の活動の中心舞台に変える。そこは、家族全員が仕事をし、遊び、食事をする場所であり、日中の九〇%をそこで過ごす。特に重要なのは、主婦が仕事をしながら子供を見守り、来客のもてなしができるということである。これは、普通は分かれている四つの部屋、すなわち、洗濯室、台所、食堂、そして居間をリビング・キッチンとして一つにまとめることによって可能になる」。ここでは家全体がほとんど台所の付属物のようになっている。

台所は再び、十七世紀フランスの下級貴族の家におけるように、食堂と客間を兼ねるようになるのだろうか。ラテン諸国では今でも、旅館だけでなく、一方の端で調理をし、他方の端でパーティーを催せる円天井式の台所が残っている。

一つだけ確かに言えることは、二間しかない小住宅においてすら台所を厳格に隔離し、ただ体面だけを取り繕うとした前世紀の態度を拭い捨てる過程は、まだ終っていないということである。アメリカでは、台所における家族用の小さな食事コーナーは完全にはなくならなかった。折畳み式の座席を備えた朝食コーナー(図三三九)は満足すべき解決ではない。使用人のいない家庭にはすべて、台所で食事をとれる簡単な施設のあることが望ましい。台所を居間にかえる工夫に関しては、流し台やレンジをピアノの蓋のように閉めたり、汚れた皿を隠すのに屛風を使ったり、実にさまざまな方法が提案されている(199)。機械化された住宅では、台所と食堂とが一つであっていけない理由はない。

住宅と機械コア

機械化自体の側からもさまざまな問題が持ち上がった。たとえば、できるだけ部屋を自在な形で使い、間取りを自由に決定したいという希望は、あらゆる設備を可能なかぎり集中化しようとする機械化の傾向と矛盾した。また、機械設備に要する費用は建設費の四〇%にも達した。しかし将来、市場を拡大するためには、三十年前に自動車の生産で生じたのと同じ程度のコスト減をこの場合にも実現する必要がある。

そのためには、台所、浴室、洗濯室、暖房、配線、配管を含む住宅の機械コアは工場生産され、あらかじめ組み立てられた状態で建設現場に運び込むようなものにしなければならない。一九二七年以来、バックミンスター・フラーは機械コアの問題に精力的に取り組んできた。彼は機械コアをマストの中に収め、そのマストを同時に住宅の荷重を支える柱として使った。その結果、円形あるいは多角形の住宅が生まれたが、その閉鎖的な間取りは、現代建築に固有な傾向と矛盾するものだった。

間取りの自由を制限することなく、機械コアの問題を解決するにはどのような方法をとればよいのだろうか。この問題は一九四〇年頃、大きな関心を呼んだ(200)。ピッツバーグ板ガラス製造会社と建築雑誌『ペンシル・ポイント』の主催で行なわれた「平均的小家族向けの住宅」をテーマとした競技設計(一九四五年五月)の結果は、どちらかといえば典型的なものだった。一等を獲得したのは機械コアを設計の中心に据えた作品だった(201)。設計者は、工場から運ばれ現場に据えられる「メカニコア」の片側に居住空間を、その反対側に寝室の空間を取り付けている。その結果、全体のプランはH型になっている。そこで機械コアは両翼のつなぎの部分を形成している。しかしこの連結装置は、むしろ、寝る場所と住む場所を引き離すような働きをし、全体はただ二つの別々の建物が並んだだけのような観を呈している（図四四一）。

工業が後援者になった競技設計は、たとえ図面の上のことであるにせよ、若い世代にとり、考えを発展させる大きな刺激になった。ここでわれわれが取り扱っている問題は、将来の住宅の構造はもちろん、生活様式そのものにとっても決定的な重要性をもっている。機械コアは、将来、その構成要素に分解されていくのか、それとも、一つのユニットとしてまとめられていくのか、今のところ方向ははっきりしていない。また、機械コアは一家族用住宅に適用されるのか、あるいは、大きなアパートに用いられるようになるのかという点についてもはっきりしたことはわからない。アパート建築のデザインはアメリカでは今なお、型通りの方法で行なわれている。

工業は、生産する能力は持っていても、機械コアの問題を解決するのには適任ではない。この問題は住宅という有機体とわかち難く結びついている。それはアメリカの建築家にとっての課題である。一九三五年のジェネラル・エレクトリック社による競技設計では建築的表現手段の扱い方に心もとなさが感じられたが、それと比較して、一九四五年には、馴れた手つきで取り扱われている。このことからもわかるように、若い世代はたしかに機械コアの問題の解決に向かって大きな前進を示した。今やアメリカの建築家は、その点で次のステップを踏み出すことを期待されている。たとえ生産に対する彼らの影響力は非常に限られているにせよ、彼らは機械設備の扱いに関しては誰よりも長い経験を積んできたし、また、最高度に発達した工業が手近な所に控えている。生産に対する影響力の限界という点に関しても、事態は急速に変わっていくかもしれない。前にインダストリアル・デザイナーが示した前例があるからである。肝心なことは、機械コアが住宅の上に猛威をふるうのにまかせず、機械化を馴致することである。

原注

1 E. C. Stanton, S. B. Anthony, and M. J. Gage, ***History of Woman Suffrage***, New York, 1881, vol. I, P.70.

2 同書七二頁。

3 演題は、***The Education of the Rising Generation*** で、シンシナティの婦人が対象だった。一八四六年。

4 ***A Treatise on Domestic Economy***, p. 240.

5 Catharine E, Beecher and Harriet Beecher Stowe, ***The American Woman's Home***, New York, 1869, P.318.

6 同書三三一頁。

7 同書三三三頁。

8 同書三三四頁。

9 Christine Frederick, 'The New Housekeeping,' *The Ladies Home Journal*, Philadelphia, 1912, vol. 29, no. 12, p. 16.

10 Frederick, ***Household Engineering; Scientific Management in The Home***, Chicago, 1919; first issued in 1915.

11 同書三八〇頁。

12 Beecher and Stowe, 前掲書三三三頁。

13 同書。

14 同書三五頁。

15 S. Giedion, *Space, Time and Architecture*, Cambridge, 1941, p. 228—29 （S・ギーディオン著、太田實訳『空間 時間 建築』丸善、昭和四十四年、四三三—三五頁）にある七〇年代および八〇年代の実例を参照のこと。ここには台所の計画化および配置に際し料理人や主婦たちが直面した問題を、アメリカ人がいかに解決したかが示されている。

16 Frederick, *The New Housekeeping, Efficiency Studies in Home Management*, New York, 1913, preface.

17 ***The Journal of Home Economics***, vol. I, no. 3, p. 313, Baltimore, June 1909.

18 Frederick, *The Housekeeping, Efficiency Studies in Home Management*, New York, 1913, preface.

19 Frederick, 'The New Housekeeping,' ***The Ladies Home Journal***, vol. 29, no. 9, Philadelphia, Sept. 1912.

20 Frederick, *The Housekeeping, Efficiency Studies in Home Management*, preface.

21 家事の改革運動、つまり「家政運動」は、一八九三年のシカゴ万国博に招集された婦人会議を発端にしてはじまった。この会議では、「家事に関する事柄は進歩の過程から遅れていること」が決議され、このような状況を改善することを目的として、「国民家事経済協会」(National Household Economic Association) が創設された。「アメリカ家政学協会」(American Home Economics Association) の前身であるこの協会は、他の多くの婦人クラブと協同して、改革運動を進めていった。具体的な方策としては、家事科学に関する学校の創設、そのような研究を公立学校の課目に組み入れるといった内容の運動を展開した。***The Journal of Home Economics***, Baltimore, April 1909, vol.1, no.2, p.185 を参照。アメリカにおけるこの運動については、J. Bévier and S. Usher, ***The Home Economics Movement***, Part 1, Boston, 1906 で素描されている。イリーン・H・リチャーズ

(Eleen H. Richards) さんは、この書物の中で、この運動の眼目は「家庭生活を改善するために、近代科学のすべての成果を活用することにある」(同書二一頁) と述べている。

「家事工学」(household engineering) という考え方は、なかんずく、動作についての古典的研究者であるフランク・B・ギルブレス (Frank B. Gilbreth) に由来する。彼は一九二二年、「家政学の教師と主婦は、ある程度までは、科学的管理法の原理を現実の問題の解決に利用できるかもしれない」という期待を述べている (*Principles of Scientific Management*, p.4, 1938 edition)。

22 Irene Witte, *Heim und Technik in Amerika*, Berlin, 1928.

23 Adolf Meyer, *Ein Versuchshaus des Bauhauses in Weimar* (*Bauhausbucher #3 hersg. von W. Gropius und L. Moholy-Nagy*, München, 1924, p.52—53.)

24 Dr. Erna Meyer, *Der Neue Haushalt, Ein Wegweiser zur Wissenschaftlichen Hausfuehrung*, Stuttgart, 1926.

25 Werner Graef, 'Innenraeume', *Hersg. im Auftrage des Deutschen Werkbunds*, Stuttgart, 1928, Kuechen, figs. 164—76. S. Giedion, 'La Cité-Jardin du Weissenhof à Stuttgart,' *L'Architecture vivamte*, Printemps—été, 1928.

26 この時から、台所を規準化するとともに、極端なまでに小型化する傾向が始まった。一九二九年に開かれたベルリン博覧会の「新しい台所」(*Die Neue Kueche*) もその傾向の表われである。

27 スウェーデンについては、O. Almquist, 'Koekets Standardisering nagra synpunkter vid pagaende utrednigsarbete,' *Byggmaestaren*, heft 9, 1927. を参照。スイスについては、Gewerbemuseum, Basel, Ausstellung, 'Die Praktische Küche,' Feb.—Mar. 1930. を参照。

28 Havard, *Dictionnaire de l'ameublement et de la décoration depius le XIIIme siècle jusqu'à nos jours*, vol.I, col. 1132.

29 同書第一巻第一一三三集。

30 Beecher and Stowe, 前掲書 (一八六九年) 一七五頁。

31 Nicholas Gaucher.

32 ヴァン・ドーレン (Van Doren) は、そのフランクリン伝の中で、この年代を一七四〇年としている。

33 フランクリン自身の記述を読んだり、彼が当時の人工的加熱法としてあげた六つの方法について知っておくのも無駄ではない。また彼は、オランダ式ストーブについて、「火を見るのは楽しいことであるのに、このストーブでは火が見えない」と言っているが、この点も興味深い。熱が別室から管で送られてくる「ドイツ式ストーブ」について、彼は、「このストーブも、火が見えないという点ではオランダ式のものと大同小異である」と述べている。Jared Sparks, *The Works of Benjamin Franklin*, London, 1882, vol.6, p.38, p.43, p.44 を参照。

34 前記の「パン焼き作業の機械化」の章。

35 Sir Benjamin Thompson, (Count) Rumford, *Complete Works*, Boston, 1870—75, vol. 4.

36 同書第三巻。同じ巻の「火の管理と燃料の経済について」の一文も参照。

37 同書第三巻二二七頁。

38 同書第六章。

39 同書第三巻三三一頁。

40 同書第三巻二五七頁。

41 同書第三巻四六〇—六七頁。

42 この発展の詳細については、William J. Keep, 'Early American Cooking Stoves,' *Old Time New England*, vol. xxii, Oct. 1931 を参照。この本には、一八三六年までの合衆国特許の一覧表が掲載されている。

43 フィロ・スチュワート (Philo Stewart) の特許の日付は以下の通りである。一八三四年六月十九日、一八三八年九月十二日（図三五五）。一八五九年一月十八日（特許二二六八一）。一八六二年四月二十八日（特許三九〇三二）。

44 F. N. Morton, 'The Evolution of the Gas Stove,' *Public Service*, Chicago, July 1908, vol.xv. モートン (Morton) によれば、加熱を目的としたガス器具に対し、初めてイギリスの特許がおりたのは十九世紀の初頭で、取得者はF・A・ウィンザー (Windsor) である。他の特許や提案は、それぞれ一八二五年、一八三〇年、一八三二年に出されている。これらの特許の図版は、モートンの論文に掲載されている。

45 この引用と前出の資料は、モートンの前掲論文から得た。

46 アメリカは、この時期に先立って、一八八〇年頃から以降、豊富な石油資源を背景にして、もっぱら石油ストーブを製作した。このストーブはその後完成され、現在でもアメリカ全土で使われている（灯油ストーブ）。

47 George M. Clark & Co., 179 N. Michigan Ave., Chicago, Jewel Gas Stove Catalogue; a copy in the Edison Institute, Dearborn, Michigan.

48 Catalogue of the Fuller and Warren Company, Troy, N.Y.; copy in the New York Public Library.

49 Catalogue of the Standard Lighting Company, Division of the American Stove Company, Cleveland, Ohio: "New Process Gas Ranges'; copy in the New York Public Library.

50 Catalogue of the Reliable Stove Company, Division of American Stove Company, Cleveland, Ohio: 'Reliable Gas Stoves and Ranges,' 1914; copy in the New York Public Library, この資料の一〇頁にある次の文章を参照。「数年前、われわれはホーローびきの磁器というアイディアを導入し、決定的な成功をおさめた。……現在われわれは、最も完全なエナメル塗装の工場を操業している」。

51 Catalogue of the Standard Gas Equipment Corporation, 18 East 41st Street, New York, N.Y.: 'Gas Ranges for Apartments, Residences and Housing Developments,' p. 9; copy in the New York Public Library.

52 その点に関する最初の大きな発展は、アメリカ・ストーブ社の技術者が発明したローレン・オーブンであった。*American Gas Journal*, vol.140, N.Y., May 1934, p.110. を参照。

53 Catalogue of the Standard Gas Equipment Corp., 前掲書。「テーブル面の高さが三六インチの場合、他の設備とよく適合する」。

54 Max de Nansouty, *L'Anneé industrielle*, Paris, 1887, p.14.

55 Society for Electric Development, Inc., N. Y. *The Electric Range Handbook*, New York, 1919, p.48.

56 *Electricity at the Columbian Exposition*, Chicago, 1894, p.402.

57 Society for Electrical Development, Inc., 前掲書。

58 H. Bohle, 'The Electrical Kitchen for Private Houses,' *Electricity*, vol.38 (New York, July—Aug. 1924).

59 一八五八年には五つ、一八五九年には九つの特許がそれぞれ認可された。

60 合衆国特許二二四八八、一八五九年一月四日、ファン式カーペット掃除機。
61 合衆国特許五一〇〇〇、一八六五年十一月二十一日。
62 改良型洗濯機、合衆国特許九四〇〇五、一八六九年八月二十四日。
63 合衆国特許六八六、一八三八年四月十三日。
64 合衆国特許一四五五九九七、一九二三年二月二十日。
65 合衆国特許二八〇四七、一八六〇年五月一日。
66 たとえば、合衆国特許四一四七五八、一八八九年十一月十二日、あるいは同四一七四七四、一八八九年十二月十七日。
67 合衆国特許一三三一六四、一八七二年十一月十九日。
68 同右。よく知られているように、フランクリンの家を訪ねた者は、彼の安楽椅子の上に取り付けられたこのような装置に感心した。一七八〇年頃。
69 合衆国特許七六一七五、一八六八年五月三十一日。
70 合衆国特許八一五三九、一八六八年八月二十五日。
71 最初の長距離送電は、一八八二年ミュンヘンで開催された「国際電気博覧会」用に、マルセル・ドゥプレ (Marcel Deprez) によって実現した。
72 この頃、他にも大型発電設備がアメリカ西部向けに計画された。一つは、サクラメントに電力を供給する四〇〇〇馬力の設備で、もう一つは、オレゴン州ポートランド向けの一万二〇〇〇馬力の施設であった。*Electric Review*, London, 1895, vol.36, p.762 を参照のこと。
73 J. P. Barrett, ***Electricity at the Columbian Exposition***, Chicago, 1894, p.446
74 J. Chester Wilson, 'Electric Heating,' Engineering Club, Philadelphia, ***Proceedings***, 1895, vol. 12, no. 2.
75 「モーター式自動洗濯機」、一九〇六年頃のカタログ。
76 英国特許二七一、一六九一年八月二十七日。
77 英国特許一七四四、一七五九、一七七〇、一七八六。この年代については、さらに詳しい調査が必要である。
78 英国特許一八八二、一七九二年五月二十一日。ジョン・ハリソン (John Harrison) の発明した洗濯機。
79 合衆国特許四八九一、一八四六年十二月十五日。
80 この方法は、最初、イギリスで始まった。英国特許一七七二、一七九〇年八月十八日。
81 英国特許一二六九、一七八〇年十二月五日。
82 英国特許一七七二、一七九〇年八月十八日。
83 合衆国特許五一〇六、一八四七年五月八日。
84 Edna B. Snyder, ***A Study of Washing Machines***, Nebraska, 1931. これらをタイプ別に分けると、当て盤型、回転子型、円筒型および真空型とがある。
85 合衆国特許八四四六、一八五一年十月二十一日。ジェームス・T・キング (James T. King)、洗濯機械。
86 American Steam Washing Co., New York, Catalogue, 1855. 「ジェームス・T・キングの特許に関する説明とその基本的考え方——家庭、ホテル、公共施設および大規模な洗濯屋に適した洗濯および乾燥機械」。
87 英国特許一三三一、一七八二年六月一日。

88 *Mechanic's Magazine*, London, 1823—24, vol.1, p.301.

89 一七八〇年代に入っても、『大百科辞典』(*Grande Encyclopédie*) では、洗濯機に関する詳しい説明は「漂白作業」の項で行なわれている。

90 図版一三六。これは、デュボワール (Duvoir) により一八三七年に発明された器械である。

91 回転式の洗濯ドラムも製作されたが、これは非常に原始的な装置で、濯ぎ用にだけ使われた。

92 英国特許一二六九、一七八〇年十二月五日。

93 合衆国特許六七一一—X（古い番号表記法）、一八三一年八月十日、ジョン・シャル (John Shull)、洗濯機。

94 この分野での数少ない調査の一つから得られたデータを次に記しておきたい。Jacob. A. Swisher, 'The Evolution of Wash Day,' *The Iowa Journal of History and Politics* (Iowa City, Jan. 1940), vol. 38, no. 1.

合衆国における各年度の洗濯機の売上額

一八六〇年	〇・〇八	（単位百万ドル）
一八七〇年	一・〇〇	
一八八〇年	一・一八二	
一八九〇年	二・四	
一九〇〇年	三・七	
一九一〇年	五・〇	

95 このことは、営業用の洗濯機の生産を開始した工場の数や、カタログなどから推測できる。国勢調査には、一九〇〇年以降の数字しか載っていない。

96 Beecher and Stowe, 前掲書三三四頁。

97 このデータは、オハイオ州クリーブランドのトム・J・スミス・ジュニア (Tom J. Smith, Jr.) の好意で入手できた。

98 合衆国特許八四四六、一八五一年十月二十一日。ベンディックス社（一九三九年）やウェスティングハウス社などの会社が製作した自動洗濯機は、水平円筒型である。

99 合衆国特許九四〇〇五、一八六九年八月二十四日。垂直型の草分けとしては、たとえば、ローンドリエット洗濯機（一九一七年）などがある。なお、この機械の生産は一九二三年に中止されている。一九三九年以前には、一槽式の洗濯機と乾燥機を組み合わせた型はまったく販売されていない。自動垂直型に関する主要特許は、ローンドリエットの設計者ジェームス・B・ケリー (James B. Kelly) に属し、一九二四年から一九二八年の間に申請されている。これらは、垂直円筒型特許の基礎となった。

100 自動洗濯機に関するわれわれの見解は、一九四四年十一月、アペックス電気器具製造会社（オハイオ州クリーブランド）の特許課が行なった特許研究「ウェールズ特許に先立つ自動洗濯機の歴史について」や、アペックス社の社長フランツ (Frantz) 氏からの個人的書簡に基づいている。われわれは、企業自身が行なった包括的調査を一度でも参照できたことを喜んでいる。われわれは、広告文や雑誌の記事以外に、この問題に関する資料についてまったく知らないというのが実情である。

101 遠心力を利用した洗濯機、合衆国特許一三九一〇八、一八七三年五月二十日。

102　遠心力を利用した洗濯機、合衆国特許二一五四二八、一八七九年五月二十日。二段スピード式の水平シリンダーを装備しているという点で近代的な自動洗濯機（ベンディックス社）の原理に対し特許（合衆国特許四二〇七四二、一八九〇年二月二日認可）が一八八三年申請されている。

103　洗濯機のための自動制御装置、合衆国特許一〇〇五〇九三、一九一一年十月三日。

104　フランス特許五八六一六三、一九二五年三月十六日。英国特許一六八二九四、一九二二年六月四日。

105　ウェールズ（Wales）の再認可特許二一〇二〇（一九三九年二月二十八日）が、自動制御装置を初めて一槽式に適用した例だとする説は、これまで激しい論争の的になってきた。

106　この方法は、七〇年代のフランスで、単純化されて家庭用洗濯機に適用されたが、今もって広く行なわれている。

107　Mary Davis Gillies, *What Women Want in Their Kitchens of Tomorrow, A Report of the Kitchen of Tomorrow Contest conducted by McCall's Magazine*, New York, 1944, p. 155.

108　**Swisher,** 前掲書三二頁。

109　広告パンフレット, ***You and Your Laundry***, Chicago, 1922.

110　同右。

111　***Laundry Management, A Handbook for Use in Private and Public Laundries***, 4th.ed., London, 1902, p.160. 特に洋服屋のアイロン機械は、アメリカでは五〇年代および六〇年代に特許がおりた。当時の他の家庭用器具とは違って、これは本当の意味の先駆者とは言えない。合衆国特許二一四五〇、一八五七年九月七日。ローラー付きの中空シリンダーで、クランクで操作されるもの。合衆国特許七二七七三、一八六七年五月十二日、回転式あるいは旋回式の加熱式中空アイロン。

112　合衆国特許四〇二八〇、一八六三年十月十三日。

113　合衆国特許五一〇〇〇、一八六五年十一月二十一日。

114　The Walker Co., Syracuse, N. Y. これはジェネラル・エレクトリック社からの情報。これが初めて生産に移された皿洗い機であるかどうかについてはまだ確認はされていない。

115　Mary Davis Gilles, ***What Women Want in Their Kitchens of Tomorrow: A Report of the** Kitchen of **Tomorrow Contest conducted by McCall's Magazine***, New York, 1944.

116　J. H. Powers, 'The Disposal', *General Electric Review*, March 1943, vol.46, no.3, p.175—77. この記事には、ディスポーザーについての詳しい説明が載っている。J・H・パワーズ (Powers) は、一九三五年以来、この装置の開発に従事してきた。

117　ジェネラル・エレクトリック社（コネティカット州ブリッジポート）からの情報。

118　『オックスフォード英語辞典』は、一九〇三年五月三十日付のウェストミンスター官報から「現在、真空掃除機と呼ばれる機械が動いている」という文章を引用しているが、この一文からも、真空を利用した掃除法がいかに新奇なアイディアであったかがわかる。一方、フランス人もこの頃、「真空を利用した衛生的な掃除法」について語っている (*La Nature*, Paris 1903, p.576)。

119　デイビッド・T・ケニー (David T. Kenney)、合衆国特許七三九二六三、一九〇三年九月十五日、合衆国特許七八一五三二、一九〇五年一月三十一日。これらの特許では、「真空掃除機」については触れられていないが、「埃を取り除くための装置」については語られている。

120 機械式カーペット掃除機に関する最初の特許、合衆国特許二一三三三、一八五八年八月十七日。この特許は、「駆動車輪と連結した回転式ブラシ」を基礎にしている。間もなく見るように、回転ブラシは、最初、街頭掃除機に取り付けられた（一八四〇年）。二番目の特許（合衆国特許二一四五一、一八五八年九月七日）では、「ブラシと牽引ローラーとが組み合わされていた」。

121 合衆国特許二四一〇三、一八五九年五月二十四日を参照。

122 M. S. Cooley, *Vacuum Cleaning Systems*, New York, 1913, p.3.

123 そこでは二つの特許が利用されていた。第一は、一八四〇年四月十五日の英国特許八四七五、「街路や通路を掃除し修繕するための機械」。第二は、一八四二年八月二日の英国特許九四三三、「街路を清掃するための装置」である。この後者の特許は、アメリカでも最初の街頭掃除機の特許になった。合衆国特許三一二四、一八四三年六月一日。前者の特許の特徴は、なかんずく、大型の回転ブラシを早い時期に（多分、初めて）用いた点にある。ホットワース（Whitworth）はこれを「円形ほうき」と呼んだ。それは交差型スプロケット・チェーンによって回転する仕組みになっていた。

124 英国特許五二七五、一八二五年十一月一日。

125 ヨハン・ジョージ・ボードマー（Johann Georg Bodmer）による蒸気ボイラー用移動式格子の導入（一八三四年）に関する記述を参照（本書「アッセンブリーライン」の章）。

126 彼は、百万分の一インチの誤差で動く平削り盤を製作した。

127 「パンとガス」の項を参照（本書「パン」の章）。

128 合衆国特許二九〇七七、一八六〇年七月十日。

129 「私の発明の要点は、細かいちりや汚れを、空気と共に機械の中に吸い込み（このような早い時期にこうした提案が行なわれたのは興味深い）、これを、水その他ちりを逃さない物質と混ぜ合わせることにある」。ではなぜこのとき、後に一般的になった、気密式の袋の中に入れる方法がとられなかったのだろうか。

130 一八六〇年、カーペット叩き機に対し三つの特許が認可された。合衆国特許二七七三〇、二八三八九、三〇五九〇。

131 *Laundry Management, A Handbook for Use in Private and Public Laundries*, 4th.ed., London, 1902, ch.23: 'Carpet Beating'.

132 Booth, 'The Origin of the Vacuum Cleaner,' *Newcomen Society Transactions*, London, 1935, vol. 15, p. 93.

133 Cooley, 前掲書四頁。ジョセフ・H・ヤング（Joseph H. Young）とデイビッド・パターソン（David Patterson）は一八九二―九三年の頃、多数のエア・ブレーキ式ポンプを適当に組み合わせて埃を吹き飛ばすという方法で、自動車内の掃除をする実験を行なった。当時、前者はソルト・レイク・シティにあるユニオン・パシフィックの所長を、後者はその技術部長を務めていた。しかし、この提案は実際的でなかったため、彼らは、空気を吸い上げ窓から吹き飛ばすサイフォン方式を考案した。この方式は大きな成功をおさめ、ユニオン・パシフィックは、停留所での普通客車やプルマン客車の掃除用にこれを広く採り入れた。彼らはまた、貨車や木造の建物に塗料を吹きつけるノズルを開発したが、この方式は、船の塗装作業にも使われた。しかしこの工夫に対しては特許は認可されなかった。その原理は、すでに、タンクから圧搾空気で石油を吹きつけ機関車の火室に点火するという考え方の特許に含まれているというのがその理由だった。この資料は、現在ウェスティングハウス・ブレーキ社の副社長を務めているヤング氏の好意で得た。

134 Booth, 前掲書八五頁。

135 英国特許一七四三三、一九〇一年八月三十日。

136 Booth、前掲書八六頁。

137 挿絵、同書図版一一。

138 G. Richou, 'Nettoyage sanitaire par le vide', *La Nature*, Paris, 1903, p.577.

139 Dr. Berghaus, 'Der Vacuumreiniger, ein Apparat zur staubfreien Reinigung der Wohnraeume,' *Archiv fuer Hygiene*, vol. 52 (München, 1905).

140 Cooley, 前掲書一三頁。

141 Report of the Federal Trade Commission on the House Furnishing Industry, 6 Oct., p.6 (Washington, 1925).

142 Catalogue of the Montgomery Ward Co., 1917, p.703.

143 挿絵、Cooley, 前掲書一六頁。発明者は、サンフランシスコのウィリアム・ノー (William Noe)。

144 合衆国特許八八九八二三、一九〇八年六月二日、ジェームス・M・スパングラー (James M. Spangler)。ここではすでに、ダスト・バッグが取り付けられている。

145 合衆国特許一一五一七三一、一九一五年八月三十一日。この機械は、オハイオのフーバー吸込式掃除機会社に譲渡された。これにさらに改良が加えられ、現在の標準型が開発された。

146 Arthur Summerton, *A Treatise on Vacuum Cleaning*, London, 1912.「われわれは、ポータブル式の掃除機では清掃作業を充分に行なえないと考え、この論文では固定式だけを取り扱った」。

147 Cooley, 前掲書二〇頁

148 オハイオ州、クリーブランドのトム・J・スミス (Tom J. Smith Jr.) 氏は、the Pressed Metal Institute の副所長をつとめ、真空掃除機の分野のベテランだが、彼は、将来の顧客にバーで酒を飲ませたりする代りに、掃除機の歴史に関心を持たせることに努力した。後に彼は、より永続的な形で掃除機の資料を収集した。彼とC・G・フランツ (Frantz) 氏は親切にわれわれの質問に回答して下さった。フランツ氏は、真空掃除機製作者協会の創設当初からの事務局長であり、広範な古い記録の収集家でもある。

149 'The Hydraulic' Catalogue, Collection Tom J. Smith, Jr.

150 Vacuum Hydro Company, New York, Catalogue, Collection Tom J. Smith, Jr.

151 Electrolux の場合におけるように。

152 Isaac Weld, *Travels through the United States*, London, 1800. これについては、R. O. Cummings, *The American and His Food*, Chicago, 1940 にも引用されている。カミングスは、簡明的確に冷蔵時代の到来について述べている。

153 Cummings, 前掲書八三頁。

154 *The Great Industries of the United States*, Hartford, 1872, p.156.

155 *Appleton's Cyclopedia of Applied Mechanics*, New York, 1883, vol. II, p.127.

156 同前掲書。

157 イギリス在住のアメリカ人、ジェコブ・パーキンス (Jacob Perkins) は一八三四年、最初の圧縮機にエーテルを利用した。一八五七年、初めて商業ベースにのる製氷機の特許を獲得したフェルディナン・カレ (Ferdinand Carré) は、後に（一八五九年）、ファラデー (Faraday) と同様、アンモニアの水溶液を使った。

158 Evans, 前掲書一三六頁。

159 初期の努力や六〇年代半ばまでの製氷機の発展については、同時代人ルイ・フィジイエ (Louis Figuier) による、*Les Merveilles de l'industrie ou description des principales industries modernes*, Paris, n.d., vol III, p. 591—632. に詳しい説明が載っている。

160 この点については、種々の技術専門書が参考になる。中でも、H. B. Hull, *Household Refrigeration*, Chicago, 1924, 1927, 1933. が良い。三版を重ねたこの本には、機械式冷蔵庫の発展の主要時期や普及過程について精確に記されている。

161 Business News Publishing Co. (Detroit, Mich.) の編集者兼出版者ジョージ・F・トーブネック (George F. Taubeneck) 氏から提供をうけた情報によると、ケルビネーター (Kelvinator) 社は一九一六年に、また、当時ガーディアン (Guardian) 社と呼ばれていたフリジデア (Frigidaire) 社は一九一七年、また、サーベル (Servel) 社はその直後にこの問題に取り組みはじめた。一方、一九一一年から一二年にかけて、E・T・ウィリアムズ (Williams) とフレッド・ウォルフ (Fred Wolfe) の二人が、手製の家庭用冷蔵庫を展示した。

162 Hull, 前掲書（一九二四年版）九八頁。

163 George F. Taubeneck, *Great Day Coming!*. Detroit, 1944, p.185.

164 同右。

165 これは、正式には「冷凍食品貯蔵設備」(a frozen-food locker plant) と定義され、近代的な低温食品貯蔵庫に与えられた名称である。ここでの作業には、処理、下準備、冷凍などが含まれる。冷凍食品貯蔵設備の主な構成要素を挙げると、次の四つになる。
一、華氏八度から三六度で冷却、熟成させる室。ここでは新鮮な肉その他を、冷凍用に処理、下準備するに先立ち冷却、熟成させる。
二、肉を注文通りの大きさに切る作業室。肉、果物、野菜は、冷凍される前にここで包装される。
三、完全冷凍するための急速冷凍庫。
四、個人賃貸用の貯蔵庫を数百台備えた貯蔵庫室。温度は華氏〇度に保たれている。
Report of the Task Committee, War Production Board, July 1944. この報告書はトーブネックの前掲書三七五頁に再録されている。

166 S. S. Block, 'New Foods to Tempt Your Palate,' *Science Digest*, New York, Oct. 1944.

167 O. Kuhler, 'Streamlining the Railroads,' *Product Engineering*, New York, vol VI, 1934, p.224.

168 the Meigs Elevated Railroad Construction Co. (East Cambridge, Mass.) がこのような列車を製作した。O・クーラーの前掲書中に、挿絵が掲載されている。クーラーによれば、流線型の機関車が初めて現われたのは、カサル（一九〇四年）とミュンヘン（一九一二年）であったという。

169 G. Budd Mfg. Co. (Philadelphia) (前出) によって製作された「バーリントン・ゼファー号」(Burlington Zephyr) がその最初の例である。

170 W. D. Teague, *Design This Day, The Technique of Order in the Machine Age*,' New York, 1940, (W・ティーグ著、GKインダストリアル・デザイン研究所訳『デザイン宣言』美術出版社、昭和四十一年、一八九—九一頁)。初期の頃の自動車（たとえば一九二四年のボアザン型など）は、もう一つの原則、コンパクトネスの原則に基づいてつくられた。

171 *Product Engineering*, vol.1, New York, 1930, p.230.

172 同書二八四頁。

173 T. J. Maloney, 'Case Histories in Product Design,' ***Product Engineering*** (1934), vol. 5, p.219.

174 具体例は、同右にある。

175 George F. Taubeneck, 'The Development of the American Household Electric Refrigeration Industry', ***Proceedings of the VIIth International Congress of Refrigeration***, 1936.

176 意匠権は、Sec. 4929 R. S, U. S. Code, Title 35, sec.73. によってオーソライズされた。この個所は、一九三九年八月五日の条例により改正された。

177 Christine Frederick, ***Household Engineering***, 前掲書三九四頁。

178 'Standardized Unit System for Kitchens,' Catalogue of the Kitchen Maid Corporation, Andrews, Indiana, 1923.

179 「造り付けの設備」の起源に関するわれわれの質問状に対して、インディアナ州、アンドリューズの Kitchen Maid Corporation は次のような回答を寄せてくれた（一九四三年十一月二十四日）。「これらの設備は、一九一九年から一九二二年にかけて研究され組み立てられた。販売が開始されたのは一九二二年だが、ほぼこの頃、ニューヨーク市パークアヴェニュー一〇一の Architect's Samples に展示された。この造り付け設備という考えを発案したのは、わが社の理事長、E・M・ワスマス（Wasmuth）氏だが、彼としても、この考えがこれほどまでに発展しもてはやされるとは、予想していなかったに違いない」。

180 Kitchen Maid Corporation, Catalogue.

181 これを提案したのは、ブルックリン・ガス（Brooklyn Gas Company）の社長、マリー・ディロン（Mary Dillon）である。調査は主に、縦一〇ヤード横一二ヤードの台所を中心に行なわれた。'Efficiency Methods Applied to Kitchen Design,' ***Architectural Record***, March 1930, p.291 を参照。

182 同右、二九一―九二頁を参照。

183 同右、二九四頁。

184 ある大会社は、自社製の高価な皿洗い機の市場を育てるために、ユニット・キッチンの企画を採り上げたと言われている。

185 一九四五年、二五のガス器具製造業者と食器戸棚メーカー八社との間に、規格化について次の合意が成立した。「自動洗濯機を取り付けるためカウンター・トップの奥行は二五・二五インチとすること。平均的な女性の体格を考慮し、ベース・キャビネットの高さは三六インチとすること。ベース・キャビネットおよび上部のキャビネットの幅は、キャビネット三つ分とすること」。***N. Y. Times***, 13 July 1945.

186 'The House for Modern Living', ***Architectural Forum***, Apr. 1935, p.275.

187 同書二七六頁。Basement Playroom, Kitchen, or Laundry.

188 建築資材のメーカー二三社が、「戦後の生活のためのデザイン」コンペティションを後援した。このコンペティションの結果は、***California Arts and Architecture***, Los Angeles, New York, 1944. に発表された。

189 Mary Davis Gillies, 'What Women Want in Their Kitchens of Tomorrow'. これは、*McCall's Magazine* (New York) が一九四四年に主催した「明日の台所」コンテストの報告書である。

190 リビー・オーエンス・フォード社の「明日の台所」展 (Exhibition of the Libby-Owens-Ford Kitchen of Tomorrow) における消費者投票を集計して、次のような結果が得られた。大きなピクチャー・ウィンドウの欲しい人九六・六%、台所に鏡が欲しいという人九五・一%(一九四四年)。

191 *The Ladies Home Journal* (Philadelphia), Dec. 1912, p. 16.

192 ***Reader's Digest***, Apr. 1945. これは ***American Magazine*** の記事を要約したもの。

193 ***The New York Times Magazine***, 10 June 1945, 'Designs for living', by Mary Roche.

194 S. Giedion, ***Befreites Wohnen***, Zurich, 1929 に図示されている。

195 Malcolm Willey House, 225 Bedford Street, Minneapolis, Minn., 1934. Henry Russel Hitchcock, ***In the Nature of Materials***, The Buildings of Frank Lloyd Wright, 1887—1941, New York, 1942. を参照。

196 Hitchcock, 前掲書三一八頁。

197 I. M. Pei and E.H. Duhart, Competition entry for Post War Housing, 1943, *California Arts and Architecture*, Los Angeles, New York, Jan. 1944, p. 33.

198 ***Life Magazine***, 28 May 1945.

199 Charles D. Wiley, First Prize in the Competition for the Design of Small House by the United Plywood Corporation, ***California Arts and Architecture***, Feb. 1945.

200 ***Architectural Forum*** (September, 1942) の特集号 'The New House 194x' を参照。戦後の復興に関する建築家側からの提案が掲載されている。ここでは、機械コアの問題が繰り返し論じられている。たとえば、ラルフ・ラプソン (Ralph Rapson) とデイビッド・ランネル (David Runnel) による、規格化された「メカニカル・パネル」の提案はその一例である (同誌八九頁)。

201 J. B. and N. Fletcher, Birmingham (Mich.). その住宅は、第二次世界大戦の帰還兵用として設計された。帰還兵はまず工場に、最新の設備を備えた「メカニコア」(mechanicore) を取りに行き、次に製材所に材木を取りにいく段取りになっていた。***Pencil Points***, May 1945, p.56—57.

第Ⅶ部　入浴の機械化

入浴の機械化

心身蘇生法の諸型

単に身体の汚れを落とす場合と心身の蘇生を目的とする場合

入浴とその目的は、時代によって意味を異にしてきた。ある文明が入浴を生活全体の中でどのように位置づけ、またどんな型の入浴法を好んだか、ということを知れば、その時代の本質についての洞察が得られる。

入浴は、その方法のいかんを問わず、身体の健康維持と関係している。身体という微妙な道具のバランスを保ち、それとの調和を図ることは人生の重要事である。時代によって入浴に対する考え方は違っている。入浴を、心身の蘇生という広い概念の一部とみなした時代もあるし、単に身体の汚れを落とすことだと考え、決まった手順で手っとり早くすませればよいと考えた時代もある。入浴が全的人間の幸福にとって不可欠な一部として組み込まれていた時代もあるし、孤立した行為とみなされたり、あるいは、ほとんどまったく無視された時代もある(1)。

ある文化で入浴が演じた役割を知れば、その文化の気晴らしに対する態度がわかる。入浴は、個人の幸福がどの程度まで社会生活の不可欠な一部とみなされているかを知る目安である。

これは一つの社会的問題である。社会は個人の健康を守り福祉を増進する責任をもっているのだろうか、あるいは、それは個人に任せられたことなのだろうか。いかに経費がかかろうと、気晴らしの機会を提供することは国家の義務なのだろうか。それとも国家は、国民を生産体制の部品とみなし、気晴らしに関しては仕事が終った後での個人の工夫に任せるべきなのだろうか。

古代世界、たとえばイスラム教国、それにある程度までヨーロッパ中世も、心身の蘇生を社会の基本的責任の一つとみなした。このような考え方はルネッサンスの期間中に衰え、十七、八世紀に至ると肉体に対する配慮は完全な無視に近い状態にまで落ち込んだ。しかし十八世紀を通じて、古代文化の記憶が次第に甦ってきた。

もっぱら他の文化に関心の目を向けた十九世紀は、心身の蘇生という考え方に目覚めた。入浴は、冷水療法（水治療法）を重視した自然復帰運動に乗って、一八三〇年頃現われた。入浴に対するイスラム教徒の考え方が注目を惹いたのは一八五〇年頃である。そして、家庭での蒸気風呂は一八三〇年頃からその世紀の終りまで多くの支持者を得た。これらの入浴法は、シャワー、日光浴を含めて次々に登場し、併存した。どの入浴法が優勢となるか、その戦いは長期にわたりその行方は定かでなかったが、結局最後に、浴槽方式が圧倒的な勝利をおさめて人びとの間に定着した。

実は、浴槽を使った今日の型の入浴法は、最も古い入浴法を機械化したものなのである。それは、身体の汚れを落とすだけが目的の入浴法の範疇に属している。この場合、浴槽は洗面器を拡大したもの、と解してよい。今日ほどはっきり、浴室は寝室に付属するものと考えられたことはなかった。近代的な浴室を構成する部分はどれ一つをとっても、緩慢で退屈な機械化の果てにもたらされたものである。水道と接続した浴室が初めて登場したのは前世紀の末、さらにそれが一般化したのは両大戦間の機械化の全盛期においてであった。しかし一方では、浴槽による入浴法が、ギリシャで体育場《ジムナジウム》が発達する以前、紀元前一八〇〇年から一四五〇年頃のクレタ島にも存在した原始的な入浴法であるというのもまた事実である。

　最後の母系社会であったあの輝かしいミノス文明期には、浴槽が使われていたばかりか、それには下水設備も便所もついていた。アーサー・エバンズ卿による忍耐強い発掘の結果、この時期のことについては、たとえば現在われわれがギリシャの体育場について知っている以上のことが明らかにされている。エバンズが、クレタ島のクノッソス宮(2)の女王の部屋で発見し、断片をつなぎ合わせて復元した、絵入りのテラコッタ製の浴槽を見ると、この型の浴槽は紀元前一二五〇年頃、ミケーネ期のギリシャ人によって引き継がれたことがわかる。この小さなクレタ島の浴槽は、ホメロス時代の英雄たちが使ったというミケーネ期の浴槽に関する記述とぴったり一致する。ホメロスは、紀元前八〇〇年頃、入浴の儀式について述べている中で、入浴は重労働のあとの疲れを癒すのに効くと述べている。そこでは身体を清潔にすることより、くつろぐことのほうが入浴の意味として強調されている(3)。

　海水浴も同じ精神にのっとって行なわれた。くつろぐことこそ入浴の目的であるというのが、古代人に共通した考え方であった。ローマ初期の住居、たとえばスキピオ（兄）の家では浴槽は一階に設置され、それには排水と加熱設備が一体化していた。セネカはネロの時代に書いたその『道徳書簡』の中で、スキピオの素朴な生活習慣と、窓が小さくて浴槽が見えないほど暗いその浴室について道徳的意味を認めると同時に、憧がれるような口調で回想している。

　紀元前一世紀頃、公衆浴場が制度として確立すると、独立した浴槽は意義を失った。ローマの浴場の熱気室には、湯と水をたたえた大理石製の巨大な浴漕と、造り付けの洗面器が備え付けられていた。イスラム教徒文化は浴槽を決して受容しなかったし、東洋人も、自分の身体の垢で汚れた湯につかるのを快しとしなかった。

古代における心身の蘇生法

　古代ギリシャの浴場は、それに意味を与えた制度の一部として存在した。それは、ギリシャの教育の中心であった体育場と切り離しては考えられない(4)。ギリシャでの入浴は非常に簡単で、冷水を浴び、沐浴することを中心に成立していた。プリエネのギリシャ風体育場にもあるような、水道の付いた大理石製の水槽、それに足湯を使うための簡単な窪みを見ると、そこでの入浴がいかに簡単で、しかもより大きな目的に組み込まれていたかがわかる。入浴は体育場で行なわれたことの一部で、パレストラ（体育場）での厳しいスポーツ、たとえば五種競技と、半円形のエクセドラ（討論場）での哲学的な議論との中間に位置していた。それは時間的に、激しい肉体的な営みと静かな知的交換との境に位置していた。入浴という行為が、これほどまでに有機的に心身の蘇生行為全体の中に組み込まれていた時代はない（図四四五a）。

ローマの公衆浴場はギリシャの体育場を技術的に高度にしたものであった。そこに含まれている要素も、ギリシャの場合とほとんど変わっていない。しかし、紀元前一世紀には、その中での重点に変化が起き、同時に、全体の規模が大きく拡大した。ヘロドトスによれば、彼の時代すなわち紀元前五世紀のギリシャ人は後の中世の場合のように、熱した鉄や石に水をかけて蒸気をつくり出したそうだが(5)、このことが当てはまるのはせいぜいギリシャの浴場の初期の場合だけである。紀元前五世紀から一世紀にかけて、ギリシャ、小アジアあるいはエジプトで入浴法がどのような変遷をたどったか、その真相は今もベールに包まれたままである。

考古学者のブレッチア(6)は、ナイル流域のアレキサンドリアの近郊で浴場の遺跡を発掘した。それは二つの円形の建物から成り立っていたが、彼は、暖められた温度は二つの建物で違っていたのではないかと推測している。このような円形の建物はローマの公衆浴場にもあった。浴室の中でも一番湯の温度が高いラコニクムがそれであった。ブレッチアは、そのような浴室の起源はプトレマイオス時代に遡ると述べているが、その指摘は当然のことのように思われる(7)。紀元前三世紀のアレキサンドリアは、ギリシャ精神の直接の継承者であると同時に、技術的な発明を重視した。ユークリッドが教えたのもこの地だった。ここを中心にして、天文学、実験物理学、外科手術、産婦人科学が相会した。そこは、公衆浴場の成立にふさわしい雰囲気を備えていた。ローマ人がこのヘレニズム期の公衆浴場を発見したとき、それがどの程度完全な状態で残っていたかは、依然不明である。

ローマ帝政期に至って初めて、公衆浴場の意義はその頂点に達し、世界の物質的富を支配した帝国の記念碑となった。壁で囲まれたその内部では、ローマの技術的、建築的、社会学的思考の枠が一つに結合されていた。

ローマ人の技術的才能を傾けて作られたその施設の仕組みは、非常に簡単だった。床と壁を暖める方式については、ウィトルウィウスが詳しく書いているが、紀元前一世紀に現われたとされている。床は低い煉瓦の支柱の上にのり、その下に熱気が通るようになっていた（床下暖房）。中空になった壁には、断面が四角の陶製の管が通り熱気を運んだ。壁と床を暖める方式はローマの植民地でもアルプスの向う側では珍しくはなかった。公衆浴場の技術的構造は、完全にこの床と壁を暖める方式に基づいていた。それは、その後考案された他のいかなる方法よりも、熱を部屋全体に均等に広げるのに適した方式であった。

この暖房方式がローマ的な広大なスケールで、かつてない大規模な建物に適用された。火と結びつく要素として、水がある。アルバン丘陵から水をひいた水路橋は、公衆浴場が出現したときにはすでに齢一世紀を経過した制度だったが、公衆浴場の出現とともに拡張された。巨大な冷浴場と水の惜しみない消費、それは文明に新境地を開くものであった。たしかに、使われた水と熱の豊かさは、ローマの公衆浴場の特筆すべき点だが、その意義は水や熱の消費量にではなく、それが心身の蘇生に役立てられるときの、その方法にある。

技術的に洗練された熱気浴と、それのための温度差のある浴室

442　冬期の日光浴：フォーラムの公衆浴場。オスティア。広い間口部はガラスで覆われ、その中で，ローマ式入浴法の一部として日光浴が行なわれた。（写真：S. ギーディオン）

（テピダリウム—微温浴室、カルダリウム—温浴室、ラコニクム—高温浴室）の成立とともに、紀元前五世紀のギリシャ式浴場の機能は決定的に変化した。まず、浴室が施設の中心を占めるようになった。ギリシャの体育場を構成する個々の施設は残ったし、競技やレスリングが行なわれるパレストラも同様だった。ローマの帝国公衆浴場、たとえばカラカラ浴場の屋外体育場などは、プリエネにあったジムナジウムをすっぽり収めるほどのスケールがあった。エクセドラという形式も再び現われているが、その半円の建物はローマの公衆浴場では休息のための場所に変わっている。それはアテネの場合のような、少数者のための文化ではない。ローマのパレストラのような騒々しくごった返した所からは、プラトンもソクラテスも生まれようがなかった。授業と討議というエクセドラの機能は浴場の外郭に移された。そこは内部よりも静かだったし、集会を開いたり図書館を設けられるだけの広さもあった。

各時代がヴォールト（穹窿）の問題を解決しそのデザインに取り組んだときの目的は、ほとんど例外なく、その時代の支配的関心事と結びついている。それは、ゴシック期には聖堂の身廊、また十九世紀には工場、鉄道の駅、万国博会場用として建設された。ローマ時代には、かつてない大胆な規模のキューポラ（円蓋）とヴォールトがテピダリウムの広大な空間を覆うために建設された。フォーラムも、闘技場も、円形の野天大競技場も、建築的独創性と架構技術という点で公衆浴場にはおよばなかった。ポンペイの浴場やアグリッパのパンテオン神殿と、コンスタンティヌス皇帝の頃[8]の公衆浴場との間には、建築技術的に、ロマネスクと後期ゴシックほどの大きな差がある。

高い円天井の浴場、特にテピダリウムは、光に溢れていた。二つの抱きを備えた大きな半円形の窓からは陽光が降りそそいでいた。われわれの知る限り、公衆浴場のテピダリウムは広い窓の開口部を通して真昼の陽光がいっぱいに射し込む構成をもった、最初の記念碑的な室内だった。ティベール河口のローマの港であり、アウグス

443　イスラム教徒の蒸気浴室。カラウールのハムマム，カイロ。イスラム教徒の入浴者は薄暗く隠遁的な雰囲気を好んだが，ここではハニカム・ヴォールトによってその雰囲気が作り出されている。(E. ポーティ『カイロのハムマム』，カイロ，1933)

トゥスとクラウディウスの時代、ローマの人びとの海水浴場でもあったオスティアのフォーラム付属の公衆浴場は、一階の部屋に天井がなかった。この部屋の機能は、以前、はっきりしていなかった。その南に面した壁はただ二本の柱によって支えられ（図四四二）、一スパン分だけは壁ではなくガラスが嵌め込まれていた。つまり南に面したこの部屋は、冬に日光浴をするための部屋だったのである。

　公衆浴場の社会学的意味は、心身蘇生のための場所を社交場に変えている点に見出せる。ローマ人は余暇の大部分を公衆浴場で過ごし、彼らが入植した所は、農場、エステート、大小の都市、アフリカやイギリスにおける軍隊の駐留地など、至るところに浴場が発達した。

　ローマ人の日常生活は夜明けとともに始まり、普通、午後の一時か二時には仕事が終った。公衆浴場が開くのは正午だった(9)。皆、仕事を終えたあと、そして一日の主な食事をとる前にそこを訪れた。その目的は、日々、心身に新たな活力を蘇らせることにあった。ジムナジウムの場合と同様、パレストラでの運動は身体の組織を開放し、循環を促進した。これには時間がかかったが、部屋の中で一番大きくかつ豪華なテピダリウムにいる時間もかなり長かった。そこで人びとは、約三十分かけて汗を流した。次にカルダリウムに入ると気温は一層高くなり、ラコニクムでは、滞在は短時間だったが、部屋の温度は頂点に達した。その乾燥した空気は華氏一二〇度くらいになり、我慢できるぎりぎりの温度だった。その次に石けんで身体を洗い、マッサージをし、そして冷浴室《フリジダリウム》のプールに飛び込む。このように日々の蘇生活動はローマ人の生活と不可分に結びついていた。だからといって、すべてのローマ人が一日五時間公衆浴場で過ごしたというわけではない。しかしともかく、浴場は存在したし、希望者には誰にでも開放されていた。公衆浴場は多くの社会事業団によって財政的に支えられていた。アグリッパの浴場は開かれていた期間中、無料だった(10)。通常の入浴料は滑稽なほど安く、施設にかかった建設費、維持費のことを考えるとまったく釣合いがとれないほどだった。都市の公衆浴場は一般市民のためのものであったし、駐留地の浴場は軍団のためのものだった。ローマの将軍は、兵士が疲れていては戦争にならないことを知っていた。有閑生活の術を心得ていた資産階級も、社交を目的として別荘の浴場を活用した。ポンペイ末期のディオメデスの別荘では、浴室は寝室の隣ではなく、建物の左側、玄関とちょうど反対側に位置し、寝室はその上階にあった。

誰でも最初、公衆浴場のことを耳にすると、性的に乱れた場所ではないかと想像する。しかし、自動車が時たま輸送以外の目的に使われることがあっても自動車を責めるわけにはいかないように、それと同じことが公衆浴場についても言える。ロストフツェフは、ローマ帝国が没落したのはその属領の社会・経済構造に欠陥があったからだとはっきり述べている。公衆浴場が存在した背景には、二十四時間以内に心身の均衡を回復するには制度的な解決が必要だという認識が働いていた。

ローマおよびビザチンの両帝国が没落するまで、またイスラム教国は生活の機械化が始まるまで、頑固にそれぞれの仕方で心身の蘇生行為に執着したことは、そのような制度の必要がいかに人間性に深く根ざしたものであるかを物語っている。

公衆浴場の成立とともに、新しい社会的要因が歴史に登場した。各人は等しく、心身の蘇生をはかる権利、しかも一日のうちにそれを行なう権利をもっているという認識がそれである。ローマ帝国末期、遊牧民がカンパーニャ水路橋を破壊しローマへの水の供給を断ったことが文化におよぼした影響は、今日まで尾をひいている。

さまざまな蘇生法の伝播

心身の蘇生を図る入浴の起源は、どこにあったのだろうか。あらゆる兆候は東方、ユーラシア大陸の内陸部を指し示している。心身の全面的な活性化を目的とした入浴法の原始的なタイプは、ロシアで最も長く存続し、そこを起点としてヨーロッパ・ロシア、シベリア、そして十二世紀頃、中部ヨーロッパとイギリスに広がった。それが西洋で最大の広がりを見せたのは、ゴシック末期であった。ロシアやフィンランドの古い文献でもこの風呂について触れられている。この点は、後に社会制度としての蒸気風呂を扱う際にもっと詳しく述べたい。

今日のロシア式入浴法の原理については、ギリシャ人ヘロドトスも承知していた。彼は最も単純な型の蒸気風呂について書き残している。その蒸気風呂がギリシャに伝わったのが小アジア経由か、バルカン半島を越えてか、それとも、その両方であるかについては、確実なことはわかっていないが、そのかなり発達したものが、プトレマイオス朝下の紀元前三世紀に、ナイル・デルタ地帯に伝わっている。さらにそれは、技術的に高度な進歩を遂げたヘレニズム期のエジプトから、紀元前一世紀にローマ帝国――ポンペイ、ローマ――に伝播した。この時期に、明快な形式のものが現われた。温度が段階的に分かれた幾つかの浴室をもち、ジムナジウム（図四四五）を組み込んだローマの公衆浴場がそれである。

原型がアジアの内陸部を起点に遠心的な広がりをみせたとすれば、同じような過程が今度はローマを中心にして起こる。ローマ帝国の拡張期に、公衆浴場は文明世界の辺境に伝えられた。

その時に、注目すべきことが起きた。三世紀のシリアで、ローマ型の浴場（公衆浴場）が、競技施設も、パレストラも、冷水をたたえたプール（冷浴場）もないアジア型浴場の原型と接触したのである。それら小さなシリア型の浴場（図四四六）が、原型を田舎風に

444　心身蘇生型入浴法の伝播経路。各種の心身蘇生型入浴法の伝播経路を試験的に描いてみた。その昔，心身蘇生型入浴法の原型——蒸気浴あるいは温浴——が中央アジアを起点に，ロシア，シリア，ギリシャ世界へと広がった。この型は，プトレマイオス朝期，ナイルの三角洲において初めて技術的に洗練化されたらしい。紀元前1世紀，原型とギリシャの体育場の混合型であるローマの公衆浴場が，ヨーロッパの拡大と並行して広がった。ローマの公衆浴場が——東方への伝播過程で——原型と接触し，後のイスラム教型浴場に変化したのは，紀元3世紀，シリアにおいてであった。イスラム教型浴場は機械化の到来まで存続した。(M. エコシャールと S. ギーディオン)

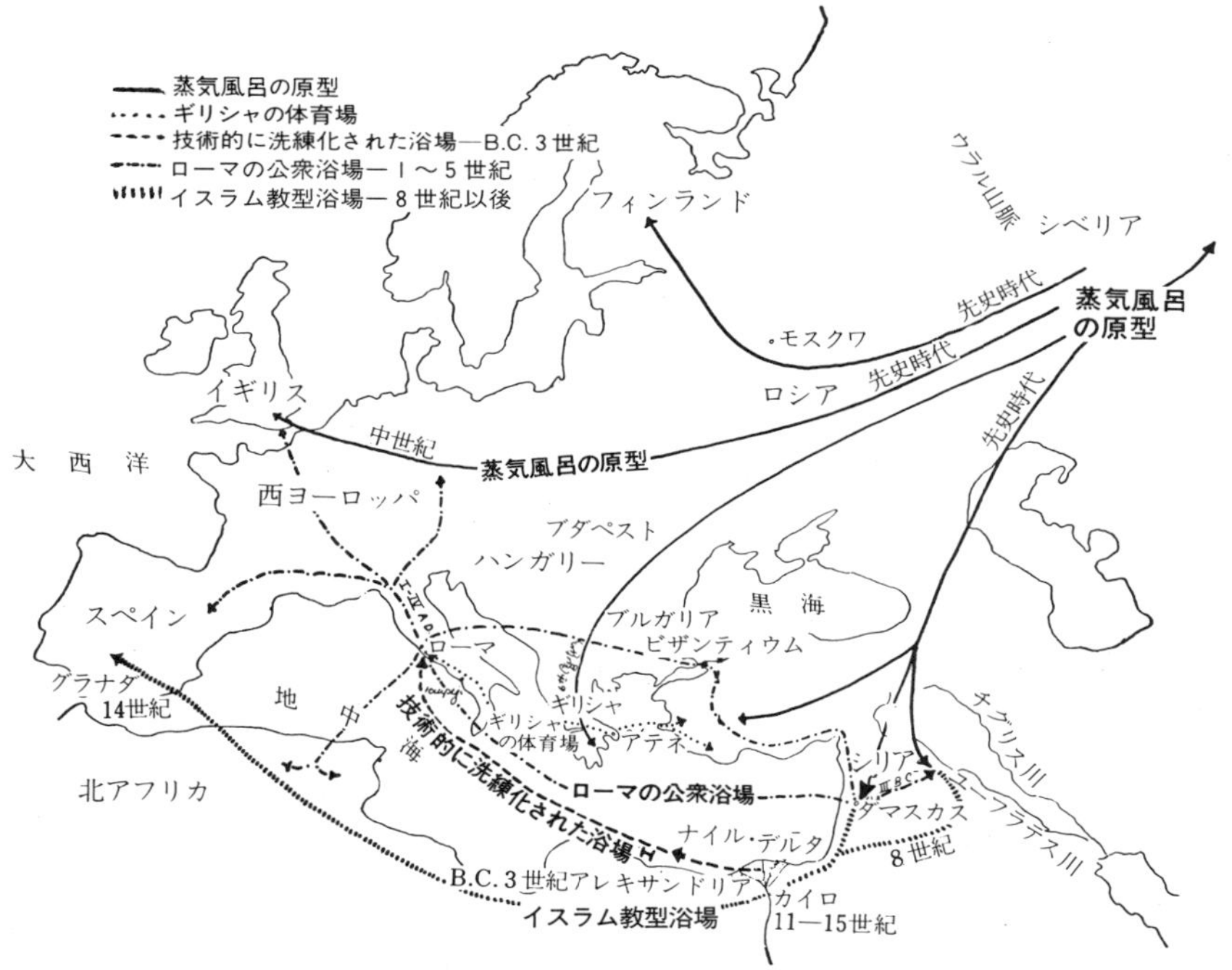

単純化したものではなく、ギリシャ・ローマの生活様式に吸収され変化した原型の後裔であることは、空間構成と大きさが著しく似ていることに示されている。結局、原型は、その変型よりも強力だった。三世紀のシリアの浴場を、アムラ城にあるカリフの浴場や八世紀のシリアの施設と見比べてみると、八世紀のアラブの征服者が原型の特徴を逐一とり入れていったことがわかる。

たとえば、アムラ城にあるカリフの浴場と、規模や全体的な空間構成の点で非常によく似た、ローマの前哨基地ドゥラ・ユーロポスのF3浴場(三世紀)(11)は、ドゥラがパルシア人によって破壊されて以来、地中に埋もれたままであった。この町は、最近発掘されたが、そのとき、さまざまなことが明らかになった。その一つは、単なる考古学的報告を超える意義をもっていた。すなわち、冷浴室の大きなプールがドゥラ市陥落(二五六年頃)以前に砂で埋められ、休憩場(アポディテリウム)に変えられていることが発見されたのである。このアポディテリウムの存在は、種類の如何を問わず、イスラム教徒の浴場に一貫してみられる特徴である。その直接の原型が何であるかは知られていない。ウマイヤ朝のカリフにとり、引き継いだときのドゥラの浴場は、アポディテリウムを欠いていたため、そのままでは役に立たなかったのである。ドゥラの例は特例ではなく、一つの型を表現していた。このことは、西ローマ型の浴場はバルカン諸国でその原型と接触したときにうち棄てられたことを意味している。F・E・ブラウンは、即座に、F3浴場はシリア―東洋の伝統に属するものと考えたが、エコシャールによるスケール比較(12)は、ブラウンのこの結論を一層裏づけることになった。

石造で、普通は円天井をもち、ローマ風に技術的に洗練されたシリア型の浴場は、原型(現在もロシアの丸太小屋に残っている)と西洋文明のそれとをかけ合わせたものである。

この型は、ローマ世界の拡張とともに公衆浴場が伝播したように、イスラム教徒の拡張に伴い四方に広がっていった。まずバグダッドが、後にはファーティマによって建設されたカイロが、伝播の新しい起点となった。アフリカの北部、およびその北西海岸からスペインを経てピレネー山脈に至るコースがイスラム教式浴場の伝播経路であった。コンスタンチノープルの陥落(一四五三年)後、オスマン一族はビザンチン風の空間構成と円天井を使い、それをバルカン半島とハンガリーを経由してオーストリアの辺境にまで伝えた。

こうして、心身を全面的に活性化させる入浴法の原型は、さまざまな型をとって、先史時代から今日のロシア、フィンランドそして近東へと、絶えず広がってきたのである。この徹底した形での心身蘇生法を制度として確立しなかったのは、反宗教改革以後の西洋文化だけである。

イスラム世界における心身の蘇生法

イスラム教徒が小アジアで初めてローマの公衆浴場と出会ったとき、蘇生法の発展は新たな段階を画した。イスラム教徒は公衆浴場を採用したが、その際、シリアで見出したローマ型の浴場を自分たちにふさわしいものに作りかえた。賢明なカリフは、そうすることによって、宗教上の理由で酒を飲む歓びを禁じられた臣下に、その代りとなるべきものを与えたのである。

ハムマム(13)、つまりイスラム教徒の浴場は、ローマの公衆浴場とどの点で違っているのだろうか(14)。冷浴室のプールとともに、パレストラとそこでの体育競技はなくなった。同様に、ギリシャではエクセドラ、ローマでは読書室にあたる知的訓練の場もなくなった。イスラム教徒が独自の建築的表現を見出してゆくに従い、高い位置に窓をもち真昼の陽光が注ぎ込んでいたテピダリウムに代わって、彩色し、金銀をところどころに嵌め込んだ円蓋《キューポラ》が現われた。小さな部屋にも一つ一つ、鐘乳石の円蓋がかぶせられるようになった。薄明りと無為、外界からの隠遁が好まれた。薄暗い円蓋の中では精霊（ジン）たちが相集うとされた。ここでは、活発に入浴を楽しむ古典世界の人びとに代わって、東洋的な静けさが支配していた。身体をもみほぐしたり関節を鳴らしたりするための高度な技術、骨の髄にまで達するような入念なマッサージが、体育競技にとって代わった。ギリシャのエクセドラに代わって休息用のベッドが現われ、休憩用のベランダでは音楽家が楽器を奏していた。建物はローマの公衆浴場と比べて小さく、目立たないものになっている。技術的設備は単純化された。建物には暖房された翼と、されていない翼があった。煙道は壁に限られ、暖房した翼の床の下には熱気管が走っていた。

ローマの公衆浴場の核ともいうべき、温度の違う一連の熱気室はそのまま残された。しかし、機構全体のバランスは変えられている。

古典時代には脱衣室であったアポディテリウムは、脱衣の目的のためだけに使われたが、東洋ではその機能が拡大され、化粧室と休憩所を兼ねたマスラクに変わった。入浴者は、蘇生プロセスの最初と最後の部分でその場所を使った。

ローマの浴場の中心をなしたのは、なま暖かいテピダリウムであった。ローマ人は贅を尽してその場を造り上げ、できるだけ広くつくった。カラカラ浴場やディオクレティアヌスの浴場（図四四五b）にあるようなテピダリウムは、十九世紀の建築的想像力を刺激し、その結果同じものを再現しようという試みがなされたことがある。なぜ、テピダリウムのようなものがローマの浴場で必要だったのか、少なくともその理由の一つは、生理的な根拠をもっていたようである。入浴者は、パレストラで運動し、生理的循環を刺激した上でこの部屋に入った。テピダリウムのなま暖かい空気は、ほてった身体を静かに落ち着かせる作用をもっていたのである。そこでは、無理に発汗を促す必要はなかった。ハムマムでは、そのテピダリウムは小さくなり、単なる通路に変わっている。テピダリウム衰退の理由は、一般には温暖な気候に帰せられているが、説明として充分であるとは到底思えない。というのは、北アフリカ一帯のローマ式浴場には、この微温浴室が備えられていたからである。

代わって、イスラムの浴場ではベイト・アル・ハララと呼ばれる温浴室が中心となった。ローマ式浴場では、温浴室つまりカルダリウムは重要性において到底テピダリウムにおよばなかった。その後、他の部屋は温浴室を起点として横方向に展開してゆく。ローマのカルダリウムには、湯と水をたたえた大理石の水槽が置かれていたが、ベイト・アル・ハララでは多角形の寝椅子が部屋の中心を占め、そこでローマの場合の体育競技に代わって、マッサージなどが付添人によって行なわれた(15)。

ローマの公衆浴場で最も温度の高い部屋、ラコニクムは、床の下に火焔が通っていたため、高温で空気は乾燥していた。ハムマムでは、これがマグタスと呼ばれる蒸気風呂に変わり、その中央に深い

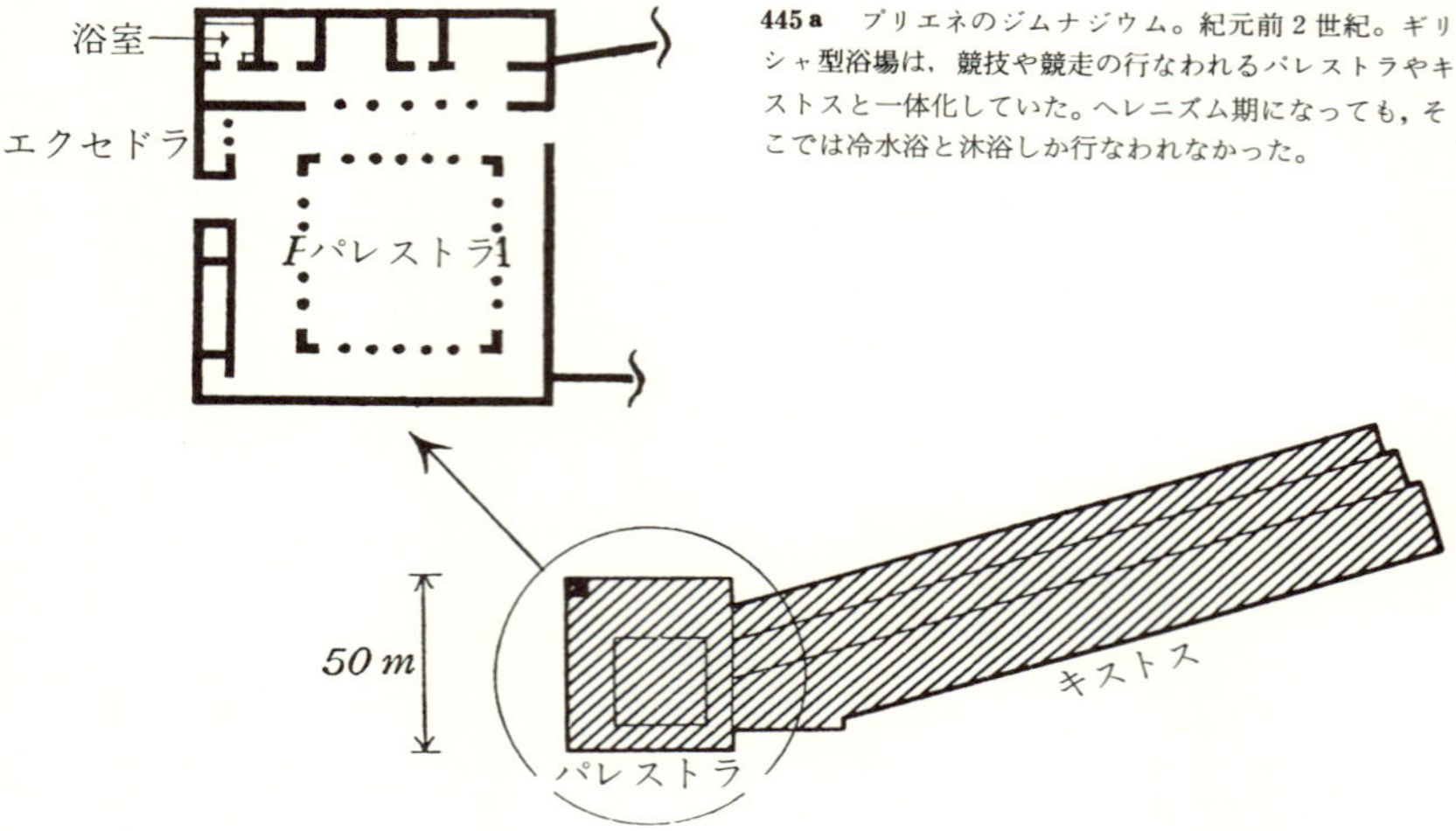

445 a　プリエネのジムナジウム。紀元前2世紀。ギリシャ型浴場は，競技や競走の行なわれるパレストラやキストスと一体化していた。ヘレニズム期になっても，そこでは冷水浴と沐浴しか行なわれなかった。

445 b　ディオクレティアヌスの浴場。302年。ローマ帝政下，公衆浴場はかつてない重要性を与えられた。水と熱をふんだんに使ったその浴場は，庶民のための贅沢な社交場へと発展した。

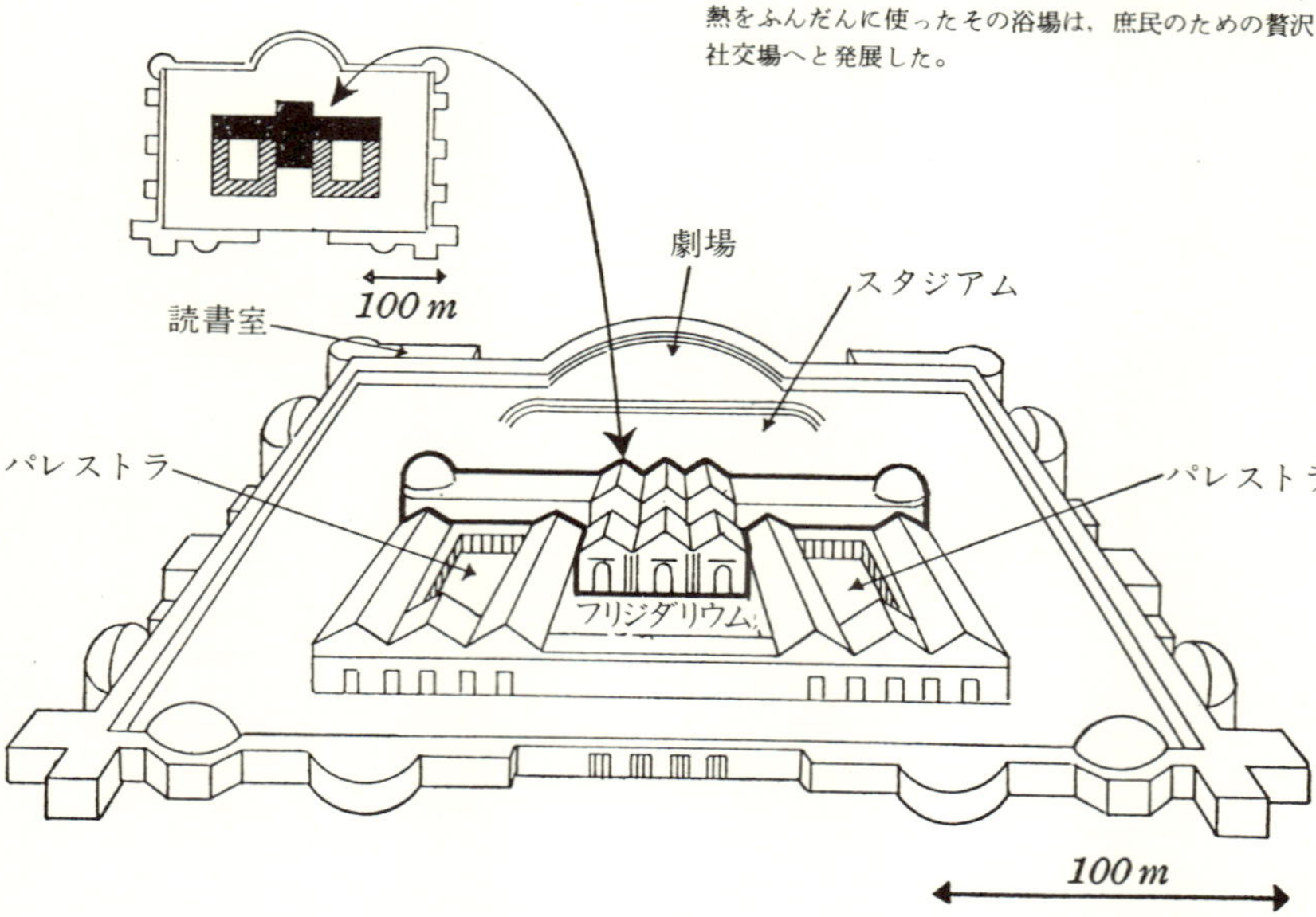

東洋における心身蘇生法

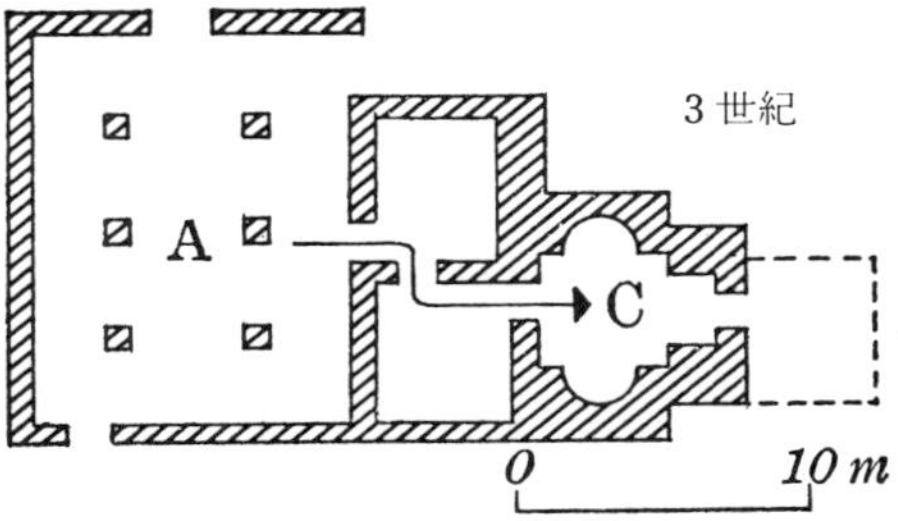

446 a　ドゥラ・ユーロポスの浴場。ローマの公衆浴場は，シリアと，ローマ帝国の東側の辺境に沿った地域でその原型と遭遇した。3世紀に，ドゥラのF3浴場は，わざわざ砂で満たされ，広大な東洋風の休憩室(A)（マスラク）に変わった。

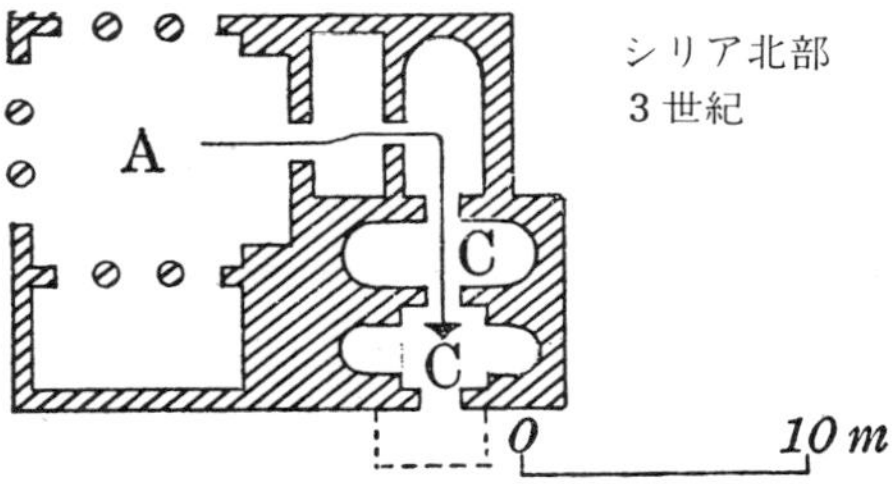

446 b　ブラドの浴場。休憩室（マスラク）と温浴室の比重が大きくなっている。フリジダリウムとパレストラはすでになくなっている。

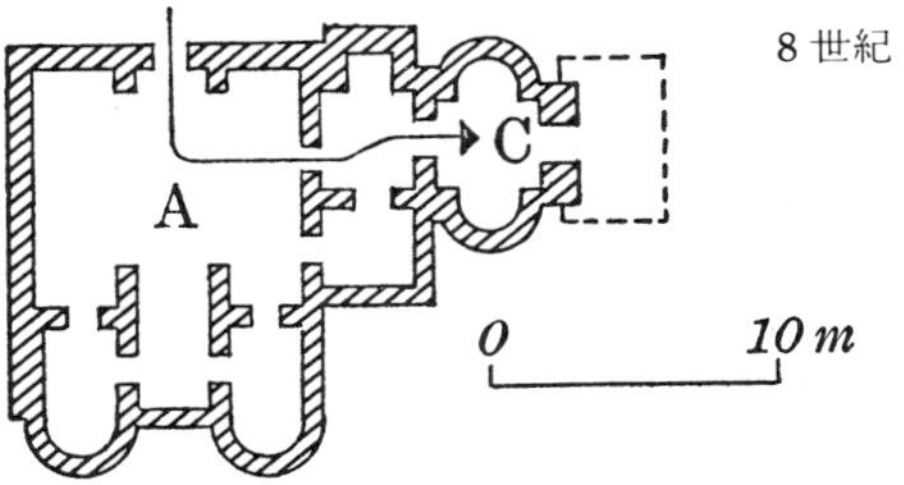

446 c　アムラ城の浴場。ウマイヤ朝のカリフはシリア型の浴場を継承し，それをイスラム教徒風の施設に変化させ始めた。プランや規模は変わらなかった。

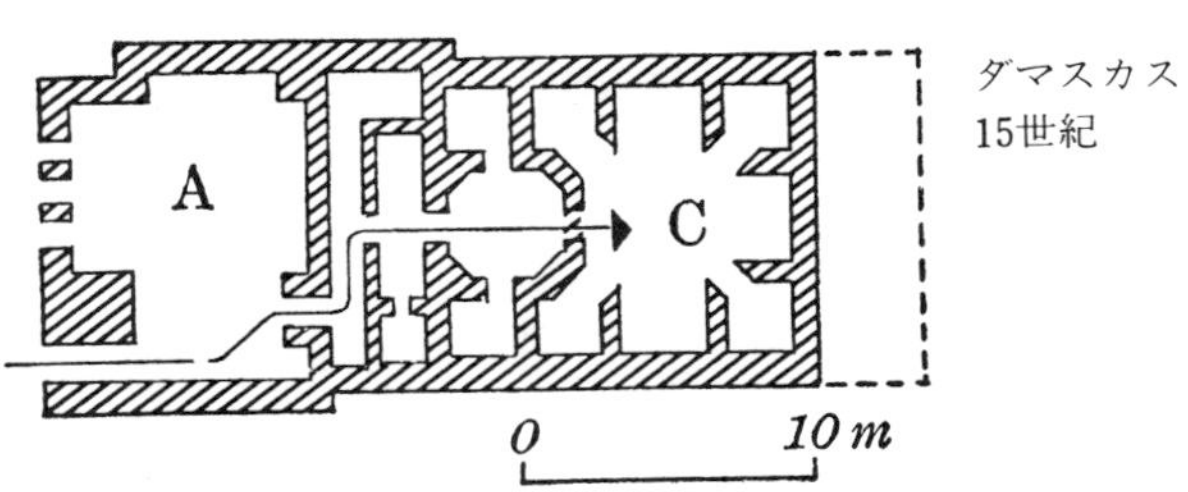

446 d　エル・ハジブ浴場。ビザンチンの影響下，施設はますます分化の方向をたどった。一番温度の高い部屋(C)は非常に大きくなっているが，この傾向は，エコシャールも指摘しているように，現在まで続いている。部屋ごとに円蓋が取り付けられ，蒸気浴室は温浴室を中心に放射状に広がっている。

447 a　(左)イスラム教式浴場の休憩室(マスラク，アポディテリウム)。イスラム教式心身蘇生法はこの部屋を起点に始まり，ここで終る。浴室が薄暗いのとは対照的に，マスラクは明るいほうが好まれた。入浴者はここで居眠りしたり、煙草を吸ったり，コーヒーをすすったりする。カリフの時代には，音楽家がギャラリーで演奏をしていた。(ポーティ『カイロのハムマム』)

447 b　(右)イスラム教式浴場の温浴室（ベイト・アル・ハララ，カルダリウム）。温浴室は円天井の薄暗い部屋である。マッサージは部屋の中央にある多角形のディヴァンの上で行なわれる。(ポーティ『カイロのハムマム』)

浴槽が据えられていた（図四四九）。東洋に独特な蒸気風呂に対する愛好を表現して、それぞれ温度の違うマグタスが二つ用意されていた。それらは、ベイト・アル・ハララを中心に放射状に展開しているのが普通だった。

部屋割り（図四四六）に概略示されているように、入浴は次のような順序で行なわれた。まず脱衣室（アポディテリウム、マスラク）に入り――テピダリウムは単なる通路に変わっていた――次に、円天井の温浴室（カルダリウム、ベイト・アル・ハララ）に移り、そこで身体をもみほぐしてもらったり、特別なマッサージを受ける。次に蒸気風呂（マグタス）に移動し、最後に石けんマッサージを受ける。そしてマスラクに戻って休憩する。

イスラム教徒は、こうした入浴の基本的な仕組みを、三世紀から六世紀にかけてのシリアの公衆浴場から発想した(16)。そこではすでに、ローマ型の公衆浴場の構成に変化が起きていた。パレストラとフリジダリウム（冷浴室）は消え、アポディテリウム（脱衣および休憩室）が中心を占め、テピダリウムが小さくなるとともに、カルダリウムの重要性が増していた。床下暖房と二重壁はすでになくなっていた。ローマの公衆浴場と比較して、すべてが非常に小さくなっていた。シリアにおける初期キリスト教時代の浴場と帝政ローマの公衆浴場の差は、たとえてみれば、ロマネスク風の田舎の教会堂と建築技術の粋をかたむけてつくられたロマネスク聖堂の差にも匹敵する。すべてが田舎風に単純化されているが、同時に、新しい環境に適応したものになっている。ここでは、浴場が田舎風になることが新たな発展のきっかけとなっている。こうしたことは、外国の影響が古いパターンを甦らせる場合などによく起こる現象である。

448　カイロ地区における浴場の分布状態。カイロには，1930年代にも，11世紀から15世紀につくられたハムマムが50ほどあった。それらはみな近隣の人を対象とした小規模のものだった。（ボーティ『カイロのハムマム』）

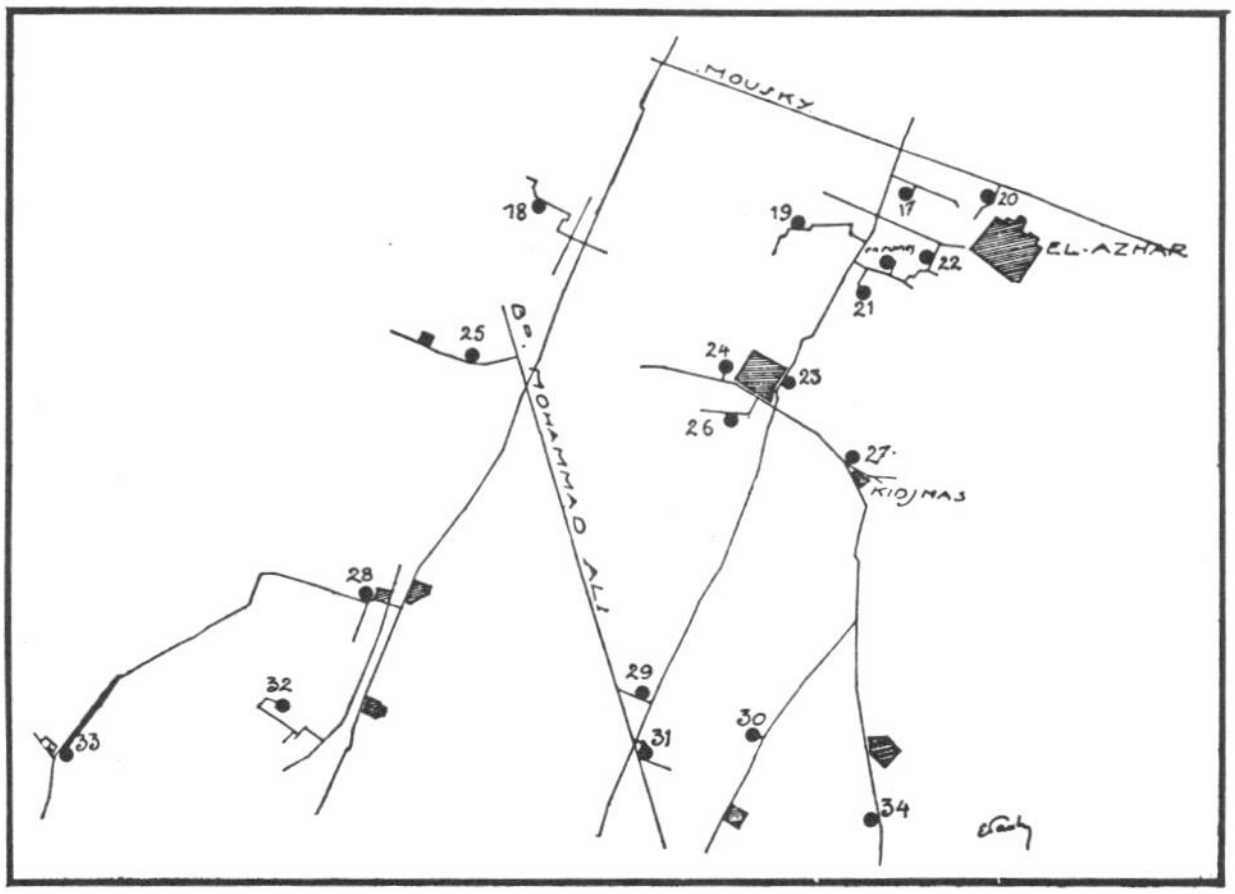

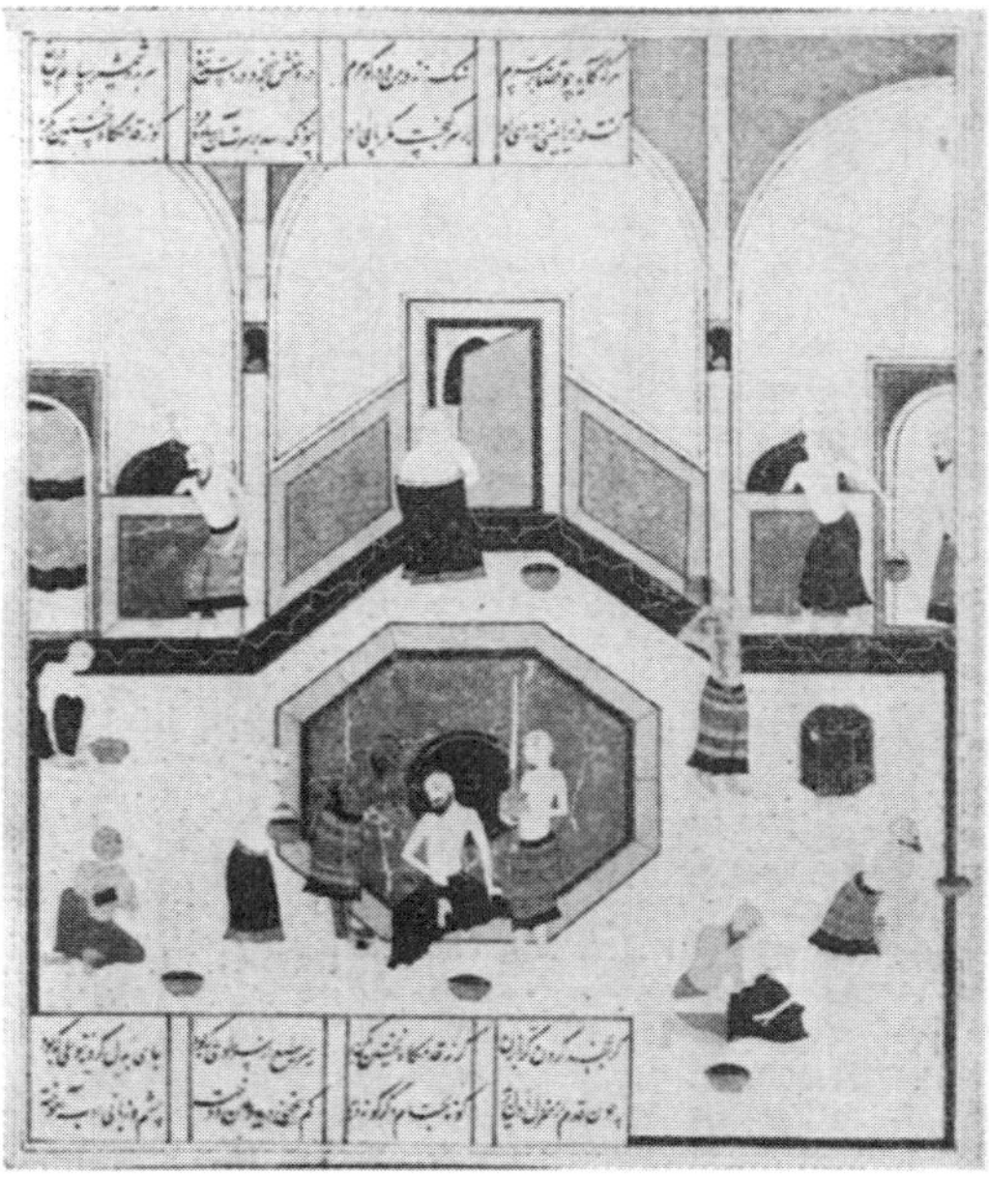

449　ペルシャ型浴場の蒸気浴室と浴槽。16世紀ペルシャの細密画「カリフのアル・マムンと理髪師」，1548年。カリフが浴槽の縁に腰を掛け髪を切ってもらい，付添人が入浴している人の身体にかける水を汲んでいる。絵の前方では，マッサージが行なわれている。（提供：フリアー・ギャラリー，ワシントン）

イスラム教徒が八世紀に彼ら自身の浴場を形成したとき(17)、彼らはシリアの制度に新しい生命を吹き込んだ。最も初期のイスラム教式浴場を建設したのはウマイヤ朝のカリフで、彼らは、当時も半ばベドウィン風の生活様式を身につけ、閉鎖的で堅苦しい都会生活を軽蔑していた。これは、メソポタミア、エジプト、シリアなど、どこにおいてもアラブの征服者に共通した特性だった。死海近くにあるアムラ城の浴場は、山間のホテルのように、荒涼とした砂漠の中にぽつんと建っていた。最初の部屋（アポディテリウム、マスラク）は、画廊と壁画を備えた社交場でもあった。一方、浴室そのものは、ある程度、その重要性を失っていた。その場を支配していたのは、くつろいだ親しみのある雰囲気であり、その雰囲気は、時代を経て浴場の規模が大きくなっても失われなかった。シリアの原型と同様、ここでも部屋は流れるような線を描いて配置されていた。グラナダのアルハンブラ宮殿内のカリフの浴場（十四世紀）も、依然としてこのパターンにならってつくられている。これと並行して、十字形の配置が発達してくる。フランスの考古学者が精確に再現したカイロのハムマムがその例である(18)。ここでは、ドームをのせたカルダリウム（ベイト・アル・ハララ―図四四七）が浴場全体の中心を占めている。

イスラム教徒は浴場から体育および知育の場を追放し、蘇生行為そのものに宗教的な性格を与えた。かくしてハムマムは、モスクの役割を補うものとみなされたのである。モスクでは厳粛な斎戒沐浴が執り行なわれた(19)。ハムマムを建立して寄進することは敬虔な行為とみなされた。浴場は貧しい者にも開放され、入浴料の支払いは入浴者の随意に任せられた。「私は身分に応じて支払うようにと言ってある」と、あるカリフは『千夜一夜物語』の中で述べている(20)。この習慣は十九世紀末まで忠実に守られた。入浴者に恵みをたれることは信心深い行為とみなされていたのである。またイスラム教徒はハムマムを盛んにするため、入浴者に免税の特権を与えたりしている。古代と同様、浴場はここでも社交の場であった。女性にとっては、家庭の外に出られるまたとない機会であった。

ポーティが数えたところによると、一九三三年、カイロには、十二世紀から十五世紀にかけて建てられたハムマムが、それ以後のものも幾つか含めて、約五〇あったという。十二世紀に建造されたもの――シャルトル大聖堂の北側正面玄関と同時代――のうちの幾つかがまだ使われていた。体育競技に関する施設はすべてなくなっていたので、街路に沿ったごく普通の家のような小さな土地と狭い口があれば充分だった。ただ入口だけは、十八世紀の宿屋の看板のように、比較的人目を惹くような扱いをされていた。カイロ地区の地図を見ると、ごく近所に住む人たちを対象にしたハムマムは、当時、ヨーロッパの都市の居酒屋くらいたくさんあったことがわかる（図四四八）。暑い気候のことを考えると、遠方からたくさんの人を集めていた巨大なローマの施設より、このほうが便利だったかもしれない。

ローマ帝国の公衆浴場のように、ハムマムはイスラム教徒の影響がおよんだあらゆる都市、都市内の各地域、村、そして街道に沿って発達した。土地柄、燃料が非常に乏しかったので、藁や牛、ラクダの糞が燃やされた。住宅街から出るゴミは今日でも利用されている――ゴミ処理の方法としては気がきいていると言っていい。

ハムマムは、バルカン半島、ペルシャ、小アジア、エジプトからモロッコにかけてのアフリカ、そしてムーア人が支配した時期のスペインでも見られるようになった。コルドバには、発展がピークに達した西暦一〇〇年頃、約九〇〇の浴場があったと言われている(21)。ブタペストには現在も硫黄泉があり、かつてのトルコが支配した時代のヴォールトが渡されている。

イスラム教式浴場の最盛期は、ヨーロッパにおけるロマネスクとゴシック期に符合する。ハムマムが洗練の極に達したのは十五世紀、トルコの侵略を受けた頃だった。

一八三〇年頃、東洋的なものへの関心が芽生えるとともに、「トルコ」風呂がヨーロッパからの旅行者の注目を惹いた。イギリスの外交官、デイビッド・アーカートがトルコ風呂の人間的意義に注目した最初の人だった。彼は、あらゆる階級に向いた心身蘇生法として、できればそのような風呂を十九世紀中葉のイギリスの工業都市に持ち帰りたいものだと考えた。アーカートが一八三〇年、ギリシャで初めてハムマムを見たとき、それは依然として金持ちの庇護の下で栄えていた。一八五〇年頃、アパートにはまだ浴室のない頃であったが、西洋の影響を受けて、ハムマムは衰退の兆しを見せ始めていた。機械化された浴室が東方世界に浸透し始めたときに、その運命は最終的に決まったようである。ハムマムは富裕な支持者を失った。ポーティによれば、貧乏な人だけがハムマムを使うようになったという。装飾やカーペット、モザイクは剝ぎ取られ、穢く汚れてしまった。上流階級はヨーロッパの習慣を採り入れ、今では、自宅に備えつけた浴室に満足している。

社会制度としての蒸気風呂

蒸気風呂は、身体を充分清潔にする方法として最も簡便であると同時に、最も安上がりな入浴法でもある。湿った熱気が皮膚と汗腺を刺激し、垢を落としやすくする。そこで必要なものといえば、幾つかの熱した石と手桶一杯の水だけである。日光浴のことについては、ヘロドトスの時代から記録が残っている。それは古典世界でも行なわれていたし、今日のロシアやフィンランドの田舎でも行なわれている。一方、蒸気風呂の一般化は十二世紀に入って始まった。ひょっとすると、それより早かったかもしれない。木製のタンブラー錠のように、それはどこにでも見られた。しかし十九世紀には、エールが木製の錠の機械化に成功したように、中世の蒸気風呂を現代の制度に作り変えることのできる発明家は、ついに現われなかった。

ゴシック末期の蒸気風呂

蒸気風呂の原型は、ロシアとフィンランドを起点にして西欧に広がっていった。その発展の最盛期は、中世末期である。

ロシアはもちろん西欧においても、中世の蒸気風呂は一つの社会制度とみなされていた。フィンランドのサウナ、シベリアの風呂小屋、アルブレヒト・デューラーの「湯浴みする女」（一四九六年、図四五〇）に描かれている、「発汗所」とか「公衆浴場」、あるいは

450 ゴシック末期の蒸気浴室。アルブレヒト・デューラー「湯浴みする女」，ニュルンベルク，1496年。

「熱気室」などと呼ばれたゴシック末期の蒸気風呂、これらの間にはほとんど違いはない。デューラーがこの絵を描いたのは、初めてのイタリア旅行から帰って間もない頃だった。彼はこの絵で、裸の女性のいろいろな姿態を描きたかったのである。モデルは、ごく自然に見出せるところで見つけたいと考えたが、結局、十五世紀のニュルンベルクに一三カ所あった蒸気風呂の一つをその場所に選んだ。「トルコ風呂」（一八五九年）を描いたアングルのように、デューラーも入浴の光景を口実として使った。アングルの場合は、アドリアノープルのトルコ風呂について記した有名なモンタギュー夫人の手紙を基に、その絵を描いた。一方デューラーは、絵の中で浴室の中をのぞいている人のように、実際に自分の目で入浴の様子を見て、そこで目にしたことを、彼らしい精確さで描き上げた。容赦のない筆致で描かれた画面前方の老女の裸、手のさまざまな動きと表情、立上り小枝で肌をたたいている若い女、腰羽目を低い位置にめぐらした部屋、天井にまで達した暖炉、身体にかけるための水をためた大桶、たくさんの熱した石、円形あるいはチェストの形をした大がま、一つの部屋でレベルの違う床……等が実に精密に描かれている。

中世における入浴の習慣は、ヨーロッパ中どこもあまり違いはなかった。デイビッド・アーカートは、一八五六年、トルコ風呂をイギリス人たちの間に広める運動を推進していたとき、アイルランド沿岸のイル・オブ・ラスリンには中世の発汗所が依然として残っていること、さらに、「特に近所のお祭りのときに人びとはそこで入浴する」(22) ことを知った。スイスでも、たとえばツルヒャー・オーベルラントでは、さらにそれ以後まで町の蒸気風呂は開かれていた。パンの製造の際に発生するたくさんの蒸気がしばしばこの目的に利用された。人びとは、オーブンに管を通し、パン製造の過程で発生する多量の蒸気を浴室に誘導して使ったらしい。浴場の経営者は商売を邪魔されたと怒り、浴場のギルドとパン職人のギルドとの間に紛争が持ち上がったこともあった。

451　18世紀の人の目に映ったロシアの浴場。シャップドートロシュ『シベリア紀行，1761年』の挿絵。

ロシアの蒸気風呂

ロシアの蒸気風呂は、心身の蘇生を図る入浴法としては最も単純で、同時に最も長続きした型である。この型の起源は古く、その時代と場所に関する歴史資料は現存しない。その入浴の習慣は、有史以前の神話、死者崇拝、泉と河の礼拝と結びついていた。復活祭前の祝祭日、たとえば洗足式で、人びとは肉、卵、ミルクを供え、浴場を暖め、床に灰をまいて、「神よ、御身をきよめ給え」と叫んだという。そして健康増進を祈願して、魔術的な力を賦与された草が、入浴の際身体を打つのに使う小枝と結びつけられた(23)。

ロシア人とフィンランド人によって行なわれていた蒸気風呂の起源は大変古く、それについての手掛りはまったくないと言ってもよいほどである。文献的資料に頼るより、その入浴の型について簡単な分析を試みるほうが有効であるように思われる。古代およびイスラム教徒の浴場と同様、ロシアの蒸気風呂も、一つの社会制度であった。しかしその型は、前者以前の社会構造、奴隷労働に依存しない社会の存在を示唆している。つまり、入浴は入浴者同士のサービスの上に成立していた。その入浴法は都会的なものを田舎風に単純化したものではなく、農村的環境と森林地帯の中で型として成立した。それは、都会的なギリシャのジムナジウムやローマの公衆浴場とは違う型の入浴法であった。

この問題を精密に研究した人は少ないが、そのうちの一人は、この入浴法はギリシャ・ローマに起源をもつとする安易な想定を斥け、次のように言っている。「想像するに、この型は東洋、あるいは、そのような蒸気風呂をもっていたスキト人(24)に由来するものではないかと思う。でなければ、サルマシア人かカザン人に由来するものかもしれない」(25)――ともかく東方に起源があったということであり、われわれもこの見解に賛成である。その浴場は豪華には決してならなかった。そこを訪れた十八世紀のフランス人は、金持ち用の浴場と農民のそれとの違いは、前者のほうがより清潔であるという点だけだと強調している。このフランス人の体験談については間もなく触れる。

ロシアの浴場は最初の形態がそのまま持続した。それは、囲いのない炉床を備え、赤熱した石を積み上げただけの小屋だった。蒸気の充満した中で発汗を促すのに必要なのは、桶一杯の水、皮膚を刺激するための一束の小枝、マッサージ用として一把の葉と玉葱ぐらいのものだった。それは決して、温度の違う建物を幾つも備えるほど立派なものにはならなかった。気温がもっとも高い天井付近まで、高さを異にして設置された何台ものベンチが、そのような建物の代りをつとめていた。冬には戸外の空気に身をさらし、雪の上で身体をころがせば、必要な温度上の違いは得られたし、夏には近くの川に飛び込めば済んだ。これは文字どおり自然な入浴法であった。手段もパターンも単純を極めたこの型は、心身を生き返らせるという意味で最も徹底した効果をもつ入浴法である。

ヨーロッパ人の目からみた庶民の入浴

ロシアの入浴法は、今日まで変化することなく続いてきた、心身をともに活性化させる型の入浴法である。教育のある十八世紀中頃のフランス人は、この昔からある蘇生法に初めて出会ったとき、どのような反応を示しただろうか。彼の反応は、個人的なものというより、当時の典型的な態度なので、まずは、彼の報告に耳を傾けたい。彼、すなわち天文学者のシャップ・ドートロシュは、金星の蝕を観察するため、フランス学士院の派遣でシベリアのトボリスクに旅行した。その後も彼は、同じような目的でカリフォルニアに行き、そこで一七六九年に没した。彼は、十八世紀の普遍主義に忠実に、あらゆることに興味を抱いた。彼による二つ折り判の三巻の書物(26)は、彼が目にし、驚き、衝撃を受けた各地の習俗に関する赤裸々な記録である。たとえばそこには、二度狙いを定めて殴り、死に至らしめるカヌート族の死刑執行の様子、舌を抜く話、ロシア人と入浴した話などが記されている。

彼は、それまでにもロシアの風呂については東へ向かう旅の途中で度々耳にしていたが、寒暖計を片手に、一体それがどんな効果をもつものか、今度は自分の身体で確かめたいと思った。所はロシアの内陸部、ある冬の日の朝、彼は意を決して滞在していた家から橇にのって川べりの風呂小屋に降りて行った。その戸を開いた途端、たちまち煙に巻かれ、急いで戸を閉めた。「風呂場で火事でも起きたのかと思った」からだという。しかし、ロシア人の一人に執拗に説得されて、彼はついに中に入ることに決めた。「熱気は想像していた以上で、まったく尋常ではなかった。というのも、浴場は身体を洗う場所だとばかり思っていたからだ」。結局、ロシア人に教えられて、そこが汗を出すところであることを知る。しかし彼は「自分の健康状態には充分満足していたので、すぐに退散しようと決心した」。しかし、彼のために一晩かけて風呂を暖めた人の気分をこわしては悪いと思い、三度目の挑戦をした。「急いで服を脱いだところ、たちまちにして全身玉の汗になった」。熱気が頭にのぼり、熱した石の上にでも坐っているような気がした。ベンチから崩れ落ち、手にした寒暖計をこわしてしまった。服を着ようにも着られない。浴場の中では身体が濡れているのでそれはできないし、かといって、外は寒すぎた。結局、ナイトガウンをひっかけ、そして橇で宿まで送ってくれるようにと頼んだ。「この最初の冒険ですっかりロシアの風呂が嫌いになってしまい、それから何度も勧められたが、結局、五カ月のトボリスク滞在中、二度とその風呂には入らなかった」。

452　19世紀初期のロシアの浴場。1812年。（ルシェンベルグ・ローテンローウェン『ロシアの人びと』，パリ，1812）

その後も、この天文学者はロシアの風呂を試してみたが、やはり好きになれなかった。しかし彼は、公平な観察者としての目は失わなかった。彼はその社会的機能とともに、病気（痛風、壊血病）に対する効能をはっきり認め、西欧の人にそれを勧めている。

「こうした風呂はロシア中至る所で使われている。……上はツァーリに始まって下は彼の最下位の臣下に至るまで、誰もが週二回、しかも同じやり方で入浴する（図四五二）。少しでも財産のある人は皆自分の家にこの風呂を備え、家族全員がそれを使う。皆一緒に入ることもよくある。

下層階級の人びとは公衆浴場を使う。男も女も同じ浴場を使う。境は板で仕切られているが、浴場を出るときは男女とも裸のままなので、お互いの裸の姿が目に入る。皆そのままの恰好で、当りさわりのない会話を交わしている。もっと貧しい村では、浴場は乱交の場として使われている」(27)。

ロシアの風呂について書いた十七世紀の文献も、現在残っている(28)。その書物の著者カーライル伯爵は、フランス人のドートロシュより幸運だった。彼は国王の使節として「モスクワ大公」の宮廷に赴いた人だが、ロシアの風呂は楽しく、気分を一新させるのに大変よいという印象をもった。彼の説明には目新しさはほとんどない。彼は「人びとは湯あるいは他の液体で身体をよく洗い、手にした木の葉で身体全体をこすり上げる……。彼らは普通、気分をひき立たせるために酒を少し飲む」(29)と述べ、入浴は民衆のための蘇生法であること、健康を守ることと同時に、身体をしなやかに美しくするこ

453　ゴシック末期の蒸気浴室の内部。15世紀，彩色写本。(提供：パリ国立図書館)

ともその目的の一つであると、繰り返し強調している。一番興味深いのは、入浴は「新婚の二人にとって大変必要だと信じられ、特に初夜の後には清めとして風呂が使われる」(30)というカーライル伯爵の指摘である。それは執拗に守られた習慣で、精霊崇拝と同様、儀式的な意義をもっていた。浴場は都市より農村部に多いというカーライルの観察――「モスクワでは浴場は狩猟のように稀である」(31)――は、十七世紀のロシア政府は都市に浴場を建て、わざわざ免税の特典まで与えて操業を奨励した、という『ロシア大百科事典』の記述とも一致している。

なぜこうした浴場が今日まで存続し得たのか、その理由の一つは、おそらく、ロシアは十九世紀に機械化の影響を蒙らなかったからであろう。一九一七年十月の革命後、この大衆的な制度は国民の健康を図るための重要な手段として奨励され、詳しい設計の明細書が頒布された。

十九世紀の第一・四半期に蒸気風呂の復活が試みられたとき、それは社会制度ではなくなり、個人用の蒸気浴室、ないしは蒸気床に姿を変えてしまった。

心身の蘇生を目的とした入浴法の衰退

中世における心身の蘇生法

西欧の人びとは、中世の初めと終りの二回にわたって、自分たちのそれとは異なる蘇生の習慣に接触した。最初は、土地に飢えた遊牧民がローマを侵略したとき、二度目は、西暦一五〇〇年頃ムーア人をスペインから駆逐したときである。その追放の過程で、灌漑法から皮革製の椅子の作り方、飾り方に至るまで、ムーア文明の特徴が吸収された。

しかし、とりたてて刺激を加えずとも身体の内部から快感の湧き上がってくるイスラム教式の入浴法は、受け入れられなかった。この高度な入浴文化は、ムーア人の生活様式を象徴するものでありすぎたからである。アラゴンの女王は、生まれたときと結婚式のとき以外は入浴したことがないと自慢していたという。イグナティウス・デ・ロヨラ（一四九一―一五五六年）のごとき人物を養成しつつあった当時のスペインは、とても、官能の歓びを讃えるイスラム教徒の考え方を引き継ぐ雰囲気にはなかった。エル・エスコリアル修道院は、当時のスペインを次第に覆いつつあった陰鬱な雰囲気を今日に伝えている。

間もなく、宗教改革と反宗教改革の影響を受けて、中世の蘇生習慣は衰退の道をたどり始めた。もともと中世は心身を蘇生させるという考え方に決して敵対的ではなかった。水泳はごく普通のスポーツだったし、浴槽を使っての入浴も広く行なわれていた。マネス写本（ハイデルベルク）の有名な飾絵には、ネストルの娘がテレマコスに対して行なっているように、若い娘たちが湯舟につかった一人の騎士に付添い、バラの花びらを浴びせかけている様子が描かれている。また、たとえば、アルブレヒト・デューラーの「湯浴みする男」にあるように、大きな浴槽に身を沈め、食べ、そして音楽を楽しむというようなことも行なわれていた。中世に関する記録は、入浴が当時の社会で大きな役割を果たしていたことを証言している。ときには、入浴のエロティックな面に関心が集まることもあった。たとえば、十五世紀末のある細密画には、裸の客が巨大な木製の浴槽の中のテーブルを囲んでいる様子が描かれている（図四五三）。

何の衛生設備もなく、狭くて害虫がうようよしているといった中世の道路に対するイメージは、現在ではなくなりつつある。中世の城が、排水や便所の設備という点でヴェルサイユ宮殿の遙かに上をいっていたことは、すでに周知の事実になっている。ヴェルサイユ宮殿を建てた人は、そのような施設にほとんど関心を払わなかった。最近の調査によれば、十四世紀のロンドンには、地上式の下水、汚水だめ、それに公衆便所があったと言われるし(32)、また、十五世紀のフィレンツェの人びとは、彼らの街路が清潔であることを、とりわけ誇りに思っていたという(33)。

衛生に対する配慮は日常化し、無料での入院が制度化し、伝染病に対する予防措置もいろいろ講ぜられていた。伝染病に対する知識も、古代よりも中世のほうが豊かであった(34)。理髪師と外科医を兼ねた人物が営業していた無数の公衆浴場は、そのような制度の一環をなしていた。

ギルドの徒弟を対象とした浴場に、一定の入浴料金をとって開かれていた土曜風呂があった。現在、そうした浴場は一軒も残っていないが、その設備はゴシックの住居と同様、きわめて質素だった。アルブレヒト・デューラーの「湯浴みする女」には、その当時の公衆浴場の様子が描かれている。たしかにそれは、非常に原始的なものだったが、炉、湯舟を備え、床のレベルを違えているその浴室を見れば、それがごく日常的な施設であったことは直ちにわかる。

中世の浴場が、古代およびイスラム教国のそれと共通している点が一つある。浴場が同時に社交の場でもあったという点がそれである。男たちは、公衆浴場で、居酒屋にいるときのように政治談義にふけった。宗教改革のときに陰謀がもくまれたのも、公衆浴場であったと言われている。そこでは、イスラム教式浴場にいたマッサージ師に代わって、理髪師兼外科医という面白い組合せの人物が仕事をしていた。彼は、客が入浴を終えると、その頭を刈り、ひげを剃り、ある

454 水泳と体育の再発見。J. B. バゼドー、1774年。教育学者バゼドーは，精神面の教育と肉体の訓練のバランスを追求した。彼は，教育に水泳，フェンシング，乗馬，戸外活動を取り入れた最初の人の1人だった。（ホドヴィエツキーの銅版画：バゼドー『初歩読本』，デッサウ，1774年より）

いは、吸玉を掛けたり、放血をしたり、小規模な手術まで行なった。このように、中世末期の入浴は医療とも結びついていた。中世の終焉とともに、入浴を社会制度とみなす習慣も廃れた。

十七世紀および十八世紀

各時代にはそれなりの矛盾がある。十七世紀と十八世紀は、空間感情、音楽、鋭くそして体系的な思考という点で卓越していた。また生活を洗練化する術をも心得ていた。しかしこれらすべてを収めた容器、つまり肉体に対する関心をまったく欠いていた。こうした言い方には多少の誇張があるかもしれないが、清潔さに対する観念は、最も基本的なものですら欠けていたことは確かである。

この矛盾はどう説明したらよいのだろうか。

原因はいろいろ考えられるが、宗教改革と反宗教改革の影響が特に大きい。どちらも、裸を罪悪視した。十八世紀フランスの版画に現われている浴槽は、決まって長椅子に見せかけられている。その長椅子の中には、曲面をもった浅い浴槽が取り付けられていた。その浴槽には、身体を清潔にするという目的はほとんどなく、ただ男と若い女、それにその間をとりもつ女、この三人が登場する光景の一部であったというにすぎない。風呂と罪悪は、表裏一体の関係にあったのである。

このように、十七世紀と十八世紀には、清潔を重んずる感覚、それと同時に、広い意味で心身を蘇生させるという考え方は育たなかった。このようなことは、われわれの知るかぎり、文明が高度に発達した他の時代には見られない現象である。その影響は、さまざまな形をとって今日まで尾を引いている。そのような態度がひとたびある社会に芽生えると、偏見としてやすやすと定着し、まさに生活の一部となって、その原因がなくなったあとも簡単には取り除けなくなってしまう。

後の時代の精神的基礎を築いた十七世紀に、肉体軽蔑は行き着くところまで行った。しかし十八世紀に入ると、状況は次第に変化し始める。それは二つの方向に沿って起きた。医術と自然の再発見がそれである。言い換えれば、治療と新しい感情の方向が転換の契機となった。この両者は、十九世紀に入って一本の糸により合わされてゆく。

医術と肉体の復権

イギリスの医師、ジョン・フロイヤー（一六四九—一七三四年）は、「浸水洗礼は前〔十七〕世紀の初めまで続いた」[35]と述べ、その衰退を入浴の習慣の衰微と結びつけている。彼は、脈搏を測定した最初の人と言われ、冷水浴を病気、特にくる病の治療に使ったことで有名になった。彼は、冷水浴には治療的な効果があると主張し、その復活を熱心に説いた。フロイヤーは、入浴が行なわれなくなった原因を他にも挙げている。その一つは、「化学医師」が登場し、新しい薬を紹介するとともに、あらゆる病気の原因を粗雑さと酸性塩に帰したためだという。最後に彼は、新しく輸入されるようになった麻酔剤と香料も、原因の一つだとしている。「冷水浴が行なわれなくなったもう一つの理由として、前世紀に外国貿易が盛んになり、気温の高い国々から刺激性の嗜好品、たとえば、タバコ、コーヒー、紅茶、ワイン、ブランデー、火酒、香料などが入ってきたことが挙げられる。これらはイギリス人の体質に合わないものである」と彼は言っている。

間もなくドイツでも、一七三〇年頃、風呂やシャワーの効果を主張する声が聞かれるようになった。十八世紀オランダの偉大な医者、ブールハーフェは、水は病気の治療に大きな効果があると説き、後に水治療法の推進者になった。十八世紀の中頃、イギリスでは、治療に効くということで海水浴が関心を集めた。しかし、そうした主張は例外で、入浴の軽蔑という大勢に変化はなかった。

入浴を医学以外の目的に使うのは不健康なことだと考えられていた。たとえば、ポワトヴァンは、大胆にもパリで公衆浴場を開設しようとしたところ、それには大学の「学部長や医師」による証明が必要だと言われたという。ポワトヴァンは特別の構造をもった船をセーヌ河につなぎ、その中に湯舟とシャワーを取り付けたが、それらは医者の指示があって初めて使えるようになっていた。

ポワトヴァンの試みがいかに尋常でなかったかは、当時のヨーロッパで最も進歩的であった『大百科事典』（一七五五年）の編者までが、ドゥシュ（シャワー）を「外科用語」[36]と定義していることからもうかがわれる。

しかしこうしたことがまったく関心の対象外であったかと言えば、そうではない。それは、ポワトヴァンの風呂船がパリで成功をおさめた数年後に、「他の治療法ではなおらない多くの病気に効く」[37]とされたテムズ川の医療船が、当時のイギリスの数少ない特許の一つとして申請されたという事実からもうかがえる。

自然教育

水に触れることへの恐怖、裸と自然に対する恐れは、新しい態度の出現とともに氷解し始めた。「自然に還れ」と叫んだルソーの影響は、この分野にもおよぼうとしていた。人びとはロココ的洗練さを拒否し、新たな出発を目指していた。

人間の基本的な本能が再認識されようとしていたのである。高貴なる野蛮人ともいうべき原始人が再発見され、憧憬の対象になったのもこの頃だった。一方では、古典的世界までが新たな視点から捉えられた。ヴィンケルマンは、古代を「高貴にして単純、静謐にして壮大」と表現している。当時は、人間の完全性を目指した時代でもあった。子供の心を研究し、自然にのっとった教育をすれば、寛容と理解を指針とする新しい人類、世界市民が形成されるだろうと信じられた。

調和が必要なのは人間同士の交渉ばかりではない。個人に関しては精神と肉体のバランスが主張された。この方向に沿った最初の教育的実践が十八世紀の終り頃に現われた。体操すること、走り、跳び、泳ぐことが、教育における必須の要素になったのである。

十八世紀ドイツの小公国、アンハルト・デッサウに、道徳哲学者であり教育学者でもあるヨハン・ベルンハルト・バゼドー（一七二三—九〇年）が「汎愛学舎《フィラントロピナム》」という名の学校を創設した。師弟が人間愛という共通の理想によって結ばれて学ぶことが創建の精神であった。この哲学者による『父母のための方法書』（一七七〇年）の名声を耳にしたデッサウ皇太子レオナルド・フリードリヒ・フランツは、彼をデッサウに招き、その理念を実践に移してみるようにと勧め、その結果生まれたのが、汎愛学舎であった。近代的な学校の基準からすれば学生数は至って少なく、しかも、さまざまの困難がひきもきらず起こり、結局、バゼドーの死後、間もなくして閉校になった。しかし、この学校は創設の主旨に一貫して忠実であった。人間の尊厳、独立した判断、知的自由といった啓蒙時代の姿勢が、ここで初めて、教育の場に導入されたのである。現代の芸術思想を教育形態に移し替える初めての試みであったバウハウスが、同じ場所デッサウに設置されたのは、歴史の偶然であった。

汎愛学舎は啓蒙的な階層を味方にする一方では、教会と敵対した。また、大胆にも教会と国家の分離を主張する一方では、宗派の違いを詮索することを禁じ、あらゆる信教に共通する精神だけを教えた。道徳の授業が教養に関する講義にとって代わった。ホドヴィエツキーによる魅力ある銅版の挿絵（図四五四）をあしらったバゼドーの『初歩読本』（全四巻）[38]は、汎愛学舎とその教育内容を要約したものである。十八世紀末期の啓蒙主義を典型的に表現したバゼドーのこの著書は、アンハルト・デッサウの皇太子、オーストリアのジョセフ二世、ロシアのカサリン女帝、その他の啓蒙的な統治者に、当時の言葉を借りれば「慎しんで献上」された。

この本の中でわれわれの興味を惹くのは、バゼドーが精神の教育と肉体の訓練との間のバランスを強調している点である。教室での六時間の授業につき、三時間の体育、二時間の手仕事の訓練が行なわれた。重点は、筋肉の組織的訓練というより、動作のコントロールにおかれ、課目にはダンス、フェンシング、乗馬、水泳、音楽が含まれていた。ルソーの「自然に還れ」という思想は、冷水摩擦、薄着で寝ること、早起き、そして夏の「テント生活」に表現されていた。これらはすべて、何事も軍隊的な強制によってではなく、自由奔放になされるべきだとするバゼドーの考え方に従って行なわれた。この点は、後に、子供に文法とかかわりなく言葉を教えた点にも現われている。

455　アクロバット。J.B.バゼドー，1774年。1770年代には，特に体操と呼ばれるものはなかった。教育者は，身体をコントロールする方法を知ろうと，サーカスを見に行った。（バゼドー『初歩読本』，デッサウ，1774）

456　体操用具の始まり：19世紀初頭。（P.H.クリアス『体操術入門』，ベルン，1886）

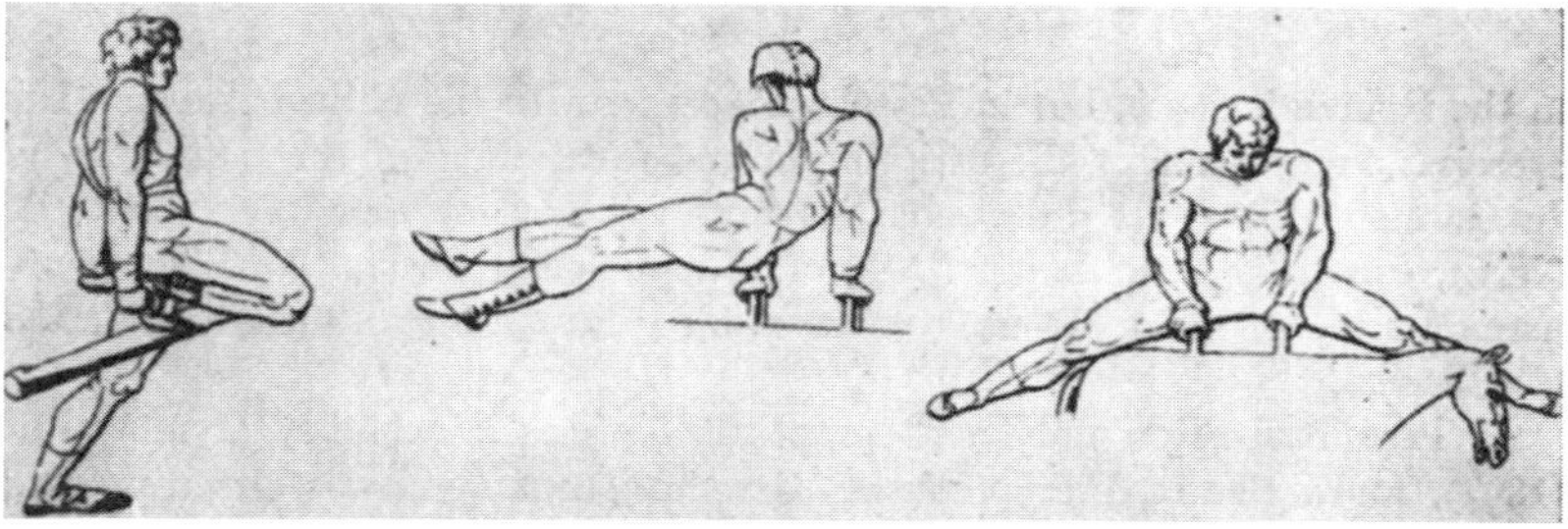

バゼドーの次の世代は、一層大胆な方向をとった。汎愛学舎は皇太子の庇護のもと、温室のような雰囲気の中で育ち、そこでの訓練は貴族的な魅力と贅沢さを備えていた。ヨハン・ハインリヒ・ペスタロッチ（一七四六―一八二七年）は、この次の世代に属し、バゼドーよりも厳しい条件のもとで活動した。彼の生国スイスを統治していた貴族は、アンハルト・デッサウの皇太子ほど新しい考え方に寛容でなく、彼の提案にも耳を傾けなかった。そこでペスタロッチは、独力で道を開拓してゆくほかはなかった。彼もまた、当時の教育思想を刺激したルソーの『エミール』の影響を受けていた。都会人でありスイス市民であったペスタロッチは、法律と神学を学び、その後、耕作を学ぶべく一人の農民のもとに弟子入りした。都会人ではなく農民の生活にこそ、「自然の力が生き生きとしている」と考えたからである。しかし、彼の農民としての冒険は、不運な形で終止符をうった。彼は財産ばかりか、友人も失った。彼は、身寄りのない子や住む所のない子、病気の子を農場に集めた。こうして「農場《ノイホフ》」は、貴族にとっての教育の場ではなくなり、夏には野良仕事をし、冬には紡ぎ、機《はた》を織って自活する救貧院に変わった。そして、ついに一七八〇年、農場は破産すると同時に解散した。しかしこの失敗から、ペスタロッチは貴重な体験を得た。そしてこの体験の中から、十九世紀の教育学が姿を現わすことになったのである。貴族支配がくつがえされるまで（一七九八年）、彼は不運をかこっていたが、その崩壊とともに、彼の教育思想を実施に移す機会も見えてきた。ペスタロッチは、「唾を世界に向けて吐きかけたいほどだった」と、無念だった壮年の日々を回想している。ブルクドルフに移った彼は、自由な体操、つまり器具を使わない体操(39)（図四五五）を考え出し

た。バゼドーと同様、彼にとっても、肉体の訓練は精神の活動と表裏一体をなすべきものであった。それは「自然」との和解であるが、ロマンチックな意味ではない。ペスタロッチにとって肉体の訓練は、人間の内なる自然との和解を意味したのである。運動は人体の仕組みや働きにのっとって行なわれた。ドイツでは彼の体操は男らしくないと考えられたが(40)、ヨーロッパの北部、特にスウェーデンとデンマークは、しなやかな肉体をつくるという、十八世紀の人間的な体操観を完成させる方向をとった。

ペスタロッチがその『体育原論』を公表したとき(一八〇七年)、「ドイツ体操術《トゥルン・クンスト》」の使徒、ルートヴィヒ・ヤーンは体操に新しい意味と方向を与えつつあった。彼も身体の鍛練を目指したがその方法は軍事教練に近いものだった。「軍事教練は、銃はなくとも、男らしい性格をつくり、秩序の感覚を目覚めさせ涵養し、命令に従う態度を養う」(41)と彼は言っている。そこでヤーンはベルリン・ハーゼンハイデの最初の体操場《トゥルン・プラッツ》で、軍隊的な命令方式、小隊にわかれての教練を導入するとともに、生徒には灰色のあや織りのユニフォームを着用させた(一八一一年)。ヤーンが使った器具は今日まで殆ど変わっていない。鍛練と水泳も一役買った。しかし何にもましてそこでは国家的および軍事的目的のための特殊化した準備という色彩が濃厚に現われていた。十九世紀が始まった頃のことである。

十九世紀の入浴法

すでに述べたように、今日一般化している入浴法は、原始的な入浴法を機械化したものであり、一定の温度の水をかけたり、その中につかったりして、身体の表面を洗うという形式をとっている。この入浴法は、浴槽に象徴されている。

水道が付き、浴槽、洗面器、便器を含む固定設備を備えた浴室は、長い逡巡の末に到達した結果である。どの型の入浴法が支配的となるかは、一八九〇年代の時点でも決まっていなかった。ここでは、さまざまの入浴法——熱気浴、蒸気浴、浴槽式あるいは簡単なシャワー——の勢力争いをテーマに話をしたい。どの入浴法を選ぶかという問題は、再三再四もち上がった。一八五四年度版の『ブリタニカ百科事典』も、そのことについて述べている。「蒸気風呂はあらゆる点で浴槽式に勝っている。それは、費用も手間もあまりかからず、どこでも簡単にとることができる」(42)。ここで提案されている風呂を用意する手順は、かつて幾世紀にもわたって行なわれた入浴法と少しも変わっていないようにみえる。炉辺で熱した煉瓦をたらいの中におき、その上から水をかけて蒸気を発生させ、一方入浴者は、タオルで身体を包み椅子に腰掛けていればよい、と書かれてある。

一八五〇年から九〇年代の初めにかけては、家の中に原始的な浴槽を設けるより、マッサージと体操を伴った熱気浴あるいは蒸気浴など、心身を全面的に蘇生させる型の公衆浴場の建設が熱心に試みられた。八〇年代の初期には再び、家庭用、あるいは勤労者階級を対象とした公衆浴場の場合とを問わず、浴槽よりシャワーのほうがよいと主張された。

その後入浴の分野でどの国をも凌ぐようになったアメリカでさ

え、浴槽式は二十世紀に入るまで贅沢な入浴法であったことを忘れてはならない。アメリカでも、一八九五年頃には、まだアパートには入浴設備はなかった。そのような設備は希望されていたが、その場合も、普通、浴槽式よりもシャワーのほうが望まれた。「入浴設備が付くと、アパートは飛躍的によくなるだろう。現在建てられているアパートは、最高級アパートですら、入浴設備はまったくない。その理由は、浴槽はあっても湯がなければ無意味だからである……シャワーが付くと、たしかに、アパートはいろいろな意味で便利になる……浴槽をアパートの各戸ごとに設ける必要はない」(43)。

八〇年代に行なわれた調査によれば、アメリカの都市家庭の場合、六軒のうち五軒は、「手桶とスポンジがあるくらいのもので、入浴設備はまったくなかった」(44)という。

かつての文化において洗練された入浴法を生んだ、心身を蘇生させる型の入浴法は、われわれの時代では成立しない運命にあった。結局は、機械化された大量生産による浴漕が勝利をおさめたのである。それは工業時代の産物である。今日の型の入浴法の形成に指導的な役割を果たしたのは、工業化と最も密接なかかわりをもった二つの国、イギリスとアメリカであった。まず十九世紀には、イギリスが先陣をきり、次にアメリカが機械化の最盛期、一九二〇年代に発展のイニシアチブを握った。イギリス型とアメリカ型というふうにはっきり分類することはできないが、それでも、両者の間にはそれとわかる違いが見出せる。

こうした点について考察する前に、まずどのような経過をたどって、心身蘇生型の入浴法が個別的な入浴法の軍配に下ったかをみていきたい。

水治療法と自然への回帰

忘れてはならないことは、十九世紀は決して一面的な見方に終始しなかったということである。特に世紀の前半には、さまざまの活動分野で、普遍主義が多少とも生き続けていた。人間性を全体としてみる見方——十八世紀末期の目的——は、一八三〇年頃、治療と自然への回帰を、一つに結びつける方法を生み出した。その中心人物は、薬の使用を排し、水を使っての治療を提唱したシレジアの農民、ヴィンセンツ・プリースニッツである。

一七七〇年頃、ペスタロッチは、「生き生きとした自然の力」を自ら体験しようとして農民になった。一方、一八三〇年頃、教育もなく、アカデミックな医学にも頓着せず、自分で処方を編み出しながらそれが効く理由も理解できなかった田舎の若者、ヴィンセンツ・プリースニッツ(一七九九—一八五一年)は、故郷シレジアの森の中、グレーフェンベルクの地から身を起こし、世界的な名声を獲得した。アメリカではこの頃、前にも述べたように、長老派教会の牧師シルヴェスター・グラハムが、混ぜ物をしない食品を通じて、人間と人間の内なる自然との和解をはかろうとした。

メッテルニヒの時代が終ってしばらくたった頃、グレーフェンベルクから歩いて三十分くらいの所の松林では、天候のいかんを問わず、オーストリア貴族の淑女たちが戸外で「全裸になり」(45)、一〇フィートから二〇フィートの高さから落下する腕の太さほどもあ

457 自然への回帰：シレジアの森におけるプリースニッツ方式のシャワー。水を水源から管で誘導し、流れの上に渡した木の台の上でシャワーを浴びる。ルソーが自然への回帰を提唱して半世紀後、浪漫主義的風潮はプリースニッツらの水治療法の普及を助けた。（フィロ・フォン・ヴァルデ『ヴィンセンツ・プリースニッツ』、プラハ、1884）

る滝の水で身を打っている姿が見られた。それは、木の管で山から直接引いた泉の水だった。松林には、このようなシャワーが六つ、板塀に囲まれて備え付けられていた（図四五七）。

ここでは、裸に対する恐怖心は克服され、肉体は厳しい自然に曝されていた。一方では、山の泉と、その山を舞台とした運動。すべては、より自然な生活への回帰を示していた。

プリースニッツの治療法は、ただ、身体全体を強くするということにあった。彼は健康な循環作用を回復することを通じて病気を治そうとし、身体の特定の部分に対してはほとんど関心を示さなかった。彼は、泉の水を飲料、あるいは、入浴や沐浴に使ったが、彼の教えの核は、「自然の無言の誘いに耳を傾け、薬を排し、真水をさまざまの形で使う」(46)ことにあった。

十八世紀の最後の二、三十年間には、入浴の復活を支持する文献がたえず増大していた(47)。スコットランド人ジェームズ・キュリーのように、冷水療法が熱病と伝染病に効果のあった例を示して、冷水を使っての沐浴や入浴を勧めた医者もいた。しかし、運動と水と空気を組み合わせて身体を無気力な状態から救う方法を編み出したのは、プリースニッツが最初だった。彼は、その治療法の中心を原始的な環境の中に見出した。原始的環境は、その時代にとってまったく疎遠な環境であり、それだけでセンセーショナルな意味をもっていた。田舎風の苛酷な生活も、当時の人びとにとって尋常なものではなかった。朝は四時に起床し、湿ったタオルとウールの毛布を発汗するまで何時間も巻きつけておく。そのあと、冷たい泉に飛び込み、次にマッサージをする。そのあと、一時間歩いて水を飲む。八時、パンとミルクの朝食。さらに運動、身体が赤くなるまで冷水摩擦をする。午後一時、簡単な昼食。ここでコスモポリタン的な社会が蘇り、皆「申し合わせたように」フランス語を話す。昼食後、さらに運動することが定められている。最後に、グレーフェンベルクをのぞむ森へ、シャワーを浴びに出かける。休息。そして、朝と同じようなパンとミルクの夕食。

プリースニッツは一八二九年、四五人の患者を相手に活動を始めたが、一八四三年には、一五〇〇人以上の患者を擁し、すでに五万ポンドの産をなしていた。一八四〇年頃には、プリースニッツの方法による冷水治療を行なう施設が、ロシアからアメリカに至るあらゆる国々に広がった。その影響力はきわめて大きく、医者のバータ一は自分が建てた水治療を行なう施設に、「アイルランドのグレーフェンベルク」(図四六四)と名づけたほどである。

プリースニッツの成功は、幾分、診断と心理的な暗示を一つにしたような、魔術的な力を背景にしたものだった。その基礎は、フランスやイギリス、ドイツにおける彼の医学上の先輩たちが築いたものだった。しかしなぜ既成の医学的勢力は、プリースニッツがマッサージに使ったスポンジを切り開き、何か薬が隠されていないかどうか調べてみようとしなかったのだろうか。あるいは、なぜ最初に、彼を粉砕してかかろうとしなかったのだろうか。それは、彼の背後に、浪漫主義の時代全体を通じて強力な影響をおよぼしたジャン・ジャック・ルソーという、目に見えない庇護者が立っていたからである。患者の目には、プリースニッツ自身が自然の一部、あるいは自然そのものと密着した存在として映っていた。彼以後、自然治療医という新しいタイプの医者が現われた。

間もなく、プリースニッツの方法——身体を鍛え自然の間近で生活する——は、健康な人びとによって都市生活の疲弊を癒す方法として採用された。ここで重点は、治療から蘇生の領域に移っている。

個人用施設としての蒸気風呂——一八三〇年頃

蒸気浴は、医学の分野ではまったく忘れ去られていたわけではない。イギリスでは一六七八年、痛風その他の病気に効果のある発汗室の建て方を示した工夫に対して特許(48)がおりている。十八世紀にも、それに関する提案には事欠かなかったが(49)、その頃、ロンドンやブライトンにあった治療を目的とした浴場は、しばしば、男女が交歓を目的として集まる口実を提供していた。

十九世紀初頭にも、ロシア人やタタール人の入浴法についての紹介が絶えず行なわれていた(50)。当時のフランスの文献によれば、ロシア式の浴場がドイツで初めて開設されたのは一八二四年(51)、イギリスに紹介されたのも、やはりその頃であったという。その風呂は、「ロシア」風呂とも「東洋」風呂とも呼ばれたが、正確にはそのどちらでもない。というのは、すべてが小さな個室で行なわれるようにできていたからである(52)。蒸気の効率的利用といったことは、有閑社会や病人用のこうした風呂にとっては二義的なことで、個室化したのは、むしろ、裸に対する恐怖からであった。入浴は私事に属することになったのである。

十九世紀の初頭には、原始的な造りの家庭用蒸気風呂が各国で提案され、特許がおりた。当時のアメリカでは、蒸気ベッド(53)(図四五九)が提案され、製作されている。同じようなものはフランスにも現われた(54)。三〇年代にはドイツでも、各種の移動可能な組立て式の家庭用蒸気風呂が製作されていたことは、まず間違いない。その頃はちょうど、ヴィンセンツ・プリースニッツの水治療法に関

458 水治療法。アメリカ，1840年代。（ジョエル・シュー『水治療法』，ニューヨーク，1844）

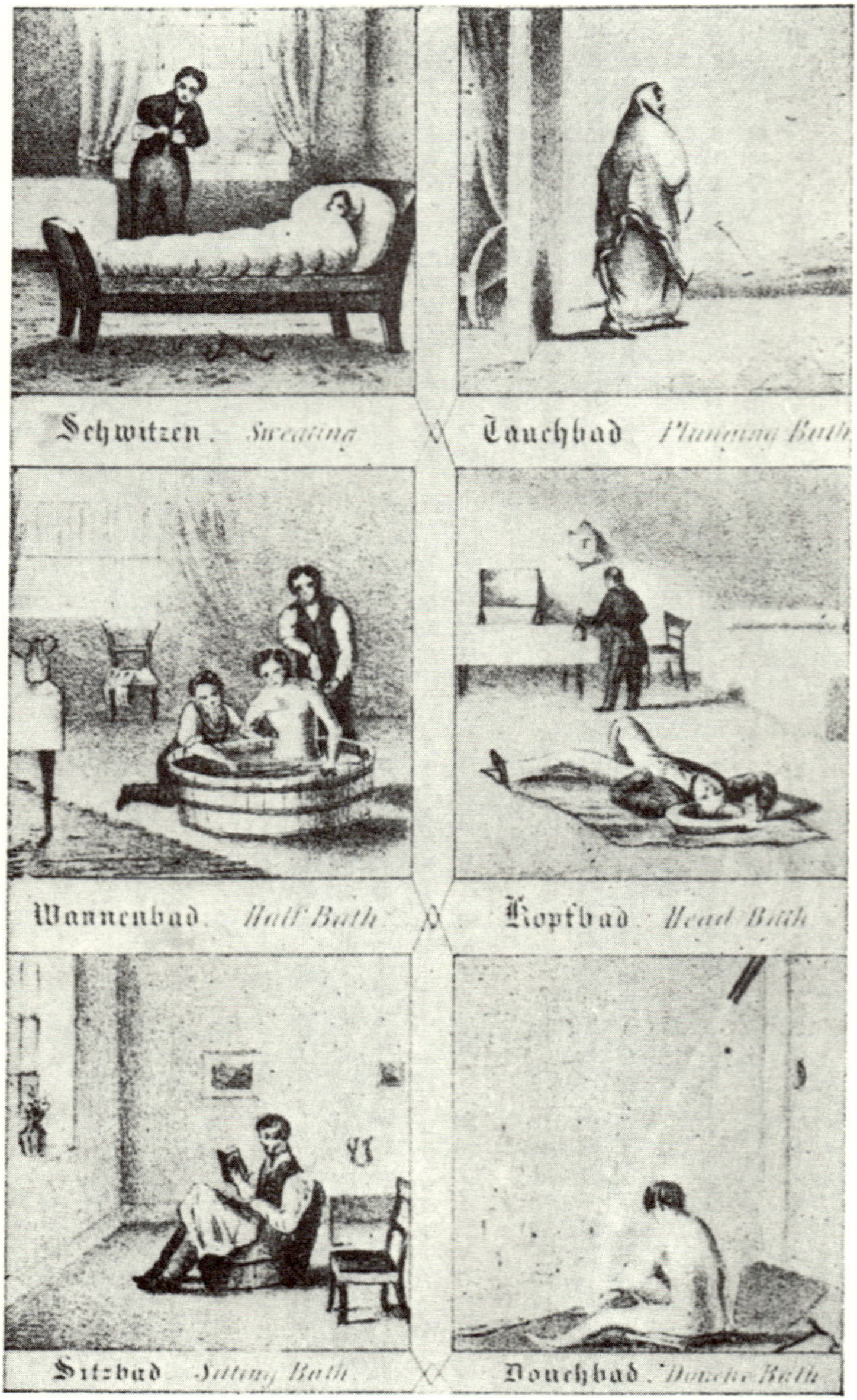

459（左）アメリカの蒸気ベッド。1814年。蒸気浴は19世紀初期，治療を目的として行なわれていた――ベッドとの結びつきが強かったのはこのためである。蒸気をつくるための多少とも複雑な装置が，19世紀全体を通じて各地で発明された。（合衆国特許2049x，1814年1月21日）

460（右）ベッド式蒸気風呂。1832年。移動式の蒸気風呂は1830年代以来使われていた。椅子に腰掛ける方式のもの，ベッドの上，テントや袋の中で横たわって使うものなど，いろいろな種類があった。このような組立式の蒸気風呂は郵便で簡単に取り寄せることができた。（E.L.マイスナー『入浴について』，ライプチヒ，1832）

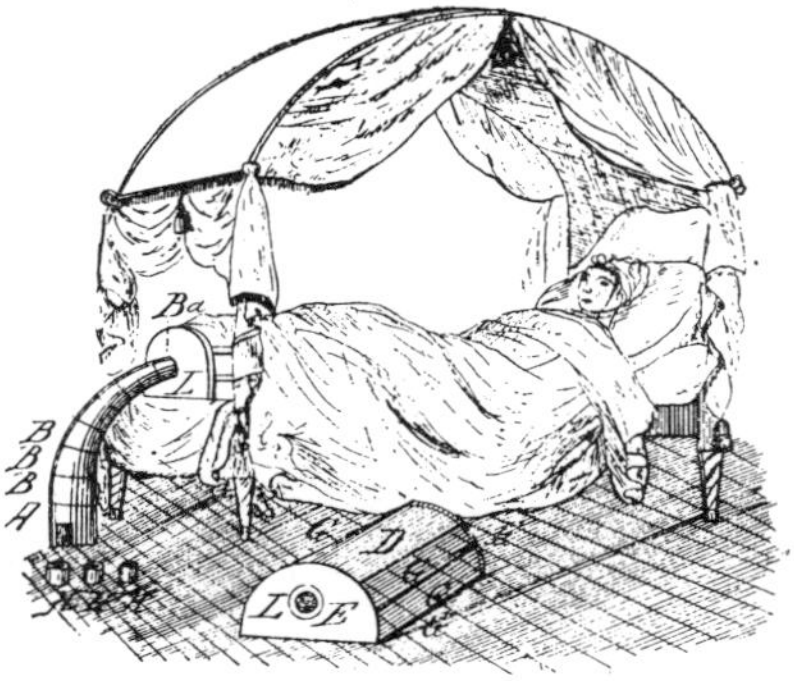

する評判が急速に広がり、一方アメリカでは、シルヴェスター・グラハムが食物という媒体を通じて自然への回帰を説いていた時期に相当する。

そのような家庭用蒸気風呂の設備は、すでに一八三二年には市場には出回っていた[55]。その目的はさまざまだったが、治療を目的として作られていたことだけははっきりしている。それには二つのタイプがあり、一つは坐って使うもの、もう一つは寝た状態で使うものであった（図四六〇）。それらは、凝ったシャワー施設を備えたものが多かった。坐式の蒸気風呂は、スツールと、蒸気洩れを防ぐカーテンを取り付けた枠からできており、入浴者の首だけが外に出るようになっていた。その原理は、中世にあった木製の発汗箱や十八世紀のイギリスの特許に見られるものと変わりはない。寝た状態で用いる蒸気風呂には固定式と移動式とがあった。十九世紀の初頭に開発された蒸気ベッドは、長期にわたって愛用された[56]。

一八八〇年頃、大気浴の創始者アーノルド・リクリは、太陽熱を利用して発汗ができない日に使う蒸気ベッドを考案した。その宣伝パンフレットには、「この移動式蒸気風呂はどの部屋にも運べるという点で、ロシア式やトルコ式の風呂より勝っているし、首を自由に動かして新鮮な空気を吸えるようにもできている……また入浴時間がごく短くて済むという点では、プリースニッツのドライ・パッキングの長所を持ち合わせている」[57]と記されている。折畳み式のものは、折畳みベッドと同じ原理をもとに製作された。つまり浴槽が、垂直な収納戸棚から旋回するようにして出てくる仕組みになっていた。それには、各種のシャワーが取り付けられているのが普通だった。アメリカでは、一八七〇年代からその世紀の末まで、こ

461　蒸気浴装置。1855年。袋で入浴者を包み，蒸気を身体全体にめぐらせるようにできている。「端に結びつけられた紐を引くと，袋が患者の背のところで閉じるようになっている」。(合衆国特許13467，1855年8月21日)

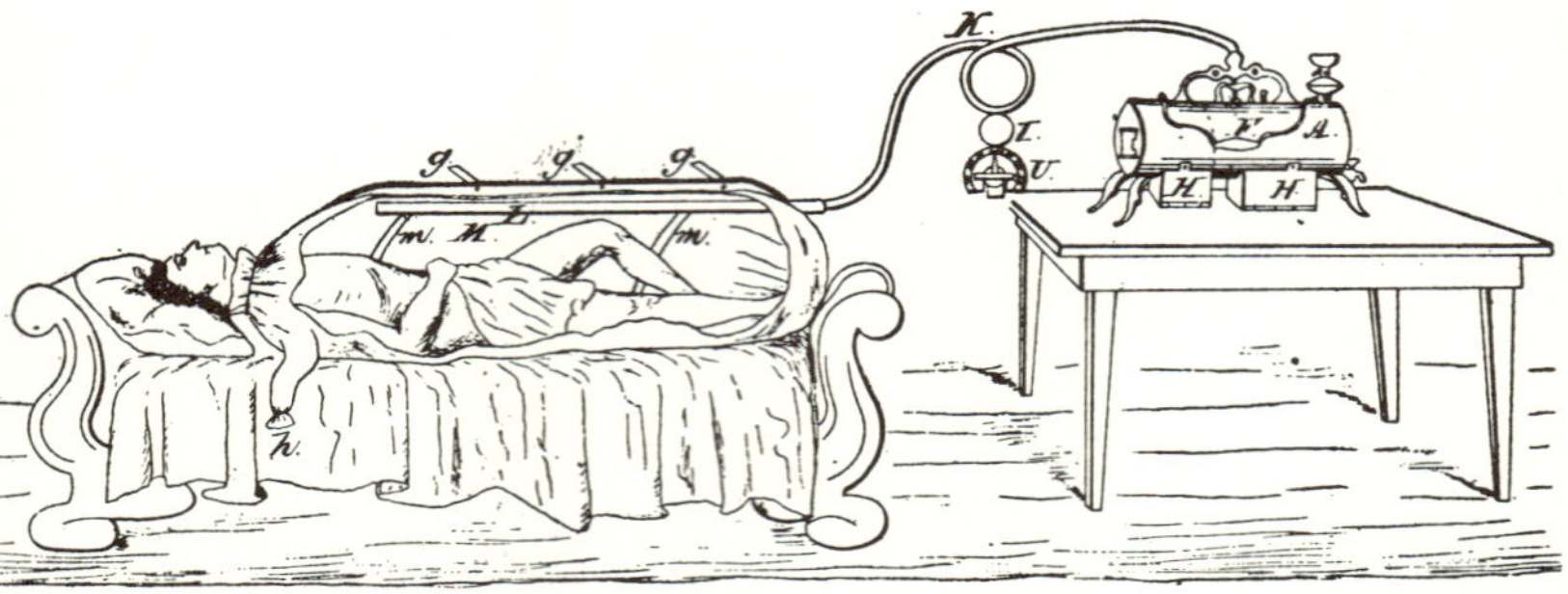

462　蒸気浴装置。1882年。19世紀はその機械技術を，生産の場を離れて人体の均衡をはかるために用いることは稀だった。ここでは若い発明家が，熱湯は噴霧状にすると蒸気に変わるという点に着目して，蒸気浴装置を工夫している。(ニューヨーク医学アカデミー，パンフレット「蒸気浴のための新工夫」)

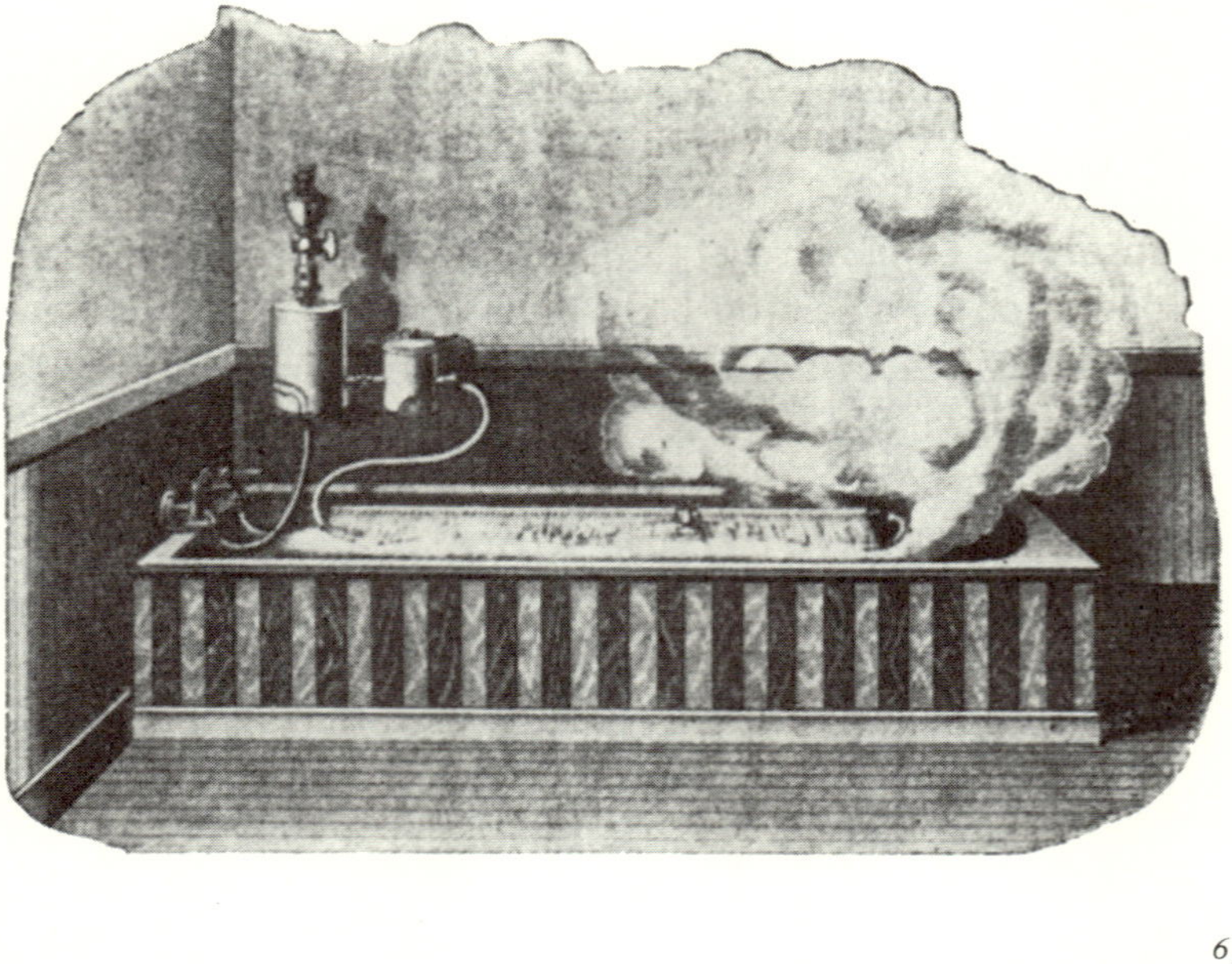

の折畳み式が浴槽としてもっとも人気があった。たとえば後期のものでは、モンゴメリー・ワード社の一八九四―九五年度のカタログに、浴槽とヒーターを衣裳戸棚《ワードローブ》に詰め込んだ型の風呂がいろいろと掲載されている。そのカタログでは、折畳み式のほうがそうでない型より多い。値段は、質や作りの違いに応じて二〇ドルから六〇ドルにわたっていた。そのカタログにはまた、「近代調（アンティークあるいは十六世紀調）の素晴らしい家具で、折畳み式ベッドと同様、使い方には何の問題もありません」と記されている。石油を燃料とするヒーターが衣裳戸棚の中に収められ、使用中には、その戸棚が入浴している人の上にひっくり返らないための、重しの役目も果たしている。使用後、浴槽は折り畳んで戸棚にしまえばよい。そのさい、ヒーターは浴槽の窪みの部分に収まるようになっていた(図四七四)。使ったあとの水の処理は工夫のしどころであった。それはともかく、この風呂は、使っていないときには鏡の付いた「モダンな」衣裳戸棚に変わるという欺瞞的な工夫に技術的な不完全さが加わって、全体として、奇妙な外観を呈していた。

家庭用蒸気風呂は十九世紀前半大変よく使われたが、水道がなくても使えるという点がその普及を助けた。そのうえ、蒸気を発生させるには、一八三二年の型に取り付けられているような、ごく普通のアルコールランプで充分だった。十九世紀末まで、一般の雑誌は蒸気風呂の広告をときおり掲載していたが、その中にはグロテスクな提案も数多く含まれていた。普通、そうした家庭用の蒸気風呂は、一八三〇年の型と同様、蒸気を発生させるための幼稚な装置と、人体にその蒸気をめぐらす覆いとから成り立っていた。十九世紀の発明家は、その技術を、機械にではなく人間に適用した途端、救いようのないような解決を生み出した。そこには、その世紀の洗練された技術はまったく反映されていなかった。

最後にクーパー・ユニオン大学の十六歳の学生の発明をとりあげよう。彼は熱湯を噴霧状にするとたちまち蒸気に変わるという点に着目し、それを巧みに利用した。アメリカの若者が工夫したこの装置は、「孔のたくさんあいた、取はずし可能なクロームメッキの管を浴槽の周りにめぐらしたもの」[58]だった。熱湯が「無数にわかれて」小さな孔から吹き出すと、浴室（ゴムのカバーを使う場合は浴槽）は蒸気で満たされ、自室で手軽に立派なロシア式風呂が楽しめるようにできていた[59]（図四六二）。孔のあいた管と給湯装置はホースでつながれていた。仕組みとしてはそれだけのことだった。

このアイディアは決して新しいものではなかった。マグダス、すなわち、イスラム教式の浴室でも、天井に取り付けられた管から熱い湯が細かく吹き出し、それによって浴室全体が蒸気で満たされるようになっていた。孔のたくさんあいた管によって水を噴霧状にするというアイディアは、芝生用の水まき機《スプリンクラー》の原理でもある。この発明の唯一の独創性は、その仕組みを家庭用の蒸気風呂に適用したという点にあった。このような初歩的な装置も、発明家がなきに等しい広大な分野を代表していたという意味で、象徴的な意義をもっていた。なぜこの分野に発明家が不在だったのだろうか。人びとの関心がそこになく、発明の想像力は他の方向を天翔けていたからである。

心身蘇生の試み――一八五〇年頃

プリースニッツは、身体の全体と取り組んだ最初の人の一人であった。彼の場合には治療がその目的だった。ところが、十九世紀の中頃、治療から心身蘇生への道が開けてきた。その場合の蘇生法は、身体を内と外から清めるという意味で全体的な性格をもつものだった。

西洋では、そのような伝統は久しく失われていた。東方世界やモロッコ、トルコなど、イスラム教式の入浴法が生活の中で一定の役割を果たし続けていたところでは、そのような伝統は、当時も依然として生き続けていた。

「われわれは真理の基準とともに清潔さの基準をもたなくてはならない。そのような基準は、気紛れや流行の中からは生まれてこない。長い経験によって験された、昔からあるものを選ばなくてはならない。この条件を満たしているのは、入浴をおいて他にはない」(60)。全体的な形での蘇生法の最も熱心な提唱者であったイギリスの外交官は、十九世紀の中頃、このように述べている。

この外交官、デイビッド・アーカート（一八〇五―七七年）は、しばらくの間コンスタンチノープルのイギリス大使館に勤務したことのある人だった。彼は東ヨーロッパの政治に明るかったし、並々ならぬ文才も備えていた。アーカートは東洋に恋し、その文化を広めることを心に誓った。彼ほど、蘇生の手段としての熱気浴をイギリスに導入するに際して、根強く運動を展開した人もいない。ある国が真の意味で生命力に溢れているときには、頭の冴えた積極的な人物が現われるものだが、アーカートもそのような人物の一人だった。そのような人物は、天才とか、非常な才人である必要はない。統制を失った産業に対する最初の改革運動が、一八五〇年頃、ヴィクトリア朝の文官によって起こされたときの様子については前にも述べたが(61)、アーカートもそのような回顧的な急進主義者の一人だった。彼は、時の政府の態度の如何を問わず、被支配者の味方に立った。浴場の建設に身を挺して努力していた一八五五年、彼は政治新聞『フリー・プレス』を創刊した。その寄稿者の中にはカール・マルクスも含まれていた(62)。アーカートは当時戦争はどのような原因で起きるかということに特別な関心を抱き、また、国際関係にも興味を示したが、晩年には、その関係を法制化した国際法をたえず侵すのは大国であると考えていた。

このように彼の関心は物事相互の関係に向けられていた。身体を一つの全体として捉えるイスラム教式の入浴法に惹きつけられたのも、そこに理由があったようである。現在も使われている「トルコ風呂」という名称をそれに与えたのは彼だった(63)。彼は、その風呂は身体全体の蘇生を無視しない文明の所産だと考えた。東洋での滞在は、彼の感受性を刺激し、ヨーロッパ人が日頃当然のように生活している状況がいかに野蛮なものであるかを彼に気づかせた。彼は、煙ですすけたイングランドの工業都市と、そこで生活している人びとのことを考えた。一体、労働者が心身を蘇生させる機会として何が提供されているだろうか。一握りの慈善家によって寄付された浴場は数が少なく、無きに等しかった。ほかに彼らにとって何が残されているだろうか。ジンを飲み、居酒屋に通うことしかなかった。そこで彼は考えた。工場の煙突から出る熱や蒸気を無駄にしてよいものだろうか(64)。よい利用法は考えられないものだろうか。一八三〇年頃、ギリシャ解放戦争で負傷したとき、彼は、ギリシャではトルコ風呂が依然盛んであることを知った。また、トルコが後退するとともに、地中海沿岸ではトルコ風呂が次第になくなっていきつつあることにも気づいた。そこで彼は、この蘇生法をイギリスのために救おうと考えた(65)。著書『ヘラクレスの柱』は、一八四八年スペイン南部からモロッコにかけて旅行したときのことを記したものだが、その中で彼は、われわれの時代が、人間的な生活の歓びを呼びさますのに、手近にあるものを利用できないでいることを問題にしている。ある章で、策を弄して入ったモロッコ領カイードの浴場について書いている。この章だけは後に再版されたが、彼はそこの浴場における入浴の手順について手際よく記している。まず関節をゆるめ、熱気室に入り、次に念入りなシャンプー・マッサージを受け、最後に薄暗い部屋で休憩するという順序をとっていた。アーカートは、弁舌をつくし、また持てる手段をすべて使って、このような蘇生法を採り入れるよう、西洋の人びとに訴えたのである。

アーカートは、スペイン人がコルドバを占領したとき、そこには九〇〇の浴場があったと書いている。また、コンスタンチノープルについて触れ、その五〇万の市民に三〇〇以上の浴場が開かれていたと述べている。ロンドンなら一〇〇〇軒は必要だろうとも言っている。

ではその場合、財政的な裏付けはどうなるのだろうか。現代では、人間的な必要について考えようとするといつでもこの点が問題になってくる。浴場を作り維持する資金はどこから来るのだろうか。どの時代の改革者もそうであるように、アーカートも、それは、市や国家の援助によって賄われるべきだと答えている。

アーカートは、社会運動に従事するかたわら、トルコ風呂をイギリスに実現させようと数十年間にわたって懸命な努力を払ったが、結局、無駄に終った。彼は、自宅に簡単なトルコ風呂を作り、ほかにも一つ作って一般に公開した。彼は自分の傍らにいつも熱気室がなくては気が済まず、後に、モンブランの岩壁に家を建てたときにも、この習慣は捨てなかった(66)。

アーカートがその考えを実行に移すことができたのは、一八五六年、聖アンズ・ヒル水治療養所（図四六四）、別名「アイルランドのグレーフェンベルク」の所有者、リチャード・バーター博士が「土地、作業員、材料、そのほかにたくさんの患者」を彼の手に任せたときだった(67)。ここではプリースニッツの方法が熱気浴と結びつけられて使われた。

アーカートはあらゆる所で話をした。イングランドの田舎町や海水浴場で医者たちと論戦を交え、その結果を後に書物にまとめて刊行した。また一八六二年には、新しい考えを支援することにつとめていた有名な芸術協会《ソサイアティ・オブ・アーツ》(68)でも講演をしている。現在もロンドンのジャーミン街にある、「ハムマム」という名のイギリス最初の公衆トルコ風呂は、彼の指揮のもとで建設された。それは、彼の東洋の記憶を忠実に再現したもので、「円天井をつけたテピダリウムの薄暗い中で、ステンドグラスがきら星のように輝く、極めて東洋的な雰囲気の浴場」(69)だった。この施設は、ヨーロッパとアメリカにおける熱気浴室の原型になった。七〇年代には、ロンドンに、会員制の入浴クラブができたが、そこでは、集会室のほかに、熱気浴室をもつ完全な体操場と立派なプールが備えられていた。

幾つかの蒸気浴室（トルコ・ロシア式浴室）を同時に備えた熱気浴室は、十九世紀の後半、少なからぬ役割を演じていた。その頃はまだ、どの型の入浴法が支配的となるか定かでなかったし、個人用の浴室は依然として贅沢な時代であった。それらの浴室は、東洋に

463 イスラム教式入浴法が流行した時代，イギリス人が見たムーア人の浴場。1858年。休憩室（マスラク）の様子が描かれている。著者は，イスラム教式浴場で経験したことを『イラストレーテッド・ロンドン・ニュース』（1858年４月28日）に次のように書いている。「日中は暑く，狭い街路には太陽がギラギラ照りつけていた。熱い風呂に入るのはあまり気乗りしなかった。最初の部屋の扉を開けたところ，部屋の周辺が全体に高くなっており，その上にマットが敷かれ，何人かの人が完全にくつろいだ状態で横たわっていた。私は2本の丸太の上に横たえられた。付添人は私の手足や関節の至る所をこすったり，はさんだり，引っ張ったりした。彼はまた私の胃の上に膝をのせ，腕や脚をひねった。私は彼の体重で息ができなくなるほどだった。充分にはさんだり，突いたり，押したりしたあと，この風呂の奇才は私の頭のてっぺんから足の爪先まで石けんの泡を塗りたくり，そして，大きな手袋を手にはめて私の身体を巧妙果敢にこすり始めた。彼が私の身体から取った垢の量は驚くほどあった。冷水をたっぷり浴びせられたあと，別の付添人がゆっくり水気を拭きとってくれた。そのあと，彼は私の身体を頭から足まで柔らかなタオルでくるみ，私を外にある部屋（マスラク）に連れていった。そこの空気は貯氷庫のようで非常に冷たかった。私はディヴァンの上でぐったりしてしまった。その気分たるや極楽にいるかのごとくで，至福ここに極まれりと思われた」。

464 アイルランドにおける最初の「トルコ」風呂：聖アンズ・ヒル水治療養所，1850年代。
a.（左）発汗浴室または温浴室（ベイト・アル・ハララ）。
b.（右）ディヴァンまたは冷却室（マスラク）。
所有者が「アイルランドのグレーフェンベルク」と称したこの浴場では，水治療学者プリースニッツの影響とトルコ風呂の影響が１つに溶け合っている。左は，中央にマッサージ台のある温浴室。右は，休憩室。どちらにも，ゴシック・リバイバル調が控え目に表現されている。身体の形に合わせてつくられた休憩ベッドに注目。19世紀にはこうした面白い試みがあったが，この世紀全体の傾向はこれらの充分な展開を妨げた。（リチャード・バーター博士『アイルランドのグレーフェンベルク——その成立と展開』，ロンドン，1856）

あるものと違って、誰でも使えるというものではなく、専ら金持ち向けの施設だった。一八九〇年頃、イングランドでは、「トルコ風呂の建設に関して一般民衆のことはほとんど何も考えられていない」(70)という不満の声が聞かれた。一方、この頃にも、床と天井に絶縁材を施し、ストーブ、ソファ、ベンチ、水槽を備えたアーカート風の簡単なタイル張りの部屋に始まって、「豪華なアパート」に浴室を持つことを話題にした人がいたが(71)、時代はそれを実現させる方向を志向していなかった。

心身を全面的に蘇生させる型の入浴法は、近代の生活には入り込めなかった。トルコ・ロシア型の浴場は、荘重な生活のリズムをもった文化のためのものだったのである。機械化の時代では、それらの入浴法は、天然の土壌がないために温室で育てるほかはない、エキゾチックな植物にも似ている。

浴槽と住居が一体化してゆく傾向の中で、トルコ風呂のような、複雑な形態の入浴法はしだいに姿を消していった。

大気浴——一八七〇年頃

空気と太陽の光線を浴びるという最も直接的で行ないやすい自然回帰の方法が、一八六九年、アーノルド・リクリ（一八二三—一九〇六年）によって再発見された。彼はそれを、治療を目的として発展させたので、「大気治療法」と名付けた。椅子に腰掛けるという習慣が中世初期に忘れられてしまったのと同様、古代に行なわれていた日光浴も、すでに久しく忘れられたままであった。専門化した十九世紀の医学は、太陽光線に対する身体の反応に関してヒポクラテスほどの知識も持ち合わせていなかった。ヒポクラテスの自信に満ちた日光浴療法に関する処方には、その当時までの経験の積み重ねが反映されていたのである。特にローマ人は日光浴を楽しんだ。誰もが、悪い効果を生まないように日光浴をする術を心得ていた。彼らは好んで、夏も冬も毎日、日光浴を利用した（図四四二）。セネカは、当時範とされていたアフリカ時代のスキピオの生活ぶりを回顧している書物の中で、地階の台所に隣接し、窓がところどころに小さく開いた、薄暗い要塞のような浴室について言及しているが、彼はそれを当時、つまり、ネロの時代の軟弱な生活態度を諷刺する材料として使った。セネカは『道徳書簡』の一三五章で、「今の浴室は、蛾や害虫のためにつくられているという他はない。窓は太陽の光を入れるようにできていない。身体を洗うことと日光浴とを同時に行なえるのなら話は別だが」と書いている。

プリースニッツと同様、スイス人アーノルド・リクリも、空気や太陽の効果を組織的に利用しようとしたとき、何もかも、最初から始めなければならなかった。それは、プリースニッツがグレーフェンベルクで活動を始めてから二十五年後のことであった。一八五五年、水治療法の流行が頂点に達していたとき、リクリも自然治療の施設を開いた(72)。そこでの重点は大気療法にあった。彼は水だけに頼るよりも、日光浴のほうが着実に、しかも、自然な形で病気を治すのに効くことに気づいた。彼の方法は慎重を極め、十四年の経験を積んでやっと、「服を身につけないで動きまわる空気浴こそ大気浴の基本的要素であり、日光浴はそれにとっての必要な補足である」という確信を得ている。その後の研究で、できるだけ服をつけないのを良しとする主張は裏付けられた。そうしてはじめて、弱まりやすい紫外線の効果がでてくる。日光浴は、リクリが繰り返し強調しているように、大気浴の最後の段階でしかなかった。彼は、身体を日焼けするまで太陽に曝しておくのは無意味であり、頭を何かで覆って二十分か三十分、日頃外気に触れている部分を直射日光に曝すのが最もよいと考えた。患者はその場合、斜めにした板の上にウールの毛布を敷いて横たわる。

このようにリクリの考えは、中世以来、人体にとって疎遠になっていた太陽光線の利用を含んでいた。断熱の効果をもつ衣服が、一方でどの程度、裸に対する恐怖に由来するものであるかの詮索は、ここでのテーマの範囲を超える。われわれにとって関心があるのは、ただその結果であり、古代世界における自然中心の生活様式の回復を目指した、ルソー、プリースニッツ、リクリといった人びとの活動の軌跡を辿ることである。

リクリの治療では、空気浴が根底をなし、日光浴がその効果を強め、そして発汗がそれらの最後に位置していた。彼は、発汗室でも太陽光線を利用し、患者は下に敷いていた毛布で身体をくるんで汗を出すように指導された。ここでもリクリは、リンネル製の毛布を使うことは直感的に避けた。それはゆったりと織られた布地のほうが、赤外線をよく通すことが発見される大分前のことであった。日の照らないときには、蒸気ベッドを使って発汗が行なわれた。蒸気ベッドは前にも触れたように、十九世紀には広く用いられていた。スイスの療養所には、リクリの伝統にならって、冬の太陽光線を利用した発汗室があった(一九一二年)。それは、南側がガラス張りになった日光浴室で、オスティアの公衆浴場のもの(図四四二)とやや似ていた。冬の太陽光線と、雪によるその強い照返しが透明なガラスを通して射し込み、中でウールの毛布にくるまって横になっている人の身体を温めるようになっていた。

こうすると、斜めに射し込む冬の光によっても、たちまち発汗が始まる。また電気式の発汗箱の中でじっと坐っているよりは、雪と青空を見やりながら汗をかくほうが、心理的にもはるかに爽快である。実際に経験してみればだれにでもこのことはわかる。

リクリの同時代人、たとえばブラウンズやブラント(一八七七年)は、太陽光線には殺菌力があることを指摘していた。当時は、パスツールが活躍した時代である。十八、十九世紀にも、太陽光線を治療目的に使うことを提唱した人が時たまいた(73)。しかしその場合は、全体としての身体を慎重に配慮した上でのことではなかった。リクリはすでに、少年の頃から自分でそれを実践していた。周囲の反対もあったので、彼は急にではなく少しずつ服を脱ぎ捨てていき、最後には大胆にも裸で郷里のベルンの森を歩き回ったものである。彼も、プリースニッツやアーカートと同様、医学には素人だった(74)。彼が直接ヒントにしたのは、世紀の中頃の豊富な水治療に関する文献だった。また自分でも言っているように、ルネッサンス期に質素な生活を提唱したヴェネチアの人、ルイジ・コルナーロ(一四六七—一五六六年)からの影響も大きかった。

十九世紀に心身の全面的蘇生を狙いとして発案された入浴法の中で、リクリの空気浴と日光浴は時期的に最後に位置している。すなわち、個室での蒸気浴は一八二五年、トルコ風呂は一八五五年頃、そして日光浴は一八七〇年頃に提唱されている。

アーノルド・リクリの功績は、空気と日光がもつそれぞれの効果を「大気浴」の中で一つに結びつけた点にある。彼は、いかにすれ

465　支配的趣味を表現した衣裳：ミロのヴィーナス・コルセット。ロンドン衛生器具展，1883年。（展示会カタログ）

ば太陽光線――捉えどころのない危険な媒体――を安全に使うことができるかを示したのである。しかし室内から光を排除し、太陽から遠ざかった時代に、彼の主張に耳を傾けてくれる人を期待しても、それは無理なことだった。「三十年以上、私はただ一人で〝大気浴〟の良さを主張し続けてきた」と、彼は書いている。

後の科学の進歩や、時代の流れをみてわかることは、リクリの考え方はその時代の根源に根ざしていたということである。リクリが始めたことを、直接、科学的治療法として発展させたのは、高地での日光浴が結核の治療に効果のあることを発見したオーギュスト・ロリエ博士だった。ロリエは、一九〇三年、スイスはローン川上流のワード州レイジンで、良好な心理的条件を背景に、太陽光線を慎重に測定しつつ結核の治療を始めた。そこでは、日光療法は、作業療法、太陽の下での授業や工房活動、大学の講義と結びつけられていた。

医学が日光浴療法を科学的な治療法として認めたのはリクリの死後であった。レントゲンによる発見に刺激されてようやく、身体と光線との相互作用を認めざる得なくなったのである。電気的、その他の広い範囲にわたる放射性物質の利用を含んだ日光療法は、今も研究領域として未開拓である。日常の蘇生活動にそれを生かす研究は、治療の場合以上に、底の浅いものに終っている。

リクリによる、治療法としての日光浴は、広くは普及しなかった。しかし、より粗野で不充分な形での空気浴や日光浴は、われわれの時代の共有財産になった。その極端なものとしては、ヌーディストに気に入られた空気浴がある。裸体主義運動はドイツを起点に一九〇〇年以後広がり始め、多くの国々にヌーディストの村が生まれた。

都市の住人が数週間あるいは数カ月におよぶ太陽と新鮮な空気への渇望を、週末などに二、三時間で補う形の日光浴には、日光の摂取量を慎重に考えたリクリの方法と共通するものはほとんどない。それらの人々は、手順についての心得がまったくなく、ただ慢然と太陽

466 大気療法のための衣裳。リクリ博士，1870年頃。1860年代，スイスのアーノルド・リクリ（1823—1906年）は太陽光線の効果を組織的に利用することを試みた。日光浴と戸外での運動が彼の治療法の核をなしていた。リクリは，患者に半ズボン，サンダル，袖の短い開襟シャツを身につけさせた。パラソルが流行した時代，このような服装をしていたのは，彼のサナトリウムを囲む高い垣根のまわりを歩き回っていた，少数の変り者ぐらいのものだった。（アーノルド・リクリ博士『光あらしめよ，または大気療法』第5版，1895）

Arnold Rikli,
hygienischer Arzt in Veldes (Krain) und in Triest.
Bekleidung für den Ausmarsch zum Lichtluftbad in Veldes.

の下で身を焼いているにすぎない。市当局は、苦労の揚句、海浜を人びとのレクリエーションの場として確保したと自慢するが、こうした機関は、こと蘇生の問題に関する現代の無知と救いのなさを集約的に表現している。誰も、身体を扱う際に、何が許され、何が許さるべきでないかについてまるで心得がない。一人一人の生半可な知識にすべてが任せられている。してよいこと、悪いことを記した書物や規則はたくさんあっても、子供のころから教え込まれて、いわば、第二の天性となったような、身体の調和ある扱い方に関する伝統がまったく欠けているのである。女性向けの雑誌(75)では、日光浴の手順が美容の観点から述べられていることが多い。

一八五九年頃、ラファエル前派の画家、バーン・ジョーンズは、建築家のフィリップ・ウェッブに自分が使うガラスのコップのデザインをしてもらった。そのコップは、まったく機能中心に考えられた、単純な装飾のないものだった。そのうちの一つは、握りやすいように小さなふくらみがついていた。それらのコップは、形の点でも作り方の点でも、それから半世紀後、アメリカで量産され、どこのバーや一〇セントストアでも見られるようになったコップと、まったく変わりのないものだった。しかしこのことは、ウェッブがデザインしたコップが、その後に作られたコップのモデルになったということではない(76)。機能的な単純さを表現したそのコップは、すでにそのとき、時代の底流をなす傾向を表現していたということなのである。

同じようなことがリクリの場合にも起きている。たとえば、彼が患者に着用するよう勧めた衣服がそうである。リクリの著書『大気療法』の最初の頁の口絵に、アルペンストックを片手に、意気揚々と立っている勇ましい男の姿が描かれている（図四六六）。彼が身につけているのは「空気浴をしに行くときの装束」である。着ている半袖のシャツは、ゆったりとした開襟で、風通しのよさそうな生地でできている。脹脛《ふくらはぎ》が丸出しになっているショートパンツをはき、腰にはサンダルを結びつけている。裸足で、頭には何もかぶっていない。こうした身なりは、パラソルや、襟が高くコルセットで締めたような服装が流行していた時代には、とても考えられないことだった。これも、八〇年代の埋もれた発明の一つだった。二、三の変り者はこうした姿で、ヴェルデスの自然公園の柵の外を歩き回っていたわけだが、それから半世紀後には、これと同じものがどの洋品店にも陳列され、客を待つようになった。

八〇年代における庶民の入浴法――シャワー

十九世紀に入ってしだいに、衛生の問題が関心を集めるようになった。以前には放置されたままだった病気のコントロールが始まったのである。一八五〇年でさえ、イングランドとウェールズで、コレラによる死亡者は五万人にのぼった。そこで、消毒と清潔を保つことによって、病原菌を運ぶ害虫などの発生を未然に防ぐことが必要になった。

しかし、庶民に衛生の習慣を身につけさせるにはどうすればよいのだろうか。四〇年代以後のイギリスおよびナポレオン三世のフランスに現われた公衆浴場は、市営の洗濯場に付属した施設で、そこでは、衣服を洗濯した後に残った湯が浴場用に利用されていた。しかしそれらの公衆浴場はあまり普及せず、人口に比べてその数は少なすぎた。

では、どうすればよかったのだろうか。経済的に成り立つことを前提にすると、大衆が蘇生をはかる方法は一つしかなかった。シャワーを備えた「簡易浴場」がそれである。その最初の構造が提案され実施に移されたのは、むしろ遅すぎた観がある[77]。一八八三年、ベルリン衛生設備展で、庶民のための入浴施設の精力的な提唱者であったラサール博士がそのモデルを展示した。それは、波形の薄鉄板を張りめぐらした建物で、一〇の区画に仕切られ、その一つ一つにシャワーが取り付けられていた。それらの区画は、男子用、女子用と同数ずつ振り分けられていた。石けんとタオルの代金を含めて一人一〇ペニッヒの入浴料を払い、何十万もの人がこのシャワーを楽しんだ。ラサール博士の調査によれば、当時、公衆浴場の数は人口三万人につき一軒だったという。ラサール博士が「簡易浴場」（図四七二）と名付けたこのシャワー施設は、「通行人を何度も手招きするかのように、道の全長にわたって設置されていた」[78]。

ギリシャ初期の人びとが浴びて楽しんだ、岩場から落ちる滝の水にしろ、心身の蘇生をはかる工夫の一環としてプリースニッツが実践した冷水浴にしろ、シャワーは、どんな型のものでも素晴らしい。しかし、通りから誘い込まれ、垢を洗い落とし、そして五分後に出てくる人びとにとって、シャワーの意味は別のところにあったようである。ラサール博士の狙いは間違っていなかった。今日でもそうだが、当時も気軽に使える安い入浴法はシャワーをおいて他にはなかったのである。

467　シャワーの象徴的な表現。1738年。シャワー・バスは18世紀，やや比喩的な形をとって再現した。バロック風噴水池の中央で，アトラスが入浴者の頭に水を注いでいる。(ジグムント・ハーン『サイクロルポジア・ヴィータス，シュヴァイトニッツ』1738，口絵の一部)

468　シャワー付腰湯風呂。バーミンガム，イングランド，1847年。工業文明の到来とともに，衛生に対する関心が高まったが，上下水道がととのう以前に，すでに幾つかの解決が試みられていた。キャサリン・ビーチャーの手になる台所（1869年）の場合とまったく同様，ここでも，水は手動式のポンプで引き上げられる仕組みになっている。（カタログ：ヴィクトリア・アンド・アルバート博物館）

シャワーの類型学的発展について二、三述べておきたい。シャワーは時代によって、噴射風呂《ジェット・バス》とか、雨風呂《レイン・バス》とか、あるいは灌水浴《ドウシュ》などと、さまざまの名称で呼ばれたが、その普及はおおよそ、浴槽の普及と軌を一つにしている。十九世紀には、シャワーだけ独立に流行したこともあったらしいが、その時ですら、浴槽と組になっていることが多かった。

フロイヤー博士のドイツ人の弟子の一人によって書かれ、十八世紀に広く読まれた書物(79)の銅版刷りの口絵には、シャワーが比喩的に表現されている。アトラスが地球を肩にのせ、バランスをとりながら、入浴している人の頭に水をかけている光景がそれである(図四六七)。それは　水の原始的な力を暗示していると同時に、中世都市の噴水池で日常くり広げられていた光景を思い浮かべながら描かれたものらしい。

自然回帰の運動は、ほとんどあらゆる型の入浴法を盛んにしたが、シャワーもその例外ではなかった。しかし、プリースニッツでさえ、関心を向けたのはむしろシャワーの治療的な価値だった。次第にシャワーは浴槽をしのいで急速に普及していったが、それには二つの理由があった。安あがりであることと、水治療法の影響である。

岩の上から落ちる水の流れを使ったり、桶を傾けて水を頭の上からかぶるというのが、シャワーの原型である。プリースニッツもそれら二つの方式をきわめて原始的な形で使っている(図四五七)。五〇年代の水治療医は、そのような太い水の流れを治療に使った。フランス人は、この分野の指導的な存在ではなかったが、さまざまの専門的な設備を工夫している(図四七〇、四七一)。水は、普通、孔のたくさんあいた盤などで細かく糸のように分けられる。アメリカ人は、一八九五年頃、それを勤労者階級用に普及させようとした際、「雨風呂《レイン・バス》」と名付けた。水流を細かく分けると、噴射の方向を面白く工夫できる。孔のあいた管を螺旋に巻いたり、水平に伸ばしたりすることによって、横から、上から、下からと噴射の方向はどのようにもなる。一八三〇年頃、前述の雨風呂《レイン・バス》は、しばしば家庭用の蒸気風呂と一体になって登場した。ロープをコイル状に巻いた形をした頭上式《ヘッド・イリゲーター》までも、当時の市場に現われている。それに必要な水圧は、小さなタンクを高い位置に据えることによって得られた。これらのシャワーはすべて(以後数十年にわたって)、移動式だった。水道がなかったので、固定する理由がなかったからである。普通、その設備は比較的単純だった。バーミンガムのある会社の珍しいカタログ(一八四七年)が、現在、ヴィクトリア・アンド・アルバート博物館に保存されているが、そこには、多少は変化したというものの、アメリカとヨーロッパで以後数十年にわたって使われることになった標準的なシャワー設備が、図入りで掲載されている(図四六八)。それは小さな手動式のポンプを動かし、水を、腰湯を使う湯舟やその他の容器から高い位置にあるタンクに持ち上げるようにできていた。シャワーを使う際には、周りにカーテンを引く。水道がひかれるまでは、このポンプ式が使われていた。多くの点で十九世紀後半の様子を予想した世紀中葉のロンドン万国博では、実にさまざまのシャワー施設が展示された。ところが、浴槽のほうはまったく原始的であった。時を経るとともに、この対比は一層際立っていった。

八〇年代のカタログでは、浴槽よりも、多種多様なシャワー施設

469 (左)タンク付組立式シャワー。1832年。このドイツ製の組立式「雨風呂」では必要な水圧は小さな水槽を上に設置することによって獲得され，水は上からと，水平な管にあいた小さな孔から噴き出すようになっている。(マイスナー『入浴について』，ライプチヒ，1832)

470 (右)医療を目的とした雨風呂。フランス，1860年頃。医者が台の上からシャワーの浴び方を指示している。「初めてシャワーを浴びる患者の中には，恐怖の心をあらわにし，おののき，叫び，もがき，逃げ出そうとしたり，窒息状態や動悸を経験する人が少なくない。ところが，しばらくして，‘何だ，これだけのことか’と言う人もまた珍しくない」。(L. フルリ『治療学概論』)

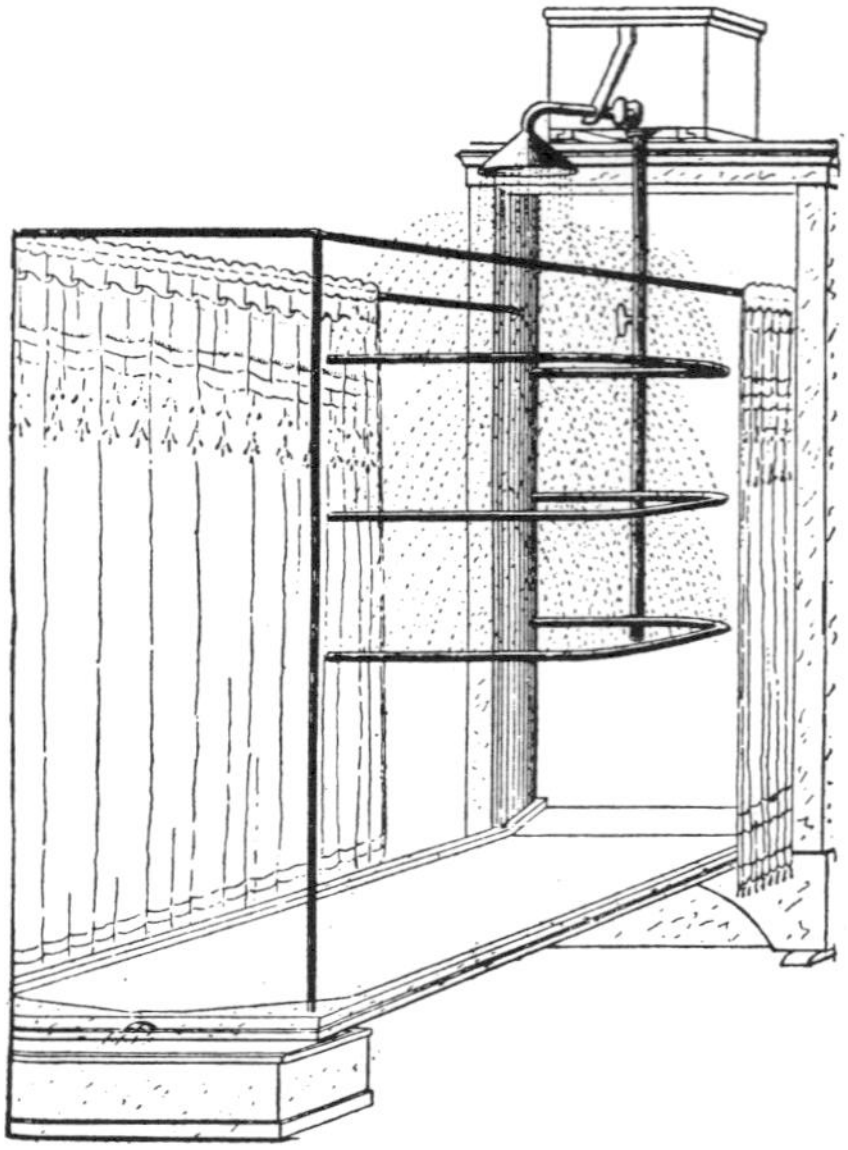

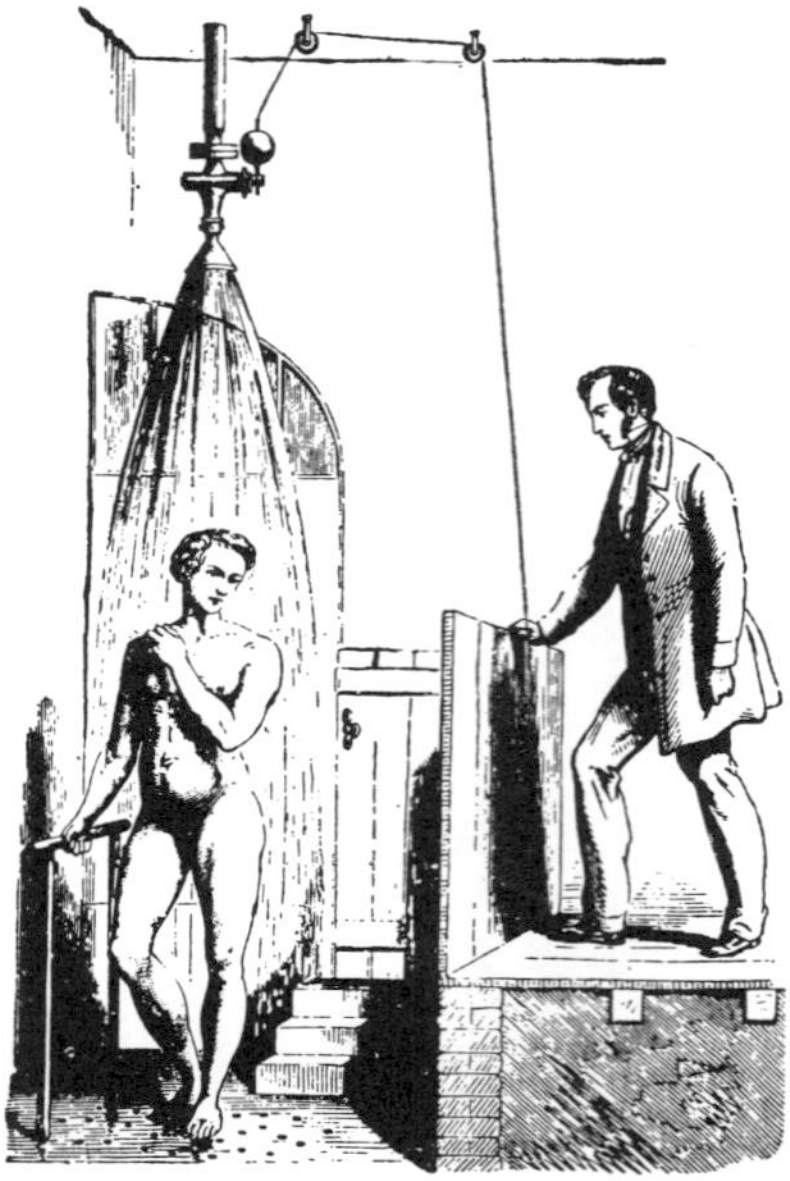

471 腹の病気の治療にシャワーを使用している例。1850年および60年代のフランスでは，プリースニッツの水治療法は洗練化され，器具も治療目的に応じて種々のものが現われた。(L. フルリ『治療学概論』)

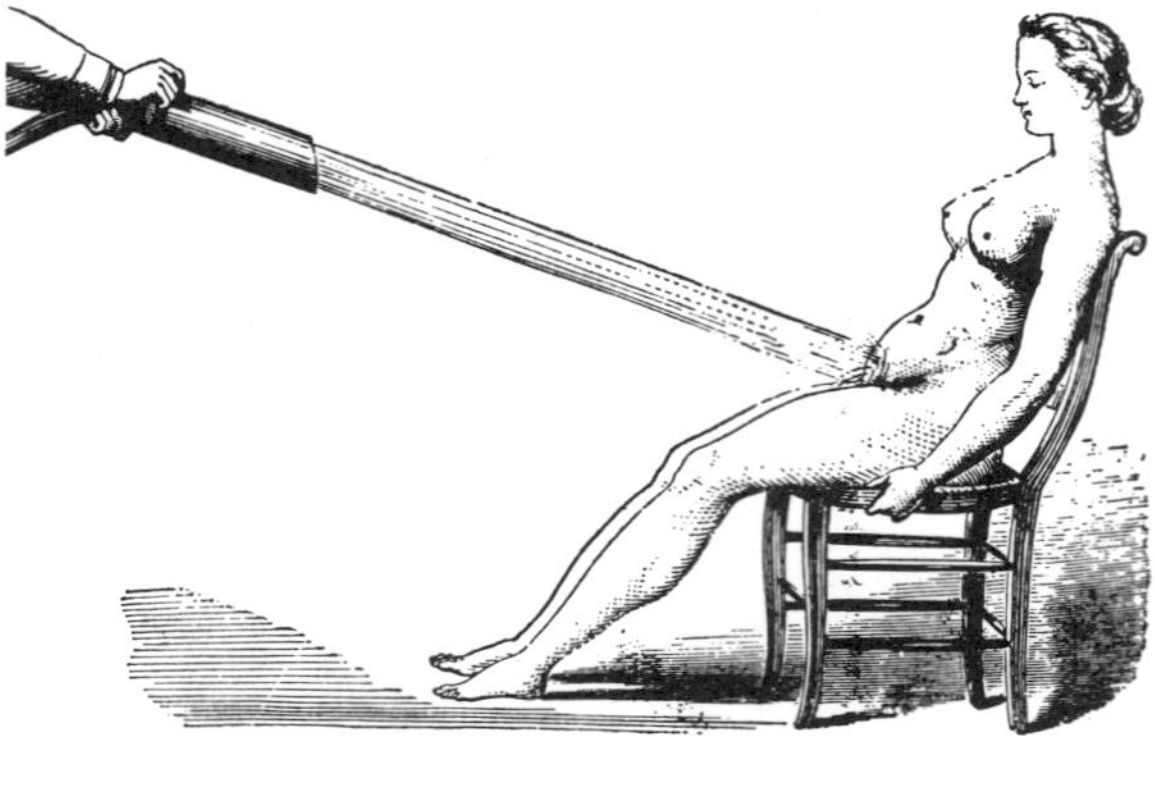

472a（上）　19世紀の公衆浴場：波形の薄鉄板製の小屋に取り付けられたシャワー。ドイツ，1883年。「広く庶民が使える浴場は水を大量に使わないで済むものでなくてはならない」。1850年，あるイギリス人によって述べられたこの見解は，19世紀全体の一般的な考えを代表していた。80年代でさえ，シャワーは経済的に可能な唯一の「庶民の風呂」であった。（ラサール『庶民の入浴について』第2版，ブラウンシュヴァイク，1888）

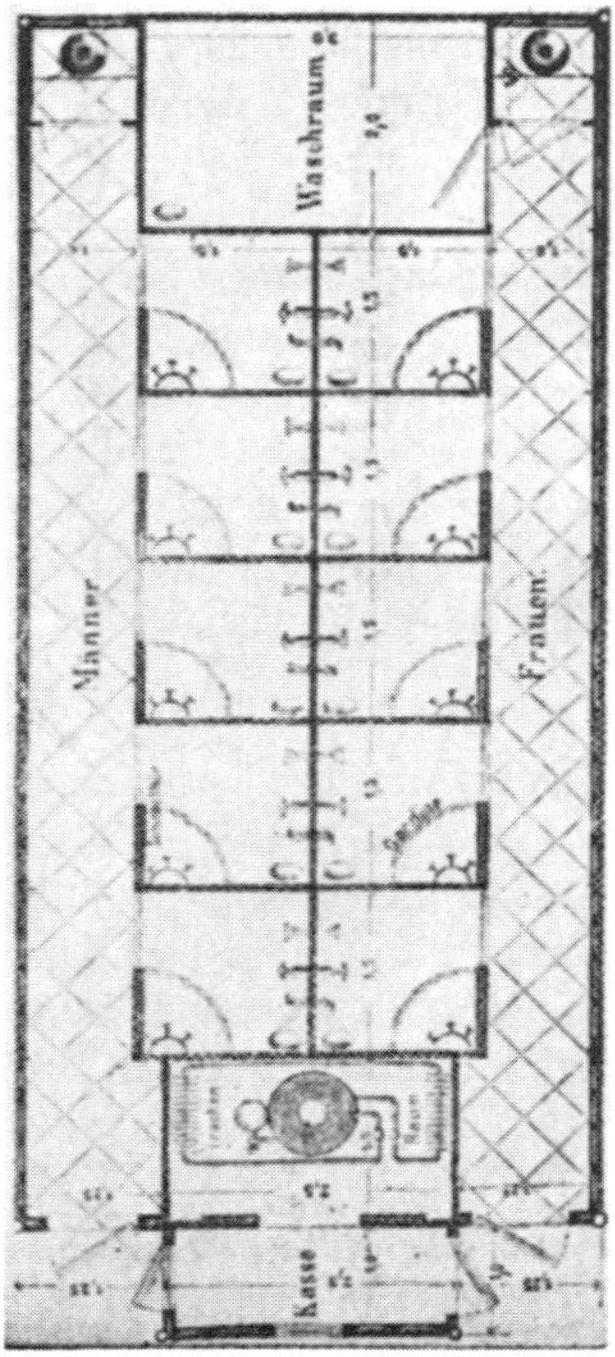

472b（左）　19世紀の公衆浴場：プラン。この，波形の薄鉄板でつくられた鉄かぶとのような小屋は，通行人が使い易いように道に沿って設置されることになっていた。（ラサール『庶民の入浴について』第2版，ブラウンシュヴァイク，1888）

のほうに多くのスペースがさかれている。シャワーが勝利をおさめたのは、安あがりであるという理由ばかりでなく（シャワーは大きな邸宅専門に取り付けられた）、水治療法運動の影響が背景にあった。九〇年代の初頭、アメリカの学校では、水治療医の勧めでシャワーが取り付けられた(80)。

一八五〇年の文献でも、一八九〇年のそれでも、シャワーが推賞されている理由はいつも同じであった。シャワーは浴槽より衛生的であるばかりか、水も空間も時間も修理費も少なくて済むというのがその理由だった(81)。庶民のための入浴法の提唱者であるラサール博士はここでも正しかった。というのは、施設の規模が大きくなればなるほど、出費や維持費は、幾何級数的に増大するからである。「シャワーの場合、一マルクで六六六人分の湯が供給できるが、浴槽では、三三人分しかまかなえない。ドイツ全体では、シャワーを使えば、年に六六〇〇万マルク以上の節約になる……」。彼は、一八八三年、庶民の入浴法としてシャワーを提唱した際、このように述べている。

ラサール博士は、もっぱら経済的な理由をあげて、政府の関心を惹こうとした。ラサール博士の努力が倫理的な目的をもっていたことは明らかだが、結果的には、一世紀にわたる機械化を経てなおかつ、彼は、庶民の蘇生施設として鉄かぶとのようなものしか提案できなかった。ローマの公衆浴場を生んだ考え方と、鉄かぶとのような解決案に象徴されるそれとの間には、少なからぬ開きがある。この鉄かぶとが、下水施設が整備されてまもなくオースマンによって建設されパリの街角に現われた、公衆便所をヒントにしたものであることは一目瞭然だった。

浴室が機械化される

一九〇〇年頃になって、水道が付き、給湯も行なわれるコンパクトな浴室が、近代的浴室の基本型であることがはっきりしてきた。ちょうどバロック宮殿の部屋が付属室、衣裳室、化粧室、食器室と一つの単位を構成していたように、現代では浴室と寝室が一つの単位を形成するようになった。

しかし長い優柔不断を経た一九〇〇年の時点ですら、浴室は依然として特権階級のための施設だった。広く普及するのに必要な基本的要素を欠いていたからである。機能、外観の点で贅沢な磁器製のタブに匹敵する浴槽はまだ定型として確立していなかったし、給湯システムも不完全だった。工夫の行届いた付属器具もなかった。

自動車や機関車は、機構は複雑であっても、発展の軌跡は明快で非常にたどりやすい。しかし今日の浴室の発展をあとづけようとすると、奇妙な話や逸話の迷宮を通り抜けるような感じがある。理由はここでも同じである。人間的な必要に取り組む段になると、アイディアが思い浮かばなかったのである。その結果として、調べていくのも、気が重く、一考にも値しないような、技術的に片輪の工夫ばかりが生み出された。以下ではまず、自己の欲するものをはっきり見極め始めた十九世紀末に注目したい。基本的な部分の発明がなされたのはそのときだった。特に、快適さの民主化に最も熱心な国において、急速にコンパクトな浴室の原型が確立した。時はまさに、機械化の最盛期であった。またたく間に、機械化の二つの焦点、浴室と台所とが住宅のプランを左右するようになった。というより、一方的に決定するようになった。同時に、経済上の理由——台所、浴室、便所をできる限り集中化し、設置コストの削減を図ること——が、建築家の自由を必要以上に束縛することがしばしば起こった。

移動式から固定化へ

入浴施設の形態的進化について、二、三述べておきたい。

中世の家具は移動式から固定式へと変わった。十九世紀には、同じことが入浴施設について起こった。最初は動かし得たものが、配管や換気装置を含む複雑な仕組みの中に組み込まれ、固定化した。中世期には、移動性は生活条件が不安定であることの結果だったが、現代では、考え方が固まっていないことの証拠である。

浴室は、水を欠いているかぎり、中産階級の住宅の構成要素にはなり得なかった。昔は、水売りが風呂桶と一緒に水を荷車に積んでパリの通りを往き来し、使用者の戸口にまで運んだものである。これは、公衆浴場の固定した浴槽に対して、「出前風呂」と呼ばれた。一八三八年、パリにはこうした「出前風呂」が一〇一三、固定式の入浴施設が二二二四あった。

六〇年代のイギリス人は、ヨーロッパ大陸を旅行するとき、折畳

473　ボイラー付浴槽。イギリス，1850年。移動式浴槽と湯沸し装置が組みになったこの形式は，技術に関心のあった18世紀中葉に考案された個人用風呂の最高傑作だった。原理そのものはすでに中世末期に知られていた。（ヘンリー・コール『ジャーナル・オブ・デザイン』誌，1850）

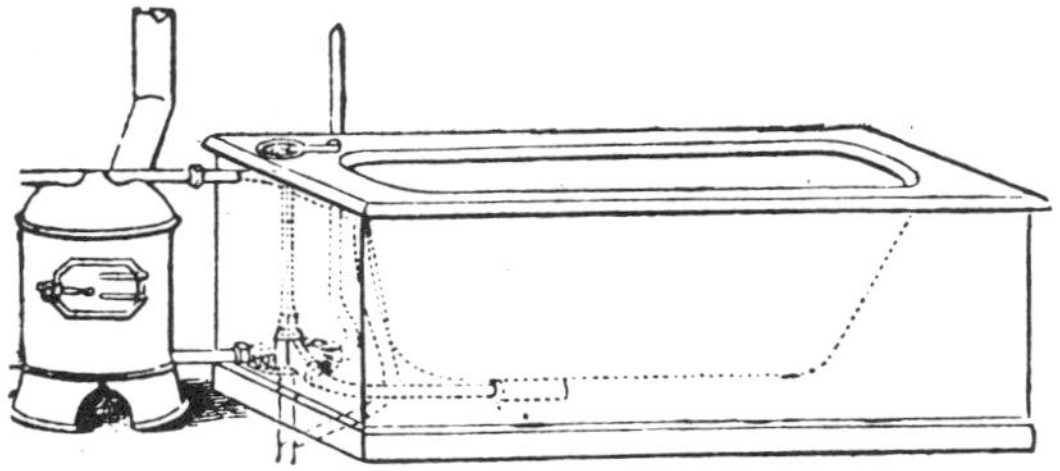

474 a.b. 石油を燃料として使うヒーターを備えた衣裳戸棚式浴槽。通信販売会社のカタログ，1895年。この90年代のカタログでは，水道や排水管が付いていない折畳み式の浴槽のほうが，通常型より多く掲載されている。（モンゴメリー・ワード通信販売会社，シカゴ，1895）

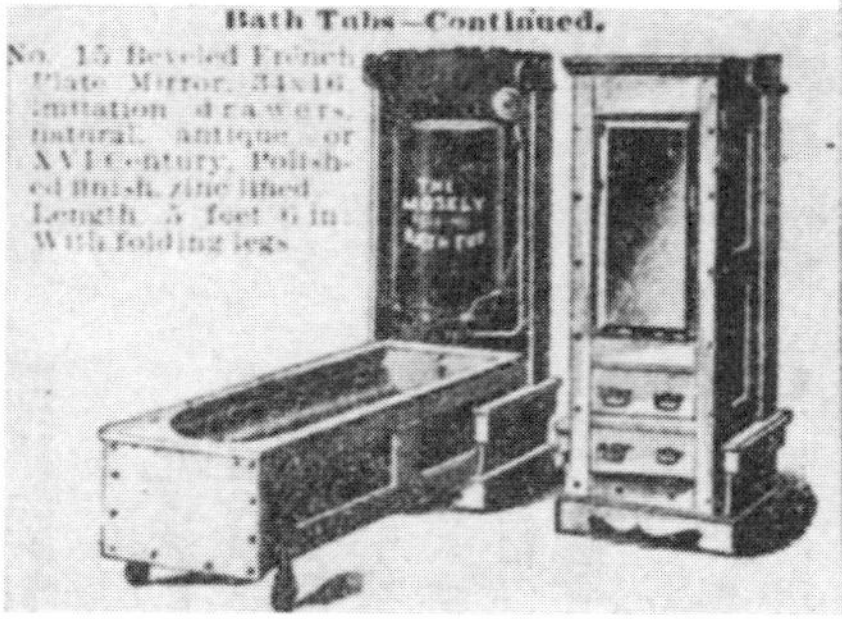

The Mosley Improved Water Heater No. 3.

WITH GAS OR GASOLINE BURNER.

Especially adapted for use with stationary baths, giving the advantage of QUICK AND INDEPENDENT HEATING, also for KITCHENS, LAUNDRYS, BARBER SHOPS, etc., with minimum fuel cost. PERFECT COMBUSTION. NO SMOKE. All parts clean at all times; may be used in connection with water service or otherwise. No ventilating flue required. Water tank is constructed with lid, so as to fill with bucket. Also has opening for supply pipe connecting with cut-of valve. NOT USED UNDER WATER OR STEAM PRESSURE.

Gasoline Burner.

43605 A. Enameled galvanized iron heaters, with bracket $15.00

475　湯沸し器付の浴室，理髪店用。シカゴ，1888年。「わが国の大都市ではホテルはもとより，大きな理髪店なら入浴施設のあるのが普通である」とW.P.ゲアハードは書いている（1895年）。この理髪用椅子のメーカーで製作した設備は配管工がいなくても取り付けられる。ここでは中世の場合のように，入浴と散髪が組み合せられているが，重点が大きく変化している。すなわちここでは，浴室は理髪店の単なる付属施設になっている。

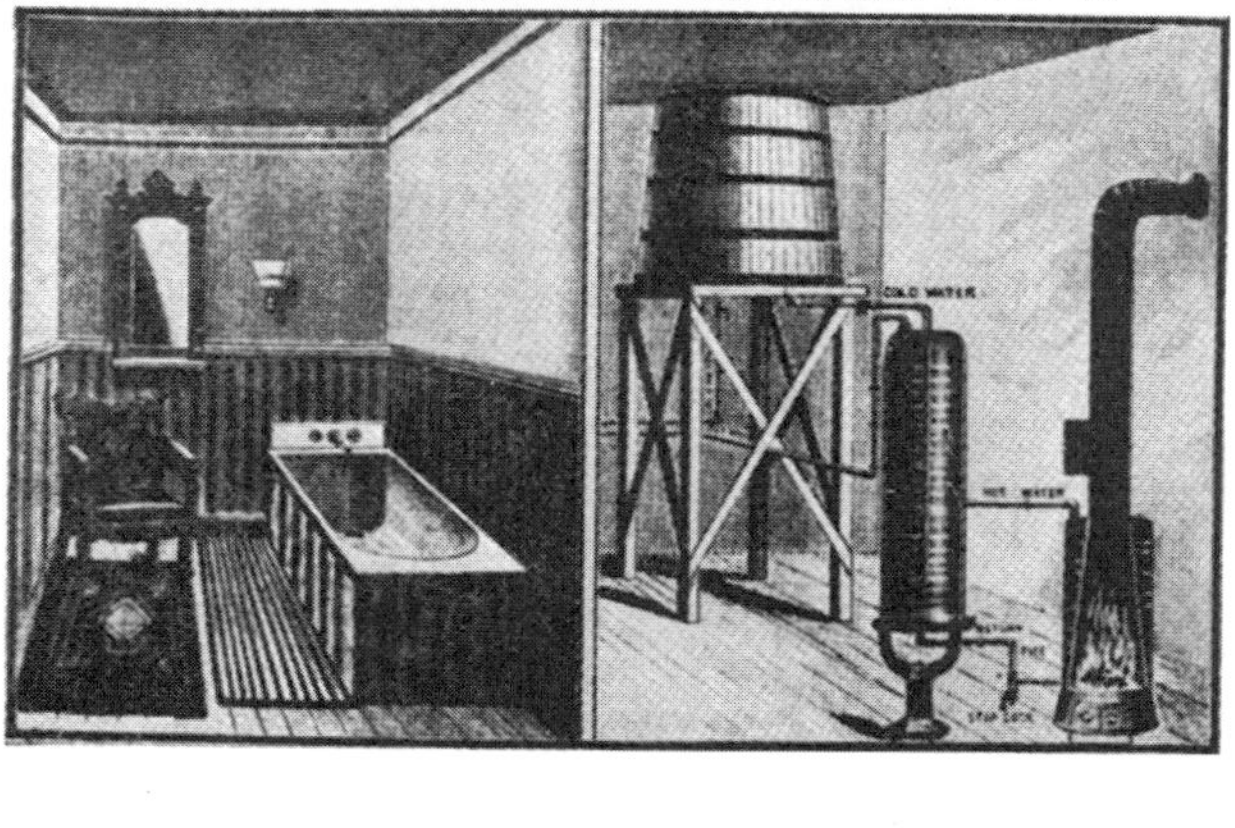

み式のグッタ・ペルカ製の浴槽を携行した。自宅では、腰湯用の小さな風呂(図四六八)を使ったらしいが、この場合には、浴槽よりもシャワーのほうが重要だった。

湯沸しの付いた浴槽も移動式が多かった。一八五〇年、ヘンリー・コールは、ストーブ用の煙突がある部屋ならどこででも使える湯沸し装置付の浴槽を推薦している(図四七三)。それは、二本のパイプで直接、水を湯沸し装置の間を循環させる仕組みになっていた。ヘンリー・コールが技術的発明に興味を示すことは稀だったが、この装置には彼も関心をもったらしい。その原理は新しいものではなく、中世末には知られていたが、工業用のボイラーを焚くことに熟練していた当時は、これが精一杯の工夫であった。

この型は、前に述べたアメリカ製の折畳み式の風呂と同様、水道施設のないことを前提としていた。アメリカではこの型は、十九世紀の七、八〇年頃、都市住宅に見られるようになった。折畳み式のベッドと同じように、使っていないときには衣裳戸棚に早変わりするようにできていた。後には、農民の間で大きな人気を博した。これは非常に長続きした入浴施設で、通信販売会社のカタログには、今世紀に入ってもしばらくの間、掲載されていた。九〇年代には固定式に比べて割安であったし、製作・取付けが簡単であるという点でも勝っていた(図四七四)。

水道

十七、十八世紀以前は、水の供給は極めて原始的な形で行なわれていた。一八〇〇年の時点でも、水は大都市においてすら、まだ規則的に供給されていなかった。

パリではナポレオンがこの状態を改めようとした。われわれがパリ国立図書館で発見した計画図には、ナポレオンが実施した水道管の敷設の状況が示されている。しかしその場合にも、フォブール・サントノレなど、富裕な居住地区にだけ水道が敷設されていた。一般の住宅地域は、道路の噴水栓、水売り、そして特にセーヌ川の水に頼らざるを得なかったのである。

十九世紀の後半に入ると、すべての都市に水が供給されるようになる。水道はまず地下室に入り、次いで各階に一カ所、最後に各戸に入るようになった。言葉による描写は迫力がないが、動画的に表現すれば、水が都市という有機体に滲みわたり、建物の上階に上昇し、さらに台所へ、そして最後に浴室へと進んでいく様子が、手にとるようにわかるだろう。

水道と同じことが給湯についてもあてはまる。十九世紀にも——ホメロスの時代と同様——入浴に使う湯は台所からバケツで運んだ。アメリカでは四〇年代以後、レンジと連結した銅あるいは鉄製の湯沸し器が使われるようになった。それにはさまざまの型が現われたが、レンジに隣接はしてもそれから独立した、縦長で絶縁材を施していない湯沸し器が標準型になった。しかしそれ以後の発展は決して順調ではなかった。

湯が水道の水のように出るということは、機械化された浴室が成立するための、もう一つの前提条件だった。給湯方式の発展段階を大雑把にたどってみると、最初に湯沸し装置と浴槽が移動可能なセットを形成していた段階、次はそれが浴室の配管設備に連結して固定化する段階、そして最後には、家の中のある一カ所から(82)、な

476 ジョージ・ヴァンダービルトの浴室。ニューヨークの五番街，1885年。支配的趣味の原則とは対照的に，ヴァンダービルト家の浴室ではニッケルめっきしたパイプはもちろん，鉛管までも露出したままになっている。この無駄のない設備の配置法は，その後のアメリカにおけるコンパクトな浴室の出現を予告しているかにみえる。(『衛生技師』，ニューヨーク，1887)

いしは、今世紀に入って実現した、各地域のセントラル・プラントから各戸に給湯が行なわれる段階がくる(83)。給湯が行なわれたのは、一般に台所の流し台、洗面器、そして最後に浴槽の順だった。水道付洗面器は、労働を節約する上で重要な設備だった。アメリカがこの点の工夫で最も進んでいたのはうなずける。九〇年代、あるイギリス人は、アメリカの事情を観察して「アメリカでは、水道設備はどこの邸宅、どの化粧室にもある。家庭用の労働節約器具は、大西洋のこちら側より向う側ではるかによく理解されかつ評価されている。新案特許の器具が、アメリカのほうにたくさんあるのも同じ理由からである」(84)と書いている。

たしかに五〇年代のカタログには蛇口の付いた洗面器が載っているが、その場合、水の供給は、キャサリン・ビーチャーの一八六九年の流し台のように、手動式のポンプで行なわれていた。この分野でも、寝台車は早い時期に技術的に適切な解決を生み出している。後述するように、七〇年代に、あるボストンのホテルが各室に水道をひいたところ、大きなセンセーションを巻き起こした。一八九〇年頃には、今はもうなくなった顔シャワーが使われていた。それは、洗面器の底から水が噴水のように出てくる装置で、顔に水をかけ、気分をさっぱりさせる目的で使われた(85)。

アメリカでは、一九二〇年代の初頭、機械化の最盛期を迎えるとともに、湯を惜しみなく消費することが普通のことになった。その時期はかなり正確に指摘できる。それは、ホーローびきの衛生設備の生産が二倍近くに増大した一九二一年から二三年の間である(86)。

上下水道の設備が整うと同時に、浴槽の形式は移動式から固定式へと移行した。それ以前には、一部屋を浴室専用とするのは無意味

477　イギリス型浴室。1901年。最初の移動式，あるいは半移動式に始まって，風呂は，裕福なイギリスの家庭になくてはならぬものになった。イギリス型の浴室は贅沢の限りをつくした，窓のある広々とした浴室で，家族全員が共同で使うのが普通だった。この型の浴室は，寝室の付属施設としてではなく，家具付の独立した部屋として考えられている。（カタログ，W.E.メイスン社）

だった。

浴室が住宅という有機体の新しい要素になるとともに、新たな問題が生じた。

家事の中で、浴室にどのような重要性をもたせるべきだろうか。他の部屋との関係はどうあればよいのだろうか。

大きさ、プランを含めて、浴室は全体としてどのような性格をもつべきなのだろうか。一体、広い部屋で入浴するほうがよいのだろうか、それとも浴室はできるかぎり小さな空間として設計すべきなのだろうか。

浴室を他の部屋と同じように扱うべきか、それとも、設備を据え付けるためだけの必要最小限の空間にすべきかという選択は、経済的な理由だけで決まってくるのではない。両者は、イギリス型とアメリカ型という、浴室発展の二つの段階に対応している。

一九〇〇年頃のイギリス型浴室

イギリスは世界に冠たる贅沢な浴室をつくった。他のどこの国も、質と格調の点で、一八八〇年から一九一〇年の間に製作されたイギリスの衛生設備に匹敵するものを生み出したことはなかった。その浴室の中心は、どっしりとしたダブルシェルの磁器製の浴槽だった。それはニューヨークの五番街にあったジョージ・ヴァンダービルトの邸宅（図四七六）は言うに及ばず、サンクトペテルブルクやインドの王族の宮殿にも置かれるようになった。もちろん、イギリスの中産階級の家庭や下宿にも、簡単な亜鉛製の浴槽が、部屋の一部を小さく囲み、その中に置かれてあった。

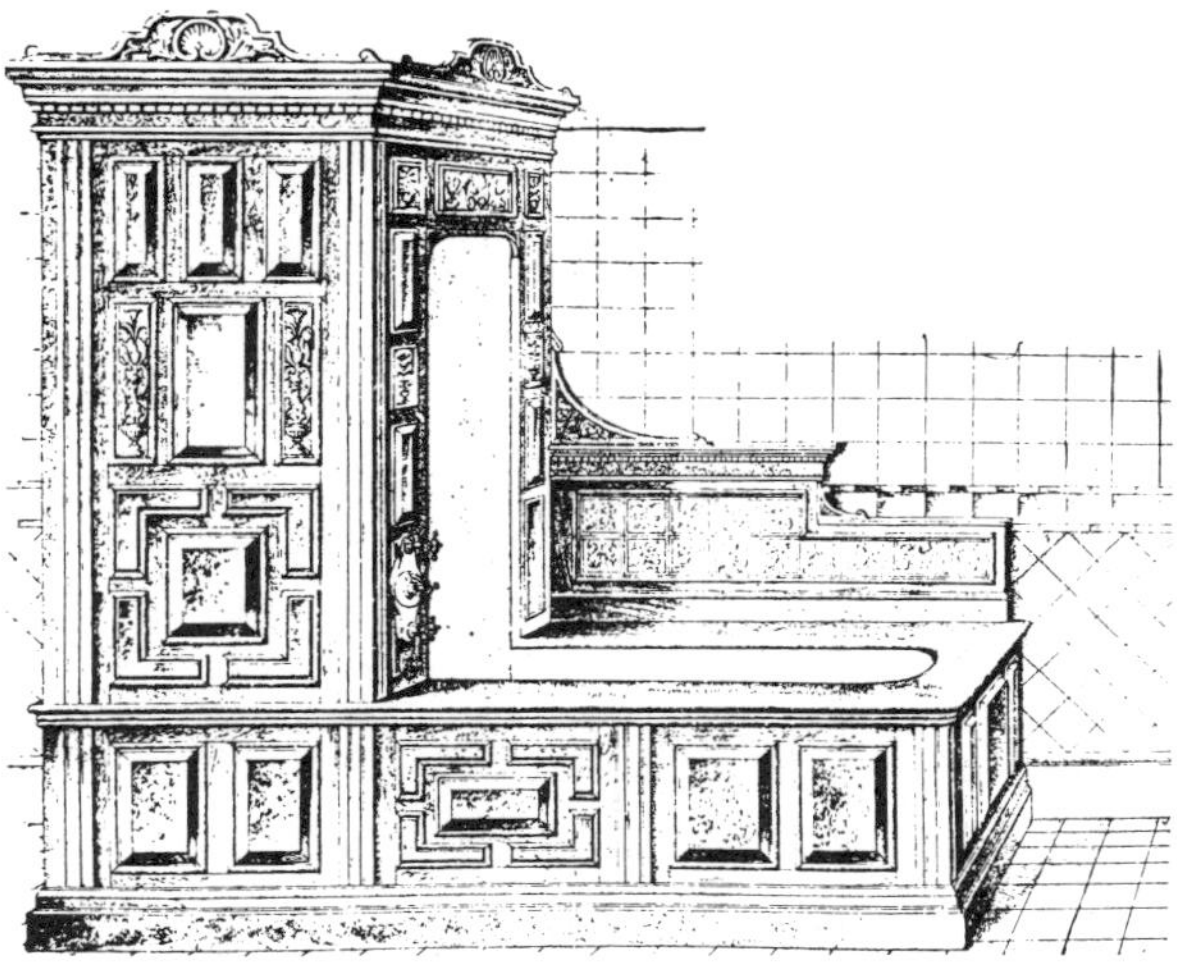

478　浴室に表現された個性：幌付の浴槽。イギリス，1888年。「周囲の雰囲気に合ったいろいろな木材が選べます。価格は60ポンド」。このような製品は，時代調家具は個性の表現につながるとする19世紀の考え方の産物である。設備は別で，浴槽とシャワーの囲いの価格——60ポンド——は，それに与えられた価値を知る目安になっている。（カタログ：ドールトン社，1888）

479（下左）　ペルシェとフォンテーヌ：洗面器台，1801年。19世紀末の大量生産は，その世紀の初頭に始まった現象を，ただ量的に拡大したにすぎない。（ペルシェとフォンテーヌ『室内装飾集』，パリ，1801）

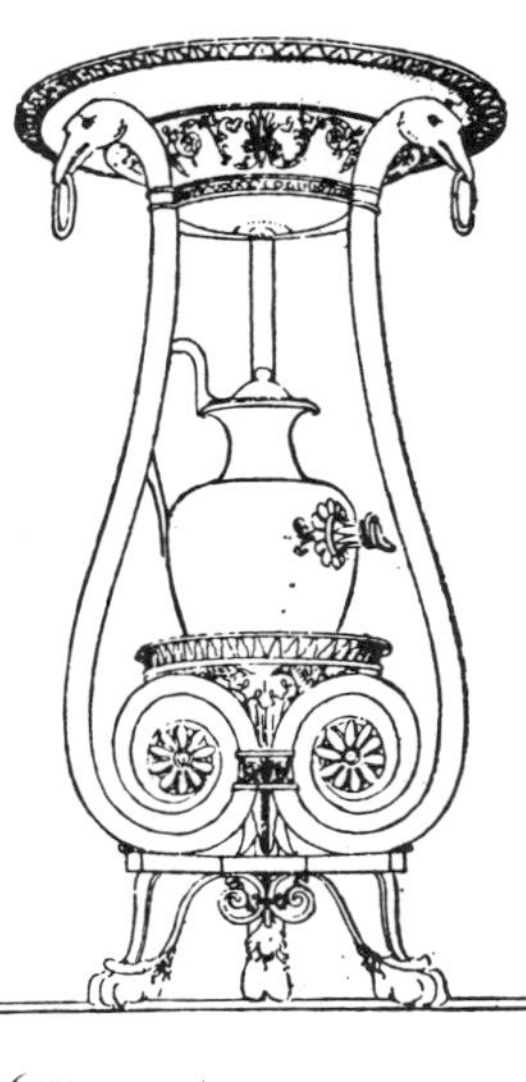

480（下右）　浴室に表現された「芸術」。「いるか」，アイボリー色のトイレット設備。アメリカ，1880年代。（広告）

量産されたアメリカ製のホーローびきのダブルシェル式浴槽は浴槽発展の第二段階を象徴し、ロールス・ロイスのように一品製作されたこの重厚なダブルシェルの磁器製の浴槽は、その第一段階を象徴している。贅沢はここで終らなかった。付属施設としては、浴槽と一緒になった、あるいはそれから独立した複雑なシャワー施設、腰湯をとるための浴槽、ビデ、便器があったし、洗面器は注文に応じて、大理石製や絵入りのものがあった。このような贅沢を、小さな空間に詰め込むのは到底無理なことだった。

一九〇〇年頃のこうした浴室には、窓のたくさんある広々とした空間が必要だった。その中に、高価な設備がゆったりとした間隔をとって配置されていた（図四七七）。浴室中央の空間も自由に動き回れるほど、否、体操でもできそうなほど充分なゆとりがあった。このイギリス型浴室は、その磁器製の浴槽とともに、同様に快適で、しかもより安価な浴室の発展を刺激した。大きな邸宅ですら、そのような部屋は一つしかなく、家族全員で使われていた。

今世紀の最初の二十年間、富裕なヨーロッパの中産階級が採り入れていたのはこのイギリス型の浴室だった。中の設備のほうは、資力に応じていろいろ変えられた。普通、一つの浴室は家族全員で使用された。

個々の設備は浴室の中でどのように配置されていたのだろうか。イギリス型の浴室はさまざまな並べ方ができるほど広く、それに関して一定の型はなかった。浴室をどこに設置し、中の設備をどのように配置するかのルールはなく、個々人の好みに委ねられていた。今日、ヨーロッパの建物は最もモダンなものでさえ、設備の配置ははっきり決まっていない。浴室は小さくなったが、浴室それ自体を独立した部屋にすべきか、あるいは、寝室に付属したユニットとすべきかという問題は未解決のまま残された。

浴室設備と支配的趣味

どの分野も支配的趣味の強力な影響は免れなかったが、浴室もその例外ではなく、時としてグロテスクな結果を生んだ。浴槽、洗面器、便器は家具の一種とみなされ、したがって所有者の個人的趣味を表現すべきものとされた。

家具、建築、装飾の分野にみられた、純粋な形態からの逸脱は、浴室設備にもその影響を印した。支配的趣味が頂点に達した八〇年代には、金持ちたちは浴槽とシャワーを共に重厚な「囲い」で包み隠した（図四七八）。浴室にも、骨組が溶けてクッションに変わっているような、安楽椅子《コンフォータブル》の場合と同じ現象が現われた。八、九〇年代のカタログやハンドブックは、設備の業者のなすべきことは形と装飾に関する建築家の期待を実行に移すことだ、と繰り返し忠告している。一八八八年のイギリスの浴室（図四七八）の「幌付の浴槽」、シャワーそして囲いに使われる木材は「家の造りやデザインにふさわしい種類を選ぶべき」だし、また、「建築家の要求に合うように変えるべき」(87)だとされた。そうした飾り物の値段は、それに対して与えられた評価をよく表現している。浴槽、シャワー、配管工事は別にして、囲いだけで六〇ポンドであった。囲いがない場合には、派手に彩色した絵で満足しなければならなかった。そうした設備に施されたさまざまな様式の装飾は、八、九〇年当時、後の流線型と同じような絶大な魔力を購買層に対してふるった。製造業者

481（左）箱型洗面器台。1875年。以前は金だらいや浴槽，便器には簡単な囲いが付いていただけだったが，家具職人が製作に参加した途端，水道管や排水管は装飾的なケースで囲われるようになった。「大工が作っている限り，設備は簡潔で，決して部屋の飾り物のようにはならない」と，『マニュファクチャラー・アンド・ビルダー』誌は書いている。

482（右）水道管や排水管を剥き出しにした洗面器。1888年。剥き出しの洗面器は雑用をする場合にだけふさわしいと考えられた。（カタログ：スタンダード・マニュファクチャリング社，ピッツバーグ）

も、色彩を惜しみなく使った。トワイフォードの『二十世紀カタログ事典』には、一九〇〇年の時点でもまだ、形は同じで装飾だけが違っている浴槽や洗面器が掲載されている（図四八四）。浴槽は、帽子（図四八三）と同じように、型は同一にし、飾り付けのほうをさまざまな時代や趣味に合うものに変化させた。

間もなく洗面器の装飾は、その上面から窪みの部分、あるいは、洗面器全体へと拡大された。見た目にだけ新しく新奇なものを追う傾向は押し止めようもなかった。しかし、すべてを「芸術的」にしなければ気の済まなかった八〇年代のグロテスクな感情も、やがて、退潮に向かい始めた。何年間にもわたって雑誌に派手に掲載されていた、アイボリー色の釉薬をかけた「いるか」という名称の便器（図四八〇）も、嘲笑のまとにされるようになった。

あらゆる分野で、自然な形態を求める闘いが始まった。建築で大規模に現われた現象が身辺の器具にまでおよんできたのである。十九世紀は、万国博会場から実験器具、台所の流し台に至るまで、誰の眼も意識する必要のないところでは大胆になった。身辺の環境を相手にした場合には、賢明な形態を選ぶ勇気が支配的趣味を退けたのである。一八八八年のアメリカ製の流し台（図四八五）はそれを立証している(88)。それは隅々まで注意深く考え抜かれている。カタログが強調しているところによれば、排水口やオーバーフロー（溢れた水の排出口）は、清潔に保てるように工夫されていた。

帝政時代以来、掛布やカーテンに示されてきた飾り立てることへの関心は、衛生設備に対しても向けられた。しかし、洗面器は数十年前から、皮をやぶったとうもろこしのように、家具という装いを脱ぎ捨てた状態にあった。水に対する恐怖心から、衛生設備は長い

483 規格化と装飾化：帽子とそのヴァリエーション。装飾を変えることで、１つの原型がさまざまの趣味や時代様式を表現した。帽子、住宅、浴室など、すべては、個性を表現するものでなくてはならなかった。（提供：オールド・プリント・ショップ、ニューヨーク）

間、居間に持ち込まれていなかったからである。しかし十八世紀に至って、イギリスのキャビネット・メーカーが衛生設備に新たな関心を払っていることからもうかがえるように、衛生設備に対する要求は、微弱ながら復活してきた。シアラーの「婦人用化粧台」（一七八八年、図一八五）[89]には、小さな洗面器と四つの窪み、それに「うしろに取り付けられた排水を受ける水溜め」が隠されていた。たしかに設備は抽出しの中にしまい込まれていたが、少なくともあることはあった。

十九世紀に入って、洗面器の窪みの部分と水差しはしだいに大きくなっていく。一八二〇年頃には、中世以来の三脚式洗面台が当時おおいにもてはやされていた円形のキャビネットに姿を変えた[90]。イギリスでは、三〇年代、コモードやテーブルの形をした洗面器台（図一八七）が現われた。

十九世紀半ばに、十八世紀のマーブル・トップ型のコモードに一つあるいは二つの洗面器を水差しと一緒に載せたものが流行し、その後の洗面器台の典型になった。洗面器は、水道が入るとともに大理石の上面の一部に組み込まれたが（図四八一）、コモードの部分は、そのまま残った。七〇年代にはこの木製の収納部に特別の関心が払われた。八〇年代に入ると、特にアメリカでは、この部分は姿を消し、埋込式の洗面器を備えた大理石の上面だけが残った（図四八二）。しかし、洗面器が大量生産の影響を受けて自然な形態を獲得し、水道や下水管に結びついたのは、二十世紀に入ってしばらく経ってからのことであった（図四八六）。量産されたホーローびきの製品や陶器が現われるようになって初めて、自然な形態は本格的に定着した。ただ、一九三〇年代の末期には後退現象が起こり、浴室

484　規格化と装飾化：洗面器とそのヴァリエーション。イギリスの装飾洗面器，1900年。2つの洗面器，「ヴィクトリア」と「ヴィクトリア・アンド・ローゼズ」（彩色）は，型は同一で模様だけが変わっている。（トワイフォード『20世紀カタログ事典』1900）

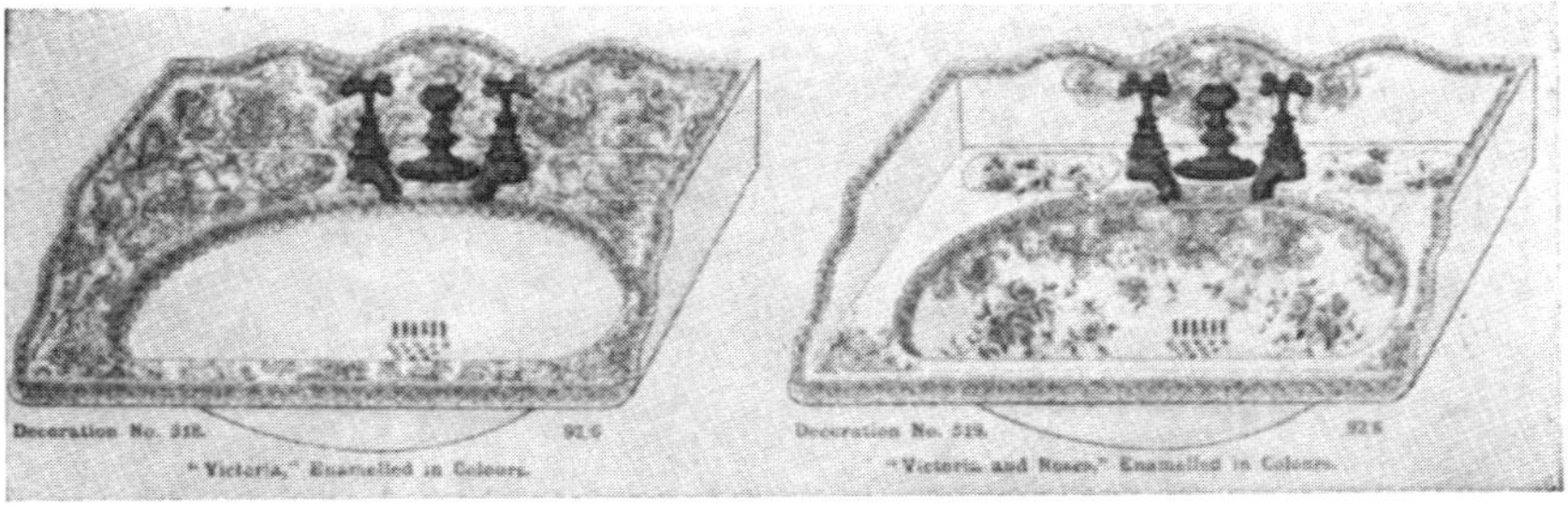

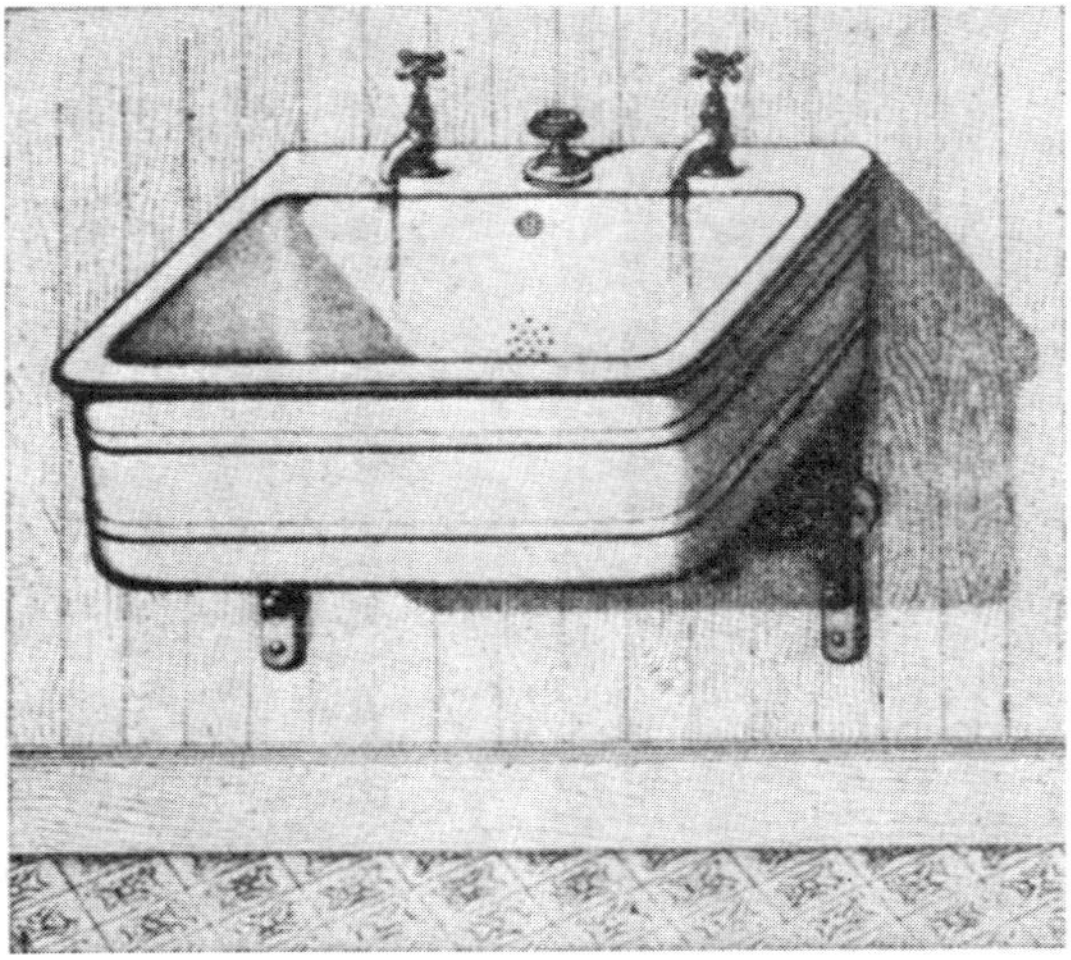

485　台所に見られる純粋な形態：アメリカの流し台，1888年。支配的趣味が風靡したこの時代，このような簡潔な形態は浴室には受け入れられなかった。ディテールに細心の注意が払われている。排水口とオーバーフローは清潔を保ち易いように設計されている。（カタログ：スタンダード・マニュファクチャリング社）

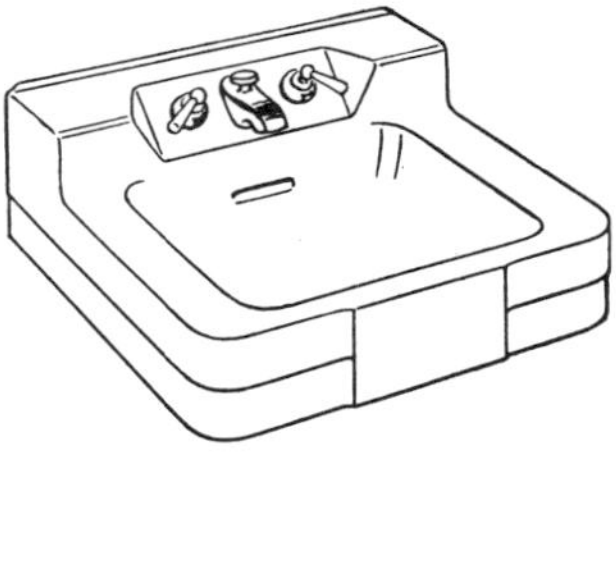

486　洗面器。1940年。純粋な形態は台所から，しだいに，浴室というより個人的な領域へと広がっていった。入念に設計された1888年の流し台から，この洗面器が生まれるまでに半世紀を要している。（カタログ：クレーン社，シカゴ）

487 マウント・ヴァーノン・ホテル。ニュージャージー州，ケープメイ，1853年。『イラストレーテッド・ロンドン・ニュース』(1853年）によれば，このホテルには各室に水道付の浴槽が備えられていたという。「部屋の中ですべての用が足せるようになっており，滞在を快適にするためのあらゆる設備が整っている」。各室浴室付のホテルが普及する半世紀前のことだった。

と台所を、「家具をセットした部屋」として扱う傾向が生じた。

一九一五年頃に定着した衛生設備の標準型はローマ帝国やイスラム教国の入浴施設と同じ考え方、すなわち毎日蒸気や水の働きに曝されている物を飾り立てる必要はないという認識の上に成立していた。

アメリカのコンパクトな浴室——一九一五年頃

ホテルの影響

アメリカは、風呂が民主化した瞬間からその発展の主導権を握った。一九一〇年代を含む全面的機械化の時代がその時期に相当する。このとき、浴室は寝室に付属するものであるという考え方が確立し、それと同時に、浴室設備のレイアウトが初めて一定の型をとって定着した。これは偶然ではなかった。

アメリカ型の浴室の起源は、家庭以外のところ、すなわちホテルにあった。ホテルを通じて、「アメリカ人は浴槽、蛇口をひねれば出てくる水や湯、水洗便所、蒸気暖房などを初めて知った……ホテルを通じてアメリカの生活に入り込んだものは多いが、アメリカ人の家庭生活に与えた影響の度合においてホテルの浴室に匹敵するものはない」(91)と言っている人もいる。

タルボット・ハムリンは、大著『アメリカにおけるギリシャ風建築の復興』の中で、ボストンのホテル、トレモント・ハウス（一八二七—二九年）について述べている。「そのホテルは地下に、水道の付いた見事な水洗便所と浴室を備えていた。機械設備が建築デザインの重要な要素になったのは、世界、とまでは言わなくても、アメリカではこの建物が最初である」(92)と彼は書いている。浴室が

488　配管設備会社の広告。ボストン、1850年。広告では「大学の医学部の先生も風呂によく入ることを勧めています」と強調する必要があった。19世紀の中頃にはまだ水道はなく、広告の左手に見える手動式のポンプで水を汲み上げるのが普通だった。(『ボストン商工名鑑』1850—51)

PLUMBERS,

And Manufacturers of Barrows' Patent Cooking Range,

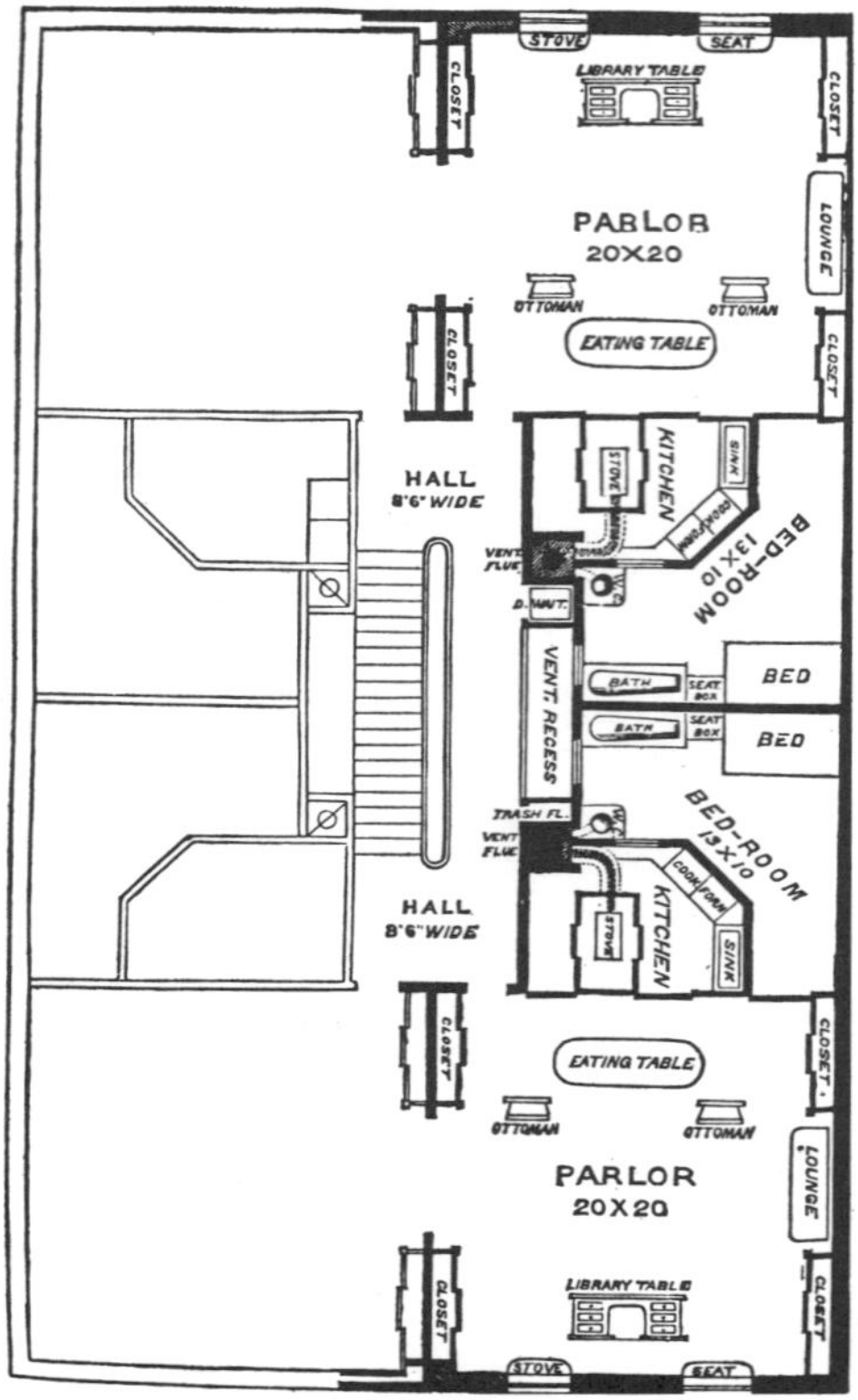

489　キャサリン・ビーチャー：アパートのプラン。寝室，小型の台所，浴室などの設備がある。1869年。ちょうど，キャサリン・ビーチャーの手になる台所の構成が今日のそれを予想していたように（図338），彼女が設計したアパートのレイアウトも，洗練こそされていないが，浴室，寝室，囲込み式の小型台所を一応要素として含んでいる。（『アメリカ女性の家庭』1869）

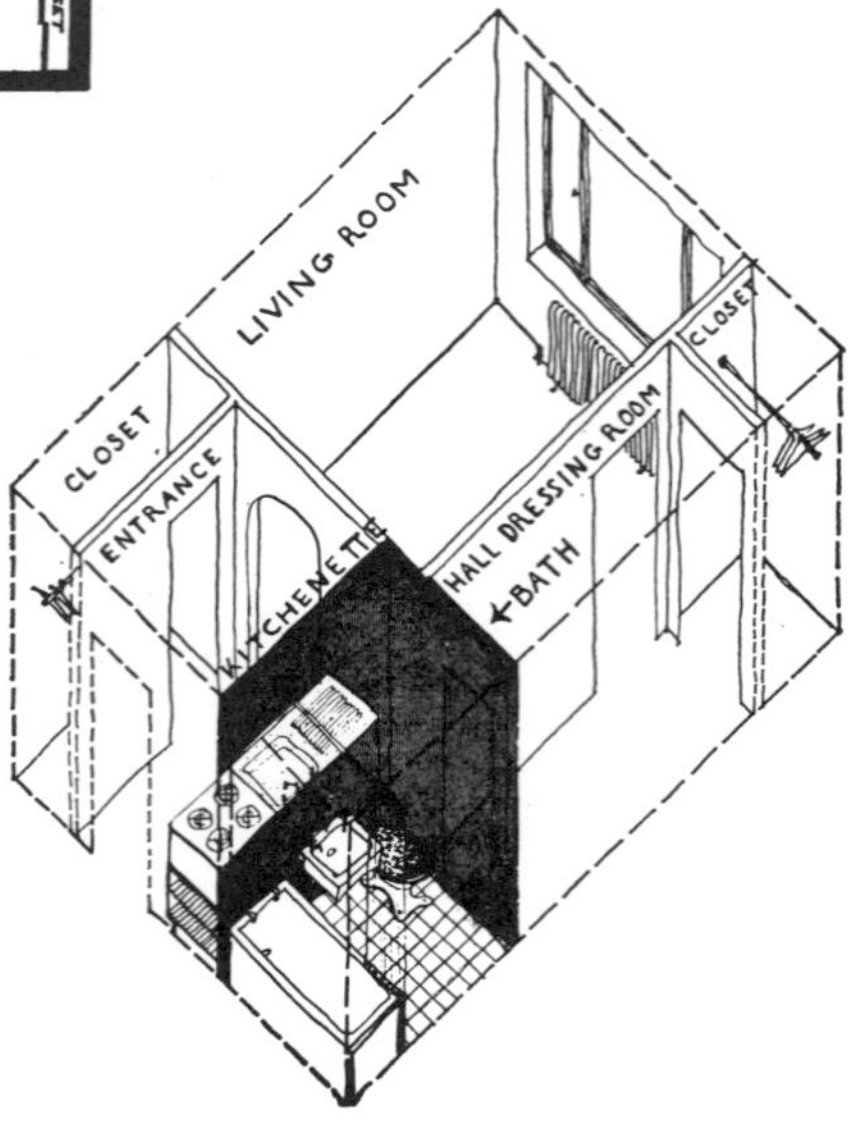

490　台所と浴室が背中合わせになったワンルーム・アパート。1930年代。玄関の左手に押入れ，その右手に小型の台所がある。台所と浴室とは壁で隔てられ，両者への配管はこの壁の中に施されている。（ニューヨーク5番街850，スケッチ：フローレンス・シュスト）

491 アパートの配管設備。シカゴ，1891年。1890年代のこのシカゴのアパートは当時の最先端を行き，すでに，設備はすべて1つの壁面に沿って配置されている。しかし，もっともコンパクトな配置法であるとは言えない。浴槽はまだ，長いほうの壁に沿って取り付けられている。後に浴槽は，便器と同様，90度回転させられる。(『工業都市シカゴ』1891)

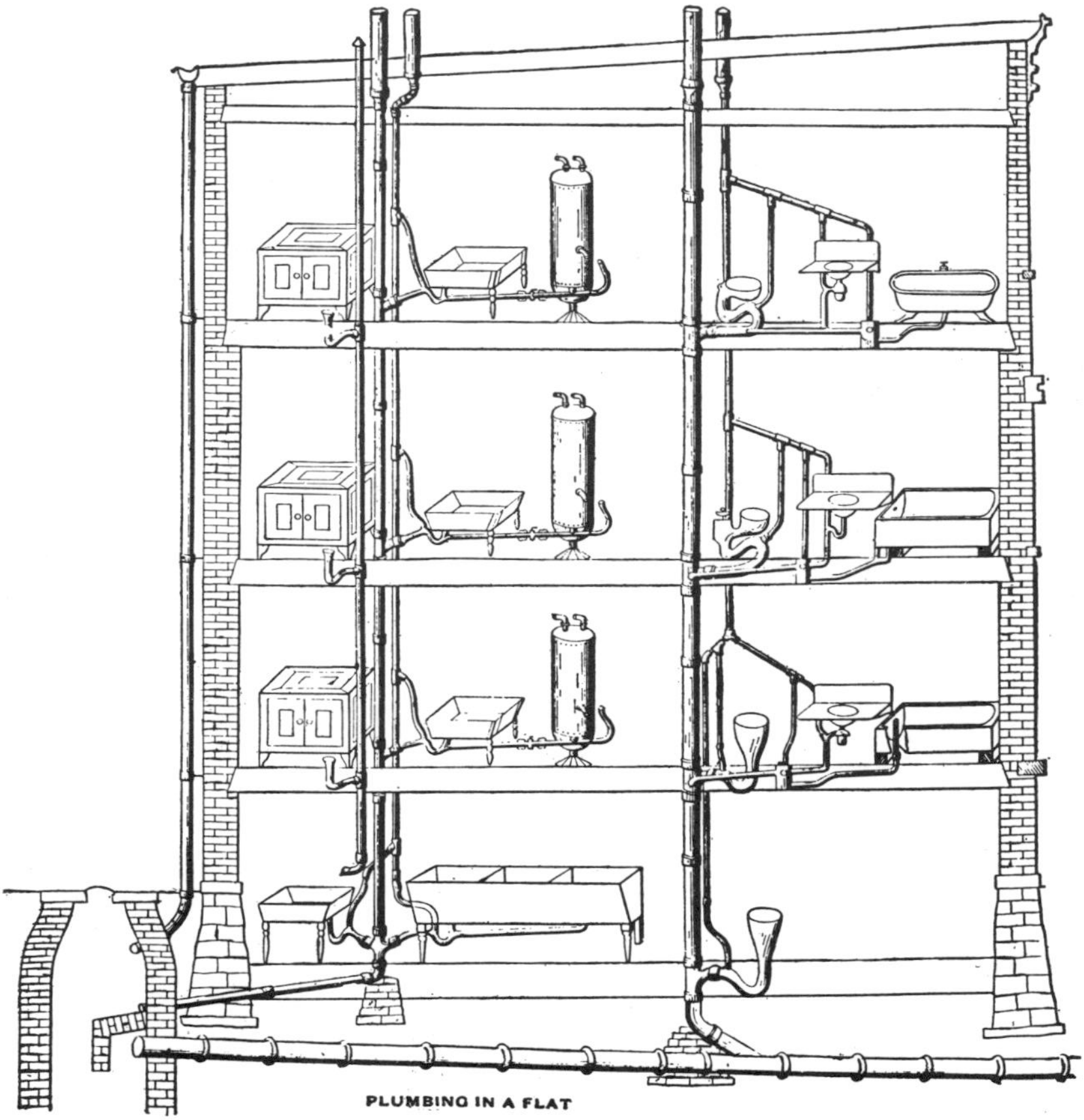

PLUMBING IN A FLAT

492（左） スタトラー・ホテル。バッファロー，1908年。（現在のホテル・バッファロー）。「1ドル50セントで風呂付」というのが当時の安宿の宣伝文句だった。（提供：スタトラー・ホテル社，ニューヨーク）

493（中） スタトラー・ホテル。バッファロー，1908年。典型的なフロア・プラン。「各室風呂付」はプランに大きな影響を与えた。「浴室を小型化し寝室に付属させる」という解決策はアメリカで一般化し，ホテルからアパートへ，さらに一般家庭へと広がった。（提供：スタトラー・ホテル社，ニューヨーク）

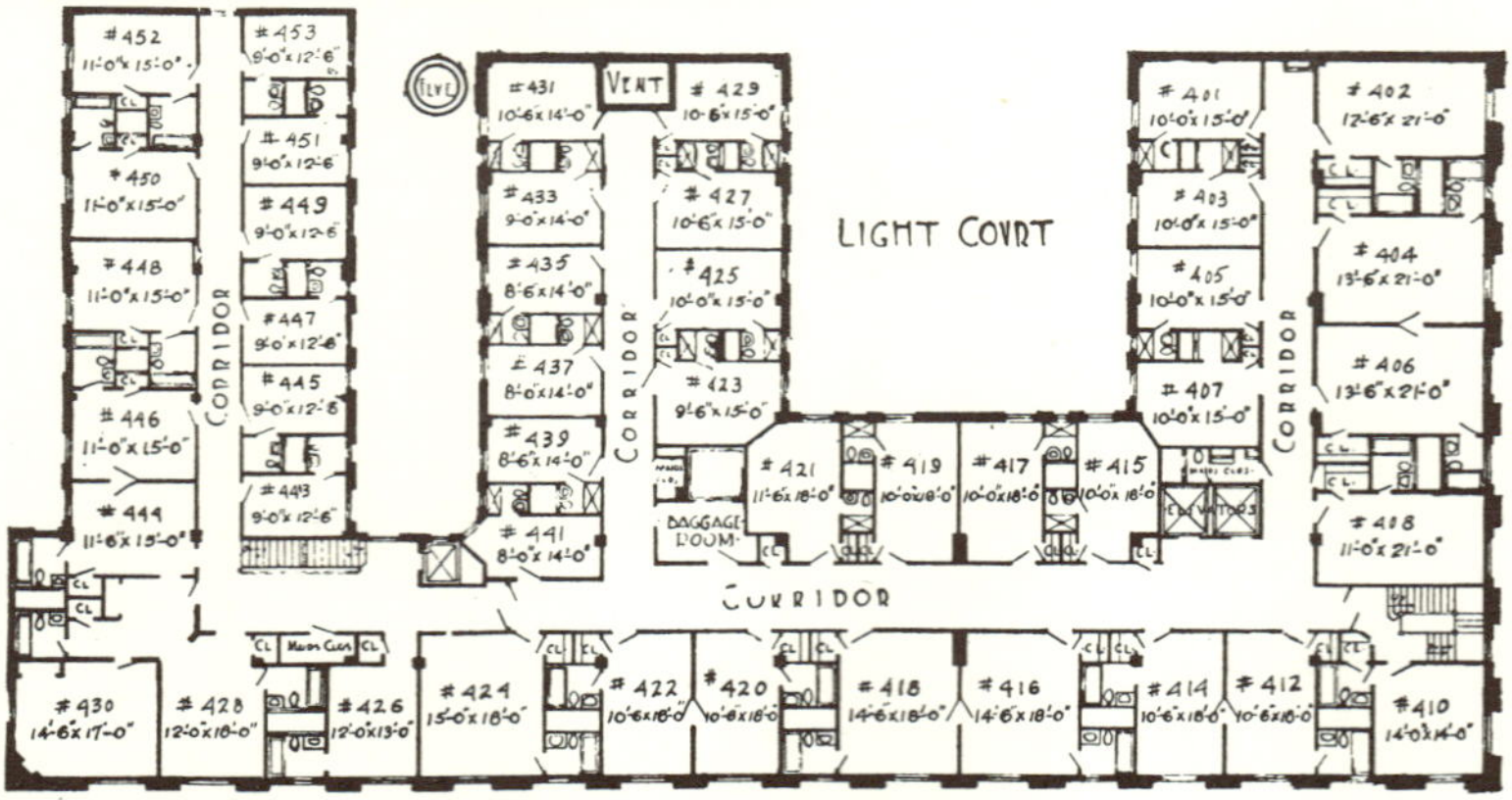

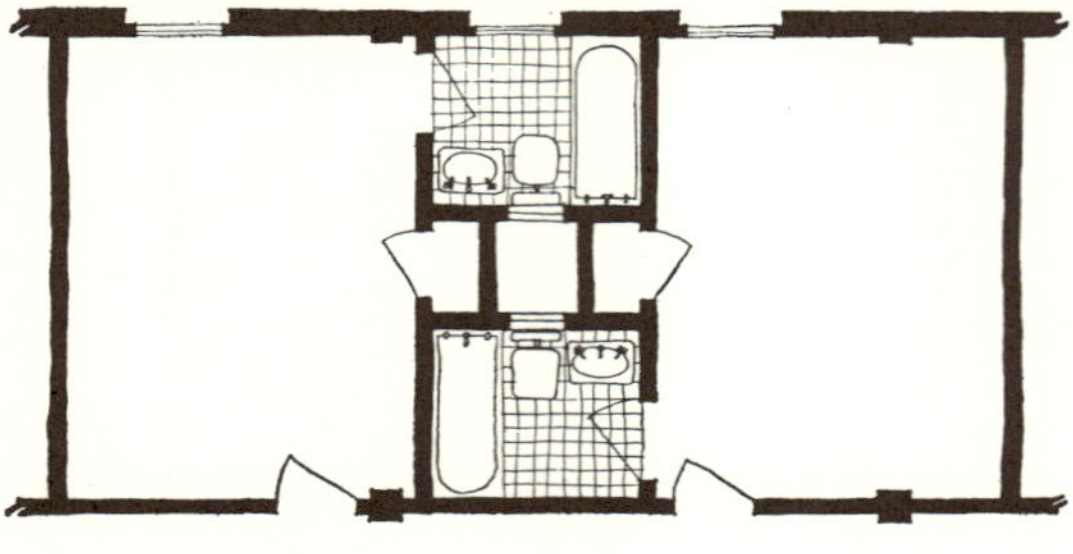

494（左） スタトラー・ホテル，バッファロー，1908年。この2つの室は専用の浴室と押入れをそなえているが，換気および配管坑は共有している。コンパクトな浴室は比較的早い時期に充分な発展をとげた。（提供：スタトラー・ホテル社，ニューヨーク）

495　（左）アメリカのコンパクトな浴室。1908年。コンパクトな浴室は，1908年頃新しいホテルに取り付けられる一方，カタログにも掲載されはじめた。配管工事は依然別々の壁に施され，浴槽も脚付きになっている。しかし浴槽は，以前とは違って短いほうの壁に沿って配置されている。（カタログ：L．ウォルフ社，シカゴ）

496　（右）アメリカのコンパクトな浴室。1915年。ダブルシェル式浴槽の大量生産が可能になる以前にもアメリカの主な会社は埋込式浴槽を備えたコンパクトな浴室の宣伝に努めていた。（カタログ：クレーン社，シカゴ）

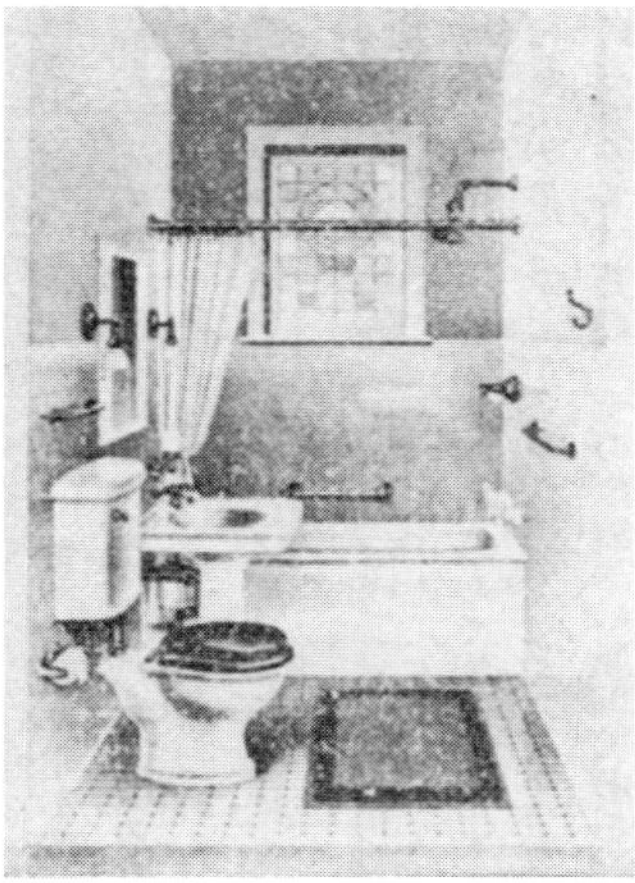

スキピオの浴室のように地下にあったのは、水道管が各階に通じていなかったこの時代には普通のことだった。

全室に浴室と水道を備えたホテルに関しては、外観（図四八七）と、皮肉と称讃をまじえた一文しか残っていない。そのホテルとは、ニュージャージー州の海浜リゾート、ケープ・メイにあったマウント・ヴァーノン・ホテルである。「持ち主のジョナサンは、ホテルばかりでなく、ボイラーを爆発させたり大海蛇の彫刻を所有するなど、新旧どちらのことにも得手である」、一八五三年九月十七日付の『イラストレイテッド・ロンドン・ニュース』にはこう記されている。さらにそこでは、「ホテルのガス管や水道管は全長一二五マイルにもおよぶ。各室に浴室があり、また栓をひねれば水や湯がいつでも出てくる……」とも述べられている。内容には細かいところで誇張があろうが、当時のアメリカにおいて、すでに、浴室を基本的に寝室に付属するものとみなす傾向のあったことは、この記述からもわかる。マウント・ヴァーノン・ホテルにみられる傾向は、小さな造り付けの台所、つまり、キチネットと結びついて、六〇年代末のキャサリン・ビーチャー設計によるアパートにも現われている（図四八九）。水道やガス設備を最小の空間の中で一つに結びつける傾向は、典型的なニューヨークのワンルーム・アパート（図四九〇）にも示されているように、その後のアメリカの発展の中で引き継がれていく。

各室に一つの浴室という目標が急速に達成される見込みは、あまりなかった。実際にも、その目標に到達するのには半世紀以上かかっている。

それに至る経過については断片的なことしか知られていない(93)。

一八七七年、ボストンのあるホテルでは、全室、水と湯が出るようになっていたが、それは洗面器用に限られていた(94)。カンザスシティ（一八八八年）とボストンの家族宿泊用ホテル（一八九四年）には、家族が泊まる全室につき一つの浴室があったが、部屋ごとに付いていたわけではない(95)。当時プルマンは個室寝台車を走らせていたが、ホテルの浴室もそれと同様に贅沢さの象徴であったにちがいない。

安い料金でバス付のホテルに泊まれるようになるまでは、ホテルの浴室は本当の意味で民主化したとは言えない。一九〇八年エルズワース・M・スタトラーは「バス付一ドル五〇セント」を看板にした新しいホテルをバッファローに建設し、即座に成功をおさめた(96)。

プルマンの寝台車、パイオニア号（一八六五年）と同様、このホテルは、バス、クロゼット付をもって中流ホテルとみなす、快適さの民主化への重要な一歩を画した。ヨーロッパでは、現在でも、バス付の部屋は贅沢な部類に属している。「各室バス付」という前提が実行に移されたとき、その影響は、ホテルのプラン全体にいち早く現われた（図四九二―四）。それは、浴室と台所の組織化が個人住宅のプランに与えたのと同様、決定的な影響をホテルに与えた。浴室はコンパクトな空間であり、かつ寝室に付属するものであるという、アメリカの標準的なレイアウトがここに出現した。

コンパクトな浴室

浴槽、洗面器、便器を最小限の空間に詰め込んで配置したものが、アメリカで呼ばれている「コンパクトな浴室」である。一方の壁に沿ってあらゆる設備を並べるのがその配置法の原則であるが、それは大分以前からアメリカでは知られていた。五番街にあったジョージ・ヴァンダービルト邸の浴室（一八八五年、図四七六）は配管の様子を誇示する一方、設備間の間隔が小さく、すでに、将来のコンパクトな浴室の出現を予告していた。

シカゴは、いろいろな意味で、八〇年代末期のアメリカにおける大胆な実験の場であったが、快適な住居という点でも前衛的な役割を果たした。「シカゴ窓」を備えたアパート建築――これは研究テーマとして未開拓な分野――には、当時のヨーロッパ住宅の特徴であった光に対する恐怖感がまったくみられない。ここには、コンパクトな浴室の直接の原型もみられた。『工業都市シカゴ』は、当時の様子を知る上でかけがえのない資料であるが、そのうちの一章は、その頃の配管設備の発展に関する記述にあてられている。「アパートの配管設備」と題された頁(97)（図四九一）には、当時の最先端をいく設備が図示されている。当然のことながら、高層建築とその衛生設備は相携えて発達した。すでに便器、洗面台、浴槽は一方の壁に沿って配置されていた。コンパクトな浴室を完成させるには、あとはただ、浴槽を九〇度回転させるだけでよかった。そうしてはじめて、設備全体は一方の壁に集中することになる。

一般の住宅では、浴室内のレイアウトはどのようになっていたのだろうか。前にも述べたように、イギリス型の浴室は環境に合わせて小さくなり、設備の数も少なくなった。しかし、設備間の間隔をゆったりとるというイギリス式配置法は変わっていなかった。

どの住宅を見ても共通していたのは、浴槽がフリースタンディング式で、長いほうの壁に沿って配置されているという点である。一九〇八年頃の大企業のカタログには、当時、新しいホテルに取り付けられつつあったような、コンパクトな浴室のプランがすでに掲載されているが、設備はまだそれぞれ別な壁に沿って配置されている(98)(図四九五)。ホーローびきの鋳鉄製の浴槽にもまだ脚が付いている。

一九一五年頃、浴室の奥に固定された形の、現在普通にみられる家庭用浴槽が現われた(99)(図四九六)。しかし、ダブルシェルでホーローびきの浴槽が一体成形され量産されるようになったのは、やっと一九二〇年頃であった。それによって、価格は約二〇％切り下げられた。それから間もなく、長いほうの辺が五フィートの浴槽が定型として確立した。今日生産されているもののうち、七五％はこの型に属する。浴槽の寸法が浴室の幅を決める基準寸法となり、洗面台と便器が長いほうの壁に沿ってできる限り互いに近づけて配置されるようになった。こうして、幅五フィートの浴室が標準になった。個人住宅は、ホテルで決まったこの寸法に従った。大きな邸宅では、一九〇〇年のイギリス型の浴室を一室ないし二室備えるよりも、標準型の浴室を六室ないし七室備えるほうが一般的だった。浴室は個人専用になるか、それとも、今日でもよく見られるように、二つの寝室の中間に一つの浴室が設置されるようになった。アメリカの建築家がヨーロッパ式のプランに関して手厳しく批判するのは、浴室と寝室が通路によって隔てられている点である。コンパクトな浴室は、一九二〇年頃、型として定着した。それ以後も、浴室をいろいろな家具で満たし、居間のような雰囲気を備えた昔の贅沢な浴室に戻る動きがみられたが、そのような脱線は実はどうでもよい。それより、時代にあった行き方として、一九三一年頃、標準型の浴室全体を工場で生産し、設置コストを引き下げる試みが開始された点に注目したい。「調査の結果、一立方フィート当り、浴室と台所の部分は――基礎、床、屋根さらに設備を含めて――九〇セントかかるのに対し、そうした施設以外の所の経費は、二五セントであることがわかった」(100)という。

コンパクトな浴室の成立

アメリカの浴室設備の定型は、光沢のあるホーローびきの浴槽から生まれた。この型の一種である、ダブルシェル式で造り付けの浴槽は、一九二〇年頃、アメリカで量産が始まった。それを取り付けるのには、時間も費用も非常に少なくて済む。この型はアメリカの浴槽の標準となったばかりでなく、寸法体系をも含めて浴室全体を決定した。

ギリシャの壺アムフォラが五世紀のギリシャを象徴しているように、この白い浴槽が描く簡潔な線は、後の時代の人びとの目に、われわれの時代を象徴するものとして映るだろう。浴槽は贅沢な施設であるが、高度な冶金学と技術が組み合わされた結果、民主的な設備に変わった。大西洋の向う側、ヨーロッパでは、このダブルシェル式の浴槽は今も贅沢品という印象をとどめているが、それなりに現代を象徴するものの一つであることに変わりはない。

このすっきりとした無装飾の浴槽をみると、すべては簡単であるような印象を受ける。しかし、さまざまの不適切な解決法に邪魔されて、この定型の出現は非常に遅れた。機械化された浴槽は装飾家の遊び道具にはなり得ないのだという認識は、その製作方法――鋳鉄製でホーローびき――が装飾を拒否してはじめて常識として定着した。

一九〇〇年頃の混乱状態

一九〇〇年頃も、みじめな混乱状態は依然として続いていたが、ここで一人の専門家の評価を通じて、当時の混乱ぶりをみてみよう(101)。

「どんな種類の浴槽を使ったらよいでしょうか」。

「種類や仕上げが違う浴槽がいろいろ出回っているので、その問題はなかなかむずかしい……一番最初に売りに出されたものに、鉛の薄板を内側に貼った木製の箱型浴槽がある。特徴としては、もちはよいが、清潔に保つ上で難点がある」。

「次に出回ったのは亜鉛をひいた木製の箱型浴槽である……特徴は、新しいうちはぴかぴかとして見た目にはよいが、耐久性がない。この種類はもうほとんど販売されていない」。

「次に木製で銅の薄板を貼った箱型の浴槽が現われた。長所は、長い間清潔な印象を保てる点で、短所は、銅を使っているので穴があきやすいことである。今(一八九六年)ではほとんど姿を消してしまった」。

後に他を抑えて勝利を得ることになった鋳鉄製の浴槽には、いろいろな仕上げのものがあった。普通は「浴槽の内側に大理石の縞模様が描かれていた」。「特徴は、いつまでも使えるほど耐久性に富んでいるが、塗装が剥がれると錆を生じ、不衛生になるのが欠点である」。

「めっきした鋳鉄製の浴槽、欠点はそのめっきがすぐ剥がれることである」。

「鋳鉄製でホーローびきの浴槽は優れているが、手に入りにくい。また、激しい使用には耐えられないだろう。というのは、ホーローはひびが入りやすく、剝げやすいからである」。

「非常によく売れているのは、薄鋼板製で、内側に銅の薄板を貼り(囲いは不要)、鋳鉄製の脚を付けた浴槽である」。

次に、三種類の豪華版が登場する。まず第一は「全体が銅でつくられた浴槽で、銅の薄板を一体成形したもの。外殻はなく……品のいい鉄の脚が付き、堅木が浴槽の縁についている。この銅だけでできた浴槽も、大きな成功をおさめつつある」。

次は「ホーローびきした磁器製の浴槽」である。「特徴は、汚れに強く……内側にも外側にも木製部分がない。一体成形でできている。これは一生使えるだろう。短所は、こわれやすく、備え付ける際には極力気をつけなくてはならないこと。さらに、湯が入って完全に温まるまでは、肌に触れると非常に冷たいこと」。

そして最後の決定打は、新式のアルミ製の浴槽だった。「その長所は、非常に軽く、仕上げも美しく、衛生的である点では非のうちどころがない……ただ、高価で金持ちにしか買えない」。

外観に特に関心のある客には、装飾タイルを豊富に使った埋込式の浴槽が推薦された。

これら一ダースもの型の中で欠点がないとされているのはアルミ製の浴槽だけで、しかもそれは、目玉が飛び出るほど値段が高かった。では一体、普通の人はその中でどれを選べばよかったのだろうか。

定型の確立――一九二〇年頃

大体、以上が一九〇〇年頃の状況であった。この混乱状態の中から、現在の標準タイプが一九二〇年頃、やっと姿を現わした。それは、鋳鉄製でホーローびきの耐久性のある浴槽だった。ここまで技術が発達するのに、ほぼ半世紀の年月を要している。

この型は、アメリカでは一八七〇年頃に現われたが、当時は、大手のメーカーでさえ、その生産量は一日に一個だった(102)。七〇年代半ばに至って生産は徐々に増大していったが、しかし一八九〇年の時点でも、この浴槽は次のような理由で反対されていた。「ホワイトガラスを材料にしたホーローは一見よくみえるが、熱い湯を入れると剝げ落ちるのは目に見えている。なぜなら、鉄はホーローより熱膨張率がはるかに大きいからである」(103)。そこで、九〇年代の半ば、この分野で先陣を切ったあるシカゴのメーカーは、製造経験が長いということをもってこの浴槽の優秀さを立証しようとした(104)。一九〇〇年以前は、衛生設備はすべて手作りだった(105)。一九〇〇年以後、機械化が部分的に始まり、工員一人当りにつき一日一〇個の浴槽を生産できるようになった。これは、一八九〇年代の五倍だった。

ダブルシェル方式でホーローびきの浴槽の歴史に関してはすっきりした像がなかなか描けない。というのは、初期の会社の間でしばしば説明が食い違っているからである。ホーローびきの浴槽が目立ち始めたのは一九一〇年頃である。造り付けの浴槽の最初の特許は、一九一三年に許可された。これらのタイプは、内側だけがホーローびきで、外側はペンキが塗られているか、あるいはタイルが張られているか（ヨーロッパでは今もこの方式がとられている）、それとも、本体とは別になったホーローびきの前垂れで隠されているかであった(106)。

一九一六年以前は、ダブルシェル方式でホーローびきの鋳鉄製浴槽を、一体成形で量産することは不可能だった。この型を受注生産したものが、一九〇〇年以前、プルマン車の個室で初めて使われたそうだが、その浴槽は磁器製のように美しく、しかも、磁器よりずっと軽くできていた(107)。大量生産によって、（シカゴの通信販売会社のある役員が語ってくれたところによると、掲示板による宣伝も一役買って）埋込式の浴槽を以前よりはるかに広い層の人びとに提供できるようになった。一九四〇年には、通信販売会社は浴槽、洗面台、便器を含む設備一式を七〇ドルで販売していたが、一九一〇年のクレーン社（シカゴ）のカタログには、浴槽だけで二〇〇ドルもするものが載っている(108)。

浴槽に関する歴史資料は散逸しているばかりか、まったく欠けている場合がしばしばある。われわれはそこで、その発展のアウトラインでも知ろうと、シカゴのクレーン社に質問状を送った。質問状の一部とそれに対する回答を次に完全な形のまま再録しておく。質問状送されてきた回答はほぼ完璧だったが、項目によってはそうでないものもあった。

質問状

問一　シングルシェル方式でホーローびきの造り付け式浴槽は、いつ頃から量産が始まったか。

答　われわれの記録ではホーローびきで、脚が付き、縁がまるくめくれた鉄製浴槽は、一八九三年頃に生産が始まっている。同じ型で木製の、やはり縁がまるくめくれた浴槽の生産は、一八九二年から九五年にかけて始まっている。また、銅の薄板を張った木製の浴槽は、一八八三年頃生産が開始され、その人気は一八九三年頃まで続いた。シングルシェル方式の浴槽の生産は、一九一〇年頃始まり、現在でも生産している会社がある。

問二　ダブルシェルでホーローびきの造り付け式浴槽は、いつ頃量産が始まったか。

答　ダブルシェル方式の浴槽は一九一五年頃生産が始まり、メーカーは今もこれを作っている。

問三　量産によってどの程度、造り付け式の浴槽の価格は引き下げられたか。

答　これまでの価格表で知るかぎり、一九一八年から一九四四年の間に、約二〇%下がっている。

問四　コーナータイプと脚付タイプの生産量に対する、埋込式のそれの比率はどの程度か。

答　五フィートの埋込型ダブルシェル浴槽は、圧倒的な売行きを示しており、市場のおよそ七五%はこの型で占められている。コーナータイプでダブルシェル浴槽の販売台数はごく僅かで、普通の一般家庭にある浴室よりも大きい、特殊な浴室で用いられている。そのような浴室の場合、埋込型よりもコーナータイプのほうが適しているからである。現在、脚付タイプの人気はおちており、全販売量の二五%程度でしかない。

問五　高級品の中では、埋込型とコーナータイプのどちらが好まれているか。

答　五フィートの埋込型ダブルシェル浴槽のほうがはるかに人気がある。これにはおそらく二つの理由があると思われる。一つは価格がコーナータイプのものより安いこと、もう一つは浴室が小さくてもすむということである。前にも述べたように、コーナータイプは大きな浴室でしか用いられていない。

問六　あなたの会社では、浴槽のサイズは幾つかに整理されているか。また、どの寸法のものがよく売れているか。

答　埋込型には次の四つの寸法のものがある。すなわち、四フィート六インチ、五フィート、五フィート六インチ、六フィートである。このうち圧倒的によく売れて人気があるのが、五フィートの型である。実際、四フィート六インチや六フィートの型のものは、時折利用されているにすぎない。一方、販売量の約一〇%は五フィート六インチの型で占められている。

問七　造り付けの浴槽の寸法が、今日の浴室の大きさに影響していると考えるか。

答　もちろんそうである。五フィートの埋込型が普及した結果、浴室の大きさと形状はそれによって決まってきている。これまで、建設業者や建築家、それに顧客との長い間の交渉を通じてわかったのは、平均身長の人にとっては、一般に、五フィートの浴槽が適しているということである。四フィート六インチのものはごく小さな浴室に向いている。五フィート六インチと六フィートの型は、特に大柄な人か、普通の五フィートのものより大きい浴槽のほうが好きだという人によって使われている。

問八　アパートやホテルで一番普及している型はどれか。私がスケッチで示したものか、それとも別の型か。

問九　個人住宅ではどの型のレイアウトが最も普及しているか。

答　現在、一般家庭やアパート、ホテルでは、五フィートの埋込型浴槽を備え、洗面台、便器、浴槽の付属品を一方の壁に沿って配置したレイアウトが最も典型的である。その結果、壁に埋められた給水管や排水管のパターンは単純になっている。過去十五―二十年間に建築家や建設業者が扱ってきた浴室のレイアウトは別紙の通りである。それを見ておわかりの通り、それらのレイアウトのどれも、設備の形状や意匠の点で従来のものと同じである。

問一〇　浴槽や浴室は将来どのようになっていくと考えるか。造り付けの浴槽を備えた小さな浴室、という現在の傾向は、これからも続くと考えるか。

答　現在のところ、第二次大戦後の浴室の形状や寸法に変化が起きるだろうという兆候は見られない。現在のものと違う浴室のレイアウトが唯一、戦争直前に行なわれていたが、そこでは、四角の浴槽が取り付けられていた。この型の浴槽を取り付けた浴室のレイアウトを図示したチラシ広告を同封しておく。われわれとしては戦争が終ってからもこの型の浴槽を生産していく予定でいる。

問一一　寝室ごとに浴室が付く傾向はこれからも強まっていくと考えるか。

答　一寝室一浴室という傾向に関しては、アメリカ国内の指導的な建築家や建設業者の間では、ほとんど常識になっている。事実、現在のよい住まいの条件としては、寝室ごとに浴室が付き、そして、メイン・フロアに、来客用の居間と食堂に接して化粧室あるいは小さな洗面所が付いているということである。現在のところ、このパターンに変化が起きそうな気配はまったくない。

イリノイ州シカゴ、一九四四年五月

ダブルシェル方式の浴槽は、いわば全面的機械化時代の産物である。昔は、熟練工が浴槽の生産の各段階で重要な役割を果たしていたが、成形に人の手が触れない現在、熟練工はもはや必要ではない。砂をふりまくことは機械で自動的に行なわれるし、溶けた鋳物の注入、冷却、研磨も機械で連続的に行なわれる。粉末のホーローをむらなく吹きつけるのは自動ふるい装置で行なわれ、その後、窯の中で溶かされる(109)。

十九世紀には、風呂とその周辺設備は移動式から固定式へと変化していったが、造り付けの浴槽の浸透は、浴槽が家具の地位を離れ、住宅という有機体の一部として組み込まれたことを意味する。風呂は、その揺籃時代を終えると、驚くべきスピードで住宅という有機体に組み込まれていった。そして一九〇〇年頃には、現在の型の浴室の勝利が明らかになった。さらに一九二〇年頃には、風呂は個人住宅の中で寝室に付属するものであるという認識が確立された。

この定型、すなわちダブルシェル方式でホーローびきの浴槽によって、何千年にもわたって追求された快適さが遂に獲得された、と

497 プレハブ式浴室。垂直パネル。1931年。配管工事費の削減を目的としたプレハブ式浴室に関する特許は，1930年代の初頭に初めて認可されている。ここでは浴室はパネルに分割されている。（合衆国特許1978842，1934年10月30日，1931年申請）

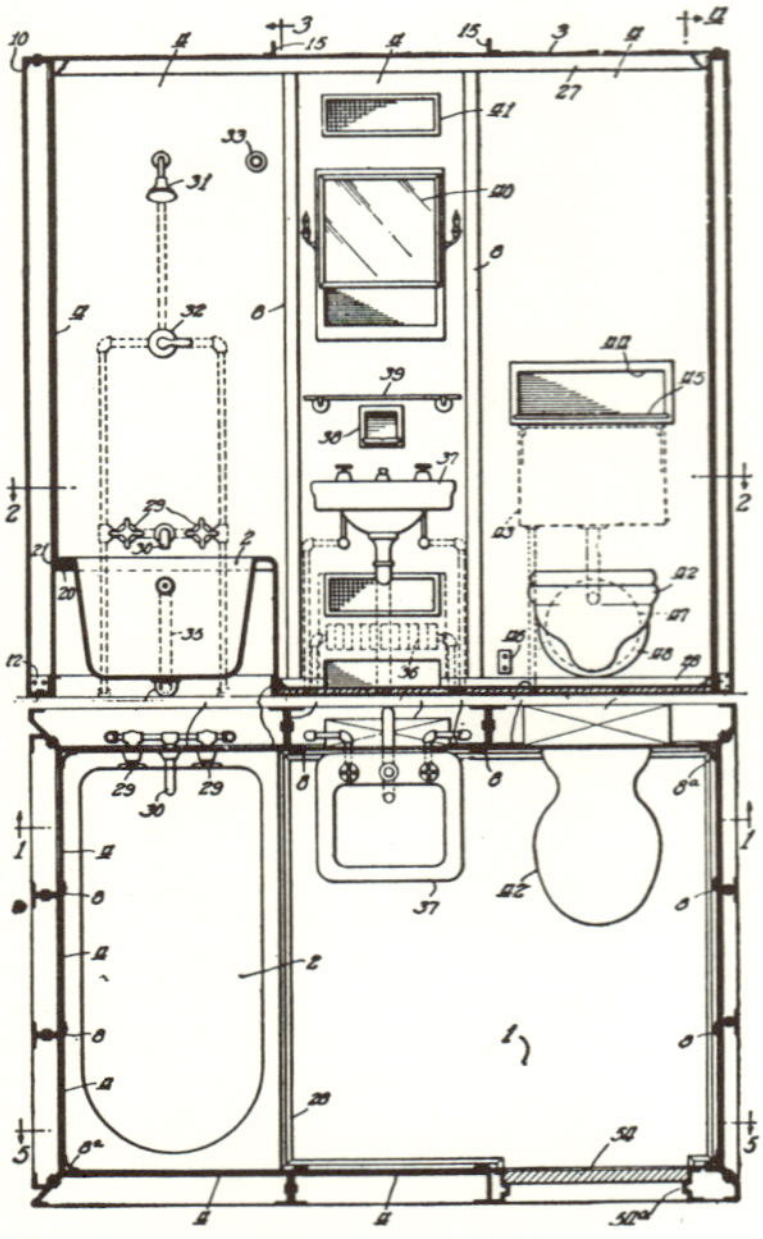

498 梱包状態のまま取付け可能なプレハブ式浴室。1931年。トラックで直接現場に運ばれ，クレーンで正確な位置に設置される。（合衆国特許2037895，1936年4月21日，1931年申請）

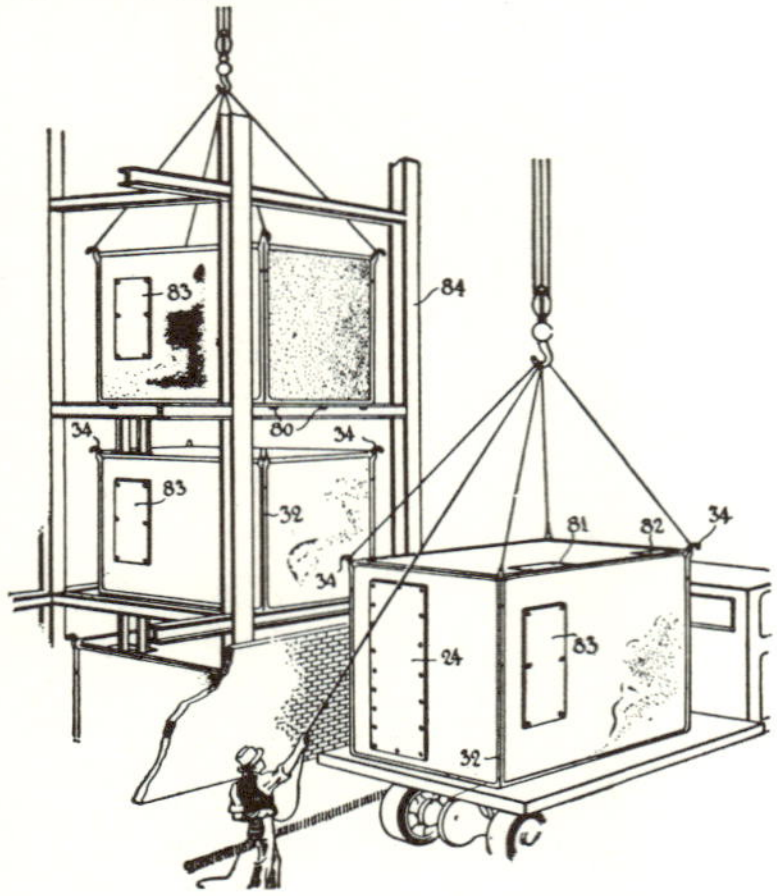

499 a 水平分割方式をとったプレハブ式浴室。1934年。浴室は水平に分割され，後でねじ留めされる。パイプと壁が一体化している。（合衆国特許2087121，1937年7月13日，1934年申請）

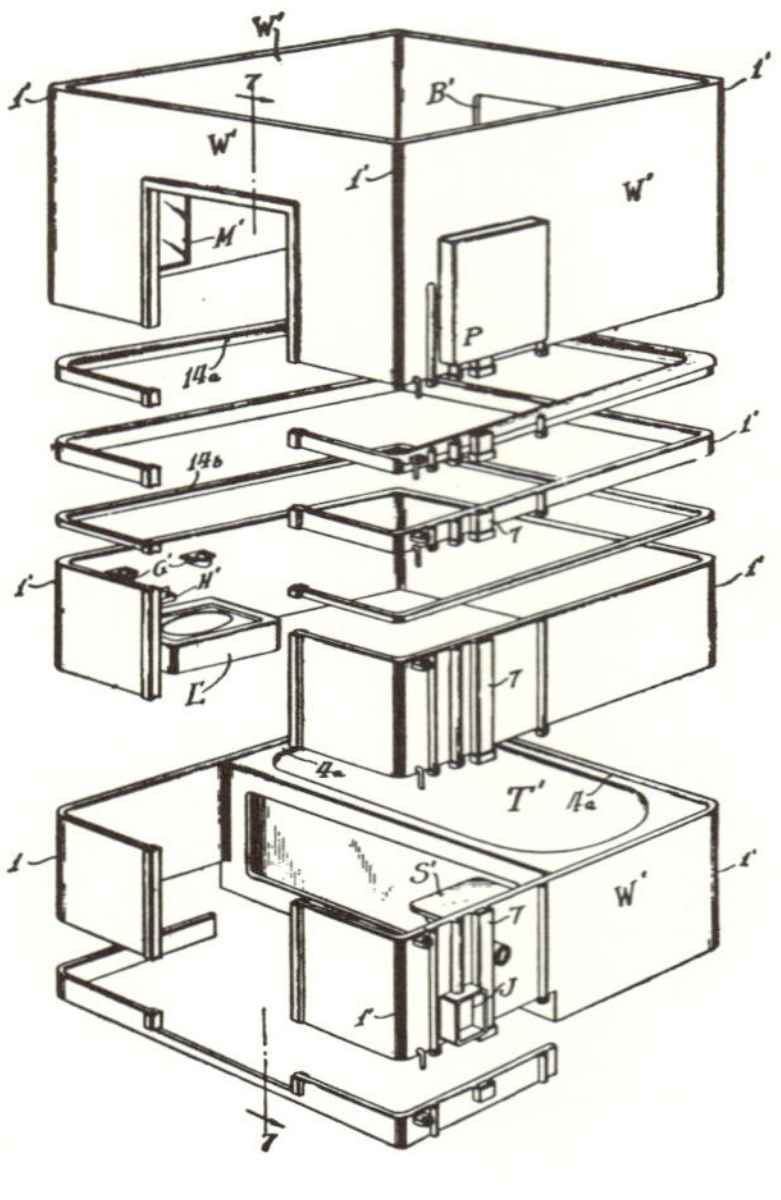

499 b 水平分割方式をとったプレハブ式浴室。1934年。組み立てられた状態。（合衆国特許2087121，1937年7月13日，1934年申請）

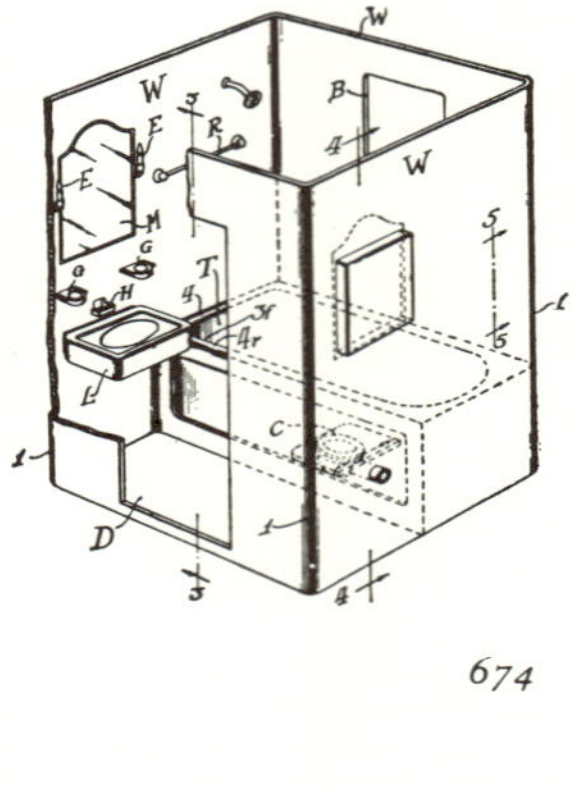

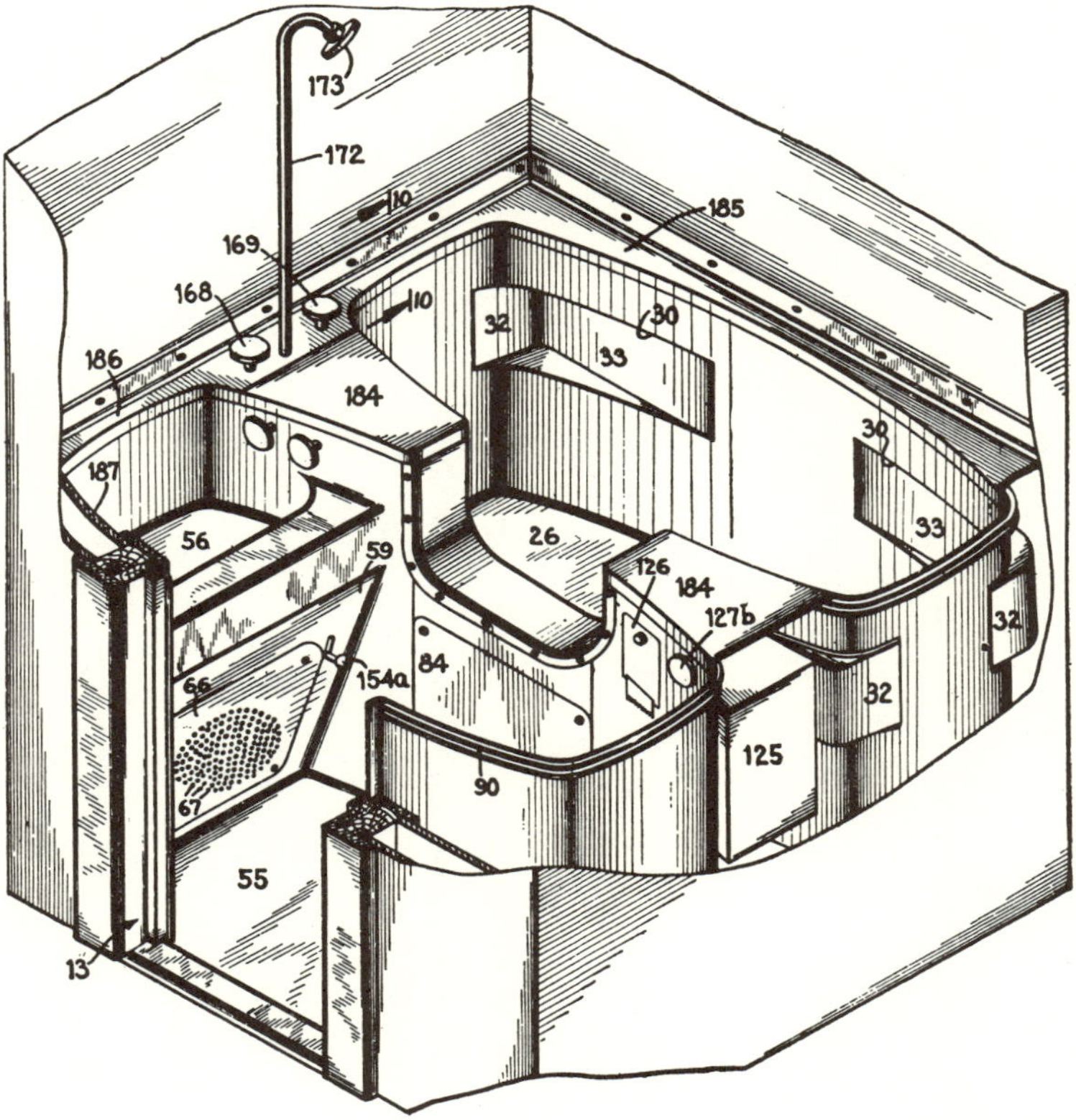

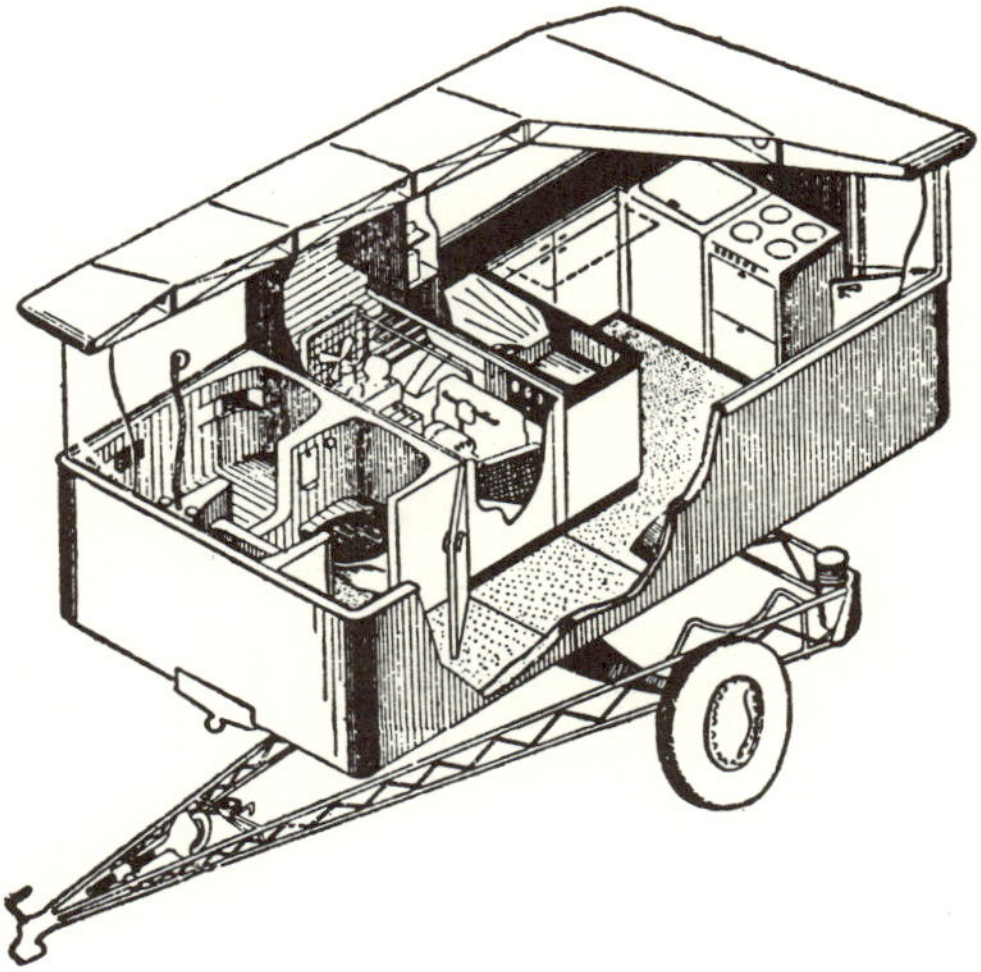

500（上）　2つの部分から成るプレハブ式浴室。R. バックミンスター・フラー，1938年。あらゆる個所が，薄い金属板の同時成形によってつくられている。隅々まで細かく計算されている。（合衆国特許2220482，1940年11月5日，1938年申請）

501（左）　機械コア。R. バックミンスター・フラー：浴室，台所，光熱設備を一体化したユニット，1943年。輸送開始の状態。バックミンスター・フラーは，浴室は住宅の他の機構と一体化しなければならないことを早くから認識していた。（ブルース，サンドバンク共著『プレファブリケーションの歴史』，ニューヨーク，1944）

言って過言ではない。現代は、長い技術的訓練のおかげで、どんな問題に取り組むにせよ、それを解決する手段をすでに獲得していると言ってよい。標準型の浴槽のようなものも、求められると同時に、実現した。

浴室と機械コア

住宅建設費のうち、機械設備費の比重は絶えず増大しているが、それを削減するにはどうすればよいだろうか。浴室内の設備のレイアウトは標準化したが、次にはそれを全体として大量生産すべきではないだろうか。手間のかかる取付け作業は単純化できないものだろうか。

すでに一九四五年、主な設備関係のメーカーは、どのよう条件にも合うアッセンブリー方式の配管システムの研究に取り組んでいた。建築家の自由を束縛しないで作業の単純化をはかることが、システム化の条件だった。

これに先立って三〇年代初頭、依然として手作業で行なわれていた配管のコストを大幅に下げる試みが技術者によって始められた。しかし一九四五年の時点ではまだ、満足すべき解決は得られていなかった。というのも、浴室は、実は、機械コアというより大きな実体の一部であり、問題は予想外に複雑であることが、間もなく明らかになったからである。台所、洗濯室、加熱および換気装置といったものに、ますます広い空間が必要になりつつあった。市場に出回っている快適さを図るための装置をすべて備えているアメリカの高級住宅の地下室は、さながら、小さな工場のような観を呈している。こうした設備を、普通の住宅にも収まる程度に縮小するのは容易に解決できる課題ではなかった。浴室ユニットの解決が遅れたもう一つの理由は、技術者が単独に問題と取り組み、協働が行なわれなかったことにある。この問題は、住宅を構成する要素をすべて列挙し、徹底的に組織し直すことによってはじめて解決しうる性質のものだからである。

技術者たち——最初に行動を起こしたのは設備のメーカーではなく彼らだった——が目指した方向は、実験段階を通り越した二、三の提案に示されている。その提案の主旨は、床、天井、壁、配管に始まって石けん受けまでを含む浴室設備全体を、工場から直接建設現場まで運べる、一つのユニットとして製作することであった。

輸送方法としては、全体を一つのユニットとして運ぶ場合と、幾つかに分割して運ぶ場合がある。分割方法には、全体を水平にわける方法と垂直にわける方法とがある。

最初の頃の特許（一九三一年、図四九七）[110]では、浴室は幾つかのパネルにわけられ、現場で「石工、大工、左官」によって組み立てられるようにできており、配管工がいなくても設置できるようになっていた。水平に分割した浴室ユニットも「梱包して」輸送できる状態になっていた。この提案では、角が丸く、「継ぎ目のない」ことが特に優れた点だとされた[111]（図四九九）。

他にも初期の提案の中には、浴室全体を構造体として独立したユニットとして製作し、そのまま現場に据えつけられるように設計されたものがある（一九三一年）。そこでは、工事中、作業員が一歩も現場に立ち入らなくてもすむようになっていた。接合部分はすべて外側に見えており、伸縮自在の継手で上下のユニットをねじ留めできるようになっていた。ユニットはクレーンによって、トラックから住宅の中の然るべき個所に正確におろされる(112)（図四九八）。この方式は主に、アパートやホテルなど、骨組構造への適用が意図されていた。ロックフェラー・センターの設計を担当したレイモンド・フッドは、アパートの配管および装置一般を、機械コアにまとめようとしたが（一九三二年）、不幸にしてその案は実現しなかった。

R・バックミンスター・フラーの「プレハブ式浴室」（一九三八年、図五〇〇）(113)は、タイプとしては、構造体として独立した浴室ユニットである。彼は、戸内および戸外での輸送を考えて、シェルを二つの部分に分割しているが、この点はあまり重要でない。彼の提案は、独創的であり包括的であるが、行き過ぎもある。銅の薄板を張ったそのモデルは晴れやかな場所に展示され、活発な議論の的になった。

そこでは、石けん受けから浴槽まで、あらゆる構成要素が壁か床と一体化している。洗面台と便器は互いに逆方向に配置され、両者の後ろに、幾分高くなった浴槽がある。その、四フィート六インチ×五フィートという寸法は、ごく狭い浴室向きであると言っていい。各部分はすべて金属の薄板を同時成形して作られるが、そうしてできた窪みの部分は、さらに硬い印象を全体に与えている。その特許明細は細部にわたって詳しい指定を行ない、まさに正確さの見本になっている。浴室は最高に精確なダイスで、しかも、最低のコストにより一〇〇万の単位で型押しされるように設計されている。ではなぜ、これは生産に移されなかったのだろうか。

よくあるように、ここでも全面的機械化を急ぐあまり、構造が独立独歩し、人間の問題が見失われてしまっている。材料は、機械が一回の操作で仕事を完了しやすいように、清潔感に溢れた衛生的なホーローから薄い金属の膜に変わっている。快適さの観点からすれば、このことは半世紀におよぶ努力を放棄しているに等しい。潜水艦の乗組員や住むべき家のない人にとっては、身体の向きを変えるのもままならないような金属の箱も、歓迎すべき解決であるかもしれない。しかしこの構造体は、プランの自由を制限しないで住宅に導入するには、大きすぎ、また融通性がなさすぎる。

バックミンスター・フラーは、浴室は孤立した単位ではなく、住宅の他の機械部分と結合する必要のあることを認識した最初の人の一人だった。彼はこの認識を、彼の最初のマスト・ハウス（一九二七年）で表現した。フラーは機械コアを「マスト」の中におさめ、同時に、そのマストで住宅全体を吊すように設計した。ここでも、新しい材料と建造方式は、グロテスクな先祖返りを結果しやすいことが示されている。まだそれらに充分習熟していないためであろう。回転木馬のように中央のポールに吊り下げられたその家は、南瓜を半分に切ったような多辺形をしており、フラーはそれを一九四五年頃、飛行機工場で実際に製作した(114)。住宅全体を中央の柱で支えるというアイディアの起源は十九世紀に遡り、場合によっては魅力的だし、それなりの意味もある(115)。しかし、それが規格化され何百万も増幅されると、その自閉的な建物の群れは都市計画家の悪夢と化す。人間的な快適さが犠牲にされていることは、その中に住む人にも気づかれるはずである。フランク・ロイド・ライトを代表者とする建物の敷地への適合を軸とした設計方法は、しだいにゆるぎない地位を確立していった。囲われたゾーン（ポーチ）を通じて行なわれる外部空間とのコミュニケーションは、アメリカの住宅の最も魅力ある特徴の一つである。フラーの住宅の決定的な難点は、プランを変更したりそれに新たな空間を付け足す自由を放棄し、住む人がその堅苦しく画一的なシェルの中に閉じ込められてしまう点にある。なぜだろうか。中央のマストの中に、ロボット、すなわち機械コアが鎮座し、住宅の構造全体を支配しているからである。

フラーは、数十年間にわたって狂信的に自分の考えの完成に努力した。設備の生産と組立てを一つに結びつけることによって、機械的快適さを備えた今世紀の住宅を万人のものにすることができるという彼の主張は、たしかに時代の必然を表現したものである。建築の新しい世代がいかにこの問題を深く肝に銘じ、機械コアと住宅という広い概念との融合をはかる道を模索してきたかについてはすでに述べた。機械コアに対する要請は全面的機械化の象徴である。

これと同じ時期、農業の分野では「コンバイン」が農作業の全段階――刈取りから袋詰めまで、そして耕作から施肥までの作業――を一貫して行なうところまできていた。これと並行した現象は、住居の領域にも生じている。台所、風呂、洗濯、加熱、冷暖房、配管を一つの機械コアとしてまとめたユニットがそれである。しかしここでは、「コンバイン」とは呼ばれず、機械コアと呼ばれている。農業では、機械化が始まってすでに一世紀を経過し、問題の解決は比較的容易になった。住宅の分野では、機械とのかかわりは全面的機械化時代に入って始まった。四分の一世紀は、一つの発展にとって長い期間ではない。そして再び、問題の根本は人間的領域から発せられることになった。われわれはもはや、人間的な快適さの犠牲の上に成立した純粋に工学的な解決にはごまかされないところまできている。

機械コアも、すべてに適合しそれでいて何物にも適合しないような画一的なものであってはならず、これからの発展全体がとるべき方向、すなわち、自在性と自由な扱いを許すような方向を目指さなくてはならない。浴室ユニットや、規格部品で組み立てられる機械コアはこの方向に沿って解決されなくてはならない。住宅は、自動車ともトレーラーとも違って移動しない。住宅は特定の敷地に建ち、そこの環境に適応しなければならない。アッセンブリーラインから出てくる住宅はこの点で満足のいくものになかなかなりにくい。したがって、機械コアの成功は、プレハブ式住宅の場合と同様、自在性を通じて自由を獲得できるかどうか、その一点にかかっている。なぜなら、その住宅に住む人も、それをデザインする人もともに、自由を束縛されてはならないからである。すなわち、機械化の課題は、型にはまった既成の住宅や機械コアを生産することではなく、規格化されていながら自在性に富み、多様なパターンを描きうる、構成単位を創造することにある。ここに、豊かで快適な住宅の未来がある。

文化の尺度としての蘇生

この部分全体の狙いは、入浴法の二つの基本型をあとづけることにあった。一つは、ただ身体を洗う型の入浴法であり、他は、心身を蘇生させる型の入浴法であった。この二つの型は同時に見出されることもあるが、どちらかが優勢なのが普通である。入浴の型と密接に結びつくものとして、その社会的意義がある。ただ身体を洗うことを目的とした入浴は、その型からして、入浴が私的な行為であるとする態度を導きやすい。この型の入浴法を体現しているのが、浴槽による入浴、特に機械化された現代の浴槽である。

心身蘇生型の入浴は、その型からして、人と人との付合いを活発にし、ほとんど自動的に共同生活の焦点になる。

時代ごとに快適さの型が違っているように、心身蘇生法にもさまざまの型が発展した。ギリシャ人はその心身蘇生法を通じて、肉体の活性化と精神の活性化を見事に一つに結びつけた。この点では他のいかなる文化もおよばなかった。その場合、浴槽を取り巻く環境全体が重要であって、浴槽そのものは複雑である必要はなかった。紀元前五世紀のギリシャ人は、技術を洗練させることにはほとんど関心を示さなかった。

ギリシャ人の科学的思考が実用的な方向に向けられたのは、アレキサンドリア以後の時代である。アレキサンドリアが紀元前三世紀および二世紀に築いた基礎を、ローマの技術がまず充分に磨きをかけた。ローマの民衆が使った公衆浴場では、熱気浴室とそれに付属する設備が中心であったが、ギリシャ人がとった総合的なアプローチは完全に放棄されたわけではなかった。

しかしイスラム教徒の心身蘇生法では、競技や体育——自己活性化——は姿を消し、身体を各種のマッサージにより入念にもみ上げる行為がそれにとって代わった。特に、身体の関節を鳴らすことがよく行なわれたが、それは、インドから伝えられたものらしい。

ローマ型やイスラム教型の入浴法はたくさんの付添人を必要とし、どちらも、豊富な労働力の供給の上に成立していた。ロシアの入浴法は最も簡単で、おそらく最も自然な蘇生法だと言ってよい。それは、巨大な施設も、複雑な装置も、奴隷も必要としない。そのパターン全体が、今は遠い歴史の闇に消えた一つの起源を暗示している。ロシアの入浴法の簡素さは、そのまま、つつましい生活水準に一致している。それは、最も民主的で最も寿命の長い蘇生法である。

ゴシック末期以後、入浴は社会制度ではなくなった。われわれは、十九世紀がその技術的才能のごく一部を人間的要求にふり向ける以前に経験した、混沌と絶望についても示そうとした。最後に、今世紀に入って全面的機械化時代を迎えるとともに、複雑に配管を施し、ホーローびきの浴槽とクロムの蛇口を備えたコンパクトな浴室が登場した。しかし、このような便利な設備は、社交型蘇生法に代わりうるものでないことは言うまでもない。それは、ただ身体を洗う型の入浴法に属している。

生活が大きく変化した生活では、すべての人に開放された施設を通じ、その成員の身体的均衡を回復することへの要求が自然に芽生えてくる。そのための施設として、ローマの巨大な大理石造りの建物が良いか、それとも、シベリアの素朴な造りの小屋が良いかは重要ではない。よく言われるような、経済的な理由と決め手とはならない。経済的理由は、単なる口実でしかないことが多い。

現代のように、生産の支配に身を任せた時代は、心身蘇生型の入浴法を受け入れる、生活のリズムをもっていない。十九世紀が、かつての蘇生法を復活させようとし、あるいは、その現代版を工夫しようとして失敗に終ったのはそのためである。そのような制度は、十九世紀という時代そのものと相容れなかったのである。

蘇生という行為は孤立した現象ではない。それは、余暇という一層広い概念の一部である。ヤコブ・ブルクハルトは、アレテー(ἀρετή)という語にギリシャ人の行為を理解する鍵を発見した。この意味での余暇は、単なる効用を超えたものに対する関心を言い表わしている。余暇とは、時間があること、生きる時間をもっていることを意味する。活動と内省、何かをしている状態と無為の状態とが、磁極のように補い合う関係をもつときにはじめて、生活の味わいは最高となる。これまでの偉大な文化はすべて、このことを心得ていた。

原　注

1 本部は、一部別の仕事のため一九三八年以降中断していた筆者による蘇生についての研究を基礎にしている。その抜粋は、一九三五年、チューリヒの工芸博物館で開かれた *Das Bad im Kulturganzen* 展に出展された。*Wegleitung des Kunstgewerbe Museums der Stadt Zuerich*, no. 125, Zürich, 1935. および 'Das Bad als Kulturmass', *Schweizerische Bauzeitung*, Zürich, July 1935. を参照。

2 Arthur Evans, *The Palace of Minos at Knossos*, London, 1921—35, 4vols. vol. III, p. 385, fig. 256.

3 *Odyssey*, X, 358ff.

4 体育場《ジムナジウム》が存在した時代、浴槽は個人の家庭で使われていた。しかしギリシャでは、個人用の浴室設備はあまり大きな意味をもっていなかった。

5 C. Daremberg and E. Saglio, *Dictionnaire des antiquités grecques et romaines*, 5 vols., Paris, 1877—1919, vol. I, 1881, P. 649: Balneum.

6 E. Breccia, 'Di Alcuni bagni nei dinterni d'Alessandria,' *Bulletin de la Société Archéologique d'Alexandrie*, no. 18, Nouvelle Serie, vol. v, premier fascicule, p. 142—49.

7 紀元前三世紀のエジプトで、公衆浴場が広く普及していたという、確かな証拠もある。A. Calderini, 'Bagni publici nell'Egitto greco-romano,' *Rendiconti del Reale Instituto Lombardo di Scienze e Lettere*, vol. 52 (1919), fasc. 9—11, p. 297—331 を参照。

8 コンスタンティヌス(Constantine) 帝時代の公衆浴場の様子は、ローマのクウィリナル丘の下に現在も埋もれている遺跡を通じてのみ知ることができる。

9 開場時間は、季節ごとに、また時代ごとに違っていた。

10 Hugo Bluemner, *Die roemischen Privataltertümer*, München, 1911, p. 420—35. Handbuch der Klassischen Altertums-Wissenschaft, Bd. 4, Abt. 2, Teil 2.

11 F. E. Brown in Yale University, *The Excavations of Dura Europos, 6th Season*, edited by M. I. Rostovtzeff and others, Yale, 1936, p. 49—63. この本の五八頁には、アムラ城 (Kusair' Amra) に関する見事な文献目録が掲載されている。「巨大な冷水浴場は、砂で埋められていた」(六八頁)。ブラウン (Brown) は続けて、ドゥラ (Dura) のF3浴場について次のように述べている。「部屋割りに有機的なシンメトリーが見られないこと、また各室が外側に向かって自由に展開するように設計されていたという点からも、ローマのものとはかなり違っている。大きく、しかも左右対称な空間構成をとった標準的な浴槽とは異なり、これが東洋、シリアに起源をもつものであることは自明である。この浴場は、ローマ帝国の東端に限って存在していたが、その後、アラブの征服者によってアラブ人に合うように改造された」。

12 Michel Ecochard and Claude LeCœur, *Les Bains de Damas*, Institut Français de Damas, I partie, 1941; II partie, 1943; II, p. 127—28.

13 ハムマム (Hammam) とは「暖かさを分かち与えるもの」のことを意味する。この言葉の起源は、暖めることを意味するアラビア語の hamma と暖かいを意味するヘブライ語の Haman に在る。Edmond Pauty, *Les Hammams du Caire*, Le Caire, 1933, p. 1 (Institut Français d'Archéologie Orientale du Caire; *Mémoires*, vol. 64) を参照。

14 イスラム教式浴場のさまざまな局面、特にシリア地方の初期の型については、専門論文で扱われている。ダマスカスの浴場については、Ecochard and LeCœur. の前掲書を参照。この本は、建物の正確な図版を掲載している点で、欠くべからざる資料になっている。コンスタンチノープルの浴場に関しては、Heinrich Glueck, *Die Bäder Konstantinopeles und ihre Stellung in der Geschichte des Morgen und Abendlands*, Wien, 1921 および、Karl Klinghardt, *Türkische Bäder*, Stuttgart, 1927 を参照。この型の浴場の発展全体を調査した研究は現在のところない。このような研究なくしては、正しい理解はほとんど不可能である。

15 このプロセスに関する簡潔で古典的な記述は、E. W. Lane, *Manners of the Modern Egyptians*, London, 1836; p. 346 in Everyman edition, London, 1923 に見出せる。著者エドワード・レーン (Edward Lane, 1801—76) は一八二五年から一八二八年の間、および一八三三年に、エジプトで生活した。

16 De Vogue, *Syrie Centrale, Edifices chrétiens et architecture civile du IVme au VIIme siècle*, p. 55—57. Pauty, 前掲書一四頁以降。

17 Pauty, 前掲書一七頁を参照。七一五年にウマイヤ (Umayyads) 朝のカリフが建てたアムラ城の遺跡。一九〇五年に発見されたアス＝サカール (As-Sakarh) に注目。

18 Pauty, 前掲書。

19 同右。

20 同書七頁に引用。

21 このような数字は必ずしも信用できない。中には誇張されていると思われる個所もあるからである。

22 *Descriptive Notice of the Rise and Progress of the Irish Graefenberg, St. Ann's Hill, Blarney, to Which is Added a Lecture…by the Proprietor, Dr. Barter, on the Improved Turkish Bath*, London, 1858, p. 15.

23 Felix Haase, *Volksglaube und Brauchtum der Ostslaven*, Breslau, 1939, p. 137, 194, 158.

24 Herodotus, IV, 73—75 を参照。

25 Lubor Niederle, *Institut des Etudes Slaves*, no. 4, *Manuel de l'antiquité Slave*, Paris, 1926, p. 24. この著者はさらに、十世紀のアラビアの歴史家マス・ウディ (Mas'ūdi) にも言及している。この歴史家は、この風呂を al-itbā と呼んだが、この言葉の起源は、明らかにスラブ語の istūba にある。この istūba という言葉はまた、フランク語の stuba (室内の窯) に、したがって西部のフランク人とも関係がある (後のフランス語の étuve、および英語の stew, stove にも注目のこと)。十世紀以来、ロシア風の風呂は banya (ラテン語の balneum より由来) と呼ばれてきたが、この呼称は、ロシア最古の年代記、いわゆるネストール年代記 (Chronicle of Nestor) にも見られる。*Chronique*, dite de *Nestor, traduite du Slavon-Russe par Louis Léger, pubs. du l'École des Langues Orientales Vivantes*, Paris. 1881, p. 141 を参照。一九三〇年モスクワで発行された『大ソビエト百科事典』(Great Soviet Encyclopedia) の第四巻にある banya の項目にも、短い説明がみられるが、ここでも、この言葉の起源や、この言葉がロシア人自身によってつくられたのか、それとも、ロシア人が関係した他の民族から借りてきたのか、ということについては、はっきりしたことはわからないと記されている。

26 *Voyage en Siberie fait par ordre du roi en 1761 …Par M. l'Abbé Chappe d'Auteroche de l'Académie Royale des Sciences*, Paris, 1768, vol. 1.

27 同書五三—五四頁。

28 Augustin, Baron de Mayerberg, *Relation d'un Voyage en Moscovie*, Paris, 1858 (これは彼の著書 *Iter in Moscoviam*, 1661—62 のフランス語

版である)。

29 *A Relation of Three Embassies from His Sacred Majesty, Charles II to the Great Duke of Muscovie, the King of Sueden and the King of Denmark, performed by the Rt. Hon. the Earl of Carlisle in the Years 1663 and 1664*, London 1669, p. 53.

30 同右。

31 同書一四二頁。

32 Ernest L. Sabine, 'Latrines and Cesspools in Medieval London,' *Speculum*, vol. IX (Cambridge, Mass., 1934), p. 306—09.

33 Lynn Thorndike, 'Baths and Street Cleaning in the Middle Ages and the Renaissance,' *Speculum*, vol. III (1926), p. 201.

34 同右。

35 John Floyer, ***Psychrolusia, or the History of Cold Bathing, Both Ancient and Modern***, 5th ed., London, 1722. 献呈のことばを参照。この本は最初、***Enquiry into the Right Use of Baths*** という題で、一六九七年、ロンドンで刊行されている。

36 *L'Encyclopédie ou dictionnaire raisonné des sciences, des arts et des métiers*, vol. 5, Paris, 1755.

37 英国特許、一七六五年二月七日。

38 J. B. Basedow, ***Elementarwerk***, Dessau, 4 vols. and atlas.

39 ペスタロッチ (Pestalozzi) の論文 'Ueber Koerperbildung als Einleitung auf den Versuch einer Elementar Gymnastik' は、一八〇七年、アーラウ市で発行された *Wochenschrift fuer Menschenbildung* に掲載されたが、ここには彼の指導原理が明解に表現されている。

40 一八五〇年になっても、ペスタロッチの方式に対して、彼はむしろエメンタル (Emmenthal) のレスリング選手を手本にしたほうがよいのではないか、という批判の声が聞かれた。また、一八一七年頃、ドイツ体操術 (Turnkunst) の提唱者ルートヴィヒ・ヤーン (Ludwig Jahn) は、「自由訓練法」を攻撃して次のように言っている。「どんな訓練と言えども、対象が必要である。フェンシングを例にとれば、空を切ったり突いたりの動作は、結局、鏡を前にしてポーズをとっているのと何ら変わらない」(Carl Euler, ***Encyclopaedisches Handbuch des Turnwesens***, Wien, 1894, vol. 1. p. 340 に引用されている)。

41 Friedrich Ludwig Jahn, *Die deutsche Turnkunst*, Berlin, 1816, p. xvii.

42 *Encyclopædia Britannica*, 1854, vol. 4, p. 507.

43 William P. Gerhard, *On Bathing and Different Forms of Baths*, New York, 1895, p. 23.

44 同書一六頁。

45 R. J. Scoutetten, *De l'eau, ou de l'hydrothérapie*, Paris, 1843. スクトゥタン (Scoutetten) は学識のあるフランス陸軍の軍医で、フランス政府によってグレーフェンベルクに派遣された。

46 E. M. Seliger, *Vincenz Priessnitz*, Wien, 1852, p. 24.

47 スクトゥタンの前掲書には、古代から一八四三年までの水治療法に関する見事な文献が年代順に並べられている。

48 英国特許二〇〇、一六七八年三月二十五日。

49 英国特許八八二、一七六七年二月十一日、「患者は、油の滲んだ布地のカバーを被せられた」。英国特許、一七九八年十一月二十日。

50 Rechenberg and Rothenloewen, *Les peuples de la Russie*(1812), vol. 1, 'Le bain russe'; Mary Holderness, *Notes relating to the Manners of the Crim Tartars*(1821).

51 C. Lambert, *Traité sur l'hygiène et la médicine des bains russes et orientaux à l'usage des médecins et gens du monde*, Paris, 1842. 「この風呂は、ドイツ中の都市で増えていった」(八頁)。

52 C. Lambert, 前掲書二八頁。

53 蒸気風呂、合衆国特許二〇四九X、一八一四年一月二十一日。

54 燻蒸箱 (Boite fumigatoire)、フランス特許一八一六、一八一五年十二月二十九日。

55 多数の図版と、用途がそれぞれ違う装置の価格を掲載したカタログとして、F. L. Meissner, *Abhandlung ueber die Baeder im Allgemeinen und ueber die neuen Apparate, Sprudel und Dampfbaeder insbesondere*, Leipzig, 1832 がある。この頃、マイスナー (Meissner) のカタログに掲載されている型と似た蒸気風呂が、フランスでも特許を得ている。たとえばワルツ (Walz) 氏が発明した「雨の形式をとった風呂」(Bain en forme de pluie) などがそれである。フランス特許四三三〇、一八二九年十月二十三日。

56 合衆国特許一三四六七、一八五五年八月二十一日 (図四六一)。

57 *Dr. Arnold Rikli's Physico-Hydriatic Establishment for the cure of chronic diseases at Veldes, Oberkrain, Austria*, Trieste, 1881, p. 41.

58 この特許のために、わざわざ、Portable Vapor Bath and Disinfector Company という会社がニューヨークに設立された。この会社のパンフレット、*New and Valuable Apparatus for Vapor Bath* (New York, 1882) は、現在ニューヨーク医学アカデミーの図書館に保存されている。

59 同右一一頁。

60 Urquhart, *The Turkish Bath*. これは、*Free Press*, no. 13, 8 Nov. 1856, p. 100 に引用されている。

61 本書「装飾の機械化」を参照。

62 'Revelations of the Political History of the Eighteenth Century' by Dr. Karl Marx, *Free Press*, vol. 1, 16 Aug. 1856. アーカート (Urquhart) の雑誌は、後に、*The Diplomatic Review* と名称を変えた。

63 トルコ風呂。後の考古学上の発見に照らしてアーカートの学識を訂正するのは、いとも簡単である。トルコ人はアラブ人が考案したその特定の形式の風呂を基本的には少しも変えなかったのだから、アーカートはこれを、正しくは「イスラム教式浴場」と称すべきであった。しかし、「トルコ風呂」が、オスマンの庇護のもとに五〇〇年間存続したことを考えると、彼がこれにトルコにちなんだ名称を与えたのにはそれなりの理由があったとも言える。「イスラム教式浴場」とは、熱気浴室のことで、その背後に温度が少しずつ違った一連の蒸気室を従えている。アーカートやその他の改革者による努力以後に現われた「ロシア式トルコ風呂」や「ローマ式トルコ風呂」は、創意を欠いた折衷的形態の域を出なかった。

64 Urquhart, *The Pillars of Hercules*, London, 1850, vol. II, p. 80.

65 アーカートとは対照的に、E・W・レーン (Lane) は、今もなお古典とされている名著、*Customs of the Modern Egyptians* において、改革者の関心というより人類学者としての醒めた態度でイスラム教式浴場について述べている。

66 Gertrude Robinson, *David Urquhart*, Oxford, 1920.

67 Dr. Richard Barter, *On the Rise and Progress of the Irish Graefenberg*, London, 1856, p. 15.

68　*Lecture on the Art of Constructing a Turkish Bath*, London, 1862. 芸術協会 (Society of Arts) およびこの協会が一八五一年のロンドン万国博で演じた役割については、本書「装飾の機械化」の章を参照。

69　Robert Owen Allsop, *The Turkish Bath, its Design and Construction*, London, 1890, p. 18—19. 最近の研究成果に従えば、これは「温浴室」(caldarium) と呼ぶほうが適切かもしれない。というのは、すでに述べてきたように、東洋人は微温浴室 (tepidarium) の規模を縮小してしまったからである。

70　同書七頁。

71　同書一一八頁。

72　場所は、オーストリアはカルニオラ上部地方 (Upper Carniola) のヴェルデス (Veldes) である。この施設は、創立者の死後も存続し、第一次世界大戦まで活動を続けた。この伝統はスイスで受け継がれた。

73　Scott, *Story of Baths and Bathing*, London, 1939.

74　彼の家は、世紀の半ば頃、イタリアやオーストリアなど工業化の進んでいない地方に移住したスイスの小企業家階級に属していた。彼は、父の染物工場を引き継いだ。カルニオラ地方にあったその工場は三〇〇人の労働者を雇い、事業としてかなりの成功をおさめていたが、彼はこれを兄弟にまかせて、ヴェルデス城内にサナトリウムを建てた。

75　*Glorify your Figure*, New York, Summer 1944.

76　これは、ロンドンのサウス・ケンジントン博物館の一見めだたない場所に保管されている。博物館側の好意がなかったら、写真さえも入手できなかっただろう。

77　マルセイユの兵舎に初めてシャワー施設を設置したのはフランスの医師だったと言われている（一八五七年）。その後、この施設は、組織的にドイツの兵舎に導入された。学校用の入浴施設と同様に、シャワーも、大衆には近づけない場所にしか存在しなかった。特に大衆向けと銘うった「人びとのためのシャワー」(People's Shower) は、ラサール博士 (Dr. Lassar) によって創始された。

78　Oscar Lassar, *Ueber Volksbaeder*, 2d ed., Braunschweig, 1888, p. 18—19. 「雨風呂（シャワー）は、人びとの風呂である」(*Die Douche als Volksbad*) という言葉は、合言葉となってたちまち各国に拡がった。すでに述べてきたように、給湯設備のなかった一八九五年頃のアメリカでは、浴槽よりシャワーがアパート用に強く推薦された。部屋ごとに浴槽を備える必要はまったくなかった。

79　Hahm, *Psychroluposia Vetus*, Schweidnitz, 1738.

80　Wm. P. Gerhard, *The Modern Rain Bath*, New York, 1894 を参照。「つい最近になって、雨風呂（シャワー）がアメリカに紹介されたが、それは、ニューヨーク市の水治療医師S・バルーク (Baruch) 博士の示唆に負うところが大きい」。

81　「一般大衆にとって最も使いやすい入浴設備とは、水を大量に使わないですむような形式のものである。入浴設備にはいろいろな種類があるが、シャワー・バスがこの条件を最もよく満たしているように思われる。医学的効果は別として、身体を完全に洗うためだけならごくわずかな量の水で充分である」。'New Shower Bath,' *The Illustrated London News*, 17 Aug. 1850, p. 154.

82　コークスを燃料として使う鉄製ボイラーは、八〇年代に使われた。Catalogue of the L. Wolff Mfg. Co., Chicago, Ill., 1885, p. 219. を参照。「瞬間ガス湯沸し器」については、Catalogue of the Crane Co., Chicago, Ill., 1898 を参照。

83 蒸気を利用した都市の一区画全体の暖房は、ニューヨークではすでに七〇年代に実施されていた。

84 W. R. Maguire, *Domestic Sanitary Drainage and Plumbing*, London, 1890, p. 23.

85 Maguire, 前掲書二八七頁を参照。

86 一九二一年におけるホーローびきの衛生設備（洗面器、浴槽など）の生産高は二四〇万個で、戦前の一九一五年の生産個数とほぼ等しい。その翌年、生産高は四八〇万個へと上昇し、一九二五年には一時的にではあるが、それまでの最高の五一〇万個を記録した。

87 Catalogue of the Doulton Co., London, 1888.

88 Catalogue of the Standard Mfg. Co., Pittsburgh, Pa., 1888.

89 Shearer, *London Book of Prices*, London, 1788, p. 159.

90 La Mesangere, *Meubles et Objets de Goût*, Paris, 1820. 図版五〇四、便所。これと同じ型としては男性用化粧室（toilette d'homme, 一八一七年）がある。同書図版四四二。

91 Jefferson Williamson, *The American Hotel*, New York, 1930, p. 55.

92 Talbot Hamlin, *Greek Revival Architecture in America*, New York, 1944, p. 129. この本には図版として建物の平面図が載せられている。「次の段階は、ホテルのサービスの一部として個人用の浴室を取り付けることだった。それは一八四四年、初めて登場した。その年は、貴族趣味的なニューヨーク・ホテルの開業が間近に迫っていた頃でもある」、とジェファーソン・ウィリアムソン（Jefferson Williamson, 前掲書五五頁）は書いている。この年はまた、偶然にも、ロンドンに「貧しい人々の衛生状態を改善するための協会」が設立された年でもあった。

93 このことに関して組織的調査はまだ行なわれていない。アメリカのホテル業者と衛生設備のメーカーは、現在の水準がもたらされた経緯について、完全かつ組織的な調査を行なうだけの矜持を示すべきである。

94 Jefferson Williamson, 前掲書五四頁。

95 前掲書六二頁。

96 スタトラー・ホテル（Hotel Statler Company）の社長からの回答によると、一九〇八年に創業したこの会社の記録には、当時の広告やパンフレット類はまったく含まれていないという。そこで、われわれは、F・A・マッコーン（McKowne）氏からの手紙（一九四四年十月十三日付）を次に引用したい。「部屋ごとに浴室のあるホテルは、まず最初、故エルズワース・M・スタトラー（Ellsworth M. Statler）（われわれの会社の創立者）によって計画され、一九〇八年、バッファローで工事を完了し開業した。これが最初のスタトラー・ホテルであった。建設当時このホテルには、三〇〇の客室があった。このうちのほぼ三分の二には、浴槽とシャワーが取り付けられていた。残りの部屋（庭に面した小室）にも浴室はあったが、実際にはシャワー用の囲いだった。このホテルは、たちまちにして大成功をおさめ、翌年、スタトラー氏は一五〇の部屋を増設した」。

97 *Industrial Chicago*, Chicago, 1891, vol. 2, p. 31—97.

98 Catalogue of the L. Wolff Mfg. Co., Chicago, Ill., 1908, p. 391.

99 Catalogue of the Crane & Co., Chicago, Ill., 1915.

100 Alfred Bruce and Harold Sandbank, *A History of Prefabrication*, John B. Pierce Foundation, Research Study #3, New York, 1944, p. 27.

101 J. J. Lawler, *American Sanitary Plumbing*, New York, 1896, p. 227—33.

102 その初期の頃の発展については、John C. Reed, 'The Manufacture of Porcelain Enamelled Cast Iron Sanitary Ware' に述べられている。これは一九一四年十月十四日ニューヨークで開催された Eastern Supply Assn. の年次大会で行なわれた講演のテーマである。その草稿は現在、American Standard and Radiator Co., Pittsburgh, Pa. が所有している。

103 W. R. Maguire, 前掲書二七一頁。

104 「われわれは、誰にも負けない完璧な技術と経験によって、あらゆる大きさ、あらゆる形状のホーローびきの浴槽を市場に送り出すことができた」。L. Wolff Mfg. Co., Chicago, Ill., Catalogue for 1895—6.

105 Reed, 前掲書。

106 別になったホーローびきの前垂れ、つまりフロント・プレートは、一九〇九年、Standard Radiator Co. が製作していた。一九一二年には他社も製作に加わった。

107 L. Wolff Mfg. Co., Chicago Ill. からの口伝えの情報によれば、この浴槽は Wolff 社から Pullman Standard Car Co. に引き渡された。Pullman Co., Worcester, Mass. はこの浴槽の写真を発見できなかったが、初期の個室の青写真は入手できた。

108 Crane and Co. catalogue, Chicago, Ill., 1910, p. 112.

109 年代は、一九一六年である。このとき初めて、陶器製の浴槽が大量生産されるようになった。広く普及したのはホーローびきの浴槽だったが、陶器の大量生産は、洗面器や便所の設備の普及を助けた。

以前は、粘土を「型の上にのせ、手で成形して型を得る方法がとられていた。厚みをつける作業は、作業者の技術にまったくまかせられていたため、厚みにむらができた」(Standard Potteries, Technical Article, n.d., p. 3)。しかし、この複雑な手作業は、陶器が鋳型で製造されるようになると必要でなくなった。ヨーロッパでは当時すでに、水と化学塩とを加えるという方法で、粘土を液化することに成功をおさめていた（一九〇六年）。アメリカ人はこの方法を受け継ぎ、ほぼ十年にわたる実験の末、液状の粘土をパイプに通して送り込む方法をとった工場を建設した。この液状の粘土が石膏製の型に流し込まれると、鋳型が粘土に含まれている水分を吸収する。その結果、完全に均一な厚みをもった製品が生まれた。次に、浴槽はトンネル状の窯の中で焼かれた。当時のパン焼きの場合とまったく同様に、それが窯の中を通過するプロセスは正確に制御することができた。

110 合衆国特許一九七八八四二、一九三四年十月三十日。特許説明書には、手作業で設置する配管部の修繕について、充分納得のゆく記述がされている。

111 一九三四年に出願。合衆国特許二〇八七一二一、一九三七年七月十三日。特許説明書の中で「一体式ルームユニット」(consolidated room unit) と呼ばれているこの構成単位は、配管部と壁とを直接に組み合わせている。しかしもしパイプが凍って破裂すると、交換作業が困難になることは明らかである。

112 一九三一年に出願。合衆国特許二〇三七八九五、一九三六年四月二十一日。

113 A. Bruce and H. Sandbank, *A History of Prefabrication*, New York, 1944, p. 26 に図示されている。

114 *Architectural Forum*, Mar. 1945.

115 壁が全面ガラス張りになったアパートの設計においても、ミース・ファン・デル・ローエ (Mies van der Rohe)（一九二一年）は構造体を中央の柱の上にのせる方法をとった。

結びとして

均衡のとれた人間

これまでわれわれは、断片的な事実を寄せ集め、われわれの時代の「ものいわぬものの歴史」を構成しようと試みてきた。さまざまの事実や相に照明をあててきたが、未知の領域がまだ広く取り残されている。本書では、こうして浮かび上がった意味の相互関係について断定することはしなかった。ここで明らかになった意味の断片は、積極的な読者の心の中で新たな関係、新たな構成をつくり出すことだろう。しかし次の問いには、はっきりと答えておく必要がある。現代は果たして、機械化を受け入れるだろうか、という問いがそれである。

問題は、社会、経済、感情にかかわる現実と複雑な結びつきをもっており、ただ確信したり否定したりするだけでは将来の方向は見出せない。すべては、機械化をいかに、どのような目的に使うかにかかっている。

機械化は人間にとって何を意味しているのだろうか。

機械化は水や火、光と同じように一つの手段である。それ自身は盲目で方向性をもたない。自然の力と同様、機械化も、それを利用し、その潜在的な危険から身を守る人間自身の能力如何にかかっている。機械化は純粋に人間の精神の産物であるだけに自然よりも危険である。また自然の力よりもコントロールがむずかしいだけに、その創造者すなわち人間の感覚と精神に及ぼす影響も深刻である。

機械化をコントロールするためには、生産手段を今まで以上にコントロールする必要がある。それがためには、すべてを人間の必要に従属させなくてはならない。

機械化が分業を含んだ過程であることは、最初から明らかだった。労働者は製品の生産過程の最初から最後まで立ち会うわけではない。消費者にとっても、製品に習熟することがますますむずかしくなってきている。車のエンジンが故障しても、そのどの部分に原因があるのかわからないことが多い。エレベーターのストライキが起こると、ニューヨークの生活機能はすべて麻痺してしまう。こうして、個人はますます、生産と全体としての社会への依存を強めている。その関係は、かつて存在したどんな社会にもまして、複雑にからみ合った状況を呈している。今日の人間が手段によって圧倒されている理由の一つがここにある。たしかに、機械化は奴隷的な労働を駆逐し、高い生活水準を可能にした。しかし将来、より自律的な生活を実現するためには、機械化を何らかの方法でチェックする必要があるのかもしれない。

進歩の幻想について

われわれの目の前では、言葉と、誤用されたシンボルがゴミの山をなしている一方、それと踵を接して、よりよい生活を約束する新しい発見、発明、可能性で溢れんばかりの巨大な倉庫が控えている。

たしかに人類は、現在ほど、多くの奴隷状態を廃止するための手段を手にしたことはなかった。しかしこれまで、生活がよくなるという約束は守られたためしがない。本書で示さざるを得なかったのも、世界を、いや自分自身をさえコントロールできない、いら立しいばかりのその無能力ぶりである。将来の人びとはおそらく、この時代に、野蛮状態の中でも最も嫌悪すべき「機械化された野蛮状態」という烙印を押すことだろう。

今世紀の初頭、風変わりで孤立した思想家、ジョルジュ・ソレルは、ブルジョワ社会を「進歩の幻想」と同義であるとこきおろした（パリ、一九〇八年）。ソレルは、技術者として世に出た人だが、彼が「進歩の幻想」と表現したのは、社会生活と思考の習慣に関してであって、技術や生産方法の進歩のほうは、「真の進歩」であると言っている。機械化がすべての人の生活の基礎に一層深く根を下ろした国、アメリカの状態に対して、批評家の姿勢はさらに厳しいものがあった。「科学の基礎は、動物的な活動だけを取り上げるものに変化した」と批判した人もいる（ソースタイン・ヴェブレン、一九〇六年）。

しかしこの批判は、あまりに性急で過酷な一般化であった。というのは、このような攻撃が加えられていた一方では、科学と芸術の前衛は世界に関する新たな認識を獲得する一方、合理主義時代の終焉を宣言していたからである。

それ以来、進歩の結果に対する疑念は急速に広がった。第二次大戦が終了したばかりの現在、未だに進歩に対する信頼をもち続けている人は、まず、世界中どこにもいないだろう。人間は進歩そのものによって脅かされるようになった。希望は脅威に変わった。今や進歩に対する信仰は、誤用され価値を低下させた他のたくさんのシンボルとともに、打ち捨てられたゴミの山の一部を形成している。

当初、進歩はバラ色であった。

一七五〇年、若きチュルゴーは、ルイ十六世の改革大臣になる大分前、歴史の普遍性について述べた論文の中で、人間の完全性に対する信念を高らかに宣言している。「人類は、あたかも暴風をくぐり抜けた海のように、いかなる変動を経験しようとも、自若として変わることがない。そして、自己の完成を目指して絶えず歩み続ける」。この、人間の完全性に対する信念こそ、進歩に対する信仰の基礎となった。

チュルゴーが二十三歳のときに表明したこの認識は、十九世紀の拡大衝動にきっかけを与えたものの一つであった。チュルゴーはまた、物理学にあらゆる知識の中で最高の地位を与えた最初の人でもある。彼には人間の感情にだけかかわりをもつ芸術は、科学の無限性とは対照的に、限られたもののように思われた。彼は「科学は自然のごとく偉大であり、一方、人間自身としかかかわりをもたない芸術は、人間と同様にまた限られている」と述べている。

十八世紀末、コンドルセはその最後の著書で、「人類の無限の完全性」を目指した、綿々と続く時代の行進を描いている。十九世紀に入ると、革命家も資本家も、進歩に対する信仰の上に行動の目的を据えるようになった。コントの社会学は十八世紀の思考によって彩られている。チュルゴーから一世紀後、プルードンはその著『進歩の哲学』(一八五一年)の中で、「わが努力のすべて、その原則と目標、その基礎と頂点を支配するもの……いかなる意味でも、またいかなる状況でも確信して止まぬもの、それは進歩である」と、熱烈に表明している。プルードンは、自分の意味する進歩とは――純粋に物的な意味にその語を誤用するのとは対照的に――「歴史における社会の行進」のことだと強調している。カール・マルクスが提唱した社会問題の科学的解決の背景にも、「人間の無限の完全性」に対する同じような信念が暗々裡に働いていた。

では、十九世紀の思想と行動の基礎であり、まさにその核をなしたものが、あえなく崩壊することになったのは一体なぜであろうか。

機械化がまったく無責任に、人間と自然の搾取を目的として誤用されたことには、疑問の余地はない。機械化は、本質的にそれに適していない領域にまで踏み込むことがしばしばあった。機械化の効用と限界については、本書の随所で指摘に努めてきたので、ここで改めて述べる必要はない。この時期における機械化の扱い方は孤立した現象ではない。それは、ほとんど至る所で起こった。手段が人間の力を超越して拡張したのである。

一世紀前、トーマス・カーライルは、「美術」は「狂気の沙汰を呈し、押し止める者もなくさまよい出で、何人もその悪趣味に気づかぬことをよいことに、奇妙なごまかしに耽っている」と述べた。今では芸術は「奇妙なごまかし」はやっていない。それは真実を、その全貌をすら語ることがある。しかしそれ以外のほとんどあらゆる分野で、手段は人間の力を超越して拡大し、「押し止める者もなくさまよい出で」ている。

われわれの目の前では都市がただひたすらに膨張し、形なき混沌状態を呈している。都市交通は混乱しているが、生産活動もまた然りである。機械化がかくも多くの生活の領域に浸透するには、比較的長い時間を要した。しかし機械化とは、本来緩慢なプロセスである。ところが今日、その状況に変化が起こった。原子力エネルギーは紙の上に書かれた公式の段階から実験室段階へ、さらに現実へと、非常なスピードで具体化の道をたどり、「奇妙なごまかし」を弄しつつ、人類の文化を絶滅させんとしている。

進歩の理念は、チュルゴー的なイメージから純粋に物質主義的な解釈へと後退し、すでに、近代的な世界観にそぐわないものになってしまった。どちらにしろ、それは消えゆく運命にあった。

進歩の理念は究極の完全状態を想定している。コント、ヘーゲル、あるいはマルクスの体系においてすら、この究極状態はすでに到達されているか、あるいは、間もなくやって来ることと想定されている。究極状態とは、静的均衡状態へ近づくことを意味するが、これは、宇宙の本質を運動と絶えざる変化として捉えた科学者の見解と矛盾している。

今日のわれわれは、物的快適さにおける進歩を、贅沢と腐敗と同一視したローマ帝政初期のモラリストの見方には賛成できない。しかし同時に、人類は完全性に向かって行進し続けているのだとする十八、九世紀の思想家たちの見解にも従うことはできない。われわれとして受け入れられるのは、チュルゴーの文章の前半の部分、「人類は、あたかも暴風をくぐり抜けた海のように、いかなる変動を経験しようとも、自若として変わることがない……」だけである。

機械主義的概念の終焉

技術が科学の産物であるように、機械化は機械主義的な世界観の所産である。

前世紀の初頭以来、人類は絶えず革命を繰り返してきた。この間、政治的変動は、主として、それより一世紀前に敷かれた軌道に沿って生起した。あらゆる領域で、精神の奥底から革命が芽生え、機械主義的な世界観を打ち砕いてきた。

物理学者の手を通じて、原子の構造と機能が明らかにされると同時に、物質の本質に関する概念に変化が起こった。それは、以前の超越的な、彼岸的な性格を失った。その結果もたらされた近代物理学における方法論上の変化は、知識の他の分野にも影響を与え、新たな、より抽象的な概念形成への出発点となった。物理学者は物質の核心に到達したが、この点は芸術家とて同様だった。物体は透明になり、その本質は合理主義的な視点とは異なる方法によって明らかにされた。他の箇所（『空間 時間 建築』ケンブリッジ、一九四一年）においても、われわれは同様の問題を論じ、異なる分野で同じ方法が無意識のうちに採られていることを示した。本書ではただ、人体にかかわる分野で機械主義的な概念が潰え去ったことを指摘するにとどめた。

心理学では、全体の理解を目指したゲシュタルト理論が、一八九〇年、オーストリアのクリスチャン・フォン・エーレンフェルス教授によって初めて主張された。ゲシュタルト心理学は、十九世紀の心理学が人間の精神に当てはめた、擬似数学的・機械主義的な法則を終熄させた。それは、ちょうどメロディーが個々の楽音の合計以上であるように、全体を部分の総和以上のものとみなした。

生物学でも最初、生き物は単純に部分の総和と考えられ、機械のように組み立てられるものとみなされた。有機的過程は、本質的に純物理化学的過程として捉えられた。有機体はあたかも、化学工場であるかのようにみなされたのである。

ところが、機械化がピークに達するとともに、生物学者は、こうした機械的な考え方には行き詰まりのあることを気づくようになった。実験でも、すでに、有機体は完全には構成単位に分解できないこと、それは部分の単なる総和以上のものであることが実証された。一個の細胞から複雑な人体に至るまで、すべての生物には部分の発生を導く中心が常に存在する。世界の基本的な特徴としての全体の意味については、J・C・スマッツの『全体論と進化』（一九二六年）の中で説明されている。そこで著者は、その方法を壮大なスケールで展開している。

生理学では、人体は組織された機能のシステムであって部分の単なる合計ではないとする考え方の源は、クロード・ベルナール（一八一三―七八年）に遡る。しかし、この偉大なフランスの学者は依然として、前世紀の前半によく見受けられた普遍主義的な見解の持主だった。その著『実験医学入門』（一八六五年）において、彼は自分の見解を要約している。

十九世紀末の機械主義的世界観は、細部に拘泥し、全体を統合する力を失ってしまった。今世紀に入って、科学的研究の基礎として新たな形の普遍主義が興りつつある。

一九二一年は、イギリス人のJ・N・ラングリーは、その著『自律神経系』（ケンブリッジ、一九二一年）で、神経系の一部は人体の中で意志とは無関係に作用すると述べた（副交感神経）。

一九二九年、アメリカ人W・B・カノンは、『苦痛、飢え、恐怖、怒りに伴う身体的変化』（ニューヨーク、一九二九年）において、神経系の中で別の、同じく意識と関係のない部分について説明している（交感神経）。

一九二五年、スイス人W・R・ヘスは、「心理的機能と植物的機能の相関について」（『神経学・精神医学年報』、一九二五年）の中で、それまで別々に考えられていたこれら二つのシステムの間の関係を明らかにするとともに、両者を一つの包括的なシステム（植物性システム）の中で説明した。それら神経系の互いに異なる機能間に均衡を設定する視点の発見は、人間自身がこれからとる方向を知る上での手がかりを与えてくれるかもしれない。

動的均衡

人間の精神は、長い間、物体、物質そして実験的研究を手がかりとして探求するよう訓練されてきた。ちょうど、鉄の橋が地面を起点とし一方の端を宙に浮かせた状態で建設されるように、新たな知的概念も、哲学体系の足場なしで少しずつ形成されてゆくだろう。単なる物質主義的で機械主義的な概念を超えてゆく知的進歩は、物質と有機体の本質に対する新たな洞察をもって始まるはずである。

二つの明らかに矛盾した現象が人類史を貫いている。

人体は一定不変であるとみなしてよい。それは本質的に変わらないようにできている。人体は多種多様な条件に適応することができ、厳密に言うと絶えず変化しているが、科学的記録を通じて知るかぎり、その構造はほとんど変化していない。

人体は、機能するためには、一定の温度、ある特定の気象、空気、湿度、そして食料が必要である。ここでいう「機能する」とは、身体上の均衡が保たれた状態を意味する。有機体としての人間は、地球と、そこに育つものと接触して生きている。このような意味で人間は、人体を通じて、動物の生活を支配する法則に従って生きている、と言ってよい。

一方、人間とその環境の間の関係は、時代ごと、あるいは毎年、絶えず変化している。否、それは一瞬たりとも同じではなく、絶えず均衡を失う危険に曝されている。人間と環境、内的現実と外的現実の間には静的な均衡はない。われわれは、直接的な形では、ここに働いている作用と反作用の様子を証明することはできない。原子核の場合と同様、そのプロセスを具体的な形ではつかむことはできない。そのプロセスが結晶したものを通じて、その存在を知るのみである。ローマ人、中世人、バロック期の人びとが創り出したものはそれぞれ違っている。それは、人間と外界との関係、その過酷なまでの変化をはっきり示している。

内なる現実と外なる現実の関係は歴史的に循環しているわけではなく、また、そこに繰り返しがあるのでもない。両者の関係は曲線を描いて進化し、そこに繰り返しは決してない。

人体が完全な健康状態にあるとき、言い換えれば最善に機能しているときにもたらされる歓びの感情は、長続きするものではない。すでに述べたように、真の蘇生法の目的は、この身体の均衡状態を回復し、官能の幸福をもたらすことにある。

内なる現実と外なる現実が一致すると、それに対応して人間の心の中にも変化が起きる。すべては静止することなく、変化してやまない。

現代は、内なる現実と外なる現実との間の失われた均衡を回復し得る人間を切実に求めている。この均衡は決して安定した状態にはなく、現実と同様、絶えず変化している。それは、微妙に調節しつつ自己と空の間にバランスをとり続ける綱渡り芸人の姿にも似ている。われわれは、しばしば相容れないとされている諸力を均衡させることによって、自己の存在をコントロールできる型の人間を必要としている。すなわち、均衡のとれた人間を必要としているのである。

われわれはこれまで、機械化を、擁護することも否定することも差し控えてきた。単純に肯定したり否定したりすることはできない。機械化に適した分野と、そうでない分野を区別することが必要なのである。同様な問題は、今日、あらゆる分野で起きている。

われわれは、個人の領域と集団の領域の間に新しいバランスを設定しなくてはならない。

われわれはまた、個人生活の領域と集団生活が形成される場とを区別しなければならない。極端な個人主義と集団主義は、どちらも望むところではない。個人の権利と集団の権利は峻別する必要がある。現在は、個人生活も集団生活もともに挫折した状態にあり、真の形と構造を欠いている。

われわれは、全体としてまとまりのある世界をつくらなければならないが、同時に、各地域が独自の言語、習慣、風習を発展させる権利を奪ってはならない。

また、個人の心のさまざまな領域の間に新たなバランスを設定しなくてはならない。

現在、思考の方法と感情のそれとの関係は著しく損なわれている。それればかりか、破壊されてさえいる。その結果として、分裂した人格が生み出されている。合理と非合理、過去（伝統）と未来（未知なるものの探求）、一時的なものと永遠なものとの間に均衡が欠けている。

われわれはまた、知識の各分野間にも新たなバランスを設定しなくてはならない。

専門的な研究法は普遍的な視野との結びつきをもたなければならない。

また、人体と宇宙の諸力との間にはバランスが保たれなくてはならない。

人体は、その有機的環境と人工的環境との間に均衡を求める。人体は、大地と成長から切り離されると、決して、生命にとって必要な均衡を達成し得ないだろう。

以上、新しい人間にとって必要な条件の一端を述べてみた。そのようなことは無益で、飛行機による空中広告と同じく、頼りないものだと考える人がいるかもしれない。しかしここで敢えて、現代が求める人間の型を示唆したのは、生理学の分野でこれと驚くほど平行した傾向が発見されているからである。

人体内で意志の干渉から独立して作用する植物性システムの機能は、血液循環、呼吸、消化、分泌および体温を規制し、かつそれらを相互に関係づけることによって、細胞が必要とする「正常な環境」を維持することにある。

その機能構造が、生理学者のW・R・ヘスによって研究された（「植物的機能システム」――『スイス医学年報』所収、バーゼル、一九四二年）。植物性システムの機能構造は、他の二つの神経系、交感神経と副交感神経を支配する。交感神経は、身体を外界の諸条件に適応させる働きをする。それは、身体の外部活動、身体運動をコントロールし、また、血液を活動中の筋肉に運び、また、心臓の活動を活発にする一方、使われていない器官へ血液が流れるのを阻止する。

一方、副交感神経は、内的プロセスを規制する。それは意識とかかわりなく進行する複雑な適応作用をコントロールし、器官の内的均衡をたえず回復させる役割をもつ。副交感神経系は栄養価を貯える働きもする。たとえば、それは血液を内臓に運び、消化が行なわれている間、栄養物を吸収する役目を果たす。

それら二つのシステムは相互作用を営み、そして常に、ヘスが言うところの「神経的な動的均衡状態」にある。両者は広い意味では敵対的ではなく、協働して個人の身体的均衡の確保に努めている。それはちょうど、われわれが心的領域において、しばしば両立不可能とみなされる傾向を調停することにより、内なる現実と外なる現実の均衡をはかろうとするのにも似ている。

歴史は同一の過程を二度と繰り返さない。ある文化の生命は、個体の生命と同様、時間的に限られている。このことはあらゆる有機的存在にあてはまるため、すべては、一定の時間の枠の中で成し遂げられる事柄にかかっている。

合理か非合理か、個体か集団か、あるいは特殊な概念か普遍的な概念か、一体そのどちらが支配的になるかについて、決まったルールはない。ある時代に、どちらが優勢となるか、その理由は複雑であり、説明のつかないことが多い。そのうち一方が優勢になること自体は、必ずしも悪いことではない。それも、人間存在の計算不可能な多様性と不可分に結びついている。

今はまさに、われわれ人間が再び人間となり、人間的尺度をもってわれわれの行為のすべてを律すべきときである。われわれが創出すべき均衡のとれた人間は、歪んだ時代にとってこそ目新しく映るが、かつては存在していたのである。彼は昔からある要求を蘇らせるが、われわれの文明を崩壊させないためには、その要求をわれわれなりの方法で満たさなくてはならない。

あらゆる時代は、過去の重荷と未来への責任をともに担っている。現在という時点は、ますます、昨日と明日を結ぶ単なる輪とみなされようとしている。

われわれは、果たして人間は無限の完全状態に至れるかどうか、といった問いには関心をもっていない。われわれの立場は、むしろ道徳的進化の可能性の中に世界がとるであろう進路を見た古代の叡知に近い。

と言っても、かつての残酷さや絶望状態に還れというのではない。内なる現実と外なる現実を分かつ深淵を、動的均衡を新たに設定することによって埋めるという課題は共通しているが、その解決法は、時代ごとに違って然るべきだからである。

訳者あとがき

本書は、Siegfried Giedion, Mechanization Takes Command, a contribution to anonymous history (Oxford University Press, 1948) の全訳である。

著者ジークフリート・ギーディオンは、一八九四年、スイスに生まれ、最初工学を学び、次いでミュンヘン大学においてハインリヒ・ヴェルフリンに師事し、美術史を専攻した。没年は一九六八年である。

ギーディオンは、建築・美術史家であると同時に、いうまでもなく、近代建築・デザイン運動のもっとも有力な理論家であり批評家である。CIAM（近代建築国際会議）の創設（一九二八年）に参加する一方、それ以前からも、近代デザイン運動の流れに身をおいて活動を続けた。近代美術およびデザインの思想と観点を抜きにしてギーディオンを語ることはおそらく不可能であろう。

ギーディオンを一躍有名にしたのは、一九三八年ハーバード大学に招かれて行なった講義をもとにして書かれた『空間 時間 建築』（一九四一年）である。そこで展開された問題と観点は、その本の姉妹篇ともいうべき本書にも引き継がれている。すなわち、現代における「思考と感情の断絶」、歴史全体を通じてみられる「変わるものと変わらないもの」、「人間的努力の連続と断絶」、「構成的事実と一時的事実」といった視点がそれである。本書ではそれらに加えて「快適さ」や「習慣」の概念が援用されて歴史的事象の説明が行なわれる一方、「運動」についての理解が前面に押し出されている。

『空間 時間 建築』が建築を、一九六二年に刊行された『永遠の現在』が美術を対象としているのに対し、ここでは、道具や物が中心テーマになっている。それらは、普段は歴史家からも省みられないような、つつましい「ものいわぬ」存在だが、寄り集まると生活様式の根底を形づくるほどの力、歴史上の大事件に匹敵する重要性を獲得する。著者はこのように考える。それらはまさに、文化の、「大いなる日常」の基層を形づくっているものだが、その進化を促してきたのが、他ならぬ構成的事実としての機械化であった。本書の課題は「現代のわれわれの生活様式はいかにして形成されたか」を考察することにあるが、著者は、機械化を原因および結果とするところのプロセスの解明を通じて、見事にこの問いに答えている。

もとよりギーディオンは、機械化自体は肯定も否定もしていない。その功罪は、機械化という中立的な手段をどのような目的に使うかにかかっている、とされている。しかし、機械化が人間に及ぼす影響に関して示唆した個所、特に、第Ⅳ部と第Ⅶ部そして結語は、本書が刊行されて三十年近くを経た今日の状況を的確に予測しているといえないだろうか。

訳者が最初にこの本を手にしてすでに数年を経た。その間この本は、道具と環境の創作・研究に従事する私と私のデザイナー仲間にとり、何かにつけて座右の書であり続けた。混沌とした道具や物の世界の拡がりとその人間的社会的意義を、これほど明快に、しかも広い歴史的展望のもとに描き出している書を私たちは知らない。

最後に、本訳書の刊行にあたっていろいろとお世話をいただいた鹿島出版会の河相全次郎副社長、SD誌編集長長谷川愛子、第一編集部山本弘の各氏、また、翻訳の仕事に携っているあいだ励まして下さった多くの方々に、心からのお礼を申し上げたい。

一九七六年十月

榮久庵　祥二

榮久庵祥二（えくあんしょうじ）

一橋大学社会学部卒業。同大学社会学研究科修士課程および米国オハイオ州立大学博士課程修了。社会学博士。GKインダストリアルデザイン研究所研究本部長、名古屋造形芸術大学教授、日本大学大学院芸術学研究科教授を経て、現在、同研究科講師及びGKデザイン機構研究担当顧問。
著書に『オフィスの社会学』毎日新聞社、『都市の道具』鹿島出版会、『オフィス環境の変貌』鹿島出版会、訳書に『デザイン宣言』美術出版社、『住環境計画』鳳山社、『インダストリアルデザインの歴史』晶文社、『デザイン史とは何か』技報堂出版など。

本書は、一九七七年に小社から刊行された『機械化の文化史　ものいわぬものの歴史』を新装し、再版するものです。

機械化の文化史　ものいわぬものの歴史［新装版］

発行　二〇〇八年七月三〇日　第一刷
著者　S・ギーディオン
訳者　榮久庵祥二
発行者　鹿島光一
発行所　鹿島出版会
〒一〇七―〇〇五二　東京都港区赤坂六―二―八
電話〇三―五五七四―八六〇〇
振替〇〇一六〇―二―一八〇八八三
印刷　三美印刷
製本　牧製本

ISBN978-4-306-04511-8　C3052
Printed in Japan

本書の内容に関するご意見・ご感想は左記までお寄せください。
URL : http://www.kajima-publishing.co.jp
e-mail:info@kajima-publishing.co.jp

索 引

キ

ク

ケ

コ

サ

シ

ス

セ

ヒ

フ

ラ

リ

ル

レ

ロ

ワ

図 版 一 覧

37. 戸の厚さに関係なく取り付けられるエールの錠。

38. ライナス・エール：郵便ポストの錠。合衆国特許，1871年。

39. 鉄の鍵。プトレマイオス王朝期。

40. サイカモア製の錠。800年頃。テーベのエピファニウス修道院のもの。

41. タンブラーを２本備えた木製錠。ファロー諸島。プロフィールと断面。

42. ペンシルベニアへの入植者が使った木製錠。

43. アゴスティノ・ラメリ：アルキメデス・スクリューを使った揚水機。1588年。

44. オリバー・エバンズ：穀物を持ち上げ，そして搬送するためのアルキメデス・スクリューとバケット・コンベア。1783年。

45. オリバー・エバンズ：機械式製粉工場の仕組み。1733年。

46. 堅パン製造における機械式アッセンブリーラインの始まり：軍需部糧食課。イギリス，1833年。

47. J.G. ボードマー：ボイラー用の最初の移動式火格子。英国特許, 1834年。

48. ブロードウェイをまたぐ高架鉄道。スウィートの案，1850年代。

49. 近代的アッセンブリーラインの起源。シンシナティ，1870年頃。

50. 食肉生産工場で使われた豚の自動体重測定機。シンシナティ，1869年。

51. フランク　B. ギルブレス：ベテランの外科医が紐を結んでいる様子を示すサイクログラフ。1914年。

52. フランク　B. ギルブレス：運動の軌跡を針金で表現したもの。1912年頃。

53. ポール・クレー：「黒い矢の形成」1925年。

54. フランク　B. ギルブレス：完全なる運動。針金細工，1912年頃。

55. ホアン・ミロ：コンポジション(一部)。サンドペーパーの上に油彩で描いたもの, 1935年。

56. フランク　B. ギルブレス：ある動作のクロノサイクログラフ（時間運動経過写真）。

57. ホアン・ミロ：「筆蹟，風景そして人間の頭」(一部)。1935年。

58. ポール・クレー：「ハートのクイーン」リトグラフ。1921年。

59. ポール・クレー：「螺旋」1925年。

60. フランク　B. ギルブレス：「ハンカチをたたむ少女」。

61. ポール・クレー：「老いゆく夫婦」油彩。1931年。

62. 完全自動のアッセンブリーライン：フレーム組立てにおける鋲打ち工程。

63. 完全自動のアッセンブリーライン。鋲打機械の頭部。

64. 完全自動のアッセンブリーライン：山積みになった自動車のフレーム。

65. シカゴの食肉加工工場に吊された豚。

66. アッセンブリーラインに組み込まれた人間。「モダン・タイムス」の中のチャールズ・チャプリン, 1936年。

67. 料理のライン生産：冷凍食品工場，ニューヨーク州クイーンス・ビレッジ。

68. アッセンブリーラインにのった鳥。1944年。

69. 機械化の始まり：脱穀機。1770年代。

70. 「馬を使って土を短い距離移動させる機械」1805年。

71. アメリカにおける道具の改良：ダイキャストによる「スペイン斧」。

72. 大鎌の改良：カーブしたかい栓と動かせる把手。1828年。

73. 大鎌の改良：刃の上部にリッジを取り付ける。製作はダイスによる。1834年。

74. 大鎌の文化：「刈り取る草や穀物の種類に応じて種々の大鎌が用意されている」。1876年。

75. 農機具一覧。1850年頃。

76. 機械式刈取機の導入。英国特許，1811年。

123. 牛を安楽死させる方法，グリナー。

124. シカゴ缶詰工場の広告，1890年代。

125. 牛の加工風景。

126. 19世紀の死に対する関係：アルフレッド・レーテル「新・死の舞踏」木版，1849年。

127. 手による鶏の加工。食肉の一貫生産における一工程，1944年。

128. 死の生々しい表現：ルイ・ブニュエル「アンダルシアの犬」1929年。

129. ブニュエル：「アンダルシアの犬」。かみそりで切られた直後の目。

130. 有機体への介入：レオミュール，「人工の母親」，1750年頃。

131. レオミュール：「人工の母親」，1750年頃。

132. 全面的機械化時代における「人工の母親」：電気を使った雛の保育箱，1940年。

133. 機械による授精：ラツァロ・スパランツァーニ，滴虫類の細胞分裂を初めて図示したもの。

134. 人工授粉によるトマトの異種交配。H.J. ハインズ試験場。オハイオ州，ボーリンググリーン。

135. 機械による授精。

136. 古代エジプト人の姿勢：石灰石製の石碑，紀元前1500年頃。

137. ローマ人の姿勢：壁画。ボスコレアレ，紀元前1世紀。

138. 中世の姿勢：書き物をしているピタゴラス。シャルトル大聖堂の北正面玄関。12世紀。

139. フランスの高等法院，1458年。ジャン・フーケ，本の口絵。

140. 台所での底抜け騒ぎ，1475年頃。1567年制作のオランダの版画。

141. ライン上流地方の室内，1450年頃。「キリストに湯をつかわせている聖母マリア」コンラッド・ウイッツ派。

142. イタリアの寝室および書斎：フランチェスコの柱からの木版画。「イプネルトマキア」ヴェニス，1499年。

143. スイスの教室，1516年。「学校の先生の看板」ハンス・ホルバイン二世。

144. 王の食卓。1450年頃。「洗礼者ヨハネの首を手にしたサロメ」カタロニア派。

145. 椅子の出現。ストロッツィ宮殿の3本脚の椅子，フィレンツェ，1490年頃。

146. 農家の椅子。スイス，ヴァレ地方，19世紀初頭。

147. ロマネスク期のチェスト。ヴァレール城砦教会，12世紀。

148. ロマネスク時代のチェスト。ヴァレール城砦教会，スイス，12世紀。

149. 抽出し。ドイツの書類戸棚，ブレスロー，1455年。

150. ゴシック期のパネル構造。リジュー，14世紀。

151. ゴシック家具の可動性：「書き物をしているボッカチオ」ジャン・フーケの細密画，1458年。

152. ゴシック期の家具に見られる可動性：軸を中心に回転し，調節もきく修道院の机。

153 a. ゴシック期の家具に見られる可動性：回転式背もたれを備えたベンチ。ワール祭壇の一部，1438年。

153 b. 回転式背もたれを備えたゴシック期のベンチ：ワール祭壇の聖バーバラのパネル，フレマールの師，1438年。

154. 螺旋軸を中心に回転する読書机。1485年。

155. 商人用机兼回転式書類ファイル。ヤコブ・シュブラー，1730年頃。

156. 回転式の読書机。アゴスティノ・ラメリ，1588年。

157. 回転式ファイル。アメリカ，1944年。

158. カルパッチオ：「書斎の聖ジェローム」スキアボーニ教団，ヴェネツィア，1505年頃。

159. カルパッチオ：「書斎の聖ジェローム」の一部。回転椅子，1505年頃。

160. 回転椅子。16世紀末，ルーブル美術

1850年頃。

207.「サブリナ」。磁器製。イギリス，1850年。

208. マックス・エルンスト：さまよい出た石膏像。(『百頭女』1929)

209. 東洋の影響。レオン・フシェール，東洋調の喫煙室，1842年。

210. 東洋調の喫煙室，1879年。

211. 空間恐怖：ルイ・フィリップ時代のボルン，「オルレアン公邸での夜会」1843年。

212. 広間の中央におかれた花台付きボルン，1863年。

213. イギリスのオットマン，1835年頃。

214. フランスのボルン，1880年代初頭。

215. 3つの座席をもった「コンフィダント」，フランス，1870年代末。

216. ブドゥーズ。フランス，1880年頃。

217. プフ。1880年頃。

218.「フォテーユ・ベベ」，フランス，1863年。

219. 背中合わせに坐る椅子。イギリス，1835年頃。

220. 支配的趣味を表現した衣裳：ニュースタイルの腰当て，1880年代。

221. 支配的趣味を表現した絵：「ラ・グランド・ツア」，ブコヴァク。

222.「フォテーユ・コンフォルタブル」，シュルレアリストの解釈，マックス・エルンスト，1834年。

223. フォテーユ：クッション付コンフォルタブル，1880年。

224. 乗馬の練習台に使われたスプリング：トーマス・シェラトン，1793年。

225. 船酔いの防止に用いられたスプリング：伸縮自在な揺り椅子，1826年。

226. スプリング式フォテーユ，マーティン・グロピウスの漫画，1850年頃。

227. 初期のワイヤ・マットレス。

228. ワイヤを編んでつくったマットレス，アメリカ，1871年。

229. 家庭に入ったワイヤ・マットレス。イギリスの子供用ベッド，1878年。

230. シュルレアリストによる19世紀の室内の解釈。マックス・エルンスト，1929年。

231. サラ・ベルナールのスタジオ，1890年。

232. 機械的な動きに対する関心：義足，1850年代。

233. 19世紀の姿勢：リチャード・ボニントン「よりかかる婦人」水彩，1826年。

234 a. b. c. d. 姿勢の生理学的考察：列車の座席，1885年。

235. ウィンザー・チェア，1800年頃。

236. 機械化：改良されたロッキング・チェア，1831年。

237. 椅子，1853年。

238. 揺れかつ回転する椅子各種，1855年。

239. J.J. シュブラー：筆記机用の椅子。フランス，1730年。

240. ミシン用椅子，1871年。

241. タイプ用椅子，1896年。

242. 19世紀初期の姿勢：皇妃ジョセフィーヌの肖像。ボニントンによるジェラール風の水彩。

243. ソファあるいは病人用ベッドマシン，1813年。

244. 病人用寝椅子。ロンドン，1840年以後。

245. 調節自在な寝椅子あるいは病人用の椅子，1838年。

246. エッフェル塔，1889年。

247 a, b. 外科用椅子，1889年。

248. 歯科および外科用椅子，1850年。

249. 理髪用椅子，1873年。

250. 調節可能な理髪用椅子，1867年。

251. 理髪用椅子，1880年。

252. マッサージ器付理髪用椅子，1906年。

253. 歯科用椅子，1879年。

254. 理髪用椅子，1894年。

255. 理髪用椅子，1939年。

256 a. 調節可能な椅子，1876年。

256 b. G. ウィルソン：鉄製の折畳み椅

303. 熱帯の戦場で使われたハンモック，休息中のニカラグア兵，1855年。
304. 蚊帳と組み合わせられたハンモック。
305. 三輪車と組み合わせられたハンモック，1883年。
306. 90年代に流行した機械化されたハンモック。
307. ハンモックと変換性，ハンモック・チェア，1881年。
308. アレキサンダー・カルダー：モビル「黒点」1941年。金属板と針金。
309. リートフェルト，椅子，1919年。
310. ピエト・モンドリアン：「桟橋と海」，1914年。
311. リートフェルト：サイドボード，1917年。
312. パイプ椅子，ガンディロ，フランス，1844年。
313. マルセル・ブロイヤー：鋼管椅子，1926年。
314. ミカエル・トーネット：単板を曲げてつくった椅子。1836—40年。
315. ミカエル・トーネット：曲木椅子，ロンドン万国博，1851年。
316. ミカエル・トーネット：曲木椅子，ウィーン博，1850年。
317. ル・コルビュジエとピエール・ジャンヌレ：レスプリ・ヌーヴォー館，1925年。室内。
318. レスプリ・ヌーヴォー館, 1925年。室内。
319. レスプリ・ヌーヴォー館，パリ，1925年。鋼管を使った階段。
320. レスプリ・ヌーヴォー館，パリ，1925年。外観
321. ル・コルビュジエとシャルロット・ペリアン：背もたれがピボットを軸に回転する肱掛椅子。1928年。
322. アメリカのカンガルー・ソファ，ヴァージニア, 1830年代。
323. ル・コルビュジエとシャルロット・ペリアン：寝椅子,「シェーズ・ロング・バスキュラント」1929年。
324. 刈取り機に取り付けられた片持ち方式の座席。
325. 客船の食堂に取り付けられた片持ち方式のシート，1889年。
326. トーネット兄弟：ロッキング・チェア1号，1878年。1860年のモデル。
327. 弾力性のある片持ち方式の椅子，アメリカ，1928年。
328. ミース・ファン・デル・ローエ：弾力性のある片持ち方式の椅子，鋼管製，1927年。
329. マルト・スタム：最初の近代的な片持ち方式の椅子，パイプを継ぎ合わせてつくられている。1926年。
330. マルセル・ブロイヤー：片持ち方式の椅子，1本の鋼管でつくられている。1929年。
331. アメリカの曲げ合板椅子，1874年。
332. 曲げ合板椅子，アメリカ，1874年。横断面。
333. アルヴァ・アアルト：積層合板の片持ち方式の椅子，1937年。
334. ジェンス・リゾム：食堂椅子，1940年。
335. シカゴ・スクール・オブ・デザイン：木材の弾力性を利用したZ型椅子。1940年頃。
336. 連続した作業面：台所の下準備と洗いものをする個所。キャサリン・ビーチャー設計，1869年。
337. 連続した作業面：電化台所の下準備と洗いものをする個所，1942年。
338. 連続的な作業面：台所，キャサリン・ビーチャー設計，1869年。平面図。
339. 工業が台所に関心を向け始める：整然とした戸棚，1923年。
340 a, b. 連続的な作業面：ハウス・アム・ホルンの台所，バウハウス，ワイマール，1923年。
341. 連続的な作業面：J.J.P.アウト設計のL字型台所。ワイセンホーフ集団住宅

395. 大規模な洗濯場のための洗濯機械，ジェームス　T. キング設計，1855年。

396. 洗濯機，ジェームス　T. キング設計，1851年。

397. ガスアイロン，1850年頃。

398. 電気アイロンの始まり，1909年。

399. 電気アイロン，1911年。

400. 営業用の洗濯施設，1883年。

401. デュクダン・アイロナー，1900年頃。

402. 民主化された電気アイロナー。

403. 折畳み式アイロナー，1946年。

404. 完全に機械化された洗濯機，アメリカ，1946年。

405. 自動皿洗い機兼洗濯機，1946年。

406. バスケット・ストレーナー（目皿），1942年。

407. ディスポーザー付「電気流し台」，1939年。

408. 過度に機械化された台所に対するメーカーの諷刺。

409. 回転ブラシを付けたカーペット掃除機，1859年。

410. フーバー真空掃除機の回転ブラシ，1915年。

411. ジョセフ・ホイットワース：「街路掃除機」，イギリスの特許，1842年。

412. 蛇腹式カーペット掃除機，1860年。

413. 手動式真空掃除機「成功」，1912年頃。

414. 「家庭用真空掃除機」，1910年頃。

415. 台車にのせられた真空掃除機，フランス，1903年。

416. 真空掃除機の基本特許，アメリカ，1903年。

417. 住宅用真空掃除システム，1910年頃。

418. 「ウォーター・ウィッチ」モーター，1910年頃。

419. 「真空掃除機」，ヘアドライヤーとしても使われている，1909年。

420. 「吸込式」電気掃除機を初めて扱った全面広告，1909年。

421. 「吸込式」電気掃除機，1915年。

422. 真空掃除機の普及：シカゴの通信販売会社のカタログ，1917年。

423. 採氷風景，スクールキル川，1860年代。

424. 採氷道具，1883年。

425. 氷の配達，1830年頃。

426. 人造氷の上でのスケート，マンチェスター，1877年。

427. 家庭用冷蔵庫の前身：フェルディナン・カレの製氷機，1860年。

428. 営業用のアイス・ボックス，1882年。

429. 第2次世界大戦後の傾向：チェスト型冷凍食品貯蔵庫，1946年。

430. フランス風壁ランプ，1928年頃。

431. 真空掃除機の流線型ケース，合衆国意匠特許，1943年。

432. 流線型自動車，1945年。（新聞広告）

433. 標準化された調理設備，1847年。

434. 食器戸棚，1891年。

435. 通信販売会社が売り出した，規格化された台所設備，1942年。

436 a. 台所の作業部分，ジョージ・ネルソン設計，1944年。

436 b. 台所の作業部分，ジョージ・ネルソン設計，1944年。平面図。

437. フランク・ロイド・ライト：アフレク・ハウスの食事コーナー，ミシガン州，ブルームフィールド・ヒルズ，1940年。

438 a. フランク・ロイド・ライト：アフレク・ハウスの台所。食事コーナーの側から見たところ。

438 b. フランク・ロイド・ライト：アフレク・ハウスの台所。平面図。

439. 台所と食事コーナー，H. クレストン・ドーナー設計，リビー・オーエンス・フォード・ガラス会社，1943年。

440 a. 食事コーナーと洗濯室を備えたリビング・キッチン，レイモンド・フォーディス設計，1945年。

440 b. リビング・キッチン，レイモン

481. 箱型洗面器台，1875年。

482. 水道管や排水管を剝き出しにした洗面器，1888年。

483. 規格化と装飾化：帽子とそのバリエーション。

484. 規格化と装飾化：洗面器とそのバリエーション。イギリスの装飾洗面器，1900年。

485. 台所に見られる純粋な形態：アメリカの流し台，1888年。

486. 洗面器，1940年。

487. マウント・ヴァーノン・ホテル，ニュージャージー州，ケープ・メイ，1853年。

488. 配管設備会社の広告，ボストン，1850年。

489. キャサリン・ビーチャー：アパートのプラン。寝室，小型の台所，浴室などの設備がある。1869年。

490. 台所と浴室が背中合わせになったワンルーム・アパート，1930年代。

491. アパートの配管設備，シカゴ，1891年。

492. スタトラー・ホテル，バッファロー，1908年。

493. スタトラー・ホテル，バッファロー，1908年。典型的なフロア・プラン。

494. スタトラー・ホテル，バッファロー，1908年。

495. アメリカのコンパクトな浴室，1908年。

496. アメリカのコンパクトな浴室，1915年。

497. プレハブ式浴室，垂直パネル，1931年。

498. 梱包状態のまま取付け可能なプレハブ式浴室，1931年。

499. 水平分割方式をとったプレハブ式浴室，1934年。

500. 2つの部分から成るプレハブ式浴室。R.バックミンスター・フラー，1938年。

501. 機械コア。R.バックミンスター・フラー：浴室，台所，光熱設備を一体化したユニット，1943年。輸送開始の状態。